CINEMÁTICA E DINÂMICA DOS MECANISMOS

Tradução

Alessandro P. de Medeiros
Alisson Martins de Moura
Danielle Zanzarini
Fernando Marques Castro
Gustavo Mattos Miranda
Henrique de Almeida Nunes
João Ivo Mançano
Leonardo Gabriel de C. Pereira
Luiza Soares de Mello (coordenação)
Rafael Ferrari Villanueva
Rafael Ribeiro Teixeira
Rodrigo Luis Fonseca de Almeida

Revisão técnica

Professor e Mestre Carlos Oscar Correa de Almeida Filho
Professor Assistente da Escola de Engenharia Mackenzie e
Professor Associado da Escola de Engenharia Mauá

Professor e Engenheiro Marco Antônio Stipkovic
Professor Convidado da Escola de Engenharia Mauá

Supervisão

Professor Doutor Sérgio Luis Rabelo de Almeida
Professor Adjunto da Escola de Engenharia Mackenzie e
Professor Associado da Escola de Engenharia Mauá

Dados Internacionais de Catalogação na Publicação (CIP)
(Câmara Brasileira do Livro, SP, Brasil)

N887p   Norton, Robert L.
Cinemática e dinâmica dos mecanismos / Robert L. Norton ; tradução Alessandro P. de Medeiros ... [et al.]. – Porto Alegre : AMGH, 2010.
812 p. : il. color. ; 28 cm.

Primeira edição conforme Sistema Internacional de Medidas.
ISBN 978-85-63308-19-1

1. Engenharia mecânica. 2. Mecanismos – Projeto.
I. Título.

CDU 621

Catalogação na publicação: Ana Paula M. Magnus – CRB-10/Prov-009/10

ROBERT L. NORTON
Worcester Polytechnic Institute

CINEMÁTICA E DINÂMICA DOS MECANISMOS

McGraw Hill

bookman®

AMGH Editora Ltda.

2010

Obra originalmente publicada sob o título
Kinematics and Dynamics of Machinery, 1st Edition.
ISBN 0071278524 / 9780071278522
© 2009, The McGraw-Hill Companies, Inc. New York, NY 10020, EUA

Capa: *Rogério Grilho*

Preparação de original: *Sirlaine Cabrine e Vera Lúcia Pereira*

Editora sênior: *Arysinha Jacques Affonso*

Editora responsável por esta obra: *Marileide Gomes*

Diagramação: *Casa de Ideias*

Reservados todos os direitos de publicação, em língua portuguesa, à
ARTMED® EDITORA S. A.
(BOOKMAN® COMPANHIA EDITORA é uma divisão da ARTMED® EDITORA S.A.)
Av. Jerônimo de Ornelas, 670 - Santana
90040-340 Porto Alegre RS
Fone (51) 3027-7000 Fax (51) 3027-7070

É proibida a duplicação ou reprodução deste volume, no todo ou em parte, sob quaisquer formas ou por quaisquer meios (eletrônico, mecânico, gravação, fotocópia, distribuição na Web e outros), sem permissão expressa da Editora.

SÃO PAULO
Av. Embaixador Macedo Soares, 10.735 - Pavilhão 5 - Cond. Espace Center
Vila Anastácio 05095-035 São Paulo SP
Fone (11) 3665-1100 Fax (11) 3667-1333

SAC 0800 703-3444

IMPRESSO NO BRASIL
PRINTED IN BRAZIL

O AUTOR

Robert L. Norton obteve o título de graduação em Engenharia Mecânica e Tecnologia Industrial na Northeastern University e o mestrado em Engenharia na Tufts University. Possui registro de classe em Massachusetts. Tem vasta experiência industrial em projeto de engenharia e manufatura, e muitos anos lecionando disciplinas da área de Engenharia Mecânica, Projeto de Engenharia, Ciência da Computação, entre outras, na Northeastern University, Tufts University e Worcester Polytechnic Institute (WPI).

Atuando na Polaroid Corporation por dez anos, ele projetou câmeras, mecanismos relacionados e máquinas automatizadas de alta velocidade. Passou três anos na Jet Spray Cooler Inc., projetando equipamentos para manipulação de alimentos e produtos. Por cinco anos, Norton ajudou a desenvolver coração artificial e dispositivos para circulação assistida não invasiva (contrapulsação) no centro médico Tufts New Medical e no hospital Boston City. Desde que deixou a indústria para se dedicar à vida acadêmica, atua como consultor independente em projetos de engenharia, de produtos médicos descartáveis a máquinas de produção de alta velocidade.

Norton é membro docente do Worcester Polytechnic Institute desde 1981 e atualmente é Professor Emérito do Milton P. Higgins II e titular do grupo de Projeto do departamento de Engenharia Mecânica, Instrutor Emérito do Morgan e diretor do Gillete Project Center no WPI. Leciona nos cursos de graduação e pós-graduação em Engenharia Mecânica com ênfase em projeto, cinemática, vibrações e dinâmica de mecanismos.

É autor de inúmeros artigos técnicos e em jornais, cobrindo tópicos relacionados à cinemática, dinâmica de mecanismos, projeto e fabricação de cames, computadores na educação e educação em engenharia, além dos livros: *Design of machinery*, *Machine design: an integrated approach* e *Cam design and manufacturing handbook*. Norton é membro da American Society of Mechanical Engineers (ASME) e da Society of Automotive Engineers (SAE); porém, como seu maior interesse é a docência, orgulha-se de, em 2007, ter sido escolhido o Professor do Ano pelo estado de Massachusetts, segundo o Council for the Advancement and Support of Education (CASE) e a Carnegie Foundation for the Advancement of Teaching, que conjuntamente apresentaram seu nome para o prêmio nacional em excelência no ensino dos Estados Unidos.

Este livro é dedicado a todos os meus alunos, no passado, no presente e no futuro.

PREFÁCIO

Quando eu escuto, eu esqueço
Quando eu vejo, eu me lembro
Quando eu faço, eu entendo.
ANTIGO PROVÉRBIO CHINÊS

Este livro é voltado ao estudo de tópicos de cinemática e dinâmica de mecanismos. Os pré-requisitos básicos são os cursos introdutórios em estática, dinâmica e cálculo. Normalmente, o primeiro semestre, ou parte dele, é dedicado à cinemática, e o segundo, à dinâmica de mecanismos. Esses cursos são veículos ideais para introduzir o processo de projeto aos alunos de Engenharia Mecânica, já que os mecanismos tendem a ser intuitivos para a visualização e criação de parte de um aluno típico.

O livro pretende ser meticuloso e completo em tópicos de análise e também enfatiza aspectos de síntese e projeto, com detalhamento superior ao de livros correlatos. Contempla também o uso de engenharia auxiliada por computador como tratamento ao projeto e análise desse tipo de problema, oferecendo *software* que pode melhorar o entendimento do estudante. Embora o nível matemático da obra seja compatível com o conhecimento de alunos de segundo ou terceiro ano universitário, os conceitos são apresentados novamente, para melhor entendimento por parte de um aluno de nível técnico.

A Parte I é adequada a uma disciplina de cinemática com duração de um semestre. A Parte II é adequada para uma disciplina de dinâmica de mecanismos com duração de um semestre ou um ano. Os dois conteúdos podem também ser cobertos em apenas um semestre, desde que seja dada menor ênfase a alguns tópicos do livro.

A escrita e o estilo de apresentação do texto foram estruturados em função de clareza, informalidade e facilidade de leitura. Muitos problemas-exemplo e técnicas de solução são apresentados e discutidos detalhadamente, tanto verbal como graficamente. Leituras adicionais são sugeridas na bibliografia. Problemas mais curtos, e, quando apropriado, tarefas descritivas de projetos não estruturados são disponibilizados no final dos capítulos. Esses projetos dão aos alunos a oportunidade *de fazer e entender*.

A abordagem utilizada pelo autor nos cursos e neste livro baseia-se em 45 anos de experiência em projeto mecânico, tanto na indústria como em consultoria. Ele leciona esses temas desde 1967, em escolas noturnas para engenheiros praticantes e em escolas diurnas para jovens estudantes. Sua abordagem para o curso evoluiu bastante desde aquela época, partindo do foco tradicional, que enfatizava a análise gráfica de problemas estruturados, para o uso de métodos algébricos, quando os computadores se popularizaram, possibilitando, inclusive, que os alunos escrevessem seus próprios códigos de programação.

A única constante é a tentativa de passar aos estudantes a arte do projeto de forma a prepará-los para enfrentar os problemas reais de engenharia na prática. Dessa forma, o autor sempre promoveu atividades de projeto nos cursos, mas só recentemente, com o advento de software gráfico, essa tarefa pôde ser mais facilmente realizada. Este livro procura ser a melhor alternativa dentre os existentes no mercado, oferecendo métodos e técnicas atualizados para análise e síntese que utilizam plenamente os recursos do ambiente computacional gráfico e enfatizam o projeto e a análise. O texto também disponibiliza um tratamento mais completo, moderno e profundo sobre o projeto de cames em relação ao que é oferecido por outros textos.

O autor desenvolveu sete programas de computador que são interativos e amigáveis para o projeto e análise de mecanismos e máquinas. Esses programas foram projetados para melhorar o entendimento dos conceitos básicos abordados nos cursos e, paralelamente, permitem uma atuação mais realística na solução de problemas com o tempo disponível, o que jamais seria possível com técnicas de solução manual, fossem elas algébricas ou gráficas. Problemas de projeto reais, não estruturados, que normalmente possuem várias soluções são destacados. Síntese e análise são igualmente enfatizadas. Os métodos de análise são atualizados, utilizando equações vetoriais e álgebra matricial quando aplicável. Métodos de análise gráfica não são enfatizados. Os gráficos de computador permitem aos estudantes verificar o resultado da variação de parâmetros de forma mais rápida e exata, o que facilita a aprendizagem.

Esses programas são produtos comerciais e estão disponíveis em inglês no site do autor. Para ter acesso, visite o site: www.designofmachinery.com ou consulte o Apêndice A para mais informações. Os programas SLIDER, FOURBAR, FIVEBAR e SIXBAR analisam a cinemática e a dinâmica de tipos específicos de mecanismos. O programa DYNACAM permite o projeto e a análise dinâmica de sistemas com came e seguidor. O programa ENGINE analisa o mecanismo biela-manivela utilizado internamente no motor de combustão e provê uma análise completa de motores mono e multicilindros em linha, em V e em W, permitindo assim que a análise do projeto dinâmico de motores possa ser feita. O programa MATRIX soluciona sistemas de equações lineares de propósito geral.

Todos os programas, com exceção do MATRIX, permitem animação gráfica e dinâmica dos aparatos projetados. O leitor é estimulado a fazer uso desses programas para investigar o resultado das variações dos parâmetros nestes mecanismos cinemáticos. Eles foram desenvolvidos para aumentar e melhorar o texto, e não se tornar um substituto dele. O contrário também é verdadeiro. Muitos arquivos de solução dos exemplos do livro e dos problemas estão disponibilizados com os programas. Muitas dessas soluções podem ser animadas na tela do computador para uma melhor demonstração do conceito, o que seria difícil em uma página impressa. O instrutor e os alunos podem aproveitar os programas fornecidos.

A intenção do autor é de que os tópicos sobre síntese sejam introduzidos primeiro para permitir que os alunos possam trabalhar com alguns projetos simplificados logo no começo do ciclo, enquanto estudam tópicos de análise. Como não se trata de uma abordagem tradicional, o autor acredita que é melhor do que se concentrar em análise detalhada de mecanismos dos quais os estudantes não sabem a origem ou o propósito.

Os Capítulos 1 e 2 são introdutórios. Os professores que desejarem ensinar análise antes da síntese podem deixar os Capítulos 3 e 5 para consulta posterior. Os Capítulos 4, 6 e 7 tratam da análise de posição, velocidade e aceleração na sequência e são construídos um sobre o outro. De fato, muitos dos conjuntos de problemas são comuns entre esses três capítulos, de forma que os alunos podem usar as soluções de posição para achar velocidades e, mais tarde, achar as acelerações nos mesmos mecanismos. O Capítulo 8, sobre cames, é mais extenso e completo do que outros textos sobre cinemática e aborda o projeto. O Capítulo 9, sobre transmissões por engrenagens, é introdutório. O tratamento da força dinâmica, na Parte II, utiliza métodos matriciais para solução de sistemas de equações simultâneas. A análise gráfica de forças não é enfatizada. O Capítulo 10 apresenta uma introdução à modelagem dinâmica de sistemas. O Capítulo 11 versa sobre análise dinâmica de forças em mecanismos. O balanceamento de máquinas e mecanismos em rotação é abordado no Capítulo 12. Os Capítulos 13 e 14 usam o motor de combustão interna para agregar muitos conceitos dinâmicos necessários no contexto do projeto. O Capítulo 15 apresenta uma introdução à modelagem de sistemas dinâmicos e utiliza o sistema came seguidor como referência. Os Capítulos 3, 8, 11, 13 e 14 disponibilizam tanto descrições de projetos abertos quanto de estruturados. A definição e a execução de problemas de projeto não estruturados podem aumentar significativamente a capacidade dos alunos de entender os conceitos, conforme o provérbio colocado em epígrafe neste prefácio.

CITAÇÕES   As fontes de fotografia e outras artes não originais utilizadas no livro foram devidamente citadas nas legendas e nas páginas finais do livro, mas o autor gostaria de expressar gratidão pela colaboração de todas as pessoas e empresas que, generosamente, os disponibilizaram. O autor também gostaria de agradecer àqueles que revisaram as diversas seções da primeira edição do livro e que fizeram muitas sugestões úteis para sua melhoria. John Titus, da Minnesota University, fez a revisão do Capítulo 5 sobre síntese analítica, e Dennis Klipp da Klipp Engineering, Waterville, Maine, revisou o Capítulo 8 sobre projeto de cames. William J. Crochetiere e Homer Eckhardt, da Tufts University, Medford, Massachusetts, revisaram o Capítulo 15. Eckhardt, Crochetiere, da Tufts, e Charles Warren, da University of Alabama, usaram a Parte I em sala de aula e fizeram a sua revisão. Holly K. Ault, do Worcester Polytechnic Institute, revisou todo o livro enquanto lecionava e utilizou versões de teste em aulas. Michael Keefe, da University of Delaware, também fez muitos comentários pertinentes. Agradecimentos sinceros também são devidos a muitos estudantes de graduação e professores-assistentes que encontraram muitos erros no texto e nos programas enquanto utilizavam as versões prépublicação. Desde a primeira versão do livro, D. Cronin, K. Gupta, P. Jensen e R. Jantz têm escrito para apontar erros e fazer sugestões, as quais incorporei e pelas quais agradeço. O autor assume toda a responsabilidade por quaisquer erros que possam permanecer e convida todos os leitores a fazer críticas e sugestões para melhoria e identificação de erros no texto e nos programas, para que ambos possam ser melhorados em versões futuras. Escreva para norton@wpi.edu.

Robert L. Norton

Norfolk, Massachusetts, EUA.

SUMÁRIO

PARTE I CINEMÁTICA DE MECANISMOS 21

INTRODUÇÃO 23
    1.0   OBJETIVO 23
    1.1   CINEMÁTICA E CINÉTICA 23
    1.2   MÁQUINAS E MECANISMOS... 24
    1.3   BREVE HISTÓRIA DA CINEMÁTICA 25
    1.4   APLICAÇÕES DE CINEMÁTICA 26
    1.5   A METODOLOGIA DE UM PROJETO 27
    1.6   OUTRAS ABORDAGENS PARA PROJETOS 35
    1.7   SOLUÇÕES MÚLTIPLAS... 36
    1.8   ENGENHARIA ERGONÔMICA 36
    1.9   O RELATÓRIO TÉCNICO 37
    1.10 UNIDADES 37
    1.11 ESTUDO DE CASO DE PROJETO 38
    1.12 PRÓXIMOS PASSOS 44
    1.13 REFERÊNCIAS 44
    1.14 BIBLIOGRAFIA 45

FUNDAMENTOS DA CINEMÁTICA 48
    2.0   INTRODUÇÃO 48
    2.1   GRAUS DE LIBERDADE (GDL) OU MOBILIDADE 48
    2.2   TIPOS DE MOVIMENTO 49
    2.3   ELOS, JUNTAS OU ARTICULAÇÕES E CADEIAS CINEMÁTICAS 50
    2.4   DESENHANDO DIAGRAMAS CINEMÁTICOS 54
    2.5   DETERMINANDO OS GRAUS DE LIBERDADE OU MOBILIDADE 55
    2.6   MECANISMOS E ESTRUTURAS 58
    2.7   NÚMEROS DE SÍNTESE 60
    2.8   PARADOXOS 64
    2.9   ISÔMEROS 65
    2.10 TRANSFORMAÇÃO DE MECANISMOS 66
    2.11 MOVIMENTO INTERMITENTE 71
    2.12 INVERSÃO 71

2.13	A CONDIÇÃO DE GRASHOF	73
2.14	MONTAGENS COM MAIS DE QUATRO BARRAS	80
2.15	ELOS DE MOLAS	83
2.16	MECANISMOS FLEXÍVEIS (ELÁSTICOS)	83
2.17	SISTEMAS MICROELETROMECÂNICOS (MEMS)	85
2.18	CONSIDERAÇÕES PRÁTICAS	87
2.19	MOTORES E ACIONADORES	92
2.20	REFERÊNCIAS	98
2.21	PROBLEMAS	99

SÍNTESE GRÁFICA DE MECANISMOS 112

3.0	INTRODUÇÃO	112
3.1	SÍNTESE	112
3.2	GERAÇÃO DE CAMINHO, FUNÇÃO E MOVIMENTO	114
3.3	CONDIÇÕES LIMITANTES	116
3.4	SÍNTESE DIMENSIONAL	118
3.5	MECANISMOS DE RETORNO RÁPIDO	133
3.6	CURVAS DE ACOPLADOR	139
3.7	MECANISMOS COGNATOS	148
3.8	MECANISMOS PARA MOVIMENTAÇÃO LINEAR	156
3.9	MECANISMOS COM TEMPO DE ESPERA	163
3.10	OUTROS MECANISMOS ÚTEIS	168
3.11	REFERÊNCIAS	172
3.12	BIBLIOGRAFIA	173
3.13	PROBLEMAS	173
3.14	PROJETOS	184

ANÁLISE DE POSIÇÕES 188

4.0	INTRODUÇÃO	188
4.1	SISTEMAS DE COORDENADAS	190
4.2	POSIÇÃO E DESLOCAMENTO	190
4.3	TRANSLAÇÃO, ROTAÇÃO E MOVIMENTO COMPLEXO	193
4.4	ANÁLISE GRÁFICA DA POSIÇÃO DE MECANISMOS	195
4.5	ANÁLISE ALGÉBRICA DA POSIÇÃO DE MECANISMOS	197
4.6	SOLUÇÃO PARA ANÁLISE DE POSIÇÕES NO MECANISMO BIELA-MANIVELA	204
4.7	SOLUÇÃO PARA ANÁLISE DE POSIÇÕES NO MECANISMO BIELA-MANIVELA INVERTIDO	206
4.8	MECANISMOS COM MAIS DE 4 BARRAS	208
4.9	POSIÇÃO DE QUALQUER PONTO DE UM MECANISMO	212
4.10	ÂNGULOS DE TRANSMISSÃO	213
4.11	SINGULARIDADES OU PONTOS MORTOS	216

4.12	CIRCUITOS E RAMIFICAÇÕES EM MECANISMOS	217
4.13	MÉTODO DE SOLUÇÃO DE NEWTON-RAPHSON	218
4.14	REFERÊNCIAS	222
4.15	PROBLEMAS	223

SÍNTESE ANALÍTICA DOS MECANISMOS ... 234

5.0	INTRODUÇÃO	234
5.1	TIPOS DE SÍNTESES CINEMÁTICAS	234
5.2	SÍNTESE DE DUAS POSIÇÕES PARA A SAÍDA DO SEGUIDOR	235
5.3	PONTOS DE PRECISÃO	237
5.4	GERAÇÃO DE MOVIMENTO DE DUAS POSIÇÕES POR SÍNTESE ANALÍTICA	237
5.5	COMPARAÇÃO ENTRE SÍNTESES DE DUAS POSIÇÕES ANALÍTICAS E GRÁFICAS	244
5.6	SOLUÇÃO DE EQUAÇÕES SIMULTÂNEAS	246
5.7	GERAÇÃO DE MOVIMENTO DE TRÊS POSIÇÕES PELA SÍNTESE ANALÍTICA	249
5.8	COMPARAÇÃO ENTRE SÍNTESE GRÁFICA E ANALÍTICA DE TRÊS POSIÇÕES	254
5.9	SÍNTESE PARA UMA LOCALIZAÇÃO ESPECÍFICA DO PIVÔ FIXO	258
5.10	PONTO CENTRAL E CÍRCULO DE PONTOS CENTRAIS	264
5.11	SÍNTESE ANALÍTICA DE QUATRO E CINCO POSIÇÕES	267
5.12	SÍNTESES ANALÍTICAS DE UMA TRAJETÓRIA GERADA COM TEMPO PREDETERMINADO	268
5.13	SÍNTESE ANALÍTICA DA GERAÇÃO DE UMA FUNÇÃO DE QUATRO BARRAS	268
5.14	OUTROS MÉTODOS DE SÍNTESE DE MECANISMOS	271
5.15	REFERÊNCIAS	278
5.16	PROBLEMAS	280

ANÁLISE DE VELOCIDADES ... 289

6.0	INTRODUÇÃO	289
6.1	DEFINIÇÃO DE VELOCIDADE	289
6.2	ANÁLISE GRÁFICA DE VELOCIDADES	292
6.3	CENTROS INSTANTÂNEOS DE VELOCIDADE	297
6.4	ANÁLISE DE VELOCIDADES COM CENTROS INSTANTÂNEOS	304
6.5	CENTROIDES	311
6.6	VELOCIDADE DE DESLIZAMENTO	315
6.7	SOLUÇÕES ANALÍTICAS PARA ANÁLISES DE VELOCIDADES	319
6.8	ANÁLISE DE VELOCIDADE DE UM MECANISMO DE CINCO BARRAS ENGRENADO	326
6.9	VELOCIDADE DE QUALQUER PONTO DE UM MECANISMO	327
6.10	REFERÊNCIAS	328
6.11	PROBLEMAS	328

ANÁLISE DE ACELERAÇÕES ... 350

7.0	INTRODUÇÃO	350

7.1	DEFINIÇÃO DE ACELERAÇÃO	350
7.2	ANÁLISE GRÁFICA DE ACELERAÇÕES	353
7.3	SOLUÇÕES ANALÍTICAS PARA A ANÁLISE DE ACELERAÇÕES	358
7.4	ANÁLISE DE ACELERAÇÕES NO MECANISMO DE CINCO BARRAS ENGRENADO	369
7.5	ACELERAÇÃO DE QUALQUER PONTO DO MECANISMO	370
7.6	A TOLERÂNCIA HUMANA À ACELERAÇÃO	372
7.7	PULSO	375
7.8	MECANISMOS DE N BARRAS	377
7.9	REFERÊNCIAS	377
7.10	PROBLEMAS	377

PROJETO DE CAMES 397

8.0	INTRODUÇÃO	397
8.1	TERMINOLOGIA PARA CAMES	398
8.2	DIAGRAMAS $E\ V\ A\ P$	404
8.3	PROJETO DO CAME COM DUPLA ESPERA – ESCOLHENDO AS FUNÇÕES $E\ V\ A\ P$	405
8.4	PROJETO DE CAME COM TEMPO DE ESPERA ÚNICO – ESCOLHENDO AS FUNÇÕES $E\ V\ A\ P$	431
8.5	MOVIMENTO DE TRAJETÓRIA CRÍTICO (MTC)	440
8.6	DIMENSIONANDO O CAME – ÂNGULO DE PRESSÃO E RAIO DE CURVATURA	449
8.7	CONSIDERAÇÕES PRÁTICAS DE PROJETO	463
8.8	REFERÊNCIAS	467
8.9	PROBLEMAS	468
8.10	PROJETOS	471

TRANSMISSÕES POR ENGRENAGENS 474

9.0	INTRODUÇÃO	474
9.1	RODAS DE ATRITO	475
9.2	LEI FUNDAMENTAL DE ENGRENAMENTO	476
9.3	NOMENCLATURA DE DENTES DE ENGRENAGENS	481
9.4	INTERFERÊNCIA E ADELGAÇAMENTO	484
9.5	RAZÃO DE CONTATO OU GRAU DE RECOBRIMENTO	486
9.6	TIPOS DE ENGRENAGENS	488
9.7	TRANSMISSÕES POR ENGRENAGENS SIMPLES	495
9.8	TRANSMISSÕES POR ENGRENAGENS COMPOSTAS	495
9.9	TRANSMISSÕES POR ENGRENAGENS PLANETÁRIAS OU EPICICLOIDAIS	504
9.10	RENDIMENTO EM TRANSMISSÕES POR ENGRENAGEM	513
9.11	TRANSMISSÕES	516
9.12	DIFERENCIAIS	520
9.13	REFERÊNCIAS	522

| 9.14 | BIBLIOGRAFIA | 523 |
| 9.15 | PROBLEMAS | 523 |

PARTE 2 DINÂMICA DE MECANISMOS ... 531

FUNDAMENTOS DE DINÂMICA ... 533

10.0	INTRODUÇÃO	533
10.1	LEIS DE NEWTON DO MOVIMENTO	533
10.2	MODELOS DINÂMICOS	534
10.3	MASSA	534
10.4	MOMENTO DE MASSA E CENTRO DE GRAVIDADE	535
10.5	MOMENTO DE INÉRCIA DE MASSA (SEGUNDO MOMENTO DE INÉRCIA)	537
10.6	TEOREMA DOS EIXOS PARALELOS (TEOREMA DA TRANSFERÊNCIA)	539
10.7	DETERMINANDO O MOMENTO DE INÉRCIA DE MASSA	539
10.8	RAIO DE GIRAÇÃO	541
10.9	MODELANDO ELOS ROTATIVOS	542
10.10	CENTRO DE PERCUSSÃO	543
10.11	MODELOS DINÂMICOS DE MASSA CONCENTRADA	545
10.12	SISTEMAS EQUIVALENTES	548
10.13	MÉTODOS DE SOLUÇÃO	557
10.14	O PRINCÍPIO DE D'ALEMBERT	558
10.15	MÉTODOS DA ENERGIA — TRABALHOS VIRTUAIS	559
10.16	REFERÊNCIAS	562
10.17	PROBLEMAS	562

ANÁLISE DINÂMICA ... 565

11.0	INTRODUÇÃO	565
11.1	MÉTODO DE SOLUÇÃO NEWTONIANA	565
11.2	ÚNICO ELO EM ROTAÇÃO PURA	566
11.3	ANÁLISE DE FORÇA DE UM MECANISMO DE TRÊS BARRAS BIELA-MANIVELA	569
11.4	ANÁLISE DE FORÇA DE UM MECANISMO DE QUATRO BARRAS	575
11.5	ANÁLSE DE FORÇA DE UM MECANISMO DE QUATRO BARRAS BIELA-MANIVELA	582
11.6	ANÁLISE DE FORÇA DE BIELA-MANIVELA INVERTIDA	584
11.7	ANÁLISE DE FORÇA – MECANISMOS COM MAIS DE QUATRO BARRAS	587
11.8	FORÇA E MOMENTO VIBRATÓRIOS	588
11.9	PROGRAMAS FOURBAR, FIVEBAR, SIXBAR, SLIDER	589
11.10	ANÁLISE DE FORÇA NO MECANISMO PELOS MÉTODOS DE ENERGIA	589
11.11	CONTROLANDO O TORQUE DE ENTRADA – VOLANTES DE INÉRCIA	592
11.12	COEFICIENTE DE TRANSMISSÃO DE FORÇA EM UM MECANISMO	598
11.13	CONSIDERAÇÕES PRÁTICAS	599
11.14	REFERÊNCIAS	601

| 11.15 | PROBLEMAS | 601 |
| 11.16 | PROJETOS | 612 |

BALANCEAMENTO 614

12.0	INTRODUÇÃO	614
12.1	BALANCEAMENTO ESTÁTICO	615
12.2	BALANCEAMENTO DINÂMICO	618
12.3	BALANCEAMENTO DE MECANISMOS	623
12.4	EFEITO DO BALANCEAMENTO NAS FORÇAS VIBRATÓRIAS E NAS FORÇAS NO PINO OU NA ARTICULAÇÃO	627
12.5	EFEITO DO BALANCEAMENTO NO TORQUE DE ENTRADA	629
12.6	BALANCEANDO O MOMENTO VIBRATÓRIO EM MECANISMOS	630
12.7	MEDINDO E CORRIGINDO DESBALANCEAMENTOS	634
12.8	REFERÊNCIAS	636
12.9	PROBLEMAS	636

DINÂMICA DE MOTORES 642

13.0	INTRODUÇÃO	642
13.1	PROJETO DO MOTOR	644
13.2	CINEMÁTICA DO MECANISMO BIELA-MANIVELA	649
13.3	FORÇA E TORQUE DE POTÊNCIA	655
13.4	MASSAS EQUIVALENTES	657
13.5	FORÇAS DE INÉRCIA E VIBRATÓRIAS	661
13.6	TORQUES DE INÉRCIA E VIBRATÓRIOS	664
13.7	TORQUE TOTAL DO MOTOR	665
13.8	VOLANTES DE INÉRCIA	666
13.9	FORÇAS NA ARTICULAÇÃO DE UM MOTOR MONOCILÍNDRICO	667
13.10	BALANCEANDO UM MOTOR MONOCILÍNDRICO	675
13.11	RECOMENDAÇÕES E RAZÕES DE PROJETO	680
13.12	BIBLIOGRAFIA	681
13.13	PROBLEMAS	681
13.14	PROJETOS	684

MOTORES MULTICILÍNDRICOS 685

14.0	INTRODUÇÃO	685
14.1	PROJETO DE MOTORES MULTICILÍNDRICOS	687
14.2	DIAGRAMA DE FASES DA MANIVELA	690
14.3	FORÇAS VIBRATÓRIAS EM MOTORES EM LINHA	691
14.4	TORQUE DE INÉRCIA EM MOTORES EM LINHA	695
14.5	MOMENTO VIBRATÓRIO EM MOTORES EM LINHA	696

14.6	SINCRONISMO DE IGNIÇÃO	698
14.7	CONFIGURAÇÕES DO MOTOR EM V	707
14.8	CONFIGURAÇÕES DO MOTOR OPOSTO	719
14.9	BALANCEANDO MOTORES MULTICILÍNDRICOS	720
14.10	REFERÊNCIAS	727
14.11	BIBLIOGRAFIA	727
14.12	PROBLEMAS	728
14.13	PROJETOS	729

DINÂMICAS DE CAME 731

15.0	INTRODUÇÃO	731
15.1	ANÁLISE DA FORÇA DINÂMICA DE UM CAME SEGUIDOR UNIDO POR FORÇA	732
15.2	RESSONÂNCIA	741
15.3	ANÁLISE DA FORÇA CINETOSTÁTICA DO SISTEMA CAME SEGUIDOR UNIDO POR FORÇA	743
15.4	ANÁLISE DA FORÇA CINETOSTÁTICA DE UM SISTEMA CAME SEGUIDOR UNIDO POR FORMA	747
15.5	TORQUE CINETOSTÁTICO NO EIXO DE CAME	751
15.6	MEDINDO FORÇAS E ACELERAÇÕES DINÂMICAS	753
15.7	CONSIDERAÇÕES PRÁTICAS	756
15.8	REFERÊNCIAS	758
15.9	BIBLIOGRAFIA	758
15.10	PROBLEMAS	758

APÊNDICE A	PROGRAMAS DE COMPUTADOR	761
APÊNDICE B	PROPRIEDADES DOS MATERIAIS	763
APÊNDICE C	PROPRIEDADES GEOMÉTRICAS	767
APÊNDICE D	DADOS DE MOLAS	769
APÊNDICE E	EQUAÇÕES PARA MOTORES MULTICILÍNDRICOS SUB OU SOBREBALANCEADOS	771
APÊNDICE F	RESPOSTAS A PROBLEMAS SELECIONADOS	775
ÍNDICE		791

*Estude a Cinemática. Isto irá recompensá-lo.
Ela é mais fecunda do que a Geometria; adiciona
uma quarta dimensão ao espaço.*

De Chebyschev para Sylvester, 1873

PARTE I

CINEMÁTICA DE MECANISMOS

Capítulo 1

INTRODUÇÃO

A inspiração geralmente golpeia aqueles que trabalham duro.
ANÔNIMO

1.0 OBJETIVO

Nesta obra iremos explorar tópicos de **cinemática** e **dinâmica de máquinas**, no que diz respeito à **síntese de mecanismos**, de modo a executar movimentos desejados e tarefas, e à **análise de mecanismos**, para determinar o comportamento dinâmico de corpos rígidos. Esses tópicos são fundamentais para o estudo de um assunto mais amplo: **projeto de máquinas**. Com base no fato de que não podemos analisar algo até que tenha sido construído, abordaremos primeiro a **síntese de mecanismos**. Feito isso, estudaremos técnicas de **análise de mecanismos**. Tudo isso será direcionado a desenvolver sua capacidade de projetar soluções para problemas de engenharia que possam ser realmente construídos, não estruturados, utilizando uma **metodologia de projeto**. Começaremos com definições minuciosas dos termos que serão utilizados nesses tópicos.

1.1 CINEMÁTICA E CINÉTICA

CINEMÁTICA   *Estudo do movimento, desconsiderando as forças que o causaram.*

CINÉTICA   *Estudo das forças de sistemas em movimento.*

Esses dois conceitos *não* são fisicamente separáveis. Nós os separamos arbitrariamente por razões didáticas no estudo da engenharia. Também é válido, na prática do projeto de engenharia, primeiramente considerar o movimento desejado e suas consequências e só depois investigar as forças relacionadas a esse movimento. O aluno deve perceber que a divisão entre **cinemática** e **cinética** é arbitrária e muito utilizada por conveniência. Não é possível modelar sistemas mecânicos em movimento sem levar os dois tópicos em consideração. É bastante lógico considerá-los na forma listada desde que, da segunda lei de Newton, $\mathbf{F} = m\mathbf{a}$, seja conhecida a **aceleração** (**a**) para que se possa calcular as **forças** dinâmicas (**F**) em função da movimentação de um sistema de **massa** (*m*). Também há muitas situações nas quais as forças aplicadas são conhecidas e deseja-se saber a aceleração do sistema.

Um dos objetivos principais da **cinemática** é criar (projetar) movimentos desejados de elementos mecânicos e então calcular as posições, velocidades e acelerações que esses movimentos irão gerar nos respectivos componentes. Para muitos sistemas mecânicos, como a massa não se altera com o tempo, podemos definir tanto a aceleração como a força em função do tempo. As **tensões**, por sua vez, serão definidas em função de forças inerciais (*ma*) e forças externas aplicadas. Uma vez que o projeto de engenharia deve propor sistemas que não falhem durante o tempo estimado de vida, o objetivo é manter os esforços dentro de limites aceitáveis para os materiais escolhidos e as condições climáticas às quais o sistema estará exposto. Isso obviamente requer que todas as forças no sistema sejam definidas e mantidas dentro do limite escolhido. Em equipamentos que possuem movimento (o único tipo que aqui nos interessa), normalmente as forças de maior módulo encontradas são aquelas relacionadas à dinâmica da própria máquina. Essas forças geradas pelo movimento são proporcionais à aceleração, o que nos leva à cinemática, a base fundamental de um projeto mecânico. Muitas definições básicas e decisões iniciais no processo do projeto, envolvendo princípios de cinemática, podem ser cruciais. Um projeto que tiver definições e estudos cinemáticos pobres e mal feitos poderá se mostrar problemático e apresentar desempenho inadequado.

1.2 MÁQUINAS E MECANISMOS

Um **mecanismo** é um dispositivo que transforma um movimento qualquer em um padrão desejado e geralmente desenvolve forças de baixa intensidade e transmite pouca potência. Hunt[13] define o mecanismo como "um meio de *transmitir, controlar ou limitar um movimento relativo*". Uma **máquina**, em geral, contém mecanismos que são projetados para fornecer forças significativas e transmitir potências significativas.[1] Alguns exemplos de mecanismos comuns são: o apontador de lápis, o obturador de máquina fotográfica, o relógio analógico, a cadeira dobrável, o suporte de lâmpada ajustável, o guarda-chuva. Alguns exemplos de máquinas que possuem movimento similar aos mecanismos citados acima são: o liquidificador, a porta de um cofre de banco, o câmbio de um automóvel, o trator, o robô e o brinquedo de parque de diversões. Não há uma divisão correta do que é um mecanismo e do que é uma máquina. Eles são diferenciados em grau, e não em tipo. Se as forças ou o nível de energia do aparelho são significativos, ele é considerado uma máquina; se não, ele é considerado um mecanismo. Uma **definição útil de mecanismo** é *um sistema de elementos unidos e organizados para transmitir* **movimento** *de uma maneira predeterminada*. A mesma afirmação é empregada para uma definição de **máquina** adicionando os termos **e energia** após a palavra **movimento.**

Mecanismos, se pouco carregados e com baixas velocidades de funcionamento, podem ser tratados estritamente como dispositivos cinemáticos; em outras palavras, eles podem ser analisados cinematicamente, desprezando-se as forças. Máquinas (e mecanismos funcionando a altas velocidades), por outro lado, devem ser tratadas primeiramente como dispositivos; uma análise cinemática das velocidades e acelerações deve ser feita; na sequência, devem ser analisadas como sistemas dinâmicos cujas forças estáticas e dinâmicas causadas pelas acelerações são analisadas pelos princípios de cinética. A **Parte I** deste livro aborda **cinemática de mecanismos**, e a **Parte II** lida com **dinâmica de máquinas**. As técnicas de síntese de mecanismos apresentadas na Parte I podem ser aplicadas ao projeto tanto de mecanismos como de máquinas, desde que em cada caso alguns elementos móveis sejam criados para proporcionar e controlar a geometria e os movimentos desejados.

Um mecanismo

Uma máquina

1.3 BREVE HISTÓRIA DA CINEMÁTICA

Máquinas e mecanismos vêm sendo criados pelas pessoas desde os primórdios da história. Os antigos egípcios inventaram máquinas para que a construção de pirâmides e outros monumentos fosse possível. Apesar de as rodas e polias (em um eixo) não serem conhecidas pelos antigos egípcios, eles fizeram uso da alavanca, do plano inclinado (ou cunha) e provavelmente de roletes. A origem da roda e da polia não é conhecida. Há indícios de que a primeira aparição tenha sido na Mesopotâmia, entre 3000 e 4000 a.C.

Grandes esforços foram empregados na Antiguidade no desenvolvimento de elementos para a contagem do tempo à medida que novos e sofisticados sistemas de engrenagem eram criados. Antes disso, o desenvolvimento de máquinas era direcionado às aplicações militares (catapultas, equipamentos para escalar muros etc.). O termo **engenharia civil** foi mais tarde usado para diferenciar aplicações tecnológicas civis e militares. A **engenharia mecânica** teve início com o projeto de máquinas, uma vez que a revolução industrial necessitava de soluções mais sofisticadas e complexas para problemas de controle de movimentos. **James Watt** (1736-1819) provavelmente merece o título de primeiro estudioso da cinemática pela criação de mecanismos que proporcionavam movimento em linha reta (ver Figura 3-29) para guiar os pistões de longo curso nos novos motores a vapor. Como a plaina seria inventada futuramente (em 1817), não havia meios, até então, para usinar uma longa guia para servir de travessa ao motor a vapor. Watt foi, certamente, o primeiro na história a reconhecer o valor dos movimentos de acoplador nos mecanismos de barras. **Oliver Evans** (1755-1819), um antigo inventor americano, também projetou um mecanismo de linha reta para máquinas a vapor. **Euler** (1707-1783) foi contemporâneo de Watt, mas ao que parece eles não se conheceram. Euler apresentou um tratamento analítico de mecanismos na publicação *Mechanica Sive Motus Scienta Analytice Exposita* (1736-1742), que incluiu o conceito de que o movimento plano é composto de dois diferentes componentes, nomeados translação de um ponto e rotação de um corpo em torno deste ponto. Euler também sugeriu a separação do problema da análise dinâmica em "geométrica" e "mecânica" de modo a simplificar a determinação da dinâmica do sistema. Dois de seus contemporâneos, **d'Alembert** e **Kant**, também propuseram ideias similares. Essa é a origem da divisão do nosso tópico em cinemática e cinética como descrito anteriormente.

Em meados de 1800, a Escola Politécnica de Paris, França, era o centro de excelência em engenharia. **Lagrange** e **Fourier** estavam entre os membros do corpo docente. Um dos fundadores foi **Gaspard Monge** (1746-1818), inventor da geometria descritiva (cujo propósito foi mantido como segredo militar pelo governo francês por trinta anos, devido ao valor no planejamento de fortificações militares). Monge criou um curso sobre elementos de máquinas e iniciou a classificação de todos os mecanismos e máquinas conhecidos pela humanidade! Seu amigo **Hachette** finalizou o trabalho em 1806 e o publicou em 1811, como sendo provavelmente o primeiro artigo sobre mecanismos. **Andre Marie Ampere** (1775-1836), também um professor da Escola Politécnica, iniciou a grande tarefa de classificar "todo conhecimento da humanidade". Em seu *Essai sur la philosophie des sciences*, foi o primeiro a fazer uso do termo **cinematique** (cinemática em francês), da palavra grega para movimento,[*] para descrever o estudo do movimento sem levar em consideração as forças, e sugeriu que "essa ciência deve incluir tudo o que pode ser dito a respeito do movimento em seus diversos tipos, independentemente das forças que o causaram". Posteriormente, o termo foi traduzido para o inglês como *kinematics* e para o alemão como *kinematik* (em português, cinemática).

Robert Willis (1800-1875) produziu o artigo *Principles of mechanism*, em 1841, quando era um professor de filosofia natural da Universidade de Cambridge, Inglaterra. Ele tentou sistematizar a tarefa da síntese de mecanismos. Ele enumerou cinco maneiras de obter movimento relativo entre conexões de entrada e de saída: contatos rolantes e deslizantes, mecanismos,

---

[*] A seguinte frase é atribuída a Ampere: "(A ciência dos mecanismos) não deve, portanto, definir uma máquina, como normalmente tem sido feito, como um instrumento que pode ajudar na alteração da direção e intensidade de uma dada *força*, mas sim um instrumento cuja ajuda pode alterar a direção e *velocidade* de um dado movimento. A essa ciência (...) eu atribuí o nome Cinemática, de Κινμα movimento". In: MAUNDER, L. (1979). "Theory and practice". *Proc. 5º World Cong. on Theory of Mechanisms and Machines*, Montreal, p. 1.

conectores envolvidos (correntes, correias) e talhas (cordas ou corrente de guindastes). **Franz Reuleaux** (1829-1905) publicou *Theoretische kinematik* em 1875. Muitas de suas ideias ainda são atuais e muito usadas. **Alexander Kennedy** (1847-1928) traduziu Reuleaux para o inglês em 1876. Esse texto se tornou a base da cinemática moderna e ainda é impresso. (Ver bibliografia no final do capítulo.) Ele nos forneceu o conceito de par cinemático (junta), cuja forma e interação define o tipo de movimento transmitido entre elementos de mecanismos. Reuleaux definiu seis componentes mecânicos básicos: o elo, a roda, o came, a rosca, a catraca e a correia. Ele também definiu pares "superiores" e "inferiores": os superiores com uma linha ou um ponto de contato (como um rolete ou rolamento) e os inferiores com uma superfície de contato (como juntas pinadas). Reuleaux é considerado o pai da cinemática moderna e é responsável pela notação simbólica na forma de esqueleto, conexões genéricas utilizadas em todos os textos sobre cinemática moderna.

No século XX, antes da Segunda Guerra Mundial, a maior parte dos trabalhos teóricos sobre cinemática foi feita na Europa, especialmente na Alemanha. Poucos resultados sobre esses estudos estavam disponíveis em inglês. Nos Estados Unidos, a cinemática foi amplamente ignorada até a década de 1940, quando **A. E. R. deJonge** escreveu "What is wrong with 'kinematics' and 'mechanisms'?" [2] (O que há de errado com "cinemática" e "mecanismos"?), que chamou a atenção das escolas de engenharia mecânica americana para os avanços europeus no campo. Desde então, muitos dos novos estudos foram feitos, especialmente na síntese cinemática, por engenheiros e pesquisadores americanos e europeus como **J. Denavit**, **A. Erdman**, **F. Freudenstein**, **A. S. Hall**, **R. Hartenberg**, **R. Kaufman**, **B. Roth**, **G. Sandor** e **A. Soni** (todos americanos) e **K. Hain** (alemão). Desde a queda da "cortina de ferro", muito do trabalho original feito por soviéticos sobre cinemática tornou-se disponível nos Estados Unidos, como os estudos de **Artobolevsky**.[3] Muitos pesquisadores americanos recorreram ao computador para resolver problemas que até então não tinham solução, ambos de análise e síntese, fazendo uso prático de muitas teorias de seus antecessores.[4] Este texto fará bastante uso da disponibilidade de computadores para permitir análises e sínteses mais eficientes para soluções de problemas em projetos de máquinas. O autor deste livro desenvolveu muitos programas de computador – consulte o Apêndice A para mais informações.

1.4 APLICAÇÕES DE CINEMÁTICA

Um dos primeiros passos para resolver qualquer problema de projeto de máquinas é definir a configuração cinemática necessária para fornecer os movimentos desejados. Em geral, a análise de forças e tensões não pode ser feita até que questões sobre cinemática sejam solucionadas. Este texto contém modelos de dispositivos cinemáticos como mecanismos de barras, cames e engrenagens. Cada um desses termos será completamente definido nos capítulos subsequentes, mas poderá ser útil a apresentação de alguns exemplos de aplicações cinemáticas neste capítulo introdutório. Você provavelmente já usou muitos desses sistemas sem pensar muito na cinemática envolvida.

Qualquer máquina ou aparelho que se mova contém um ou mais elementos cinemáticos como conexões, cames, engrenagens, correias ou correntes. A bicicleta, por exemplo, é um sistema cinemático que contém uma transmissão por corrente que fornece a multiplicação do torque e sistemas simples de freio a cabo. Um automóvel apresenta muito mais exemplos de dispositivos cinemáticos. Os sistemas de direção, suspensão e motor a pistão contêm conexões; as válvulas do motor são abertas por sistemas de cames; e a transmissão possui um grande número de engrenagens. Até mesmo os limpadores de para-brisa são movidos por mecanismos de barras. A Figura 1-1a mostra um mecanismo espacial usado para controlar o movimento da roda traseira de um veículo moderno sobre buracos.

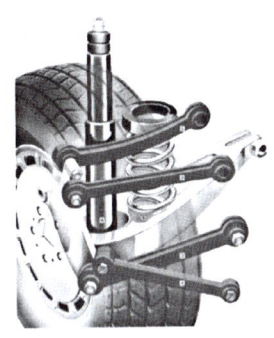

INTRODUÇÃO

(*a*) Mecanismo espacial de suspensão traseira *(Cortesia de Daimler Benz Co.)*

(*b*) Trator com retroescavadeira *(Cortesia de John Deere Co.)*

(*c*) Máquina de exercício físico acionada por mecanismos *(Cortesia de ICON Health & Fitness, Inc.)*

FIGURA 1-1
Exemplos de dispositivos cinemáticos em uso geral.

Equipamentos de construção como tratores, guindastes e retroescavadeiras usam extensivamente mecanismos em seu projeto. A Figura 1-1b mostra uma pequena retroescavadeira, que é um mecanismo de barras movido por um cilindro hidráulico. Uma outra aplicação que faz uso de mecanismos de barras são os equipamentos de exercício físico como o mostrado na Figura 1-1c. Os exemplos na Figura 1-1 são todos de bens de consumo que você pode encontrar no dia a dia. Outros exemplos de dispositivos cinemáticos podem ser encontrados em fábricas – máquinas usadas para fabricar muitos produtos que nós utilizamos. Será menos provável que você encontre esses equipamentos fora de um ambiente fabril. Uma vez que você se familiarizar com esses termos e com os princípios de cinemática, não conseguirá olhar para qualquer máquina ou produto sem deixar de observar os aspectos cinemáticos.

1.5 A METODOLOGIA DE UM PROJETO

Projeto, invenção, criatividade

Esses são termos familiares, mas podem ter diferentes significados para as pessoas. Eles podem envolver uma grande variedade de atividades, desde a criação de novas roupas a obras de arquitetura impressionantes ou a projeção de uma máquina para produção de lenços de papel. O **projeto de engenharia**, que iremos abordar, engloba as três atividades além de muitas outras. A palavra **design (projeto)** deriva da palavra em latim *designare*, que significa *designar ou marcar*. O dicionário Webster dá muitas definições aplicáveis como *esboçar, desenhar, planejar uma ação ou trabalho (...), conceber, inventar – traçar*. Já **o engineering design (projeto de engenharia)** foi definido como *(...) o processo da aplicação de diversas técnicas e princípios científicos com o objetivo de definir um dispositivo, um processo ou sistema suficientemente detalhado para permitir sua realização (...), o projeto pode ser simples ou extremamente complexo, fácil ou difícil, matemático ou não matemático, pode envolver um problema trivial ou um de grande importância*. O **projeto** é um elemento constituinte da prática da engenharia universal. Porém, a complexidade de tópicos de engenharia normalmente

TABELA 1-1
As etapas de um projeto

1. Identificação da necessidade.
2. Pesquisa preliminar.
3. Estabelecimento do objetivo.
4. Especificações de desempenho.
5. Idealização e invenção.
6. Análise.
7. Seleção.
8. Projeto detalhado.
9. Prototipagem e teste.
10. Produção.

Síndrome do papel em branco

requer que o estudante seja submetido a um **conjunto de problemas estruturados**, definidos para ilustrar um conceito particular ou conceitos relacionados a um determinado tópico. Os problemas deste livro são tipicamente do tipo "*dados A, B, C e D, obtenha E*". Infelizmente, na vida real, problemas de engenharia quase nunca são encontrados de forma estruturada, mas na forma "*Precisamos de algo para posicionar este objeto naquele orifício dentro do tempo necessário para movimentar este outro*". O engenheiro recém-graduado buscará em vão nos livros alguma ajuda para resolver o problema. Esse enunciado de **problema não estruturado** normalmente leva ao que é frequentemente chamado de "**síndrome do papel em branco**". Engenheiros comumente se encontram contemplando um papel em branco refletindo sobre como começar a resolver o problema tão pouco definido.

Muito do aprendizado da engenharia lida com **análise**, que significa *decompor, separar, resolver por partes*. Isso é extremamente necessário, pois o engenheiro deve saber como analisar sistemas de vários tipos (mecânico, elétrico, térmico, ou fluido). A análise requer um entendimento por completo de ambos, técnicas matemáticas apropriadas e fundamentos da física envolvidos no funcionamento do sistema. Mas, antes que o sistema possa ser analisado, ele deve existir, e uma folha de papel em branco não fornece informação para análise. Portanto, o primeiro passo em qualquer exercício de projeto de engenharia é a **síntese**, que significa *colocar as peças juntas*.

O engenheiro de projeto, na prática, independente da disciplina, enfrenta constantemente o desafio de *estruturar problemas desestruturados*. Inevitavelmente, o problema se apresenta ao engenheiro de forma incompleta e insuficientemente definido. Antes que qualquer tentativa de *analisar a situação* seja feita, ele deve primeiro definir o problema de maneira cuidadosa, utilizando uma abordagem de engenharia, para garantir que qualquer solução apresentada resolva o problema correto. Existem muitos exemplos excelentes de soluções de engenharia que foram rejeitados, pois solucionavam o problema errado, diferente daquele que o cliente realmente tinha.

Muitas pesquisas são realizadas para definir várias "metodologias de um projeto" com a intenção de prover meios para estruturar problemas desestruturados e levar a uma solução viável. Muitos desses processos possuem dezenas de passos; outros, apenas alguns. O processo apresentado na Tabela 1-1 contém 10 passos e tem, na experiência própria do autor, se provado um sucesso em mais de 40 anos de prática no projeto de engenharia.

ITERAÇÃO Antes de discutirmos cada um dos passos detalhadamente, é necessário dizer que este não é um processo no qual o usuário vai do primeiro passo ao décimo de forma linear. Ao contrário, por sua natureza, é um processo iterativo no qual o progresso é feito de forma pausada, dois passos para a frente e um para trás; ele também é inerentemente *circular*. **Iterar** significa *repetir, retornar a um estado anterior*. Se, por exemplo, sua aparente grande ideia, submetida a uma análise, viola a Segunda Lei da Termodinâmica, você pode retornar à fase de idealização e encontrar uma ideia melhor. Ou, se necessário, pode retornar a um passo anterior do processo, talvez à pesquisa preliminar, e aprender mais sobre o problema. Agora que já entendemos que a execução do processo envolve iteração, vamos discutir cada passo na ordem listada na Tabela 1-1.

Identificação da necessidade

Esse primeiro passo em geral é dado quando alguém, como um chefe ou cliente, pede-lhe "Nós precisamos de...". Essa frase normalmente será breve e sem muitos detalhes. Ela estará longe de lhe fornecer um problema estruturado. Pode-se, por exemplo, ouvir "Precisamos de um cortador de grama melhor".

INTRODUÇÃO

Pesquisa preliminar

Esta é a fase mais importante no processo e, infelizmente, a mais negligenciada. O termo **pesquisa**, utilizado neste contexto, *não* deve criar em sua mente a imagem de cientistas de jaleco branco misturando líquidos em tubos de ensaio. Ao contrário, este é outro tipo de pesquisa, é reunir informações sobre física, química ou outros aspectos do problema. Também é importante saber se o problema, ou um outro parecido, já foi solucionado. Não há necessidade de reinventar a roda. Se você tiver a sorte de encontrar uma solução pronta no mercado será mais econômico comprá-la do que produzir uma. Provavelmente, esse não será o caso, mas você poderá aprender muito a respeito do seu problema se estudar um produto ou uma tecnologia similar já existente. Muitas empresas adquirem produtos de concorrentes, desmontam-nos e os analisam, um processo muitas vezes referido como **benchmarking**.

A **patente** e as publicações técnicas na área são fontes de informação e estão disponíveis na Internet. A U.S Patent e a Trademark Office possuem um site, <www.uspto.gov>, no qual você pode pesquisar sobre patentes por palavra-chave, inventor, título, número da patente ou outras informações. Você pode imprimir uma cópia da patente. Um site comercial chamado <www.delphion.com> também fornece cópias de patentes, incluindo aquelas de países europeus. A seção "divulgação" ou "especificação" de uma patente descreve o invento de forma tão detalhada que qualquer pessoa "habilidosa no assunto" poderia inventá-la. Em troca dessa divulgação completa sobre o invento, o governo garante ao inventor 20 anos de monopólio sobre a criação. Após a expiração desse termo, qualquer um pode fazer uso do invento. Obviamente, se você descobre que a sua solução já existe e a patente ainda é efetiva, você possui somente algumas escolhas éticas: comprar a solução do dono da patente, projetar algo que não entre em conflito com a patente ou abandonar o projeto.

As publicações técnicas em engenharia são inúmeras, muito variadas, e fornecidas por muitas organizações profissionais. Sobre o assunto em questão, a *American Society of Mechanical Engineers* (ASME – Associação Americana de Engenheiros Mecânicos), que oferece associação sem custo a estudantes, e a *International Federation for the Theory of Machines and Mechanisms* (IFToMM – Federação Internacional para Teoria de Máquinas e Mecanismos) publicam respectivamente os periódicos ASME *journal of mechanical design* (Periódico ASME de Projeto Mecânico) e *mechanisms and machine theory* (Teoria de Mecanismos e Máquinas). A biblioteca de sua faculdade pode assinar essas publicações e você pode comprar cópias de artigos nos sites: <www.asme.org/pubs/journals/> e <www.elsevier.com/inca/publications>, respectivamente.

A Internet fornece ao engenheiro ou estudante de engenharia uma fonte de pesquisa muito útil sobre qualquer assunto. Os vários sites de busca poderão recuperar muita informação sobre a palavra-chave escolhida. A Internet torna fácil encontrar documentos sobre o item comprado como engrenagens, rolamentos e motores para seu projeto de máquina. Além disso, muitas informações sobre o projeto de máquinas estão disponíveis na Internet. Alguns sites úteis estão catalogados na bibliografia deste capítulo.

É muito importante que energia e tempo sejam dedicados a essa etapa de preparação e pesquisa do projeto para evitar o constrangimento ao apresentar uma ótima solução para o problema errado. Muitos engenheiros inexperientes, até mesmo alguns experientes, dão muito pouca atenção a essa fase e vão muito rapidamente à fase de idealização e invenção. *Isso deve ser evitado!* Você deve se disciplinar a não resolver o problema antes de se preparar para fazê-lo.

TABELA 1-2
Especificações de desempenho

1. O dispositivo deve possuir fonte de energia própria.
2. O dispositivo deve ser resistente à corrosão.
3. O dispositivo deve ter o custo menor do que US$100,00.
4. O dispositivo deve emitir ruídos menores do que 80 dB a 10 m de distância.
5. O dispositivo deve aparar ¼ acre de grama por hora.
6. Etc... etc.

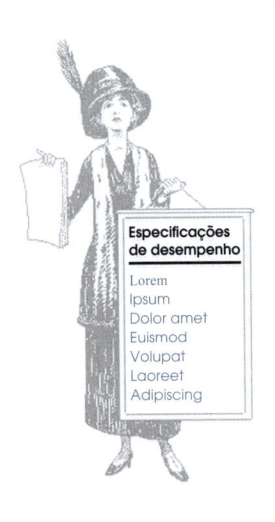

* Orson Welles, famoso autor e cineasta, disse uma vez: *O inimigo da arte é a ausência de limitações*. Nós podemos parafraseá-lo como *O inimigo do projeto é a ausência de especificações*.

Estabelecimento do objetivo

Uma vez que a teoria envolvida no problema, como foi descrito anteriormente, foi completamente entendida, você poderá redefinir o problema em um objetivo mais claro. Este novo objetivo deve possuir três características. Ele deve ser conciso, abrangente e não possuir elementos que preveem a solução. Deve ser guiado por termos de **visualização funcional**, que significa *visualizar sua função*, ao contrário de características físicas particulares. Por exemplo, se a necessidade original era *projetar um melhor cortador de grama*, após pesquisar sobre as inúmeras maneiras de como cortar a grama que foram criadas ao longo dos anos, o projetista inteligente irá restabelecer um outro objetivo, como **projetar um modo de aparar a grama**.

O enunciado do problema original possui uma armadilha na forma como a expressão "cortador de grama" foi escrita. Para muitas pessoas, essa sentença irá remeter a uma hélice e um motor barulhento. Para que a fase de **idealização** obtenha maior sucesso, é necessário evitar tais imagens e estabelecer o problema de forma mais generalizada, clara e concisa. Como um exercício, pense em 10 maneiras de aparar a grama. Muitas delas não lhe ocorreriam se pedissem a você que pensasse nos 10 melhores projetos de cortadores de grama. Faça uso da **visualização funcional** para evitar limitar sua criatividade desnecessariamente.

Especificações de desempenho*

Quando a teoria for compreendida e o objetivo claramente estabelecido, você estará pronto para formular um grupo de *especificações de desempenho* (também chamadas de *especificações* ou *requisitos de funcionamento*). Essas **não** devem ser especificações de projeto. A diferença é que a **especificação de desempenho** define **o que** o *sistema precisa fazer*, enquanto as **especificações de projeto** dizem **como** *isso deve ser feito*. Nesse estágio da metodologia de projetar, não é sensato tentar especificar *como* o objetivo deve ser alcançado, o que deve ser deixado para a fase de **idealização**. O propósito de especificar o funcionamento é para definir cuidadosamente e abranger o problema de forma que ele *possa ser solucionado* e também *possa mostrar que foi enfim resolvido*. Uma amostra de especificação de funcionamento (desempenho) para nosso "aparador de grama" é mostrada na Tabela 1-2.

Note que essas especificações limitam o projeto sem restringir muito a liberdade de projeto do engenheiro. Seria inapropriado precisar de um motor à gasolina pela especificação 1, porque existem outras possibilidades que irão fornecer a mobilidade necessária. Do mesmo modo, não seria recomendável utilizar aço inoxidável no projeto, pela especificação número 2, já que o mesmo objetivo pode ser alcançado com uma solução mais barata. Em outras palavras, as especificações de desempenho servem para definir o problema da maneira mais completa e geral possível e também para especificar definições contratuais do que deve ser alcançado. O projeto final pode ser testado para verificar as especificações.

Idealização e invenção

Este passo associa diversão e frustração. Esta fase é provavelmente, para muitos projetistas, a mais gratificante, mas também a mais difícil. Muitas pesquisas foram realizadas para explorar o fenômeno da "**criatividade**". Muitas pessoas concordam que ela é uma particularidade humana; ela é certamente utilizada em um alto nível por todas as crianças. A taxa e o grau de desenvolvimento humano desde o nascimento até os primeiros anos de vida certamente requerem muita criatividade natural. Alguns dizem que os métodos de educação ocidental tendem a reprimir a criatividade natural das crianças por encorajar conformidade e restringir a individualidade, desde "colorir desenhos" no jardim de infância a imitar os padrões de escrita de um livro nas séries subsequentes. A individualidade é suprimida em favor de uma conformidade social. Isto talvez seja necessário para evitar anarquia, mas provavelmente possui o efeito de reduzir a habilidade individual de pensar de modo criativo. Algumas pessoas afirmam que a criatividade pode ser ensinada e outros, que ela é hereditária. Não há fortes evidências de que qualquer uma das duas teorias seja verdadeira. Provavelmente seja verdadeiro que a criatividade reprimida de uma pessoa possa ser reanimada. Outros estudos sugerem que a maioria das pessoas não utiliza o total de habilidades criativas. Você pode exercitar e aumentar a criatividade por meio de algumas técnicas.

TABELA 1-3
O processo criativo

5a Geração de ideias.
5b Frustração.
5c Incubação.
5d Eureca!

PROCESSO CRIATIVO   Muitas técnicas vêm sendo desenvolvidas para exercitar ou inspirar soluções criativas de problemas. Na verdade, do mesmo modo que processos de um projeto foram definidos, assim foram os *processos criativos* mostrados na Tabela 1-3. Esse processo criativo pode ser relacionado a uma subdivisão do processo de projetar. O processo de idealização e invenção pode ser subdividido nesses quatro passos.

GERAÇÃO DA IDEIA   é o mais difícil dos passos que virão. Até mesmo pessoas muito criativas têm dificuldade de criar "sob pressão". Muitas técnicas foram criadas para melhorar a produção de ideias. A técnica mais importante é a de *adiar o julgamento*, ou seja, sua capacidade de criticar deve ser suspensa temporariamente. Não tente julgar a qualidade de suas ideias nesta fase; isso será feito posteriormente, na fase de **análise**. O objetivo aqui é obter o maior *número* possível de ideias para o projeto. Até mesmo sugestões pífias são bem-vindas, pois elas podem gerar novas ideias e sugerir soluções mais realistas e práticas.

Brainstorming

BRAINSTORMING   é a técnica que muitos dizem ser um sucesso na geração de soluções criativas. Essa técnica requer um grupo de 6 a 15 pessoas e tenta colocar por terra a maior barreira para a criatividade: o *medo do ridículo*. A maior parte das pessoas, quando em grupo, não irá expor seus reais pensamentos sobre um determinado assunto por medo de ser alvo de chacota. As regras do *brainstorming* (tempestade de ideias) proíbem que as pessoas zombem ou critiquem sugestões dos outros, não importa o quão ridículas elas sejam. Um dos participantes irá tomar notas das sugestões, mesmo que elas sejam tolas. Quando feita corretamente, essa técnica pode ser divertida e resultar em uma grande quantidade de ideias que se sobrepõem e se completam em pouco tempo de atividade. O julgamento da qualidade dessas ideias será feito posteriormente.

Frustração

Quando você está trabalhando sozinho, outras técnicas são necessárias. **Analogias** e **inversões** são normalmente úteis. Tente esboçar analogias entre o problema dado e outros elementos físicos. Se for um problema mecânico, converta-o por analogia para um sistema fluido ou elétrico. A inversão expõe o interior do problema, ou seja, "vira-o do avesso". Por exemplo, considere aquilo que você deseja que seja movido no estado estacionário e vice-versa. Novas ideias normalmente se seguirão. Uma outra técnica à criatividade é o uso de **sinônimos**. Defina a ação do enunciado do problema e então faça uma lista com o maior número de sinônimos que você encontrar para esta ação. Por exemplo:

Enunciado do problema: Mova o objeto do ponto A para o ponto B.

O verbo de ação é "mover". Alguns sinônimos são empurrar, puxar, deslizar, escorregar, impelir, jogar, ejetar, pular, transbordar.

Seja qual for o método, o objetivo da **idealização** é gerar um grande número de ideias sem se preocupar com qualidade. Mas, em algum momento, a "fonte de ideias" se esgotará. Você então alcançará a etapa da **frustração**. Esse é o momento em que o problema deve ser abandonado e algo diferente deve ser feito. Enquanto sua mente estiver ocupada com outras coisas, o subconsciente ainda estará trabalhando duro no problema. Esse é o passo denomina-

Eureca!

do **incubação**. De repente, quando você menos esperar, uma ideia surgirá e parecerá ser a mais óbvia e "correta" solução para o problema. **Eureca!** Certamente, análises posteriores encontrarão alguma falha nessa solução. Se isso acontecer, pare e **faça novamente**. Mais idealizações, mais pesquisas e até mesmo uma redefinição do problema serão necessárias.

Em "Unlocking Human Creativity",[5] Wallen descreve três pré-requisitos para ter ideias criativas:

- *Fascinação com o problema.*
- *Saturação de fatos, ideias técnicas, informações e o histórico do problema.*
- *Período de reorganização.*

O primeiro pré-requisito fornece a motivação para solucionar o problema. O segundo é a etapa de pesquisa preliminar, descrito na p. 9. Wallen[5] cita que o testemunho de pessoas criativas nos mostra que nesse período de reorganização elas não têm consciência do problema em particular e que o momento da descoberta aparece, frequentemente, em um período de descontração ou durante o sono. Então, para aumentar a criatividade, dedique-se inteiramente ao problema e às pesquisas preliminares. Depois disso, relaxe e deixe o subconsciente fazer o trabalho pesado.

Análise

Uma vez nesse estágio, você já terá estruturado o problema, ao menos temporariamente, e pode então aplicar técnicas de análise mais sofisticadas para estudar o desempenho do projeto na **fase de análise** de seu processo. (Alguns dos métodos de análise serão discutidos mais detalhadamente nos capítulos seguintes.) Iterações (repetições no processo de criação) serão necessárias futuramente, conforme forem descobertos novos problemas. A repetição de passos, quantas vezes forem necessárias, deve ser realizada para garantir o sucesso do projeto.

	Custo	*Segurança*	*Desempenho*	*Confiança*	TOTAL
Fator de ponderação	0,35	0,30	0,15	0,20	1,0
Projeto 1	3 / 1,05	6 / 1,80	4 / 0,60	9 / 1,80	5,3
Projeto 2	4 / 1,40	2 / 0,60	7 / 1,05	2 / 0,40	3,5
Projeto 3	1 / 0,35	9 / 2,70	4 / 0,60	5 / 1,00	4,7
Projeto 4	9 / 3,15	1 / 0,30	6 / 0,90	7 / 1,40	5,8
Projeto 5	7 / 2,45	4 / 1,20	2 / 0,30	6 / 1,20	5,2

FIGURA 1-2

Matriz de tomada de decisões.

Seleção

Quando a análise técnica indica que você tem algum projeto potencialmente viável, o melhor disponível deve ser **selecionado** para **projeto detalhado**, **prototipagem** e **teste**. O processo de seleção geralmente envolve uma análise comparativa das soluções de projeto disponíveis. A **matriz de decisão** ocasionalmente ajuda a identificar a melhor solução, forçando você a considerar vários fatores de forma sistemática. A matriz de decisão para nosso aparador de grama melhorado é mostrada na Figura 1-2. Cada projeto ocupa uma linha na matriz. Cada projeto será julgado de acordo com as características incluídas nas colunas, como, por exemplo, custo, facilidade na utilização, eficiência, desempenho, confiabilidade e qualquer outra que você julgar apropriada para o problema em particular. A cada categoria, a partir de então, é relacionado um **fator de ponderação**, que mede a importância relativa do quesito. Confiança, por exemplo, deve ser um critério mais importante para o usuário do que o custo, ou vice-versa. Você, como engenheiro de projeto, deve exercer seu julgamento para selecionar os quesitos e os fatores de ponderação. Essa matriz é então preenchida com números que classificam cada projeto em uma escala conveniente, por exemplo, de 1 a 10, em cada categoria. Note que essa pontuação é *subjetiva* e escolhida por você. Você deve examinar os projetos e decidir as respectivas pontuações. Os pontos são então multiplicados pelos fatores selecionados (que são geralmente escolhidos para que a soma total seja igual a 1) e posteriormente somados para cada projeto. Os fatores de ponderação fornecem então uma classificação dos projetos. Seja cuidadoso ao aplicar esses resultados. Lembre-se da fonte e subjetividade de seus pontos e pesos. É tentador acreditar mais nesses resultados do que é necessário; afinal, eles são impressionantes. Podem até possuir várias casas decimais, mas isso não deve ocorrer. O valor real da matriz de decisão é que ela divide o problema em elementos que podem ser mais facilmente resolvidos e força você a pensar no valor relativo de cada projeto em várias categorias. Você pode então tomar uma decisão com mais confiança sobre qual é o "melhor" projeto.

Projeto detalhado

Esse passo geralmente inclui a criação de um conjunto completo de desenhos de montagem e detalhados ou **desenho auxiliado por computador** (*computer aided design* – CAD) *de cada um dos elementos* utilizados no projeto. Os desenhos de detalhe devem especificar todas as dimensões e o material necessário para produzir a peça. Com base nesses desenhos (ou arquivos de CAD), um protótipo, ou protótipos, deve ser construído para teste físico. Provavelmente esses testes mostrarão mais falhas, fazendo com que mais **ajustes (iterações)** sejam feitos no projeto.

Prototipagem e teste

MODELOS Fundamentalmente, uma pessoa não pode ter certeza de que o projeto é viável e correto, até que ele seja montado e testado. Isso geralmente envolve a construção de um protótipo. Um modelo matemático, que é muito útil, nunca será tão completo e preciso quanto a representação de um modelo físico, devido à necessidade de levantar hipóteses simplificadas. Protótipos geralmente são caros, mas podem ser o modo mais econômico de testar um projeto em vez de construir o equipamento em escala real. Protótipos podem ter várias formas, desde diferentes escalas para teste até escala real, porém são representações simplificadas do conceito. Modelos em escala apresentam algumas complicações para poderem simular parâmetros físicos também em escala. Por exemplo, o volume de material varia como o cubo de dimensões lineares, mas áreas de superfície variam como o quadrado. A transmissão de calor para o ambiente, portanto, será proporcional à área de uma superfície, enquanto a geração de calor será proporcional ao volume. Portanto, a escala linear de um sistema, tanto maior quanto menor, poderá ter um comportamento diferente de um sistema em escala natural. O engenheiro deve ter cautela ao criar um modelo físico em escala. Você descobrirá, quando começar a projetar mecanismos de barras, que um **simples modelo de placa de cartões** com os comprimentos de elos escolhidos, conjugados com percevejos como pivôs, irão fornecer muitos dados sobre características e qualidade dos movimentos do mecanismo. Você deve adquirir o hábito de criar tais mecanismos (modelos articulados) para todos os projetos envolvendo barras.

TESTES de um modelo ou protótipo podem variar desde uma simples atuação até a observação do funcionamento, para vincular a ele elementos de instrumentação, que tornem precisos os parâmetros como deslocamentos, velocidades, acelerações, forças, temperaturas, entre outros. Serão necessários testes em ambientes controlados, por exemplo, com baixas ou altas temperaturas ou umidade. O advento do computador tornou possível monitorar fenômenos com maior precisão e a um custo reduzido.

Produção

Finalmente, com tempo, dinheiro e perseverança, suficientes, o projeto estará pronto para ser produzido. Isso pode consistir na fabricação de uma única versão final do projeto, mas provavelmente significará a produção de milhares, talvez milhões do seu objeto. O perigo, a perda financeira e o embaraço de encontrar falhas no projeto, após ter produzido um grande número de dispositivos defeituosos, deve inspirá-lo a tomar muito cuidado nas fases preliminares do projeto, para garantir que está tudo certo.

O **processo do projeto** é amplamente utilizado em engenharia. A engenharia normalmente é definida segundo *o que* o engenheiro faz, mas ela também pode ser definida em função de *como* o engenheiro faz *o que ele faz*. **Engenharia** é *tanto um método, uma abordagem, um processo, um estado mental para resolver problemas, quanto uma atividade*. A abordagem de um engenheiro é de perfeição, atenção aos detalhes e consideração de todas as possibilidades. Pode parecer contraditório enfatizar "atenção aos detalhes" e salientar virtudes como mente aberta, livre arbítrio e pensar com criatividade, mas não é. As duas atividades não só são compatíveis, como também coexistem. Afinal, não é nada bom ter ideias criativas e originais se você não pode ou não consegue executar essas ideias e "torná-las reais". Para isso, você deve se disciplinar a conviver com detalhes básicos inconvenientes e cansativos que são necessários para completar qualquer fase do processo de criação. Para fazer um trabalho confiável em qualquer projeto, por exemplo, você deve definir *completamente* o problema. Se você deixar algum detalhe de fora na definição do problema, resolverá o problema errado. Do mesmo modo, você deve pesquisar *minuciosamente* a teoria envolvida no problema. Deve buscar *exaustivamente* potenciais soluções do problema. Deve, então, analisar *extensivamente* a validade desses conceitos. E, finalmente, deve *detalhar* o projeto escolhido de forma que você tenha certeza de que ele irá funcionar. Se você quer ser um bom engenheiro projetista, deve se disciplinar a fazer as coisas com perfeição e de forma ordenada e lógica, mesmo quando tiver pensamentos criativos e chegar a uma mesma solução. Ambos os atributos – criatividade e atenção aos detalhes – são necessários para obter sucesso na engenharia de projetos.

1.6 OUTRAS ABORDAGENS PARA PROJETOS

Atualmente, um crescente esforço vem sendo dirigido para o melhor entendimento da metodologia de projeto e do processo de projetar. A metodologia de projeto é o estudo de processos para fazer um projeto. O objetivo dessa pesquisa é definir o processo de projetar de maneira bem detalhada, para permitir que ele seja codificado de forma que possa ser executado por um computador utilizando "inteligência artificial" (IA).

Dixon[6] define um projeto como um *estado da informação* que pode ser encontrado de várias formas:

> (...) palavras, gráficos, dados eletrônicos e outros. Ele pode ser parcial ou completo. Pode ser desde um pequeno número de informações abstratas do começo de um projeto até um grande número de informações muito detalhadas em uma fase final do projeto, na qual a produção ou fabricação deste projeto já pode ser feita. Ele pode incluir, mas não está restrito a isto, informações sobre forma e tamanho, funcionamento, material, *marketing*, desempenho simulado, processos de fabricação, tolerâncias e mais. Na verdade, qualquer informação relevante à existência física e econômica do objeto projetado faz parte do projeto.

Dixon continua a descrever vários estados generalizados da informação como, por exemplo, os *requerimentos*, estado análogo à nossa etapa de **especificação de desempenho**. Informações a respeito dos conceitos físicos é referido como estado de informação *conceitual* e é análogo à nossa fase de **idealização**. Para ele, a *configuração do equipamento* e a *fase de parametrização* possuem conceitos similares à nossa etapa de **projeto detalhado**. Dixon então define a metodologia de projeto como:

> A série de atividades pela qual a informação sobre o objeto projetado é transformada de um estado de informação para outro.

Projeto axiomático

N. P. Suh[7] sugere uma abordagem axiomática de projetar, na qual existem quatro domínios: o **do cliente**, o **funcional**, o **físico** e o **do processo**. Eles representam uma variedade de "o que" até "como", de um estado de definição daquilo que o cliente quer, por determinar as funções necessárias e o lado físico do projeto, para um estado de como o processo irá alcançar o objetivo estipulado. Suh define dois axiomas que precisam ser satisfeitos para que isso seja alcançado:

1. Manter a independência dos requisitos funcionais.

2. Minimizar as informações.

O primeiro axioma se refere à necessidade de criar um grupo de especificações de desempenho completo e independente. O segundo indica que a melhor solução para o projeto terá o menor número de informações possível (ou seja, menor complexidade). Outras pessoas já haviam se referido ao segundo axioma usando o acrônimo, em inglês, *KISS*, que significa *keep it simple, stupid* (mantenha isto simples, estúpido!).

A implementação dos métodos de Dixon e de Suh para a metodologia de projeto pode ser complicada. O leitor que se interessar pode consultar a bibliografia deste capítulo para se aprofundar no assunto.

1.7 SOLUÇÕES MÚLTIPLAS

Note que, pela natureza das etapas de projeto, **não** há apenas **uma** resposta correta ou solução para cada problema de projeto. Diferentemente da estrutura dos problemas presente em "livros-texto de engenharia", à qual a maioria dos estudantes está acostumada, não existem respostas corretas no "final do livro" para cada problema real.* Existem tantas boas possíveis soluções quanto pessoas tentando solucioná-las. Algumas soluções serão melhores que outras, mas muitas funcionarão. Algumas não! Não existe apenas "uma solução correta" em engenharia de projeto, o que a faz mais interessante. A única maneira de se dar mérito às várias possíveis soluções de projeto é uma análise completa, que incluirá testes físicos da construção de protótipos. Como esse é um processo muito caro, é desejável que se faça a maioria das análises possíveis no papel, ou no computador, antes de realmente construir o dispositivo. Onde for praticável, modelos matemáticos do projeto, ou partes dele, deveriam ser elaborados. Isso pode tomar muitas formas, dependendo do sistema físico envolvido. No projeto de mecanismos e máquinas, normalmente é possível que se escreva as equações para a dinâmica dos corpos rígidos do sistema, e resolvê-las em uma "forma fechada" com (ou sem) um computador. Levando-se em conta que as deformações elásticas nos membros do mecanismo ou da máquina usualmente requerem aproximações mais complicadas, muitas vezes é necessário utilizar a técnica de **diferenças finitas** ou o **método dos elementos finitos** (MEF).

1.8 ENGENHARIA ERGONÔMICA

Com algumas exceções, todas as máquinas foram feitas para serem usadas pelos seres humanos. Até mesmo robôs devem ser programados por seres humanos. **Ergonomia** é a área que estuda a interação máquina-homem, e é definida como *uma ciência aplicada que coordena o projeto de aparelhos, sistemas e as condições de trabalho físico com a capacidade e requisitos do trabalhador*. O projetista da máquina deve estar ciente dessa disciplina e criar aparelhos que se "adaptem ao homem" em vez de esperar que o homem se adapte à máquina. O termo *engenharia de fatores humanos* pode ser utilizado como sinônimo. Frequentemente, vemos referências sobre bons e maus aspectos ergonômicos do interior de um automóvel ou de um aparelho eletrodoméstico. Uma máquina projetada com uma má ergonomia será desconfortável e cansativa, podendo ser até perigosa. (Você programou seu DVD ou arrumou seu relógio ultimamente?)

Existem muitas informações sobre engenharia ergonômica na literatura. Algumas referências estão citadas na bibliografia. O tipo de informação que pode ser necessária para o problema de projeto de máquina varia desde as dimensões de um corpo humano e sua distribuição entre a população por idade e gênero, passando pela habilidade do corpo humano de resistir a acelerações em diversas direções, até a habilidade de geração de força e resistência típica do corpo em várias posições. Obviamente, se você está desenvolvendo um aparelho que será controlado por humanos (um aparelho de aparar a grama, por exemplo), você precisa saber quanta força o usuário pode exercer com a mão em várias posições, qual é o alcance do usuário e quanto barulho o ouvido humano pode receber sem sofrer danos. Caso seu aparelho vá carregar o usuário, você precisa de informações sobre a aceleração-limite que o corpo pode tolerar. Existem informações sobre todos esses tópicos. A maioria delas foi desenvolvida pelo governo, que regularmente testa a habilidade que um militar suporta em condições naturais extremas. Parte da pesquisa preliminar de qualquer problema no projeto de máquina deveria incluir algumas investigações sobre ergonomia.

Faça a máquina se adequar ao homem

* Certa vez um estudante comentou que "*A vida é um problema de número ímpar*". Este (lento) autor teve de pedir uma explicação, que foi: "*A resposta não está no final do livro*".

1.9 O RELATÓRIO TÉCNICO

Uma boa apresentação de ideias e resultados é um aspecto muito importante para a engenharia. Muitos estudantes de engenharia se imaginam trabalhando no futuro fazendo, na maioria das vezes, cálculos similares aos que fazem enquanto estudam. Felizmente, este é um caso raro e também muito entediante. Atualmente, engenheiros gastam a maior parte do tempo comunicando-se com outros, oralmente ou por escrito. Engenheiros escrevem propostas e relatórios técnicos, fazem apresentações e interagem com representantes e gerentes. Quando o projeto termina, normalmente é necessário apresentar os resultados para o cliente, para os companheiros ou para o chefe. A forma mais usual dessa apresentação é o relatório. Portanto, é de muita importância que o estudante de engenharia desenvolva habilidades de comunicação. *Você pode ser a pessoa mais inteligente do mundo, mas ninguém saberá disso se você não souber expressar suas ideias de forma clara e concisa.* De fato, se você não consegue explicar o que fez, provavelmente não entendeu direito o que fez. Para lhe dar alguma experiência nessa importante habilidade, as tarefas de projeto nos próximos capítulos deverão ser escritas como um relatório formal de engenharia. Informações de como se escrever um relatório de engenharia podem ser encontradas nas sugestões de leitura na bibliografia do final deste capítulo.

1.10 UNIDADES

Existem muitos tipos de sistemas de unidades usados na engenharia. O mais comum é o **Systeme International (Sistema Internacional – SI)**. Todos os sistemas são criados com base na escolha das três variáveis contidas na segunda lei de Newton:

$$F = \frac{ml}{t^2} \tag{1.1a}$$

em que F representa força, m massa, l comprimento e t tempo. Podem ser escolhidas as unidades para três dessas variáveis, sendo a outra derivada das unidades escolhidas. As três unidades escolhidas são chamadas *unidades fundamentais* e a última é chamada *unidade derivada*. A constante gravitacional (g) no SI é aproximadamente 9,81 m/s².

O SI escolhe *massa*, *comprimento* e *tempo* como unidades fundamentais e força como sendo a unidade derivada. O SI é, portanto, o que se considera um *sistema absoluto*, uma vez que a massa é uma unidade fundamental cujo valor independe da gravidade local. O **SI** requer que comprimentos sejam medidos em metros (m), massa em quilogramas (kg) e tempo em segundos (s). Como a força é derivada da lei de Newton (1.1a), sua unidade é:

quilograma vezes metro por segundo ao quadrado (kg.m/s²) = newtons

O único sistema de unidades usado neste livro será o **SI**. A Tabela 1-4 mostra algumas das variáveis usadas neste livro e suas respectivas unidades. Note que os cálculos devem ser expressos em unidades "puras". **Não use mm (milímetro) para cálculos dinâmicos.**

O estudante deve sempre ter o cuidado de checar se as unidades usadas em qualquer equação apresentada na solução de um problema estão corretas, seja durante o período acadêmico, seja na vida profissional. Se escrita corretamente, a equação deve anular todas as unidades em cada lado do sinal de igualdade. Caso contrário, você pode estar *certo de que estará* **incorreto.** Infelizmente, o balanço das unidades em uma equação nem sempre indica que tenha sido feita de maneira correta, podendo ser cometidos outros tipos de erro. Confira sempre os resultados mais de uma vez. Isso pode salvar uma vida!

TABELA 1-4 Variáveis e unidades
Unidades fundamentais em negrito; abreviações entre ( )

Variável	Símbolo	Unidade no SI
Força	F	newtons (N)
Comprimento	l	**metros (m)**
Tempo	t	**segundos (s)**
Massa	m	**quilogramas (kg)**
Peso	W	newtons (N)
Velocidade	v	m/s
Aceleração	a	m/s²
Pulso	j	m/s³
Ângulo	θ	graus (°)
Ângulo	θ	radianos (rad)
Velocidade angular	ω	rad/s
Aceleração angular	α	rad/s²
Pulso angular	φ	rad/s³
Torque	T	N.m
Momento de inércia de massa	I	N.m.s²
Energia	E	joules (J)
Potência	P	watts (W)
Volume	V	m³
Peso específico	γ	N/m³
Densidade	ρ	kg/m³

1.11 ESTUDO DE CASO DE PROJETO

Entre as inúmeras atividades que a engenharia engloba, a mais desafiadora e excitante é o projeto. Fazer cálculos para analisar e definir melhor um problema estruturado, independente de quão complexo seja, pode ser difícil; mas o exercício de criar algo partindo de um rascunho, resolver um problema que esteja mal definido, é *muito mais* difícil. A satisfação e a alegria de viabilizar uma solução para tal problema de um projeto é uma das maiores satisfações da vida para qualquer um, engenheiro ou não.

Alguns anos atrás, um criativo engenheiro e escritor, George A. Wood Jr., assistiu a uma apresentação de outro também criativo engenheiro e escritor conhecido, Keivan Towfigh, sobre um de seus projetos em engenharia no qual ele reconstruiu o suposto processo criativo do sr. Towfigh no desenvolvimento da invenção original. Anos depois, o próprio sr. Wood escreveu um breve comentário sobre processos criativos enquanto desenvolvia uma invenção original. Tanto Wood quanto Towfigh consentiram que o artigo fosse reproduzido neste livro. Ele serve, na opinião do autor, como um excelente exemplo e modelo de como um estudante de projeto deve conduzir sua carreira na área.

INTRODUÇÃO

Educando para a criatividade em engenharia[9]

por GEORGE A. WOOD JR.

Uma faceta da engenharia, como é praticada na indústria, é o processo criativo. Vamos definir criatividade como Rollo May define em seu livro The Courage to Create *(A coragem de criar)[10]. É "o processo de trazer algo novo para dentro da rotina". A maior parte da engenharia tem pouco a ver com a criatividade em seu total significado. Muitos engenheiros escolhem não entrar em um empreendimento criativo e preferem a área de análise, teste e aprimoramento de um produto ou processo. Muitos outros se satisfazem na área gerencial ou em atribuições de negócio e assim saem da área criativa da engenharia, como discutiremos aqui.*

Em princípio, quero ressaltar que o desempenho menos criativo não é menos importante ou satisfatório para muitos engenheiros do que a experiência criativa para nós com a vontade de criar. Seria um falso objetivo para todas as escolas de engenharia assumir que seu propósito é fazer com que todos os engenheiros sejam criativos e o sucesso seja medido pelo "quociente de criatividade" dos seus graduados.

Por outro lado, para o estudante que tem uma natureza criativa, a vida de altas aventuras o espera se ele puder se encontrar em um ambiente acadêmico que reconheça suas necessidades, aumente suas habilidades e o prepare para um lugar na indústria em que seu potencial possa ser desenvolvido.

Em nossa conversa, vou revelar o processo criativo como eu o tenho entendido e testemunhado em outras pessoas. Então, tentarei indicar esses aspectos de meu treinamento que pareceram me preparar melhor para um papel criativo e como esses conhecimentos e essas atitudes poderiam ser reforçados para uma carreira de engenharia, nas escolas e faculdades de hoje em dia.

Durante uma carreira de aproximadamente trinta anos como projetista de máquinas, já participei de muitos momentos criativos. Eles são classificados como os de maior pontuação no meu histórico profissional. Quando fui o idealizador, senti muita alegria e uma imensa satisfação. Quando eu estive com outros em seus momentos criativos, também fui tomado pela alegria deles. Para mim, um momento criativo é a melhor recompensa que a profissão de engenheiro pode dar.

Deixe-me contar uma experiência de oito anos atrás, quando eu soube de um documento entregue por um homem criativo a respeito de um imenso momento criativo. Na First Applied Mechanisms Conference (Primeira Conferência de Mecânica Aplicada), em Tulsa, Oklahoma, havia um artigo intitulado "The Four-Bar Linkage as an Adjustment Mechanism" (O mecanismo de quatro barras como um mecanismo de ajuste).[11] Ele foi apresentado com dois outros artigos acadêmicos que versavam sobre "como se faz", com gráfico e equações de interesse para engenheiros na análise dos problemas de seu mecanismo. Esse trabalho continha apenas uma equação elementar e cinco figuras ilustrativas; eu me lembro agora com mais clareza desse artigo do que de qualquer outro artigo de que eu tenha ouvido falar nas conferências de mecanismos. O autor era Keivan Towfigh, e ele descreveu a aplicação das características geométricas do centro instantâneo do acoplador de um mecanismo de quatro barras.

O problema de Towfigh foi apenas propiciar um simples ajuste de rotação para um espelho oscilante de um galvanômetro óptico. Para atingir esse objetivo, ele precisava girar toda a estrutura do galvanômetro em torno de um eixo passando pelo centro do espelho e perpendicular a seus pivôs. Alta rigidez do sistema após o ajuste era essencial, com um espaço disponível muito limitado e baixo custo requerido, uma vez que mais de dezesseis unidades de galvanômetros eram usadas no instrumento completo.

A solução apresentada foi montar os elementos do galvanômetro no acoplador de um mecanismo de quatro barras, cujos elos se restringiam a uma única peça, plástica e flexível. O mecanismo foi projetado de tal forma que o centro do espelho se localizava no centro instantâneo* do mecanismo na metade do movimento de ajuste (ver Figura 4). É em torno desse ponto geométrico particular (ver Figura 1) que a rotação pura irá ocorrer e, com o dimensionamento adequado do mecanismo, que a condição de rotação sem translação poderá ser realizada, de forma suficientemente precisa, para os ângulos de ajuste necessários.

Infelizmente, esse trabalho não recebeu o real reconhecimento dos juízes da conferência. Ainda assim, foi, indiretamente, uma descrição de um excelente momento criativo na vida de um homem criativo.

Vamos olhar esse artigo juntos e seguir os passos que o autor provavelmente seguiu para chegar ao objetivo. Eu nunca tinha visto o sr. Towfigh desde então, e agora devo descrever, de modo geral, o processo criativo, que pode estar incorreto em alguns detalhes mas que, tenho certeza, é surpreendentemente próximo da versão original que ele contaria.

O problema do galvanômetro foi apresentado para o sr. Towfigh pela gerência. Foi, sem dúvida, descrito como algo do tipo: "Em nosso novo modelo, nós precisamos melhorar a estabilidade do ajuste do equipamento e manter o baixo custo. O espaço é crítico, assim como o peso é baixo. A aparência final deve ser limpa, pois os consumidores gostam do equipamento moderno, fino, e vamos perder mercado para os concorrentes se não nos mantivermos na frente deles em todos esses aspectos. Nosso projetista industrial fez um esboço, de que todos nós do setor de vendas gostamos e no qual você poderia fazer o mecanismo se encaixar".

Então, seguiu uma lista de especificações que o mecanismo deveria ter, o prazo em que o novo modelo deveria estar em produção e, com certeza, o requisito para alguma nova característica que resultaria em tirar uma forte vantagem competitiva no mercado. Quero apontar que o ajuste do galvanômetro foi provavelmente apenas uma melhoria dentre tantas outras. O orçamento e os prazos permitidos foram pouco mais que suficientes para a realização do reprojeto, desde que o custo fosse coberto pela previsão de vendas do instrumento resultante. Para cada mil dólares gastos em engenharia, um equivalente aumento nas vendas ou redução no custo do processo deveria ser atingido em um patamar muito acima, comparado ao retorno se o dinheiro fosse investido em outro lugar.

(pesquisa)

Chegando a esse ponto do projeto, o sr. Towfigh deveria ter um completo conhecimento do equipamento que estava projetando. Ele deveria ter analisado modelos previamente existentes. E ter ajustado muitas vezes o espelho de outras máquinas já existentes. Ele deve ter tido a habilidade de visualizar a função de cada elemento do equipamento em sua forma mais básica.

(idealização)

Em segundo lugar, ele deve ter perguntado a si mesmo (como se fosse um consumidor) quais operações e manutenções requeridas o frustrariam mais. Ele teve de determinar qual delas deveriam ser melhoradas até o prazo final do projeto. Neste caso, ele focou no ajuste do espelho. Ele considerou o requisito da rotação sem translação. Determinou o ângulo máximo que seria necessário e a translação permissível que não afetasse a exatidão do equipamento. Ele reconheceu a necessidade do ajuste de apenas um movimento. Passou algumas horas pensando em todas as formas possíveis de rotação que havia visto em torno de um ponto arbitrário. Rejeitou todas as soluções que lhe ocorriam, pois pensava que em cada caso existiria uma maneira melhor de fazer. As ideias tinham muitas partes, envolvendo guias, pivôs, parafusos demais, ou eram muito sensíveis à vibração ou muito grandes.

(frustração)

(incubação)

Ele pensou no problema aquela tarde e em outros momentos enquanto procedia com o projeto de outros aspectos do equipamento. Voltou para aquele problema por várias vezes durante os dias seguintes. O tempo estava se esgotando. Ele era um especialista em mecanismos e visualizou um monte de manivelas e barras movendo os espelhos. Então, um dia, provavelmente depois de ter dirigido a atenção

---

* A teoria do centro instantâneo de rotação será mais bem explicada no Capítulo 6.

para outra coisa, repensando no dispositivo de ajuste, uma imagem do sistema com base em uma das características elementares de um mecanismo de quatro barras lhe ocorreu.

Eu estou certo de que era uma imagem visual tão clara como se estivesse no papel. Provavelmente não estava completa, mas envolvia duas inspirações. Primeiro foram as características do centro instantâneo.* (Ver figuras 1, 2 e 3.) Segundo foi o uso de juntas dobráveis flexíveis que levam a uma só peça moldada em plástico. (Ver Figura 4.) Tenho certeza de que naquele momento ele já achava que a solução estava certa. Ele estava esfuziante. Estava pleno de alegria. O prazer não era por saber que seus superiores ficariam impressionados ou porque sua segurança dentro da companhia estava garantida. Era o prazer de uma vitória pessoal, a consciência de que ele havia conquistado.

(Eureca!)

O processo criativo já foi documentado por muitos outros mais qualificados para analisar o trabalho da mente humana do que eu. Gostaria ainda de apontar, nesses minutos remanescentes, como a educação pode melhorar esse processo e ajudar muitos engenheiros, projetistas e desenhistas a estender o potencial criativo.

O elemento-chave que eu vejo no esforço criativo, que tem um grande peso na qualidade e no resultado da criatividade, é a visão e o conhecimento básico que dá forças ao sentimento de que a solução certa foi alcançada. Não tenho dúvidas de que o princípio mecânico fundamental aplicável na área em que o esforço criativo está sendo realizado tem de estar vivo na mente do criador. As palavras que lhe foram dadas na escola devem descrever elementos reais, que tenham significado físico e visual. F = m.a (segunda lei de Newton) deve trazer uma imagem em sua mente real o suficiente para ser tocada.

Se uma pessoa decide ser um projetista, o treino deve incentivá-la a uma curiosidade contínua em saber o funcionamento de cada máquina que conhece. Ela deve notar cada elemento e ver mentalmente seu funcionamento, mesmo que a máquina esteja parada. Penso que esse tipo de conhecimento sólido e básico aliado à experiência física de construir em níveis cada vez mais críticos torna possível aceitar que uma solução experimentada seja "a correta".

Deve-se notar que algumas vezes, para todos nós, a solução inspirada tida como "correta" com o passar do tempo se mostrou errada. Esses acontecimentos não devem desvirtuar o processo, mas indicar que a criatividade é baseada no aprendizado e as falhas tendem a melhorar o julgamento do engenheiro à medida que ele amadurece. Os períodos de falhas são negativos, no crescimento de um jovem engenheiro, quando resultam no medo de aceitar um novo desafio e implicam um cuidado excessivo que inibe a repetição de outros processos criativos.

Quais seriam os aspectos mais significativos no currículo de formação de um engenheiro, que ajudariam na transformação de um estudante potencialmente criativo em um engenheiro verdadeiramente criativo?

Primeiro, é o conhecimento básico e sólido em Física, Matemática, Química e naquelas disciplinas relacionadas à área de interesse. Esses fundamentos deveriam ter significado físico para o estudante e a vivência que lhe permitiria explicar seus pensamentos para um leigo. Muitas vezes, palavras técnicas são usadas para cobrir conceitos confusos. Elas servem apenas para o ego da pessoa, e não para educar o ouvinte.

(análise)

Segundo, é o crescimento da habilidade de visualização do estudante. O projetista criativo deve ter a habilidade de mentalizar a imagem que está criando. O editor do livro Seeing with the Mind's Eye[12] *(Vendo com olhos da mente), escrito por Samuels e Samuels, diz no prefácio:*

---

* Definido no Capítulo 6.

Fig. 1 — *A teoria*
Centro instantâneo onde ocorrerá apenas rotação

Fig. 2 — *O desenvolvimento*

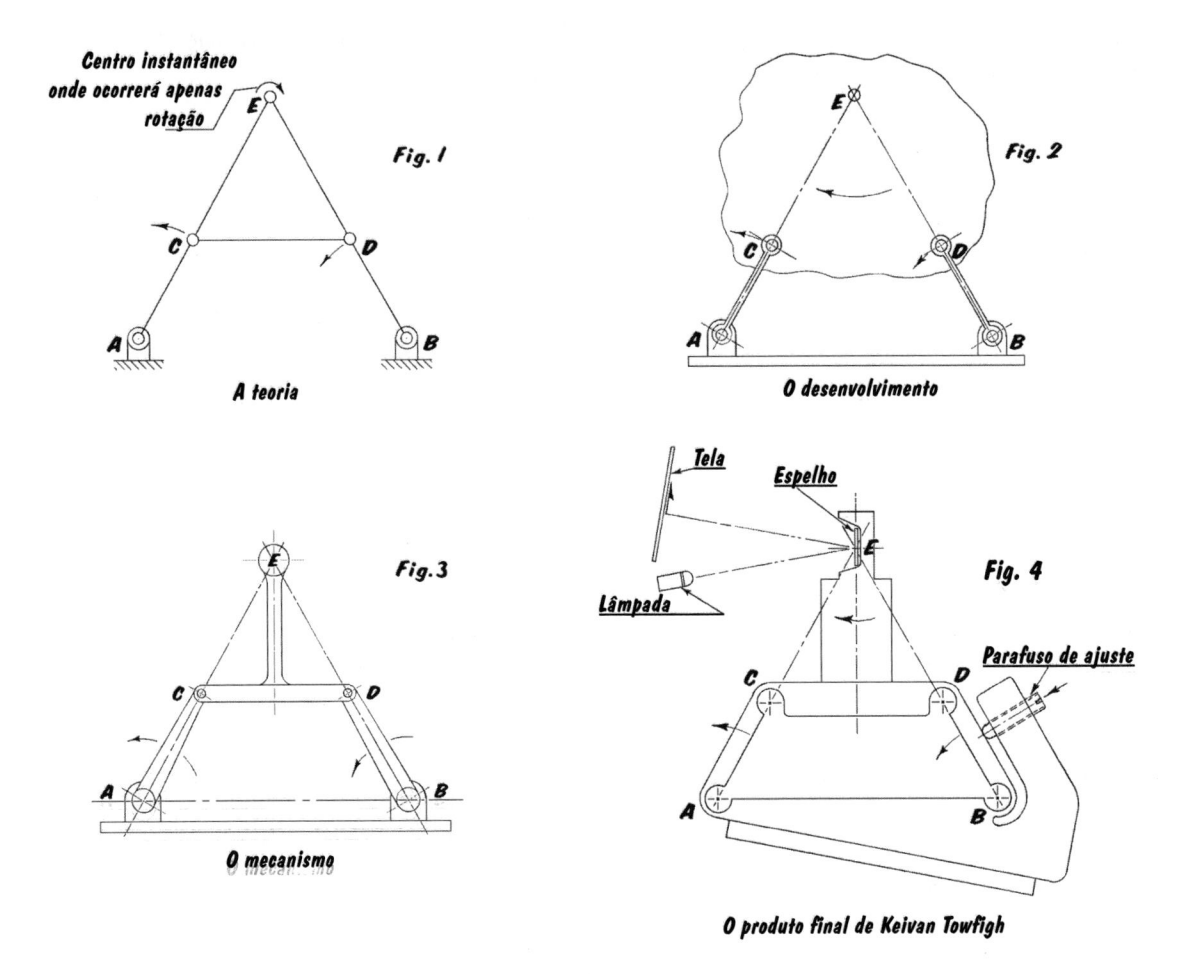

Fig. 3 — *O mecanismo*

Fig. 4 — *O produto final de Keivan Towfigh*
Tela, Espelho, Lâmpada, Parafuso de ajuste

"(...) visualização é a forma como pensamos. Antes das palavras havia imagens. A visualização é o coração da biomáquina. O cérebro humano se programa por meio de imagens. Andando de bicicleta, dirigindo um carro, aprendendo a ler, fazendo um bolo, jogando golfe – todas essas habilidades são adquiridas por meio do processamento de imagem. Visualização é a suprema ferramenta do consciente."

Obviamente, o inventor de um novo mecanismo ou produto deve se superar nessa área.

Para mim, um curso de geometria descritiva é a parte do treinamento de um engenheiro que melhora a habilidade para visualizar conceitos teóricos e reproduzir graficamente os resultados. Essa habilidade é essencial quando alguém se dispõe a projetar uma peça de um novo equipamento. Primeiro, ele visualiza uma série de máquinas completas com espaços onde estão os problemas ou áreas desconhecidas. Durante esse tempo, algumas direções que o desenvolvimento do projeto poderia seguir começam a se formar. A melhor imagem é desenhada no papel e então revisada por outros ao redor até que finalmente, surja um conceito básico.

O terceiro elemento é a construção do conhecimento do estudante, que pode ser ou tem sido feita por outros, com conhecimentos especializados diferentes daqueles que ele possa ter. É a área cuja experiência será acrescida à carreira, enquanto ele mantiver um entusiasmo na curiosidade. A engenharia

INTRODUÇÃO

criativa é um processo em construção. Ninguém pode desenvolver um novo conceito envolvendo princípios sobre os quais não tenha conhecimento. O engenheiro criativo olha para os problemas na luz do que ele tem visto, do que aprendeu e experimentou, e vê novas maneiras de combiná-los para suprir novas necessidades.

Quarto é o desenvolvimento da habilidade do estudante de expressar o conhecimento para os outros. Essa comunicação deve envolver não apenas habilidades técnicas utilizadas por técnicos, mas também incluir habilidade de dividir conceitos da engenharia com operadores destreinados, homens de negócio e o público em geral. O engenheiro raramente terá a oportunidade de desenvolver um conceito para outras pessoas, se não puder passar entusiasmo e confiança em sua ideia. Muitas vezes, ideias verdadeiramente engenhosas são perdidas porque o criador não soube demonstrá-las com nitidez para aqueles que a financiariam ou a comercializariam.

Quinto é o conhecimento do estudante nos resultados físicos da engenharia. Quanto mais ele vê máquinas realizando trabalhos reais, mais criativo ele se tornará como projetista. O estudante de engenharia deve ser requisitado para operar ferramentas, fazer produtos, ajustar máquinas e visitar fábricas. É com esse tipo de experiência que ele melhora o julgamento em relação ao que faz uma boa máquina, quando a aproximação será suficiente e até onde a otimização deveria chegar.

Frequentemente se ouve que muitas teorias têm sido desenvolvidas na engenharia durante as décadas passadas e que as faculdades e universidades não têm tido tempo para o básico, que mencionei anteriormente. Sugere-se que a indústria preencha as áreas práticas que as faculdades não tiveram tempo para desenvolver, para que então o estudante possa se expor a novas tecnologias. Em certo ponto, entendo e concordo com esse método, mas acho que há um lado negativo que necessita ser reconhecido. Se um engenheiro potencialmente criativo sair da faculdade sem o conhecimento necessário para alcançar algum sucesso criativo no primeiro emprego, o entusiasmo pela criatividade é frustrado e o interesse desaparece antes mesmo que a melhor companhia possa dar o devido suporte para o seu sucesso. Portanto, o resultado de "ensinar o básico" depois é normalmente tirar do estudante dotado em engenharia a oportunidade de se expressar visual e fisicamente. A tarefa de desenvolver máquinas torna-se então predominante para os graduados em cursos técnicos e escolas preparatórias, ficando perdida a contribuição criativa de universitários brilhantes para produtos que poderiam enriquecer a vida de todos.

Como disse no início, nem todos os estudantes de engenharia têm o desejo, a vontade e o entusiasmo essenciais para o esforço criativo. Ainda sinto profundamente a necessidade de enriquecimento do potencial para aqueles que o querem. Que a tecnologia em expansão torna difícil a decisão do curso para ambos estudantes e professores, é certamente verdade. A vanguarda do pensamento acadêmico tem uma significativa atração para o professor e o estudante. Sinto ainda que o desenvolvimento de um forte conhecimento básico, habilidades para visualizar, para comunicar, para respeitar o que tem sido feito, para ver e sentir o mecanismo real não deve excluir ou ser excluído pela excitação de algo novo. Acredito que existe um equilíbrio no currículo que poderá ser alcançado para melhorar a criatividade latente em todos os estudantes de engenharia e ciências. Isso pode dar uma base firme para os que buscam uma carreira no desenvolvimento de máquinas e ainda incluir a excitação em relação às novas tecnologias.

Espero que essa discussão tenha ajudado na geração de pensamentos, promovendo sugestões construtivas que podem levar mais estudantes de engenharia a encontrar a imensa satisfação do momento criativo no meio industrial. Escrevendo este artigo, dispensei um tempo considerável refletindo sobre meus anos na engenharia e gostaria de finalizar com o seguinte pensamento. Para aqueles que, como nós, conheceram esses momentos durante suas carreiras, o ápice de um esforço criativo bem-sucedido está entre os nossos momentos mais prazerosos.

A descrição do sr. Wood na sua experiência de criatividade em projetos de engenharia e os fatores educativos que o influenciaram também estão próximos da experiência deste autor. O estudante é estimulado a seguir sua receita para uma completa base nos fundamentos da engenharia e habilidades de comunicação. Assim, é possível vislumbrar uma carreira mais satisfatória em projeto de máquinas.

1.12 PRÓXIMOS PASSOS

Neste livro nós exploraremos o **projeto de máquinas,** no que diz respeito à **síntese de mecanismos,** com o objetivo de realizar tarefas ou determinados movimentos, e também a **análise de mecanismos** para determinar o comportamento dinâmico do corpo rígido. Segundo a premissa de que não podemos analisar nada sem que antes tenha sido sintetizada a sua existência, antes vamos explorar a síntese de mecanismos. Então, investigaremos a análise dos mecanismos em relação ao comportamento cinemático. Finalmente, na Parte II, vamos lidar com a **análise dinâmica** das forças e torques gerados por essas máquinas em movimento. Esses tópicos cobrem a essência dos estágios iniciais do projeto. Uma vez que a cinemática e a cinética do projeto tenham sido determinadas, a maior parte do conceito do projeto já terá sido alcançada. O que sobrará é o **projeto detalhado** – dimensionando as peças contra falhas. O tópico sobre *projeto detalhado* é discutido em outros textos, como os da referência.[8]

1.13 REFERÊNCIAS

1 **Rosenauer, N., and A. H. Willis**. (1967). *Kinematics of Mechanisms*. Dover Publications: New York, p. 275 ff.

2 **de Jonge, A. E. R.** (1942). "What Is Wrong with 'Kinematics' and 'Mechanisms'?" *Mechanical Engineering*, **64** (April), pp. 273-278.

3 **Artobolevsky, I. I.** (1975). *Mechanisms in Modern Engineering Design*. N. Weinstein, translator. Vols. 1 - 5. MIR Publishers: Moscow.

4 **Erdman, A. E.**, ed. (1993). *Modern Kinematics: Developments in the Last Forty Years*. Wiley Series in Design Engineering, John Wiley & Sons: New York.

5 **Wallen, R. W.** (1957). "Unlocking Human Creativity." *Proc. of Fourth Conference on Mechanisms*, Purdue University, pp. 2-8.

6 **Dixon, J. R.** (1995). "Knowledge Based Systems for Design." *Journal of Mechanical Design*, **117b**(2), p. 11.

7 **Suh, N. P.** (1995). "Axiomatic Design of Mechanical Systems." *Journal of Mechanical Design*, **117b**(2), p. 2.

8 **Norton, R. L.** (2006). *Machine Design: An Integrated Approach*. 3ed, Prentice-Hall: Upper Saddle River, NJ.

9 **Wood, G. A. Jr**. (1977). "Educating for Creativity in Engineering," Presented at the 85th Annual Conf. ASEE, Univ. of No. Dakota.

10 **May, R**. (1976). *The Courage to Create*, Bantam Books, New York.

11 **Towfigh, K**. (1969). "The Four-Bar Linkage as an Adjustment Mechanism," 1st Applied Mechanism Conf., Oklahoma State Univ., Tulsa, OK., pp. 27-1– 27-4.

12 **Samuels and Samuels**. (1975). *Seeing with the Mind's Eye: the History, Techniques and Uses of Visualization*, Random House, New York.

13 **Hunt, K. H**. (1978). *Kinematic Geometry of Mechanisms*, Oxford University Press: Oxford, p. 1.

1.14 BIBLIOGRAFIA

Para informações adicionais sobre a **história da cinemática**, *os seguintes trabalhos são recomendados:*

Artobolevsky, I. I. (1976). "Past Present and Future of the Theory of Machines and Mechanisms." *Mechanism and Machine Theory*, **11**, pp. 353-361.

Brown, H. T. (1869). *Five Hundred and Seven Mechanical Movements*. Brown, Coombs & Co.: New York, republished by USM Corporation, Beverly, MA, 1970.

de Jonge, A. E. R. (1942). "What Is Wrong with 'Kinematics' and 'Mechanisms'?" *Mechanical Engineering*, **64** (April), pp. 273-278.

de Jonge, A. (1943). "A Brief Account of Modern Kinematics." *Transactions of the ASME*, pp. 663-683.

Erdman, A. E., ed. (1993). *Modern Kinematics: Developments in the Last Forty Years*. Wiley Series in Design Engineering, John Wiley & Sons: New York.

Ferguson, E. S. (1962). "Kinematics of Mechanisms from the Time of Watt." *United States National Museum Bulletin*, **228**(27), pp. 185-230.

Freudenstein, F. (1959). "Trends in the Kinematics of Mechanisms." *Applied Mechanics Reviews*, **12**(9), September, pp. 587-590.

Hartenberg, R. S., and J. Denavit. (1964). *Kinematic Synthesis of Linkages*. McGraw-Hill: New York, pp. 1-27.

Nolle, H. (1974). "Linkage Coupler Curve Synthesis: A Historical Review -I. Developments up to 1875." *Mechanism and Machine Theory*, 9, pp. 147-168.

Nolle, H. (1974). "Linkage Coupler Curve Synthesis: A Historical Review - II. Developments after 1875." *Mechanism and Machine Theory*, 9, pp. 325-348.

Nolle, H. (1975). "Linkage Coupler Curve Synthesis: A Historical Review - III. Spatial Synthesis and Optimization." *Mechanism and Machine Theory*, 10, pp. 41-55.

Reuleaux, F. (1963). *The Kinematics of Machinery*, A. B. W. Kennedy, translator. Dover Publications: New York, pp. 29-55.

Strandh, S. (1979). *A History of the Machine*. A&W Publishers: New York.

Para informações adicionais sobre **criatividade e as etapas de projeto**, *as seguintes obras são recomendadas:*

Alger, J. and C. V. Hays. (1964). *Creative Synthesis in Design*. Prentice-Hall: Upper Saddle River, NJ.

Allen, M. S. (1962). *Morphological Creativity*. Prentice-Hall: Upper Saddle River, NJ.

Altschuller, G. (1984). *Creativity as an Exact Science*. Gordon and Breach: New York.

Buhl, H. R. (1960). *Creative Engineering Design*. Iowa State University Press: Ames, IA.

Dixon, J. R., and C. Poli. (1995). *Engineering Design and Design for Manufacturing—A Structured Approach*. Field Stone Publishers: Conway, MA.

Fey, V., et al. (1994). "Application of the Theory of Inventive Problem Solving to Design and Manufacturing Systems." *CIRP Annals*, **43**(1), pp. 107-110.

Fuller, R. B., (1975). *Synergetics: Explorations in the Geometry of Thinking*. Macmillan.

Fuller, R. B., (1979). *Synergetics 2*. Macmillan.

Glegg, G. C., *The Design of Design*. Cambridge University Press: Cambridge, UK.

Glegg, G. C., *The Science of Design*. Cambridge University Press: Cambridge, UK.

Glegg, G. C., *The Selection of Design*. Cambridge University Press: Cambridge, UK.

Gordon, W. J. J. (1962). *Synectics*. Harper & Row: New York.

Grillo, P. J., (1960) *Form Function and Design*. Dover Publications: New York.

Haefele, W. J. (1962). *Creativity and Innovation*. Van Nostrand Reinhold: New York.

Harrisberger, L. (1982). *Engineersmanship*. Brooks/Cole: Monterey, CA.

Johnson, C. L. (1985). *Kelly: More than My Share of it All*. Smithsonian Inst. Press: Washington, DC.

Kim, S. (1981). *Inversions*. Byte Books, McGraw-Hill: New York.

Moore, A. D. (1969). *Invention, Discovery, and Creativity*. Doubleday Anchor Books: New York.

Norman, D. A. (1990). *The Design of Everyday Things*. Doubleday: New York.

Norman, D. A. (1992). *Turn Signals are the Facial Expressions of Automobiles*. Addison-Wesley: Reading, MA.

Osborn, A. F. (1963). *Applied Imagination*. Scribners: New York.

Pleuthner, W. (1956). "Brainstorming." *Machine Design*, January 12, 1956.

Suh, N. P. (1990). *The Principles of Design*. Oxford University Press: New York.

Taylor, C. W. (1964). *Widening Horizons in Creativity*. John Wiley & Sons: New York.

Unknown. (1980). *Ed Heinemann: Combat Aircraft Designer*. Naval Institute Press, 1980.

Von Fange, E. K. (1959). *Professional Creativity*. Prentice-Hall: Upper Saddle River, NJ.

Para informações adicionais sobre **ergonomia**, *os seguintes trabalhos são recomendados:*

Bailey, R. W. (1982). *Human Performance Engineering: A Guide for System Designers*. Prentice-Hall: Upper Saddle River, NJ.

Burgess, W. R. (1986). *Designing for Humans: The Human Factor in Engineering*. Petrocelli Books.

Clark, T., and E. Corlett. (1984). *The Ergonomics of Workspaces and Machines*. Taylor and Francis.

Huchinson, R. D. (1981). *New Horizons for Human Factors in Design*. McGraw-Hill: New York.

McCormick, D. J. (1964). *Human Factors Engineering*. McGraw-Hill: New York.

Osborne, D. J. (1987). *Ergonomics at Work*. John Wiley & Sons: New York.

Pheasant, S. (1986). *Bodyspace: Anthropometry, Ergonomics & Design*. Taylor and Francis.

Salvendy, G. (1987). *Handbook of Human Factors*. John Wiley & Sons: New York.

Sanders, M. S. (1987). *Human Factors in Engineering and Design*. McGraw-Hill: New York.

Woodson, W. E. (1981). *Human Factors Design Handbook*. McGraw-Hill: New York.

Para informações adicionais sobre **como redigir relatórios de engenharia**, *os seguintes textos são recomendados:*

Barrass, R. (1978). *Scientists Must Write*. John Wiley & Sons: New York.

Crouch, W. G., and R. L. Zetler. (1964). *A Guide to Technical Writing*. The Ronald Press: New York.

Davis, D. S. (1963). *Elements of Engineering Reports*. Chemical Publishing Co.: New York.

Gray, D. E. (1963). *So You Have to Write a Technical Report*. Information Resources Press: Washington, DC.

Michaelson, H. B. (1982). *How to Write and Publish Engineering Papers and Reports*. ISI Press: Philadelphia, PA.

Nelson, J. R. (1952). *Writing the Technical Report*. McGraw-Hill: New York.

INTRODUÇÃO

Alguns **sites** *muito úteis sobre projeto, produto e informações industriais:*

<http://www.machinedesign.com>

>Revista de projeto de máquinas com artigos e informações de referências (pesquisável).

<http://www.motionsystemdesign.com>

>Revista sobre projeto de sistemas móveis com artigos, informações de referência sobre projeto, dados de motores, mancais etc. (pesquisável).

<http://www.thomasregister.com>

>Thomas Register é uma listagem nacional de empresas cadastradas por produto ou serviço oferecido (pesquisável).

<http://www.howstuffworks.com>

>Informações úteis sobre uma grande variedade de dispositivos de engenharia (pesquisável).

<http://www.manufacturing.net/dn/index.asp>

>Revista sobre novidades em projeto, com artigos e informações sobre projeto (pesquisável).

<http://iel.ucdavis.edu/design/>

>Página da Universidade da Califórnia Davis Integration Engineering Laboratory com aplicações de *software* que permitem animar diversos mecanismos.

<http://kmodd1.library.cornell.edu/>

>Coleção de modelos mecânicos e recursos relacionados com o ensino de princípios da cinemática, incluindo uma coleção de mecanismos e máquinas de Reuleaux e uma coleção importante de elementos de máquina do século XIX patrocinada pela Cornell's Sibley School of Mechanical and Aerospace Engineering.

<http://www.mech.uwa.edu.au/DANotes/design/home.html>

>Uma boa descrição do processo de projeto na Austrália.

Palavras *sugeridas para pesquisas na Internet para mais informações:*

Projeto de máquinas, mecanismos, mecanismos de barras, projeto de mecanismos, cinemática e projeto de cames.

Capítulo 2

FUNDAMENTOS DA CINEMÁTICA

A oportunidade favorece a mente bem preparada.
PASTEUR

2.0 INTRODUÇÃO

Este capítulo apresentará definições de inúmeros termos e conceitos fundamentais para a síntese e a análise de mecanismos. Apresentará também algumas ferramentas simples, porém poderosas, de análise, úteis na síntese de mecanismos.

2.1 GRAUS DE LIBERDADE (GDL) OU MOBILIDADE

A **mobilidade** (M) de um sistema mecânico pode ser classificada de acordo com o número de **graus de liberdade** (*GDL*) que possui. Os *GDL* do sistema são iguais ao *número de parâmetros independentes (medidas) necessários para definir uma única posição no espaço em qualquer instante de tempo.* Note que *GDL* é definido com base em uma estrutura de referência. A Figura 2-1 mostra um lápis deitado sobre uma folha de papel plana com um sistema x, y de coordenadas. Se condicionarmos esse lápis a sempre ficar nesse plano da folha, três parâmetros (*GDL*) são necessários para definir completamente a posição do lápis na folha: duas coordenadas lineares (x, y), para definir a posição de qualquer ponto do lápis, e uma coordenada angular (θ), para definir o ângulo do lápis com relação aos eixos. O número mínimo de medidas necessárias para definir a posição é mostrado na figura como x, y e θ. Esse sistema do lápis em um plano possui então **três** *GDL*. Note que os parâmetros particulares escolhidos para definir sua posição não são únicos. Qualquer conjunto de três parâmetros alternativos a esse poderia ser utilizado. Há uma infinidade de conjuntos de parâmetros possíveis, mas nesse caso devem ser três parâmetros por conjunto, **como dois comprimentos e um ângulo**, para definir a posição do sistema, porque *um corpo rígido em um movimento plano tem três GDL.*

FUNDAMENTOS DA CINEMÁTICA

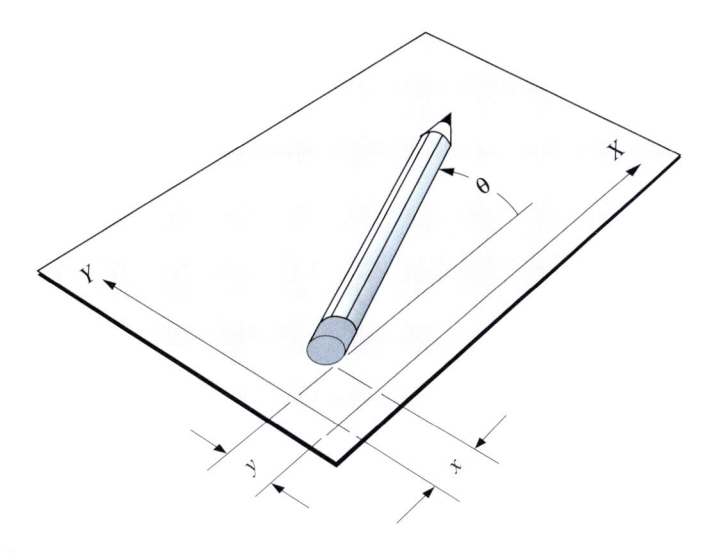

FIGURA 2-1

Um corpo rígido em um plano possui três *GDL* (graus de liberdade).

Agora, imagine que o lápis está em um mundo tridimensional. Segure-o acima de sua mesa e mova-o sobre ela. Você vai precisar de seis parâmetros para definir os **seis** *GDL*. Um possível conjunto de parâmetros que poderia ser usado são **três comprimentos**, (x, y, z), mais **três ângulos** (θ, φ, ρ). *Qualquer corpo rígido em três dimensões possui seis graus de liberdade.* Tente identificar os seis *GDL* movendo um lápis ou uma caneta em relação à mesa.

O lápis, nesses exemplos, representa um **corpo rígido**, ou **elo**, e para efeitos de análise cinemática consideraremos que ele é incapaz de sofrer deformações. Isso é apenas uma ficção conveniente que nos permite definir mais facilmente os movimentos brutos do corpo. Mais tarde, podemos sobrepor qualquer deformação devido a cargas externas ou cargas inerciais sobre nossos movimentos cinemáticos para obter uma figura mais completa e precisa do comportamento do corpo. Mas, lembre-se, nós estamos encarando uma *folha de papel em branco* no estágio inicial do processo de projeto. Não podemos determinar as deformações de um corpo até que tenhamos definido o comprimento, a forma, as propriedades do material e as cargas. Assim, nesse estágio assumiremos, para efeito inicial de síntese e análise cinemática, que *nosso corpo cinemático é rígido e tem carga pontual.*

2.2 TIPOS DE MOVIMENTO

Um corpo rígido livre para se mover dentro de uma estrutura de referência terá, em geral, **movimento complexo**, que é uma combinação simultânea de **rotação** e **translação**. Em espaços tridimensionais pode haver rotação em torno de qualquer eixo (qualquer eixo de rotação ou um dos três eixos principais) e também translação simultânea, que pode ser dividida em componentes ao longo de três eixos. Em um plano, ou espaço bidimensional, o movimento complexo se torna a combinação simultânea de rotação em torno de um eixo (perpendicular ao plano) e também translação dividida entre componentes ao longo de dois eixos no plano. Para simplificar, vamos limitar essa discussão ao caso de **sistema cinemático plano** (**2D**). Vamos definir esses termos da seguinte maneira para nossos propósitos, em movimento plano:

Rotação pura

O corpo possui um ponto (centro de rotação) que não apresenta movimento com relação à estrutura "estacionária" de referência. Todos os outros pontos do corpo descrevem arcos ao redor daquele centro. Uma linha de referência desenhada no corpo através do centro muda somente a orientação angular.

Translação pura

Todos os pontos no corpo descrevem caminhos paralelos (curvilíneos ou retilíneos). A linha de referência desenhada no corpo muda a posição linear, mas não muda a orientação angular.

Movimento complexo

Uma combinação simultânea de rotação e translação. Qualquer linha de referência desenhada no corpo mudará a posição linear e a orientação angular. Pontos no corpo terão caminhos não paralelos e haverá, a cada instante, um centro de rotação que mudará de localização constantemente.

Translação e **rotação** representam movimentos independentes do corpo. Um pode existir sem o outro. Se definirmos um sistema de coordenada 2D como mostrado na Figura 2-1, os termos x e y representam os componentes de translação do movimento, e o termo θ representa o componente de rotação.

2.3 ELOS, JUNTAS OU ARTICULAÇÕES E CADEIAS CINEMÁTICAS

Vamos começar nossos estudos dos mecanismos cinemáticos com uma investigação sobre o assunto **projeto de mecanismos**. Mecanismos são os blocos básicos de representação de todo mecanismo. Em outros capítulos, mostraremos que as formas mais comuns de mecanismos (cames, engrenagens, correias, elos) são variações comuns de mecanismos. Mecanismos são feitos de elos e juntas.

Um **elo**, como mostrado na Figura 2-2, é (assumindo) um corpo rígido que possui ao menos dois **nós** que são *pontos para se anexar aos outros elos.*

Elo binário   –   *possui dois nós.*
Elo terciário   –   *possui três nós.*
Elo quaterciário –   *possui quatro nós.*

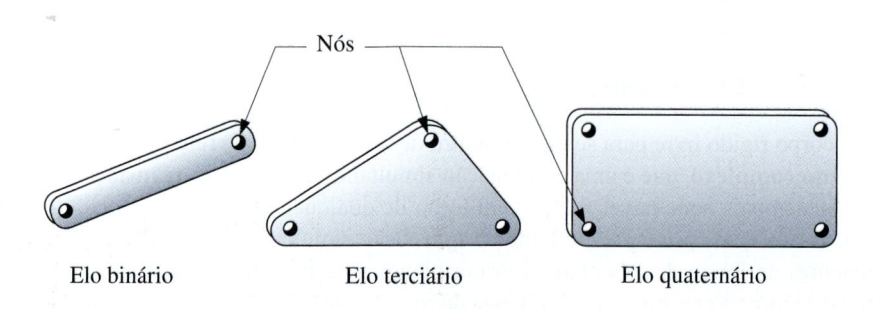

FIGURA 2-2

Elos de ordem diferente.

FUNDAMENTOS DA CINEMÁTICA

Junta é *uma conexão entre dois ou mais elos (em seus nós) que permite o mesmo movimento, ou movimento potencial, entre os elos conectados.* **As juntas** (também chamadas de **pares cinemáticos**) podem ser classificadas de diferentes maneiras:

1. Pelo tipo de contato entre os elementos, linha, ponto ou superfície.
2. Pelo número de graus de liberdade permitidos na junta.
3. Pelo tipo de fechamento físico da junta: tanto **força** como **forma** fechada.
4. Pelo número de elos unidos (ordem da junta).

Reuleaux[1] criou o termo **par inferior** para descrever juntas com superfície de contato (como um pino envolvido por um furo) e o termo **par superior** para descrever juntas com ponto ou linha de contato. Entretanto, se existe qualquer espaço entre o pino e o furo (necessário para existir o movimento), denominado superfície de contato na junta pinada, na verdade se transforma em contato de linha porque o pino encosta somente em um "lado" do furo. Da mesma maneira, em nível microscópico, um bloco deslizando em uma superfície plana de fato tem contato somente em pontos discretos, que são o topo da aspereza da superfície. A principal vantagem prática de pares inferiores sobre os superiores é a melhor habilidade de reter lubrificante entre as superfícies envolvidas. Isso é especialmente verdadeiro para a junta pinada de rotação. O lubrificante é expulso mais facilmente do par superior. Como resultado, a junta pinada é preferida para pouca solicitação e vida longa, até mesmo sobre seu primo par inferior, a junta deslizante ou prismática.

A Figura 2-3 mostra os seis possíveis pares inferiores, os graus de liberdade e os símbolos de caractere único. Os pares prismáticos (P) e de revolução (R) são os únicos pares inferiores que podem ser utilizados em mecanismos planos. Os pares inferiores cilíndrico (C), esférico (S), de parafuso (H) e plano (F) são combinações de pares prismáticos e/ou de revolução. Os pares R e P são os blocos básicos de construção de todos os outros pares, que são combinações daqueles dois, mostrados na Tabela 2-1.

Uma maneira útil para classificar juntas (pares) é pelo número de graus de liberdade que elas permitem entre os dois elementos unidos. A Figura 2-3 também mostra exemplos de juntas com um e com dois graus de liberdade, que são comumente encontradas em mecanismos planos. A Figura 2-3b mostra duas formas de um plano, junta (ou par) **com um grau de liberdade**, denominadas junta pinada (R) girando (revolução) e junta deslizante (P) transladando (prismático). Essas formas também são chamadas de **juntas completas** (isto é, completa = 1 *GDL*) e são **pares inferiores**. A junta pinada permite um *GDL* de rotação, e a junta de deslizamento permite um *GDL* de translação entre os elos unidos. Ambas estão contidas em outro caso comum (e cada um é um caso limitante), a junta com um grau de liberdade, o parafuso e a porca (Figura 2-3a). O movimento da porca ou parafuso com relação ao outro resulta em movimento helicoidal. Se o ângulo de hélice for zero, a porca gira sem avançar e se torna uma junta pinada. Se o ângulo de hélice for 90°, a porca vai transladar ao longo do eixo do parafuso e se torna uma junta deslizante.

A Figura 2-3c mostra exemplos de juntas com dois graus de liberdade (pares superiores) que permitem simultaneamente dois movimentos relativos independentes, isto é, translação e rotação entre os elos ligados. Paradoxalmente, essas juntas com dois graus de liberdade são às vezes chamadas de "**meia junta**", com os dois graus localizados no denominador. A **meia junta** também é chamada de **cilíndrica**, porque permite rolar e deslizar. Uma junta **esférica** ou de soquete (Figura 2-3a) é um exemplo de junta com três graus de liberdade, que permite três movimentos angulares independentes entre os dois elos unidos. Essa junta do tipo *joystick* ou *esférica* é tipicamente usada em um mecanismo de três dimensões. Um exemplo envolvendo esse tipo de junta é o sistema de suspensão automotivo.

TABELA 2-1
Os seis pares inferiores

Nome (símbolo)	GDL	Conteúdo
Revolução (R)	1	R
Prismático (P)	1	P
Helicoidal (H)	1	RP
Cilíndrico (C)	2	RP
Esférico (S)	3	RRR
Plano (F)	3	RPP

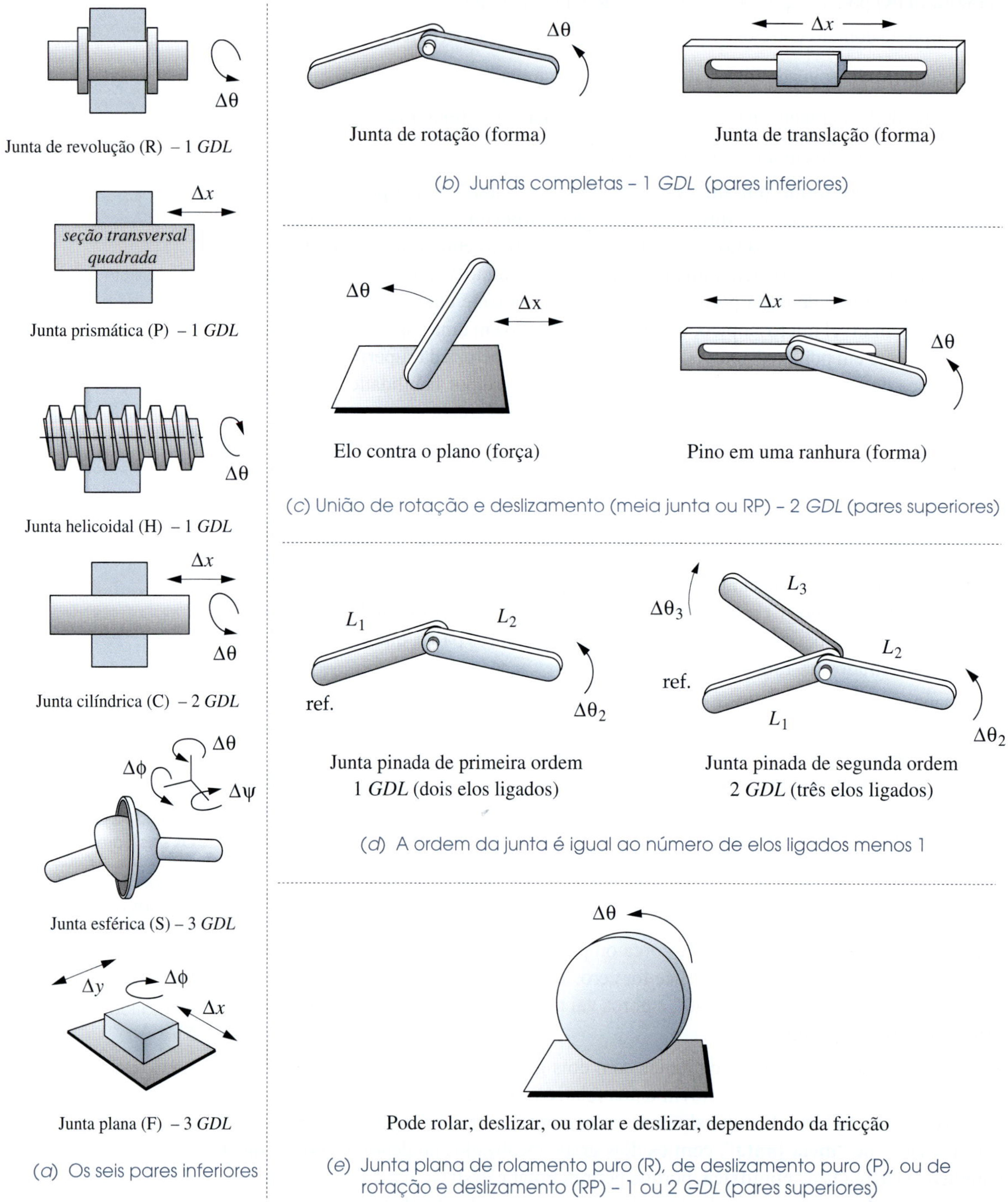

Junta de revolução (R) – 1 GDL

Junta prismática (P) – 1 GDL
seção transversal quadrada

Junta helicoidal (H) – 1 GDL

Junta cilíndrica (C) – 2 GDL

Junta esférica (S) – 3 GDL

Junta plana (F) – 3 GDL

(a) Os seis pares inferiores

Junta de rotação (forma)

Junta de translação (forma)

(b) Juntas completas – 1 GDL (pares inferiores)

Elo contra o plano (força)

Pino em uma ranhura (forma)

(c) União de rotação e deslizamento (meia junta ou RP) – 2 GDL (pares superiores)

Junta pinada de primeira ordem
1 GDL (dois elos ligados)

Junta pinada de segunda ordem
2 GDL (três elos ligados)

(d) A ordem da junta é igual ao número de elos ligados menos 1

Pode rolar, deslizar, ou rolar e deslizar, dependendo da fricção

(e) Junta plana de rolamento puro (R), de deslizamento puro (P), ou de rotação e deslizamento (RP) – 1 ou 2 GDL (pares superiores)

FIGURA 2-3

Juntas (pares) de vários tipos.

FUNDAMENTOS DA CINEMÁTICA

Uma junta com mais de um grau de liberdade também pode ser um **par superior** como mostrado na Figura 2-3c. Juntas completas (pares inferiores) e meias juntas (pares superiores) são utilizadas em mecanismos de planos (2D) e espaciais (3D). Note que, se você não permitir o deslizamento dos dois elos na Figura 2-3c conectados por uma junta tipo "rola-desliza", talvez gerando um alto coeficiente de fricção entre eles, você pode travar a liberdade de translação (Δx) e fazer com que se comporte como uma junta completa. Isso é chamado **junta por rolamento puro** e tem somente liberdade de rotação ($\Delta\theta$). Um exemplo comum desse tipo de junta é o pneu do carro rolando sobre a estrada, como mostrado na Figura 2-3e. Em uso normal, há somente rolamento puro e não há deslizamento nessa junta a menos, é claro, que você encontre uma estrada congelada ou que você acelere demais em uma curva. Se você travar os freios no gelo, essa junta se torna puramente deslizante, como o bloco na Figura 2-3b. A fricção determina o número de graus de liberdade nesse tipo de junta. Ela pode ser **rolamento puro**, **deslizamento puro** ou **rotação e deslizamento.**

Para visualizar os graus de liberdade de uma junta em um mecanismo, é de grande ajuda desconectar "mentalmente" as duas ligações que criam a junção com o resto do mecanismo. Você pode então ver, mais facilmente, quantos graus de liberdade têm os dois elos unidos em relação ao outro.

A Figura 2-3c também mostra exemplos das articulações **unidas por força** e **unidas por forma.** Uma articulação **unida** por forma *é mantida junta, ou fechada por sua geometria*. Um pino em um furo ou um deslizador em uma abertura bilateral é unido por forma. Em contrapartida, uma junta **unida por força**, como um pino em um colo ou uma esteira em uma superfície, *requer alguma força externa para mantê-los juntos ou unidos*. Essa força pode ser fornecida pela gravidade, por uma mola, ou qualquer outro meio externo. Podem haver diferenças substanciais no comportamento de um mecanismo devido à escolha da união por força ou por forma, como veremos. A escolha deve ser feita cuidadosamente. Em mecanismos, é preferível a união por forma. Mas para sistema de came seguidor, normalmente é escolhida a união por força. Esse tópico será explorado mais a fundo em capítulos futuros.

A Figura 2-3d mostra exemplos de juntas de várias ordens, em que **ordem da junta** é definida como *o número de elos unidos menos um*. São necessários dois elos para fazer uma articulação simples; assim, a combinação mais simples de articulações de dois elos tem ordem de junta igual a um. Se elos adicionais são colocados na mesma junta, a ordem de junta aumenta com uma relação de um para um. A ordem de junta tem significância na determinação do número de graus de liberdade de uma montagem. Nós demos definições para um **mecanismo** e uma **máquina** no Capítulo 1. Com os elementos cinemáticos de junta e de ligação agora definidos, podemos definir esses dispositivos mais cuidadosamente com base nas classificações de cadeias de Reuleaux de cadeias cinemáticas, mecanismos e máquinas.[1]

Uma cadeia cinemática é **definida como:**
Um conjunto de elos e juntas interconectadas de uma maneira que possibilite um movimento de saída controlado em resposta a um movimento de entrada fornecido.

Um mecanismo é **definido como:**
Uma cadeia cinemática em que pelo menos uma ligação foi "aterrada", ou presa, à estrutura de referência (que pode estar em movimento).

Uma máquina é **definida como:**
Uma combinação de corpos resistentes organizados para compelir as forças mecânicas da natureza a fim de realizar um trabalho acompanhado por movimentos determinados.

Pela definição de Reuleaux,*[1] uma máquina é uma *coleção de mecanismos organizada para transmitir forças e realizar trabalhos*. Ele viu todos os sistemas de transmissão por força ou por energia como máquinas que utilizam mecanismos como seus blocos de representação para produzir restrições de movimento.

Vamos agora definir uma **manivela** como *um elo que faz uma revolução completa e é articulado à estrutura*, um **seguidor** como *um elo que tem rotação oscilatória (de um lado para o outro) e é articulado à estrutura*, e um **acoplador** (ou biela) como *um elo que possui movimento complexo e não é articulado à estrutura*. A **estrutura** (ou **elo terra**) é definida como *qualquer elo ou elos que são fixos* (sem movimento) com relação ao sistema de referência. Note que o sistema de referência pode estar em movimento.

2.4 DESENHANDO DIAGRAMAS CINEMÁTICOS

Analisar a cinemática de mecanismos requer que desenhemos de forma limpa e simples o diagrama esquemático da cinemática dos elos e juntas que o compõe. Algumas vezes, pode ser difícil identificar os elos e as juntas cinemáticas em um mecanismo complicado. Estudantes iniciantes nesse tópico frequentemente têm essa dificuldade. Esta seção define uma aproximação à criação de diagramas cinemáticos simplificados.

Elos reais podem ser de qualquer comprimento, mas um elo "cinemático", ou extremidade de ligação, é definido como uma linha entre juntas que permitem movimentos relativos entre os elos adjacentes. Juntas podem permitir rotação, translação, ou ambos entre os elos unidos. Os movimentos possíveis da junta devem estar claros e óbvios no diagrama cinemático. A Figura 2-4 mostra notações esquemáticas recomendadas para elos binários, terciários, e de qualquer ordem superior, e para juntas móveis e fixas de liberdade rotacional e translacional junto a um exemplo de suas combinações. Muitas outras notações também são possíveis, mas quando a notação é usada, é imprescindível que o diagrama indique quais elos ou juntas estão fixados e quais podem se mover. Caso contrário, ninguém será capaz de interpretar seu desenho cinemático. Sombreamento ou hachura deve ser utilizado para indicar que o elo é sólido.

A Figura 2-5a mostra uma fotografia de um mecanismo simples usado para levantamento de peso em treinamentos denominado de máquina de compressão de pernas. Ela possui seis elos pinados denominados de L_1 a L_6 e sete juntas pinadas. Os pivôs do movimento são denominados de A a D; O_2, O_4 e O_6 denotam os pivôs fixados ao número respectivo de seus elos. Embora as ligações estejam em planos paralelos separados por uma distância na direção

---

*Reuleaux criou um conjunto de 220 modelos de mecanismos no século XIX para demonstrar os movimentos de máquinas. A Cornell University, em 1892, adquiriu a coleção e agora colocou as imagens e descrições na Internet: <http://kmoddl.library.cornell.edu>. Esse site contém representações de outras três coleções de máquinas e transmissões de engrenagens.

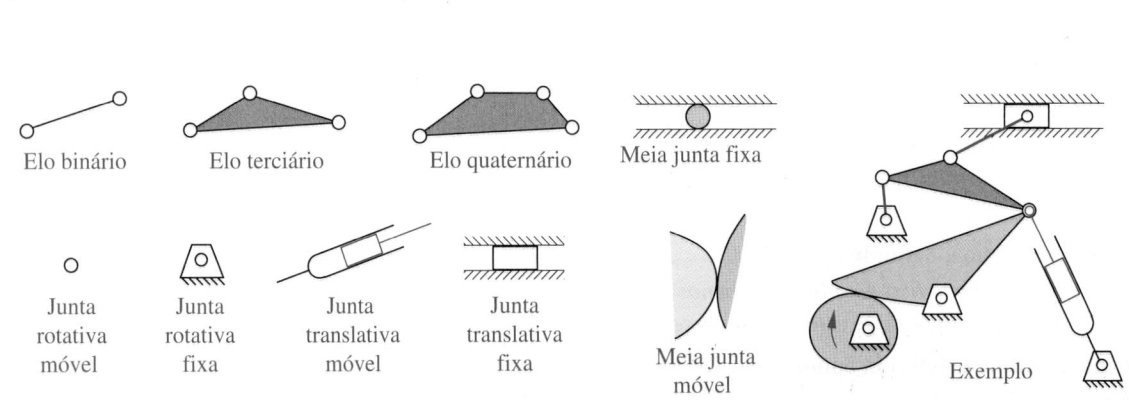

FIGURA 2-4

Notação esquemática para diagramas cinemáticos.

FUNDAMENTOS DA CINEMÁTICA

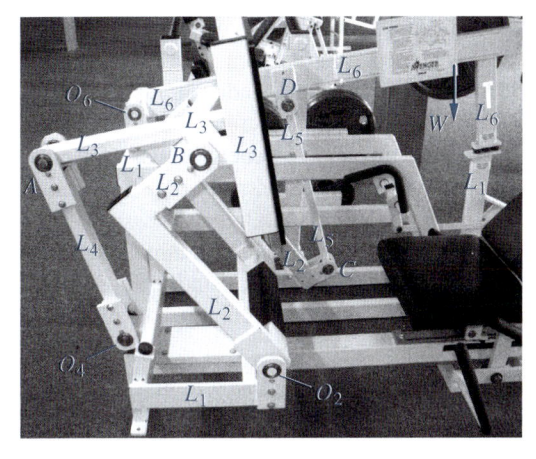

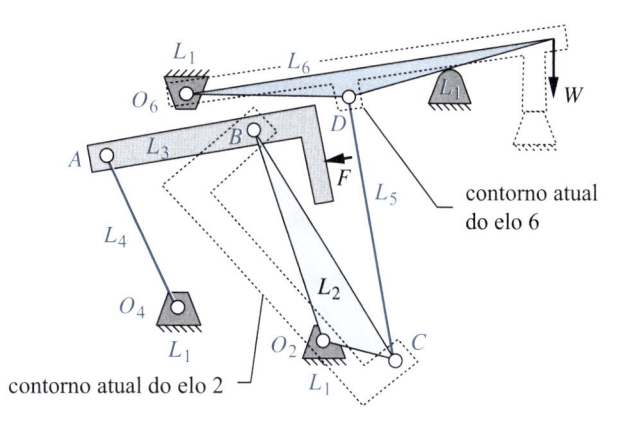

(a) Mecanismo de levantamento de peso

(b) Diagrama cinemático

FIGURA 2-5

Um mecanismo e seu diagrama esquemático.

Z, ela ainda pode ser analisada cinematicamente, como se todos os elos estivessem em um plano comum.

Para usar a máquina de compressão de pernas, o usuário coloca alguns pesos no elo 6, acima à direita, senta no banco, embaixo à direita, posiciona os pés contra a superfície plana do elo 3 (um acoplador) e o eleva com as pernas para levantar o peso por meio de um mecanismo. A geometria do mecanismo é projetada para dar um rendimento mecânico variável que corresponde à habilidade humana para fornecer força ao longo do movimento da perna. A Figura 2-5b mostra um diagrama cinemático desse mecanismo básico. Note que aqui todos os elos têm sido trazidos para um plano em comum. O elo 1 é o fixo. Os elos 2, 4 e 6 são seguidores. Os elos 3 e 5 são acopladores. A força de entrada F é aplicada ao elo 3. O peso da resistência de "saída" W atua sobre o elo 6. Note a diferença entre o contorno real e o cinemático dos elos 2 e 6.

A próxima seção discute técnicas para determinar a mobilidade de um mecanismo. Esse exercício depende de uma conta apurada do número de elos e juntas no mecanismo. Sem um diagrama cinético apropriado, claro e completo do mecanismo, será impossível contá-los e assim definir corretamente a mobilidade.

2.5 DETERMINANDO OS GRAUS DE LIBERDADE OU MOBILIDADE

O conceito de **graus de liberdade** (GDL) é fundamental para síntese e análise de mecanismos. Devemos ser capazes de determinar rapidamente o GDL de qualquer coleção de elos e juntas que podem ser sugeridos como solução para um problema. Grau de liberdade (também chamado **mobilidade** M) de um sistema pode ser definido como:

Grau de liberdade

O número de entradas que precisam ser dadas para criar uma saída previsível;

também:

O número de coordenadas independentes necessárias para definir sua posição.

No início do processo de projeto, algumas definições gerais do movimento de saída desejado estão usualmente disponíveis. O número de entradas necessárias para obter tal saída pode ou não ser especificado. O custo é uma das principais restrições aqui. Cada entrada necessária vai precisar de algum tipo de atuador, um operador humano ou um "escravo" na forma de um motor, solenoide, cilindro de ar ou outro dispositivo de conversão de energia. (Esses dispositivos são discutidos na Seção 2.18.) Esses dispositivos de múltiplas entradas deverão ter suas ações coordenadas por um "controlador", que deve possuir alguma inteligência. Esse controle é normalmente fornecido por um computador, mas pode ser programado mecanicamente em um projeto de mecanismo. Não há nenhuma exigência de que um mecanismo tenha somente um *GDL*. Por exemplo, imagine o número de alavancas de controles ou cilindros atuadores em uma escavadora ou em um guindaste. (Ver Figura 1-1b.)

Cadeias ou mecanismos cinemáticos podem ser **abertos** ou **fechados**. A Figura 2-6 mostra ambos os mecanismos abertos e fechados. Um mecanismo fechado terá pontos de fixação não abertos ou **nós** e pode ter um ou mais graus de liberdade. Um mecanismo aberto de mais de um elo terá sempre mais de um grau de liberdade, requerendo assim tantos atuadores quanto o número de graus de liberdade. Um exemplo comum de um mecanismo aberto é um robô industrial. Uma *cadeia cinemática aberta de dois elos binários e uma junta* é chamada de **díade**. O conjunto de elos mostrados na Figura 2-3b e c são **díades**.

Reuleaux limitou suas definições para cadeias cinemáticas fechadas e para mecanismos contendo somente um *GDL*, que ele chamou de *restrito*.[1] Essas definições um pouco abrangentes talvez se encaixem melhor nas aplicações do dia a dia. Um mecanismo multi-*GDL*, como um robô, será restrito em seus movimentos contanto que um número necessário de entradas seja fornecido para controlar todos os *GDL*.

Grau de liberdade (mobilidade) em mecanismos planos

Para determinar o *GDL* geral de qualquer mecanismo, devemos considerar o número de elos e juntas, bem como as interações entre eles. O *GDL* de qualquer conjunto de elos pode ser previsto após um estudo sobre a **condição de Gruebler**.[2] Qualquer elo em um plano possui três graus de liberdade. Entretanto, um sistema de *L* elos desconectados em um mesmo plano terá 3*L GDL*, como mostrado na Figura 2-7a, na qual os dois elos desconectados têm um total de seis *GDL*.

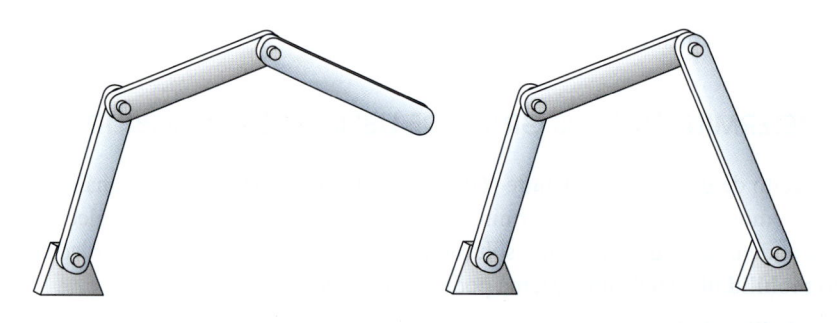

(*a*) Cadeia cinemática aberta   (*b*) Cadeia cinemática fechada

FIGURA 2-6

Cadeia de mecanismos.

FUNDAMENTOS DA CINEMÁTICA

(a) Dois elos desconectados
GDL = 6

(b) Unidos por uma junta completa
GDL = 4

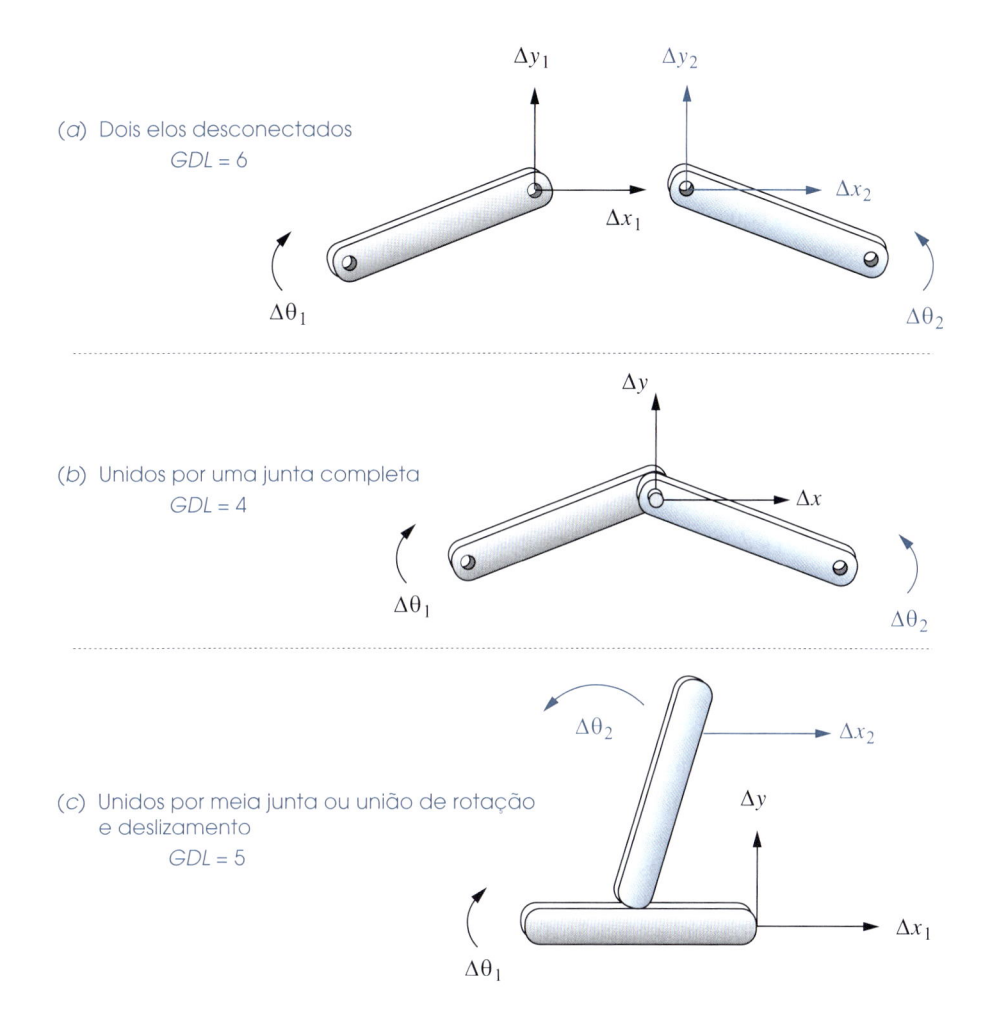

(c) Unidos por meia junta ou união de rotação e deslizamento
GDL = 5

FIGURA 2-7

Juntas removem graus de liberdade.

Quando esses elos são unidos por uma **junta completa** na Figura 2-7b, Δy_1 e Δy_2 são combinados como Δy, e Δx_1 e Δx_2 são combinados como Δx. Isso remove dois *GDL*, deixando quatro *GDL*. Na Figura 2-7c, a meia junta remove somente um *GDL* do sistema (porque uma meia junta tem dois *GDL*), deixando o sistema de dois elos conectados por uma meia junta com um total de cinco *GDL*. Além disso, quando um elo é aterrado ou fixado à estrutura de referência, todos os três *GDL* serão removidos. Esse raciocínio leva à **equação de Gruebler**:

$$M = 3L - 2J - 3G \tag{2.1a}$$

em que: *M* = *graus de liberdade ou mobilidade*
       L = *número de elos*
       J = *número de juntas*
       G = *número de elos fixado*s

Note que em qualquer mecanismo real, mesmo se mais de um elo da cadeia cinemática estiver fixado, o efeito líquido será criar um elo fixo maior, de ordem superior, por poder ter somente um plano fixo. Assim, G é sempre um, e a equação de Gruebler muda para:

$$M = 3(L - 1) - 2J \quad (2.1b)$$

O valor de J nas equações 2.1a e 2.1b deve indicar o valor de todas as juntas no mecanismo. Isto é, meias juntas contam como 1/2 porque removem apenas um *GDL*. É menos confuso se utilizarmos a modificação de **Kutzbach** na equação de Gruebler desta maneira:

$$M = 3(L - 1) - 2J_1 - J_2 \quad (2.1c)$$

em que: M = *graus de liberdade ou mobilidade*

L = *número de elos*

J_1 = *número de juntas com 1 GDL (completa)*

J_2 = *número de juntas com 2 GDL (meia junta)*

Os valores de J_1 e J_2 nessas equações ainda devem ser cuidadosamente determinados para responder a todas as juntas completas, meias juntas e juntas múltiplas em qualquer mecanismo. Juntas múltiplas contam como uma a menos do que o número de elos ligados naquela junta e são adicionadas à categoria de juntas "completas" (J_1). Os *GDL* de qualquer mecanismo proposto podem ser rapidamente averiguados com essa expressão, antes de gastar tempo em um projeto detalhado. É interessante notar que a equação não contém informação sobre o comprimento e formato dos elos, somente as quantidades. A Figura 2-8a mostra um mecanismo com um *GDL* e somente juntas completas.

A Figura 2-8b mostra uma estrutura com zero *GDL* e que contém meias juntas e juntas múltiplas. Veja a notação esquemática usada para indicar o elo fixo. O elo fixo não precisa ser esboçado, contanto que todos os elos fixos estejam identificados. Note também as juntas chamadas de "**múltiplas**" e "**meias**" nas Figuras 2-8a e b. Como um exercício, calcule a mobilidade desses exemplos com a equação de **Kutzbach**.

Grau de liberdade (mobilidade) em mecanismos espaciais

A aproximação usada para determinar a mobilidade de um mecanismo plano pode ser facilmente estendida para três dimensões. Cada elo desconectado em terceira dimensão tem 6 *GDL*, e qualquer um dos seis pares inferiores pode ser usado para conectá-los, assim como pares superiores com mais liberdade. Uma junta com um grau de liberdade remove 5 *GDL*, uma junta com dois graus de liberdade remove 4 *GDL* etc. Fixar um elo remove 6 *GDL*. Isso nos leva à equação de mobilidade de Kutzbach para mecanismos espaciais:

$$M = 6(L-1) - 5J_1 - 4J_2 - 3J_3 - 2J_4 - J_5 \quad (2.2)$$

em que o subscrito se refere ao número de graus de liberdade da junta. Vamos limitar os estudos a mecanismos 2D neste texto.

2.6 MECANISMOS E ESTRUTURAS

Os graus de liberdade de uma montagem de elos predizem completamente seu comportamento. Há somente três possibilidades. *Se o GDL é positivo, a montagem será um **mecanismo**, e os elos terão movimento relativo. Se o GDL é exatamente zero, então ela será uma **estrutura**, e o movimento não é possível. Se o GDL é negativo, então ela será uma **estrutura***

FUNDAMENTOS DA CINEMÁTICA

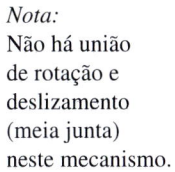

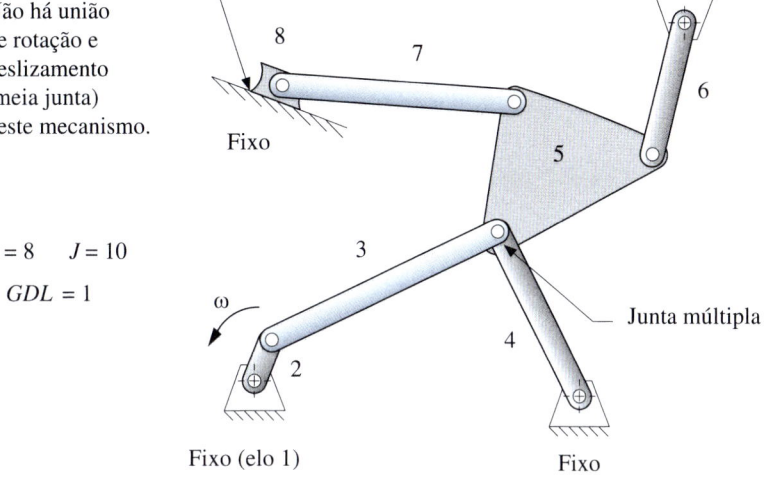

Nota:
Não há união de rotação e deslizamento (meia junta) neste mecanismo.

Junta deslizante completa — Fixo

Fixo

$L = 8 \quad J = 10$
$GDL = 1$

ω

Junta múltipla

Fixo (elo 1) — Fixo

(a) Mecanismo com juntas completas e múltiplas

Junta múltipla — Fixo

$L = 6 \quad J = 7,5$
$GDL = 0$

Meia junta

Fixo

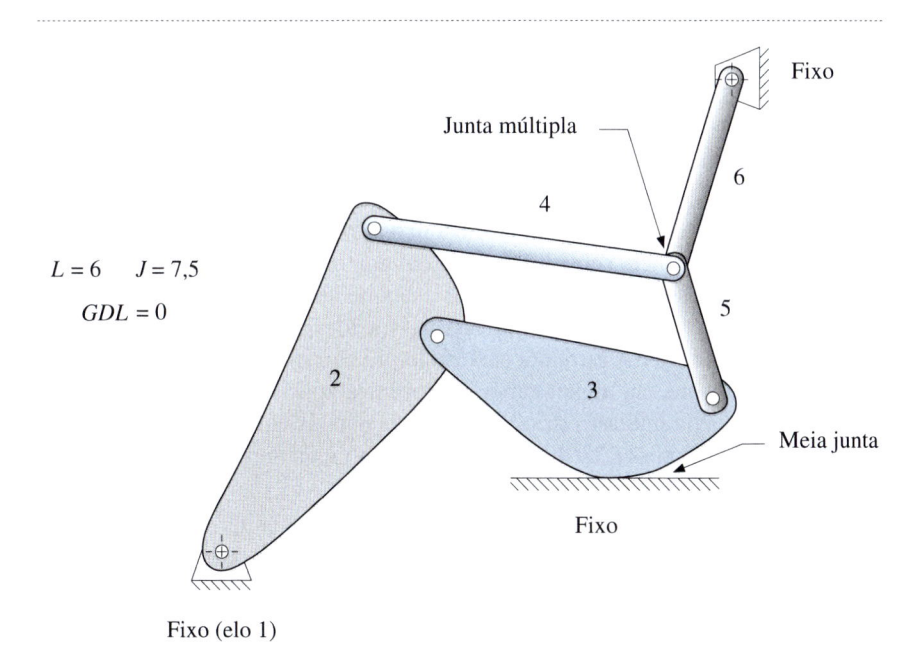

Fixo (elo 1)

(b) Mecanismo com juntas completas, múltiplas e meias juntas

FIGURA 2-8

Mecanismos com vários tipos de junta.

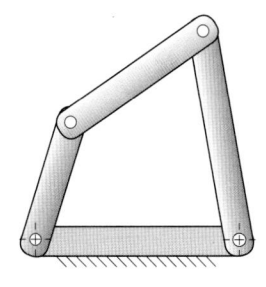

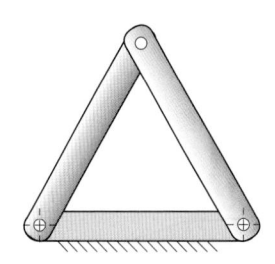

(a) Mecanismo — GDL = +1   (b) Estrutura — GDL = 0   (c) Estrutura pré-carregada — GDL = -1

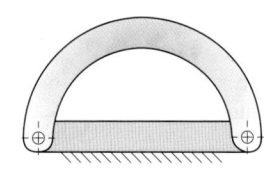

FIGURA 2-9

Mecanismos, estruturas e estruturas pré-carregadas.

pré-carregada, o que significa que nenhum movimento é possível e algumas tensões podem também estar presentes no momento da montagem. A Figura 2-9 mostra exemplos desses três casos. Em cada caso, um elo está aterrado.

A Figura 2-9a mostra quatro elos ligados por quatro juntas completas que, da equação de Gruebler, resulta em um *GDL*. É possível se mover, e somente uma entrada é necessária para dar resultados previsíveis.

A Figura 2-9b mostra três elos ligados por três juntas completas. Possui zero *GDL*, e portanto é uma **estrutura**. Note que, se o comprimento dos elos permitir conexão,[*] todos os três pinos podem ser inseridos em seus respectivos pares de furos (nós) sem tensionar a estrutura; assim, uma posição sempre poderá ser encontrada para permitir montagem. Isso é chamado de *restrição exata*.[**]

A Figura 2-9c mostra dois elos conectados por duas juntas completas. A montagem possui um *GDL* de menos um, o que a torna uma **estrutura pré-carregada**. Para inserir os dois pinos sem tensionar os elos, a distância central dos furos em ambos os elos deve ser exatamente a mesma. Na prática, é impossível fazer duas partes exatamente iguais. Sempre haverá algum erro de fabricação, mesmo que bem pequeno. Assim, você teria que forçar o segundo pino, criando alguma tensão nos elos. A estrutura será então pré-carregada. Você provavelmente já viu uma situação semelhante, em algum curso de mecânica aplicada, na forma de uma viga indeterminada na qual havia muitas restrições ou apoios para as equações disponíveis. Uma viga indeterminada também possui *GDL* negativo, enquanto uma viga *simplesmente apoiada* tem *GDL* igual a zero.

Estruturas e estruturas pré-carregadas são comumente encontradas na engenharia. Na realidade, a verdadeira estrutura de *GDL* zero é rara na prática de engenharia civil. Muitas estruturas de prédios, pontes e máquinas são estruturas pré-carregadas devido ao uso de juntas soldadas e rebitadas em vez de juntas pinadas. Até mesmo estruturas simples, como a cadeira em que você está sentado, são geralmente pré-carregadas. Uma vez que nossa preocupação aqui é com mecanismos, vamos nos concentrar somente em dispositivos com *GDL* positivo.

2.7 NÚMEROS DE SÍNTESE

O termo **número de síntese** tem sido usado para indicar *a determinação do número e ordem dos elos e juntas necessários para produzir movimento de um GDL particular.* **Ordem**

---

[*] Se a soma dos comprimentos de dois elos quaisquer é menor do que o comprimento do terceiro elo, então a sua interconexão é impossível.

[**] O conceito de *restrição exata* também se aplica a mecanismos com *GDL* positivo. É possível fornecer restrições redundantes a um dispositivo (por exemplo, tornando seu *GDL* teórico = 0 quando 1 é o desejado) mantendo ainda o movimento devido à geometria particular (ver Seção 2.8). Uma restrição não exata em geral deve ser evitada, já que pode levar a um comportamento mecânico inesperado. Para uma discussão excelente e profunda sobre esse assunto, ver D. L. Blanding. *Exact Constraint: Machine Design Using Kinematic Principles*. ASME Press, 1999.

FUNDAMENTOS DA CINEMÁTICA

de elo, neste contexto, refere-se ao número de nós por elo,* por exemplo **binário**, **terciário**, **quaterciário** etc. O valor do número de síntese permite a determinação exaustiva de todas as combinações possíveis de elos que vão resultar qualquer *GDL* escolhido. O projetista fica então equipado com um catálogo definitivo de elos potenciais para resolver uma variedade de problemas de controle de movimento.

Como exemplo, vamos agora derivar todas as possíveis combinações de elos para um *GDL*, incluindo conjuntos de até oito elos e ordem de elos, incluindo elos hexagonais. Para simplificar, vamos considerar que os elos serão unidos por uma simples e única junta de rotação pura (por exemplo, um pino ligando dois elos). Podemos depois introduzir meias juntas, juntas múltiplas e juntas deslizantes de acordo com a transformação do mecanismo. Primeiro, vamos olhar alguns atributos interessantes de mecanismos como definidos pela suposição acima, relativa às juntas completas.

Hipótese: Se todas as juntas forem completas, um número ímpar de *GDL* requer um número par de elos e vice-versa.

Prova: **Dado:** Todos os pares inteiros podem ser denotados por $2m$ ou por $2n$, e todos os ímpares inteiros podem ser denotados por $2m - 1$ ou por $2n - 1$, sendo n e m qualquer inteiro positivo. O número de juntas deve ser um inteiro positivo.

Sendo: L = número de elos, J = número de juntas e M = GDL = $2m$ (ou seja, todos os números pares)
Então: reescreva a Equação de Gruebler 2.1b isolando J

$$J = \frac{3}{2}(L-1) - \frac{M}{2} \tag{2.3a}$$

Tente: substituir $M = 2m$ e $L = 2n$ (no exemplo, qualquer número par para ambos)

$$J = 3n - m - \frac{3}{2} \tag{2.3b}$$

Isso não pode resultar em J positivo como desejado.

Tente: $M = 2m - 1$ e $L = 2n - 1$ (no exemplo, qualquer número ímpar para ambos),

$$J = 3n - m - \frac{5}{2} \tag{2.3c}$$

Isso também não pode resultar em J positivo como desejado.

Tente: $M = 2m - 1$ e $L = 2n$ (ímpar – par)

$$J = 3n - m - 2 \tag{2.3d}$$

Esse é um positivo inteiro para $m \geq 1$ e $n \geq 2$.

Tente: $M = 2m$ e $L = 2n - 1$ (par – ímpar)

$$J = 3n - m - 3 \tag{2.3e}$$

Isso é um positivo inteiro para $m \geq 1$ e $n \geq 2$.

Então, para o exemplo de um mecanismo com um *GDL*, podemos considerar somente combinações com 2, 4, 6, 8... elos. Fazendo com que a ordem dos elos seja representada por:

---

* Não confunda com "ordem da junta" como definido anteriormente, que se refere ao *GDL* que a junta possui.

B = *número de elos binários*
T = *número de elos terciários*
Q = *número de elos quaterciários*
P = *número de pentagonais*
H = *número de hexagonais*

o total de elos em qualquer mecanismo será:

$$L = B + T + Q + P + H + \ldots \tag{2.4a}$$

Uma vez que são necessários dois nós de elo para fazer uma junta

$$J = \frac{n\acute{o}s}{2} \tag{2.4b}$$

e

$$n\acute{o}s = ordem\ do\ elo \times n\acute{u}mero\ de\ elos\ daquela\ ordem \tag{2.4c}$$

então

$$J = \frac{(2B + 3T + 4Q + 5P + 6H + \cdots)}{2} \tag{2.4d}$$

Substituindo as equações 2.4a e 2.4d na equação de Gruebler (2.1b),

$$M = 3(B + T + Q + P + H - 1) - 2\left(\frac{2B + 3T + 4Q + 5P + 6H}{2}\right)$$

$$M = B - Q - 2P - 3H - 3 \tag{2.4e}$$

Veja o que está faltando nessa equação! Os elos terciários foram retirados. O *GDL* (graus de liberdade) é independente do número de elos terciários no mecanismo. Mas como cada elo terciário tem três nós, ele só pode criar ou remover 3/2 de elo. Então, devemos somar ou subtrair elos terciários em pares para manter o número inteiro de articulações. A *adição ou subtração de elos terciários em pares não afeta o GDL do mecanismo.*

Para determinar todas as combinações possíveis de elos para um *GDL* particular, devemos combinar as equações 2.3a e 2.4d:[*]

$$\frac{3}{2}(L-1) - \frac{M}{2} = \frac{(2B + 3T + 4Q + 5P + 6H)}{2}$$

$$3L - 3 - M = 2B + 3T + 4Q + 5P + 6H \tag{2.5}$$

Agora combine a equação 2.5 com a equação 2.4a para eliminar o *B*

$$L - 3 - M = T + 2Q + 3P + 4H \tag{2.6}$$

Vamos agora resolver as equações 2.4a e 2.6 simultaneamente (por substituição progressiva) para determinar todas as combinações compatíveis de elos para *GDL* = 1, até oito elos. A estratégia será começar com o menor número de elos, até o elo de maior ordem possível com aquele número, eliminando as combinações impossíveis.

(Nota: *L deve ser par para obter um GDL ímpar*).

[*] Karunamoorthy[17] define algumas regras úteis para determinar o número de combinações possíveis para qualquer número de elos com o grau de liberdade dado.

Caso 1. $L = 2$

$$L - 4 = T + 2Q + 3P + 4H = -2 \qquad (2.7a)$$

Isso requer um número negativo de elos, então $L = 2$ é impossível.

Caso 2. $L = 4$

$$L - 4 = T + 2Q + 3P + 4H = 0; \qquad \text{então } T = Q = P = H = 0 \qquad (2.7b)$$
$$L = B + 0 = 4; \qquad\qquad B = 4$$

O mecanismo mais simples com um *GDL* são quatro elos binários – o **mecanismo de quatro barras**.

Caso 3. $L = 6$

$$L - 4 = T + 2Q + 3P + 4H = 2; \qquad \text{então } P = H = 0 \qquad (2.7c)$$

T tem de ser 0, 1 ou 2; Q deve ser somente 0 ou 1

Se $Q = 0$, então T tem de ser 2:

$$L = B + 2T + 0Q = 6; \qquad B = 4, \qquad T = 2 \qquad (2.7d)$$

Se $Q = 1$, então T tem de ser 0 e:

$$L = B + 0T + 1Q = 6; \qquad B = 5, \qquad Q = 1 \qquad (2.7e)$$

Há então duas possibilidades para $L = 6$. Note que uma delas é, na realidade, o mecanismo de quatro barras mais simples com dois terciários adicionados como foi dito anteriormente.

Caso 4. $L = 8$

Com tantos elos, é necessária uma aproximação por tabela.

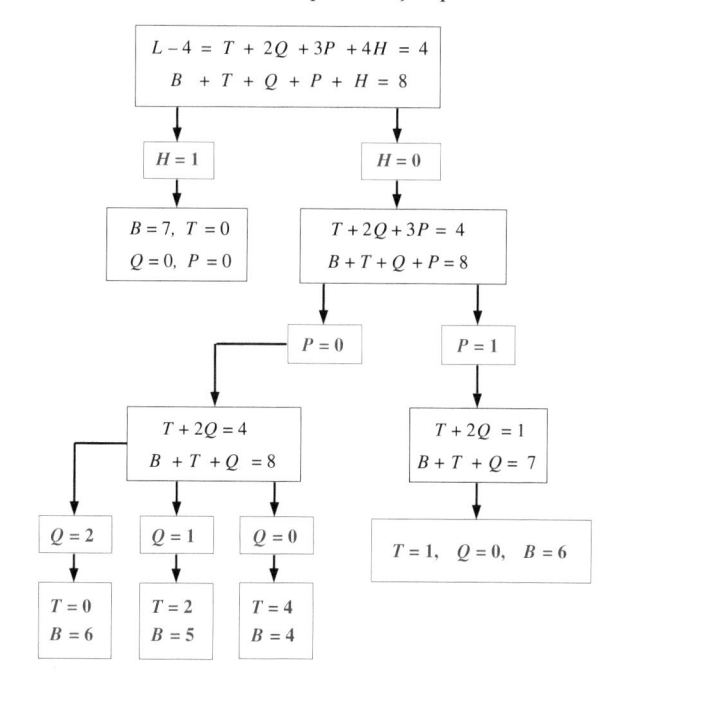

```
           L - 4 = T + 2Q + 3P + 4H = 4
           B + T + Q + P + H = 8
              │                │
              ▼                ▼
            H = 1            H = 0
              │                │
              ▼                ▼
         B = 7, T = 0     T + 2Q + 3P = 4
         Q = 0, P = 0     B + T + Q + P = 8
                              │       │
                              ▼       ▼
                            P = 0   P = 1
                              │       │
                    ┌─────────┤       ▼
                    ▼                T + 2Q = 1
              T + 2Q = 4             B + T + Q = 7
              B + T + Q = 8              │
              │    │    │                ▼
              ▼    ▼    ▼        T = 1, Q = 0, B = 6
            Q=2  Q=1  Q=0
             │    │    │
             ▼    ▼    ▼
            T=0  T=2  T=4
            B=6  B=5  B=4
```
(2.7f)

TABELA 2-2   Mecanismo plano com 1 *GDL*, juntas de revolução e até oito elos

Total de elos	Conjunto de elos				
	Binário	Terciário	Quaternário	Pentagonal	Hexagonal
4	4	0	0	0	0
6	4	2	0	0	0
6	5	0	1	0	0
8	7	0	0	0	1
8	4	4	0	0	0
8	5	2	1	0	0
8	6	0	2	0	0
8	6	1	0	1	0

Dessa análise podemos ver que para um *GDL* há somente uma configuração de quatro elos, duas de seis elos e cinco possibilidades para oito elos, usando desde elos binários até elos hexagonais. A Tabela 2-2 mostra o que chamamos de "conjunto de elos" para todos os mecanismos possíveis para um *GDL* de até oito elos e ordem hexagonal.

2.8   PARADOXOS

O fato de o critério de Gruebler não incluir na análise o comprimento e a forma dos elos pode nos levar a um resultado enganoso, tendo em vista as configurações geométricas únicas. Por exemplo, a Figura 2-10a mostra a estrutura (*GDL* = 0) com elos terciários de forma arbitrária. Esse arranjo de elos é, às vezes, chamado de "**mecanismo quinteto-E**", por causa de sua semelhança com a letra **E** maiúscula e o fato de ter cinco elos, incluindo o fixo.[*] É o próximo bloco de representação **estrutural** mais simples para o "**tripé delta**".

A Figura 2-10b mostra o mesmo quinteto-E com os elos terciários ligados direta e paralelamente e com nós equidistantes. Os três binários são iguais também no comprimento. Com essa geometria única, você pode ver que ele vai se mover apesar da predição de Gruebler dizer o contrário.

A Figura 2-10c mostra um mecanismo muito comum que também desobedece ao critério de Gruebler. A junta entre as duas rodas pode ser postulada para não permitir deslizamento, contanto que haja fricção suficiente. Se não ocorre deslizamento, então se trata de uma junta completa, ou com um grau de liberdade, que permite somente movimento angular relativo ($\Delta\theta$) entre as rodas. Com essa suposição, existem três elos e três juntas completas, enquanto a equação de Gruebler prevê zero *GDL*. Entretanto, esse mecanismo se move (*GDL* = 1) porque a distância do centro, ou comprimento do elo 1, é exatamente igual à soma do raio das duas rodas.

Há outros exemplos de paradoxos que desobedecem o critério de Gruebler devido à geometria única. O projetista precisa estar atento a essas possíveis inconsistências. Gogu[**] mostrou que nenhuma das equações de mobilidade simples até então descobertas (Gruebler, Kutzbach etc.) é capaz de resolver tantos paradoxos existentes. É necessária uma análise completa dos movimentos do mecanismo (como descrito no Capítulo 4) para garantir mobilidade.

---

[*] Também é chamada de *cadeia de Assur*.

[**] GOGU, G. "Mobility of mechanisms: a critical review." In: *Mechanism and Machine Theory*, (40) 2005, p. 1068-97.

FUNDAMENTOS DA CINEMÁTICA

(a) O mecanismo quinteto-E com *GDL* = 0
— concorda com a equação de Gruebler

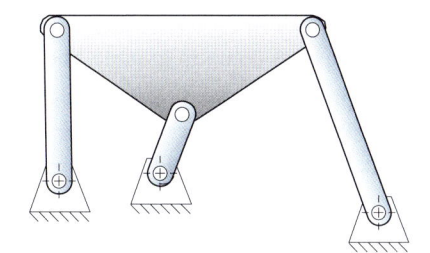

(b) O mecanismo quinteto-E com *GDL* = 1
— discorda da equação de Gruebler devido
à geometria única

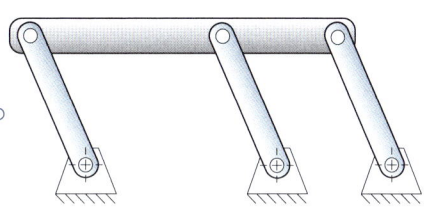

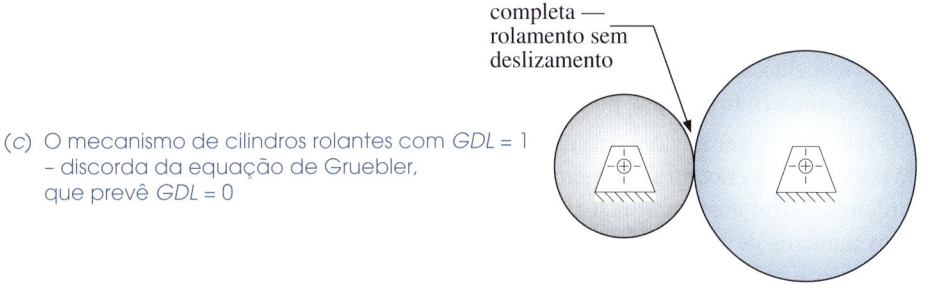

Junta completa — rolamento sem deslizamento

(c) O mecanismo de cilindros rolantes com *GDL* = 1
— discorda da equação de Gruebler,
que prevê *GDL* = 0

FIGURA 2-10

Paradoxos de Gruebler — mecanismos que não se comportam como prediz a equação de Gruebler.

2.9 ISÔMEROS

A palavra **isômero** vem do grego e significa *ter partes iguais*. Isômeros, em química, são compostos que têm o mesmo número e tipo de átomos, mas são interligados de maneira diferente e, assim, têm propriedades físicas diferentes. A Figura 2-11a mostra dois hidrocarbonetos isômeros, n-butano e isobutano. Note que os dois têm o mesmo número de átomos de carbono e hidrogênio (C_4H_{10}), mas são interligados de maneira diferente e têm propriedades diferentes.

Mecanismos isômeros são análogos a esses compostos químicos e, nesse caso, os **elos** (como os átomos) têm vários **nós** (elétrons) disponíveis para ligar a outros nós de elos. O mecanismo montado é análogo ao composto químico. Dependendo das conexões particulares dos elos disponíveis, a montagem terá propriedades de movimento diferentes. O número de isômeros possíveis de uma coleção de elos dada (como em qualquer linha da Tabela 2-2) não é nada óbvio. Na realidade, prever matematicamente o número de isômeros de todas as combinações de elos tem sido um problema não resolvido há muito tempo. Recentemente, muitos pesquisadores gastam tempo nesse problema com algum sucesso. Ver as referências de [3] a [7] para mais informações. Dhararipragada[6] apresenta um bom resumo histórico

TABELA 2-3
Número de isômeros válidos

Elos	Isômeros válidos
4	1
6	2
8	16
10	230
12	6856

sobre a pesquisa de isômeros até 1994. A Tabela 2-3 mostra o número válido de isômeros para mecanismos com um grau de liberdade com pares de revolução, de até 12 elos.

A Figura 2-11b mostra todos os isômeros para o caso simples de um *GDL* com quatro e seis elos. Perceba que só há um isômero para o caso de quatro elos. Um isômero só é exclusivo se as interligações entre os tipos de elos forem diferentes. Isto é, todos os elos binários são considerados iguais, assim como todos os átomos de hidrogênio são iguais na analogia química. As formas e os comprimentos dos elos não importam no critério de Gruebler, assim como a isomeria também não. O caso de seis elos com quatro binários e dois terciários tem somente dois isômeros válidos, conhecidos como **cadeia de Watt** e **cadeia de Stephenson**. Note as diferentes interligações dos terciários com os binários nesses dois exemplos. A cadeia de Watt tem dois terciários ligados diretamente, mas a cadeia de Stephenson não tem.

Há também um terceiro isômero potencial para o caso de seis elos, como mostrado na Figura 2-11c, mas que falha no teste de **distribuição de graus de liberdade**, o qual requer que o *GDL* global (neste caso 1) seja distribuído uniformemente ao longo do mecanismo, e não concentrado em uma subcadeia. Note que esse arranjo (Figura 2-11c) tem uma **subcadeia estrutural** de $GDL = 0$ na formação triangular dos dois elos terciários com o elo binário isolado. Isso cria um suporte, ou **tripé delta**. Os três elos binários remanescentes em série formam uma cadeia de quatro barras ($GDL = 1$) com a subcadeia estrutural dos dois terciários e do binário efetivamente reduzida a uma estrutura que se comporta como um elo simples. Assim, esse arranjo foi reduzido ao caso mais simples de mecanismo de quatro barras, apesar das seis barras. Esse é um **isômero inválido** e, por isso, rejeitado.

O método "Notação Condensada para Síntese de Estruturas", de Franke, pode ser utilizado para ajudar a encontrar isômeros de qualquer coleção de elos que incluam alguns elos de ordem superior aos binários. Cada elo de ordem superior é mostrado como um círculo, com os números de nós (sua valência) escritos nele como mostrado na Figura 2-11. Esses círculos são ligados com um número de linhas que saem de cada círculo que possui valência igual à sua. Um número é colocado em cada linha para representar a quantidade de elos binários nessa conexão. Isso nos dá uma representação "molecular" do mecanismo e permite determinações exaustivas de todas as interligações binárias possíveis entre os elos superiores. Note a correspondência, na Figura 2-11b, entre os mecanismos e as respectivas moléculas de Franke. A única combinação de 3 inteiros (incluindo 0) que adiciona a 4 são: (1, 1, 2), (2, 0, 2), (0, 1, 3) e (0, 0, 4). Os dois primeiros são, respectivamente, os mecanismos de Stephenson e de Watt; o terceiro é o isômero inválido da Figura 2-11c. A quarta combinação também é inválida, já que resulta em uma cadeia com dois graus de liberdade de cinco binários em série com o quinto "binário" incluindo os dois terciários travados juntos a dois nós, em uma estrutura pré-carregada com um *GDL* de subcadeia igual a –1. A Figura 2-11d mostra todos os 16 isômeros válidos do mecanismo de oito barras com um grau de liberdade.

2.10 TRANSFORMAÇÃO DE MECANISMOS

A técnica de síntese de número descrita acima dá ao projetista um conjunto de ferramentas de mecanismos básicos de um *GDL* particular. Se agora deixarmos de lado as restrições que nos limitam somente às juntas de revolução, poderemos transformar esses mecanismos básicos em uma larga variedade de mecanismos muito mais úteis. Há várias técnicas ou regras de transformação que podemos aplicar a cadeias cinemáticas planas.

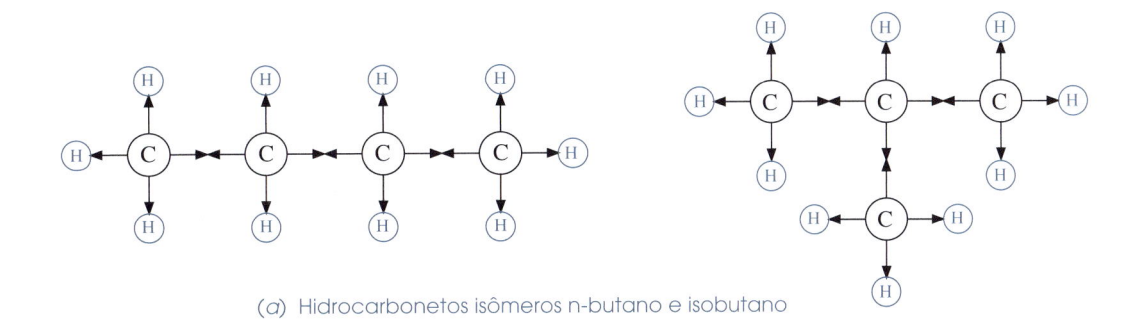

FUNDAMENTOS DA CINEMÁTICA

(a) Hidrocarbonetos isômeros n-butano e isobutano

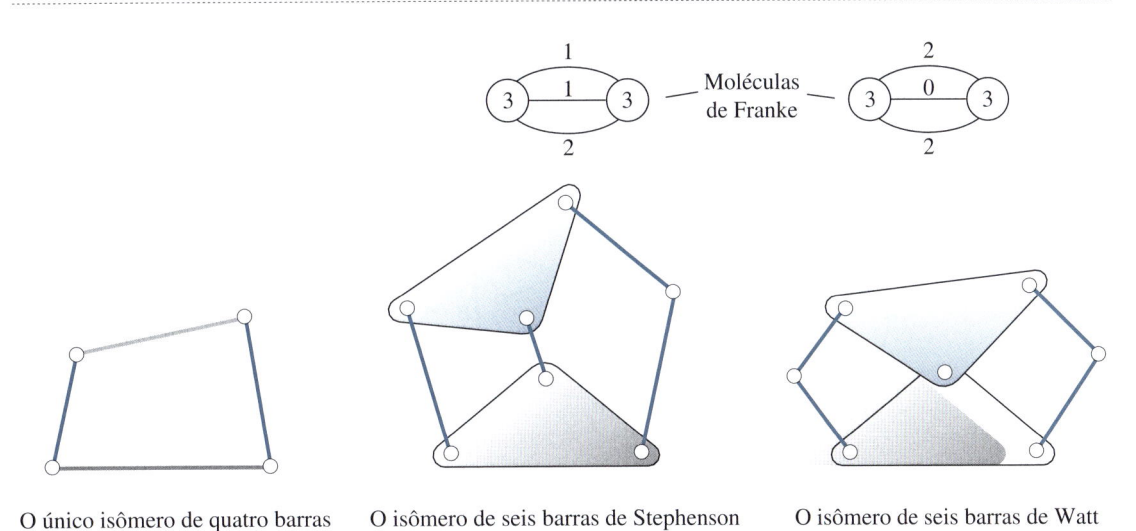

Moléculas de Franke

O único isômero de quatro barras   O isômero de seis barras de Stephenson   O isômero de seis barras de Watt

(b) Todos os isômeros válidos de mecanismos de quatro e de seis barras

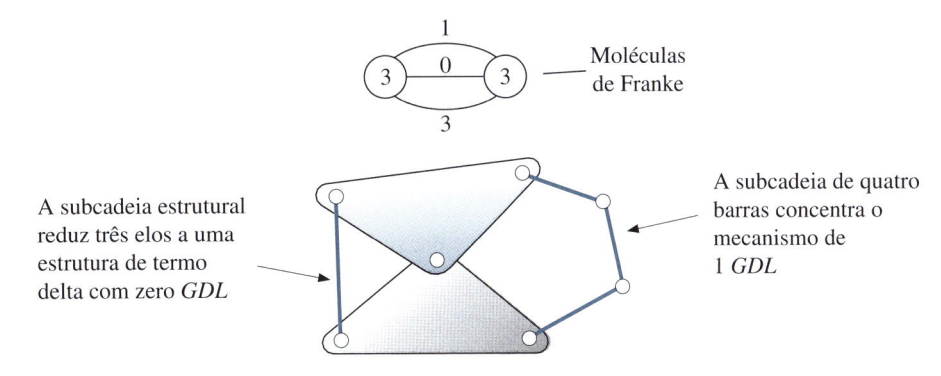

Moléculas de Franke

A subcadeia estrutural reduz três elos a uma estrutura de termo delta com zero *GDL*

A subcadeia de quatro barras concentra o mecanismo de 1 *GDL*

(c) Um isômero inválido de seis barras reduzido ao mecanismo de quatro barras mais simples

FIGURA 2-11 parte 1

Isômeros de cadeias cinemáticas.

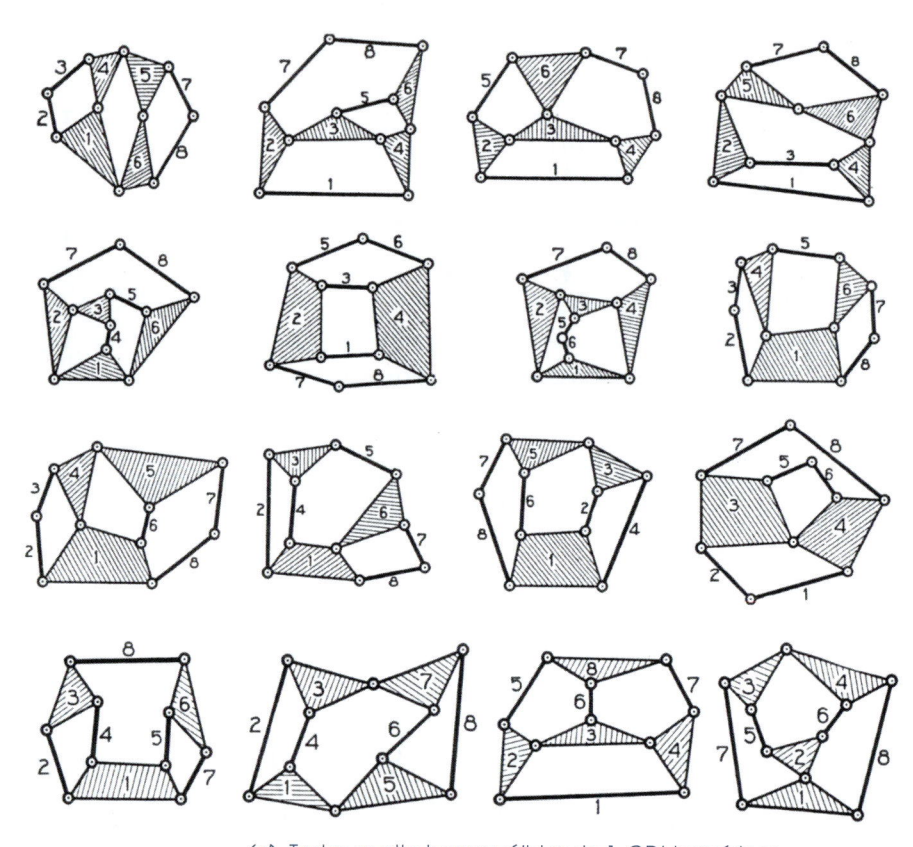

(d) Todas as oito barras válidas de 1-GDL isoméricas

FIGURA 2-11 parte 2

Isômeros das cadeias cinemáticas (*Fonte: A. W. KLEIN. Kinematics of Machinery. Nova York: McGraw-Hill, 1917*).

* Se todas as juntas de revolução de um mecanismo de quatro barras forem trocadas por juntas prismáticas, o resultado será uma montagem com dois *GDL*. Também, se três juntas de revolução em um conjunto de quatro barras forem trocadas por juntas prismáticas, a única junta de revolução que sobrar não estará disponível para girar, efetivamente travando os dois elos pinados como se fossem um. Isso reduz o conjunto a um mecanismo de três barras, o qual deve ter *GDL* igual a zero. Mas um triplo delta com três juntas prismáticas tem um *GDL*, outro paradoxo de Gruebler.

1. Juntas de revolução em qualquer volta podem ser trocadas por juntas prismáticas sem mudar o *GDL* do mecanismo; feito isso, pelo menos duas juntas de revolução vão sobrar na volta.*

2. Qualquer junta completa pode ser substituída por uma meia junta, mas isso vai aumentar em um o *GDL*.

3. A remoção de um elo vai reduzir em um o *GDL*.

4. A combinação das regras 2 e 3 acima vão deixar o *GDL* original inalterado.

5. Qualquer elo terciário ou de ordem maior pode ser parcialmente "encolhido" para um elo de ordem menor fundindo os nós. Isso vai criar uma junta múltipla, mas não vai mudar o *GDL* do mecanismo.

6. O completo encolhimento de um elo de ordem maior é equivalente à remoção. Uma junta múltipla será criada e o *GDL*, reduzido.

A Figura 2-12a mostra a montagem de quatro barras manivela seguidor transformada em uma biela-manivela de quatro barras pela aplicação da regra 1. Continua sendo um mecanismo de quatro barras. O elo 4 se tornou o bloco deslizante. A equação de Gruebler não é alterada para

FUNDAMENTOS DA CINEMÁTICA

(a) Transformando uma manivela seguidor de quatro barras em uma biela-manivela

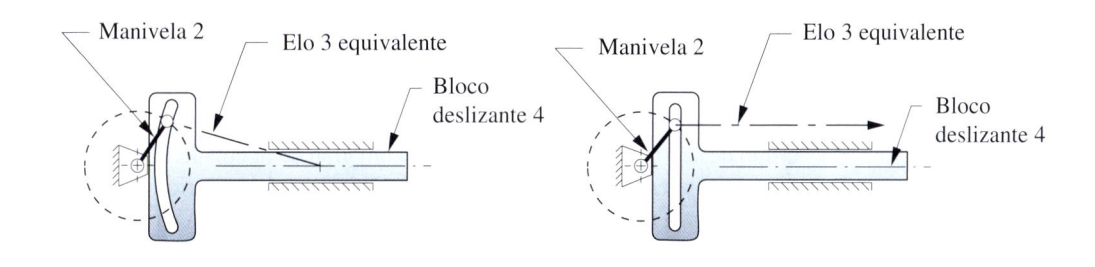

(b) Transformando uma biela-manivela em um garfo escocês

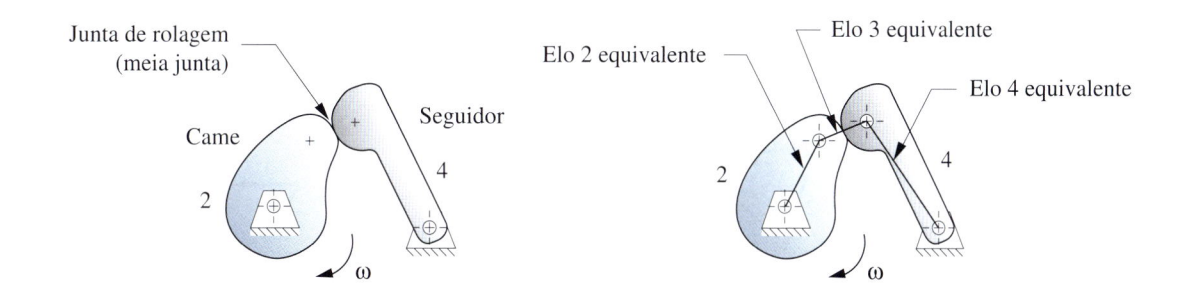

(c) O mecanismo de came seguidor tem um mecanismo equivalente de quatro barras

FIGURA 2-12

Transformação de mecanismos.

mecanismos com um grau de liberdade, porque o bloco deslizante gera uma junta completa com o elo 1, como o pino que o substituiu. Note que a transformação da saída do seguidor para uma saída deslizante é equivalente a aumentar o comprimento (raio) do elo seguidor 4 até que o raio de giração na articulação entre os elos 3 e 4 se torne uma linha reta. Assim, o bloco deslizante é equivalente a um elo 4, seguidor infinitamente longo, que é pivotado no infinito ao longo de uma linha perpendicular ao eixo de deslizamento, como mostrado na Figura 2-12a.

A Figura 2-12b mostra um mecanismo biela-manivela de quatro barras transformado pela regra 4, pela substituição da meia junta pelo acoplador. A primeira versão mostrada possui o mesmo movimento do deslizador como mecanismo original pelo uso de um canal curvado no elo 4. O mecanismo real é sempre perpendicular à tangente do canal e cai na linha original do acoplador. A segunda versão mostrada tem o canal retilíneo e perpendicular ao eixo do deslizador. O mecanismo real agora é "pivotado" no infinito. Isso é chamado de **forquilha escocesa** e gera exatamente um *movimento harmônico simples* da guia em resposta à constante de velocidade fornecida à manivela.

A Figura 2-12c mostra um mecanismo de quatro barras transformado em um mecanismo do tipo **came seguidor,** pela aplicação da regra número 4. O elo 3 foi removido e uma meia junta foi substituída por uma junta completa entre os elos 2 e 4. O mecanismo ainda possui somente um grau de liberdade, e o mecanismo de came seguidor é, na realidade, um mecanismo de quatro barras disfarçado em que o acoplador (elo 3) se tornou um elo de *comprimento variável*. Vamos estudar o mecanismo de quatro barras e as variantes com mais detalhes em outros capítulos.

A Figura 2-13a mostra o **mecanismo de seis barras de Stephenson** da Figura 2-11b transformado por um *encolhimento parcial* do elo terciário (elo 5) para criar uma junta múltipla. Ainda é um mecanismo de seis barras de Stephenson com um grau de liberdade. A Figura 2-13b mostra o **mecanismo de seis barras de Watt** da Figura 2-11b com um elo terciário *completamente encolhido* para criar uma junta múltipla. Essa é uma estrutura com *GDL* = 0. As duas subcadeias triangulares são óbvias. Da mesma maneira que o mecanismo de quatro barras é o bloco de representação básico dos mecanismos com um grau de liberdade, esse **tripé delta** de três barras triangulares é o *bloco de representação básico* das estruturas com zero grau de liberdade (treliças).

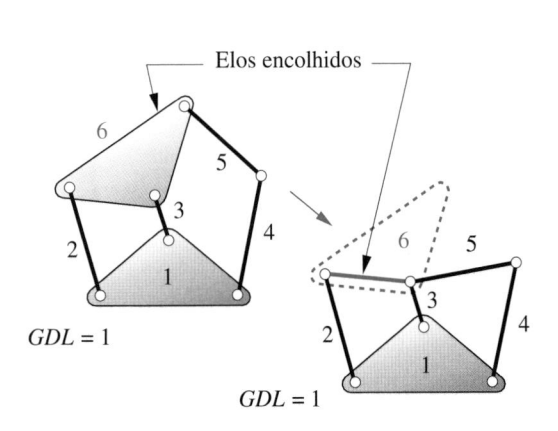

(a) O encolhimento parcial de um elo superior mantém os graus de liberdade

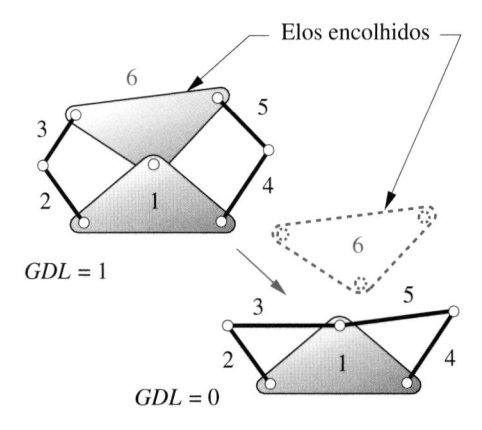

(b) O encolhimento completo de um elo superior reduz os graus de liberdade em um

FIGURA 2-13

Encolhimento de elos.

2.11 MOVIMENTO INTERMITENTE

O **movimento intermitente** é uma *sequência de movimentos e tempos de espera*. Um **tempo de espera** é um período no qual *o elo de saída se mantém em estado estacionário, enquanto o elo de entrada continua se movendo*. Existem muitas aplicações em maquinaria que exigem movimento intermitente. A variação **came seguidor** dos mecanismos de quatro barras como mostrado na Figura 2-12c é usada nessas situações. O projeto desse dispositivo para saída intermitente e saída contínua será discutido detalhadamente no Capítulo 8. Outros **mecanismos com tempo de espera** serão discutidos no próximo capítulo.

MECANISMO DE GENEBRA Uma forma comum de dispositivo de movimento intermitente é o **mecanismo de Genebra**, mostrado na Figura 2-14a. Esse também é um mecanismo de quatro barras transformado, no qual o acoplador foi substituído por uma meia junta. A manivela de entrada (elo 2) é tipicamente um motor com velocidade constante. A **roda de Genebra** é feita com pelo menos três aberturas radiais equidistantes. A manivela tem um pino que entra em uma das fendas radiais e faz com que a roda de Genebra vire durante um trecho de uma revolução. Quando o pino deixa o canal, a roda de Genebra se mantém parada até que o pino entre no próximo canal. O resultado é a rotação intermitente da roda de Genebra.

A manivela também possui um segmento de arco, que cria um desenho harmonioso para se encaixar na periferia da roda de Genebra quando o pino está fora do canal. Isso mantém a roda de Genebra parada e no local apropriado para a entrada do próximo pino. O número de canais determina o número de "paradas" do mecanismo, sendo que *parar* é sinônimo de *tempo de espera*. Uma roda de Genebra precisa de pelo menos três paradas para funcionar. O número máximo de paradas é limitado somente pelo tamanho da roda.

CATRACA E LINGUETA A Figura 2-14b mostra um mecanismo de catraca e lingueta. O braço gira ao redor do centro da roda de **catraca dentada** e é movido de um lado para o outro para indexar bem. A **lingueta direcionadora** gira a roda de catraca (ou catraca) no sentido anti-horário e não faz nada no retorno (sentido horário). A **lingueta de travamento** evita que a catraca inverta a direção enquanto a lingueta direcionadora retorna. Ambas as linguetas são carregadas por mola contra a catraca. Esse mecanismo é amplamente utilizado em dispositivos como chaves de "catraca", manivelas de catraca etc.

MECANISMO LINEAR DE GENEBRA Existe também uma variação do mecanismo de Genebra que tem saída linear de translação, como mostrado na Figura 2-14c. Esse mecanismo é análogo a uma forquilha escocesa aberta com múltiplas forquilhas. Ele pode ser usado como um transportador intermitente de passeio com os canais dispostos ao longo da cadeia do transformador. Também pode ser usado com um motor de inversão para obter oscilação de inversão linear de uma saída deslizante com um único canal.

2.12 INVERSÃO

Agora deve estar mais claro que existem muitos mecanismos possíveis para qualquer situação. Mesmo com a limitação imposta ao exemplo do número de síntese (um *GDL*, oito elos de ordem até hexagonal), existem oito combinações de mecanismo mostradas na Tabela 2-2, e tudo isso junto rende 19 isômeros válidos, como mostrado na Tabela 2-3. Além disso, podemos introduzir outro fator, chamado de inversão do mecanismo. Uma **inversão** é *criada pelo fato de aterrar um elo diferente na cadeia cinemática*. Assim, existem tantas inversões quanto o número de elos existentes no mecanismo.

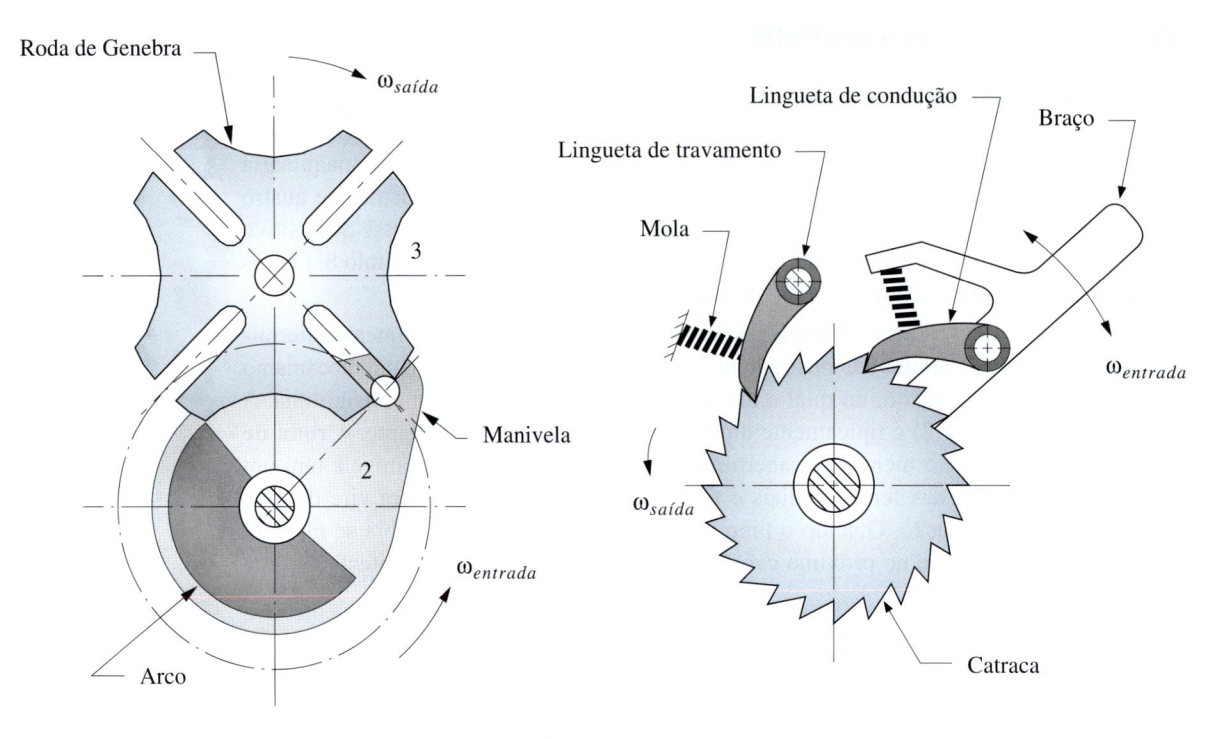

(a) Mecanismo de Genebra de quatro paradas

(b) Catraca e mecanismo de lingueta

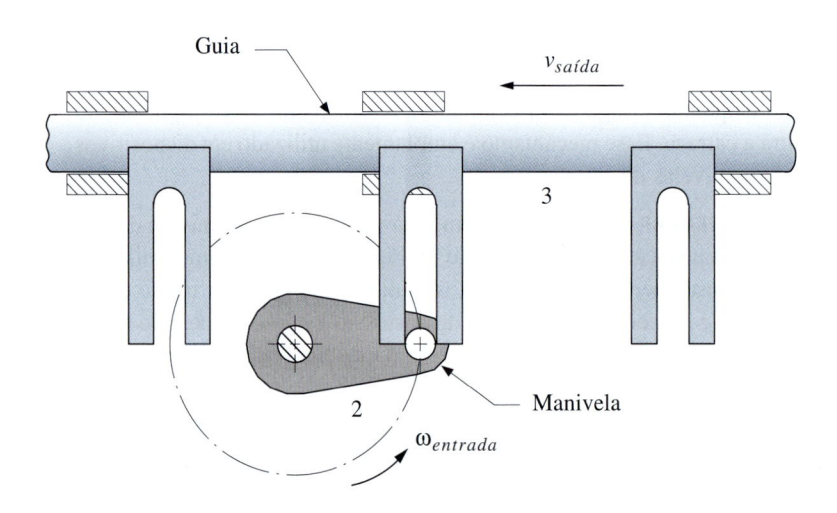

(c) Mecanismo de Genebra de movimento intermitente linear

Ver também as figuras P3-7 e P4-6 para outros exemplos de mecanismos de movimento intermitente linear

FIGURA 2-14

Mecanismos de movimentos intermitentes lineares e rotativos.

FUNDAMENTOS DA CINEMÁTICA

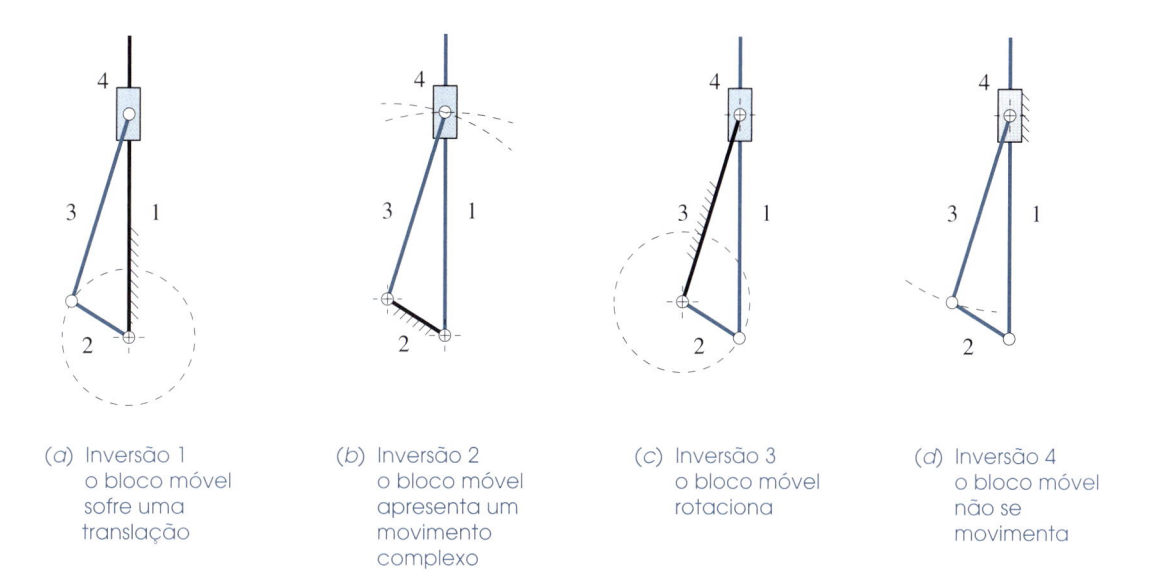

(a) Inversão 1
o bloco móvel sofre uma translação

(b) Inversão 2
o bloco móvel apresenta um movimento complexo

(c) Inversão 3
o bloco móvel rotaciona

(d) Inversão 4
o bloco móvel não se movimenta

FIGURA 2-15

Quatro inversões distintas do mecanismo de quatro barras biela-manivela (cada conexão preta é estacionária e todas as conexões coloridas se movimentam).

Os movimentos resultantes de cada inversão podem ser bastante diferentes, mas algumas inversões de uma ligação podem produzir movimentos semelhantes a outras inversões da mesma ligação. Nesses casos, só algumas inversões poderão ter movimentos bastante diferentes. Denotaremos as *inversões que têm movimentos distintamente diferentes* como **inversões distintas**.

A Figura 2.15 mostra as quatro inversões da ligação do mecanismo de quatro barras biela-manivela, todas dotadas de movimentos distintos. A inversão 1, com a conexão 1 como fixa e com o bloco móvel em pura translação, é a mais comumente vista e é usada para **motores** e **bombas a pistão**. A inversão 2 é obtida fixando a conexão 2, resultando no mecanismo de retorno rápido **Whitworth** ou **manivela formador**, no qual o bloco móvel tem um movimento complexo. (Mecanismos de retorno rápido serão analisados no próximo capítulo.) A inversão 3 é obtida fixando a conexão 3, dando ao bloco móvel rotação pura. A inversão 4 é obtida fixando a conexão móvel 4 e é usada em operações manuais, mecanismos de bombeamento de poço, nos quais a manivela é a conexão 2 (estendida) e a conexão 1 passa pelo cano do poço para acionar o pistão no fundo (está invertido na figura).

A **cadeia de seis barras de Watt** tem duas inversões distintas, e a de **Stephenson** tem três inversões distintas, como mostradas na Figura 2-16. A junta pinada de quatro barras tem quatro configurações distintas – a manivela seguidor, a dupla manivela, o duplo seguidor e o triplo seguidor – as quais são mostradas nas figuras 2-17 e 2-18.

2.13 A CONDIÇÃO DE GRASHOF

O **mecanismo de quatro barras** com junta pinada que foi mostrado acima é *o mais simples* possível para movimentos de um grau de liberdade. Ele aparece também em outras variações como o **biela-manivela** e o **came seguidor**. É na verdade o dispositivo mais comum e usual em mecanismos. Ele é também extremamente versátil em termos de tipos de movimento que pode gerar.

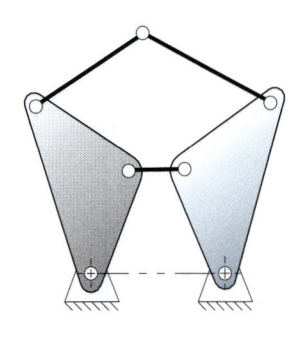

(a) Mecanismo de seis barras de Stephenson inversão I

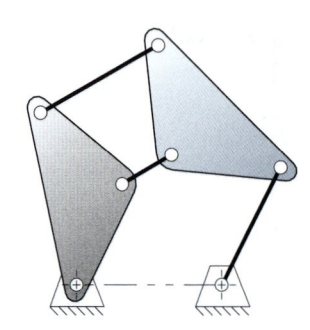

(b) Mecanismo de seis barras de Stephenson inversão II

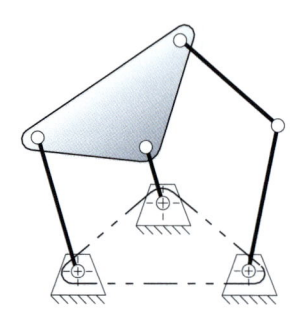

(c) Mecanismo de seis barras de Stephenson inversão III

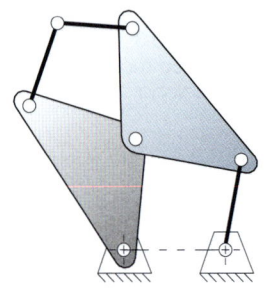

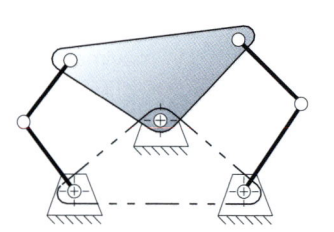

(d) Mecanismo de seis barras de Watt inversão I

(e) Mecanismo de seis barras de Watt inversão II

FIGURA 2-16

Todas as diferentes inversões do mecanismo de seis barras.

Simplicidade é uma das marcas de um bom projeto. A menor quantidade de peças que podem realizar um trabalho geralmente fornece a solução mais barata e confiável. Além disso, o **mecanismo de quatro barras** deve estar entre as primeiras soluções para os problemas de controle de movimento a serem investigadas. A **condição de Grashof** [8] é uma relação muito simples, que prevê a condição de **rotação** ou rotatividade de inversões do mecanismo de quatro barras com base apenas no comprimento dos elos.

Sendo:
S = comprimento do elo menor
L = comprimento do elo maior
P = comprimento do elo remanescente (2.8)
Q = comprimento do outro elo remanescente

Então, se $S + L \leq P + Q$

a montagem atende à condição de **Grashof**, e pelo menos um dos elos é capaz de fazer uma revolução completa em torno do elo de referência. Isso é chamado cadeia cinemática de **Classe I**. Se a equação for falsa, então a montagem **não é Grashof** e *nenhum* elo será capaz de girar totalmente em torno do elo de referência.* Essa é a cadeia cinemática de **Classe II**.

Note que as declarações acima são aplicadas indiferentemente da ordem de montagem dos elos. Isto é, a determinação da condição de Grashof pode ser feita com o conjunto de elos desmontado. Se eles forem montados posteriormente em uma cadeia cinemática S, L, P, Q ou S, P, L, Q ou qualquer outra ordem, isso *não* vai alterar a condição de Grashof.

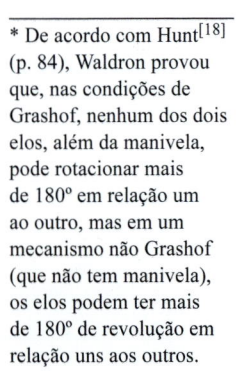

* De acordo com Hunt[18] (p. 84), Waldron provou que, nas condições de Grashof, nenhum dos dois elos, além da manivela, pode rotacionar mais de 180° em relação um ao outro, mas em um mecanismo não Grashof (que não tem manivela), os elos podem ter mais de 180° de revolução em relação uns aos outros.

FUNDAMENTOS DA CINEMÁTICA

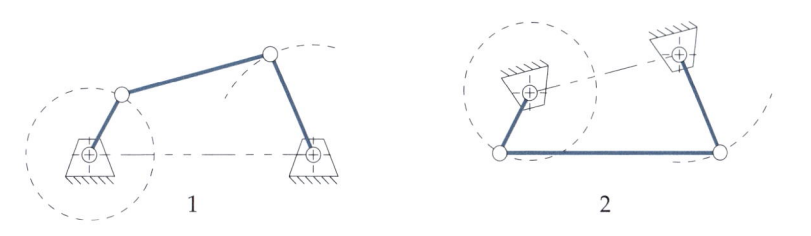

(a) Duas inversões não distintas de manivela seguidor (GMSS)

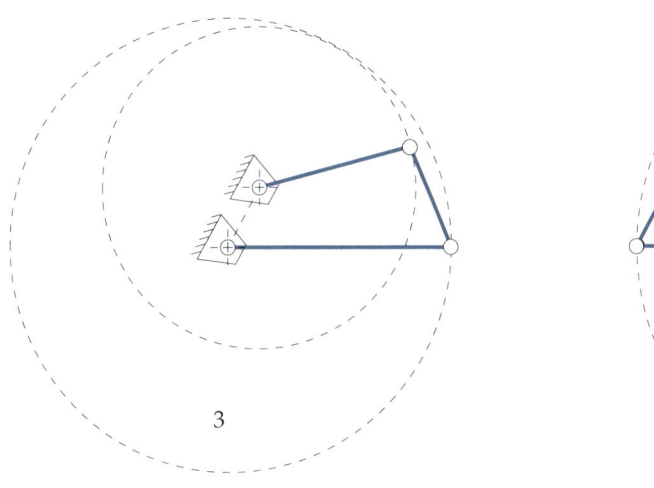

(b) Inversão dupla manivela (GMMM)
(mecanismo de elo de arrasto)

(c) Inversão duplo seguidor (GSMS)
(o acoplador rotacional)

FIGURA 2-17

Todas as inversões do mecanismo de quatro barras de Grashof.

Os movimentos possíveis para o mecanismo de quatro barras vai depender da condição de Grashof e da **inversão** escolhida. As inversões serão definidas de acordo com o elo menor. Os movimentos são:

Para o caso da Classe I, $S + L < P + Q$

Fixe qualquer elo adjacente ao menor e você terá a **manivela seguidor**, em que o menor elo girará totalmente e o elo fixado irá oscilar.

Fixe o menor elo e você terá a **dupla manivela**, na qual ambos os elos fixados girarão totalmente de acordo com o acoplador.

Fixe o elo oposto ao menor e você terá a **duplo seguidor de Grashof**, na qual ambos os elos fixados oscilarão e apenas o acoplador girará totalmente.

Para o caso da Classe II, $S + L > P + Q$

Todas as inversões serão **triplos seguidores**,[9] nas quais nenhum elo conseguirá girar totalmente.

Para o Caso da Classe III, $S + L = P + Q$

(a) Triplo seguidor 1 (SSS1)

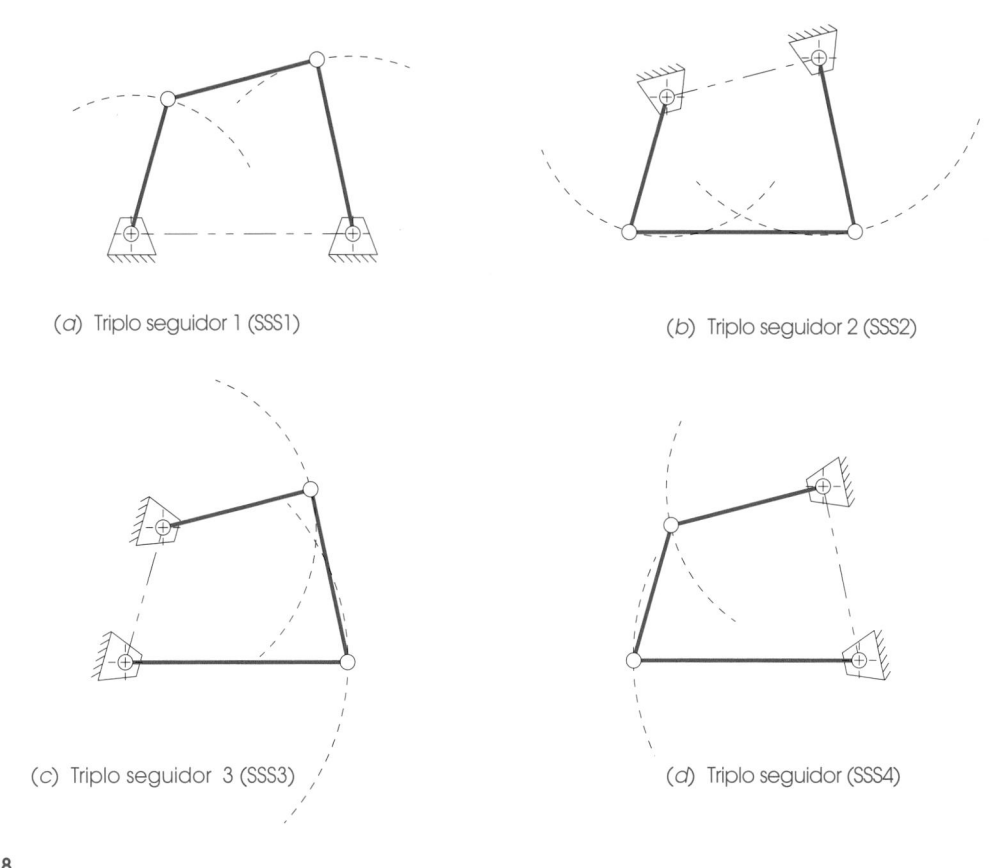

(b) Triplo seguidor 2 (SSS2)

(c) Triplo seguidor 3 (SSS3)

(d) Triplo seguidor (SSS4)

FIGURA 2-18

Todas as inversões do mecanismo de quatro barras não Grashof são triplo seguidor.

Tratado como **caso especial de Grashof** e também como **Classe III** da cadeia cinemática, todas as configurações serão **dupla manivela** ou **manivela seguidor**, mas terão dois **pontos de mudança** para cada revolução da manivela de entrada quando os elos ficarem colineares. Nesses pontos de mudança, o comportamento das respostas será indeterminado. Hunt[18] classifica isso como "**configuração incerta**". Nessas posições colineares, não é possível prever o comportamento do mecanismo, pois ele assume duas configurações. O movimento deve ser limitado para evitar chegar aos pontos de mudanças ou em um elo adicional fora de fase fornecido para garantir a "passagem" por esses pontos de mudança. (Ver Figura 2-19c.)

A Figura 2-17 mostra as quatro possíveis **configurações de Grashof**: duas manivelas-seguidor, uma dupla manivela (também chamada de elo de arrasto) e um duplo seguidor com acoplador rotativo. As duas manivelas-seguidor apresentam movimentos similares e não são muito distintas uma da outra. A Figura 2-18 mostra quatro inversões não distintas, todas triplo seguidor de uma **montagem não Grashof**.

As Figuras 2-19a e b mostram as configurações **paralelogramo** e **antiparalelogramo** do **caso especial de Grashof**. A configuração paralelogramo é bastante útil, porque duplica exatamente o movimento de rotação da manivela motora para a movida. Um uso comum é ligar os dois seguidores do limpador de para-brisa de acordo com o comprimento do para-brisa de

FUNDAMENTOS DA CINEMÁTICA

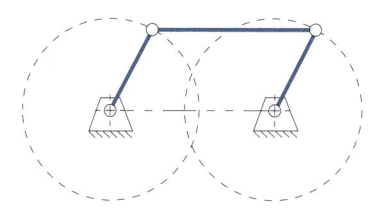

(a) Forma de paralelogramo

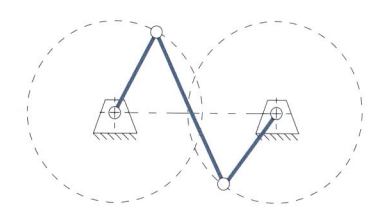

(b) Forma de antiparalelogramo

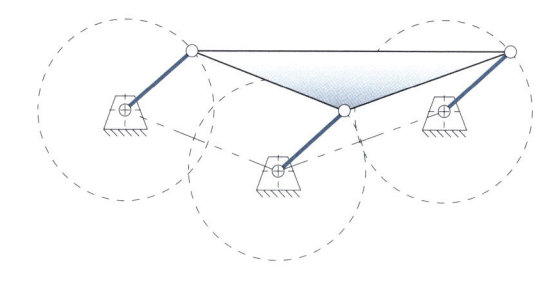

(c) A montagem de duplo paralelogramo fornece um movimento paralelo (translação puramente curvilínea) para o acoplador e também elimina os pontos de mudança

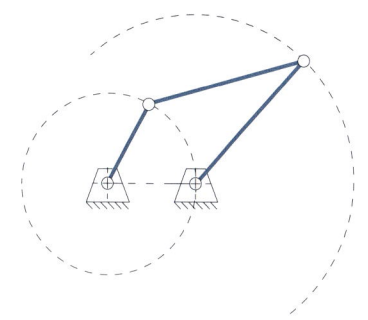

(d) Forma de deltoide ou de pipa

FIGURA 2-19

Algumas formas de montagem do caso especial de Grashof.

um automóvel. O acoplador do mecanismo paralelogramo está em translação curvilínea, permanecendo no mesmo ângulo enquanto todos os pontos nele descrevem caminhos circulares idênticos. Isso também é bastante usado em movimentos paralelos, como em elevadores de comporta e robôs industriais.

A montagem antiparalelogramo (também chamada de "borboleta" ou "gravata-borboleta") é também uma dupla manivela, porém a manivela de saída tem uma velocidade angular diferente da manivela de entrada. Note que os pontos de mudança permitem que a montagem mude indeterminadamente entre paralelogramo e antiparalelogramo a cada 180°, a menos que novos elos sejam adicionados para levá-lo por essas posições. Isso pode ser realizado adicionando um mecanismo fora de fase acoplado na mesma manivela, como mostra a Figura 2-19c. Uma aplicação comum dessa montagem duplo paralelogramo está nos eixos que ligam as rodas das locomotivas a vapor. Os pontos de mudança são manipulados pela aplicação dos elos duplicados com defasagem de 90° na outra extremidade do eixo-árvore da locomotiva. Enquanto um lado estiver sobre um ponto de mudança, o outro lado já deve ter passado por ele.

A configuração **duplo paralelogramo**, mostrada na Figura 2-19c, é bastante útil, pois disponibiliza um acoplador de translação que permanece na horizontal em qualquer movimento. As duas etapas do mecanismo paralelogramo são fora da fase, portanto cada etapa transporta a outra pelos pontos de mudança. A Figura 2-19d mostra a configuração **deltoide** ou **pipa**, que é uma dupla manivela em que a menor manivela faz duas rotações para cada rotação da manivela maior. Isso é também chamado de montagem **isósceles** ou mecanismo de **Galloway**, quem o descobriu.

A condição de Grashof não apresenta nenhum ponto negativo nem positivo. Cada mecanismo de todas as três condições é útil para uma determinada aplicação. Se, por exemplo, você precisar de um mecanismo motorizado para limpar o para-brisa, você talvez queira usar um caso não especial de Grashof de manivela seguidor, por possuir um elo rotacional para a entrada do motor, e ainda um caso especial da etapa do paralelogramo, para acoplar os dois lados do para-brisa. Se você precisar controlar o movimento das rodas de um carro contra impactos, talvez você queira usar um mecanismo triplo seguidor não Grashof para amortecer o movimento oscilatório. Se você quer duplicar exatamente alguma entrada em um local remoto, você deve usar o mecanismo paralelogramo do caso especial de Grashof, como os usados em tecnígrafos. Em qualquer caso, essa simples condição determinada mostra grandes possibilidades de comportamentos a serem esperados de um mecanismo de quatro barras antes de qualquer construção de modelos ou protótipos.

Classificação dos mecanismos de quatro barras

Barker[10] desenvolveu um esquema de classificação que permite prever o tipo de movimento esperado de um mecanismo de quatro barras com base no valor da razão entre os elos. As características do movimento angular do mecanismo são independentes do valor absoluto do comprimento dos elos. Isso permite que o comprimento dos elos seja padronizado, dividindo três deles pelo quarto elo para criar três razões dimensionais que definem a sua geometria.

Admitamos que os comprimentos dos elos sejam designados por r_1, r_2, r_3, e r_4 (todos positivos e diferentes de zero), com o índice 1 indicando o elo fixado, o 2, o elo motor, o 3, o acoplador e o 4, o elo remanescente (de saída). A razão entre os elos pode ser encontrada dividindo cada comprimento de elo pelo r_2 obtendo: $\lambda_1 = r_1/r_2$, $\lambda_3 = r_3/r_2$, $\lambda_4 = r_4/r_2$.

Para cada elo, será também atribuída uma letra de designação baseada no tipo de movimento quando conectado com outros elos. Se um elo pode fazer uma rotação completa em relação aos outros elos, ele é chamado de manivela (M); caso contrário, seguidor (S). Para o movimento do conjunto com base na condição de Grashof e de inversão, pode ser dado um código de letras como GMSS para um mecanismo Grashof manivela seguidor ou GMMM para um Grashof dupla manivela (dispositivo de arrasto). As letras que indicam o movimento, C e R, são sempre listadas na ordem: elo de entrada, acoplador, elo de saída. O prefixo G indica um mecanismo Grashof, C indica um caso especial de Grashof (pontos de mudança) e a ausência de prefixo indica um mecanismo não Grashof.

A Tabela 2-4 mostra 14 tipos de mecanismos de Barker de quatro barras com base no esquema de denominação. As quatro primeiras linhas são as inversões de Grashof, as quatro seguintes são os não Grashof triplo seguidor, e as últimas seis linhas são do caso especial de Grashof. Barker atribui nomes únicos para cada tipo com base nas combinações das condições de Grashof e das inversões. Para uma comparação, os nomes tradicionais para as mesmas inversões também foram listados e menos específicos do que a nomenclatura de Barker. Note a diferenciação que ele faz entre o Grashof manivela seguidor (subclasse −2) e o manivela seguidor (subclasse −4). Para controlar um mecanismo GSSM por meio do seguidor, é necessário adicionar um volante de inércia e na manivela como em um mecanismo de biela-manivela de um motor de combustão interna (que é um mecanismo GPSM). (Ver Figura 2-12a.)

Barker também definiu um "espaço-solução", no qual os eixos são as razões entre os elos λ_1, λ_3, λ_4, como mostrado na Figura 2-20. Os valores dessas razões são teoricamente estendidos ao infinito, mas para qualquer montagem prática as razões podem ser limitadas para um valor razoável.

Para que os elos sejam montados, o elo maior deve ser menor que a soma dos outros três elos,

$$L < (S + P + Q) \qquad (2.9)$$

TABELA 2-4 Classificação completa de Barker para mecanismos planares de quatro barras

Adaptado da referência [10] s = elo menor, l = elo maior, Gxxx = Grashof, SSSx = não Grashof, Cxx = caso especial

Tipo	$s + l$ vs. $p + q$	Inversão	Classe	Designação de Barker	Código	Também conhecido como
1	<	$L_1 = s$ = terra	I-1	Grashof manivela-manivela-manivela	GMMM	dupla manivela
2	<	$L_2 = s$ = entrada	I-2	Grashof manivela-seguidor-seguidor	GMSS	manivela seguidor
3	<	$L_3 = s$ = acoplador	I-3	Grashof seguidor-manivela-seguidor	GSMS	duplo seguidor
4	<	$L_4 = s$ = saída	I-4	Grashof seguidor-seguidor-manivela	GSSM	seguidor manivela
5	>	$L_1 = l$ = terra	II-1	Classe 1 seguidor-seguidor-seguidor	SSS1	triplo seguidor
6	>	$L_2 = l$ = entrada	II-2	Classe 2 seguidor-seguidor-seguidor	SSS2	triplo seguidor
7	>	$L_3 = l$ = acoplador	II-3	Classe 3 seguidor-seguidor-seguidor	SSS3	triplo seguidor
8	>	$L_4 = l$ = saída	II-4	Classe 4 seguidor-seguidor-seguidor	SSS4	triplo seguidor
9	=	$L_1 = s$ = terra	III-1	Manivela-manivela-manivela com ponto de mudança	CMMM	caso especial do dupla manivela
10	=	$L_2 = s$ = entrada	III-2	Manivela-seguidor-seguidor com ponto de mudança	CMSS	caso especial do manivela seguidor
11	=	$L_3 = s$ = acoplador	III-3	Seguidor-manivela-seguidor com ponto de mudança	CSMS	caso especial do duplo seguidor
12	=	$L_4 = s$ = saída	III-4	Seguidor-seguidor-manivela com ponto de mudança	CSSM	caso especial do seguidor manivela
13	=	dois pares iguais	III-5	ponto de mudança duplo	C2X	paralelogramo ou deltoide
14	=	$L_1 = L_2 = L_3 = L_4$	III-6	ponto de mudança triplo	C3X	quadrado

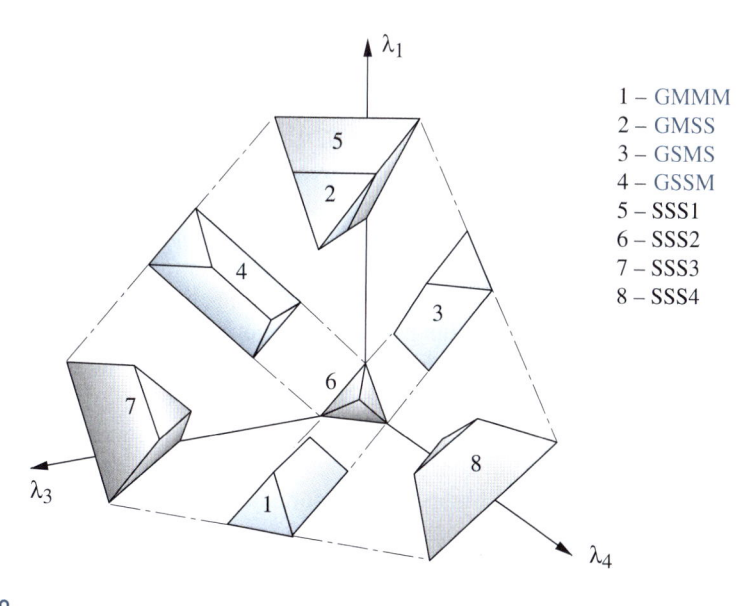

1 – GMMM
2 – GMSS
3 – GSMS
4 – GSSM
5 – SSS1
6 – SSS2
7 – SSS3
8 – SSS4

FIGURA 2-20

Solução espacial de Barker para o mecanismo de quatro barras. *Adaptado da referência [10]*.

Se $L = (S + P + Q)$, então os elos podem ser montados, porém não se moverão; portanto, essa condição determina o critério para separar as regiões de não mobilidade das regiões que permitem mobilidade dentro do espaço-solução. Aplicando esse critério em função das três razões dos elos, definem-se quatro planos de mobilidade zero que determinam os limites do espaço-solução.

$$\begin{aligned} 1 &= \lambda_1 + \lambda_3 + \lambda_4 \\ \lambda_3 &= \lambda_1 + 1 + \lambda_4 \\ \lambda_4 &= \lambda_1 + 1 + \lambda_3 \\ \lambda_1 &= 1 + \lambda_3 + \lambda_4 \end{aligned} \qquad (2.10)$$

Aplicando a condição de Grashof, $S + L = P + Q$ (em função das razões dos elos), são definidos três planos adicionais, nos quais todos os mecanismos de ponto de mudança repousam.

$$\begin{aligned} 1 + \lambda_1 &= \lambda_3 + \lambda_4 \\ 1 + \lambda_3 &= \lambda_1 + \lambda_4 \\ 1 + \lambda_4 &= \lambda_1 + \lambda_3 \end{aligned} \qquad (2.11)$$

O octógono positivo desse espaço, limitado pelos planos λ_1–λ_3, λ_1–λ_4, λ_3–λ_4 e os quatro planos mobilidade zero (Equação 2.10) contêm oito volumes que são separados pelos planos dos pontos de mudança (Equação 2.11). Cada volume contém mecanismos únicos em relação à primeira das oitos classificações da Tabela 2-4. Esses oito volumes estão em contato um com o outro no espaço-solução, mas para mostrar as formas eles foram "explodidos" separadamente na Figura 2-20. Os seis mecanismos de ponto de mudança restantes da tabela 2-4 existem apenas nos planos dos pontos de mudança que são interfaces entre os oito volumes. Para mais detalhes desse espaço-solução e do sistema de classificação de Barker, ver referência [10].

2.14 MONTAGENS COM MAIS DE QUATRO BARRAS

Mecanismos de cinco barras engrenados

Vimos que o mais simples mecanismo de um *GDL* (graus de liberdade) é o mecanismo de quatro barras. Ele é um dispositivo extremamente versátil e útil. A maioria dos problemas de controle de movimentos muito complexos pode ser solucionada com apenas quatro elos e quatro juntas. Além disso, pensando em simplificar, os projetistas sempre tentam primeiro resolver os seus problemas com um mecanismo de quatro barras. Entretanto, há casos em que é necessária uma solução mais complicada. Adicionando um elo e uma junta para formar cinco barras (Figura 2-21a), o *GDL* irá aumentar de um para dois. Adicionando um par de engrenagens para unir dois elos e uma meia junta, o *GDL* será reduzido novamente para um, e o **mecanismo de cinco barras engrenado (GMCB)** da Figura 2-21b será criado.

O mecanismo de cinco barras engrenado proporciona movimentos mais complexos do que os de quatro barras graças ao elo adicionado e ao jogo de engrenagens, como pode ser visto no Apêndice E. O leitor também pode observar o comportamento dinâmico do mecanismo mostrado na Figura 2-21b executando o programa FIVEBAR (ver Apêndice A) e abrindo o arquivo F02-21b.5r (ver Apêndice A para instruções de como obter esses programas.) Aceite todos os valores padrões e faça a animação do mecanismo.

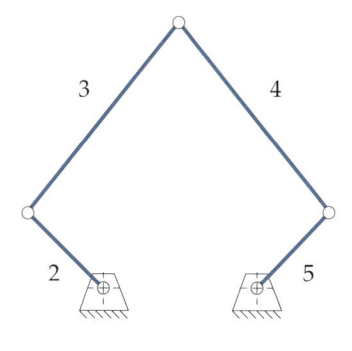

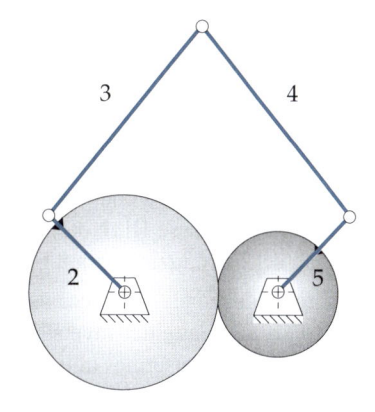

(a) Mecanismo de cinco barras – 2 *GDL*   *(b)* Mecanismo engrenado de cinco barras – 1 *GDL*

FIGURA 2-21

Duas formas do mecanismo de cinco barras.

Mecanismos de seis barras

Já conhecemos os mecanismos de seis barras de Watt e Stephenson (ver Figura 2-16). O **mecanismo de seis barras de Watt** pode ser visto como *dois mecanismos de quatro barras conectados em série* compartilhando dois elos. O **mecanismo de seis barras de Stephenson** pode ser visto como *dois mecanismos de quatro barras conectados em paralelo* compartilhando dois elos. Muitas montagens podem ser projetadas por meio de múltiplas combinações de blocos de cadeias de quatro barras que ficam mais complexas. Muitos problemas reais de projeto exigirão soluções constituídas por mais do que quatro barras. Alguns mecanismos de Watt e de Stephenson são fornecidos como exemplo no programa SIXBAR (ver Apêndice A). Você pode executar o programa e observar esses mecanismos dinamicamente. Escolha qualquer exemplo do menu, aceite os valores predefinidos e faça a animação do mecanismo.

Critério de rotacionalidade do tipo Grashof para mecanismos de ordem superior

Rotacionalidade é *a habilidade de pelo menos um dos elos da cadeia cinemática conseguir completar uma revolução em relação aos outros elos* e define a cadeia como Classe I, II ou III.

Capacidade de revolução refere-se *a um elo específico de uma cadeia e indica que ele é um dos elos que consegue rotacionar.*

ROTACIONALIDADE DE MECANISMOS ENGRENADOS DE CINCO BARRAS   Ting[11] derivou uma expressão de rotacionalidade para o mecanismo engrenado de cinco barras que é similar ao critério de quatro barras de Grashof. Admitindo que o comprimento dos elos seja designado de L_1 a L_5 em ordem crescente de comprimento,

então, se
$$L_1 + L_2 + L_5 < L_3 + L_4 \qquad (2.12)$$

os dois elos menores podem rotacionar completamente em relação aos outros se o mecanismo é designado cadeia cinemática de **Classe I**. Se essa desigualdade for *falsa*, então temos uma cadeia cinemática de **Classe II** e talvez alguns elos possam realizar rotação total, dependendo da relação de transmissão e do ângulo de fase entre elas. Se a desigualdade da Equação 2.12

for substituída por um sinal de igual, o mecanismo será de cadeia de **Classe III**, na qual os dois elos menores podem revolucionar por completo, mas isso fará com que ele tenha pontos de mudança iguais ao caso especial de Grashof quatro barras.

A referência [11] descreve as condições nas quais o mecanismo engrenado de cinco barras Classe II será ou não rotacionável. Falando em termos básicos de projeto, faz sentido obedecer à Equação 2.12 para garantir a condição de Grashof. Também faz sentido evitar a condição de ponto de mudança da Classe III. Note que, se um dos elos menores (digamos L_2) for igual a zero, a Equação 2.12 é reduzida para a Equação 2.8 da fórmula de Grashof.

Além da rotacionalidade dos mecanismos, devemos saber os tipos de movimentos que são possíveis para cada uma das cinco inversões de uma cadeia de cinco barras. Ting[11] descreve isso detalhadamente. Mas, se quisermos utilizar um jogo de engrenagens entre dois elos de uma cadeia de cinco barras (para reduzir o *GDL* para um), precisamos que seja um mecanismo de dupla manivela, com as engrenagens conectadas às duas manivelas. A cadeia de cinco barras Classe I será um mecanismo de **dupla manivela** se os dois elos menores estiverem entre o jogo de três elos que compreendem o elo fixo do mecanismo e as duas manivelas articuladas no elo fixo. [11]

ROTACIONALIDADE DE MECANISMOS N-BARRAS Ting *et al*.[12], [13] ampliaram o critério de rotacionalidade para todos os mecanismos de uma única volta de *N*-barras conectados com juntas de revolução e desenvolveram teoremas gerais para a **rotacionalidade de mecanismos** e a **capacidade de revolução** individual dos elos baseando-se no comprimento dos elos. Denotando os elos de um mecanismo de *N*-barras como L_i ($i = 1, 2, \ldots, N$) com $L_1 \leq L_2 \ldots \leq L_N$. Os elos não precisam estar conectados em uma determinada ordem, já que o critério de rotacionalidade não depende dessa ordem.

Um mecanismo de uma única volta com junta de revolução de *N* elos terá $(N-3)$ *GDL*. A condição necessária e suficiente para a **montagem de um mecanismo** de *N*-barras é:

$$L_N \leq \sum_{k=1}^{N-1} L_k \qquad (2.13)$$

O elo K será chamado de *menor* se

$$\{K\}_{k=1}^{N-3} \qquad (2.14a)$$

e será chamado de *maior* se

$$\{K\}_{k=N-2}^{N} \qquad (2.14b)$$

Haverá três elos maiores e $(N-3)$ elos menores em qualquer mecanismo desse tipo.

Uma cadeia cinemática de uma única volta com *N*-barras que contém apenas juntas de revolução de primeira ordem será um mecanismo de Classe I, Classe II ou Classe III, dependendo da soma dos comprimentos dos elos maiores, e os $(N-3)$ elos menores são, respectivamente, menor, maior ou igual à soma dos comprimentos dos dois elos remanescentes:

$$\begin{aligned}
\text{Classe I:} \quad & L_N + (L_1 + L_2 + \cdots + L_{N-3}) < L_{N-2} + L_{N-1} \\
\text{Classe II:} \quad & L_N + (L_1 + L_2 + \cdots + L_{N-3}) > L_{N-2} + L_{N-1} \\
\text{Classe III:} \quad & L_N + (L_1 + L_2 + \cdots + L_{N-3}) = L_{N-2} + L_{N-1}
\end{aligned} \qquad (2.15)$$

e, para os mecanismos da Classe I, é necessário ter apenas um único elo maior entre dois ângulos que não são de entrada. Essas condições são suficientes e necessárias para definir a rotacionalidade.

FUNDAMENTOS DA CINEMÁTICA

A **capacidade de revolução** de qualquer elo L_i é definida como a habilidade de rotacionar completamente em relação aos outros elos da cadeia, e isso pode ser determinado por:

$$L_i + L_N \leq \sum_{k=1,\, k \neq i}^{N-1} L_k \tag{2.16}$$

Se L_i for um elo revolucionável, qualquer elo que não for maior que L_i também será revolucionável.

Teoremas e corolários adicionais a respeito dos limites de movimentação dos elos podem ser encontrados nas referências [12] e [13]. Por razões de espaço, não foi possível colocá-los aqui. Note que as regras em relação ao comportamento dos mecanismos engrenados de cinco e quatro barras (lei de Grashof) apresentados anteriormente são compatíveis, e estão contidas nos teoremas gerais de rotacionalidade.

2.15 ELOS DE MOLAS

Até agora, estamos trabalhando apenas com elos rígidos. Em muitos mecanismos e máquinas, é necessário contrabalançar as cargas estáticas aplicadas no equipamento. Um exemplo comum é o mecanismo do capô de um automóvel. A menos que você tenha um modelo (mais barato) com uma haste que você posiciona em um orifício para segurar o capô, provavelmente existirá um mecanismo de quatro ou seis barras de cada lado do capô conectando-o ao carro. O capô seria o acoplador de um mecanismo não Grashof que possui dois seguidores articulados no corpo do carro. Uma mola é presa entre dois elos para fornecer força para segurar o capô na abertura. Nesse caso, a mola é um elo adicional de comprimento variável. Enquanto ela fornecer a quantidade certa de força, ela atua para reduzir o *GDL* do mecanismo para zero e mantém o sistema em equilíbrio estático. Entretanto, você pode forçar o sistema a ter um *GDL* novamente superando a força da mola ao fechar o capô.

Outro exemplo, que deve estar agora bem ao seu lado, é o famoso braço da lâmpada de escrivaninha, mostrado na Figura 2-22. Esse equipamento tem duas molas que contrabalançam o peso dos elos e o do soquete da lâmpada. Se for bem projetado e construído, o equipamento permanecerá estável em várias posições apesar da variação do momento resultante pela mudança do braço do cabeçote. Isso é conseguido graças ao projeto cuidadoso da geometria das relações mola-elo; tanto que, quando a força da mola muda com um aumento no comprimento, o seu momento no braço também muda, de modo a equilibrar continuamente o momento alterado no soquete.

Uma mola linear pode ser caracterizada pela constante de mola, $k = F/x$, em que F é a força e x é o deslocamento da mola. Dobrando o deslocamento, a força dobrará. A maioria das molas helicoidais usadas nesses exemplos são lineares.

FIGURA 2-22
Mecanismo balanceado por mola.

2.16 MECANISMOS FLEXÍVEIS (ELÁSTICOS)

Os mecanismos até agora descritos neste capítulo são todos de elementos discretos, na forma de elos rígidos ou molas conectadas por juntas de vários tipos. Mecanismos flexíveis podem oferecer movimentos similares com um número menor de partes e (até nulo) de juntas físicas. Flexibilidade é o oposto de rigidez. Um membro ou um "elo" flexível é capaz de uma significante deflexão na resposta às cargas. Um exemplo antigo de mecanismo flexível é o arco e flecha, no qual a deflexão do arco, em resposta ao movimento do arqueiro puxando a corda, armazena energia elástica no arco flexível, e essa energia lança a flecha.

FIGURA 2-23

Caixa de ferramentas com "dobradiça viva". *Cortesia de Pemm Plastics Inc, Bridgerport.*

O arco e a corda compreendem duas partes, mas um mecanismo puramente flexível, consiste em um único elo no qual a forma é cuidadosamente projetada para apresentar regiões flexíveis que funcionam como falsas juntas. Provavelmente, o exemplo disponível mais comum de um mecanismo flexível é a famosa caixa de ferramentas com uma "dobradiça viva", mostrada na Figura 2-23. Esse é um mecanismo de dois elos (a caixa e a tampa) com uma fina seção de material conectando os dois. Alguns termoplásticos, como o polipropileno, permitem a fabricação de seções finas que são dobradas repetidamente sem romper. Quando a parte é removida do molde ainda quente, a dobradiça deve ser dobrada uma vez para alinhar as moléculas do material. Uma vez resfriada, ela pode resistir a milhões de ciclos abre-fecha sem rasgar. A Figura 2-24 mostra um protótipo de um interruptor, mecanismo de quatro barras, feito de uma peça de plástico que funciona como um mecanismo flexível. Ele se movimenta entre as posições de ligado e desligado por meio da flexão da seção fina da dobradiça, que funciona como uma falsa junta entre os "elos". O estudo de caso discutido no Capítulo 1 descreve o projeto de um mecanismo flexível, que também é mostrado na Figura 6-13.

A Figura 2-25a mostra uma pinça projetada como um mecanismo flexível de uma peça. Em vez das convencionais duas peças conectadas com uma junta pinada, esse fórceps tem pequenas seções projetadas para servirem como falsas juntas. São feitas de termoplástico polipropileno moldado por injeção com "dobradiças vivas". Note que há um mecanismo de quatro barras 1, 2, 3, 4 no centro, onde as "juntas" são seções flexíveis de pequena dimensão em A, B, C e D. A flexibilidade do material nessas pequenas seções atua como uma mola para manter o mecanismo aberto na condição de descanso. As outras partes, como as manivelas e as mandíbulas, são projetadas com uma geometria mais dura para minimizar as deflexões. Quando o usuário fecha a mandíbula, os ganchos nas manoplas mantêm o fórceps fechado, prendendo o objeto. A Figura 2-25b mostra um gancho de duas peças que usa a elasticidade da mola para fechar, que resulta de cada orelha da mola, as quais foram articuladas em diferentes posições A_1 e A_2.

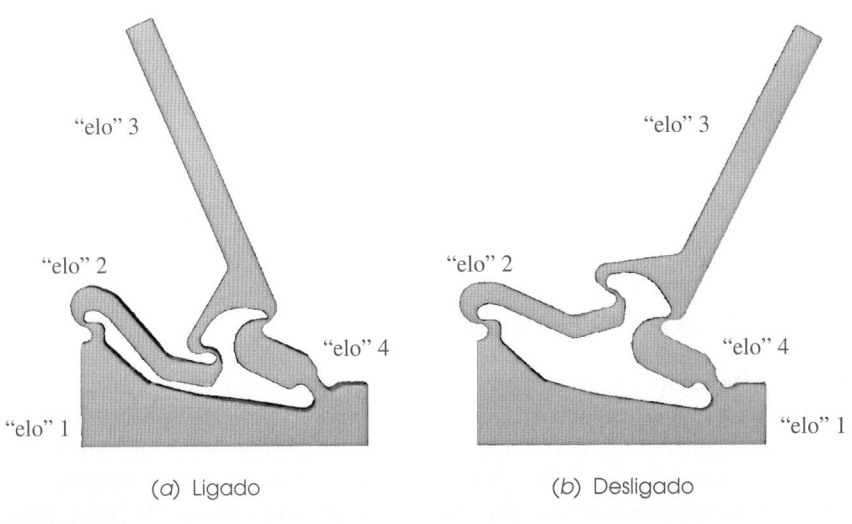

(*a*) Ligado

(*b*) Desligado

FIGURA 2-24

Uma peça da chave flexível. *Cortesia do professor Larry L. Howell, Bringham Young University.*

FUNDAMENTOS DA CINEMÁTICA

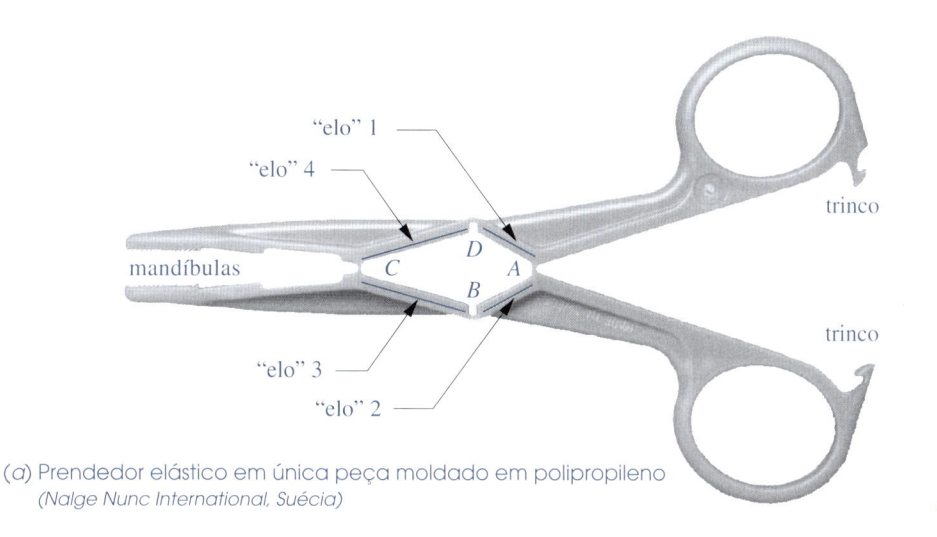

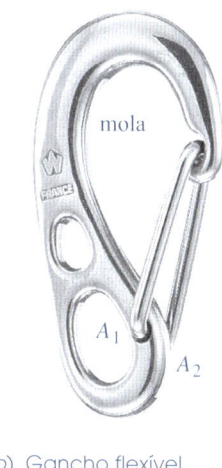

(a) Prendedor elástico em única peça moldado em polipropileno
(Nalge Nunc International, Suécia)

(b) Gancho flexível
(Wichard USA, Portsmouth, RI.)

FIGURA 2-25

Mecanismos elásticos.

Esses exemplos mostram algumas vantagens dos mecanismos elásticos sobre os convencionais. Nenhuma operação de montagem é necessária. O efeito de mola necessário é inserido pelo controle da geometria em áreas localizadas. O componente está pronto para uso assim que sai do molde. Todas essas características reduzem o custo.

Os mecanismos elásticos têm sido usados há muitos anos (arco e flecha, cortador de unha, clipes, por exemplo), mas novas aplicações foram descobertas no século XX, em parte devido à disponibilidade de novos materiais e modernos processos de manufatura. Algumas de suas vantagens sobre os mecanismos convencionais são a redução do número de partes, a eliminação de folgas de juntas, o carregamento de mola inerente e a redução potencial de custo, peso, desgaste e manutenção se comparados aos mecanismos convencionais. Eles são, entretanto, mais difíceis de serem projetados e analisados, devido às deflexões relativamente grandes que impedem o uso da teoria convencional de pequenas deflexões. Esse texto irá considerar apenas o projeto e a análise de elos e mecanismos não elásticos (rígidos) com juntas físicas. Para saber mais sobre o projeto e a análise de mecanismos elásticos, ver referência [16].

2.17 SISTEMAS MICROELETROMECÂNICOS (MEMS)*

Recentes avanços na manufatura de microcircuitos, como os *chips* de computadores, têm levado a novas formas de mecanismos, conhecidos como sistemas **microeletromecânicos** ou **MEMS**. Esses dispositivos possuem dimensões medidas com micrômetros e com microequipamentos que abrangem de alguns micrômetros até alguns milímetros. Eles são feitos do mesmo material da placa de silício, que é usada em circuitos integrados ou *microchips*. A forma, ou padrão, do dispositivo desejado (mecanismo, engrenagem etc.) é gerada em grande escala pelo computador e depois reduzida fotograficamente e projetada sobre a placa. Um processo de gravação permite remover o material de silício do lugar onde a imagem alterou ou não a camada fotossensível no silício (o processo pode ser ajustado para fazer os dois). O que sobra é uma pequena reprodução da geometria original padrão do silício. A Figura 2-26a mostra as microengrenagens de silício feitas por esse método. Elas possuem apenas alguns micrômetros de diâmetro.

* Mais informação sobre mecanismos MEMS podem ser encontradas em: <http://www.sandia.gov> e <http://www.memsnet.org/mems>.

Mecanismos elásticos são muito adequados para essa técnica de manufatura. A Figura 2-26b mostra um micromotor que usa as engrenagens da Figura 2-26a e é, em sua maioria, menor do que alguns milímetros. O mecanismo do motor é uma série de elos elásticos oscilados por um campo eletrostático para controlar a manivela mostrada na imagem aumentada da Figura 2-26b. Dois desses atuadores eletroestáticos operam na mesma manivela, 90° fora de fase para posicioná-lo no centro morto. Esse motor é capaz de velocidades contínuas de 360 000 rpm e picos de até um milhão de rpm antes de superaquecer com a fricção em alta velocidade.

A Figura 2-27 mostra "um mecanismo elástico biestável (conhecido como mecanismo de Young) em suas duas posições estáveis. Atuadores térmicos amplificam a expansão térmica para posicionar o equipamento entre as duas posições. Isso pode ser usado como microchave ou um microrrelê. Por ser tão pequeno, pode ser atuado em poucas centenas de microssegundos".*

Aplicações para esses microdispositivos estão apenas começando a ser descobertas; microssensores feitos com essa tecnologia são usados atualmente em montagens de *airbags* de carros para detectar uma desaceleração repentina e ativar o *airbag*. Monitores de pressão de sangue, MEMS que podem ser inseridos nas artérias, têm sido produzidos. Os sensores de pressão MEMS estão sendo ajustados para se adequar aos pneus de um automóvel para o monitoramente contínuo da pressão. Muitas outras aplicações estão sendo, e ainda serão, desenvolvidas para utilizar essa tecnologia no futuro.

* Professor Larry L. Howell (2002), comunicação pessoal.

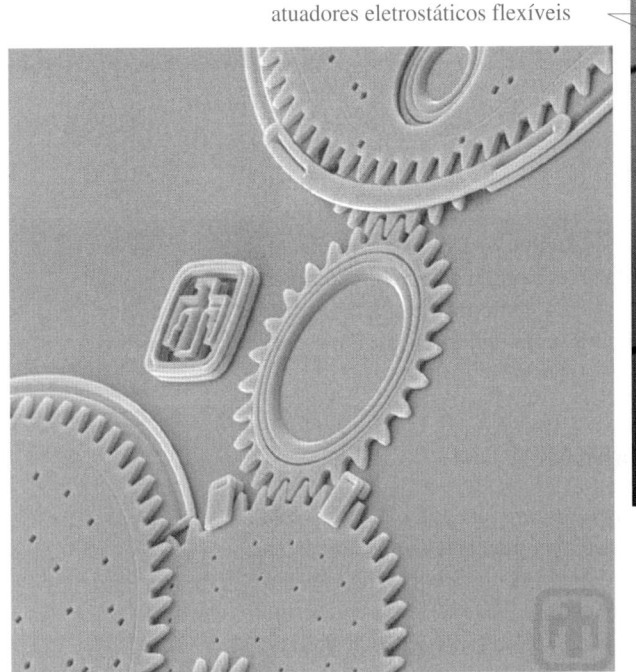

(a) Microengrenagens

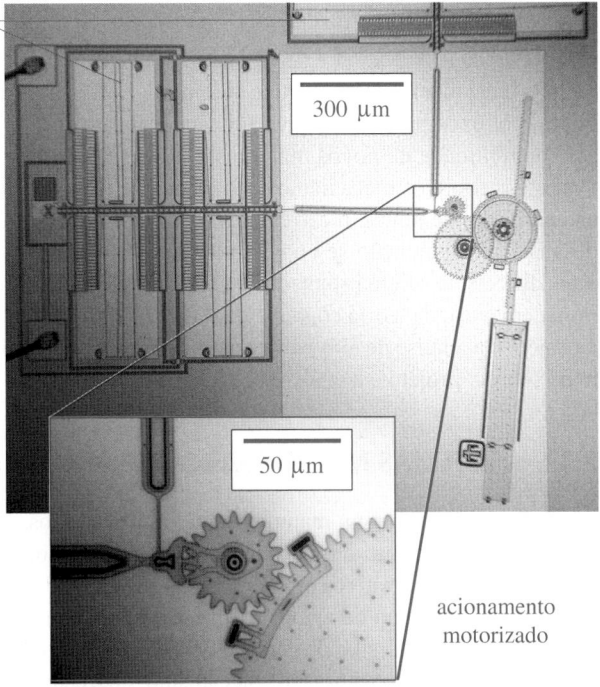

(b) Micromotor e trem de engrenagens

FIGURA 2-26

MEMS de silício impresso: (a) microengrenagens *Cortesia da Sandia National Laboratories* (b) micromotor da Sandia Labs
Fotos em microscópio eletrônico cortesia do Professor Cosme Furlong, WPI

FUNDAMENTOS DA CINEMÁTICA

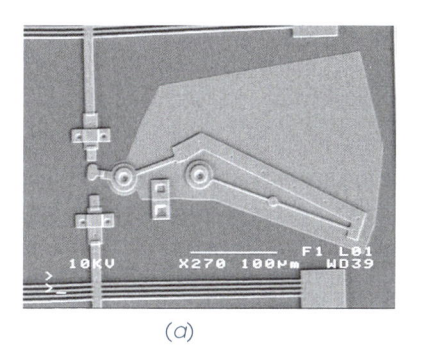

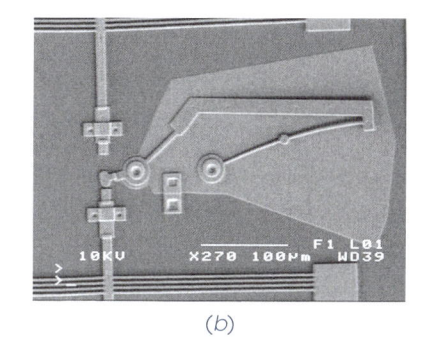

FIGURA 2-27

Micromecanismo elástico biestável de silício em duas posições. *Cortesia do Professor Larry L. Howell, Brigham Young University.*

2.18 CONSIDERAÇÕES PRÁTICAS

Há muitos fatores que precisam ser considerados para criar projetos de boa qualidade. Nem todos estão nas teorias aplicadas. No projeto, também é envolvida grande parte da arte baseada na experiência. Esta seção se destina a descrever algumas considerações práticas no projeto de máquinas.

Juntas pinadas *versus* juntas deslizantes e juntas cilíndricas (meias juntas)

A seleção do material apropriado e uma boa lubrificação são as chaves para uma vida longa em qualquer situação, assim como nas juntas, onde há o atrito entre dois materiais. Essa interface é chamada de **mancal**. Assumindo que o material adequado já foi escolhido, a seleção do tipo de junta pode ter um efeito significante no fornecimento de uma lubrificação boa e limpa durante a vida útil da máquina.

JUNTAS DE REVOLUÇÃO (POR PINOS) A junta simples de revolução ou pinada (Figura 2-28a) é claramente a melhor aqui por uma série de razões. É relativamente fácil e barato projetar e construir uma junta pinada de boa qualidade. Em sua pura forma – denominada **bucha** ou **munhão** –, a geometria do par orifício/pino retém um filme de lubrificação onde a ação capilar cria uma interface anular e promove uma condição chamada de *lubrificação hidrodinâmica*, em que as partes são separadas por uma fina camada de lubrificante, como mostrado na Figura 2-29. Vedações podem ser facilmente colocadas no final do orifício, enroladas em volta do pino, para prevenir perda de lubrificante. A reposição de lubrificante pode ser feita por orifícios radiais nas interfaces do mancal, tanto continua como periodicamente, sem a desmontagem do conjunto.

Uma forma conveniente de mancal para montar os pivôs é o **terminal esférico** disponível comercialmente mostrado na Figura 2-30. Ele possui um mancal do tipo deslizante esférico que se *autoalinha* com um eixo que talvez não esteja paralelo. O corpo se rosqueia nos elos, permitindo que os elos sejam feitos convencionalmente de barras brutas com extremidade roscada, o que possibilita o ajuste do comprimento do elo.

Relativamente baratos, os **roletes de esfera** e **de rolos** estão disponíveis comercialmente em uma larga variedade de tamanhos para juntas de revolução, como mostrado na Figura 2-31. Alguns desses rolamentos (principalmente os de esferas) podem ser obtidos pré-lubrificados

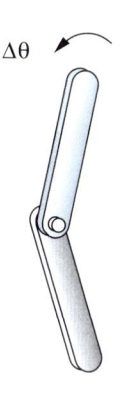

(*a*) Junta pinada

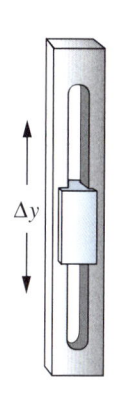

(*b*) Junta deslizante

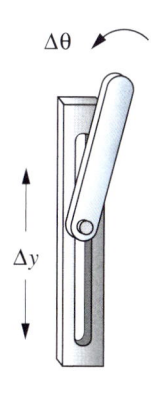

(*c*) Meia junta

FIGURA 2-28

Vários tipos de juntas.

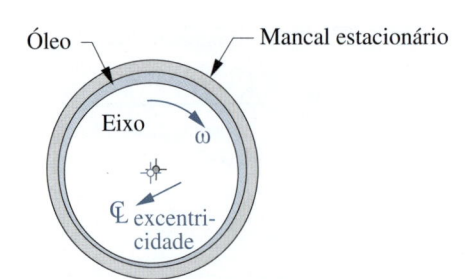

FIGURA 2-29

Lubrificação hidrodinâmica em um mancal deslizante e movimentos exagerados.

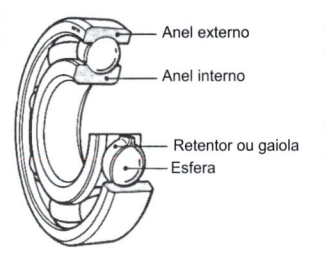

Eixo em rotação elevada
- lubrificação hidrodinâmica;
- sem contato metálico;
- fluido bombeado pelo eixo;
- o centro do eixo se desloca da linha de centro do mancal.

e selados. Os elementos de rolamento executam uma operação de baixa fricção e com um bom controle dimensional. Note que esses elementos de fato apresentam interfaces superiores pontuais ou lineares (cilíndricas) em cada esfera ou rolete, o que pode ser um problema como mostrado abaixo. Entretanto, a capacidade de reter o lubrificante dentro do alojamento (por vedações nas extremidades) combinada com uma relativa velocidade de rotação alta das esferas ou cilindros promove uma lubrificação elasto-hidrodinâmica e uma elevada vida útil. Para informações mais detalhadas sobre rolamentos e lubrificação, ver referência [15].

Para juntas de revolução fixas, muitos tipos de mancais disponíveis comercialmente deixam a montagem mais fácil. **Caixas para rolamentos** e **caixas flangeadas para rolamentos** (Figura 2-32) estão disponíveis já com os elementos de rolamento (esfera, rolete) ou mancais de esfera deslizante. A caixa para rolamentos permite uma montagem adequada sobre uma superfície paralela ao eixo do pino, e a flangeada é fixada sobre superfícies perpendiculares ao eixo do pino.

JUNTAS PRISMÁTICAS (DESLIZANTES) Requerem a usinagem cuidadosa e rasgos e hastes retilíneos (Figura 2-28b). Os mancais geralmente devem ser customizados, embora os rolamentos lineares de esferas (Figura 2-33) sejam disponíveis comercialmente, e devem trabalhar sobre eixos muito duros. A lubrificação é difícil de manter em qualquer junta deslizante. O lubrificante não é captado geometricamente e deve ser reposto por meio de um banho de óleo ou lubrificação periódica. A parte aberta tende a acumular partículas de poeira, que atuam como agentes abrasivos quando em contato com o lubrificante. Isso vai acelerar o desgaste.

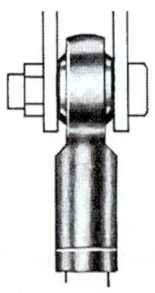

(a) Rolete de esfera

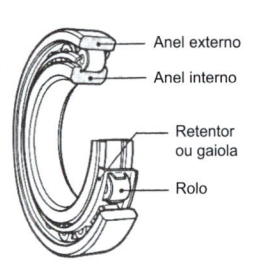

(b) Rolete de rolos

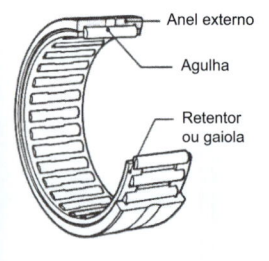

(c) Rolete de agulha

FIGURA 2-31

Roletes de esfera, rolos e agulha para juntas de revolução. *Cortesia da NTN Corporation, Japão.*

FIGURA 2-30

Terminal esférico. *Cortesia da Emerson Power Transmission, Ithaca, Nova York.*

FUNDAMENTOS DA CINEMÁTICA

(a) Caixas de rolamento

(b) Caixas de rolamento flangeadas

FIGURA 2-32

Caixas de rolamento e caixas de rolamento flangeadas. *Cortesia da Emerson Power Transmission, Ithaca, Nova York.*

FIGURA 2-33

Bucha linear de esfera. *Cortesia da Thomson Industries. Port Washington, Nova York.*

JUNTAS (MEIA) SUPERIORES Assim como as juntas com pino redondo em uma ranhura (Figura 2-28c) ou as juntas com came seguidor (Figura 2-12), as juntas (meia) superiores sofrem ainda mais intensivamente os problemas de lubrificação do mecanismo de deslizamento, porque elas normalmente apresentam duas superfícies curvas opostas na linha de contato, o que tende a espirrar o lubrificante para fora da junta. Esse tipo de junta precisa ser usado banhado a óleo para ter uma vida útil longa. Isso faz como que o conjunto fique alojado em uma caixa retentora de óleo, normalmente cara, com retentores em todos os eixos protuberantes.

Esses tipos de juntas são largamente usados com grande sucesso em maquinários. O projeto pode ser bem-sucedido, desde que seja dada a devida *atenção aos detalhes de engenharia*. Alguns exemplos comuns de todos os três tipos de juntas podem ser encontrados em um automóvel. O mecanismo do para-brisa é uma junta pinada pura. Os pistões nos cilindros de um motor são deslizantes e banhados por óleo de motor. As válvulas do motor são abertas e fechadas por juntas came seguidor (meia junta) que são banhadas a óleo. Você provavelmente deve trocar o óleo do motor do seu carro em um tempo razoável. Quando foi a última vez que você lubrificou o mecanismo do limpador de para-brisa? Esse mecanismo (não o motor) já falhou alguma vez?

Montagem em balanço ou biapoiada?

Qualquer junta deve suportar o carregamento que vai sobre ela. Duas formas básicas são possíveis, como mostrado na Figura 2-34. Uma junta em balanço tem apenas o apoio do pino (mancal) como uma viga em balanço. Isso, às vezes, é necessário quando uma manivela precisa passar pelo acoplador e não pode ter nada do outro lado dele. Entretanto, uma viga em balanço é inerentemente mais fraca (para uma mesma seção e carga) do que uma viga biapoiada (simplesmente apoiada). A montagem biapoiada pode evitar aplicar um momento de flexão sobre os elos ao manter as forças no mesmo plano. O pino vai sofrer um momento de flexão nos dois casos, mas o pino biapoiado está em duplo cisalhamento – duas secções compartilham a carga. O pino em balanço está em cisalhamento único. Uma boa prática é usar juntas biapoiadas (quer seja de revolução, prismática ou superior) quando possível. Se um pino em balanço deve ser usado, então um parafuso com cabeça de corpo bem duro, disponível comercialmente, como mostrado na Figura 2-35, pode ser usado às vezes como um pino pivô.

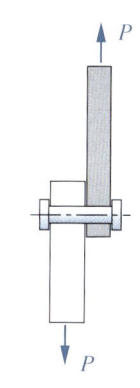

(a) Montagem em balanço – cisalhamento simples

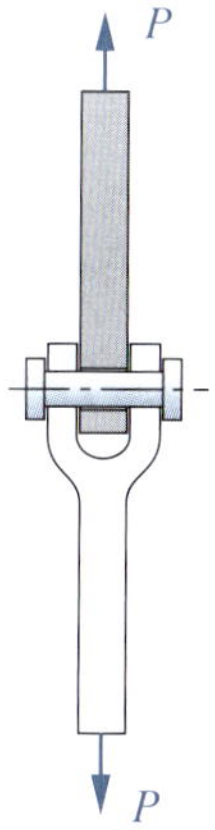

(b) Montagem biapoiada – cisalhamento duplo

FIGURA 2-34

Uniões rotativas com montagem em balanço e montagem biapoiada.

Elos pequenos

Às vezes, acontece de o comprimento do elo desejado para a manivela ser tão pequeno que não é possível providenciar pinos ou mancais satisfatórios para cada um dos pivôs. A solução é projetar o elo como uma **manivela excêntrica**, como mostrada na Figura 2-36. Um pino articulado é aumentado até o ponto em que efetivamente contenha o elo. O diâmetro externo da manivela circular se torna o mancal para a articulação móvel. A articulação fixa é colocada a uma distância e do centro do círculo igual ao comprimento da manivela desejado. A moente da árvore de manivelas é designada pela distância e (o comprimento da manivela). Esse arranjo tem a vantagem de uma grande área superficial no munhão para reduzir o desgaste, embora seja difícil manter o munhão de maior diâmetro lubrificado.

Razão de mancais

A necessidade para movimentos retilíneos nas máquinas exige um amplo uso de juntas deslizantes de translação linear. Há uma relação de geometria básica chamada *razão de mancais* que, se for ignorada ou violada, poderá trazer problemas.

A **razão de mancais** (RM) é definida *como o comprimento equivalente do deslizador sobre o diâmetro equivalente do mancal: $RM = L/D$*. Para operações suaves, **essa razão deve ser maior que 1,5, e nunca menor que 1**. Quanto maior ela for, melhor. **Comprimento equivalente** é definido como a *distância na qual a parte deslizante entra em contato com a guia estacionária*. Não é preciso ter um contato contínuo nessa distância. Isso é, dois pequenos colares, espaçados separadamente, são efetivamente tão longos quanto as separações totais mais os próprios comprimentos e são cinematicamente equivalentes a um longo tubo. **Diâmetro equivalente** é *a maior distância na guia estacionária*, em qualquer plano perpendicular ao movimento de deslizamento.

Se a junta deslizante é simplesmente uma haste sobre uma bucha, como mostrado na Figura 2-37a, o diâmetro e o comprimento equivalentes são idênticos às dimensões reais do diâmetro da barra e do comprimento da bucha. Se a guia for uma plataforma que desliza sobre duas barras e múltiplas buchas, como mostrado na Figura 2-37b, então o diâmetro e o comprimento equivalentes são respectivamente a largura e o comprimento globais da plataforma montada. É esse caso que geralmente leva a baixas razões de mancais.

Um exemplo comum de um dispositivo com uma razão de mancal baixa é a gaveta de uma mobília barata. Se as únicas guias para o movimento de deslizamento da gaveta são as suas laterais correndo contra a armação, isso terá uma razão de mancal menor que 1, já que ele fica

FIGURA 2-35

Parafuso com cabeça. *Cortesia da Cordova Bolt Inc, Buena Park, CA.*

(a) Manivela seguidor excêntrica

(b) Biela-manivela excêntrica

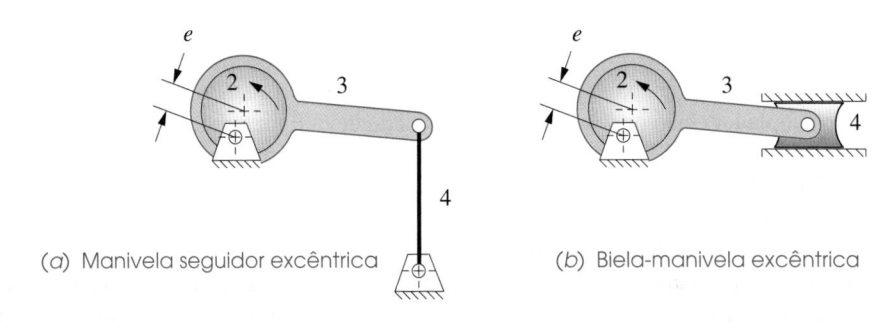

FIGURA 2-36

Moente da árvore de manivelas.

FUNDAMENTOS DA CINEMÁTICA

(a) Uma barra única sobre uma bucha

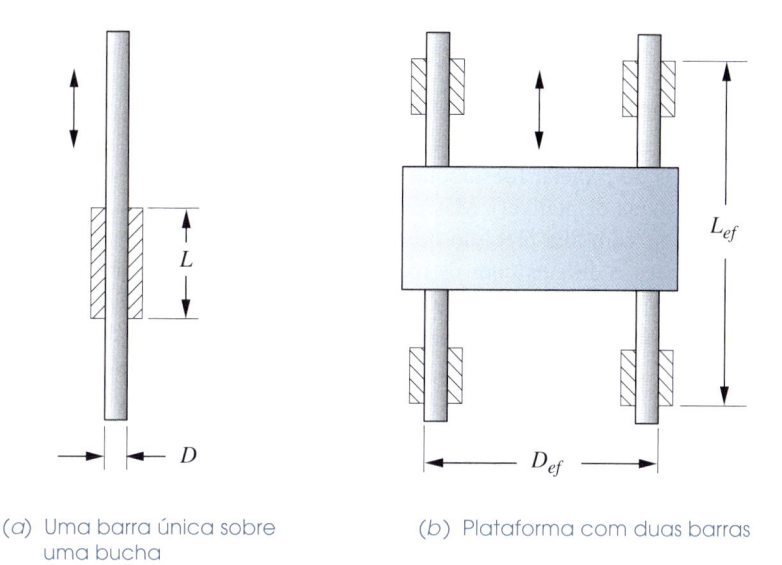

(b) Plataforma com duas barras

FIGURA 2-37

Razão de mancal.

mais largo do que profundo. Você provavelmente já vivenciou o travamento e esmagamento de uma gaveta assim. Gavetas de melhor qualidade terão uma guia central com uma alta razão de L/D sob o fundo da gaveta e deslizarão mais suavemente.

Guias comerciais

Muitas empresas fornecem guias lineares padrões que podem ser usadas em mecanismos de biela-manivela e sistemas de came seguidor com seguidores de translação. Esses estão disponíveis com mancais lineares de esfera que correm sobre trilhos de aço endurecido, apresentando atrito bem baixo. Alguns são pré-carregados para eliminar erros de paralelismo e de folga. Outros estão disponíveis com mancais planos. A Figura 2-38 mostra um exemplo de guia linear de esferas deslizantes com dois carros correndo sobre um único trilho. São feitos orifícios para fixar o trilho ao plano fixo e, nos patins, para fixar os elementos a serem guiados.

Mecanismos de barras *versus* cames

O mecanismo de barras com junta pinada tem todas as vantagens da junta de revolução relacionada anteriormente. O mecanismo came seguidor (Figura 2-12c) tem todos os problemas associados à meia junta relacionada anteriormente. Mas ambos são amplamente usados no projeto de máquinas, frequentemente na mesma máquina e em combinações (cames acionando mecanismos). Então por que escolher um dos dois?

O mecanismo de barras com junta pinada "puro" com bons mancais em suas juntas é potencialmente um projeto superior, todo equilibrado, e deve ser a primeira alternativa a ser explorada no desenvolvimento de um projeto de máquina. Entretanto, haverá muitos problemas nos quais a necessidade por um movimento de deslizamento retilíneo ou pontos de espera precisos de um came seguidor se faz presente. Então, as limitações práticas de um came e das juntas deslizantes devem ser ponderadas.

FIGURA 2-38

Guia linear de esfera.
Cortesia da THK America Inc., Schaumberg, IL.

Os mecanismos de barra têm a desvantagem de serem relativamente grandes, se comparados ao deslocamento de saída do componente de trabalho; assim, eles apresentam alguma dificuldade para localizá-los. Cames tendem a ser compactos em tamanho, comparados com o deslocamento de seguidor. Mecanismos são relativamente difíceis de sintetizar, e cames são relativamente fáceis de projetar (desde que um programa computacional como o DYNACAM (ver Apêndice A) esteja disponível). Mas os mecanismos de barras são muito mais baratos e fáceis de se produzir com alta precisão do que os cames. Pontos de parada são fáceis de se conseguir com cames e difíceis com os mecanismos. Estes podem sobreviver a ambientes muito hostis, com pouca lubrificação, onde cames não conseguem, a não ser que isolados de contaminação do ambiente. Eles têm melhor comportamento dinâmico de alta velocidade em comparação com os cames, são menos sensíveis a erros de produção e podem suportar cargas muito elevadas; porém, cames podem combinar movimentos especiais de maneira melhor.

Portanto, a resposta está longe de ser definitiva. É outra *situação de intercâmbio de projeto* na qual se deve considerar todos os fatores e fazer a melhor escolha. Por causa das vantagens potenciais do elo puro, é importante considerar o projeto do mecanismo antes de escolher um projeto potencialmente mais fácil, mas uma solução definitivamente mais cara.

2.19 MOTORES E ACIONADORES

A não ser quando operado manualmente, um mecanismo necessitará de um tipo de dispositivo acionador para fornecer a movimentação e energia iniciais. Há muitas possibilidades. Se o projeto requer um movimento contínuo de entrada rotativo, como em um mecanismo Grashof, uma biela-manivela ou um came seguidor, então o motor* elétrico (atuador) ou o motor de combustão interna são as escolhas lógicas. Motores existem em uma extensa variedade de tipos. A fonte mais comum de energia para motores é a eletricidade, mas ar comprimido e fluido hidráulico pressurizado também são utilizados em motores hidráulicos e pneumáticos. Motores a gasolina e a diesel também são outra possibilidade. Se o movimento inicial for translação, como é comum em equipamentos de movimentação de terra, então um cilindro hidráulico ou pneumático é normalmente necessário.

Motores elétricos

Motores elétricos são classificados tanto pelas funções ou aplicações quanto pelas configurações elétricas. Algumas classificações funcionais (descritas a seguir) são **motores de engrenagem**, **servomotores** e **de passo**. Muitas configurações elétricas diferentes, mostradas na Figura 2-39, também estão disponíveis, independentemente da classificação funcional. A principal divisão de configuração elétrica é entre motores **CA** e **CC**, porém um tipo, o **motor universal**, é projetado tanto para CA quanto para CC.

CA e CC referem-se à *corrente alternada* e *corrente contínua,* respectivamente. CA é comumente fornecida pelas companhias de energia e, nos Estados Unidos, alterna de forma sinusoidal em 60 hertz (Hz), com picos de voltagem de ±120, ±240 ou ±480 volts (V). Muitos outros países fornecem CA em 50 Hz. CA monofásica fornece um sinal senoidal simples variando no tempo, e CA trifásica fornece três senoides com fase de 120° entre eles. CC é constante no tempo, fornecida por geradores ou baterias, e é mais comumente utilizada em veículos como navios, automóveis, aviões etc. Baterias são produzidas em múltiplos de 1,5 V; as de 6, 12, e 24 V são as mais comuns. Motores elétricos também são classificados por sua potência como mostrados na Tabela 2-5. Ambos os motores CA e CC são projetados para prover uma rotação de saída contínua. Embora possam ser paralisados momentaneamente pela carga, não podem tolerar uma corrente máxima, com velocidade zero de parada por mais de alguns minutos sem superaquecimento.

---

* Os termos *atuador* ou *motor* são frequentemente usados como sinônimos, porém não significam a mesma coisa. A diferença é puramente semântica: os "puristas" reservam a palavra *atuador* para motores elétricos, pneumáticos ou hidráulicos, enquanto o termo *motor* é usado para aparatos termodinâmicos, como motores de combustão externa (vapor ou Stirling) e combustão interna (gasolina ou diesel). Portanto, um automóvel convencional é movido por um motor a gasolina ou diesel, porém o limpador de para-brisa e vidros das portas são acionados por atuadores elétricos. Os veículos híbridos modernos têm um ou mais atuadores elétricos para acionar as rodas, além de um motor para carregar a bateria e suprir energia auxiliar diretamente para as rodas. As locomotivas elétricas e a diesel são híbridas também, usando atuadores elétricos para acionamento direto e motores a diesel tocando geradores para suprir eletricidade. Navios comerciais modernos usam um arranjo similar com motores a diesel movendo geradores e atuadores elétricos, movendo as hélices.

FUNDAMENTOS DA CINEMÁTICA

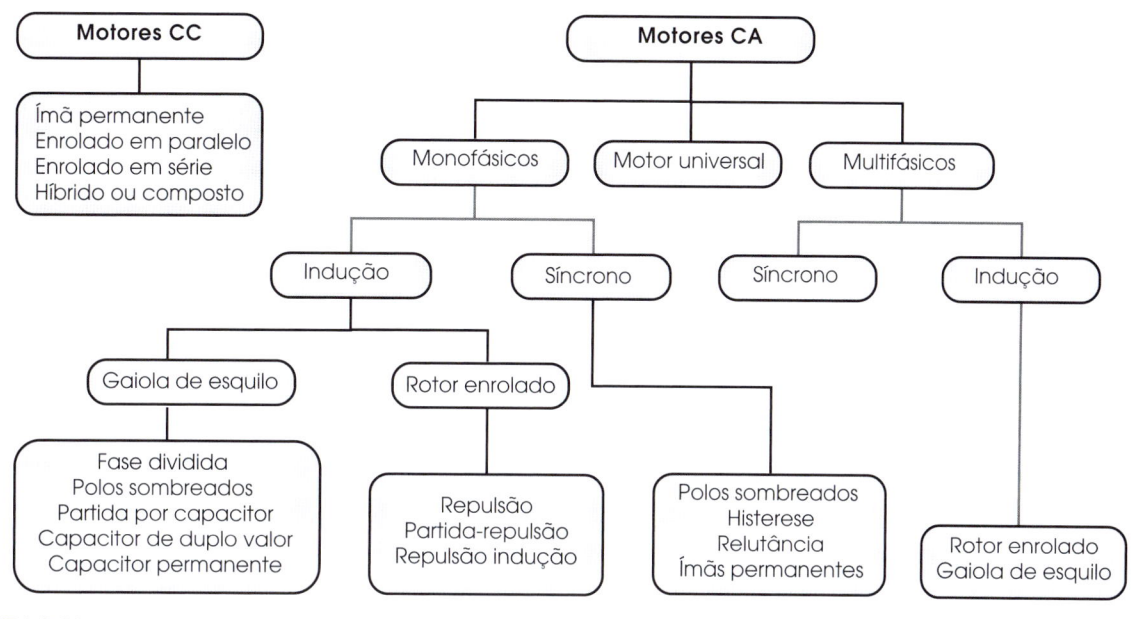

FIGURA 2-39

Tipos de motores elétricos. *Fonte: Referência [14].*

MOTORES CC São produzidos em diferentes configurações elétricas, como *ímã permanente (IP), paralelo, série, composto*. Os nomes referem-se à maneira como as bobinas da armadura rotativa são conectadas eletricamente às bobinas do campo estacionário – em paralelo (desvio), em série ou combinadas em série-paralelo (combinação). Ímãs permanentes substituem as bobinas de campo em um motor IP. Cada configuração possui características *torque-velocidade* diferentes. A curva *torque-velocidade* de um motor descreve como ele irá responder a uma carga aplicada e é de grande interesse para o projetista mecânico, pois prevê como o sistema elétrico-mecânico se comportará quando a carga variar dinamicamente com o tempo.

MOTORES CC DE ÍMÃ PERMANENTE Figura 2-40a mostra uma curva de torque-velocidade para um motor de ímã permanente (IP). Note que o torque varia expressivamente com a velocidade, variando de torque máximo (bloqueio) com velocidade nula a torque zero com velocidade máxima (sem carga). Essa relação deve-se ao fato de que *potência = torque x velocidade angular*. Desde que a potência disponível para o motor é limitada por um valor finito, um aumento no torque requer um decaimento na velocidade angular e vice-versa. O torque é máximo no bloqueio (velocidade nula), o que é típico de todos os motores elétricos. Isso é uma vantagem quando se inicia com uma carga elevada: por exemplo, um veículo elétrico não necessita de embreagem, diferentemente dos motores de combustão interna, que não partem do bloqueio com carga reduzida. O torque de um motor de combustão interna aumenta, em vez de diminuir, com o aumento da velocidade angular.

A Figura 2-40b mostra uma família de **linhas de carregamento** sobrepostas na curva de *torque-velocidade* de um motor IP. Essas linhas de carregamento representam uma carga de variável no tempo aplicada ao mecanismo de comando. O problema provém do fato de que, *com o aumento de torque de carga exigido, o motor tem de reduzir velocidade para prevê-lo*. Dessa forma, a velocidade inicial variará em resposta à variação da carga em muitos

TABELA 2-5
Classes de potência para motores

Classe	HP
Subfracionária	<1/20
Fracionária	1/20 – 1
Integral	>1

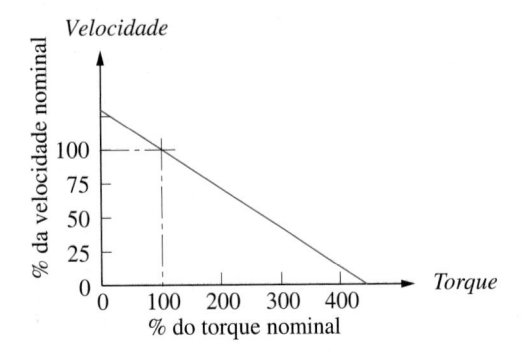

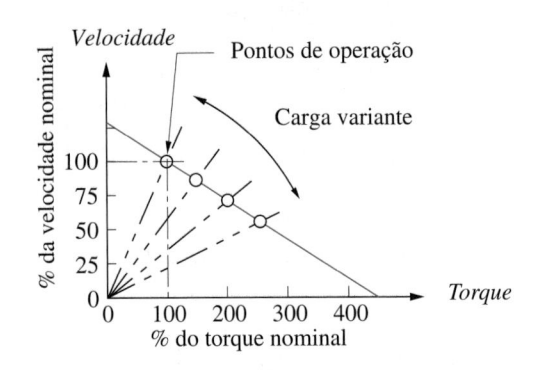

(a) Característica torque-velocidade de um motor elétrico IP

(b) Linhas de carregamento superpostas à curva de torque-velocidade

FIGURA 2-40

Típica curva característica de torque-velocidade de motor elétrico CC com ímã permanente.

motores, independentemente do projeto.* Se velocidade constante é necessária, isso pode ser inaceitável. Outros tipos de motores CC têm mais ou menos sensibilidade da velocidade em relação à carga do que motores IP. *Um motor é tipicamente selecionado com base em sua curva de torque-velocidade.*

MOTORES CC EM PARALELO Têm uma curva de torque-velocidade como mostrada na Figura 2-41a. Note o declive mais plano em volta do ponto de torque avaliado (em 100%) comparado à Figura 2-40. O motor paralelo é menos sensível à velocidade para variações de carga em sua faixa de operação, mas bloqueia muito rapidamente quando a carga excede a capacidade máxima de sobrecarga de cerca de 250% de torque de regime. Motores em paralelo são tipicamente utilizados em ventiladores ou sopradores.

MOTORES CC EM SÉRIE Possuem uma característica torque-velocidade como mostrada na Figura 2-41b. Esse tipo é mais sensível à velocidade que o paralelo ou configurações IP. Entretanto, o torque inicial pode ser tão elevado quanto 800% do torque de regime. Ele também não tem nenhum limite teórico de velocidade máxima sem carga, o que provoca a tendência de disparar se a carga for removida. Na verdade, perdas de atrito e a ação do vento limitarão a velocidade máxima, que pode chegar de 20 000 a 30 000 revoluções por minuto (rpm). Detectores de excesso de velocidade são comumente ajustados para limitar essa velocidade sem carga. Motores em série são utilizados em máquina de costura e esmeris portáteis, nos quais a variação de velocidade pode ser uma vantagem por ser controlada, em graus, com a variação da voltagem. Eles também são utilizados em aplicações industriais como motores de veículos de tração, nos quais o elevado torque de partida é uma vantagem. A sensibilidade à velocidade (longo declive) também é vantajosa em aplicações de grande carga por possibilitar uma "partida suave" quando movimenta uma carga de elevada inércia. A tendência do motor de diminuir a velocidade quando a carga é aplicada amortece o impacto que seria sentido se um grande passo no torque fosse aplicado repentinamente aos elementos mecânicos.

MOTORES CC COMPOSTOS Têm os campos e as armaduras das bobinas conectados em uma combinação de série e paralelo. Como resultado, as características de torque-velocidade têm aspectos tanto de motores paralelos quanto em série, como mostrados na Figura 2-41c. A sensibilidade de velocidade é maior do que um paralelo, mas é menor do que um motor em série, que não será disparado quando estiver sem carga. Essa característica, juntamente com o torque inicial e a capacidade de partida leve, faz dele uma boa escolha para talhas ou guindas-

---

* Os motores CA síncronos e os motores CC com velocidade controlada são exceções.

FUNDAMENTOS DA CINEMÁTICA

(a) Ligado em paralelo **(b)** Ligado em série **(c)** Híbrido ou composto

FIGURA 2-41

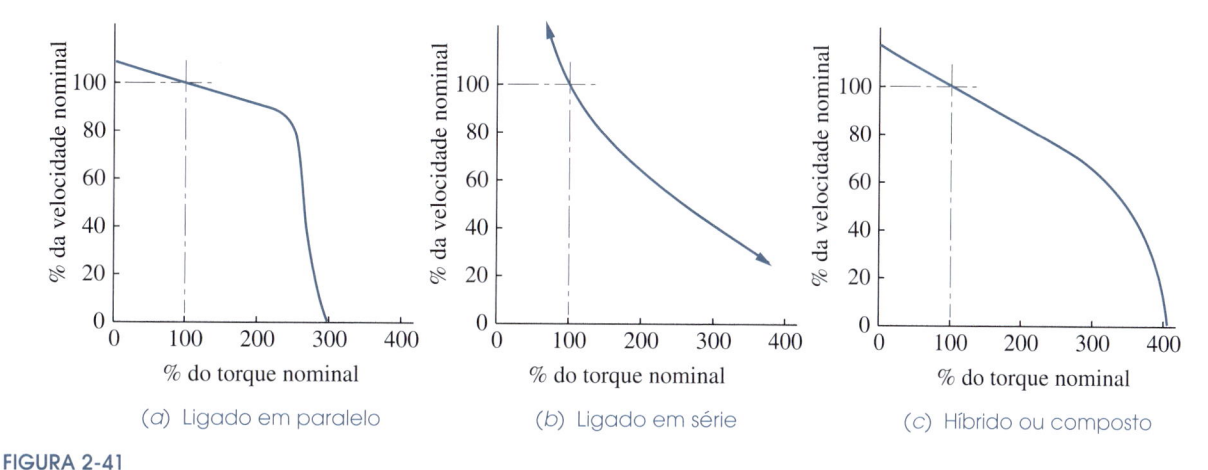

Curvas de torque-velocidade de três tipos de motores CC.

tes que enfrentam altas cargas inerciais e podem perder a carga subitamente devido a falhas no cabo, criando um problema potencial de instabilidade se o motor não possuir uma velocidade sem carga autolimitante.

MOTORES CC COM VELOCIDADE CONTROLADA Se é necessário um controle preciso de velocidade, como é comum em casos de máquinas de produção, outra solução é utilizar motores CC com velocidade controlada, que operam por um controlador que aumenta e diminui a corrente do motor na iminência de mudança de carga para tentar manter a velocidade constante. Esses motores CC com velocidade controlada (geralmente IP) funcionarão com uma fonte CA, desde que o controlador também converta CA para CC. Contudo, o custo para essa solução é elevado. Outra solução possível é prover um **volante de inércia** no eixo de entrada, que acumulará energia cinética e ajudará a suavizar as variações de velocidade introduzidas pela variação de carga. Volantes de inércia serão estudados no Capítulo 11.

MOTORES CA São a maneira mais barata de se conseguir movimentação rotativa contínua e podem ser fornecidos com uma variedade de curvas de *torque-velocidade* para servir várias aplicações de carga. Eles são limitados para alguns padrões de velocidade que são funções da frequência CA (60 Hz na América do Norte, 50 Hz em outros lugares). A velocidade síncrona do motor n_s é dada em função da frequência f e do número de polos magnéticos p presentes no rotor:

$$n_s = \frac{120f}{p} \qquad (2.17)$$

Motores síncronos "travam" para a frequência CA e funcionam exatamente na velocidade síncrona. Esses motores são utilizados em relógios e temporizadores. Motores CA assíncronos têm um pequeno deslizamento, que os atrasam com relação à frequência de rede em cerca de 3% a 10%.

A Tabela 2-6 mostra as velocidades síncronas e assíncronas para várias configurações de polo de motor CA. Os motores CA mais comuns possuem quatro polos, possibilitando uma *velocidade sem carga* não síncrona em torno de 1 725 rpm, o que reflete uma defasagem na velocidade síncrona de 60 Hz de 1 800 rpm.

TABELA 2-6
Velocidades dos motores CA

Polos	Síncrona rpm	Assíncrona rpm
2	3 600	3 450
4	1 800	1 725
6	1 200	1 140
8	900	850
10	720	690
12	600	575

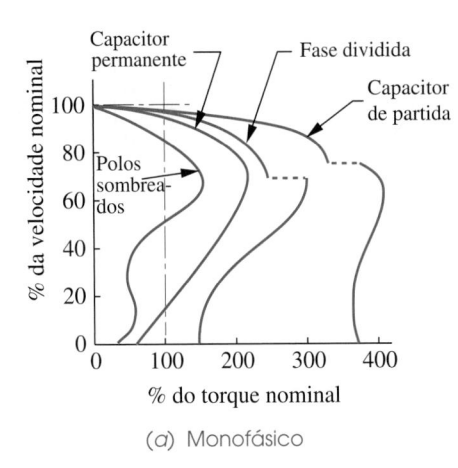

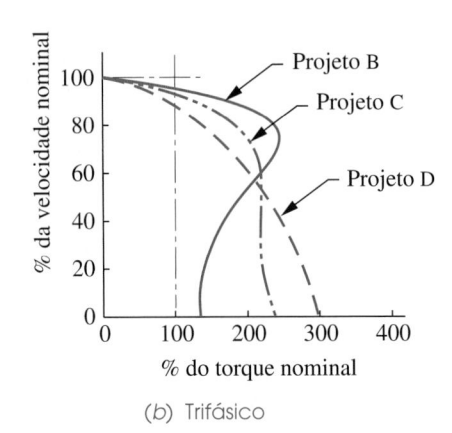

FIGURA 2-42

Curvas de torque-velocidade de motores CA monofásicos e trifásicos.

A Figura 2-42 mostra uma curva de torque-velocidade típica para motores monofásicos (1ϕ) e trifásicos (3ϕ) de várias configurações. Os motores monofásicos tipo *shaded pole* e de capacitor permanente têm um torque inicial menor do que o torque com carga total. Para aumentar o torque de partida, os motores *split-phase* e de capacitor de partida empregam um circuito inicial separado, que é interrompido por um interruptor centrífugo com a aproximação da velocidade de operação pelo motor. As quebras de curva indicam que o motor trocou do circuito de partida para o circuito de operação. Os projetos B, C e D do motor trifásico da NEMA* na Figura 2-42 diferem principalmente nos torques de partida e na sensibilidade de velocidade (declive) próximo ao ponto de carga total.

MOTORREDUTORES Se velocidades de saída diferentes (em vez de variáveis) das velocidades padrão da Tabela 2-6 são necessárias, um redutor de velocidades de engrenagens pode ser acoplado ao eixo de saída do motor, ou um motor de engrenagens que possua uma caixa integral de engrenagens pode ser adquirido. Motorredutores são disponíveis comercialmente em uma grande variedade de velocidades de saída e potências. A cinemática dos projetos de motores de engrenagens está no Capítulo 9.

SERVOMOTORES São de resposta rápida, motores de controle por malha fechada capazes de prover uma função programável de aceleração ou velocidade, controle de posição, e de manter uma posição fixa contra uma carga. **Circuito** ou **malha fechada** significa que *sensores (comumente* encoders *colocados no eixo) no motor ou no dispositivo de saída em movimento realimentam de forma contínua informações sobre sua posição e velocidade.* Um circuito eletrônico no controlador do motor reage à resposta reduzindo ou aumentando (ou revertendo) o fluxo de corrente (e/ou sua frequência) no motor. É então possível o posicionamento preciso do dispositivo de saída e também o controle de velocidade e formato da resposta do motor a mudanças na carga ou comandos de entrada. Esses dispositivos são relativamente caros,** e comumente são utilizados em aplicações como movimentação de superfícies de controle de voo em aviões e mísseis guiados, em centros de usinagem com controle numérico, equipamentos automáticos de fabricação e em robôs manipuladores, por exemplo.

Servomotores são feitos tanto em configurações CA quanto em CC, com o tipo CA se tornando o mais popular. Eles obtêm o controle de velocidade por meio do controlador, gerando uma corrente de frequência variável na qual o motor CA síncrono é travado. O contro-

---

* National Eletrical Manufactures Association (Associação Nacional de Fabricantes Elétricos).

** Os custos de todos os dispositivos eletrônicos tendem a cair continuamente à medida que a tecnologia avança, e os controladores de motor não são exceções.

lador primeiramente retifica CA para CC, e então a aplica na frequência desejada, sendo um método comum a modificação da largura do pulso. Eles possuem alta capacidade de torque e uma curva torque-velocidade plana similar à Figura 2-41a. Eles proverão tipicamente, também, até três vezes o torque contínuo para curtos períodos como sob sobrecargas intermitentes. Outras vantagens dos servomotores incluem as habilidades para executar "partidas suaves" programadas, manter qualquer velocidade para uma tolerância pequena a variações na carga de torque e fazer uma parada emergencial rápida utilizando frenagem dinâmica.

MOTORES DE PASSO São ímãs permanentes sem escovas, de relutância variável, ou motores do tipo híbrido projetados para posicionar um dispositivo de saída. Diferentemente dos servomotores, eles comumente rodam em **malha aberta**, pois *não recebem realimentação mesmo que o dispositivo de saída tenha respondido conforme desejado*. Assim, eles podem defasar mesmo sob programação adequada. Eles se manterão, contudo, energizados por um período indefinido, mantendo a saída em uma posição (embora aqueçam de 38°C a 65°C). As construções internas consistem em um número de anéis magnéticos organizados em torno da circunferência tanto do rotor quanto do estator. Quando energizados, o rotor moverá um passo para o próximo ímã, para cada pulso recebido. Assim, eles são dispositivos de **movimento intermitente** e não fornecem rotação contínua como outros motores. O número de anéis magnéticos e tipos de controladores determinam sua resolução (tipicamente 200 passos/rev., mas um **controlador de micropasso** pode aumentá-la para 2 000 ou mais passos/rev.). São relativamente pequenos, se comparados a motores CA/CC e têm baixa capacidade de torque motor, mas possuem alto torque de retenção. São moderadamente caros e requerem controladores especiais.

Motores hidráulicos e pneumáticos

Possuem aplicações mais limitadas que os motores elétricos, simplesmente porque requerem a disponibilidade de ar comprimido ou uma fonte hidráulica. Ambos os dispositivos são menos eficientes na conversão de energia quando comparados aos motores elétricos por causa das perdas associadas à conversão de energia, primeiramente de química ou elétrica para pressão de fluido e então para a forma mecânica. Toda conversão de energia envolve algumas perdas. Motores pneumáticos encontram muito mais aplicações em fábricas e oficinas, onde a alta pressão de ar comprimido está disponível por outras razões. Um exemplo comum é a parafusadeira pneumática de impacto utilizada em oficinas de reparos automotivos. Embora motores pneumáticos individuais e cilindros de ar sejam relativamente baratos, esses sistemas são caros quando o custo de todos os equipamentos agregados é incluído. Motores hidráulicos são normalmente encontrados em máquinas ou sistemas como equipamentos de construção (guindastes), aeronaves e navios, nos quais o fluido hidráulico de alta pressão é provido por muitas razões. Sistemas hidráulicos são muito caros quando o custo de todos os equipamentos agregados é incluído.

Cilindros hidráulicos e pneumáticos

São atuadores lineares (pistão no cilindro) que oferecem um deslocamento em linha reta limitado, a partir de um fluxo de fluido pressurizado na entrada, seja de ar comprimido, seja de fluido hidráulico (geralmente óleo). Eles são uma opção de escolha, se você necessita de movimento linear como entrada. Entretanto, eles compartilham do mesmo custo elevado, baixa eficiência e fatores complicadores como os anteriormente citados sobre os motores hidráulicos e pneumáticos equivalentes.

Outro problema é o controle. Muitos motores, reclusos aos próprios dispositivos, tenderão a funcionar com velocidade constante. Um atuador linear, quando sujeito a uma fonte de fluido de pressão constante, típico de muitos compressores, responderá com aceleração constante mais próxima, o que significa que sua velocidade aumentará linearmente com o tempo.

Isso pode resultar em cargas de impacto severo no mecanismo dirigido quando o atuador chega ao fim do curso com velocidade máxima. O uso de servoválvulas que controlam o fluxo de fluido para reduzir a velocidade do atuador em seu fim de curso é possível, porém bastante caro.

A aplicação mais comum para cilindros movidos a fluido está no campo e em máquinas de construção como tratores e escavadoras, nos quais cilindros hidráulicos em malha aberta (não servo) atuam na caçamba ou na lâmina por meio de mecanismos de barras. O cilindro e seu pistão tornam-se dois dos elos (bloco e trilha) em um mecanismo biela-manivela. Ver Figura 1-1b.

Solenoides

Eles são atuadores lineares eletromecânicos (CA ou CC) que compartilham algumas das limitações do cilindro pneumático e possuem mais algumas limitações próprias. Eles são *energeticamente ineficientes*, são limitados a deslocamentos muito pequenos (cerca de 2 cm a 3 cm), desenvolvem uma força que varia exponencialmente sobre o deslocamento e aplicam cargas de alto impacto. São, contudo, baratos, seguros, e possuem tempos de resposta muito rápidos. Não suportam muita potência e são tipicamente utilizados como controle ou dispositivos interruptores, em vez de dispositivos que executam uma grande quantidade de trabalho no sistema.

Uma aplicação comum de solenoides é em obturadores de câmera, onde um pequeno solenoide é utilizado para puxar o trinco e deslocar o obturador quando você aperta o botão para tirar uma foto. A resposta quase que instantânea é um recurso dessa aplicação, e um trabalho muito pequeno é feito ao se deslocar o trinco. Outra aplicação é em portas elétricas ou sistemas de porta-malas em automóveis, nos quais o estalo do impacto pode ser ouvido claramente quando você gira a chave (ou aperta o botão) para travar ou destravar o mecanismo.

2.20 REFERÊNCIAS

1. **Reuleaux, F.** (1963). *The Kinematics of Machinery*. A. B. W. Kennedy, translator. Dover Publications: New York, pp. 29-55.

2. **Gruebler, M.** (1917). *Getriebelehre*. Springer-Verlag: Berlin.

3. **Fang, W. E., and F. Freudenstein**. (1990). "The Stratified Representation of Mechanisms." *Journal of Mechanical Design*, **112**(4), p. 514.

4. **Kim, J. T., and B. M. Kwak**. (1992). "An Algorithm of Topological Ordering for Unique Representation of Graphs." *Journal of Mechanical Design*, **114**(1), p. 103.

5. **Tang, C. S., and T. Liu**. (1993). "The Degree Code—A New Mechanism Identifier." *Journal of Mechanical Design*, **115**(3), p. 627.

6. **Dhararipragada, V. R., et al.** (1994). "A More Direct Method for Structural Synthesis of Simple-Jointed Planar Kinematic Chains." *Proc. of 23rd Biennial Mechanisms Conference*, Minneapolis, MN, p. 507.

7. **Yadav, J. N., et al.** (1995). "Detection of Isomorphism Among Kinematic Chains Using the Distance Concept." *Journal of Mechanical Design*, **117**(4).

8. **Grashof, F.** (1883). *Theoretische Maschinenlehre*. Vol. 2. Voss: Hamburg.

9. **Paul, B.** (1979). "A Reassessment of Grashof's Criterion." *Journal of Mechanical Design*, **101**(3), pp. 515-518.

10. **Barker, C.** (1985). "A Complete Classification of Planar Fourbar Linkages." *Mechanism and Machine Theory*, **20**(6), pp. 535-554.

11   **Ting, K. L.** (1993). "Fully Rotatable Geared Fivebar Linkages." *Proc. of 3rd Applied Mechanisms and Robotics Conference*, Cincinnati, pp. 67-1.

12   **Ting, K. L., and Y. W. Liu**. (1991). "Rotatability Laws for N-Bar Kinematic Chains and Their Proof." *Journal of Mechanical Design*, **113**(1), pp. 32-39.

13   **Shyu, J. H., and K. L. Ting**. (1994). "Invariant Link Rotatability of N-Bar Kinematic Chains." *Journal of Mechanical Design*, **116**(1), p. 343.

14   **Miller, W. S.**, ed. *Machine Design Electrical and Electronics Reference Issue*. Penton Publishing: Cleveland, Ohio. (See also www.machinedesign.com.)

15   **Norton, R. L.** (2006). *Machine Design: An Integrated Approach*, 3ed. Prentice-Hall: Upper Saddle River, NJ.

16   **Howell, L. H.** (2001). *Compliant Mechanisms*. John Wiley & Sons: New York.

17   **Karunamoorthy, S.**, (1998). "Rule Based Number Synthesis for Kinematic Linkage Mechanism With Full Revolute Joints," ASME paper DETC98-MECH-5818.

18   **Hunt, K. H.**, (1978). *Kinematic Geometry of Mechanisms*. Oxford University Press, pp. 18, 39, 84.

2.21 PROBLEMAS

* 2-1   Encontre três (ou outra quantidade designada) dos seguintes dispositivos comuns. Esboce cuidadosamente os diagramas cinemáticos e encontre os graus de liberdade totais.
   a. Um mecanismo de capô de automóvel.
   b. Um mecanismo de abertura de porta-malas de automóvel.
   c. Um abridor de latas elétrico.
   d. Uma dobradiça de uma tábua de passar.
   e. Uma dobradiça de uma mesa de cartas.
   f. Uma dobradiça de uma cadeira de praia.
   g. Um balanço de bebê.
   h. Uma dobradiça de andador de bebê.
   i. Um saca-rolha moderno como mostrado na Figura P2-9.
   j. Um mecanismo de limpador de para-brisa.
   k. Um mecanismo de guincho de um caminhão-guincho.
   l. Um mecanismo de caçamba de um caminhão de lixo.
   m. Um mecanismo de engate traseiro de uma picape.
   n. Um macaco de automóvel.
   o. Uma antena de rádio retrátil.

2-2   Quantos *GDL* (graus de liberdade) existem em seu pulso e mão combinados? Descreva-os.

* 2-3   Quantos *GDL* as seguintes juntas possuem?
   a. O joelho.
   b. O tornozelo.
   c. O ombro.
   d. O quadril.
   e. O dedo.

* 2-4   Quantos *GDL* possuem os seguintes sistemas em seus ambientes normais?
   a. Um submarino submerso.   b. Um satélite em órbita.
   c. Um navio.   d. Uma motocicleta.
   e. O cabeçote de uma impressora matricial de 9 pinos.
   f. A caneta em uma plotadora XY.

* 2-5   As juntas do Problema 2-3 são unidas por força ou unidas por forma?

TABELA P2-0
Matriz de tópicos e problemas

2.1 Graus de Liberdade
2-2, 2-3, 2-4

2.2 Tipos de movimento
2-6, 2-37

2.3 Elos, juntas e cadeias cinemáticas
2-5, 2-17, 2-38, 2-39, 2-40, 2-41, 2-53, 2-54, 2-55

2.5 Mobilidade
2-1, 2-7, 2-20, 2-21, 2-24, 2-25, 2-26, 2-28, 2-44, 2-48 até 2-53

2.6 Mecanismos e estruturas
2-8, 2-27

2.7 Número de síntese
2-11

2.9 Isômeros
2-12, 2-45, 2-46, 2-47

2.10 Transformações de mecanismos de barras
2-9, 2-10, 2-13, 2-14, 2-30, 2-31, 2-34, 2-35, 2-36

2.13 Condição de Grashof
2-15, 2-22, 2-23, 2-29, 2-32, 2-42, 2-43

2.15 Elos de molas
2-18, 2-19

2.19 Motores e acionamentos
2-16

* Respostas no Apêndice F.

* 2-6 Descreva os movimentos dos itens a seguir como: rotação pura, translação pura ou movimento planar complexo.
    a. Um moinho de vento.
    b. Uma bicicleta (no plano vertical, sem girar).
    c. Uma janela convencional com duas folhas.
    d. As teclas de um teclado de computador.
    e. O ponteiro de um relógio.
    f. Um disco de hóquei no gelo.
    g. A caneta em uma plotadora XY.
    h. A cabeça de impressão em uma impressora de computador.
    i. Uma janela veneziana.

* 2-7 Calcular a mobilidade dos mecanismos da Figura P2-1 parte 1 e parte 2.

* 2-8 Identificar os itens da Figura P2-1 como: mecanismos, estruturas ou estruturas pré--carregadas.

  2-9 Utilize as transformações de mecanismos no mecanismo da Figura P2-1a para transformá-lo em um mecanismo com 1 *GDL*.

  2-10 Utilize as transformações de mecanismos no mecanismo da Figura P2-1d para transformá-lo em um mecanismo com 2 *GDL*.

  2-11 Utilize a síntese de números para encontrar todas as combinações de elos possíveis para 2 *GDL*, até 9 conexões, para ordem hexagonal, utilizando apenas juntas de revolução.

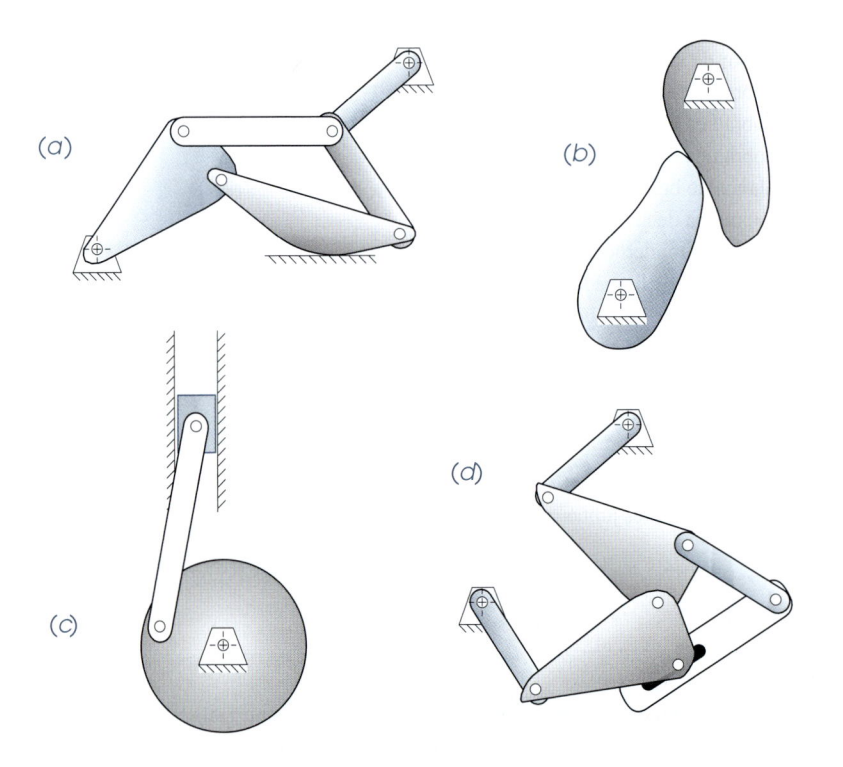

FIGURA P2-1 parte 1

Mecanismos para os problemas 2-7 ao 2-10.

* Respostas no Apêndice F.

FUNDAMENTOS DA CINEMÁTICA

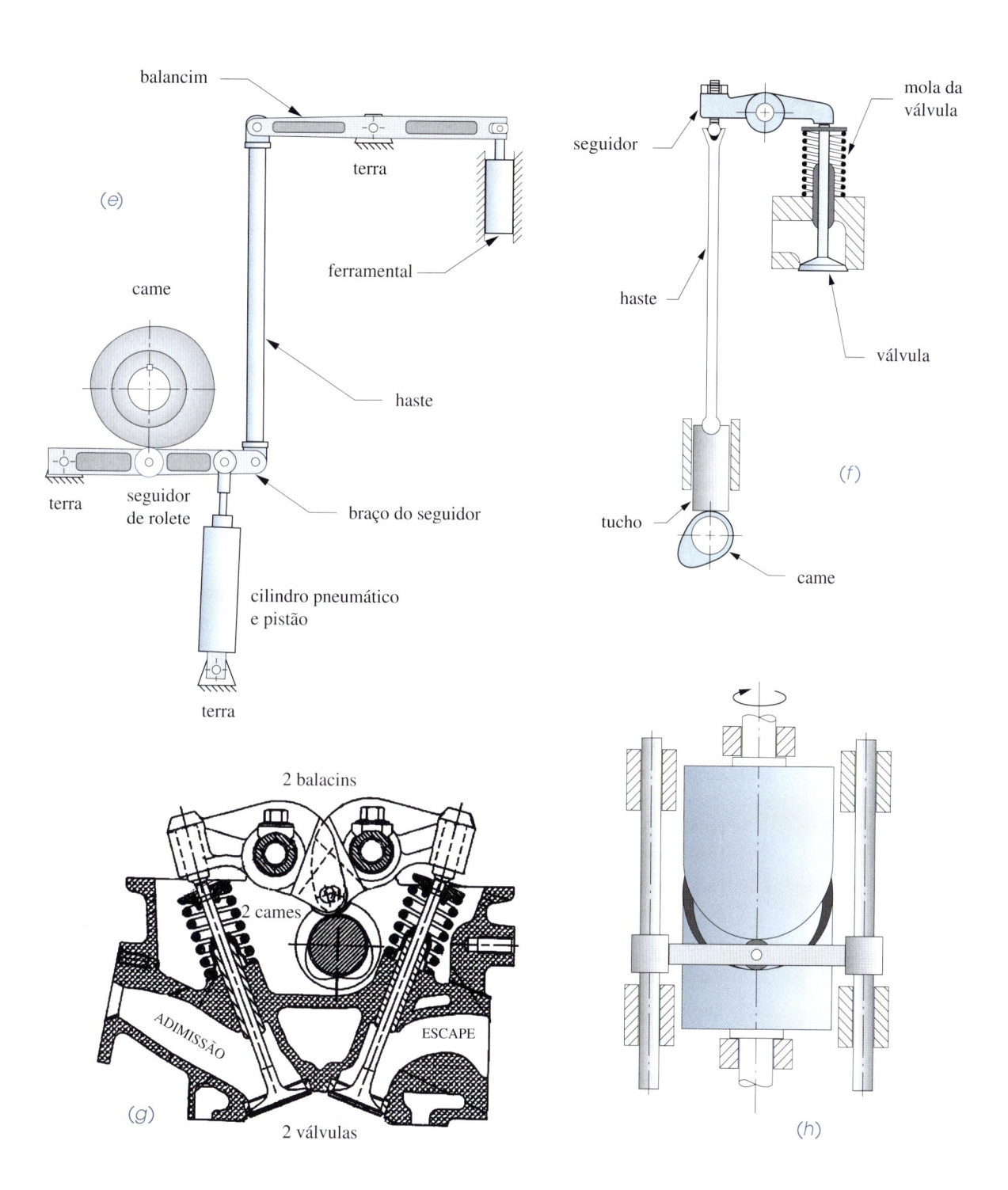

FIGURA P2-1 parte 2

Mecanismos para os problemas 2-7 e 2-8.

2-12 Encontre todos os isômeros válidos das combinações de elo de oito barras com 1 GDL na Tabela 2-2 contendo:
    a. Quatro elos binários e quatro terciários.
    b. Cinco elos binários, dois terciários e um quaterciário.
    c. Seis elos binários e dois quaterciários.
    d. Seis elos binários, um terciário e um pentagonal.

2-13 Utilize a transformação de mecanismos para criar um mecanismo de 1 GDL com uma junta completa deslizante e uma meia junta de um mecanismo Stephenson de seis barras na Figura 2-16a.

2-14 Utilize a transformação de mecanismos para criar um mecanismo de 1 GDL com uma junta completa deslizante e uma meia junta de um mecanismo Stephenson de seis barras na Figura 2-16b.

* 2-15 Calcule a condição Grashof para os mecanismos de quatro barras definidos abaixo. Construa modelos dos mecanismos em cartolina e descreva os movimentos de cada inversão. Os comprimentos estão em centímetros:

a.	4	9	14	18
b.	4	7	14	18
c.	4	8	12	16

2-16 Qual tipo de motor elétrico você especificaria para:
    a. Comandar uma carga de inércia elevada?
    b. Minimizar a variação de velocidade com carga variável?
    c. Manter velocidade constante e precisa independentemente da variação de carga?

2-17 Descreva a diferença entre came seguidor de (meia) junta e junta pinada.

2-18 Examine o mecanismo de dobradiça de capô de um automóvel do tipo descrito na Seção 2.15. Esboce cuidadosamente. Calcule a mobilidade e a condição Grashof. Faça um modelo de cartolina. Analise-o com um diagrama de corpo livre. Descreva como o capô é mantido levantado.

2-19 Encontre uma luminária de mesa de braço ajustável do tipo mostrado na Figura P2-2. Meça-a e esboce-a em escala. Calcule a mobilidade e a condição Grashof. Faça um modelo de cartolina. Analise-o com um diagrama de corpo livre. Descreva como ela é mantida estável. Existe alguma posição em que ela perde estabilidade? Por quê?

FIGURA P2-2
Problema 2-19.

2-20 Faça esboços cinemáticos, defina os tipos de todos os elos e juntas e determine a mobilidade dos mecanismos mostrados na Figura P2-3.

* 2-21 Encontre a mobilidade dos mecanismos na Figura P2-4.

2-22 Encontre a condição Grashof e a classificação Baker dos mecanismos na Figura P2-4a, b, e d.

2-23 Encontre a rotatividade de cada volta dos mecanismos na Figura P2-4e, f, e g.

* 2-24 Encontre a mobilidade do mecanismo na Figura P2-5.

2-25 Encontre a mobilidade das garras de gelo na Figura P2-6.
    a. Quando operando para pegar um bloco de gelo.
    b. Quando agarradas ao bloco de gelo, mas antes de ele ser pego (gelo fixado).
    c. Quando a pessoa está carregando o bloco de gelo com as garras.

* 2-26 Encontre a mobilidade do mecanismo acelerador de um automóvel na Figura P2-7.

* 2-27 Esboce um diagrama cinemático do macaco-sanfona mostrado na Figura P2-8 e determine a mobilidade. Descreva como ele funciona.

* Respostas no Apêndice F.

FUNDAMENTOS DA CINEMÁTICA

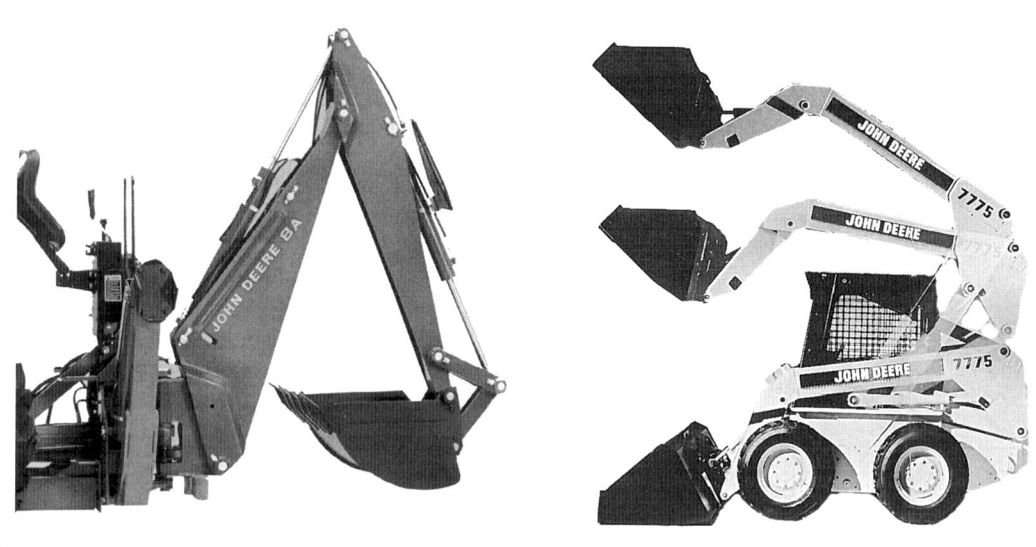

FIGURA P2-3

Problema 2-20 Retroescavadeira e pá-carregadeira. *Cortesia de John Deere Co.*

2-28 Encontre a mobilidade do saca-rolhas na Figura P2-9.

2-29 A Figura P2-10 mostra o redutor planetário de Watt utilizado nesse motor a vapor. A viga 2 é comandada em oscilação pelo pistão do motor. A engrenagem planetária é fixada rigidamente ao elo 3 e o centro é guiado na trilha 1 fixa. A rotação de saída vem da engrenagem solar 4. Esboce um diagrama cinemático do mecanismo e determine a mobilidade. Ele pode ser classificado pelo esquema Barker? Se sim, qual classe e subclasse Barker é essa?

2-30 A Figura P2-11 mostra uma alavanca de freio de mão de uma bicicleta. Esboce um diagrama cinemático desse dispositivo e desenhe o mecanismo equivalente. Determine a mobilidade. Dica: considere o cabo flexível como um elo.

2-31 A Figura P2-12 mostra um sistema de freios de bicicleta. Esboce um diagrama cinemático desse dispositivo e desenhe o mecanismo equivalente. Determine a mobilidade em duas condições.
   a. Pastilhas de freio sem contato com a roda.
   b. Pastilhas de freio em contato com a roda.
   Dica: considere substituir o cabo flexível por forças, nesse caso.

2-32 Encontre a mobilidade, a condição Grashof e a classificação de Barker do mecanismo na Figura P2-13.

2-33 A Figura P2-14 mostra um sistema de suspensão de roda traseira de uma bicicleta. Esboce o diagrama cinético e determine a mobilidade. Nota: o pivô de braço é móvel ao centro do pedal. O amortecedor de impacto está sob o trilho do quadro superior.

2-34 A Figura P2-15 mostra uma serra, utilizada para cortar metal. Pivôs do elo 5 em O_5 e o peso pressionam a lâmina contra a peça de trabalho a ser cortada; enquanto o mecanismo move a serra (elo 4) para frente e para trás, o elo 5 corta a peça. Esboce o diagrama cinemático, determine a mobilidade e o tipo (por exemplo, se são quatro barras, seis barras Watt, seis

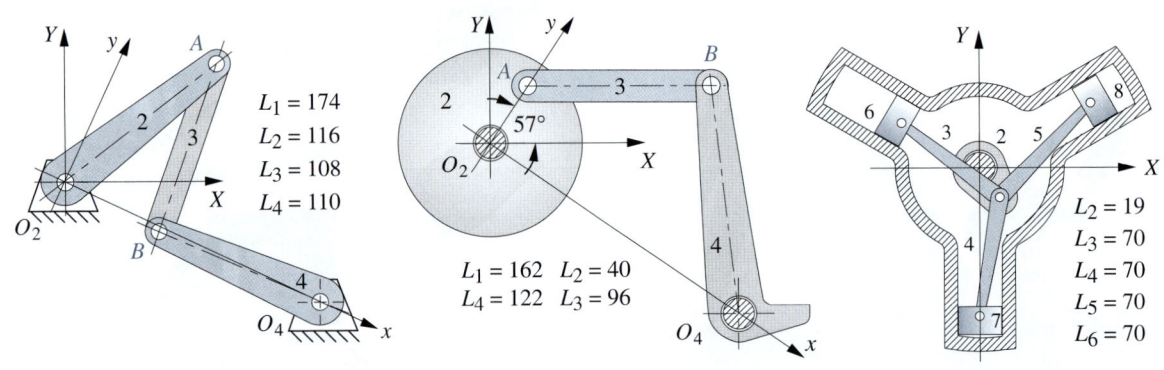

CINEMÁTICA E DINÂMICA DOS MECANISMOS   **CAPÍTULO 2**

(a) Mecanismo de quatro barras
$L_1 = 174$
$L_2 = 116$
$L_3 = 108$
$L_4 = 110$

(b) Mecanismo de quatro barras
$L_1 = 162$ $L_2 = 40$
$L_4 = 122$ $L_3 = 96$

(c) Compressor radial
$L_2 = 19$
$L_3 = 70$
$L_4 = 70$
$L_5 = 70$
$L_6 = 70$

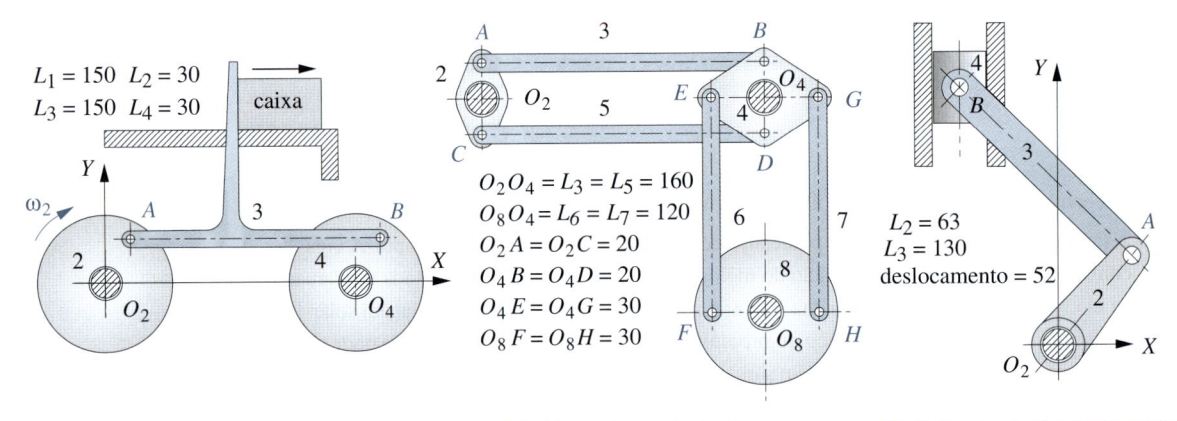

(d) Transportador barra oscilante
$L_1 = 150$ $L_2 = 30$
$L_3 = 150$ $L_4 = 30$
caixa

(e) Mecanismo de hastes
$O_2O_4 = L_3 = L_5 = 160$
$O_8O_4 = L_6 = L_7 = 120$
$O_2A = O_2C = 20$
$O_4B = O_4D = 20$
$O_4E = O_4G = 30$
$O_8F = O_8H = 30$

(f) Biela-manivela deslocada
$L_2 = 63$
$L_3 = 130$
deslocamento = 52

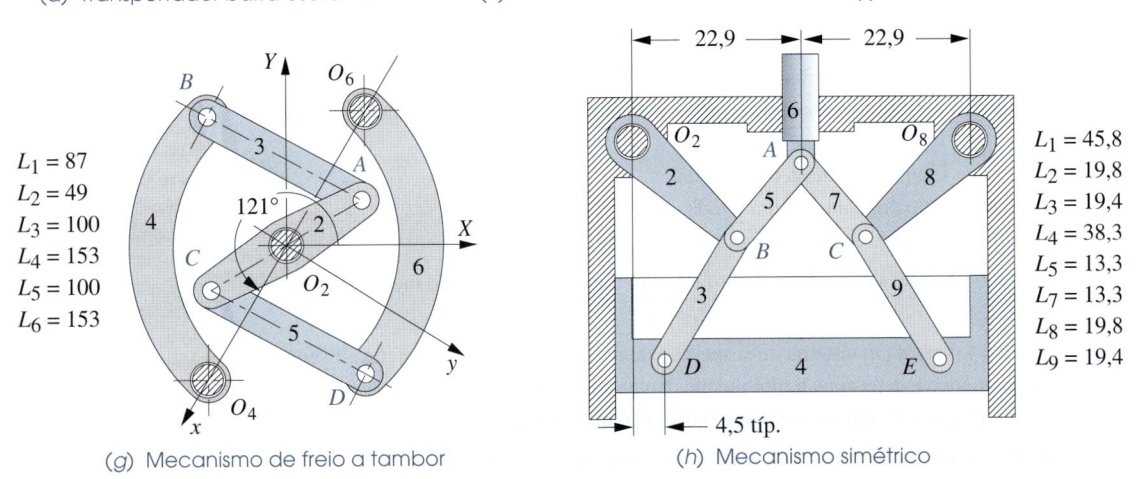

(g) Mecanismo de freio a tambor
$L_1 = 87$
$L_2 = 49$
$L_3 = 100$
$L_4 = 153$
$L_5 = 100$
$L_6 = 153$

(h) Mecanismo simétrico
22,9   22,9
4,5 típ.
$L_1 = 45,8$
$L_2 = 19,8$
$L_3 = 19,4$
$L_4 = 38,3$
$L_5 = 13,3$
$L_7 = 13,3$
$L_8 = 19,8$
$L_9 = 19,4$

todas as dimensões em mm.

FIGURA P2-4

Problemas 2-21 a 2-23. *Adaptados de P. H. Hill e W. P. Rule (1960). Mechanisms Analysis and Design, com autorização.*

FUNDAMENTOS DA CINEMÁTICA

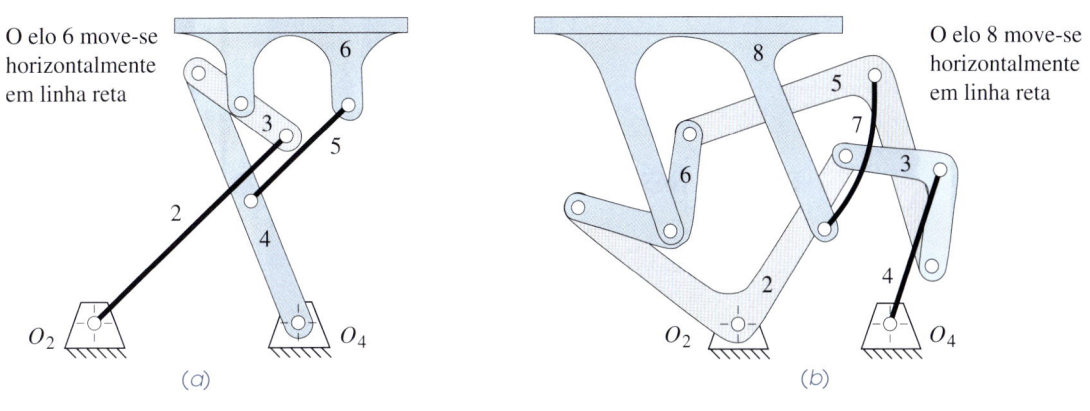

FIGURA P2-5

Problema 2-24 Mecanismos de linha reta de Chebyschev (a) e Sylvester-Kempe (b). *Adaptados de Kempe.* How to Draw a Straight Line. *Londres: Macmilliam, 1877.*

barras Stephenson, oito barras etc.). Utilize transformação reversa de mecanismo para determinar o mecanismo equivalente de junta de revolução pura.

* 2-35 A Figura P2-16 mostra uma prensa manual usada para compactar materiais em pó. Esboce o diagrama cinemático, determine a mobilidade e o tipo (por exemplo, se são quatro barras, seis barras Watt, seis barras Stephenson, oito barras etc.). Utilize transformação de mecanismo reverso para determinar o mecanismo equivalente de revolução pura.

2-36 Esboce o mecanismo equivalente a um mecanismo came seguidor da Figura P2-17 na posição mostrada. Mostre que ele possui o mesmo *GDL* que o mecanismo original.

2-37 Descreva o movimento dos seguintes equipamentos, comumente encontrados em parques de diversões, como rotação pura, translação pura ou movimento planar complexo.
    a. Uma roda gigante.
    b. Carro de "bate-bate".
    c. Um carro sobre trilhos.
    d. Uma montanha-russa cuja fundação está disposta em uma linha reta.

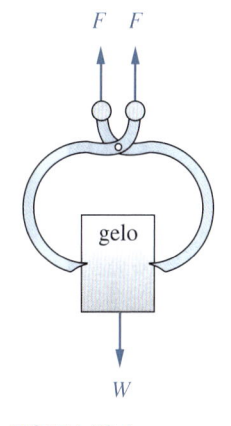

FIGURA P2-6

Problema 2-25.

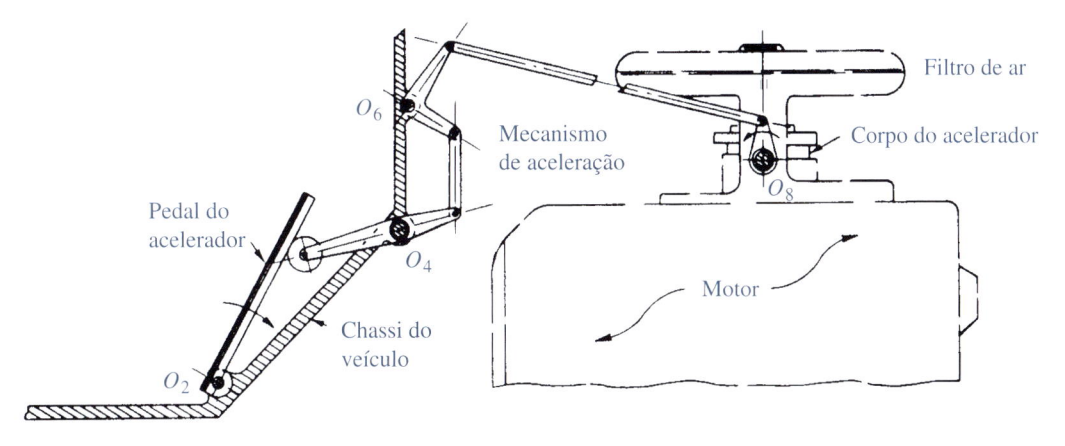

FIGURA P2-7

Problema 2-26. *Adaptado de P. H. Hill e W. P. Rurle.* Mechanism: Analysis and Design, *com autorização.*

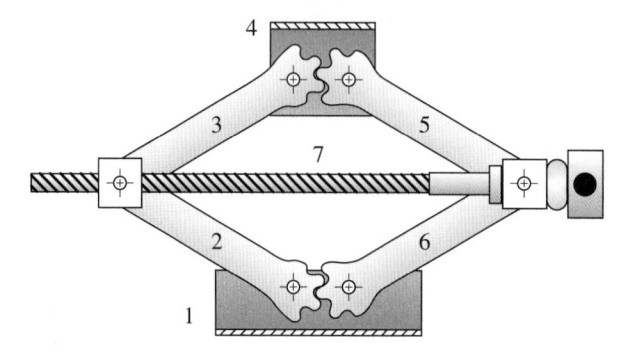

FIGURA P2-8

Problema 2-27.

e. Um passeio de barco por um labirinto.
f. Um barco *viking*.
g. Um passeio de trem.

2-38 Para o mecanismo na Figura P2-1a, número de elos, começando com 1. (Não se esqueça do elo "terra".) Organize as juntas por ordem alfabética, começando pelo ponto A.
 a. Usando seus números para elo, descreva cada elo como binário, terciário etc.
 b. Usando suas letras para as juntas, determine cada ordem da junta.
 c. Usando suas letras para as juntas, determine se são meias juntas ou juntas completas.

2-39 Repita o Problema 2-38 para a Figura P2-1b.

FIGURA P2-9

Problema 2-28.

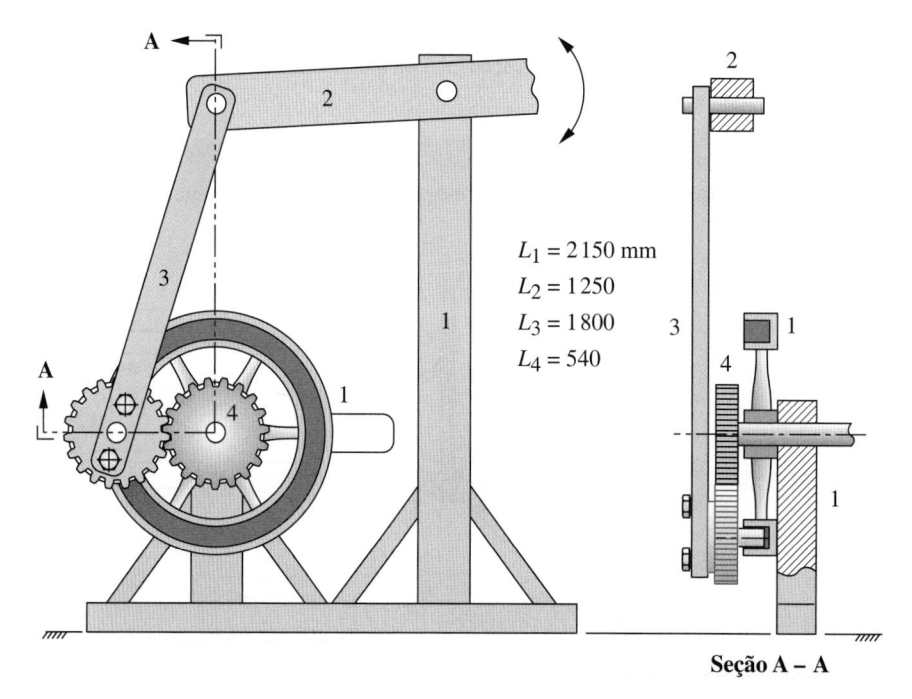

$L_1 = 2150$ mm
$L_2 = 1250$
$L_3 = 1800$
$L_4 = 540$

Seção A – A

FIGURA P2-10

Problema 2-29 Redutor planetário de James Watt.

FUNDAMENTOS DA CINEMÁTICA

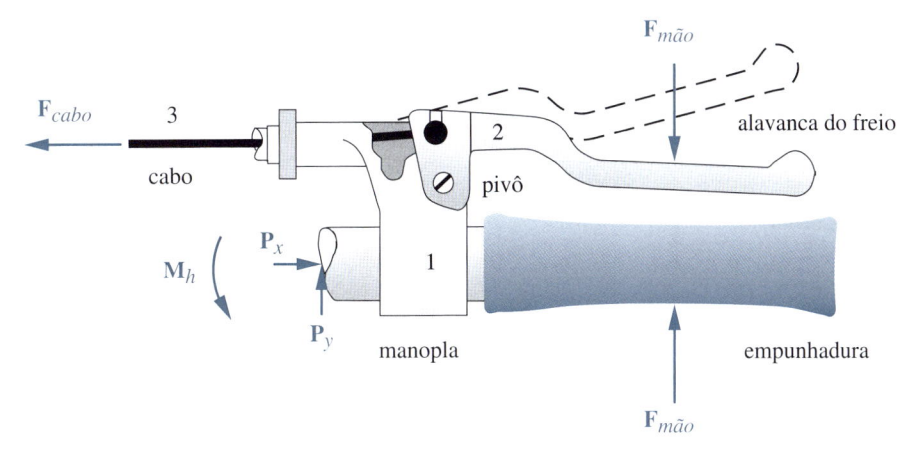

FIGURA P2-11

Problema 2-30 Montagem da alavanca de freio de mão de bicicleta.

2-40 Repita o Problema 2-38 para a Figura P2-1c.

2-41 Repita o Problema 2-38 para a Figura P2-1d.

2-42 Encontre a mobilidade, a condição Grashof e a classificação Barker para a bomba de óleo de campo mostrada na Figura P2-18.

2-43 Encontre a mobilidade, a condição Grashof e a classificação Barker para a tampa do bagageiro superior do avião mostrado na Figura P2-19. Faça o modelo e investigue os movimentos.

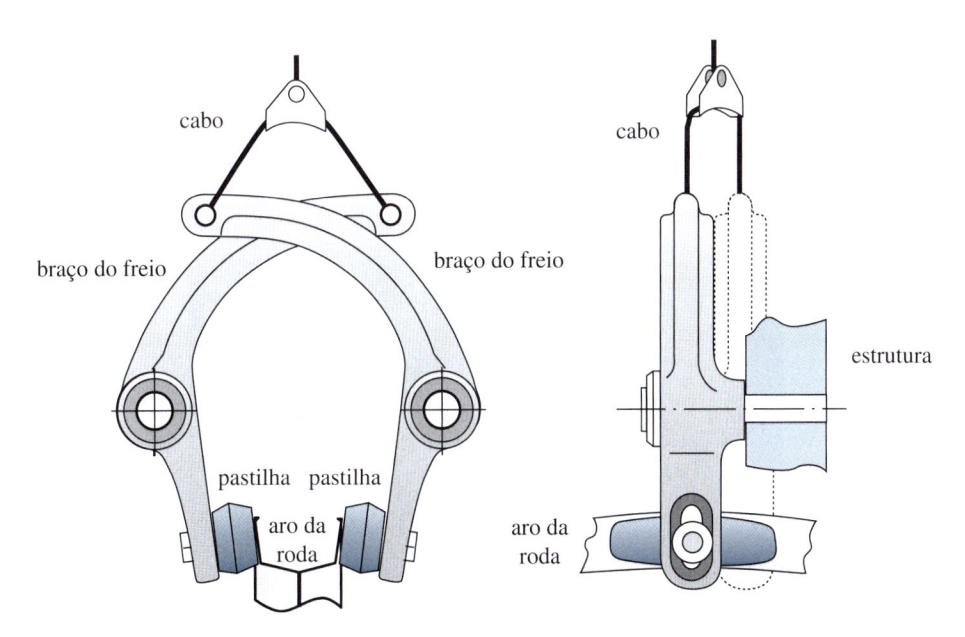

FIGURA P2-12

Problema 2-31 Montagem da pinça de freio de bicicleta.

$L_1 = 23,4$
$L_2 = 6,7$
$L_3 = 12,7$
$L_4 = 15,2$

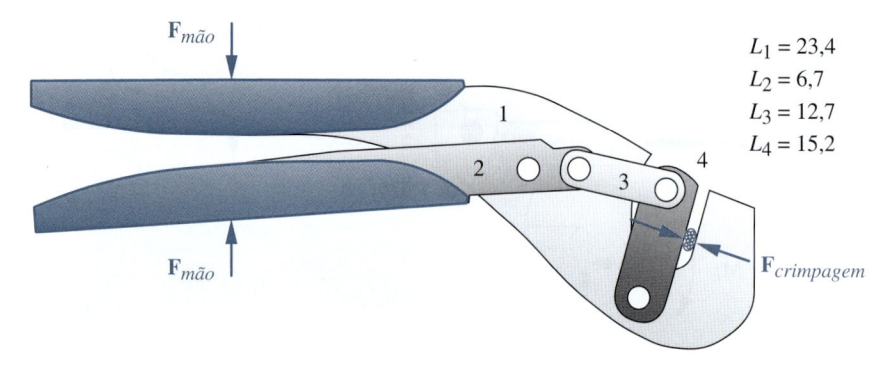

FIGURA P2-13

Problema 2-32 Alicate de pressão.

2-44 A Figura P2-20 mostra um mecanismo "Rube Goldberg" que liga um interruptor quando a porta de um quarto é aberta e apaga quando a porta é fechada. O pivô em O_2 está localizado na parede. Existem dois dispositivos de cilindros de pistão carregado por mola no cômodo. Um arranjo de corda e puxadores dentro do quarto (não mostrados) transfere o movimento da porta em rotação no elo 2. A abertura da porta rotaciona o elo 2 SH (sentido horário), acionando o interruptor como mostrado na figura, e o fechamento da porta rotaciona o elo 2 SAH (sentido anti-horário), desligando o interruptor. Considere o cilindro carregado por mola no interruptor para ser efetivamente um elo binário simples de comprimento variável. Encontre a mobilidade do mecanismo.

2-45 Todos os mecanismos de oito barras na Figura 2-11 parte 2 têm oito possíveis inversões. Algumas delas vão ter movimentações semelhantes a outras. Aquelas com movimentações diferentes são chamadas de *inversões distintas*. Quantas inversões distintas o mecanismo na linha 4, coluna 1, possui?

2-46 Repita o Problema 2-45 para o mecanismo na linha 4, coluna 2.

2-47 Repita o Problema 2-45 para o mecanismo na linha 4, coluna 3.

FIGURA P2-14

Problema 2-33 Sistema de suspensão de bicicleta para trilha.

FUNDAMENTOS DA CINEMÁTICA

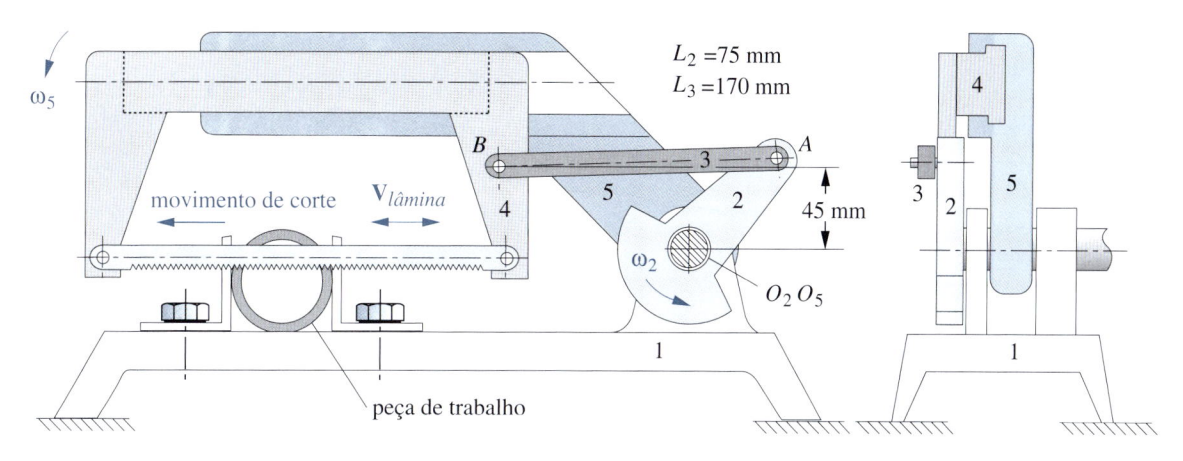

FIGURA P2-15

Problema 2-34 Serra alternativa motorizada. *Adaptado de P. H. Hill e W. P. Rule (1960)*. Mechanisms: Analysis and Design, *com autorização*.

2-48 Encontre a mobilidade do mecanismo mostrado na Figura 3-33.

2-49 Encontre a mobilidade do mecanismo mostrado na Figura 3-34.

2-50 Encontre a mobilidade do mecanismo mostrado na Figura 3-35.

2-51 Encontre a mobilidade do mecanismo mostrado na Figura 3-36.

2-52 Encontre a mobilidade do mecanismo mostrado na Figura 3-37b.

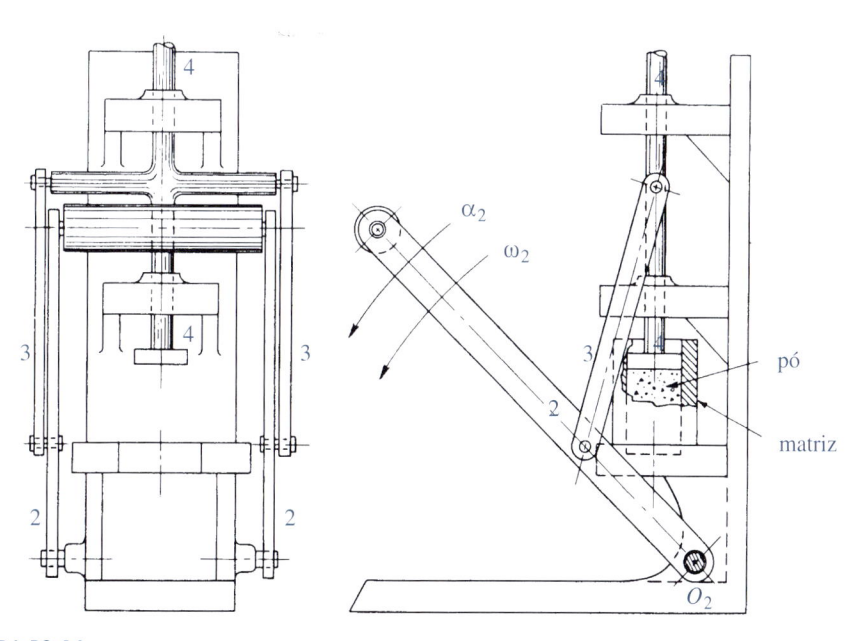

FIGURA P2-16

Problema 2-35 Prensa de compactação de pó. *Adaptado de P. H. Hill e W. P. Rule (1960)*. Mechanisms: Analysis and Design, *com autorização*.

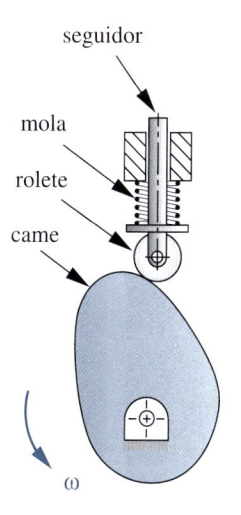

FIGURA P2-17

Problema 2-36.

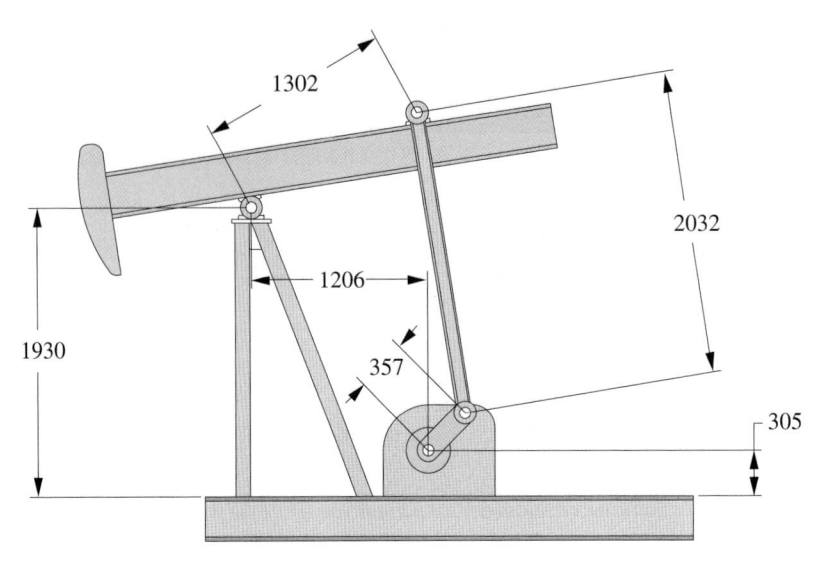

FIGURA P2-18

Problema 2-42 Uma bomba de petróleo (dimensões em mm).

2-53 Repita o Problema 2-38 para a Figura P2-1e.

2-54 Repita o Problema 2-38 para a Figura P2-1f.

2-55 Repita o Problema 2-38 para a Figura P2-1g.

2-56 Para o exemplo de mecanismo mostrado na Figura 2-4, encontre o número de elos e as respectivas ordens, o número de juntas e as respectivas ordens, e a mobilidade do mecanismo.

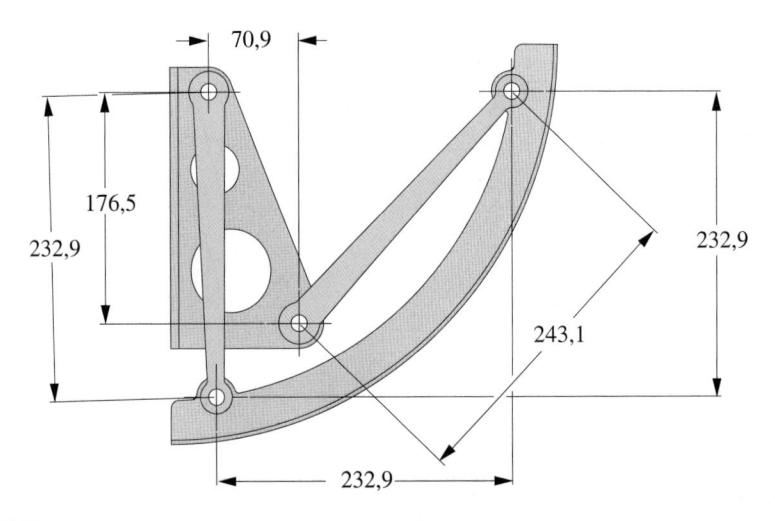

FIGURA P2-19

Problema 2-43 Um mecanismo de porta de bagageiro de avião (dimensões em mm).

FUNDAMENTOS DA CINEMÁTICA

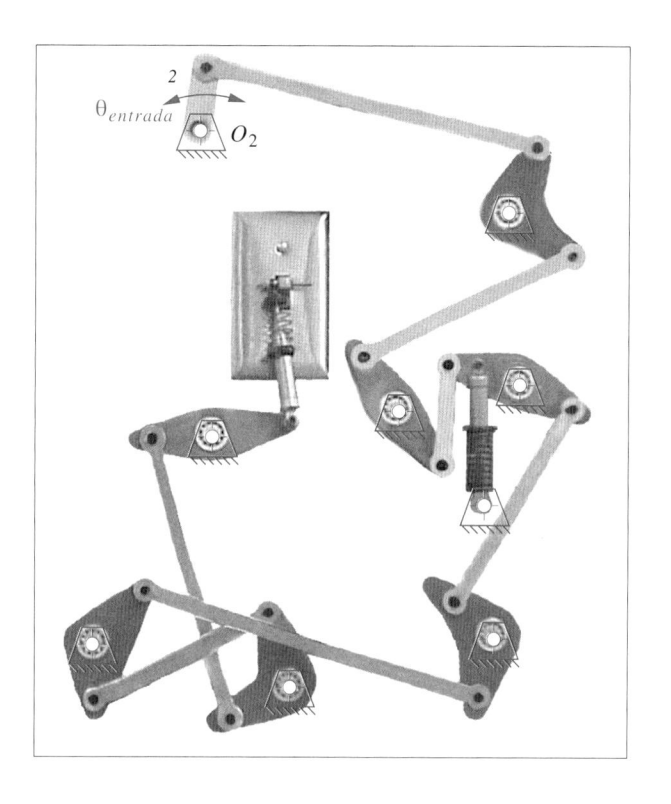

FIGURA P2-20

Problema 2-44 Um mecanismo atuador do interruptor de luz. *Cortesia de Robert Taylor, WPI.*

Capítulo 3

SÍNTESE GRÁFICA DE MECANISMOS

O gênio é 1% inspiração e 99% transpiração.
THOMAS A. EDISON

3.0 INTRODUÇÃO

Muitas práticas de projeto em engenharia envolvem uma combinação de síntese e análise. Muitas áreas da engenharia lidam primeiro com análises técnicas para várias situações. Contudo, um engenheiro não pode analisar nada até que seja sintetizado na realidade. Muitos problemas de projeto de máquinas requerem a criação de mecanismos com características de movimentos particulares. Talvez você precise mover uma peça de uma posição *A* para uma posição *B* em um intervalo de tempo preestabelecido. Talvez você precise identificar uma trajetória particular no espaço a fim de inserir uma parte dela em um conjunto. As possibilidades são infinitas, mas um denominador comum é sempre a necessidade de um mecanismo, com a intenção de gerar o movimento desejado. Assim, exploraremos agora algumas técnicas simples para habilitá-lo a criar soluções potenciais de projeto de mecanismos para algumas típicas aplicações cinemáticas.

3.1 SÍNTESE

SÍNTESE QUALITATIVA significa *a criação de soluções potenciais na ausência de algoritmos bem definidos que configuram ou preveem a solução*. Já que muitos problemas reais de projeto terão muito mais variáveis desconhecidas que equações para descrevê-las, você não pode simplesmente resolver as equações para chegar à solução. Entretanto, deverá trabalhar nesse contexto nebuloso para criar uma solução apropriada, além de julgar sua **qualidade**. Você pode então analisar a solução proposta para determinar a sua viabilidade e interagir entre síntese e análise, como esboçado nas **etapas de projeto**, até que você se satisfaça com o resultado. Existem muitas ferramentas e técnicas para auxiliá-lo nesse processo. Uma ferramenta tradicional é a prancheta de desenho, onde você pode esboçar e colocar em escala as múltiplas vistas ortográficas de um projeto. Adicionalmente é possível investigar seus movimentos por meio do desenho de arcos, além de mostrá-lo em diferentes posições utilizando papéis transparentes e móveis. Sistemas como CAD (*Computer-aided Drafting* – Projeto assistido por computador) podem aumentar a velocidade desse processo; porém, você provavelmente descobrirá que a maneira mais rápida para obter o senso de qualidade do projeto do seu mecanismo é modelando-o, desenhando-o em escala em um papel, molde de espuma ou prancheta *Mylar*®, e assim ver a mobilidade diretamente.

Outras ferramentas também estão disponíveis na forma de programas de computador, tais como FOURBAR, FIVEBAR, SIXBAR, SLIDER, DYNACAM, ENGINE e MATRIX (ver Apêndice A), os quais fazem síntese, mesmo sendo ferramentas principalmente de análise. Eles podem analisar uma solução de um mecanismo simples tão rapidamente que a visualização gráfica da dinâmica fornece uma resposta visual quase instantânea da qualidade do projeto. Programas comerciais disponíveis, tais como *Solidworks*, *Pro-Engineer* e *Working Model*, também dispõem de análises rápidas para o projeto mecânico proposto. O processo então se torna do tipo **projeto qualitativo por análises sucessivas**, o qual é realmente *uma interação entre síntese e análise*. Muitas soluções triviais podem ser examinadas em um curto espaço de tempo usando-se uma ferramenta CAE (*Computer-aided Engineering* – Engenharia assistida por computador). Iremos desenvolver a solução matemática usada nesses programas nos capítulos subsequentes, a fim de fornecer a base adequada para o entendimento de como eles funcionam. Mas, se você quiser experimentar esses programas para reforçar alguns dos conceitos desses capítulos prévios, faça-o. Referências a características desses programas ligados a tópicos em cada capítulo serão feitas assim que os capítulos forem apresentados. Arquivos de dados para introdução a esses programas, como exemplos de problemas e figuras nesses capítulos, serão baixados com os programas (ver Apêndice A). O nome dos arquivos de dados são citados com as figuras e os exemplos. O estudante é encorajado a abrir esses arquivos no programa, a fim de observar exemplos de dinâmica que vão além do que o papel pode fornecer. Esses exemplos podem ser rodados aceitando-se as características fornecidas por todas as entradas.

SÍNTESE DE TIPO refere-se à *definição do tipo adequado de mecanismo para resolver, da melhor forma possível, o problema,* e é uma forma de síntese qualitativa.** Esta é, talvez, a tarefa mais difícil para o estudante, pois requer alguma experiência e conhecimento de vários tipos de mecanismos que existam e que também sejam viáveis do ponto de vista de desempenho e fabricação. Por exemplo, suponha que a tarefa seja projetar um dispositivo que siga o movimento, em linha reta, de uma peça em uma esteira e aplicar uma camada de produto químico enquanto a peça se locomove pela esteira. Isso deve ser feito em velocidade alta e constante, com uma boa precisão, repetidamente e com segurança. Além disso, a solução deve ser barata. A menos que tenha tido a oportunidade de ver a ampla variedade de equipamentos mecânicos, você pode não estar a par de que essa tarefa pode teoricamente ser realizada por qualquer um dos seguintes dispositivos:

  – *um mecanismo de barras para movimentação linear*
  – *um came e seguidor*
  – *um atuador pneumático*
  – *um atuador hidráulico*
  – *um robô*
  – *um solenoide*

Cada uma dessas soluções, quando possível, pode não ser a mais otimizada nem a mais viável. Detalhes mais específicos sobre o problema devem ser conhecidos, para que seja feito o julgamento; tal detalhe virá na fase de pesquisa do processo para o seu projeto. O mecanismo de barras prova ser o maior e o que apresenta acelerações indesejáveis; o mecanismo de came e seguidor é muito caro,

---

** Uma boa dissertação sobre tipos de síntese e uma extensa bibliografia sobre o tópico pode ser encontrado em D. G. OLSON et al. (1985). A Systematic Procedure for Type Synthesis of Mechanisms with Literature Review. *Mechanism and Machine Theory,* 20 (4), p. 285-295.

porém muito preciso e com repetibilidade. O atuador pneumático não é caro, porém é muito barulhento e com baixa precisão. Já o atuador hidráulico é mais caro que o robô. O solenoide, apesar de barato, apresenta elevadas cargas de impacto assim como elevadas velocidades de impacto. Você pode perceber, então, que a escolha do tipo de dispositivo pode ter um efeito significante na qualidade do projeto. Uma escolha pobre no estágio de síntese por tipo pode criar problemas insolúveis mais tarde. O projeto teria de ser descartado, causando enormes despesas. **Projetar é essencialmente um exercício de escolhas baseadas em recomendações**. Cada tipo de solução proposta nesse exemplo tem seus prós e contras. Raramente teremos uma solução óbvia para um problema real de engenharia. Será seu trabalho como engenheiro de projeto balancear esses contrapontos e achar a solução que dê a melhor relação de funcionalidade contra custo, viabilidade e outros fatores de interesse. Lembre-se: *um engenheiro pode fazer, com um dólar, o que qualquer um pode fazer com dez dólares*. Custo é sempre uma restrição importante em um projeto de engenharia.

Síntese quantitativa ou síntese analítica significa a geração de uma ou mais soluções para um tipo particular que você sabe ser satisfatório para o problema e, o mais importante, para o qual há um algoritmo de síntese definido. Como o nome sugere, esse tipo de solução pode ser quantificado, já que um número definido de equações gera uma resposta numérica. Se a resposta é boa ou satisfatória, é uma questão de julgamento que vai requerer análise e iteração para otimizar o projeto. Normalmente, o número de equações é menor que o número de variáveis e, neste caso, deve-se assumir alguns valores razoáveis para o número necessário de variáveis desconhecidas, a fim de se reduzir o número restante ao número de equações disponíveis. Assim, alguns julgamentos qualitativos entram na síntese nesse caso. Exceto por casos simples, uma ferramenta CAE é necessária para fazer sínteses quantitativas. Exemplos de tais ferramentas são o programa SyMech, de J. Cook et al.,* que resolve problemas de síntese de mecanismos multibarras para três posições, e o programa Lincages,** de A. Erdman et al.,[1] que resolve problemas de mecanismos de quatro barras para quatro posições. Os programas dos autores referidos no trecho acima nos permitem fazer a **síntese analítica** para três posições e gerar um **projeto de mecanismo por sucessivas análises**. O processamento rápido desses programas possibilita a qualquer um analisar a *performance* de muitos projetos de mecanismos comuns em um curto espaço de tempo e promove rápidas iterações para uma melhor solução.

Síntese dimensional de um mecanismo *é a determinação das dimensões (comprimentos) dos elos do mecanismo necessárias para proporcionar o movimento desejado* e pode ser uma forma de síntese quantitativa quando um algoritmo é definido para um problema particular, mas também pode ser uma forma de síntese qualitativa, se tivermos um problema no qual há mais variáveis que equações. As situações posteriores são mais comuns para mecanismos. (Síntese dimensional de cames é quantitativa.) Síntese dimensional assume que, por meio da *síntese de tipo*, você já tenha determinado que o mecanismo (ou came) é a solução mais apropriada para o problema. Este capítulo discute **síntese dimensional gráfica** de mecanismos em detalhe. O Capítulo 5 apresenta métodos de **síntese analítica de mecanismos** e o Capítulo 8 apresenta **síntese de cames**.

3.2 GERAÇÃO DE CAMINHO, FUNÇÃO E MOVIMENTO

Geração de função é definida como *a correlação entre o movimento de entrada e o movimento de saída do mecanismo*. O gerador de função é conceitualmente uma "caixa preta" que fornece algumas saídas previsíveis em resposta a uma entrada conhecida. Historicamente, antes do advento dos computadores e da eletrônica, os geradores mecânicos de função tiveram larga aplicação na indústria bélica (em telêmetros e armas de alto alcance em navios) e em muitas outras áreas. Eles são, na verdade, **computadores analógicos mecânicos**. O desenvolvimento

---

* Disponível em SyMech Inc., 1207 Downey Place, Celebration, FL 34747
415-221-5111
<http://www.symech.com>.

** Disponível em Prof. A. Erdman, U. Minn., Ill Church St. SE, Minneapolis, MN 55455
612-625-8580.

de microcomputadores eletrônicos digitais mais baratos, para o controle de sistemas conjugados à disponibilidade de servomotores e motores de passo, reduziu a demanda por esses dispositivos mecânicos geradores de função. Muitas dessas aplicações podem ser feitas, mais econômica e eficazmente, com a utilização de dispositivos eletromecânicos.* Além disso, o gerador eletromecânico de funções, controlado por computador, é programável, o que possibilita rápidas modificações assim que as demandas mudam. Por essa razão, enquanto apresentamos alguns exemplos simples neste capítulo e métodos analíticos gerais no Capítulo 5, não iremos enfatizar mecanismos geradores de função neste texto. Note, porém, que o sistema de came e seguidor, discutido mais profundamente no Capítulo 8, é uma forma de gerador mecânico de função e é tipicamente capaz de níveis de força e potência mais elevados por dólar gasto do que os sistemas eletromecânicos.

GERAÇÃO DE CAMINHO OU TRAJETÓRIA é definida como *o controle de um **ponto** no plano e que segue uma trajetória definida*. Normalmente isso é realizado com um mecanismo de, no mínimo, quatro barras, em que um ponto no acoplador traça a trajetória desejada. Exemplos específicos serão apresentados mais adiante, na seção de curvas do acoplador. Note que nenhuma tentativa é feita em geração de caminho para controlar a orientação do elo que contém o ponto de interesse. No entanto, é comum que o instante de chegada do ponto em um local particular ao longo da trajetória seja definido. Esse caso é definido como *geração de trajetória com tempo prescrito* e é análogo à geração de função em que uma função particular de saída é especificada. Trajetória analítica e geração de função serão tratadas no Capítulo 5.

GERAÇÃO DE MOVIMENTO é definida como *o controle de uma **linha**, no plano, tal que assuma algumas sequências de posições determinadas*. Aqui, a orientação do elo que contém a linha é importante. Isso é um problema mais geral que a geração de trajetória, e, de fato, geração de trajetória é um caso de geração de movimento. Um exemplo de problema de geração de movimento é o controle da pá de uma escavadeira. A pá deve assumir algumas posições definidas para cavar, recolher e despejar a terra escavada. Conceitualmente, o movimento de uma linha, "desenhada" na lateral da pá, deve ser construída para que a pá assuma as posições desejadas. O uso de um mecanismo é o mais usual.

MECANISMOS PLANOS *VERSUS* MECANISMOS ESPACIAIS A discussão acima, de controle de movimentos, assumiu que os movimentos desejados fossem planos (2-D). Porém, vivemos em um mundo com três dimensões, e nossos mecanismos devem funcionar nesse mundo. **Mecanismos espaciais** são *dispositivos* 3-D. Seus projetos e suas análises são muito mais complexos que os dos **mecanismos planos**, que são *dispositivos* 2-D. O estudo de mecanismos espaciais está além do foco deste texto. Algumas referências para estudos posteriores estão na bibliografia para este capítulo. Contudo, o estudo de mecanismos planos não é tão particularmente restrito, como pode parecer à primeira vista, já que muitos dispositivos em três dimensões são construídos com múltiplos conjuntos de dispositivos 2-D conjugados entre si. Um exemplo é qualquer cadeira dobrável. Ela possui alguns tipos de mecanismos no plano esquerdo que permitem a dobra. Há também outro dispositivo idêntico no lado direito da cadeira. Esses dois mecanismos planos *XY* são ligados por uma estrutura ao longo do eixo *Z*, o qual fixa os dois mecanismos dentro de uma montagem 3-D. Muitos mecanismos reais são construídos dessa maneira, como **duplicatas de mecanismos planos**, separados na direção *Z* em planos paralelos firmemente conectados. Quando abrir a capota do carro, tome nota do mecanismo de dobra. Ele é duplicado em cada lado do carro. A capota e o corpo do carro ligam os dois mecanismos planos juntos dentro de uma montagem 3-D. Você verá muitos outros exemplos de montagens de mecanismos planos dentro de configurações 3-D. Assim, as técnicas de síntese e análise 2-D apresentadas aqui são de valor prático em projetos 3-D.

* Não vale de nada que um engenheiro se contente em permanecer alheio aos equipamentos eletrônicos e eletromecânicos. Virtualmente, todas as máquinas modernas são controladas por dispositivos eletrônicos. Os engenheiros mecânicos devem entender o funcionamento delas.

3.3 CONDIÇÕES LIMITANTES

As técnicas de síntese manual, gráfica e dimensional apresentadas neste capítulo e as técnicas de síntese analítica e computadorizada apresentadas no Capítulo 5 são maneiras razoavelmente rápidas para se obter soluções simples para um problema de movimento. Uma vez que uma solução potencial é encontrada, é preciso avaliá-la quanto à sua qualidade. Existem muitos critérios que podem ser aplicados. Em capítulos posteriores, iremos explorar a análise desses mecanismos em detalhes. No entanto, ninguém quer perder muito tempo analisando, em pequenos detalhes, um projeto que por avaliações simples e rápidas mostra ser inadequado.

POSIÇÕES DE PONTO MORTO OU SINGULARIDADES Um importante teste pode ser aplicado de acordo com os procedimentos de síntese descritos adiante. Você precisa verificar se o mecanismo pode, de fato, alcançar todas as posições definidas no projeto sem encontrar uma posição limitante. Os procedimentos de síntese de mecanismos normalmente só possibilitam a indicação para que a posição particular, especificada no projeto, seja obtida. Eles não fornecem nada sobre o comportamento do mecanismo entre as posições. A Figura 3-1a mostra um mecanismo não Grashof de quatro barras no seu limite de movimento, chamado de **posições de ponto morto**. *As posições de ponto morto são determinadas pela* **colinearidade** *de dois elos móveis.* C_1D_1 e C_2D_2 (linha contínua) são as posições de ponto morto alcançadas quando movidos pelo elo 2. C_3D_3 e C_4D_4 (linhas tracejadas) são as posições de ponto morto alcançadas quando movidos pelo elo 4. Um mecanismo de quatro barras triplo seguidor terá quatro posições, e um Grashof duplo seguidor duas dessas posições de ponto morto na qual o mecanismo assume uma configuração triangular. Quando em uma posição triangular (ponto morto), não será possível aplicarmos futuros movimentos de entrada na direção de um dos elos seguidores (tanto para o elo 2, das posições C_1D_1 e C_2D_2, quanto para o elo 4, das posições C_3D_3 e C_4D_4). Um outro elo deve ser movido para sair da posição de ponto morto.

POSIÇÕES ESTACIONÁRIAS Um mecanismo Grashof manivela seguidor de quatro barras assumirá também duas posições estacionárias, como mostrado na Figura 3-1b, quando o elo menor (manivela O_2C) estiver colinear com o acoplador CD (elo 3), ambos *colinearmente estendidos* ($O_2C_2D_2$) ou *colinearmente sobrepostos* ($O_2C_1D_1$). Ele não pode ser *movido para trás* a partir do seguidor O_4D (elo 4) por meio dessas posições colineares (as quais então agem como pontos mortos), mas quando a manivela O_2C (elo 2) é movida, o

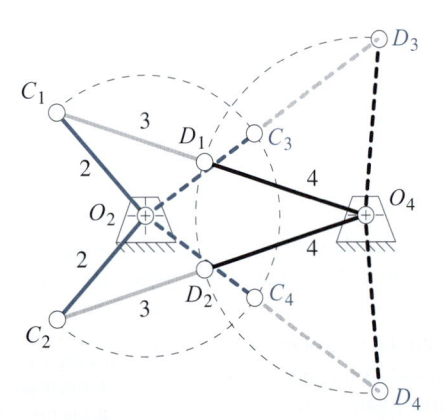

(a) Posições de ponto morto do mecanismo não Grashof triplo seguidor

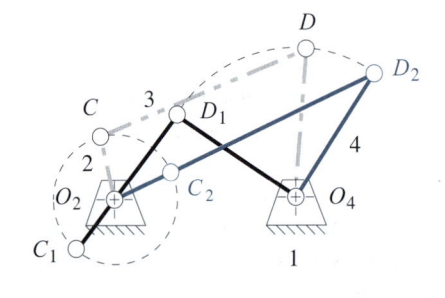

(b) Configuração estacionária do mecanismo Grashof manivela seguidor

FIGURA 3-1

Posições limitantes do mecanismo.

SÍNTESE GRÁFICA DE MECANISMOS

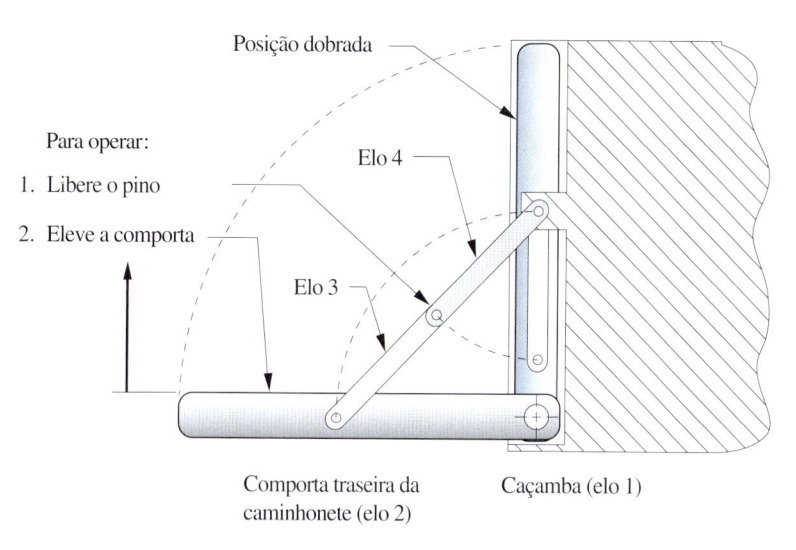

FIGURA 3-2

Mecanismo deltoide com ponto morto usado para controlar o movimento da porta da caçamba de uma caminhonete.

mecanismo sairá dessa posição estacionária porque é Grashof. Note que as posições estacionárias definem o limite do movimento do seguidor movido (elo 4), quando a sua velocidade angular vai a zero. Use o programa FOURBAR (ver Apêndice A) para ler os arquivos F03-01A.4br e F03-1b.4br e faça a animação desses exemplos.

Depois de reduzir uma solução de um mecanismo **duplo** ou **triplo seguidor** a um problema de multiposições (gerador de movimento), você **deve** verificar a presença de singularidades *entre* as posições do seu projeto. *Uma maneira fácil de se fazer isso é com um modelo do seu mecanismo.* Uma ferramenta CAE como o programa FOURBAR ou *Working Model* também fará a verificação desse problema. É importante perceber que uma condição de ponto morto só é indesejável se ele impedir o seu mecanismo de chegar de uma posição desejada a uma outra. Em outras circunstâncias, o ponto morto é muito útil. Ele pode fornecer uma característica de autotravamento quando o mecanismo é movido ligeiramente além da posição de ponto morto e contra um ponto de parada fixo. Então qualquer tentativa de reverter o movimento do mecanismo causa, simplesmente, uma compressão contra o ponto de parada. Ele deve ser manualmente tirado "além do centro", da posição de ponto morto, antes de o mecanismo se mover. Você deve ter encontrado muitos exemplos dessa aplicação, como em mesa de jogo ou no mecanismo das pernas de uma tábua de passar roupa, em caçambas de *pick-ups* ou em mecanismos da porta da caçamba de caminhonetes. Um exemplo desse mecanismo com ponto morto é mostrado na Figura 3-2. Isso acontece por ser um caso especial do mecanismo Grashof na configuração deltoide (ver também a Figura 2-17d), o qual fornece uma posição de ponto morto travada quando aberto e dobra em seu topo quando fechado, para economizar espaço. Iremos analisar as condições de ponto morto em maiores detalhes em um capítulo posterior.

ÂNGULO DE TRANSMISSÃO Outro teste útil que pode ser rapidamente aplicado ao projeto de mecanismos para julgar a sua qualidade é a medição do ângulo de transmissão. Isso pode ser feito de maneira analítica, graficamente em uma prancheta, ou um modelo para uma aproximação mais grosseira. (Estenda os elos além do pivô para medir o ângulo.) O **ângulo de transmissão** µ é mostrado na Figura 3-3a e é definido como *o ângulo entre o elo*

---

* O ângulo de transmissão como definido por Alt.[2] tem aplicações limitadas. Ele só prevê a qualidade da transmissão de força ou torque se os elos de entrada e saída são pivotados a um elo terra. Se a força de saída é tomada de um elo livre (acoplador), então o ângulo de transmissão não tem valor nenhum. Outro expoente de mérito é chamado de índice de força na junta (IFJ ou do inglês JFI – *joint force index*), e é apresentado no Capítulo 11, que discute a análise de forças em mecanismos. (Ver Seção 11.12.) O IFJ é útil para situações nas quais o elo de saída está flutuando, fornecendo o mesmo tipo de informação quando a saída é tirada de um elo girando em torno do elo terra. No entanto, o IFJ requer uma completa análise de força do mecanismo, enquanto o ângulo de transmissão é determinado unicamente a partir de uma geometria de mecanismo.

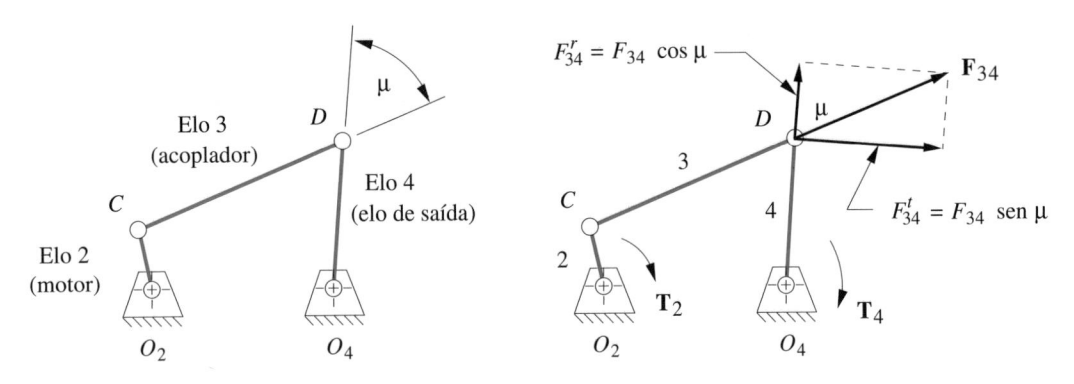

(a) Ângulo de transmissão do mecanismo μ   (b) Forças estáticas em uma junta do mecanismo

FIGURA 3-3

Ângulo de transmissão no mecanismo de quatro barras.

---

* Alt [2], que definiu o ângulo de transmissão, recomendou manter o $\mu_{min} > 40°$. Mas podemos argumentar que em altas velocidades o momento dos elementos motores e/ou a adição de um volante de inércia levará o mecanismo por meio de posições onde os ângulos de transmissão são pobres. O exemplo mais comum é um mecanismo de biela-manivela (encontrado em motores de combustão interna), o qual apresenta duas vezes $\mu = 0$ por revolução. Também o ângulo de transmissão só é crítico em um mecanismo de quatro barras quando o seguidor é o elo de saída no qual o carregamento se encontra. Se a carga de trabalho é levada pelo acoplador mais que pelo seguidor, então ângulos de transmissão mínimos menores que 40° podem ser viáveis. Um modo mais definitivo de qualificar a função dinâmica de um mecanismo é computando as variações em seus torques motores requeridos. Torques motores e volantes de inércia estão relacionados no Capítulo 11. O índice de força na junta (IFJ) pode ser também calculado. (Ver observação da página anterior.)

de saída e o acoplador.* Ele é normalmente tomado como o *valor absoluto do ângulo agudo do par de ângulos na intersecção dos dois elos* e *varia continuamente de um mínimo a um máximo valor, assim que o mecanismo vai até o extremo de seu movimento.* É uma medida de qualidade de força e velocidade de transmissão da conexão. Note na Figura 3-2 que o mecanismo não pode ser movido de uma posição aberta como a mostrada, por qualquer força aplicada à caçamba, elo 2, já que o ângulo de transmissão entre os elos 3 e 4 é zero em tal posição. Porém, uma força é aplicada ao elo 4, já que o elo de entrada o movimentará. O ângulo de transmissão é agora entre os elos 3 e 2 e é 45°.

A Figura 3-3b mostra o torque T_2 aplicado ao elo 2. Mesmo antes de qualquer movimento ocorrer, isso causa uma força colinear, estática F_{34} aplicada pelo elo 3 ao elo 4 no ponto D. As suas componentes radiais e tangenciais F_{34}^r e F_{34}^t estão decompostas respectivamente paralela e tangencialmente. O ideal seria que toda a força F_{34} produzisse o torque de saída no elo 4. Todavia, só a componente tangencial cria o torque no elo 4. A componente radial F_{34}^r fornece somente tração ou compressão neste elo. Essa componente radial só aumenta o atrito e não contribui para o torque de saída. Por essa razão, o valor ideal para o **ângulo de transmissão** é 90°. Quando μ é menor que 45°, a componente radial é maior que a componente tangencial. Muitos projetistas de máquinas tentam manter o **ângulo de transmissão mínimo acima de 40°** para promover uma movimentação suave e uma boa transmissão de forças. No entanto, se no seu projeto houver pequena ou nenhuma força ou torque externo aplicados ao elo 4, você pode ter a possibilidade de utilizar valores menores de μ.* O ângulo de transmissão fornece um meio de julgar a qualidade de um mecanismo recentemente sintetizado. Se não for satisfatório, você pode iterar por meio do procedimento de síntese para melhorar o projeto. Iremos estudar ângulos em detalhes nos capítulos posteriores.

3.4 SÍNTESE DIMENSIONAL

Síntese dimensional de um mecanismo é *a determinação das proporções (comprimentos) dos elos necessários para se obter os movimentos desejados*. Esta seção assume que, por meio de *sínteses de tipo*, você já determinou que um mecanismo é a solução mais apropriada para o problema. Existem muitas técnicas para realizar essa tarefa de **síntese dimensional de um mecanismo de quatro barras**. Os métodos mais simples e rápidos são gráficos. Estes trabalham bem para projetos com até três posições. Além desse nú-

SÍNTESE GRÁFICA DE MECANISMOS

mero, um método de síntese numérica e analítica, como descrito no Capítulo 5, usando computador, geralmente é necessário. Note que os princípios usados nessas técnicas de síntese gráfica são simplesmente os da **geometria euclidiana**. As regras para a bissecção de retas e ângulos, propriedades de paralelismo e perpendicularismo de retas, e definição de arcos etc. são o necessário para gerar esses mecanismos. **Compasso, transferidor** e **régua** são os únicos instrumentos necessários para síntese gráfica de mecanismos. Recorra a qualquer texto básico de geometria (Ensino Médio) se achar que seus conhecimentos em teoremas de geometria estão um pouco enferrujados.

Síntese de duas posições

Síntese de duas posições subdivide-se em duas categorias: **saída no seguidor** (rotação pura) e **saída no acoplador** (movimento complexo). Saída no seguidor é mais apropriada para situações nos quais o mecanismo tipo Grashof manivela seguidor é desejado e é, de fato, um caso trivial de geração de função na qual a função de saída gera duas posições angulares discretas do seguidor. Saída no acoplador é mais geral e é um caso simples de geração de movimento em que duas posições de uma reta no plano são definidas como a saída. Essa solução conduzirá, frequentemente, para um triplo seguidor. No entanto, o triplo seguidor de quatro barras pode ser movido pela adição de uma **díade** (cadeia de duas barras), o que faz do resultado final um **seis barras tipo Watt** contendo uma **subcadeia Grashof de quatro barras**. Iremos explorar agora a síntese de cada um desses tipos de solução para problemas de duas posições.

EXEMPLO 3-1

Saída no seguidor – Duas posições com deslocamento angular (geração de função).

Problema: Projetar um mecanismo Grashof manivela seguidor de quatro barras para fornecer 45° de rotação do seguidor com mesmo tempo de avanço e retorno, para uma velocidade de entrada do motor constante.

Solução: (Ver Figura 3-4.)

1. Desenhe o elo de saída O_4B nas duas posições extremas, B_1 e B_2, em qualquer local conveniente, com o ângulo de movimento θ_4 desejado sendo atendido.

2. Desenhe a corda B_1B_2 e estenda-a para as duas direções.

3. Selecione um ponto conveniente O_2 na reta B_1B_2 estendida.

4. Divida o segmento B_1B_2 ao meio e desenhe uma circunferência de raio igual à metade de B_1B_2 e centro em O_2.

5. Identifique os pontos de interseção da circunferência com B_1B_2 estendido, A_1 e A_2.

6. Meça o comprimento do acoplador como sendo A_1B_1 ou A_2B_2.

7. Meça o terra (comprimento 1), elo manivela (comprimento 2) e elo seguidor (comprimento 4).

8. Calcule a condição de Grashof para o mecanismo. Se não for satisfatória, refaça os passos de 3 a 8 com O_2 mais afastado de O_4.

9. Faça um modelo do mecanismo e cheque sua função e ângulos de transmissão.

10. Você pode abrir o arquivo F03-04.4br no programa FOURBAR (ver Apêndice A) para ver esse exemplo funcionando.

(a) Método de construção

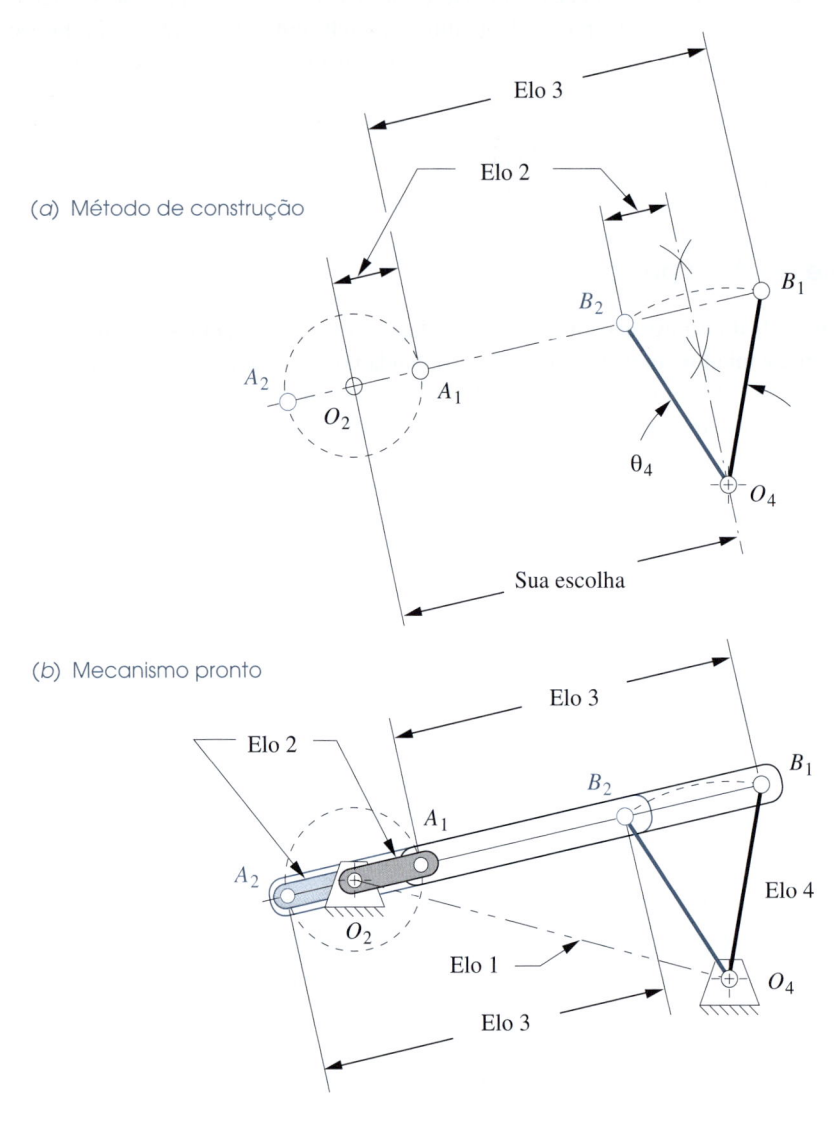

(b) Mecanismo pronto

FIGURA 3-4

Síntese de função para duas posições com saída no seguidor (sem retorno rápido).

Note alguns detalhes nesse processo de síntese. Começamos com a saída final do mecanismo, pois foi o único aspecto definido no enunciado do problema. Tivemos de tomar muitas decisões arbitrárias e suposições para prosseguir, porque havia muito mais variáveis que "equações" fornecidas. Somos frequentemente forçados a fazer "escolhas livres" de um "ângulo ou comprimento conveniente". Essas escolhas livres são na realidade definições de parâmetros de projeto. Uma escolha pobre levará a um projeto pobre. Assim, elas são modos de **sínteses qualitativas** e requerem processos iterativos, mesmo para esse exemplo simples. A primeira solução que você alcançar provavelmente não será satisfatória, e muitas tentativas

SÍNTESE GRÁFICA DE MECANISMOS

(iterações) devem ser presumidamente necessárias. Assim que você ganhar mais experiência em projetar soluções cinemáticas, será capaz de fazer escolhas melhores para esses parâmetros de projeto com menos iterações. **O valor de fazer um modelo simples do seu projeto não pode ser desmerecido**! Você vai adquirir uma *melhor percepção* da qualidade de seu projeto com o *menor esforço* fazendo, articulando e estudando o modelo. Essas observações gerais serão úteis para a maioria dos exemplos de sínteses de mecanismos apresentados.

EXEMPLO 3-2

Saída no seguidor – Duas posições com deslocamento complexo (geração de movimento).

Problema: Projetar um mecanismo de quatro barras para mover o elo CD da posição C_1D_1 para C_2D_2.

Solução: (Ver Figura 3-5.)

1. Desenhe o elo CD nas duas posições desejadas, C_1D_1 e C_2D_2, no plano, como mostrado.
2. Desenhe as retas de construção de C_1 a C_2 e de D_1 a D_2.
3. Bisseccione a reta C_1C_2 e a reta D_1D_2 e estenda suas bissetrizes perpendicularmente até se interceptarem no ponto O_4. Esse ponto (intersecção) será o **polo de rotação**.
4. Selecione um raio conveniente e desenhe um arco perto do polo de rotação para interceptar ambas as retas O_4C_1 e O_4C_2. Nomeie as intersecções de B_1 e B_2.
5. Refaça os passos de 2 a 8 do Exemplo 3-1 para completar o mecanismo.
6. Faça um modelo do mecanismo e articule-o para checar sua função e ângulos de transmissão.

Note que o Exemplo 3-2 se resume ao método do Exemplo 3-1, uma vez que o **polo de rotação** é encontrado. Assim, um elo representado por uma reta em um movimento complexo pode ser resumido a um simples problema de rotação pura e movido para quaisquer das duas posições no plano como um seguidor no mecanismo de quatro barras. O próximo exemplo move o mesmo elo por meio das mesmas duas posições como o acoplador de um mecanismo de quatro barras.

EXEMPLO 3-3

Saída no acoplador – Duas posições com deslocamento complexo (geração de movimento).

Problema: Projetar um mecanismo de quatro barras para mover o elo CD mostrado da posição C_1D_1 para C_2D_2 (com pivôs móveis em C e D).

Solução: (Ver Figura 3-6.)

1. Desenhe o elo CD nas duas posições desejadas, C_1D_1 e C_2D_2, no plano, como mostrado.
2. Desenhe as retas de construção de C_1 para C_2 e de D_1 para D_2.
3. Bisseccione a reta C_1C_2 e a reta D_1D_2 e estenda as bissetrizes perpendicularmente em direções convenientes. O polo de rotação **não** será usado nessa solução.

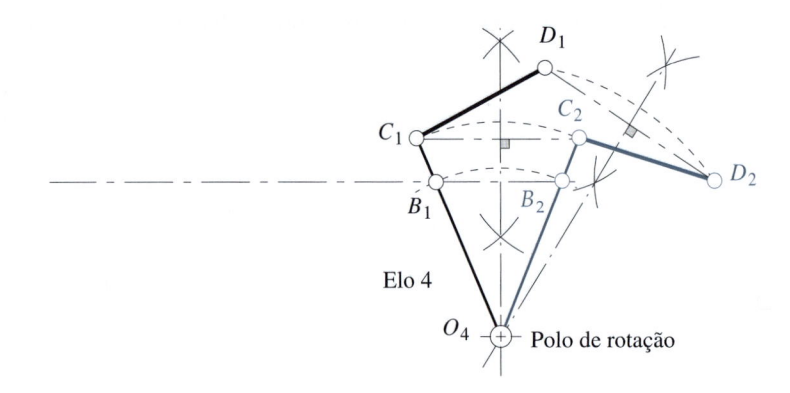

(a) Encontrando o polo de rotação para o Exemplo 3-2

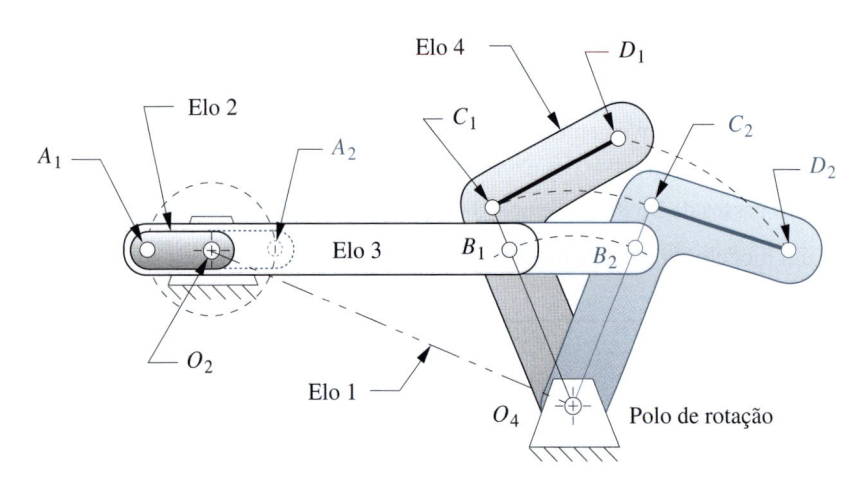

(b) Construindo o mecanismo pelo método do Exemplo 3-1

FIGURA 3-5

Síntese de movimento de duas posições com saída no seguidor (sem retorno rápido).

4 Selecione qualquer ponto conveniente em cada bissetriz como sendo os pivôs fixos O_2 e O_4, respectivamente.

5 Conecte O_2 com C_1 e chame de elo 2. Conecte O_4 com D_1 e chame de elo 4.

6 A reta C_1D_1 é o elo 3. A reta O_2O_4 é o elo 1.

7 Cheque a condição de Grashof e repita os passos de 4 a 7, se não satisfeita a condição. Note que qualquer condição de Grashof é potencialmente aceitável nesse caso.

8 Construa um modelo e confira sua função para ter certeza de que ele vá da posição inicial à posição final sem encontrar posições limitantes (pontos mortos).

9 Cheque os ângulos de transmissão.

SÍNTESE GRÁFICA DE MECANISMOS

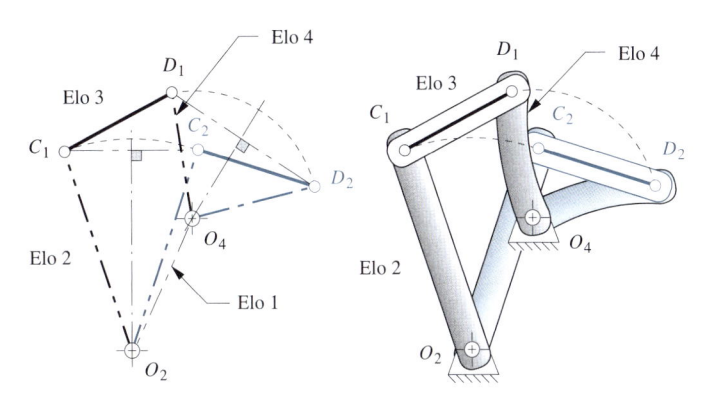

(a) Síntese de duas posições

(b) Mecanismo não Grashof de quatro barras terminado

FIGURA 3-6
Síntese de movimento de duas posições com saída no acoplador.

Abra o arquivo F03-06.4br no programa FOURBAR (ver Apêndice A) para ver o Exemplo 3-3. Note que esse exemplo teve quase o mesmo enunciado do Exemplo 3-2, mas a solução é um pouco diferente. Assim, um elo pode também ser movido para quaisquer das duas posições no plano como o acoplador de um mecanismo de quatro barras, mais que o seguidor. No entanto, para limitar seu movimento para as duas posições extremas, dois elos adicionais são necessários. Esses elos adicionais podem ser projetados pelo método mostrado no Exemplo 3-4 e na Figura 3-7.

EXEMPLO 3-4

Adicionando uma díade (cadeia de duas barras) para controlar o movimento no Exemplo 3-3.

Problema: Projetar uma **díade** para controlar e limitar os extremos do movimento do mecanismo do Exemplo 3-3 para as suas duas posições projetadas.

Solução: (Ver Figura 3-7a.)

1 Selecione um ponto conveniente no elo 2 do mecanismo projetado no Exemplo 3-3. Note que a sua necessidade não está na reta O_2C_1. Chame esse ponto de B_1.

2 Desenhe um arco com centro em O_2 através de B_1 para interceder na reta correspondente O_2B_2 na segunda posição do elo 2. Chame esse ponto de B_2. A corda B_1B_2 nos ocorre com o mesmo problema do Exemplo 3-1.

3 Execute os passos de 2 a 9 do Exemplo 3-1 para completar o mecanismo, exceto adicionando os elos 5 e 6 e o centro O_6 a mais que os elos 2 e 3 e centro O_2. O elo 6 será a manivela motora. A subcadeia de quatro barras das conexões O_6, A_1, B_1, O_2 deve ser um mecanismo Grashof manivela seguidor.

124   CINEMÁTICA E DINÂMICA DOS MECANISMOS   CAPÍTULO 3

(a) Adicionando uma díade motora a uma cadeia de quatro barras

(b) Mecanismo de quatro barras tipo Watt completo, com motor em O_6

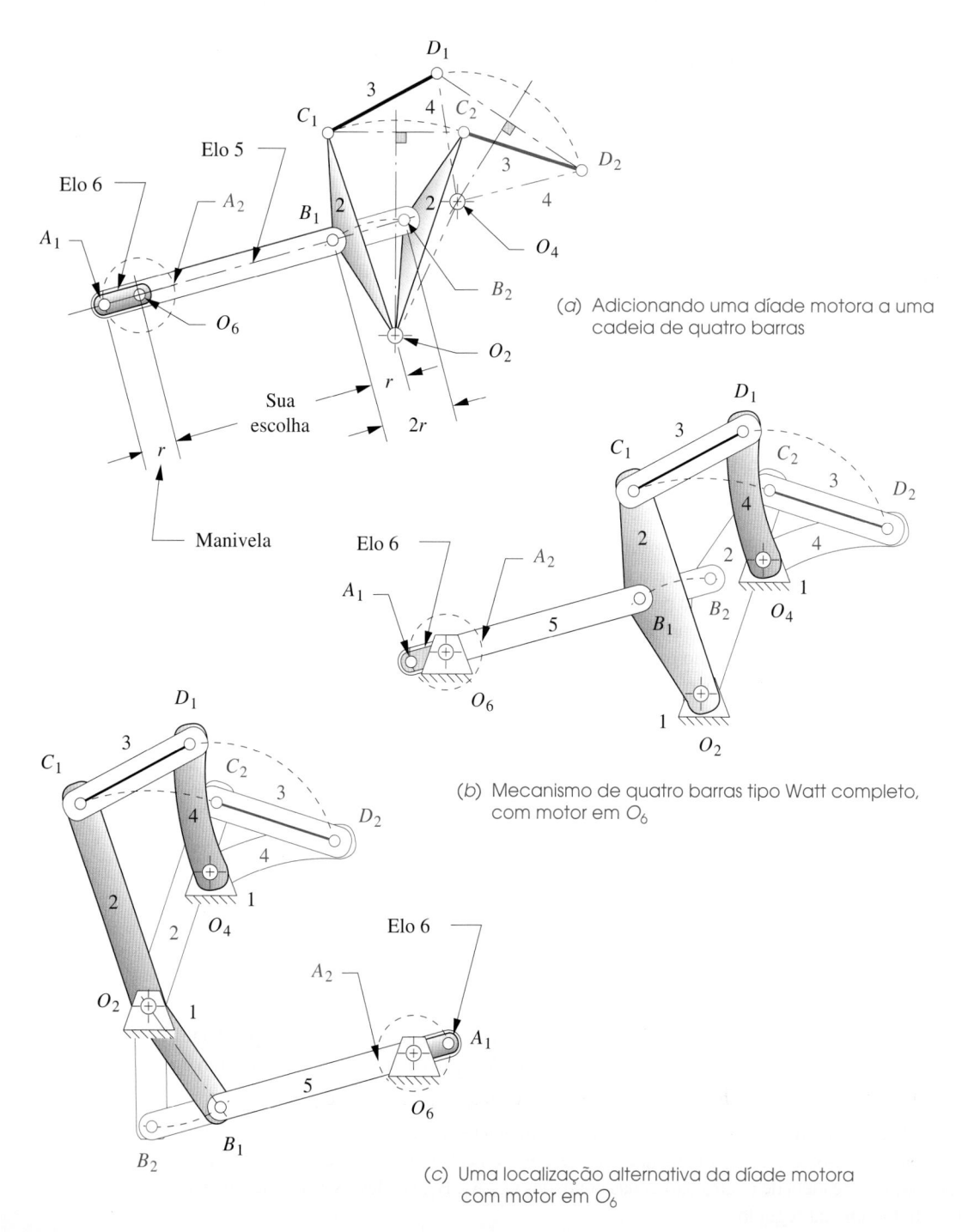

(c) Uma localização alternativa da díade motora com motor em O_6

FIGURA 3-7

Acionando um mecanismo não Grashof com uma díade (sem retorno rápido).

SÍNTESE GRÁFICA DE MECANISMOS

Note que usamos a aproximação do Exemplo 3-1 para adicionar a **díade** a fim de servir como o *estágio do motor* para o nosso mecanismo de quatro barras existente. Isso resulta em um **mecanismo de seis barras tipo Watt**, cujo primeiro estágio é Grashof, como mostrado na Figura 3-7b. Assim, nós podemos movê-lo com um motor no elo 6. Note também que nós podemos localizar o motor centrado em O_6 em qualquer lugar do plano por uma escolha justificada pelo ponto B_1 no elo 2. Se tivéssemos colocado B_1 abaixo do centro O_2, o motor estaria à direita dos elos 2, 3 e 4, como mostrado na Figura 3-7c. Temos uma *infinidade de díades motoras* possíveis que irão mover qualquer grupo de elos duplo seguidor. Abra os arquivos F03-07b. 6br no programa SIXBAR (ver Apêndice A) para ver o Exemplo 3-4 em movimento para essas duas soluções.

Síntese de três posições com pivôs móveis especificados

Síntese de três posições permite a definição de três posições de uma reta no plano e cria uma configuração de um mecanismo de quatro barras para mover a reta para cada uma das posições. Isso é um problema de **geração de movimento**. A técnica de síntese é uma extensão lógica do método usado no Exemplo 3-3 para síntese de duas posições com saída no acoplador. O mecanismo resultante pode ser de qualquer condição Grashof e normalmente irá requerer a adição de uma díade para controlar os seus limites de movimentos para as posições de interesse. Compasso, esquadro e régua são os únicos instrumentos necessários para esse método gráfico.

✎ EXEMPLO 3-5

Mecanismo de três posições com saída no acoplador com deslocamento complexo (geração de movimento).

Problema: Projetar um mecanismo de quatro barras para mover o elo CD, mostrado, da posição C_1D_1 para C_2D_2 e assim para a posição C_3D_3. Os pivôs móveis são C e D. Descubra a posição dos pivôs fixos.

Solução: (Ver Figura 3-8.)

1 Desenhe o elo CD nas suas três posições projetadas, C_1D_1, C_2D_2 e C_3D_3, no plano, como mostrado.

2 Desenhe as retas de construção do ponto C_1 até C_2 e de C_2 até C_3.

3 Bisseccione a reta C_1C_2 e a reta C_2C_3 e estenda perpendicularmente até se intercederem. Chame o ponto de intersecção O_2.

4 Repita os passos 2 e 3 para as retas D_1D_2 e D_2D_3. Chame a intersecção de O_4.

5 Conecte O_2 com C_1 e chame de elo 2. Conecte O_4 com D_1 e chame de elo 4.

6 A reta C_1D_1 é o elo 3. A reta O_2O_4 é o elo 1.

7 Cheque a condição de Grashof. Note que qualquer condição de Grashof é potencialmente aceitável nesse caso.

8 Construa um modelo e cheque sua função para ter certeza de que ele vá da posição inicial à posição final sem encontrar uma posição limitante (ponto morto).

9 Construa uma díade motora de acordo com o método do Exemplo 3-4 usando uma extensão do elo 3 para conectar com a díade.

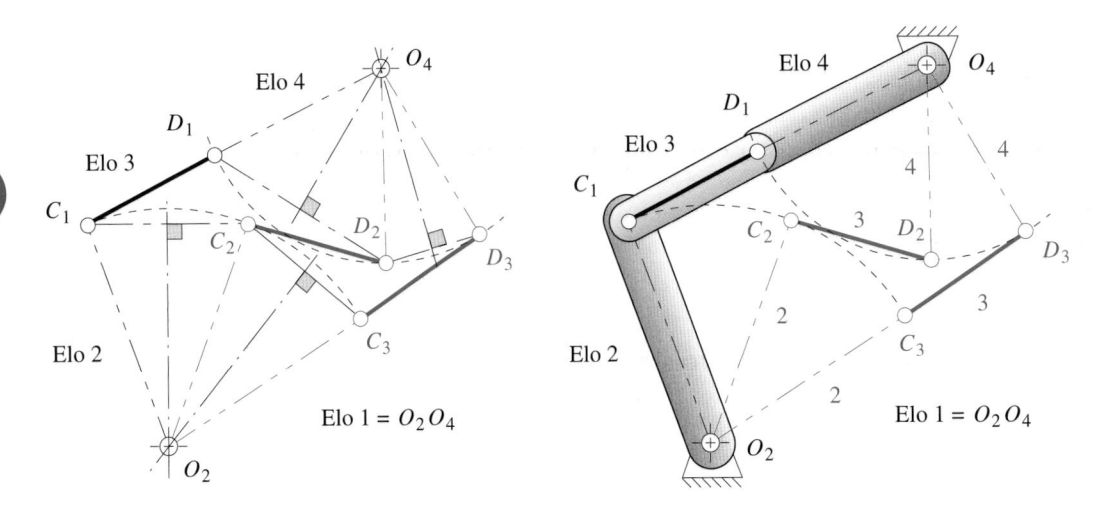

(a) Método de construção

(b) Mecanismo Grashof de quatro barras terminado

FIGURA 3-8

Síntese de movimento para três posições.

Note que enquanto a solução para este caso normalmente é alcançável, é possível que você não consiga mover continuamente o mecanismo de um ponto a outro sem desmontar e remontar os elos, a fim de fazê-los passar através de uma posição limitante. Isso será, obviamente, insatisfatório. Na solução particular apresentada na Figura 3-8, note que os elos 3 e 4 estão em ponto morto na posição um, e os elos 2 e 3 estão em ponto morto na posição três. Nesse caso, teremos de mover o elo 3 com uma díade motora, já que qualquer tentativa de mover o elo 2 ou o elo 4 irá falhar nas posições de ponto morto. Nenhum valor de torque aplicado ao elo 2 na posição C_1 moverá o elo 4 fora do ponto D_1, e colocar a entrada de movimento no elo 4 não moverá o elo 2 da posição C_3. Abra o arquivo F03-08.4br no programa FOURBAR (ver Apêndice A) para ver o Exemplo 3-5.

Síntese de três posições com pivôs móveis alternativos

Outro problema em potencial é a possibilidade de uma posição indesejável dos pivôs fixos O_2 e O_4 com respeito aos seus conjuntos de restrições. Por exemplo, se o pivô fixo para o projeto de um mecanismo de limpador de parabrisas termina no meio do parabrisas, talvez você queira reprojetar seu mecanismo. O Exemplo 3-6 mostra um caminho para obter uma configuração alternativa para o mesmo problema de movimento de três posições como o do Exemplo 3-5. E o método mostrado no Exemplo 3-8 permite a você especificar a localização dos pivôs em antecedência e assim achar as localizações dos pivôs móveis no elo 3 que são compatíveis com os pivôs fixos.

SÍNTESE GRÁFICA DE MECANISMOS

✍ EXEMPLO 3-6

Saída no acoplador – síntese de três posições com deslocamento complexo – fixação alternativa dos pivôs móveis (geração de movimento).

Problema: Projetar um mecanismo de quatro barras para mover o elo CD, mostrado, das posições C_1D_1 para C_2D_2 e assim para C_3D_3. Use pivôs móveis diferentes de CD. Descubra a localização dos pivôs fixos.

Solução: (Ver Figura 3-9.)

1. Desenhe o elo CD nas suas três posições, C_1D_1, C_2D_2 e C_3D_3, no plano, como feito no Exemplo 3-5.

2. Defina novos pontos de fixação E_1 e F_1 que tenham uma relação fixa entre C_1D_1 e E_1F_1 sem o elo. Agora use E_1F_1 para definir as três posições do elo.

3. Desenhe linhas de construção do ponto E_1 a E_2 e do ponto E_2 a E_3.

4. Bisseccione a reta E_1E_2 e a reta E_2E_3 e estenda as suas bissetrizes perpendicularmente até se encontrarem. Chame a intersecção de O_2.

5. Repita os passos 2 e 3 para as retas F_1F_2 e F_2F_3. Chame a intersecção de O_4.

6. Conecte O_2 com E_1 e chame de elo 2. Conecte O_4 com F_1 e chame de elo 4.

7. A reta E_1F_1 é o elo 3. A reta O_2O_4 é o elo 1.

8. Verifique a condição de Grashof. Note que qualquer condição de Grashof é potencialmente aceitável nesse caso.

9. Construa um modelo e cheque suas funcionalidades, para ter certeza de que ele pode chegar da posição inicial à posição final sem encontrar qualquer posição limitante (ponto morto). Em caso negativo, mude a localização dos pontos E e F e repita os passos de 3 a 9.

10. Construa uma díade motora atuante no elo 2 de acordo com o método do Exemplo 3-4.

Note que a troca dos pontos alternativos no elo 3 de CD até EF resultou em uma troca de localizações dos pivôs fixos O_2 e O_4. Assim, eles talvez estejam em locais mais favoráveis em comparação aos locais em que estavam no Exemplo 3-5. É importante entender que quaisquer dois pontos no elo 3, como E e F, podem servir para definir por completo que o elo é um corpo rígido e que há infinitos conjuntos de pontos para escolhermos. Enquanto os pontos C e D têm algumas posições particulares no plano que é definido pelo funcionamento do mecanismo, os pontos E e F podem estar em qualquer lugar no elo 3, criando assim uma infinidade de soluções para esse problema.

A solução mostrada na Figura 3-9 é diferente da solução da Figura 3-8 em diversos aspectos. Ela previne as posições de ponto morto e assim o mecanismo pode ser movido por uma díade atuando em um dos seguidores, como mostrado na Figura 3-9c, e os ângulos de transmissão são melhores. No entanto, as posições de ponto morto da Figura 3-8 podem, na verdade, ser importantes se uma característica de autotravamento for desejável. *Repare que ambas as soluções são para o mesmo problema*, e a solução encontrada na Figura 3-8 é somente um caso especial da solução da Figura 3-9. Ambas as soluções podem ser úteis. A reta CD move-se pelas mesmas três

(a) Fixação de pontos alternados

(b) Síntese de três posições

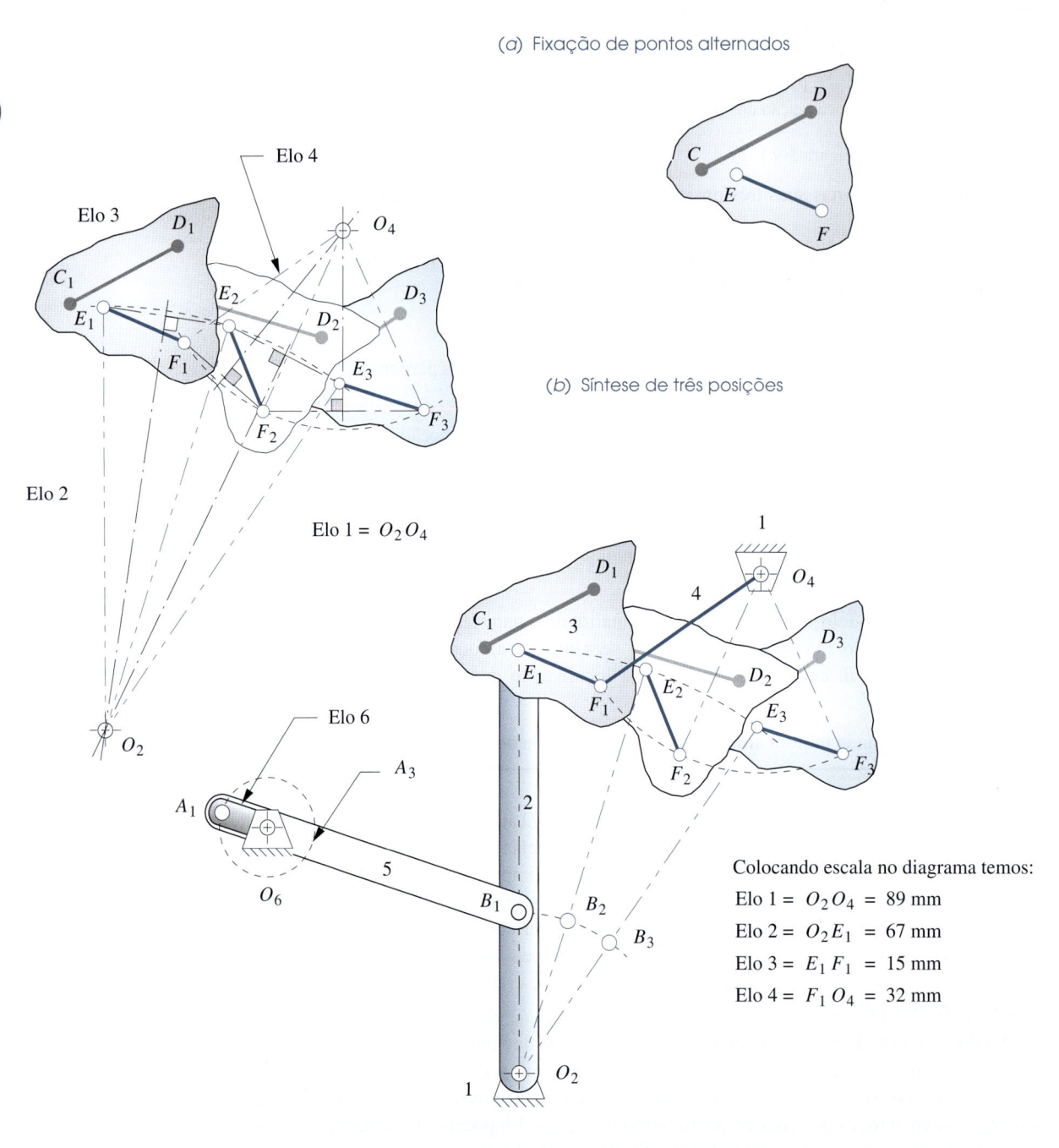

Colocando escala no diagrama temos:
Elo 1 = $O_2 O_4$ = 89 mm
Elo 2 = $O_2 E_1$ = 67 mm
Elo 3 = $E_1 F_1$ = 15 mm
Elo 4 = $F_1 O_4$ = 32 mm

(c) Mecanismo de seis barras tipo Watt completo com motor no ponto O_6

FIGURA 3-9

Síntese de três posições com pivôs móveis alternados.

SÍNTESE GRÁFICA DE MECANISMOS

posições em ambos os projetos. Existem infinitas outras soluções para esse problema esperando para serem encontradas. Abra o arquivo F03-09c.6br no programa SIXBAR (ver Apêndice A) para ver o Exemplo 3-6.

Síntese de três posições com pivôs fixos especificados

Embora alguém possa encontrar uma solução aceitável para o problema de três posições por meio dos métodos descritos nos dois exemplos precedentes, pode-se constatar que o projetista terá um pequeno controle direto em cima da localização dos pivôs fixos, já que eles são um dos resultados do processo de síntese. É comum para o projetista ter algumas limitações quanto às localizações aceitáveis dos pivôs fixos, visto que eles são limitados por locais onde o plano terra é acessível. É preferível se pudermos definir a localização dos pivôs fixos, bem como as três posições dos elos móveis, e assim sintetizar a fixação dos pontos apropriados, E e F, para o elo móvel a fim de satisfazer essas limitações mais realistas. O princípio da **inversão** pode se aplicado nesse problema. Os exemplos 3-5 e 3-6 mostraram como achar os requeridos pivôs fixos para tais localizações. O primeiro passo é achar as três posições do plano terra que correspondem às três posições do acoplador desejadas. Isso é feito **invertendo-se o mecanismo**,* como mostrado na Figura 3-10 e no Exemplo 3-7.

✍ EXEMPLO 3-7

Síntese de três posições com pivôs fixos especificados – invertendo o problema de síntese de movimento de três posições.

Problema: Inverter um mecanismo de quatro barras que mova o elo CD mostrado da posição C_1D_1 para C_2D_2 e assim para a posição C_3D_3. Use os pivôs fixos especificados O_2 e O_4.

Solução: Primeiro encontre as posições invertidas do elo terra correspondentes às três posições especificadas do acoplador.

1 Desenhe o elo CD nas três posições desejadas, C_1D_1, C_2D_2 e C_3D_3, no plano, como feito no Exemplo 3-5 e como mostrado na Figura 3-10a.

2 Desenhe o elo terra O_2O_4 na posição desejada no plano em relação à primeira posição do acoplador C_1D_1 como mostrado na Figura 3-10a.

3 Desenhe arcos de construção de C_2 a O_2 e de D_2 a O_2 cujo raio define os lados do triângulo $C_2O_2D_2$. Isso define a relação do pivô fixo O_2 com a reta do acoplador CD na segunda posição do acoplador, como mostrado na Figura 3-10b.

4 Desenhe arcos de construção de C_2 a O_4 e de D_2 a O_4 para definir o triângulo $C_2O_4D_2$. Isso define a relação do pivô fixo O_4 com a reta do acoplador CD na segunda posição do acoplador, como mostrado na Figura 3-10b.

5 Agora, transfira essa relação de volta à primeira posição do acoplador C_1D_1 de tal forma que a posição do plano terra $O_2'O_4'$ mantenha a mesma relação para C_1D_1 que O_2O_4 mantinha para a segunda posição do acoplador C_2D_2. Na verdade, você está deslizando C_2 ao longo da linha pontilhada C_2-C_1 e D_2 ao longo da linha pontilhada D_2-D_1.

---

* Esse método e exemplo foram fornecidos pelo Sr. Homer D. Eckhardt, Engenheiro Consultor, Lincoln, MA.

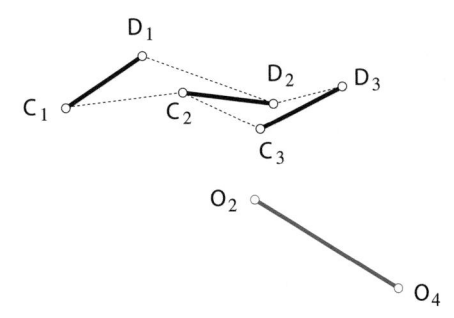

(a) Problema de acoplador com três posições originais com pivôs especificados

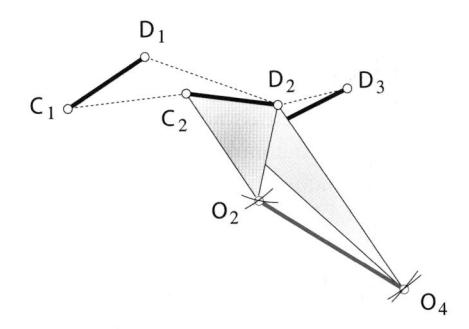

(b) Posição do plano terra relativo à segunda posição do acoplador

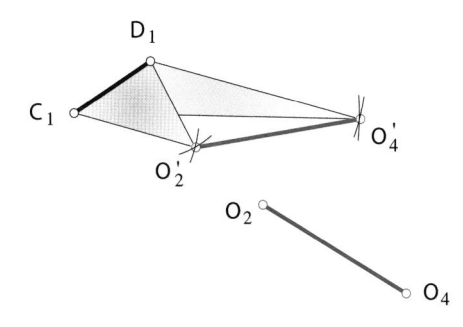

(c) Transferindo a posição do segundo plano terra para o local referente na primeira posição

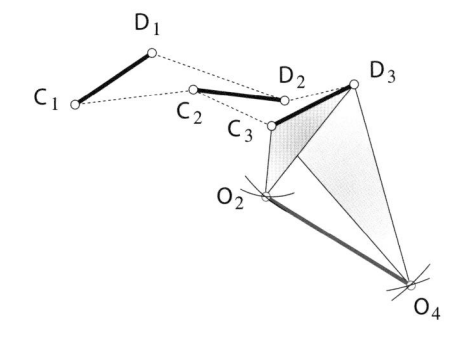

(d) Posição do plano terra relativo à terceira posição do acoplador

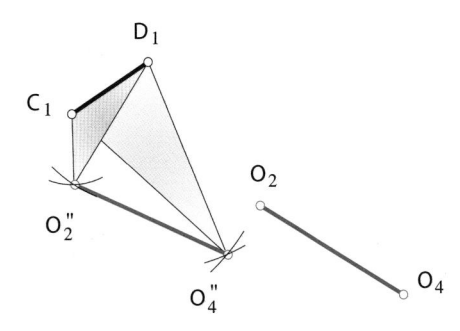

(e) Transferindo a posição do terceiro plano terra para o local referente na primeira posição

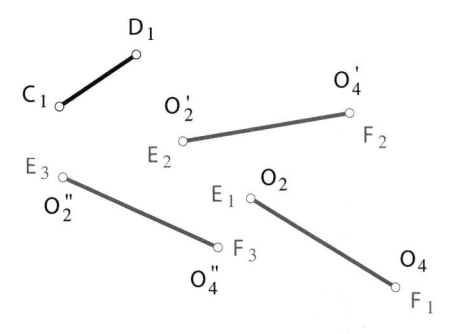

(f) As três posições invertidas do plano terra correspondentes à posição original do acoplador

FIGURA 3-10

Invertendo o problema de síntese de movimento de três posições.

SÍNTESE GRÁFICA DE MECANISMOS

Fazendo isso, fingimos que o plano terra foi movido de O_2O_4 para $O_2'O_4'$ em vez do acoplador movido de C_1D_1 para C_2D_2. Nós *invertemos* o problema.

6 Repita o processo para a terceira posição do acoplador como mostrado na Figura 3-10d e transfira a terceira posição relativa do elo terra para a primeira posição, ou referência, como mostrado na Figura 3-10e.

7 As três posições invertidas do plano terra que correspondem às três posições desejadas do acoplador são chamadas de O_2O_4, $O_2'O_4'$ e $O_2''O_4''$, e foram também renomeadas E_1F_1, E_2F_2 e E_3F_3, como mostrado na Figura 3-10f. Isso corresponde às três posições do acoplador mostradas na Figura 3-10a. Note que as três retas originais C_1D_1, C_2D_2 e C_3D_3 não são mais necessárias para a síntese do mecanismo.

Podemos usar essas três retas novas, E_1F_1, E_2F_2 e E_3F_3, para achar os pontos de fixação GH (pivôs móveis) no elo 3, que irão fornecer os pivôs fixos desejáveis O_2 e O_4 para serem usados para as três posições de saída especificadas. Na verdade, iremos considerar agora o elo terra O_2O_4 sendo um acoplador movendo-se através do inverso das três posições originais, achar os "pivôs terra" GH necessários para tal movimento invertido e colocá-los no acoplador real. O processo de inversão feito no Exemplo 3-7 e na Figura 3-10 trocou os furos do acoplador e do plano terra. A tarefa restante é idêntica para a feita no Exemplo 5-5 e na Figura 3-8. O resultado da síntese, assim, deve ser redefinido para obter a solução.

✍ EXEMPLO 3-8

Achando os pivôs móveis para três posições e pivôs fixos especificados.

Problema: Projetar um mecanismo de quatro barras para mover o elo CD mostrado da posição C_1D_1 para C_2D_2 e assim para C_3D_3. Use os pivôs fixos definidos O_2 e O_4. Ache a posição do pivô móvel requerida no acoplador por inversão.

Solução: Usando as posições invertidas do elo terra, E_1F_1, E_2F_2 e E_3F_3, achadas no Exemplo 3-7, encontre os pivôs fixos para o movimento invertido e então refaça o mecanismo resultante para criar os pivôs móveis para as três posições do acoplador CD, que usa os pivôs fixos selecionados O_2 e O_4, como mostrado na Figura 3-10a (ver também a Figura 3-11).

1 Comece com as três posições invertidas no plano como mostrado nas figuras 3-10f e 3-11a. As retas E_1F_1, E_2F_2 e E_3F_3 definem as três posições do elo invertido a ser movido.

2 Desenhe retas de construção partindo do ponto E_1 para E_2 e do ponto E_2 para E_3.

3 Bisseccione a reta E_1E_2 e a reta E_2E_3 e estenda as suas bissetrizes perpendicularmente até se intercederem. Chame a intersecção de G.

4 Repita os passos 2 a 3 para as retas F_1F_2 e F_2F_3. Chame a intersecção de H.

5 Conecte G com E_1 e chame de elo 2. Conecte H com F_1 e chame de elo 4. (Ver Figura 3-11b.)

6 Nesse mecanismo invertido, a reta E_1F_1 é o acoplador, elo 3. A reta GH é o elo "terra" 1.

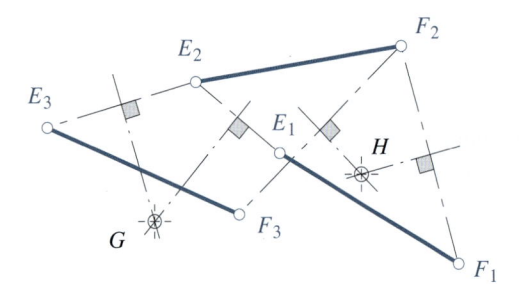

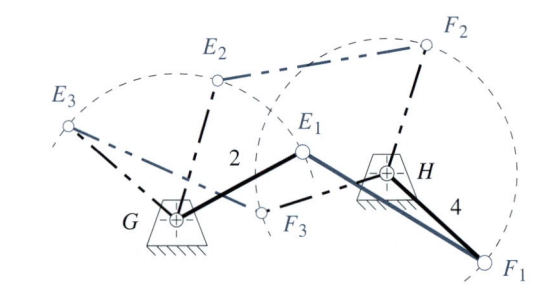

(a) Construindo para achar os pivôs "fixos" G e H

(b) A inversão correta do mecanismo desejado

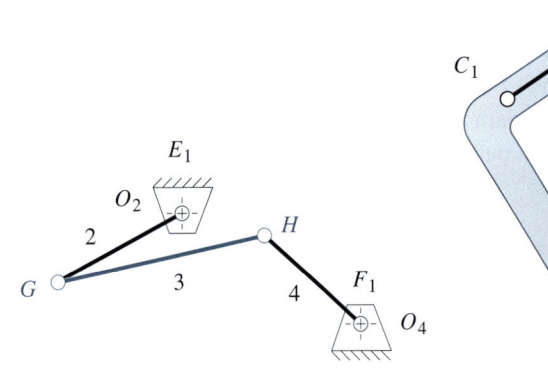

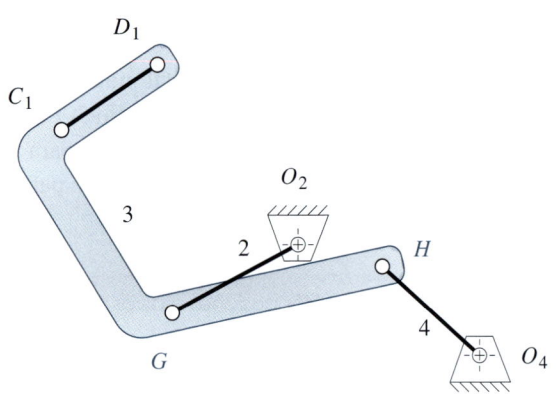

(c) Reinvertendo para obter o resultado

(d) Reposicionando a reta CD no elo 3

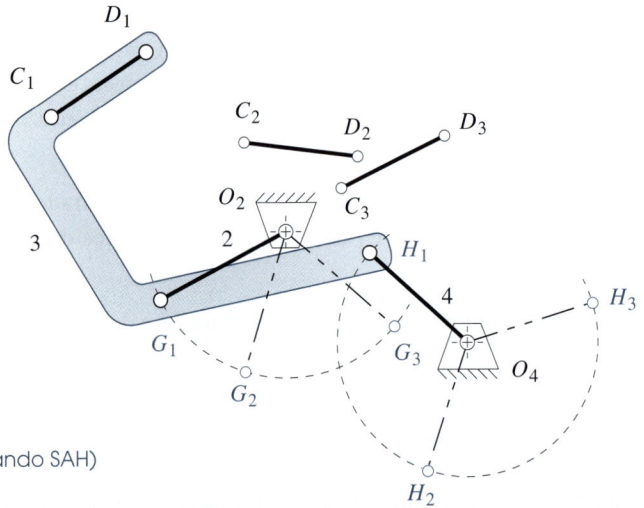

(e) As três posições (elo 4 acionando SAH)

FIGURA 3-11

Construindo o mecanismo para três posições com pivôs fixos especificados, por inversão.

7 Devemos, agora, reinverter o mecanismo para retornar ao arranjo original. A reta E_1F_1 é o elo terra O_2O_4, e GH é realmente o acoplador. A Figura 3-11c mostra a reinversão do mecanismo em cujos pontos G e H são agora os pivôs móveis no acoplador e E_1F_1 resumiu sua identidade real como elo terra O_2O_4. (Ver Figura 3-10e.)

8 A Figura 3-11d reintroduz a reta original C_1D_1 na sua relação correta com a reta O_2O_4 na posição inicial, como mostrado no enunciado do problema original na Figura 3-10a. Isso forma o plano do acoplador requerido e define a mínima forma do elo 3.

9 Os ângulos do movimento, requeridos para atingir as segunda e terceira posições da reta CD mostrada na Figura 3-11e, são os mesmos definidos na Figura 3-11b para o mecanismo invertido. O ângulo F_1HF_2 na Figura 3-11b é o mesmo que o ângulo $H_1O_4H_2$ na Figura 3-11e, e F_2HF_3 é o mesmo que o ângulo $H_2O_4H_3$. O trajeto angular do elo 2 retem a mesma relação entre a figuras 3-11b e 3-11e. O movimento angular dos elos 2 e 4 são os mesmos definidos para ambas as inversões como os trajetos do elo são relativos um ao outro.

10 Comprove a condição de Grashof. Note que qualquer condição de Grashof é potencialmente aceitável nesse caso, já que o mecanismo tem mobilidade por meio das três posições. Essa solução é um mecanismo não Grashof.

11 Construa um modelo e confira sua funcionalidade para ter certeza de que ele pode ir da posição inicial até a posição final sem encontrar uma posição limitante (ponto morto). Nesse casos, os elos 3 e 4 alcançam uma posição de ponto morto entre os pontos H_1 e H_2. Isso significa que o mecanismo não pode ser dirigido pelo elo 2, já que ele atenderá a uma posição de ponto morto. Ele deve ser acionado pelo elo 4.

Ao inverter o problema original, nós o reduzimos a uma forma mais tratável, que permite uma solução direta pelo método geral de síntese de três posições dos exemplos 3-5 e 3-6.

Síntese de posição para mais de três posições

Deve ser óbvio que quanto mais limitações nós impusermos a esses problemas de síntese, mais complicadas irão se tornar as tarefas de achar a solução. Quando definimos mais de três posições do elo de saída, a difículdade aumenta substancialmente.

SÍNTESE DE QUATRO POSIÇÕES não são permitidas soluções gráficas manuais, porém Hall[3] apresenta um modo de resolvê-las. Provavelmente o melhor modo é o usado por Sandor, Erdman[4] e outros, o qual é um método de síntese quantitativa e requer um computador para executá-lo. Resumidamente, uma série de equações vetoriais são escritas para representar as quatro posições desejadas de todo o mecanismo. Elas então são resolvidas depois de algumas escolhas livres de vários valores feitas pelo projetista. O programa de computador LINCAGES (ver Apêndice A),[1] de Erdman et al., e o programa KINSYN (ver Apêndice A),[5] de Kaufman, fornecem meios baseados em gráficos computacionais convenientes e amigáveis para fazer as escolhas necessárias de projeto, a fim de resolver o problema de quatro posições. (Ver Capítulo 5 para discussões adicionais.)

3.5 MECANISMOS DE RETORNO RÁPIDO

Muitas aplicações de projetos de máquinas necessitam de uma diferença de módulos de velocidades entre seu movimento de "avanço" e de "retorno". Tipicamente, algum trabalho externo está sendo feito pelo mecanismo no movimento de avanço, e o movimento de retorno precisa ser realizado o mais rápido possível, para que o máximo de tempo esteja disponível para o trabalho do movimento. Muitos arranjos de mecanismos fornecerão essa característica. O único problema é sintetizar o correto.

Mecanismos de quatro barras com retorno rápido

O mecanismo sintetizado no Exemplo 3-1 é talvez o exemplo mais simples de um problema de projeto de mecanismo de quatro barras (ver Figura 3-4 e arquivo do programa FOURBAR [ver Apêndice A] F03-04.4br). É um manivela seguidor que fornece duas posições do seguidor com tempo igual para os movimentos de avanço e retorno. Isso é chamado de mecanismo *sem retorno rápido*, e é um caso especial de um caso mais geral de **retorno rápido**. A razão para seu estado de retorno não rápido é o posicionamento do centro da manivela O_2 na corda B_1B_2 estendida. Isso resulta em ângulos iguais a 180°, sendo o mecanismo varrido pela manivela assim que dirige o seguidor de um extremo (posição de ponto morto) para outro. Se a manivela é rotacionada por uma velocidade angular constante, devido ao giro do motor, então cada varredura de 180°, avanço e retorno, terá o mesmo intervalo de tempo. Tente isso com o seu modelo do Exemplo 3-1 rotacionando a manivela com uma velocidade uniforme e observando o movimento do seguidor e sua velocidade.

Se o centro da manivela O_2 está localizado fora da corda B_1B_2 estendida, como mostrado na Figura 3-1b e na Figura 3-12, então ângulos diferentes serão varridos pela manivela entre a posição de ponto morto (definida como a colinearidade entre a manivela e o acoplador). Ângulos diferentes fornecerão tempos diferentes, quando a manivela rotacionar com velocidade constante. Esses ângulos são chamados de α e β na Figura 3-12. Sua relação α/β é chamada de **relação de tempo** (T_R) e define o grau do retorno rápido do mecanismo. Note que o termo **retorno rápido** é arbitrariamente usado para descrever esse tipo de mecanismo. Se a manivela é rotacionada no sentido oposto, será um mecanismo de **avanço rápido**. Dado um mecanismo completo, é uma tarefa trivial estimar a relação de tempo medindo-se ou calculando-se os ângulos α e β. É uma tarefa mais difícil projetar o mecanismo para uma relação de tempo escolhida. Hall[6] fornece um método gráfico para sintetizar um mecanismo Grashof de quatro barras com retorno rápido. Para fazê-lo, necessitamos computar os valores de α e β que irão fornecer a relação de tempo especificada. Podemos escrever duas equações que envolvem α e β e resolvê-las simultaneamente:

$$T_R = \frac{\alpha}{\beta} \qquad \alpha + \beta = 360 \qquad (3.1)$$

Também devemos definir um ângulo de construção,

$$\delta = |180 - \alpha| = |180 - \beta| \qquad (3.2)$$

o qual será usado para sintetizar o mecanismo.

EXEMPLO 3-9

Mecanismo manivela seguidor de quatro barras com retorno rápido para uma relação de tempo especificada.

Problema: Reprojetar o Exemplo 3-1 para fornecer uma relação de tempo de 1:1,25 com movimento de saída do seguidor de 45°.

SÍNTESE GRÁFICA DE MECANISMOS

(a) Construção de um mecanismo manivela seguidor com retorno rápido

(b) O mecanismo pronto em suas duas posições de ponto morto

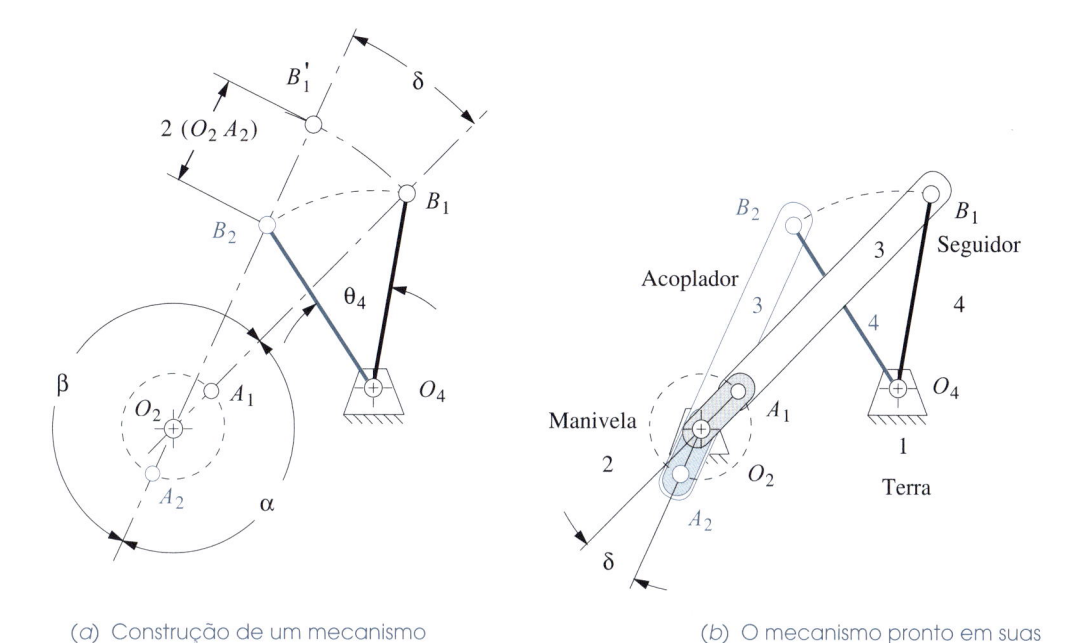

FIGURA 3-12

Mecanismo Grashof manivela seguidor de quatro barras com retorno rápido.

Solução: (Ver Figura 3-12.)

1 Desenhe o elo de saída O_4B nas duas posições extremas, em qualquer local conveniente, de forma que o ângulo de movimento desejado, θ_4, seja formado.

2 Calcule α, β, e δ usando as equações 3.1 e 3.2. Nesse exemplo, $\alpha = 160°$, $\beta = 200°$ e $\delta = 20°$.

3 Desenhe uma linha de construção passando pelo ponto B_1 em qualquer ângulo conveniente.

4 Desenhe uma linha de construção passando pelo ponto B_2 com ângulo δ em relação à primeira linha.

5 Chame a intersecção das duas linhas de construção de O_2.

6 Agora, a linha O_2O_4 define o elo terra.

7 Calcule os comprimentos da manivela e do acoplador medindo O_2B_1 e O_2B_2 simultaneamente:

$$\text{Acoplador} + \text{manivela} = O_2B_1$$
$$\text{Acoplador} - \text{manivela} = O_2B_2$$

ou você pode construir o comprimento da manivela traçando um arco centrado em O_1 de B_1 até passar a extensão da linha O_2B_2. Chame essa intersecção de B_1'. A linha B_2B_1' tem o dobro do comprimento da manivela. Encontre a metade desse segmento para medir o comprimento da manivela.

8 Calcule a condição de Grashof. Se não for Grashof, repita os passos de 3 a 8 com O_2 mais distante de O_4.

9 Construa um modelo do mecanismo e articule-o para verificar seu funcionamento.

10 Verifique os ângulos de transmissão.

Esse método funciona bem para relações de tempo de até 1:1,5. Acima desse valor, os ângulos de transmissão se tornam ruins, e um mecanismo mais complexo é necessário. Abra o arquivo F03-12.4br com o programa FOURBAR (ver Apêndice A) para ver o Exemplo 3-9.

Mecanismo de seis barras com retorno rápido

Relações de tempo maiores, até 1:2, podem ser obtidas projetando-se um mecanismo de seis barras. A estratégia é projetar um mecanismo de quatro barras com elo de arrasto que possui a relação de tempo desejada entre a manivela motora e a manivela movida ou "arrastada" e, então, adicionar um estágio de saída de duas barras (uma díade), movido pela manivela arrastada. Essa díade pode ser disposta para ter um seguidor ou um cursor deslizante como elo de saída. Primeiro o mecanismo com elo de arraste será sintetizado, e depois a díade será adicionada.

EXEMPLO 3-10

Mecanismo de seis barras com elo de arraste tipo retorno rápido e relação de tempo especificada.

Problema: Forneça uma relação de tempo de 1:1,4 com 90° de movimento do seguidor.

Solução: (Ver Figura 3-13.)

1 Calcule α e β usando a Equação 3.1. Nesse exemplo, α = 150° e β = 210°.

2 Desenhe uma linha de centro XX em qualquer local conveniente.

3 Escolha um local para o pivô da manivela O_2 na linha XX e desenhe um eixo YY perpendicular a XX passando por O_2.

4 Desenhe um círculo de raio conveniente O_2A_1 e centro em O_2.

5 Esboce o ângulo α com centro em O_2, simétrico em relação ao primeiro quadrante.

6 Chame de pontos A_1 e A_2 os pontos de intersecção das linhas que formam o ângulo α com o círculo de raio O_2A_1.

7 Ajuste o compasso para um raio AC conveniente que seja grande o bastante para cortar XX dos dois lados de O_2 tanto com centro em A_1 quanto em A_2.

8 A linha O_2A_1 é a manivela motora, elo 2, e a linha A_1C_1 é o acoplador, elo 3.

9 A distância C_1C_2 é o dobro do comprimento da manivela arrastada. Encontre o ponto médio para localizar o pivô fixo O_4.

10 Agora, a linha O_2O_4 define o elo terra. A linha O_4C_1 é a manivela arrastada, elo 4.

11 Calcule a condição de Grashof. Se não for Grashof, repita os passos 7-11 com um raio mais curto no passo 7.

SÍNTESE GRÁFICA DE MECANISMOS

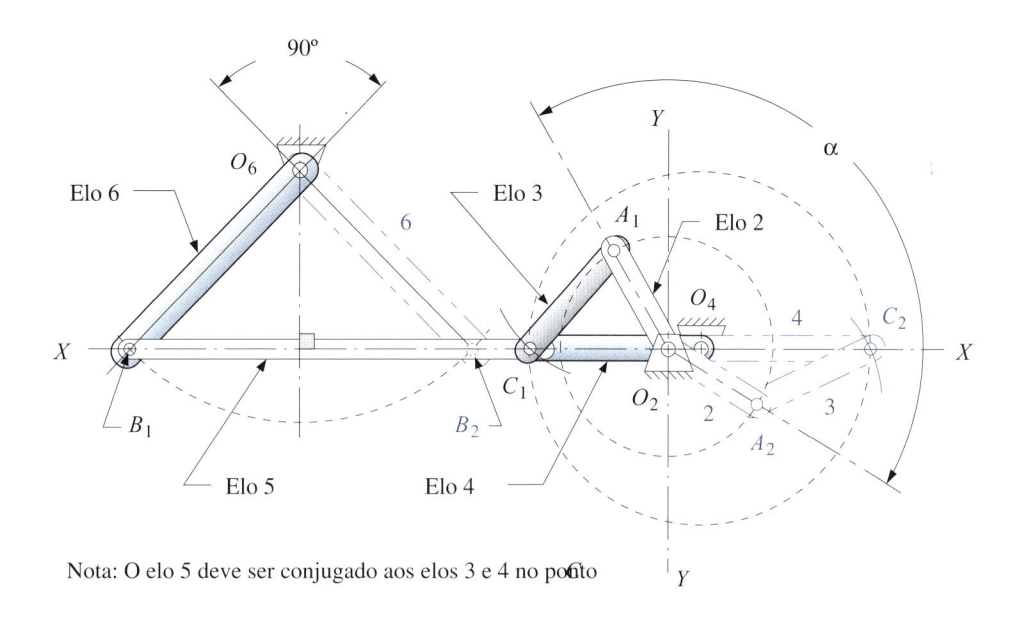

(a) Mecanismo de seis barras com elo de arraste tipo retorno rápido e saída no seguidor

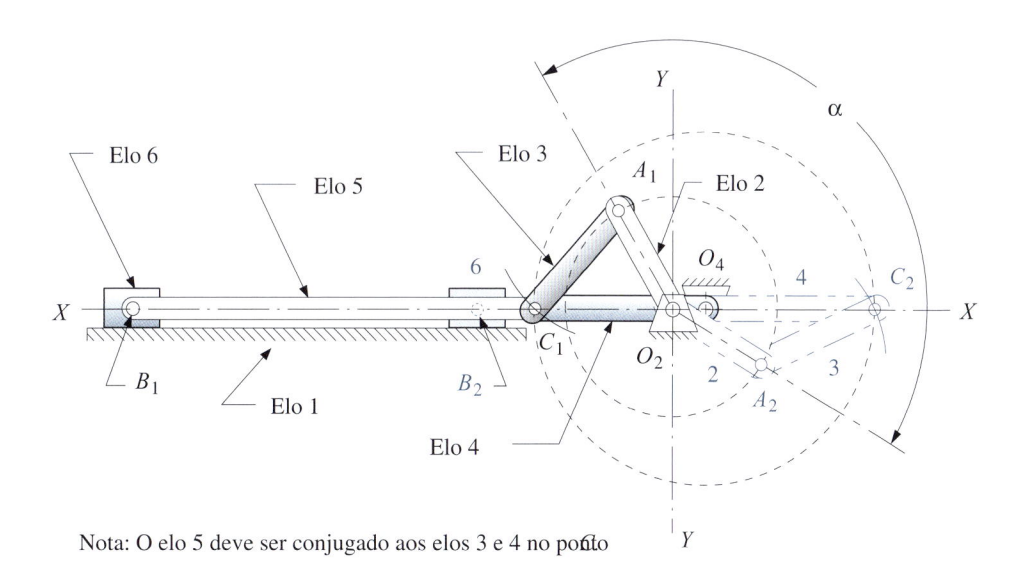

Nota: O elo 5 deve ser conjugado aos elos 3 e 4 no ponto

(b) Mecanismo de seis barras tipo elo de arraste com retorno rápido e saída no cursor deslizante

Nota: O elo 5 deve ser conjugado aos elos 3 e 4 no ponto

FIGURA 3-13

Sintetizando um mecanismo de seis barras com elo de arraste tipo retorno rápido.

12 Inverta o método do Exemplo 3-1 para criar a díade de saída usando XX como a corda e O_4C_1 como a manivela motora. Os pontos B_1 e B_2 estarão sobre a linha XX e serão espaçados da distância C_1C_2. O pivô O_6 estará na perpendicular da bissetriz de B_1B_2 com uma distância da linha XX que gere o ângulo de oscilação especificado.

13 Verifique os ângulos de transmissão.

Esse mecanismo fornece um retorno rápido quando um motor de velocidade constante for conectado ao elo 4 (que está arrastando a díade de saída) pelos primeiros 180°, da posição C_1 para C_2. Então, enquanto o elo 2 completa o ciclo através dos β graus, o estágio de saída irá completar outros 180° de C_2 até C_1. Como o ângulo β é maior que α, o período de avanço demora mais. Note que o trecho da corda da díade de saída mede o dobro do comprimento C_1C_2. Isso independe do deslocamento angular do elo de saída que pode ser ajustado ao mover o pivô O_6 para mais perto ou para mais longe da linha XX.

O ângulo de transmissão na junta que conecta os elos 5 e 6 será otimizado se o pivô fixo, O_6, for posicionado na bissetriz da corda B_1B_2, como mostrado na Figura 3-13a. Se uma saída deslizante for desejada, o cursor (elo 6) será posicionado na linha XX e irá oscilar entre B_1 e B_2, como mostrado na Figura 3-13b. O tamanho escolhido arbitrariamente desse e de outros mecanismos pode ser ampliado ou reduzido, simplesmente multiplicando os comprimentos de todos os elos por um mesmo fator de escala. Dessa forma, um projeto feito com um tamanho arbitrário poderá caber em qualquer pacote. Abra o arquivo F03-13a.6br com o programa SIXBAR (ver Apêndice A) para ver o Exemplo 3-10 em ação.

MECANISMO MANIVELA FORMADOR COM RETORNO RÁPIDO Um mecanismo comumente utilizado, capaz de grandes relações de tempo, é mostrado na Figura 3-14.* Ele frequentemente é usado em máquinas limadoras de metal para fornecer um período de corte lento e um período de retorno rápido quando a máquina não está realizando trabalho. Essa é a

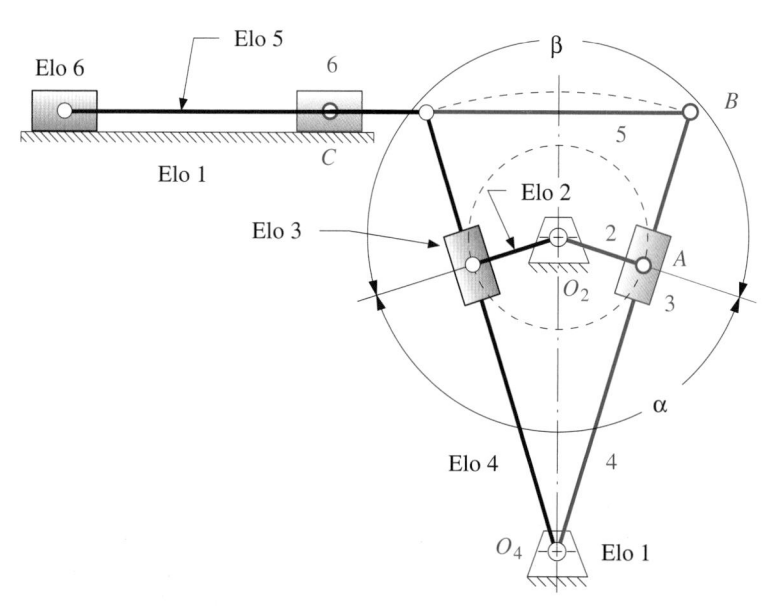

FIGURA 3-14

Mecanismo manivela formador com retorno rápido.

SÍNTESE GRÁFICA DE MECANISMOS

inversão 2 do mecanismo biela-manivela como mostrado na Figura 2-13b. Esse mecanismo é muito fácil de sintetizar, simplesmente movendo o pivô do seguidor 4 na direção da linha de centro O_2O_4 enquanto se mantêm as duas posições extremas do elo 4 tangentes ao círculo da manivela, até atingir a relação de tempo desejada (α / β). Note que o deslocamento angular do elo 4 é definido da mesma forma. O elo 2 é a entrada e o elo 6 é a saída.

Dependendo dos comprimentos relativos dos elos, esse mecanismo é conhecido como mecanismo **Whitwort** ou **manivela formador**. Se o elo terra for o mais curto, então ele irá se comportar como um mecanismo dupla manivela, ou *mecanismo Whitworth*, com ambos os elos pivotados realizando revoluções completas como mostrado na Figura 2-13b. Se a manivela motora for o elo mais curto, então ele irá se comportar como um mecanismo manivela seguidor, ou *mecanismo manivela formador*, como mostrado na Figura 3-14. Eles são a mesma inversão, uma vez que o cursor deslizante está em um movimento complexo nos dois casos.

3.6 CURVAS DE ACOPLADOR

Um **acoplador** é o elo mais interessante em qualquer mecanismo. Ele tem movimento complexo; dessa forma, os pontos no acoplador podem ter trajetórias de alta ordem.* Em geral, quanto mais elos, maior será o grau da curva gerada, onde **grau** significa *a maior potência de qualquer termo de sua equação*. Uma curva (função) pode ter *até* tantas intersecções (raízes) com qualquer reta quanto com o grau da função. O *mecanismo biela-manivela de quatro barras* tem, em geral, curvas de acoplador de quarto grau; o *mecanismo de quatro barras com junta pinada*, até sexto grau.** O mecanismo engrenado de cinco barras, de seis barras, e montagens mais complicadas terão curvas de maior ordem. Wunderlich[7] derivou uma expressão para o maior grau *m* possível para uma curva de acoplador de um mecanismo de *n* elos conectado apenas com juntas pinadas:

$$m = 2 \cdot 3^{(n/2-1)} \tag{3.3}$$

Isso fornece, respectivamente, graus 6, 18 e 54 para curvas de acoplador de mecanismos de quatro, seis e oito barras. Pontos específicos em seus acopladores podem ter curvas degeneradas de menor grau como, por exemplo, as juntas pinadas entre qualquer manivela ou seguidor e o acoplador que descrevem curvas de segundo grau (círculos). O mecanismo de quatro barras paralelogramo tem curvas de acoplador degeneradas, todas as quais são círculos.

Todos os mecanismos que possuem um ou mais elos acopladores "flutuantes" vão gerar curvas de acoplador. É interessante notar que essas serão curvas fechadas mesmo para mecanismos não Grashof. O acoplador (ou qualquer outro elo) pode ser estendido infinitamente no plano. A Figura 3-15 mostra um mecanismo de quatro barras com a curva de acoplador. Note que esses pontos podem estar em qualquer lugar no acoplador, inclusive ao longo da linha *AB*. Há, é claro, uma infinidade de pontos no acoplador, cada qual gera uma curva diferente.

Curvas de acoplador podem ser usadas para gerar trajetórias bastante úteis em problemas de projeto de máquinas. Elas são capazes de *aproximar linhas retas* e *grandes arcos circulares* com centros remotos. Reconheça que a curva de acoplador é uma solução para o problema de geração de trajetória descrito na Seção 3.2. Ela não é por si só uma solução para o problema de geração do movimento, uma vez que o comportamento ou a orientação de uma linha no acoplador não pode ser prevista pela informação contida na trajetória. Apesar disso, ela é um dispositivo muito útil e pode ser convertida para um gerador de movimento paralelo adicionando-se dois elos como descrito na próxima seção. Como podemos ver, movimentos de linha reta aproximados, movimentos com tempo de espera, e sinfonias mais complicadas

---

* Em 1876, Kempe[7a] provou sua teoria de que um mecanismo apenas com juntas de revolução (pinadas) e prismáticas (cursores deslizantes) pode ser encontrado, de tal forma que trace qualquer curva algébrica de qualquer ordem ou complexidade. Mas o mecanismo para uma curva particular pode ser complexo demais, incapaz de percorrer a curva sem passar por um ponto morto, e pode ainda precisar ser desmontado e remontado para alcançar todos os pontos da curva. Ver a discussão de defeitos de circuito e ramo na Seção 4.12. Apesar disso, essa teoria aponta para o potencial de interesse dos movimentos de acoplador.

** Nota: A equação algébrica da curva do acoplador é algumas vezes referida como "Tricircular sêxtupla", em referência, respectivamente, ao seu sexto grau e à circularidade de 3 (esta possui 3 laços). Ver o Capítulo 5 para obter esta equação.

(a) Falsa elipse

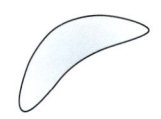

(b) Feijão

(c) Banana

(d) Crescente

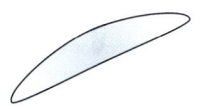

(e) Simples retilíneo

(f) Duplo retilíneo

FIGURA 3-16 parte 1

Um "catálogo indicativo" de formas de curvas de acoplador.

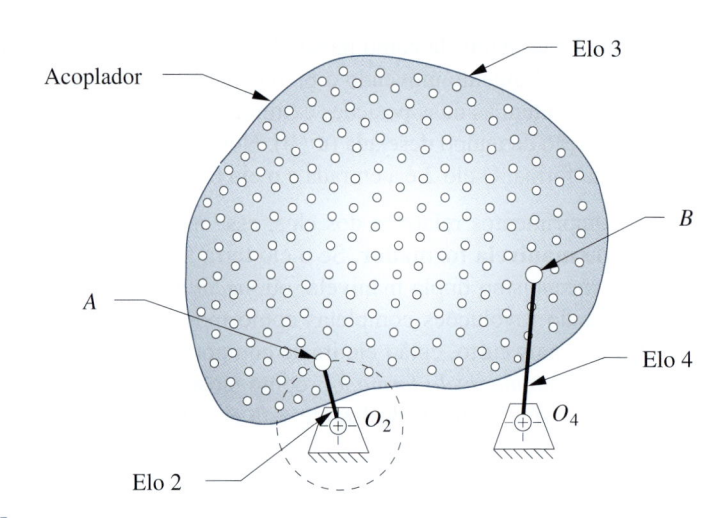

FIGURA 3-15

Acoplador de mecanismo de quatro barras estendido para incluir um grande número do pontos de acoplador.

de movimentos temporizados estão disponíveis mesmo para simples mecanismos de quatro barras e sua infinita variedade de curvas de movimento muitas vezes surpreendentes.

Curvas de acoplador de quatro barras apresentam uma variedade de formas que são grosseiramente categorizadas como mostrado na Figura 3-16. Há um intervalo infinito de variações entre essas formas genéricas. Características interessantes de algumas curvas de acopladores são o **cúspide** e o **nó de cruzamento**. Um **cúspide** *é um ponto extremo da curva que tem a propriedade útil de velocidade instantânea zero*. Note que a *aceleração no cúspide não é zero*. O exemplo mais simples de uma curva com cúspide é a curva cicloidal que é gerada por um ponto na borda de uma roda girando em uma superfície plana. Quando o ponto toca a superfície, ele tem a mesma velocidade (zero) que todos os pontos estacionários da superfície, supondo que role sem deslizamento entre os elementos. Qualquer coisa fixada em um ponto de cúspide vai parar suavemente ao longo de uma trajetória e, então, acelerar suavemente para longe desse ponto em uma outra trajetória. A propriedade de velocidade zero de um cúspide tem valor em aplicações como processo de transporte, estampagem, e alimentação. Um **nó de cruzamento** *é um ponto duplo que ocorre quando a curva de acoplador cruza a si mesma criando vários* loops. As duas inclinações (tangentes) de um cruzamento dão ao ponto duas velocidades diferentes, nenhuma das quais é zero em contraste ao cúspide. Em geral, uma curva de mecanismo de quatro barras pode ter até três pontos duplos reais,* que podem ser uma combinação de cúspides e nós de cruzamentos, como podem ser vistos na Figura 3-16.

O *Atlas Hrones e Nelson* (H&N) de curvas de acopladores de quatro barras[8] é uma referência útil, que pode dar ao projetista um ponto de partida para projeto e análise. Ele contém cerca de 7000 curvas de acoplador e define a geometria de um mecanismo para cada um dos mecanismos manivela seguidor Grashof. A Figura 3-17a* reproduz uma página desse livro.

---

* Na verdade, a curva de acoplador de quatro barras tem nove pontos duplos, dos quais seis normalmente são imaginários. Entretanto, Fichter e Hunt[8b] apontaram algumas configurações únicas de mecanismos de quatro barras (ou seja, paralelogramos losangos e aqueles com configuração próxima) que podem ter até seis pontos duplos reais que eles denotam como três pontos duplos reais "próprios" e três "impróprios". Para casos não especiais de mecanismos de quatro barras Grashof com ângulos de transmissão mínimos aceitáveis para aplicações de engenharia, apenas os três pontos duplos reais "próprios" aparecerão.

O atlas H&N é logicamente arranjado, com todos os mecanismos de barras definidos pelas suas razões de elos, baseados em uma unidade de comprimento de manivela. O acoplador é mostrado como uma matriz de 50 pontos acopladores para cada mecanismo geométrico de barras, arranjados dez por página. Portanto, cada mecanismo geométrico de barras ocupa cinco páginas. Cada página contém uma "chave" esquemática no canto superior direito que define as razões dos elos.

A Figura 3-17b mostra um mecanismo de barras "adaptado" desenhado no topo da página do atlas H&N para ilustrar sua relação com a informação do material. Os círculos duplos na Figura 3-17a definem os pivôs fixos. A manivela é sempre de comprimento unitário. As razões dos outros comprimentos dos elos para a manivela são dadas em cada página. Os reais comprimentos dos elos podem ser aumentados ou diminuídos para se acomodar às limitações do seu conjunto, e isso irá afetar o tamanho, mas não o formato, da curva do acoplador. Qualquer um dos dez pontos do acoplador mostrado pode ser usado incorporando-o a um elo acoplador triangular. A localização do ponto do acoplador escolhido pode ser medida no atlas e é definida dentro dos limites do acoplador pelo vetor de posição **R**, cujos ângulos constantes são medidos com relação às linhas de centro do acoplador. As curvas do acoplador H&N são mostradas como linhas tracejadas. Cada região tracejada representa **cinco graus** de rotação de manivela. Então, para uma velocidade constante de manivela, o espaçamento do tracejado é proporcional ao trajeto da velocidade. As mudanças na velocidade e o retorno rápido natural do trajeto do movimento do acoplador podem ser claramente vistos do espaçamento do tracejado.

Alguém pode ler atentamente este recurso, que é o atlas de mecanismo de barras, e encontrar uma solução aproximada para qualquer problema de geração de trajetória. Então alguém pode trazer a solução experimental do atlas para o recurso CAE semelhante ao programa FOURBAR (ver Apêndice A) e aperfeiçoar ainda mais o projeto, baseado na análise completa de posições, velocidades e acelerações fornecidas pelo programa. Os únicos dados necessários para o programa FOURBAR são os quatro comprimentos dos elos e a localização do ponto do acoplador escolhido, com relação às linhas de centro do elo acoplador mostrado na Figura 3-17. Esses parâmetros podem ser mudados no programa FOURBAR para alterar e aperfeiçoar o projeto. Entre com o arquivo F03-17b.4br no programa FOURBAR para animar o mecanismo de barras mostrado nessa figura.

Um exemplo de aplicação do mecanismo de quatro barras para o problema prático é mostrado na Figura 3-18,* que é um mecanismo de barras de avanço de filme de câmera cinematográfica (ou projetor). O ponto O_2 é o pivô da manivela, acionado por um motor com velocidade constante. O ponto O_4 é a articulação do seguidor, e os pontos A e B são os pivôs móveis. Os pontos A, B e C definem o acoplador, onde C é o ponto do acoplador de interesse. Um filme é realmente uma série de imagens paradas; cada "quadro" de imagem é projetado por uma pequena fração de segundo na tela. Entre cada imagem, o filme deve ser mostrado rapidamente de um quadro para o próximo, enquanto o obturador é fechado no espaço vazio da tela. O ciclo todo leva somente 1/24 de segundo. O tempo de resposta dos olhos humanos é lento demais para notar a luz fraca associada a esse fluxo descontínuo de imagens paradas, então parecerá, para nós, uma imagem contínua.

O mecanismo de barras mostrado na Figura 3-18* é habilmente projetado para produzir o movimento requerido. Um gancho é entalhado no acoplador do mecanismo manivela seguidor de quatro barras Grashof ao ponto C, que gera a curva do acoplador mostrada. O gancho entrará em um dos furos para coroa dentada do filme quando passa pelo ponto F_1. Note que a direção do movimento do gancho para esse ponto é aproximadamente perpendicular ao filme, então entra no furo completamente. Ele, então, gira repentinamente para baixo e segue uma linha reta aproximada enquanto puxa rapidamente para baixo o próximo quadro. O filme é guiado separadamente por uma trilha estreita chamada "canaleta". O obturador (dirigido por outro mecanismo de barras de mesmo eixo motor de O_2) é fechado durante o intervalo de

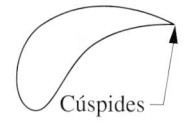

(g) Lágrima

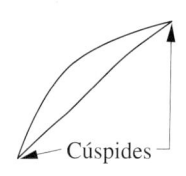

(h) Cimitarra

(i) Guarda-chuva

(j) Cúspide Tripla

(k) Algarismo oito

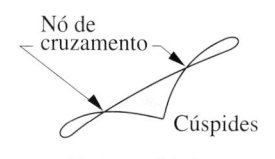

(l) Laço Triplo

FIGURA 3-16 parte 2

Um "catálogo indicativo" das formas das curva do acoplador.

* O atlas *Hrones e Nelson* está esgotado, mas um volume similar chamado *Atlas of Linkage Design and Analysis Vol 1: The Four Bar Linkage* está disponível em Saltire Software, 9725 SW Gemini Drive, Bearverton, OR 97005, (800) 659-1874.

Há também um web site em <http://www.cedarville.edu/dept/eg/kinematics/ccapdf/fccca.htm> desenvolvido pelo Prof. Thomas J. Thompson do Cedarville College, o qual fornece um atlas de curva do acoplador interativo, permitindo que as dimensões dos elos sejam alteradas e gerando a curva do acoplador na tela.[21]

O programa FOURBAR (ver Apêndice A) também permite uma rápida investigação das formas da curva do acoplador. Para qualquer mecanismo geométrico de barras definido, o programa desenha a curva do acoplador. Segurando o *shift*, clicando com o ponteiro do mouse no ponto do acoplador e arrastando-o ao redor, você verá a forma da curva do acoplador instantaneamente atualizada para cada nova localização do ponto do acoplador. Quando você liberar o botão do mouse, o novo mecanismo geométrico de barras é preservado para aquela curva.

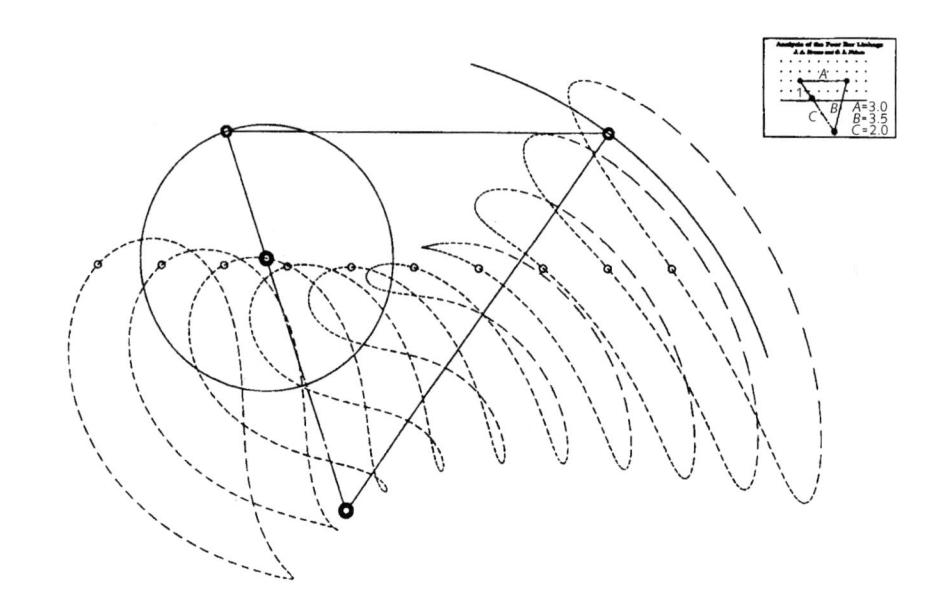

(a) Uma página do atlas *Hrones e Nelson* da curva do acoplador do mecanismo de quatro barras*

HRONES, J. A.; NELSON, G. L. Analysis of the Fourbar Linkage. Cambridge: MIT Technology Press, 1951. Reimpresso com autorização.

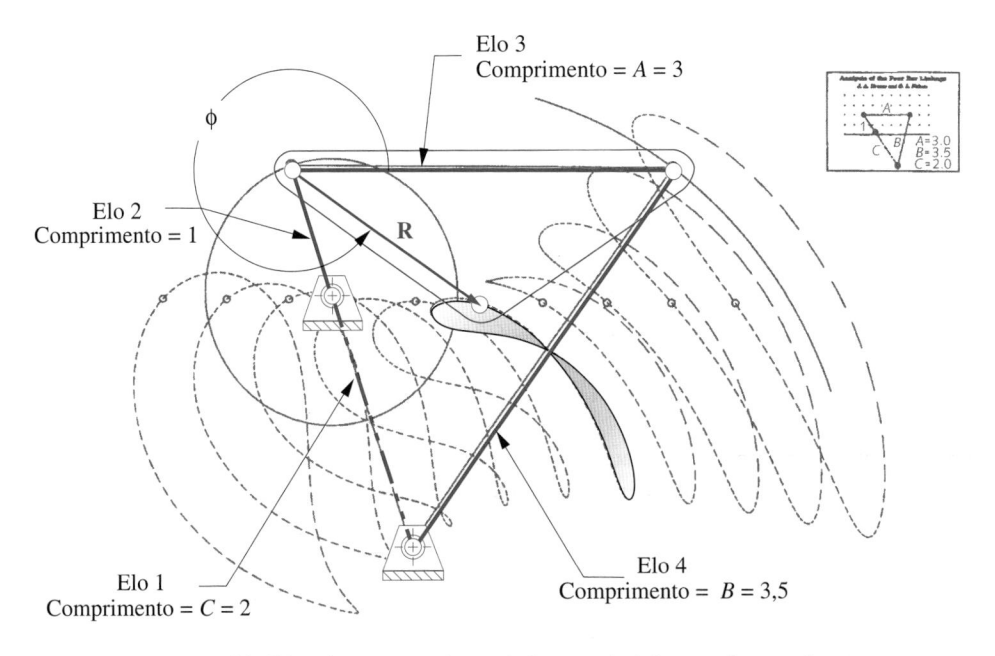

(b) Criando o mecanismo de barras da informação no atlas

FIGURA 3-17

Selecionando uma curva do acoplador e construindo o mecanismo de barras do atlas *Hrones e Nelson*.

movimento do filme, apagando a tela. No ponto F_2, há uma cúspide na curva do acoplador, que é causada pelo gancho, que serve para desacelerar suavemente até a velocidade zero na direção vertical, e, então, acelerar para cima e para fora do furo da coroa dentada. A transição repentina da direção da cúspide permite ao gancho retornar do furo sem chacoalhar o filme, o que faria a imagem saltar na tela enquanto o obturador abre. O restante do movimento da curva do acoplador é essencialmente o "tempo gasto" enquanto ocorre o retorno para a parte superior, quando então está pronto para entrar no filme de novo e repetir o processo. Entre com o arquivo F03-18.4br no programa FOURBAR (ver Apêndice A) para animar o mecanismo de barras mostrado na figura.

Algumas vantagens de utilizar esse tipo de artifício para essa aplicação são: é muito simples e barato (somente quatro elos, um dos quais é o quadro da câmera); é extremamente confiável; tem baixo atrito se bons mancais forem usados nos pivôs; e pode ser confiavelmente sincronizado com outros eventos no mecanismo de barras da câmera global por meio de um eixo comum de um único motor. Há uma enorme quantidade de outros exemplos de curvas do acoplador de quatro barras usados em máquinas e mecanismos de barras de todos os tipos.

Outro exemplo de aplicação muito diferente é a suspensão de automóvel (Figura 3-19). Tipicamente, os movimentos de sobe e desce das rodas do carro são controlados por algumas combinações planares do mecanismo de quatro barras, arranjados em duplicata para produzir controle tridimensional, como descrito da Seção 3.2. Somente uns poucos fabricantes, atualmente, usam um verdadeiro mecanismo de barras espacial, no qual os elos não são arranjados em planos paralelos. Em todos os casos, a montagem da roda é presa ao acoplador da montagem do mecanismo de barras, e o movimento é ao longo de um conjunto de curvas do acoplador. A orientação da roda também é uma preocupação, então, este não é exatamente um problema de geração de trajetória. Projetando o mecanismo de barras para controlar os trajetos dos múltiplos pontos na roda (banda de rodagem do pneu, centro da roda etc. – todos são pontos no mesmo elo acoplador prolongado), a geração de movimento é alcançada, mas o acoplador tem um movimento complexo As Figuras 3-19a e b mostram planos paralelos dos mecanismos de quatro barras suspendendo as rodas. A curva do acoplador do centro da roda é aproximadamente uma linha reta sobre o pequeno deslocamento vertical requerido. Isso é desejável enquanto a ideia é manter o pneu perpendicular ao chão para uma melhor tração nas curvas e mudança na posição do carro. Esta é uma aplicação em que um mecanismo de barras não Grashof é perfeitamente aceitável, mas a rotação completa da roda neste plano pode ter alguns resultados indesejáveis e surpreender o motorista. As paradas limites existem para prevenir tais comportamentos, então até um mecanismo de barras Grashof pode ser utilizado. As molas suportam o peso do veículo e produzem um quinto elo de força, com comprimento variável, que estabiliza o mecanismo como foi descrito na Seção 2.15. A função do mecanismo de quatro barras é somente guiar e controlar o movimento das rodas. A Figura 3-19c mostra um legítimo mecanismo de barras espacial de sete elos (incluindo chassis e roda) e nove juntas (algumas das quais são juntas esfera e soquete) usado para controlar o movimento da roda traseira. Esses elos não se movem em planos paralelos, mas controlam melhor o movimento tridimensional do acoplador que carrega a montagem da roda.

CURVAS SIMÉTRICAS DO ACOPLADOR DO MECANISMO DE QUATRO BARRAS Quando uma geometria de mecanismo de quatro barras é tal que o acoplador e o seguidor possuem o mesmo comprimento de um pino ao outro, todos os pontos do acoplador que existem em um círculo centralizado na junta acoplador seguidor com raio igual ao comprimento do acoplador irão gerar uma curva do acoplador simétrica. A Figura 3-20 mostra tanto um mecanismo de barras, quanto sua curva do acoplador simétrica, e a localização de todos os pontos que irão gerar curvas simétricas. Utilizando a notação da figura, o critério para a simetria da curva do acoplador pode ser declarado como:

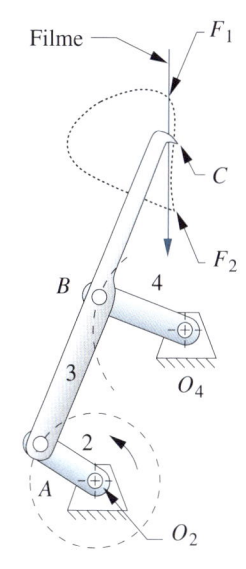

FIGURA 3-18

Mecanismo de barras de avanço de filme de câmera cinematográfica. WEISE, Die Kinematographische Kamera. In: M. KURT. *Die Wissenschattliche and Angenwandte Photografie*, v. 3. Viena: Springer-verlag, p. 202. (Entre com o arquivo F03-18.4br no programa FOURBAR para animar este mecanismo de barras.)

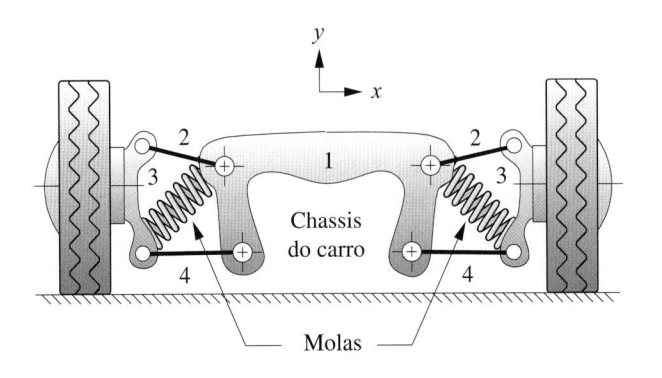

(a) Os mecanismos de quatro barras planares são duplicados em planos paralelos, deslocados na direção z, atrás dos elos mostrados

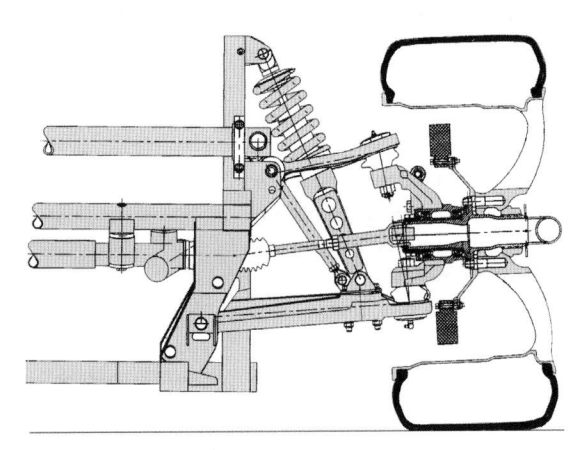

(b) Mecanismo de barras no plano paralelo usado para controlar o movimento da roda Viper
(*Cortesia da Chrysler Corporation*)

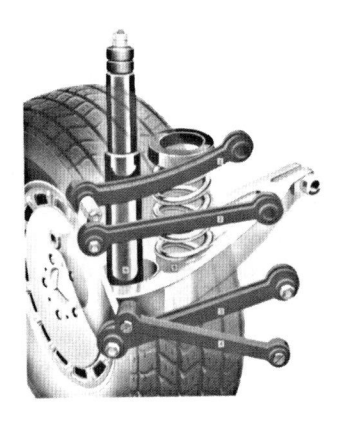

(c) Mecanismo de barras multielos espacial usado para controlar o movimento da roda traseira
(*Cortesia da Mercedes-Benz de North America Inc.*)

FIGURA 3-19

Mecanismos de barras utilizados nas suspensões de chassis automotivos.

$$AB = O_4B = BP \qquad (3.4)$$

Um mecanismo de barras para o qual a Equação 3.4 é verdadeira é considerado um mecanismo de **quatro barras simétrico**. O eixo de simetria da curva do acoplador é a linha O_4P, desenhada quando a manivela O_2A e o elo terra O_2O_4 estão estendidos colinearmente (isto é, $\theta_2 = 180°$). As curvas do acoplador simétricas provam ser bastante úteis, como podemos ver nas próximas seções. Algumas nos dão boas aproximações de arcos circulares e outras nos dão boas aproximações de linhas retas (com relação a uma parcela das curvas do acoplador).

Em casos gerais, nove parâmetros são necessários para definir a geometria de um mecanismo de **quatro barras não simétrico** com um ponto do acoplador.* Podemos reduzir isso para cinco, como segue. Três parâmetros podem ser eliminados fixando a localização e a orientação do elo

---

* Os nove parâmetros independentes do mecanismo de quatro barras são: quatro comprimentos dos elos, duas coordenadas do ponto do acoplador com relação ao elo acoplador e três parâmetros, que definem a localização e a orientação do elo terra na coordenada global do sistema terra. Os quatro comprimentos dos elos podem ser reduzidos para três parâmetros, normalizando três comprimentos dos elos para o quarto comprimento. O menor elo (a manivela, se for um mecanismo de barras manivela seguidor Grashof) é geralmente tido como elo de referência, e três razões de elos são formadas como $L_1/L_2, L_3/L_2, L_4/L_2$, em que L_1 = terra, L_2 = manivela, L_3 = acoplador e L_4 = comprimento de seguidor, como é mostrado na Figura 3-20. Dois parâmetros são necessários para localizar o ponto do acoplador: a distância de um ponto de referência no acoplador (B ou A na Figura 3-20) em relação ao ponto P do acoplador, e o ângulo que a linha BP (ou AP) faz com a linha de centros do acoplador AB (δ ou γ). Assim, com um elo terra definido, os cinco parâmetros que definirão a geometria de um mecanismo de quatro barras não simétrico (usando o ponto B como referência no elo 3 e as legendas da Figura 3-20) são: $L_1/L_2, L_3/L_2, L_4/L_2, BP/L_2$, e γ. Note que, multiplicando esses parâmetros por um fator escalar, mudarão o tamanho do mecanismo de barras e sua curva do acoplador, mas não mudará a forma da curva do acoplador.

Um **mecanismo de quatro barras simétrico** com um elo terra definido necessita somente de três parâmetros para definir sua geometria, porque três dos cinco parâmetros não simétricos são agora iguais pela Equação 3.4: $L_3/L_2 = L_4/L_2 = BP/L_2$. Três possíveis parâmetros para definir a geometria de um mecanismo de quatro barras simétrico em combinação com a Equação 3.4 são: $L_1/L_2, L_3/L_2$, e γ. Ter somente três parâmetros para trabalhar é melhor que cinco, pois simplifica demais a análise do comportamento da forma da curva do acoplador, quando a geometria do mecanismo de barras é variada. Outras relações para o acoplador triângulo isósceles são mostradas na Figura 3-20. São necessários o comprimento AP e o ângulo δ como entrada da geometria do mecanismo de barras no programa FOURBAR (ver Apêndice A).

Kota[9] fez um estudo extenso das características das curvas do acoplador dos mecanismos de quatro barras simétricos e traçou formas de curvas do acoplador em função de três parâmetros

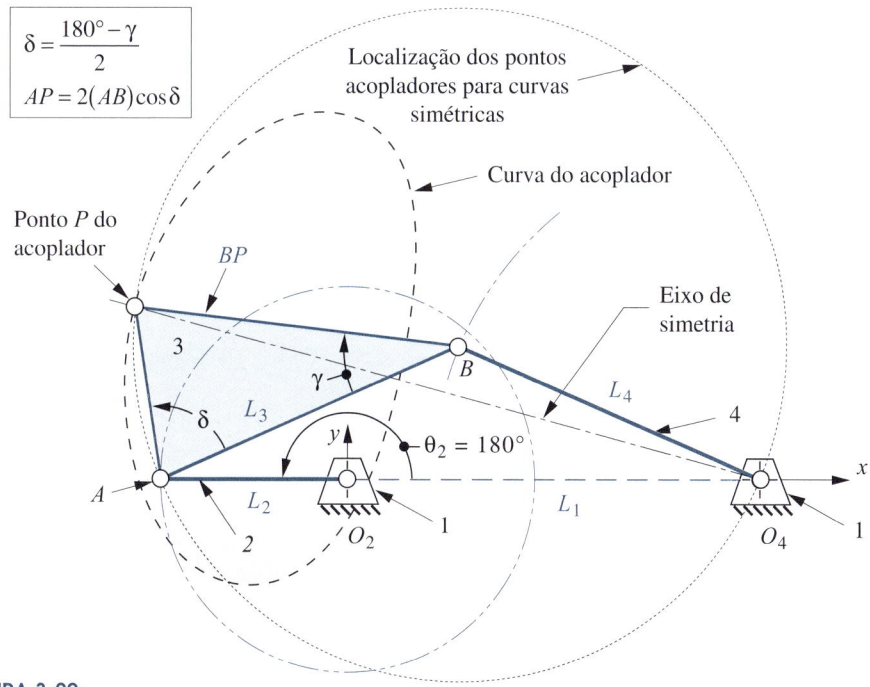

FIGURA 3-20

Um mecanismo de quatro barras com uma curva do acoplador simétrica.

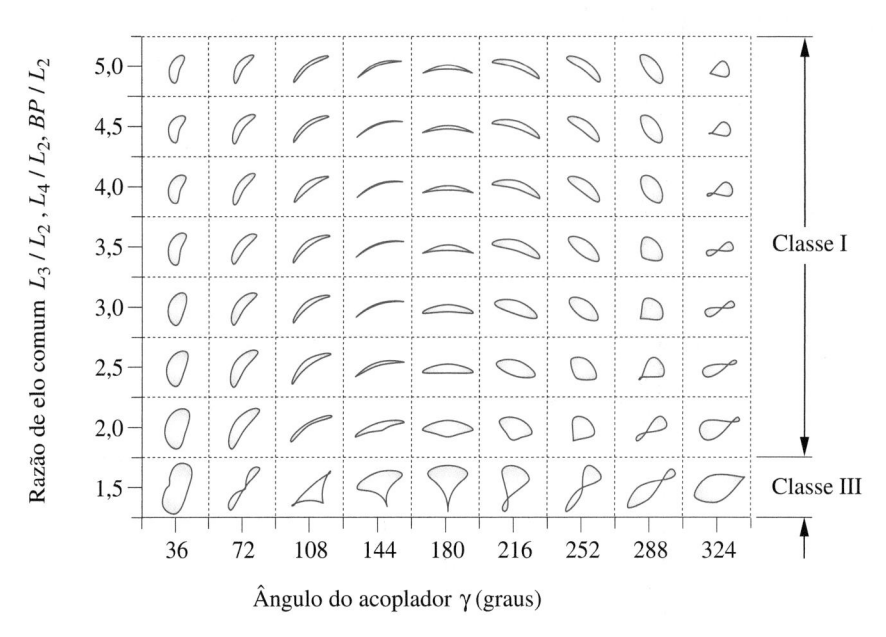

(a) Variação da forma da curva do acoplador com a razão de elo comum e o ângulo do acoplador pela razão de elo terra $L_1 / L_2 = 2,0$

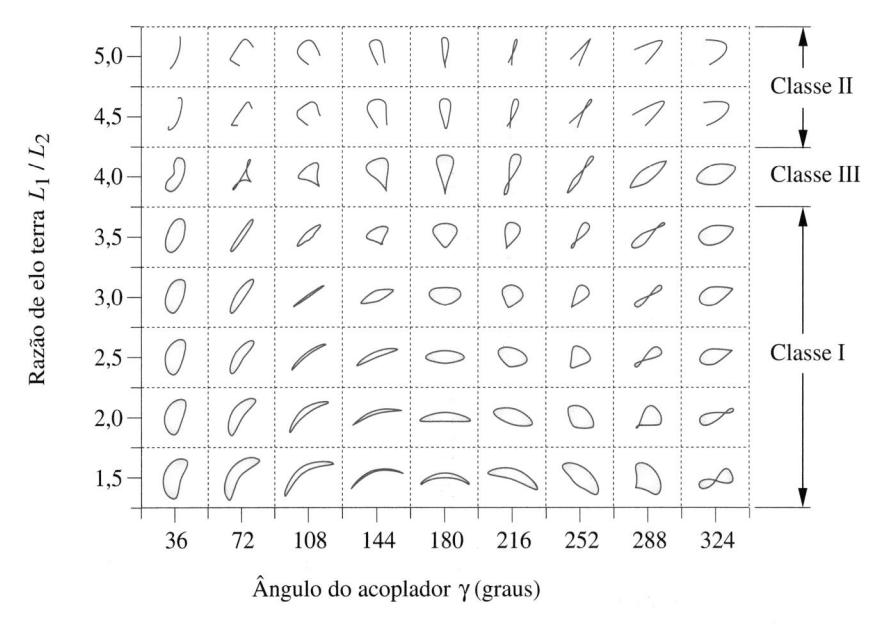

(b) Variação da forma da curva do acoplador com a razão de elo terra e o ângulo do acoplador pela razão de elo comum $L_3 / L_2 = L_4 / L_2 = BP / L_2 = 2,5$

FIGURA 3-21

Formas da curva do acoplador de mecanismos de quatro barras simétricos. *Adaptado da referência* [9].

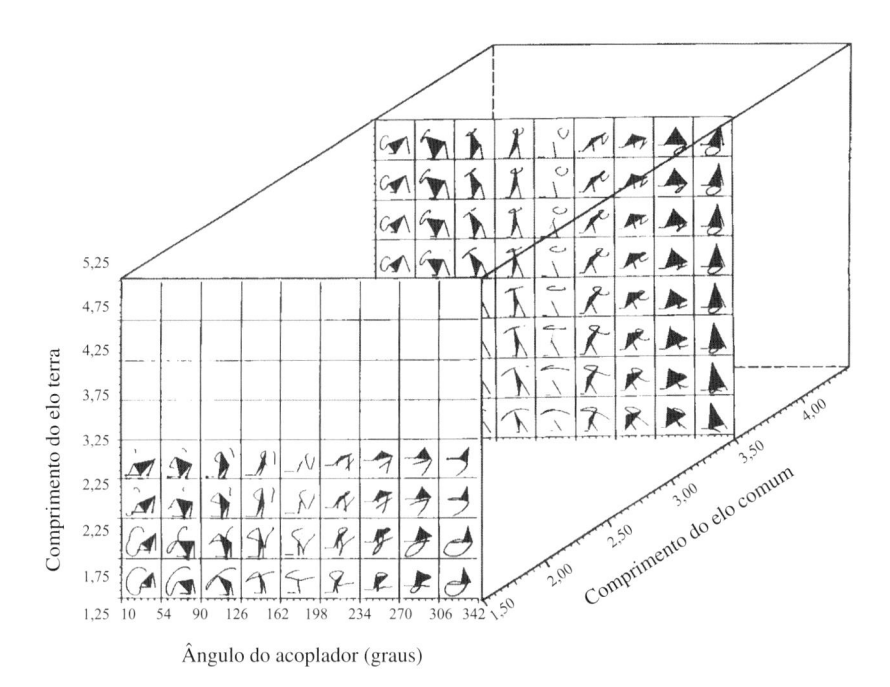

FIGURA 3-22

Um mapa tridimensional das formas da curva do acoplador do mecanismo de quatro barras simétrico.[9]

do mecanismo de barras definidos acima. Ele definiu um projeto tridimensional para traçar a forma da curva do acoplador. A Figura 3-21 mostra duas seções planas ortogonais obtidas através do projeto espacial para valores particulares de razões de elo,* e a Figura 3-22 mostra o projeto espacial. Embora as duas seções da Figura 3-21 mostrem somente uma pequena fração da informação do projeto espacial 3-D da Figura 3-22, elas dão uma noção do modo com que a variação dos três parâmetros do mecanismo de barras afeta a forma da curva do acoplador. Combinando os dados acima com uma ferramenta de projeto do mecanismo de barras, como o programa FOURBAR (ver Apêndice A), esses quadros desenhados podem ajudar a guiar o projetista na escolha de valores adequados para os parâmetros do mecanismo de barras, a fim de alcançar uma trajetória de movimento desejada.

AS CURVAS DO ACOPLADOR DO MECANISMO DE CINCO BARRAS ENGRENADO (Figura 3-23) são mais complexas que as de quatro barras. Porque existem três variáveis adicionais independentes de projeto em um mecanismo de cinco barras engrenado, comparado ao de quatro barras (uma razão de elo adicional, a relação de transmissão e o ângulo de fase entre as engrenagens), as curvas do acoplador podem ser de maior grau que as de quatro barras. Isso significa que as curvas podem ser mais enroladas, tendo mais cúspides e nós de cruzamento (laços). De fato, se a relação de transmissão utilizada não for inteira, o elo de entrada terá de fazer um número de revoluções igual ao fator necessário para tornar a razão inteira antes que a curva padrão de acoplador se repita. O Zhang, Norton, Hammond (ZNH) *Atlas of Geared FIVEBAR Mechanisms* (GFBM)[10] mostra curvas do acoplador típicas para esses mecanismos de barras limitados à geometria simétrica (por exemplo, elo 2 = elo 5 e elo 3 = elo 4) e relações de transmissão de ±1 e ±2. Uma página do atlas ZNH é reproduzida na Figura 3-23. Cada página mostra a família de curvas do acoplador obtidas pela variação do ângulo de fase para um conjunto particular de razões de elo e relação de transmissão. Uma chave no canto superior direito de cada página define as razões: α = elo 3 / elo

* Adaptado dos materiais do Professor Sridhar Kota, Universidade de Michigan.

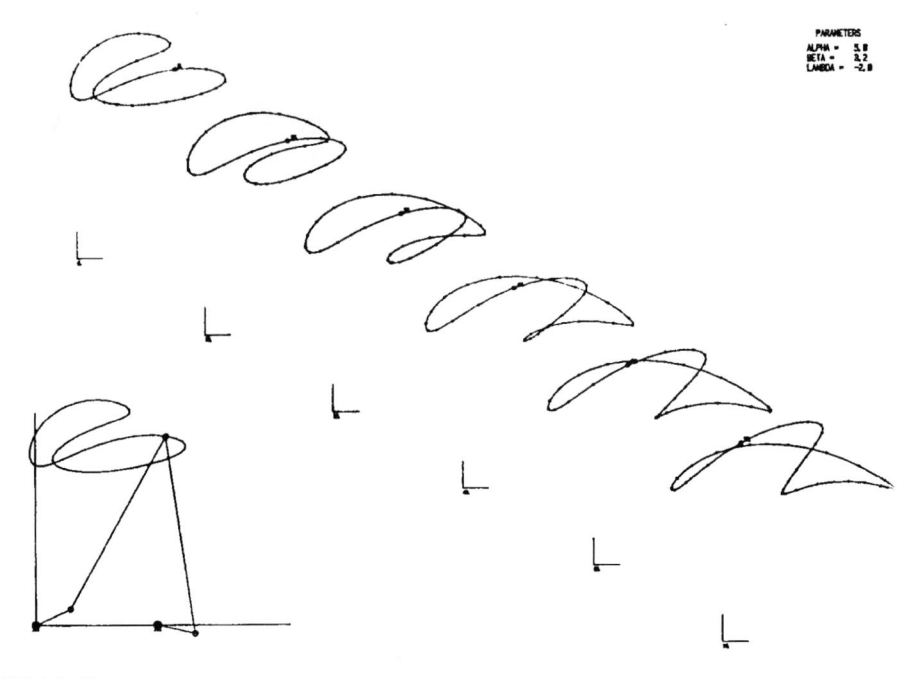

FIGURA 3-23

Uma página do atlas Zhang-Norton-Hammond das curvas do acoplador do mecanismo de cinco barras engrenado.[10]

2, β = elo 1 / elo 2, λ = engrenagem 5/ engrenagem 2. A simetria define os elos 4 e 5 como se vê acima. O ângulo de fase ϕ é obtido nos eixos desenhados de cada curva do acoplador e pode-se notar que tem um efeito significativo na forma da curva do acoplador resultante.

Pretende-se utilizar esse atlas de referência como um ponto de partida para um projeto de mecanismo de cinco barras engrenado. As razões de elo, relação de transmissão e ângulo de fase podem ser as entradas do programa FIVEBAR (ver Apêndice A) e podem ser variados para observar os efeitos nas formas da curva do acoplador, velocidades e acelerações. Assimetrias de elos podem ser introduzidas, e uma localização do ponto do acoplador, além da junta pinada entre os elos 3 e 4, definidos também no programa FIVEBAR. Note que o programa FIVEBAR espera que a relação de transmissão seja na forma engrenagem 2 / engrenagem 5, que é o inverso da razão λ no atlas ZNH.

3.7   MECANISMOS COGNATOS

Algumas vezes, acontece de uma boa solução para um problema de síntese de mecanismo de barras ser encontrada para satisfazer as restrições da geração de trajetória, mas os pivôs fixos estarem em locais impróprios para anexar ao plano fixo ou estrutura disponível. Nesse caso, a utilização de um **cognato** do mecanismo de barras pode ser útil. O termo **cognato** foi usado por Hartenberg e Denavit[11] para descrever *um mecanismo de barras, de geometria diferente, que gera a mesma curva do acoplador*. Samuel Roberts (1875)[23] e Chebyschev (1878), independentemente, descobriram o teorema que agora leva seus nomes:

Teorema de Roberts-Chebyschev

Três diferentes mecanismos de quatro barras planares e com juntas pinada traçarão curvas do acoplador idênticas.

Hartenberg e Denavit[11] apresentaram extensos estudos desse teorema para a biela-manivela e para os mecanismos de seis barras:

Dois diferentes mecanismos biela-manivela planares traçarão curvas do acoplador idênticas. *

A curva do ponto do acoplador de um mecanismo de quatro barras planar é também descrita por uma junta de uma díade de um mecanismo de seis barras apropriado.

A Figura 3-24a mostra um mecanismo de quatro barras para o qual queremos encontrar os dois cognatos. O primeiro passo é liberar os pivôs fixos O_A e O_B. Enquanto o acoplador é mantido estacionário, girar os elos 2 e 4 até ficarem colineares com a linha de centros (A_1B_1) do elo 3, como mostrado na Figura 3-24b. Podemos agora construir linhas paralelas em todos os cantos dos elos no mecanismo de barras original para criar o **diagrama Cayley**[24] na Figura 3-24c. Esse arranjo esquemático define os comprimentos e formas dos elos 5 a 10 que pertencem aos cognatos. Todos os três mecanismos de quatro barras partem do ponto P do acoplador original e, assim, irão gerar a mesma trajetória de movimento nas suas curvas do acoplador.

Em seguida, para encontrar a localização correta do pivô fixo O_C do diagrama Cayley, as extremidades dos elos 2 e 4 retornam para a localização original do pivôs fixos O_A e O_B, como mostrado na Figura 3-25a. Os outros elos seguirão o mesmo movimento, mantendo a relação do paralelogramo entre os elos, e o pivô fixo O_C permanecerá na sua própria localização no plano fixo. Essa configuração é chamada **diagrama Roberts** – três cognatos do mecanismo de quatro barras que partilham da mesma curva do acoplador.

O diagrama Roberts pode ser desenhado diretamente do mecanismo de barras original sem recorrer ao diagrama Cayley, notando que os paralelogramos dos outros cognatos também estarão presentes no diagrama Roberts e os três acopladores são triângulos similares. É possível também localizar o pivô fixo O_C diretamente do mecanismo de barras original, como mostra a Figura 3-25a. Construa um triângulo similar ao do acoplador, colocando sua base (AB) entre O_A e O_B. Seu vértice será em O_C.

A configuração Roberts de 10 elos (nove do Cayley mais o terra) agora pode ser articulada para qualquer posição de ponto morto, e o ponto P descreverá a trajetória original do acoplador, que é a mesma para os três cognatos. O ponto O_C não se movimentará quando o mecanismo de barras Roberts for articulado, provando que ele é um pivô terra. Os cognatos podem ser separados, como mostrado na Figura 3-25b, e qualquer um dos três mecanismos de barras utilizados gera a mesma curva do acoplador. Os elos correspondentes nos cognatos terão a mesma velocidade angular que o mecanismo de barras original, como definido na Figura 3-25.

Nolle[12] relata no trabalho de Luck[13] (em alemão) as definições dos comportamentos de todos os cognatos de quatro barras e seus ângulos de transmissão. Se o mecanismo de barras original é tipo Grashof manivela seguidor, então será também um cognato, e o outro será um mecanismo duplo seguidor Grashof. O ângulo de transmissão mínimo do cognato do mecanismo manivela seguidor será o mesmo que o do mecanismo manivela seguidor original. Se o mecanismo de barras original é um duplo seguidor Grashof (elo de arrasto), então ambos os cognatos também serão e seus ângulos de transmissão mínimos serão os mesmos em pares e serão acionados do mesmo pivô fixo. Se o mecanismo de barras original é um triplo seguidor não Grashof, então ambos cognatos serão triplos seguidores também.

Essas citações indicam que cognatos de mecanismos de barras Grashof não oferecem melhores ângulos de transmissão do que o mecanismo de barras original. Suas principais vantagens são a diferente localização do pivô fixo, diferentes velocidades e diferentes acelerações dos outros pontos no mecanismo de barras. Enquanto a trajetória do acoplador é a mesma para todos os cognatos, suas velocidades e acelerações geralmente não serão as mesmas desde que cada geometria global do cognato seja diferente.

* Dijksman e Smals [25] explicam que um mecanismo de barras biela-manivela invertida não possui nenhum cognato.

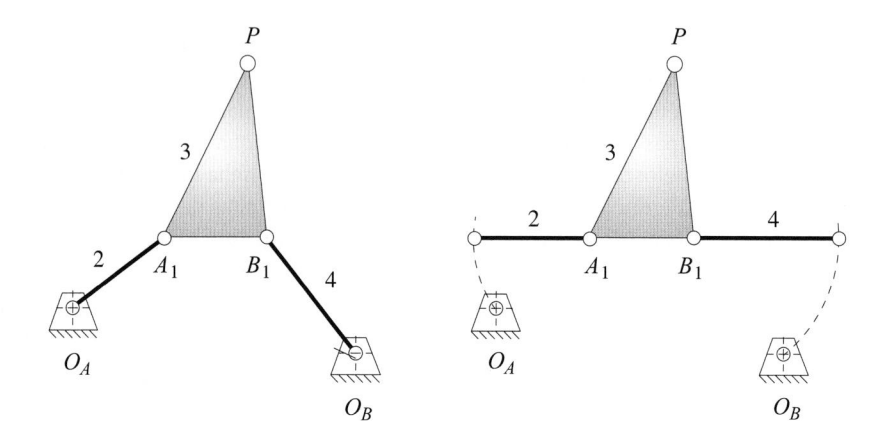

(a) Mecanismo de quatro barras (cognato 1)

(b) Elos 2 e 4 alinhados com o acoplador

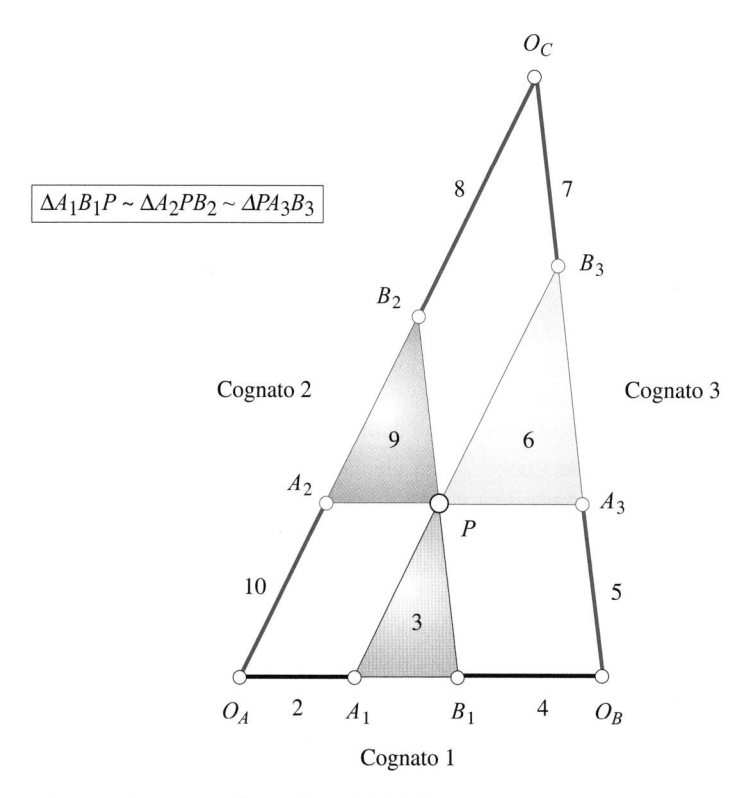

$\Delta A_1B_1P \sim \Delta A_2PB_2 \sim \Delta PA_3B_3$

Cognato 2

Cognato 3

Cognato 1

(c) Construção de linhas paralelas em todos os cantos do mecanismo de quatro barras original para criar cognatos

FIGURA 3-24

Diagrama Cayley para encontrar cognatos de um mecanismo de quatro barras.

SÍNTESE GRÁFICA DE MECANISMOS

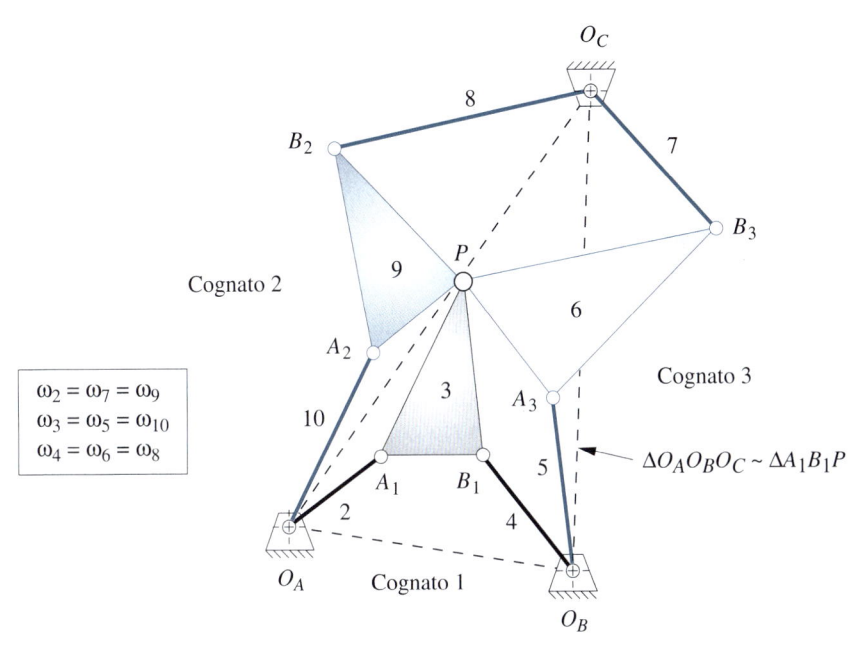

$\omega_2 = \omega_7 = \omega_9$
$\omega_3 = \omega_5 = \omega_{10}$
$\omega_4 = \omega_6 = \omega_8$

$\triangle O_A O_B O_C \sim \triangle A_1 B_1 P$

(a) Retorno dos elos 2 e 4 para seus pivôs fixos O_A e O_B.
O ponto O_C assumirá sua própria localização

$\triangle A_1 B_1 P \sim \triangle A_2 P B_2 \sim \triangle P A_3 B_3$

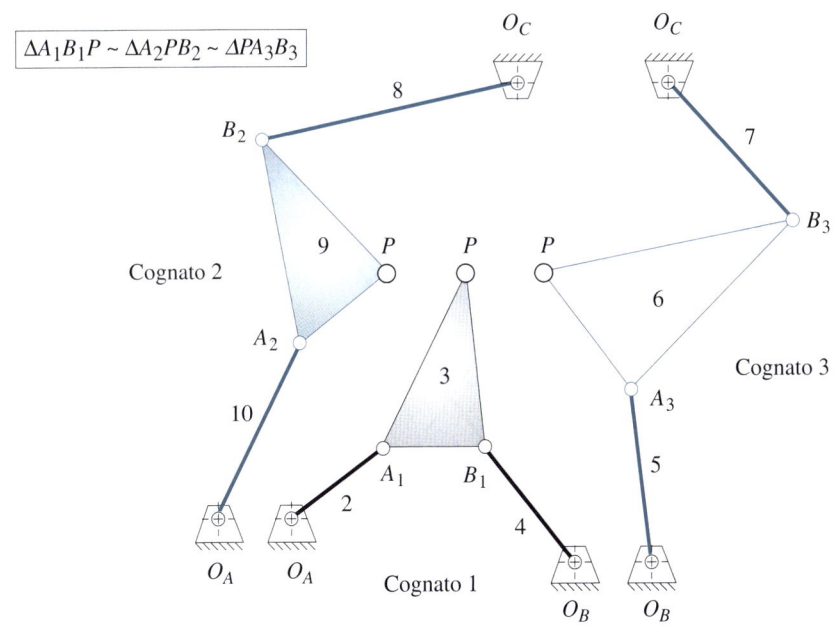

(b) Separação dos três cognatos.
O ponto P tem a mesma trajetória de movimento em cada cognato

FIGURA 3-25

Diagrama Roberts de três cognatos de quatro barras.

Quando o ponto do acoplador está sobre a linha de centros do elo 3, o diagrama de Cayley se divide em um grupo de linhas colineares. É necessária uma aproximação diferente para determinar a geometria dos cognatos. Hartenberg e Denavit[11] dão os seguintes passos para encontrar os cognatos nesse caso. A notação refere-se à Figura 3-26.

1. Defina o pivô fixo O_C localizado sobre a linha de centros estendida $O_A O_B$ e que a divida com a mesma relação que o ponto P divide AB (isto é, $O_C / O_A = PA / AB$).

2. Trace a linha $O_A A_2$ paralela a $A_1 P$ e $A_2 P$ paralela a $O_A A_1$, localizando A_2.

3. Trace a linha $O_B A_3$ paralela a $B_1 P$ e $A_3 P$ paralela a $O_B B_1$, localizando A_3.

4. A junta B_2 divide a linha $A_2 P$ com a mesma relação que o ponto P divide AB. Isso define o primeiro cognato $O_A A_2 B_2 O_C$.

5. A junta B_3 divide a linha $A_3 P$ com a mesma relação que o ponto P divide AB. Isso define o segundo cognato $O_B A_3 B_3 O_C$.

Os três mecanismos de barras podem, então, ser separados e cada um gerará independentemente, a mesma curva do acoplador. O exemplo escolhido pela Figura 3-26 é raro, pois os dois cognatos do mecanismo de barras original são idênticos, imagens espelhadas iguais. Esses são mecanismos de barras especiais e serão discutidos melhor na próxima seção.

O programa FOURBAR (ver Apêndice A) calculará automaticamente os dois cognatos para qualquer configuração de mecanismo de barras de entrada. As velocidades e acelerações de cada cognato podem então ser calculadas e comparadas. O programa também desenha o diagrama Cayley para os conjuntos de cognatos. Entre com o arquivo F03-24.4br para exibir o diagrama Cayley da Figura 3-24. Entre com os arquivos COGNATE1.4br, COGNATE2.4br e COGNATE3.4br para animar e visualizar o movimento de cada cognato mostrados na Figura 3-25. Suas curvas do acoplador (ao menos essas porções que cada cognato pode alcançar) serão vistas de forma idêntica.

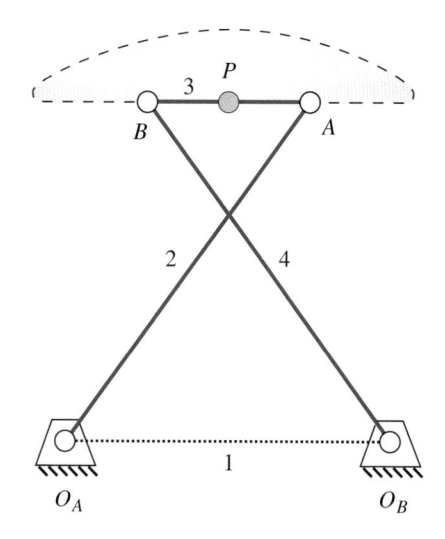

(a) Um mecanismo de quatro barras e sua curva do acoplador

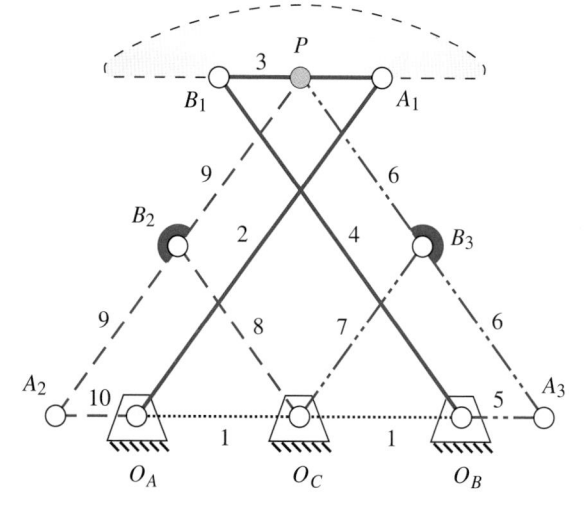

(b) Cognatos do mecanismo de quatro barras

FIGURA 3-26

Encontrando cognatos de um mecanismo de quatro barras quando seu ponto do acoplador está sobre a linha de centros do acoplador.

Movimento paralelo

É muito comum desejar que o elo de saída de um mecanismo siga uma trajetória particular sem qualquer rotação do elo enquanto se move ao longo da trajetória. Quando uma trajetória de movimento, apropriada na forma de uma curva do acoplador, e seu mecanismo de quatro barras tiverem sido encontrados, um cognato desse mecanismo de barras produzirá uma forma conveniente para replicar a trajetória de movimento do acoplador e produzir uma translação curvilínea (isto é, sem rotação) de um novo elo de saída, que segue a trajetória do acoplador. Isso se refere ao **movimento paralelo**. Seu projeto é descrito melhor com um exemplo; o resultado será um mecanismo de seis barras Watt II,* que incorpora o mecanismo de quatro barras original e parte de um de seus cognatos. O método mostrado está como descrito em Soni.[14]

✎ EXEMPLO 3-11

Movimento paralelo de uma curva do acoplador do mecanismo de quatro barras.

Problema: Projete um mecanismo de seis barras para movimento paralelo sobre uma trajetória do acoplador do mecanismo de quatro barras.

Solução: (Ver Figura 3-27.)

1. A Figura 3-27a mostra o mecanismo de quatro barras manivela seguidor Grashof e sua curva do acoplador. O primeiro passo é criar o diagrama Roberts e encontrar seus cognatos, como mostrado na Figura 3-27b. O mecanismo de barras Roberts pode ser encontrado diretamente, sem recorrer ao diagrama Cayley, como descrito na p. 129. O centro fixo O_C é encontrado desenhando-se um triângulo similar ao triângulo acoplador A_1B_1P com base O_AO_B.

2. Um cognato do mecanismo de barras manivela seguidor também será um manivela seguidor (nesse caso cognato 3) e o outro será um Grashof duplo seguidor (nesse caso cognato 2). Descarte o duplo seguidor, mantendo os elos numerados 2, 3, 4, 5, 6 e 7 na Figura 3-27b. Note que os elos 2 e 7 são as duas manivelas, e ambas têm a mesma velocidade angular. A estratégia é unir essas duas manivelas em um centro comum (O_A) e combiná-las com um elo simples.

3. Desenhe a linha qq paralela à linha O_AO_C passando pelo ponto O_B, como mostrado na Figura 3-27c.

4. Sem permitir a rotação dos elos 5, 6 e 7, deslize-os como uma montagem ao longo das linhas O_AO_C e qq até o final livre do elo 7, que é no ponto O_A. A extremidade livre do elo 5 será no ponto O_B, e o ponto P no elo 6 será em P'.

5. Adicione um novo elo de comprimento O_AO_C entre P e P'. Este é o *novo elo de saída* 8 e todos os pontos nele descrevem a curva do acoplador original como representado nos pontos P, P' e P'' na Figura 3-27c.

6. O mecanismo na Figura 3-27c tem 8 elos, 10 juntas de revolução e um GDL (graus de liberdade). Quando acionado **pela** manivela 2 ou pela 7, todos os pontos no elo 8 duplicarão a curva do acoplador do ponto P.

7. Este é um *mecanismo fechado* com elos redundantes. Como os elos 2 e 7 têm a mesma velocidade angular, elas podem ser unidas a um elo, como mostrado na Figura 3-27d. Então o elo 5 pode ser removido e o elo 6 reduzido para um elo binário suportado e restrito como parte do laço 2, 6, 8, 3. O mecanismo resultante é um seis barras Watt-I (ver a Figura 2-14) com os elos numerados 1, 2, 3, 4, 6 e 8. O elo 8 é uma *translação curvilínea* e segue a trajetória do acoplador do ponto P original.**

---

* Outro método comum usado para obter movimento paralelo é duplicar o mesmo mecanismo de barras (isto é, o cognato idêntico), conectá-los com um laço de paralelogramo e remover dois elos redundantes, resultando em um mecanismo de oito elos. Ver a Figura P3-7 para um exemplo de um mecanismo semelhante. O método mostrado aqui usa um cognato diferente, resultando em um mecanismo de barras mais simples, mas uma aproximação também alcançará o objetivo desejado.

** Outro exemplo de um movimento paralelo de um mecanismo de seis barras é o mecanismo gerador de movimento linear Chebyschev da Figura P2-5a. É uma combinação de dois dos cognatos mostrados na Figura 3-26, montado pelo método descrito no Exemplo 3-11 e mostrado na Figura 3-27.

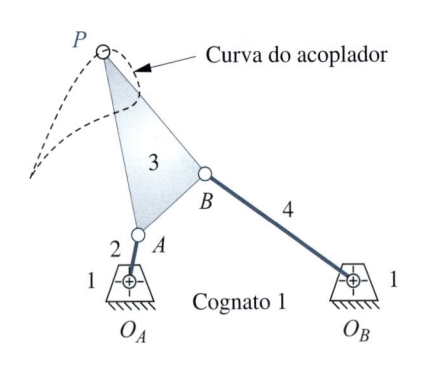

154   CINEMÁTICA E DINÂMICA DOS MECANISMOS   CAPÍTULO 3

(a) Mecanismo de quatro barras com a curva do acoplador

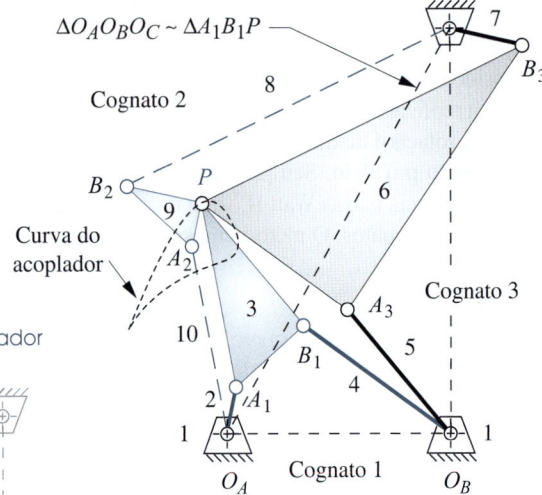

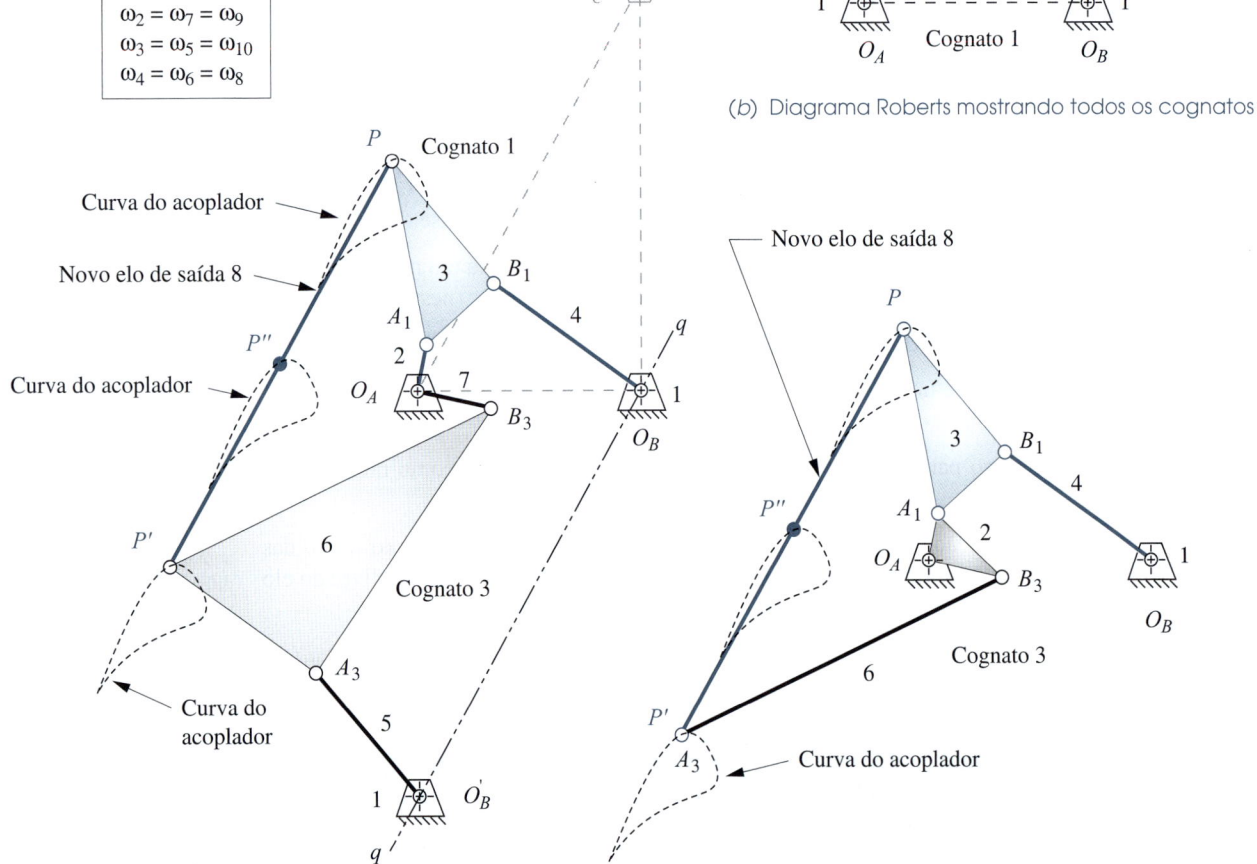

(b) Diagrama Roberts mostrando todos os cognatos

$\omega_2 = \omega_7 = \omega_9$
$\omega_3 = \omega_5 = \omega_{10}$
$\omega_4 = \omega_6 = \omega_8$

$\Delta O_A O_B O_C \sim \Delta A_1 B_1 P$

(c) Cognato 3 trocado com O_C movendo para O_A

(d) Elo 5 redundante omitido e elos 2 e 7 combinados restando um mecanismo de seis barras de Watt

FIGURA 3-27

Método para construir um mecanismo de seis barras Watt-I que replica uma trajetória de acoplador com translação curvilínea (movimento paralelo).[14]

Cognatos de cinco barras engrenados para mecanismos de quatro barras

Chebyschev também descobriu que qualquer curva do acoplador de um mecanismo de quatro barras pode ser duplicada com um **mecanismo de cinco barras engrenado, cuja relação de transmissão é mais um**, significando que as engrenagens giram com a mesma velocidade e direção. Os comprimentos dos elos do mecanismo de cinco barras engrenado serão diferentes daqueles do de quatro barras, mas podem ser determinados diretamente a partir do de quatro barras. A Figura 3-28a mostra o método de construção, como descrito por Hall,[15] para obter o mecanismo de cinco barras engrenado que dará a mesma curva do acoplador que um de quatro barras. O mecanismo de quatro barras original é $O_A A_1 B_1 O_B$ (elos 1, 2, 3, 4). O mecanismo de cinco barras é $O_A A_2 P B_2 O_B$ (elos 1, 5, 6, 7, 8). Os dois mecanismos de barras compartilham somente o ponto P do acoplador e os pivôs fixos O_A e O_B. O cinco barras é construído simplesmente desenhando-se o elo 6 paralelo ao elo 2, o elo 7 paralelo ao elo 4, o elo 5 paralelo à $A_1 P$ e o elo 8 paralelo à $B_1 P$.

É necessário um conjunto de três engrenagens para os elos 5 e 8 do acoplador com uma razão de mais um (engrenagem 5 e engrenagem 8 possuem o mesmo diâmetro e o mesmo sentido de rotação, devido à engrenagem intermediária), como mostrado na Figura 3-28b. O elo 5 está fixo à engrenagem 5, assim como o elo 8 está fixo à engrenagem 8. Essa técnica de construção pode ser aplicada para cada um dos três cognatos de mecanismo de quatro barras, produzindo três mecanismos engrenados de cinco barras (que podem ou não ser Grashof). Os três cognatos de mecanismo de cinco barras podem ser vistos no diagrama Roberts. Note que, no exemplo mostrado, um mecanismo de quatro barras triplo seguidor não Grashof produz um cinco barras Grashof, que pode ser acionado por um motor. Essa conversão para um mecanismo de cinco barras engrenado pode ser uma vantagem quando a curva do acoplador "correta" é encontrada em um mecanismo de quatro barras não Grashof, mas é necessária saída contínua por meio das posições de ponto morto do mecanismo de quatro barras. Assim, podemos ver que há pelo menos sete mecanismos de barras que irão gerar a mesma curva do acoplador, três quatro barras, três mecanismos de cinco barras engrenado um ou mais seis barras.

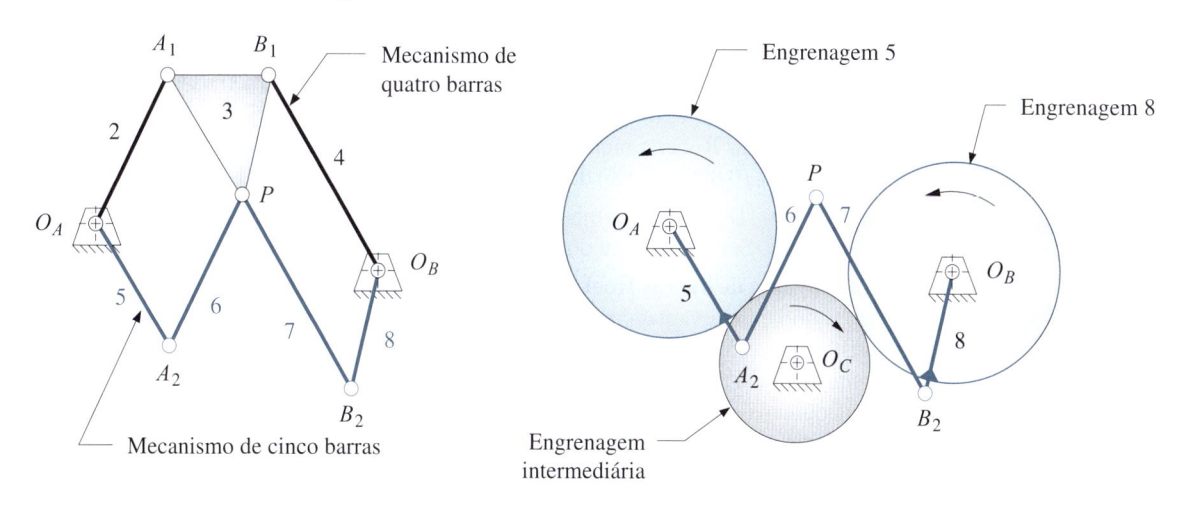

(a) Um mecanismo cognato de cinco barras engrenado de um mecanismo de quatro barras

(b) Mecanismo de cinco barras engrenado resultante

FIGURA 3-28

Um cognato engrenado do mecanismo de cinco barras para um mecanismo de quatro barras.

* À época de Watt, o movimento linear era conhecido como "movimento paralelo", entretanto usamos esse termo de modo um tanto diferente agora. James Watt relata uma conversa com seu filho, *"Embora eu não esteja tão ansioso depois da fama, ainda estou mais orgulhoso com o movimento paralelo do que com qualquer outra invenção mecânica que eu tenha feito"*. Citado em J. P. Muirhead. *The Origin and progress of the Mechanical Inventions of James Watt*, v. 3. Londres: s/ed., 1854, p. 89.

** Note também na Figura 3-29b (e na Figura P2-10) que a díade motora (elos 7 e 8 na Figura 3-29b, ou 3 e 4 na Figura P2-10) é um arranjo solar complicado e engrenagens planetárias com o eixo planetário em uma trilha circular. Estes possuem o mesmo efeito que a biela-manivela. Watt foi forçado a inventar o trem planetário, para escapar da patente de 1780 de James Pickard, da biela-manivela.

*** Hain[17] (1967) cita a referência Hoeken[16] (1926) para este mecanismo de barras. Nolle[18] (1974) mostra o mecanismo Hoeken, mas se refere a ele como um mecanismo manivela seguidor Chebyschev sem notar sua relação com o duplo seguidor Chebyschev, que ele também mostra. É certamente concebível que Chebyschev, como um dos criadores do teorema dos mecanismos de barras cognatos, teria descoberto o cognato "Hoeken" do seu próprio duplo seguidor. De qualquer forma, esse autor tem sido incapaz de encontrar qualquer menção da sua criação em literatura inglesa, diferentes das citadas aqui.

O programa FOURBAR (ver Apêndice A) calcula a configuração do mecanismo de cinco barras engrenado equivalente para qualquer mecanismo de quatro barras e exporta seus dados para um arquivo de disco que pode ser aberto no programa FIVEBAR (ver Apêndice A) para análise. O arquivo F03-28a.4br pode ser aberto no FOURBAR para animar o mecanismo de barras mostrado na Figura 3-28a. Então, abra também o arquivo F03-28b.5br no programa FIVEBAR para ver o movimento do mecanismo de cinco barras engrenado equivalente. Note que o mecanismo de quatro barras original é um triplo seguidor, então não pode alcançar todas as partes da curva do acoplador quando acionado por um seguidor. Mas seu mecanismo de cinco barras engrenado equivalente pode fazer uma revolução completa e percorrer a trajetória inteira do acoplador. Para exportar um arquivo de disco FIVEBAR para o mecanismo de cinco barras engrenado equivalente de qualquer mecanismo de quatro barras do programa FOURBAR, use a opção *Export* do menu *File*.

3.8 MECANISMOS PARA MOVIMENTAÇÃO LINEAR

Uma aplicação muito comum das curvas do acoplador é a geração de um movimento linear aproximado. Mecanismos de barras para movimentação linear são conhecidos e usados desde o tempo de James Watt no século XVIII. Muitos cinemáticos como Watt, Chebyschev, Peaucellier, Kempe, Evans e Hoeken (além de outros), por volta de um século atrás, desenvolveram ou descobriram uma aproximação ou exatos mecanismos de barras para movimentação linear, e seus nomes estão associados com esses dispositivos nos dias de hoje. A Figura 3-29 mostra os mecanismos de barras para movimentação linear mais conhecidos.

A primeira aplicação registrada de uma curva do acoplador para um problema de movimento é do **mecanismo de barras para movimento linear Watt's**, patenteado em 1784 e mostrado na Figura 3-29a. Watt inventou diversos mecanismos de barras para movimentação linear para guiar o pistão de ciclo longo da sua máquina a vapor no tempo em que máquinas-ferramentas que poderiam usinar um trilho comprido e reto ainda não existiam.* A Figura 3-29b mostra o mecanismo de barras Watt usado para guiar o pistão da máquina a vapor.** Esse mecanismo de barras triplo seguidor ainda é usado em sistemas de suspensão de automóvel para guiar o eixo das rodas traseiras para cima e para baixo em um movimento linear, além de muitas outras aplicações.

Richard Roberts (1789-1864) (não confundir com Samuel Roberts, dos cognatos) descobriu o **mecanismo de barras para movimentação linear Roberts** mostrado na Figura 3-29c. Esse é um triplo seguidor. São possíveis outros valores para *AP* e *BP*, mas o mecanismo de barras para movimentação linear Roberts mostrado possui linha reta mais exata com um desvio do plano de somente 0,04% (0,0004 mm%) do comprimento do elo 2 sobre o alcance de $49° < \theta_2 < 69°$.

Chebyschev (1821-1894) também inventou muitos **mecanismos de barras para movimentação linear**. Seu duplo seguidor Grashof mais conhecido está mostrado na Figura 3-29d.

O **mecanismo de barras Hoeken**,[16] na Figura 3-29e, é um mecanismo Grashof manivela seguidor, o que é uma vantagem prática significativa. O mecanismo de barras Hoeken tem a característica de *velocidade aproximadamente constante ao longo da parte central do seu movimento em linha reta*. É interessante notar que os mecanismos de barras **Hoeken** e **Chebyschev** são cognatos de outro mecanismo de barras.*** Os cognatos mostrados na Figura 3-26 são os mecanismos de barras Chebyschev e Hoeken.

A Figura 3-29f mostra um dos mecanismos de barras para movimentação linear de **Evans**. É um triplo seguidor com um alcance do movimento do elo de entrada de aproximadamente 27 a 333° entre as posições do ponto morto. A parte da curva do acoplador mostrada está entre 150 e 210° e tem uma linha reta muito exata, com um desvio de somente 0,25% (0,0025 mm%) do comprimento da manivela.

A Figura 3-29g mostra um segundo **mecanismo de barras para movimento linear Evans**, também um triplo seguidor com um alcance do movimento do elo de entrada de apro-

SÍNTESE GRÁFICA DE MECANISMOS

$L_1 = 4$
$L_2 = 2$
$L_3 = 1$
$L_4 = 2$
$AP = 0{,}5$

(a) Um mecanismo de barras para movimentação linear Watt

$L_1 = 2$
$L_2 = 1$
$L_3 = 1$
$L_4 = 1$
$AP = 1{,}5$
$BP = 1{,}5$

(b) Mecanismo de barras de Watt, como utilizado em sua máquina a vapor

Vapor
Entrada
Vapor

(c) Um mecanismo de barras para movimentação linear Roberts

$L_1 = 2$
$L_2 = 2{,}5$
$L_3 = 1$
$L_4 = 2{,}5$
$AP = 0{,}5$

$L_1 = 2$
$L_2 = 1$
$L_3 = 2{,}5$
$L_4 = 2{,}5$
$AP = 5$

(d) Um mecanismo de barras para movimentação linear Chebyschev*

(e) Mecanismo de barras para movimentação linear Hoeken

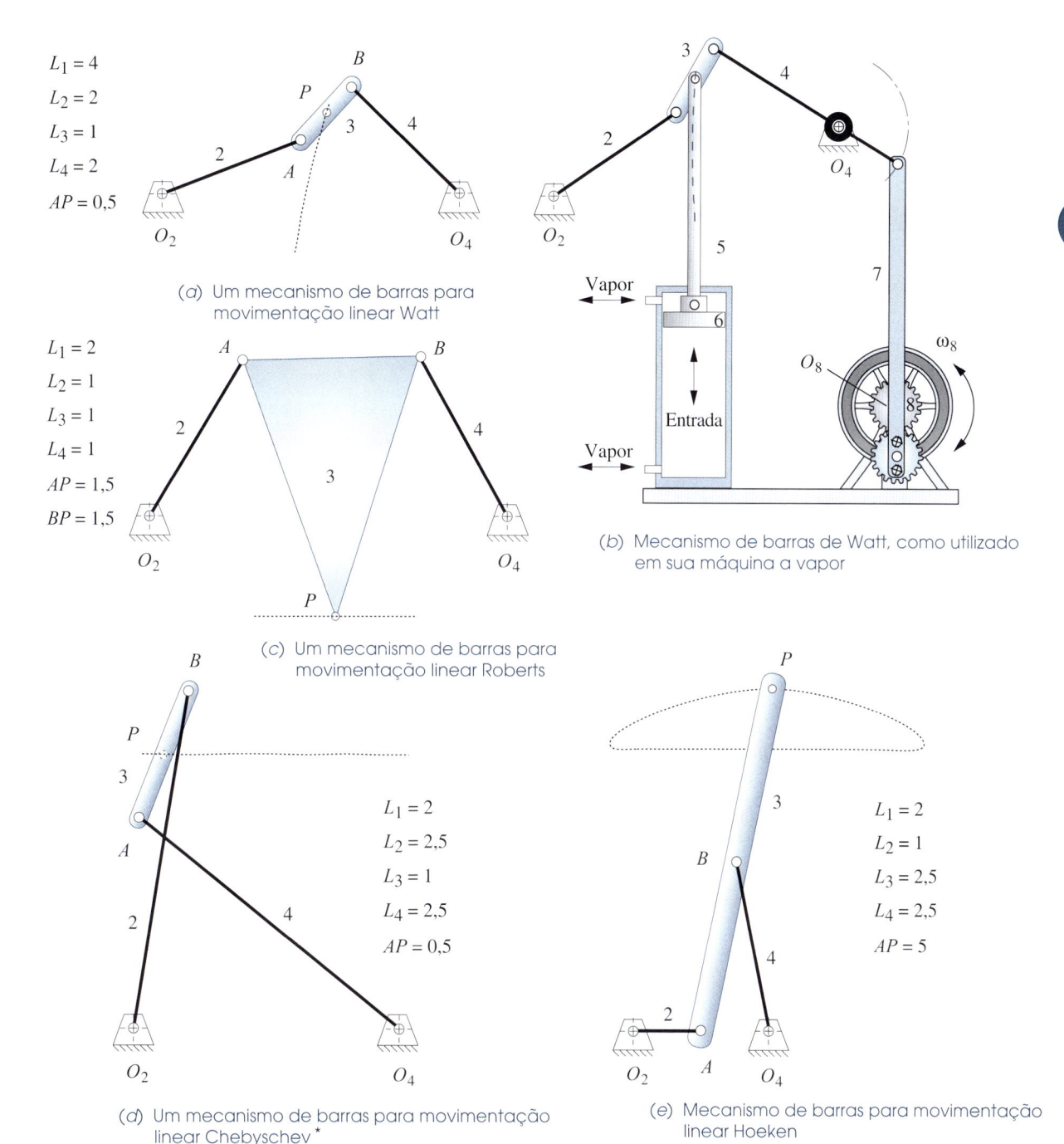

FIGURA 3-29 parte 1

Algumas aproximações comuns e clássicas de mecanismos de barras para movimentação linear.

* As razões de elo do mecanismo de barras para movimentação linear Chebyschev mostrado têm sido relatadas diferentemente por vários autores. As razões usadas aqui são aquelas primeiras relatadas (em inglês) por Kempe (1877). Mas Kennedy (1893) descreve o mesmo mecanismo de barras, "como Chebyschev demonstrou na Exibição de Viena de 1893" como tendo as razões de elo 1; 3,25; 2,5; 3,25. Assumiremos a primeira referência como a correta, conforme listado na figura. Ambos podem ser corretos, visto que Chebyschev registrou diversos projetos de mecanismos de barras para movimentação linear.[20]

$L_1 = 1,2$
$L_2 = 1$
$L_3 = 1,6$
$L_4 = 1,039$
$AP = 2,69$

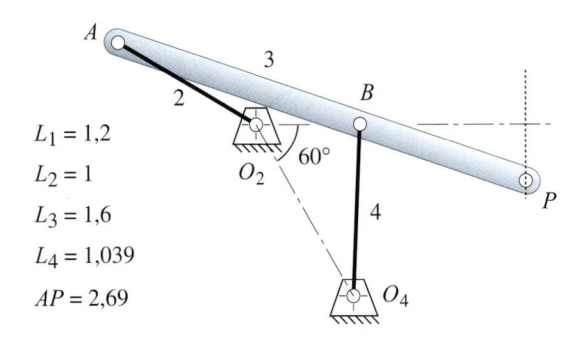

(f) Aproximação do mecanismo de barras para movimentação linear Evans 1

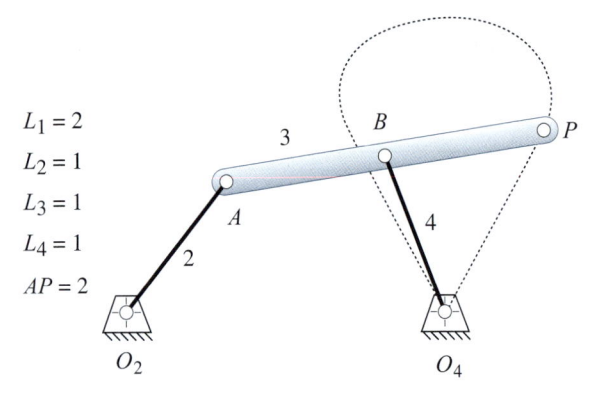

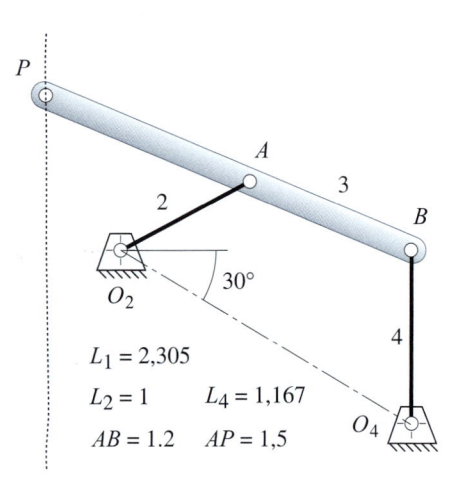

$L_1 = 2,305$
$L_2 = 1$ $L_4 = 1,167$
$AB = 1.2$ $AP = 1,5$

(g) Aproximação do mecanismo de barras para movimentação linear Evans 2

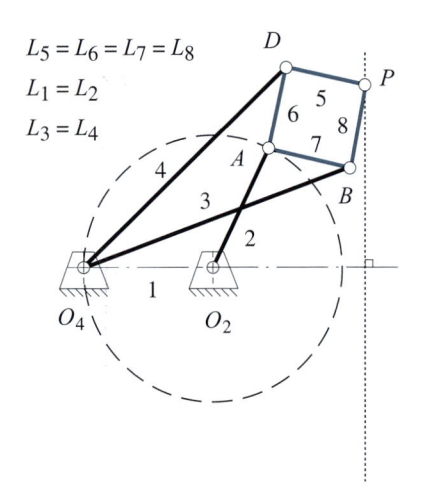

$L_1 = 2$
$L_2 = 1$
$L_3 = 1$
$L_4 = 1$
$AP = 2$

(h) Aproximação do mecanismo de barras para movimentação linear Evans 3

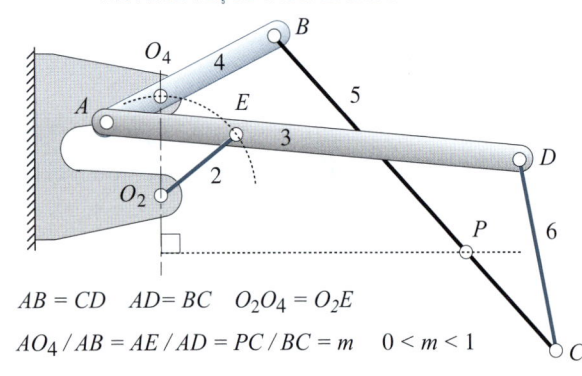

$L_5 = L_6 = L_7 = L_8$
$L_1 = L_2$
$L_3 = L_4$

$AB = CD$ $AD = BC$ $O_2O_4 = O_2E$
$AO_4 / AB = AE / AD = PC / BC = m$ $0 < m < 1$

(i) Mecanismo de barras inversor para movimentação linear exato de Hart

(j) Mecanismo de barras para movimentação linear exato Peaucellier

FIGURA 3-29 parte 2

Mecanismos de barras para movimentação linear aproximados e exatos.

ximadamente − 81 a +81° entre as posições do ponto morto. A parte da curva do acoplador mostrada está entre − 40 e 40° e tem uma longa, mas menos meticulosa, linha reta com um desvio de 1,5% (15 mm/1000 mm = 0,015% dec) do comprimento da manivela.

A Figura 3-29h mostra o terceiro **mecanismo de barras para movimentação linear Evans**. É um triplo seguidor com um alcance de movimento do elo de entrada de aproximadamente −75 a +75° entre as posições de ponto morto. As partes da curva do acoplador mostradas são tudo que é alcançável entre esses limites e tem duas partes retas. O restante da curva do acoplador é uma imagem espelho, que forma uma figura oito.

Alguns desses mecanismos de barras para movimentação linear são fornecidos como exemplos que acompanham o programa FOURBAR (ver Apêndice A). Artobolevsky[20] mostra mecanismos de barras para movimentação linear (sete de Watt, sete de Chebyschev, cinco de Roberts e 16 de Evans) no vol. I, que inclui os mecanismos mostrados aqui. Uma rápida olhada no atlas de curvas do acoplador Hrones e Nelson, revelará um grande número de curvas do acoplador com segmentos **aproximados de linha reta**. Eles são bastante comuns.

Gerar um **movimento linear exato** somente com juntas pinadas requer mais de quatro elos. São necessários pelo menos seis elos e sete juntas pinadas para gerar um movimento linear exato com um puro mecanismo de barras pinado, isto é, um mecanismo de seis barras Watt ou Stephenson. A Figura 3-29i mostra o **mecanismo de seis barras inversor para movimentação linear exato de Hart**. Um mecanismo de cinco barras engrenado simétrico (Figura 2-21), com uma relação de transmissão de −1 e o ângulo de fase de π radianos, também gerará uma linha reta exata na junta entre os elos 3 e 4. Mas esse mecanismo de barras é simplesmente um mecanismo de seis barras Watt transformado, obtido substituindo-se um elo binário com uma junta superior na forma de um par de engrenagens. Esse movimento linear de cinco barras engrenado pode ser visto abrindo-se o arquivo Straight.5br no programa FIVEBAR (ver Apêndice A), e animando-se o mecanismo de barras.

Peaucellier[*] (1864) descobriu um mecanismo de **movimento linear exato** de oito barras e seis pinos, mostrado na Figura 3-29j. Os elos 5, 6, 7 e 8 formam um losango de tamanho adequado. Os elos 3 e 4 podem ser quaisquer, desde que tenham tamanhos iguais. Quando O_2O_4 é exatamente igual a O_2A, o ponto C irá gerar um *arco de raio infinito*, isto é, **uma linha reta exata**. Movendo o pivô O_2 para a esquerda ou para a direita da posição mostrada, mudando somente o comprimento do elo 1, esse mecanismo *irá gerar verdadeiros arcos circulares com raio muito maior que o comprimento do elo*. Outros mecanismos de barra para movimentação linear também existem. Ver Artobolevsky.[20]

Projetando mecanismos otimizados de quatro barras para movimento linear

Dado o fato de que um movimento linear exato pode ser gerado com seis ou mais elos usando somente juntas de revolução, por que então usar um mecanismo de quatro barras para movimentação linear aproximada? Uma razão é a busca pela simplicidade no projeto da máquina. O mecanismo de quatro barras com junta pinada é o mecanismo 1 GDL (graus de liberdade) mais simples possível. Outra razão é que uma boa aproximação para um verdadeiro movimento linear pode ser obtida com quatro elos e isto é frequentemente "bom o suficiente" para as necessidades da máquina que está sendo projetada. Produzir tolerâncias irá, depois de tudo, tornar qualquer desempenho do mecanismo menor que o ideal. Como o número de elos e juntas aumenta, a probabilidade de que um mecanismo para movimentação linear exato reproduza seu desempenho teórico na prática é obviamente reduzida.

Há uma real necessidade para movimentos lineares em maquinários de todos os tipos, especialmente naqueles de produção automatizada. Muitos produtos consumidos, como câmeras, filmes, cosméticos, navalhas e garrafas são fabricados, impressos ou montados em máquinas sofisticadas e complicadas que contêm muitos mecanismos de barras e sistemas came e seguidor. Tradicionalmente, a maioria desses tipos de equipamentos de produção tem sido de uma variedade de movimentos intermitentes. Isso significa que o produto é levado através da máquina em uma esteira transportadora linear ou rotativa, que pausa para que qualquer operação seja feita no produto e, então, indexa-o para a próxima estação de trabalho, que irá parar novamente para outra

---

[*] Peaucellier foi capitão do exército francês e engenheiro militar. Ele foi o primeiro a propor o *compas compose* ou *compasso composto*, em 1864, mas não teve reconhecimento imediato. (Ele recebeu mais tarde o "Prix Motyon" do Instituto da França.) O matemático britânico-americano James Sylvester relatou para o *Atheneum Club* em Londres, em 1874, que "*O movimento paralelo perfeito de Peaucellier parece tão simples e se move tão facilmente que as pessoas que o veem funcionar quase sempre expressam admiração por ter demorado tanto para ser descoberto*". O modelo do mecanismo de barras de Peaucellier foi então esquecido. O famoso físico Barão William Thomson (mais tarde Lord Kelvin) recusou abandoná-lo, declarando, "*Não. Eu não tive o suficiente dele – é a coisa mais bonita que eu já vi na minha vida*". Fonte: S. Strandh. *A History of The Machine*. Nova York: A & W Publishers, 1979, p. 67. Um *applet* JAVA que anima uma célula Peaucellier pode ser encontrado em: <http://math2.math.nthu.edu.tw/jcchuan/java-sketchpad/peau.htm>.

operação ser desenvolvida. A força, o torque e a potência requerida para acelerar e desacelerar a grande massa da esteira transportadora (que é independente e tipicamente maior do que a massa do produto) limita drasticamente a velocidade com a qual essas máquinas podem funcionar.

Questão econômicas continuamente demandam maiores taxas de produção, requerendo velocidades maiores e, consequentemente, máquinas mais caras. Essa pressão econômica tem feito muitos fabricantes reprojetarem seus equipamentos de montagem para movimento contínuo da esteira transportadora. Quando a produção está em movimento contínuo em uma linha reta e com velocidade constante, toda a estação de trabalho que opera na produção deve ser articulada para seguir o produto e unir suas trajetórias em linha reta e em velocidade constante enquanto desenvolve a tarefa. Esses fatores têm aumentado a necessidade de mecanismos para movimentação linear, incluindo aqueles capazes de desenvolver velocidade quase constante na trajetória linear.

Um movimento (aproximado) em linha reta perfeito é facilmente obtido com um mecanismo de quatro barras biela-manivela. Mancais lineares (Figura 2-31) e guias lineares (Figura 2-36) estão disponíveis comercialmente com um custo moderado e tornam isso uma solução razoável para o problema da direção da trajetória linear. Mas o custo e problemas de lubrificação de um mecanismo biela-manivela guiado são ainda maiores que aqueles de mecanismos de quatro barras com juntas pinadas. Além disso, um bloco do biela-manivela tem um perfil de velocidade que é aproximadamente senoidal (com algum conteúdo harmônico) e está longe de ter velocidade constante ao longo de qualquer um dos seus movimentos. (Ver Seção 3.10 para um mecanismo biela-manivela modificado que tem aproximadamente velocidade da biela constante para parte do seu ciclo.)

O mecanismo de barras tipo Hoeken oferece uma combinação ótima de retilinidade e velocidade constante aproximada e é um mecanismo manivela seguidor; então pode ser acionado por um motor. Sua geometria, dimensões e trajetória do acoplador são mostradas na Figura 3-30. Esse é um mecanismo de quatro barras simétrico. Desde que o ângulo γ da linha BP seja especificado e $L_3 = L_4 = BP$, somente duas razões de elos são necessárias para definir sua geometria, digamos L_1/L_2 e L_3/L_2. Se a manivela L_2 for dirigida a uma velocidade angular constante ω_2, a velocidade linear V_x ao longo da porção em linha reta Δx da trajetória de acoplador será muito perto de constante ao longo de uma parte significativa da trajetória da manivela $\Delta\beta$.

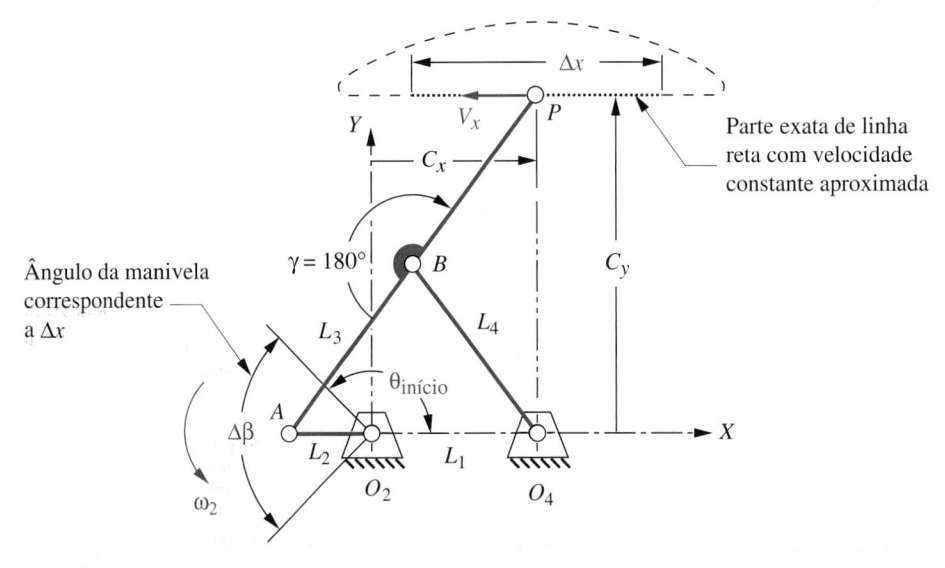

FIGURA 3-30

Geometria do mecanismo de barras Hoeken. Mecanismo de barras mostrado com *P* no centro da parte da linha reta da trajetória.

[*] Ver referência [19] para dedução das Equações 3.5.

SÍNTESE GRÁFICA DE MECANISMOS

TABELA 3-1 Razões de elos para menores erros possíveis de retilinidade e velocidade para várias faixas do ângulo da manivela de um mecanismo de quatro barras para movimentação linear aproximada tipo Hoeken[19]

Alcance do movimento			Otimização para retilinidade						Otimização para velocidade constante					
$\Delta\beta$ (grau)	$\theta_{início}$ (grau)	% de ciclo	Máximo ΔC_y %	ΔV %	$\frac{V_x}{(L_2 \omega_2)}$	L_1/L_2	L_3/L_2	$\Delta x/L_2$	Máximo ΔV_x %	ΔC_y %	$\frac{V_x}{(L_2 \omega_2)}$	L_1/L_2	L_3/L_2	$\Delta x/L_2$
20	170	5,6%	0,00001%	0,38%	1,725	2,975	3,963	0,601	0,006%	0,137%	1,374	2,075	2,613	0,480
40	160	11,1%	0,00004%	1,53%	1,717	2,950	3,925	1,193	0,038%	0,274%	1,361	2,050	2,575	0,950
60	150	16,7%	0,00027%	3,48%	1,702	2,900	3,850	1,763	0,106%	0,387%	1,347	2,025	2,538	1,411
80	140	22,2%	0,001%	6,27%	1,679	2,825	3,738	2,299	0,340%	0,503%	1,319	1,975	2,463	1,845
100	130	27,8%	0,004%	9,90%	1,646	2,725	3,588	2,790	0,910%	0,640%	1,275	1,900	2,350	2,237
120	120	33,3%	0,010%	14,68%	1,611	2,625	3,438	3,238	1,885%	0,752%	1,229	1,825	2,238	2,600
140	110	38,9%	0,023%	20,48%	1,565	2,500	3,250	3,623	3,327%	0,888%	1,178	1,750	2,125	2,932
160	100	44,4%	0,047%	27,15%	1,504	2,350	3,025	3,933	5,878%	1,067%	1,124	1,675	2,013	3,232
180	90	50,0%	0,096%	35,31%	1,436	2,200	2,800	4,181	9,299%	1,446%	1,045	1,575	1,863	3,456

Um estudo foi feito para determinar os erros de retilinidade e velocidade constante do mecanismo de barras tipo Hoeken por meio de várias frações $\Delta\beta$ do ciclo da manivela como uma função das razões de elos.[19] O erro estrutural na posição (isto é, retilinidade) ε_S e o erro estrutural na velocidade ε_V são definidos na notação da Figura 3-30 como:

$$\varepsilon_S = \frac{MAX_{i=1}^{n}(C_{y_i}) - MIN_{i=1}^{n}(C_{y_i})}{\Delta x}$$

$$\varepsilon_V = \frac{MAX_{i=1}^{n}(V_{x_i}) - MIN_{i=1}^{n}(V_{x_i})}{\overline{V_x}}$$

(3.5)*

O erro estrutural foi computado separadamente em cada uma das nove faixas do ângulo da manivela $\Delta\beta$ de 20° a 180°. A Tabela 3-1 mostra as razões de elos que dão os menores erros estruturais possíveis na posição ou na velocidade com valores de $\Delta\beta$ de 20° a 180°. Note que o erro estrutural não pode atingir uma retilinidade ótima ou um erro mínimo da velocidade em um mesmo mecanismo de barras. Entretanto, acordos razoáveis entre os dois critérios podem ser alcançados, especialmente para menores faixas do ângulo da manivela. Os erros em ambos, retilinidade e velocidade, aumentam quanto maiores porções da curva forem usadas (maior $\Delta\beta$). A utilização da Tabela 3-1 para projetar um mecanismo de barras para movimentação linear será mostrada em um exemplo.

EXEMPLO 3-12

Projetando um mecanismo de barras para movimentação linear tipo Hoeken.

Problema: É necessário um movimento linear longo de 100 mm através de 1/3 do ciclo total (120° de rotação da manivela). Determine as dimensões de um mecanismo de barras tipo Hoeken que irá:

(a) Produzir um mínimo desvio de um movimento linear. Determine seu máximo desvio da velocidade constante.

(b) Produzir um mínimo desvio da velocidade constante. Determine seu máximo desvio do movimento linear.

Solução: (Ver Figura 3-30 e Tabela 3-1.)

1 A parte (a) requer a linha reta mais exata. Na Tabela 3-1 selecione a sexta linha, que é para uma duração do ângulo da manivela $\Delta\beta$ do ângulo requerido de 120°. A quarta coluna mostra o mínimo desvio possível da reta, que é 0,01% do comprimento da porção de linha reta utilizada. Então, para um comprimento de 100 mm, o desvio absoluto será 0,01 mm (0,0004 pol.). A quinta coluna mostra que seu erro da velocidade será 14,68% da velocidade média pelo comprimento de 100 mm. O valor absoluto desse erro da velocidade, é claro, depende da velocidade na manivela.

2 As dimensões do mecanismo de barras para a parte (a) são encontradas pelas razões nas colunas 7, 8 e 9. O comprimento da manivela requerido para obter o comprimento de 100 mm do movimento linear Δx é:

da Tabela 3-1: $\quad \dfrac{\Delta x}{L_2} = 3{,}238$

$$L_2 = \dfrac{\Delta x}{3{,}238} = \dfrac{100 \text{ mm}}{3{,}23} = 30{,}88 \text{ mm} \qquad (a)$$

Os outros comprimentos dos elos serão

da Tabela 3-1 $\quad \dfrac{L_1}{L_2} = 2{,}625$

$$L_1 = 2{,}625 L_2 = 2{,}625(30{,}88 \text{ mm}) = 81{,}07 \text{ mm} \qquad (b)$$

da Tabela 3-1 $\quad \dfrac{L_3}{L_2} = 3{,}438$

$$L_3 = 3{,}438 L_2 = 3{,}438(30{,}88 \text{ mm}) = 106{,}18 \text{ mm} \qquad (c)$$

Então, o mecanismo de barras completo é: $L_1 = 81{,}07$; $L_2 = 30{,}88$; $L_3 = L_4 = BP = 106{,}18$ mm. A velocidade nominal V_x do ponto do acoplador no centro da linha reta ($\theta_2 = 180°$) pode ser encontrada pelo fator na sexta coluna, que deve ser multiplicado pelo comprimento da manivela L_2 e a velocidade angular da manivela ω_2 em radianos por segundo (rad/s).

3 A parte (b) requer a velocidade mais exata. Novamente, na Tabela 3-1, selecione a sexta linha, que é para a duração do ângulo da manivela $\Delta\beta$ do ângulo requerido de 120°. A 10ª coluna mostra o mínimo desvio possível da velocidade constante, que é 1,885% da velocidade média V_x no comprimento da porção de linha reta utilizada. A 11ª coluna mostra o desvio da reta, que é 0,752% do comprimento da porção de linha reta utilizada. Então, para um comprimento de 100 mm, o desvio absoluto na retilinidade para esse mecanismo de barras de velocidade constante ótima será 0,75 mm (0,030 pol.).

4 Os comprimentos dos elos são encontrados da mesma maneira como foi feito no passo 2, exceto que as razões de elos usadas são 1,825; 2,238 e 2,600 das colunas 13, 14 e 15. O resultado é: $L_1 = 70{,}19$; $L_2 = 38{,}46$; $L_3 = L_4 = BP = 86{,}08$ mm. A velocidade nominal V_x do ponto do acoplador no centro da linha reta ($\theta_2 = 180°$) pode ser encontrada pelo

SÍNTESE GRÁFICA DE MECANISMOS

fator na 12ª coluna, que deve ser multiplicado pelo comprimento da manivela L_2 e pela velocidade angular da manivela ω_2 em radianos por segundo (rad/s).

5 A primeira solução (passo 2) fornece uma linha reta extremamente exata sobre uma parte significante do ciclo, mas seu desvio de 15% na velocidade seria provavelmente inaceitável se esse fator fosse considerado importante. A segunda solução (passo 3) nos fornece menos de 2% de desvio da velocidade constante, o que pode ser viável para uma aplicação de projeto. Seu desvio de 3/4% da retilinidade, sendo muito maior do que no primeiro projeto, pode ser aceitável em algumas situações.

3.9 MECANISMOS COM TEMPO DE ESPERA

Um requisito comum em problemas de projeto de máquinas é a necessidade de um tempo de espera nos movimentos de saída. Um **tempo de espera** é definido como *movimento de saída zero para algum movimento de entrada diferente de zero*. Em outras palavras, o motor se mantém funcionando, mas o elo de saída para de se mover. Muitas máquinas de produção desenvolvem uma série de operações que envolvem alimentar uma peça ou ferramenta dentro de um espaço de trabalho e, então, mantê-la lá (em um tempo de espera) enquanto alguma tarefa é desenvolvida. Então, a peça deve ser removida do espaço de trabalho e, talvez, ser mantida em uma segunda espera enquanto o resto da máquina continua trabalhando, realizando indexações ou desenvolvendo outras tarefas. Cames e seguidores (ver Capítulo 8) são frequentemente usados para essas tarefas, porque é muito fácil criar um tempo de espera com um came. Mas há sempre um dilema em projetos de engenharia, e cames possuem seus problemas de alto custo e uso, como descrito na Seção 2.17.

É possível também obter tempo de espera com mecanismos de barras "puros" somente de elos e juntas pinadas, que têm algumas vantagens sobre os cames, como o baixo custo e a alta confiança. Mecanismos de barras com tempo de espera são mais difíceis de projetar que utilizar cames com tempo de espera. Mecanismos de barras geralmente irão produzir somente uma aproximação de tempo de espera, mas será muito mais barato para fazer e manter que cames. Assim, eles podem valer o esforço.

Mecanismos com tempo de espera simples

Existem duas aproximações para projetar mecanismos com tempo de espera simples. Ambos resultam em **mecanismos de seis barras**, e ambos requerem que primeiro se encontre um mecanismo de quatro barras com uma curva do acoplador adequada. Uma **díade** é adicionada para produzir um elo de saída com as características de tempo de espera desejadas. A primeira aproximação a ser discutida requer o projeto ou a definição de um mecanismo de quatro barras com uma curva do acoplador que contenha uma parte de arco circular aproximada, na qual o "arco" ocupa a parte desejada do ciclo do elo de entrada (manivela) designado como o tempo de espera. Um atlas de curva do acoplador é inestimável para essa parte da tarefa. Curvas do acoplador simétricas são também bem ajustadas para a tarefa, e a informação na Figura 3-21 pode ser utilizada para encontrá-las.

EXEMPLO 3-13

Mecanismo com tempo de espera simples somente com juntas de revolução.

Problema: Projete um mecanismo de seis barras para 90° do movimento do seguidor através de 300 graus de manivela, com tempo de espera para o restante de 60°.

Solução: (Ver Figura 3-31.)

1 Procure no atlas H&N por um mecanismo de quatro barras com uma curva do acoplador tendo uma parte de arco circular aproximada (pseudo) que ocupe 60° do movimento da manivela (12 traços). O mecanismo de quatro barras escolhido está mostrado na Figura 3-31a.

2 Coloque esse mecanismo de barras em escala, incluindo a curva do acoplador, e encontre o centro aproximado do pseudoarco da curva do acoplador escolhida usando técnicas geométricas gráficas. Desenhe a corda do arco e construa seu bissetor perpendicular, como mostrado na Figura 3-31b. O centro será sobre esse bissetor. Encontre-o, desenhando arcos com a ponta do compasso no bissetor, enquanto ajusta o raio para conseguir o melhor ajuste para a curva do acoplador. Marque o centro D do arco.

3 Seu compasso agora deve estar ajustado para o raio aproximado do arco do acoplador. Esse será o comprimento do elo 5, que será fixo ao ponto P do acoplador.

4 Trace a curva do acoplador com a ponta do compasso, enquanto mantém o lápis guia do compasso no bissetor perpendicular, e encontre a localização extrema ao longo do bissetor, que o guia do compasso alcançará. Marque este ponto E.

5 O segmento linear DE representa o deslocamento máximo que um elo de comprimento PD, fixo a P, alcançará ao longo do bissetor.

6 Construa um bissetor perpendicular do segmento linear DE e estenda-o para uma direção conveniente.

7 Localize o pivô fixo O_6 no bissetor de DE, tal que as linhas O_6D e O_6E formem a corda do ângulo de saída desejado, neste exemplo, 90°.

8 Desenhe o elo 6 de D (ou E) atravessando O_6 e estenda-o para qualquer comprimento conveniente. Esse é o elo de saída que terá o tempo de espera para a parte especificada do ciclo da manivela.

9 Confira os ângulos de transmissão.

10 Faça um modelo do mecanismo de barras e articule-o para conferir suas funções.

Este é um mecanismo com tempo de espera simples, porque durante o tempo no qual o ponto P do acoplador está percorrendo a parte do pseudoarco da curva do acoplador, a outra extremidade do elo 5, fixo a P e o mesmo comprimento que o raio do arco, é essencialmente estacionária na sua outra extremidade, que é o centro do arco. Entretanto, o tempo de espera no ponto D terá alguma "instabilidade" ou oscilação, porque D é somente um centro aproximado do pseudoarco no sexto grau da curva do acoplador. Quando o ponto P deixa parte do arco, irá dirigir vagarosamente o elo 5 de D para E, que irá girar o elo de saída 6 através do seu arco, como mostrado na Figura 3-31c. Note que podemos ter qualquer deslocamento angular que desejarmos do elo 6 com os mesmos elos 2 e 5, assim como eles definem completamente sozinhos o aspecto de tempo de espera. Movendo o pivô O_6 para a esquerda e para a direita ao longo do bissetor da linha DE, o deslocamento angular do elo 6 mudará, mas não a regulagem. Na realidade, um bloco deslizante poderia ser substituído pelo elo 6 como mostrado na Figura 3-31d, e resultaria na translação linear ao longo da linha DE com a mesma regulagem e tempo de espera em D. Entre com o arquivo F03-31c.6br no programa SIXBAR (ver Apêndice A) e se anime para ver o mecanismo do Exemplo 3-13 em movimento. O tempo de espera no movimento do elo 6 pode ser claramente visto na animação, incluindo a instabilidade devido à sua aproximação natural.

SÍNTESE GRÁFICA DE MECANISMOS

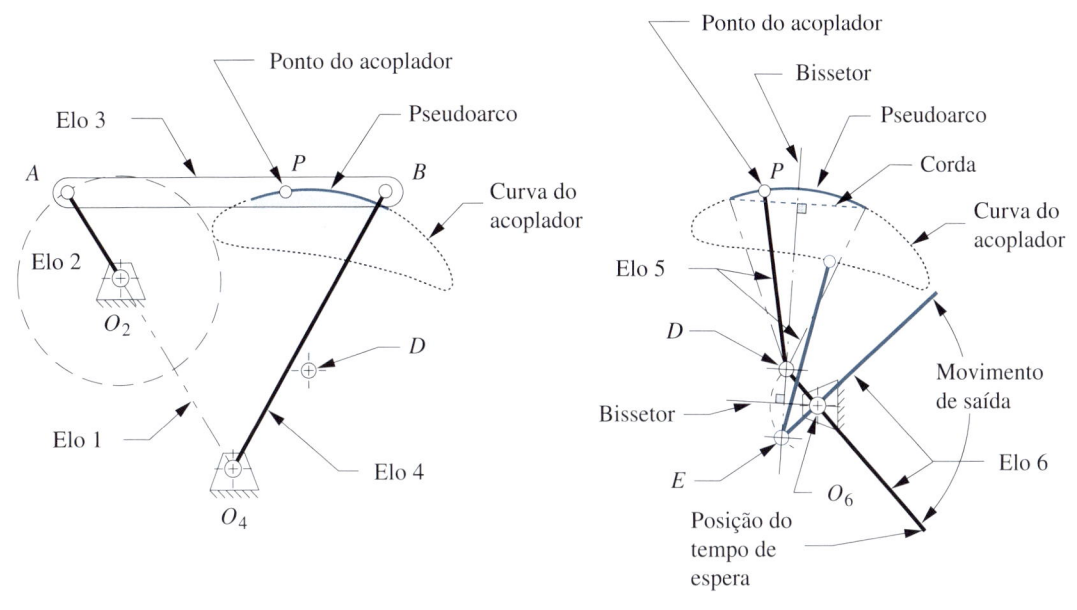

(a) Mecanismo de quatro barras manivela seguidor escolhido com seção do pseudoarco para 60° de rotação do elo 2

(b) Construção da díade com tempo de espera de saída

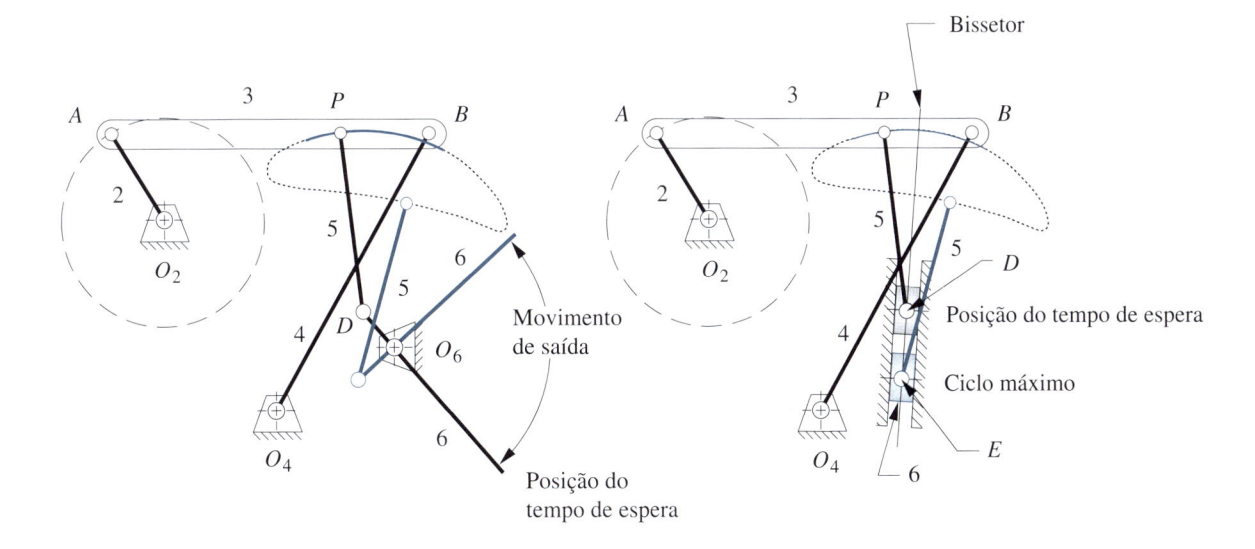

(c) Mecanismo de seis barras com tempo de espera simples completo com opção de saída seguidor

(d) Mecanismo de seis barras com tempo de espera simples completo com opção de saída deslizante

FIGURA 3-31

Projeto de um mecanismo de seis barras com tempo de espera simples com saída seguidor ou deslizante, usando uma curva do acoplador pseudoarco.

Mecanismos com tempo de espera duplo

Também é possível, usando uma curva do acoplador de quatro barras, gerar um movimento de saída com tempo de espera duplo. A abordagem é a mesma usada no mecanismo com tempo de espera simples do Exemplo 3-11. Agora é necessário que a curva do acoplador tenha dois arcos circulares de aproximadamente mesmo raio, mas com centros diferentes, ambos convexos ou ambos côncavos. Um quinto elo de comprimento igual ao raio dos dois arcos será adicionado, de forma que ele e o elo 6 se mantenham quase estacionários no centro de cada arco, enquanto o ponto do acoplador atravessa as regiões circulares de sua trajetória. O movimento do elo de saída 6 irá ocorrer somente quando o ponto do acoplador estiver entre essas porções arqueadas. Mecanismos de maior ordem, como os engrenados de cinco barras, podem ser usados para criar saídas com múltiplos tempos de espera por uma técnica similar, desde que as curvas dos acopladores possuam múltiplos arcos aproximadamente circulares. Ver o exemplo *double-dwell linkage* existente no programa SIXBAR (ver Apêndice A) para uma demonstração dessa abordagem.

Uma segunda abordagem usa uma curva de acoplador com dois segmentos aproximadamente retos de duração apropriada. Se um cursor deslizante (elo 5) for conectado à primeira parte do mecanismo, e o elo 6 puder deslizar sobre o elo 5, basta escolher um pivô para o sexto elo na intersecção dos prolongamentos dos segmentos retos. O resultado é mostrado na Figura 3-32. Enquanto o bloco 5 percorre os segmentos retos da curva, não haverá nenhuma rotação no elo 6. A natureza aproximada da linha reta causa uma certa vibração durante as esperas.

EXEMPLO 3-14

Mecanismos com tempo de espera duplo.

Problema: Projetar um mecanismo de seis barras para um movimento de saída no seguidor de 80° a partir de um movimento de 20° da manivela, com espera de 160°, retorno em 140° e uma segunda espera de 40°.

Solução: (Ver Figura 3-32.)

1 Pesquise no atlas H&N ou outro recurso similar por um mecanismo que produza uma curva com dois segmentos aproximadamente retos. Um deve ocupar 160° da rotação de entrada (32 traços), e o segundo, 40° (oito traços). Essa é uma curva em forma de cunha como mostra a figura 3-32a.

2 Faça o desenho desse mecanismo em escala, incluindo a curva do acoplador, e encontre a intersecção dos prolongamentos dos segmentos retos. Chame esse ponto de O_6.

3 Projete o elo 6 para se alinhar com os segmentos retos, articulado em O_6. Faça uma ranhura no elo 6 para acomodar o elo deslizante 5 como na Figura 3-32b.

4 Conecte o elo deslizante 5 ao ponto do acoplador do elo 3 usando uma junta pinada. O mecanismo de seis barras é mostrado na Figura 3-32c.

5 Confira os ângulos de transmissão.

Deveria ser evidente que esses mecanismos com tempos de espera têm algumas desvantagens. Além de serem difíceis de sintetizar, fornecem somente esperas aproximadas que têm uma certa vibração. Eles também tendem a ser grandes, em relação ao movimento de saída obtido, então são de difícil acomodação. A aceleração do elo de saída também pode ser muito alta como na Figura 3-32, quando o elo 5 está próximo ao pivô O_6. (Note o grande movimento angular do elo 6 resultan-

SÍNTESE GRÁFICA DE MECANISMOS

(a) Curva do acoplador de quatro barras com dois segmentos "retos"

(b) Díade deslizante para mecanismo com tempo de espera duplo

Posição de espera

Posição de espera

(c) Mecanismo de seis barras completo com tempo de espera duplo

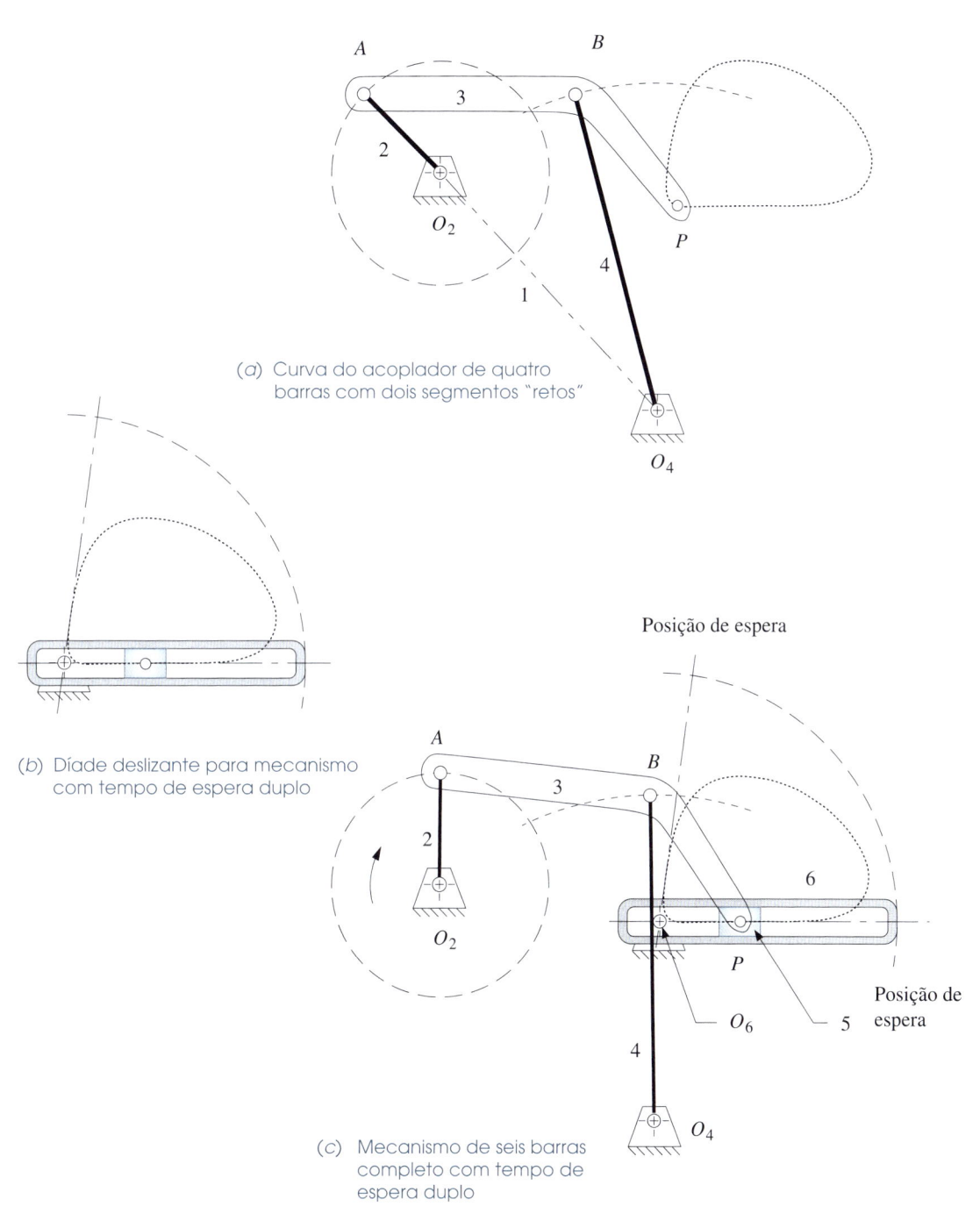

FIGURA 3-32

Movimento de seis barras com tempo de espera duplo.

te de um pequeno movimento do elo 5.) No entanto, eles podem ser de grande valor em situações em que não é necessária uma espera perfeitamente estática, e o baixo custo e a alta confiabilidade forem fatores importantes. O programa SIXBAR (ver Apêndice A) tem exemplos de mecanismos com tempo de espera simples e duplo.

3.10 OUTROS MECANISMOS ÚTEIS*

Existem muitos problemas práticos de concepção de mecanismos que podem ser resolvidos com o projeto inteligente dos elos. Uma das melhores referências para esses mecanismos é Hain.[22] Outro catálogo útil de mecanismos são os cinco volumes de Artobolevsky.[20] Iremos apresentar alguns exemplos daqueles que consideramos úteis. Alguns são mecanismos de quatro barras, outros são de seis barras de Watt ou de Stephenson, ou de oito barras. Artobolevsky apresenta as razões dos elos, porém Hain não o faz; Hain descreve sua construção geométrica, então as dimensões dos mecanismos mostrados aqui são aproximadas, obtidas pela medição dos desenhos confeccionados por ele.

Movimento de pistão em velocidade constante

O mecanismo biela-manivela de quatro barras é provavelmente o mecanismo mais usado em máquinas. Cada motor de combustão interna (CI) e compressor alternativo possui um mecanismo desse tipo para cada pistão. Máquinas industriais os utilizam para obter movimentos retilíneos. Na maioria dos casos, esse mecanismo simples é completamente adequado à aplicação, convertendo uma entrada rotativa contínua em uma saída linear oscilante. Uma limitação é a falta de controle sobre o perfil de velocidade do cursor quando a manivela gira a uma velocidade angular constante. Alterar a razão dos elos (manivela *versus* acoplador) gera um efeito de segunda ordem nas curvas de velocidade e aceleração,** mas sempre será um movimento fundamentalmente senoidal. Em alguns casos é necessária uma velocidade constante ou praticamente constante no movimento de avanço ou de recuo do cursor. Um exemplo é uma bomba alternativa para medir fluidos cujo fluxo deve ser constante durante o período de avanço. Uma solução direta é usar um came para conduzir o pistão a uma velocidade constante em vez de usar um mecanismo biela-manivela. Entretanto, Hain[22] fornece uma solução usando mecanismos de barras para esse problema: adicionar um estágio de quatro barras à manivela com a geometria escolhida para modular o movimento senoidal do cursor de forma a ter velocidade aproximadamente constante.

A Figura 3-33 mostra o resultado, que é efetivamente um mecanismo de seis barras de Watt. A velocidade angular de elo 2 é constante. Isso faz com que sua "saída", o elo 4, tenha uma velocidade angular variável, que se repete a cada ciclo. Essa velocidade angular variável passa a ser a entrada do estágio biela-manivela 4-5-6, cujo elo de entrada é o elo 4. Dessa forma, a oscilação da velocidade do elo 4 efetivamente "corrige" ou modula a velocidade do cursor para ficar quase constante no movimento de avanço, como desenhado na figura. O desvio em relação à velocidade constante é < 1% para 240° < θ_2 < 270° e <= 4% para 190° < θ_2 < 316°. Sua velocidade no retorno varia mais do que no mecanismo não modulado. Esse é um exemplo do efeito de mecanismos em cascata. Cada função de saída de um estágio se torna a entrada do seguinte e o resultado final é a combinação matemática deles, análogo à inserção de termos a uma série.

Além de medir fluidos, esse mecanismo tem aplicação em situações em que uma peça deve ser apanhada de uma base estática e transferida para uma correia transportadora que se move em velocidade constante. O cursor possui pontos de velocidade nula nos extremos do movimento, movimento retilíneo exato em ambas as direções, e uma longa região de velocidade aproximadamente constante. Note, entretanto, que o mecanismo de linha reta de Hoeken da Seção 3.8

---

* Alguns mecanismos bastante interessantes podem ser encontrados em: <http://www.mfdabbs.pwp.blueyonder.co.uk/Maths_Pages/SketchPad_Files/Mechanical_Linkages/Mechanical_Linkages.html>, onde você também encontrará desenhos de mecanismos e as curvas dos acopladores e ainda *links* para *download* de *applets* JAVA com animações dos movimentos dos mecanismos.

** Esse assunto será tratado em detalhes no Capítulo 13.

SÍNTESE GRÁFICA DE MECANISMOS

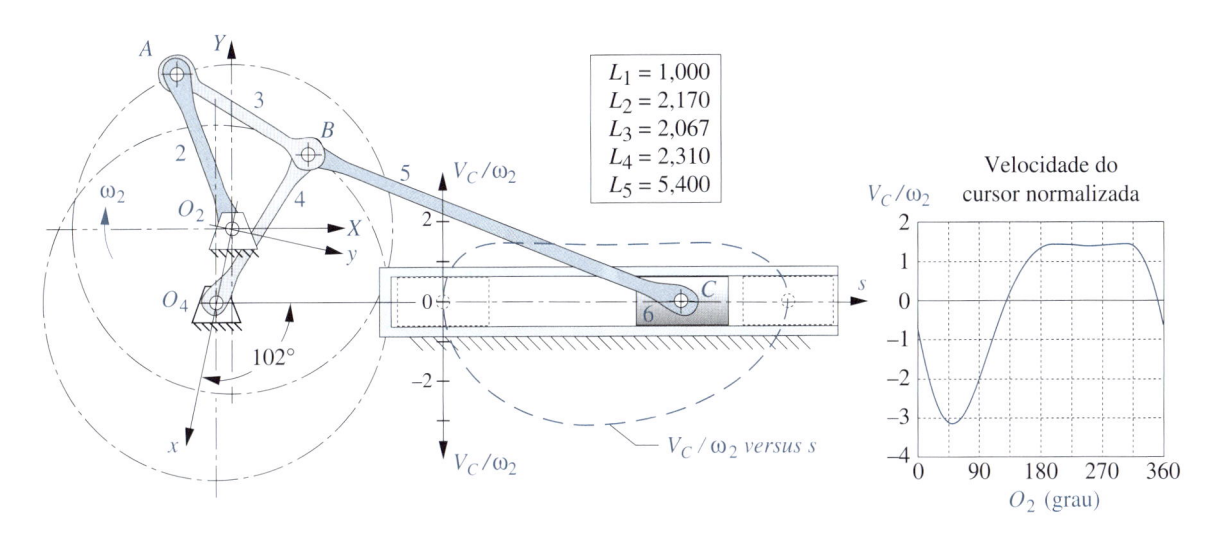

FIGURA 3-33

Mecanismo biela-manivela de seis barras com conexão de arrasto com velocidade quase constante.

fornece uma linha reta quase exata com velocidade quase constante usando apenas quatro elos e quatro juntas pinadas, em vez de seis elos e uma trilha deslizante necessários aqui. O mecanismo de Hoeken também é útil para a aplicação de pegar e posicionar peças com velocidade constante.

Movimento grande angular do seguidor*

Muitas vezes deseja-se obter um movimento de ida e volta do seguidor por meio de um grande ângulo com uma rotação de entrada constante. Um mecanismo manivela seguidor de quatro barras que seja Grashof é limitado a um ângulo de cerca de 120° do seguidor se os ângulos de transmissão forem mantidos acima de 30°. Uma oscilação de 180° do seguidor iria obviamente requerer que o ângulo de transmissão fosse a zero e também criasse um mecanismo Classe III de Barker com pontos mortos (singularidades), uma solução inaceitável. Para obter uma oscilação maior que 120° com bons ângulos de transmissão são necessárias seis barras. Hain[22] projetou tal mecanismo (mostrado na Figura 3-34) como um mecanismo de Stephenson III de seis barras, que fornece 180° de rotação do seguidor com uma rotação contínua da manivela de entrada. Esse é um mecanismo sem retorno rápido em que uma rotação de 180° da manivela de entrada corresponde à oscilação completa do seguidor de saída.

Uma saída do seguidor ainda maior que 212° é obtida do mecanismo de seis barras de Watt II mostrado na Figura 3-35. Esse mecanismo é usado para oscilar o agitador em algumas máquinas de lavar. O motor move a manivela dentada 2 através de um pinhão *P*. A manivela 2 faz o seguidor 4 oscilar 102° por meio do acoplador 3. O seguidor 4 serve como entrada para o seguidor 6 através do acoplador 5. O seguidor 6 é conectado ao agitador no tubo de lavagem. Os ângulos mínimos de transmissão são 36° no estágio 1 (elos 2-3-4) e 23° no estágio 2 (elos 4-5-6).

Hain[22] também criou um extraordinário mecanismo de oito barras que fornece ±360° de movimento oscilatório do seguidor a partir de uma rotação contínua da manivela de entrada num único sentido! Esse mecanismo, mostrado na Figura 3-36, tem um ângulo de transmissão mínimo de 30°. Pequenas variações na geometria desse mecanismo fornecerão oscilações de saída maiores ou menores que ±360°.

* Os mecanismos mostrados na figuras 3-34 e 3-35 podem ser animados no programa SIXBAR (ver Apêndice A) abrindo-se os arquivos F03-34.6br e F03-35.6br, respectivamente.

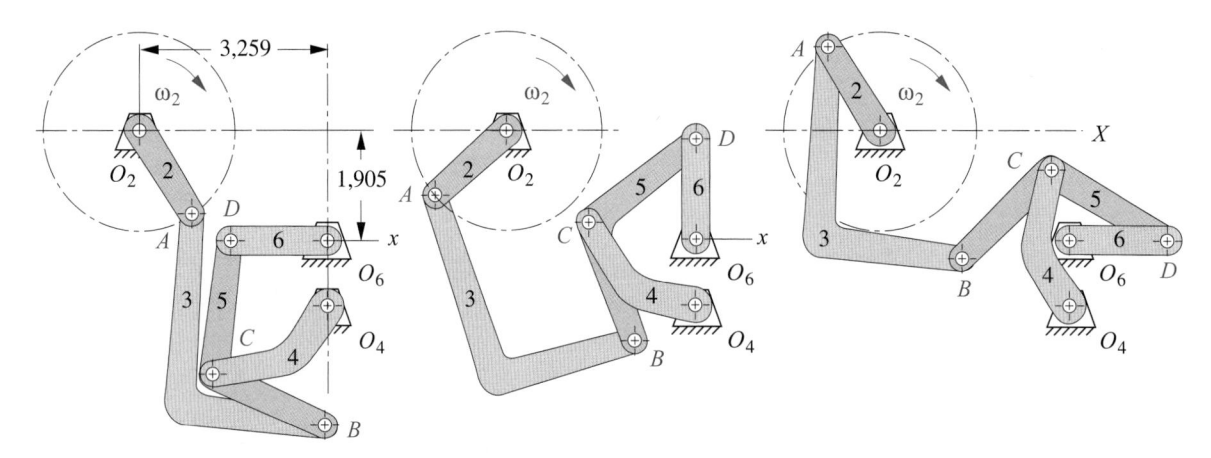

(a) Posição extrema do elo 6 no sentido anti-horário

(b) Posição média do elo 6

(c) Posição extrema do elo 6 no sentido horário

$O_4O_6 = 1,00$	$L_3 = AB = 4,248$	$L_6 = 1,542$	$DB = 3,274$
$L_2 = 1,556$	$L_4 = 2,125$	$CD = 2,158$	$\angle CDB = 36°$

FIGURA 3-34

Mecanismo de Stephenson III de seis barras com oscilação de 180° do elo 6 quando a manivela 2 realiza uma rotação completa (*Fonte*: Hain[22] p. 448-50).

Movimento circular de centro remoto

Quando um movimento rotativo é necessário, mas não há disponibilidade para se montar um eixo no centro da rotação, um mecanismo de barras pode ser usado para descrever um movimento circular aproximado ou exato "no ar" afastado dos eixos fixos e móveis do mecanismo. Artobolevsky[20] mostra 10 mecanismos desses, dos quais dois estão reproduzidos na Figura 3-37.

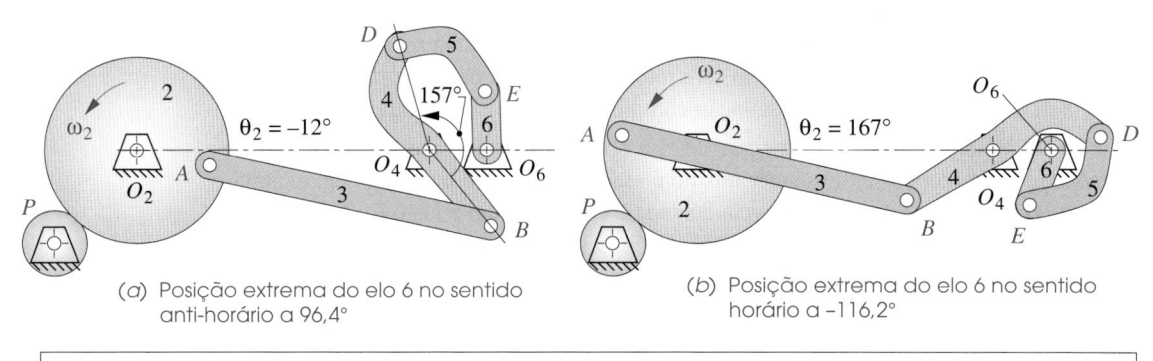

(a) Posição extrema do elo 6 no sentido anti-horário a 96,4°

(b) Posição extrema do elo 6 no sentido horário a –116,2°

$L_2 = 1,000$	$L_3 = 3,800$	$L_5 = 1,286$	$L_6 = 0,771$	$O_4B = 1,286$	$O_4D = 1,429$	$O_2O_4 = 3,857$	$O_2O_6 = 4,643$

FIGURA 3-35

Mecanismo agitador de máquina de lavar – motor de velocidade constante aciona o elo 2 e o agitador é oscilado pelo elo 6 em O_6.

SÍNTESE GRÁFICA DE MECANISMOS

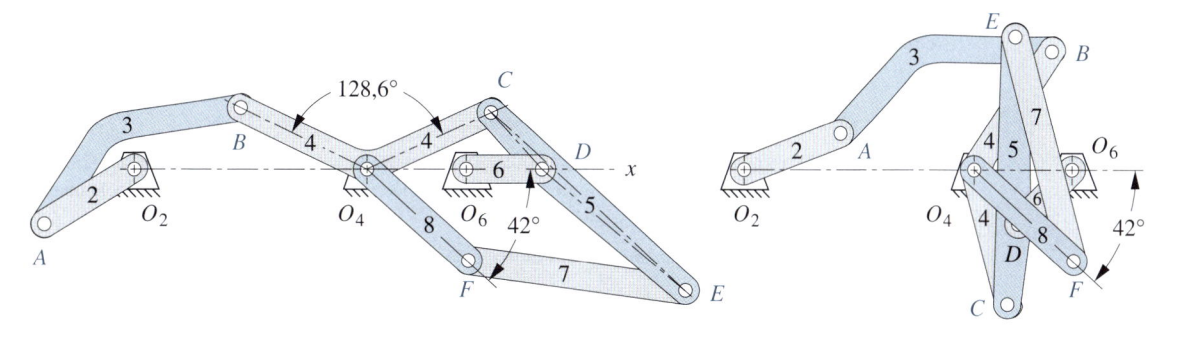

(a) Primeira posição extrema, $\theta_2 = 209°$

(b) Segunda posição extrema, $\theta_2 = 19°$

$O_2O_4 = 1,00 \quad L_2 = 0,450 \quad L_3 = 0,990 \quad L_6 = 0,325 \quad L_7 = 0,938 \quad L_8 = 0,572 \quad CD = 0,325 \quad CE = 1,145$
$DE = 0,823 \quad O_4O_6 = 0,419 \quad O_4B = O_4C = 0,590 \quad \angle CDE = 173°$

FIGURA 3-36

Mecanismo de oito barras com rotação oscilatória do elo 8 de ±360° quando a manivela 2 realiza uma rotação completa (*Fonte*: Hain[22] p. 368-70).

A Figura 3-37a mostra um mecanismo de quatro barras traçador de círculos aproximados desenvolvido por Chebyschev. Quando a manivela rotaciona no sentido anti-horário, o ponto *P* traça um círculo de mesmo diâmetro no sentido horário. A Figura 3-37b mostra um mecanismo de seis barras traçador de círculos exatos de Delone, que contém uma célula pantográfica (B-C-D-O_4) que faz com que o ponto *P* imite o movimento de *A* em relação a O_4, mas rotacionando no sentido oposto. Se um elo for acrescentado entre O_P e *P*, ele irá rotacionar com a mesma velocidade, porém no sentido oposto ao elo 2. Assim esse mecanismo poderia ser substituído por um par de engrenagens com a relação de transmissão 1:1 (ver o Capítulo 9 para mais informações sobre engrenagens).

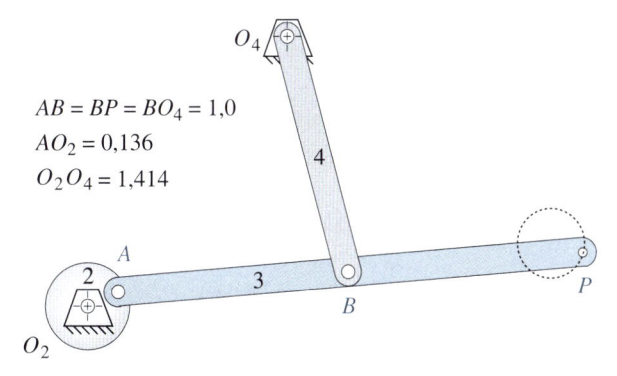

$AB = BP = BO_4 = 1,0$
$AO_2 = 0,136$
$O_2O_4 = 1,414$

$AB = BC = CD = DP = BO_4 = DO_4 = 1,0$
$O_2O_4 = 0,75$
$O_4O_P = 0,75$
$AO_2 = 0,5$

(a) Traçador de círculos aproximados de Chebyschev de quatro barras

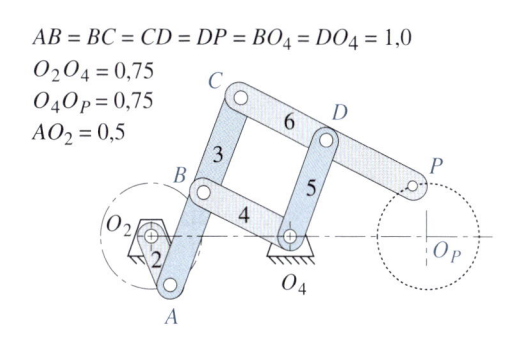

(b) Traçador de círculos exatos de Delone de seis barras

FIGURA 3-37

Mecanismos geradores de círculos (*Fonte*: Artobolevsky[20] v. 1, p. 450-1).

3.11 REFERÊNCIAS

1. **Erdman, A. G., and J. E. Gustafson**. (1977). "LINCAGES: Linkage INteractive Computer Analysis and Graphically Enhanced Synthesis." ASME Paper: 77-DTC-5.

2. **Alt, H.** (1932). "Der Übertragungswinkel und seine Bedeutung für das Konstruieren periodischer Getriebe (The Transmission Angle and its Importance for the Design of Periodic Mechanisms)." *Werkstattstechnik*, **26**, pp. 61-64.

3. **Hall, A. S.** (1961). *Kinematics and Linkage Design.* Waveland Press: Prospect Heights, IL, p. 146.

4. **Sandor, G. N., and A. G. Erdman**. (1984). *Advanced Mechanism Design: Analysis and Synthesis.* Vol. 2. Prentice-Hall: Upper Saddle River, NJ, pp. 177-187.

5. **Kaufman, R. E.** (1978). "Mechanism Design by Computer." *Machine Design*, October 26, 1978, pp. 94-100.

6. **Hall, A. S.** (1961). *Kinematics and Linkage Design.* Waveland Press: Prospect Heights, IL, pp. 33-34.

7a. **Kempe, A. B.** (1876). "On a General Method of Describing Plane Curves of the Nth Degree by Linkwork." *Proceedings London Mathematical Society*, **7**, pp. 213-216.

7b. **Wunderlich, W.** (1963). "Höhere Koppelkurven." *Österreichisches Ingenieur Archiv*, **XVII**(3), pp. 162-165.

8a. **Hrones, J. A., and G. L. Nelson**. (1951). *Analysis of the Fourbar Linkage.* MIT Technology Press: Cambridge, MA.

8b. **Fichter, E. F., and K. H. Hunt**. (1979). "The Variety, Cognate Relationships, Class, and Degeneration of the Coupler Curves of the Planar 4R Linkage." *Proc. of 5th World Congress on Theory of Machines and Mechanisms*, Montreal, pp. 1028-1031.

9. **Kota, S.** (1992). "Automatic Selection of Mechanism Designs from a Three-Dimensional Design Map." *Journal of Mechanical Design*, **114**(3), pp. 359-367.

10. **Zhang, C., R. L. Norton, and T. Hammond**. (1984). "Optimization of Parameters for Specified Path Generation Using an Atlas of Coupler Curves of Geared Five-Bar Linkages." *Mechanism and Machine Theory*, **19**(6), pp. 459-466.

11. **Hartenberg, R. S., and J. Denavit**. (1959). "Cognate Linkages." *Machine Design*, April 16, 1959, pp. 149-152.

12. **Nolle, H.** (1974). "Linkage Coupler Curve Synthesis: A Historical Review - II. Developments after 1875." *Mechanism and Machine Theory*, **9**, 1974, pp. 325-348.

13. **Luck, K.** (1959). "Zur Erzeugung von Koppelkurven viergliedriger Getriebe." *Maschinenbautechnik (Getriebetechnik)*, **8**(2), pp. 97-104.

14. **Soni, A. H.** (1974). *Mechanism Synthesis and Analysis.* Scripta, McGraw-Hill: New York, pp. 381-382.

15. **Hall, A. S.** (1961). *Kinematics and Linkage Design.* Waveland Press: Prospect Heights, IL, p. 51.

16. **Hoeken, K.** (1926). "Steigerung der Wirtschaftlichkeit durch zweckmäßige." *Anwendung der Getriebelehre Werkstattstechnik*.

17. **Hain, K.** (1967). *Applied Kinematics.* D. P. Adams, translator. McGraw-Hill: New York, pp. 308-309.

18. **Nolle, H.** (1974). "Linkage Coupler Curve Synthesis: A Historical Review -I. Developments up to 1875." *Mechanism and Machine Theory*, **9**, pp. 147-168.

19. **Norton, R. L.** (1999). "In Search of the 'Perfect' Straight Line and Constant Velocity Too." *Proc. 6th Applied Mechanisms and Robotics Conference, Cincinnati, OH*.

20. **Artobolevsky, I. I.** (1975). *Mechanisms in Modern Engineering Design.* N. Weinstein, translator. Vol. I to IV. MIR Publishers: Moscow. pp. 431-447.

21 **Thompson, T. J.** (2000). "A Web-Based Atlas of Coupler Curves and Centrodes of Fourbar Mechanisms." *Proc. of SCSI Conf. on Simulation and Multimedia in Eng. Education*, San Diego, pp. 209-213.

22 **Hain, K.** (1967). *Applied Kinematics*. D. P. Adams, translator. McGraw-Hill: New York.

23 **Roberts, S**. (1875). "Three-bar Motion in Plane Space." *Proc. Lond. Math. Soc.*, **7**, pp. 14-23.

24 **Cayley, A**. (1876). "On Three-bar Motion." *Proc. Lond. Math. Soc.*, **7**, pp. 136-166.

25 **Dijksman, E. A. and T. J. M. Smals**. (2000). "How to Exchange Centric Inverted Slider Cranks With λ-formed Fourbar Linkages." *Mechanism and Machine Theory*, **35**, pp. 305-327.

3.12 BIBLIOGRAFIA

Para mais informações sobre síntese do tipo de mecanismo, recomenda-se:

Artobolevsky, I. I. (1975). *Mechanisms in Modern Engineering Design*. N. Weinstein, translator. Vol. I to IV. MIR Publishers: Moscow.

Chironis, N. P., ed. (1965). *Mechanisms, Linkages, and Mechanical Controls*. McGraw-Hill: New York.

Chironis, N. P., ed. (1966). *Machine Devices and Instrumentation*. McGraw-Hill: New York.

Chironis, N. P., and N. Sclater, eds. (1996). *Mechanisms and Mechanical Devices Sourcebook*. McGraw-Hill: New York.

Jensen, P. W. (1991). *Classical and Modern Mechanisms for Engineers and Inventors*. Marcel Dekker: New York.

Jones, F., H. Horton, and J. Newell. (1967). *Ingenious Mechanisms for Engineers*. Vol. I to IV. Industrial Press: New York.

Olson, D. G., et al. (1985). "A Systematic Procedure for Type Synthesis of Mechanisms with Literature Review." *Mechanism and Machine Theory*, **20**(4), pp. 285-295.

Tuttle, S. B. (1967). *Mechanisms for Engineering Design*. John Wiley & Sons: New York.

Para mais informações sobre síntese dimensional de mecanismos, recomenda-se:

Djiksman, E. A. (1976). *Motion Geometry of Mechanisms*. Cambridge University Press: London.

Hain, K. (1967). *Applied Kinematics*. D. P. Adams, translator. McGraw-Hill: New York, p. 399.

Hall, A. S. (1961). *Kinematics and Linkage Design*. Waveland Press: Prospect Heights, IL.

Hartenberg, R. S., and J. Denavit. (1964). *Kinematic Synthesis of Linkages*. McGraw-Hill: New York.

McCarthy, J. M. (2000). *Geometric Design of Linkages*. Springer-Verlag: New York, 320 pp.

Molian, S. (1982). *Mechanism Design: An Introductory Text*. Cambridge University Press: Cambridge.

Sandor, G. N., and A. G. Erdman. (1984). *Advanced Mechanism Design: Analysis and Synthesis*. Vol. 2. Prentice-Hall: Upper Saddle River, NJ.

Tao, D. C. (1964). *Applied Linkage Synthesis*. Addison-Wesley: Reading, MA.

Para mais informações sobre síntese de mecanismos espaciais, recomenda-se:

Haug, E. J. (1989). *Computer Aided Kinematics and Dynamics of Mechanical Systems*. Allyn and Bacon: Boston.

Nikravesh, P. E. (1988). *Computer Aided Analysis of Mechanical Systems*. Prentice-Hall: Upper Saddle River, NJ.

Suh, C. H., and C. W. Radcliffe. (1978). *Kinematics and Mechanism Design*. John Wiley & Sons: New York.

3.13 PROBLEMAS

* 3-1 Classifique os exemplos a seguir quanto a geração de caminho, movimento ou função.

    a. Um mecanismo de mira de telescópio (rastreador de estrelas).

* Respostas no Apêndice F.

TABELA P3-0
Matriz de tópicos e problemas

3.2 Tipo de Movimento
3-1

3.3 Condições limites
3-14, 3-15, 3-22,
3-23, 3-36, 3-39, 3-42

3.4 Síntese dimensional
Duas posições
3-2, 3-3, 3-4, 3-20,
3-46, 3-47, 3-49,
3-50, 3-52, 3-53,
3-55, 3-56, 3-59, 3-60
Três posições com pivôs móveis especificados
3-5, 3-48, 3-51, 3-54,
3-57, 3-61
Três posições com pivôs fixos especificados
3-6, 3-58, 3-62

3.5 Mecanismos de retorno rápido
Quatro barras
3-7
Seis barras
3-8, 3-9

3.6 Curvas de acoplador
3-15, 3-33, 3-34,
3-35

Mecanismos cognatos
3-10, 3-16, 3-29,
3-30, 3-37, 3-40, 3-43
Movimento paralelo
3-17, 3-18,
3-21, 3-28
Cognatos de mecanismos de cinco barras engrenados para mecanismos de quatro barras
3-11, 3-25, 3-38,
3-41, 3-44

3.8 Mecanismos para movimentação linear
3-19, 3-31, 3-32

3.9 Mecanismos com tempo de espera
Tempo de espera simples
3-12, 3-72
Tempo de espera duplo
3-13, 3-26, 3-27

* Respostas no Apêndice F.

b. Um mecanismo de controle da pá de uma retroescavadeira.
c. Um mecanismo de ajuste de um termostato.
d. Um mecanismo de movimento de uma cabeça de impressão.
e. Um mecanismo de controle da caneta de uma plotadora XY.

3-2 Projete um mecanismo Grashof manivela seguidor de quatro barras para obter uma oscilação de saída de 90° sem retorno rápido, (Ver Exemplo 3-1.) Construa um modelo em escala e determine as posições de singularidade e o ângulo de transmissão mínimo.

* 3-3 Projete um mecanismo de quatro barras de forma que o movimento de saída do seguidor atinja as duas posições mostradas na Figura P3-1 sem retorno rápido. (Ver Exemplo 3-2.) Construa um modelo em escala e determine as posições de singularidades e o ângulo de transmissão mínimo.

3-4 Projete um mecanismo de quatro barras de forma que o acoplador de saída atinja as duas posições mostradas na Figura P3-1 sem retorno rápido. (Ver Exemplo 3-3.) Construa um modelo em escala e determine as posições de singularidades e o ângulo de transmissão mínimo. Acrescente uma díade motora. (Ver Exemplo 3-4.)

* 3-5 Projete um mecanismo de quatro barras de forma que o acoplador atinja as três posições mostradas na Figura P3-2. (Ver também Exemplo 3-5.) Ignore os pontos O_2 e O_4 mostrados. Construa um modelo em escala e determine as posições de singularidades e o ângulo de transmissão mínimo. Acrescente uma díade motora. (Ver Exemplo 3-4.)

* 3-6 Projete um mecanismo de quatro barras que forneça as três posições mostradas na Figura P3-2 usando os pivôs fixos O_2 e O_4 mostrados. Construa um modelo em escala e determine as posições de singularidades e o ângulo de transmissão mínimo. Acrescente uma díade motora.

3-7 Repita o Problema 3-2 com retorno rápido para uma relação de tempo de 1:1,4. (Ver Exemplo 3-9.)

* 3-8 Projete um mecanismo de seis barras com elo de arrasto com retorno rápido para uma relação de tempo de 1:2, e movimento de saída de 60° do seguidor.

3-9 Projete um mecanismo manivela formador com retorno rápido para uma relação de tempo de 1:3. (Ver Figura 3-14.)

* 3-10 Encontre os dois cognatos do mecanismo na Figura 3-17. Desenhe os diagramas de Cayley e de Roberts. Confirme seus resultados com o programa FOURBAR (ver Apêndice A).

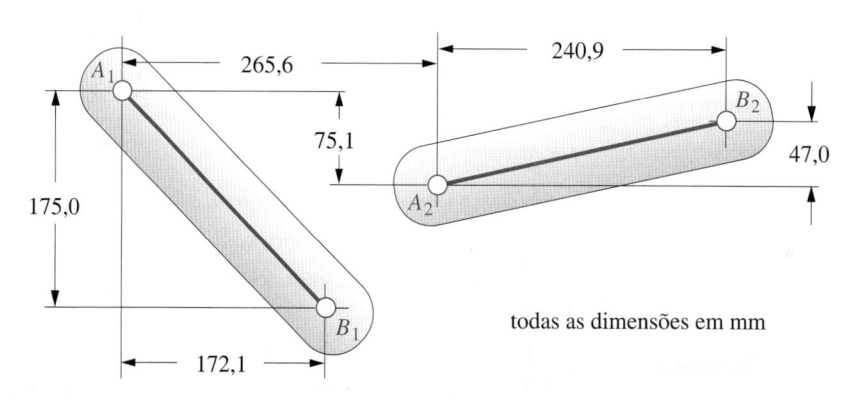

todas as dimensões em mm

FIGURA P3-1
Problemas 3-3 e 3-4.

SÍNTESE GRÁFICA DE MECANISMOS

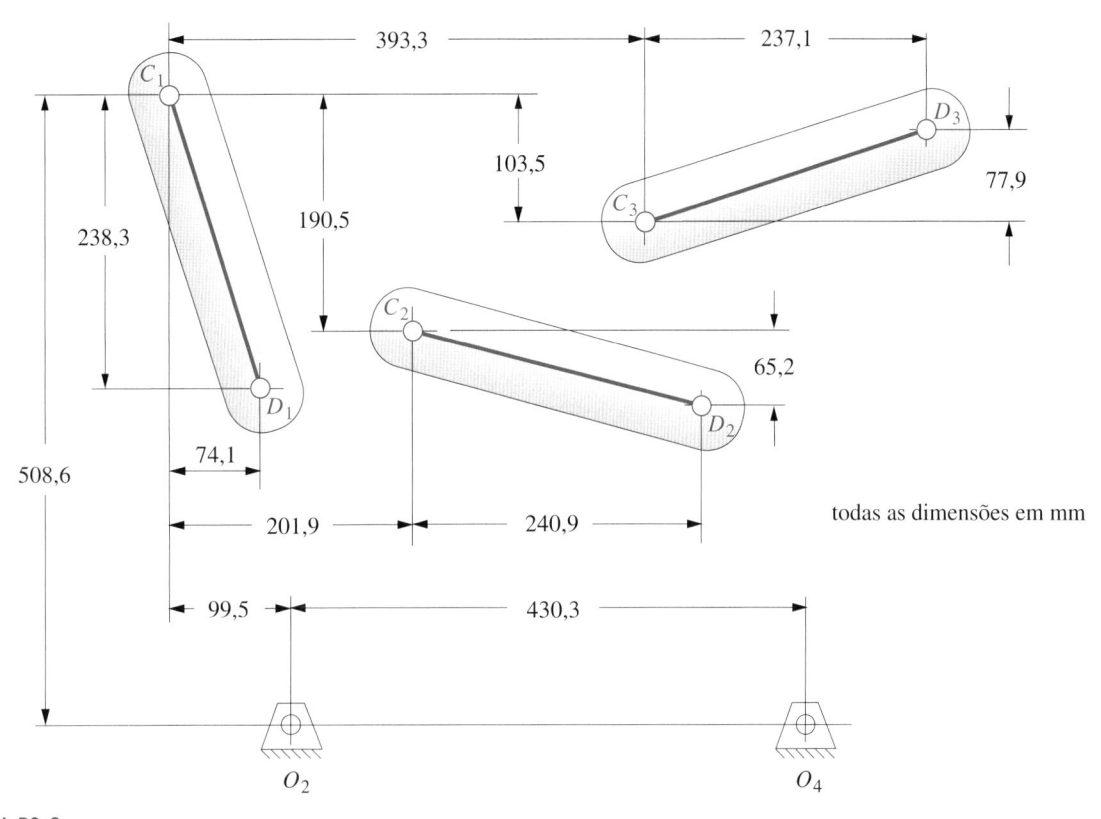

FIGURA P3-2

Problemas 3-5 e 3-6.

3-11 Encontre os três mecanismos engrenados de cinco barras equivalentes para os três cognatos de quatro barras da Figura 3-25a. Confira seus resultados comparando as curvas do acoplador com os programas FOURBAR e FIVEBAR (ver Apêndice A).

3-12 Projete um mecanismo de seis barras com tempo de espera simples para uma espera após 90° do movimento da manivela, com uma oscilação de saída do seguidor de 45°.

3-13 Projete um mecanismo de seis barras com tempo de espera duplo para uma espera de 90° do movimento da manivela, com uma oscilação de saída do seguidor de 60°, seguido de uma outra espera após 60° de movimento da manivela.

3-14 A Figura P3-3 mostra um rebolo operado por pedal acionado por um mecanismo de quatro barras. Faça um modelo do mecanismo em qualquer escala conveniente. Encontre o ângulo de transmissão mínimo do modelo. Comente o funcionamento. Irá funcionar? Se sim, explique como será o funcionamento.

3-15 A Figura P3-4 mostra um mecanismo de quatro barras não Grashof que é acionado pelo elo O_2A.
   a. Encontre o ângulo de transmissão na posição mostrada.
   b. Encontre as posições de comutação em termos do ângulo AO_2O_4.
   c. Encontre os ângulos de transmissão máximos e mínimos sobre todo o intervalo de movimento usando técnicas gráficas.
   d. Desenhe a curva do acoplador do ponto P sobre todo o intervalo de movimento.

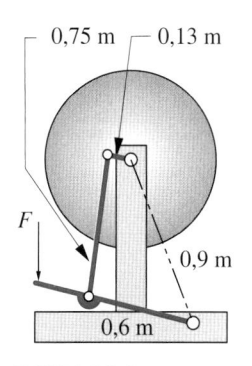

FIGURA P3-3

Problema 3-14 Rebolo operado por pedal.

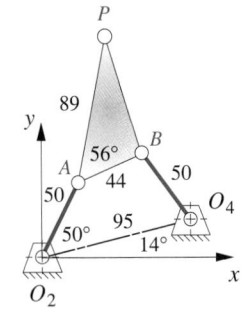

FIGURA P3-4

Problemas 3-15 a 3-18.

3-16 Desenhe o diagrama de Roberts para o mecanismo da Figura P3-4 e encontre seus cognatos. Eles são Grashof ou não Grashof?

3-17 Projete um mecanismo de seis barras de Watt I para gerar um movimento paralelo que segue a trajetória do ponto P do mecanismo da Figura P3-4.

3-18 Adicione uma díade motora à solução do Problema 3-17 para conduzir o mecanismo por todo o intervalo de movimento possível sem retorno rápido. (O resultado será um mecanismo de oito barras.)

3-19 Projete um mecanismo de juntas pinadas que guiará os garfos da empilhadeira da Figura P3-5 para cima e para baixo em uma linha quase reta sobre o intervalo de movimento mostrado. Posicione os pivôs fixos de forma que fiquem próximos a alguma parte do corpo da empilhadeira.

3-20 A Figura P3-6 mostra um mecanismo de descarga com elo em "V" para um transportador de rolos de papel. Projete um mecanismo de juntas pinadas para substituir o pistão pneumático que rotaciona o balancim e o elo em V pelo ângulo de 90° mostrado. Mantenha os pivôs fixos o mais próximos possível da estrutura existente. Seu mecanismo de quatro barras deve ser Grashof e deve ter uma singularidade em cada posição extrema do balancim.

3-21 A Figura P3-7 mostra um mecanismo transportador oscilante que usa uma curva do acoplador de quatro barras, copiada por um mecanismo paralelogramo. Note a manivela e o acoplador tracejados mostrados na metade direita do mecanismo – eles eram redundantes e foram removidos do mecanismo de quatro barras duplicado. Usando o mesmo estágio condutor (elos L_1, L_2, L_3, L_4 com ponto acoplador P), projete um mecanismo de Watt I de seis barras que conduzirá o elo 8 no mesmo movimento paralelo usando dois elos a menos.

* 3-22 Encontre os ângulos de transmissão máximos e mínimos do estágio de 4 barras (elos L_1, L_2, L_3, L_4) na Figura P3-7 para ter exatidão gráfica.

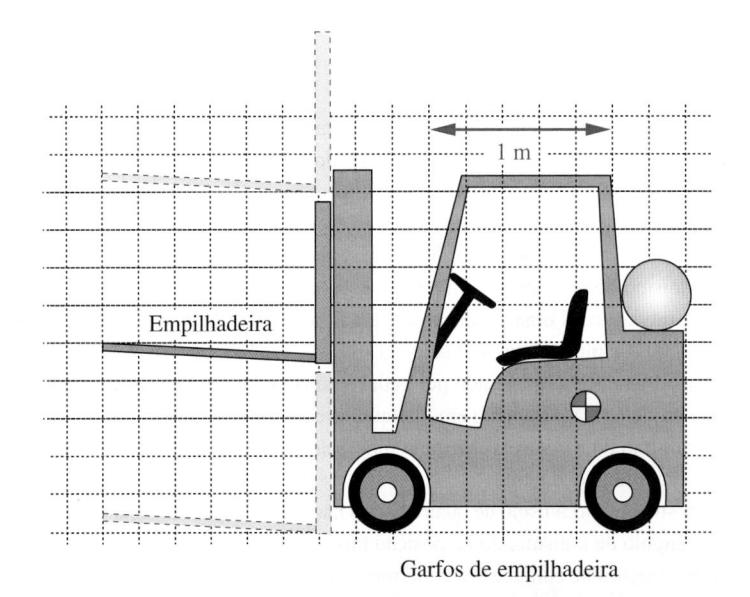

FIGURA P3-5

Problema 3-19.

* Respostas no Apêndice F.

SÍNTESE GRÁFICA DE MECANISMOS

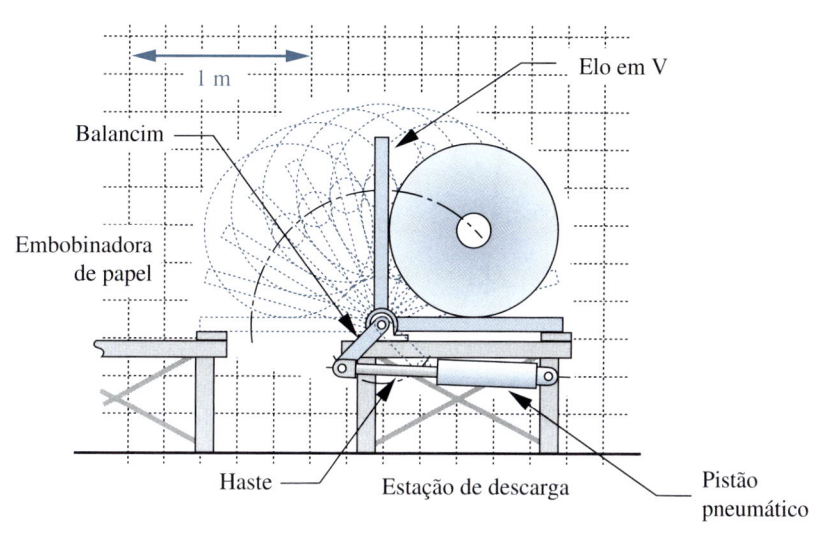

FIGURA P3-6

Problema 3-20.

* 3-23 A Figura P3-8 mostra um mecanismo de quatro barras usado em um tear mecânico para conduzir um pente de tecelagem contra o fio, "golpeando-o" para dentro do tecido. Determine a condição de Grashof e os ângulos de transmissão mínimo e máximo.

3-24 Desenhe o diagrama de Roberts e encontre os cognatos do mecanismo da Figura P3-9.

3-25 Encontre o mecanismo engrenado equivalente de cinco barras cognato do mecanismo da Figura P3-9.

3-26 Use o mecanismo da Figura P3-9 para projetar um mecanismo oito barras com tempo de espera duplo e que tenha uma oscilação de saída de 45°.

3-27 Use o mecanismo da Figura P3-9 para projetar um mecanismo de oito barras com tempo de espera duplo que tenha uma saída deslizante com o comprimento de cinco manivelas.

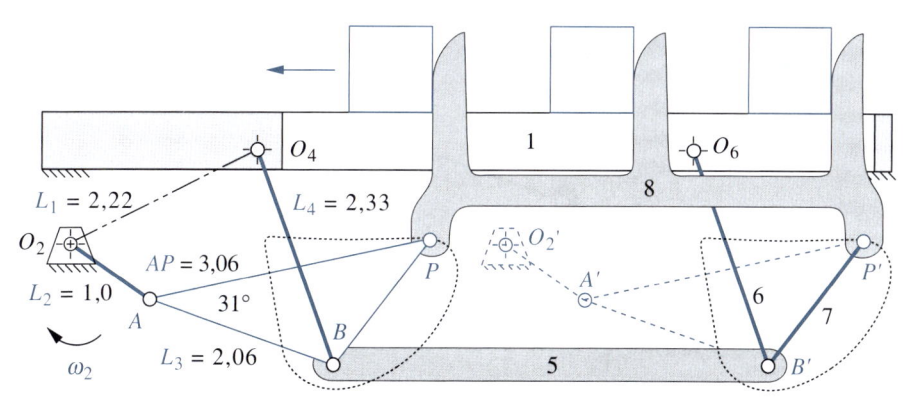

As dimensões exibidas são razões entre os elos – use qualquer escala conveniente.

FIGURA P3-7

Problemas 3-21 e 3-22 Mecanismo transportador oscilante de linha reta com oito barras.

* Respostas no Apêndice F.

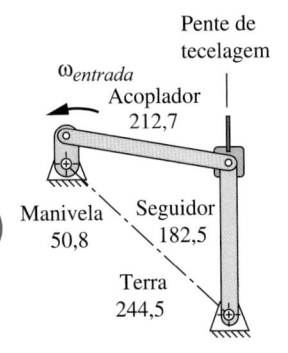

FIGURA P3-8

Problema 3-23.

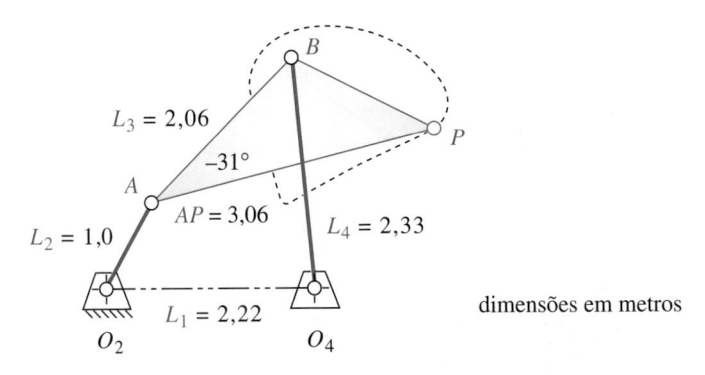

FIGURA P3-9

Problemas 3-24 a 3-27.

3-28 Use dois dos cognatos da Figura 3-26b para projetar um mecanismo de seis barras para movimento paralelo tipo Watt I que conduz um elo pela mesma curva do acoplador por todos os pontos. Comente as similaridades com o diagrama de Robert original.

3-29 Encontre os cognatos do mecanismo de linha reta de Watt da Figura 3-29a.

3-30 Encontre os cognatos do mecanismo de linha reta de Robert da Figura 3-29c.

* 3-31 Projete um mecanismo de linha reta de Hoeken para fornecer erro mínimo na velocidade em 22% do ciclo para um movimento de linha reta de 150 mm. Especifique todos os parâmetros do mecanismo.

3-32 Projete um mecanismo de linha reta de Hoeken para fornecer erro mínimo de retilinidade em 39% do ciclo para um movimento de linha reta de 200 mm. Especifique todos os parâmetros do mecanismo.

3-33 Projete um mecanismo que forneça uma curva do acoplador simétrica no formato de um "feijão" como mostrado na Figura 3-16. Use os dados da Figura 3-21 para determinar as relações entre os elos e gerar a curva do acoplador com o programa FOURBAR (ver Apêndice A).

3-34 Repita o Problema 3-33 para uma curva do acoplador com reta dupla.

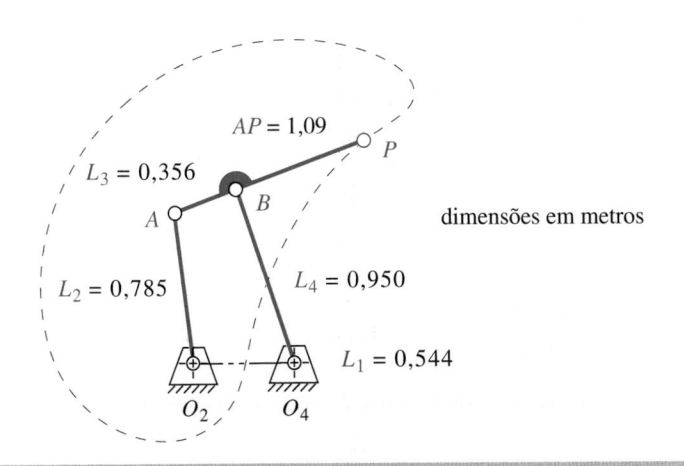

FIGURA P3-10

Problemas 3-36 a 3-38.

* Respostas no Apêndice F.

SÍNTESE GRÁFICA DE MECANISMOS

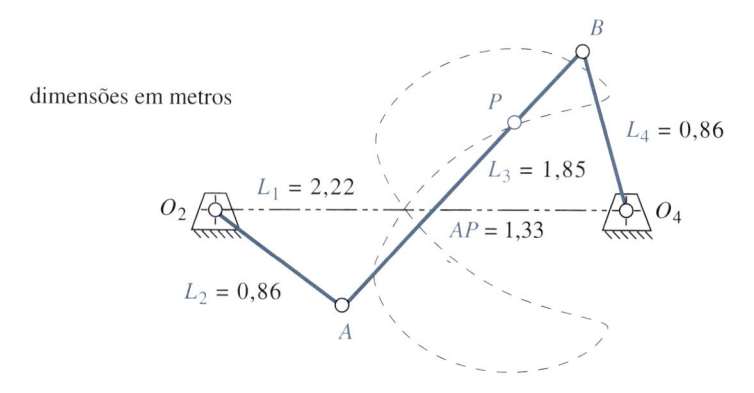

FIGURA P3-11

Problemas 3-39 a 3-41.

3-35 Repita o Problema 3-33 para uma curva de acoplador na forma de uma "cimitarra" com dois cúspides distintos. Mostre que há (ou não há) cúspides verdadeiros na curva usando o programa FOURBAR (ver Apêndice A). (Dica: pense na definição de cúspide e sobre como você pode usar os dados do programa para demonstrar isso.)

* 3-36 Encontre a condição de Grashof, as inversões, as posições limites, e os valores extremos do ângulo de transmissão (com precisão gráfica) do mecanismo da Figura P3-10.

3-37 Desenhe o diagrama de Robert e encontre os cognatos do mecanismo da Figura P3-10.

3-38 Encontre os três cognatos engrenados de cinco barras do mecanismo da Figura P3-10.

* 3-39 Encontre a condição de Grashof, as posições limites, e os valores extremos do ângulo de transmissão (com precisão gráfica) do mecanismo da Figura P3-11.

3-40 Desenhe o diagrama de Robert e encontre os cognatos do mecanismo da Figura P3-11.

3-41 Encontre os três cognatos engrenados de cinco barras do mecanismo da Figura P3-11.

* 3-42 Encontre a condição de Grashof, as posições limites, e os valores extremos do ângulo de transmissão (com precisão gráfica) do mecanismo da Figura P3-12.

3-43 Desenhe o diagrama de Robert e encontre os cognatos do mecanismo da Figura P3-12.

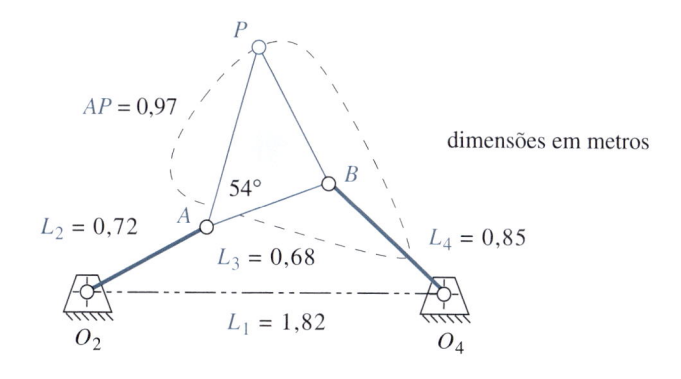

FIGURA P3-12

Problemas 3-42 a 3-44.

* Respostas no Apêndice F.

3-44 Encontre os três cognatos engrenados de cinco barras do mecanismo da Figura P3-12.

3-45 Prove que as relações entre as velocidades angulares dos vários elos mostradas no diagrama de Robert da Figura 3-25 são verdadeiras.

3-46 Projete um mecanismo de quatro barras para mover o objeto da Figura P3-13 da posição 1 para a 2 usando os pontos A e B para conexão. Adicione uma díade motora para limitar o movimento ao intervalo de posições determinado, tornando o mecanismo de seis barras. Todos os pivôs fixos devem estar na base.

3-47 Projete um mecanismo de quatro barras para mover o objeto da Figura P3-13 da posição 2 para a 3 usando os pontos A e B para conexão. Adicione uma díade motora para limitar o movimento ao intervalo de posições determinado, tornando o mecanismo de seis barras. Todos os pivôs fixos devem estar na base.

3-48 Projete um mecanismo de 4 barras para mover o objeto da Figura P3-13 pelas três posições mostradas usando os pontos A e B para conexão. Adicione uma díade motora para limitar o movimento ao intervalo de posições determinado, tornando o mecanismo de seis barras. Todos os pivôs fixos devem estar na base.

3-49 Projete um mecanismo de quatro barras para mover o objeto da Figura P3-14 da posição 1 para a 2 usando os pontos A e B para conexão. Adicione uma díade motora para limitar o movimento ao intervalo de posições determinado, tornando o mecanismo de seis barras. Todos os pivôs fixos devem estar na base.

3-50 Projete um mecanismo de quatro barras para mover o objeto da Figura P3-14 da posição 2 para a 3 usando os pontos A e B para conexão. Adicione uma díade motora para limitar o movimento ao intervalo de posições determinado tornando o mecanismo de seis barras. Todos os pivôs fixos devem estar na base.

3-51 Projete um mecanismo de quatro barras para mover o objeto da Figura P3-14 pelas três posições mostradas usando os pontos A e B para conexão. Adicione uma díade motora para limitar o movimento ao intervalo de posições determinado tornando o mecanismo de seis barras. Todos os pivôs fixos devem estar na base.

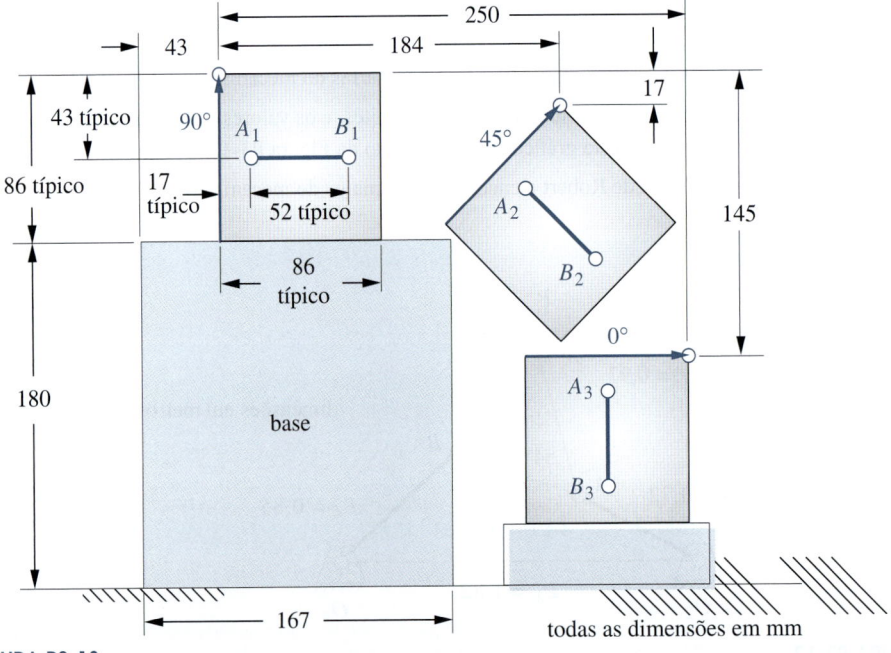

FIGURA P3-13

Problemas 3-46 a 3-48.

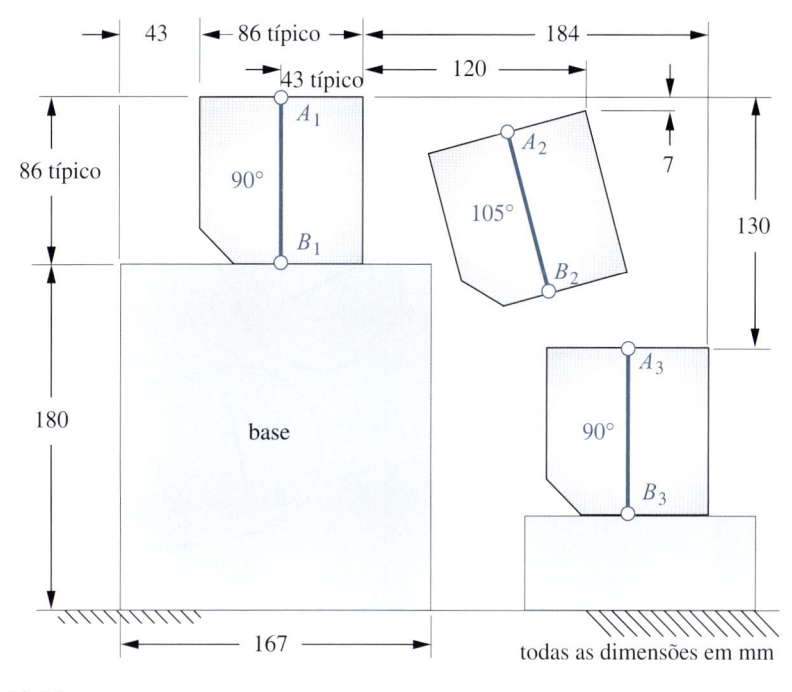

FIGURA P3-14
Problemas 3-49 a 3-51.

3-52 Projete um mecanismo de quatro barras para mover o objeto da Figura P3-15 da posição 1 para a 2 usando os pontos A e B para conexão. Adicione uma díade motora para limitar o movimento ao intervalo de posições determinado tornando o mecanismo de seis barras. Todos os pivôs fixos devem estar na base.

3-53 Projete um mecanismo de quatro barras para mover o objeto da Figura P3-15 da posição 2 para a 3 usando os pontos A e B para conexão. Adicione uma díade motora para limitar o movimento ao intervalo de posições determinado tornando o mecanismo de seis barras. Todos os pivôs fixos devem estar na base.

3-54 Projete um mecanismo de quatro barras para mover o objeto da Figura P3-15 pelas três posições mostradas usando os pontos A e B para conexão. Adicione uma díade motora para limitar o movimento ao intervalo de posições determinado tornando o mecanismo de seis barras. Todos os pivôs fixos devem estar na base.

3-55 Projete um mecanismo de quatro barras para mover o elo mostrado na Figura P3-16 da posição 1 para a posição 2. Ignore a terceira posição e os pivôs fixos O_2 e O_4 mostrados. Construa um modelo em escala e adicione uma díade motora para limitar o movimento ao intervalo de posições designado, tornando o mecanismo de seis barras.

3-56 Projete um mecanismo de quatro barras para mover o elo mostrado na Figura P3-16 da posição 2 para a posição 3. Ignore a primeira posição e os pivôs fixos O_2 e O_4 mostrados. Construa um modelo em escala e adicione uma díade motora para limitar o movimento ao intervalo de posições designado, tornando o mecanismo de seis barras.

3-57 Projete um mecanismo de 4 barras para fornecer as três posições mostradas na Figura P3-16. Ignore a primeira posição e os pivôs fixos O_2 e O_4 mostrados. Construa um modelo em escala e adicione uma díade motora para limitar o movimento ao intervalo de posições designado, tornando o mecanismo de seis barras.

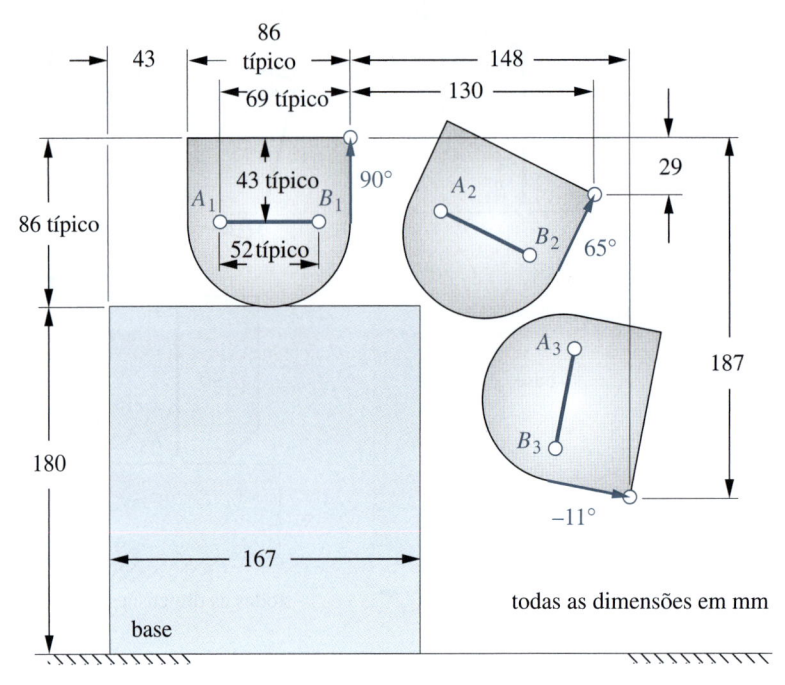

FIGURA P3-15

Problemas 3-52 a 3-54.

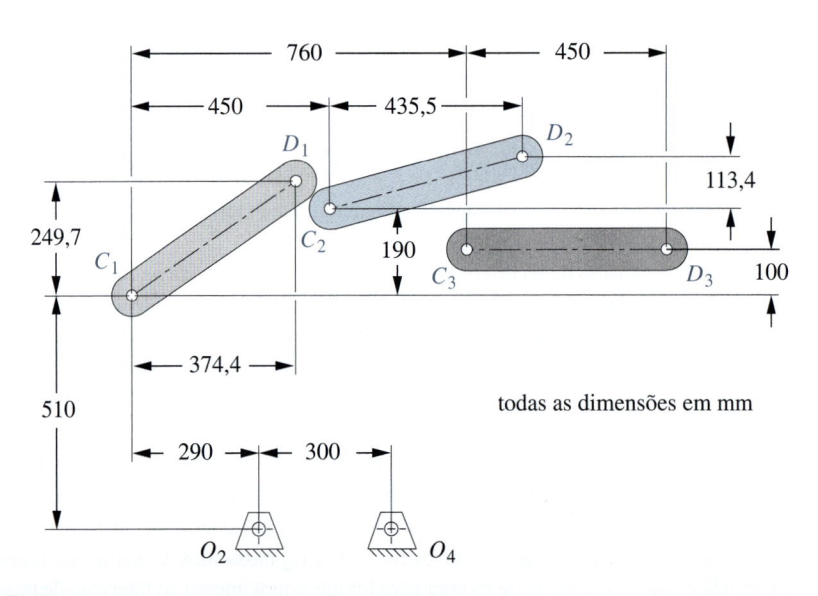

FIGURA P3-16

Problemas 3-55 a 3-58.

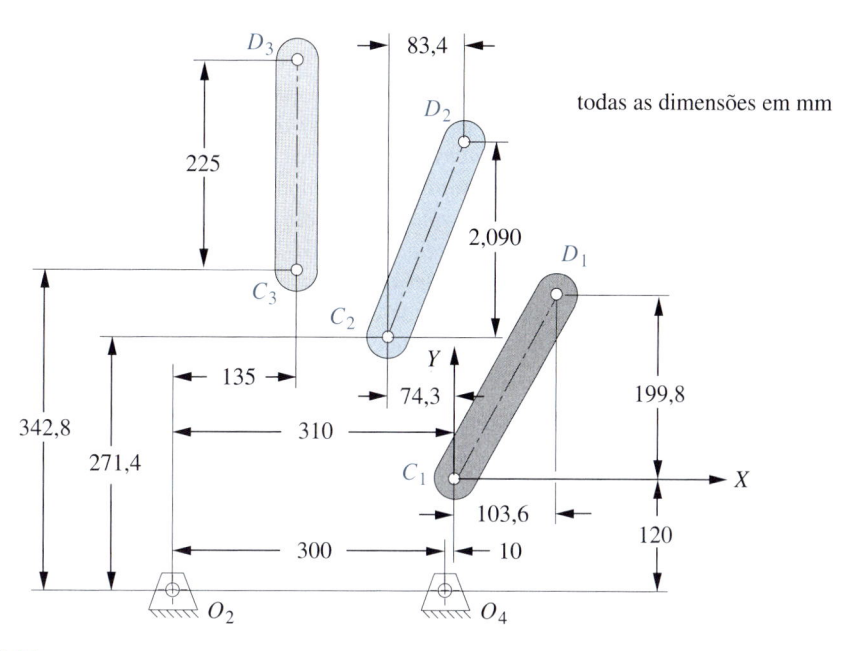

FIGURA P3-17

Problemas 3-59 a 3-62.

3-58 Projete um mecanismo de quatro barras para fornecer as três posições mostradas na Figura P3-16 usando os pivôs fixos O_2 e O_4 mostrados. (Ver Exemplo 3-7.) Construa um modelo em escala e adicione uma díade motora para limitar o movimento ao intervalo de posições designado, tornando o mecanismo de seis barras.

3-59 Projete um mecanismo de quatro barras para mover o elo mostrado na Figura P3-17 da posição 1 para a posição 2. Ignore a terceira posição e os pivôs fixos O_2 e O_4 mostrados. Construa um modelo em escala e adicione uma díade motora para limitar o movimento ao intervalo de posições designado, tornando o mecanismo de seis barras.

3-60 Projete um mecanismo de quatro barras para mover o elo mostrado na Figura P3-17 da posição 2 para a posição 3. Ignore a primeira posição e os pivôs fixos O_2 e O_4 mostrados. Construa um modelo em escala e adicione uma díade motora para limitar o movimento ao intervalo de posições designado, tornando o mecanismo de seis barras.

3-61 Projete um mecanismo de quatro barras para fornecer as três posições mostradas na Figura P3-17. Ignore os pivôs fixos O_2 e O_4 mostrados. Construa um modelo em escala e adicione uma díade motora para limitar o movimento ao intervalo de posições designado, tornando o mecanismo de seis barras.

3-62 Projete um mecanismo de quatro barras para fornecer as três posições mostradas na Figura P3-17 usando os pivôs fixos O_2 e O_4 mostrados. (Ver Exemplo 3-7.) Construa um modelo em escala e adicione uma díade motora para limitar o movimento ao intervalo de posições designado, tornando o mecanismo de seis barras.

3.14 PROJETOS

Os enunciados destes projetos mais amplos foram definidos imprecisa e deliberadamente para omitir detalhes e estrutura. Assim, eles são similares aos enunciados dos problemas do tipo de "identificação de necessidades" encontrados na prática da engenharia. É deixada ao aluno a estruturação do problema através de pesquisa de campo e a formulação de um objetivo claro e um conjunto de especificações de desempenho antes de dar a solução. Essa metodologia de projeto é detalhada no Capítulo 1 e deve ser seguida em todos estes exemplos. Estes projetos podem ser realizados como exercício de síntese de mecanismos apenas ou podem ser revisitados e cuidadosamente analisados pelos métodos apresentados nos capítulos posteriores. Todos os resultados devem ser documentados em um relatório de engenharia profissional.

P3-1 Um professor de tênis precisa de um lançador de bolas melhor para a prática. Esse dispositivo deve disparar uma sequência de bolas de tênis padrão de um lado de uma quadra de tênis padrão sobre a rede, de modo que elas aterrissem e saltem em cada uma das três áreas da quadra definidas pelas linhas brancas. A ordem e a frequência da aterrissagem de bolas em cada uma das três áreas devem ser aleatórias. O dispositivo deve operar automaticamente e sem supervisão, exceto para a recarrega de bolas. O dispositivo deve lançar 50 bolas entre as recargas. O tempo de lançamento de bolas deve variar. Por simplicidade, um mecanismo de juntas pinadas acionado por motor é preferível.

P3-2 Uma paciente tetraplégica perdeu todos os movimentos, exceto o da cabeça. Ela pode somente acionar um pequeno "interruptor bucal" para fechar um contato. Ela era uma leitora ávida antes de sua lesão e gostaria de ser capaz de ler livros impressos novamente sem a necessidade de uma pessoa para virar as páginas para ela. Dessa forma é necessário um virador de páginas automático simples, barato e confiável. O livro pode ser colocado no dispositivo por um assistente. O dispositivo deve acomodar o maior intervalo possível de tamanhos de páginas de livros. Danos ao livro devem ser evitados e a segurança da usuária é fundamental.

P3-3 A vovó saiu de sua cadeira de balanço novamente! Junior correu para o salão de bingo para trazê-la, mas nós devemos fazer algo com relação à cadeira de balanço dela antes que ela volte. Ela tem reclamado que a artrite torna muito doloroso empurrar a cadeira. Então, para o aniversário de 100 anos dela, em 2 semanas, vamos surpreendê-la com uma nova cadeira de balanço, automática, motorizada. As únicas restrições ao problema são que o dispositivo deve ser seguro e fornecer movimentos interessantes e agradáveis, similares aos de sua cadeira de balanço tipo Boston atual, para todas as partes do corpo. Já que simplicidade é sinal de bom projeto, dá-se preferência a uma solução de um mecanismo com apenas juntas pinadas.

P3-4 O parque de diversões local está sofrendo com a proliferação das casas de jogos de computador (as chamadas "lan houses"). Eles precisam de uma atração nova e mais excitante que atraia novos consumidores. As únicas restrições são: deve ser seguro, divertido e não submeter os ocupantes a acelerações ou velocidades excessivas. Também deve ser o mais compacto possível, porque o espaço é limitado. Rotação de entrada contínua e juntas pinadas são preferidas.

P3-5 A seção de estudantes da ASME está patrocinando um carnaval universitário de primavera no *campus*. Eles precisam de um mecanismo para a tenda do "Mergulhe o professor" que conduzirá o voluntário desafortunado para dentro e para fora do tanque de água. Os desafiantes providenciam as entradas para um mecanismo de vários graus de liberdade. Se conhecerem a cinemática do mecanismo, podem providenciar uma combinação de entradas que irão mergulhar a vítima.

P3-6 A Casa Nacional de Panquecas quer automatizar a produção. Eles precisam de um mecanismo que vire as panquecas automaticamente "conforme necessário" enquanto elas passam pela frigideira em uma correia que se move continuamente. Esse mecanismo deve acompanhar a velocidade constante da correia transportadora, pegar uma panqueca, virá-la e colocá-la de volta na correia.

P3-7 Atualmente, existem muitos tipos e formatos de monitores de computador. Seu uso prolongado causa cansaço da vista e fadiga no corpo. Há a necessidade de um suporte ajustável que mantenha o monitor e o teclado separados em qualquer posição que o usuário considere confortável. A CPU do computador pode ser alocada remotamente. Esse dispositivo deve se autossustentar para permitir o seu uso com uma cadeira, poltrona ou sofá confortável de escolha do usuário. Não deve exigir que o usuário assuma a postura convencional de uso do computador "sentado à escrivaninha". Ele deve ser estável em todas as posições e suportar o peso dos equipamentos com segurança.

P3-8 A maioria dos reboques de pequenos barcos deve ser submersa na água para lançar ou liberar o barco. Isso reduz significativamente a vida útil do reboque, especialmente em água salgada. Há uma necessidade de um rebocador que permaneça em terra firme enquanto lança ou libera o barco. Nenhuma parte do rebocador deve ser molhada. Segurança do usuário é a maior preocupação, assim como a proteção do barco contra danos.

P3-9 A fundação "Salve o Pato" pediu que um lançador de patos mais humano fosse desenvolvido. Enquanto eles ainda não tiveram sucesso em aprovar uma legislação para prevenir o massacre em grande escala desses probrezinhos, estão preocupados com os aspectos não humanos das grandes acelerações impostas ao pato ao ser lançado para o céu e o praticante acertá-lo no voo. A necessidade é de um lançador que acelere o pombo de argila uniformemente para sua trajetória desejada.

P3-10 A máquina de balanço para crianças, que funciona com moedas em *shoppings*, fornece um movimento oscilante pouco criativo para o ocupante. Há a necessidade de uma máquina de balanço melhor e que forneça movimentos mais interessantes enquanto continua segura para crianças pequenas.

P3-11 O hipismo é um *hobby* ou esporte muito caro. Há uma necessidade de um simulador de cavalgada para treinar futuros cavaleiros sem os cavalos que custam caro. Esse dispositivo deve fornecer movimentos semelhantes para o ocupante, de forma que ele sinta na sela os vários tipos de andaduras como passo, trote e galope. Uma versão mais avançada pode conter movimentos de saltos também. Segurança do usuário é o mais importante.

P3-12 As academias de ginástica estão na moda. Muitos aparelhos foram inventados. Ainda há espaço para melhorias nesses dispositivos. Normalmente, eles são projetados para os jovens fortes e atletas. Há a necessidade de aparelhos de exercício ergonomicamente otimizados para os idosos, que precisam de exercícios mais suaves.

P3-13 Um paciente paraplégico precisa de um dispositivo para tirá-lo da cadeira de rodas e colocá-lo na banheira de hidromassagem sem assistência. Ele tem bastante força nos membros superiores. Segurança é fundamental.

P3-14 O exército requisitou um dispositivo mecânico andador para testar a durabilidade das botas do exército. Ele deve imitar o movimento de uma pessoa andando e propiciar forças similares às do pé de um soldado médio.

P3-15 A NASA quer uma máquina de gravidade zero para treinamento de astronautas. Ela deve levar uma pessoa e gerar uma aceleração negativa de 1 G pelo maior tempo possível.

P3-16 A "Corporação Máquinas de Diversão" quer um cavalo mecânico portátil que proporcione uma atração excitante, que comporte 2 ou 4 pessoas e que possa ser rebocado por uma picape de um lugar a outro.

P3-17 A Força Aérea requisitou um simulador para treinamento que exponha os pilotos em potencial a forças G similares às que eles experimentam em manobras de batalhas aéreas.

P3-18 Fãs precisam de um "touro mecânico" para seu bar de "yuppies". Ele deve ser uma "montaria selvagem" excitante, mas segura.

P3-19 Apesar das melhorias de acessibilidade para deficientes, muitas vezes a guia da calçada bloqueia o acesso de cadeiras de roda a locais públicos. Projete um acessório para uma cadeira de roda convencional que permita que ela suba a guia.

P3-20 Uma carpinteira precisa de um acessório basculante que caiba na caçamba da picape de forma que ela possa descarregar materiais de construção. Ela não tem dinheiro para comprar um caminhão basculante.

P3-21 A carpinteira do Projeto P3-20 quer um elevador projetado para sua picape, para que ela possa carregar e descarregar a caçamba com carga pesada.

P3-22 A carpinteira do Projeto P3-20 é muito exigente (e preguiçosa). Ela também quer um dispositivo para elevar placas de gesso e posicioná-las no teto ou nas paredes enquanto as prega.

P3-23 Um programa de rádio sobre mecânica de automóveis precisa de um macaco levantador de transmissão melhor para a oficina. Esse dispositivo deve posicionar uma transmissão abaixo de um carro (no elevador) e permitir manobrá-la para a posição correta rapidamente e com segurança.

P3-24 Um paraplégico, que era um golfista ávido antes da lesão, quer um mecanismo que lhe permita ficar de pé na cadeira de rodas possibilitando que ele volte a jogar golfe. O dispositivo não pode interferir no uso normal da cadeira de rodas, embora possa ser removido da cadeira quando ele não estiver jogando golfe.

P3-25 Precisa-se de um elevador de cadeira de rodas que levante a cadeira com o ocupante a 1 m de altura do chão da garagem para o nível do térreo da casa. Segurança, confiabilidade e custo são de grande importância.

P3-26 Um paraplégico precisa de um mecanismo que possa ser instalado em uma picape que levante a cadeira de rodas e guarde-a na área atrás do assento do motorista. Essa pessoa tem muita força nos membros superiores e, com a ajuda de apoios instalados no veículo, pode passar da cadeira para a cabine. A picape pode ser modificada conforme seja necessário para possibilitar essa funcionalidade. Por exemplo, pontos de fixação podem ser incluídos na estrutura e o assento de trás pode ser removido se preciso.

P3-27 Há uma demanda por carrinhos de bebê. Muitos dispositivos estão no mercado. Alguns são multiusos. Nossa pesquisa de mercado indica que os consumidores desejam um carrinho que seja portátil (dobrável), leve, que possa ser operado com apenas uma mão e tenha rodas grandes. Precisamos de um projeto melhor que atenda às necessidades dos consumidores. O carrinho deve ser estável, seguro para o bebê e para o condutor. Preferem-se juntas pinadas a meias juntas e a simplicidade é sinal de um bom projeto. Os movimentos devem ser realizados manualmente.

P3-28 O dono de um barco requisitou que nós projetássemos um mecanismo elevador para mover um barco, de 500 kg e 4,5 m de comprimento, dos cavaletes em terra para a água. Uma parede de retenção protege o jardim, e o cavalete fica sobre a parede. A variação da maré é de 1,2 m e a parede fica 1 m acima da marca de maré alta. Seu mecanismo deve ser fixado em terra e deve mover o barco do cavalete para a água e retorná-lo para o cavalete. O dispositivo deve ser seguro, fácil de usar e não pode ser caro demais.

P3-29 Os aterros sanitários estão lotados! Estamos quase sendo cobertos por lixo! O mundo precisa de um compactador de lixo melhor. Ele deve ser simples, barato, silencioso, compacto e seguro. Pode ser operado manualmente ou motorizado, mas prefere-se operação manual para manter o custo baixo. O dispositivo deve ser estável, eficaz e seguro para o operador.

P3-30 Um pequeno empresário precisa de um coletor de lixeiras para a sua picape. Ele tem várias lixeiras de 1,2 m x 1,2 m x 1 m de altura. A lixeira vazia pesa 60 kg. Ele precisa de um mecanismo que possa ser fixado à frota de picapes (Toyota ou Nissan) que possui. Esse mecanismo deve ser capaz de elevar a lixeira do chão, passar sobre a tampa traseira fechada, despejar o conteúdo na caçamba e então colocá-la de volta no chão. Ele gostaria de não tombar o veículo no processo. O mecanismo deve fixar-se permanentemente no veículo de maneira a permitir o uso normal do veículo a qualquer hora. Você pode especificar quaisquer meios de fixação do mecanismo à lixeira e ao veículo.

Capítulo 4

ANÁLISE DE POSIÇÕES

A teoria é a essência destilada da prática.
RANKINE

4.0 INTRODUÇÃO

Uma vez que um projeto de mecanismo alternativo tenha sido **sintetizado**, deve ser **analisado**. O principal objetivo de uma análise cinemática é determinar as acelerações de todas as partes móveis do conjunto. **Forças dinâmicas** são proporcionais à aceleração, conforme a segunda lei de Newton. Precisamos conhecer as forças dinâmicas para calcularmos as **tensões** nos componentes. Um engenheiro de projetos deve assegurar que o mecanismo proposto ou a máquina não falhará sob as condições operacionais. Para isso, as tensões no material devem ser mantidas em um nível bem inferior às tensões admissíveis. Para calcular as tensões, precisamos conhecer as forças estáticas e dinâmicas dos componentes utilizados. Para calcular as forças dinâmicas, precisamos conhecer as **acelerações**. Para calcular as acelerações devemos, primeiro, encontrar a **posição** de todos os elos ou elementos no mecanismo para cada movimento de entrada; depois, derivar as equações de posição em relação ao tempo a fim de encontrarmos as **velocidades**; e, em seguida, derivar novamente e obter as equações para a aceleração. Por exemplo, em um mecanismo simples de quatro barras de Grashof, provavelmente precisaremos calcular as posições, velocidades e acelerações dos elos de saída (acoplador e seguidor) a cada dois graus (180 posições) de posição de entrada da manivela para sua rotação.

Isso pode ser feito por muitos métodos. Podemos usar a **aproximação gráfica** para determinar a posição, velocidade e aceleração dos elos de saída de todas as 180 posições de interesse, ou podemos **derivar as equações gerais** para o movimento em qualquer posição, diferenciar para velocidade e aceleração, e então resolver essas **expressões analíticas** para nossas 180 (ou mais) localizações da manivela. Um computador tornará essa última tarefa mais fácil. Se escolhermos usar a aproximação gráfica para análise, devemos gerar uma solução gráfica independente para cada uma das posições de interesse. Nenhuma das informações obtidas para a primeira posição será aplicável à segunda ou a qualquer outra. Em contrapartida, uma vez que a solução analítica seja derivada para um mecanismo particular, será rapidamente resolvida (por um computador) para todas as

ANÁLISE DE POSIÇÕES

posições. Se quiser informações sobre mais de 180 posições, você deverá esperar mais tempo para que o computador gere os dados. As equações diferenciais são as mesmas. Então, tome outra xícara de café enquanto o computador tritura esses números! Neste capítulo, iremos apresentar e derivar soluções analíticas para os problemas de análise de posição de vários mecanismos planos. Também discutiremos soluções gráficas úteis para comprovar seus resultados analíticos. Nos capítulos 6 e 7, faremos o mesmo para análise de velocidade e de aceleração em mecanismos planos.

É interessante notar que a **análise gráfica de posição** de conexões é um exercício bastante trivial, enquanto a análise de posição por aproximação algébrica é muito mais complicada. Se você pode desenhar o mecanismo em escala, então resolveu o problema de posição graficamente. Só resta medir os ângulos dos elos no desenho em escala com um transferidor preciso. Mas o contrário é verdadeiro para velocidade e especialmente para análise de aceleração. Soluções analíticas para elas são menos complicadas para derivar do que a solução analítica para posição. Contudo, a análise gráfica de velocidade e de aceleração se torna muito mais complexa e difícil. Além disso, os diagramas vetoriais gráficos devem ser *refeitos* para cada uma das posições de interesse no mecanismo. Esse é um exercício fatigante, mas era o único método prático nos dias *A.C.* (*Antes do Computador*), não há muito tempo. A proliferação de microcomputadores mais acessíveis nos últimos anos realmente revolucionou a prática da engenharia. Como graduado em engenharia, você nunca estará longe de um computador com capacidade suficiente para resolver esse tipo de problema e, eventualmente, você pode ter um em seu bolso. Então, neste livro enfatizaremos as soluções analíticas facilmente resolvíveis com um microcomputador.

— Joe, meu velho, como eu gostaria de ter feito aquele curso de programação!

4.1 SISTEMAS DE COORDENADAS

Os sistemas de coordenadas e de referência existem por conveniência do engenheiro que os define. Nos próximos capítulos, dotaremos nossos sistemas com quantos sistemas de coordenadas forem precisos para ajudar no entendimento e resolução dos problemas. Determinaremos um deles como sistema de coordenadas *global* ou *absoluto*, e os outros serão sistemas de coordenadas *local* ligados ao sistema global. O sistema global frequentemente é fixado à Mãe Terra; de qualquer forma poderia ser anexado a outro plano fixo, como o chassi de um automóvel. Se nosso objetivo é analisar a movimentação de um limpador de para-brisas, podemos não levar em conta o movimento geral do automóvel na análise. Nesse caso, um sistema de coordenadas global (SCG – descrito por X, Y) anexado ao automóvel seria útil, e poderíamos considerá-lo como um sistema **absoluto**. Mesmo se usarmos a Terra como sistema de referência absoluto, devemos perceber que não se trata de um sistema estacionário, e que também não é muito útil como referência para um ensaio no espaço. De qualquer forma, denominaremos de absolutas as posições, velocidades e acelerações, tendo em mente que em última instância, até que se descubra um ponto estacionário no universo, todos os movimentos são realmente relativos. O termo **sistema de referência inercial** é usado para denotar um *sistema que não tem aceleração*. Todos os ângulos neste livro serão medidos de acordo com a *regra da mão direita*. Ou seja, **ângulos anti-horários** são *positivos* para velocidade e aceleração angular.

Sistemas de coordenadas locais são normalmente anexados a um elo ou a algum ponto de interesse, que deve ser uma junta pinada, o centro de gravidade ou as linhas de centro de um elo. Esse sistema pode ou não ser rotacionado, como desejarmos. Se quisermos medir o ângulo do elo rotacionado no sistema global, provavelmente iremos anexar um sistema de coordenadas local não rotacionável (SCLNR – descrito por x, y) em um certo ponto do elo (denominado junta pinada). Esse sistema não rotacionável se moverá com a origem ligada ao elo, mas se manterá sempre paralelo ao sistema global. Se quisermos medir alguns parâmetros referentes ao elo, independentemente da rotação, então, queremos criar um sistema de coordenadas local rotacionável (SCLR – descrito por x', y') ao longo de uma linha sobre o elo. Esse sistema irá mover e rotacionar junto ao elo no sistema global. Frequentemente, necessitaremos de ambos os sistemas (SCLNR e SCLR) nas movimentações dos elos para fazermos análises completas. Obviamente, deveremos definir os ângulos e/ou as posições desses sistemas locais móveis no sistema global em todas as posições de interesse.

4.2 POSIÇÃO E DESLOCAMENTO

Posição

A **posição** de um ponto no plano pode ser definida por meio de um **vetor de posição** como mostrado na Figura 4-1. A escolha dos **eixos de referência** é arbitrária, selecionada para satisfazer o observador. A Figura 4-1a mostra um ponto no plano, definido no sistema de coordenadas global, e a Figura 4-1b mostra o mesmo ponto definido em um sistema de coordenadas local cuja origem coincide com a do sistema global. Um vetor de duas dimensões tem dois atributos, que podem ser expressos tanto na forma *polar* quanto em *coordenadas cartesianas*. A **forma polar** fornece o módulo e o ângulo do vetor. A **forma cartesiana** fornece os componentes X e Y do vetor. Cada forma é diretamente conversível a outra por:*

---

* Note que a função do arco tangente com dois argumentos deve ser usada para obter o ângulo nos quatro quadrantes. A função arco tangente com um único argumento, encontrada na maioria das calculadoras e linguagens de computador, retorna o ângulo somente no primeiro e no quarto quadrantes. Você pode calcular facilmente sua própria função arco tangente com dois argumentos testando o sinal do componente x dos argumentos e, se x for negativo, some π radianos ou 180° para obter o resultado da função arco tangente com um único argumento.

Por exemplo, (em Fortran):

```
FUNCTION Atan2( x, y )
IF x <> 0 THEN Q = y / x
Temp = ATAN(Q)
IF x < 0 THEN
   Atan2 = Temp + 3.14159
ELSE
   Atan2 = Temp
END IF
RETURN
END
```

O código acima indica que a linguagem usada tem a função com um único argumento chamada ATAN(x), que retorna um ângulo entre (mais ou menos) $\pi/2$ radianos quando recebe um argumento com sinal representando o valor da tangente daquele ângulo.

ANÁLISE DE POSIÇÕES

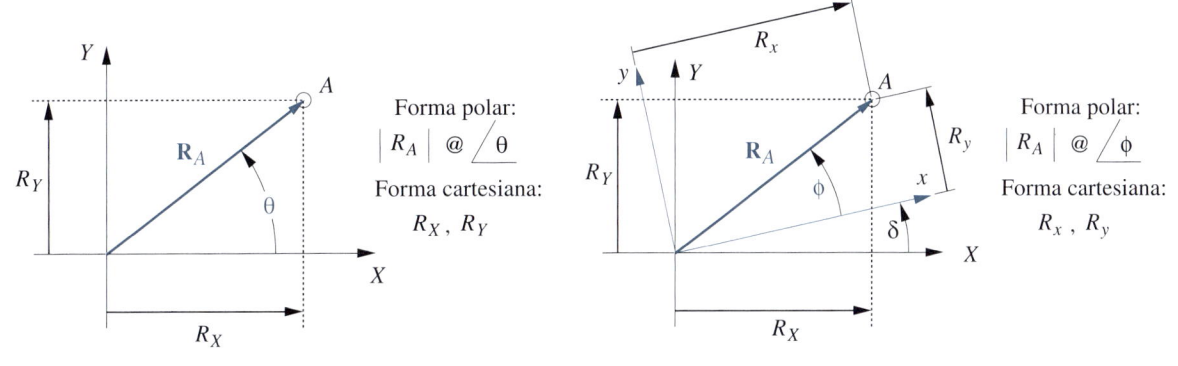

(a) Sistema de coordenada global XY

(b) Sistema de coordenada local xy

FIGURA 4-1

Um vetor de posição no plano – expresso em ambos os sistemas global e local.

o teorema de Pitágoras:

$$R_A = \sqrt{R_X^2 + R_Y^2} \qquad (4.0a)$$

e trigonometricamente:

$$\theta = \arctan\left(\frac{R_Y}{R_X}\right)$$

A Equação 4.0a é mostrada em coordenadas globais, mas poderia também ser expressa em coordenadas locais.

Transformação de coordenadas

Muitas vezes, é necessário transformar as coordenadas de um ponto definido em um sistema para coordenadas em outro ponto. Se os sistemas tiverem origem coincidentes, como mostrado na Figura 4-1b, e a transformação desejada for uma rotação, isso pode ser expresso pela coordenada original e o ângulo com sinal entre os sistemas coordenados.

Se a posição do ponto A na Figura 4-1b for expressa no sistema local como R_x, R_y, e deseja-se transformar as coordenadas para R_X, R_Y no sistema global XY, as equações serão:

$$\begin{aligned} R_X &= R_x \cos\delta - R_y \sen\delta \\ R_Y &= R_x \sen\delta + R_y \cos\delta \end{aligned} \qquad (4.0b)$$

Deslocamentos

Deslocamento de um ponto é a mudança da sua posição e pode ser definido como *a distância em linha reta entre a posição inicial e a final do ponto que se moveu no sistema de referência*. Note que deslocamento não é necessariamente o mesmo comprimento do caminho que o ponto pode ter percorrido para sair da posição inicial até a posição final. A Figura 4-2a mostra o ponto nas duas posições, A e B. A linha curva descreve a trajetória que o ponto percorreu. O vetor de posição $\mathbf{R}_{BA}$ define o deslocamento do ponto B relativo ao ponto A. A

FIGURA 4-2

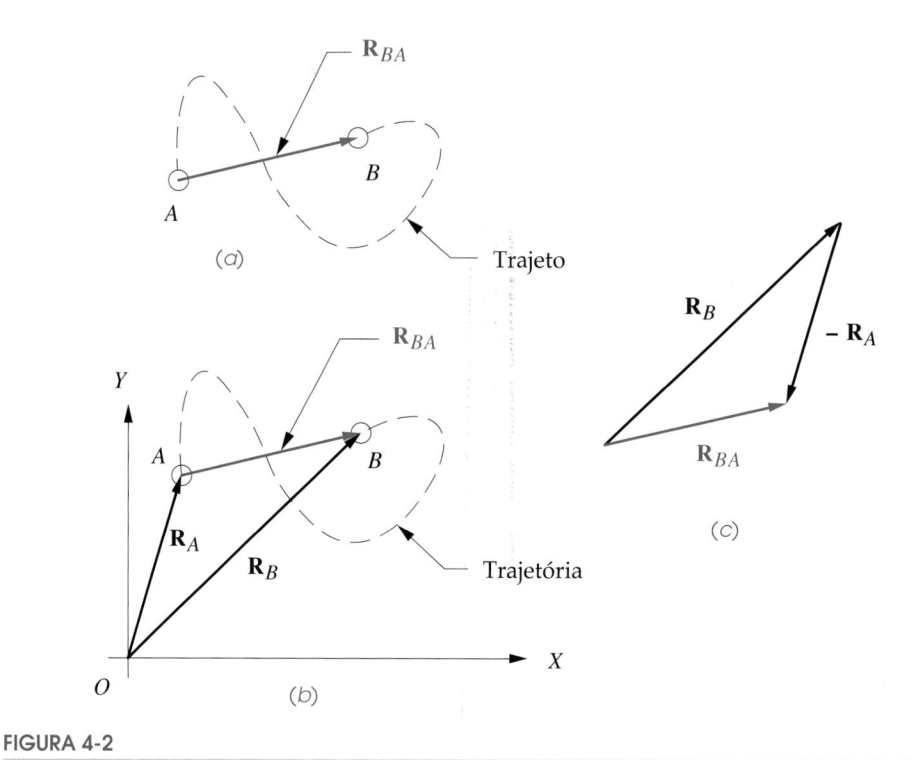

Diferença de posição e posição relativa.

Figura 4-2b define a situação mais rigorosamente e a relaciona com os eixos de referência XY. A notação **R** será usada para denotar o vetor de posição.

Os vetores $\mathbf{R}_A$ e $\mathbf{R}_B$ definem, respectivamente, a posição absoluta dos pontos A e B no sistema *global* de referência XY. O vetor $\mathbf{R}_{BA}$ descreve a diferença na posição, ou no *deslocamento*, entre A e B. Ele pode ser expresso como *equação de diferença de posição:*

$$\mathbf{R}_{BA} = \mathbf{R}_B - \mathbf{R}_A \tag{4.1a}$$

Essa expressão é lida: *a posição de B em consideração a A é igual a posição (absoluta) de B menos a posição (absoluta) de A*, em que *absoluta* significa a relação com a origem do sistema de referência *global*. Essa expressão poderia também ser escrita como:

$$\mathbf{R}_{BA} = \mathbf{R}_{BO} - \mathbf{R}_{AO} \tag{4.1b}$$

com o segundo O subscrito denotando a origem do sistema de referência XY. Quando o vetor de posição estiver ligado à origem do sistema de referência, costuma-se omitir o segundo subscrito. Fica subentendido, em caso de sua ausência, como sendo a origem.

Também, um vetor referido a origem, como $\mathbf{R}_A$, é frequentemente chamado de vetor absoluto. Isso significa que será considerado como um sistema de referência assumido como estacionário, por exemplo, a *Terra*. De qualquer modo, é importante perceber que a Terra está geralmente em movimento em relação a algum outro sistema de referência maior. A Figura 4-2c mostra a solução gráfica para a Equação 4.1.

ANÁLISE DE POSIÇÕES

No exemplo da Figura 4-2, tacitamente assumimos, até este ponto, como o *A* em sua primeira posição e depois se deslocando até *B*, é, de fato, a mesma partícula movimentando-se no sistema de referência. Isso poderia ser, por exemplo, um automóvel percorrendo uma estrada de *A* até *B*. Com essa hipótese, é convencional se referir ao vetor $\mathbf{R}_{BA}$ como **diferença de posição**. Há, entretanto, outras situações que levam aos mesmos diagramas e equações, mas necessitam de um nome diferente. Assuma agora que os pontos *A* e *B* na Figura 4-2b não representam a mesma partícula, mas duas partículas independentes que se movem no mesmo sistema de referência, como talvez dois automóveis viajando pela mesma estrada. A Equação vetorial 4.1 e o diagrama da Figura 4-2b ainda serão válidos, mas nós agora nos referimos ao vetor $\mathbf{R}_{BA}$ como **posição relativa**, ou **posição aparente**. Usaremos o termo *posição relativa* a partir de agora. A seguir, um jeito mais formal de distinguir esses dois casos:

CASO 1:   *Um corpo em duas posições sucessivas* => **diferença de posição**

CASO 2:   *Dois corpos simultaneamente em posições separadas* => **posição relativa**

Pode parecer um modo particularmente delicado de diferenciação, mas a distinção se provará útil, e as razões para isso mais claras, quando analisarmos velocidades e acelerações, especialmente ao encontrarmos situações (como o CASO 2) em que dois corpos ocupam a mesma posição ao mesmo tempo, mas com diferentes movimentos.

4.3 TRANSLAÇÃO, ROTAÇÃO E MOVIMENTO COMPLEXO

Até agora, lidamos com uma partícula, ou ponto, em movimento plano, no entanto, é mais interessante considerar o movimento de um **corpo rígido**, ou elo, que envolve tanto a posição do ponto no mecanismo quanto a orientação de linha no mecanismo, às vezes chamado de **POSIÇÃO** do mecanismo. Na Figura 4-3a vemos o elo *AB* descrito pela posição do vetor de posição $\mathbf{R}_{BA}$. Um sistema de eixos foi fixado à raiz do vetor, no ponto *A*, por conveniência.

Translação

A Figura 4-3b mostra o elo *AB* movido para uma nova posição *A'B'* por meio da translação e dos deslocamentos *AA'* e *BB'* que são iguais, ou seja, $\mathbf{R}_{B'A} = \mathbf{R}_{B'B}$.

Uma definição de translação é:
Todos os pontos do corpo têm o mesmo deslocamento.

Como resultado, o elo mantém a orientação angular. Note que a translação não precisa necessariamente ter um percurso reto. As linhas curvas de *A* para *A'* e de *B* para *B'* são as **translações curvilíneas** percorridas pelo elo. Não existe a rotação do elo se os percursos forem paralelos. Se o percurso for retilíneo, então teremos o caso especial da **translação retilínea**, e o percurso terá o mesmo valor do deslocamento.

Rotação

A Figura 4-3c mostra o mesmo elo *AB* movido da origem de sua posição original por um ângulo de rotação. O Ponto *A* permanece na origem, mas *B* move-se pelo vetor diferença da posição $\mathbf{R}_{B'B} = \mathbf{R}_{B'A} - \mathbf{R}_{BA}$.

(a)

(b) Trajetória da translação curvilínea

(c)

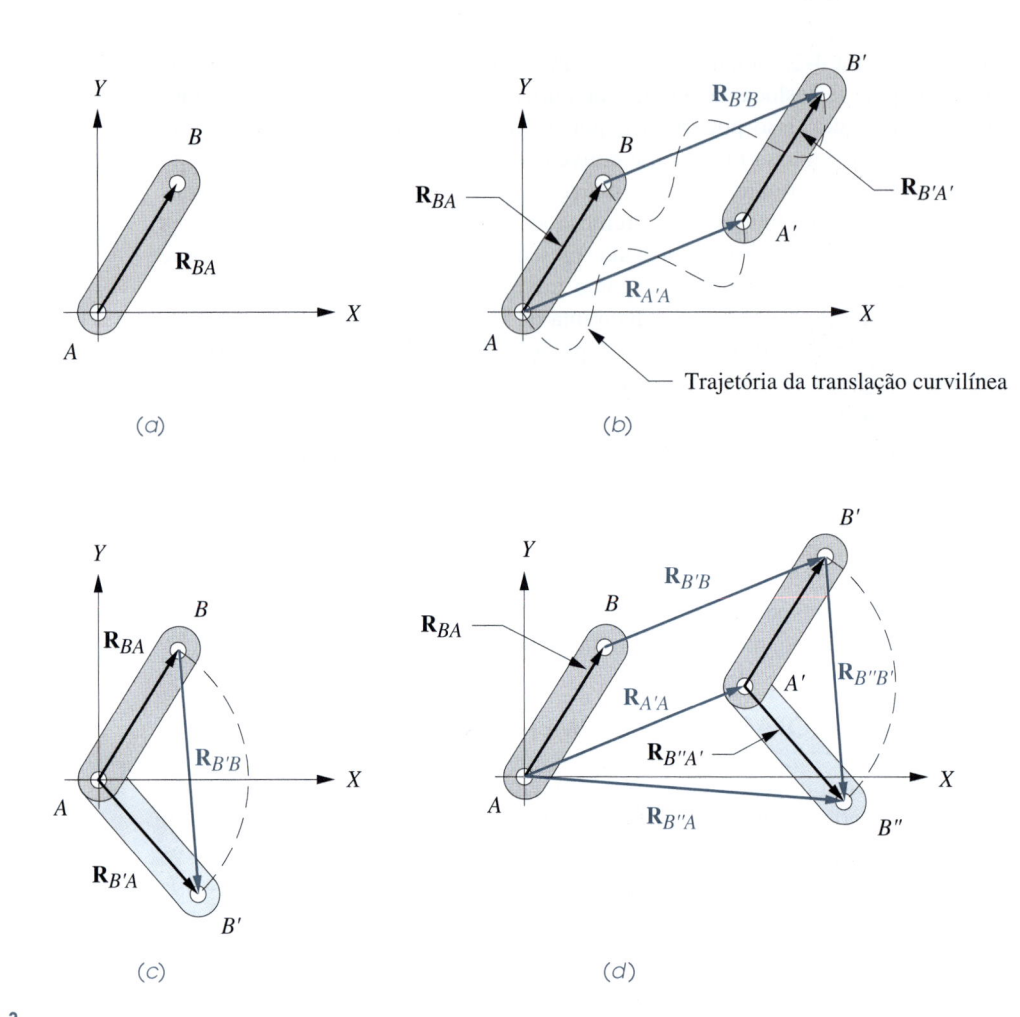

(d)

FIGURA 4-3
Translação, rotação e movimento complexo.

Uma definição de rotação é:

Diferentes pontos do corpo suportam diferentes deslocamentos, portanto, há uma diferença de deslocamento entre quaisquer dois pontos escolhidos.

O elo agora mudou a orientação angular no sistema de referência, e todos os pontos tiveram deslocamentos diferentes.

Movimento complexo

O caso geral de **movimento complexo** é a soma dos componentes da translação com os da rotação. A Figura 4-3d mostra o mesmo elo com movimentos tanto de translação quanto de rotação. Note que a ordem em que os dois componentes são adicionados não importa.

O deslocamento complexo resultante será o mesmo se você primeiro rotacionar e depois transladar ou vice-versa. Isso porque os dois fatores são independentes. O deslocamento complexo total do ponto B é definido pela seguinte expressão:

Deslocamento total = componente da translação + componente da rotação

$$\mathbf{R}_{B''B} = \mathbf{R}_{B'B} + \mathbf{R}_{B''B'} \tag{4.1c}$$

A nova posição absoluta do ponto B referida à origem em A é:

$$\mathbf{R}_{B''A} = \mathbf{R}_{A'A} + \mathbf{R}_{B''A'} \tag{4.1d}$$

Note que as duas fórmulas acima são meramente aplicações da Equação de diferença de posição 4.1a. Ver também a Seção 2.2 para definições e discussões sobre *rotação, translação* e *movimento complexo*. Esses estados de movimento podem ser expressos pelos teoremas a seguir.

Teoremas

Teorema de Euler

O deslocamento geral de um corpo rígido com um ponto fixo é a rotação relacionada a algum eixo.

Isso se aplica na rotação pura como definida na Seção 2.2. Chasles (1793-1880) forneceu um corolário ao teorema de Euler, agora conhecido como teorema de Chasles.

Teorema de Chasles[6]*

Qualquer deslocamento de um corpo rígido é equivalente à soma da translação de qualquer ponto naquele corpo com rotação sobre um eixo por meio desse ponto.

Isso descreve um movimento complexo como demonstrado anteriormente e na Seção 2.2. Note que a Equação 4.1c é uma expressão do teorema de Chasles.

4.4 ANÁLISE GRÁFICA DA POSIÇÃO DE MECANISMOS

Para qualquer mecanismo com um GDL (grau de liberdade), como um de quatro barras, somente um parâmetro é necessário para definir a posição de todos os elos. O parâmetro usualmente escolhido é o ângulo do elo de entrada. Esse é mostrado como θ_2 na Figura 4-4. Queremos encontrar θ_3 e θ_4. Os comprimentos dos elos são conhecidos. Note que iremos numerar o elo terra como 1 e a manivela como 2 nesses exemplos.

A análise gráfica desse problema é trivial e pode ser feita usando apenas trigonometria colegial. Após desenhar o mecanismo cuidadosamente em escala com régua, compasso e transferidor em uma posição particular (dada por θ_2), será preciso somente medir os ângulos dos elos 3 e 4 com o transferidor. Note que todos os ângulos dos elos são medidos do eixo X no sentido anti-horário. Na Figura 4-4, um *sistema local de eixos xy*, paralelo ao *sistema global XY*, deve ser criado no ponto A para medir o θ_3. A precisão dessa solução gráfica será limitada por sua habilidade em desenho e pela exatidão do transferidor usado. Todavia, uma solução aproximada bem rápida pode ser encontrada para qualquer posição.

A Figura 4-5 mostra a construção de uma solução gráfica da posição. Os quatro elos com comprimentos a,b,c,d e o ângulo θ_2 do elo de entrada são dados. Primeiro, o elo terra (1) e o elo de entrada (2) são desenhados em uma escala conveniente, de forma que se cruzem na origem O_2 do sistema de coordenada global XY com o elo 2 estabelecido com o ângulo de entrada θ_2. O elo 1 é desenhado ao longo do eixo X por conveniência. O compasso é ajustado em escala para o comprimento do elo 3, e se traça um arco com esse raio do final do elo 2 (ponto A). Então, se ajusta o compasso com a medida em escala do elo 4, e um segundo arco deve ser

* Ceccarelli[7] destacou que o teorema de Chasles (Paris, 1830) foi estabelecido anteriormente (Napoli, 1763) por Mozzi,[8] mas os trabalhos anteriores são aparentemente desconhecidos ou ignorados no resto da Europa, então o teorema ficou associado ao nome de Chasles.

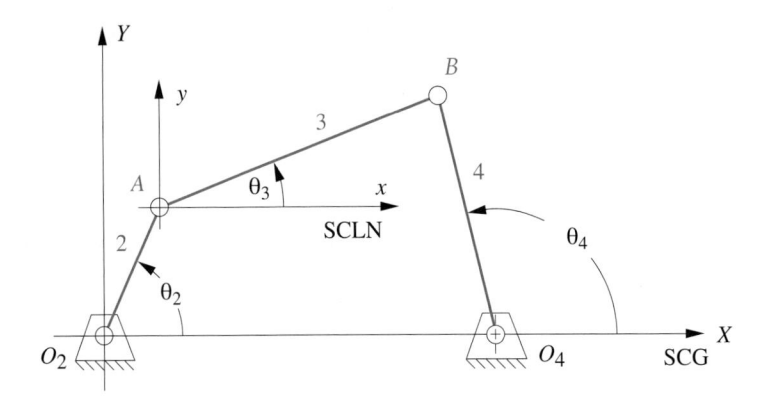

FIGURA 4-4

Medidas dos ângulos no mecanismo de quatro barras.

traçado do final do elo 1 (ponto O_4). Esse dois arcos terão dois pontos de interseção em B e B' que definem as duas soluções para a posição do mecanismo de quatro barras que poderá ser montado nessas duas configurações, denominadas de circuito aberto e cruzado na Figura 4-5. Circuitos em mecanismos serão discutidos em seções futuras.

Os ângulos dos elos 3 e 4 podem ser medidos com transferidor. Um circuito terá os ângulos θ_3 e θ_4 e o outro θ'_3 e θ'_4. Uma solução gráfica só será válida para um valor particular de ângulo de entrada da manivela. Para cada análise de posição adicional, devemos redesenhar todo o mecanismo.

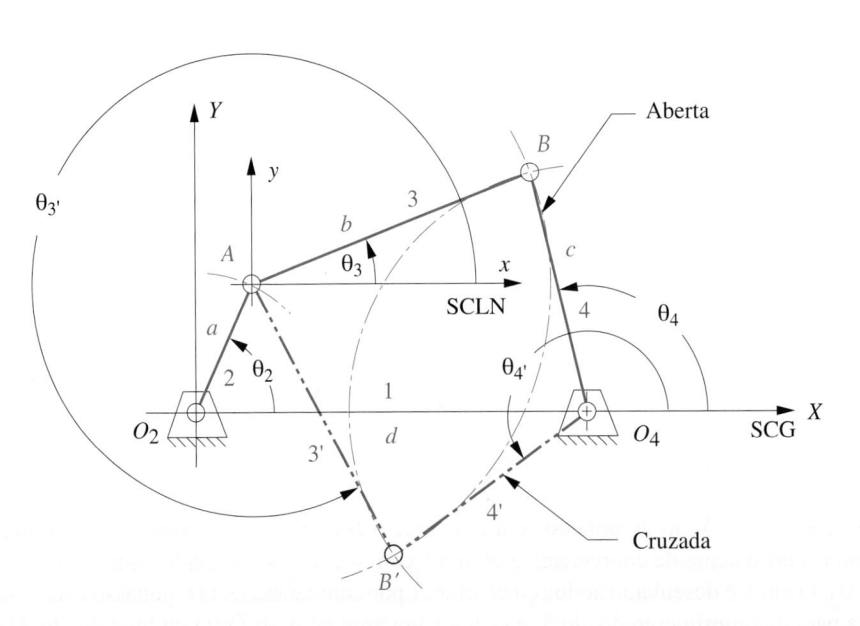

FIGURA 4-5

Solução gráfica da posição das configurações aberta e cruzada do mecanismo de quatro barras.

Isso pode se tornar incômodo se precisarmos de análises completas a cada 1 ou 2 graus de incremento em θ_2. Nesse caso, ficará melhor derivar a solução analítica para θ_3 e θ_4, que podem ser resolvidas por computador.

4.5 ANÁLISE ALGÉBRICA DA POSIÇÃO DE MECANISMOS

O mesmo procedimento usado na Figura 4-5 para resolver geometricamente pelas interseções B e B' e ângulos dos elos 3 e 4 pode ser codificado para um algoritmo algébrico. As coordenadas do ponto A são obtidas de:

$$A_x = a\cos\theta_2$$
$$A_y = a\,\text{sen}\,\theta_2 \tag{4.2a}$$

As coordenadas do ponto B são obtidas usando as equações dos círculos sobre A e O_4:

$$b^2 = (B_x - A_x)^2 + (B_y - A_y)^2 \tag{4.2b}$$

$$c^2 = (B_x - d)^2 + B_y^2 \tag{4.2c}$$

que fornecem um par de equações simultâneas em B_x e B_y.

Subtraindo a Equação 4.2c da 4.2b, temos a expressão para B_x:

$$B_x = \frac{a^2 - b^2 + c^2 - d^2}{2(A_x - d)} - \frac{2A_y B_y}{2(A_x - d)} = S - \frac{2A_y B_y}{2(A_x - d)} \tag{4.2d}$$

Substituindo a Equação 4.2d na 4.2c, temos a equação quadrática de B_y, que tem duas soluções correspondentes, na Figura 4-5.

$$B_y^2 + \left(S - \frac{A_y B_y}{A_x - d} - d\right)^2 - c^2 = 0 \tag{4.2e}$$

Isso pode ser resolvido com uma expressão familiar para as raízes da equação quadrática

$$B_y = \frac{-Q \pm \sqrt{Q^2 - 4PR}}{2P} \tag{4.2f}$$

em que

$$P = \frac{A_y^2}{(A_x - d)^2} + 1 \qquad Q = \frac{2A_y(d - S)}{A_x - d}$$

$$R = (d - S)^2 - c^2 \qquad S = \frac{a^2 - b^2 + c^2 - d^2}{2(A_x - d)}$$

Note que as soluções para essa equação podem ser reais ou imaginárias. No último caso, indicará que os elos não se conectam com o dado ângulo de entrada ou com nenhum outro ângulo. Quando os dois valores de B_y forem encontrados (se reais), eles podem ser substituídos na Equação 4.2d para obter os componentes x correspondentes. Os ângulos dos elos para essa posição podem então ser obtidos de:

$$\theta_3 = \tan^{-1}\left(\frac{B_y - A_y}{B_x - A_x}\right)$$

$$\theta_4 = \tan^{-1}\left(\frac{B_y}{B_x - d}\right) \qquad (4.2g)$$

Uma função arco tangente com dois argumentos deve ser usada para resolver as Equações 4.2g, uma vez que os ângulos podem estar em qualquer quadrante. Equações 4.2 podem ser transcritas para qualquer linguagem de computador ou software que solucione equações, e variando o valor de θ_2, dentro do alcance do mecanismo, encontram-se todos os valores correspondentes aos ângulos dos outros dois elos.

Representação do laço de vetores nos mecanismos

A alternativa de aproximar a análise de posição dos mecanismos, criando um laço ou uma malha fechada (ou laços) de vetores ao redor deles, foi primeiramente proposta por Raven.[9] Essa aproximação tem algumas vantagens na síntese do mecanismo que será descrita no Capítulo 5. Os elos são representados por **vetores de posição**. A Figura 4-6 mostra o mesmo mecanismo de quatro barras da Figura 4-4, mas os elos agora foram redesenhados como vetores de posição formando um laço de vetores.

Esse laço termina em si mesmo fazendo com que a somatória dos vetores ao seu redor seja zero. Os comprimentos dos vetores são os comprimentos dos elos, todos conhecidos. A posição atual do mecanismo é definida pelo ângulo de entrada θ_2 por ser um mecanismo com 1 GDL (grau de liberdade). Queremos obter os ângulos desconhecidos θ_3 e θ_4. Para isso, usaremos uma notação conveniente para representar esses vetores.

Vetores como números complexos

Existem muitas formas de representar vetores. Eles podem ser definidos por **coordenadas polares**, tendo seu *módulo* e *ângulo*, ou por **coordenadas cartesianas**, com componentes x e y. Essas formas são certamente conversíveis entre si usando as Equações 4.0a. Os vetores de posição da Figura 4-6 podem ser representados por quaisquer dessas expressões:

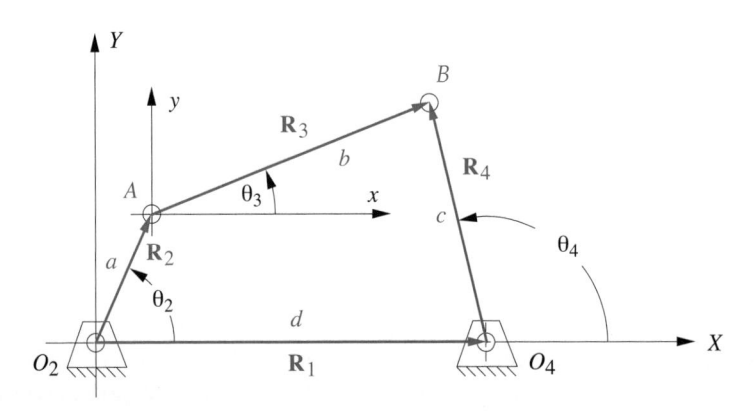

FIGURA 4-6

Laço de vetores de posição para um mecanismo de quatro barras.

ANÁLISE DE POSIÇÕES

$$\text{Forma polar:} \qquad \text{Forma cartesiana:}$$

$$R \,@\, \angle\theta \qquad r\cos\theta\,\hat{\mathbf{i}} + r\,\text{sen}\,\theta\,\hat{\mathbf{j}} \qquad (4.3a)$$

$$r e^{j\theta} \qquad r\cos\theta + j\,r\,\text{sen}\,\theta \qquad (4.3b)$$

A Equação 4.3a usa **versores** para representar as direções dos componentes x e y do vetor na forma cartesiana. A Figura 4-7 mostra a notação do versor para um vetor de posição. A Equação 4.3b usa a **notação de números complexos**, na qual a componente da direção X é chamada de *parte real* e a componente da direção Y é chamada de *parte imaginária*. Esse infeliz termo *imaginário* vem do uso da notação j para representar a raiz quadrada de menos um que, claramente, não pode ser representada numericamente. De qualquer forma, esse *imaginário* é usado em **número complexo** como um **operador**, *não como um valor*. A Figura 4-8a mostra o **plano complexo** com o eixo *real* representando a direção da componente X do vetor no plano, e o eixo *imaginário* representando a direção da componente Y do mesmo vetor. Assim, qualquer termo em número complexo que não tiver o operador j será uma componente x, e o j indicará a componente y.

Note na Figura 4-8b que cada multiplicação do vetor $\mathbf{R}_A$ pelo operador j resulta em uma *rotação anti-horária* de 90 graus do vetor. O vetor $\mathbf{R}_B = j\mathbf{R}_A$ está direcionado para o *imaginário* positivo ou eixo j. O vetor $\mathbf{R}_C = j^2\mathbf{R}_A$ está direcionado para o eixo *real* negativo porque $j^2 = -1$ e dessa forma $\mathbf{R}_C = -\mathbf{R}_A$. De modo similar, $\mathbf{R}_D = j^3\mathbf{R}_A = -j\mathbf{R}_A$, e esse componente está direcionado para o *eixo j negativo*.

Uma vantagem de usar a notação dos números complexos para representar vetores planos é obter a **Identidade de Euler**:

$$e^{\pm j\theta} = \cos\theta \pm j\,\text{sen}\,\theta \qquad (4.4a)$$

Qualquer vetor bidimensional pode ser representado por uma compacta notação polar do lado esquerdo da Equação 4.4a. Não existe função mais fácil de se derivar ou integrar do que uma função que seja sua própria derivada:

$$\frac{de^{j\theta}}{d\theta} = j e^{j\theta} \qquad (4.4b)$$

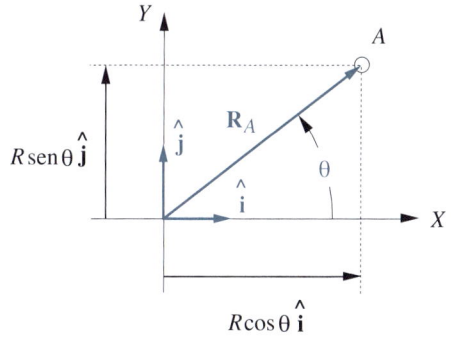

FIGURA 4-7

Notação de versor para vetor de posição.

Forma polar: $R e^{j\theta}$
Forma cartesiana: $R\cos\theta + jR\sen\theta$
$R = |\mathbf{R}_A|$

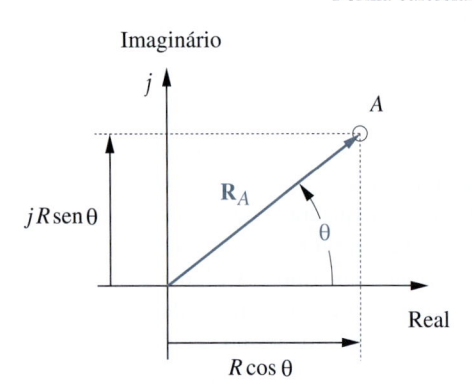

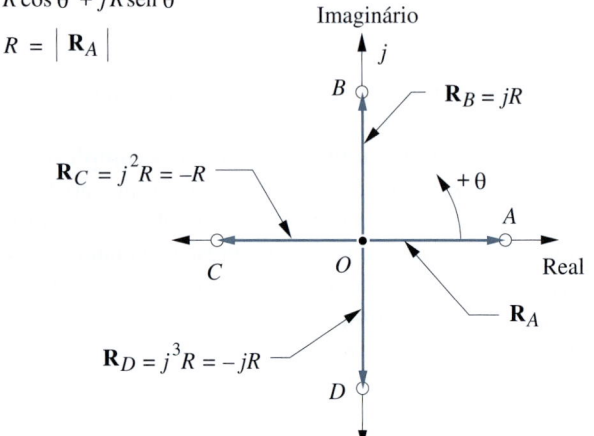

$\mathbf{R}_B = jR$
$\mathbf{R}_C = j^2 R = -R$
$\mathbf{R}_D = j^3 R = -jR$

(a) Representação em número complexo do vetor de posição (b) Vetores rotacionados no plano complexo

FIGURA 4-8
Representação dos vetores no plano em números complexos.

Usaremos essa **notação de número complexo** nos vetores para desenvolver e derivar as equações para posição, velocidade e aceleração dos mecanismos.

Equação vetorial em malha fechada nos mecanismos de quatro barras

As direções dos vetores de posição na Figura 4-6 foram escolhidas dessa forma para definir os ângulos que queremos medir. Por definição, *o ângulo de um vetor é sempre medido de sua origem, e não do seu vértice (seta)*. Desejamos medir o ângulo θ_4 fixo em seu pivô O_4, pois assim o vetor $\mathbf{R}_4$ fica arranjado de forma que sua origem seja naquele ponto. Desejamos medir o ângulo θ_3 da junção do elo 2 com o elo 3, porque o vetor $\mathbf{R}_3$ estará originado ali. Uma lógica similar dita o arranjo dos vetores $\mathbf{R}_1$ e $\mathbf{R}_2$. Note que o eixo X (*real*) é construído por conveniência sobre o elo 1 e a origem do sistema de coordenada global é tomada no ponto O_2, a origem do vetor do elo de entrada, $\mathbf{R}_2$. Essas escolhas de vetores direção e sentidos, como indicados por seus vértices em flechas, levam a essa equação do laço de vetores:

$$\mathbf{R}_2 + \mathbf{R}_3 - \mathbf{R}_4 - \mathbf{R}_1 = 0 \qquad (4.5a)$$

Uma **notação alternativa** para esses vetores de posição é a de usar o nome dos pontos nos quais estão a extremidade do **vetor** e a sua **origem** (*nessa ordem*) como subscritos. O segundo subscrito é convencionalmente omitido se for a origem do sistema de coordenada global (ponto O_2):

$$\mathbf{R}_A + \mathbf{R}_{BA} - \mathbf{R}_{BO_4} - \mathbf{R}_{O_4} = 0 \qquad (4.5b)$$

ANÁLISE DE POSIÇÕES

Em seguida, substituímos a notação de número complexo para cada vetor de posição. Para simplificar a notação e minimizar o uso de subscritos, chamaremos os comprimentos escalares dos quatro elos de a, b, c e d. Eles estão assim nomeados na Figura 4-6. Então, a equação torna-se:

$$ae^{j\theta_2} + be^{j\theta_3} - ce^{j\theta_4} - de^{j\theta_1} = 0 \quad (4.5c)$$

Essas são as três formas para a mesma equação dos vetores, e cada uma pode ser resolvida para duas variáveis. Existem quatro variáveis na equação; elas são os ângulos de cada um dos quatro elos. Nesse mecanismo, particularmente, o comprimento dos elos são constantes. Além disso, o valor do ângulo do elo 1 é fixado (em zero), já que esse é o elo terra. A *variável independente* é θ_2 que controlamos com um motor ou outro dispositivo. Assim, restam os ângulos θ_3 e θ_4 para serem encontrados. Precisamos de expressões algébricas que definam θ_3 e θ_4 como funções somente do comprimento constante dos elos e de um ângulo de entrada, θ_2. Essas expressões terão as seguintes formas:

$$\theta_3 = f\{a, b, c, d, \theta_2\}$$
$$\theta_4 = g\{a, b, c, d, \theta_2\} \quad (4.5d)$$

Para resolver a forma polar, Equação 4.5c dos vetores, devemos substituir as *equivalências de Euler* (Equação 4.4a) para os termos $e^{j\theta}$, e então separar o resultado da equação do vetor na forma cartesiana em duas equações escalares que podem ser resolvidas simultaneamente para θ_3 e θ_4. Substituindo a Equação 4.4a na Equação 4.5c:

$$a(\cos\theta_2 + j\,\text{sen}\,\theta_2) + b(\cos\theta_3 + j\,\text{sen}\,\theta_3) - c(\cos\theta_4 + j\,\text{sen}\,\theta_4) - d(\cos\theta_1 + j\,\text{sen}\,\theta_1) = 0 \quad (4.5e)$$

Esta equação pode agora ser separada em partes real e imaginária e cada uma igualada a zero.

parte real (componente x):

$$a\cos\theta_2 + b\cos\theta_3 - c\cos\theta_4 - d\cos\theta_1 = 0$$

mas $\theta_1 = 0$, então

$$a\cos\theta_2 + b\cos\theta_3 - c\cos\theta_4 - d = 0 \quad (4.6a)$$

parte imaginária (componente y):

$$ja\,\text{sen}\,\theta_2 + jb\,\text{sen}\,\theta_3 - jc\,\text{sen}\,\theta_4 - jd\,\text{sen}\,\theta_1 = 0$$

mas $\theta_1 = 0$, e se os operadores j são simplificados, então

$$a\,\text{sen}\,\theta_2 + b\,\text{sen}\,\theta_3 - c\,\text{sen}\,\theta_4 = 0 \quad (4.6b)$$

As equações escalares 4.6a e 4.6b podem agora ser resolvidas simultaneamente para θ_3 e θ_4. A solução para esse sistema de duas equações trigonométricas simultâneas é direta, mas tediosa. Algumas substituições de identidades trigonométricas simplificarão as expressões.

O primeiro passo é reescrever as equações 4.6a e 4.6b para assim isolar uma das duas variáveis desconhecidas no lado esquerdo. Isolaremos θ_3 e resolveremos θ_4 nesse exemplo.

$$b\cos\theta_3 = -a\cos\theta_2 + c\cos\theta_4 + d \quad (4.6c)$$
$$b\,\text{sen}\,\theta_3 = -a\,\text{sen}\,\theta_2 + c\,\text{sen}\,\theta_4 \quad (4.6d)$$

Agora, eleve os dois lados das equações 4.6c e 4.6d ao quadrado e some-os:

$$b^2(\text{sen}^2\theta_3 + \cos^2\theta_3) = (-a\,\text{sen}\,\theta_2 + c\,\text{sen}\,\theta_4)^2 + (-a\cos\theta_2 + c\cos\theta_4 + d)^2 \quad (4.7a)$$

Note que o valor entre parênteses no lado esquerdo é igual a 1, eliminando θ_3 da equação, deixando somente θ_4 que pode agora ser resolvido por:

$$b^2 = \left(-a\,\text{sen}\,\theta_2 + c\,\text{sen}\,\theta_4\right)^2 + \left(-a\,\cos\theta_2 + c\,\cos\theta_4 + d\right)^2 \tag{4.7b}$$

O lado direito dessa expressão deve agora expandir os termos coletados.

$$b^2 = a^2 + c^2 + d^2 - 2ad\cos\theta_2 + 2cd\cos\theta_4 - 2ac\left(\text{sen}\,\theta_2\,\text{sen}\,\theta_4 + \cos\theta_2\cos\theta_4\right) \tag{4.7c}$$

Para futuramente simplificar essa expressão, as constantes K_1, K_2 e K_3 foram definidas em termos do comprimento constante dos elos na Equação 4.7c:

$$K_1 = \frac{d}{a} \qquad K_2 = \frac{d}{c} \qquad K_3 = \frac{a^2 - b^2 + c^2 + d^2}{2ac} \tag{4.8a}$$

e

$$K_1\cos\theta_4 - K_2\cos\theta_2 + K_3 = \cos\theta_2\cos\theta_4 + \text{sen}\,\theta_2\,\text{sen}\,\theta_4 \tag{4.8b}$$

Se substituirmos a identidade $\cos(\theta_2 - \theta_4) = \cos\theta_2\cos\theta_4 + \text{sen}\,\theta_2\,\text{sen}\,\theta_4$, teremos a forma conhecida como equação de Freudenstein:

$$K_1\cos\theta_4 - K_2\cos\theta_2 + K_3 = \cos(\theta_2 - \theta_4) \tag{4.8c}$$

Para reduzir a Equação 4.8b a uma solução de forma mais amigável, será útil substituir a *meia identidade dos ângulos* que serão convertidos em termos de sen θ_4 e cos θ_4 para termos de tan θ_4:

$$\text{sen}\,\theta_4 = \frac{2\tan\left(\dfrac{\theta_4}{2}\right)}{1+\tan^2\left(\dfrac{\theta_4}{2}\right)}; \qquad \cos\theta_4 = \frac{1-\tan^2\left(\dfrac{\theta_4}{2}\right)}{1+\tan^2\left(\dfrac{\theta_4}{2}\right)} \tag{4.9}$$

Isso resulta, na próxima forma simplificada, em que os comprimentos dos elos e a entrada conhecida (θ_2) foram agrupadas como as constantes A, B e C.

$$A\tan^2\left(\frac{\theta_4}{2}\right) + B\tan\left(\frac{\theta_4}{2}\right) + C = 0 \tag{4.10a}$$

em que

$$A = \cos\theta_2 - K_1 - K_2\cos\theta_2 + K_3$$
$$B = -2\,\text{sen}\,\theta_2$$
$$C = K_1 - (K_2 + 1)\cos\theta_2 + K_3$$

Note que a Equação 4.10a é quadrática, e a solução é:

$$\tan\left(\frac{\theta_4}{2}\right) = \frac{-B \pm \sqrt{B^2 - 4AC}}{2A}$$

$$\theta_{4_{1,2}} = 2\arctan\left(\frac{-B \pm \sqrt{B^2 - 4AC}}{2A}\right) \tag{4.10b}$$

ANÁLISE DE POSIÇÕES

A Equação 4.10b tem duas soluções, obtidas por meio das soluções positiva e negativa da raiz quadrada. Essas duas soluções, assim como as soluções de qualquer equação quadrática, podem ser de três tipos: *reais e iguais, reais e diferentes, complexas e conjugadas*. Se o discriminante da equação (for negativo, então as soluções serão números complexos conjugados, o que significa simplesmente que o comprimento escolhido para os elos não possibilita uma conexão de forma a respeitar o valor escolhido para o ângulo de entrada θ_2. Isso pode acontecer quando os comprimentos dos elos são completamente incapazes de se conectarem em qualquer posição ou, em um mecanismo não Grashof, quando o ângulo de entrada está localizado abaixo da posição limite das singularidades. Não existe, portanto, nenhuma solução real para este valor de ângulo de entrada θ_2. Com exceção dessa situação, as soluções geralmente serão reais e diferentes, o que significa que existem dois valores de θ_4 correspondentes a cada valor de θ_2. Eles se referem às configurações **cruzada** e **aberta** do mecanismo e também aos seus dois **circuitos**. No mecanismo de quatro barras, a solução negativa fornece θ_4 para a configuração aberta, enquanto a solução positiva fornece θ_4 para a configuração cruzada.

A Figura 4-5 mostra ambas as soluções, cruzada e aberta, para um mecanismo Grashof manivela seguidor. Os termos *cruzado* e *aberto* são baseados na suposição de que o elo 2, para o qual θ_2 é definido, está localizado no primeiro quadrante (isto é, $0 < \theta_2 < /2$). Um mecanismo Grashof é então definido como **cruzado** se os dois elos adjacentes ao menor elo cruzam um ao outro, e é definido como **aberto** se eles não se cruzam nesta posição. Note que a configuração do mecanismo, cruzado ou aberto, é unicamente dependente do modo que os elos estão conectados. Não se pode predizer, baseando-se apenas no comprimento dos elos, qual das soluções será a desejada. Em outras palavras, pode-se obter outra solução, com um mesmo mecanismo, simplesmente tirando a junta que conecta os elos 3 e 4 na Figura 4-5, e movendo estes elos para as outras únicas posições nas quais a junta irá conectá-los novamente. Dessa forma, você terá mudado de uma possível posição, ou **circuito**, para outra.

A solução para o ângulo θ_3 é essencialmente similar à solução para θ_4. Retornando às Equações 4.6, podemos rearranjá-las de forma a isolar θ_4 no lado direito.

$$c\cos\theta_4 = a\cos\theta_2 + b\cos\theta_3 - d \tag{4.6e}$$

$$c\,\mathrm{sen}\,\theta_4 = a\,\mathrm{sen}\,\theta_2 + b\,\mathrm{sen}\,\theta_3 \tag{4.6f}$$

Elevando ao quadrado e somando essas equações, θ_4 será eliminado. A equação resultante pode ser resolvida para θ_3, como foi feito anteriormente para θ_4, resultando nesta expressão:

$$K_1\cos\theta_3 + K_4\cos\theta_2 + K_5 = \cos\theta_2\cos\theta_3 + \mathrm{sen}\,\theta_2\,\mathrm{sen}\,\theta_3 \tag{4.11a}$$

A constante K_1 é a mesma que foi definida na Equação 4.8b. K_4 e K_5 são:

$$K_4 = \frac{d}{b}; \qquad K_5 = \frac{c^2 - d^2 - a^2 - b^2}{2ab} \tag{4.11b}$$

Isso também reduz à forma quadrática:

$$D\tan^2\left(\frac{\theta_3}{2}\right) + E\tan\left(\frac{\theta_3}{2}\right) + F = 0 \tag{4.12}$$

em que

$$D = \cos\theta_2 - K_1 + K_4\cos\theta_2 + K_5$$
$$E = -2\,\mathrm{sen}\,\theta_2$$
$$F = K_1 + (K_4 - 1)\cos\theta_2 + K_5$$

E a solução é:

$$\theta_{3_{1,2}} = 2\arctan\left(\frac{-E \pm \sqrt{E^2 - 4DF}}{2D}\right) \qquad (4.13)$$

Assim como para o ângulo θ_4, há também neste caso duas soluções, correspondentes às posições cruzada e aberta do mecanismo, como mostra a Figura 4-5.

4.6 SOLUÇÃO PARA ANÁLISE DE POSIÇÕES NO MECANISMO BIELA-MANIVELA

A mesma análise feita para o vetor laço utilizada para a junta pinada de quatro barras pode ser aplicada ao mecanismo. A Figura 4-9 mostra um mecanismo biela-manivela deslocado de quatro barras biela-manivela, inversão 1. O termo **deslocado** significa que *o eixo de deslocamento estendido não passa pelo pivô da manivela*. Esse é o caso geral. (Os mecanismos biela-manivela não deslocados mostrados na Figura 2-13 são casos especiais). Esse mecanismo poderia ser representado por apenas três vetores de posição, $\mathbf{R}_2$, $\mathbf{R}_3$, e $\mathbf{R}_s$, mas apenas um deles ($\mathbf{R}_s$) será um vetor com magnitude e ângulo variáveis. Será mais fácil utilizar quatro vetores, $\mathbf{R}_1$, $\mathbf{R}_2$, $\mathbf{R}_3$, e $\mathbf{R}_4$ sendo $\mathbf{R}_1$ paralelo e $\mathbf{R}_4$ perpendicular ao eixo de deslizamento. Como consequência, o par de vetores $\mathbf{R}_1$ e $\mathbf{R}_4$ são componentes ortogonais ao vetor de posição $\mathbf{R}_s$ que vai da origem ao deslizador.

Considerar um eixo coordenado paralelo ao eixo de deslizamento simplifica a análise. Assim, o vetor de comprimento variável e direção constante $\mathbf{R}_1$ representa a posição do deslocamento em relação ao eixo X e possui comprimento d. O vetor $\mathbf{R}_4$ é ortogonal à $\mathbf{R}_1$ e representa a posição constante do **deslocamento** em relação ao eixo Y. Note que, para o caso especial, a versão não deslocada, o vetor $\mathbf{R}_4$ será nulo e $\mathbf{R}_1 = \mathbf{R}_s$. Os vetores $\mathbf{R}_2$ e $\mathbf{R}_3$ completam o vetor laço. O par de posições do vetor $\mathbf{R}_3$ é colocado com suas raízes no ponto de deslocamento, definindo assim, o ângulo θ_3 em relação à junta B. Esse arranjo particular dos vetores de posição levam a uma equação de vetor laço similar à do exemplo da junta pinada de quatro barras:

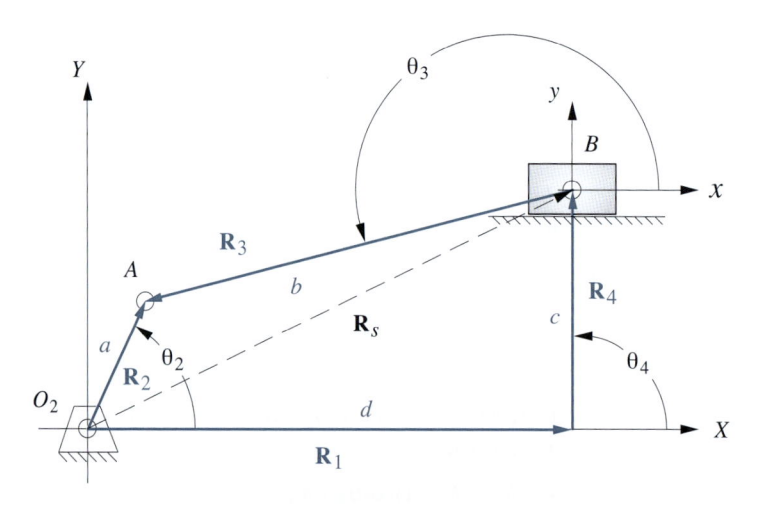

FIGURA 4-9

Posição do vetor laço para um mecanismo biela-manivela de quatro barras.

ANÁLISE DE POSIÇÕES

$$\mathbf{R}_2 - \mathbf{R}_3 - \mathbf{R}_4 - \mathbf{R}_1 = 0 \tag{4.14a}$$

Compare a Equação 4.14 à Equação 4.5a e note que a única diferença é o sinal de $\mathbf{R}_3$. Isso acontece simplesmente por causa da escolha arbitrária do sentido do vetor de posição $\mathbf{R}_3$ em cada caso. O ângulo θ_3 deve ser sempre medido do início do vetor $\mathbf{R}_3$ e, neste exemplo, será conveniente ter o ângulo θ_3 na junta B. Uma vez que essas escolhas arbitrárias foram feitas, é crucial que os sinais dos resultados algébricos sejam cuidadosamente observados nas equações; de forma contrária, os resultados serão completamente errados. Representando a magnitude dos vetores (comprimento dos elos) por a, b, c, d como mostrado, podemos substituir os números complexos pelos vetores de posição equivalentes.

$$ae^{j\theta_2} - be^{j\theta_3} - ce^{j\theta_4} - de^{j\theta_1} = 0 \tag{4.14b}$$

Substitua a relação de Euler:

$$a(\cos\theta_2 + j\,\text{sen}\,\theta_2) - b(\cos\theta_3 + j\,\text{sen}\,\theta_3)$$
$$- c(\cos\theta_4 + j\,\text{sen}\,\theta_4) - d(\cos\theta_1 + j\,\text{sen}\,\theta_1) = 0 \tag{4.14c}$$

Separe os componentes reais e imaginários:

parte real (componente x):

$$a\cos\theta_2 - b\cos\theta_3 - c\cos\theta_4 - d\cos\theta_1 = 0$$

mas $\quad \theta_1 = 0, \quad$ logo

$$a\cos\theta_2 - b\cos\theta_3 - c\cos\theta_4 - d = 0 \tag{4.15a}$$

parte imaginária (componente y):

$$ja\,\text{sen}\,\theta_2 - jb\,\text{sen}\,\theta_3 - jc\,\text{sen}\,\theta_4 - jd\,\text{sen}\,\theta_1 = 0$$

mas $\quad \theta_1 = 0$ e os j's podem ser divididos, logo $\tag{4.15b}$

$$a\,\text{sen}\,\theta_2 - b\,\text{sen}\,\theta_3 - c\,\text{sen}\,\theta_4 = 0$$

Desejamos resolver as Equações 4.15 simultaneamente para as incógnitas comprimento do elo d e ângulo do elo θ_3. A variável independente é o ângulo de manivela θ_2. Os comprimentos dos elos a e b, o deslocamento c, e o ângulo θ_4 são conhecidos. Porém, visto que definimos o eixo de coordenadas como paralelo e perpendicular ao eixo do polo da manivela, o ângulo θ_1 é igual a zero e θ_4 é 90°. A Equação 4.15b pode ser resolvida para θ_3 e o resultado pode ser substituído na Equação 4.15a de forma a resolvê-la para d. A solução é:

$$\theta_{3_1} = \arcsin\left(\frac{a\,\text{sen}\,\theta_2 - c}{b}\right) \tag{4.16a}$$

$$d = a\cos\theta_2 - b\cos\theta_3 \tag{4.16b}$$

Note que existem novamente duas soluções válidas correspondentes aos dois circuitos do mecanismo. A função arco seno possui duas soluções. Sua determinação fornecerá um valor entre 90° representando apenas um dos circuitos do mecanismo. O valor de d depende do valor calculado de θ_3. O valor de θ_3 para o segundo circuito do mecanismo pode ser encontrado por:

$$\theta_{3_2} = \arcsin\left(-\frac{a\,\text{sen}\,\theta_2 - c}{b}\right) + \pi \tag{4.17}$$

4.7 SOLUÇÃO PARA ANÁLISE DE POSIÇÕES NO MECANISMO BIELA-MANIVELA INVERTIDO

A Figura 4-10a mostra a inversão 3 da configuração comum do mecanismo biela-manivela de quatro barras, em que a junta deslizante é aquela entre os elos 3 e 4, ou seja, o ponto B. Isso representa um mecanismo biela-manivela **deslocado**. O bloco deslizante possui rotação pura apenas por seu centro deslocado do eixo de deslizamento. (A Figura 2-13c mostra este mecanismo para a versão não deslocada em que o vetor R_4 é zero.)

O sistema global de coordenadas é novamente definido com a origem no polo de acionamento O_2 e com o sentido positivo do eixo X junto ao elo 1, o elo terra. Um sistema local de eixos foi colocado no ponto B com o objetivo de definir θ_3. Note que existe um ângulo fixo γ com o elo 4 que define o ângulo de abertura desse elo.

Na Figura 4-10, os elos foram representados por vetores de posição, com sentido consistente ao sistema de coordenadas, o qual foi escolhido por conveniência na definição dos ângulos dos elos. Esse arranjo particular dos vetores de posição leva à mesma equação do vetor laço mostrado no exemplo anterior de biela-manivela. As equações 4.14 e 4.15 são aplicáveis a essa inversão também. Note que a posição absoluta do ponto B é definida pelo vetor R_B, cuja magnitude e direção variam conforme o mecanismo se movimenta. Escolhemos representar R_B como o vetor diferença $R_2 - R_3$ de forma a utilizar os elos reais como vetores de posição na equação do laço.

Todos os mecanismos de manivela terão, ao menos, um elo cujo comprimento entre juntas irá variar conforme o mecanismo se move. Neste exemplo, o comprimento do elo 3, entre os pontos A e B, designado por b, mudará à medida que passa pelo bloco deslizante no elo 4. Por isso, o valor de b será uma das variáveis a serem resolvidas para essa inversão. Outra variável será θ_4, o ângulo do elo 4. Note, porém, que temos também como incógnita θ_3, o ângulo do elo 3. Temos, portanto, um total de três incógnitas. Contudo, as Equações 4.15 podem ser resolvi-

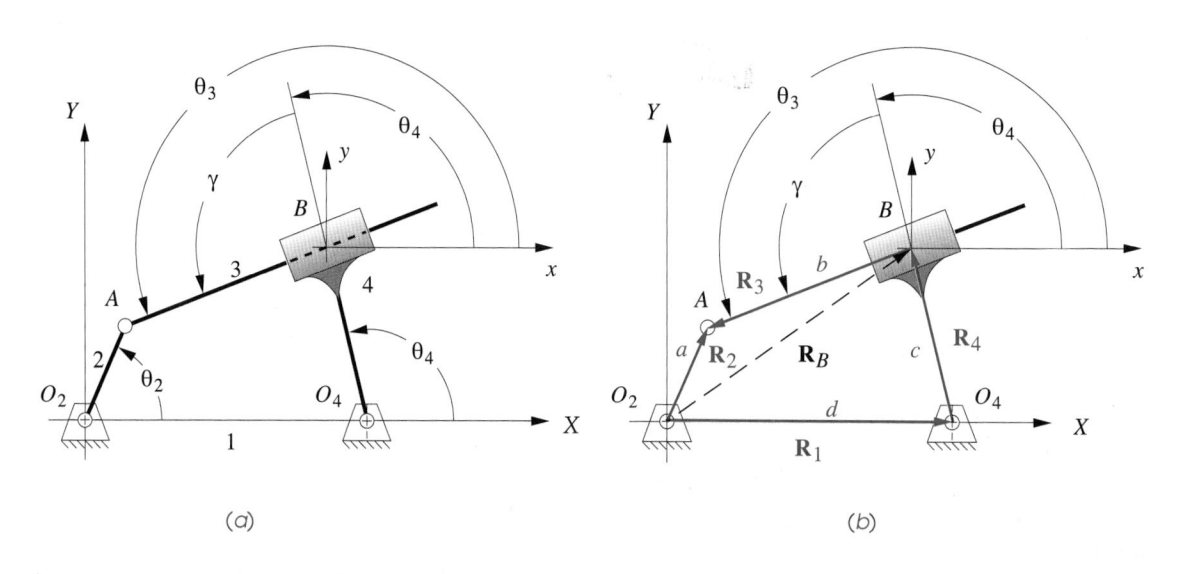

FIGURA 4-10

Inversão 3 do mecanismo biela-manivela de quatro barras.

ANÁLISE DE POSIÇÕES

das apenas para duas incógnitas. Logo, precisamos de outra equação para resolver o sistema. Existe uma relação fixa entre os ângulos θ_3 e θ_4, mostrado na Figura 4-10 como γ, que fornece a equação:

$$\theta_3 = \theta_4 \pm \gamma \qquad (4.18)$$

em que o sinal + é usado para a configuração aberta e o sinal − é usado para a configuração fechada do mecanismo.

Repetindo as Equações 4.15 e renumerando-as para a conveniência do leitor:

$$a\cos\theta_2 - b\cos\theta_3 - c\cos\theta_4 - d = 0 \qquad (4.19a)$$
$$a\,\text{sen}\,\theta_2 - b\,\text{sen}\,\theta_3 - c\,\text{sen}\,\theta_4 = 0 \qquad (4.19b)$$

Essas equações têm apenas duas incógnitas e podem ser resolvidas simultaneamente para θ_4 e b. A Equação 4.19b pode ser resolvida para o comprimento do elo b e substituída na Equação 4.19a.

$$b = \frac{a\,\text{sen}\,\theta_2 - c\,\text{sen}\,\theta_4}{\text{sen}\,\theta_3} \qquad (4.20a)$$

$$a\cos\theta_2 - \frac{a\,\text{sen}\,\theta_2 - c\,\text{sen}\,\theta_4}{\text{sen}\,\theta_3}\cos\theta_3 - c\cos\theta_4 - d = 0 \qquad (4.20b)$$

Substitua a Equação 4.18 e, após algumas manipulações algébricas, a Equação 4.20 pode ser reduzida a:

$$P\,\text{sen}\,\theta_4 + Q\cos\theta_4 + R = 0$$

em que $\qquad (4.21)$

$$P = a\,\text{sen}\,\theta_2\,\text{sen}\,\gamma + (a\cos\theta_2 - d)\cos\gamma$$
$$Q = -a\,\text{sen}\,\theta_2\cos\gamma + (a\cos\theta_2 - d)\text{sen}\,\gamma$$
$$R = -c\,\text{sen}\,\gamma$$

Note que os fatores P, Q, R são constantes para qualquer valor de entrada θ_2. Para resolver a equação para θ_4, é conveniente substituir os termos sen θ_4 e cos θ_4 pela identidade da tangente do ângulo metade (Equação 4.9). Isso resultará em uma equação quadrática tan $(\theta_4/2)$, que pode ser resolvida para os dois valores de θ_4.

$$P\frac{2\tan\left(\dfrac{\theta_4}{2}\right)}{1+\tan^2\left(\dfrac{\theta_4}{2}\right)} + Q\frac{1-\tan^2\left(\dfrac{\theta_4}{2}\right)}{1+\tan^2\left(\dfrac{\theta_4}{2}\right)} + R = 0 \qquad (4.22a)$$

Isso se reduz a:

sendo:
$$(R-Q)\tan^2\left(\frac{\theta_4}{2}\right)+2P\tan\left(\frac{\theta_4}{2}\right)+(Q+R)=0$$

$$S = R - Q; \qquad T = 2P; \qquad U = Q + R$$

então,
$$S\tan^2\left(\frac{\theta_4}{2}\right)+T\tan\left(\frac{\theta_4}{2}\right)+U=0 \qquad (4.22b)$$

E a solução é:

$$\theta_{4_{1,2}} = 2\arctan\left(\frac{-T \pm \sqrt{T^2 - 4SU}}{2S}\right) \qquad (4.22c)$$

Como nos exemplos anteriores, essa equação também possui uma solução para os circuitos cruzado e aberto representada pelo sinal positivo e negativo da raiz quadrada. Note que devemos também calcular os valores de comprimento do elo b para cada θ_4, utilizando a Equação 4.20a. O par de ângulos θ_3 é encontrado com base na Equação 4.18.

4.8 MECANISMOS COM MAIS DE 4 BARRAS

Com algumas exceções,* a mesma análise mostrada aqui para o mecanismo de quatro barras pode ser utilizada para qualquer quantidade de elos que estiverem em uma configuração em laço ou malha fechada. Mecanismos mais complicados podem ter vários laços, implicando mais equações a serem resolvidas simultaneamente e podendo requerer uma solução iterativa. Como alternativa, Wampler[10] apresenta um novo método geral e não iterativo para a análise de mecanismos planos que contenham qualquer quantidade de elos rígidos conectados por meio de juntas rotacionais e/ou translacionais.

O mecanismo de cinco barras engrenado

Outro exemplo, que pode ser reduzido em duas equações com duas incógnitas, é o **mecanismo engrenado de cinco barras**, que foi introduzido na Seção 2.14 e mostrado na Figura 4-11a e no programa FIVEBAR (ver Apêndice A), no arquivo F04-11.5br. A equação de malha fechada para esse mecanismo é mostrada na Figura 4-11b. Essa equação obviamente possui um vetor de posição a mais que o de quatro barras. A equação vetorial de malha fechada é:

$$\mathbf{R}_2 + \mathbf{R}_3 - \mathbf{R}_4 - \mathbf{R}_5 - \mathbf{R}_1 = 0 \qquad (4.23a)$$

Note que os sentidos dos vetores são novamente escolhidos, de forma a satisfazer o desejo do analista de ter os ângulos definidos na extremidade conveniente do elo respectivo. A Equação 4.23b substitui a notação complexa polar para o vetor de posição mostrada na Equação 4-23a, utilizando a, b, c, d, f, de forma a representar os comprimentos escalares dos elos, como mostrado na Figura 4-11.

$$ae^{j\theta_2} + be^{j\theta_3} - ce^{j\theta_4} - de^{j\theta_5} - fe^{j\theta_1} = 0 \qquad (4.23b)$$

Note também que essa equação vetorial de malha fechada possui três variáveis desconhecidas, os ângulos dos elos 3, 4 e 5. (O ângulo do elo 2 é a entrada ou a variável independente e o elo 1 é fixo em um ângulo constante). Partindo do fato de que uma equação vetorial bi-dimensional pode ser resolvida apenas para duas incógnitas, precisaremos de outra equação para resolver este sistema.

---

* Waldron e Sreenivasan[1] relatam que os métodos usuais de solução para análise de posição não são gerais, isto é, não são estendíveis a mecanismos de n elos. Métodos convencionais para análise de posições, como os aqui utilizados, dependem da presença de um laço de quatro barras no mecanismo, o qual possa ser resolvido inicialmente, seguido de uma decomposição dos elos remanescentes em uma série de díades. Nem todos os mecanismos possuem um laço de quatro barras. (Um mecanismo, de oito barras com 1 grau de liberdade (1 GDL – grau de liberdade), não possui laço de quatro barras – veja o 16º isômero à direita do final da Figura 2-11d). Mesmo que exista um mecanismo de laço de quatro barras, seu pivô pode não estar aterrado, requerendo então que o mecanismo seja invertido, de forma a dar início à solução. Além disso, se a junta motora não fizer parte do laço de quatro barras, será necessária uma interpolação para resolução das posições dos elos.

ANÁLISE DE POSIÇÕES

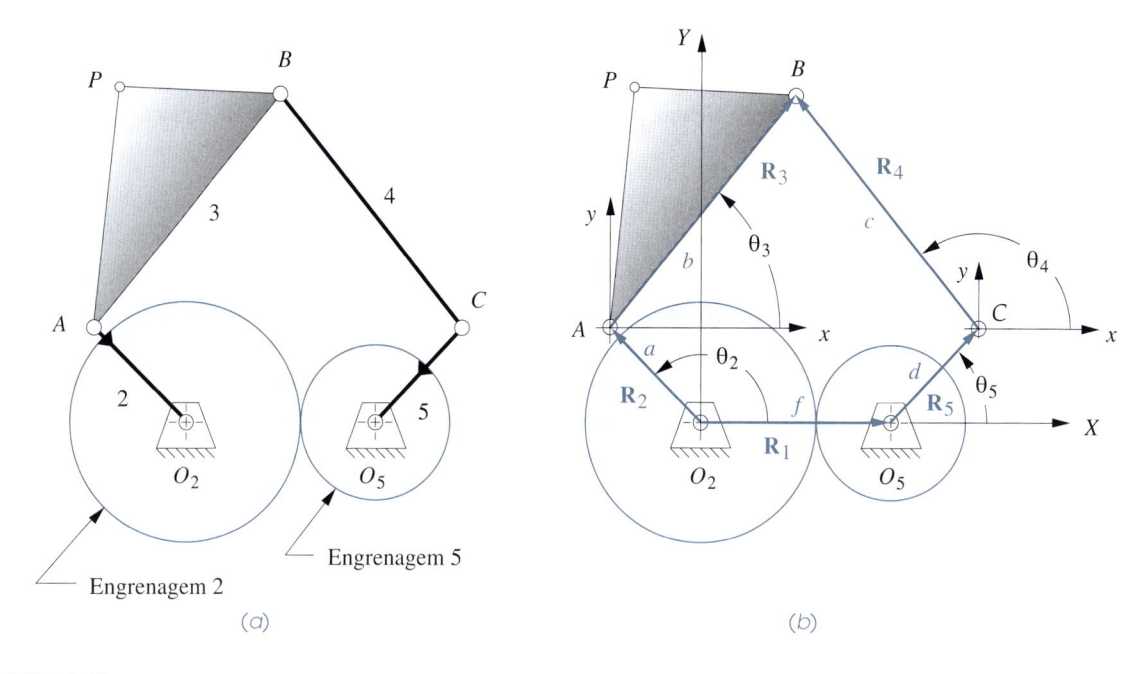

FIGURA 4-11

O mecanismo engrenado de cinco barras e sua representação vetorial em malha fechada.

Por ser um mecanismo de cinco barras, há uma relação entre os dois elos engrenados, nesse caso, os elos 2 e 5. Dois fatores determinam a maneira como o elo 5 se comporta em relação ao elo 2, a **relação de transmissão** λ e o **ângulo de fase** ϕ. A relação é:

$$\theta_5 = \lambda \theta_2 + \phi \qquad (4.23c)$$

Isso nos permite expressar θ_5 em termos de θ_2 na Equação 4.23b e reduz as incógnitas a duas, ao substituir a Equação 4.23c na Equação 4.23b.

$$ae^{j\theta_2} + be^{j\theta_3} - ce^{j\theta_4} - de^{j(\lambda\theta_2 + \phi)} - fe^{j\theta_1} = 0 \qquad (4.24a)$$

Note que a relação de transmissão λ é a razão dos diâmetros das engrenagens, conectando os dois elos ($\lambda = dia_2/dia_5$), e o ângulo de fase é o *ângulo inicial* do elo 5 em relação ao elo 2. Quando o elo 2 está a zero grau, o elo 5 está no **ângulo de fase** ϕ. A Equação 4.23c define a relação entre θ_2 e θ_5. Tanto λ quanto ϕ são parâmetros de projeto, que devem ser selecionados pelo engenheiro de projeto, juntamente com os comprimentos dos elos. Com esses parâmetros definidos, as únicas incógnitas remanescentes na Equação 4.24 são θ_3 e θ_4.

O comportamento do mecanismo engrenado de cinco barras pode ser modificado alterando-se o comprimento dos elos, a relação de transmissão ou o ângulo de fase. O ângulo de fase pode ser modificado simplesmente pela retirada das engrenagens do engrenamento, da rotação de uma delas em relação a outra, e do reengrenamento delas. Uma vez que os elos 2 e 5 são fixados rigidamente às engrenagens 2 e 5, respectivamente, as rotações angulares relativas também serão modificadas. Esse fato resulta em diferentes posições dos elos 3 e 4, com qualquer mudança do ângulo de fase. As formas curvas do acoplador também mudarão com a variação de qualquer um desses parâmetros, como pode ser observado na Figura 3-23 e no Apêndice E.

O procedimento para a solução da equação do vetor laço é o mesmo utilizado para o mecanismo de quatro barras:

1. Substitua a equivalência de Euler (Equação 4.4a) em cada termo da equação do vetor laço (Equação 4.24a).

$$a(\cos\theta_2 + j\sen\theta_2) + b(\cos\theta_3 + j\sen\theta_3) - c(\cos\theta_4 + j\sen\theta_4)$$
$$-d[\cos(\lambda\theta_2 + \phi) + j\sen(\lambda\theta_2 + \phi)] - f(\cos\theta_1 + j\sen\theta_1) = 0 \quad (4.24b)$$

2. Separe as partes reais e imaginárias da forma cartesiana da equação do vetor laço.

$$a\cos\theta_2 + b\cos\theta_3 - c\cos\theta_4 - d\cos(\lambda\theta_2 + \phi) - f\cos\theta_1 = 0 \quad (4.24c)$$
$$a\sen\theta_2 + b\sen\theta_3 - c\sen\theta_4 - d\sen(\lambda\theta_2 + \phi) - f\sen\theta_1 = 0 \quad (4.24d)$$

3. Reorganize a equação de forma a isolar uma incógnita (θ_3 ou θ_4) em cada equação escalar. Note que θ_1 é zero.

$$b\cos\theta_3 = -a\cos\theta_2 + c\cos\theta_4 + d\cos(\lambda\theta_2 + \phi) + f \quad (4.24e)$$
$$b\sen\theta_3 = -a\sen\theta_2 + c\sen\theta_4 + d\sen(\lambda\theta_2 + \phi) \quad (4.24f)$$

4. Eleve ambas equações ao quadrado e some-as de forma a eliminar uma das incógnitas, por exemplo, θ_3.

$$b^2 = 2c[d\cos(\lambda\theta_2 + \phi) - a\cos\theta_2 + f]\cos\theta_4$$
$$+ 2c[d\sen(\lambda\theta_2 + \phi) - a\sen\theta_2]\sen\theta_4$$
$$+ a^2 + c^2 + d^2 + f^2 - 2af\cos\theta_2$$
$$- 2d(a\cos\theta_2 - f)\cos(\lambda\theta_2 + \phi)$$
$$- 2ad\sen\theta_2\sen(\lambda\theta_2 + \phi) \quad (4.24g)$$

5. Substitua a identidade da tangente do ângulo metade (Equação 4.9) pelos termos seno e cosseno e manipule a equação resultante do mesmo modo feito para resolver θ_4 no mecanismo de quatro barras.

$$A = 2c[d\cos(\lambda\theta_2 + \phi) - a\cos\theta_2 + f]$$
$$B = 2c[d\sen(\lambda\theta_2 + \phi) - a\sen\theta_2]$$
$$C = a^2 - b^2 + c^2 + d^2 + f^2 - 2af\cos\theta_2$$
$$- 2d(a\cos\theta_2 - f)\cos(\lambda\theta_2 + \phi)$$
$$- 2ad\sen\theta_2\sen(\lambda\theta_2 + \phi)$$
$$D = C - A; \quad E = 2B; \quad F = A + C$$

$$\theta_{4_{1,2}} = 2\arctan\left(\frac{-E \pm \sqrt{E^2 - 4DF}}{2D}\right) \quad (4.24h)$$

ANÁLISE DE POSIÇÕES

6 Repita os passos 3 a 5 para o outro ângulo desconhecido $_3$.

$$G = 2b\left[a\cos\theta_2 - d\cos(\lambda\theta_2 + \phi) - f\right]$$
$$H = 2b\left[a\,\text{sen}\,\theta_2 - d\,\text{sen}(\lambda\theta_2 + \phi)\right]$$
$$K = a^2 + b^2 - c^2 + d^2 + f^2 - 2af\cos\theta_2$$
$$\qquad - 2d(a\cos\theta_2 - f)\cos(\lambda\theta_2 + \phi)$$
$$\qquad - 2ad\,\text{sen}\,\theta_2\,\text{sen}(\lambda\theta_2 + \phi)$$
$$L = K - G; \quad M = 2H; \quad N = G + K$$

$$\theta_{3_{1,2}} = 2\arctan\left(\frac{-M \pm \sqrt{M^2 - 4LN}}{2L}\right) \qquad (4.24i)$$

Note que esses passos de derivação são idênticos àqueles para o mecanismo de quatro barras com junta pinada, uma vez que θ_2 é substituto de θ_5 utilizando a Equação 4.23c.

Mecanismos de seis barras

O MECANISMO DE SEIS BARRAS DE WATT consiste essencialmente em dois mecanismos de quatro barras em série, como mostra a Figura 4-12a, e pode ser analisado como tal. Dois vetores laço são desenhados, como mostra a Figura 4-12b. A equação desses vetores laço pode ser resolvida com base nos resultados do primeiro laço, como dados de entrada do segundo laço. Note que existe uma relação angular constante entre os vetores $\mathbf{R}_4$ e $\mathbf{R}_5$ por causa do elo 4. A solução para o mecanismo de quatro barras (equações 4.10 e 4.13) é simplesmente aplicada duas vezes neste caso. Dependendo da inversão do mecanismo de Watt que está sendo analisada, pode haver dois laços de 4 elos ou um laço de 4 elos e um de 5 elos. (Ver Figura 2-14.) Em

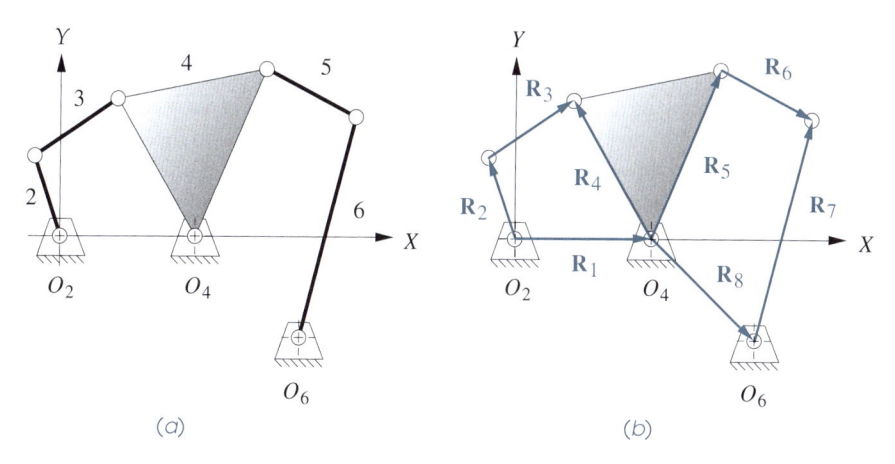

FIGURA 4-12

Mecanismo de seis barras de Watt e seu vetor laço.

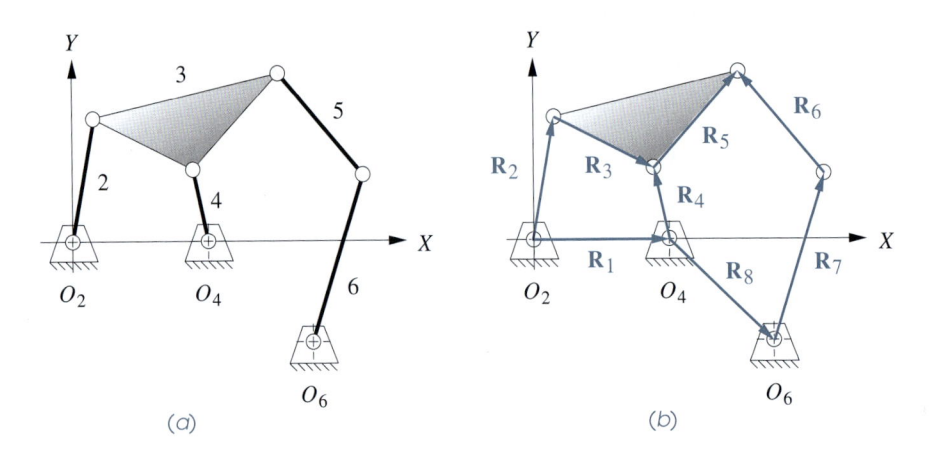

FIGURA 4-13

Mecanismo de Stephenson de seis barras e os vetores laço.

ambos os casos, se o laço de quatro elos for analisado inicialmente, não haverá mais do que dois ângulos para serem encontrados de uma única vez.

O MECANISMO DE SEIS BARRAS DE STEPHENSON é um mecanismo de análise mais complexo. Podem ser desenhados dois vetores laço, porém, dependendo da inversão analisada, um ou ambos os laços terão cinco elos* e, por consequência, três ângulos desconhecidos, como mostra a Figura 4-13a e b. Contudo, os laços terão pelo menos um elo não aterrado em comum e, portanto, pode-se encontrar uma solução. Nos outros casos, uma solução iterativa como o método Newton-Raphson (ver Seção 4.13), deve ser usada para determinar as raízes das equações. O programa SIXBAR (ver Apêndice A) é limitado a inversões que permitem uma solução em forma fechada, uma delas mostrada na Figura 4-13. O programa SIXBAR não realiza a solução iterativa.

4.9 POSIÇÃO DE QUALQUER PONTO DE UM MECANISMO

Uma vez encontrados os ângulos de todos os elos, a determinação e o cálculo da posição de qualquer ponto, em qualquer elo, para qualquer posição de entrada do mecanismo, são simples e diretos. A Figura 4-14 mostra um mecanismo de quatro barras cujo acoplador, o elo 3, foi ampliado de forma a conter o ponto P. A manivela e o seguidor também foram alargados com objetivo de mostrar os pontos S e U, os quais podem representar o centro de gravidade desses elos. O intuito é desenvolver expressões algébricas para a posição destes (ou de quaisquer) pontos pertencentes aos elos.

Para achar a posição do ponto S, desenhe um vetor de posição do polo O_2 ao ponto S. Esse vetor $\mathbf{R}_{SO_2}$ forma um ângulo δ_2 com o vetor $\mathbf{R}_{AO_2}$. Esse ângulo δ_2 é definido pela geometria do elo 2 e é constante. O vetor de posição para o ponto S é, então:

$$\mathbf{R}_{SO_2} = \mathbf{R}_S = se^{j(\theta_2+\delta_2)} = s\left[\cos(\theta_2+\delta_2) + j\operatorname{sen}(\theta_2+\delta_2)\right] \qquad (4.25)$$

A posição do ponto U no elo 4 é encontrada da mesma forma, usando o ângulo δ_4 que possui uma distância angular constante dentro do elo. A expressão é:

---

* Ver nota de rodapé na p. 188.

ANÁLISE DE POSIÇÕES

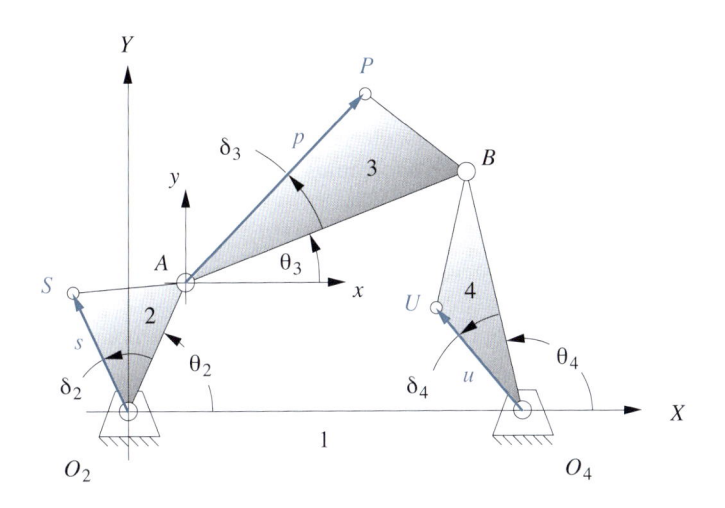

FIGURA 4-14

Posição dos pontos nos elos.

$$\mathbf{R}_{UO_4} = ue^{j(\theta_4 + \delta_4)} = u\left[\cos(\theta_4 + \delta_4) + j\,\text{sen}(\theta_4 + \delta_4)\right] \quad (4.26)$$

A posição do ponto P no elo 3 pode ser encontrada por meio da soma de dois vetores de posição: $\mathbf{R}_A$ e $\mathbf{R}_{PA}$. O vetor $\mathbf{R}_A$ foi anteriormente definido após análise dos ângulos dos elos na Equação 4.5. $\mathbf{R}_{PA}$ é a posição relativa do ponto P em relação ao ponto A. O vetor $\mathbf{R}_{PA}$ é definido do mesmo modo que $\mathbf{R}_S$ ou $\mathbf{R}_U$, utilizando o ângulo deslocado interno do elo δ_3 e o ângulo posição do elo 3, θ_3.

$$\mathbf{R}_{PA} = pe^{j(\theta_3 + \delta_3)} = p\left[\cos(\theta_3 + \delta_3) + j\,\text{sen}(\theta_3 + \delta_3)\right] \quad (4.27a)$$

$$\mathbf{R}_P = \mathbf{R}_A + \mathbf{R}_{PA} \quad (4.27b)$$

Compare a Equação 4.27 com a Equação 4.1. A Equação 4.27 é a equação diferença de posição.

4.10 ÂNGULOS DE TRANSMISSÃO

O ângulo de transmissão foi definido na Seção 3.3 para um mecanismo de quatro barras. Essa definição é repetida aqui por conveniência.

O **ângulo de transmissão** μ é mostrado na Figura 3-3a e é definido como *o ângulo entre o elo de saída e o acoplador*. É normalmente tomado como o valor absoluto do ângulo agudo do par de ângulos na interseção dos dois elos e varia continuamente de um mínimo a um máximo valor, assim que o mecanismo alcança o extremo de seu movimento. É uma medida de qualidade de força e velocidade de transmissão da conexão.*

Iremos expandir essa definição para representar o ângulo entre quaisquer elos em um mecanismo, já que um mecanismo pode ter vários ângulos de transmissão. O ângulo entre qualquer elo de saída e o acoplador que o movimenta é um ângulo de transmissão. Agora que

---

* O ângulo de transmissão, conforme definido por Alt[2], tem aplicação limitada. Ele apenas prediz a qualidade de transmissão da força e torque se os elos de entrada e saída estão pivotados no terra. Se a força de saída é tomada em um elo flutuante (acoplador) então o ângulo de transmissão não tem valor. Um índice de desempenho diferente, chamado índice de força na junta (IFJ) é apresentado no Capítulo 11 que discute a análise de forças em mecanismos (ver Seção 11.12). O IFJ é útil em situações onde o elo de saída é flutuante, como também por dar o mesmo tipo de informação quando a saída é obtida a partir de um elo rotacionando em torno do terra. No entanto, o IFJ requer que uma análise dinâmica completa do mecanismo seja realizada, enquanto o ângulo de transmissão é determinado unicamente por meio da geometria do mecanismo.

desenvolvemos as expressões analíticas para os ângulos de todos os elos do mecanismo, fica fácil determinar algebricamente o ângulo de transmissão. Ele é apenas a diferença entre os ângulos dos dois elos, unidos conforme desejamos passar alguma força ou velocidade. Para o exemplo de mecanismo de quatro barras, ele será a diferença entre θ_3 e θ_4. Por convenção, tomamos o valor absoluto da diferença e o forçamos a ser um ângulo agudo.

$$\theta_{trans} = |\theta_3 - \theta_4|$$

se $\quad \theta_{trans} > \dfrac{\pi}{2} \quad$ então $\quad \mu = \pi - \theta_{trans} \quad$ caso contrário $\quad \mu = \theta_{trans} \quad$ (4.28)

Esse cálculo pode ser feito para qualquer junta de um mecanismo, utilizando os ângulos dos elos apropriados.

Valores extremos do ângulo de transmissão

Para um mecanismo manivela seguidor de quatro barras de Grashof, o valor mínimo do ângulo de transmissão ocorrerá quando a manivela for colinear ao elo terra, como mostra a Figura 4-15. Os valores do ângulo de transmissão nessas posições são facilmente calculados pela lei dos cossenos, uma vez que o mecanismo está em uma configuração triangular. Os lados dos dois triângulos são os elos 3 e 4, e a soma ou a diferença dos elos 1 e 2. Dependendo da geometria do mecanismo, o valor mínimo de transmissão μ_{min} poderá ocorrer quando os elos 1 e 2 forem *colineares* e *sobrepostos*, como mostrado na Figura 4-15a, ou quando os elos 1 e 2 forem *colineares* e *não sobrepostos*, como mostrado na Figura 4-15b. Utilizando uma notação coerente com a Seção 4.5 e a Figura 4-7, nomearemos os elos como:

$$a = \text{elo } 2 \qquad b = \text{elo } 3 \qquad c = \text{elo } 4 \qquad d = \text{elo } 1$$

Para o caso sobreposto (Figura 4-15a) a lei dos cossenos fornece:

$$\mu_2 = \gamma_2 = \arccos\left[\dfrac{b^2 + c^2 - (d+a)^2}{2bc}\right] \tag{4.29a}$$

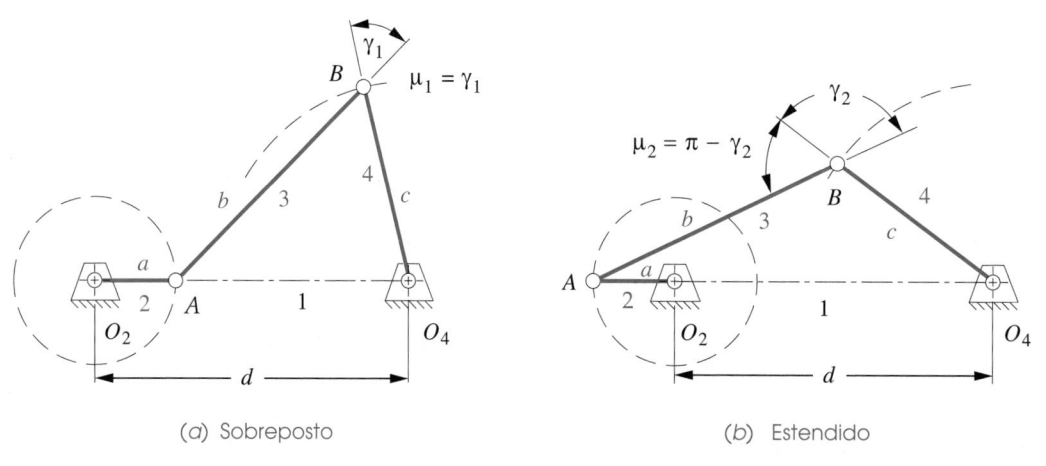

(a) Sobreposto   (b) Estendido

FIGURA 4-15

O ângulo mínimo de transmissão em um mecanismo manivela seguidor de quatro barras de Grashof ocorre em uma das duas posições.

ANÁLISE DE POSIÇÕES

e, para o caso estendido, a lei dos cossenos fornece

$$\mu_2 = \gamma_2 = \arccos\left[\frac{b^2 + c^2 - (d+a)^2}{2bc}\right] \quad (4.29b)$$

O ângulo mínimo de transmissão $\mu_{mín}$ em um mecanismo manivela seguidor de Grashof é o menor dos valores μ_1 e μ_2.

Para um mecanismo **duplo seguidor de Grashof**, o ângulo de transmissão pode variar de 0° a 90° porque o acoplador pode fazer uma revolução completa em relação aos outros elos. Para um mecanismo **triplo seguidor não Grashof**, o ângulo de transmissão será 0° nos pontos de singularidade que ocorrem quando o seguidor de saída c e o acoplador b forem colineares, como mostra a Figura 4-16a. Nos outros pontos de singularidade, quando o seguidor de entrada a e o acoplador b forem colineares (Figura 4-16b), o ângulo de transmissão pode ser calculado pela lei dos cossenos:

quando: $\nu = 0$,

$$\mu = \arccos\left[\frac{(a+b)^2 + c^2 - d^2}{2c(a+b)}\right] \quad (4.30)$$

Esse não é o menor valor que o ângulo de transmissão μ pode obter em um triplo seguidor, já que ele obviamente é zero. É claro que, quando se analisa qualquer mecanismo, pode-se facilmente computar e grafar, para todas as posições, os ângulos de transmissão pela utilização da Equação 4.28. Os programas FOURBAR, FIVEBAR, e SIXBAR (ver Apêndice A) fazem isso. O estudante deve investigar a variação do ângulo de transmissão para os mecanismos exemplificados nesses programas. O arquivo F04-15.4br pode ser aberto no programa FOURBAR para se observar esse mecanismo em movimento.

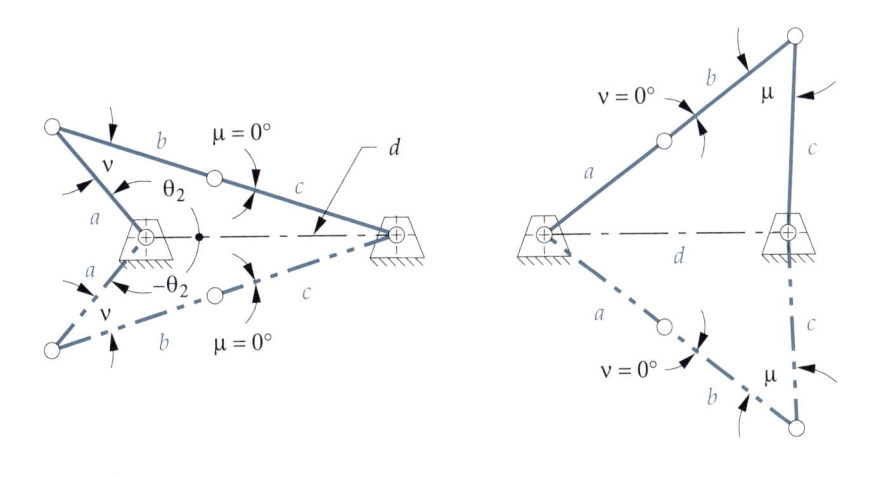

(a) Pontos mortos para elos b e c   (b) Pontos mortos para elos a e b

FIGURA 4-16

Mecanismos triplo seguidor não Grashof com singularidades.

4.11 SINGULARIDADES OU PONTOS MORTOS

Os ângulos de entrada dos elos, que correspondem às posições de singularidade (configurações estacionárias) de **um mecanismo triplo seguidor não Grashof**, podem ser calculados pelo método a seguir, que utiliza trigonometria. A Figura 4-17 mostra um mecanismo não Grashof de quatro barras em uma posição geral. Uma linha de construção h foi desenhada entre os pontos A e O_4. Isso divide o laço quadrilátero em dois triângulos, O_2AO_4 e ABO_4. A Equação 4.31 utiliza a lei dos cossenos para expressar o ângulo de transmissão μ em termos dos comprimentos dos elos e do ângulo de entrada θ_2.

também
$$h^2 = a^2 + d^2 - 2ad\cos\theta_2$$

então
$$h^2 = b^2 + c^2 - 2bc\cos\mu$$

e
$$a^2 + d^2 - 2ad\cos\theta_2 = b^2 + c^2 - 2bc\cos\mu$$

$$\cos\mu = \frac{b^2 + c^2 - a^2 - d^2}{2bc} + \frac{ad}{bc}\cos\theta_2$$

(4.31)

Para encontrar os valores máximo e mínimo do ângulo de entrada θ_2, podemos diferenciar a Equação 4.31, formar a derivada de θ_2 em relação à μ e igualá-la a zero.

$$\frac{d\theta_2}{d\mu} = \frac{bc}{ad}\frac{\operatorname{sen}\mu}{\operatorname{sen}\theta_2} = 0$$

(4.32)

Os comprimentos dos elos a, b, c, d nunca são nulos; portanto, essa expressão pode ser nula apenas quando sen μ é zero. Isso ocorre quando o ângulo μ, na Figura 4-17, for zero ou 180°. O que é coerente com a definição de singularidade na Seção 3.3. Se μ for zero ou 180°, então cos μ será 1. Substituindo esses dois valores para cos μ na Equação 4.31 tem-se

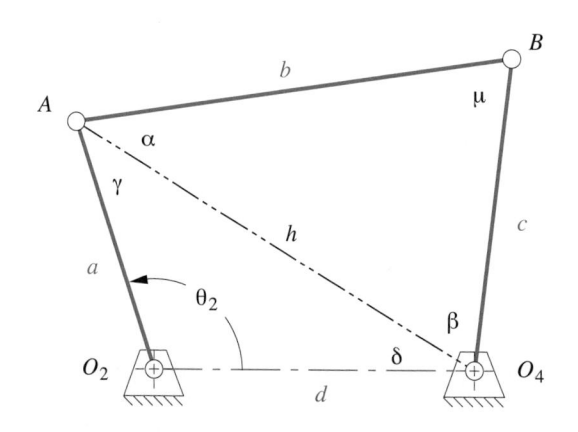

FIGURA 4-17

Determinando o ângulo de manivela correspondente às posições de singularidade.

a solução para o valor de θ_2 entre zero e 180° que corresponde à posição de singularidade de um mecanismo triplo seguidor quando acionado por um seguidor.

$$\cos\mu = \frac{b^2 + c^2 - a^2 - d^2}{2bc} + \frac{ad}{bc}\cos\theta_2 = \pm 1$$

ou

$$\cos\theta_2 = \frac{a^2 + d^2 - b^2 - c^2}{2ad} \pm \frac{bc}{ad} \quad (4.33)$$

e

$$\theta_{2_{sing}} = \arccos\left(\frac{a^2 + d^2 - b^2 - c^2}{2ad} \pm \frac{bc}{ad}\right); \quad 0 \le \theta_{2_{sing}} \le \pi$$

Um desses casos, positivo ou negativo, produzirá um argumento para a função arco seno que se encontra entre 1. O ângulo da singularidade, que se encontra no primeiro ou segundo quadrante, pode ser encontrado com base nesse valor. O outro ângulo de singularidade será o negativo do encontrado, por causa da simetria das duas posições de singularidade em relação ao elo terra, como mostrado na Figura 4-16.

4.12 CIRCUITOS E RAMIFICAÇÕES EM MECANISMOS

Na Seção 4.5, afirmou-se que o problema da posição do mecanismo de quatro barras possui duas soluções correspondentes aos dois circuitos do mecanismo. Nesta seção, serão explorados, com mais detalhes, os tópicos dos circuitos e ramificações em mecanismos.

Chase e Mirth[2] definem um **circuito** em um mecanismo como *todas as orientações possíveis dos elos que podem ser realizadas sem desconectar qualquer uma das juntas* e uma **ramificação** como *uma série contínua de posições do mecanismo em um circuito entre duas configurações estacionárias... As configurações estacionárias dividem o circuito em uma série de ramificações*. Um mecanismo pode ter um ou mais circuitos e cada um deles pode conter uma ou mais ramificações. O número de circuitos corresponde ao número de soluções possíveis das equações posição para o mecanismo.

Defeitos no circuito são fatais para a operação do mecanismo, mas defeitos de ramificação não são. Um mecanismo que precisa mudar de circuito para se mover de uma posição desejada a outra (referido como **defeito de circuito**) não é útil, já que não se pode fazê-lo sem uma desmontagem e remontagem. Um mecanismo que muda de ramificação, quando movimentado de um circuito a outro (referido como **defeito de ramificação**), pode ser utilizado ou não, dependendo da intenção do projetista.

O tampão traseiro do veículo mostrado na Figura 3-2 é um exemplo do mecanismo com considerável defeito de ramificação em sua faixa de movimento (na verdade, no limite de sua faixa de movimento). A posição de singularidade (configuração estacionária) que ele atinge quando o tampão traseiro do veículo abre totalmente serve para mantê-lo aberto. Porém, o usuário pode tirá-lo dessa configuração estacionária movimentando um dos elos para fora da posição de singularidade. Mesas e cadeiras dobráveis geralmente utilizam um esquema similar, assim como bancos dobráveis de automóveis e de veículos utilitários (peruas de duas portas).

Outro exemplo comum de mecanismo com defeito de ramificação é o mecanismo biela-manivela (eixo de manivela, biela, pistão) usado em todo motor de pistão, mostrado na Figura 13-3. Esse mecanismo tem dois pontos mortos (acima e abaixo), dando duas ra-

TABELA 4-1
Circuitos e ramificações

Em um mecanismo de quatro barras

Mecanismo de quatro barras	Quantidade de circuitos	Ramificações por circuito
Triplo seguidor não Grashof	1	2
Manivela seguidor de Grashof*	2	1
Dupla manivela de Grashof*	2	1
Duplo seguidor de Grashof*	2	2
Manivela seguidor de Grashof*	2	2

* Válido apenas para casos não especiais de mecanismos de Grashof.

mificações com uma revolução de sua manivela. Todavia, isso funciona porque passa, por causa destas configurações estacionárias, pelo momento angular de rotação da manivela e do volante de inércia acoplado a ela. Um problema é que o motor deve ser girado para gerar momento suficiente para transmitir o movimento por meio dos pontos mortos.

O mecanismo de seis barras de Watt pode ter quatro circuitos e o mecanismo de seis barras de Stephenson, quatro ou seis circuitos, dependendo do elo que está guiando. Porém, mecanismos de oito barras podem ter 16 ou 18 circuitos, podendo não ser todos reais.[2]

O número de circuitos e ramos no mecanismo de quatro barras depende da condição de Grashof e da inversão usada. Um mecanismo não Grashof triplo seguidor de quatro barras possui dois ramos, mas somente um circuito; todos os mecanismos de quatro barras de Grashof possuem dois circuitos, mas o número de ramificações por circuito difere com a inversão. A manivela seguidor e dupla manivela possuem somente uma ramificação dentro de cada circuito do mecanismo. O duplo seguidor e a manivela seguidor possuem dois ramos dentro de cada circuito. A Tabela 4-1 resume essas relações.[2]

Qualquer solução para a posição de um mecanismo deve considerar o número de possíveis circuitos do mecanismo. Uma solução de forma fechada, se disponível, conterá todos os circuitos. Uma solução iterativa, como descrita na próxima seção, fornecerá dados de posição de um circuito, os quais podem ser inesperados.

4.13 MÉTODO DE SOLUÇÃO DE NEWTON-RAPHSON

Os métodos de solução para análise de posição mostrados neste capítulo são de "forma fechada", isto é, proporcionam a solução com aproximação direta, não iterativa.* Em algumas situações, particularmente com mecanismos de múltiplos laços, uma solução de forma fechada pode não ser atingível. Então, é necessária uma aproximação alternativa, e o método Newton-Raphson (às vezes chamado somente de método de Newton) provê uma aproximação que pode resolver sistemas de equações não lineares simultâneas. Qualquer método de solução iterativo requer uma ou mais admissões de valores para que seja possível começar a simulação. Estabelecendo-se esses valores, é então possível obter uma solução mais correta. Esse processo será repetido até que convirja a uma solução suficientemente correta para propósitos práticos. Porém, não há nenhuma garantia de que um método iterativo convergirá em tudo. O método pode divergir, levando a sucessivas soluções distantes da correta, especialmente se as suposições iniciais não forem próximas o suficiente da solução verdadeira.

Embora precisemos usar uma versão multidimensional (Newton-Raphson) do método de Newton para esses problemas de mecanismos, é mais fácil entender como o algoritmo trabalha, discutindo, primeiro, o método de Newton de forma unidimensional, encontrando as raízes de uma função não linear com variável independente. Depois, será discutido o método multidimensional Newton-Raphson.

* Kramer[3] atesta que: "Teoricamente, qualquer sistema de equações não linear pode ser manipulado na forma de um polinômio com uma incógnita. As raízes desse polinômio podem ser usadas para determinar todas as incógnitas do sistema. Porém, se a derivada polinomial for maior que de quarto grau, será necessário fatorar e/ou utilizar alguma forma de iteração para obter as raízes. Em geral, sistemas que possuem polinômios maiores que o quarto grau associam-se com a eliminação de todos, mas pelo menos uma variável precisará ser calculada por algum método de iteração. Porém, fatorando polinômios de quatro grau ou menor, é possível obter as raízes sem uso de nenhum método iterativo. Então, somente as verdadeiras soluções simbólicas podem ser fatoradas nas condições de quarto grau ou de graus menores. Essa é a definição formal de uma solução de forma fechada".

ANÁLISE DE POSIÇÕES

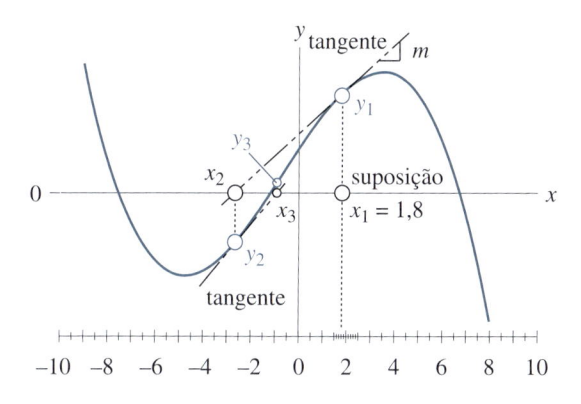

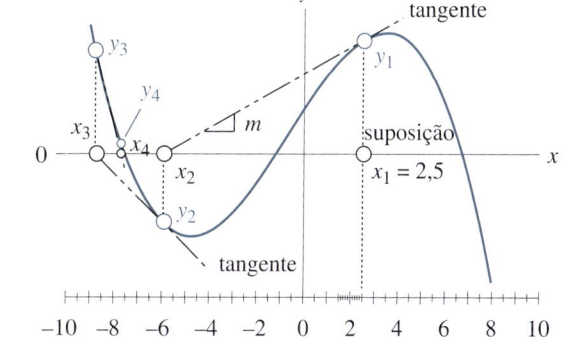

(a) Uma suposição de x = 1,8 converge para raiz x = -1,177

(b) Uma suposição de x = 2,5 converge para raiz x = -7,562

FIGURA 4-18

Método de solução de Newton-Raphson para raízes de funções não lineares.

Encontrando raiz unidimensional (método de Newton)

Uma função não linear pode ter múltiplas raízes nas quais uma delas está definida como a interseção da função com qualquer linha reta. Tipicamente, o eixo zero da variável independente é a linha reta para a qual desejamos as raízes. Tomemos como exemplo um polinômio cúbico que terá três raízes, com uma ou todas as raízes sendo reais.

$$y = f(x) = -x^3 - 2x^2 + 50x + 60 \tag{4.34}$$

Existe uma solução, de forma fechada para as raízes de uma função cúbica,* que nos permite avaliar com antecedência que as raízes desta função cúbica particular são todas reais, ou seja, $x = -7,562, -1,177,$ e $6,740$.

A Figura 4-18 mostra o gráfico dessa função sobre o eixo x. Na Figura 4-18a, escolheu-se um valor inicial de $x = 1,8$. O algoritmo de Newton avalia a função para o valor suposto, encontrando y_1. O valor de y_1 é comparado a uma tolerância selecionada pelo usuário (como 0,001) para ver se é próximo o bastante de zero, para então dizer que x_1 é uma raiz. Se não, a inclinação (m) da função em x_1, y_1 é calculada pelo uso de uma expressão analítica para a derivada da função ou por meio de uma diferenciação numérica (menos desejável). A equação da linha tangente é avaliada para encontrarmos o ponto de interseção, x_2, que será usado como uma nova suposição. O procedimento anterior é repetido, encontrando y_2, testando-o conforme a tolerância estabelecida pelo usuário; e, se essa tolerância for muito grande, calculando-se novamente outra linha tangente que intercepta com o eixo x, terá um novo valor escolhido para a próxima iteração. Esse processo é repetido até que os valores das funções y_i e x_i sejam próximo de zero para satisfazer o usuário.

O algoritmo de Newton, descrito anteriormente, pode ser expresso algebricamente (em pseudocódigo), como mostrado na Equação 4.35. A função para a qual as raízes são procuradas é $f(x)$ e sua derivada é $f'(x)$. A inclinação m da linha tangente é igual a $f'(x)$ no ponto atual x_i, y_i.

---

* O método de Viete " De Emendatione", de François Viete (1615), como descrito na referência [4].

Passo 1 $y_i = f(x_i)$

Passo 2 SE $y_i \leq tolerância$ ENTÃO PARAR

Passo 3 $m = f'(x_i)$

Passo 4 $x_{i+1} = x_i - \dfrac{y_i}{m}$

Passo 5 $y_{i+1} = f(x_{i+1})$

Passo 6 SE $y_{i+1} \leq tolerância$ ENTÃO PARAR

SE NÃO $x_i = x_{i+1}$: $y_i = y_{i+1}$: IR PARA Passo 1 (4.35)

Se o valor inicial escolhido for próximo de uma raiz, esse algoritmo convergirá rapidamente para a solução. Porém, é bastante sensível ao valor escolhido inicialmente. A Figura 4-18b mostra o resultado de uma leve mudança na suposição inicial de $x_1 = 1,8$ para $x_1 = 2,5$. Com essa suposição ligeiramente diferente, o método convergirá para outra raiz. Note também que, se escolhermos um valor inicial de $x_1 = 3,579$, que corresponde a um máximo local dessa função, a linha tangente será horizontal e não cruzará o eixo x. Nesse caso, o método falha. Você poderia sugerir um valor de x_1 que convergisse para uma raiz $x = 6,74$?

Esse método tem desvantagens: pode não convergir. Pode se comportar de forma caótica.* É sensível ao valor de suposição. Também é incapaz de distinguir entre os múltiplos circuitos de um mecanismo. A solução do circuito encontrada depende do valor inicial suposto. Requer que a função seja diferenciável, e a derivada deve ser avaliada tão bem quanto ela. No entanto, esse método é escolhido para funções em que as derivadas podem ser avaliadas de forma eficaz e contínua na região das raízes. Além disso, é a única escolha para sistemas não lineares de equação.

* Kramer[3] mostra que: "o algoritmo de Newton-Raphson pode exibir um comportamento caótico quando existem múltiplas soluções para equações cinemáticas discretas... Newton-Raphson não possui nenhuma maneira de distinguir duas soluções distintas (circuitos)". Ele faz uma experiência com somente dois elos, de forma análoga, determina os ângulos do acoplador e do seguidor, na posição problema do mecanismo de quatro barras, e percebe que as condições iniciais precisam ser próximas da solução desejada (um de dois circuitos possíveis) para evitar divergência ou oscilação caótica entre as soluções.

Encontrando raízes multidimensionais (método de Newton-Raphson)

O método de Newton unidimensional é facilmente estendível para sistemas de equações múltiplas, simultâneas, não lineares. Ele é chamado de método de Newton-Raphson. Primeiro, generalizemos a expressão desenvolvida para o caso unidimensional no passo 4 da Equação 4.35, que se refere-se também à Figura 4-18.

mas
$$x_{i+1} = x_i - \dfrac{y_i}{m} \quad \text{ou} \quad m(x_{i+1} - x_i) = -y_i$$
$$y_i = f(x_i) \qquad m = f'(x_i) \qquad x_{i+1} - x_i = \Delta x$$

substituindo $\quad f'(x_i) \cdot \Delta x = -f(x_i)$ (4.36)

Aqui, um termo Δx é introduzido, o qual chegará a zero quando a solução convergir. Neste caso, o termo de Δx será testado no lugar de y_i em relação à tolerância estabelecida. Note que essa forma de equação evita a operação de divisão, que é possível em uma equação escalar, mas impossível em equação matricial.

Um problema multidimensional terá um sistema de equações da forma

$$\begin{bmatrix} f_1(x_1,x_2,x_3,...,x_n) \\ f_2(x_1,x_2,x_3,...,x_n) \\ \vdots \quad\quad \vdots \\ f_n(x_1,x_2,x_3,...,x_n) \end{bmatrix} = \mathbf{B} \tag{4.37}$$

em que o sistema de equações constitui um vetor, aqui denominado de **B**.

São necessárias derivadas parciais para obter os coeficientes angulares

$$\begin{bmatrix} \dfrac{\partial f_1}{\partial x_1} & \dfrac{\partial f_1}{\partial x_2} & \cdots & \dfrac{\partial f_1}{\partial x_n} \\ \vdots & \vdots & & \vdots \\ \dfrac{\partial f_n}{\partial x_1} & \dfrac{\partial f_n}{\partial x_2} & \cdots & \dfrac{\partial f_n}{\partial x_n} \end{bmatrix} = \mathbf{A} \tag{4.38}$$

que formam a *matriz jacobiana* do sistema, denominada aqui de **A**.

Os erros absolutos também formam um vetor, aqui denominado de **X**.

$$\begin{bmatrix} \Delta x_1 \\ \Delta x_2 \\ \vdots \\ \Delta x_n \end{bmatrix} = \mathbf{X} \tag{4.39}$$

Então, a Equação 4.36 se torna uma equação matricial para o caso multidimensional.

$$\mathbf{AX} = -\mathbf{B} \tag{4.40}$$

A Equação 4.40 pode ser resolvida para **X** por meio de uma inversão de matriz ou por eliminação gaussiana. Os valores dos elementos de **A** e **B** são calculáveis para qualquer valor assumido (suposição) das variáveis. Pode ser considerado como critério de convergência a soma do vetor erro **X** a cada iteração, na qual a soma se aproxima a zero em uma raiz.

Vamos montar essa solução de Newton-Raphson para um mecanismo de quatro barras.

Solução de Newton-Raphson para um mecanismo de quatro barras

A equação vetorial de malha fechada de um mecanismo de quatro barras, separada em parte real e parte imaginária (equações 4.6a e 4.6b), provê um grupo de funções que define dois ângulos de elos desconhecidos, θ_3 e θ_4. O comprimento dos elos a, b, c, d e o ângulo de entrada θ_2 são dados.

$$f_1 = a\cos\theta_2 + b\cos\theta_3 - c\cos\theta_4 - d = 0$$
$$f_2 = a\,\text{sen}\,\theta_2 + b\,\text{sen}\,\theta_3 - c\,\text{sen}\,\theta_4 = 0 \tag{4.41a}$$

$$\mathbf{B} = \begin{bmatrix} a\cos\theta_2 + b\cos\theta_3 - c\cos\theta_4 - d \\ a\,\text{sen}\,\theta_2 + b\,\text{sen}\,\theta_3 - c\,\text{sen}\,\theta_4 \end{bmatrix} \tag{4.41b}$$

O vetor erro é

$$X = \begin{bmatrix} \Delta\theta_3 \\ \Delta\theta_4 \end{bmatrix} \quad (4.42)$$

As derivadas parciais são

$$A = \begin{bmatrix} \dfrac{\partial f_1}{\partial \theta_3} & \dfrac{\partial f_1}{\partial \theta_4} \\ \dfrac{\partial f_2}{\partial \theta_3} & \dfrac{\partial f_2}{\partial \theta_4} \end{bmatrix} = \begin{bmatrix} -b\,\text{sen}\,\theta_3 & c\,\text{sen}\,\theta_4 \\ b\cos\theta_3 & -c\cos\theta_4 \end{bmatrix} \quad (4.43)$$

Essa matriz é conhecida como o **jacobiano** do sistema, e, além de sua utilidade nesse método de solução, também está relacionada à solução do sistema. O sistema de equações para posição, velocidade e aceleração (nos quais aparece o jacobiano) pode ser resolvido se a determinante da matriz jacobiana for diferente de zero.

Substituindo as equações 4.41b, 4.42, e 4.43 na Equação 4.40, temos

$$\begin{bmatrix} -b\,\text{sen}\,\theta_3 & c\,\text{sen}\,\theta_4 \\ b\cos\theta_3 & -c\cos\theta_4 \end{bmatrix} \begin{bmatrix} \Delta\theta_3 \\ \Delta\theta_4 \end{bmatrix} = - \begin{bmatrix} a\cos\theta_2 + b\cos\theta_3 - c\cos\theta_4 - d \\ a\,\text{sen}\,\theta_2 + b\,\text{sen}\,\theta_3 - c\,\text{sen}\,\theta_4 \end{bmatrix} \quad (4.44)$$

Para resolver essa equação matricial, assuma valores para calcular θ_3 e θ_4 e as duas equações são resolvidas simultaneamente para $\Delta\theta_3$ e $\Delta\theta_4$. Para resolver grandes sistemas de equações, será necessário o uso do algoritmo de redução matricial. Para esse simples sistema com duas incógnitas, as duas equações podem ser resolvidas por combinação e simplificação. O teste descrito anteriormente, que compara a soma de $\Delta\theta_3$ e $\Delta\theta_4$ a uma tolerância estabelecida, deve ser aplicado a cada iteração para determinar se a raiz foi encontrada.

Programas para solução de equações

Alguns pacotes de softwares que estão disponíveis comercialmente possuem a habilidade de fazer a solução iterativa do método de Newton-Raphson em sistemas de equações não lineares simultâneas, como o *TKSolver*[*] e o *Mathcad*[**], por exemplo. *TKSolver* invoca automaticamente seu programa de solução do método Newton-Raphson quando não pode resolver diretamente o sistema de equações apresentado, contanto que valores suficientes supostos tenham sido providos para os valores desconhecidos. Essas ferramentas dos programas de solução de equação são muito convenientes para as necessidades do usuário que somente fornece as equações para o sistema de forma "crua", como aqueles da Equação 4.41a. Não é necessário organizá-los no algoritmo de Newton-Raphson, como mostrado na seção anterior. Na ausência de um programa de solução de equação, você terá de escrever seu próprio programa de computador para programar a solução como descrito acima. A referência [5] é uma boa ajuda nessa tarefa.

---

[*] Universal Technical Systems, 1220 Rock St. Rockford, 1L61101, USA. (800) 435-7887.

[**] Mathsoft, 201 Broadway. Cambridge, MA 02139 (800) 628-4223.

4.14 REFERÊNCIAS

1   **Waldron, K. J., and S. V. Sreenivasan.** (1996). "A Study of the Solvability of the Position Problem for Multi-Circuit Mechanisms by Way of Example of the Double Butterfly Linkage." *Journal of Mechanical Design,* **118**(3), p. 390.

ANÁLISE DE POSIÇÕES

2. **Chase, T. R., and J. A. Mirth.** (1993). "Circuits and Branches of Single-Degree-of-Freedom Planar Linkages." *Journal of Mechanical Design*, **115**, p. 223.

3. **Kramer, G.** (1992). *Solving Geometric Constraint Systems: A Case Study in Kinematics.* MIT Press: Cambridge, MA, pp. 155-158.

4. **Press, W. H., et al.** (1986). *Numerical Recipes: The Art of Scientific Computing.* Cambridge University Press: Cambridge, pp. 145-146.

5. Ibid, pp. 254-273.

6. **Chasles, M.** (1830). "Note Sur les Proprietes Generales du Systeme de Deux Corps Semblables entr'eux (Note on the general properties of a system of two similar bodies in combination)." *Bulletin de Sciences Mathematiques, Astronomiques Physiques et Chimiques, Baron de Ferussac, Paris*, pp. 321-326.

7. **Ceccarelli, M.** (2000). "Screw Axis Defined by Giulio Mozzi in 1763 and Early Studies on Helicoidal Motion." *Mechanism and Machine Theory*, **35**, pp. 761-770.

8. **Mozzi, G.** (1763). *Discorso matematico sopra il rotamento momentaneo dei corpi (Mathematical Treatise on the temporally revolving of bodies).*

9. **Raven, F. H**. (1958). "Velocity and Acceleration Analysis of Plane and Space Mechanisms by Means of Independent-Position Equations." *Trans ASME*, **25**, pp. 1-6.

10. **Wampler, C. W.** (1999). "Solving the Kinematics of Planar Mechanisms." *Journal of Mechanical Design*, **121**(3), pp. 387-391.

4.15 PROBLEMAS

4-1 Um vetor de posição é definido com comprimento igual à sua altura em centímetros. A tangente desse ângulo é definida como seu peso em quilogramas, dividido pela sua idade em anos. Calcule os dados para esse vetor e:
   a. Desenhe o vetor de posição em escala no plano cartesiano.
   b. Escreva uma expressão para o vetor de posição usando a notação de vetorial.
   c. Escreva uma expressão para o vetor de posição usando a notação de números complexos, tanto na forma polar quanto na forma cartesiana.

4-2 Uma partícula está se movendo ao longo de um arco de raio 165,1 mm. O centro do arco é a origem do sistema de coordenadas. Quando a partícula está na posição A, esse vetor de posição forma 45° com o eixo X. Para a posição B, esse vetor de posição forma um ângulo de 75° com o eixo X. Desenhe o sistema para uma escala conveniente e:
   a. Escreva uma expressão para o vetor de posição da partícula na posição A usando notação de número complexo, tanto na forma polar quanto na forma cartesiana.
   b. Escreva uma expressão para o vetor de posição da partícula na posição B usando notação de número complexo, tanto na forma polar quanto na forma cartesiana.
   c. Escreva uma equação vetorial para a diferença entre os pontos A e B. Substitua a notação de números complexos nos vetores dessa equação e resolva-a numericamente para a diferença de posições.
   d. Verifique o resultado da parte c com um método gráfico.

4-3 Repita o Problema 4-2, considerando os pontos A e B representando partículas separadas, e encontre as respectivas posições.

4-4 Repita o Problema 4-2 com o caminho da partícula sendo definido ao longo da reta $y = -2x + 10$.

4-5 Repita o Problema 4-3 com o caminho da partícula definido ao longo da curva $y = -2x^2 - 2x + 10$.

TABELA P4-0
Matriz de tópicos e problemas

4.5 Análise de posição de mecanismos
4-1, 4-2, 4-3, 4-4, 4-5
Quatro barras graficamente
4-6
Quatro barras analiticamente
4-7, 4-8, 4-18d, 4-24, 4-36, 4-39, 4-42, 4-45

4.6 Solução para posição de biela--manivela de quatro barras
Graficamente
4-9
Analiticamente
4-10, 4-18c, 4-18f, 4-18h, 4-20

4.7 Solução para a posição de biela--manivela invertida
Graficamente 4-11
Analiticamente 4-12

4.8 Mecanismos de mais de quatro barras
GFBM Graficamente
4-16
GFBM Analiticamente
4-17
Seis barras
4-34, 4-36, 4-37, 4-39, 4-40, 4-42
Oito barras
4-43, 4-45

4.9 Posição de qualquer ponto de um mecanismo
4-19, 4-22, 4-23, 4-46

4.10 Transmissão de ângulos
4-13, 4-14, 4-18b, 4-18e, 4-35, 4-35, 4-38, 4-41, 4-44, 4-47

4.11 Pontos mortos
4-15, 4-18a, 4-18g, 4-21, 4-25, 4-26, 4-27, 4-28, 4-29, 4-30

4.13 Método de solução de Newton-Raphson
4-31, 4-32, 4-33

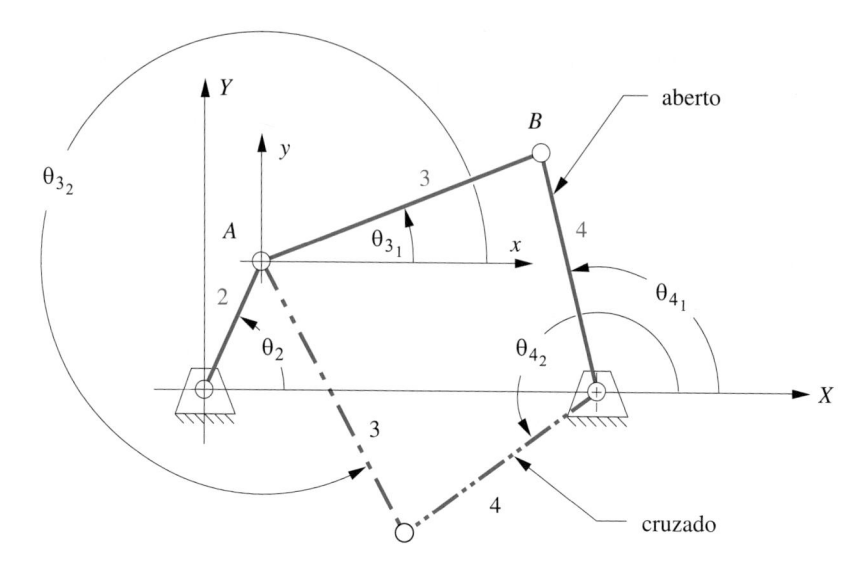

FIGURA P4-1

Problemas 4-6 e 4-7 Configuração geral e terminologia para mecanismos de quatro barras.

* 4-6 O comprimento do elo (mm) e o valor de θ_2 (graus) para alguns mecanismos de quatro barras são definidos na Tabela P4-1. A configuração e terminologia são mostradas na Figura P4-1. Para as configurações fornecidas, desenhe o mecanismo em escala e, graficamente, encontre todas as possíveis soluções (aberta e cruzada) para os ângulos θ_3 e θ_4. Determine a condição de Grashof.

* ** 4-7 Repita o Problema 4-6, resolvendo-o pelo método da equação vetorial de malha fechada.

4-8 Expanda a Equação 4.7b e prove que ela é uma simplificação da Equação 4.7c.

TABELA P4-1 Dados para os problemas 4-6, 4-7 e 4-13 a 4-15

Nome	Elo 1	Elo 2	Elo 3	Elo 4	θ_2
a	152,4	50,8	177,8	228,6	30
b	177,8	228,6	76,2	203,2	85
c	76,2	254,0	152,4	203,2	45
d	203,2	127,0	177,8	152,4	25
e	203,2	127,0	203,2	152,4	75
f	127,0	203,2	203,2	228,6	15
g	152,4	203,2	203,2	228,6	25
h	508,0	254,0	254,0	254,0	50
i	101,6	127,0	50,8	127,0	80
j	508,0	254,0	127,0	254,0	33
k	101,6	152,4	254,0	177,8	88
l	228,6	177,8	254,0	177,8	60
m	228,6	177,8	279,4	203,2	50
n	228,6	177,8	279,4	152,4	120

* Respostas no Apêndice F.

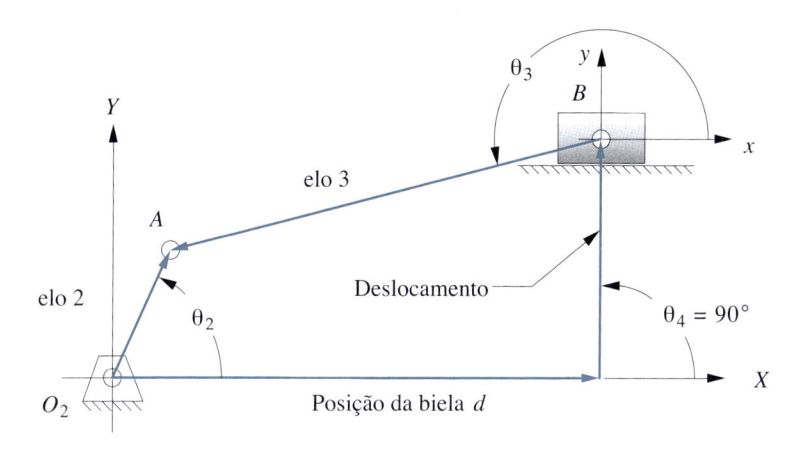

ANÁLISE DE POSIÇÕES

FIGURA P4-2

Problemas 4-9 e 4-10 Configuração aberta e terminologia para um mecanismo biela-manivela de quatro barras.

* 4-9 O comprimento do elo (mm), o valor de θ_2 (graus) e deslocamento (mm) para alguns mecanismos biela-manivela de quatro barras são definidos na Tabela P4-2. A configuração e terminologia desse mecanismo são mostradas na Tabela P4-2. Para as configurações fornecidas, desenhe o mecanismo em escala e, graficamente, encontre todas as possíveis soluções (aberta e cruzada) para o ângulo θ_3 e a posição da biela d.

* ** 4-10 Repita o Problema 4-10, resolvendo-o pelo método da equação vetorial de malha fechada.

* 4-11 O comprimento do elo (mm), o valor de θ_2 (graus) e γ (graus) para alguns mecanismos biela-manivela invertida de quatro barras são definidos na Tabela P4-3. A configuração e a terminologia desse mecanismo são mostradas na Figura P4-3. Para as configurações fornecidas, desenhe o mecanismo em escala e, graficamente, encontre todas as possíveis soluções (aberta e cruzada) para os ângulos θ_3, θ_4 e o vetor $\mathbf{R}_B$.

* ** 4-12 Repita o Problema 4-11, resolvendo-o pelo método da equação vetorial de malha fechada.

* ** 4-13 Encontre os ângulos de transmissão para os mecanismos descritos na Tabela P4-1.

* ** 4-14 Encontre os valores máximos e mínimos do ângulo de transmissão para todos os mecanismos manivelas-seguidor Grashof na Tabela P4-1.

TABELA P4-2 Dados para os problemas 4-9 e 4-10

Denominação	Elo 2	Elo 3	Deslocamento	θ_2
a	35,56	101,6	25,4	45
b	50,8	152,4	−76,2	60
c	76,2	203,2	50,8	−30
d	88,9	254,0	25,4	120
e	127,0	508,0	−127,0	225
f	76,2	330,2	0,0	100
g	177,8	635,0	254,0	330

* Respostas no Apêndice F.

** Alguns problemas são resolvidos usando rotinas de solução de equação dos programas *Mathcad*, *Matlab* ou *TKSolver*. Na maioria dos casos, sua solução pode ser checada com os programas FOURBAR, SLIDER, ou SIXBAR (VER APÊNDICE A).

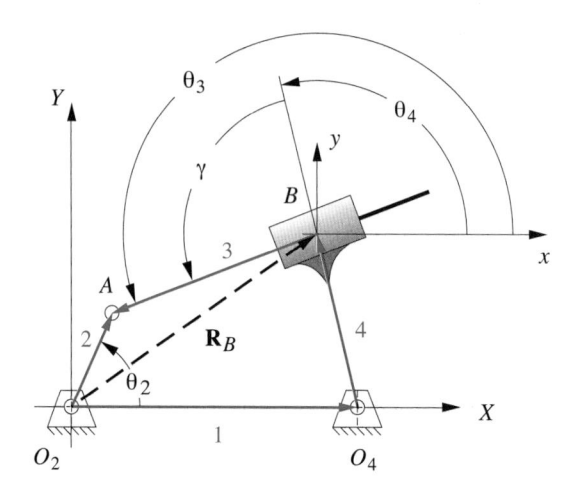

FIGURA P4-3

Problemas 4-11 a 4-12 Terminologia para inversão 3 de mecanismo biela-manivela de quatro barras.

* ** 4-15 Encontre o ângulo de entrada correspondente ao ponto morto de mecanismos não Grashof na Tabela P4-1. (Para esse problema, ignora-se os valores de θ_2 fornecidos na tabela.)
* 4-16 O comprimento do elo (mm), relação de transmissão (λ), fase do ângulo (ϕ) e o valor de θ_2 (graus) para alguns mecanismos de transmissão de cinco barras são definidos na Tabela P4-4. A configuração e terminologia do mecanismo são mostrados na Figura P4-4. Para as configurações fornecidas, desenhe o mecanismo em escala e, graficamente, encontre todas as possíveis soluções (aberta e cruzada) para os ângulos θ_3 e θ_4.
* ** 4-17 Repita o Problema 4-16, resolvendo-o pelo método da equação vetorial da malha fechada.
  4-18 A Figura P4-5 mostra mecanismos para os problemas a seguir. Cada um deles se refere a uma parte da figura com uma letra. Os ângulos de referência calculados são para os eixos XY globais.
  a. O ângulo entre os eixos X e x é de 25°. Encontre o deslocamento angular do elo 4 quando o elo 2 rotaciona no sentido horário da posição mostrada (+37°) para a horizontal (0°). Como o ângulo de transmissão varia e qual é a variação mínima entres essas posições? Ache os pontos mortos desse mecanismo em termos do ângulo do elo 2.
  b. Encontre e faça o gráfico da posição angular dos elos 3 e 4 e do ângulo de transmissão, como uma função do ângulo do elo 2, como se girasse uma vez.

* Respostas no Apêndice F.

* ** Alguns problemas são resolvidos usando rotinas de solução de equação dos programas *Mathcad*, *Matlab* ou *TKSolver*. Na maioria dos casos, sua solução pode ser checada com programa FOURBAR, SLIDER, ou SIXBAR (ver Apêndice A).

TABELA P4-3 Dados para os problemas 4-11 e 4-12

Denominação	Elo 1	Elo 2	Elo 3	γ	θ_2
a	152,4	50,8	101,6	90	30
b	177,8	228,6	76,2	75	85
c	76,2	254,0	152,4	45	45
d	203,2	127,0	76,2	60	25
e	203,2	101,6	50,8	30	75
f	127,0	203,2	203,2	90	150

ANÁLISE DE POSIÇÕES

Relação de transmissão $\lambda = \pm \dfrac{r_2}{r_5}$

Fase angular $\phi = \theta_5 - \lambda \theta_2$

FIGURA P4-4

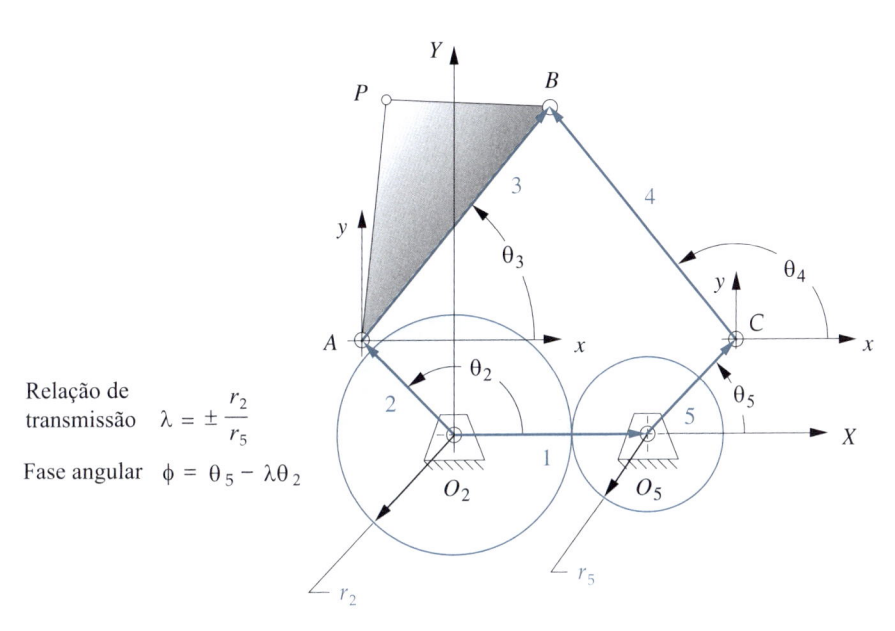

Problemas 4-16 e 4-17 Configuração aberta e terminologia para mecanismos de transmissão de cinco barras.

c. Encontre e faça o gráfico da posição de um pistão qualquer como uma função do ângulo da manivela 2, como se girasse uma vez. Com um pistão qualquer definido, encontre os movimentos de outros dois pistões e a fase de relação com o primeiro pistão.
d. Encontre o deslocamento angular total do elo 3 e o deslocamento total da caixa quando o elo 2 completa a rotação.
e. Determine o deslocamento angular entre os elos 8 e 2 como função do deslocamento angular da manivela 2. Comente o comportamento do mecanismo. O mecanismo pode fazer uma rotação completa, como mostrado?
f. Encontre e faça o gráfico do deslocamento do pistão 4 e do deslocamento angular do elo 3, como função do deslocamento angular da manivela 2.

TABELA P4-4 Dados para os problemas 4-16 e 4-17

Denominação	Elo 1	Elo 2	Elo 3	Elo 4	Elo 5	λ	ϕ	θ_2
a	152,4	25,4	177,8	228,6	101,6	2	30	60
b	152,4	127,0	177,8	203,2	101,6	-2,5	60	30
c	76,2	127,0	177,8	203,2	101,6	-0,5	0	45
d	101,6	127,0	177,8	203,2	101,6	-1	120	75
e	127,0	228,6	279,4	203,2	203,2	3,2	-50	-39
f	254,0	50,8	177,8	127,0	76,2	1,5	30	120
g	381,0	177,8	228,6	279,4	101,6	2,5	-90	75
h	304,8	203,2	177,8	228,6	101,6	-2,5	60	55
i	228,6	177,8	203,2	228,6	101,6	-4	120	100

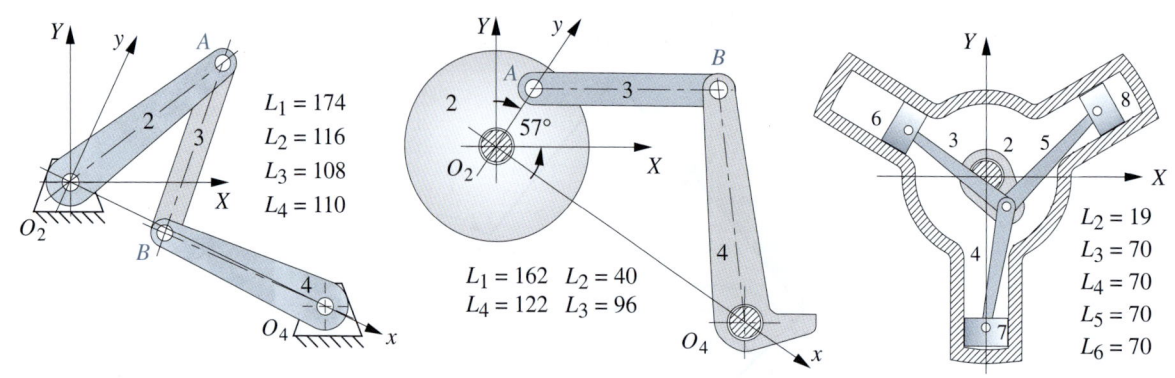

(a) Mecanismo de quatro barras
$L_1 = 174$
$L_2 = 116$
$L_3 = 108$
$L_4 = 110$

(b) Mecanismo de quatro barras
$L_1 = 162 \quad L_2 = 40$
$L_4 = 122 \quad L_3 = 96$
$57°$

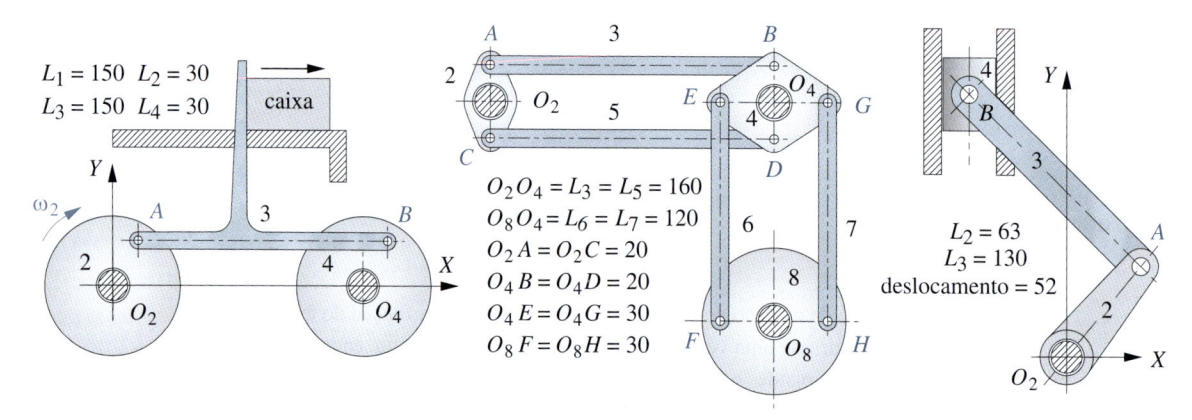

(c) Compressor radial
$L_2 = 19$
$L_3 = 70$
$L_4 = 70$
$L_5 = 70$
$L_6 = 70$

(d) Transportador de barras caminhantes
$L_1 = 150 \quad L_2 = 30$
$L_3 = 150 \quad L_4 = 30$
caixa

(e) Mecanismo oscilador
$O_2O_4 = L_3 = L_5 = 160$
$O_8O_4 = L_6 = L_7 = 120$
$O_2A = O_2C = 20$
$O_4B = O_4D = 20$
$O_4E = O_4G = 30$
$O_8F = O_8H = 30$

(f) Biela-manivela com deslocamento
$L_2 = 63$
$L_3 = 130$
deslocamento = 52

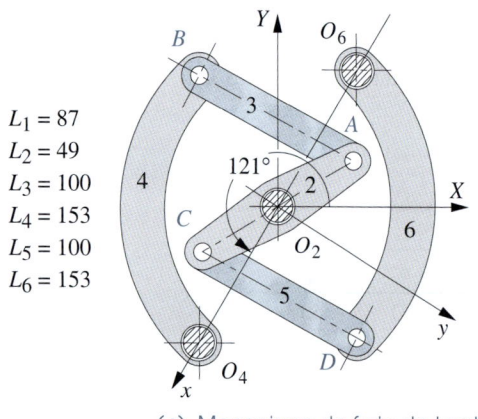

(g) Mecanismo de freio de tambor
$L_1 = 87$
$L_2 = 49$
$L_3 = 100$
$L_4 = 153$
$L_5 = 100$
$L_6 = 153$
$121°$

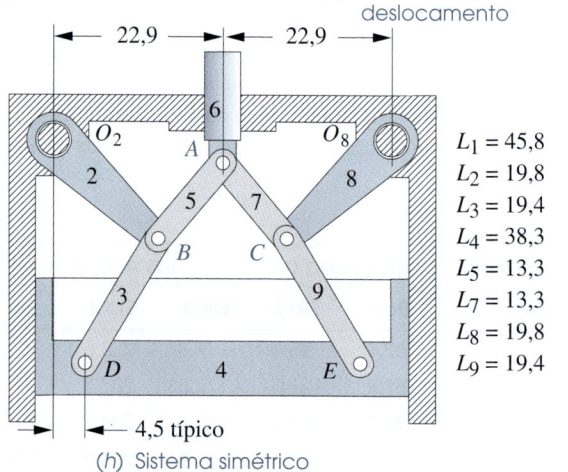

(h) Sistema simétrico
$22{,}9 \quad 22{,}9$
$4{,}5$ típico
$L_1 = 45{,}8$
$L_2 = 19{,}8$
$L_3 = 19{,}4$
$L_4 = 38{,}3$
$L_5 = 13{,}3$
$L_7 = 13{,}3$
$L_8 = 19{,}8$
$L_9 = 19{,}4$

todas as dimensões em mm

FIGURA P4-5

Mecanismos para o Problema 4-18. *Adaptado de P. H. Hill e W. P. Rule*. Mechanisms: Analysis and Design *(1960), com autorização.*

ANÁLISE DE POSIÇÕES

g. Encontre e faça o gráfico do deslocamento angular em função do elo de entrada 2, conforme rotacionado da posição mostrada (+30°) para a posição vertical (+90°). Encontre as posições mortas deste mecanismo em termos do ângulo do elo 2.

h. Encontre o maior deslocamento vertical para baixo da posição mostrada. Qual será o ângulo de entrada do elo 2 nessa posição?

** 4-19 Para uma revolução guiada pelo elo 2 dos mecanismos transportadores de barras caminhantes e de posicionamento na Figura P4-6, encontre o deslocamento horizontal total do elo 3 para a parte de seu movimento em que as extremidades estão no topo da plataforma. Expresse o deslocamento como porcentagem da manivela de comprimento O_2A. Qual porção da rotação do elo 2 faz o deslocamento correspondente? Encontre o deslocamento angular total do elo 6 sobre uma rotação do elo 2. A distância vertical da linha AD até o canto superior esquerdo da garra mais a esquerda é de 73 mm. A distância horizontal do ponto A até o ponto Q é 95 mm.

** 4-20 A Figura P4-7 mostra uma serra elétrica usada para cortar metal. O elo 5 rotaciona em O_5 e seu peso força a serra contra a peça de trabalho, enquanto o mecanismo move a lâmina (elo 4) para frente e para trás com o elo 5 para cortar a peça. Este é um mecanismo de biela-manivela com deslocamento. As dimensões são mostradas na figura. Para uma rotação guiada pelo elo 2 do mecanismo de serra no avanço de corte, encontre e faça o gráfico do deslocamento horizontal da lâmina da serra em função do ângulo do elo 2.

* ** 4-21 Para o mecanismo na Figura P4-8, encontre as posições limites (mortas), em função do ângulo do elo O_2A, referenciado com a linha de centros O_2O_4, quando guiados pelo elo O_2A. Depois, calcule e faça o gráfico das coordenadas xy do ponto do acoplador P entre esses limites, referenciado com a linha de centro O_2O_4.

** 4-22 Para o transportador de barras caminhantes da Figura P4-9, calcule e faça o gráfico das componentes x e y da posição do ponto do acoplador P para uma rotação da manivela O_2A. Dica: calcule-os primeiro em relação ao elo terra O_2O_4 e transforme-os para o sistema de

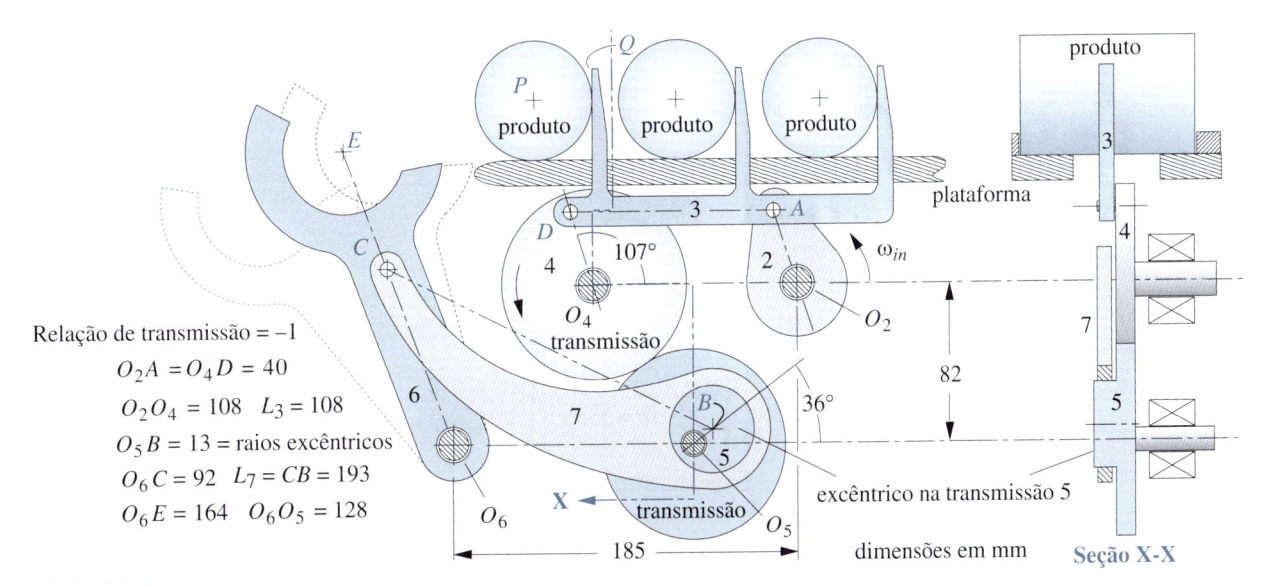

** Alguns problemas são resolvidos usando rotinas de solução de equação dos programas *Mathcad*, *Matlab* ou *TKSolver*. Na maioria dos casos, sua solução pode ser checada com programa FOURBAR, SLIDER, ou SIXBAR (ver Apêndice A).

FIGURA P4-6

Relação de transmissão = –1
$O_2A = O_4D = 40$
$O_2O_4 = 108$ $L_3 = 108$
$O_5B = 13$ = raios excêntricos
$O_6C = 92$ $L_7 = CB = 193$
$O_6E = 164$ $O_6O_5 = 128$

dimensões em mm   Seção X-X

Problema 4-19 Mecanismo transportador de barras com mecanismo de posicionamento. *Adaptado de P. H. Hill e W. P. Rule. Mechanisms: Analysis and Design (1960), com autorização.*

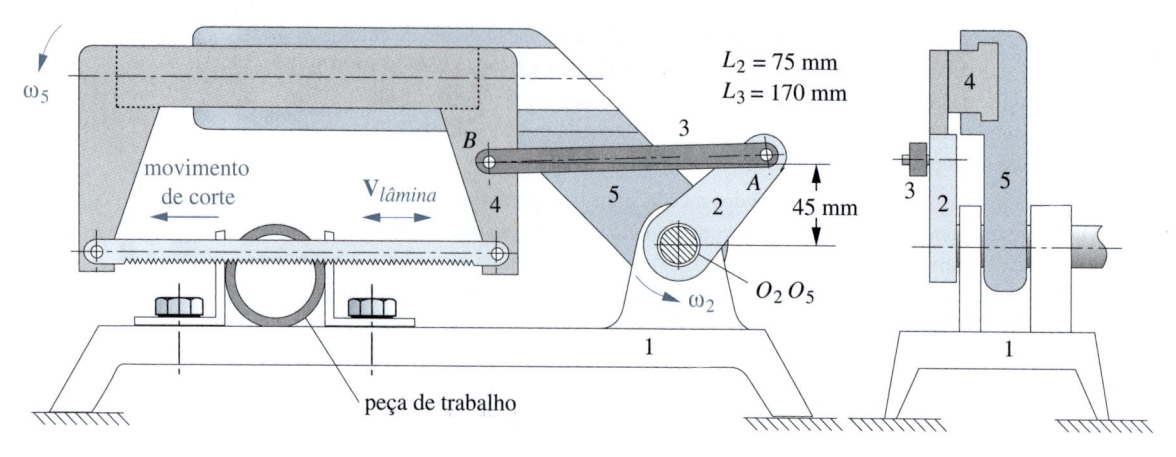

FIGURA P4-7

Problema 4-20. Serra alternativa. *Adaptado de P. H. Hill e W. P. Rule. Mechanisms: Analysis and Design (1960), com autorização.*

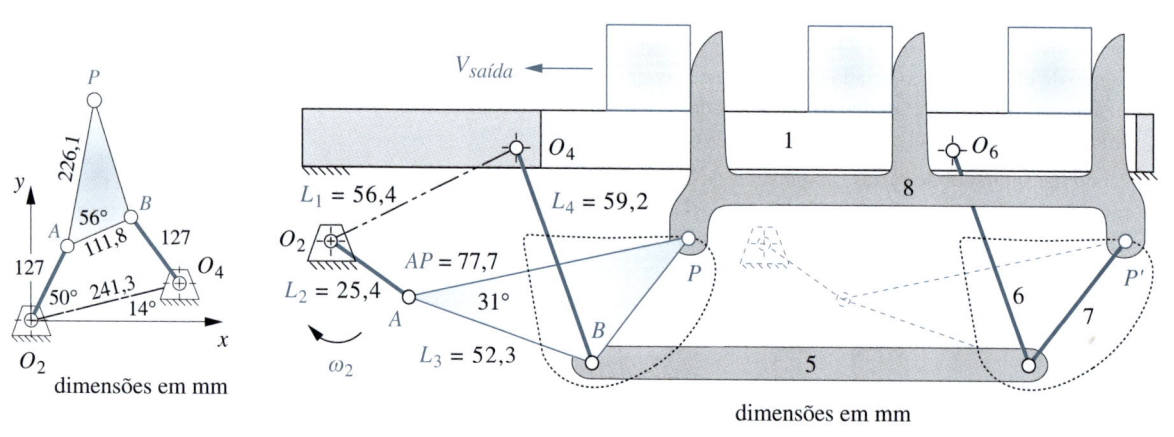

$L_2 = 75$ mm
$L_3 = 170$ mm
45 mm

FIGURA P4-8

Problema 4-21.

dimensões em mm

FIGURA P4-9

Problema 4-22. Mecanismo transportador de barras caminhantes em linha reta de oito barras.

$L_1 = 56,4$
$L_2 = 25,4$
$L_3 = 52,3$
$L_4 = 59,2$
$AP = 77,7$
$31°$

dimensões em mm

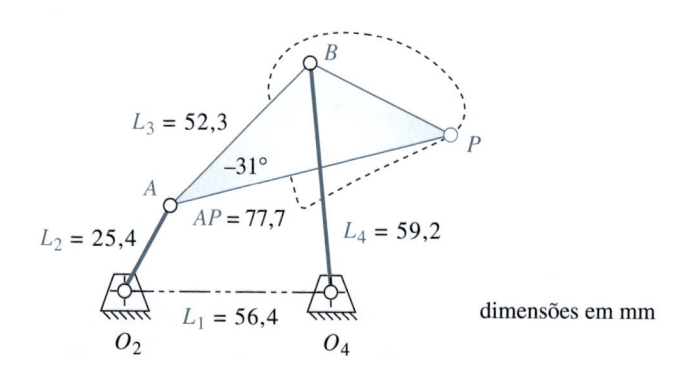

FIGURA P4-10

Problema 4-23.

$L_1 = 56,4$
$L_2 = 25,4$
$L_3 = 52,3$
$L_4 = 59,2$
$AP = 77,7$
$-31°$

dimensões em mm

ANÁLISE DE POSIÇÕES

coordenadas global *XY* (isto é, horizontal e vertical na figura). Faça uma figura em escala para qualquer informação adicional necessária.

*** 4-23 Para o mecanismo na Figura P4-10, calcule e faça o gráfico do deslocamento angular dos elos 3 e 4, e o percurso das coordenadas do ponto *P* com os respectivos ângulos da manivela de entrada O_2A para uma rotação.

** 4-24 Para o mecanismo na Figura P4-11, calcule e faça o gráfico do deslocamento angular dos elos 3 e 4, com os respectivos ângulos de entrada da manivela O_2A para uma rotação.

*** 4-25 Para o mecanismo na Figura P4-12, encontre as posições limites (mortas), em função do ângulo do elo O_2A, referenciado com a linha de centros O_2O_4, quando guiados pelo elo O_2A. Depois, calcule e faça o gráfico do deslocamento angular dos elos 3 e 4 e das coordenadas do percurso do ponto *P* entre esses limites, com os respectivos ângulos da manivela de entrada O_2A sobre a possível gama de movimento referenciada pela linha de centros O_2O_4.

*** 4-26 Para o mecanismo na Figura P4-13, encontre as posições limites (mortas), em função do ângulo do elo O_2A, referenciado com a linha de centros O_2O_4, quando guiados pelo elo O_2A. Depois, calcule e faça o gráfico do deslocamento angular dos elos 3 e 4 e das coordenadas do percurso do ponto *P* entre esses limites, com os respectivos ângulos da manivela de entrada O_2A sobre a possível gama de movimento referenciada pela linha de centros O_2O_4.

** 4-27 Para o mecanismo na Figura P4-13, encontre as posições limites (mortas), em função do ângulo do elo O_4B, referenciado com a linha de centros O_4O_2, quando guiados pelo elo O_4B. Depois, calcule e faça o gráfico do deslocamento angular dos elos 2 e 3 e das coordenadas do percurso do ponto *P* entre esses limites, com os respectivos ângulos da manivela de entrada O_4B sobre a possível gama de movimentos referenciada pela linha de centros O_4O_2.

** 4-28 Para o mecanismo manivela seguidor da Figura P4-14, encontre o máximo deslocamento angular possível para o elo pedal (no qual a força maior *F* é aplicada). Determine os pontos mortos. Como o mecanismo funciona? Explique por que a roda moedora é capaz de efetuar uma rotação completa, apesar dos pontos mortos quando guiada pelo pedal. Como você iniciaria o movimento, se o mecanismo estivesse em um ponto morto?

*** 4-29 Para o mecanismo na Figura P4-15, encontre as posições limites (mortas), em função do ângulo do elo O_2A, referenciado com a linha dos centros O_2O_4, quando guiados pelo elo O_2A. Depois, calcule e faça o gráfico do deslocamento angular dos elos 3 e 4, e das

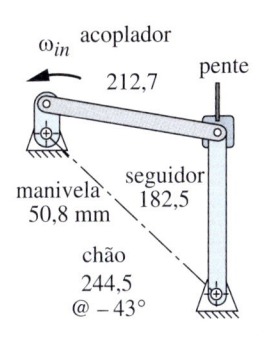

FIGURA P4-11
Problema 4-24.

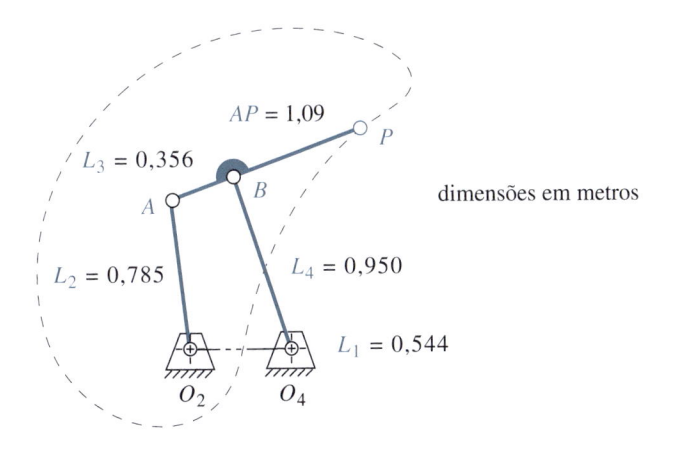

FIGURA P4-12
Problema 4-25.

* Respostas no Apêndice F.

** Alguns problemas são resolvidos usando rotinas de solução de equação dos programas *Mathcad*, *Matlab* ou *TKSolver*. Na maioria dos casos, sua solução pode ser checada com os programas FOURBAR, SLIDER, ou SIXBAR (ver Apêndice A).

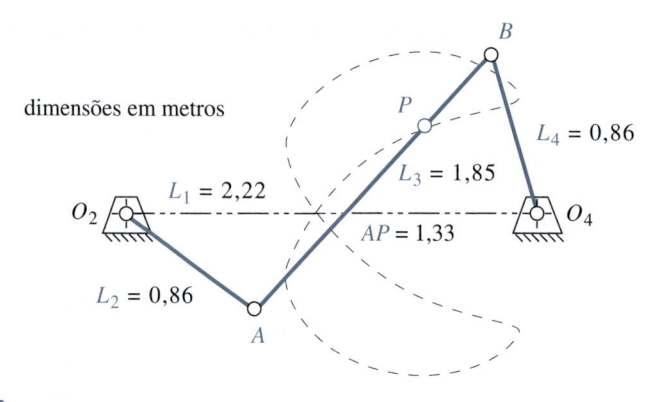

FIGURA P4-13

Problemas 4-26 e 4-27.

coordenadas do percurso do ponto P entre esses limites, com os respectivos ângulos da manivela de entrada O_2A sobre a possível gama de movimentos referenciada pela linha de centros O_2O_4.

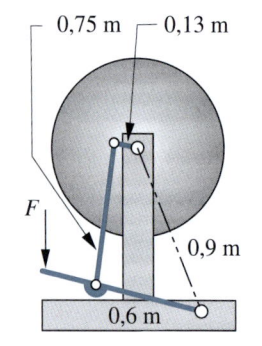

* ** 4-30 Para o mecanismo na Figura P4-15, encontre as posições limites (mortas), em função do ângulo do elo O_4B, referenciado com a linha de centros O_4O_2, quando guiados pelo elo O_4B. Depois, calcule e faça o gráfico do deslocamento angular dos elos 2 e 3, e das coordenadas do percurso do ponto P entre esses limites, com os respectivos ângulos da manivela de entrada O_4B sobre a possível gama de movimentos referenciada pela linha de centros O_4O_2.

* ** 4-31 Escreva um programa de computador (ou use um programa de solução de equação, como *Mathcad*, *Matlab* ou *TKSolver*), para encontrar as raízes de $y = 9x^3 + 50x - 40$. Dica: faça o gráfico da função para determinar bons valores para suposição.

** 4-32 Escreva um programa de computador (ou use um programa de solução de equação, como *Mathcad*, *Matlab* ou *TKSolver*) para encontrar as raízes de $y = -x^3 - 4x^2 + 80x - 40$. Dica: faça o gráfico da função para determinar bons valores para suposição.

** 4-33 A Figura 4-18 é o gráfico da função cúbica da Equação 4.34. Escreva um programa de computador ou use um programa de solução de equação, como *Mathcad*, *Matlab* ou *TKSolver*, para resolver a equação matricial e investigar o comportamento do algoritmo de Newton-Raphson, com valores iniciais variando de $x = 1,8$ até $2,5$ em medidas de $0,1$. Determine um suposto valor que convirja raízes interrompidas. Explique esse fenômeno de raízes interrompidas com base nas observações desse exercício.

FIGURA P4-14

Problema 4-28.

* Respostas no Apêndice F.

** Alguns problemas são resolvidos usando rotinas de solução de equação dos programas *Mathcad*, *Matlab* ou *TKSolver*. Na maioria dos casos, sua solução pode ser checada com os programas FOURBAR, SLIDER, ou SIXBAR (ver Apêndice A).

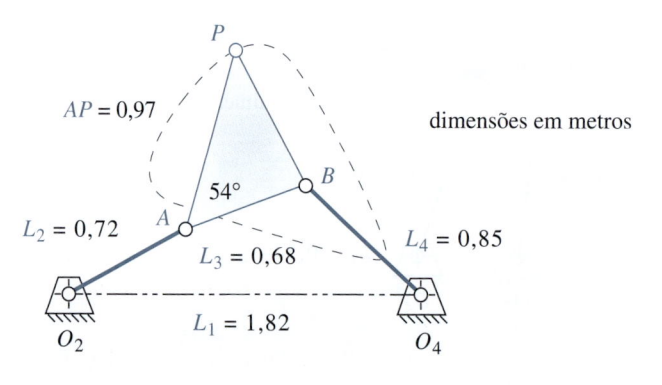

FIGURA P4-15

Problemas 4-29 e 4-30.

** 4-34 Escreva um programa de computador ou use um programa de solução de equações, como *Mathcad*, *Matlab*, ou *TKSolver*, para calcular e fazer o gráfico da posição angular do elo 4 e a posição da biela 6 da Figura 3-33 como função do elo de entrada 2.

** 4-35 Escreva um programa de computador ou use um programa de solução de equações, como *Mathcad*, *Matlab*, ou *TKSolver*, para calcular e fazer o gráfico dos ângulos de transmissão nos pontos *B* e *C* do mecanismo da Figura 3-33 em função do ângulo do elo de entrada 2.

** 4-36 Escreva um programa de computador ou use um programa de solução de equações, como *Mathcad*, *Matlab*, ou *TKSolver*, para calcular e fazer o gráfico do percurso do ponto acoplador do mecanismo de enfileiramento mostrado na Figura 3-29f. (Use o programa FOURBAR – ver no Apêndice A – para checar os resultados.)

** 4-37 Escreva um programa de computador ou use um programa de solução de equações, como *Mathcad*, *Matlab*, ou *TKSolver*, para calcular e fazer o gráfico da posição angular do elo 6 da Figura 3-34 como função do ângulo do elo de entrada 2.

** 4-38 Escreva um programa de computador ou use um programa de solução de equações, como *Mathcad*, *Matlab*, ou *TKSolver*, para calcular e fazer o gráfico dos ângulos de transmissão nos pontos *B*, *C* e *D* do mecanismo da Figura 3-34 em função do ângulo do elo de entrada 2.

** 4-39 Escreva um programa de computador ou use um programa de solução de equações, como *Mathcad*, *Matlab*, ou *TKSolver*, para calcular e fazer o gráfico do percurso do ponto acoplador do mecanismo de enfileiramento mostrado na Figura 3-29g. (Use o programa FOURBAR para checar os resultados.)

** 4-40 Escreva um programa de computador ou use um programa de solução de equações, como *Mathcad*, *Matlab*, ou *TKSolver*, para calcular e fazer o gráfico da posição angular do elo 6 da Figura 3-35 em função do ângulo do elo de entrada 2.

** 4-41 Escreva um programa de computador ou use um programa de solução de equações, como *Mathcad*, *Matlab*, ou *TKSolver*, para calcular e fazer o gráfico dos ângulos de transmissão nos pontos *B*, *C* e *D* do mecanismo da Figura 3-35 em função do ângulo do elo de entrada 2.

4-42 Escreva um programa de computador ou use um programa de solução de equações, como *Mathcad*, *Matlab*, ou *TKSolver*, para calcular e fazer o gráfico do percurso do ponto acoplador do mecanismo de enfileiramento mostrado na Figura 3-29h. (Use o programa FOURBAR para checar seus resultados.)

** 4-43 Escreva um programa de computador ou use um programa de solução de equações, como *Mathcad*, *Matlab*, ou *TKSolver*, para calcular e fazer o gráfico da posição angular do elo 8 da Figura 3-36 em função do ângulo do elo de entrada 2.

** 4-44 Escreva um programa de computador ou use um programa de solução de equações, como *Mathcad, Matlab*, ou *TKSolver*, para calcular e fazer o gráfico dos ângulos de transmissão nos pontos *B*, *C*, *D*, *E* e *F* do mecanismo da Figura 3-36 em função do ângulo do elo de entrada 2.

** 4-45 Modele o mecanismo mostrado na Figura 3-37 no programa FOURBAR. Exporte as coordenadas da curva do acoplador para o Excel e calcule a função do erro pelo ciclo real.

** 4-46 Escreva um programa de computador ou use um programa de solução de equações, como *Mathcad*, *Matlab*, ou *TKSolver*, para calcular e fazer o gráfico do percurso do ponto *P* da Figura 3-37 a 9 em função do ângulo do elo de entrada 2. Faça o gráfico da variação (erro) do percurso do ponto *P* em relação à posição do ponto *A*, isto é, quão próximo o percurso do ponto *P* está de uma perfeita circunferência.

** 4-47 Escreva um programa de computador ou use um programa de solução de equações, como *Mathcad, Matlab* ou *TKSolver*, para calcular e fazer o gráfico dos ângulos de transmissão no ponto *B* do mecanismo da Figura 3-37a em função do ângulo do elo de entrada 2.

---

* Respostas no Apêndice F.

** Alguns problemas são resolvidos usando rotinas de solução de equação dos programas *Mathcad*, *Matlab* ou *TKSolver*. Na maioria dos casos, sua solução pode ser checada com os programas FOURBAR, SLIDER, ou SIXBAR (ver Apêndice A).

Capítulo 5

SÍNTESE ANALÍTICA DOS MECANISMOS

A imaginação é mais importante que o conhecimento.
ALBERT EINSTEN

5.0 INTRODUÇÃO

Com os fundamentos da análise de posição já estabelecidos, podemos agora usar essas técnicas de **síntese de mecanismos** para posições de saída especificadas **analiticamente**. As técnicas de síntese apresentadas no Capítulo 3 foram estritamente gráficas e, às vezes, intuitivas. O procedimento da **síntese analítica** é mais algébrico do que gráfico e menos intuitivo. De qualquer modo, sua natureza algébrica o torna mais compatível para computadores. Esses métodos de síntese analítica foram criados por Sandor[1] e, posteriormente, desenvolvidos por seus alunos Erdman[2], Kaufman[3] e Loerch et al.[4,5]

5.1 TIPOS DE SÍNTESES CINEMÁTICAS

Erdman e Sandor[6] definiram três tipos de sínteses cinemáticas, **função, trajetória** e **geração de movimento**, as quais foram discutidas na Seção 3.2. As definições resumidas serão repetidas aqui para sua conveniência.

GERAÇÃO DA FUNÇÃO é definida como *a correlação entre uma **função de entrada** e uma **função de saída** em um mecanismo.* Tipicamente, um duplo seguidor ou manivela seguidor é o resultado, com a rotação pura de entrada e rotação pura de saída. Um mecanismo biela-manivela pode muito bem ser um gerador de função, acionado pela rotação de entrada e pela translação de saída ou vice-versa.

GERAÇÃO DA TRAJETÓRIA é definida como *o controle de um **ponto** no plano que percorre uma trajetória preestabelecida*. Isso é normalmente obtido por um mecanismo manivela seguidor de quatro barras ou um duplo seguidor, em que um ponto no acoplador traça o percurso de saída. Não existe a intenção, na geração de trajetória, de controlar a orientação do elo que contém o ponto de interesse. A curva do acoplador é dimensionada para se alcançar um conjunto de pontos desejados na saída. Também é comum determinar o ajuste do tempo de chegada de um ponto do acoplador em locais particulares sobre o percurso a ser definido. Esse caso é chamado de *geração de caminho com cronometragem definida* e é análogo à geração de função em que a função de saída é especificada.

GERAÇÃO DO MOVIMENTO é definida como *o controle de uma **linha** no plano, de modo que assuma algumas posições sequenciais preestabelecidas*. A orientação do elo que contém essa linha, nesse caso, é importante. Isso normalmente é obtido por um mecanismo manivela seguidor ou um duplo seguidor, em que um ponto do acoplador traça o percurso de saída e o mecanismo também controla os ângulos do acoplador que contêm a linha de saída de interesse.

5.2 SÍNTESE DE DUAS POSIÇÕES PARA A SAÍDA DO SEGUIDOR

O Exemplo 3-1 mostrou uma técnica gráfica simples para síntese sem o retorno rápido, o mecanismo Grashof de quatro barras para conduzir o seguidor através um ângulo. Essa técnica foi empregada em exemplos posteriores (3-2, 3-4, 3-6) para construir uma díade motora que moverá o mecanismo de quatro barras sintetizado por meio do intervalo de movimentação desejado, criando um mecanismo Watt de seis barras. O ângulo do seguidor, teoricamente, não pode exceder 180°, mas deve estar limitado a até 120° na prática, o que dará ângulos de transmissões mínimos de 30°. O mesmo procedimento para a síntese da díade pode ser feito analiticamente e provará ser de grande valor quando combinado com outras técnicas de síntese apresentadas nesse capítulo.

A Figura 5-0 mostra o mesmo problema da Figura 3-4, com uma notação genérica compatível para determinação analítica dos comprimentos dos elos da díade motora. O elo 4 (que pode representar o elo de entrada para o próximo estágio do mecanismo Watt de seis barras resultante) é, nesse caso, o elo de saída que será acionado por uma díade formada pelos elos 2 e 3, cujos comprimentos serão determinados junto com o elo terra 1 e a localização de seu pivô O_2. O pivô O_4 (definido em qualquer sistema de coordenada XY conveniente), o ângulo inicial θ_4 e o ângulo de percurso β são dados. O procedimento é mostrado a seguir:*

Primeiro escolha um local adequado no elo 4 para anexar o elo 3, aqui denominados B_1 e B_2 em suas localizações extremas. Isso define R_4 como o comprimento do elo 4. Esses pontos podem ser definidos no sistema de coordenada escolhido como:

$$B_{1_x} = O_{4_x} + R_4 \cos(\theta_4) \qquad B_{1_y} = O_{4_y} + R_4 \operatorname{sen}(\theta_4)$$
$$B_{2_x} = O_{4_x} + R_4 \cos(\theta_4 + \beta) \qquad B_{2_y} = O_{4_y} + R_4 \operatorname{sen}(\theta_4 + \beta) \qquad (5.0a)$$

O vetor **M** é a diferença entre a posição dos vetores $\mathbf{R}_{B2}$ e $\mathbf{R}_{B1}$

$$\mathbf{M} = \mathbf{R}_{B_2} - \mathbf{R}_{B_1} \qquad (5.0b)$$

A equação paramétrica para a linha **L** pode ser escrita como:

$$\mathbf{L}(u) = \mathbf{R}_{B_1} + u\mathbf{M} \qquad -\infty \leq u \leq \infty \qquad (5.0c)$$

Queremos que o mecanismo resultante seja um manivela seguidor Grashof de Classe 1. Queremos também obtê-lo estipulando o pivô O_2 da manivela longe o bastante de B_1 pela linha **L**. Mantenha $M = |\mathbf{M}|$. Esse será um mecanismo Classe 2 (não Grashof) quando $B_1 O_2$

---

* Esse procedimento foi fornecido pelo prof. Pierre Larochelle do Instituto de Tecnologia da Flórida.

(a) Informações dadas

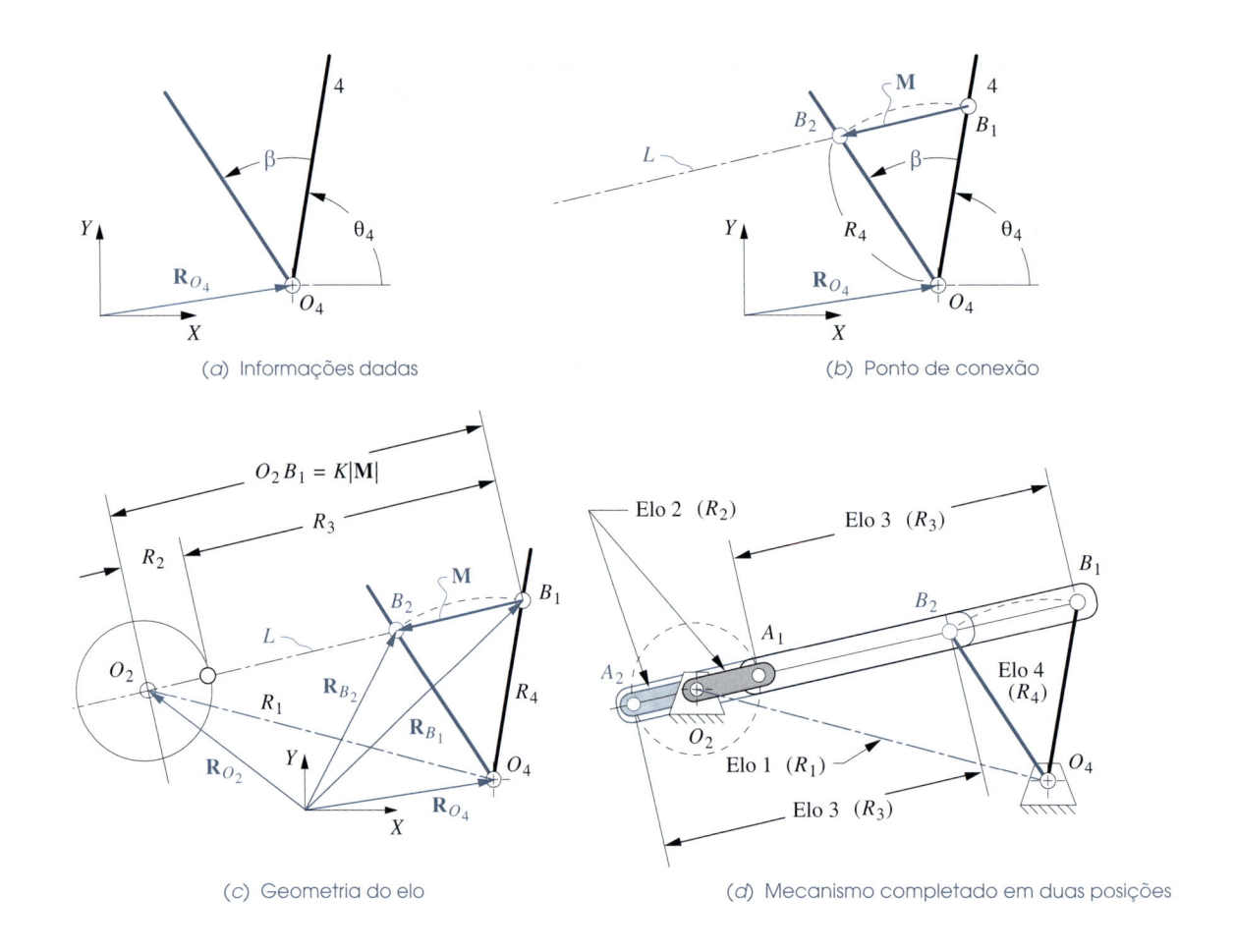

(b) Ponto de conexão

(c) Geometria do elo

(d) Mecanismo completado em duas posições

FIGURA 5-0

Síntese analítica de duas posições para a saída no seguidor (sem retorno rápido).

$< M$, se tornará um Classe 3 (Grashof com pontos de mudança) quando $B_1O_2 = M$, e será Classe 1 quando $B_1O_2 > M$, novamente Classe 3 quando $B_1O_2 \gg M$. Valores razoáveis para B_1O_2 normalmente ficam entre duas ou três vezes o valor de M.

$$\text{Faça: } \mathbf{R}_{O_2} = \mathbf{R}_{B_1} \pm K\mathbf{M} \qquad 2 < K < 3 \qquad (5.0d)$$

Como mostrado no Exemplo 3-1, o comprimento da manivela deve ser metade do comprimento do vetor $\mathbf{M}$:

$$R_2 = 0,5 |\mathbf{M}| = R_4 \text{sen}(\beta/2) \qquad (5.0e)$$

em que β está em radianos. O elo 3 pode ser encontrado subtraindo-se R_2 do módulo de $\mathbf{R}_{B_1} - \mathbf{R}_{O_2}$ e o elo 1 é obtido subtraindo $\mathbf{R}_{O_2}$ de $\mathbf{R}_{O_4}$.

$$R_3 = \left|\mathbf{R}_{B_1} - \mathbf{R}_{O_2}\right| - R_2; \qquad R_1 = \left|\mathbf{R}_{O_4} - \mathbf{R}_{O_2}\right| \qquad (5.0f)$$

Esse algoritmo resultará em um mecanismo manivela seguidor Grashof que movimenta o seguidor por meio de um ângulo especificado sem retorno rápido.

5.3 PONTOS DE PRECISÃO

Os *pontos, ou posições, preestabelecidos para sucessivos locais do elo de saída (acoplador ou seguidor) no plano* são geralmente referidos como **pontos de precisão** ou **posições de precisão**. O número de pontos de precisão que podem ser sintetizados é limitado pelo número de equações disponíveis por solução. O mecanismo de quatro barras pode ser sintetizado por métodos de laços ou malhas fechadas para até cinco pontos de precisão por geração de movimento ou trajetória com tempos pré-ajustados (acoplador como saída) e até sete pontos de precisão para geração de função (seguidor como saída). Sínteses para dois ou três pontos de precisão são relativamente diretas, e cada um desses casos pode ser reduzido a um sistema de equações lineares simultâneas, facilmente resolvidas com uma calculadora. Os problemas de síntese de quatro ou mais posições envolvem a solução de sistemas de equações simultâneas, não lineares, e por isso são mais complicados para se resolverem, e exigem um computador.

Note que esses procedimentos de síntese analítica fornecem soluções que levam a "permanecer" nos pontos de precisão especificados, porém não garantem a maneira como o mecanismo se comportará entre esses pontos. É possível que o mecanismo resultante seja incapaz de se mover de um ponto de precisão para outro pela presença de um ponto morto ou outras restrições. Essa situação não é diferente daqueles casos de síntese gráfica no Capítulo 3, quando também existia a possibilidade de um ponto morto estar entre o pontos de projeto. De fato, esses métodos de síntese analítica são somente formas alternativas de resolver o mesmo problema de síntese de multiposição. Qualquer um deveria construir um modelo simples em cartolina do mecanismo sintetizado para observar sua condição e checar a presença de problemas, mesmo se as sínteses fossem obtidas por métodos analíticos ocultos.

5.4 GERAÇÃO DE MOVIMENTO DE DUAS POSIÇÕES POR SÍNTESE ANALÍTICA

A Figura 5-1 mostra um mecanismo de quatro barras em uma posição com o ponto do acoplador localizado na primeira posição de precisão P_1. A figura indica também uma segunda posição de precisão (ponto P_2) a ser obtida pela rotação do seguidor de entrada, elo 2, através de um ângulo β_2 ainda não especificado. Note também que o ângulo do acoplador 3, em cada posição de precisão, é definido pelos ângulos dos vetores de posição $\mathbf{Z}_1$ e $\mathbf{Z}_2$. O ângulo ϕ corresponde ao ângulo θ_3 do elo 3 em sua primeira posição. Esse ângulo é desconhecido no início da síntese e será encontrado. O ângulo α_2 representa a variação angular do elo 3 da posição um para a posição dois. Esse ângulo é definido no enunciado do problema.

É importante perceber que o mecanismo mostrado na figura é esquemático. Suas dimensões são desconhecidas e serão encontradas por essa técnica de análise. Assim, o comprimento do vetor de posição $\mathbf{Z}_1$, como mostrado, não é o indicativo do comprimento final da extremidade do elo 3, nem os comprimentos (W, Z, U, V) ou os ângulos ($\theta, \phi, \sigma, \psi$) de quaisquer dos elos mostrados são indicações do resultado final.

O enunciado do problema é o seguinte:

Projete um mecanismo de quatro barras que moverá uma linha em seu acoplador de tal forma que um ponto P nessa linha estará inicialmente em P_1 e posteriormente em P_2 e também irá rotacionar a linha através do ângulo α_2, entre aquelas duas posições de precisão. Encontre os comprimentos e os ângulos dos quatro elos e as dimensões A_1P_1 e B_1P_1 do acoplador, como mostrado na Figura 5-1.

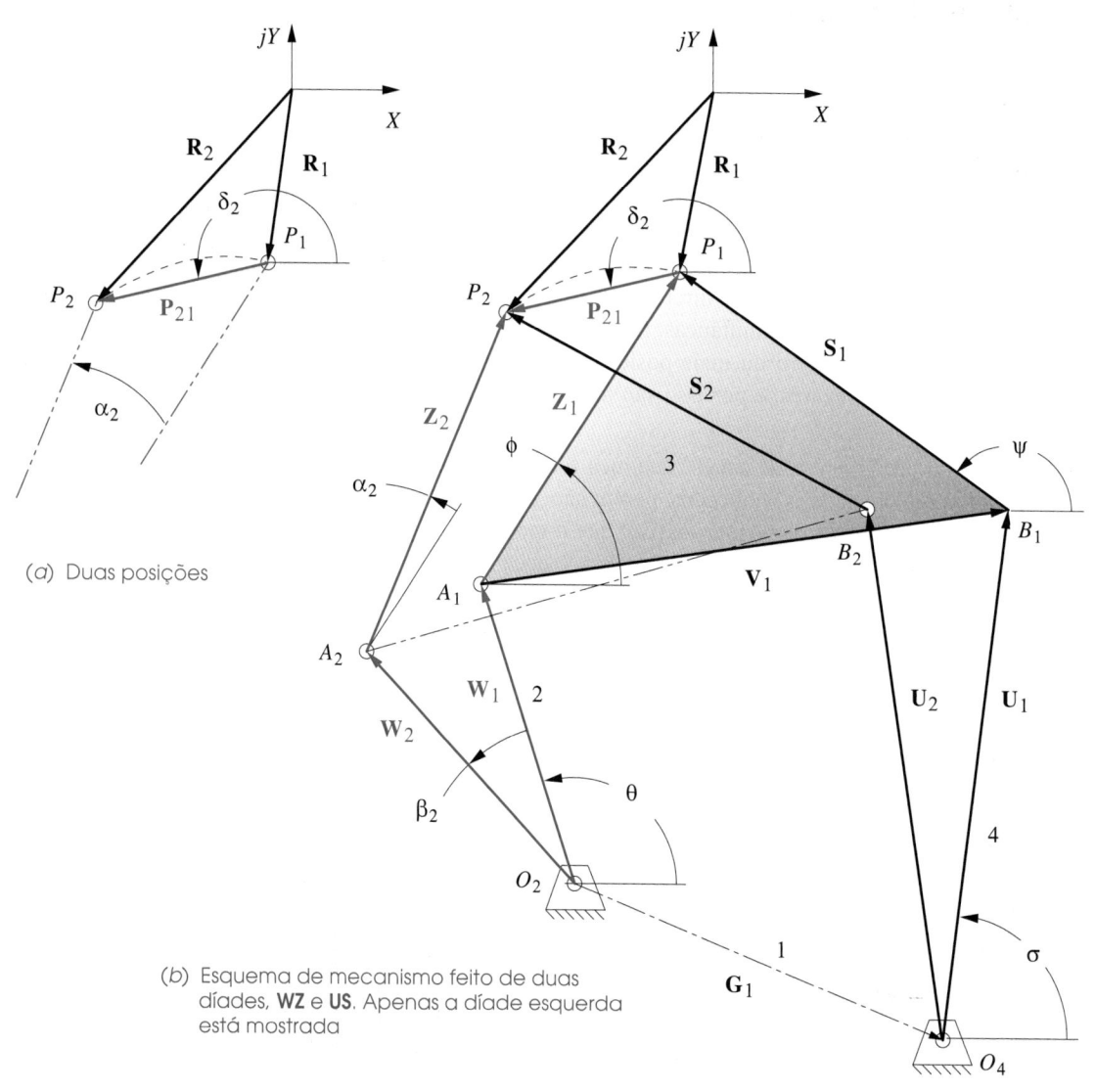

238 CINEMÁTICA E DINÂMICA DOS MECANISMOS CAPÍTULO 5

FIGURA 5-1

Síntese analítica de duas posições.

(a) Duas posições

(b) Esquema de mecanismo feito de duas díades, **WZ** e **US**. Apenas a díade esquerda está mostrada

O procedimento para a síntese analítica de duas posições do movimento é mostrado a seguir:

Defina duas posições de precisão desejadas no plano em relação a um sistema de coordenadas global XY escolhido, usando os vetores de posição $\mathbf{R}_1$ e $\mathbf{R}_2$, como mostrado na Figura 5-1a. A variação no ângulo α_2 do vetor $\mathbf{Z}$ é a rotação requerida no acoplador. Note que o vetor diferença de posição $\mathbf{P}_{21}$ define o deslocamento do movimento de saída do ponto P, e é definido por:

$$\mathbf{P}_{21} = \mathbf{R}_2 - \mathbf{R}_1 \tag{5.1}$$

SÍNTESE ANALÍTICA DOS MECANISMOS

A díade $\mathbf{W}_1\mathbf{Z}_1$ define a metade esquerda do mecanismo. A díade $\mathbf{U}_1\mathbf{S}_1$ define a metade direita do mecanismo. Note que $\mathbf{Z}_1$ e $\mathbf{S}_1$ estão ambos incorporados ao acoplador rígido (elo 3), e ambos os vetores sofreram a mesma rotação através do ângulo α_2, desde a posição 1 até a posição 2. O comprimento pino a pino e o ângulo do elo 3 (vetor $\mathbf{V}_1$) são definidos em função dos vetores $\mathbf{Z}_1$ e $\mathbf{S}_1$.

$$\mathbf{V}_1 = \mathbf{Z}_1 - \mathbf{S}_1 \tag{5.2a}$$

O elo terra também é definido em função das duas díades.

$$\mathbf{G}_1 = \mathbf{W}_1 + \mathbf{V}_1 - \mathbf{U}_1 \tag{5.2b}$$

Ao definir as duas díades $\mathbf{W}_1$, $\mathbf{Z}_1$ e $\mathbf{U}_1$, $\mathbf{S}_1$, teremos de estabelecer o mecanismo que atende às especificações do problema.

$$\mathbf{W}_2 + \mathbf{Z}_2 - \mathbf{P}_{21} - \mathbf{Z}_1 - \mathbf{W}_1 = 0 \tag{5.3}$$

Primeiro resolveremos o lado esquerdo do mecanismo (vetores $\mathbf{W}_1$ e $\mathbf{Z}_1$) e depois usaremos o mesmo procedimento para resolver o lado direito (vetores $\mathbf{U}_1$ e $\mathbf{S}_1$). Para resolver $\mathbf{W}_1$ e $\mathbf{Z}_1$ precisamos escrever somente a equação da malha fechada de vetores ao longo do laço que inclui ambas as posições P_1 e P_2 para a díade do lado esquerdo. Iniciaremos o laço a partir de $\mathbf{W}_2$ no sentido horário.

Agora substitua os números complexos equivalentes aos vetores.

$$we^{j(\theta+\beta_2)} + ze^{j(\phi+\alpha_2)} - p_{21}e^{j\delta_2} - ze^{j\phi} - we^{j\theta} = 0 \tag{5.4}$$

A soma dos ângulos nos expoentes pode ser reescrita como produto dos termos.

$$we^{j\theta}e^{j\beta_2} + ze^{j\phi}e^{j\alpha_2} - p_{21}e^{j\delta_2} - ze^{j\phi} - we^{j\theta} = 0 \tag{5.5a}$$

Simplificando e rearranjando:

$$we^{j\theta}\left(e^{j\beta_2}-1\right) + ze^{j\phi}\left(e^{j\alpha_2}-1\right) = p_{21}e^{j\delta_2} \tag{5.5b}$$

Note que o comprimento dos vetores $\mathbf{W}_1$ e $\mathbf{W}_2$ têm o mesmo módulo w porque representam o mesmo elo rígido em duas posições diferentes. O mesmo pode ser dito sobre os vetores $\mathbf{Z}_1$ e $\mathbf{Z}_2$, que possuem o módulo z em comum.

As Equações 5.5 são equações vetoriais, e cada uma contém duas equações escalares que podem ser resolvidas para duas variáveis. As duas equações escalares podem ser reveladas pela substituição da identidade de Euler (Equação 4.4a) e pela separação entre as partes reais das imaginárias, como na Seção 4.5.

Parte real:

$$[w\cos\theta](\cos\beta_2 - 1) - [w\,\mathrm{sen}\,\theta]\,\mathrm{sen}\,\beta_2$$
$$+ [z\cos\phi](\cos\alpha_2 - 1) - [z\,\mathrm{sen}\,\phi]\,\mathrm{sen}\,\alpha_2 = p_{21}\cos\delta_2 \tag{5.6a}$$

Parte imaginária (já dividida pelo operador complexo j):

$$[w\,\mathrm{sen}\,\theta](\cos\beta_2 - 1) + [w\cos\theta]\,\mathrm{sen}\,\beta_2$$
$$+ [z\,\mathrm{sen}\,\phi](\cos\alpha_2 - 1) + [z\cos\phi]\,\mathrm{sen}\,\alpha_2 = p_{21}\,\mathrm{sen}\,\delta_2 \tag{5.6b}$$

Existem oito variáveis nessas duas equações: w, θ, β_2, z, ϕ, α_2, p_{21} e δ_2. Podemos resolver apenas duas. Três das oito estão definidas no enunciado do problema, ou seja α_2, p_{21} e δ_2. Das cinco restantes w, θ, β_2, z, θ, seremos forçados a escolher três como "escolhas arbitrárias ou livres" (assumir valores) para assim resolver as outras duas.

Uma estratégia é assumir valores para os três ângulos θ, β_2 e ϕ, com a premissa que desejamos especificar a orientação θ, ϕ dos vetores $\mathbf{W}_1$ e $\mathbf{Z}_1$ dos dois elos para atender restrições de projeto e também especificar a variação angular β_2 do elo 2 para adequar alguma restrição de acionamento. Essa escolha também tem a vantagem de conduzir o conjunto de equações a um sistema linear nas variáveis e consequentemente uma solução mais simples. Para essa solução, as equações podem ser simplificadas igualando-se os valores assumidos e especificados a algumas constantes.

Na Equação 5.6a temos:

$$A = \cos\theta\,(\cos\beta_2 - 1) - \sen\theta\,\sen\beta_2$$
$$B = \cos\phi\,(\cos\alpha_2 - 1) - \sen\phi\,\sen\alpha_2 \quad (5.7a)$$
$$C = p_{21}\cos\delta_2$$

E na Equação 5.6b temos:

$$D = \sen\theta\,(\cos\beta_2 - 1) + \cos\theta\,\sen\beta_2$$
$$E = \sen\phi\,(\cos\alpha_2 - 1) + \cos\phi\,\sen\alpha_2 \quad (5.7b)$$
$$F = p_{21}\sen\delta_2$$

Então:

$$Aw + Bz = C$$
$$Dw + Ez = F \quad (5.7c)$$

E resolvendo simultaneamente,

$$w = \frac{CE - BF}{AE - BD}; \qquad z = \frac{AF - CD}{AE - BD} \quad (5.7d)$$

Uma segunda estratégia é assumir o comprimento z e o ângulo ϕ do vetor $\mathbf{Z}_1$ e a variação angular β_2 do elo 2 e assim resolver o vetor $\mathbf{W}_1$. Essa é a abordagem mais utilizada. Note que os termos em colchetes de cada Equação 5.6 são respectivamente as componentes x e y dos vetores $\mathbf{W}_1$ e $\mathbf{Z}_1$.

$$W_{1_x} = w\cos\theta; \qquad Z_{1_x} = z\cos\phi$$
$$W_{1_y} = w\sen\theta; \qquad Z_{1_y} = z\sen\phi \quad (5.8a)$$

Substituindo nas Equações 5.6,

$$W_{1_x}(\cos\beta_2 - 1) - W_{1_y}\sen\beta_2$$
$$+ Z_{1_x}(\cos\alpha_2 - 1) - Z_{1_y}\sen\alpha_2 = p_{21}\cos\delta_2$$
$$W_{1_y}(\cos\beta_2 - 1) + W_{1_x}\sen\beta_2 \quad (5.8b)$$
$$+ Z_{1_y}(\cos\alpha_2 - 1) + Z_{1_x}\sen\alpha_2 = p_{21}\sen\delta_2$$

Z_{1x} e Z_{1y} são conhecidos da Equação 5.8a com z e ϕ assumidos como escolhas arbitrárias. Para, futuramente, simplificar as expressões, combinamos outros termos conhecidos:

$$A = \cos\beta_2 - 1; \qquad B = \operatorname{sen}\beta_2; \qquad C = \cos\alpha_2 - 1$$
$$D = \operatorname{sen}\alpha_2; \qquad E = p_{21}\cos\delta_2; \qquad F = p_{21}\operatorname{sen}\delta_2 \tag{5.8c}$$

Substituindo,

$$AW_{1_x} - BW_{1_y} + CZ_{1_x} - DZ_{1_y} = E$$
$$AW_{1_y} + BW_{1_x} + CZ_{1_y} + DZ_{1_x} = F \tag{5.8d}$$

E a solução será:

$$W_{1_x} = \frac{A\left(-CZ_{1_x} + DZ_{1_y} + E\right) + B\left(-CZ_{1_y} - DZ_{1_x} + F\right)}{-2A}$$

$$W_{1_y} = \frac{A\left(-CZ_{1_y} - DZ_{1_x} + F\right) + B\left(CZ_{1_x} - DZ_{1_y} - E\right)}{-2A} \tag{5.8e}$$

Qualquer dessas estratégias resultará na definição da díade esquerda $\mathbf{W}_1\mathbf{Z}_1$ e na localização do seu pivô, e fornecerá a geração de movimento especificada.

Devemos repetir os processos para a díade direita $\mathbf{U}_1\mathbf{S}_1$. A Figura 5-2 esclarece as duas posições $\mathbf{U}_1\mathbf{S}_1$ e $\mathbf{U}_2\mathbf{S}_2$ da díade direita. O vetor $\mathbf{U}_1$ inicialmente com ângulo σ, se movimenta através do ângulo γ_2 da posição 1 até a posição 2. O vetor $\mathbf{S}_1$ está inicialmente com o ângulo ψ. Note que a rotação do vetor $\mathbf{S}$ de $\mathbf{S}_1$ para $\mathbf{S}_2$ será do mesmo ângulo α_2 do vetor $\mathbf{Z}$, já que eles estão sobre o mesmo elo. A equação vetorial de malha fechada, similar à Equação 5.3, pode ser escrita para essa díade.

$$\mathbf{U}_2 + \mathbf{S}_2 - \mathbf{P}_{21} - \mathbf{S}_1 - \mathbf{U}_1 = 0 \tag{5.9a}$$

Reescreva na forma de variáveis complexas e agrupe os termos.

$$ue^{j\sigma}\left(e^{j\gamma_2} - 1\right) + se^{j\psi}\left(e^{j\alpha_2} - 1\right) = p_{21}e^{j\delta_2} \tag{5.9b}$$

Quando tudo estiver expandido e os devidos ângulos substituídos, as componentes x e y serão:

Parte real:

$$u\cos\sigma(\cos\gamma_2 - 1) - u\operatorname{sen}\sigma\operatorname{sen}\gamma_2$$
$$+ s\cos\psi(\cos\alpha_2 - 1) - s\operatorname{sen}\psi\operatorname{sen}\alpha_2 = p_{21}\cos\delta_2 \tag{5.10a}$$

Parte imaginária (já dividida pelo operador complexo j):

$$u\operatorname{sen}\sigma\left(\cos\gamma_2 - 1\right) + u\cos\sigma\operatorname{sen}\gamma_2$$
$$+ s\operatorname{sen}\psi\left(\cos\alpha_2 - 1\right) + s\cos\psi\operatorname{sen}\alpha_2 = p_{21}\operatorname{sen}\delta_2 \tag{5.10b}$$

Compare as Equações 5.10 com as Equações 5.6.

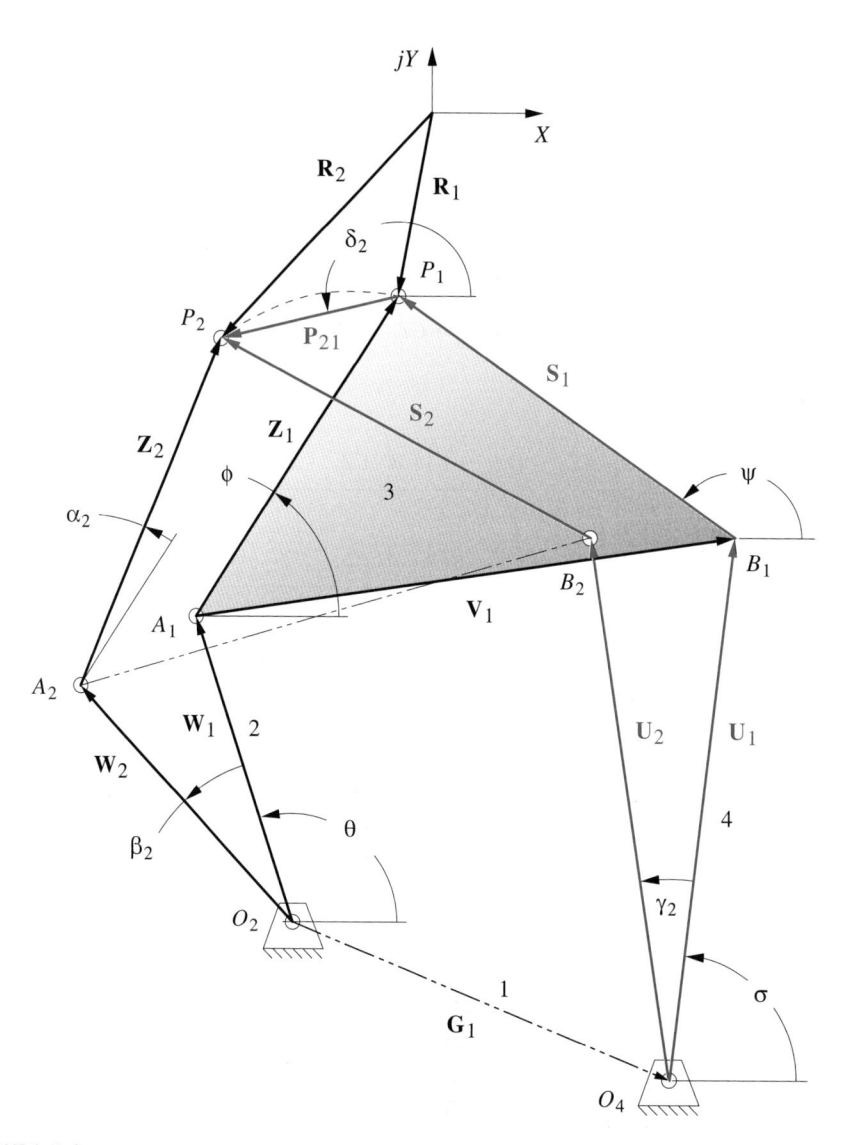

FIGURA 5-2

Díade direita mostrada em duas posições.

A primeira estratégia também pode ser aplicada nas Equações 5.10, assim como foram usadas nas Equações 5.6, para resolver os módulos dos vetores **U** e **S**, assumindo valores dos ângulos σ, ψ e γ_2. As quantidades p_{21}, δ_2 e α_2 também são definidas a partir do enunciado do problema.

Na Equação 5.10a temos:

$$A = \cos\sigma\,(\cos\gamma_2 - 1) - \sen\sigma\,\sen\gamma_2$$
$$B = \cos\psi\,(\cos\alpha_2 - 1) - \sen\psi\,\sen\alpha_2 \qquad (5.11a)$$
$$C = p_{21}\cos\delta_2$$

SÍNTESE ANALÍTICA DOS MECANISMOS

E na Equação 5.10b temos:

$$D = \text{sen}\,\sigma\,(\cos\gamma_2 - 1) + \cos\sigma\,\text{sen}\,\gamma_2$$
$$E = \text{sen}\,\psi\,(\cos\alpha_2 - 1) + \cos\psi\,\text{sen}\,\alpha_2 \qquad (5.11b)$$
$$F = p_{21}\,\text{sen}\,\delta_2$$

Então:

$$Au + Bs = C$$
$$Du + Es = F \qquad (5.11c)$$

E resolvendo simultaneamente,

$$u = \frac{CE - BF}{AE - BD}; \qquad s = \frac{AF - CD}{AE - BD} \qquad (5.11d)$$

Se a segunda estratégia for usada, assumindo o ângulo γ_2 e o módulo e direção do vetor $\mathbf{S}_1$ (que definirá o elo 3), o resultado será:

$$U_{1_x} = u\cos\sigma; \qquad S_{1_x} = s\cos\psi$$
$$U_{1_y} = u\,\text{sen}\,\sigma; \qquad S_{1_y} = s\,\text{sen}\,\psi \qquad (5.12a)$$

Substituindo na Equação 5.10:

$$U_{1_x}(\cos\gamma_2 - 1) - U_{1_y}\,\text{sen}\,\gamma_2$$
$$+ S_{1_x}(\cos\alpha_2 - 1) - S_{1_y}\,\text{sen}\,\alpha_2 = p_{21}\cos\delta_2$$
$$U_{1_y}(\cos\gamma_2 - 1) + U_{1_x}\,\text{sen}\,\gamma_2 \qquad (5.12b)$$
$$+ S_{1_y}(\cos\alpha_2 - 1) + S_{1_x}\,\text{sen}\,\alpha_2 = p_{21}\,\text{sen}\,\delta_2$$

Fazendo:

$$A = \cos\gamma_2 - 1; \qquad B = \text{sen}\,\gamma_2; \qquad C = \cos\alpha_2 - 1$$
$$D = \text{sen}\,\alpha_2; \qquad E = p_{21}\cos\delta_2; \qquad F = p_{21}\,\text{sen}\,\delta_2 \qquad (5.12c)$$

Substituindo na Equação 5.12b,

$$AU_{1_x} - BU_{1_y} + CS_{1_x} - DS_{1_y} = E$$
$$AU_{1_y} + BU_{1_x} + CS_{1_y} + DS_{1_x} = F \qquad (5.12d)$$

A solução será:

$$U_{1_x} = \frac{A\left(-CS_{1_x} + DS_{1_y} + E\right) + B\left(-CS_{1_y} - DS_{1_x} + F\right)}{-2A}$$
$$U_{1_y} = \frac{A\left(-CS_{1_y} - DS_{1_x} + F\right) + B\left(CS_{1_x} - DS_{1_y} - E\right)}{-2A} \qquad (5.12e)$$

Note que existem infinitas possibilidades de solução para esse problema, porque podemos escolher qualquer conjunto de valores para três escolhas arbitrárias das variáveis, nesse caso de duas posições. Tecnicamente, existe uma infinidade de soluções para cada escolha livre. Três escolhas dão infinito ao cubo número de solução! Mas desde que infinito seja definido pelo número maior que o maior número que você possa imaginar, infinito ao cubo não será algo tão maior assim. Embora não seja estritamente correto do ponto de vista matemático, vamos, para simplificar, nos referir a todos os casos como tendo "infinitas soluções", desprezando o poder que o infinito possa exercer nos resultados das derivações realizadas. Muitas soluções podem ser obtidas com quaisquer limites. *Infelizmente, nem todas funcionarão*. Algumas terão defeitos de circuitos, ramos ou ordem (CRO), como pontos mortos entre os pontos de precisão. Outras terão ângulos de transmissões pobres ou posições ruins para os pivôs, ou formarão mecanismos enormes. O bom senso no projeto ainda é o mais importante na escolha das variáveis arbitrárias. Caso as escolhas sejam ruins, você pagará por elas mais tarde. Faça um modelo!

5.5 COMPARAÇÃO ENTRE SÍNTESES DE DUAS POSIÇÕES ANALÍTICAS E GRÁFICAS

Note que, na **solução gráfica**, o problema de síntese de duas posições (Exemplo 3-3, e Figura 3-6), tivemos de fazer *três escolhas arbitrárias* para resolver o problema. Um problema de síntese de duas posições idêntico ao da Figura 3-6 está reproduzido na Figura 5-3. A abordagem obtida no Exemplo 3-3 usa os dois pontos A e B como pivôs móveis. A Figura 5-3a mostra a construção gráfica usada para encontrar os pivôs fixos O_2 e O_4. Para a solução analítica, usaremos os pontos A e B como juntas das duas díades **WZ** e **US**. Essas díades se encontram no ponto P, que é o ponto de precisão. O vetor de posição relativa $\mathbf{P}_{21}$ define o deslocamento do ponto de precisão.

Note que, na solução gráfica, definimos implicitamente o vetor **Z** da díade esquerda anexando os pontos A e B no elo 3, como mostrado na Figura 5-3a. Isso define as duas variáveis z e ϕ. Também implicitamente, escolhemos o valor de w pela seleção arbitrária do local do pivô O_2 na bissetriz perpendicular. Quando a terceira escolha foi feita, as duas variáveis restantes, os ângulos β_2 e θ, foram resolvidos graficamente ao mesmo tempo, porque a construção geométrica foi de fato uma "computação" gráfica para a solução das Equações simultâneas 5.8a.

Os métodos gráficos e analíticos representam duas alternativas de solução para o mesmo problema. Todos esses problemas podem ser resolvidos analítica e graficamente. Um método pode fornecer uma boa verificação para o outro. Vamos agora resolver esse problema analiticamente e correlacionar os resultados com a solução gráfica do Capítulo 3.

EXEMPLO 5-1

Síntese analítica do movimento em duas posições.

Problema: Projete um mecanismo de quatro barras para se mover, no elo APB mostrado, da posição $A_1P_1B_1$ até $A_2P_2B_2$.

Solução: (Ver Figura 5-3.)

SÍNTESE ANALÍTICA DOS MECANISMOS

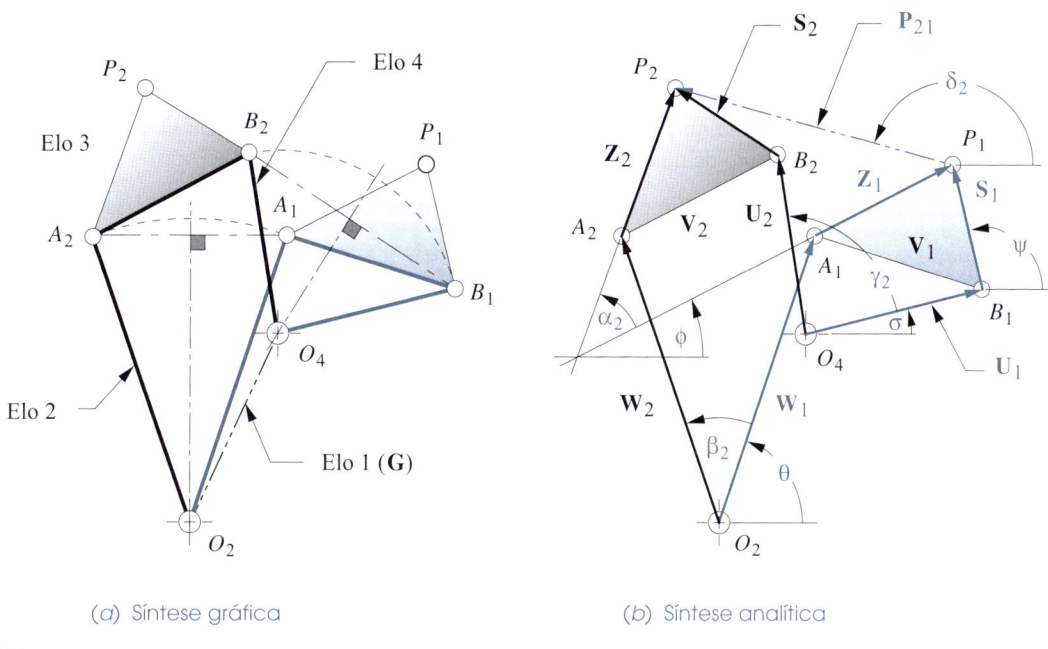

(a) Síntese gráfica

(b) Síntese analítica

FIGURA 5-3

Síntese do movimento em duas posições com o acoplador como saída.

1. Desenhe o elo APB em escala no plano, nas suas duas posições desejadas, $A_1P_1B_1$ e $A_2P_2B_2$, como mostrado.

2. Meça ou calcule os valores do módulo e ângulo do vetor $\mathbf{P}_{21}$, denominados p_{21} e δ_2. Nesse exemplo eles são:

$$p_{21} = 2{,}416; \qquad \delta_2 = 165{,}2°$$

3. Meça ou calcule o valor da mudança no ângulo α_2 do vetor $\mathbf{Z}$ da posição 1 até a posição 2. Nesse exemplo eles são:

$$\alpha_2 = 43{,}3°$$

4. Os três valores dos passos 2 e 3 são os únicos definidos no enunciado do problema. Devemos assumir três "escolhas arbitrárias" adicionais para resolver o problema. O método dois (ver Equações 5.8) escolhe o comprimento z e o ângulo ϕ do vetor $\mathbf{Z}$ e β_2, a variação do ângulo do vetor $\mathbf{W}$. Para obter a mesma solução do procedimento do método gráfico na Figura 5-3a (das infinitas soluções disponíveis), escolheremos os valores de forma consistente com a solução gráfica.

$$z = 1{,}298; \qquad \phi = 26{,}5°; \qquad \beta_2 = 38{,}4°$$

5. Substitua os seis valores nas Equações 5.8 e irá obter:

$$w = 2{,}467 \qquad \theta = 71{,}6°$$

6 Compare com a solução gráfica:

$$w = 2{,}48 \qquad \theta = 71°$$

que permite uma abordagem razoável dada a precisão gráfica. O vetor $\mathbf{W}_1$ é o elo 2 do mecanismo de quatro barras.

7 Repita o procedimento para o elo 4 do mecanismo. A escolha arbitrária será agora:

$$s = 1{,}035; \qquad \psi = 104{,}1°; \qquad \gamma_2 = 85{,}6°$$

8 Substitua os três valores juntamente com valores originais dos passos 2 e 3 nas Equações 5.12, obtendo:

$$u = 1{,}486 \qquad \sigma = 15{,}4°$$

9 Compare com a solução gráfica:

$$u = 1{,}53 \qquad \sigma = 14°$$

que permite uma abordagem razoável dada a precisão gráfica. O vetor $\mathbf{U}_1$ é o elo 4 do mecanismo de quatro barras.

10 A linha A_1B_1 é o elo 3 e pode ser encontrado na Equação 5.2a. A linha O_2O_4 é o elo 1 e pode ser obtida da Equação 5.2b.

11 Verifique a condição Grashof e repita os passos 4 a 7 se estiver insatisfeito. Note que qualquer condição Grashof é potencialmente aceitável nesse caso.

12 Construa o modelo em CAD ou em uma cartolina, e verifique sua função, para ter certeza de que pode ir da posição inicial até a posição final sem encontrar limites ou singularidades.

13 Verifique o ângulo de transmissão.

Abra o arquivo E05-01.4br no software FOURBAR (ver Apêndice A) para ver o Exemplo 5-1.

5.6 SOLUÇÃO DE EQUAÇÕES SIMULTÂNEAS

Esse método de síntese analítica conduz a um conjunto de equações lineares simultâneas. O problema da síntese de duas posições resulta em duas equações simultâneas, que podem ser resolvidas por substituição direta. O problema da síntese de três posições chegará a um sistema de quatro equações lineares simultâneas e vai requerer um método mais complicado de soluções. Um tratamento conveniente para a solução das equações lineares simultâneas é colocá-las na forma matricial padrão e usar álgebra matricial para obter as respostas. Rotinas para soluções matriciais estão inseridas na maioria das calculadoras científicas de bolso. Algumas planilhas eletrônicas e programas para solução de equações também solucionam matrizes.

Como exemplo, considere o seguinte conjunto de equações simultâneas:

$$\begin{aligned} -2x_1 - x_2 + x_3 &= -1 \\ x_1 + x_2 + x_3 &= 6 \\ 3x_1 + x_2 - x_3 &= 2 \end{aligned} \qquad (5.13a)$$

SÍNTESE ANALÍTICA DOS MECANISMOS

Um sistema pequeno como esse pode ser resolvido à mão pelo método da eliminação, mas o colocaremos na forma de matriz para mostrar que a abordagem geral funcionará independentemente do número de equações. As Equações 5.13a podem ser escritas como o produto de duas matrizes igualadas a uma terceira matriz.

$$\begin{bmatrix} -2 & -1 & 1 \\ 1 & 1 & 1 \\ 3 & 1 & -1 \end{bmatrix} \times \begin{bmatrix} x_1 \\ x_2 \\ x_3 \end{bmatrix} = \begin{bmatrix} -1 \\ 6 \\ 2 \end{bmatrix} \qquad (5.13b)$$

Vamos nos referir a essas matrizes como **A**, **B**, e **C**,

$$[\mathbf{A}] \times [\mathbf{B}] = [\mathbf{C}] \qquad (5.13c)$$

em que **A** é a matriz dos coeficientes das variáveis, **B** é a coluna dos vetores das variáveis, e **C** é a coluna dos vetores dos termos constantes. Quando a matriz **A** é multiplicada por **B**, o resultado será o mesmo que os lados esquerdos da Equação 5.13a. Veja qualquer texto sobre álgebra linear como a referência [7], para discussão dos procedimentos para multiplicação de matriz.

Se a Equação 5.13c fosse uma equação escalar,

$$ab = c \qquad (5.14a)$$

em vez de uma equação vetorial (matriz), seria bem fácil resolver a variável b se a e c fossem conhecidas. Poderíamos simplesmente dividir c por a para encontrar b.

$$b = \frac{c}{a} \qquad (5.14b)$$

Infelizmente, a divisão não é definida para matrizes, então outra abordagem deve ser usada. Note que poderíamos também expressar a divisão na Equação 5.14 como:

$$b = a^{-1}c \qquad (5.14c)$$

Se as equações a serem resolvidas forem linearmente independentes, então podemos encontrar a matriz inversa de **A** e multiplicar pela matriz **C** para encontrar **B**. A matriz inversa é definida como a matriz que, quando multiplicada pela matriz original, resulta na matriz identidade. A **matriz identidade** é uma matriz quadrada com o número 1 na diagonal principal e zeros nos outros campos. O inverso de uma matriz é denotado adicionando-se o número 1 negativo sobrescrito no símbolo da matriz original.

$$[\mathbf{A}]^{-1} \times [\mathbf{A}] = [\mathbf{I}] = \begin{bmatrix} 1 & 0 & 0 \\ 0 & 1 & 0 \\ 0 & 0 & 1 \end{bmatrix} \qquad (5.15)$$

Nem todas as matrizes possuem inversa. O determinante da matriz deve ser diferente de zero para uma inversa existir. A classe de problemas com que lidaremos neste texto levará a matrizes inversíveis, caso todos os dados sejam calculados corretamente e representem um sistema físico real. O cálculo dos termos da inversa de uma matriz é um processo numericamente complicado, que requer um computador ou uma calculadora de bolso pré-programada para inverter matrizes de qualquer tamanho. O método numérico da eliminação de Gaus-Jordan é normalmente usado para encontrar a inversa. Para nosso exemplo simples na Equação 5.13, a matriz inversa **A** encontrada é:

$$\begin{bmatrix} -2 & -1 & 1 \\ 1 & 1 & 1 \\ 3 & 1 & -1 \end{bmatrix}^{-1} = \begin{bmatrix} 1,0 & 0,0 & 1,0 \\ -2,0 & 0,5 & -1,5 \\ 1,0 & 0,5 & 0,5 \end{bmatrix} \quad (5.16)$$

Se a inversa da matriz **A** pode ser encontrada, podemos resolver a Equação 5.13 para a variável **B** multiplicando ambos os lados da equação pela inversa de **A**. Note que, diferente da multiplicação escalar, a multiplicação de matrizes não é comutativa; isto é, **A** x **B** não é igual a **B** x **A**. Vamos antes multiplicar cada lado da equação pela inversa.

mas
$$[\mathbf{A}]^{-1} \times [\mathbf{A}] \times [\mathbf{B}] = [\mathbf{A}]^{-1} \times [\mathbf{C}]$$
$$[\mathbf{A}]^{-1} \times [\mathbf{A}] = [\mathbf{I}] \quad (5.17)$$
então
$$[\mathbf{B}] = [\mathbf{A}]^{-1} \times [\mathbf{C}]$$

O produto de **A** e sua inversa no lado esquerdo da equação é igual à matriz identidade **I**. Multiplicar pela matriz identidade é equivalente, em termos escalares, a multiplicar por um, então isso não terá efeito no resultado. Desse modo, as variáveis podem ser encontradas pela pré-multiplicação da inversa da matriz **A** dos coeficientes pela matriz dos termos constantes **C**.

Esse método de solução funciona independentemente de quantas equações estiverem presentes, desde que seja possível achar a matriz inversa de **A**, e que o computador tenha memória suficiente e tempo disponível para a computação. Note que realmente não é necessário encontrar a inversa da matriz **A** para resolver as equações. O algoritmo de Gauss-Jordan que encontra a inversa pode também ser usado para resolver as incógnitas **B** pela montagem da matriz **A** e **C** em uma **matriz aumentada** de n linhas e $n + 1$ colunas. A coluna adicionada é o vetor **C**. Essa abordagem requer poucos cálculos, sendo assim mais rápida e precisa. Abaixo a matriz compactada para esse exemplo:

$$\begin{bmatrix} -2 & -1 & 1 & \vdots & -1 \\ 1 & 1 & 1 & \vdots & 6 \\ 3 & 1 & -1 & \vdots & 2 \end{bmatrix} \quad (5.18a)$$

O algoritmo de Gauss-Jordan manipula a matriz aumentada até que chegue à forma mostrada abaixo, em que à esquerda, a parte quadrada da matriz foi reduzida à matriz identidade e a coluna mais à direita contém os valores do vetor coluna das incógnitas.

Nesse caso, os resultados são $x_1 = 1$, $x_2 = 2$ e $x_3 = 3$ que na verdade são os resultados corretos para as Equações originais 5.13.

$$\begin{bmatrix} 1 & 0 & 0 & \vdots & 1 \\ 0 & 1 & 0 & \vdots & 2 \\ 0 & 0 & 1 & \vdots & 3 \end{bmatrix} \quad (5.18b)$$

O software MATRIX (ver Apêndice A) resolve esse problema pelo método da eliminação de Gauss-Jordan e opera com matrizes aumentadas sem encontrar a matriz inversa de **A** de

SÍNTESE ANALÍTICA DOS MECANISMOS

maneira explícita. Veja o Apêndice A para saber como obter o software MATRIX. Para uma revisão de álgebra nas matrizes, ver a referência [7].

5.7 GERAÇÃO DE MOVIMENTO DE TRÊS POSIÇÕES PELA SÍNTESE ANALÍTICA

Podemos estender o mesmo tratamento de definir duas díades, uma em cada lado do mecanismo de quatro barras, usada na síntese de movimento de duas posições para três, para proceder a síntese de quatro ou cinco posições no plano. O problema da síntese do movimento em três posições será agora endereçado. A Figura 5-4 mostra o mecanismo de quatro barras em uma posição geral com o ponto do acoplador localizado no primeiro ponto de precisão P_1. A segunda e a terceira posições de precisão (pontos P_2 e P_3) também estão mostradas. Esses pontos devem ser obtidos pela rotação de entrada do seguidor, elo 2, por meio dos ângulos β_2 e β_3 ainda não especificados. Note também que os ângulos do acoplador, elo 3, em cada ponto de precisão, foram definidos pelos ângulos dos vetores de posição $\mathbf{Z}_1$, $\mathbf{Z}_2$ e $\mathbf{Z}_3$. O mecanismo está esquematizado na figura. Suas dimensões são inicialmente desconhecidas e serão encontradas por essa técnica de síntese. Por exemplo, o comprimento do vetor de posição $\mathbf{Z}_1$ mostrado não indica o comprimento final da extremidade do elo 3, e nem os comprimentos ou ângulos de quaisquer elos mostrados são valores finais.

O enunciado do problema é:

Projete um mecanismo de quatro barras que irá mover uma linha do seu acoplador de tal forma que um ponto P nessa linha esteja primeiramente em P_1, passe por P_2 até chegar em P_3, e rotacione a linha pelo ângulo α_2 entre as duas primeiras posições de precisão, e pelo ângulo α_3 entre a primeira e terceira posições de precisão. Encontre os comprimentos e os ângulos dos quatro elos e as dimensões A_1P_1 e B_1P_1 do acoplador, como mostrado na Figura 5-4.

A síntese analítica de movimento em três posições é mostrada a seguir:

Por conveniência, colocaremos o sistema de coordenada global XY no primeiro ponto de precisão P_1. Definiremos as outras duas posições de precisão no plano, em relação a esse sistema global, como mostrado na Figura 5-4. Os vetores diferença de posição $\mathbf{P}_{21}$, desenhado de P_1 até P_2, e $\mathbf{P}_{31}$, desenhado de P_1 até P_3, possuem ângulos δ_2 e δ_3, respectivamente. Os vetores diferença de posição $\mathbf{P}_{21}$ e $\mathbf{P}_{31}$ definem o deslocamento do movimento de saída do ponto P do ponto 1 para o 2 e do ponto 1 para o 3, respectivamente.

A díade $\mathbf{W}_1\mathbf{Z}_1$ define a metade esquerda do mecanismo. A díade $\mathbf{U}_1\mathbf{S}_1$ define a metade direita do mecanismo. Os vetores $\mathbf{Z}_1$ e $\mathbf{S}_1$ estão ambos incorporados no acoplador rígido (elo 3), e ambos sofrerão as mesmas rotações pelo ângulo α_2 da posição 1 para a posição 2 e pelo ângulo α_3 da posição 1 para a posição 3. O comprimento pino a pino e o ângulo do elo 3 (vetor $\mathbf{V}_1$) é definido em função dos vetores $\mathbf{Z}_1$ e $\mathbf{S}_1$ conforme a Equação 5.2a. O elo terra é definido pela Equação 5.2b, conforme anteriormente.

Como fizemos para o caso das duas posições, primeiro resolveremos o lado esquerdo do mecanismo (vetores $\mathbf{W}_1$ e $\mathbf{Z}_1$) e depois usaremos o mesmo procedimento para resolver o lado direito do mecanismo (vetores $\mathbf{U}_1$ e $\mathbf{S}_1$). Para resolver $\mathbf{W}_1$ e $\mathbf{Z}_1$ precisamos agora escrever as **equações vetoriais de malha fechada para dois laços**, um ao redor das posições P_1 e P_2 e outro ao redor das posições P_1 e P_3 (ver Figura 5-4). Seguiremos o primeiro laço no sentido horário para a movimentação a partir da posição 1 para a 2, começando com $\mathbf{W}_2$, e depois escreveremos a segunda equação do laço para movimentação a partir da posição 1 para a 3, começando com $\mathbf{W}_3$.

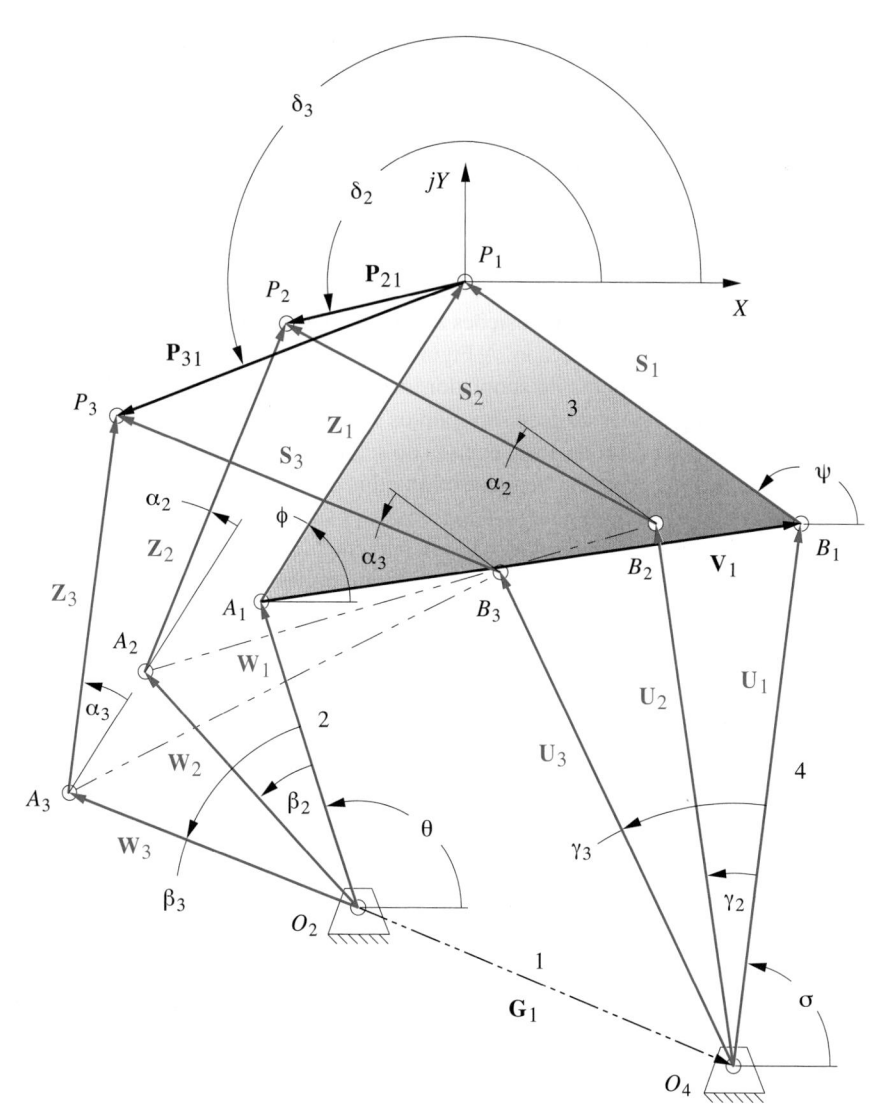

FIGURA 5-4

Síntese analítica de três posições.

$$\mathbf{W}_2 + \mathbf{Z}_2 - \mathbf{P}_{21} - \mathbf{Z}_1 - \mathbf{W}_1 = 0$$
$$\mathbf{W}_3 + \mathbf{Z}_3 - \mathbf{P}_{31} - \mathbf{Z}_1 - \mathbf{W}_1 = 0 \qquad (5.19)$$

Substituindo os números complexos equivalentes pelos vetores.

$$we^{j(\theta+\beta_2)} + ze^{j(\phi+\alpha_2)} - p_{21}e^{j\delta_2} - ze^{j\phi} - we^{j\theta} = 0$$
$$we^{j(\theta+\beta_3)} + ze^{j(\phi+\alpha_3)} - p_{31}e^{j\delta_3} - ze^{j\phi} - we^{j\theta} = 0 \qquad (5.20)$$

SÍNTESE ANALÍTICA DOS MECANISMOS

Reescrevendo a somatória dos ângulos nos expoentes como produto dos termos:

$$we^{j\theta}e^{j\beta_2} + ze^{j\phi}e^{j\alpha_2} - p_{21}e^{j\delta_2} - ze^{j\phi} - we^{j\theta} = 0$$
$$we^{j\theta}e^{j\beta_3} + ze^{j\phi}e^{j\alpha_3} - p_{31}e^{j\delta_3} - ze^{j\phi} - we^{j\theta} = 0$$

(5.21a)

Simplificando e rearranjando:

$$we^{j\theta}\left(e^{j\beta_2} - 1\right) + ze^{j\phi}\left(e^{j\alpha_2} - 1\right) = p_{21}e^{j\delta_2}$$
$$we^{j\theta}\left(e^{j\beta_3} - 1\right) + ze^{j\phi}\left(e^{j\alpha_3} - 1\right) = p_{31}e^{j\delta_3}$$

(5.21b)

O módulo w dos vetores $\mathbf{W}_1$, $\mathbf{W}_2$ e $\mathbf{W}_3$ são os mesmos nas três posições porque representam a mesma linha do elo rígido. O mesmo pode ser dito sobre os vetores $\mathbf{Z}_1$, $\mathbf{Z}_2$ e $\mathbf{Z}_3$, que possuem o módulo z em comum.

As Equações 5.21 são um conjunto de duas equações vetoriais, cada uma contém duas equações escalares. Essas quatro equações podem ser resolvidas para quatro variáveis. As equações escalares podem ser explicitadas pela substituição da identidade de Euler (Equação 4.4a, e pela separação em parte real e imaginária, como fizemos anteriormente no exemplo de duas posições).

Parte real:

$$w \cos\theta\,(\cos\beta_2 - 1) - w\,\text{sen}\,\theta\,\text{sen}\,\beta_2$$
$$+ z\cos\phi\,(\cos\alpha_2 - 1) - z\,\text{sen}\,\phi\,\text{sen}\,\alpha_2 = p_{21}\cos\delta_2$$

(5.22a)

$$w \cos\theta\,(\cos\beta_3 - 1) - w\,\text{sen}\,\theta\,\text{sen}\,\beta_3$$
$$+ z\cos\phi\,(\cos\alpha_3 - 1) - z\,\text{sen}\,\phi\,\text{sen}\,\alpha_3 = p_{31}\cos\delta_3$$

(5.22b)

Parte imaginária (já dividida pelo operador complexo j):

$$w \cos\theta\,(\cos\beta_2 - 1) - w\cos\theta\,\text{sen}\,\beta_2$$
$$+ z\,\text{sen}\,\phi\,(\cos\alpha_2 - 1) - z\cos\phi\,\text{sen}\,\alpha_2 = p_{21}\,\text{sen}\,\delta_2$$

(5.22c)

$$w\,\text{sen}\,\theta\,(\cos\beta_3 - 1) - w\cos\theta\,\text{sen}\,\beta_3$$
$$+ z\,\text{sen}\,\phi\,(\cos\alpha_3 - 1) - z\cos\phi\,\text{sen}\,\alpha_3 = p_{31}\cos\delta_3$$

(5.22d)

Assim temos **doze variáveis** nessas quatro Equações 5.22: w, θ, β_2, β_3, z, ϕ, α_2, α_3, p_{21}, p_{31}, δ_2 e δ_3. **Podemos resolver para somente quatro**. Seis delas foram definidas no enunciado do problema, denominadas por α_2, α_3, p_{21}, p_{31}, δ_2 e δ_3. Das seis restantes w, θ, β_2, β_3, z, ϕ, **devemos obter duas como escolhas arbitrárias** (valores assumidos), para assim resolver as outras quatro. Uma estratégia é assumir valores para os dois ângulos, β_2 e β_3, com a premissa de que podemos especificar a variação angular do elo 2 para evitar alguma restrição de acionamento. (Essa escolha também tem como benefício conduzir a um conjunto de equações lineares para soluções simultâneas.)

Isso deixa somente os módulos e os ângulos dos vetores $\mathbf{W}$ e $\mathbf{Z}$ para serem encontrados (w, θ, z e ϕ). Para simplificar a solução, podemos substituir as relações seguintes para obter os componentes x e y dos dois vetores desconhecidos $\mathbf{W}$ e $\mathbf{Z}$, mais simples que suas coordenadas polares.

$$W_{1_x} = w\cos\theta; \qquad Z_{1_x} = z\cos\phi$$
$$W_{1_y} = w\operatorname{sen}\theta; \qquad Z_{1_y} = z\operatorname{sen}\phi \qquad (5.23)$$

Substituindo a Equação 5.23 na 5.22 obtemos:

$$W_{1_x}(\cos\beta_2 - 1) - W_{1_y}\operatorname{sen}\beta_2$$
$$+ Z_{1_x}(\cos\alpha_2 - 1) - Z_{1_y}\operatorname{sen}\alpha_2 = p_{21}\cos\delta_2 \qquad (5.24a)$$

$$W_{1_x}(\cos\beta_3 - 1) - W_{1_y}\operatorname{sen}\beta_3$$
$$+ Z_{1_x}(\cos\alpha_3 - 1) - Z_{1_y}\operatorname{sen}\alpha_3 = p_{31}\cos\delta_3 \qquad (5.24b)$$

$$W_{1_y}(\cos\beta_2 - 1) + W_{1_x}\operatorname{sen}\beta_2$$
$$+ Z_{1_y}(\cos\alpha_2 - 1) + Z_{1_x}\operatorname{sen}\alpha_2 = p_{21}\operatorname{sen}\delta_2 \qquad (5.24c)$$

$$W_{1_y}(\cos\beta_3 - 1) + W_{1_x}\operatorname{sen}\beta_3$$
$$+ Z_{1_y}(\cos\alpha_3 - 1) + Z_{1_x}\operatorname{sen}\alpha_3 = p_{31}\operatorname{sen}\delta_3 \qquad (5.24d)$$

Essas são as quatro equações nas quatro variáveis W_{1x}, W_{1y}, Z_{1x} e Z_{1y}. Ajustando os coeficientes que contiverem os termos assumidos e especificados e depois igualando as constantes, podemos simplificar as notações e obter as seguintes soluções.

$$\begin{array}{lll} A = \cos\beta_2 - 1; & B = \operatorname{sen}\beta_2; & C = \cos\alpha_2 - 1 \\ D = \operatorname{sen}\alpha_2; & E = p_{21}\cos\delta_2; & F = \cos\beta_3 - 1 \\ G = \operatorname{sen}\beta_3; & H = \cos\alpha_3 - 1; & K = \operatorname{sen}\alpha_3 \\ L = p_{31}\cos\delta_3; & M = p_{21}\operatorname{sen}\delta_2; & N = p_{31}\operatorname{sen}\delta_3 \end{array} \qquad (5.25)$$

Substituindo a Equação 5.25 na 5.24 para simplificar:

$$AW_{1_x} - BW_{1_y} + CZ_{1_x} - DZ_{1_y} = E \qquad (5.26a)$$
$$FW_{1_x} - GW_{1_y} + HZ_{1_x} - KZ_{1_y} = L \qquad (5.26b)$$
$$BW_{1_x} + AW_{1_y} + DZ_{1_x} + CZ_{1_y} = M \qquad (5.26c)$$
$$GW_{1_x} + FW_{1_y} + KZ_{1_x} + HZ_{1_y} = N \qquad (5.26d)$$

Esse sistema pode ser colocado na forma matricial padrão:

$$\begin{bmatrix} A & -B & C & -D \\ F & -G & H & -K \\ B & A & D & C \\ G & F & K & H \end{bmatrix} \times \begin{bmatrix} W_{1_x} \\ W_{1_y} \\ Z_{1_x} \\ Z_{1_y} \end{bmatrix} = \begin{bmatrix} E \\ L \\ M \\ N \end{bmatrix} \qquad (5.27)$$

SÍNTESE ANALÍTICA DOS MECANISMOS

Essa é a forma geral da Equação 5.13c. O vetor das incógnitas **B** pode ser resolvido pela pré-multiplicação da inversa da matriz dos coeficientes **A** pelo vetor constante **C** ou pela geração da matriz aumentada, como na Equação 5.18. Para qualquer problema numérico, a inversa da matriz 4 x 4 pode ser encontrada em muitas calculadoras de bolso. O software MATRIX (ver Apêndice A) também resolverá a equação da matriz aumentada.

As equações 5.25 e 5.26 resolvem o problema da síntese de três posições para o lado esquerdo do mecanismo usando qualquer par de valores assumidos β_2 e β_3. Devemos repetir o processo para o lado direito do mecanismo para encontrar os vetores **U** e **S**. A Figura 5-4 também mostra as três posições da díade **US** e os ângulos σ, γ_2, γ_3, ψ, α_2 e α_3, que definem as rotações desses vetores para as três posições. A derivação da solução para a díade do lado direito, **US**, é idêntica ao que foi feito para a díade da esquerda **WZ**. Os nomes dados aos ângulos e aos vetores são a única diferença. As equações vetoriais de malha fechada são:

$$\mathbf{U}_2 + \mathbf{S}_2 - \mathbf{P}_{21} - \mathbf{S}_1 - \mathbf{U}_1 = 0$$
$$\mathbf{U}_3 + \mathbf{S}_3 - \mathbf{P}_{31} - \mathbf{S}_1 - \mathbf{U}_1 = 0 \tag{5.28}$$

Substituindo, simplificando e rearranjando,

$$ue^{j\sigma}\left(e^{j\gamma_2} - 1\right) + se^{j\psi}\left(e^{j\alpha_2} - 1\right) = p_{21}e^{j\delta_2}$$
$$ue^{j\sigma}\left(e^{j\gamma_3} - 1\right) + se^{j\psi}\left(e^{j\alpha_3} - 1\right) = p_{31}e^{j\delta_3} \tag{5.29}$$

A solução requer que duas escolhas arbitrárias sejam feitas. Assumiremos valores para os ângulos γ_2 e γ_3. Note que α_2 e α_3 são os mesmos para a díade **WZ**. Vamos, na verdade, resolver os ângulos σ e ψ encontrando os componentes x e y dos vetores **U** e **S**. A solução será:

$$\begin{array}{lll}
A = \cos\gamma_2 - 1; & B = \operatorname{sen}\gamma_2; & C = \cos\alpha_2 - 1 \\
D = \operatorname{sen}\alpha_2; & E = p_{21}\cos\delta_2; & F = \cos\gamma_3 - 1 \\
G = \operatorname{sen}\gamma_3; & H = \cos\alpha_3 - 1; & K = \operatorname{sen}\alpha_3 \\
L = p_{31}\cos\delta_3; & M = p_{21}\operatorname{sen}\delta_2; & N = p_{31}\operatorname{sen}\delta_3
\end{array} \tag{5.30}$$

$$AU_{1_x} - BU_{1_y} + CS_{1_x} - DS_{1_y} = E \tag{5.31a}$$
$$FU_{1_x} - GU_{1_y} + HS_{1_x} - KS_{1_y} = L \tag{5.31b}$$
$$BU_{1_x} + AU_{1_y} + DS_{1_x} + CS_{1_y} = M \tag{5.31c}$$
$$GU_{1_x} + FU_{1_y} + KS_{1_x} + HS_{1_y} = N \tag{5.31d}$$

As Equações 5.31 podem ser resolvidas usando-se a mesma abordagem vista para as equações 5.27 e 5.18, mudando W para U e Z para S e usando as definições das constantes obtidas na Equação 5.30 e na Equação 5.27.

É claro que devem existir infinitas soluções para esse problema de síntese de três posições, como visto no de duas posições. A seleção inapropriada das duas escolhas arbitrárias pode resultar em uma solução com circuitos, ramos ou problemas de ordem na movimentação dentro das posições especificadas. Assim, devemos checar a função da solução sintetizada por esse ou por qualquer outro método. Um modelo simples é a checagem mais rápida.

5.8 COMPARAÇÃO ENTRE SÍNTESE GRÁFICA E ANALÍTICA DE TRÊS POSIÇÕES

A Figura 5-5 mostra o mesmo problema de síntese de três posições, como foi feito graficamente no Exemplo 3-6. Compare essa figura com a Figura 3-9. A nomenclatura foi mudada para se manter consistente com a notação deste capítulo. Os pontos P_1, P_2 e P_3 correspondem aos três pontos denominados D na figura anterior. Os pontos A_1, A_2 e A_3 correspondem aos pontos E; os pontos B_1, B_2 e B_3 correspondem aos pontos F. A antiga linha AP tornou-se o vetor $\mathbf{Z}$ atual. O ponto P é o ponto do acoplador que irá movimentar-se pelos pontos de precisão especificados, P_1, P_2 e P_3. Os pontos A e B são os pontos de conexão do seguidor (elos 2 e 4 respectivamente) no acoplador (elo 3). Desejamos resolver as coordenadas dos vetores $\mathbf{W}$, $\mathbf{Z}$, $\mathbf{U}$ e $\mathbf{S}$, que definem não somente o comprimento dos elos, mas também as localizações dos pivôs fixos O_2 e O_4 no plano, e o comprimento dos elos 3 e 1. O elo 1 é definido como o vetor $\mathbf{G}$ na Figura 5-4 e pode ser encontrado pela Equação 5.2b. O elo 3 é o vetor $\mathbf{V}$ encontrado pela Equação 5.2a.

Quatro escolhas arbitrárias devem ser feitas para restringir o problema a uma solução particular dentre as infinitas soluções disponíveis. Nesse caso, os valores dos ângulos β_2, β_3, γ_2 e γ_3 foram escolhidos como sendo os mesmos valores encontrados na solução gráfica do Exemplo 3-6, para assim obter-se a mesma solução como forma de verificação e comparação. Relembrando o que foi feito na solução da síntese gráfica de três posições para o mesmo problema, de fato, também tivemos de selecionar as quatro escolhas arbitrárias. Essas são as coordenadas x e y da localização dos pivôs móveis E e F na Figura 3-9 que correspondem às nossas quatro escolhas arbitrárias dos ângulos dos elos aqui.

O Exemplo 3-5 também mostra uma solução gráfica para o mesmo problema, resultante das escolhas arbitrárias das coordenadas x e y dos pivôs móveis C e D no acoplador (ver Figura 3-8 e Exemplo 3-5). Encontramos alguns problemas com posições de ponto morto naquela solução e reeditamos usando os pontos E e F como pivôs móveis no Exemplo 3-6 e na Figura 3-9. Na verdade, a solução da síntese gráfica de três posições apresentada no Capítulo 3 é perfeitamente análoga à solução analítica apresentada aqui. Para essa abordagem analítica, selecionamos os ângulos β_2, β_3, γ_2 e γ_3 dos elos, em vez das localizações E e F dos pivôs móveis para, assim, forçar as equações resultantes a serem lineares em relação às variáveis. A solução gráfica feita em exemplos anteriores é realmente uma solução das equações não lineares simultâneas.

EXEMPLO 5-2

Síntese analítica de movimento de três posições.

Problema: Projete um mecanismo de quatro barras que mova o elo APB mostrado da posição $A_1P_1B_1$ até $A_2P_2B_2$ e então para a posição $A_3P_3B_3$.

Solução: (Ver Figura 5-5.)

SÍNTESE ANALÍTICA DOS MECANISMOS

Variáveis definidas

P_{21} = 27,98 mm
δ_2 = −31,19°
P_{31} = 39,19 mm
δ_3 = −16,34°
α_2 = −45,0°
α_3 = 9,3°

Variáveis assumidas

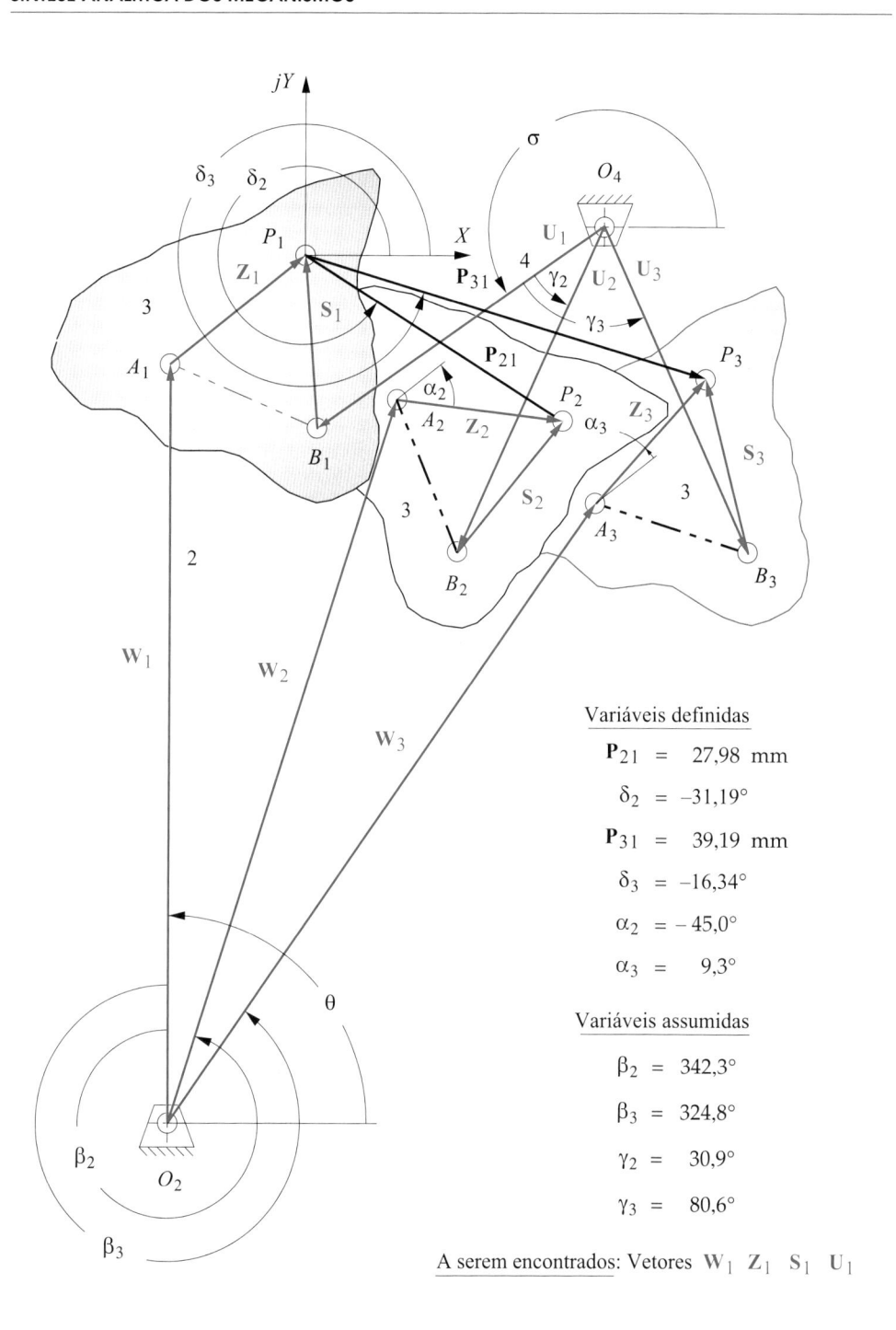

β_2 = 342,3°
β_3 = 324,8°
γ_2 = 30,9°
γ_3 = 80,6°

A serem encontrados: Vetores W_1 Z_1 S_1 U_1

FIGURA 5-5

Dados necessários para a síntese analítica de três posições.

TABELA 5-1   Resultados da síntese analítica do Exemplo 5-2

Número do elo	Solução analítica (Comprimento calculado, mm)	Solução gráfica (Comprimento referente a Figura 3-9, mm)
1	90,3	89
2	68,3	67
3	14,0	15
4	32,0	32
Ponto/Acoplador =	15,1 @ 61,31 graus	15 @ 61 graus
Aberta/Fechada =	FECHADA	FECHADA
Início Alfa2 =	0 rad/sec^2	
Início Omega2 =	1 rad/sec	
Início Teta2 =	29 graus	
Final Teta2 =	11 graus	
Delta Teta2 =	-9 graus	

1. Desenhe o elo APB nas três posições desejadas $A_1P_1B_1$, $A_2P_2B_2$ e $A_3P_3B_3$ em escala no plano, como mostrado na figura.

2. As três posições foram definidas de acordo com a origem global posicionada no primeiro ponto de precisão P_1. Os dados fornecidos são os módulos e os ângulos dos vetores da diferença de posição entre os pontos de precisão:

$$p_{21} = 27,98 \text{ mm} \qquad \delta_2 = -31,19° \qquad p_{31} = 39,19 \text{ mm} \qquad \delta_3 = -16,34°$$

3. As variações do ângulo do acoplador entre os pontos de precisão são:

$$\alpha_2 = -45° \qquad\qquad \alpha_3 = 9,3°$$

4. As escolhas livres assumidas para os ângulos dos elos são:

$$\beta_2 = 342,3° \qquad \beta_3 = 324,8° \qquad \gamma_2 = 30,9° \qquad \gamma_3 = 80,6°$$

As variáveis definidas e as escolhas arbitrárias também estão listadas na figura.

5. Uma vez que as escolhas arbitrárias dos ângulos dos elos foram feitas, os termos para as matrizes da Equação 5.27 podem ser definidos resolvendo-se a Equação 5.25 para a primeira díade do mecanismo, e a Equação 5.30 para a segunda díade do mecanismo. Para esse exemplo os valores foram:

Primeira díade (**WZ**):

$$A = -0,0473 \qquad B = -0,3040 \qquad C = -0,2929 \qquad D = -0,7071$$
$$E = 23,936 \qquad F = -0,1829 \qquad G = -0,5764 \qquad H = -0,0131$$
$$K = 0,1616 \qquad L = 37,607 \qquad M = -14,490 \qquad N = -11,026$$

SÍNTESE ANALÍTICA DOS MECANISMOS

Segunda díade (**US**):

$A = -0,1419$ $B = 0,5135$ $C = -0,2929$ $D = -0,7071$

$E = 23,936$ $F = -0,8367$ $G = 0,9866$ $H = -0,0131$

$K = 0,1616$ $L = 37,607$ $M = -14,490$ $N = -11,026$

6 O software MATRIX (ver Apêndice A) é usado para resolver essa equação matricial, uma primeira vez com os valores da Equação 5.25, inserida para obter as coordenadas dos vetores **W** e **Z**, e uma segunda vez com valores da Equação 5.31, para obter as coordenadas dos vetores **U** e **S**. As coordenadas calculadas para os vetores dos elos das equações 5.25 até 5.31 são:

$W_x = 0,55$ $W_y = 68,32$ $Z_x = 11,79$ $Z_y = 9,40$

Elo 2 = $w = 68,32$

$U_x = -26,28$ $U_y = -18,25$ $S_x = -1,09$ $S_y = 14,87$

Elo 4 = $u = 3,2$

7 A Equação 5.2a é usada para encontrar o elo 3.

$$V_x = Z_x - S_x = 11,79 - (-01,09) = 12,88$$
$$V_y = Z_y - S_y = 9,40 - 14,87 = -5,47$$

Elo 3 = $v = 13,99$

8 O elo terra é encontrado a partir da Equação 5.2b:

$$G_x = W_x + V_x - U_x = 0,55 + 12,88 - (-26,28) = 39,71$$
$$G_y = W_y + V_y - U_y = 68,32 - 05,47 - (-18,25) = 81,10$$

Elo 1 = $g = 90,3$

9 Os componentes apropriados dos vetores foram adicionados para obter as localizações dos pivôs fixos O_2 e O_4 referentes à origem global no ponto de precisão P_1. Ver figuras 5-4 e 5-5.

$$O_{2x} = -Z_x - W_x = -11,79 - 0,55 = -12,34$$
$$O_{2y} = -Z_y - W_y = -9,40 - 68,32 = -77,72$$
$$O_{4x} = -S_x - U_x = -(-1,09) - (-6,28) = 27,37$$
$$O_{4y} = -S_y - U_y = -14,87 - (-18,25) = 3,38$$

A Tabela 5-1 mostra os parâmetros do mecanismo sintetizado pelo método. Essa solução concorda com a solução encontrada no Exemplo 3-6 dentro da precisão gráfica. Abra os arquivos E05-02a.mtr e E05-02b.mtr no software MATRIX para computar esses resultados.

Esse problema também pode ser resolvido com o software FOURBAR (ver Apêndice A) usando-se o mesmo método derivado na Seção 5.7. Como a derivação foi feita em termos de coordenadas polares dos vetores da diferença de posição P_{21} e P_{31}, considerou-se mais conveniente suprir as coordenadas cartesianas desses vetores para o programa FOURBAR. (É geralmente mais preciso medir as coordenadas x,y de um esboço das posições desejadas do que medir ângulos com um transferidor.) O programa, portanto, pedirá as coordenadas retangulares de P_{21} e P_{31}. Para esse exemplo eles são:

$$p_{21x} = 23{,}94 \qquad p_{21y} = -14{,}49 \qquad p_{31x} = 37{,}61 \qquad p_{31y} = -11{,}03$$

Os ângulos α_2 e α_3 devem ser medidos a partir do diagrama e fornecidos em graus. Esses seis itens constituem o pacote dos "dados". **Note que esses dados são *informações relativas* da segunda e da terceira posições em relação à primeira.** Nenhuma informação sobre suas localizações absolutas é necessária. O sistema de referência global pode ser tomado em qualquer ponto no plano. Tomamos sua posição no primeiro ponto de precisão P_1 por conveniência. As escolhas arbitrárias β_2 e β_3 para a primeira díade e γ_2, γ_3 para a segunda díade devem também ser entradas para o software FOURBAR, assim como são no software MATRIX (ver Apêndice A).

O software FOURBAR resolve as equações matriciais 5.27 com os valores da Equação 5.25 e obtém as coordenadas dos vetores **W** e **Z**; posteriormente, com valores da Equação 5.31 na matriz obtém os vetores **U** e **S**. As equações 5.2 são então resolvidas para encontrar os elos 1 e 3, e os componentes apropriados dos vetores são somados para obter as localizações dos pivôs fixos O_2 e O_4. O comprimento dos elos é recolocado na parte principal do software FOURBAR e outros parâmetros de mecanismos podem ser calculados; o mecanismo pode ser animado.

Note que existem dois modos de montagem para qualquer mecanismo de quatro barras, aberto ou fechado (ver Figura 4-5), e essa técnica de síntese analítica não fornece informação sobre qual modo de montagem é necessário para se obter a solução desejada. Dessa forma, você deve tentar ambos os modos de montagem no software FOURBAR para encontrar a correta depois de determinar os comprimentos próprios dos elos com esse método. Observe também que o software FOURBAR sempre desenha horizontalmente o elo fixo do mecanismo. Desse modo, a animação da solução é orientada diferentemente da Figura 5-5.

O mecanismo finalizado é o mesmo da Figura 3-9c, que mostra a díade motora adicionada para mover os elos 2, 3 e 4 pelos três pontos de precisão. Você pode abrir o arquivo E05-02.4br no software FOURBAR para ver as movimentações da solução analítica sintetizada. O mecanismo se moverá pelas três posições definidas no enunciado do problema. O arquivo F03-09c.6br também pode ser aberto no software SIXBAR (ver Apêndice A) para que se veja a movimentação completa do mecanismo de seis barras finalizado.

5.9 SÍNTESE PARA UMA LOCALIZAÇÃO ESPECÍFICA DO PIVÔ FIXO*

* Symech é um pacote de software comercial, que resolve problemas de síntese analítica de três posições com pivôs fixos especificados em um modo interativo. É disponibilizado pela SyMech Inc., <www.symech.com>.

No Exemplo 3-8 usamos a inversão e a técnica de síntese gráfica para criar o mecanismo de quatro barras para geração de movimento de três posições com a localização específica do pivô fixo. Esse problema é comumente encontrado, pois as localizações para pivôs fixos na maioria das máquinas são bem limitadas. Loerch, entre outros,[4] mostra como podemos usar essa técnica de síntese analítica para encontrar o mecanismo com pivôs fixos especificados e três posições de saída para geração de movimento. Na verdade, tomaremos agora como nossas quatro escolhas arbitrárias as coordenadas x e y dos dois pivôs fixos em vez dos ângulos dos elos. Essa abordagem levará a um conjunto de equações não lineares contendo funções transcendentais de ângulos desconhecidos.

SÍNTESE ANALÍTICA DOS MECANISMOS

A Figura 5-6 mostra a díade **WZ** nas três posições. Como queremos relacionar os pivôs fixos dos vetores **W** e **U** com nossos pontos de precisão, colocaremos a origem do nosso sistema global de eixos no ponto de precisão P_1. O vetor de posição $\mathbf{R}_1$ pode ser desenhado a partir da raiz do vetor $\mathbf{W}_1$ para a origem global em P_1, $\mathbf{R}_2$ para P_2, e $\mathbf{R}_3$ para P_3. O vetor $-\mathbf{R}_1$ define a localização do pivô fixo no plano referente à origem global em P_1.

Subsequentemente, teremos de repetir esse procedimento para as três posições do vetor **U** à direita do mecanismo, como fizemos na solução de três posições da Seção 5.8. O procedimento é apresentado aqui em detalhe apenas para a extermidade esquerda do mecanismo (vetores **W**, **Z**). Cabe ao leitor substituir **U** por **W** e **S** por **Z** nas Equações 5.32 para gerar a solução do lado direito.

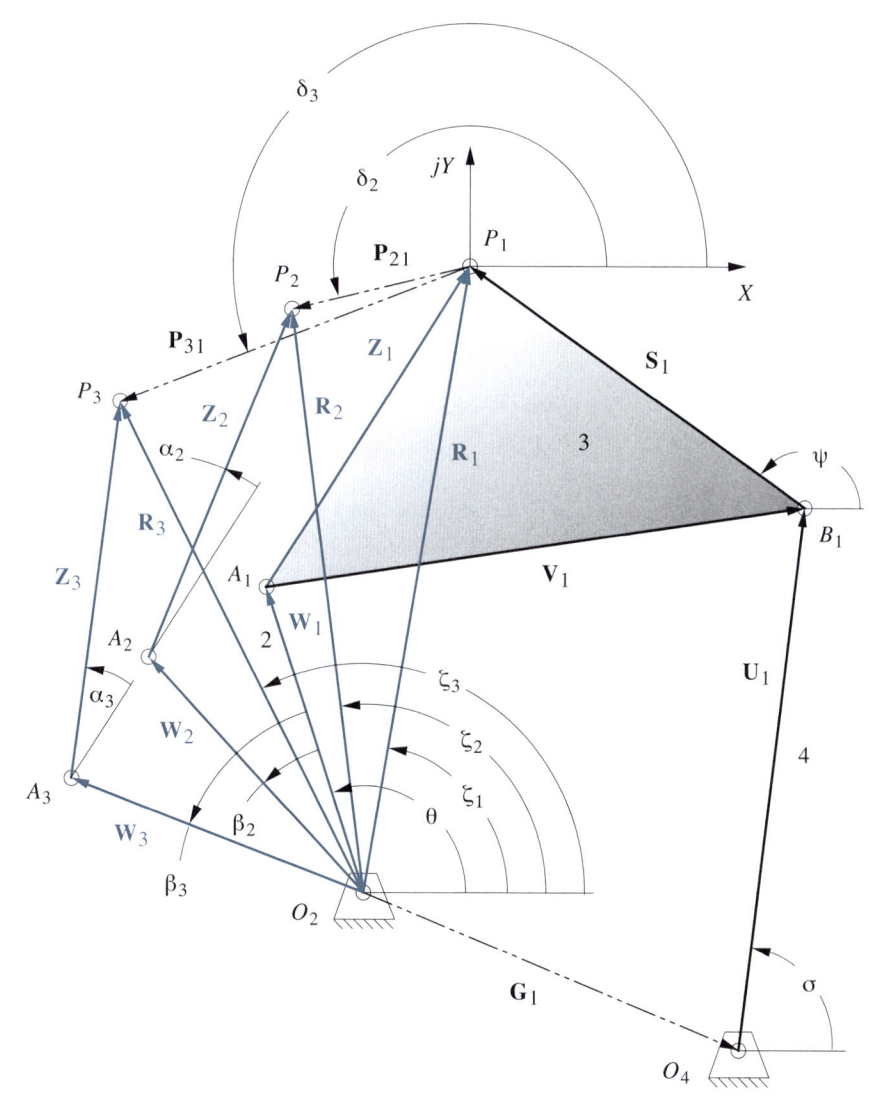

FIGURA 5-6

Síntese de três posições do mecanismo com localizações específicas para os pivôs fixos.

Podemos escrever as equações para cada ponto de precisão:

$$\begin{aligned}\mathbf{W}_1 + \mathbf{Z}_1 &= \mathbf{R}_1 \\ \mathbf{W}_2 + \mathbf{Z}_2 &= \mathbf{R}_2 \\ \mathbf{W}_3 + \mathbf{Z}_3 &= \mathbf{R}_3\end{aligned} \qquad (5.32a)$$

Substitua o número complexo equivalente para os vetores $\mathbf{W}_i$ e $\mathbf{Z}_i$:

$$\begin{aligned}we^{j\theta} + ze^{j\phi} &= \mathbf{R}_1 \\ we^{j(\theta+\beta_2)} + ze^{j(\phi+\alpha_2)} &= \mathbf{R}_2 \\ we^{j(\theta+\beta_3)} + ze^{j(\phi+\alpha_3)} &= \mathbf{R}_3\end{aligned} \qquad (5.32b)$$

Expandindo:

$$\begin{aligned}we^{j\theta} + ze^{j\phi} &= \mathbf{R}_1 \\ we^{j\theta}e^{j\beta_2} + ze^{j\phi}e^{j\alpha_2} &= \mathbf{R}_2 \\ we^{j\theta}e^{j\beta_3} + ze^{j\phi}e^{j\alpha_3} &= \mathbf{R}_3\end{aligned} \qquad (5.32c)$$

Note que:

$$\mathbf{W} = we^{j\theta}; \qquad \mathbf{Z} = ze^{j\phi} \qquad (5.32d)$$

e

$$\begin{aligned}\mathbf{W} + \mathbf{Z} &= \mathbf{R}_1 \\ \mathbf{W}e^{j\beta_2} + \mathbf{Z}e^{j\alpha_2} &= \mathbf{R}_2 \\ \mathbf{W}e^{j\beta_3} + \mathbf{Z}e^{j\alpha_3} &= \mathbf{R}_3\end{aligned} \qquad (5.32e)$$

Anteriormente, escolhemos β_2 e β_3 e resolvemos para os vetores $\mathbf{W}$ e $\mathbf{Z}$. Agora queremos, na verdade, especificar x e y, componentes do pivô fixo O_2 ($-R_{1x}, -R_{1y}$) como uma de nossas duas escolhas livres. Assim, deixamos β_2 e β_3 para serem resolvidos. Esses ângulos estão contidos nas expressões transcendentes das equações. Note que, se assumirmos valores para β_2 e β_3 como antes, haverá apenas uma solução para $\mathbf{W}$ e $\mathbf{Z}$ se o determinante da matriz aumentada dos coeficientes das Equações 5.32e for igual a zero.

$$\begin{bmatrix}1 & 1 & \mathbf{R}_1 \\ e^{j\beta_2} & e^{j\alpha_2} & \mathbf{R}_2 \\ e^{j\beta_3} & e^{j\alpha_3} & \mathbf{R}_3\end{bmatrix} = 0 \qquad (5.33a)$$

Expanda o determinante sobre a primeira coluna que contém as incógnitas β_2 e β_3 presentes:

$$\left(\mathbf{R}_3 e^{j\alpha_2} - \mathbf{R}_2 e^{j\alpha_3}\right) + e^{j\beta_2}\left(\mathbf{R}_1 e^{j\alpha_3} - \mathbf{R}_3\right) + e^{j\beta_3}\left(\mathbf{R}_2 - \mathbf{R}_1 e^{j\alpha_2}\right) = 0 \qquad (5.33b)$$

Para simplificar, deixe:

SÍNTESE ANALÍTICA DOS MECANISMOS

$$A = \mathbf{R}_3 e^{j\alpha_2} - \mathbf{R}_2 e^{j\alpha_3}$$
$$B = \mathbf{R}_1 e^{j\alpha_3} - \mathbf{R}_3 \quad\quad (5.33c)$$
$$C = \mathbf{R}_2 - \mathbf{R}_1 e^{j\alpha_2}$$

então

$$A + Be^{j\beta_2} + Ce^{j\beta_3} = 0 \quad\quad (5.33d)$$

A Equação 5.33d expressa a somatória dos vetores ao redor da malha fechada. Os ângulos β_2 e β_3 estão contidos dentro das expressões transcendentes, tornando a solução embaraçosa. O procedimento é similar àquele usado para a análise do mecanismo de quatro barras na Seção 4.5. Substitua o número complexo equivalente em todos os vetores da Equação 5.33d. Expanda usando a identidade Euler (Equação 4.4a). Separe a parte real da parte imaginária para obter duas equações simultâneas para as incógnitas β_2 e β_3. Divida e some as expressões para eliminar uma incógnita. Simplifique o resultado e substitua as identidades da metade do ângulo tangente para livrar-se da mistura de senos e cossenos. Será reduzido, afinal, em uma equação quadrática da metade do ângulo tangente procurado, nesse caso β_3. β_2 pode então ser encontrado substituindo β_3 na equação original. Os resultados são:*

$$\beta_3 = 2\arctan\left(\frac{K_2 \pm \sqrt{K_1^2 + K_2^2 - K_3^2}}{K_1 + K_3}\right) \quad\quad (5.34a)$$

$$\beta_2 = \arctan\left[\frac{-(A_3 \operatorname{sen}\beta_3 + A_3 \cos\beta_3 + A_4)}{-(A_5 \operatorname{sen}\beta_3 + A_3 \cos\beta_3 + A_6)}\right]$$

em que

$$K_1 = A_2 A_4 + A_3 A_6$$
$$K_2 = A_3 A_4 + A_5 A_6 \quad\quad (5.34b)$$
$$K_3 = \frac{A_1^2 - A_2^2 - A_3^2 - A_4^2 - A_6^2}{2}$$

e

$$A_1 = -C_3^2 - C_4^2; \quad\quad A_2 = C_3 C_6 - C_4 C_5$$
$$A_3 = -C_4 C_6 - C_3 C_5; \quad\quad A_4 = C_2 C_3 + C_1 C_4 \quad\quad (5.34c)$$
$$A_5 = C_4 C_5 - C_3 C_6; \quad\quad A_6 = C_1 C_3 - C_2 C_4$$

$$C_1 = R_3 \cos(\alpha_2 + \zeta_3) - R_2 \cos(\alpha_3 + \zeta_2)$$
$$C_2 = R_3 \operatorname{sen}(\alpha_2 + \zeta_3) - R_2 \operatorname{sen}(\alpha_3 + \zeta_2)$$
$$C_3 = R_1 \cos(\alpha_3 + \zeta_1) - R_3 \cos\zeta_3$$
$$C_4 = -R_1 \operatorname{sen}(\alpha_3 + \zeta_1) + R_3 \operatorname{sen}\zeta_3 \quad\quad (5.34d)$$
$$C_5 = R_1 \cos(\alpha_2 + \zeta_1) - R_2 \cos\zeta_2$$
$$C_6 = -R_1 \operatorname{sen}(\alpha_2 + \zeta_1) + R_2 \operatorname{sen}\zeta_2$$

As dez variáveis das equações são: α_2, α_3, β_2, β_3, ζ_1, ζ_2, ζ_3, R_1, R_2 e R_3. As constantes C_1 à C_6 são definidas em termos de oito variáveis conhecidas, R_1, R_2, R_3, ζ_1,

---

* Note que uma função arco tangente de argumento duplo deve ser usada para obter os quadrantes para os ângulos β_2 e β_3. Note também que o sinal negativo no numerador e no denominador da equação para β_2 parece poder ser cancelado, mas não deve ser. Ele é necessário para determinar o quadrante correto de β_3 na função arco tangente de argumento duplo.

ζ_2 e ζ_3 (que são as magnitudes e ângulos dos vetores de posição $\mathbf{R}_1$, $\mathbf{R}_2$ e $\mathbf{R}_3$) e os ângulos α_2 e α_3, que definem a variação no ângulo do acoplador. Ver Figura 5-6 para representação das variáveis.

Note que na Equação 5.34a há duas soluções para cada ângulo (assim como houve para as duas posições na análise do mecanismo de quatro barras na Seção 4.5 e Figura 4-5). Uma solução trivial nesse caso será necessária, em que $\beta_2 = \alpha_2$ e $\beta_3 = \alpha_3$. A solução não trivial é a desejada.

Esse procedimento então é repetido, na solução das Equações 5.34 do lado direito do mecanismo, utilizando o local desejado para o pivô fixo O_4, para calcular os ângulos γ_2 e γ_3 necessários para o elo 4.

Temos agora de reduzir o problema para aqueles da síntese das três posições sem pivôs especificados, como descrito na Seção 5.7 e Exemplo 5-2. Na realidade, tivemos de encontrar os valores particulares de $\beta_2, \beta_3, \gamma_2$ e γ_3, os quais correspondem à solução que utiliza os pivôs fixos desejados. A tarefa restante é resolver para os valores de Wx, Wy, Zx, Zy usando as Equações 5.25 por meio da Equação 5.31.

EXEMPLO 5-3

Síntese analítica três-posições com pivôs fixos específicos.

Problema: Projete um mecanismo de quatro barras para mover a linha AP mostrada, da posição A_1P_1 para A_2P_2 e então para A_3P_3 usando pivôs fixos O_2 e O_4 nos locais especificados.

Solução: (Ver Figura 5-7.)

1 Desenhe o elo AP nas três posições desejadas, A_1P_1, A_2P_2 e A_3P_3 no plano de escala, como mostrado na Figura 5-7. As três posições são definidas respeitando uma origem global posicionada no primeiro ponto de precisão P_1. Os dados fornecidos estão especificados nos passos 2 e 4 abaixo.

2 Os vetores da diferença de posição entre e os pontos de precisão (em mm) são:

$$P_{21x} = -24{,}4 \qquad P_{21y} = 1{,}3 \qquad P_{31x} = -54{,}2 \qquad P_{31y} = 2{,}9$$

3 Os ângulos de variação do acoplador entre os pontos de precisão são:

$$\alpha_2 = -11{,}34° \qquad \alpha_3 = -22{,}19°$$

4 As escolhas livres assumidas são as posições dos pivôs fixos desejadas (em mm).

$$O_{2x} = -171{,}2 \qquad O_{2y} = 3{,}3 \qquad O_{4x} = 28{,}8 \qquad O_{4y} = 3{,}3$$

5 Resolva a Equação 5.34 duas vezes, uma vez utilizando as coordenadas de posição do pivô O_2 e novamente utilizando as coordenadas de posição do pivô O_4.

Para o pivô O_2:

$$C_1 = -0{,}8085 \qquad C_2 = 1{,}334 \qquad C_3 = 1{,}585$$
$$C_4 = 2{,}650 \qquad C_5 = 0{,}8035 \qquad C_6 = 1{,}374$$
$$A_1 = -9{,}537 \qquad A_2 = 0{,}0491 \qquad A_3 = -4{,}915$$

SÍNTESE ANALÍTICA DOS MECANISMOS

$$A_4 = -0{,}0265 \qquad A_5 = -0{,}0491 \qquad A_6 = -4{,}819$$
$$K_1 = 23{,}684 \qquad K_2 = 0{,}3672 \qquad K_3 = 21{,}791$$

Os valores encontrados para os ângulos dos elos que combinam com a escolha da posição do pivô fixo O_2 são:

$$\beta_2 = 11{,}97° \qquad\qquad \beta_3 = 23{,}97°$$

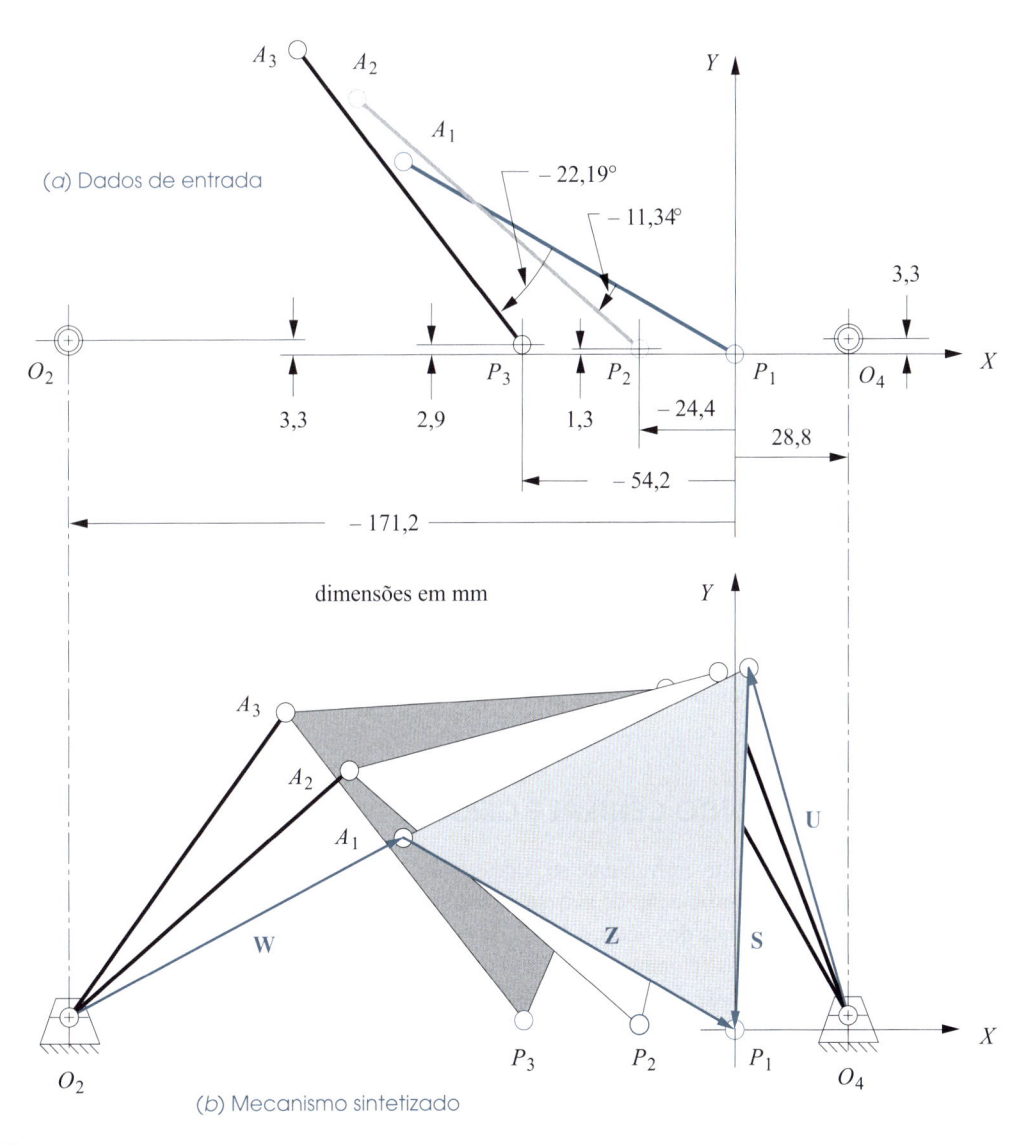

FIGURA 5-7

Exemplo de síntese analítica de três-posições com pivôs fixos especificados.

TABELA 5-2
Resultados do Exemplo 5-3

Elo 1 = 200 mm
Elo 2 = 100 mm
Elo 3 = 100 mm
Elo 4 = 100 mm
Pt. do acoplador
 = 100 mm
 @ −60,49°
Circuito = Aberto
Teta2 Inicial = 30°
Teta2 Final = 54°
Delta Teta2 = 12°

Para o pivô O_4:

$C_1 = -1{,}238 \quad\quad C_2 = -0{,}091 \quad\quad C_3 = 2{,}169$

$C_4 = -0{,}324 \quad\quad C_5 = 0{,}957 \quad\quad C_6 = -0{,}174$

$A_1 = -4{,}808 \quad\quad A_2 = -0{,}0682 \quad\quad A_3 = -2{,}132$

$A_4 = 0{,}2032 \quad\quad A_5 = 0{,}0682 \quad\quad A_6 = -2{,}714$

$K_1 = 5{,}774 \quad\quad K_2 = -0{,}6185 \quad\quad K_3 = 5{,}580$

Os valores de ângulo dos elos encontrados, que combinam com a escolha de posição fixa do pivô O_4, são:

$$\gamma_2 = 2{,}78° \quad\quad\quad \gamma_3 = 9{,}96°$$

6 Nesse momento, o problema foi reduzido ao mesmo da seção anterior; isto é, encontre o mecanismo, dadas as escolhas livres dos ângulos $\beta_2, \beta_3, \gamma_2$ e γ_3 acima, usando equações 5.25 até 5.31. Os dados necessários para os cálculos restantes são aqueles dados nos passos 2, 3 e 5 desse exemplo, nominando:

para díade 1:

$$P_{21x} \quad P_{21y} \quad P_{31x} \quad P_{31y} \quad a_2 \quad a_3 \quad b_2 \quad b_3$$

para díade 2:

$$P_{21x} \quad P_{21y} \quad P_{31x} \quad P_{31y} \quad a_2 \quad a_3 \quad g_2 \quad g_3$$

Ver Exemplo 5-2 e Seção 5.7 para o procedimento. Uma calculadora matricial, *Mathcad*, *TKSolver*, *Matlab*, MATRIX ou FOURBAR (ver Apêndice A) pode solucionar esse exemplo e computará as coordenadas dos vetores dos elos:

$W_x = 86{,}65 \quad\quad W_y = 50{,}03 \quad\quad Z_x = 84{,}55 \quad\quad Z_y = -53{,}33$

$U_x = -25{,}35 \quad\quad U_y = 97{,}32 \quad\quad S_x = -3{,}45 \quad\quad S_y = -100{,}62$

7 Os comprimentos dos elos são computados da mesma forma do Exemplo 5-2 e são mostrados na Tabela 5-2.

Este exemplo pode ser aberto e animado no programa FOURBAR a partir do arquivo E05-03.4br.

5.10 PONTO CENTRAL E CÍRCULO DE PONTOS CENTRAIS

Seria muito conveniente se pudéssemos encontrar a localização de todas as possíveis soluções para os problemas de síntese de três posições, e então ter uma visão geral das localizações potenciais finais dos vetores **W**, **Z**, **U** e **S**. Loerch et al.[5] mostra que mantendo uma das três livres escolhas (digamos β_2) como um valor arbitrário, e resolvendo as equações 5.25 e 5.26 enquanto itera-se a outra livre escolha (β_3) através de todos os possíveis valores de 0 a 2π, um círculo será gerado. Esse círculo é o lugar geométrico de todas as possíveis localizações das origens do vetor **W** (para o valor de β_2 particularmente usado). A raiz do vetor **W** é a localização do pivô fixo ou *centro* O_2. Desse modo, esse círculo é chamado de ***círculo de pontos centrais***. O vetor **N** na Figura 5-8 define pontos do círculo de *pontos centrais* em relação ao sistema de coordenadas globais, que está localizado, por conveniência, no ponto de precisão P_1.

SÍNTESE ANALÍTICA DOS MECANISMOS

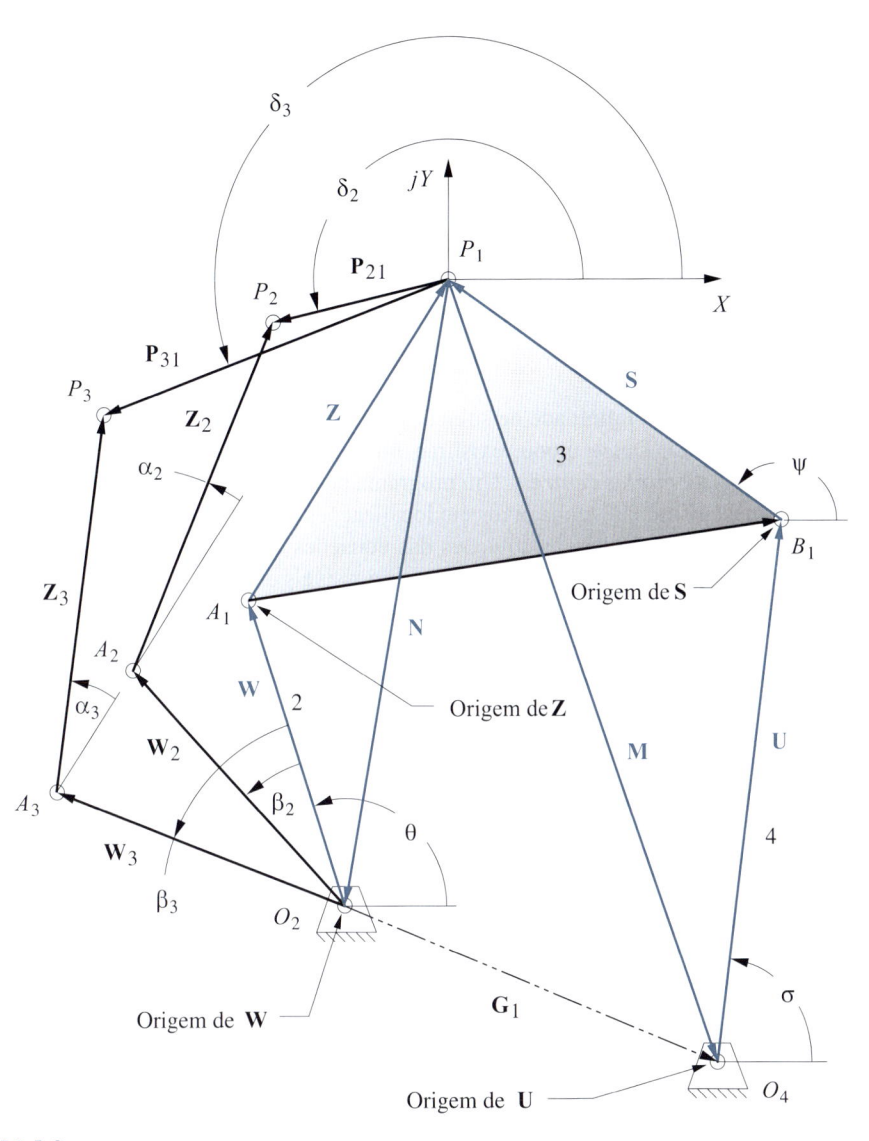

FIGURA 5-8

Definição de vetores para definir pontos centrais e círculo de pontos centrais.

Se a mesma coisa é feita para o vetor **Z**, mantendo-se α_2 constante em um valor arbitrário e iterando-se α_3 de 0 a 2π, outro círculo será gerado. Esse círculo é o lugar geométrico de todas as possíveis localizações da origem do vetor **Z** para o valor de α_2 escolhido. Visto que a raiz do vetor **Z** é conectada à seta do vetor **W**, e sua ponta descreve um círculo sobre o pivô O_2 no mecanismo finalizado, esse local geométrico é chamado de ***círculo de pontos centrais***. O vetor (**-Z**) define pontos no *círculo de pontos centrais* de acordo com o sistema global de coordenadas.

As componentes x, y dos vetores **W** e **Z** são definidas pelas equações 5.25 e 5.26. Negando as componentes x, y de **Z**, encontraremos as coordenadas dos pontos no círculo de pontos centrais para qualquer valor assumido de α_2, já que o ângulo α_3 é iterado de 0 a 2π. As componentes x,y de $\mathbf{N} = -\mathbf{Z}-\mathbf{W}$ definem pontos no círculo de pontos centrais O_2 para qualquer valor assumido de β_2, já que β_3 é iterado entre 0 a 2π. O vetor $\mathbf{W}$ é calculado usando os ângulos β_2 e β_3, e o vetor $\mathbf{Z}$ é calculado usando os ângulos α_2 e α_3, ambos das equações 5.25 e 5.26.

Para a díade do lado direito, será necessário separar os pontos centrais e círculos de pontos centrais. As componentes x, y de $\mathbf{M}= -\mathbf{S}-\mathbf{U}$ definem pontos no círculo de pontos centrais O_4 para qualquer valor assumido de γ_2, já que γ_3 é iterado de 0 a 2π. (Ver Figura 5-8 e Figura 5-4.) Negativando as componentes x, y de $\mathbf{S}$, encontraremos as coordenadas dos pontos no círculo de pontos centrais para qualquer valor assumido de α_2, já que α_3 é iterado de 0 a 2π. Vetor $\mathbf{U}$ é calculado usando os ângulos γ_2 e γ_3, e o vetor $\mathbf{S}$ usando ângulos α_2 e α_3, ambos das equações 5.30 e 5.31.

Note que existe uma infinidade de soluções porque estamos escolhendo o valor de um ângulo arbitrariamente. Desse modo, existirão **números infinitos de escolhas de *pontos centrais* e círculos de *pontos centrais***. Um programa de computador pode ajudar na escolha do projeto do mecanismo que tenha pivôs em localizações convenientes. O programa FOUR-BAR (ver Apêndice A) calculará as soluções das equações de sínteses analíticas derivadas nesta seção, para a seleção pelo usuário de todas as possíveis escolhas livres necessárias para a síntese de três posições, ambos com e sem especificação dos locais dos pivôs fixos.

A Figura 5-9 mostra o ponto central e os círculos de pontos centrais para o mecanismo de movimentação linear de Chebyschev, para as escolhas $\beta_2 = 26°$, $\alpha_2 = 97{,}41°$, $\alpha_3 = 158{,}18°$ da díade esquerda, e $\gamma_2 = 36°$, $\alpha_2 = 97{,}41°$, $\alpha_3 = 158{,}18°$ da díade direita. Nesse exemplo, os dois círculos

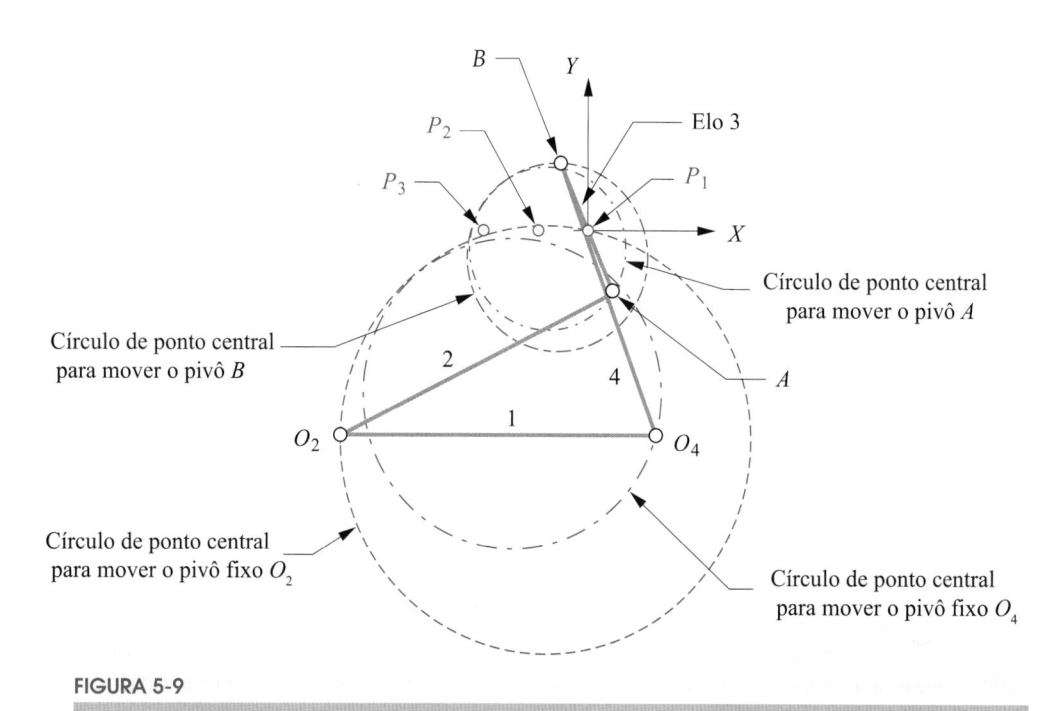

FIGURA 5-9

Ponto central e círculos de pontos centrais e um mecanismo que atinge os pontos de precisão.

maiores são os círculos de pontos centrais que definem o lugar geométrico dos possíveis pivôs fixos O_2 e O_4. Os dois círculos menores definem o lugar geométrico dos possíveis pivôs móveis I_{23} e I_{34}. Note que o sistema de coordenadas tem origem no ponto de precisão de referência, nesse caso P_1, do qual foram medidos todos os parâmetros usados nas análises. Esses círculos definem o lugar geométrico de todos os mecanismos possíveis que atingem os três pontos de precisão P_1, P_2 e P_3 que foram especificados em escolhas particulares dos ângulos β_2, γ_2 e α_2. Um exemplo de mecanismo é desenhado no diagrama para ilustrar uma possível solução.

5.11 SÍNTESE ANALÍTICA DE QUATRO E CINCO POSIÇÕES

As mesmas técnicas derivadas acima para síntese de duas e três barras podem ser estendidas para quatro e cinco posições escrevendo mais equações vetoriais de malha fechada, uma para cada ponto de precisão. Para facilitar, vamos agora colocar as equações com laços dos vetores em uma forma mais geral, aplicável para qualquer número de pontos de precisão. A Figura 5-4 servirá também para ilustrar a notação geral da solução. Os ângulos α_2, α_3, β_2, β_3, γ_2 e γ_3 serão designados agora como α_k, β_k e γ_k, e $k = 2$ para n, onde k representa os pontos de precisão e $n = 2, 3, 4$ ou 5 representam o número total de posições a serem resolvidas. A equação geral de malha fechada torna-se definida por:

$$\mathbf{W}_k + \mathbf{Z}_k - \mathbf{P}_{k1} - \mathbf{Z}_1 - \mathbf{W}_1 = 0, \qquad k = 2 \text{ para } n \qquad (5.35a)$$

que, depois de substituir a forma de número complexo e simplificar, torna-se:

$$we^{j\theta}\left(e^{j\beta_k} - 1\right) + ze^{j\phi}\left(e^{j\alpha_k} - 1\right) = p_{k1}e^{j\delta_k}, \qquad k = 2 \text{ para } n \qquad (5.35b)$$

Isto pode ser colocado em uma forma mais compacta, substituindo-se a notação de vetor por aqueles termos em que se aplicam:

$$\mathbf{W} = we^{j\theta}; \qquad \mathbf{Z} = ze^{j\phi}; \qquad \mathbf{P}_{k1} = p_{k1}e^{j\delta_k} \qquad (5.35c)$$

então

$$\mathbf{W}\left(e^{j\beta_k} - 1\right) + \mathbf{Z}\left(e^{j\alpha_k} - 1\right) = \mathbf{P}_{k1}e^{j\delta_k}, \qquad k = 2 \text{ para } n \qquad (5.35d)$$

A Equação 5.35d é chamada de ***equação de forma padrão*** de Erdman e Sandor.[6] Substituindo-se os valores de α_k, β_k e δ_k na Equação 5.35d para todos os pontos de precisão desejados, o requisito desejado das equações simultâneas pode ser escrito para a díade esquerda do mecanismo. A equação de forma padrão também aplica-se para a díade direita **US**, com as devidas alterações nos nomes das variáveis requeridas.

$$\mathbf{U}\left(e^{j\beta_k} - 1\right) + \mathbf{S}\left(e^{j\alpha_k} - 1\right) = \mathbf{P}_{k1}e^{j\delta_k}, \qquad k = 2 \text{ para } n \qquad (5.35e)$$

O número de equações resultantes, variáveis e livres escolhas para cada valor de n é mostrado na Tabela 5-3 (conforme Erdman e Sandor). Eles fornecem soluções para os problemas de quatro e cinco posições da referência [6]. O ponto central e círculo de pontos centrais do problema de três posições tornam-se curvas cúbicas, chamadas **curvas de Burmester**, em problemas de quatro posições. Erdman dispõe do programa de computador comercial LINCAGES[8] (ver Apêndice A) que resolve os **problemas de quatro posições** de um jeito interativo, permitindo ao usuário selecionar centros e localização de pivôs circulares nos lugares geométricos da curva de Burmester, que são desenhados em uma tela gráfica no computador.

TABELA 5-3 Número de variáveis e escolhas livres para movimentos pontos de precisão analíticos e síntese de trajeto programado[7]

N° de Posições	N° de Variáveis escalares	N° de Equações escalares	N° de Variáveis prescritas	N° de Escolhas livres	N° de Soluções disponíveis
2	8	2	3	3	∞^3
3	12	4	6	2	∞^2
4	16	6	9	1	∞^1
5	20	8	12	0	Finito

5.12 SÍNTESES ANALÍTICAS DE UMA TRAJETÓRIA GERADA COM TEMPO PREDETERMINADO

A abordagem obtida da síntese de geração motora acima é também aplicável para uma **trajetória gerada com tempo predeterminado**. Na geração da trajetória, os pontos de precisão devem ser alcançados, mas o ângulo de uma linha sobre o acoplador não é relevante. Em vez disso, o tempo em que o acoplador alcança os pontos de precisão é especificado em termos pelo ângulo de entrada do seguidor β_2. No problema de geração de movimento de três posições, especificamos os ângulos α_2 e α_3 do vetor **Z** para controlar o ângulo do acoplador. Aqui queremos, em vez disso, especificar os ângulos β_2 e β_3 de entrada do seguidor, para definir o tempo de movimento. Antes, as escolhas livres foram β_2 e β_3. Agora serão α_2 e α_3. Em qualquer caso, os quatro ângulos são aqueles especificados ou assumidos como as escolhas livres, e as soluções são idênticas. A Figura 5-4 e equações 5.25, 5.26, 5.30 e 5.31 aplicam-se a esse caso também. Esse caso pode ser estendido para até os cinco pontos de precisão, mostrados na Tabela 5-3.

5.13 SÍNTESE ANALÍTICA DA GERAÇÃO DE UMA FUNÇÃO DE QUATRO BARRAS

Um processo similar àquele usado para síntese de geração da trajetória com tempo predeterminado pode ser aplicado para problemas de geração de funções. Nesse caso, não nos preocuparemos com o movimento do acoplador como um todo. Num mecanismo de quatro barras gerador de função, o acoplador existe apenas para **conjugar** o elo de entrada ao elo de saída. A Figura 5-10 mostra um mecanismo de quatro barras em três posições. Note que o acoplador, elo 3, é uma mera linha do ponto A até o ponto P. O ponto P pode ser entendido como um ponto do acoplador que coincide com a junta pinada entre os elos 3 e 4. Como tal, terá um movimento simples de arco, pivotado em O_4, em vez de, por exemplo, o movimento da trajetória de ordem superior realizada pelo ponto do acoplador P_1 na Figura 5-4.

Nosso **gerador de função** utiliza o *elo 2 como elo de entrada e deixa o elo de saída como 4*. A "**função**" gerada **é uma relação entre os ângulos do elo 2 e do elo 4** para as três posições especificadas, P_1, P_2 e P_3. Elas estão localizadas no plano em relação ao sistema global de coordenadas arbitrário pelos vetores de posição $\mathbf{R}_1$, $\mathbf{R}_2$ e $\mathbf{R}_3$.

A função é:

$$\gamma_k = f(\beta_k), \qquad k = 1, 2, \ldots, n; \qquad n \leq 7 \tag{5.36}$$

SÍNTESE ANALÍTICA DOS MECANISMOS

Esta *não* é uma função contínua. O relacionamento se mantém apenas para os pontos (k) discretos especificados.

Para sintetizar os comprimentos dos elos necessários para satisfazer a Equação 5.36, escreveremos as equações vetoriais da malha ao redor dos pares de posição do mecanismo, como foi feito nos exemplos anteriores. Entretanto, queremos agora incluir os elos 2 e 4 na malha, já que o elo 4 é o de saída. Ver Figura 5-10.

$$\mathbf{W}_2 + \mathbf{Z}_2 - \mathbf{U}_2 + \mathbf{U}_1 - \mathbf{Z}_1 - \mathbf{W}_1 = 0$$
$$\mathbf{W}_3 + \mathbf{Z}_3 - \mathbf{U}_3 + \mathbf{U}_1 - \mathbf{Z}_1 - \mathbf{W}_1 = 0$$
(5.37a)

Rearranjando:

$$\mathbf{W}_2 + \mathbf{Z}_2 - \mathbf{Z}_1 - \mathbf{W}_1 = \mathbf{U}_2 - \mathbf{U}_1$$
$$\mathbf{W}_3 + \mathbf{Z}_3 - \mathbf{Z}_1 - \mathbf{W}_1 = \mathbf{U}_3 - \mathbf{U}_1$$
(5.37b)

mas,

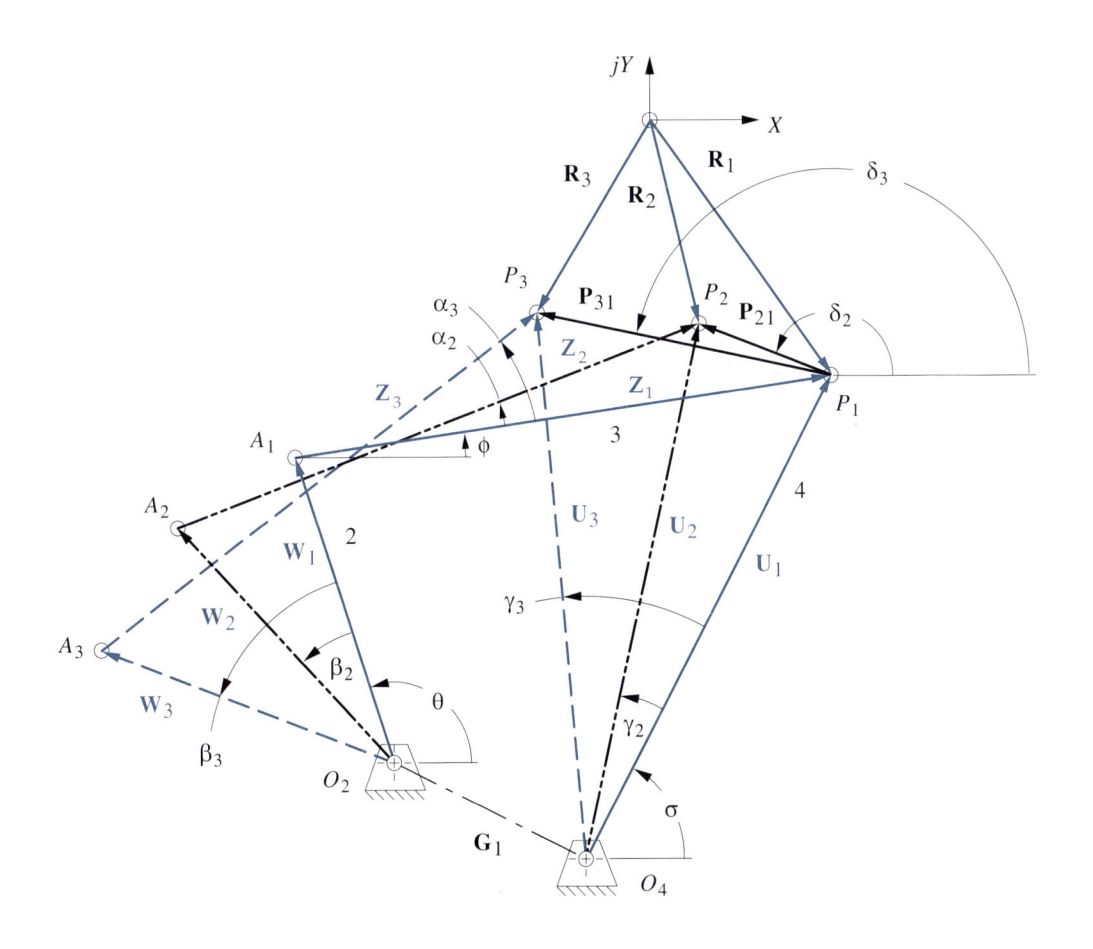

FIGURA 5-10

Síntese analítica da geração de uma função de quatro barras.

$$P_{21} = U_2 - U_1$$
$$P_{31} = U_3 - U_1 \qquad (5.37c)$$

Substituindo:

$$W_2 + Z_2 - Z_1 - W_1 = P_{21}$$
$$W_3 + Z_3 - Z_1 - W_1 = P_{31} \qquad (5.37d)$$

$$we^{j(\theta+\beta_2)} + ze^{j(\phi+\alpha_2)} - ze^{j\phi} - we^{j\theta} = p_{21}e^{j\delta_2}$$
$$we^{j(\theta+\beta_3)} + ze^{j(\phi+\alpha_3)} - ze^{j\phi} - we^{j\theta} = p_{31}e^{j\delta_3} \qquad (5.37e)$$

Note que as equações 5.37d e 5.37e são idênticas às equações 5.19 e 5.20, derivadas para o caso da geração do movimento de três posições, e também podem ser colocadas na **forma padrão** de Erdman[6] da Equação 5.35 para o caso de *n* posições. As doze variáveis da Equação 5.37e são as mesmas da Equação 5.20: ω, θ, β_2, β_3, z, ϕ, α_2, α_3, p_{21}, p_{31}, δ_2 e δ_3.

Para o caso da geração de função de trajetória em três posições, o procedimento de solução pode ser o mesmo que foi descrito para as Equações 5.20 através da Equação 5.27 para o problema de síntese de movimentos. Em outras palavras, as soluções das equações são as mesmas para **os três tipos** de síntese cinemática, *geração de função, geração de movimento, e geração de trajetória com tempo predeterminado*. Isso é o que Erdman e Sandor chamam de (Equação 5.35) *equação de forma padrão*. Para desenvolver os dados para a solução da geração de função, expanda a Equação 5.37b:

$$we^{j(\theta+\beta_2)} + ze^{j(\phi+\alpha_2)} - ze^{j\phi} - we^{j\theta} = ue^{j(\sigma+\gamma_2)} - ue^{j\sigma}$$
$$we^{j(\theta+\beta_3)} + ze^{j(\phi+\alpha_3)} - ze^{j\phi} - we^{j\theta} = ue^{j(\sigma+\gamma_3)} - ue^{j\sigma} \qquad (5.37f)$$

Também existem **doze variáveis** na Equação 5.37f: ω, θ, z, ϕ, α_2, α_3, β_2, β_3, u, σ, γ_2 e γ_3. Podemos resolver para quaisquer quatro incógnitas. Quatro ângulos β_2, β_3, γ_2 e γ_3 são especificados pela função a ser gerada pela Equação 5.36. Isso deixa **quatro escolhas livres**. No problema da geração de função, é muito conveniente definir o comprimento de saída do seguidor, *u*, e seu ângulo inicial σ que atenda aos pacotes de requisitos. Sendo assim, selecionando as componentes *u* e σ do vetor U_1, já obtemos duas escolhas livres convenientes das quatro requeridas.

Com *u*, σ, γ_2 e γ_3 conhecidos, U_2 e U_3 podem ser encontrados. Os vetores P_{21} e P_{31} podem então ser encontrados a partir das Equações 5.37c. Seis das incógnitas na Equação 5.37e são definidas, nominalmente, β_2, β_3, p_{21}, p_{31}, δ_2 e δ_3. Para as seis restantes (ω, θ, z, ϕ, α_2, α_3), devemos assumir valores para duas das seis escolhas livres a fim de resolver as quatro restantes. Assumiremos valores para os dois ângulos α_2 e α_3 (como foi feito para a geração da trajetória com tempo predeterminado) e resolvemos a Equação 5.37e para as componentes de **W** e **Z** (ω, θ, z, ϕ). Agora que reduzimos o problema àquele da Seção 5.7 e Exemplo 5-2, veja as equações 5.20 até 5.27 para a solução.

Tendo escolhido o vetor U_1 (*u*, σ) como a escolha livre nesse caso, nós temos apenas de resolver para uma díade, **WZ**. Como nós escolhemos arbitrariamente o comprimento do vetor U_1, o resultado da geração de função do mecanismo pode ser escalado para cima ou para baixo a fim de atender às restrições de empacotamento sem afetar a relação de entrada/saída definida na Equação 5.36, porque é uma função de ângulos apenas. Esse fato não é verdadeiro para

SÍNTESE ANALÍTICA DOS MECANISMOS

TABELA 5-4 Número de variáveis e escolhas livres para síntese de geração de funções[7]

N° de Posições	N° de Variáveis escalares	N° de Equações escalares	N° de Variáveis prescritas	N° de Escolhas livres	N° de Soluções disponíveis
2	8	2	1	5	$\infty 5$
3	12	4	4	4	$\infty 4$
4	16	6	7	3	$\infty 3$
5	20	8	10	2	$\infty 2$
6	24	10	13	1	$\infty 1$
7	28	12	16	0	Finito

casos de geração de movimento ou de trajetórias, assim, escalando-os, modificaremos as coordenadas absolutas dos pontos de precisão de saída da trajetória ou do movimento, que foram especificadas no enunciado do problema.

A Tabela 5-4 mostra a relação entre os números de posição, variáveis, escolhas livres, e soluções para os casos de funções geratriz. Note que até sete posições de ângulos de saída podem ser resolvidas por esse método.

5.14 OUTROS MÉTODOS DE SÍNTESE DE MECANISMOS

Muitas outras técnicas para as sínteses dos mecanismos para fornecer um movimento predeterminado têm sido criadas ou descobertas recentemente. Muitas dessas abordagens são um tanto quanto implicadas e muitas são matematicamente complicadas. Apenas algumas têm uma forma de solução compacta; muitas necessitam de uma solução numérica iterativa. A maioria é voltada para problemas de síntese de trajetórias com ou sem interesse para tempos predeterminados. Como Erdman e Sandor comentaram, problemas de geração de trajetória, movimento ou funções são correlatos.[6]

O espaço disponível não permite uma exposição completa de cada uma dessas abordagens neste texto. Escolhemos, então, apresentar uma breve sinopse de um número de métodos de sínteses junto com suas completas referências para todas aquelas descrições da literatura de engenharia e científica. O leitor interessado em um estudo detalhado de qualquer método listado deve consultar os apêndices de referência, que podem ser obtidos em qualquer biblioteca das universidades ou qualquer biblioteca pública de grande porte. Além disso, os autores desses métodos podem disponibilizar cópias do código do computador para os interessados.

A Tabela 5-5 resume alguns dos métodos de mecanismo de quatro barras existentes e para cada um lista o tipo de método, máximo número de posições sintetizadas, abordagens, características especiais e uma referência bibliográfica (veja no fim deste capítulo a referência completa). A lista da Tabela 5-5 não é definitiva; existem outros métodos além desses.

Os métodos listados são divididos em três partes identificadas por **precisão**, **equação** e **otimização** (primeira coluna da Tabela 5-5). **Precisão** (de ponto de precisão) significa o método, já foi descrito anteriormente em seções deste capítulo, que procura encontrar um mecanismo solução, que passará exatamente pelos pontos de precisão desejados, mas pode se desviar das trajetórias desejadas entre esses pontos. O método dos pontos de precisão é limitado para certo número de pontos, iguais ao número de parâmetros ajustáveis independentes que definem o mecanismo. Para um mecanismo de quatro barras, são nove.* (Mecanismos de ordem superior com mais elos e juntas terão um número maior de pontos de precisão possíveis).

Para mais de cinco pontos de precisão num mecanismo de quatro barras, as equações podem ser resolvidas de uma forma fechada, sem iteração. (A solução dos quatro pontos é usada como uma ferramenta de solução para cinco posições de forma fechada, mas para seis pontos ou mais as equações não lineares são difíceis de manusear). De seis a nove pontos de precisão um método iterativo é necessário para resolver o conjunto de equações. Pode haver problemas de não convergência, ou convergência para soluções imaginárias ou singulares, quando iteramos equações não lineares. Independentemente do número de pontos a serem solucionados, a solução encontrada pode ser inútil devido a defeitos de circuito, ramo ou ordem (CRO). Um defeito de circuito quer dizer que o mecanismo deve ser desmontado e montado para atingir algumas posições, um defeito de braço ou ramo quer dizer que uma posição singular (ponto morto) é encontrada entre os pontos consecutivos (ver Seção 4.12). Um defeito de ordem significa que os pontos são atingíveis para o mesmo braço ou ramo, mas são encontrados na ordem errada.

O tipo identificado por **equação** na Tabela 5-5 refere-se ao método que resolve a curva do acoplador sêxtupla, trinodal e tricircular para encontrar um mecanismo que gerará uma curva do acoplador completa, que se aproxima de um conjunto de pontos desejados nela.

O tipo identificado por **otimizado** na Tabela 5-5 refere-se ao processo de otimização iterativa, que são tentativas de minimizar uma **função objetiva**, que pode ser definida de diversas maneiras, como desvio dos mínimos quadrados entre o ponto do acoplador desejado e o calculado, por exemplo. Os pontos calculados foram encontrados resolvendo-se uma série de equações que definem o comportamento da geometria de um mecanismo, usando os valores inicialmente assumidos para os parâmetros do mesmo. Uma série de inequações que limitam a faixa de variação dos parâmetros, como razão de comprimento do elo, condição de Grashof ou ângulo de transmissão, devem ser também incluídos no cálculo. Novos valores dos parâmetros do mecanismo são gerados para cada passo da iteração, de acordo com o esquema particular de otimização utilizado. A solução que melhor atende à junção entre os pontos de solução calculados e os pontos desejados é procurada a partir da minimização da função objetivo escolhida. Nenhum dos pontos desejados será exatamente obtido por esses métodos, mas para a maioria das tarefas de engenharia esse é um resultado aceitável.

Métodos de otimização permitem que um grande número de pontos seja especificado comparativamente aos métodos de precisão, e são limitados apenas pelo tempo de processamento disponível e pelos erros de arredondamento. A Tabela 5-5 mostra uma variedade de esquemas de otimização, desde uma faixa mais mundana (mínimos quadrados) até uma esotérica (lógica *fuzzy*, algoritmos genéticos). Todos requerem uma solução programada pelo computador. Muitos podem rodar em computadores desktop num tempo razoavelmente curto. Cada abordagem de otimização tem diferentes vantagens e desvantagens no que diz respeito à convergência, precisão, confiabilidade, complexidade, velocidade e carga computacional. Convergência frequentemente depende de uma boa escolha das hipóteses iniciais para os parâmetros do mecanismo (valores assumidos). Alguns métodos, quando convergem, o fazem para um mínimo local (apenas uma das várias soluções), o que pode não ser o melhor para a tarefa.

Métodos do ponto de precisão

A Tabela 5-5 mostra diversos métodos de síntese de pontos de precisão. Alguns são baseados no trabalho original de Freudenstein e Sandor.[10] Sandor[1] e Erdman[2, 6] desenvol-

---

* Os nove parâmetros independentes de um mecanismo de quatro barras são: quatro comprimentos de elo, duas coordenadas do ponto do acoplador em relação ao elo acoplador e três parâmetros que definem a localização e orientação do elo fixo no sistema global de coordenadas.

SÍNTESE ANALÍTICA DOS MECANISMOS

veram esta abordagem na "forma padrão", a qual foi descrita em detalhe neste capítulo. Esse método deriva soluções na forma fechada para dois, três e quatro pontos de precisão e é estendida para cinco posições, que podem sofrer dos possíveis defeitos de circuito, ramo e ordem (CRO), comuns a todos os métodos de ponto de precisão.

O método de Suh e Radcliffe[11] é similar ao de Freudenstein e outros[1], [2], [6], [10] mas se baseia em uma série de equações simultâneas não lineares que são resolvidas para mais

TABELA 5-5 Alguns métodos para a síntese analítica de mecanismos

Tipo	Máx. Pos.	Abordagem	Características especiais	Bibliografia	Referências
Precisão	4	Equações de laço – forma fechada	Equações lineares estendíveis para cinco posições	Freudstein (1959) Sandor (1959) Erdman (1981)	1, 2, 4, 5, 6, 8, 10
Precisão	5	Equações de laço – Newton-Raphson	Utilização de Matriz de deslocamento	Suh (1967)	11
Precisão	5	Equações de laço – continuação	Pivôs fixos especificados, pivôs móveis especificados	Morgan (1990) Subbian (1991)	14, 15, 16, 17
Precisão	7	Forma fechada 5 ptos. – iterativa 7 ptos.	Estendido para o mecanismo de seis barras	Tylaska (1994)	19, 20
Precisão	9	Equações de laço – Newton-Raphson	Solução exaustiva	Morgan (1987) Wampler (1992)	12, 13, 18
Equação	10	Eq. curva do acoplador	Solução iterativa	Blechschmidt (1986)	21
Equação	15	Eq. curva do acoplador	Construções em Blechschmidt	Ananthasuresh (1993)	22
Otimizado	N	Equações de laço – mínimos quadrados	Pivôs fixos especificados, pivôs móveis especificados	Fox (1996)	24
Otimizado	N	Equações de laço – vários critérios	Trajetória ou geração de função	Youssef (1975)	25
Otimizado	N	Mínimos quadrados em equações lineares	Tempo predeterminado, convergência rápida	Nolle (1971)	9
Otimizado	N	Síntese de precisão seletiva (SPS)	Requisitos de precisão relaxada	Kramer (1975)	26, 27
Otimizado	N	SPS + lógica fuzzy	Anexar SPS Kramer	Krishnamurthi (1993)	28
Otimizado	N	Posição semiprecisa	Construção em Kramer	Mirth (1994)	29
Otimizado	3 ou 4	Equações de laço e critério dinâmico	Torques e forças cinemáticas e dinâmicas	Conte (1975) Kakatsios (1987)	30, 31, 32
Otimizado	N	Equações de laço – mínimos quadrados	Evita problemas de braços, convergência rápida	Angeles (1988)	33
Otimizado	N	Método da energia	Abordagem FEA	Aviles (1994)	34
Otimizado	N	Algoritmo genético	Síntese curva completa	Fang (1994)	35
Otimizado	N	Séries de Fourier	Síntese curva completa	Ullah (1996)	36, 37
Otimizado	N	Rede neural	Síntese curva completa	Vasilio (1998)	38
Otimizado	2, 3 ou 4	Equações de laço – vários critérios	Geração automática sem irregularidades CRO	Bawab (1997)	39
Otimizado	N	Aproximação – continuação	Todas as soluções – sem hipótese requerida	Liu (1999)	40

de cinco posições utilizando o método numérico de Newton-Raphson (ver Seção 4.13). Essa abordagem soma aos problemas comuns de CRO as possibilidades de não convergência ou convergência para soluções singulares ou imaginárias.

Recentes descobertas na teoria matemática dos polinômios têm criado novos métodos de solução, chamados de **métodos de continuação** (ou **métodos homotopia**), os quais não são atingidos pelos mesmos problemas de convergência como outros métodos e podem também determinar todas as soluções das equações iniciais de qualquer valores escolhidos assumidos. [12], [13] Métodos de continuação são uma solução geral para essa classe de problemas, sendo confiáveis e suficientemente rápidos para permitir múltiplos desenhos a serem investigados em um tempo razoável (tipicamente medido em **horas** de CPU em um computador potente).

Diversos pesquisadores desenvolveram soluções para os problemas de cinco a nove pontos de precisão usando essa técnica. Morgan e Wampler[14] resolveram o problema dos mecanismos de quatro barras para cinco pontos de precisão com pivôs fixos completamente especificados e encontraram no máximo 36 soluções reais. Subbian e Flugard[15] usaram pivôs móveis especificados para o problema de cinco pontos de precisão, estenderam o método de cinco pontos de mecanismos de seis barras[16] e também sintetizaram mecanismos de oito barras e mecanismos engrenados de cinco barras para seis e sete pontos de precisão usando métodos de continuação.[17]

Apenas o método de continuação é capaz de solucionar completamente os problemas de mecanismo de quatro barras para nove pontos de precisão e prevê todas as suas possíveis soluções. Wampler, Morgan e Sommese[18] usaram uma combinação de equações analíticas reduzidas e métodos numéricos de continuação para computar exaustivamente todas as possíveis soluções genéricas não degeneradas do problema de nove pontos.* Eles provaram que existem no máximo 4326 mecanismos distintos não degenerados (ocorrendo para 1442 conjuntos de cognatos triplos), que solucionariam de forma eficaz um problema genérico de mecanismo de quatro barras com nove pontos de precisão. Seu método não elimina mecanismos fisicamente impossíveis (conexão complexa) ou aqueles com defeitos CRO. Esses ainda precisam ser removidos, verificando-se as várias soluções. Eles também solucionaram quatro exemplos e encontraram o número máximo de mecanismos com comprimentos reais dos elos que geraram tais trajetórias particulares para nove pontos, que são, respectivamente, 21, 45, 64 e 120 cognatos triplos. Os tempos de processamento variaram de 69 a 321 minutos de CPU em um IBM 3090 para os quatro exemplos.

Tylaska e Kazerounian[19], [20] tomaram uma abordagem diferente e elaboraram um método que sintetiza um mecanismo de quatro barras para até sete pontos de precisão, e também sintetizaram um mecanismo de seis barras Watt I para seis posições de guia de um corpo (especificação de movimento) com controle das localizações de alguns pivôs móveis ou de terra. Esse método permite a geração de soluções para um conjunto de informações de projeto, como uma melhoria aos métodos iterativos, que são mais sensíveis às suposições iniciais. Também é menos intensivo, do ponto de vista computacional, que os métodos de continuação.

* O autor afirma que esse cálculo leva 332 horas de CPU em um computador IBM 3080.

** A notação geométrica do mecanismo de Beyer é diferente da usada neste livro. A notação de Beyer para a equação, mostrada por Hall,[42] é:

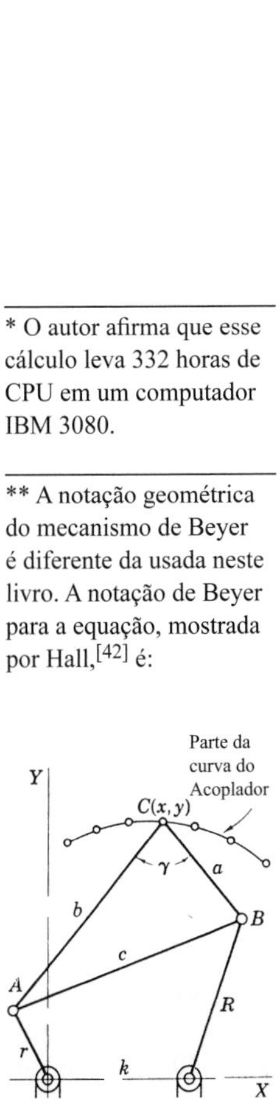

Método da equação da curva do acoplador

Blechschmidt e Uicker[21] e Ananthasuresh e Kota[22] usaram a equação algébrica da curva do acoplador em vez da equação vetorial de malha fechada para calcular o trajeto do ponto do acoplador. A equação da curva do acoplador é tricircular, trinodal sêxtupla de 15 termos. Beyer[41] denominou a fórmula da curva da equação do acoplador como: **

$$a^2\left[(x-k)^2+y^2\right]\left(x^2+y^2+b^2-r^2\right)^2 - 2ab\left[\left(x+y^2-kx\right)\cos y + ky \operatorname{sen} \gamma\right]$$
$$\left(x^2+y^2+b^2-r^2\right)\left[(x-k)^2+y^2+a^2-R^2\right] + b^2\left(x^2+y^2\right)$$
$$\left[(x-k)^2+y^2+a^2-R^2\right]^2 - 4a^2b^2\left[\left(x^2+y^2-kx\right)\operatorname{sen}\gamma - ky\cos\gamma\right]^2 = 0 \qquad (5.38)$$

SÍNTESE ANALÍTICA DOS MECANISMOS

Nolle[23] estabeleceu que:

A equação da curva do acoplador é muito complexa e, tão logo seja conhecida no estudo dos mecanismos (ou propriamente por essa matéria em qualquer lugar), nenhum outro resultado matemático tem sido encontrado com características algébricas semelhantes àquelas das curvas do acoplador.

É uma solução bastante complexa e que requer iteração. O tratamento de Blechschmidt e Uicker[21] adota coordenadas para 10 pontos da curva desejada. Ananthasuresh e Kota usaram 15 pontos com alguma tentativa e erro na sua seleção. A vantagem dessas abordagens nas equações da curva do acoplador é que elas definem a curva inteira, que pode ser plotada e examinada, para adequação e antecipação de defeitos antes de se calcular as dimensões do elo, fazendo com que seja necessário um tempo adicional de computação.

Métodos de otimização

Os métodos listados como **otimizados** na Tabela 5-5 são um grupo vasto e têm pouco em comum, exceto pelo objetivo de querer encontrar um mecanismo que gerará uma trajetória desejada. Todos, teoricamente, permitem um número ilimitado de pontos de projeto a ser especificado, mas se N for muito grande, o tempo de processamento aumentará e não melhorará o resultado. Uma limitação inerente aos métodos de otimização é que eles podem convergir para um mínimo local próximo das condições iniciais. O resultado pode não ser tão satisfatório quanto para outros mínimos dispostos em outros locais no intervalo N de variáveis. Encontrar o ponto global ótimo seria possível, porém mais difícil e levaria mais tempo.

Talvez a mais antiga aplicação (1966) de técnicas de otimização para o problema de síntese de trajetória para essse mecanismo de quatro barras seja de Fox e Willmert,[24] que minimizaram a área entre as curvas desejadas e as curvas calculadas sujeitas a um número de restrições de igualdade e desigualdade. Foram controlados os comprimentos dos elos para serem positivos e menores que um certo máximo, a condição de Grashof, limites de forças e torques, e também a localização dos pivôs fixos. Usaram o método de Powell para encontrar o mínimo da função objetivo.

Youssef et al.[25] usaram uma soma de quadrados, soma de valores absolutos, ou critérios para erros de área, a fim de minimizar a função objetivo. Eles acomodaram a geração de trajetória e função para mecanismo com laço simples (quatro barras) ou mecanismos multilaços, tanto para pinos quanto para juntas deslizantes. Adimitiram constantes a serem impostas nas faixas permitidas dos comprimentos dos elos e ângulos, cada uma delas mantida constante durante a iteração. Um exemplo de uma otimização feita por esse método, em 19 pontos uniformemente espaçados ao redor de uma trajetória de um acoplador, é mostrado na Figura 5-11.[25] Outro exemplo desse método é para o mecanismo de dez barras biela-manivela que é mostrado na Figura 5-12,[25] onde também mostra-se a curva desejada e atual do acoplador gerada pelo ponto P para 24 pontos correspondentes a incrementos iguais aos ângulos de entrada da manivela.

Nolle e Hunt[9] derivaram expressões analíticas que levaram a um conjunto de dez equações lineares simultâneas não homogêneas, das quais soluções deram valores para todas as variáveis independentes. Usaram uma abordagem de mínimos quadrados para otimização e também admitiram tempo específico na entrada da manivela para cada posição do acoplador. Devido às equações serem lineares, a convergência é requerida somente por um segundo a cada iteração.

Kramer e Sandor[26], [27] determinaram uma variante para uma técnica do ponto de precisão, que nomearam de **síntese de precisão seletiva** (SPS). Essa técnica relaxa a exigência de que a curva deva passar exatamente pelos pontos de precisão, definindo uma "vizinhança de precisão" ao redor de cada ponto. O tamanho dessas faixas de tolerância pode ser diferente para cada ponto,

curva desejada ....
curva atual _____

(a) Curva do acoplador

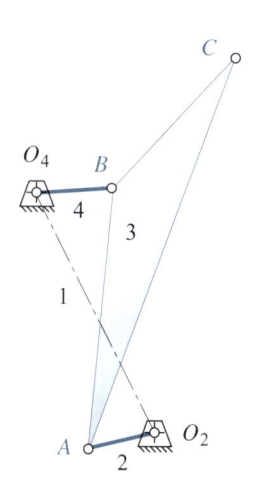

(b) Mecanismo sintetizado

FIGURA 5-11

Mecanismo sintetizado para gerar a curva do acoplador desejada pelo método da otimização. Reproduzido de "Optimal Kinematic Synthesis of Planar Linkage Mechanisms" com autorização gentil de *Profissional Engineering Publishing, Bury St. Edmunds, UK.*

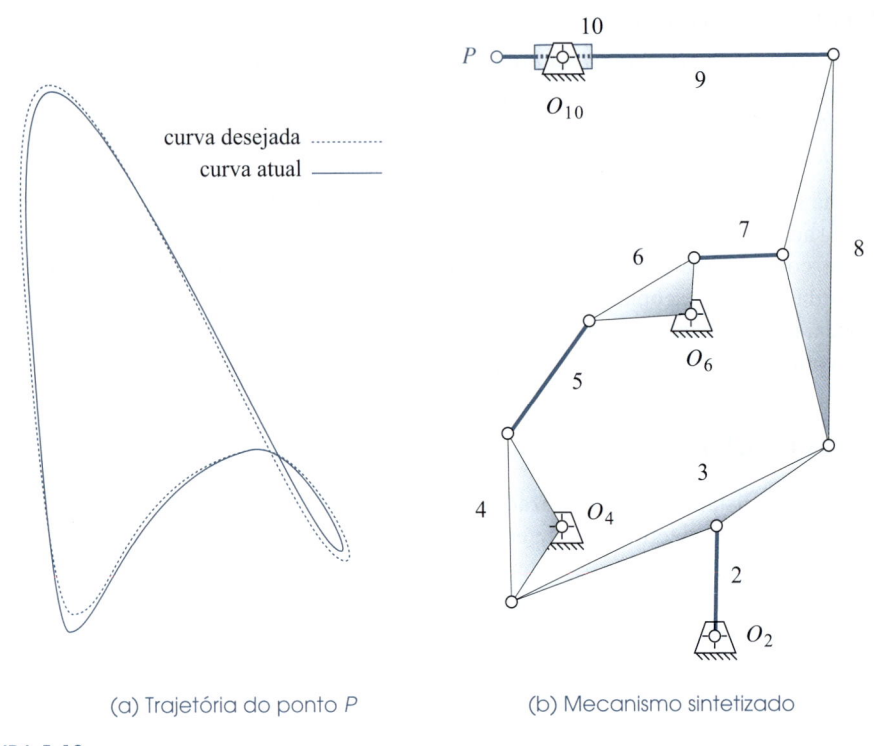

FIGURA 5-12

(a) Trajetória do ponto P (b) Mecanismo sintetizado

Exemplo de síntese de um mecanismo de 10 elos para gerar a trajetória do acoplador.
Reproduzido de Youssef et al. (1975) "Optimal Kinematic Synthesis of Planar Linkage Mechanisms"[25] com autorização de Profressional Engineering Pusblishing, Bury St. Edmunds, UK.

e mais que nove pontos podem ser usados. Eles comentam que a correspondência exata para a escolha de pontos é frequentemente desnecessária em aplicações de engenharia e, mesmo se forem atingidas teoricamente, podem ser comprometidas por tolerâncias de manufatura.

A abordagem SPS é adequada para qualquer mecanismo construído por díades ou tríades e pode ser adaptável para seis barras e tanto para mecanismos engrenados de cinco barras, como para os de quatro barras. A função quatro barras, de movimento ou geração de trajetória (com tempo predeterminado) pode ser sintetizada, usando a forma padrão de abordagem que considera as três formas equivalentes, em termos, da equação formulada. Mecanismos espaciais também podem ser acomodados nessa abordagem. As soluções são mais estáveis e menos sensíveis a pequenas alterações nos dados que os métodos de pontos de precisão. Krishnamurthi et al.[28] ampliou a abordagem SPS usando a teoria *fuzzy* (lógica nebulosa), que nos mostra a trajetória do mecanismo tão próxima aos pontos especificados quanto possível para pontos iniciais dados, mas é sensível à escolha do ponto inicial e pode encontrar pontos ótimo de local em vez do ponto global.

Mirth[29] forneceu uma variação da técnica SPS de Kramer, chamada de síntese de posição semiprecisa, que utiliza três posições de precisão e N semiposições, que são definidas como zonas de tolerância. Essa abordagem mantém as vantagens computacionais da abordagem de Burmester (ponto de precisão) enquanto permite a especificação de um grande número de pontos para melhorar e refinar o projeto.

Conte et al.[30] e Kakatsios e Tricamo[31], [32] determinaram métodos para atender a um número pequeno de pontos de precisão e, simultaneamente, otimizar as características dinâmicas dos mecanismos. O comprimento dos elos são controlados para um tamanho razoável, forçando a condição de Grashof. O torque de entrada, os mancais dinâmicos e forças reativas, além dos momentos de balanço, são simultaneamente minimizados.

Muitos dos métodos de otimização listados acima usam restrições, na forma de inequações, para limitar os valores permitidos pelos parâmetros do projeto, como comprimentos dos elos e ângulos de transmissão. Essas imposições frequentemente causam problemas que conduzem a não convergência ou a defeitos CRO. Angeles et al.[33] determinou um método não forçado de mínimos quadrados não lineares, que evita esses problemas. Métodos de continuação são empregados, e uma boa convergência é obtida sem defeitos de ramos.

Aviles et al.[34] propôs uma abordagem nova para o problema de síntese dos mecanismos, que utiliza a energia elástica que seria armazenada nos elos se os mesmos se deformassem elasticamente, de tal forma que o ponto do acoplador atingisse a localização desejada. A função objetivo é definida como a condição mínima de energia para o conjunto dos elos deformados, o que naturalmente ocorrerá quando as posições de seus corpos rígidos estiverem o mais próximo da trajetória desejada. Essa é essencialmente uma abordagem pelo método dos elementos finitos, que considera cada elo como um elemento de barra. O método de Newton é usado para iteração e, nesse caso, converge para o mínimo, mesmo quando a aproximação inicial é distante da solução.

Fang[35] determinou uma abordagem incomum para síntese dos mecanismos usando algoritmos genéticos. Algoritmos genéticos emulam o ambiente em que vivem os organismos adaptados à natureza. Inicialmente, uma população aleatória de "organismos", e que representa o sistema a ser otimizado, é gerada. Esse toma a forma de uma palavra binária, analogamente células cromossômicas, as quais são chamadas de primeira geração. Duas operações são realizadas, dada a população, denominadas cruzamento e mutação. O cruzamento combina parte do "código genético" do organismo do "pai" com a parte do código do organismo da "mãe". A mutação altera os valores do código genético em pontos aleatórios da palavra binária. Uma função objetivo é criada e expressa a "aptidão" do organismo para a tarefa desejada. Cada geração consecutiva é produzida com a seleção dos organismos mais aptos para a tarefa. A população "evolui" até que uma terminação criteriosa seja obtida, baseada na função objetiva.

Algumas vantagens dessa abordagem são que as buscas ocorrem de população em população, e não de ponto em ponto, e isso torna menos provável que um ponto local ótimo seja obtido. A população também conserva um número de soluções válidas melhores do que as convergidas uma a uma. As desvantagens são os longos tempos computacionais devido ao grande número de funções objetivos e avaliações requeridas. Mesmo assim, é mais eficiente que os algoritmos de buscas aleatórias ou exaustivas. Todas as outras abordagens otimizadas listadas até aqui tratam apenas de sínteses dimensionais, já algoritmos genéticos podem também tratar de sínteses de tipo.

Ullah e Kota[36], [37] separaram o problema de síntese dos mecanismos em dois passos. O primeiro passo procura uma combinação aceitável para a forma da curva desejada sem considerar seu tamanho, orientação ou localização no espaço. Uma vez que a curva desejada e seu mecanismo associado forem encontrados, o resultado pode ser transladado, rotacionado e escalado como desejado. Essa abordagem simplifica a tarefa de otimização se comparada a de algoritmos, que procuram otimização estrutural que inclui tamanho, orientação e localização da curva do acoplador conjuntamente na função objetivo. Descritores de Fourier são usados para caracterizar a forma da curva, e é feita para diferentes aplicações-padrão, como as tarefas de montagem automatizada por robôs. Um algoritmo de otimização estocástico global é usado para evitar convergências não desejadas para um mínimo local subótimo.

Vasiliu e Yannou[38] também focaram exclusivamente nas formas das trajetórias desejadas, aproximando-as com os cinco termos da série de Fourier. Eles utilizaram uma abordagem em *rede neural* artificial para sintetizar um mecanismo que gere a forma da curva aproximada. Uma rede neural é uma técnica computacional com *neurônios de entrada*, que representam a forma da trajetória, e *neurônios de saída*, que representam os parâmetros dimensionais do mecanismo. A rede é "ensinada" para relacionar corretamente a saída e a entrada para vários algoritmos. O tempo de aprendizagem foi de 30 horas em 14 000 iterações para o exemplo discutido, portanto, trata-se de um método de computação intensiva. A forma da curva do mecanismo considerada para a curva desejada é menos precisa que aquela do método mostrado nas figuras 5-11 e 5-12.

Bawab et al. [39] determinaram uma abordagem que sintetiza automaticamente (no interior do software do programa) um mecanismo de quatro barras para duas, três, ou quatro posições usando a teoria de Burmester e elimina todas as soluções contendo defeitos CRO. As limitações da razão dos comprimentos dos elos e dos ângulos de transmissão são especificadas, e a função objetivo é baseada naqueles critérios com fatores de ponderação aplicados. Regiões no interior do plano em que os pivôs fixos ou móveis devem ser localizados podem também ser especificadas.

Liu e Yang[40] propuseram um método para encontrar todas as soluções para os problemas de síntese aproximada de geração de função, condução de corpo rígido e geração de trajetória com tempo usando uma combinação de métodos de continuação e otimização. Suas abordagens não precisam de hipóteses iniciais, e todas as possíveis soluções podem ser obtidas com tempos computacionais relativamente curtos.

5.15 REFERÊNCIAS

1. **Sandor, G. N.** (1959). "A General Complex Number Method for Plane Kinematic Synthesis with Applications." Ph.D. Thesis, Columbia University, University Microfilms, Ann Arbor, MI.

2. **Erdman, A. G.** (1981). "Three and Four Precision Point Kinematic Synthesis of Planar Linkages." *Mechanism and Machine Theory*, **16**, pp. 227-245.

3. **Kaufman, R. E.** (1978). "Mechanism Design by Computer." *Machine Design*, October 26, 1978, pp. 94-100.

4. **Loerch, R. J., et al.** (1975). "Synthesis of Fourbar Linkages with Specified Ground Pivots." *Proc. of 4th Applied Mechanisms Conference*, Chicago, IL, pp. 10.1-10.6.

5. **Loerch, R. J., et al.** (1979). "On the Existence of Circle-Point and Center-Point Circles for Three Position Dyad Synthesis." *Journal of Mechanical Design*, **101**(3), pp. 554-562.

6. **Erdman, A. G., and G. N. Sandor.** (1997). *Mechanism Design: Analysis and Synthesis.* Vol. 1, 3d ed., and *Advanced Mechanism Design, Analysis and Synthesis*, Vol. 2 (1984). Prentice-Hall: Upper Saddle River, NJ.

7. **Jennings, A.** (1977). *Matrix Computation for Engineers and Scientists.* John Wiley & Sons: New York.

8. **Erdman, A. G., and J. E. Gustafson.** (1977). "LINCAGES: Linkage INteractive Computer Analysis and Graphically Enhanced Synthesis." ASME Paper: 77-DTC-5.

9. **Nolle, H., and K. H. Hunt.** (1971). "Optimum Synthesis of Planar Linkages to Generate Coupler Curves." *Journal of Mechanisms*, **6**, pp. 267-287.

10. **Freudenstein, F., and G. N. Sandor.** (1959). "Synthesis of Path Generating Mechanisms by Means of a Programmed Digital Computer." *ASME Journal for Engineering in Industry*, **81**, p. 2.

11 **Suh, C. H., and C. W. Radcliffe**. (1966). "Synthesis of Planar Linkages With Use of the Displacement Matrix." ASME Paper: 66-MECH-19, 9 pp.

12 **Morgan, A. P., and A. J. Sommese**. (1987). "Computing All Solutions to Polynomial Systems Using Homotopy Continuation." *Applied Mathematics and Computation*, **24**, pp. 115-138.

13 **Morgan, A. P.** (1987). *Solving Polynomial Systems Using Continuation for Scientific and Engineering Problems.* Prentice-Hall: Upper Saddle River, NJ.

14 **Morgan, A. P., and C. W. Wampler**. (1990). "Solving a Planar Fourbar Design Problem Using Continuation." *Journal of Mechanical Design*, **112**(4), p. 544.

15 **Subbian, T., and J. D. R. Flugrad**. (1991). "Fourbar Path Generation Synthesis by a Continuation Method." *Journal of Mechanical Design*, **113**(1), p. 63.

16 **Subbian, T., and J. D. R. Flugrad**. (1993). "Five Position Triad Synthesis with Applications to Four and Sixbar Mechanisms." *Journal of Mechanical Design*, **115**(2), p. 262.

17 **Subbian, T., and J. D. R. Flugrad**. (1994). "Six and Seven Position Triad Synthesis Using Continuation Methods." *Journal of Mechanical Design*, **116**(2), p. 660.

18 **Wampler, C. W., et al.** (1992). "Complete Solution of the Nine-Point Path Synthesis Problem for Fourbar Linkages." *Journal of Mechanical Design*, **114**(1), p. 153.

19 **Tylaska, T., and K. Kazerounian**. (1994). "Synthesis of Defect-Free Sixbar Linkages for Body Guidance Through Up to Six Finitely Separated Positions." *Proc. of 23rd Biennial Mechanisms Conference*, Minneapolis, MN, p. 369.

20 **Tylaska, T., and K. Kazerounian**. (1993). "Design of a Six Position Body Guidance Watt I Sixbar Linkage and Related Concepts." *Proc. of 3rd Applied Mechanisms and Robotics Conference*, Cincinnati, pp. 93-1.

21 **Blechschmidt, J. L., and J. J. Uicker**. (1986). "Linkage Synthesis Using Algebraic Curves." *J. Mechanisms, Transmissions, and Automation in Design*, **108** (December 1986), pp. 543-548.

22 **Ananthasuresh, G. K., and S. Kota**. (1993). "A Renewed Approach to the Synthesis of Fourbar Linkages for Path Generation via the Coupler Curve Equation." *Proc. of 3rd Applied Mechanisms and Robotics Conference*, Cincinnati, pp. 83-1.

23 **Nolle, H.** (1975). "Linkage Coupler Curve Synthesis: A Historical Review - III. Spatial Synthesis and Optimization." *Mechanism and Machine Theory*, **10**, 1975, pp. 41-55.

24 **Fox, R. L., and K. D. Willmert**. (1967). "Optimum Design of Curve-Generating Linkages with Inequality Constraints." *Journal of Engineering for Industry (*Feb 1967), pp. 144-152.

25 **Youssef, A. H., et al.** (1975). "Optimal Kinematic Synthesis of Planar Linkage Mechanisms." *I. Mech. E.*, pp. 393-398.

26 **Kramer, S. N., and G. N. Sandor**. (1975). "Selective Precision Synthesis—A General Method of Optimization for Planar Mechanisms." *Trans ASME J. Eng. for Industry*, **97B**(2), pp. 689-701.

27 **Kramer, S. N.** (1987). "Selective Precision Synthesis—A General Design Method for Planar and Spatial Mechanisms." *Proc. of 7th World Congress on Theory of Machines and Mechanisms*, Seville Spain.

28 **Krishnamurthi, S., et al.** (1993). "Fuzzy Synthesis of Mechanisms." *Proc. of 3rd Applied Mechanisms and Robotics Conference*, Cincinnati, pp. 94-1.

29 **Mirth, J. A.** (1994). "Quasi-Precision Position Synthesis of Fourbar Linkages." *Proc. of 23rd Biennial Mechanisms Conference*, Minneapolis, MN, p. 215.

30 **Conte, F. L., et al.** (1975). "Optimum Mechanism Design Combining Kinematic and Dynamic-Force Considerations." *Journal of Engineering for Industry (*May 1975), pp. 662-670.

31 **Kakatsios, A. J., and S. J. Tricamo**. (1987). "Precision Point Synthesis of Mechanisms with Optimal Dynamic Characteristics." *Proc. of 7th World Congress on the Theory of Machines and Mechanisms*, Seville, Spain, pp. 1041-1046.

TABELA P5-0
Matriz de tópicos e problemas

5.3 Geração do movimento de duas posições

5-1, 5-2, 5-8, 5-9,
5-12, 5-13, 5-16,
5-17, 5-21, 5-22, 5-23

5.6 Geração do movimento de três posições

5-3, 5-10, 5-14, 5-18,
5-24, 5-25, 5-27,
5-28, 5-31, 5-32,
5-34, 5-37, 5-38,
5-39, 5-41, 5-42

5.8 Síntese para localização específica de um pivô fixo

5-4, 5-5, 5-6, 5-7,
5-11, 5-15, 5-19, 5-26,
5-29, 5-30, 5-33,
5-35, 5-36, 5-40, 5-43

5.9 Ponto-central e círculo de pontos centrais

5-20

* Respostas no Apêndice F.

** Esses problemas são adequadamente resolvidos com o uso de programas de solução de equações tal como *Mathcad* ou *TKSolver*. Na maioria dos casos, suas soluções podem ser conferidas com o programa FOURBAR (ver Apêndice A).

32   **Kakatsios, A. J., and S. J. Tricamo**. (1986). "Design of Planar Rigid Body Guidance Mechanisms with Simultaneously Optimized Kinematic and Dynamic Characteristics." ASME Paper: 86-DET-142.

33   **Angeles, J., et al.** (1988). "An Unconstrained Nonlinear Least-Square Method of Optimization of RRRR Planar Path Generators." *Mechanism and Machine Theory*, **23**(5), pp. 343-353.

34   **Aviles, R., et al.** (1994). "An Energy-Based General Method for the Optimum Synthesis of Mechanisms." *Journal of Mechanical Design*, **116**(1), p. 127.

35   **Fang, W. E.** (1994). "Simultaneous Type and Dimensional Synthesis of Mechanisms by Genetic Algorithms." *Proc. of 23rd Biennial Mechanisms Conference*, Minneapolis, MN, p. 36.

36   **Ullah, I., and S. Kota**. (1994). "A More Effective Formulation of the Path Generation Mechanism Synthesis Problem." *Proc. of 23rd Biennial Mechanisms Conference*, Minneapolis, MN, p. 239.

37   **Ullah, I., and S. Kota**. (1996). "Globally-Optimal Synthesis of Mechanisms for Path Generation Using Simulated Annealing and Powell's Method." *Proc. of ASME Design Engineering Conference*, Irvine, CA, pp. 1-8.

38   **Vasiliu, A., and B. Yannou**. (1998). "Dimensional Synthesis of Planar Path Generator Linkages Using Neural Networks." *Mechanism and Machine Theory*, **32**(65).

39   **Bawab, S., et al.** (1997). "Automatic Synthesis of Crank Driven Fourbar Mechanisms for Two, Three, or Four Position Motion Generation." *Journal of Mechanical Design*, **119**(June), pp. 225-231.

40   **Liu, A. X., and T. L. Yang**. (1999). "Finding All Solutions to Unconstrained Nonlinear Optimization for Approximate Synthesis of Planar Linkages Using Continuation Method." *Journal of Mechanical Design*, **121**(3), pp. 368-374.

41   **Beyer, R.** (1963). *The Kinematic Synthesis of Mechanisms.* McGraw-Hill: New York., p. 254.

42   **Hall, A. S.** (1961). *Kinematics and Linkage Design.* Prentice-Hall: Englewood Cliffs, NJ, p. 49.

5.16   PROBLEMAS

Note que todos os problemas de síntese de três posições abaixo devem ser feitos usando-se uma calculadora com solução de matrizes e solução de equações, como Mathcad, Matlab, *ou* TKSolver, *programa* MATRIX *ou* FOURBAR *(ver Apêndice A). Os problemas de síntese de duas posições podem ser feitos com uma calculadora com as quatro operações.*

5-1   Refaça o Problema 3-3 utilizando os métodos analíticos deste capítulo.

5-2   Refaça o Problema 3-4 utilizando os métodos analíticos deste capítulo.

5-3   Refaça o Problema 3-5 utilizando os métodos analíticos deste capítulo.

5-4   Refaça o Problema 3-6 utilizando os métodos analíticos deste capítulo.

5-5   Veja o Projeto P3-8. Defina três posições do barco e sintetize analiticamente um mecanismo para mover-se através dele.

5-6   Veja o Projeto P3-20. Defina três posições para a caçamba de lixo e sintetize analiticamente um mecanismo para mover-se através dele. Os pivôs fixos devem ser localizados no caminhão existente.

5-7   Veja o Projeto P3-7. Defina três posições para o monitor do computador e sintetize analiticamente um mecanismo para mover-se através dele. Os pivôs fixos devem ser localizados no chão ou na parede.

* ** 5-8   Projete um mecanismo para levar o corpo da Figura P5-1, através das duas posições P_1 e P_2, aos ângulos mostrados na figura. Utilize síntese analítica sem considerar os pivôs fixos mostrados. Dica: tente os valores de escolhas livres $z = 1,075$, $\theta = 204,4$, $\beta_2 = -27°$; $s = 1,24$, $\psi = 74°$, $\gamma_2 = -40°$.

SÍNTESE ANALÍTICA DOS MECANISMOS

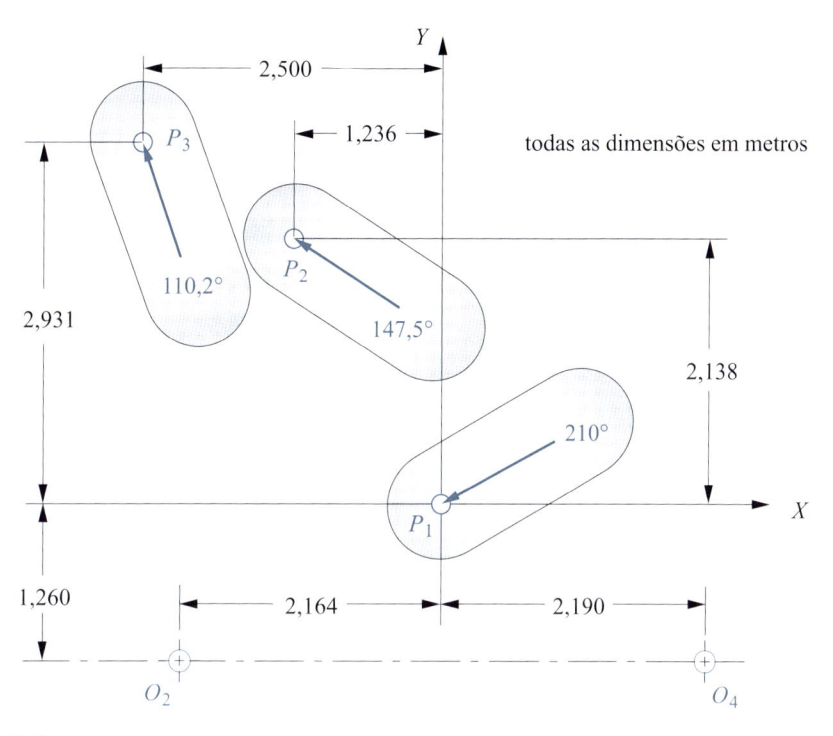

FIGURA P5-1

Dados para os problemas 5-8 a 5-11.

** 5-9 Projete um mecanismo para levar o corpo da Figura P5-1, através das duas posições P_2 e P_3, aos ângulos mostrados na figura. Utilize síntese analítica sem considerar os pivôs fixos mostrados. Dica: primeiro tente uma solução gráfica grosseira para criar valores realísticos para as escolhas livres.

** 5-10 Projete um mecanismo para levar o corpo da Figura P5-1, através das três posições P_1, P_2 e P_3, aos ângulos mostrados na figura. Utilize síntese analítica sem considerar os pivôs fixos mostrados. Dica: tente os valores de escolhas livres $\beta_2 = 30°$; $\beta_3 = 60°$, $\gamma_2 = -10°$, $\gamma_3 = 25°$.

* ** 5-11 Projete um mecanismo para levar o corpo da Figura P5-1, através das três posições P_1, P_2 e P_3, aos ângulos mostrados na figura. Utilize síntese analítica e projete para os pivôs fixos mostrados.

** 5-12 Projete um mecanismo para levar o corpo da Figura P5-2, através das duas posições P_1 e P_2, aos ângulos mostrados na figura. Utilize síntese analítica sem considerar os pivôs fixos mostrados. Dica: tente os valores de escolhas livres $z = 2$, $\theta = 150°$, $\beta_2 = 30°$, $s = 3$, $\psi = -50°$, $\gamma_2 = 40°$.

** 5-13 Projete um mecanismo para levar o corpo da Figura P5-2, através das duas posições P_2 e P_3, aos ângulos mostrados na figura. Utilize síntese analítica sem considerar os pivôs fixos mostrados. Dica: primeiro tente uma solução gráfica grosseira para criar valores realísticos para as escolhas livres.

** 5-14 Projete um mecanismo para levar o corpo da Figura P5-2, através das três posições P_1, P_2 e P_3, aos ângulos mostrados na figura. Utilize síntese analítica sem considerar os pivôs fixos mostrados.

* Respostas no Apêndice F.

** Esses problemas são adequadamente resolvidos com o uso de programas de solução de equações tal como *Mathcad* ou *TKSolver*. Na maioria dos casos, suas soluções podem ser conferidas com o programa FOURBAR (ver Apêndice A).

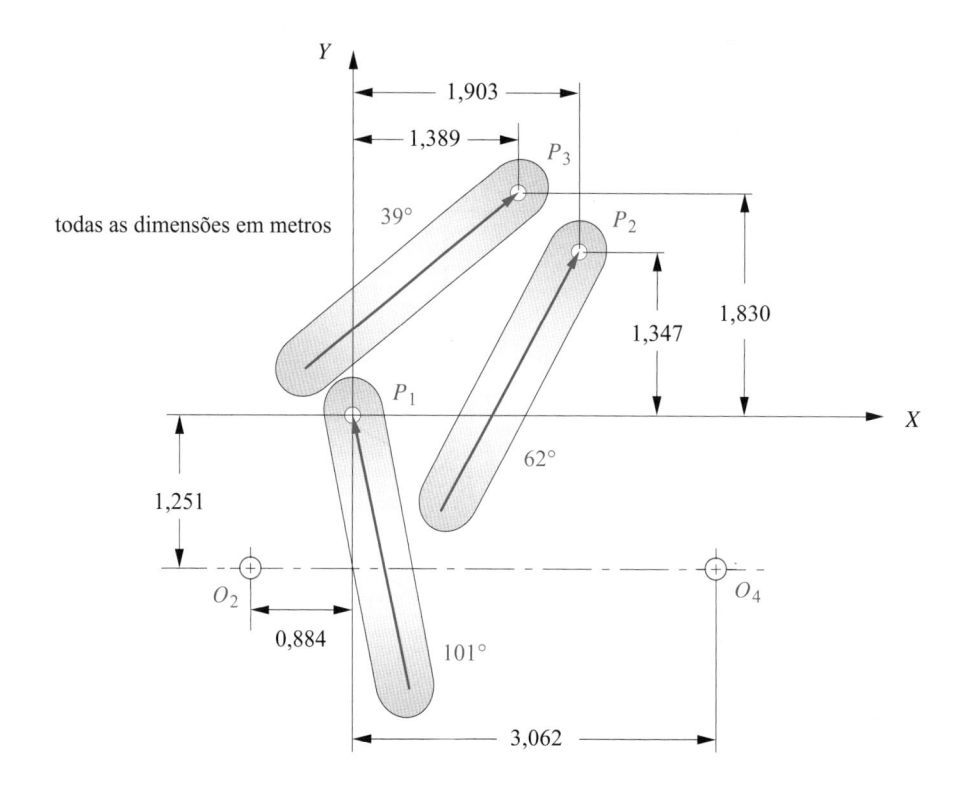

FIGURA P5-2

Dados para os problemas 5-12 a 5-15.

* Respostas no Apêndice F.

** Esses problemas são adequadamente resolvidos com o uso de programas de solução de equações tal como *Mathcad* ou *TKSolver*. Na maioria dos casos, suas soluções podem ser conferidas com o programa FOURBAR (ver Apêndice A).

* ** 5-15 Projete um mecanismo para levar o corpo da Figura P5-2, através das três posições P_1, P_2 e P_3, aos ângulos mostrados na figura. Utilize síntese analítica sem considerar os pivôs fixos mostrados.

** 5-16 Projete um mecanismo para levar o corpo da Figura P5-3, através das duas posições P_1 e P_2, aos ângulos mostrados na figura. Utilize síntese analítica sem considerar os pivôs fixos mostrados.

** 5-17 Projete um mecanismo para levar o corpo da Figura P5-3, através das duas posições P_2 e P_3, aos ângulos mostrados na figura. Utilize síntese analítica sem considerar os pivôs fixos mostrados.

** 5-18 Projete um mecanismo para levar o corpo da Figura P5-3, através das três posições P_1, P_2 e P_3, aos ângulos mostrados na figura. Utilize síntese analítica sem considerar os pivôs fixos mostrados.

* ** 5-19 Projete um mecanismo para levar o corpo da Figura P5-3, através das três posições P_1, P_2 e P_3, aos ângulos mostrados na figura. Utilize síntese analítica sem considerar os pivôs fixos mostrados.

** 5-20 Escreva um programa para gerar e plotar o ponto circular e o círculo de pontos centrais do Problema 5-19 utilizando uma equação solução ou qualquer linguagem de programação.

FIGURA P5-3
Dados para os problemas 5-16 a 5-20.

** 5-21 Projete um mecanismo de quatro barras para levar a caixa da Figura P5-4 da posição 1 para a 2 sem considerar as localizações dos pivôs fixos mostrados. Use os pontos A e B como pontos de ligação. Determine a faixa do ângulo de transmissão. Os pivôs fixos devem estar na base.

** 5-22 Projete um mecanismo de quatro barras para levar a caixa da Figura P5-4 da posição 1 para a 3 sem considerar os pivôs fixos mostrados. Use os pontos A e B como pontos de ligação. Determine a faixa do ângulo de transmissão. Os pivôs fixos devem estar na base.

** 5-23 Projete um mecanismo de quatro barras para levar a caixa da Figura P5-4 da posição 2 para a 3 sem considerar os pivôs fixos mostrados. Use os pontos A e B como pontos de ligação. Determine a faixa do ângulo de transmissão. Os pivôs fixos devem estar na base.

** 5-24 Projete um mecanismo de quatro barras para levar a caixa da Figura P5-4, através das posições mostradas em ordem numérica sem considerar os pivôs fixos mostrados. Determine a faixa do ângulo de transmissão. Use qualquer um dos pontos do objeto como pontos de ligação. Os pivôs fixos devem estar na base.

** 5-25 Projete um mecanismo de quatro barras para levar a caixa da Figura P5-4, através das posições mostradas em ordem numérica sem considerar os pivôs fixos mostrados. Use os pontos A e B como pontos de ligação. Determine a faixa do ângulo de transmissão.

* ** Esses problemas são adequadamente resolvidos com o uso de programas de solução de equações tal como *Mathcad* ou *TKSolver*. Na maioria dos casos, suas soluções podem ser conferidas com o programa FOURBAR (ver Apêndice A).

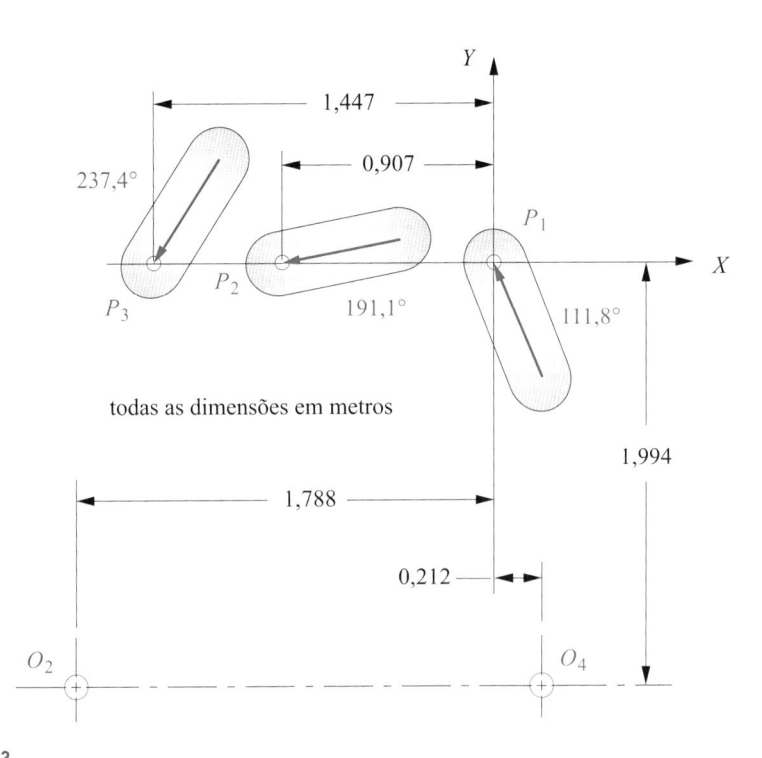

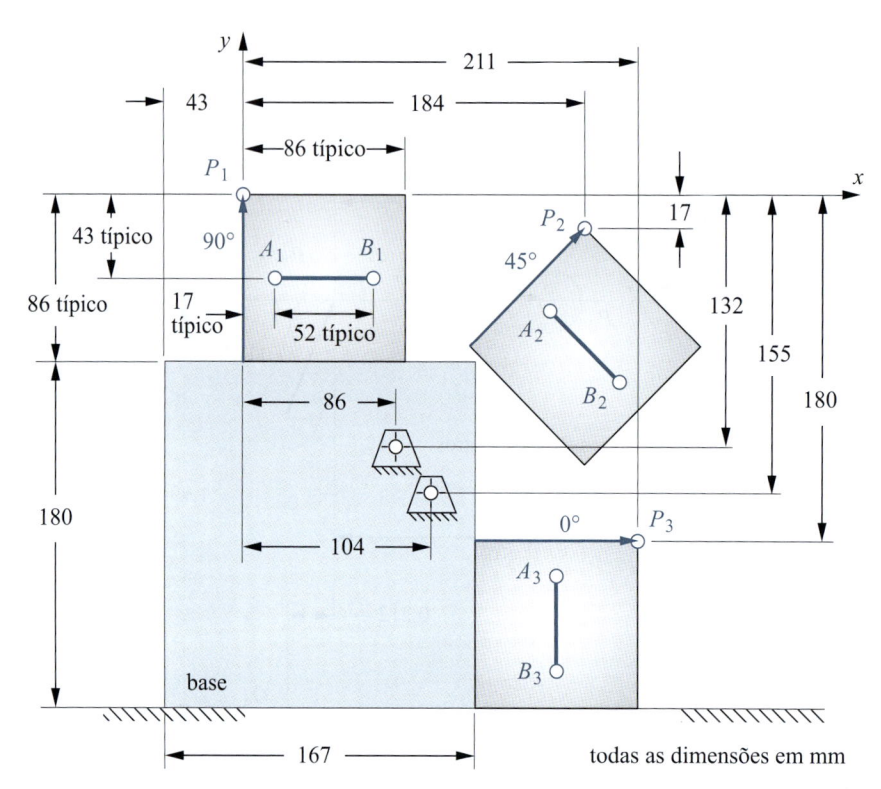

FIGURA P5-4

Dados para os problemas 5-21 a 5-26.

* Respostas no Apêndice F.

* ** Esses problemas são adequadamente resolvidos com o uso de programas de solução de equações tal como *Mathcad* ou *TKSolver*. Na maioria dos casos, suas soluções podem ser conferidas com o programa FOURBAR (ver Apêndice A).

* ** 5-26 Projete um mecanismo de quatro barras para levar a caixa da Figura P5-4 através das três posições mostradas em ordem numérica, considerando os pivôs fixos mostrados. Determine a faixa do ângulo de transmissão.

** 5-27 Projete um mecanismo de quatro barras para levar a caixa da Figura P5-5 através das três posições mostradas em ordem numérica, sem considerar os pivôs fixos mostrados. Use qualquer um dos pontos do objeto como pontos de ligação. Os pivôs fixos devem estar na base. Determine a faixa do ângulo de transmissão.

** 5-28 Projete um mecanismo de quatro barras para levar a caixa da Figura P5-5 através das três posições mostradas em ordem numérica, sem considerar os pivôs fixos mostrados. Use qualquer dos pontos A e B como pontos de ligação. Determine a faixa do ângulo de transmissão.

** 5-29 Projete um mecanismo de quatro barras para levar a caixa da Figura P5-5 através das três posições mostradas em ordem numérica, sem considerar os pivôs fixos mostrados. Determine a faixa do ângulo de transmissão.

** 5-30 Para a solução do mecanismo do Problema 5-29, adicione uma díade motora com uma manivela para controlar o movimento do seu mecanismo de quatro barras, a fim de não permitir que se mova além das posições um e três.

** 5-31 Projete um mecanismo de quatro barras para levar a caixa da Figura P5-6, através das três posições mostradas em ordem numérica, sem considerar os pivôs fixos mostrados. Use os pontos A e B como pontos de ligação. Determine a faixa do ângulo de transmissão.

SÍNTESE ANALÍTICA DOS MECANISMOS

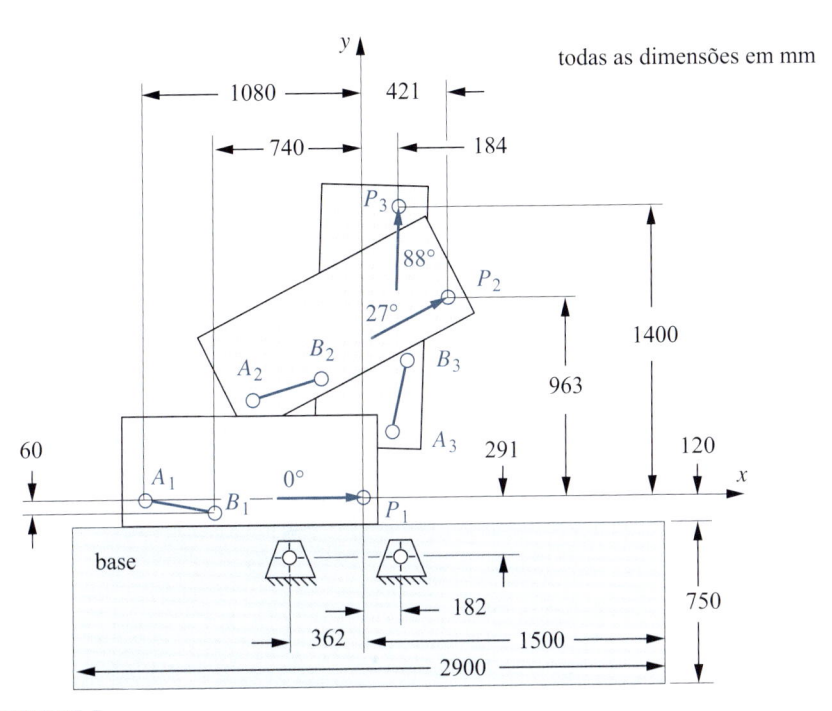

FIGURA P5-5

Dados para os problemas 5-27 a 5-30.

** 5-32 Projete um mecanismo de quatro barras para levar a caixa da Figura P5-6, através das três posições mostradas em ordem numérica, sem considerar os pivôs fixos mostrados. Use os pontos A e B como pontos de ligação. Os pivôs fixos devem estar na base. Determine a faixa do ângulo de transmissão.

** 5-33 Projete um mecanismo de quatro barras para levar a caixa da Figura P5-6, através das três posições mostradas em ordem numérica, sem considerar os pivôs fixos mostrados. Determine a faixa do ângulo de transmissão.

** 5-34 Projete um mecanismo de quatro barras para levar o parafuso da Figura P5-7, da posição 1 para a 2 e da 2 para a 3, sem considerar os pivôs fixos mostrados. O parafuso é alimentado pela garra na direção z (saindo da folha). A garra segura o parafuso, e seu mecanismo move o conjunto para a posição 3 para encaixar o conjunto no furo. Um segundo grau de liberdade, pertencente à montagem da garra (não mostrado), empurra o parafuso para dentro do furo. Estenda a montagem da garra o quanto for necessário para incluir os pivôs motores. Os pivôs fixos devem estar na base. Dica: tente adivinhar os valores de $\beta_2 = 70°$; $\beta_3 = 140°$, $\gamma_2 = -5°$, $\gamma_3 = -49°$.

* ** 5-35 Projete um mecanismo de quatro barras para levar o parafuso da Figura P5-7, da posição 1 para a 2 e da 2 para a 3 utilizando a localização dos pivôs fixos mostrados. Estenda a montagem da garra o quanto for necessário para incluir os pivôs motores. Ver o Problema 5-34 para mais informações.

5-36 Para a solução do mecanismo do Problema 5-35, adicione uma díade motora com uma manivela para controlar o movimento do seu mecanismo de quatro barras, a fim de não permitir que se mova além das posições um e três.

* Respostas no Apêndice F.

* ** Esses problemas são adequadamente resolvidos com o uso de programas de solução de equações tal como *Mathcad* ou *TKSolver*. Na maioria dos casos, suas soluções podem ser conferidas com o programa FOURBAR (ver Apêndice A).

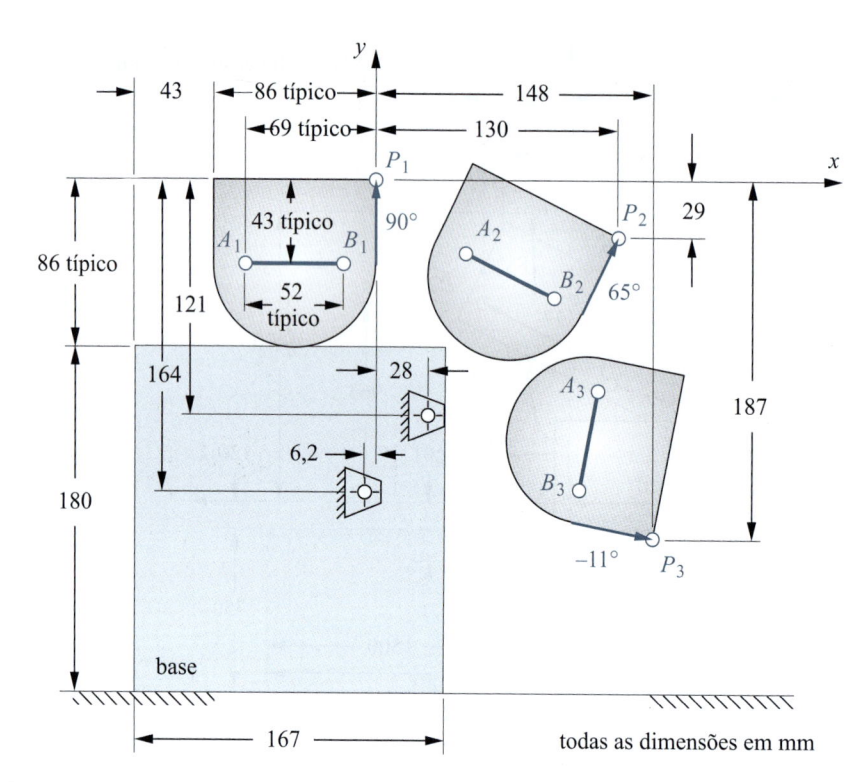

FIGURA P5-6

Dados para os problemas 5-31 a 5-33.

5-37 A Figura P5-8 mostra um mecanismo de carregamento de rolos de papel. O elo V é rotacionado 90° através de um mecanismo de quatro barras biela-manivela acionado pneumaticamente. Projete um mecanismo de quatro barras com junta pinada para substituir a estação de descarregamento e poder realizar essencialmente e mesma função. Escolha três posições para o rolo incluindo as duas posições finais e sintetize o mecanismo substituto. Utilize como um de seus elos um similar ao elo V já existente. Adicione uma díade motora que limite o movimento até a faixa desejada.

** 5-38 Projete um mecanismo de quatro barras para levar o objeto da Figura P5-9, através das três posições mostradas em ordem numérica, sem considerar os pivôs fixos mostrados. Use os pontos C e D como pontos de ligação. Determine a faixa do ângulo de transmissão.

** 5-39 Projete um mecanismo de quatro barras para levar o objeto da Figura P5-9, através das três posições mostradas em ordem numérica, sem considerar os pivôs fixos mostrados. Use qualquer um dos pontos mostrados como pontos de ligação. Os pivôs fixos devem estar na base. Determine a faixa do ângulo de transmissão.

** 5-40 Projete um mecanismo de quatro barras para levar o objeto da Figura P5-9 através das três posições mostradas em ordem numérica, sem considerar os pivôs fixos mostrados. Determine a faixa do ângulo de transmissão.

* Respostas no Apêndice F.

* ** Esses problemas são adequadamente resolvidos com o uso de programas de solução de equações tal como *Mathcad* ou *TKSolver*. Na maioria dos casos, suas soluções podem ser conferidas com o programa FOURBAR (ver Apêndice A).

SÍNTESE ANALÍTICA DOS MECANISMOS

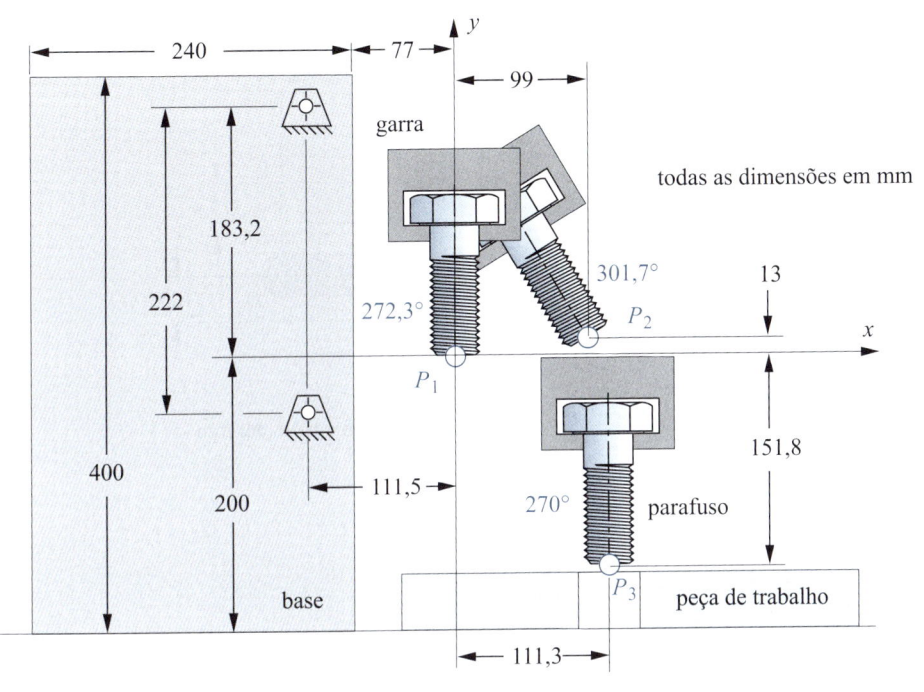

FIGURA P5-7
Problemas 5-34 a 5-36.

** 5-41 Repita o Problema 5-38 utilizando os dados mostrados na Figura P5-10 como alternativa.
** 5-42 Repita o Problema 5-39 utilizando os dados mostrados na Figura P5-10 como alternativa.

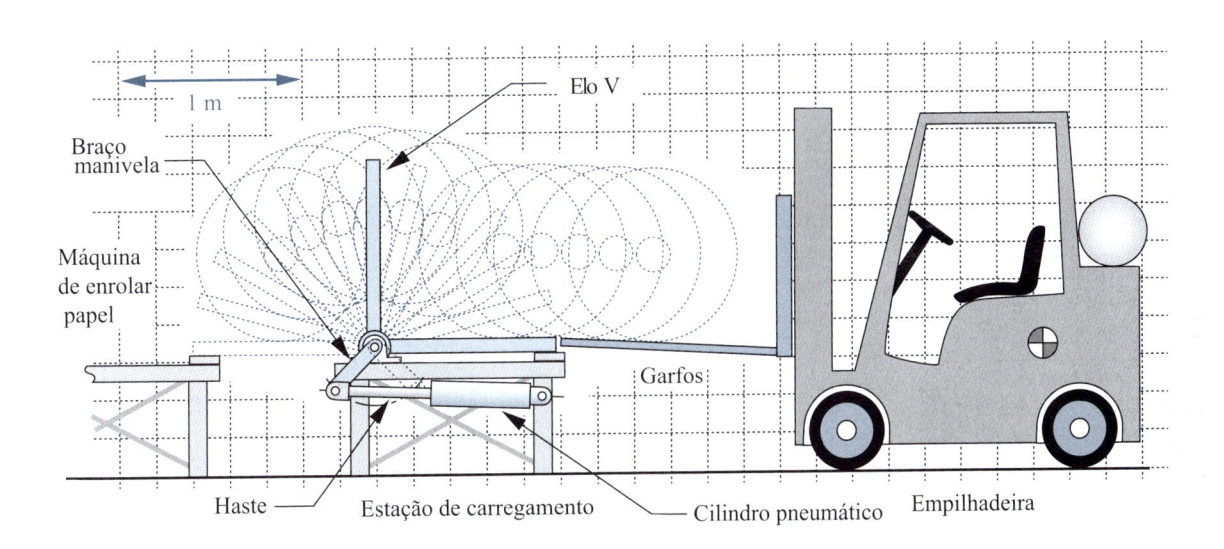

FIGURA P5-8
Problema 5-37.

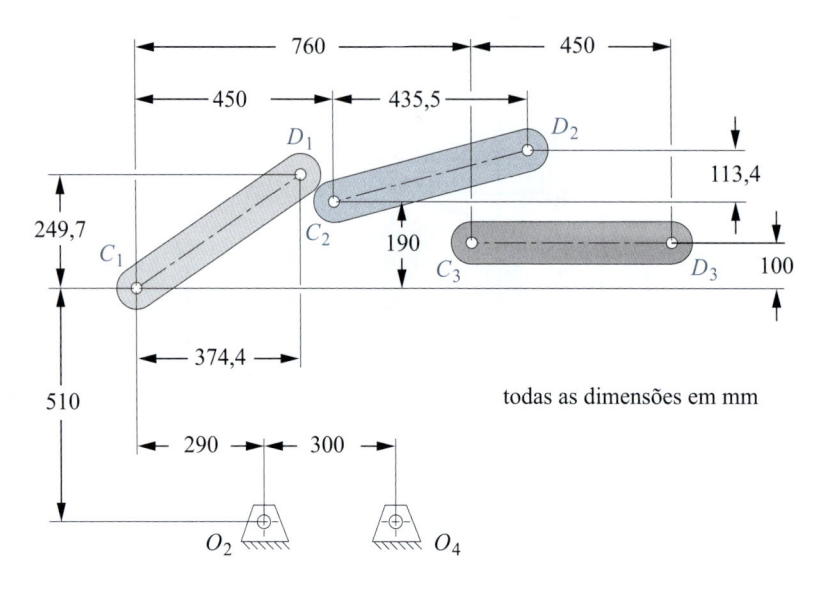

FIGURA P5-9

Dados para os problemas 5-38 a 5-40.

** 5-43 Repita o Problema 5-40 utilizando os dados mostrados na Figura P5-10 como alternativa.

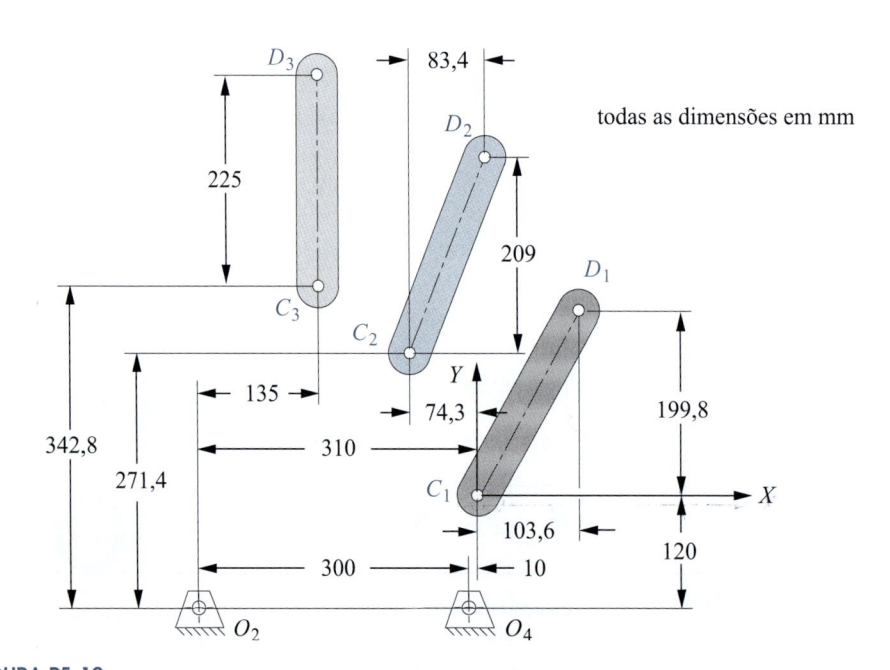

* ** Esses problemas são adequadamente resolvidos com o uso de programas de solução de equações tal como *Mathcad* ou *TKSolver*. Na maioria dos casos, suas soluções podem ser conferidas com o programa FOURBAR (ver Apêndice A).

FIGURA P5-10

Dados para os problemas 5-41 a 5-43.

Capítulo 6

ANÁLISE DE VELOCIDADES

Quanto mais rápido eu vou, mais para trás eu fico.
ANON. PENN. DUTCH

6.0 INTRODUÇÃO

Uma vez que uma análise de posição já foi feita, o próximo passo é determinar as velocidades de todos os elos e pontos de interesse no mecanismo. Precisamos saber as velocidades do nosso mecanismo para poder calcular a energia cinética armazenada, usando $mV^2/2$, e também para determinar as acelerações dos elos, as quais são necessárias para o cálculo das forças dinâmicas. Existem muitos métodos e abordagens para encontrar as velocidades em mecanismos. Vamos estudar apenas alguns desses métodos aqui. Primeiro, iremos desenvolver métodos gráficos manuais, que normalmente são úteis para verificação das soluções analíticas mais precisas. Também investigaremos as propriedades do centro instantâneo de velocidade (ou centro instantâneo de rotação), que podem esclarecer muito sobre o comportamento das velocidades do mecanismo, com pouquíssimo esforço. Por fim, vamos derivar as soluções analíticas dos mecanismos de quatro barras e biela-manivela invertidos para exemplificar a sequência geral de solução de problemas de análise de velocidade vetorial. Com esses cálculos, seremos capazes de estabelecer alguns índices de desempenho para julgar nossos projetos enquanto eles ainda estiverem na prancheta de desenho (ou no computador).

6.1 DEFINIÇÃO DE VELOCIDADE

Velocidade é definida como a *taxa de variação da posição em relação ao tempo*. A posição (**R**) é uma grandeza vetorial assim como a velocidade. A velocidade pode ser **angular** ou **linear**. A **velocidade angular** será representada por ω, e a **velocidade linear**, por **V**.

$$\omega = \frac{d\theta}{dt}; \qquad \mathbf{V} = \frac{d\mathbf{R}}{dt} \qquad (6.1)$$

A Figura 6-1 mostra o elo *PA* em rotação pura, pivotado no ponto *A* do plano *xy*. Sua posição é definida pelo vetor de posição $\mathbf{R}_{PA}$. Nos interessa a velocidade do ponto *P* quando o elo

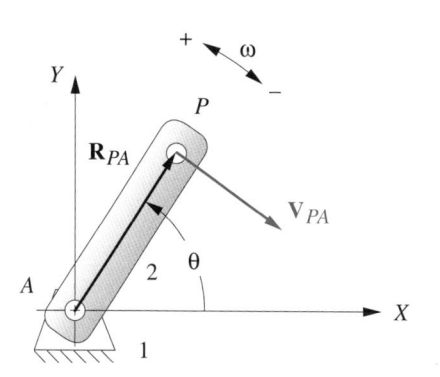

FIGURA 6-1

Um elo em rotação pura.

gira com velocidade angular ω. Se representássemos o vetor de posição $\mathbf{R}_{PA}$ como um número complexo na forma polar,

$$\mathbf{R}_{PA} = p e^{j\theta} \qquad (6.2)$$

em que p é o módulo do vetor. Podemos facilmente derivar isso para obter:

$$\mathbf{V}_{PA} = \frac{d\mathbf{R}_{PA}}{dt} = p j e^{j\theta} \frac{d\theta}{dt} = p\omega j e^{j\theta} \qquad (6.3)$$

Compare o lado direito da Equação 6.3 com o lado direito da Equação 6.2. Note que, devido à derivação, a expressão da velocidade foi multiplicada pelo operador complexo *j* (constante). Isso provoca uma defasagem de 90 graus do vetor velocidade em relação ao vetor de posição original. (Ver Figura 4-8b.) Essa rotação de 90 graus é positiva, ou seja, anti-horária. Entretanto, a expressão da velocidade também é multiplicada por ω, que pode ser tanto positivo quanto negativo. Como resultado disso, o vetor velocidade estará **defasado 90 graus** em relação ao ângulo θ do vetor de posição **em um sentido ditado pelo sinal de** ω. Isso é apenas uma verificação matemática do que você já sabia: *a velocidade é sempre perpendicular ao raio de rotação e é tangente à trajetória,* como mostrado na Figura 6-1.

A substituição da identidade de Euler (Equação 4.4a) na Equação 6.3 fornece as componentes real e imaginária (ou *x* e *y*) do vetor velocidade.

$$\mathbf{V}_{PA} = p\omega j (\cos\theta + j\,\operatorname{sen}\theta) = p\omega(-\operatorname{sen}\theta + j\cos\theta) \qquad (6.4)$$

Note que os termos com seno e cosseno estão em posições trocadas entre o termo real e o imaginário, devido à multiplicação pelo coeficiente *j*. Isso é um indício da defasagem de 90 graus do vetor velocidade em relação ao vetor de posição. O componente *x* da posição virou o componente *y* da velocidade, e o componente *y* da posição virou o componente *x* negativo da velocidade. Estude a Figura 4-8b para rever por que isso ocorre.

A velocidade $\mathbf{V}_{PA}$ na Figura 6-1 pode ser referida como uma **velocidade absoluta**, já que é referida a *A*, que é a origem global desse sistema de coordenadas. Como tal, nós poderíamos ter nos referido a ela como $\mathbf{V}_P$, sem o segundo subscrito, indicando que se refere ao sistema de coordenadas global. A Figura 6-2a mostra um sistema diferente e um pouco mais complicado em que o pivô *A* se movimenta. Ele tem velocidade linear $\mathbf{V}_A$ conhecida, que é a velocidade de translação do bloco 3. Se ω permanece o mesmo, a velocidade do ponto *P* em relação a *A*

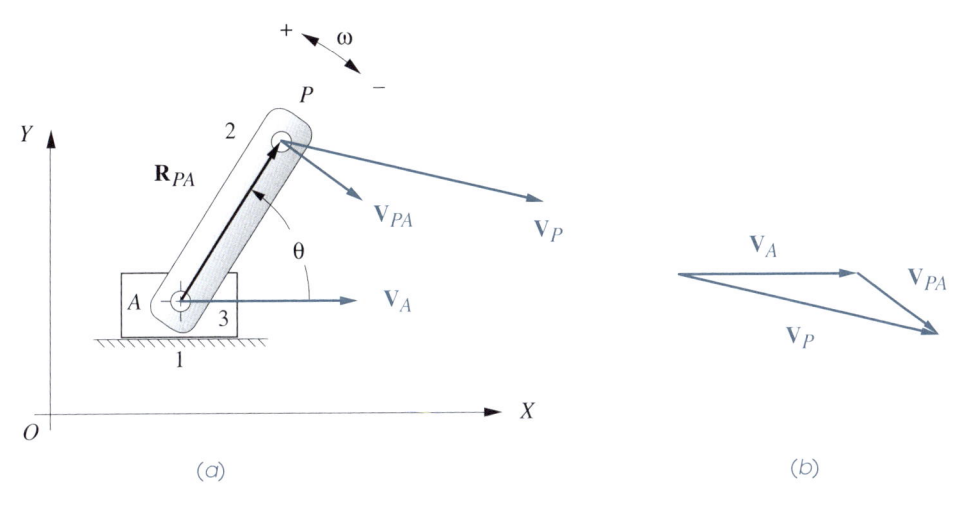

ANÁLISE DE VELOCIDADES

FIGURA 6-2
Diferença de velocidade.

será a mesma que antes, mas $\mathbf{V}_{PA}$ não poderá mais ser considerada uma velocidade absoluta. Agora ela é uma **diferença de velocidade** e **deve** ter o segundo subscrito assim como $\mathbf{V}_{PA}$. A velocidade absoluta $\mathbf{V}_P$ tem de ser obtida por meio da **equação da diferença de posição**, cuja solução gráfica é mostrada na Figura 6-2b:

$$\mathbf{V}_{PA} = \mathbf{V}_P - \mathbf{V}_A \qquad (6.5a)$$

rearranjando:

$$\mathbf{V}_P = \mathbf{V}_A + \mathbf{V}_{PA} \qquad (6.5b)$$

Note a similaridade da Equação 6.5 com a **Equação da diferença de posição** 4.1.

A Figura 6-3 mostra dois corpos independentes P e A, que poderiam ser dois automóveis se movendo num mesmo plano. Se suas velocidades independentes $\mathbf{V}_P$ e $\mathbf{V}_A$ forem conhecidas, sua **velocidade relativa** $\mathbf{V}_{PA}$ poderá ser encontrada com a Equação 6.5, ordenada algebricamente como:

$$\mathbf{V}_{PA} = \mathbf{V}_P - \mathbf{V}_A \qquad (6.6)$$

A solução gráfica dessa equação é mostrada na Figura 6-3b. Note que é similar à Figura 6-2b, exceto pelo fato de o resultado ser um vetor diferente.

Conforme fizemos com a análise de posição, daremos nomes diferentes a esses dois casos, embora a mesma equação se aplique. Repetindo a definição da Seção 4.2, modificada para se referir à velocidade:

CASO 1: *Dois pontos no mesmo corpo* => **diferença de velocidade**

CASO 2: *Dois pontos em corpos diferentes* => **velocidade relativa**

Essa distinção semântica será útil quando nós analisarmos velocidades de mecanismos e velocidades de deslizamento mais à frente neste capítulo.

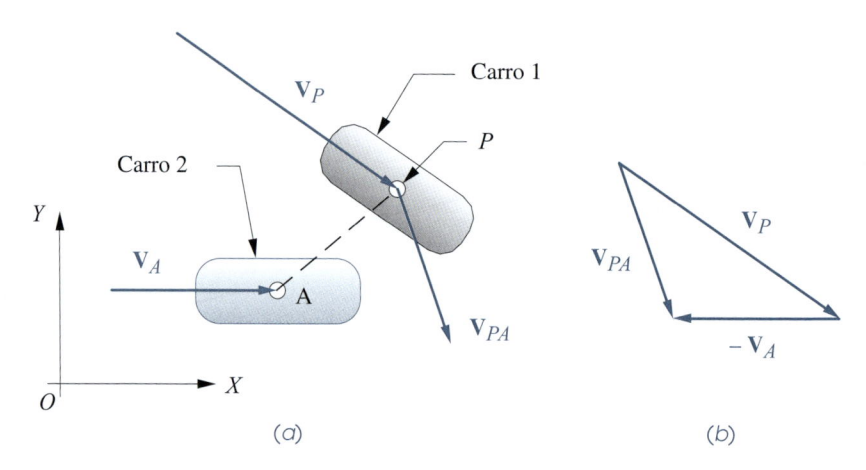

FIGURA 6-3

Velocidade relativa.

6.2 ANÁLISE GRÁFICA DE VELOCIDADES

Antes que computadores e calculadoras programáveis estivessem amplamente disponíveis para engenheiros, métodos gráficos eram os únicos meios práticos de resolver esses problemas de análise de velocidade. Com alguma prática e ferramentas apropriadas, como um tecnígrafo ou um pacote CAD, pode-se, de forma relativamente rápida, encontrar as velocidades de alguns pontos em um mecanismo para dada posição de entrada, desenhando-se diagramas vetoriais. Entretanto, esse é um processo entediante, se for preciso encontrar as velocidades para muitas posições do mecanismo, pois para cada nova posição é necessário desenhar um conjunto completamente novo de diagramas vetoriais. Muito pouco do trabalho feito para encontrar as velocidades na posição 1 pode ser aproveitado para a posição 2 e para outras. Apesar disso, esse método não tem apenas valor histórico, pois ele possibilita uma verificação rápida dos resultados obtidos de uma solução por meio de um programa de computador. Tal verificação só precisa ser feita para algumas posições para provar a validade do programa. Além disso, soluções gráficas permitem que estudantes dos primeiros anos visualizem a solução, o que ajuda a desenvolver uma melhor compreensão dos princípios fundamentais. Principalmente devido a esse último motivo, soluções gráficas foram incluídas nesse texto, mesmo na "era do computador".

Para resolver qualquer problema gráfico de análise de velocidades, precisamos de apenas duas equações, 6.5 e 6.7 (a qual é meramente a forma escalar da Equação 6.3):

$$|\mathbf{V}| = v = r\omega \qquad (6.7)$$

Note que a Equação 6.7 define apenas o **módulo** (v) da velocidade de qualquer ponto de um corpo que esteja em rotação pura. Em uma análise gráfica do CASO 1, a **direção** do vetor da Equação 6.3 deve ser entendida como perpendicular ao raio de rotação. Dessa forma, se o centro de rotação é conhecido, a direção do componente da velocidade é conhecida, devido à rotação, e seu sentido será coerente com a velocidade angular ω do corpo.

ANÁLISE DE VELOCIDADES

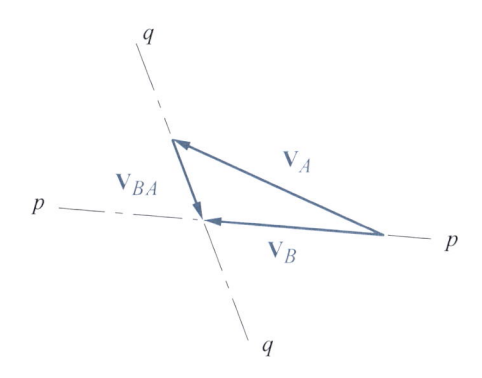

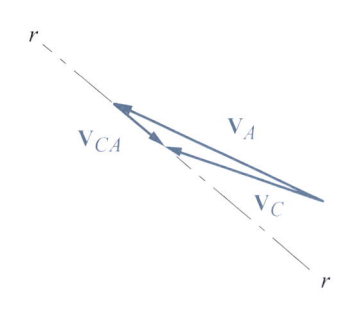

(b) Diagrama de velocidade para os pontos A e B

(c) Diagrama de velocidade para os pontos A e B

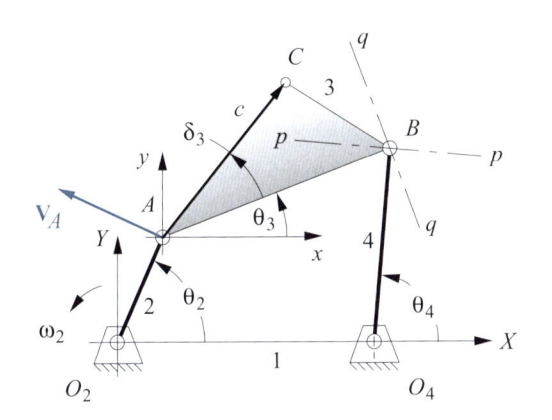

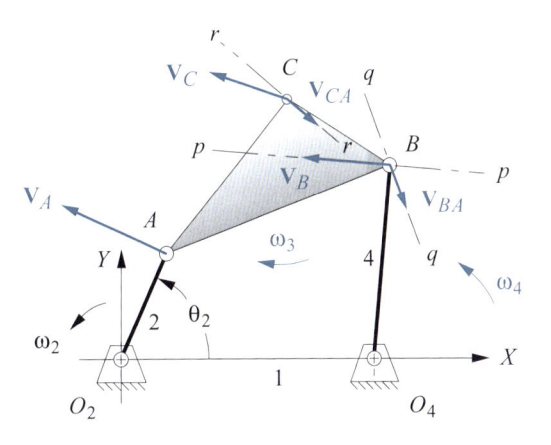

(a) Mecanismo mostrando velocidade do ponto A

(d) Mecanismo mostrando velocidades dos pontos A, B e C

FIGURA 6-4
Solução gráfica das velocidades em um mecanismo com juntas pinadas.

A Figura 6-4 mostra um mecanismo de quatro barras em posição particular. Queremos determinar as velocidades angulares dos elos 3 e 4 (ω_3, ω_4) e as velocidades lineares dos pontos A, B e C ($\mathbf{V}_A$, $\mathbf{V}_B$, $\mathbf{V}_C$). O ponto C representa qualquer ponto de interesse geral. Talvez C seja o ponto acoplador. O método de solução é válido para qualquer ponto em qualquer elo. Para resolver esse problema, precisamos saber os *comprimentos e as posições angulares de todos os elos*, e a *velocidade instantânea de entrada de qualquer elo ou ponto motor*. Admitindo que tivéssemos projetado esse mecanismo, saberíamos ou poderíamos medir os comprimentos dos elos. Inicialmente, devemos fazer uma **análise completa de posição** para encontrar os ângulos θ_3 e θ_4, dada a posição do elo de entrada θ_2. Isso pode ser feito por qualquer um dos métodos do Capítulo 4. Geralmente, devemos resolver esses problemas em etapas, primeiro as posições dos elos, então as velocidades e, finalmente, as acelerações. Para o exemplo a seguir, assumimos que uma análise completa de posição já foi feita e que a entrada é o elo 2, com θ_2 e ω_2 conhecidos para essa posição "congelada" do mecanismo em movimento.

EXEMPLO 6-1

Análise gráfica de velocidades para uma posição do mecanismo.

Problema: Dados θ_2, θ_3, θ_4, ω_2, encontre ω_3, ω_4, $\mathbf{V}_A$, $\mathbf{V}_B$, $\mathbf{V}_C$ com métodos gráficos.

Solução: (Ver Figura 6-4.)

1. Inicie pela extremidade do mecanismo do qual você possui mais informação. Calcule o módulo da velocidade do ponto A usando e Equação escalar 6.7.

$$v_a = (AO_2)\omega_2 \qquad (a)$$

2. Desenhe o vetor velocidade $\mathbf{V}_A$ com o comprimento igual a seu módulo v_A, em alguma escala conveniente, partindo do ponto A e com direção perpendicular ao raio AO_2. O sentido é o mesmo de ω_2, conforme mostrado na Figura 6-4a.

3. Vá para algum ponto do qual você tenha alguma informação. Note que a direção da velocidade de B é previsível, desde que ele seja pivotado com rotação pura ao redor de O_4. Desenhe uma linha de construção pp passando pelo ponto B perpendicular a BO_4, para representar a direção de $\mathbf{V}_B$, como mostrado na Figura 6-4a.

4. Escreva a Equação vetorial da diferença de velocidade 6.5 para o ponto B em relação ao ponto A.

$$\mathbf{V}_B = \mathbf{V}_A + \mathbf{V}_{BA} \qquad (b)$$

Vamos usar o ponto A como ponto de referência para encontrar $\mathbf{V}_B$, porque A e B pertencem ao mesmo elo e nós já encontramos $\mathbf{V}_A$. Qualquer equação vetorial bidimensional pode ser resolvida para duas incógnitas. Cada termo tem dois parâmetros, sendo eles o módulo e a direção. Há, então, seis incógnitas em potencial para essa equação, duas por termo. Devemos conhecer quatro delas para poder solucioná-la. Conhecemos o módulo e a direção de $\mathbf{V}_A$ e a direção de $\mathbf{V}_B$. Precisamos conhecer mais um parâmetro.

5. O termo $\mathbf{V}_{BA}$ representa a velocidade de B em relação a A. Se assumirmos que o elo BA é rígido, então não pode haver componente de $\mathbf{V}_{BA}$ na direção da linha BA, porque o ponto B não pode se aproximar ou se afastar do ponto A sem encolher ou esticar o elo rígido! Consequentemente, a direção de $\mathbf{V}_{BA}$ tem de ser perpendicular à linha BA. Desenhe a linha de construção qq passando pelo ponto B e perpendicular a BA para representar a direção de $\mathbf{V}_{BA}$, como mostrado na Figura 6-4a.

6. Agora a equação vetorial pode ser resolvida graficamente, desenhando-se o diagrama vetorial, conforme mostrado na Figura 6-4b. Ferramentas de desenho ou um pacote CAD são necessários para esse passo. Primeiro, desenhe o vetor velocidade $\mathbf{V}_A$ cuidadosamente em alguma escala, mantendo sua direção. (Ele foi desenhado com o dobro do tamanho na figura.) A equação no passo 4 diz para somar $\mathbf{V}_{BA}$ a $\mathbf{V}_A$, então desenhe uma linha paralela à linha qq passando pelo vértice de $\mathbf{V}_A$. O resultado, ou o lado esquerdo da equação, deve fechar o diagrama vetorial, da origem do primeiro vetor desenhado ($\mathbf{V}_A$) até o vértice do último, então desenhe uma linha paralela a pp passando pela origem de $\mathbf{V}_A$. A intersecção dessas duas linhas paralelas a pp e a qq define os comprimentos de $\mathbf{V}_B$ e $\mathbf{V}_{BA}$. Os sentidos dos vetores são determinados pela equação. $\mathbf{V}_A$ foi somada a $\mathbf{V}_{BA}$, então elas devem ser dispostas como vértice com origem. $\mathbf{V}_B$ é o resultado, então ela deve ir da origem do primeiro até o vértice do último. Os vetores resultantes são mostrados na Figura 6-4b e d.

7 As velocidades angulares dos elos 3 e 4 podem ser calculadas com a Equação 6.7:

$$\omega_4 = \frac{v_B}{BO_4} \qquad \text{e} \qquad \omega_3 = \frac{v_{BA}}{BA} \qquad (c)$$

Note que o termo da diferença de velocidade $\mathbf{V}_{BA}$ representa a componente rotacional da velocidade do elo 3 devido a ω_3. Isso é verdadeiro se o ponto B não puder se aproximar ou se afastar do ponto A. A única diferença de velocidade que eles podem ter, de um em relação ao outro, é devido à rotação da linha que os conecta. Você pode pensar no ponto B rodando em torno do ponto A como centro, ou o ponto A na linha AB rodando em torno de B como centro. A velocidade angular ω de qualquer corpo é um "vetor livre" que pode ser aplicado a qualquer ponto do corpo. Ele existe ao longo de todo o corpo.

8 Finalmente podemos determinar $\mathbf{V}_C$, novamente usando a Equação 6.5. Selecionamos qualquer ponto no elo 3 para o qual conhecemos a velocidade absoluta para usar como referência, como o ponto A.

$$\mathbf{V}_C = \mathbf{V}_A + \mathbf{V}_{CA} \qquad (d)$$

Nesse caso, calculamos o módulo de $\mathbf{V}_{CA}$ com a Equação 6.7, da mesma forma que fizemos para encontrar ω_3.

$$v_{ca} = c\omega_3 \qquad (e)$$

Desde que $\mathbf{V}_A$ e $\mathbf{V}_{CA}$ sejam conhecidos, o diagrama vetorial pode ser desenhado de maneira direta como mostrado na Figura 6-4c. $\mathbf{V}_C$ é o vetor resultante que fecha o diagrama vetorial. A Figura 6-4d mostra os vetores velocidade calculados no diagrama do mecanismo. Note que o vetor diferença de velocidade $\mathbf{V}_{CA}$ é perpendicular à linha CA (assim como à linha rr) pelos mesmos motivos discutidos no passo 7 acima.

O exemplo acima contém alguns princípios interessantes e significativos, que merecem ênfase adicional. A Equação 6.5a é repetida aqui para discussão.

$$\mathbf{V}_P = \mathbf{V}_A + \mathbf{V}_{PA} \qquad (6.5a)$$

Essa equação representa a velocidade *absoluta* de um ponto genérico P em relação à origem do sistema de coordenadas global. O lado direito a define como a soma da velocidade absoluta de um outro ponto de referência A no mesmo sistema de coordenadas com a diferença de velocidade (ou velocidade relativa) do ponto P em relação ao ponto A. Essa equação poderia ser reescrita como:

Velocidade = componente de rotação + componente de translação

Essas são as componentes de movimento definidas pelo teorema de Chasles, e introduzidas na Seção 4.3. O teorema de Chasles também se aplica para a velocidade. Essas duas componentes do movimento, translação e rotação, são independentes entre si. Se alguma delas for zero num exemplo particular, o movimento complexo se reduzirá aos casos especiais de translação pura ou de rotação pura. Quando ambas estão presentes, a velocidade total será meramente a soma vetorial delas.

Vamos revisar o que foi feito no Exemplo 6-1, para extrair a estratégia geral de solução desse tipo de problema. Começamos pelo lado da entrada do mecanismo, pois é lá que a velocidade angular motora estava definida. Primeiro, olhamos para um ponto (A), para o qual o movimento é de rotação pura, de forma que um dos termos da Equação 6.5 fosse zero.

(Poderíamos ter olhado para um ponto em translação pura para iniciarmos nossa solução.) Então, encontramos a velocidade absoluta desse ponto (V_A) usando as equações 6.5 e 6.7. *(Passos 1 e 2)*

Em seguida, usamos o ponto (A), cuja velocidade se acabou de determinar, como ponto de referência para definir a componente de translação do novo ponto (B). Note que precisávamos escolher um segundo ponto (B), pertencente ao mesmo corpo rígido que o ponto de referência (A), que já tinha velocidade conhecida e que podíamos prever algum aspecto da velocidade desse novo ponto (B). Nesse exemplo, sabíamos a direção da velocidade V_B. Em geral, essa condição é satisfeita por qualquer ponto pertencente a um elo pivotado no elo terra (como o elo 4). Nesse exemplo, não tínhamos como determinar a velocidade do ponto C até ter encontrado a velocidade de B, porque a direção da velocidade do ponto C ainda era desconhecida por ele estar em um elo flutuante. *(Passos 3 e 4)*

Para resolver a equação para o segundo ponto (B), também precisávamos reconhecer que a componente rotacional da velocidade é perpendicular à reta que conecta os dois pontos do elo (B e A no exemplo). Você **sempre saberá a direção da componente de rotação** na Equação 6.5 **se ela representar uma situação de diferença de velocidade** (CASO 1). *Se a componente de rotação relaciona dois pontos pertencentes a um* **mesmo corpo rígido**, *então essa componente da diferença de velocidade é sempre perpendicular à linha que conecta esses dois pontos* (ver Figura 6-2). Isso é válido independentemente dos dois pontos escolhidos. Mas, *isso não é verdadeiro em uma situação do* CASO 2 (ver Figura 6-3). *(Passos 5 e 6)*

Uma vez encontrada a velocidade absoluta (V_B) do segundo ponto no mesmo elo (CASO 1), podemos calcular a velocidade angular desse elo. (Note que os pontos A e B pertencem ao elo 3 e que a velocidade do ponto O_4 é zero.) Uma vez conhecidas as velocidades angulares de todos os elos, pudemos encontrar a velocidade de qualquer ponto (como o C) em qualquer elo, usando a Equação 6.5. Para isso, tínhamos de entender o conceito de velocidade angular como um **vetor livre**, o que significa que ela existe no elo todo em um dado instante. *Ela possui uma infinidade de centros em potencial.* O elo simplesmente tem *uma velocidade angular*, da mesma forma que um disco lançado rotacionando pelo campo.

Todos os pontos num *disco*, se estiver girando enquanto voa, obedecem à Equação 6.5. Solto, o disco irá girar em torno de seu próprio centro de gravidade (CG), que fica próximo ao centro de sua forma circular. Mas se você for um jogador de disco experiente (e tiver habilidade com os dedos), pode se imaginar pegando o disco no ar entre seus dois dedos indicadores em algum ponto fora de centro (que não seja o CG), de forma que o disco continue a girar entre as pontas dos seus dedos. Nesse exemplo meio forçado de partida de campeonato de disco, você teria levado a componente de translação do movimento do disco a zero, mas a componente de rotação independente ainda estaria presente. Além do mais, o disco estaria girando em torno de um centro diferente (seus dedos) do que estava durante o voo (o CG). Dessa forma, esse **vetor livre** da velocidade angular (ω) se transporta facilmente para qualquer ponto do corpo. O corpo continua tendo o mesmo ω, independentemente do centro de rotação. Isso é uma propriedade que nos permite resolver a Equação 6.5, literalmente, para **qualquer ponto** em um corpo rígido em movimento complexo em **relação a qualquer outro ponto** nesse corpo. *(Passos 7 e 8)*

6.3 CENTROS INSTANTÂNEOS DE VELOCIDADE

A definição de **centro instantâneo** de velocidade é *um ponto, comum a dois corpos no plano de movimento, em que o ponto tem a mesma velocidade instantânea em cada corpo.* Centros instantâneos de rotação algumas vezes também são chamados de *polos de rotação*. Uma vez que são necessários dois corpos ou elos para criar um centro instantâneo de velocidade (*CIV*), podemos predizer qual a quantidade de centros instantâneos de rotação que podemos esperar de um conjunto de elos. A fórmula da combinação para *n* coisas, sendo *r* de cada vez é:

$$C = \frac{n(n-1)(n-2)\cdots(n-r+1)}{r!} \qquad (6.8a)$$

Para o nosso caso *r* = 2, e a fórmula se reduz a:

$$C = \frac{n(n-1)}{2} \qquad (6.8b)$$

Da Equação 6.8b, podemos ver que um mecanismo de quatro barras tem seis centros instantâneos de rotação, um de seis barras tem 15, e um de oito barras tem 28.

A Figura 6-5 mostra um mecanismo de quatro barras em uma posição qualquer. Ela também mostra um **diagrama de barras**[*] que é útil para marcar quais *CIVs* já foram encontrados. Esse diagrama em particular pode ser criado desenhando-se um círculo, no qual marcamos um ponto para cada elo presente no nosso mecanismo. Então, vamos traçar uma reta entre os pontos, representando os pares de elos toda vez que encontrarmos um centro instantâneo. O diagrama de barras resultante é o conjunto de linhas que conectam os pontos. Ele não inclui o círculo, que só é usado para posicionar os pontos. Esse diagrama é na verdade a solução gráfica da Equação 6.8b, uma vez que, conectando todos os pontos em pares, fornece todas as possíveis combinações de pontos tomados de dois em dois.

Alguns *CIVs* podem ser encontrados por inspeção, usando-se apenas a definição de centro instantâneo de velocidade. Note na Figura 6-5a que as quatro juntas pinadas esclarecem a definição. Elas claramente possuem a mesma velocidade em ambos os elos em qualquer momento. Esses foram designados $I_{1,2}$, $I_{2,3}$, $I_{3,4}$ e $I_{1,4}$. A ordem dos subscritos é irrelevante. O centro instantâneo $I_{2,1}$ é o mesmo que $I_{1,2}$. Algumas vezes esses *CIVs* em juntas pinadas são chamados de centros instantâneos "permanentes", por eles se manterem no mesmo local em todas as posições do mecanismo. Em geral, centros instantâneos se movem à medida que o mecanismo muda de posição, por isso o adjetivo *instantâneo*. Nesse exemplo de quatro barras existem mais dois *CIVs* para serem encontrados. O uso do teorema de Aronhold-Kennedy,[**] também chamado de *regra de Kennedy*,[3] nos ajudará a localizá-los.

Regra de Kennedy:

Quaisquer três corpos em movimento plano terão exatamente três centros instantâneos, e ***eles serão colineares***.

A primeira parte dessa regra é apenas uma reformulação da Equação 6.8b para *n* = 3. A segunda parte dessa regra será mais útil. Note que essa regra **não** requer que os três corpos estejam conectados de alguma forma. Podemos usar essa regra, em conjunto com o diagrama de barras, para encontrar os demais *CIVs* que não são óbvios por inspeção. A Figura 6.5b mostra a construção necessária para encontrar o centro instantâneo $I_{2,4}$. O exemplo a seguir descreve o procedimento em detalhes.

---

[*] Note que esse diagrama não é uma traçagem de pontos em um sistema de coordenadas *xy*. Ao contrário, ele é um *diagrama de barras* do fascinante ramo da matemática chamado de *teoria dos grafos*, que é um ramo da topologia. Diagramas de barras normalmente são usados para descrever inter-relacionamentos entre vários fenômenos. Eles têm muitas aplicações na cinemática, especialmente como uma forma de classificar mecanismos e encontrar isômeros.

[**] Descoberto independentemente por Aronhold na Alemanha, em 1872, e por Kennedy na Inglaterra, em 1886. Kennedy[3] expressa em seu prefácio, "O teorema dos três centros (instantâneos) virtuais... foi concebido primeiro, eu creio, por Aronhold, embora sua publicação prévia fosse desconhecida por mim até alguns anos após eu tê-la apresentado em minhas palestras". A autoria tende a ser atribuída a Kennedy nos países de língua inglesa e a Aronhold nos países de língua alemã.

EXEMPLO 6-2

Encontrando todos os centros instantâneos de um mecanismo de quatro barras.

Problema: Dado um mecanismo de quatro barras em uma posição, encontre todos os *CIVs* por métodos gráficos.

Solução: (Ver Figura 6-5.)

1. Desenhe um círculo com pontos numerados sobre a circunferência representando todos os elos, como mostrado na Figura 6-5a.

2. Localize o maior número possível de *CIVs* por inspeção. Todas as juntas pinadas serão *CIVs* permanentes. Conecte os pontos numerados dos elos no círculo para criar um diagrama de barras e marcar os *CIVs* encontrados, como mostrado na Figura 6-5a.

3. Identifique uma combinação de elos no diagrama de barras que ainda não teve o *CIV* encontrado, e desenhe uma linha tracejada conectando os pontos numerados dos elos. Identifique dois triângulos, no diagrama, que contenham a linha tracejada e que os outros dois lados sejam linhas sólidas que representam *CIVs* previamente encontrados. No diagrama da Figura 6-5b, os números dos elos 1 e 3 foram conectados com uma linha tracejada. Essa linha forma um triângulo com lados 13, 34 e 14, e outro com lados 13, 23 e 12. Esses triângulos definem trios de *CIVs* que obedecem à **regra de Kennedy**. Dessa forma, os *CIVs* 13, 34 e 14 **devem pertencer a uma linha reta**. E os *CIVs* 13, 23 e 12 também **devem pertencer a uma outra linha reta**.

4. No diagrama do mecanismo, desenhe uma linha que passe pelos *CIVs* conhecidos que formam um triângulo com o *CIV* desconhecido. Repita para o outro trio. Na Figura 6-5b, uma linha foi desenhada passando por $I_{1,2}$ e por $I_{2,3}$ e estendida. $I_{1,3}$ deve pertencer a essa reta. Outra linha foi desenhada passando por $I_{1,4}$ e $I_{3,4}$ e estendida até intersectar a primeira linha. Pela regra de Kennedy, o centro instantâneo $I_{1,3}$ também deve pertencer a essa linha, então $I_{1,3}$ é a intersecção delas.

5. Conecte os pontos numerados dos elos 2 e 4 com uma linha tracejada no diagrama de barras, como mostrado na Figura 6-5c. Essa linha forma um triângulo com lados 24, 23 e 34, e outro triângulo com lados 24, 12 e 14. Esses lados representam trios de *CIVs* que obedecem à regra de Kennedy. Dessa forma, os *CIVs* 24, 23 e 34 devem pertencer a uma mesma linha reta. E os *CIVs* 24, 12 e 14 também devem pertencer à outra linha reta.

6. No diagrama do mecanismo, desenhe uma linha que passe pelos dois *CIVs* conhecidos que formam um trio com o *CIV* desconhecido. Repita para o outro trio. Na Figura 6-5c, foi desenhada uma linha passando por $I_{1,2}$ e por $I_{1,4}$ e estendendo-se. $I_{2,4}$ deve pertencer a essa reta. Outra linha foi desenhada passando por $I_{2,3}$ e $I_{3,4}$ e estendida até intersectar a primeira linha. Pela regra de Kennedy, o centro instantâneo $I_{2,4}$ também deve pertencer a essa linha, então $I_{2,4}$ é a intersecção delas.

7. Se houver mais elos, esse procedimento deve ser repetido até todos os *CIVs* serem encontrados.

A presença de juntas tipo deslizante faz com que os centros instantâneos seja uma pouco mais delicado, como é mostrado no próximo exemplo. A Figura 6-6a mostra um **mecanismo biela-manivela de quatro barras**. Note que só existem três juntas pinadas nesse mecanismo. Todas as juntas pinadas são *centros instantâneos permanentes*. Mas a junta entre os elos 1 e 4

ANÁLISE DE VELOCIDADES

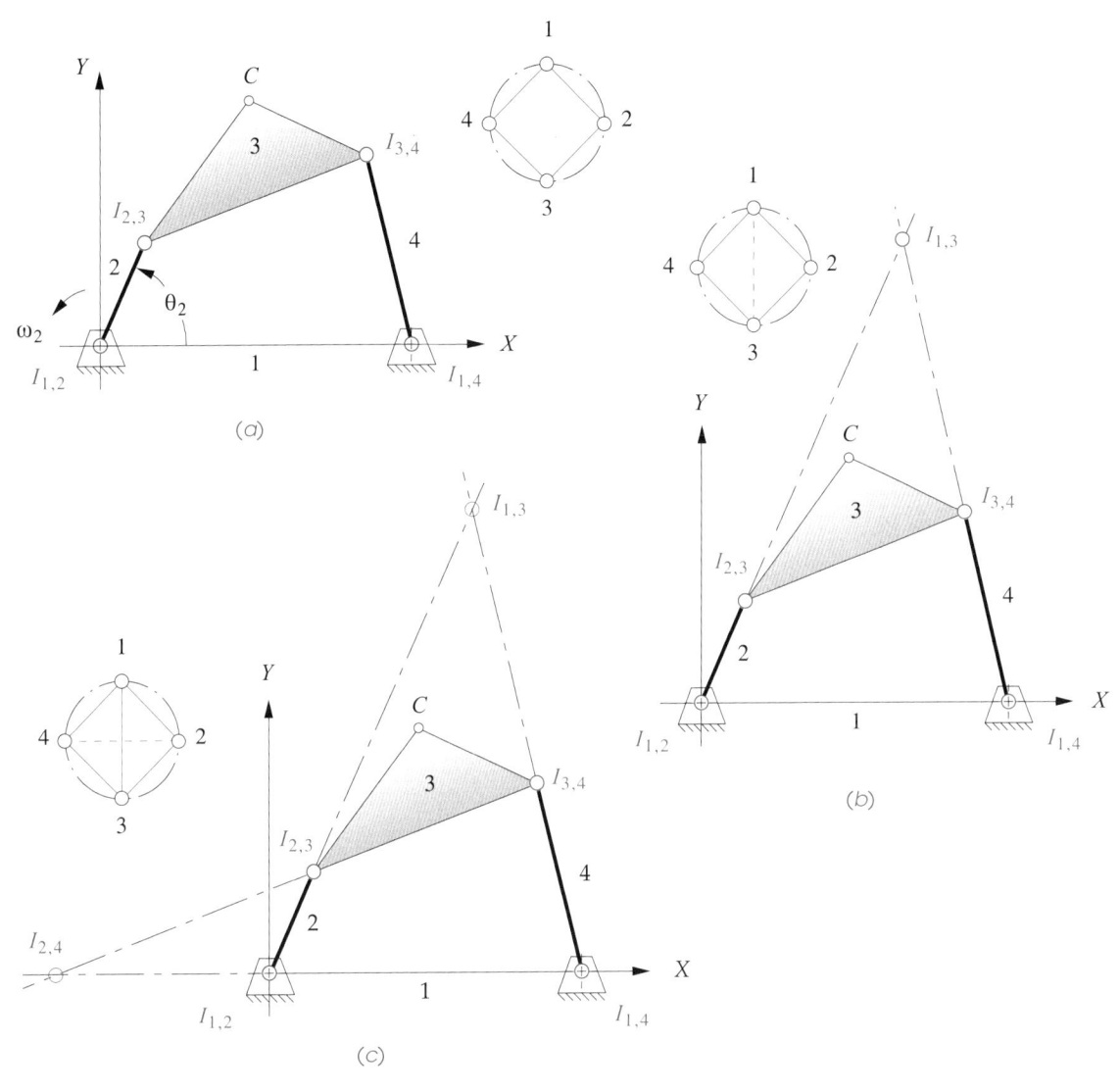

FIGURA 6-5

Localizando centros instantâneos em um mecanismo com junta pinada.

é totalmente deslizante e retilínea. Uma junta deslizante é cinematicamente equivalente a um elo infinitamente longo, "pivotado" no infinito. A Figura 6-6b mostra uma versão por pinos da biela-manivela, em que o elo 4 é um seguidor muito longo. Agora, o ponto B balança através do arco, que é praticamente uma linha reta. Está claro na Figura 6-6b que, nesse mecanismo, $I_{1,4}$ é o pivô O_4. Agora, imagine aumentar o comprimento desse elo 4 seguidor ainda mais. No limite, o elo 4 se aproxima do comprimento infinito, o pivô O_4 se aproxima do infinito ao longo da linha em que estava o longo seguidor original, e o movimento arqueado do ponto B se aproxima de uma linha reta. Dessa forma, *uma junta tipo cursor terá seu centro instantâneo no infinito junto a uma linha perpendicular à direção de deslizamento*, como mostrado na Figura 6-6a.

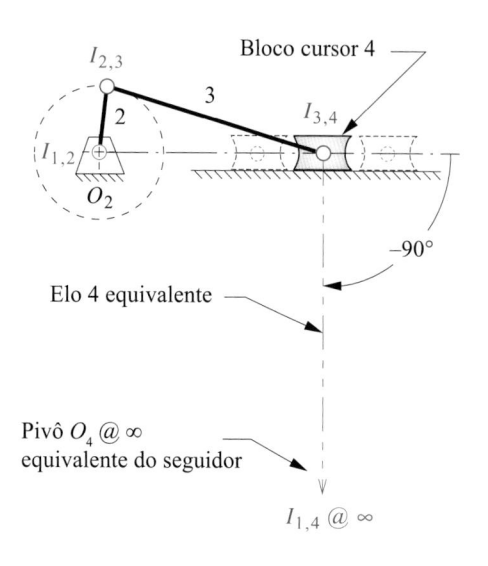

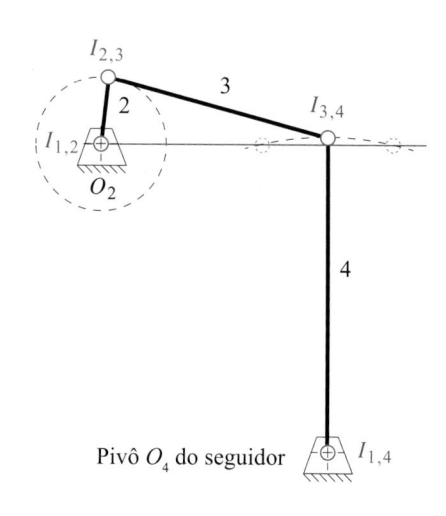

(a) Mecanismo biela-manivela

(b) Mecanismo manivela seguidor

FIGURA 6-6

Centro instantâneo no infinito de um cursor retilíneo.

EXEMPLO 6-3

Encontrando todos os centros instantâneos para um mecanismo biela-manivela.

Problema: Dado um mecanismo biela-manivela em uma posição, encontre todos os *CIVs* por métodos gráficos.

Solução: (Ver Figura 6-7.)

1. Desenhe um círculo com pontos numerados sobre a circunferência representando todos os elos, como mostrado na Figura 6-7a.

2. Localize por inspeção todos os *CIVs* possíveis. Todas as juntas pinadas serão *CIVs* permanentes. O centro instantâneo do cursor estará no infinito junto a uma linha perpendicular ao eixo de deslizamento. Conecte os pontos numerados dos elos no círculo para criar um diagrama de barras e marcar os *CIVs* encontrados, como na Figura 6-7a.

3. Identifique uma combinação de elos no diagrama de barras que ainda não teve o *CIV* encontrado, e desenhe uma linha tracejada conectando os pontos numerados dos elos. Identifique dois triângulos, no diagrama, que contenham a linha tracejada e que os outros dois lados sejam linhas sólidas que representam *CIVs* previamente encontrados. No diagrama da Figura 6-7b, os números dos elos 1 e 3 foram conectados com uma linha tracejada. Essa linha forma um triângulo com lados 13, 34 e 14, e outro triângulo com lados 13, 23 e 12. Esses triângulos definem trios de *CIVs* que obedecem à regra de Kennedy. Dessa forma os *CIVs* 13, 34 e 14 devem pertencer a uma linha reta. E os *CIVs* 13, 23 e 12 também devem pertencer à outra linha reta.

4. No diagrama do mecanismo, desenhe uma linha que passe pelos *CIVs* conhecidos, que formam um triângulo com o *CIV* desconhecido. Repita para o outro trio. Na Figura 6-7b, uma linha foi desenhada passando por $I_{1,2}$ e por $I_{2,3}$ e estendida. $I_{1,3}$ deve pertencer a essa

ANÁLISE DE VELOCIDADES

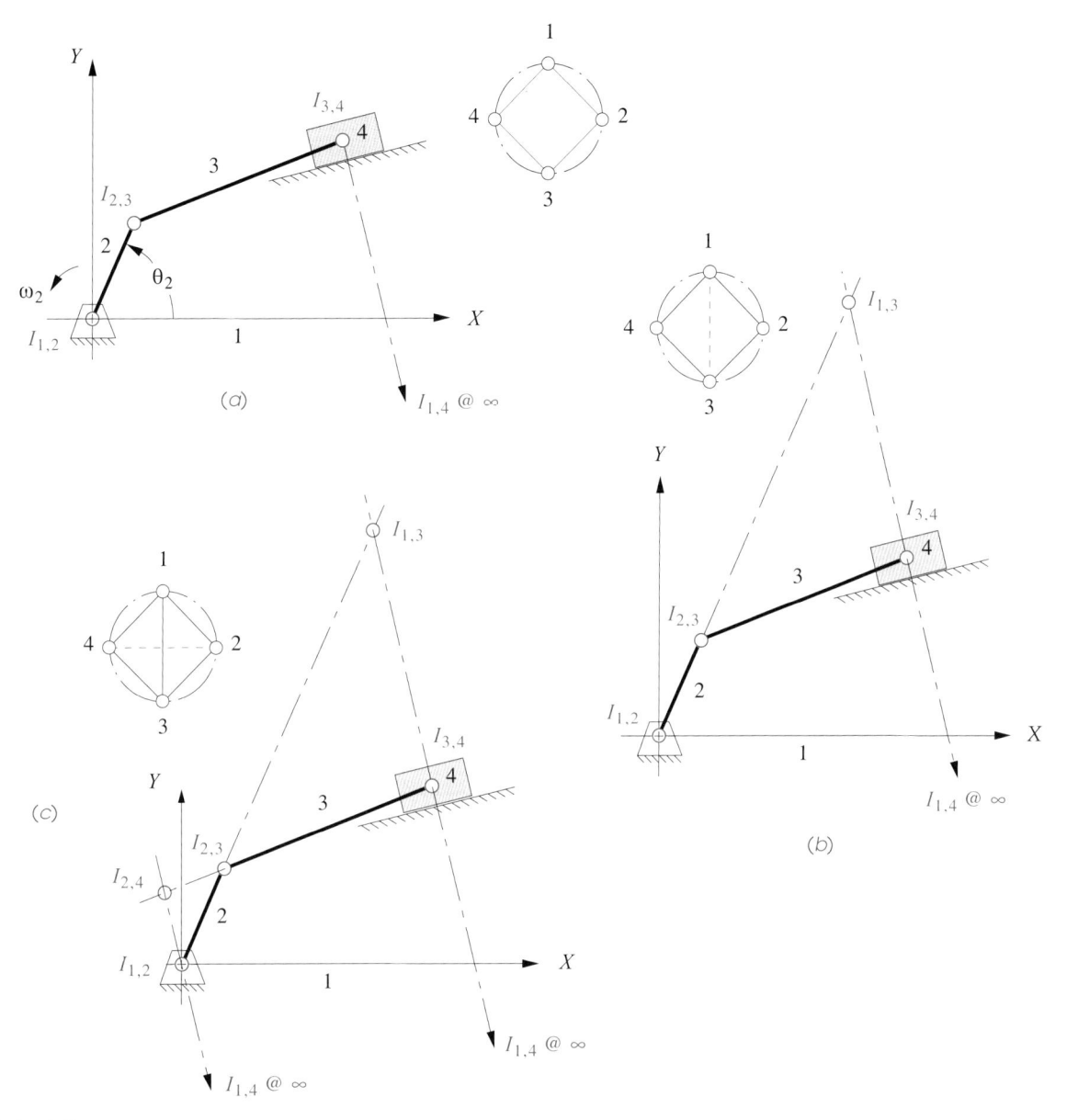

FIGURA 6-7

Localizando centros instantâneos no mecanismo biela-manivela.

reta. Outra linha foi desenhada passando por $I_{1,4}$ (no infinito), através de $I_{3,4}$ e estendida até intersectar a primeira linha. Pela regra de Kennedy, o centro instantâneo $I_{1,3}$ também deve pertencer a essa linha, então $I_{1,3}$ é a intersecção delas.

5 Conecte os pontos numerados dos elos 2 e 4 com uma linha tracejada no diagrama de barras, como mostrado na Figura 6-7c. Essa linha forma um triângulo com lados 24, 23 e 34, e outro triângulo com lados 24, 12 e 14. Esses lados representam trios de *CIVs* que obedecem à regra de Kennedy. Dessa forma os *CIVs* 24, 23 e 34 devem pertencer a uma mesma linha reta. E os *CIVs* 24, 12 e 14 também devem pertencer à outra linha reta.

6 No diagrama do mecanismo, desenhe uma linha que passe pelos dois *CIVs* conhecidos que formam um trio com o *CIV* desconhecido. Repita para o outro trio. Na Figura 6-7c, uma linha foi desenhada de $I_{1,2}$ para intersectar $I_{1,4}$ e estendida. Note que o único jeito de intersectar $I_{1,4}$ no infinito é desenhar uma linha paralela à linha $I_{3,4}I_{1,4}$, desde que todas as linhas paralelas se intersectem no infinito. O centro instantâneo $I_{2,4}$ deve pertencer a essa reta paralela. Outra linha foi desenhada passando por $I_{2,3}$ e $I_{3,4}$ e estendida até intersectar a primeira linha. Pela regra de Kennedy, o centro instantâneo $I_{2,4}$ também deve pertencer a essa linha, então $I_{2,4}$ é a intersecção delas.

7 Se houver mais elos, esse procedimento deve ser repetido até todos os *CIVs* serem encontrados.

O procedimento do exemplo do cursor é idêntico ao usado no mecanismo de quatro barras com junta pinada, mas é complicado pela presença de centros instantâneos localizados no infinito.

Na Seção 2.9 e na Figura 2-10c, mostramos que um mecanismo came seguidor é, na realidade, um mecanismo de quatro barras camuflado. Como tal, ele também possui centros instantâneos. A presença de meias juntas nesse, ou em qualquer outro mecanismo, torna um pouco mais complicada a localização de centros instantâneos. Temos de reconhecer que o centro instantâneo entre quaisquer dois elos ficará junto a uma linha que é perpendicular ao vetor velocidade relativa entre os elos na meia junta, como mostrado na Figura 2-10c. Os elos equivalentes 2, 3 e 4 também são mostrados.

EXEMPLO 6-4

Encontrando todos os centros instantâneos para um mecanismo came seguidor.

Problema: Dado um came e um seguidor em uma posição, encontre todos os *CIVs* por métodos gráficos.

Solução: (Ver Figura 6-8.)

1 Desenhe um círculo com pontos numerados sobre a circunferência representando todos os elos, como mostrado na Figura 6-8b. Nesse caso, há apenas três elos e, portanto, apenas três *CIVs* para serem encontrados, conforme mostrado pela Equação 6.8. Note que os elos são numerados 1, 2 e 4. O elo 3 que está faltando é o acoplador equivalente com comprimento variável.

2 Localize por inspeção todos os *CIVs* possíveis. Todas as juntas pinadas serão *CIVs* permanentes. Os dois pivôs fixos $I_{1,2}$ e $I_{1,4}$ são as únicas juntas pinadas aqui. Conecte os pontos numerados dos elos no círculo para criar um diagrama de barras e marcar os *CIVs* encontrados, como mostrado na Figura 6-8b. A única combinação de elos no diagrama de barras em que o *CIV* não foi encontrado é $I_{2,4}$, então desenhe uma linha tracejada conectando esses dois pontos numerados.

3 A regra de Kennedy diz que os três *CIVs* devem pertencer à mesma reta; Dessa forma, o centro instantâneo que falta, $I_{2,4}$, deve pertencer à extensão da linha $I_{1,2}I_{1,4}$. Infelizmente, nesse exemplo, não há elos suficientes para encontrar uma segunda linha à qual $I_{2,4}$ deva pertencer.

4 No diagrama do mecanismo, desenhe uma linha que passe pelos *CIVs* conhecidos, que formam um trio com o *CIV* desconhecido. Na Figura 6-8c, uma linha foi desenhada passando por $I_{1,2}$ e por $I_{1,4}$ e estendida. Isso é, obviamente, o elo 1. Pela regra de Kennedy, $I_{2,4}$ deve pertencer a essa reta.

ANÁLISE DE VELOCIDADES

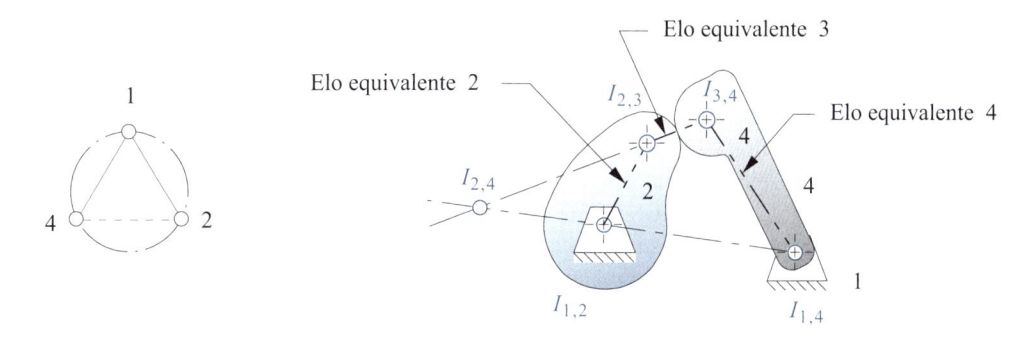

(b) Diagrama do mecanismo

(c) O "mecanismo efetivo instantaneamente" equivalente

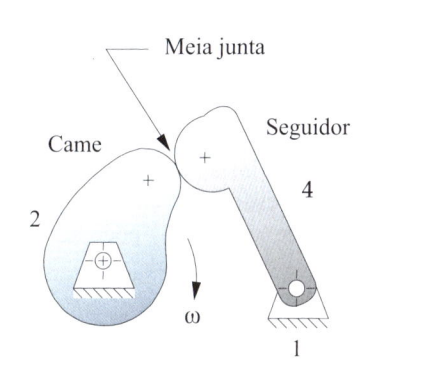

(a) O came e o seguidor

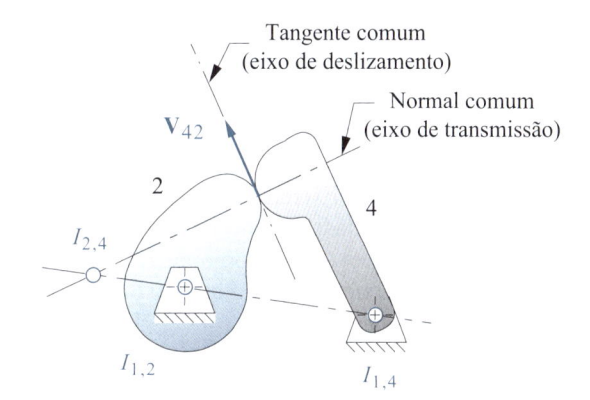

(d) Encontrando $I_{2,4}$ sem usar o mecanismo equivalente

FIGURA 6-8

Localizando centros instantâneos no mecanismo came seguidor.

5. Olhando para a Figura 6-8c, que mostra os elos equivalentes do mecanismo de quatro barras equivalentes para essa posição, podemos estender o elo 3 equivalente até ele intersectar a extensão do elo 1. Assim como no mecanismo de quatro barras "puro", o centro instantâneo 2,4 fica na intersecção das extensões dos elos 1 e 3 (ver Exemplo 6-2).

6. A Figura 6-8d mostra que não é necessário construir o mecanismo de quatro barras equivalente para encontrar $I_{2,4}$. Note que a **tangente comum** aos elos 2 e 4 no ponto de contato (a meia junta) foi desenhada. Essa linha também é chamada de **eixo de deslizamento** porque é a linha na qual toda velocidade relativa (deslizamento) entre os dois elos ocorre. Dessa forma, a velocidade do elo 4 em relação ao elo 2, $\mathbf{V}_{42}$, é direcionada ao longo desse eixo de deslizamento. O centro instantâneo $I_{2,4}$ deve, portanto, pertencer a uma linha perpendicular à tangente comum, chamada de **normal comum**. Note que essa linha é a mesma que a linha do elo 3 equivalente da Figura 6-8c.

6.4 ANÁLISE DE VELOCIDADES COM CENTROS INSTANTÂNEOS

Uma vez encontrados os *CIVs*, eles podem ser usados para fazer uma análise gráfica bem rápida do mecanismo. Note que, dependendo da posição do mecanismo em análise, alguns dos *CIVs* poderão estar muito distantes dos elos. Por exemplo, se os elos 2 e 4 forem praticamente paralelos, as extensões de suas linhas irão se intersectar em um ponto muito distante, que praticamente não estará disponível para a análise de velocidades. A Figura 6-9 mostra o mesmo mecanismo que a Figura 6-5, com $I_{1,3}$ posicionado e rotulado. Da definição de centro instantâneo, os elos que compartilham esse centro instantâneo terão velocidades idênticas nesse ponto. O centro instantâneo $I_{1,3}$ envolve o acoplador (elo 3), que tem movimento complexo, e o elo 1 terra, que é estacionário. Todos os pontos do elo 1 têm velocidade zero no sistema de coordenadas global, que é acoplado ao elo 1. Portanto, $I_{1,3}$ deve ter velocidade zero nesse instante. Se $I_{1,3}$ tem velocidade zero, então ele pode ser considerado um pivô fixo instantâneo com relação ao elo 1. Um momento depois, $I_{1,3}$ irá se mover para uma nova posição e o elo 3 será "pivotado" em torno desse novo centro instantâneo.

A velocidade do ponto *A* é mostrada na Figura 6-9. O módulo de $\mathbf{V}_A$ pode ser calculado pela Equação 6.7. Sua direção e seu sentido podem ser determinados por inspeção, como foi feito no Exemplo 6-1. Note que o ponto *A* também é o centro instantâneo $I_{2,3}$. Ele tem a mesma velocidade pertencendo ao elo 2 e pertencendo ao elo 3. Desde que o elo 3 esteja efetivamente pivotado em torno de $I_{1,3}$, nesse instante a velocidade angular ω_3 pode ser determinada rearranjando-se a Equação 6.7:

$$\omega_3 = \frac{v_A}{\left(AI_{1,3}\right)} \qquad (6.9a)$$

Uma vez que ω_3 é conhecido, o módulo de $\mathbf{V}_B$ também pode ser encontrado pela Equação 6.7:

$$v_B = \left(BI_{1,3}\right)\omega_3 \qquad (6.9b)$$

Uma vez que $\mathbf{V}_B$ é conhecido, ω_4 também pode ser encontrado pela Equação 6.7:

$$\omega_4 = \frac{v_B}{\left(BO_4\right)} \qquad (6.9c)$$

Finalmente, o módulo de $\mathbf{V}_C$ (ou a velocidade de qualquer outro ponto do acoplador) poderá ser encontrado com a Equação 6.7:

$$v_C = \left(CI_{1,3}\right)\omega_3 \qquad (6.9d)$$

Note que as equações 6.7 e 6.9 fornecem apenas a **magnitude escalar** desses vetores velocidade. Temos de determinar a **direção** deles a partir da informação no diagrama em escala (ver Figura 6-9). Já que nós conhecemos a localização de $I_{1,3}$, que é um pivô "fixo" instantâneo para o elo 3, todos os vetores velocidade absoluta desse elo serão **perpendiculares aos raios de $I_{1,3}$ até ponto em questão**. Pode-se perceber que $\mathbf{V}_B$ e $\mathbf{V}_C$ são perpendiculares aos seus raios de $I_{1,3}$. Note que $\mathbf{V}_B$ também é perpendicular ao raio de O_4 porque *B* está igualmente pivotando em torno desse ponto por ser parte do elo 4.

Uma rápida resolução gráfica das Equações 6.9 é mostrada na figura. Arcos centrados em $I_{1,3}$ foram traçados dos pontos *B* e *C* até intersectar a reta $AI_{1,3}$. Os módulos das velocidades

ANÁLISE DE VELOCIDADES

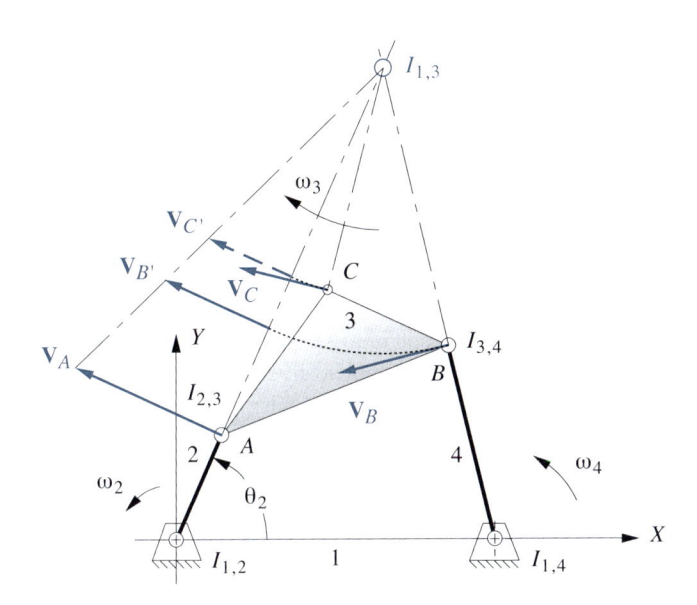

FIGURA 6-9

Análise de velocidades usando centros instantâneos.

$V_{B'}$ e $V_{C'}$ são encontrados pelos vetores desenhados perpendiculares à reta nas intersecções dos arcos com a reta $AI_{1,3}$. Os comprimentos dos vetores são definidos pela reta que vai da ponta (seta) de V_A até o centro instantâneo $I_{1,3}$. Esses vetores podem ser deslizados de volta pelo arco até os pontos B e C, mantendo a tangência com os arcos.

Dessa forma, encontramos todas as velocidades que tinham sido verificadas no método mais entediante do Exemplo 6-1. O método do centro instantâneo é um método gráfico rápido para analisar velocidades, mas só funciona se os centros instantâneos estiverem em locais alcançáveis para a posição particular do mecanismo que está sendo analisado. Entretanto, o método gráfico que usa a equação da diferença de velocidade mostrada no Exemplo 6-1 sempre irá funcionar, independentemente da posição do mecanismo.

Relação de velocidade angular

A **relação de velocidade angular** m_V é definida como *a velocidade angular da saída dividida pela velocidade angular da entrada*. Para um mecanismo de quatro barras, ela é expressa como:

$$m_V = \frac{\omega_4}{\omega_2} \qquad (6.10)$$

Podemos derivar essa relação para qualquer mecanismo construindo um **par de elos equivalentes**, como mostrado na Figura 6-10a. A definição de **pares de elos equivalentes** é *duas linhas, paralelas entre si, desenhadas sobre os pivôs fixos e intersectando a extensão do acoplador*. Pares de elos equivalentes são mostrados como O_2A' e O_4B' na Figura 6-10a. Note que existem infinitos pares de elos efetivos. Eles devem ser paralelos entre si, mas podem formar qualquer ângulo com o elo 3. Na figura, eles são mostrados perpendiculares ao elo 3 para facilitar na derivação a seguir. O ângulo entre os elos 2 e 3 é mostrado como ν. O ângulo de transmissão entre os elos 3 e 4 é μ. Agora, vamos derivar uma expressão para a relação de velocidade angular usando esses elos equivalentes, os comprimentos dos elos e os ângulos ν e μ.

Da geometria:

$$O_2 A' = (O_2 A)\operatorname{sen} \nu \qquad O_4 B' = (O_4 B)\operatorname{sen} \mu \qquad (6.11a)$$

Da Equação 6.7

$$V_{A'} = (O_2 A')\omega_2 \qquad (6.11b)$$

A componente de velocidade $V_{A'}$ encontra-se sobre a linha do elo AB. Assim como no caso de um componente com duas forças aplicadas, em que apenas a componente da força aplicada na direção do elo em uma extremidade é transmitida para a outra extremidade, essa componente da velocidade pode ser transmitida pelo elo ao ponto B. Isso é chamado algumas vezes de **princípio da transmissibilidade**. Podemos equacionar essas componentes em qualquer uma das extremidades do elo.

$$V_{A'} = V_{B'} \qquad (6.11c)$$

Então:

$$O_2 A' \omega_2 = O_4 B' \omega_4 \qquad (6.11d)$$

rearranjando:

$$\frac{\omega_4}{\omega_2} = \frac{O_2 A'}{O_4 B'} \qquad (6.11e)$$

e substituindo:

$$\frac{\omega_4}{\omega_2} = \frac{O_2 A \operatorname{sen} \nu}{O_4 B \operatorname{sen} \mu} = m_V \qquad (6.11f)$$

Note na Equação 6.11f que, à medida que ν tende a zero, a relação de velocidade angular será zero independentemente dos valores de ω_2 ou dos comprimentos dos elos e, dessa forma, ω_4 será zero. Quando o ângulo ν for zero, os elos 2 e 3 serão colineares e assim estarão em seus pontos mortos. Aprendemos na Seção 3.3 que as posições limites do elo 4 são definidas por essas condições com pontos mortos. É de se esperar que a velocidade do elo 4 seja zero quando ele chega ao fim de sua trajetória. Uma situação ainda mais interessante ocorre se permitirmos que μ chegue a zero. A Equação 6.11f mostra que ω_4 **tende ao infinito** quando μ = 0, independentemente dos valores de ω_2 ou dos comprimentos dos elos. Claramente, nós não podemos permitir que μ chegue a zero. Na verdade, aprendemos na Seção 3.3 que devemos manter esse ângulo de transmissão μ acima de cerca de 40 graus, para manter uma boa qualidade no movimento e na transmissão de força.*

A Figura 6-10b mostra o mesmo mecanismo que a Figura 6-10a, mas agora os elos equivalentes foram desenhados de forma que eles não são apenas paralelos, mas colineares e, dessa forma, se sobrepõem. Ambos intersectam o acoplador estendido no mesmo ponto, que é o centro instantâneo $I_{2,4}$. Portanto, A' e B' da Figura 6-10a agora são coincidentes em $I_{2,4}$. Isso nos permite escrever a equação para a **relação de velocidade angular** em termos das distâncias dos pivôs fixos ao centro instantâneo $I_{2,4}$.

$$m_V = \frac{\omega_4}{\omega_2} = \frac{O_2 I_{2,4}}{O_4 I_{2,4}} \qquad (6.11g)$$

Dessa forma, o centro instantâneo $I_{2,4}$ pode ser usado para determinar a **velocidade angular**.

---

* Essa limitação no ângulo de transmissão só é crítica se a carga da saída for aplicada ao elo que é pivotado no terra (ou seja, ao elo 4, no caso de um mecanismo de quatro barras). Se a carga for aplicada a um elo flutuante (por exemplo, um acoplador), então outros indicadores de qualidade de transmissão da força, que não o ângulo de transmissão, são mais apropriados, como será discutido no Capítulo 11, Seção 11.12, em que o índice de força na junta (IFJ) é definido.

ANÁLISE DE VELOCIDADES

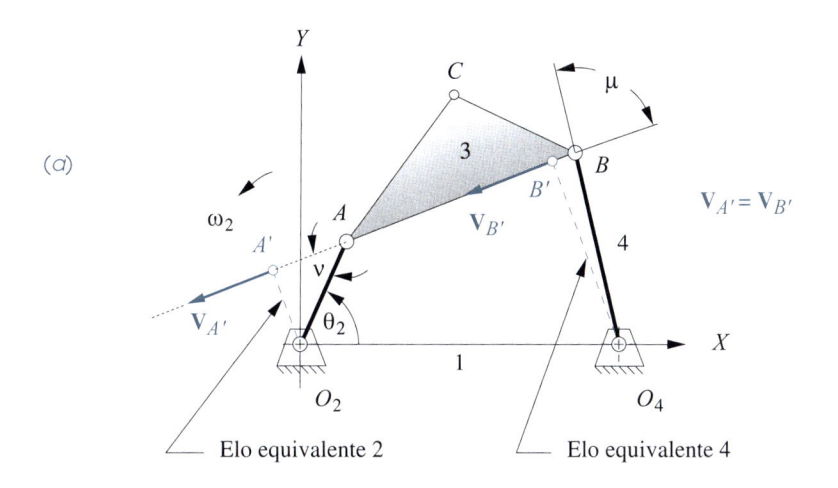

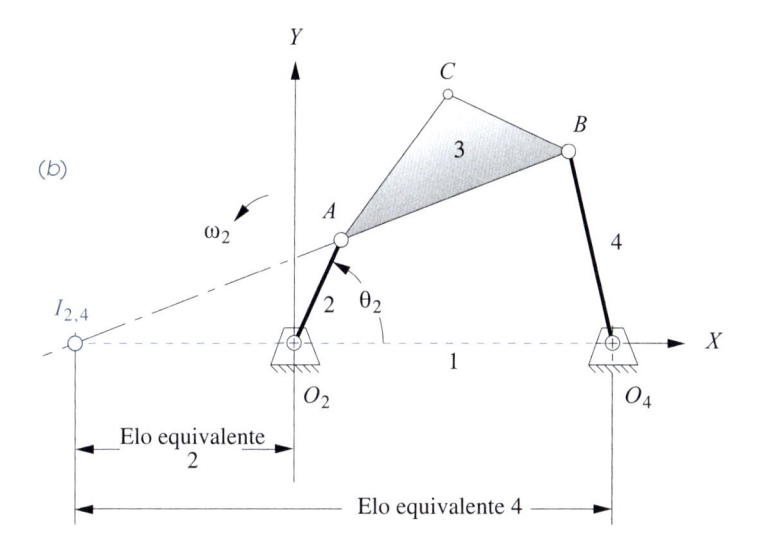

FIGURA 6-10

Elos equivalentes e a relação de velocidade angular.

Vantagem mecânica

A potência P em um sistema mecânico pode ser definida como o produto escalar do vetor força $\mathbf{F}$ e do vetor velocidade $\mathbf{V}$ em qualquer ponto:

$$P = \mathbf{F} \cdot \mathbf{V} = F_x V_x + F_y V_y \tag{6.12a}$$

Para um sistema rotativo, a potência P se transforma no produto do torque T e da velocidade angular ω que, em duas dimensões, tem a mesma direção (z):

$$P = T\omega \tag{6.12b}$$

A potência flui pelo sistema passivo e:

$$P_{entrada} = P_{saida} + perdas \quad (6.12c)$$

O rendimento mecânico pode ser definido como:

$$\varepsilon = \frac{P_{saida}}{P_{entrada}} \quad (6.12d)$$

Sistemas mecânicos podem ser muito eficientes se forem feitos com rolamentos de baixo atrito em todos os pivôs. Perdas, normalmente, representam menos de 10%. Para simplificar a análise, assumiremos que as perdas são zero (ou seja, um sistema conservativo). Então, usando $T_{entrada}$ e $\omega_{entrada}$ para representar torque e velocidade angular da entrada, e T_{saida} e ω_{saida} para representar torque e velocidade angular da saída,

$$P_{entrada} = T_{entrada}\,\omega_{entrada}$$
$$P_{saida} = T_{saida}\,\omega_{saida} \quad (6.12e)$$

e:

$$P_{saida} = P_{entrada}$$
$$T_{saida}\,\omega_{saida} = T_{entrada}\,\omega_{entrada}$$
$$\frac{T_{saida}}{T_{entrada}} = \frac{\omega_{entrada}}{\omega_{entrada}} \quad (6.12f)$$

Note que a **razão de torque** ($m_T = T_{saida} / T_{entrada}$) é o inverso da relação de velocidade angular.

A **vantagem mecânica** (m_A) pode ser definida como:

$$m_A = \frac{F_{saida}}{F_{entrada}} \quad (6.13a)$$

Assumindo que as forças de entrada e de saída são aplicadas a alguns raios $r_{entrada}$ e r_{saida}, perpendiculares aos seus respectivos vetores posição,

$$F_{saida} = \frac{T_{saida}}{r_{saida}}$$
$$F_{entrada} = \frac{T_{entrada}}{r_{entrada}} \quad (6.13b)$$

Substituindo a Equação 6.13b em 6.13a, resulta em uma expressão em termos do torque.

$$m_A = \left(\frac{T_{saida}}{T_{entrada}}\right)\left(\frac{r_{entrada}}{r_{saida}}\right) \quad (6.13c)$$

Substituindo a Equação 6.12f em 6.13c, temos

$$m_A = \left(\frac{\omega_{entrada}}{\omega_{saida}}\right)\left(\frac{r_{entrada}}{r_{saida}}\right) \quad (6.13d)$$

E substituindo a Equação 6.11f, temos

ANÁLISE DE VELOCIDADES

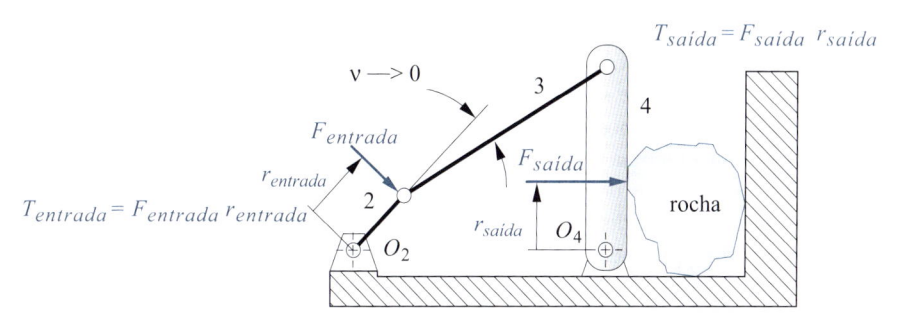

FIGURA 6-11

Mecanismo "triturador de pedras" com pontos mortos.

$$m_A = \left(\frac{O_4 B \operatorname{sen} \mu}{O_2 A \operatorname{sen} \nu}\right)\left(\frac{r_{entrada}}{r_{saida}}\right) \quad (6.13e)$$

Veja a Figura 6-11 e compare a Equação 6.13e com a Equação 6.11f e sua discussão sobre **relação de velocidade angular**. A Equação 6.13e mostra que, para qualquer escolha de $r_{entrada}$ e r_{saida}, a vantagem mecânica responde a variações nos ângulos ν e μ de maneira inversa à relação de velocidade angular. Se o ângulo de transmissão μ for para zero (o que nós não queremos que aconteça), a vantagem mecânica também vai para zero, independentemente da intensidade da força ou do torque aplicados à entrada. Mas, quando o ângulo ν vai a zero (que pode acontecer, e acontece, duas vezes por ciclo em um mecanismo Grashof), a vantagem mecânica se torna infinita! Esse é o princípio do mecanismo triturador de pedras mostrado na Figura 6-11. Uma força bem pequena aplicada ao elo 2 pode gerar uma força enorme no elo 4 para triturar as pedras. É claro que nós não esperamos atingir a força ou o torque teórico infinitos, pois a resistência dos elos e das juntas limitará as forças e os torques máximos que podem ser obtidos. Outro exemplo comum de um mecanismo que se beneficia de sua vantagem mecânica teoricamente infinita nos pontos mortos são os alicates de pressão (ver Figura P6-21).

Essas duas razões, **relação de velocidade angular** e **vantagem mecânica**, fornecem **indicadores de desempenho ou qualidade** adimensionais úteis sobre os quais podemos julgar a qualidade relativa de vários projetos de mecanismos propostos como soluções.

Utilizando centros instantâneos no projeto de mecanismos

Mais importante do que fornecerem uma rápida análise numérica de velocidade, os centros instantâneos dão ao projetista uma ótima visão geral do comportamento global do mecanismo. É meio difícil visualizar o movimento complexo de um elo acoplador "flutuante" mesmo em um simples mecanismo de quatro barras, a menos que você crie um modelo ou rode uma simulação no computador. Como esse movimento complexo do acoplador de fato se reduz a uma rotação instantânea pura em relação ao centro instantâneo $I_{1,3}$, encontrando esse centro, o projetista poderá visualizar o movimento do acoplador como uma rotação pura. Qualquer um pode literalmente *ver* o movimento e as direções das velocidades de quaisquer pontos de interesse ao relacioná-los ao centro instantâneo. Para isso, só é necessário desenhar o mecanismo em algumas posições de interesse, mostrando a localização do centro instantâneo para cada posição.

A Figura 6-12 mostra um exemplo prático de como essa técnica visual de análise qualitativa pode ser aplicada para o projeto da parte traseira do sistema de suspensão de um automóvel. A maioria dos mecanismos de suspensão de um automóvel pode ser formada por mecanismos de quatro barras ou mecanismos de biela-manivela, com o conjunto da roda presa no acoplador (como também mostrado na Figura 3-19). A Figura 6-12a mostra o desenho da suspensão da parte traseira de um carro doméstico dos anos 1970, que foi posteriormente re-projetado por conta de uma tendência de distúrbio causada por solavanco, isto é, deslocamento do eixo traseiro ao atingir alguma elevação em um dos lados do carro. A figura é a visão do centro do carro para trás, mostrando o mecanismo de quatro barras que controla os movimentos de subida e descida de um lado do eixo traseiro e de uma roda. Os elos 2 e 4 são pivotados no chassi do carro, que é o elo 1. O conjunto da roda e do eixo é fixado rigidamente no acoplador, elo 3. Assim, o conjunto da roda tem um movimento complexo no plano vertical. Idealmente, todos gostariam que a roda se deslocasse em uma linha vertical ao atingir uma elevação na estrada. A Figura 6-12b mostra o movimento de uma roda e a nova posição imediata do centro ($I_{1,3}$) para a situação em que a roda atinge uma elevação. O vetor velocidade para o centro da roda em cada posição é desenhado perpendicular ao raio vindo de $I_{1,3}$.

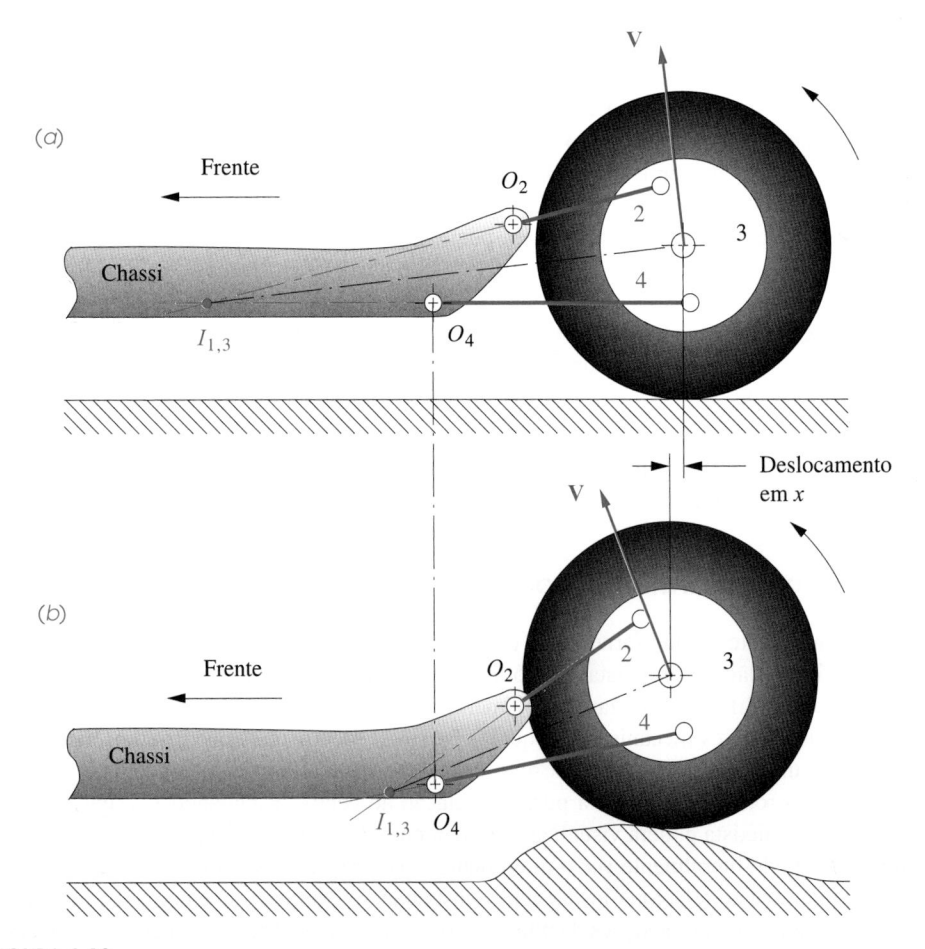

FIGURA 6-12

"Distúrbio de solavanco" devido ao deslocamento na posição do centro instantâneo.

ANÁLISE DE VELOCIDADES

Você pode notar que o centro da roda tem uma componente horizontal significativa de deslocamento, quando ele se desloca para cima devido ao solavanco. Essa componente horizontal faz com que o centro da roda daquele lado do carro se mova para frente, enquanto a roda se move para cima, e com isso desloca-se o eixo (sobre o eixo vertical) e as rodas traseiras do carro são conduzidas da mesma maneira que você conduz uma carroça de brinquedo. Observar o caminho do centro instantâneo em algumas variedades de movimento nos dá um quadro claro sobre o comportamento do elo acoplador. O comportamento não desejável desse sistema de suspensão pode ser previsto por essa simples análise do centro instantâneo, antes mesmo de se construir o mecanismo.

Outro exemplo prático do uso eficaz dos centros instantâneos no projeto de mecanismos é mostrado na Figura 6-13, que é um mecanismo de ajuste ótico usado para posicionar um espelho e permitir uma pequena variedade de ajustes rotacionais.[1] No Capítulo 16, há um texto mais detalhado sobre esse estudo de caso.[2] O projetista K. Towfigh observou que $I_{1,3}$ no ponto E é um "pivô fixo" instantâneo, que permite pequenas rotações puras sobre o ponto com pequenos erros de translação. Ele então projetou um mecanismo de plástico de quatro barras de uma peça só, no qual as "juntas pinadas" são pequenos fios de plástico que se flexionam para permitir pequenas rotações. Isso é conhecido como **mecanismo flexível**,* que usa a deformação elástica dos elos como dobradiça em vez de juntas pinadas. Ele colocou o espelho no acoplador do $I_{1,3}$. Até o elo fixo 1 é a mesma parte que os "elos móveis" e tem um pequeno sistema roscado para fornecer o ajuste. Um projeto simples e elegante.

6.5 CENTROIDES

A Figura 6-14 mostra o fato de que sucessivas posições do centro instantâneo formam a sua própria trajetória. *Esse caminho, ou trajeto, do centro instantâneo é chamado de* **centroide**. Desde que haja dois elos necessitando que seja criado o centro instantâneo, haverá dois centroides associados com qualquer um dos centros instantâneos. Eles são formados projetando-se o caminho do centro instantâneo primeiro em um elo e depois no outro. A Figura 6-14a mostra o trajeto do centro instantâneo $I_{1,3}$ projetado sobre o elo 1. Pelo fato de o elo 1 ser estacionário, ou fixo, ele é chamado de **centroide fixo**. Invertendo temporariamente o

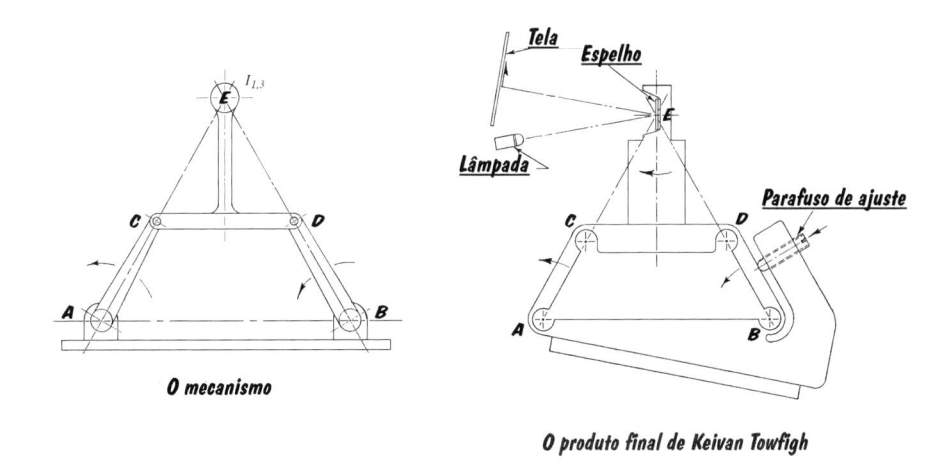

FIGURA 6-13

Mecanismo óptico de ajuste submisso. *Reproduzido da referência [2] com autorização.*

* Ver também a Seção 2.16 para mais informações de mecanismos flexíveis.

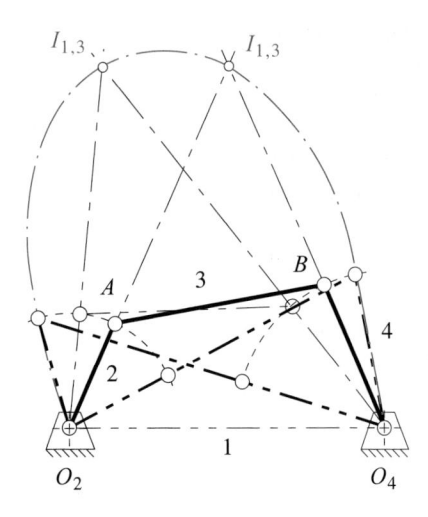

312   **CINEMÁTICA E DINÂMICA DOS MECANISMOS**   **CAPÍTULO 6**

(a) O centroide fixo

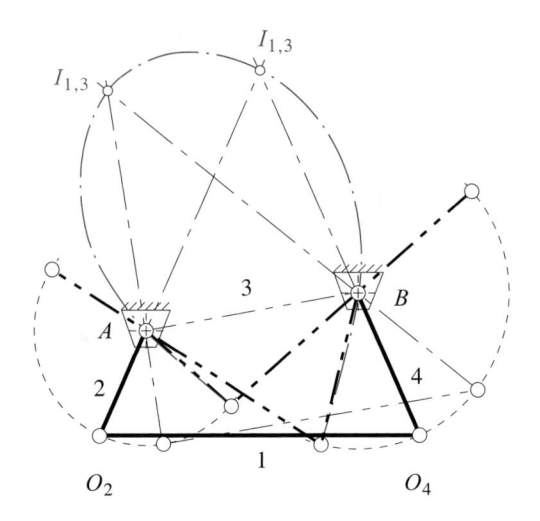

(b) O centroide móvel

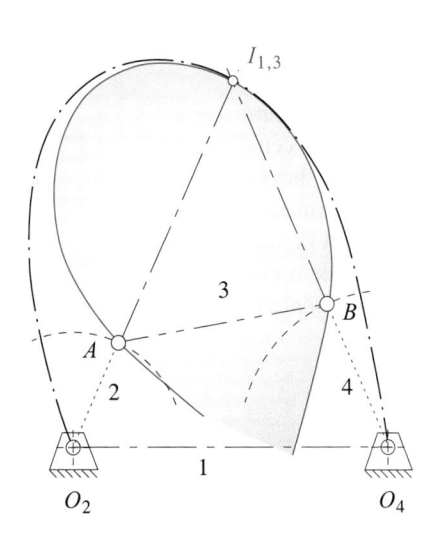

(c) Os centroides em contato

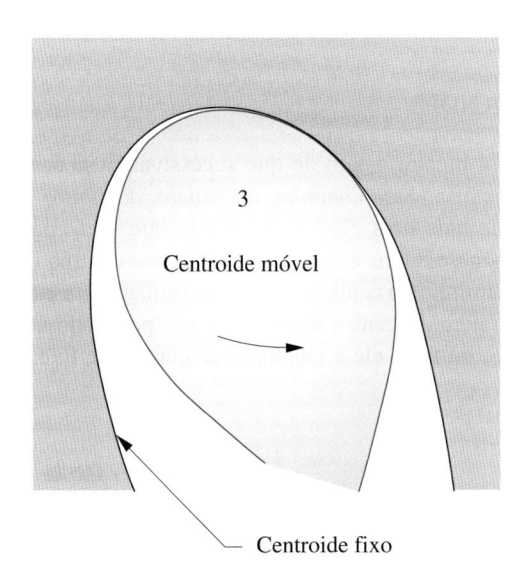

(d) Rolando o centroide móvel contra o centroide fixo para produzir o mesmo movimento do acoplador do mecanismo original

FIGURA 6-14

Malha aberta fixa e centroides móveis (ou poloides) de um mecanismo de quatro barras.

mecanismo e fixando o elo 3 como o elo terra, conforme mostrado na Figura 6-14b, podemos mover o elo 1 como se fosse o acoplador e projetar a posição de $I_{1,3}$ sobre o elo 3. Na montagem original, o elo 3 era o acoplador móvel, por isso é chamado de **centroide móvel**. A Figura 6-14c mostra a montagem original com ambos os centroides, fixo e móvel, sobrepostos.

A definição do centro instantâneo diz que ambos os elos têm a mesma velocidade naquele ponto, naquele instante. O elo 1 tem velocidade zero em qualquer posição, assim como o centroide fixo. Portanto, quando a montagem se move, o centroide deve rolar sobre o centroide fixo sem deslizamento. Se você remover o centroide fixo e o móvel do metal, como mostrado na Figura 6-14d, e rolar o centroide móvel (que é o elo 3) contra o centroide fixo (que é o elo 1), o movimento complexo do elo 3 será idêntico àquele da montagem original. *Todos os pontos de curva do acoplador no elo 3 terão a mesma trajetória da montagem original.* Temos agora, na verdade, um mecanismo de quatro barras "sem elos", composto apenas por dois corpos que têm os contornos desses centroides rolando sobre o outro. Os elos 2 e 4 foram eliminados. Note que o exemplo mostrado na Figura 6-14 é agora um mecanismo de quatro barras não Grashof. O comprimento desses centroides é limitado pelas posições das articulações.

Todos os centros instantâneos de um mecanismo terão centroides.* Se os elos são conectados diretamente na junta, como os $I_{2,3}$, $I_{3,4}$, $I_{1,2}$ e $I_{1,4}$, os seus centroides, fixo e móvel, serão degenerados para um ponto na localização de cada elo. Os centroides mais interessantes são os que implicam os elos que não são diretamente conectados uns aos outros, como o $I_{1,3}$ e $I_{2,4}$. Se observarmos o mecanismo dupla manivela na Figura 6-15a, no qual os elos 2 e 4 se revolucionam por completo, percebemos que os centroides do $I_{1,3}$ formam curvas fechadas. O movimento do elo 3 em relação ao elo 1 pode ser duplicado, fazendo com que esses dois centroides rolem um contra o outro sem deslizamento. Note que há duas malhas para o centroide móvel. Ambas devem rolar sobre o centroide fixo da malha única para completar o movimento do mecanismo equivalente ao mecanismo dupla manivela.

Temos lidado largamente até agora com o centro instantâneo $I_{1,3}$. O centro instantâneo $I_{2,4}$ implica em dois elos, que estão em rotação pura e não conectados diretamente um ao outro. Se usarmos o caso especial de Grashof com os elos cruzados (às vezes chamado de mecanismo **antiparalelogramo**), os centroides de $I_{2,4}$ se tornam elipses, como mostrado na Figura 6-15b. Para garantir nenhum deslizamento, provavelmente, será necessário colocar dentes de engrenagens em cada centroide. Então, temos um par de **engrenagens não circulares**, elípticas, ou um *jogo de engrenagens,* que fornece *o mesmo movimento de saída do mecanismo original dupla manivela e terá as mesmas taxas de variações na relação de velocidade angular e a mesma vantagem mecânica do mecanismo original.* Assim, podemos observar que os *jogos de engrenagens são também mecanismos de quatro barras disfarçados.* Engrenagens não circulares encontram muitas aplicações nas máquinas, como nas impressoras de prensas, onde os roletes devem ser acelerados e desacelerados com algum padrão durante cada ciclo ou revolução. Formas mais complicadas de engrenagens não circulares são análogas a cames e seguidores, nas quais o mecanismo de quatro barras equivalente deve ter elos com tamanho ajustável. **Engrenagens circulares** são um caso especial de engrenagens não circulares, pois apresentam **uma relação de velocidade angular constante** e são amplamente usadas em todas as máquinas. Engrenagens e jogos de engrenagens serão tratados com mais detalhes no Capítulo 10.

Em geral, centroides de manivela seguidor e duplo ou triplo seguidores serão curvas abertas com assíntotas. Centroides de mecanismos de dupla manivela serão curvas fechadas. O programa FOURBAR (ver Apêndice A) calcula e desenha os centroides fixo e móvel para qualquer mecanismo. Abra os arquivos F06-14.4br, F06-15b.4br no programa FOURBAR para ver o desenho dos centroides enquanto os mecanismos rotacionam.

* Já que centros instantâneos são chamados de *polos* ou *centros, centroides* são às vezes chamados de *poloides.* Iremos usar *centro* e *centroide* como nomenclatura neste texto.

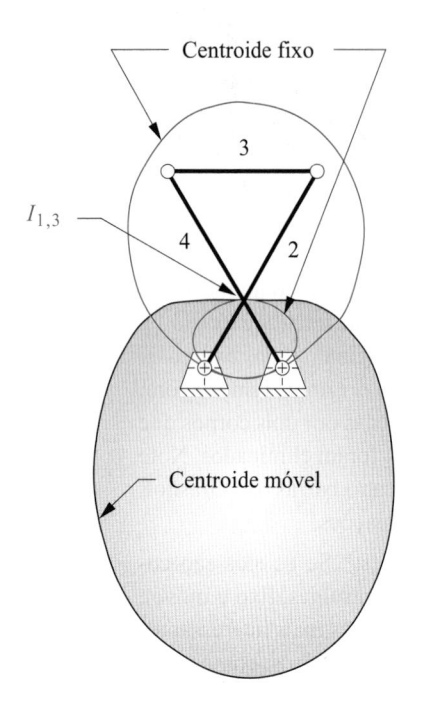

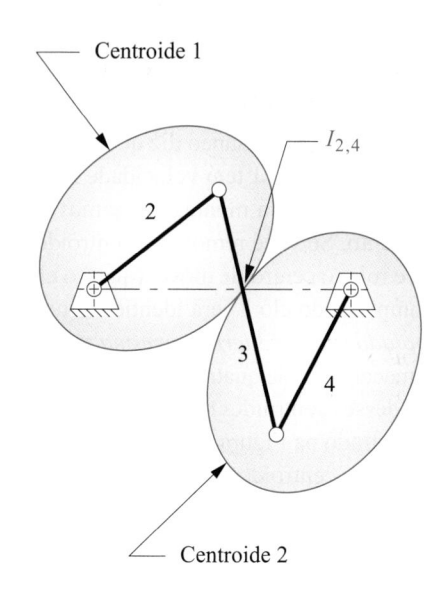

(a) Centroides de malha fechada do $I_{1,3}$ para um mecanismo Grashof dupla manivela

(b) Centroides elipsoidais do $I_{2,4}$ para o mecanismo especial de Grashof antiparalelogramo.

FIGURA 6-15

Centroides móvel e fixo de malha fechada.

Mecanismo "sem elos"

Um exemplo comum de um mecanismo feito de centroides é mostrado na Figura 6-16a. Você provavelmente já ficou se balançando em uma cadeira de balanço *Boston* ou *Hitchcock* e sentiu movimentos que tranquilizam o seu corpo. Você também já deve ter sentado em uma cadeira de balanço tipo *plataforma*, como a mostrada na Figura 6-16b, e notado que o seu movimento não é tão suave quanto o da outra cadeira.

Há boas explicações cinemáticas para essa diferença. A cadeira tipo plataforma tem uma junta pinada fixa entre o assento e a base (chão). Assim, todas as partes do seu corpo estão em rotação pura ao longo de arcos concêntricos. Você está na verdade montado sobre o seguidor da montagem.

A cadeira de balanço *Boston* tem uma base curvada, ou "corredores", que rolam sobre o chão. Esses corredores são geralmente arcos *não* circulares. Eles têm um contorno de curva de ordem maior. Eles são na verdade, **centroides móveis**. O chão é o **centroide fixo**. Quando um rola sobre o outro, a cadeira e o seu ocupante presenciam o movimento de curva do acoplador. Todas as partes do seu corpo viajam ao longo de uma curva diferente de ordem seis de um acoplador, a qual fornece velocidades e acelerações suaves e dá uma sensação mais agradável do que o movimento de segunda ordem cru (circular) da plataforma de balanço. Nossos ancestrais, que esculpiram essas cadeiras de balanço provavelmente nunca ouviram falar de mecanismos de quatro barras e centroides, mas eles sabiam intuitivamente como criar movimentos confortáveis.

Cúspides

Outro exemplo de centroide que você provavelmente deve ver frequentemente é o rastro do pneu do seu carro ou da bicicleta. Quando o pneu começa a rolar sobre a pista sem deslizar, a pista se torna o centroide fixo e a circunferência do pneu é o centroide móvel. O pneu é, na verdade, o acoplador do mecanismo sem elos de quatro barras. Todos os pontos na superfície de contato do pneu se movem ao longo das curvas cicloidais do acoplador e passam pela cúspide de velocidade zero quando alcançam o centroide fixo na superfície da pista, como mostrado na Figura 6-17a. Todos os outros pontos do pneu e do conjunto da roda se deslocam ao longo das curvas do acoplador que não possuem cúspides. Esse último fato é uma sugestão para uma maneira de identificar pontos do acoplador que terão cúspides em suas curvas. *Se um ponto do acoplador é escolhido para estar em uma das extremidades da trajetória do centroide móvel (isto é, em uma das posições de $I_{1,3}$), então terá um cúspide na curva do acoplador.* A Figura 6-17b mostra a curva do acoplador desse ponto, desenhado com o programa FOURBAR (ver Apêndice A). A trajetória da extremidade direita do acoplador toca o centroide móvel e como resultado há uma cúspide naquele ponto. Portanto, se você desejar uma cúspide no movimento do acoplador, há muitas disponíveis. Simplesmente, escolha o ponto do acoplador do centroide móvel do elo 3. Abra o arquivo F06-17b.4br no programa FOURBAR para animar aquele mecanismo com a sua curva do acoplador e os centroides. Note que na Figura 6-14, escolhendo qualquer posição do centro instantâneo $I_{1,3}$ no acoplador, esse ponto irá fornecer uma cúspide naquele ponto.

6.6   VELOCIDADE DE DESLIZAMENTO

Quando há uma junta deslizante entre dois elos, e nenhum deles é o elo terra, a análise da velocidade é mais complicada. A Figura 6-18 mostra uma inversão do mecanismo biela-manivela de quatro barras, no qual a junta deslizante é flutuante, isto é, não aterrada. Para encontrar a velocidade na junta deslizante A, temos de reconhecer que há mais do que um ponto A na junta. Temos um ponto A como parte do elo 2 (A_2), um ponto A como parte do elo 3 (A_3), e um ponto A como parte do elo 4 (A_4). Essa é uma situação do CASO 2 no qual temos pelo menos dois pontos pertencentes a elos diferentes, mas ocupando a mesma posição em determinado instante. Assim, a Equação 6.6 da **velocidade relativa** será aplicada. Podemos encontrar diretamente a velocidade de pelo menos um desses pontos, através das informações de entrada conhecidas, utilizando a Equação 6.7. Essa e a Equação 6.6 são tudo o que você precisa para resolver qualquer outra coisa. Nesse exemplo, o elo 2 é o condutor, e θ_2 e ω_2 são dados para a posição "congelada" mostrada. Desejamos encontrar o ω_4, velocidade angular do elo 4, e também a velocidade deslizante da junta denominada A.

Na Figura 6-18 o **eixo de deslizamento** é mostrado com tangente ao movimento deslizante e é a linha ao longo da qual todos os deslizamentos ocorrem entre os elos 3 e 4. O **eixo de transmissão** é definido como perpendicular ao eixo de deslizamento e passante pela junta deslizante em A. Esse *eixo de transmissão é a* **única linha** *ao longo da qual podemos transmitir movimento ou força sobre a junta de deslizamento, com exceção da força de atrito.* Iremos assumir que o atrito é desprezível nesse exemplo. Qualquer vetor de velocidade ou de força aplicado sobre o ponto A pode ser decomposto em duas componentes ao longo desses dois eixos, que fornecem *translação, rotação, e sistema de coordenada local* para análise da junta. O componente ao longo do eixo de transmissão executará um trabalho bem aproveitado pela junta. Mas o componente ao longo do eixo de deslizamento não executa trabalho, exceto pelo *trabalho de atrito.*

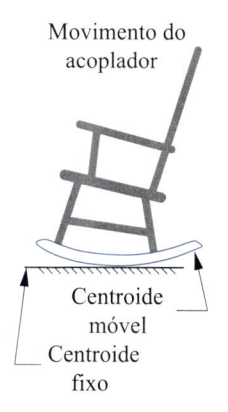

(a) Balanço Boston

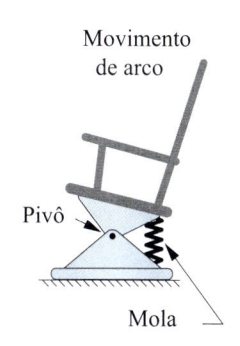

(b) Plataforma de balanço

FIGURA 6-16

Algumas cadeiras de balanço usam centroides de um mecanismo de quatro barras.

Trajetória do movimento cicloidal

Centroide móvel

Centroide fixo

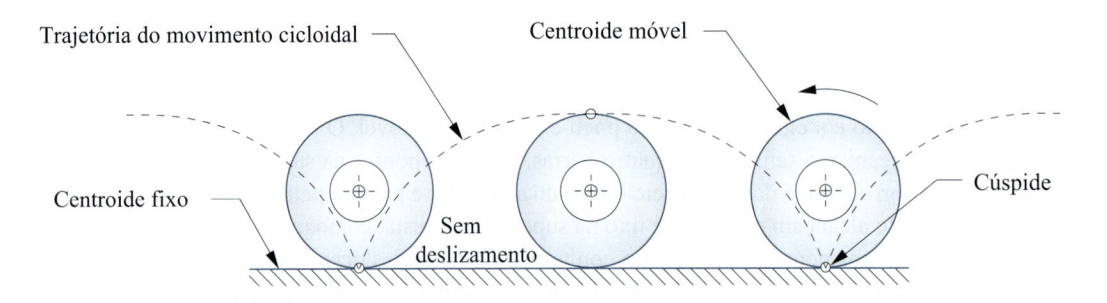

Sem deslizamento

Cúspide

(a) Movimento cicloidal de um centroide fixo circular, centroide móvel que rola sobre um centroide fixo

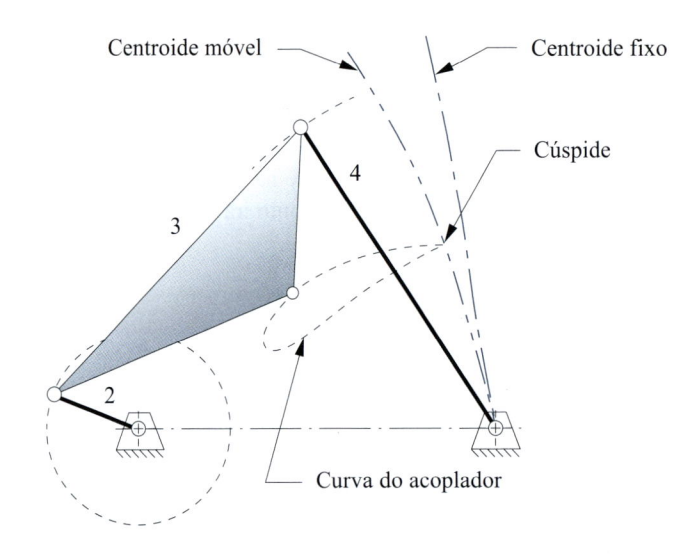

Centroide móvel

Centroide fixo

Cúspide

Curva do acoplador

(b) A cúspide da curva do acoplador existe apenas no centroide móvel

FIGURA 6-17

Exemplos de centroides.

EXEMPLO 6-5

Análise gráfica de velocidade na junta deslizante.

Problema: Dados θ_2, θ_3, θ_4, ω_2, encontre ω_3, ω_4, $\mathbf{V}_A$, por métodos gráficos.

Solução: (Ver Figura 6-18.)

1. Comece pelo final do mecanismo, onde você tem a maior parte de informação. Calcule o módulo da velocidade do **ponto A como parte do elo 2** (A_2) usando a Equação escalar 6.7.

$$v_{A_2} = (AO_2)\omega_2 \qquad (a)$$

2 Desenhe o vetor velocidade $\mathbf{V}_{A_2}$ com o seu comprimento igual ao seu módulo v_{A_2} para uma escala conveniente, e com sua origem no ponto A e sua direção perpendicular ao raio AO_2. O seu sentido é o mesmo de ω_2 mostrado na Figura 6-18.

3 Desenhe o **eixo de deslizamento** e o **eixo de transmissão** através do ponto A.

4 Projete $\mathbf{V}_{A_2}$ sobre o eixo de deslizamento e sobre o eixo de transmissão para criar os componentes $\mathbf{V}_{A_2desl}$ e $\mathbf{V}_{trans}$ de $\mathbf{V}_{A_2}$ sobre os eixos de deslizamento e transmissão, respectivamente. Note que o **componente de transmissão** é compartilhado por todos os vetores velocidade verdadeira nesse ponto, já que é a única componente que pode transmitir através da junta.

5 Note que o elo 3 é com junta pinada ao elo 2, então $\mathbf{V}_{A_3} = \mathbf{V}_{A_2}$.

6 Note que a direção da velocidade do ponto $\mathbf{V}_{A_4}$ é facilmente encontrada, já que todos os pontos do elo 4 estão pivotados em rotação pura sobre o ponto O_4. Desenhe a linha pp através do ponto A e perpendicular ao elo equivalente 4, AO_4. A linha pp é a direção da velocidade $\mathbf{V}_{A_4}$.

7 Construa o verdadeiro módulo do vetor velocidade $\mathbf{V}_{A_4}$ estendendo a projeção do **componente de transmissão** $\mathbf{V}_{trans}$ até intersectar a linha pp.

8 Projete $\mathbf{V}_{A_4}$ sobre o eixo de deslizamento para criar o **componente de deslizamento** $\mathbf{V}_{A_4desl}$.

9 Escreva a Equação 6.6 do vetor de velocidade relativa para **os componentes de deslizamento** do ponto A_2 em relação ao ponto A_4.

$$V_{desl_{42}} = V_{A_{4desl}} - V_{A_{2desl}} \qquad (b)$$

FIGURA 6-18

Velocidade de deslizamento e de transmissão (note que a ω aplicada é negativa, como mostrado).

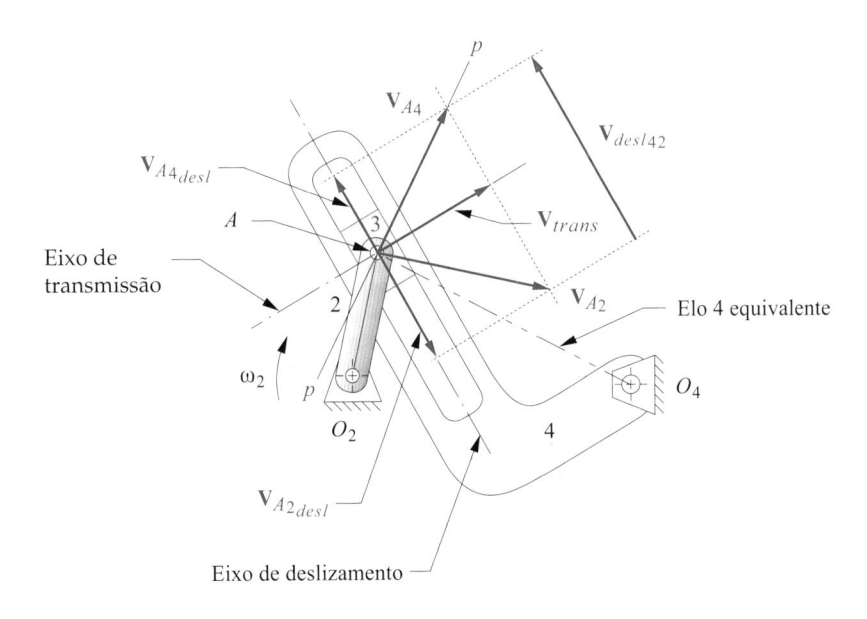

10 As velocidades angulares dos elos 3 e 4 são idênticas, pois eles compartilham a mesma junta de deslizamento e devem rotacionar juntos. Elas podem ser calculadas com a Equação 6.7:

$$\omega_4 = \omega_3 = \frac{V_{A_4}}{AO_4} \qquad (c)$$

A análise do centro instantâneo pode ser usada para resolver graficamente problemas de velocidade de juntas deslizantes.

EXEMPLO 6-6

Análise gráfica de velocidade de um came seguidor.

Problema: Dados θ_2, ω_2, encontre ω_3, através de métodos gráficos.

Solução: (Ver Figura 6-19.)

1 Construa o raio equivalente do came R_{2ef} no ponto instantâneo de contato com o seguidor para essa posição (ponto A na figura). O seu comprimento é a distância O_2A. Calcule o módulo da velocidade do ponto A como sendo parte do elo 2 (A_2) usando a Equação escalar 6.7.

$$v_{A_2} = (AO_2)\omega_2 \qquad (a)$$

2 Desenhe o vetor de velocidade $\mathbf{V}_{A_2}$ com o seu comprimento igual ao módulo de v_{A_2} em uma escala conveniente, com a origem no ponto A e direção perpendicular ao raio O_2A. O seu sentido é o mesmo de ω_2, como mostrado na Figura 6-19.

3 Construa o eixo de deslizamento (tangente ao came e ao seguidor) e a sua normal, o eixo de transmissão, como mostrado na Figura 6-19.

4 Projete $\mathbf{V}_{A_2}$ sobre o eixo de transmissão para criar o componente $\mathbf{V}_{trans}$. Note que o **componente de transmissão** é composto por todos os vetores de velocidades reais nesse ponto, já que é o único componente que pode transmitir através da junta.

5 Projete $\mathbf{V}_{A_2}$ sobre o eixo de deslizamento para criar o **componente de deslizamento** $\mathbf{V}_{A_2desl}$.

6 Note que a direção da velocidade no ponto $\mathbf{V}_{A_3}$ é previsível, já que todos os pontos no elo 3 estão pivotados em rotação pura sobre o ponto O_3. Construa o raio equivalente do seguidor R_{3ef} no ponto de contato instantâneo com o seguidor nessa posição (ponto A na figura). O seu comprimento é a distância O_3A.

7 Construa uma linha em direção a $\mathbf{V}_{A_3}$ perpendicular a R_{3ef}. Construa o módulo do vetor velocidade $\mathbf{V}_{A_3}$ estentendo a projeção do componente $\mathbf{V}_{trans}$ até intersectar a linha de $\mathbf{V}_{A_3}$.

8 Projete $\mathbf{V}_{A_3}$ sobre o eixo de deslizamento para criar o **componente de deslizamento** $\mathbf{V}_{A_3desl}$.

9 A velocidade total de deslizamento em A é a diferença vetorial entre as duas componentes de deslizamento. Escreva a Equação 6.6 do vetor da velocidade relativa para os componentes de deslizamento do ponto A_3 em função do ponto A_2.

ANÁLISE DE VELOCIDADES

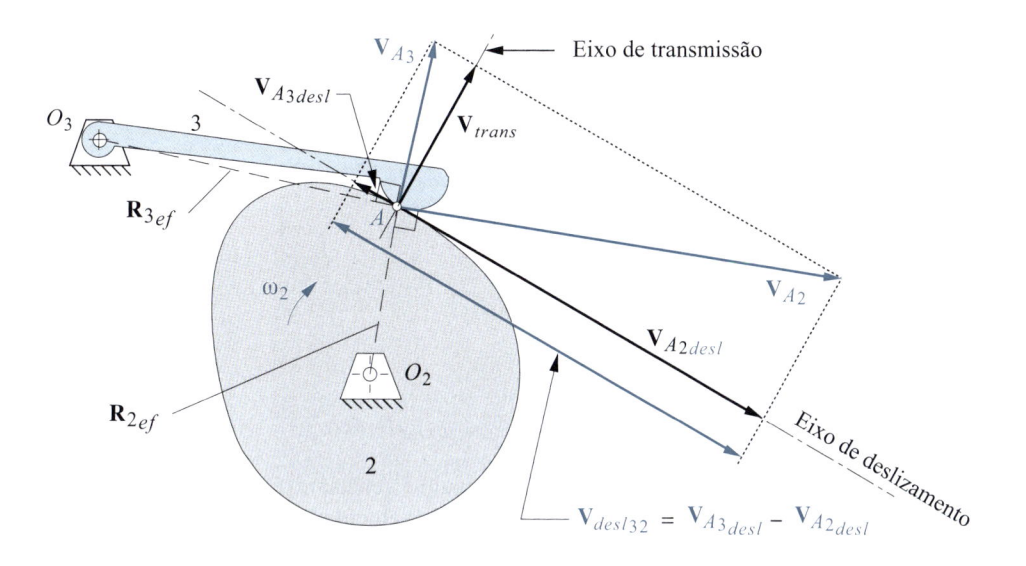

FIGURA 6-19

Análise gráfica da velocidade de um came seguidor.

$$V_{desl\,32} = V_{A_{3desl}} - V_{A_{2desl}} \qquad (b)$$

10 A velocidade angular do elo 3 pode ser calculada pela Equação 6.7:

$$\omega_3 = \frac{V_{A_3}}{AO_3} \qquad (c)$$

Os exemplos acima mostram como os mecanismos deslizantes ou meia junta podem ser resolvidos graficamente para as velocidades de uma posição. Na próxima seção, iremos desenvolver uma solução geral usando equações algébricas para resolver problemas similares.

6.7 SOLUÇÕES ANALÍTICAS PARA ANÁLISES DE VELOCIDADES

O mecanismo de quatro barras com junta pinada

As equações de posição para um mecanismo de quatro barras com junta pinada foram encontradas na Seção 4.5. O mecanismo foi mostrado na Figura 4-6 e é mostrado de novo na Figura 6-20, na qual é mostrada também a velocidade angular de entrada ω_2 aplicada no elo 2. Essa (ω_2) pode ser uma velocidade variável com o tempo. A equação vetorial de malha fechada é mostrada nas equações 4.5a e 4.5c, e repetida aqui para a sua compreensão.

$$\mathbf{R}_2 + \mathbf{R}_3 - \mathbf{R}_4 - \mathbf{R}_1 = 0 \qquad (4.5a)$$

Como antes, substituímos os vetores para a notação de número complexos, nomeando os seus comprimentos escalares como a, b, c, d, como mostrado na Figura 6-20a.

$$ae^{j\theta_2} + be^{j\theta_3} - ce^{j\theta_4} - de^{j\theta_1} = 0 \qquad (4.5c)$$

Para conseguir a expressão da velocidade, derive a Equação 4.5c em relação ao tempo.

$$jae^{j\theta_2}\frac{d\theta_2}{dt} + jbe^{j\theta_3}\frac{d\theta_3}{dt} - jce^{j\theta_4}\frac{d\theta_4}{dt} = 0 \qquad (6.14a)$$

Mas,

$$\frac{d\theta_2}{dt} = \omega_2; \qquad \frac{d\theta_3}{dt} = \omega_3; \qquad \frac{d\theta_4}{dt} = \omega_4 \qquad (6.14b)$$

e:

$$ja\omega_2 e^{j\theta_2} + jb\omega_3 e^{j\theta_3} - jc\omega_4 e^{j\theta_4} = 0 \qquad (6.14c)$$

Note que o termo θ_1 foi cancelado, pois seu ângulo é constante, e portanto sua derivada é zero. Note também que a Equação 6.14 é, na verdade, a **velocidade relativa** ou a **equação de diferença de velocidade**.

$$\mathbf{V}_A + \mathbf{V}_{BA} - \mathbf{V}_B = 0 \qquad (6.15a)$$

Em que:

$$\mathbf{V}_A = ja\omega_2 e^{j\theta_2}$$
$$\mathbf{V}_{BA} = jb\omega_3 e^{j\theta_3} \qquad (6.15b)$$
$$\mathbf{V}_B = jc\omega_4 e^{j\theta_4}$$

Compare as Equações 6.15 com as equações 6.3, 6.5 e 6.6. Essa equação é resolvida graficamente com o diagrama de vetor da Figura 6-20b.

Agora precisamos resolver a Equação 6.14 para encontrar ω_3 e ω_4, conhecendo a velocidade de entrada ω_2, o comprimento dos elos e todos os ângulos dos elos. Portanto, a derivada da análise da posição da Seção 4.5 deve ser usada, primeiramente, para determinar os ângulos dos elos antes de fazer essa análise de velocidade. Ao resolver a Equação 6.14, desejamos obter expressões nessa forma:

$$\omega_3 = f(a,b,c,d,\theta_2,\theta_3,\theta_4,\omega_2) \qquad \omega_4 = g(a,b,c,d,\theta_2,\theta_3,\theta_4,\omega_2) \qquad (6.16)$$

A estratégia de solução será a mesma feita para a análise de posição. Primeiro, substituir a identidade de Euler da Equação 4.4a em cada termo da Equação 6.14c:

$$ja\omega_2(\cos\theta_2 + j\,\text{sen}\,\theta_2) + jb\omega_3(\cos\theta_3 + j\,\text{sen}\,\theta_3)$$
$$- jc\omega_4(\cos\theta_4 + j\,\text{sen}\,\theta_4) = 0 \qquad (6.17a)$$

Multiplique tudo pelo operador j:

$$a\omega_2(j\cos\theta_2 + j^2\,\text{sen}\,\theta_2) + b\omega_3(j\cos\theta_3 + j^2\,\text{sen}\,\theta_3)$$
$$- c\omega_4(j\cos\theta_4 + j^2\,\text{sen}\,\theta_4) = 0 \qquad (6.17b)$$

Os termos em cosseno se tornaram imaginários, ou termos com direção em y, e por causa de $j^2 = -1$, os termos em seno se tornam reais ou com direção em x.

$$a\omega_2(-\text{sen}\,\theta_2 + j\cos\theta_2) + b\omega_3(-\text{sen}\,\theta_3 + j\cos\theta_3)$$
$$- c\omega_4(-\text{sen}\,\theta_4 + j\cos\theta_4) = 0 \qquad (6.17c)$$

ANÁLISE DE VELOCIDADES

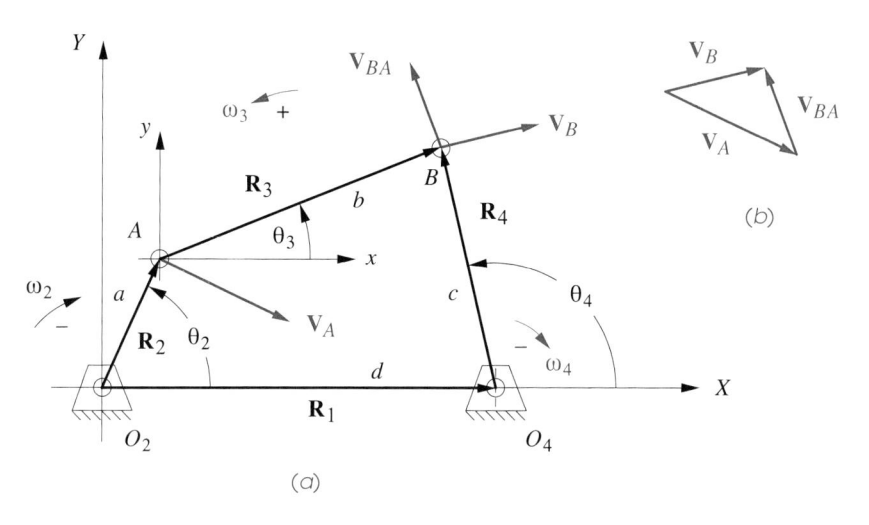

FIGURA 6-20

Polígono do vetor de posição para um mecanismo de quatro barras mostrando os vetores de velocidade para uma ω_2 negativa (anti-horária).

Podemos agora separar essa equação vetorial em dois componentes, analisando a parte real e a parte imaginária separadamente:

Parte real (componente em x):

$$-a\omega_2 \operatorname{sen}\theta_2 - b\omega_3 \operatorname{sen}\theta_3 + c\omega_4 \operatorname{sen}\theta_4) = 0 \tag{6.17d}$$

Parte imaginária (componente em y):

$$a\omega_2 \cos\theta_2 + b\omega_3 \cos\theta_3 - c\omega_4 \cos\theta_4 = 0 \tag{6.17e}$$

Note que os j foram cancelados na Equação 6.17e. Podemos resolver essas duas equações, 6.17d e 6.17e, por substituição direta, encontrando:

$$\omega_3 = \frac{a\omega_2}{b} \frac{\operatorname{sen}(\theta_4 - \theta_2)}{\operatorname{sen}(\theta_3 - \theta_4)} \tag{6.18a}$$

$$\omega_4 = \frac{a\omega_2}{c} \frac{\operatorname{sen}(\theta_2 - \theta_3)}{\operatorname{sen}(\theta_4 - \theta_3)} \tag{6.18b}$$

Uma vez que você resolveu para encontrar ω_3 e ω_4, podemos então resolver as velocidades lineares substituindo as identidades de Euler nas Equações 6.15,

$$\mathbf{V}_A = ja\omega_2 (\cos\theta_2 + j\operatorname{sen}\theta_2) = a\omega_2(-\operatorname{sen}\theta_2 + j\cos\theta_2) \tag{6.19a}$$

$$\mathbf{V}_{BA} = jb\omega_3 (\cos\theta_3 + j\operatorname{sen}\theta_3) = b\omega_3(-\operatorname{sen}\theta_3 + j\cos\theta_3) \tag{6.19b}$$

$$\mathbf{V}_B = jc\omega_4 (\cos\theta_4 + j\operatorname{sen}\theta_4) = c\omega_4(-\operatorname{sen}\theta_4 + j\cos\theta_4) \tag{6.19c}$$

em que os termos reais e imaginários são os componentes x e y, respectivamente. As equações 6.18 e 6.19 fornecem uma solução completa para as velocidades angulares dos elos e das velocidades das juntas em um mecanismo de quatro barras com junta pinada. Note que há também duas soluções para esse problema da velocidade, correspondente à configuração aberta e à cruzada do mecanismo. Elas são encontradas substituindo-se os valores de θ_3 e θ_4 das configurações aberta ou cruzada das equações 4.10 e 4.13 nas equações 6.18 e 6.19. A Figura 6-20a mostra a configuração aberta.

Mecanismo biela-manivela de quatro barras

As equações de deslocamento para um mecanismo biela-manivela de quatro barras (inversão 1) foram encontradas na Seção 4.6. O mecanismo foi mostrado na Figura 4-9 e é mostrado de novo na Figura 6-21a, na qual é mostrada também a velocidade angular de entrada ω_2 aplicada ao elo 2. Essa velocidade ω_2 pode ser variável com o tempo. A Equação 4.14 vetorial de malha fechada é repetida aqui para a sua compreensão.

$$\mathbf{R}_2 - \mathbf{R}_3 - \mathbf{R}_4 - \mathbf{R}_1 = 0 \qquad (4.14a)$$

$$ae^{j\theta_2} - be^{j\theta_3} - ce^{j\theta_4} - de^{j\theta_1} = 0 \qquad (4.14b)$$

Derive a Equação 4.14b em relação ao tempo considerando constantes a, b, c, θ_1 e θ_4, porém com o comprimento do elo d, variando com o tempo nessa inversão.

$$ja\omega_2 e^{j\theta_2} - jb\omega_3 e^{j\theta_3} - \dot{d} = 0 \qquad (6.20a)$$

O termo d ponto é a velocidade linear do bloco de deslizamento. A Equação 6.20a é a Equação 6.5 da diferença de velocidade e pode ser escrita da seguinte forma:

$$\mathbf{V}_A - \mathbf{V}_{AB} - \mathbf{V}_B = 0$$

ou:
$$\mathbf{V}_A = \mathbf{V}_B + \mathbf{V}_{AB}$$

mas:
$$\mathbf{V}_{AB} = -\mathbf{V}_{BA} \qquad (6.20b)$$

então:
$$\mathbf{V}_B = \mathbf{V}_A + \mathbf{V}_{BA}$$

A Equação 6.20 é idêntica à forma das equações 6.5 e 6.15a. Note que por termos posicionado o vetor de posição $\mathbf{R}_3$, nas figuras 4-9 e 6-21, com sua origem no ponto, direcionado de B para A, a sua derivada representa a diferença de velocidade entre o ponto A e o ponto B, o oposto disso está no exemplo anterior de quatro barras. Compare-a também com a Equação 6.15b, notando que o vetor $\mathbf{R}_3$ é direcionado de A para B. A Figura 6-21b mostra o diagrama vetorial da solução gráfica da Equação 6.20b.

Substitua a equação equivalente de Euler, Equação 4.4a, na Equação 6.20a,

$$ja\omega_2\left(\cos\theta_2 + j\operatorname{sen}\theta_2\right) - jb\omega_3\left(\cos\theta_3 + j\operatorname{sen}\theta_3\right) - \dot{d} = 0 \qquad (6.21a)$$

Simplificando,

$$a\omega_2\left(-\operatorname{sen}\theta_2 + j\cos\theta_2\right) - b\omega_3\left(-\operatorname{sen}\theta_3 + j\cos\theta_3\right) - \dot{d} = 0 \qquad (6.21b)$$

E separe em componentes reais e imaginários.

ANÁLISE DE VELOCIDADES

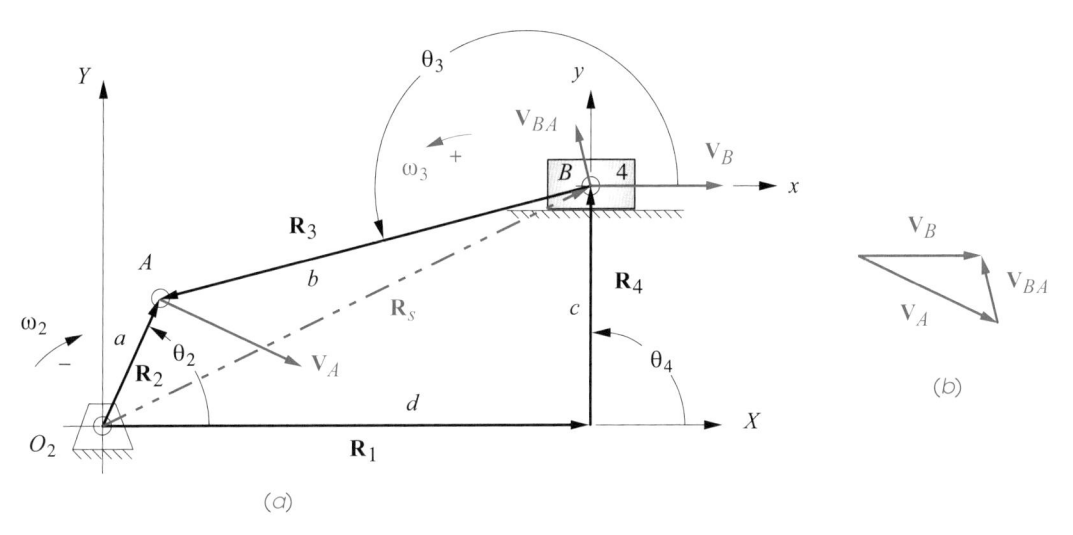

FIGURA 6-21

Vetor de posição de malha fechada para um mecanismo de biela-manivela quatro barras mostrando os vetores de velocidade para uma ω_2 negativa (anti-horária).

Parte real (componente em x):

$$-a\,\omega_2\left(-\operatorname{sen}\theta_2 + b\,\omega_3 \operatorname{sen}\theta_3 - \dot{d} = 0 \right. \tag{6.21c}$$

Parte imaginária (componente em y):

$$a\omega_2 \cos\theta_2 - b\omega_3 \cos\theta_3 = 0 \tag{6.21d}$$

Esse é um sistema com duas equações e com duas incógnitas, d ponto e ω_3. A Equação 6.21d pode ser utilizada pra encontrar ω_3 e substituída na Equação 6.21c para encontrar d ponto.

$$\omega_3 = \frac{a}{b}\frac{\cos\theta_2}{\cos\theta_3}\omega_2 \tag{6.22a}$$

$$\dot{d} = -a\,\omega_2 \operatorname{sen}\theta_2 + b\,\omega_3 \operatorname{sen}\theta_3 \tag{6.22b}$$

A velocidade absoluta do ponto A e a diferença de velocidade entre o ponto A e o ponto B são encontradas através da Equação 6.20:

$$\mathbf{V}_A = a\,\omega_2\left(-\operatorname{sen}\theta_2 + j\cos\theta_2\right) \tag{6.23a}$$

$$\mathbf{V}_{AB} = b\,\omega_3\left(-\operatorname{sen}\theta_3 + j\cos\theta_3\right) \tag{6.23b}$$

$$\mathbf{V}_{BA} = -\mathbf{V}_{AB} \tag{6.23c}$$

Mecanismo biela-manivela invertida de quatro barras

As equações de posição para um mecanismo biela-manivela invertido de quatro barras foram encontradas na Seção 4.7. O mecanismo foi mostrado na Figura 4-10 e é mostrado de novo na Figura 6-22, na qual é mostrada também a velocidade angular de entrada ω_2 aplicada ao elo 2. Essa (ω_2) pode variar com o tempo. As Equações vetoriais de malha fechada 4.14 são válidas para esse mecanismo também.

Todos os mecanismos de deslizamento terão no mínimo um elo, no qual o comprimento equivalente entre as juntas varia conforme o mecanismo se move. Nessa inversão, o comprimento do elo 3 entre os pontos A e B, designado como b, irá mudar conforme ele passa sobre o bloco deslizante no elo 4. Para obter uma expressão de velocidade, derive a Equação 4.14b em relação ao tempo, considerando que a, c, d, e θ_1 são constantes e b varia com o tempo.

$$ja\omega_2 e^{j\theta_2} - jb\omega_3 e^{j\theta_3} - \dot{b} e^{j\theta_3} - jc\omega_4 e^{j\theta_4} = 0 \qquad (6.24)$$

O valor de db/dt será uma das incógnitas a serem encontradas nesse caso, que é o termo b ponto na equação. A outra incógnita seria a ω_4, velocidade angular do elo 4. Note que temos também uma incógnita ω_3, velocidade angular do elo 3. Temos um total de três incógnitas. A Equação 6.24 pode ser resolvida por duas incógnitas. Portanto, precisamos de outra equação para resolver o sistema. Há uma relação fixa entre os ângulos θ_3 e θ_4, mostrado como γ na Figura 6-22 e definido na Equação 4.18, repetida aqui:

$$\theta_3 = \theta_4 \pm \gamma \qquad (4.18)$$

Derive em relação ao tempo para obter:

$$\omega_3 = \omega_4 \qquad (6.25)$$

Desejamos resolver a Equação 6.24 para obter expressões nesta forma:

$$\omega_3 = \omega_4 = f(a, b, c, d, \theta_2, \theta_3, \theta_4, \omega_2)$$
$$\frac{db}{dt} = \dot{b} = g(a, b, c, d, \theta_2, \theta_3, \theta_4, \omega_2) \qquad (6.26)$$

Substituindo a identidade de Euler (Equação 4.4a) na Equação 6.24, temos:

$$ja\,\omega_2 (\cos\theta_2 + j\,\text{sen}\,\theta_2) - jb\,\omega_3 (\cos\theta_3 + j\,\text{sen}\,\theta_3)$$
$$- \dot{b}(\cos\theta_3 + j\,\text{sen}\,\theta_3) - jc\,\omega_4 (\cos\theta_4 + j\,\text{sen}\,\theta_4) = 0 \qquad (6.27a)$$

Multiplicando pelo operador j e substituindo ω_3 por ω_4 da Equação 6.25:

$$a\,\omega_2 (-\text{sen}\,\theta_2 + j\cos\theta_2) - b\,\omega_4 (-\text{sen}\,\theta_3 + j\cos\theta_3)$$
$$- \dot{b}(\cos\theta_3 + j\,\text{sen}\,\theta_3) - c\,\omega_4 (-\text{sen}\,\theta_4 + j\cos\theta_4) = 0 \qquad (6.27b)$$

Podemos agora separar essa equação vetorial em duas componentes, organizando os termos reais e imaginários separadamente:

Parte real (componente em x):

$$-a\,\omega_2\,\text{sen}\,\theta_2 + b\omega_4\,\text{sen}\,\theta_3 - \dot{b}\cos\theta_3 + c\omega_4\,\text{sen}\,\theta_4 = 0 \qquad (6.28a)$$

Parte imaginária (componente em y):

$$a\,\omega_2 \cos\theta_2 + b\omega_4 \cos\theta_3 - \dot{b}\,\text{sen}\,\theta_3 + c\omega_4 \cos\theta_4 = 0 \qquad (6.28b)$$

Organize os termos e rearranje as Equações 6.28 para isolar uma incógnita do lado esquerdo.

$$\dot{b}\cos\theta_3 = -a\omega_2\,\text{sen}\,\theta_2 + \omega_4 (b\,\text{sen}\,\theta_3 + c\,\text{sen}\,\theta_4) \qquad (6.29a)$$
$$\dot{b}\,\text{sen}\,\theta_3 = a\omega_2 \cos\theta_2 - \omega_4 (b\cos\theta_3 + c\cos\theta_4) \qquad (6.29b)$$

ANÁLISE DE VELOCIDADES

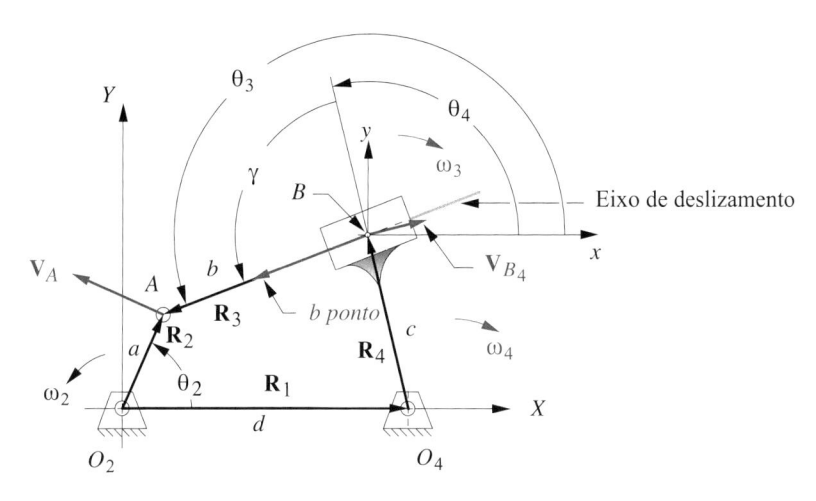

FIGURA 6-22

Análise da velocidade da inversão 3 do mecanismo biela-manivela de quatro barras.

Ambas as equações podem encontrar o valor de $\dot{b}$ e o resultado substituir na outra. Resolvendo a Equação 6.29a:

$$\dot{b} = \frac{-a\omega_2 \operatorname{sen}\theta_2 + \omega_4\left(b \operatorname{sen}\theta_3 + c \operatorname{sen}\theta_4\right)}{\cos\theta_3} \qquad (6.30a)$$

Substitua na Equação 6.29b e simplifique:

$$\omega_4 = \frac{a\omega_2 \cos(\theta_2 - \theta_3)}{b + c\cos(\theta_4 - \theta_3)} \qquad (6.30b)$$

A Equação 6.30a fornece a **velocidade de deslizamento** no ponto B. A Equação 6.30b nos dá **velocidade angular** no elo 4. Note que podemos substituir $-\gamma = \theta_4 - \theta_3$ da Equação 4.18 (para um mecanismo aberto) na Equação 6.30b para simplificar novamente. Note que $\cos(-\gamma) = \cos(\gamma)$.

$$\omega_4 = \frac{a\omega_2 \cos(\theta_2 - \theta_3)}{b + c\cos\gamma} \qquad (6.30c)$$

A **velocidade de deslizamento** da Equação 6.30a é sempre direcionada ao longo do **eixo de deslizamento** como mostrado na Figura 6-22. Também há um componente ortogonal ao eixo de deslizamento chamado de **velocidade de transmissão**. Ela está sobre o **eixo de transmissão**, que é a única linha em que qualquer trabalho pode ser transmitido para a junta deslizante. Toda energia associada ao movimento ao longo do eixo é convertida para calor e perdida.

A velocidade absoluta linear do ponto A vem da Equação 6.23a. Podemos encontrar a velocidade absoluta do ponto B do elo 4 desde que ω_4 seja conhecida. Da Equação 6.15b:

$$\mathbf{V}_{B_4} = jc\,\omega_4 e^{j\theta_4} = c\,\omega_4\left(-\operatorname{sen}\theta_4 + j\cos\theta_4\right) \qquad (6.31a)$$

A velocidade de transmissão é a componente de V_{b4} normal ao eixo de deslizamento. A velocidade absoluta do ponto B no elo 3 é encontrada na Equação 6.5 como:

$$\mathbf{V}_{B_3} = \mathbf{V}_{B_4} + \mathbf{V}_{B_{34}} = \mathbf{V}_{B_4} + \mathbf{V}_{desl_{34}} \tag{6.31b}$$

6.8 ANÁLISE DE VELOCIDADE DE UM MECANISMO DE CINCO BARRAS ENGRENADO

A equação de malha da posição de um mecanismo de cinco barras engrenado foi vista na Seção 4.8 e está repetida aqui. Veja a Figura P6-4 para conhecimento.

$$ae^{j\theta_2} + be^{j\theta_3} - ce^{j\theta_4} - de^{j\theta_5} - fe^{j\theta_1} = 0 \tag{4.23b}$$

Derive em relação ao tempo para obter uma expressão para velocidade.

$$a\omega_2 je^{j\theta_2} + b\omega_3 je^{j\theta_3} - c\omega_4 je^{j\theta_4} - d\omega_5 je^{j\theta_5} = 0 \tag{6.32a}$$

Substitua pela equivalência de Euler:

$$a\omega_2 j(\cos\theta_2 + j\sin\theta_2) + b\omega_3 j(\cos\theta_3 + j\sin\theta_3)$$
$$- c\omega_4 j(\cos\theta_4 + j\sin\theta_4) - d\omega_5 j(\cos\theta_5 + j\sin\theta_5) = 0 \tag{6.32b}$$

Note que o ângulo θ_5 é definido em função de θ_2, da relação de transmissão λ e do ângulo de fase θ.

$$\theta_5 = \lambda\theta_2 + \phi \tag{4.23c}$$

Derive em relação ao tempo:

$$\omega_5 = \lambda\omega_2 \tag{6.32c}$$

Já que uma análise de posição completa deve ser feita antes de se analisar a velocidade, iremos assumir que os valores de θ_5 e ω_5 foram encontrados e deixaremos essas equações em função de θ_5 e ω_5.

Separando as partes reais e imaginárias na Equação 6.32b:

Real: $\quad -a\omega_2\sin\theta_2 - b\omega_3\sin\theta_3 + c\omega_4\sin\theta_4 + d\omega_5\sin\theta_5 = 0 \tag{6.32d}$

Imaginário: $\quad a\omega_2\cos\theta_2 + b\omega_3\cos\theta_3 - c\omega_4\cos\theta_4 - d\omega_5\cos\theta_5 = 0 \tag{6.32e}$

As únicas duas incógnitas são ω_3 e ω_4. Ambas as equações 6.32d ou 6.32e podem ser resolvidas para uma incógnita e o resultado substituir na outra. A solução para ω_3 é:

$$\omega_3 = \frac{-2\sin\theta_4\left[a\omega_2\sin(\theta_2 - \theta_4) + d\omega_5\sin(\theta_4 - \theta_5)\right]}{b\left[\cos(\theta_3 - 2\theta_4) - \cos\theta_3\right]} \tag{6.33a}$$

A velocidade angular ω_4 pode ser encontrada pela Equação 6.32d usando-se ω_3.

$$\omega_4 = \frac{a\omega_2\sin\theta_2 + b\omega_3\sin\theta_3 - d\omega_5\sin\theta_5}{c\sin\theta_4} \tag{6.33b}$$

Com todos os ângulos dos elos e velocidades angulares conhecidos, as velocidades lineares das juntas pinadas podem ser encontradas:

… ANÁLISE DE VELOCIDADES

$$\mathbf{V}_A = a\omega_2(-\operatorname{sen}\theta_2 + j\cos\theta_2) \tag{6.33c}$$

$$\mathbf{V}_{BA} = b\omega_3(-\operatorname{sen}\theta_3 + j\cos\theta_3) \tag{6.33d}$$

$$\mathbf{V}_C = d\omega_5(-\operatorname{sen}\theta_5 + j\cos\theta_5) \tag{6.33e}$$

$$\mathbf{V}_B = \mathbf{V}_A + \mathbf{V}_{BA} \tag{6.33f}$$

6.9 VELOCIDADE DE QUALQUER PONTO DE UM MECANISMO

Uma vez que as velocidades angulares de todos os elos foram encontradas, fica fácil definir e calcular a velocidade de *qualquer ponto sobre qualquer elo* para uma posição de entrada do mecanismo. A Figura 6-23 mostra o mecanismo de quatro barras com o seu acoplador, elo 3, aumentado para conter o ponto acoplador P. A manivela e o seguidor foram também aumentados para mostrar os pontos S e U, os quais representam os centros de gravidade daqueles elos. Queremos desenvolver expressões algébricas para esses pontos (ou para qualquer ponto) do mecanismo.

Para encontrar a velocidade do ponto S, desenhe o vetor de posição do pivô fixo O_2 até o ponto S. Esse vetor, $\mathbf{R}_{SO_2}$ forma um ângulo δ_2 com o vetor $\mathbf{R}_{AO_2}$. O ângulo δ_2 é completamente definido pela geometria do elo 2 e é constante. O vetor de posição do ponto S é então:

$$\mathbf{R}_{SO_2} = \mathbf{R}_S = se^{j(\theta_2 + \delta_2)} = s\left[\cos(\theta_2 + \delta_2) + j\operatorname{sen}(\theta_2 + \delta_2)\right] \tag{4.25}$$

Derive esse vetor de posição para encontrar a velocidade daquele ponto.

$$\mathbf{V}_S = jse^{j(\theta_2 + \delta_2)}\omega_2 = s\omega_2\left[-\operatorname{sen}(\theta_2 + \delta_2) + j\cos(\theta_2 + \delta_2)\right] \tag{6.34}$$

A posição do ponto U no elo 4 é encontrada da mesma maneira, usando o ângulo δ_4, o qual é um deslocamento angular constante nesse elo. A expressão é:

$$\mathbf{R}_{UO_4} = ue^{j(\theta_4 + \delta_4)} = u\left[\cos(\theta_4 + \delta_4) + j\operatorname{sen}(\theta_4 + \delta_4)\right] \tag{4.26}$$

Derive esse vetor de posição para encontrar a velocidade daquele ponto.

$$\mathbf{V}_U = jue^{j(\theta_4 + \delta_4)}\omega_4 = u\omega_4\left[-\operatorname{sen}(\theta_4 + \delta_4) + j\cos(\theta_4 + \delta_4)\right] \tag{6.35}$$

A velocidade do ponto P no elo 3 pode ser encontrada somando-se dois vetores de velocidade, como $\mathbf{V}_A$ e $\mathbf{V}_{PA}$. $\mathbf{V}_A$ já foi definido por nossa análise de velocidades dos elos. $\mathbf{V}_{PA}$ é a diferença da velocidade entre o ponto P e o ponto A. O ponto A é escolhido como ponto de referência, pois o ângulo θ_3 é definido no SCLN e o ângulo δ_3 é definido no SCLR, onde ambas as origens são no ponto A. O vetor de posição $\mathbf{R}_{PA}$ é definido da mesma maneira como o $\mathbf{R}_S$ ou $\mathbf{R}_U$, usando-se o ângulo de deslocamento δ_3 do elo interno e o ângulo do elo 3, θ_3. Isso foi feito na Equação 4.27 (repetida aqui).

$$\mathbf{R}_{PA} = pe^{j(\theta_3 + \delta_3)} = p\left[\cos(\theta_3 + \delta_3) + j\operatorname{sen}(\theta_3 + \delta_3)\right] \tag{4.27a}$$

$$\mathbf{R}_P = \mathbf{R}_A + \mathbf{R}_{PA} \tag{4.27b}$$

Derive a Equação 4.27 para encontrar a velocidade do ponto P.

$$\mathbf{V}_{PA} = jpe^{j(\theta_3 + \delta_3)}\omega_3 = p\omega_3\left[-\operatorname{sen}(\theta_3 + \delta_3) + j\cos(\theta_3 + \delta_3)\right] \tag{6.36a}$$

$$\mathbf{V}_P = \mathbf{V}_A + \mathbf{V}_{PA} \tag{6.36b}$$

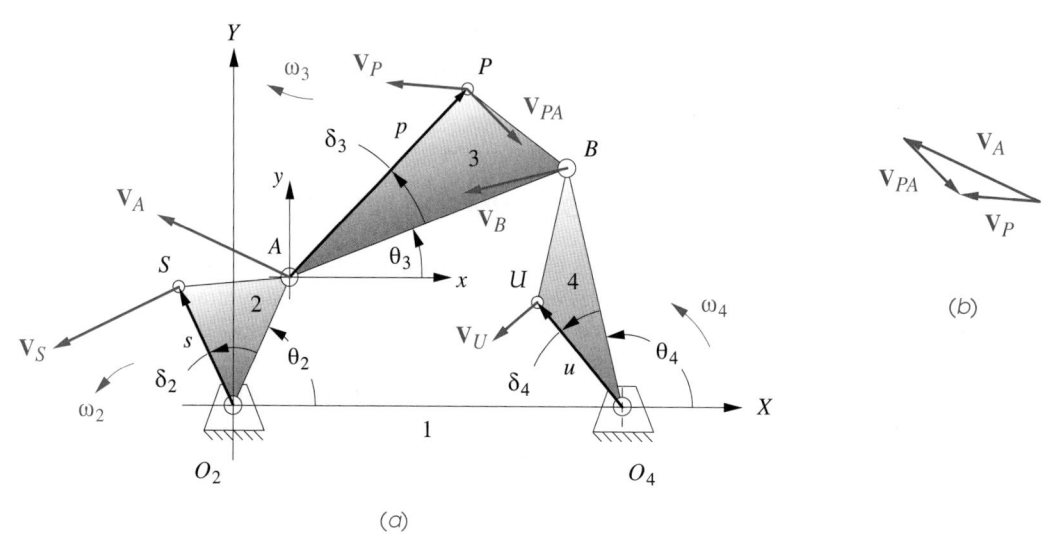

FIGURA 6-23

Encontrando as velocidades nos pontos dos elos.

Compare a Equação 6.36 com as equações 6.5 e 6.15. Ela é, de novo, a equação da diferença da velocidade.

Note que se, por exemplo, você desejar derivar uma equação para obter a velocidade de um ponto P no acoplador em um mecanismo de biela-manivela como montado na Figura 6-21, ou a forma invertida da Figura 6-22 – ambas têm o vetor do elo 3 definido com a sua origem no ponto B em vez de no ponto A –, você talvez queira usar o ponto B como referência em vez do ponto A, tornando a Equação 6.36b assim:

$$\mathbf{V}_P = \mathbf{V}_{B_3} + \mathbf{V}_{PB_3} \qquad (6.36c)$$

O ângulo θ_3 então seria definido no SCLN no ponto B, e δ_3 no SCLR no ponto B.

6.10 REFERÊNCIAS

1 **Towfigh, K.** (1969). "The Fourbar Linkage as an Adjustment Mechanism." *Proc. of Applied Mechanism Conference*, Tulsa, OK, pp. 27-1 to 27-4.

2 **Wood, G. A.** (1977). "Educating for Creativity in Engineering." *Proc. of ASEE 85th Annual Conference*, University of North Dakota, pp. 1-13.

3 **Kennedy, A. B. W.** (1893). *Mechanics of Machinery*. Macmillan, London, pp. vii, 73.

6.11 PROBLEMAS

6-1 Use a equação da velocidade relativa e resolva gráfica ou analiticamente.

a. Um navio está indo em direção ao norte a 20 nós (milhas náuticas por hora). Um submarino está na espera a 0,5 milhas náuticas a oeste do navio. O submarino dispara

ANÁLISE DE VELOCIDADES

um torpedo numa direção de 85°. O torpedo viaja à velocidade constante de 30 nós. Ele irá acertar o navio? Se não, por quantas milhas náuticas ele irá errar?

b. Um avião está voando em direção ao sul a 805 km/h a 74 km de altitude, em linha reta e nivelado. Um segundo avião está inicialmente 64,4 km a leste do primeiro avião e também a 74 km de altitude, voando em linha reta e nivelado a 885 km/h. Determine o ângulo na bússola no qual o segundo avião colidiria no trajeto com o primeiro. Quanto tempo o segundo avião demoraria para alcançar o primeiro?

6-2 Um ponto está a um raio de 165 mm de um corpo em rotação pura com ω = 100 rad/s. O centro de rotação está na origem do sistema de coordenadas. Quando o ponto está na posição A, o seu vetor de posição faz um ângulo de 45° com o eixo X. Na posição B, o seu vetor de posição faz um ângulo de 75° com o eixo X. Desenhe o sistema na escala adequada e:
  a. escreva uma expressão para o vetor velocidade da partícula na posição A usando a notação de número complexo, nas formas cartesianas e polar.
  b. escreva uma expressão para o vetor velocidade da partícula na posição B usando a notação de número complexo, nas formas cartesianas e polar.
  c. escreva uma equação vetorial para a diferença de velocidade entre os pontos B e A. Substitua a notação de número complexo para os vetores dessa equação e resolva para a diferença de posição numericamente.
  d. cheque o resultado da parte c com o método gráfico.

6-3 Repita o Problema 6-2, considerando os pontos A e B em corpos rotacionais separados em relação a origem com ω de $-$ 50 (A) e = 75 rad/s (B). Encontre as suas velocidades relativas.

* 6-4 Uma configuração geral de um mecanismo de quatro barras e a sua notação estão mostrados na Figura P6-1. O comprimento dos elos (mm), a posição do ponto acoplador e os valores de θ_2 (graus) e ω_2 (rad/s) para o mesmo mecanismo de quatro barras usado para análise de posição no Capítulo 4, estão redefinidos na Tabela P6-1, a qual é a mesma da Tabela P4-1. *Para a linha assinalada,* desenhe o mecanismo em escala e encontre as velocidades das juntas pinadas A e B e dos centros instantâneos $I_{1,3}$ e $I_{2,4}$ usando o método gráfico. Calcule ω_3 e ω_4 e encontre a velocidade no ponto P.

** 6-5 Repita 4o Problema 6-4 usando o método analítico. Desenhe o mecanismo em escala e nomeie-o antes de equacionar.

TABELA P6-0 parte 1
Matriz de tópicos e problemas

6.1 Definição da velocidade:
6-1, 6-2, 6-3

6.2 Análise gráfica da velocidade:
Quatro barras com junta pinada:
6-17a, 6-24, 6-28, 6-36, 6-39, 6-84a, 6-87a

Biela-manivela de quatro barras:
6-16a, 6-32, 6-43

Outros de quatro barras:
6-18a, 6-98

Cinco barras engrenado:
6-10

Seis barras:
6-70a, 6-73a, 6-76a

6.3 Centros instantâneos das velocidades:
6-12, 6-13, 6-14, 6-15, 6-68, 6-72, 6-75, 6-78, 6-83, 6-86, 6-88

6.4 Análise da velocidade com os centros instantâneos:
6-4, 6-16b, 6-17b, 6-18b, 6-25, 6-29, 6-33, 6-40, 6-70b, 6-73b, 6-76b, 6-84b, 6-87b

Vantagem mecânica:
6-21a, 6-21b, 6-22a, 6-22b, 6-58

6-5 Centroides:
6-23, 6-63, 6-69, 6-89

6.6 Velocidade de deslizamento:
6-6, 6-8, 6-19, 6-20, 6-61, 6-64, 6-65, 6-66

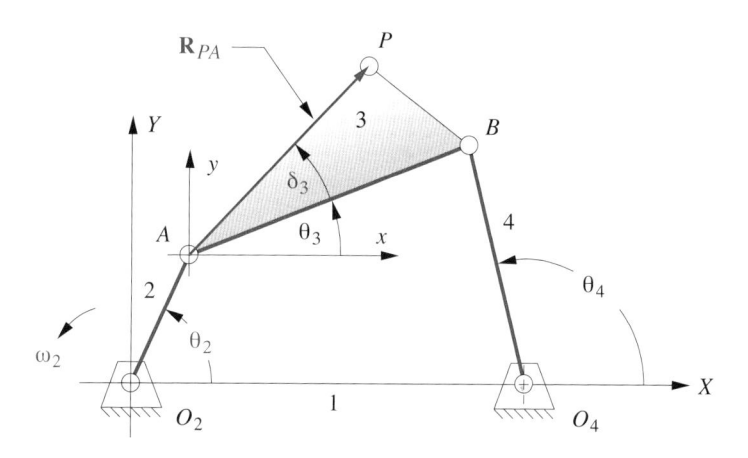

FIGURA P6-1

Configuração e terminologia para um mecanismo de quatro barras com juntas pinadas dos problemas 6-4 e 6-5.

* Respostas no Apêndice F.

TABELA P6-0 parte 2
Matriz de tópicos e problemas

6.7 Soluções analíticas para análise de velocidade

Quatro barras com junta pinada:
6-26, 6-27, 6-30, 6-31, 6-37, 6-38, 6-41, 6-42, 6-48, 6-62

Biela-manivela de quatro barras:
6-7, 6-34, 6-35, 6-44, 6-45, 6-52, 6-60

Quatro barras biela-manivela invertida:
6-9

Seis barras:
6-70c, 6-71, 6-73c, 6-74, 6-76c, 6-77

Oito barras:
6-79

Vantagem mecânica:
6-55a, 6-55b, 6-57a, 6-57b, 6-59a, 6-59b, 6-67

6.8 Análises de velocidade de cinco barras engrenado:
6-11

6.9 Velocidades de qualquer ponto do mecanismo:
6-5, 6-16c, 6-17c, 6-18c, 6-46, 6-47, 6-49, 6-50, 6-51, 6-53, 6-54, 6-56, 6-80, 6-81, 6-82, 6-84c, 6-85, 6-87c

* Respostas no Apêndice F.

** Esses problemas foram elaborados para serem resolvidos usando os softwares de resolução *Mathcad, Matlab* ou *TKSolver*.

TABELA P6-1 Dados para os problemas 6-4 e 6-5

Linha	Elo 1	Elo 2	Elo 3	Elo 4	R_{pa}	δ_3	θ_2	ω_2
a	152,4	50,8	177,8	228,6	152,4	30	30	10
b	177,8	228,6	76,2	203,2	228,6	25	85	-12
c	76,2	254,0	152,4	203,2	254,0	80	45	-15
d	203,2	127,0	177,8	152,4	127,0	45	25	24
e	203,2	127,0	203,2	152,4	228,6	300	75	-50
f	127,0	203,2	203,2	228,6	254,0	120	15	-45
g	152,4	203,2	203,2	228,6	101,6	300	25	100
h	508,0	254,0	254,0	254,0	152,4	20	50	-65
i	101,6	127,0	50,8	127,0	228,6	80	80	25
j	508,0	254,0	127,0	254,0	25,4	0	33	25
k	101,6	152,4	254,0	177,8	254,0	330	88	-80
l	228,6	177,8	254,0	177,8	127,0	180	60	-90
m	228,6	177,8	279,4	203,2	254,0	90	50	75
n	228,6	177,8	279,4	152,4	152,4	60	120	15

* 6-6 A configuração geral e a terminologia de um mecanismo biela-manivela de quatro barras são mostradas na Figura P6-2. O tamanho dos elos (mm), os valores de θ_2 (graus) e ω_2 (rad/s) são definidos na Tabela P6-2. *Para a(s) linha(s) assinalada(s)*, desenhe o mecanismo em escala e encontre as velocidade nas juntas pinadas *A* e *B* e a velocidade de escorregamento na junta deslizante usando o método gráfico.

*** 6-7 Repita o Problema 6-6 usando o método analítico. Desenhe o mecanismo em escala e nomeie-o antes de resolver as equações.

* 6-8 A configuração geral e a terminologia de um mecanismo biela-manivela de quatro barras invertido são mostradas na Figura P6-3. O tamanho dos elos (mm) e os valores de θ_2 (graus), ω_2 (rad/s) e γ (graus) são definidos na Tabela P6-3. *Para a(s) linha(s) assinalada(s)*, desenhe o mecanismo em escala e encontre as velocidade nas juntas pinadas *A* e *B* e a velocidade de escorregamento na junta deslizante usando o método gráfico.

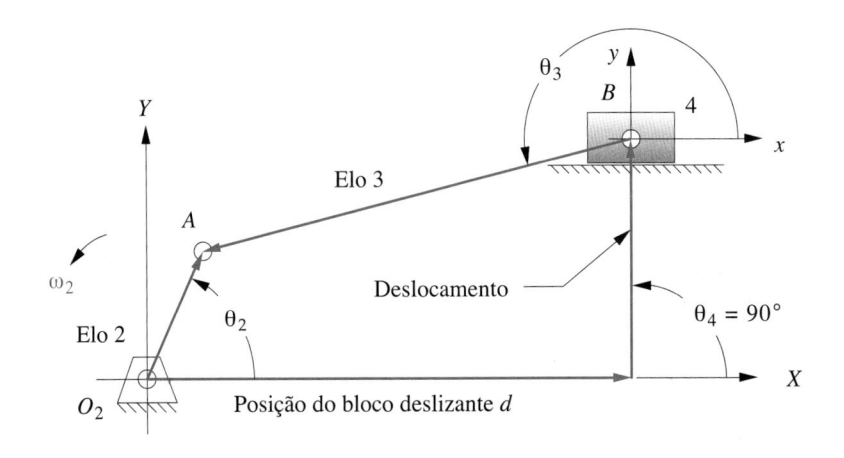

FIGURA P6-2

Configuração e terminologia para os problemas 6-6 e 6-7.

ANÁLISE DE VELOCIDADES

TABELA P6-2 Dados para os problemas 6-6 e 6-7

Linha	Elo 2	Elo 3	Deslocamento	θ_2	ω_2
a	35,56	101,6	25,4	45	10
b	50,8	152,4	-76,2	60	-12
c	76,2	203,2	50,8	-30	-15
d	88,9	254,0	25,4	120	24
e	127,0	508,0	-127,0	225	-50
f	76,2	330,2	0,0	100	-45
g	177,8	635,0	254,0	330	100

* ** 6-9 Repita o Problema 6-8 usando o método analítico. Desenhe o mecanismo em escala e nomeie-o antes de resolver as equações.

* 6-10 A configuração ge3ral e a terminologia de um mecanismo de cinco barras engrenado são mostradas na Figura P6-4. O tamanho dos elos (mm), relação de transmissão (λ), ângulo de fase (ϕ) e θ_2 (graus) e ω_2 (rad/s) são definidos na Tabela P6-4. Para *a(s) linha(s) indicada(s)*, desenhe o mecanismo em escala e ache ω_3 e ω_4 usando o método gráfico.

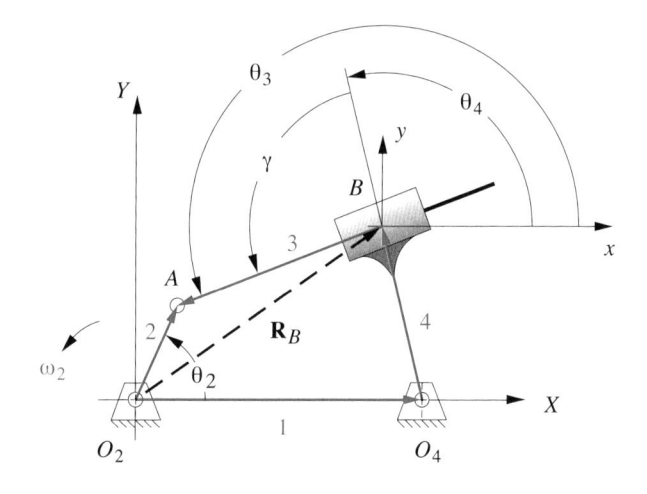

FIGURA P6-3

Configuração e terminologia para os problemas 6-8 e 6-9.

TABELA P6-3 Dados para os problemas 6-8 e 6-9

Linha	Elo 1	Elo 2	Elo 4	γ	θ_2	ω_2
a	152,4	50,8	101,6	90	30	10
b	177,8	228,6	76,2	75	85	-15
c	76,2	254,0	152,4	45	45	24
d	203,2	127,0	76,2	60	25	-50
e	203,2	101,6	50,8	30	75	-45
f	127,0	203,2	203,2	90	150	100

* Respostas no Apêndice F.

** Esses problemas foram elaborados para serem resolvidos usando os softwares de resolução *Mathcad*, *Matlab* ou *TKSolver*.

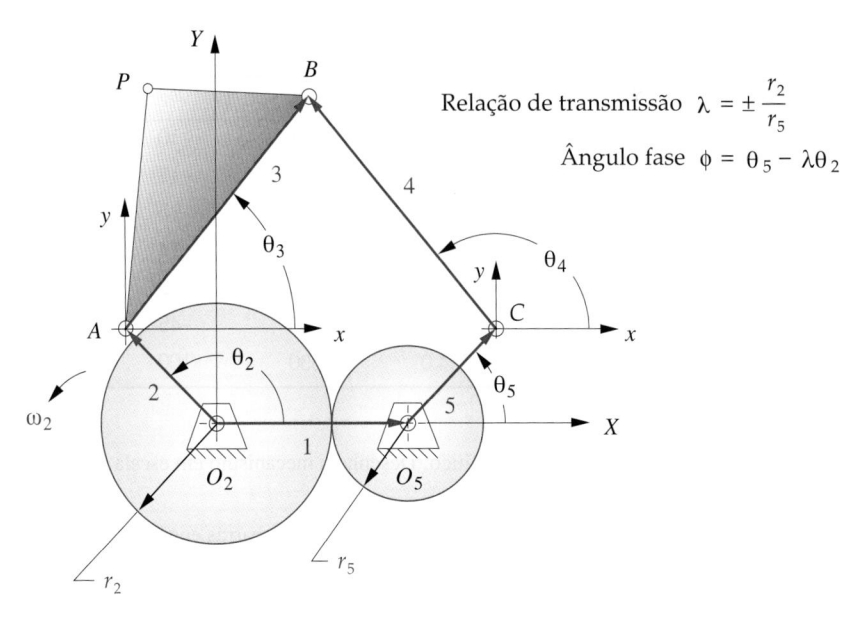

FIGURA P6-4

Configuração e terminologia para problemas 6-10 até 6-11.

Relação de transmissão $\lambda = \pm \dfrac{r_2}{r_5}$

Ângulo fase $\phi = \theta_5 - \lambda\theta_2$

* ** 6-11 Repita o Problema 6-10 usando um método analítico. Desenhe o mecanismo em escala e nomeie-o antes de escrever a equação.

6-12 Encontre todos os centros de rotação dos mecanismos mostrados na Figura P6-5.

6-13 Encontre todos os centros de rotação dos mecanismos mostrados na Figura P6-6.

6-14 Encontre todos os centros de rotação dos mecanismos mostrados na Figura P6-7.

* Respostas no Apêndice F.

** Esses problemas foram elaborados para serem resolvidos usando os softwares de resolução *Mathcad*, *Matlab* ou *TKSolver*.

TABELA P6-4   Dados para os problemas 6-10 e 6-11

Linha	Elo 1	Elo 2	Elo 3	Elo 4	Elo 5	λ	ϕ	θ_2	ω_2
a	152,4	25,4	177,8	228,6	101,6	2,0	30	60	10
b	152,4	127,0	177,8	203,2	101,6	-2,5	60	30	-12
c	76,2	127,0	177,8	203,2	101,6	-0,5	0	45	-15
d	101,6	127,0	177,8	203,2	101,6	-1,0	120	75	24
e	127,0	228,6	279,4	203,2	203,2	3,2	-50	-39	-50
f	254,0	50,8	177,8	127,0	76,2	1,5	30	120	-45
g	381,0	177,8	228,6	279,4	101,6	2,5	-90	75	100
h	304,8	203,2	177,8	228,6	101,6	-2,5	60	55	-65
i	228,6	177,8	203,2	228,6	101,6	-4,0	120	100	25

ANÁLISE DE VELOCIDADES

6-15 Encontre todos os centros de rotação dos mecanismos mostrados na Figura P6-8.

*6-16 O mecanismo na Figura P6-5a tem $O_2A = 20{,}3$, $AB = 49$, $AC = 33{,}8$, e deslocamento = 9,7 mm. O ângulo da manivela na posição mostrada é 34,3° e o ângulo $BAC = 38{,}6°$. Encontre ω_3, $\mathbf{V}_A$, $\mathbf{V}_B$, e $\mathbf{V}_C$ para a posição mostrada para $\omega_2 = 15$ rad/s na direção mostrada.
  a. Usando o método gráfico de diferença de velocidade.
  b. Usando o método gráfico do centro de rotação.
**c. Usando um método analítico.

6-17 O mecanismo na Figura P6-5c tem $I_{12}A = 19{,}1$, $AB = 38{,}1$, e $AC = 30{,}5$ mm. O ângulo equivalente da manivela na posição mostrada é 77° e o ângulo $BAC = 30°$. Encontre ω_3, ω_4, $\mathbf{V}_A$, $\mathbf{V}_B$ e $\mathbf{V}_C$ para a posição mostrada para $\omega_2 = 15$ rad/s na direção mostrada.

(a)

(b) Assuma contato de rolamento

(c) Assuma contato de rolamento

(d) Assuma contato de rolamento

(e) Assuma contato por deslizamento e rolamento

(f)

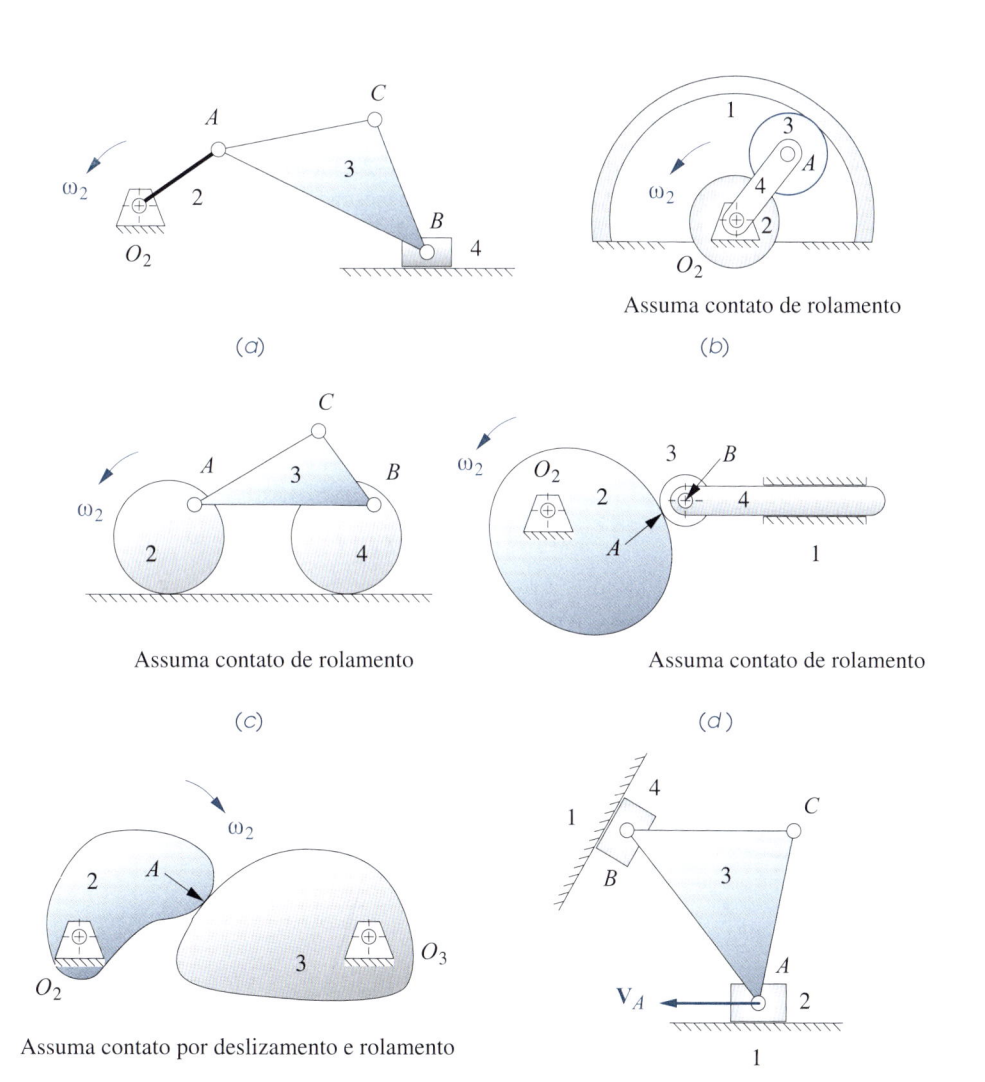

FIGURA P6-5

Problemas 6-12 e 6-16 até 6-20. Problemas de velocidade analítica e centro de rotação.

*Respostas no Apêndice F.

a. Usando o método gráfico de diferença de velocidade.
b. Usando o método gráfico do centro de rotação.
** c. Usando um método analítico. (Sugestão: crie um mecanismo equivalente para a posição mostrada e analise-o como de quatro barras com junta pinada.)

6-18 O mecanismo na Figura P6-5f tem $AB = 45,7$ e $AC = 36,6$ mm. O ângulo de AB na posição mostrada é $128°$ e o ângulo $BAC = 49°$. O bloco deslizante em B está em um ângulo de $59°$. Encontre ω_3, V_A, V_B e V_C para a posição mostrada para $V_A = 254$ mm/s na direção mostrada.
a. Usando o método gráfico de diferença de velocidade.
b. Usando o método gráfico do centro de rotação.
** c. Usando um método analítico.

6-19 O came seguidor na Figura P6-5d tem $O_2A = 21,7$ mm. Encontre $\mathbf{V}_4$, $\mathbf{V}_{trans}$ e $\mathbf{V}_{desl}$ para a posição mostrada para $\omega_2 = 20$ rad/s na direção mostrada.

6-20 O came seguidor na Figura P6-5e tem $O_2A = 24,9$ mm e $O_3A = 34,1$ mm. Encontre ω_3, V_{trans} e V_{desl} para a posição mostrada para $\omega_2 = 10$ rad/s na direção mostrada.

6-21 O mecanismo na Figura 6-6b tem $L_1 = 61,9$, $L_2 = 15$, $L_3 = 45,8$, $L_4 = 18,1$, $L_5 = 23,1$ mm. θ_2 é $68,3°$ no sistema de coordenada xy, que está a $-23,3°$ no sistema coordenada XY. O componente X de O_2C é $59,2$ mm. Para a posição mostrada, encontre a relação de velocidade $V_{I5,6} / V_{I2,3}$ e o rendimento mecânico da ligação 2 à ligação 6.
a. Usando o método gráfico de diferença de velocidade.
b. Usando o método gráfico do centro de rotação.

6-22 Repita o Problema 6-21 para o mecanismo da Figura 6-6d, que tem as seguintes dimensões: $L_2 = 15$, $L_3 = 40,9$, $L_5 = 44,7$ mm. θ_2 é $24,2°$ no sistema de coordenada XY.

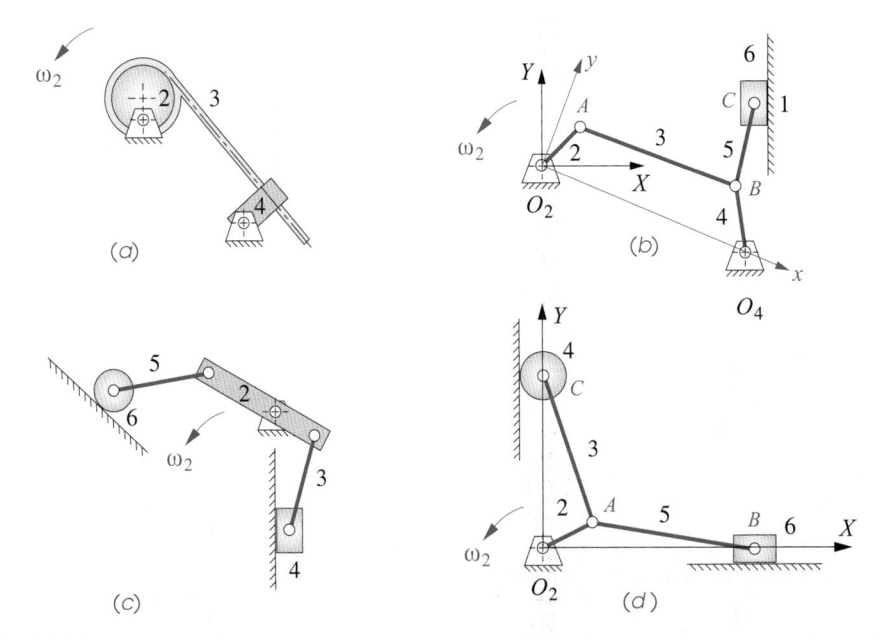

FIGURA P6-6

Problemas 6-13, 6-21 e 6-22.

** Esses problemas foram elaborados para serem resolvidos usando os softwares de resolução de equações *Mathcad*, *Matlab* ou *TKSolver*.

ANÁLISE DE VELOCIDADES

** 6-23 Construa e desenhe os centroides fixos e móveis das ligações 1 e 3 para o mecanismo na Figura P6-7a.

6-24 O mecanismo na Figura P6-8a tem o elo 1 a −25° e O_2A a 37° no sistema de coordenada global XY. Encontre ω_4, $\mathbf{V}_A$ e $\mathbf{V}_B$ no sistema de coordenada global para a posição mostrada se $\omega_2 = 15$ rad/s SH. Use o método gráfico de diferença de velocidade.

6-25 O mecanismo na Figura P6-8a tem o elo 1 a −25° e O_2A a 37° no sistema de coordenada global XY. Encontre ω_4, $\mathbf{V}_A$ e $\mathbf{V}_B$ no sistema de coordenada global para a posição mostrada se $\omega_2 = 15$ rad/s SH. Use o método gráfico do centro de rotação.

** 6-26 O mecanismo na Figura P6-8a tem $\theta_2 = 62°$ no sistema de coordenada local $x'y'$. O ângulo entre o eixo X e x é 25°. Encontre ω_4, $\mathbf{V}_A$ e $\mathbf{V}_B$ no sistema de coordenada global para a posição mostrada se $\omega_2 = 15$ rad/s SH. Use um método analítico.

** Esses problemas foram elaborados para serem resolvidos usando os softwares de resolução de equações *Mathcad*, *Matlab* ou *TKSolver*.

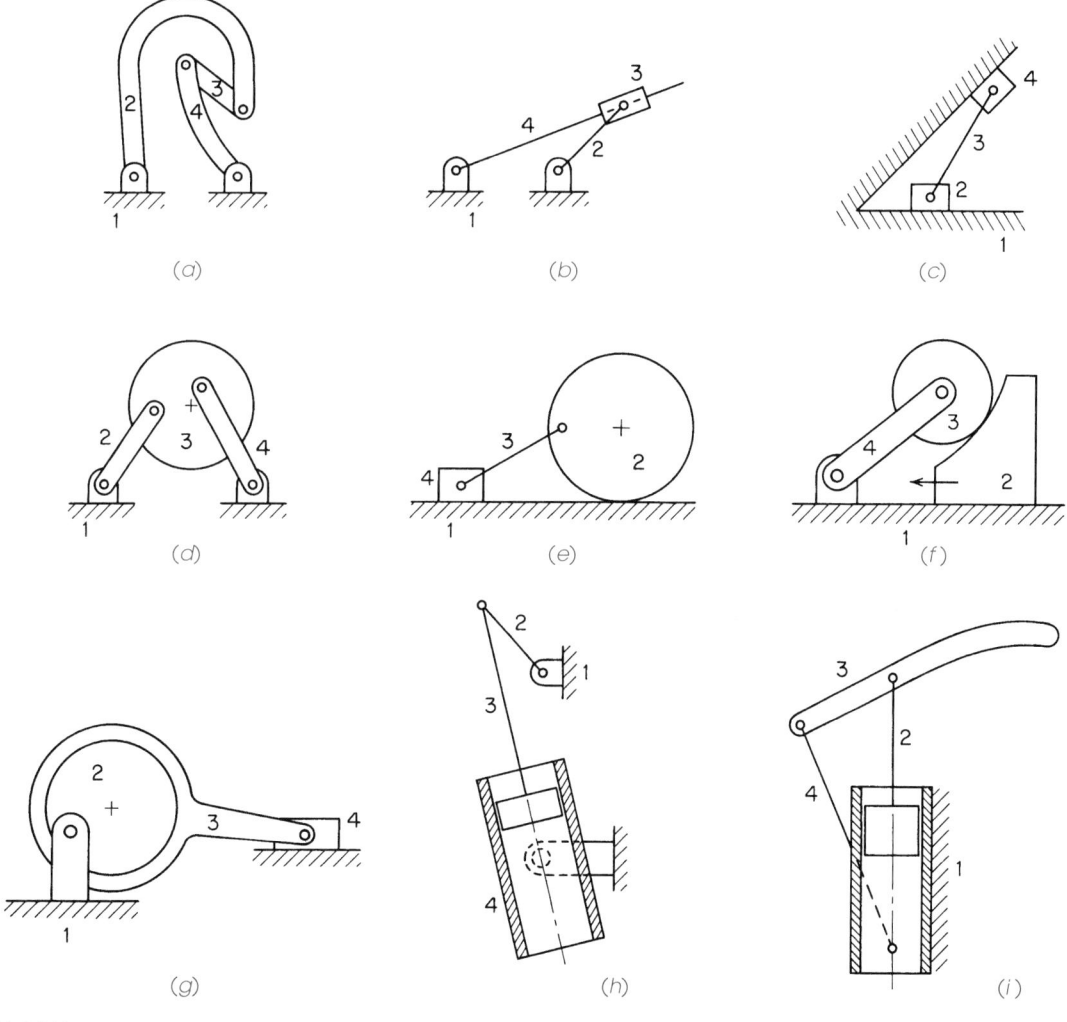

FIGURA P6-7

Problemas 6-14 e 6-23   De R. T. Hinkle. *Problems in Kinematics*, Englewood Cliffs: Prentice-Hall, 1954.

(a) Mecanismo de quatro barras

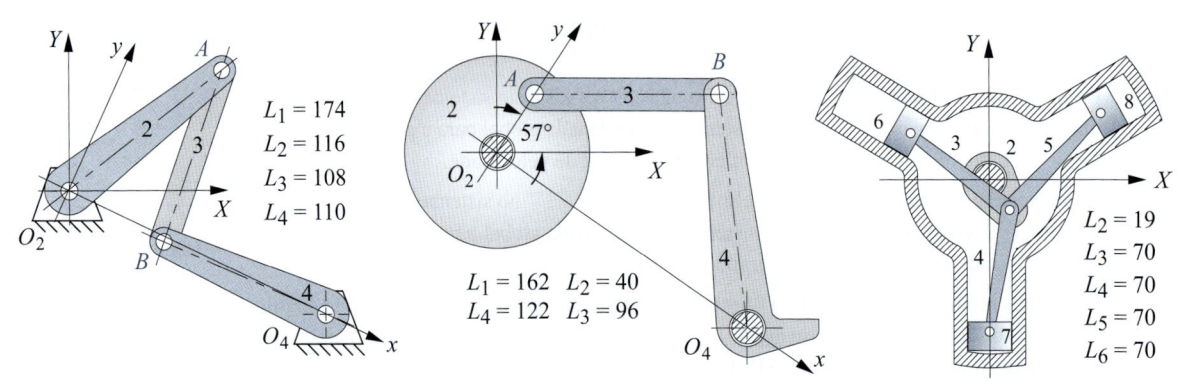

$L_1 = 174$
$L_2 = 116$
$L_3 = 108$
$L_4 = 110$

(b) Mecanismo de quatro barras

$L_1 = 162 \quad L_2 = 40$
$L_4 = 122 \quad L_3 = 96$

57°

(c) Compressor radial

$L_2 = 19$
$L_3 = 70$
$L_4 = 70$
$L_5 = 70$
$L_6 = 70$

(d) Transportador de viga

$L_1 = 150 \quad L_2 = 30$
$L_3 = 150 \quad L_4 = 30$

caixa

(e) Mecanismo de alavanca excêntrica

$O_2O_4 = L_3 = L_5 = 160$
$O_8O_4 = L_6 = L_7 = 120$
$O_2A = O_2C = 20$
$O_4B = O_4D = 20$
$O_4E = O_4G = 30$
$O_8F = O_8H = 30$

(f) Mecanismo biela-manivela com deslocamento

$L_2 = 63$
$L_3 = 130$
deslocamento = 52

(g) Mecanismo de freio a tambor

$L_1 = 87$
$L_2 = 49$
$L_3 = 100$
$L_4 = 153$
$L_5 = 100$
$L_6 = 153$

121°

(h) Mecanismo simétrico

22,9   22,9

4,5 típico

$L_1 = 45,8$
$L_2 = 19,8$
$L_3 = 19,4$
$L_4 = 38,3$
$L_5 = 13,3$
$L_7 = 13,3$
$L_8 = 19,8$
$L_9 = 19,4$

dimensões em mm

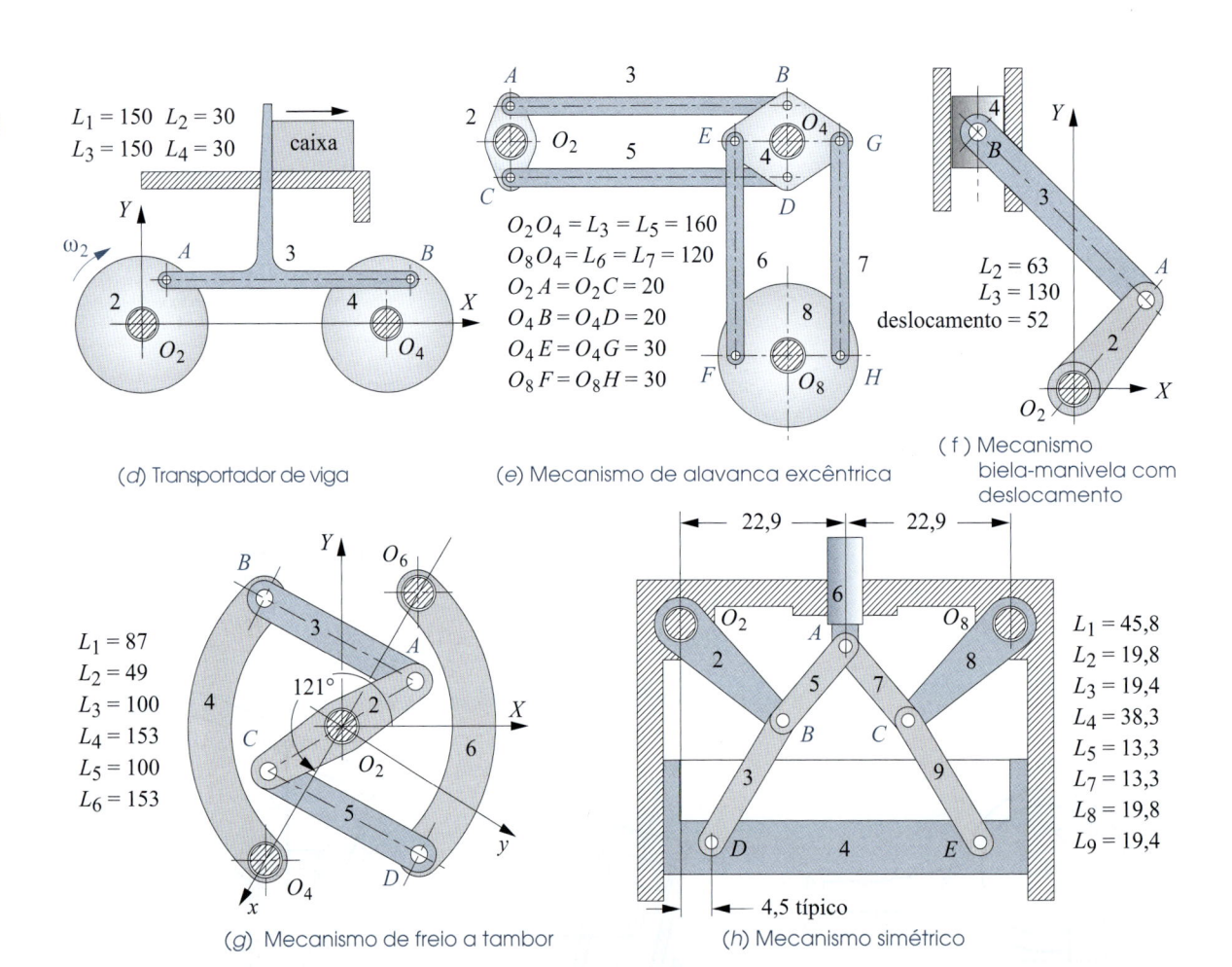

FIGURA P6-8

Problemas 6-15 e 6-24 até 6-45 Adaptado de P. H. Hill & W. P. Rule. *Mechanisms: Analysis and Design*, 1960, com autorização.

ANÁLISE DE VELOCIDADES

** 6-27 Para o mecanismo na Figura P6-8a, escreva um programa de computador, ou use um programa que resolva equações para encontrar e traçar ω_4, $\mathbf{V}_A$, e $\mathbf{V}_B$ no sistema de coordenada local para a máxima variação de movimento que o mecanismo permita para $\omega_2 = 15$ rad/s SH.

6-28 O mecanismo na Figura P6-8b tem o elo 1 a −36° e o elo 2 a 57° no sistema de coordenada global *XY*. Encontre ω_4, $\mathbf{V}_A$ e $\mathbf{V}_B$ no sistema de coordenada global para a posição mostrada, se $\omega_2 = 20$ rad/s SAH. Use o método gráfico de diferença de velocidade.

6-29 O mecanismo na Figura P6-8b tem o elo 1 a −36° e o elo 2 a 57° no sistema de coordenada global *XY*. Encontre ω_4, $\mathbf{V}_A$ e $\mathbf{V}_B$ no sistema de coordenada global para a posição mostrada, se $\omega_2 = 20$ rad/s SAH. Use o método gráfico do centro de rotação.

** 6-30 O mecanismo na Figura P6-8b tem o elo 1 a −36° e o elo 2 a 57° no sistema de coordenada global *XY*. Encontre ω_4, $\mathbf{V}_A$ e $\mathbf{V}_B$ no sistema de coordenada global para a posição mostrada, se $\omega_2 = 20$ rad/s SAH. Use um método analítico.

** 6-31 O mecanismo na Figura P6-8b tem o elo 1 a −36° no sistema de coordenada global *XY*. Escreva um programa de computador ou use um programa que resolva a equações para encontrar e traçar ω_4, $\mathbf{V}_A$ e $\mathbf{V}_B$ no sistema de coordenada local para a máxima variação de movimento que o mecanismo permita se $\omega_2 = 20$ rad/s SAH.

6-32 O mecanismo biela-manivela com deslocamento na Figura P6-8f tem o elo 2 a 51° no sistema de coordenada global *XY*. Encontre $\mathbf{V}_A$ e $\mathbf{V}_B$ no sistema de coordenada global para a posição mostrada se $\omega_2 = 25$ rad/s SH. Use o método gráfico de diferença de velocidade.

6-33 O mecanismo biela-manivela com deslocamento na Figura P6-8f tem elo 2 a 51° no sistema de coordenada global *XY*. Encontre $\mathbf{V}_A$ e $\mathbf{V}_B$ no sistema de coordenada global para a posição mostrada, se $\omega_2 = 25$ rad/s SH. Use o método gráfico do centro de rotação.

** 6-34 O mecanismo biela-manivela com deslocamento na Figura P6-8f tem o elo 2 a 51° no sistema de coordenada global *XY*. Encontre $\mathbf{V}_A$ e $\mathbf{V}_B$ no sistema de coordenada global para a posição mostrada, se $\omega_2 = 25$ rad/s SH. Use um método analítico.

** 6-35 Para o mecanismo biela-manivela com deslocamento na Figura P6-8f, escreva um programa de computador ou use um programa que resolva equações para encontrar e traçar $\mathbf{V}_A$ e $\mathbf{V}_B$ no sistema de coordenada global para a posição mostrada, se $\omega_2 = 25$ rad/s SH.

6-36 O mecanismo na Figura P6-8d tem o elo 2 a 58° no sistema de coordenada global *XY*. Encontre $\mathbf{V}_A$, $\mathbf{V}_B$ e $\mathbf{V}_{caixa}$ no sistema de coordenada global para a posição mostrada, se $\omega_2 = 30$ rad/s SH. Use o método gráfico de diferença de velocidade.

** 6-37 O mecanismo na Figura P6-8d tem o elo 2 a 58° no sistema de coordenada global *XY*. Encontre $\mathbf{V}_A$, $\mathbf{V}_B$, e $\mathbf{V}_{caixa}$ no sistema de coordenada global para a posição mostrada, se $\omega_2 = 30$ rad/s SH. Use um método analítico.

** 6-38 Para o mecanismo na Figura P6-8d escreva um programa de computador ou use um programa que resolva equações para encontrar e traçar $\mathbf{V}_A$, $\mathbf{V}_B$ e $\mathbf{V}_{caixa}$ no sistema de coordenada global para a máxima variação de movimento que o mecanismo permita se $\omega_2 = 30$ rad/s SH.

6-39 O mecanismo na Figura P6-8g tem o eixo local *xy* a −119° e O_2A a 29° no sistema de coordenada global *XY*. Encontre ω_4, $\mathbf{V}_A$ e $\mathbf{V}_B$ no sistema de coordenada global para a posição mostrada, se $\omega_2 = 15$ rad/s SH. Use o método gráfico de diferença de velocidade.

6-40 O mecanismo na Figura P6-8g tem o eixo local *xy* a −119° e O_2A a 29° no sistema de coordenada global *XY*. Encontre ω_4, $\mathbf{V}_A$ e $\mathbf{V}_B$ no sistema de coordenada global para a posição mostrada, se $\omega_2 = 15$ rad/s SH. Use o método gráfico do centro de rotação.

** Esses problemas foram elaborados para serem resolvidos usando os softwares de resolução de equações *Mathcad*, *Matlab* ou *TKSolver*.

6-41 O mecanismo na Figura P6-8g tem o eixo local xy a $-119°$ e O_2A a $29°$ no sistema de coordenada global XY. Encontre ω_4, $\mathbf{V}_A$ e $\mathbf{V}_B$ no sistema de coordenada global para a posição mostrada se $\omega_2 = 15$ rad/s SH. Use um método analítico.

6-42 O mecanismo na Figura P6-8g tem o eixo local xy a $-119°$ no sistema de coordenada global XY. Escreva um programa de computador, ou use um programa que resolva equações para encontrar e traçar ω_4, $\mathbf{V}_A$ e $\mathbf{V}_B$ no sistema de coordenada local para a máxima variação de movimento que o mecanismo permita se $\omega_2 = 15$ rad/s SH.

6-43 O compressor radial de três cilindros na Figura P6-8c tem seus cilindros equidistantes a 120°. Encontre as velocidades dos pistões $\mathbf{V}_6$, $\mathbf{V}_7$ $\mathbf{V}_8$ com a manivela a $-53°$ usando um método gráfico se $\omega_2 = 15$ rad/s SH.

6-44 O compressor radial de três cilindros na Figura P6-8c tem seus cilindros equidistantes a 120°. Encontre as velocidades dos pistões $\mathbf{V}_6$, $\mathbf{V}_7$ $\mathbf{V}_8$ com a manivela a $-53°$ usando um método analatíco se $\omega_2 = 15$ rad/s SH.

6-45 O compressor radial de 3 cilindros na Figura P6-8c tem seus cilindros equidistantes a 120°. Escreva um programa de computador, ou use um programa que resolva equações para encontrar e traçar a velocidade dos pistões $\mathbf{V}_6$, $\mathbf{V}_7$, $\mathbf{V}_8$ para uma revolução da manivela se $\omega_2 = 15$ rad/s SH.

6-46 A Figura P6-9 mostra o mecanismo em uma posição. Encontre as velocidades instantâneas dos pontos A, B e P se o elo O_2A estiver rotacionando SH a 40 rad/s.

****6-47** A Figura P6-10 mostra um mecanismo e sua curva do acoplador. Escreva um programa de computador, ou use um programa que resolva equações, para encontrar e traçar a magnitude e direção da velocidade do acoplador no ponto P com incremento de 2° do ângulo da manivela para $\omega_2 = 100$ rpm. Cheque seus resultados com o programa FOURBAR (ver Apêndice A).

****6-48** A Figura P6-11 mostra um mecanismo que opera com uma manivela a 500 rpm. Escreva um programa de computador ou use um programa que resolva equações para encontrar e traçar a magnitude e direção da velocidade do ponto B com incremento de 2° no ângulo da manivela. Cheque seus resultados com o programa FOURBAR.

****6-49** A Figura P6-12 mostra um mecanismo e sua curva do acoplador. Escreva um programa de computador, ou use um programa que resolva equações, para encontrar e traçar a magnitude e direção da velocidade do acoplador no ponto P com incremento de 2° do ângulo da manivela para $\omega_2 = 20$ rpm na máxima faixa de movimento possível. Cheque seus resultados com o programa FOURBAR.

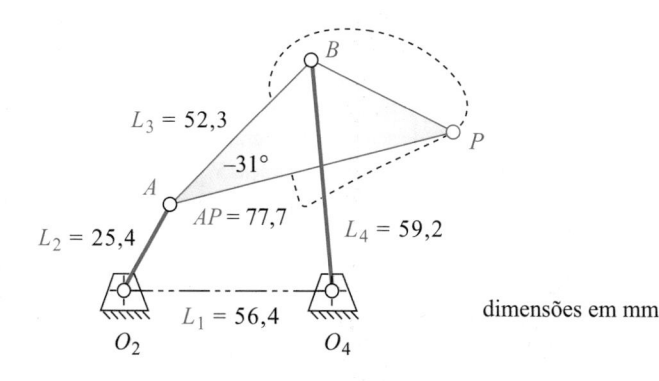

FIGURA P6-9
Problema 6-46.

* Respostas no Apêndice F.

** Esses problemas foram elaborados para serem resolvidos usando os softwares de resolução de equações *Mathcad*, *Matlab* ou *TKSolver*.

FIGURA P6-10
Problema 6-47.

ANÁLISE DE VELOCIDADES

** 6-50 A Figura P6-13 mostra um mecanismo e sua curva do acoplador. Escreva um programa de computador, ou use um programa que resolva equações, para encontrar e traçar a magnitude e direção da velocidade do acoplador no ponto P com incremento de 2° do ângulo da manivela para $\omega_2 = 80$ rpm na máxima faixa de movimento possível. Cheque seus resultados com o programa FOURBAR (ver Apêndice A).

* ** 6-51 A Figura P6-14 mostra um mecanismo e sua curva do acoplador. Escreva um programa de computador, ou use um programa que resolva equações, para encontrar e traçar a magnitude e direção da velocidade do acoplador, no ponto P com incremento de 2° do ângulo da manivela para $\omega_2 = 80$ rpm na máxima faixa de movimento possível. Cheque seus resultados com o programa FOURBAR.

** 6-52 A Figura P6-15 mostra uma serra alternativa motorizada, usada para cortar metal. O elo 5 rotaciona até O_5 e seu peso força a lâmina contra a peça de trabalho enquanto o mecanismo move a lâmina (elo 4) para frente e para trás, no elo 5, para realizar o corte. Esse é um mecanismo biela-manivela com deslocamento com dimensões mostradas na figura. Desenhe um diagrama equivalente ao mecanismo; então calcule e trace a velocidade da lâmina referente ao pedaço sendo cortado para uma revolução da manivela a 50 rpm.

** 6-53 A Figura P6-16 mostra um transportador dotado de um mecanismo "pega e posiciona", o qual pode ser analisado como dois mecanismos de quatro barras movidos por uma mesma manivela. Os tamanhos dos elos são apresentados na figura. O ângulo fase entre os dois pinos da manivela nos elos 4 e 5 é dado. Os produtos cilíndricos empurrados têm 60 mm de diâmetro. O ponto de contato entre o dedo esquerdo vertical e o cilindro mais à esquerda na posição mostrada é 58 mm a 80° *versus* a extremidade esquerda do paralelogramo do acoplador (ponto D). Calcule e trace as velocidades absolutas dos pontos E e P e a velocidade relativa entre os pontos E e P para uma volta da engrenagem 2.

** 6-54 A Figura P6-17 mostra um mecanismo de um descarregador de rolo de papel acionado por um cilindro pneumático. Na posição mostrada, $AO_2 = 1,1$ m a 178° e O_4A é 0,3 m a 226°. $O_2O_4 = 0,93$ m a 163°. Os elos V estão rigidamente presos em O_4A. O cilindro pneumático é retraído a uma velocidade constante de 0.2 m/s. Desenhe um diagrama cinemático do mecanismo, escreva as equações necessárias, calcule e trace a velocidade angular do rolo de papel e a velocidade linear de seu centro, com uma rotação através de 90° SAH da posição mostrada.

** 6-55 A Figura P6-18 mostra o mecanismo de um compactador de pó.
    a. Calcule sua vantagem mecânica para a posição mostrada.

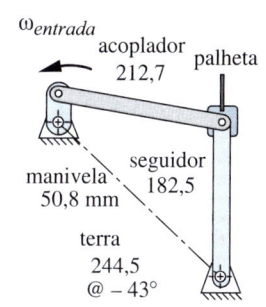

FIGURA P6-11

Problema 6-48.

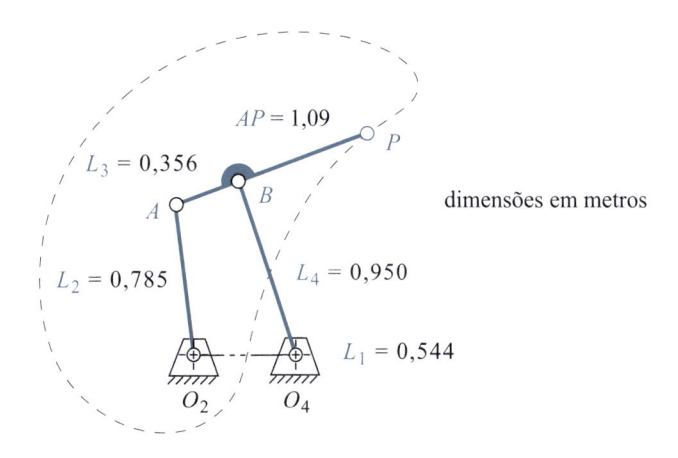

FIGURA P6-12

Problema 6-49.

* Respostas no Apêndice F.

** Esses problemas foram elaborados para serem resolvidos usando os softwares de resolução de equações *Mathcad*, *Matlab* ou *TKSolver*.

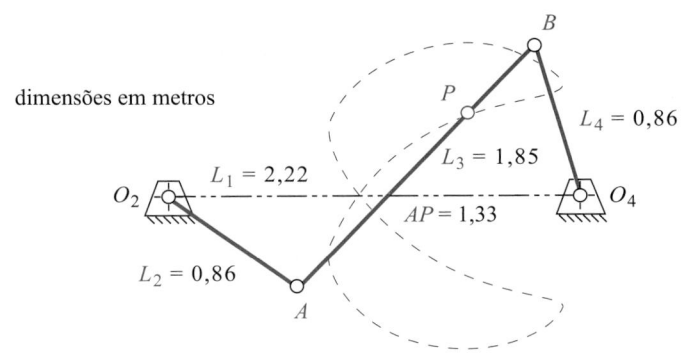

FIGURA P6-13

Problema 6-50.

b. Calcule e trace seu mecanismo avançado em função do ângulo do elo AC com ele rotacionando de 15 a 60°.

6-56 A Figura P6-19 mostra o mecanismo de um transportador. Calcule e trace a velocidade $V_{saída}$ para uma volta da manivela 2 de entrada rotacionando a 100 rpm.

6-57 A Figura P6-20 mostra um alicate de pressão.
a. Calcule sua vantagem mecânica para a posição mostrada.
b. Calcule e trace sua vantagem mecânica em função do ângulo do elo AB com ele rotacionando de 60 a 45°.

6-58 A Figura P6-21 mostra um alicate de pressão. Calcule sua vantagem mecânica para a posição mostrada. Faça o diagrama em escala para qualquer dimensão necessária.

6-59 A Figura P6-22 mostra um grampo de fixação de quatro barras usado para segurar uma peça de trabalho no lugar travando-a em D. $O_2A = 70$, $O_2C = 138$, $AB = 35$, $O_4B = 34$, $O_4D = 82$ e $O_2O_4 = 48$ mm. Na posição mostrada, o elo 2 está a 104°. O mecanismo alterna quando o elo 2 alcança 90°.
a. Calcule seu mecanismo avançado para a posição mostrada.
b. Calcule e trace seu mecanismo avançado em função do ângulo do elo AB com o elo 2 rotacionando de 120 a 90°.

6-60 A Figura P6-23 mostra uma retificadora plana. A peça de trabalho é oscilada embaixo do rebolo de 90 mm de diâmetro pelo mecanismo biela-manivela que tem 22 mm de manivela,

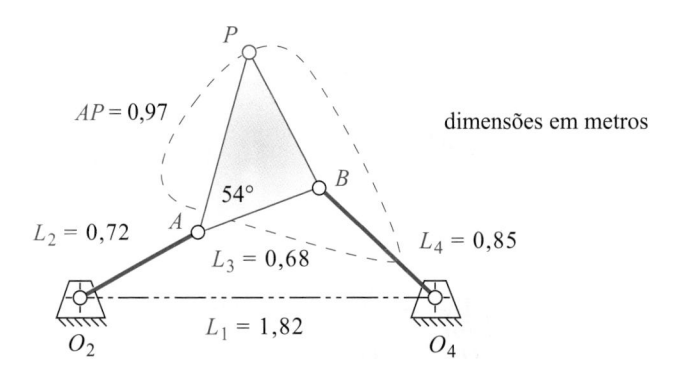

FIGURA P6-14

Problema 6-51.

** Esses problemas foram elaborados para serem resolvidos usando os softwares de resolução de equações *Mathcad*, *Matlab* ou *TKSolver*.

ANÁLISE DE VELOCIDADES

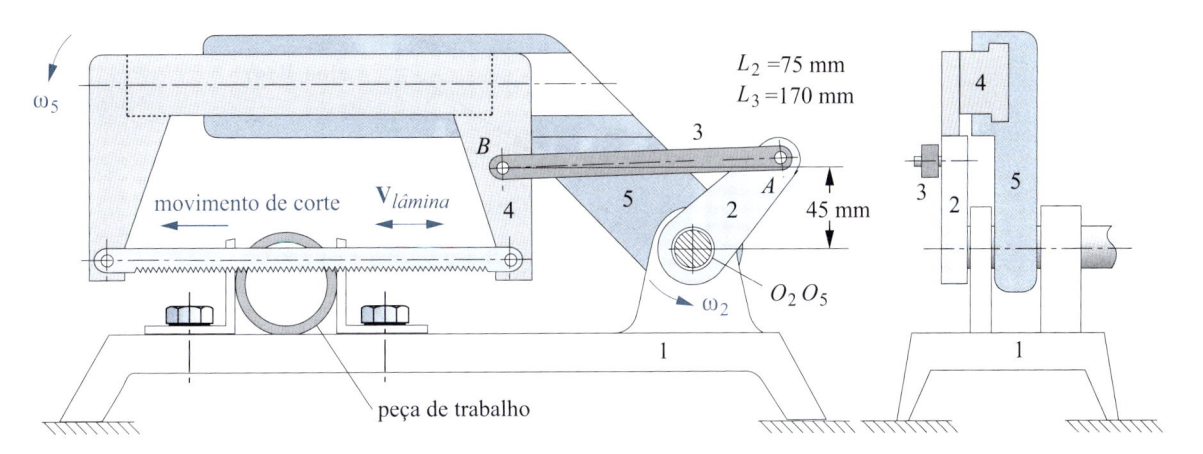

FIGURA P6-15

Problema 6-52 Serra alternativa motorizada. Adaptado de P. H. Hill & W. P. Rule. *Mechanisms: Analysis and Design*, 1960, com autorização.

uma biela de 157 mm, e um deslocamento de 40 mm. A manivela gira a 120 rpm, e o rebolo abrasivo a 3450 rpm. Calcule e trace a velocidade do ponto de contato do rebolo abrasivo em relação à peça trabalhada com uma revolução da manivela.

6-61 A Figura P6-24 mostra um mecanismo de biela-manivela invertido. O elo 2 tem 63,5 mm de comprimento. A distância O_4A é 104,1 mm e O_2O_4 é 99,1 mm. Encontre ω_2, ω_3, ω_4, V_{A4}, V_{trans} e V_{desl} para as posições mostradas com V_{A2} = 508 mm/s na direção mostrada.

* ** 6-62 A Figura P6-25 mostra um mecanismo com elo de arrasto. Escreva as equações necessárias e resolva-as para calcular a velocidade angular do elo 4 para ω_2 = 1 rad/s. Comente possíveis usos para esse mecanismo.

** Esses problemas foram elaborados para serem resolvidos usando os softwares de resolução de equações *Mathcad*, *Matlab* ou *TKSolver*.

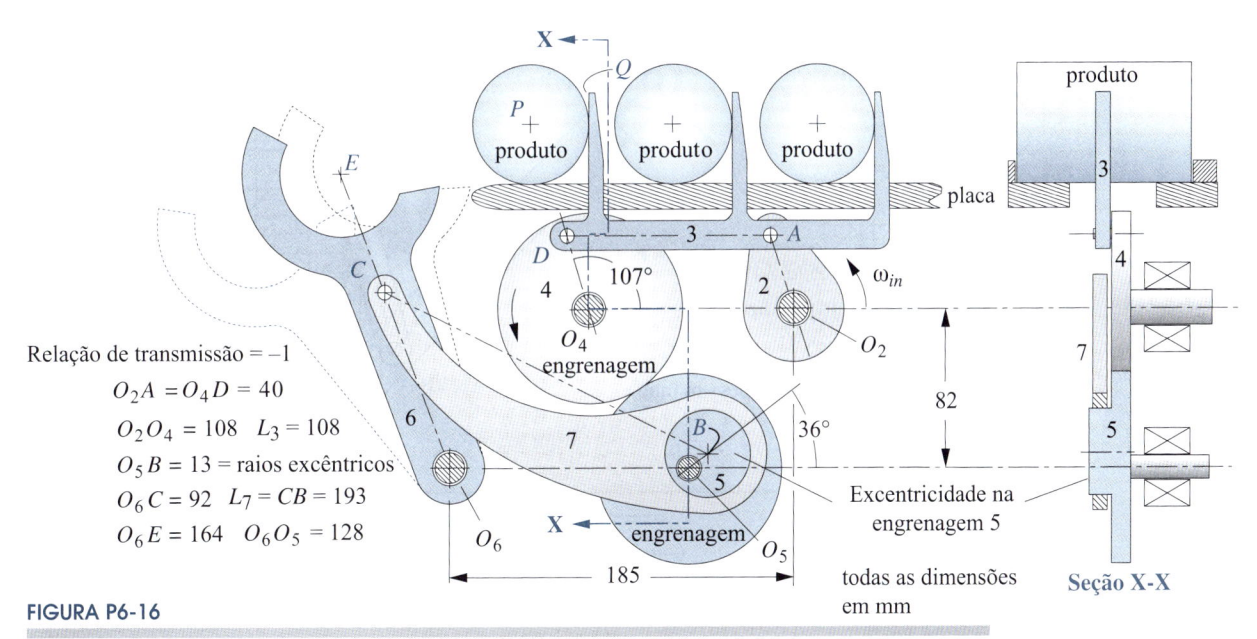

FIGURA P6-16

Problema 6-53 Transportador com mecanismo tipo "pega e posiciona". Adaptado de P. H. Hill & W. P. Rule. *Mechanisms: Analysis and Design*, 1960, com autorização.

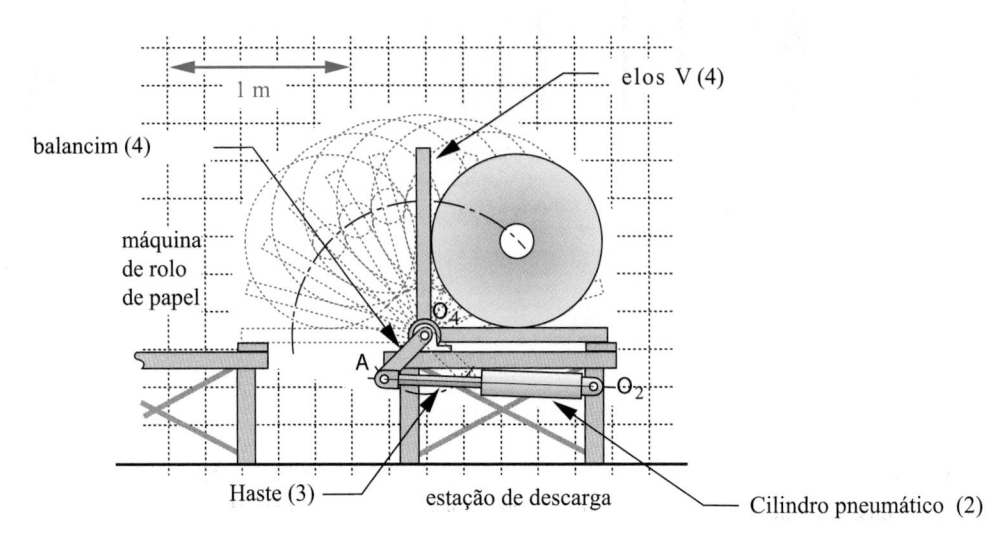

FIGURA P6-17

Problema 6-54.

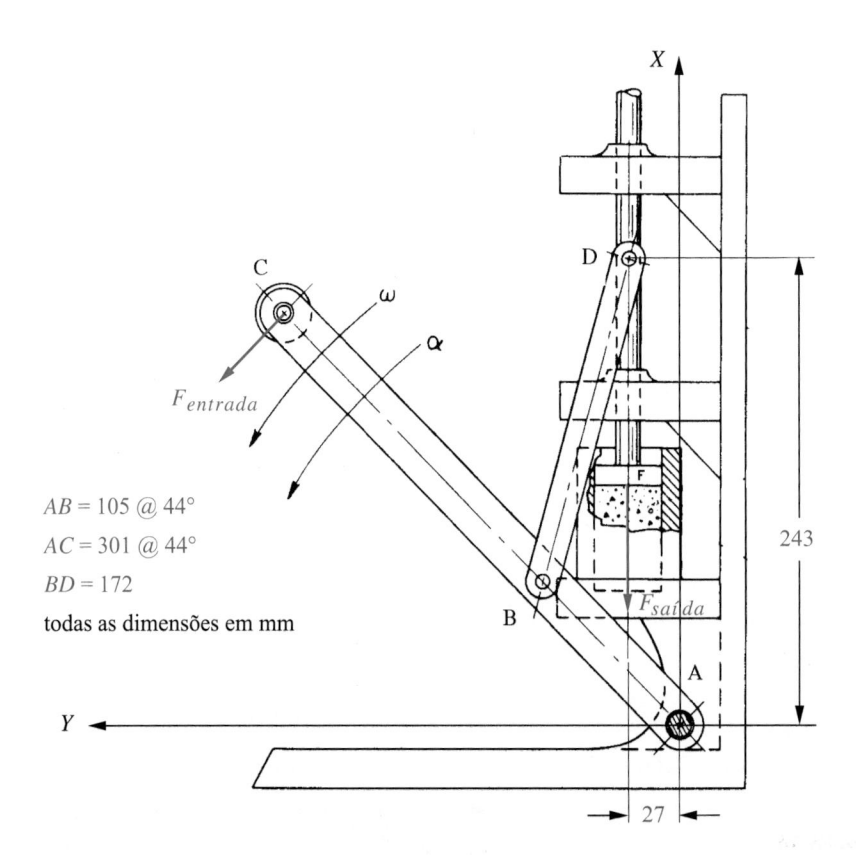

$AB = 105$ @ $44°$
$AC = 301$ @ $44°$
$BD = 172$

todas as dimensões em mm

FIGURA P6-18

Problema 6-55 de P. H. Hill & W. P. Rule. *Mechanisms: Analysis and Design*, 1960, com autorização.

ANÁLISE DE VELOCIDADES

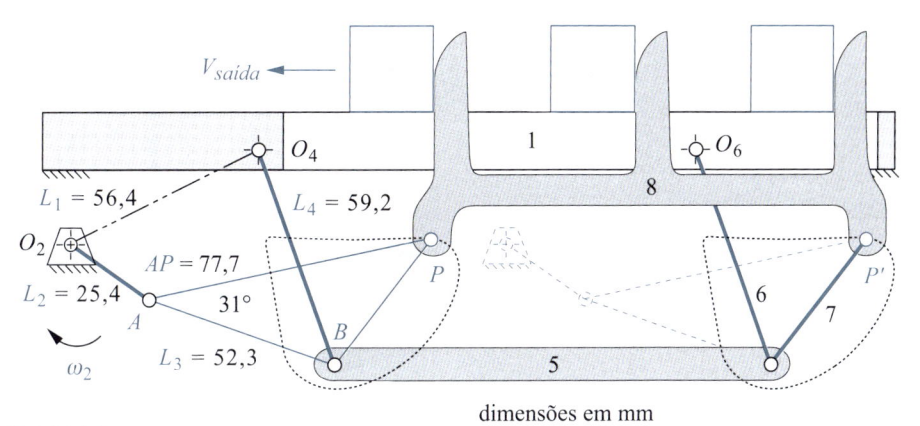

FIGURA P6-19

Problema 6-56 Mecanismo de transporte com oito barras de linha reta.

** 6-63 A Figura P6-25 mostra um mecanismo de elo de arrasto com suas dimensões. Escreva as equações necessárias e resolva para, então, calcular e traçar o centroide dos centros de rotação $I_{2,4}$.

6-64 A Figura P6-26 mostra um mecanismo com suas dimensões. Use um método gráfico para calcular as velocidades dos pontos A, B e C e a velocidade de deslizamento para a posição mostrada. $\omega_2 = 20$ rad/s.

* 6-65 A Figura P6-27 mostra um came seguidor. Distância $O_2A = 48,0$ e $O_3B = 41,8$ mm. Encontre as velocidades no ponto A e B, a velocidade de transmissão, a velocidade de deslizamento e ω_3 se $\omega_2 = 50$ rad/s. Use um método gráfico.

6-66 A Figura P6-28 mostra um mecanismo de retorno rápido com suas dimensões. Use um método gráfico para calcular as velocidades dos pontos A, B e C e a velocidade de deslizamento para a posição mostrada. $\omega_2 = 20$ rad/s.

** 6-67 A Figura P-29 mostra o mecanismo de um pedal de bateria. $O_2A = 100$ mm a 162° e rotacionando para 171° em A'. $O_2O_4 = 56$ mm, $AB = 28$ mm, $AP = 124$ mm e $O_4B = 64$ mm. A distância de O_4 para $F_{entrada}$ é 48 mm. Encontre e trace a vantagem mecânica e a relação de velocidade do mecanismo na sua faixa de movimento. Se a velocidade de entrada $V_{entrada}$

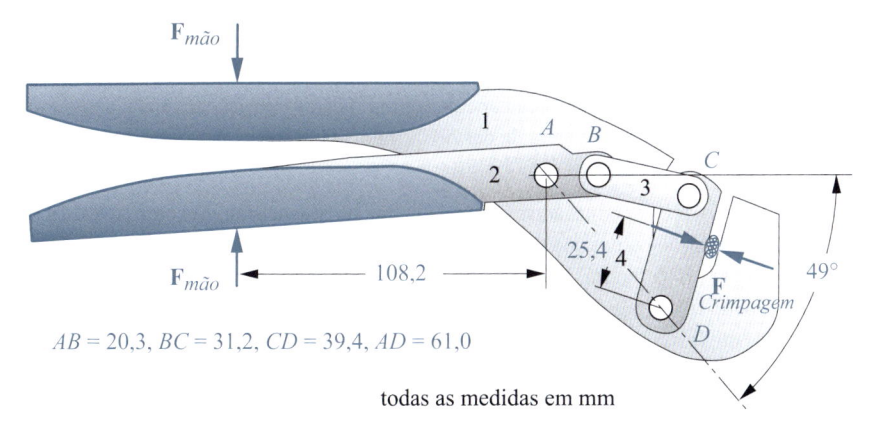

FIGURA P6-20

Problema 6-57. Um alicate de pressão.

* Respostas no Apêndice F.

** Esses problemas foram elaborados para serem resolvidos usando os softwares de resolução de equações *Mathcad*, *Matlab* ou *TKSolver*.

FIGURA P6-21

Problema 6-58.

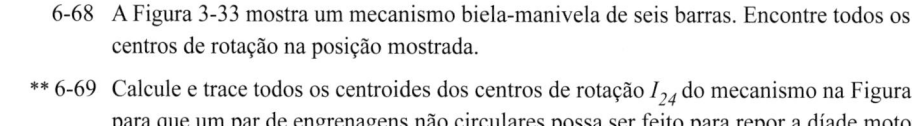

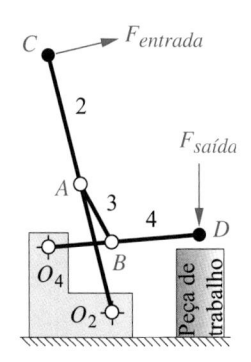

FIGURA P6-22

Problema 6-59.

* Respostas no Apêndice F.

** Esses problemas foram elaborados para serem resolvidos usando os softwares de resolução de equações *Mathcad*, *Matlab* ou *TKSolver*.

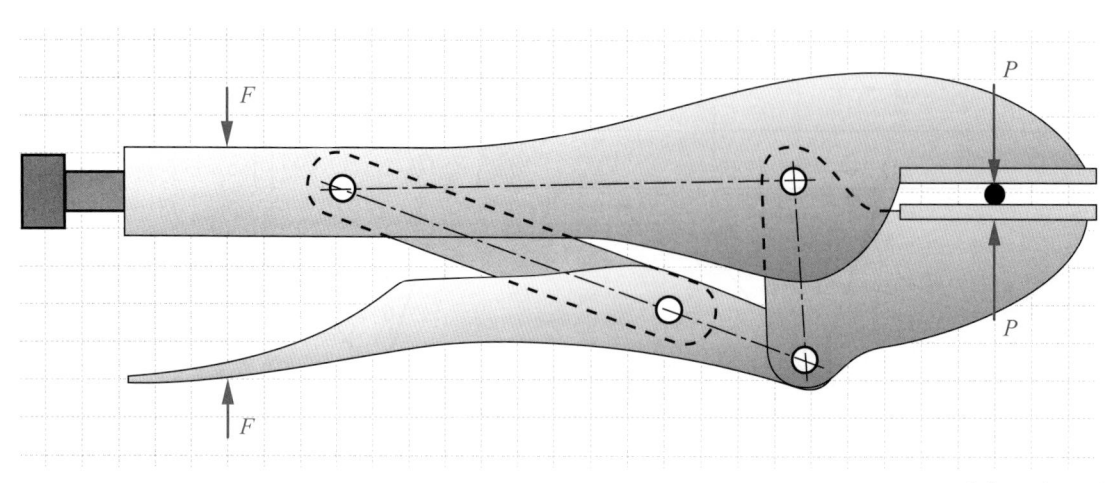

é constante com magnitude de 3 m/s, e $F_{entrada}$ é constante de 50 N, encontre a velocidade de saída e a força de saída na sua faixa de movimento e da potência de entrada.

6-68 A Figura 3-33 mostra um mecanismo biela-manivela de seis barras. Encontre todos os centros de rotação na posição mostrada.

** 6-69 Calcule e trace todos os centroides dos centros de rotação I_{24} do mecanismo na Figura 3-33 para que um par de engrenagens não circulares possa ser feito para repor a díade motora 23.

6-70 Calcule a velocidade de deslizamento na Figura 3-33 para a posição mostrada, se $\theta_2 = 110°$ em relação ao eixo global X assumindo $\omega_2 = 1$ rad/s SH.
   a. Usando um método gráfico.
   b. Usando o método do centro de rotação.
   c. Usando um método analítico.

** 6-71 Escreva um programa de computador, ou use programas que resolvam equações como *Mathcad*, *Matlab* ou *TKSolver*, para calcular e traçar a velocidade angular do elo 4 e a velocidade linear da biela 6 no mecanismo de biela-manivela de 6 barras da Figura 3-33 como função do ângulo de entrada do elo 2 por uma constante $\omega_2 = 1$ rad/s SH. Trace V_C tanto como função de θ_2 e separadamente como função da posição da biela, como mostrado na figura. Qual é a porcentagem de desvio da velocidade constante sobre $240° < \theta_2 < 270°$ e sobre $190° < \theta_2 < 315°$?

6-72 A Figura 3-34 mostra o mecanismo de seis barras de Stephenson. Encontre todos os seus centros de rotação na posição mostrada:
   a. Na parte (*a*) da figura.
   b. Na parte (*b*) da figura.
   c. Na parte (*c*) da figura.

6-73 Encontre a velocidade angular do elo 6 no mecanismo da Figura 3-34 parte (*b*) para a posição mostrada ($\theta_6 = 90°$ em relação ao eixo *x*) assumindo $\omega_2 = 10$ rad/s SH.

ANÁLISE DE VELOCIDADES

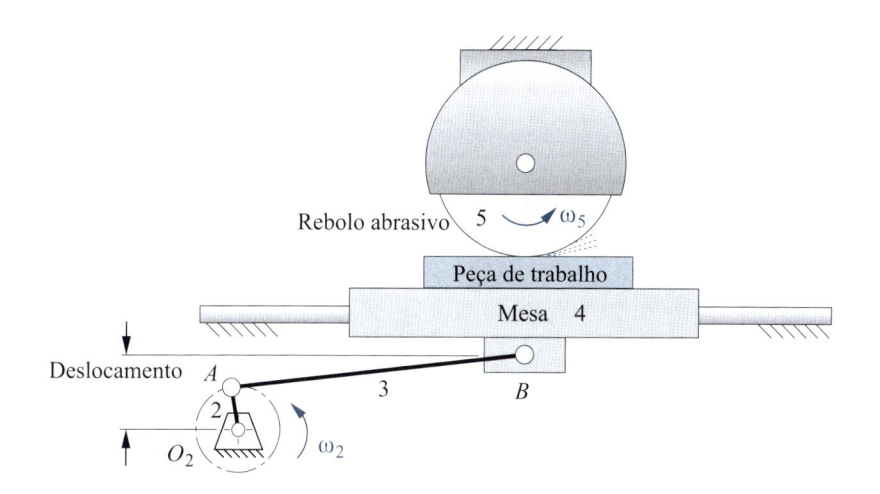

FIGURA P6-23

Problema 6-60 Retificadora plana.

a. Usando um método gráfico.
b. Usando o método do centro de rotação.
** c. Usando um método analítico.

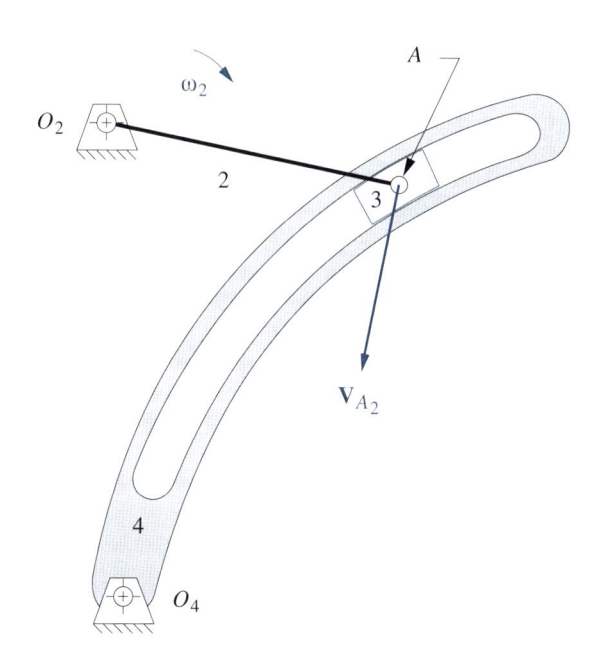

FIGURA P6-24

Problema 6-61 de P. H. Hill & W. P. Rule. *Mechanisms: Analysis and Design*, 1960, com autorização.

$L_1 = 17,3$ mm
$L_2 = 35,1$
$L_3 = 31,0$
$L_4 = 41,1$

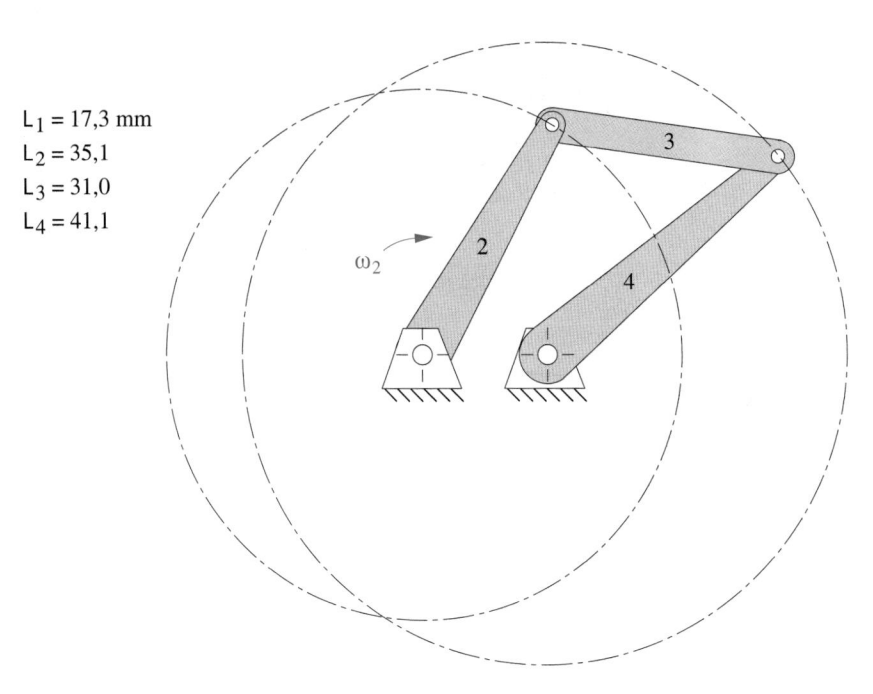

FIGURA P6-25

Problemas 6-62 e 6-63 de P. H. Hill & W. P. Rule. *Mechanisms: Analysis and Design, 1960.*

** 6-74 Escreva um programa de computador, ou use programas que resolvam equações como *Mathcad*, *Matlab* ou *TKSolver*, para calcular e traçar a velocidade angular do elo 6 no mecanismo de seis barras da Figura 3-34, como função de θ_2 para uma constante $\omega_2 = 1$ rad/s SH.

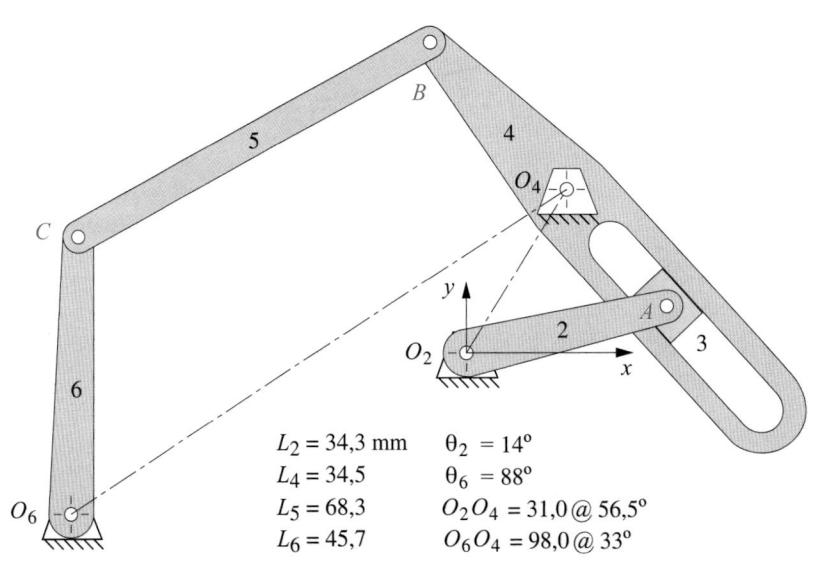

$L_2 = 34,3$ mm $\quad \theta_2 = 14°$
$L_4 = 34,5 \quad\quad\quad \theta_6 = 88°$
$L_5 = 68,3 \quad\quad\quad O_2O_4 = 31,0 @ 56,5°$
$L_6 = 45,7 \quad\quad\quad O_6O_4 = 98,0 @ 33°$

FIGURA P6-26

Problema 6-64 de P. H. Hill & W. P. Rule. *Mechanisms: Analysis and Design, 1960.*

ANÁLISE DE VELOCIDADES

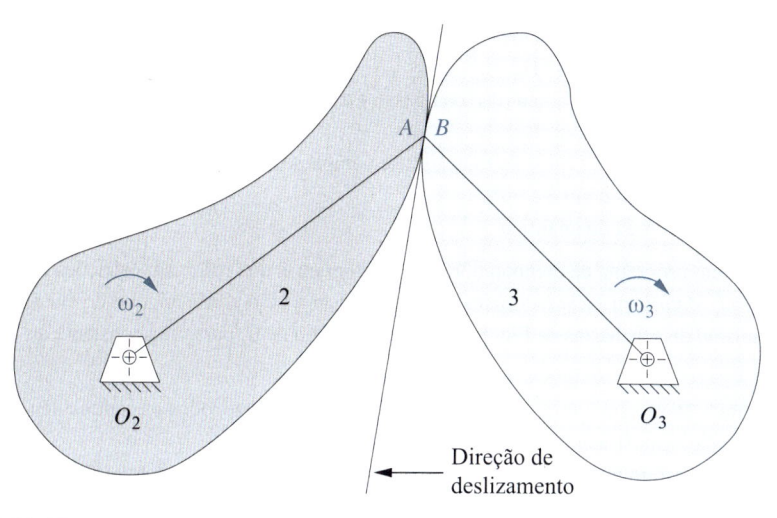

FIGURA P6-27

Problema 6-65 de P. H. Hill & W. P. Rule. *Mechanisms: Analysis and Design*, 1960.

6-75 A Figura 3-35 mostra o mecanismo de seis barras de Stephenson. Encontre todos os centros de rotação para a posição mostrada:
  a. Na parte (*a*) da figura.
  b. Na parte (*b*) da figura.

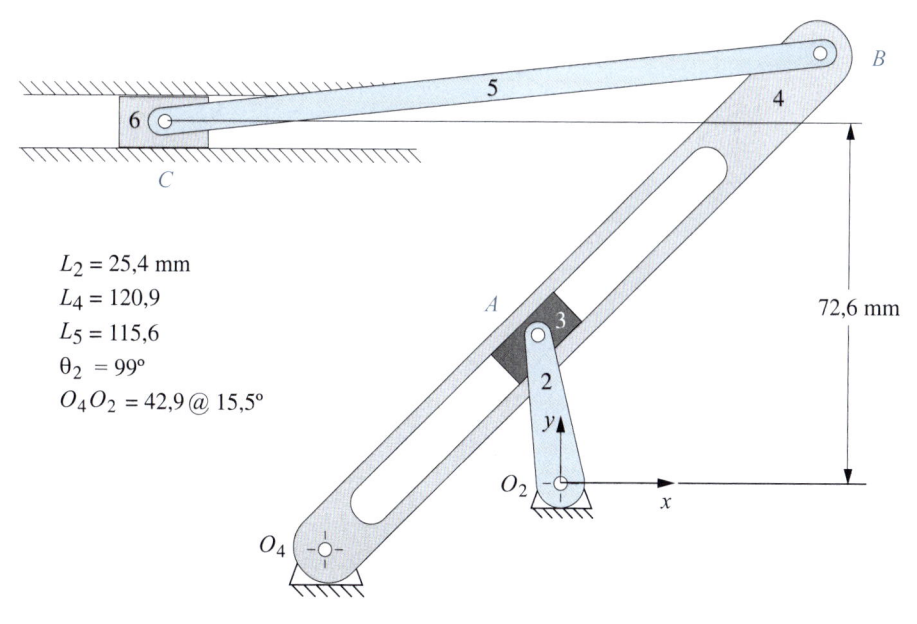

$L_2 = 25,4$ mm
$L_4 = 120,9$
$L_5 = 115,6$
$\theta_2 = 99°$
$O_4O_2 = 42,9$ @ $15,5°$

72,6 mm

FIGURA P6-28

Problema 6-66 de P. H. Hill & W. P. Rule. *Mechanisms: Analysis and Design*, 1960.

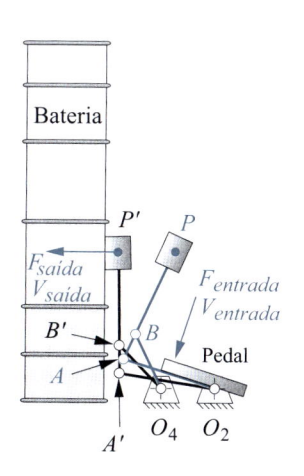

FIGURA P6-29

Problema 6-67.

6-76 Encontre a velocidade angular do elo 6 do mecanismo na Figura 3-35 com $\theta_2 = 90°$, assumindo $\omega_2 = 10$ rad/s SAH.
   a. Usando um método gráfico (use compasso e transferidor para desenhar o mecanismo com o elo 2 a 90°).
   b. Usando método do centro de rotação (use compasso e transferidor para desenhar o mecanismo com o elo 2 a 90°).
   c. Usando um método analítico.

**6-77 Escreva um programa de computador, ou use programas que resolvam equações como *Mathcad*, *Matlab* ou *TKSolver*, para calcular e traçar a velocidade angular do elo 6 no mecanismo de seis barras da Figura 3-35 como função de θ_2 para uma constante $\omega_2 = 1$ rad/s SAH.

6-78 A Figura 3-36 mostra um mecanismo de oito barras. Encontre todos os centros de rotação para a posição mostrada na parte (*a*) da figura.

**6-79 Escreva um programa de computador, ou use programas que resolvam equações como *Mathcad*, *Matlab* ou *TKSolver*, para calcular e traçar a velocidade angular do elo 8 no mecanismo da Figura 3-36 como função de θ_2 para uma constante $\omega 2 = 1$ rad/s SAH.

**6-80 Escreva um programa de computador, ou use programas que resolvam equações como *Mathcad*, *Matlab* ou *TKSolver*, para calcular e traçar a magnitude e direção da velocidade do ponto *P* na Figura 3-37a como função de θ_2. Calcule e trace também a velocidade do ponto *P versus* ponto *A*.

**6-81 Escreva um programa de computador, ou use programas que resolvam equações como *Mathcad*, *Matlab* ou *TKSolver*, para calcular a porcentagem de erro do desvio do círculo perfeito para o caminho do ponto *P* na Figura 3-37a.

**6-82 Repita o Problema 6-80 para o mecanismo da Figura 3-37b.

6-83 Encontre todos os centros de rotação para o mecanismo da Figura P6-30 na posição mostrada.

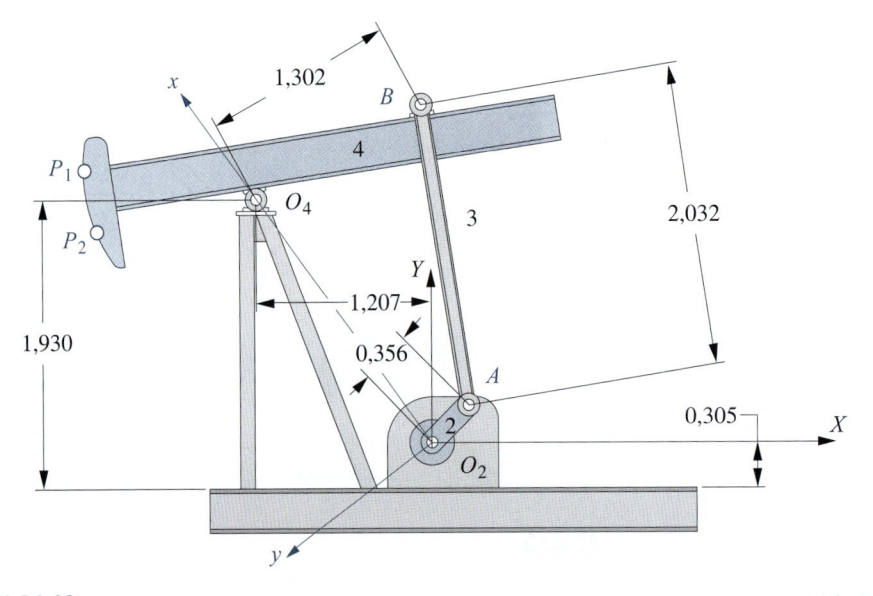

** Note que esses problemas podem ser longos e, talvez, sejam mais apropriados para uma atividade de projeto do que para resolver no passar da noite. Na maioria dos casos, a solução pode ser checada com os programa FOURBAR, SLIDER, ou SIXBAR (ver Apêndice A).

FIGURA P6-30

Problema 6-83 a 6-85   Uma bomba de óleo de campo – dimensões em metros.

ANÁLISE DE VELOCIDADES

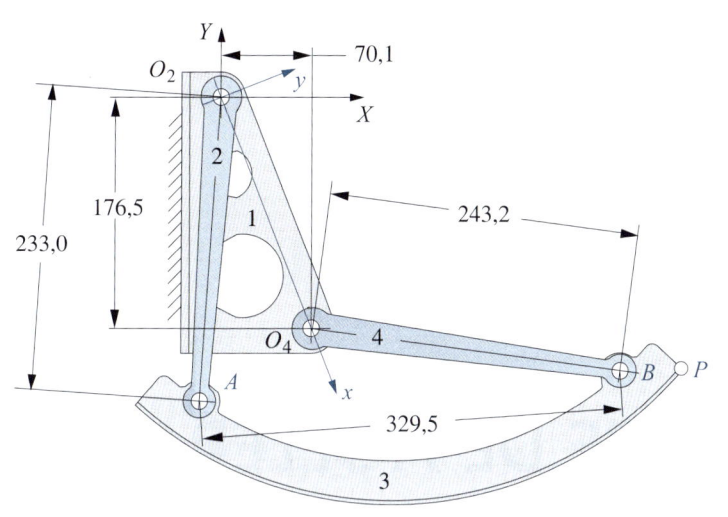

FIGURA P6-31

Problemas 6-86 e 6-87 Mecanismo da porta do bagageiro de mão de um avião – dimensões em mm.

6-84 Encontre as velocidades angulares dos elos 3 e 4 e as velocidades lineares do ponto A, B e P_1 no sistema de coordenada XY para o mecanismo da Figura P6-30, na posição mostrada. Assuma que $\theta_2 = 45°$ no sistema de coordenadas XY e $\omega_2 = 10$ rad/s. As coordenadas do ponto P_1 no elo 4 são (2,913, 0,843) m em relação ao sistema de coordenadas xy.
   a. Usando um método gráfico.
   b. Usando o método do centro de rotação.
   c. Usando um método analítico.

**6-85 Usando as informações do Problema 6-84, escreva um programa de computador, ou use programas que resolvem equações como *Mathcad*, *Matlab* ou *TKSolver*, para calcular e traçar a magnitude e a direção da velocidade absoluta do ponto P_1 na Figura 6-30 em função de θ_2.

6-86 Encontre todos os centros de rotação do mecanismo na Figura P6-30 na posição mostrada.

6-87 Encontre as velocidades angulares do elo 3 e 4, e a velocidade linear do ponto P no sistema de coordenada XY para o mecanismo da Figura P6-31 na posição mostrada. Assuma que $\theta_2 = -94,121°$ no sistema de coordenada XY e $\omega_2 = 1$ rad/s. A posição do acoplador ponto P no elo 3 em relação ao ponto A é: $p = 381$ mm, $\delta_3 = 0°$.
   a. Usando um método gráfico.
   b. Usando o método do centro de rotação.
   **c. Usando um método analítico.

6-88 A Figura P6-32 mostra um deslizador duplo de quatro barras conhecido como compasso elíptico. Encontre todos seus centros de rotação para a posição mostrada.

6-89 O Compasso Elíptico na Figura P-32 deve ser movimentado rodando-se o elo 3 em um círculo completo. Os pontos na linha AB descrevem elipses. Encontre e desenhe (manualmente ou com um computador) os centroides fixos e móveis do centro de rotação $I_{1,3}$. (Sugestão: Estes são chamados círculos de Cardan.)

6-90 Atribua expressões analíticas para velocidades no ponto A e B na Figura P6-32 em função de θ_3, ω_3 e do comprimento AB do elo 3. Use a equação do vetor laço.

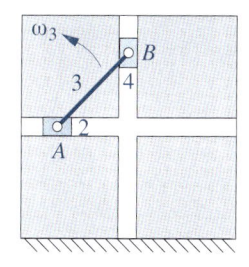

FIGURA P6-32

Compasso elíptico.
Problemas 6-88 a 6-90.

Capítulo 7

ANÁLISE DE ACELERAÇÕES

Vamos de dobra espacial cinco, Sr. Sulu.
CAPITÃO KIRK

7.0 INTRODUÇÃO

Uma vez que a análise de velocidade tenha sido feita, o próximo passo é determinar a aceleração de todos os elos e pontos de interesse do mecanismo ou máquina. Precisamos conhecer as acelerações para calcular as forças dinâmicas a partir de **F** = m**a**. As forças dinâmicas contribuem para as tensões atuantes nos elos e nos outros componentes. Existem muitos métodos e abordagens para a determinação da aceleração em mecanismos. Examinaremos aqui apenas alguns desses métodos. Inicialmente, iremos desenvolver um método gráfico manual, que é geralmente útil para a verificação da solução mais completa e analiticamente exata. Então, deduziremos a solução analítica para a aceleração em mecanismos biela-manivela de quatro barras invertidos como exemplos da solução da equação geral de malha fechada (para problemas de análise de aceleração).

7.1 DEFINIÇÃO DE ACELERAÇÃO

A **aceleração** é definida como a *taxa de variação (derivada em função do tempo) da velocidade*. Velocidade (**V**, ω) é uma grandeza vetorial, assim como a aceleração, a qual pode ser **angular** ou **linear**. A **aceleração angular** será denotada como α e a **aceleração linear**, como **A**.

$$\alpha = \frac{d\omega}{dt}; \qquad \mathbf{A} = \frac{d\mathbf{V}}{dt} \qquad (7.1)$$

A Figura 7-1 mostra o elo *PA* em rotação pura, pivotado no ponto *A*, que se encontra no plano *xy*. Estamos interessados na aceleração do ponto *P*, quando o elo é sujeitado a uma velocidade angular ω e a uma aceleração angular α, que não precisam ter o mesmo sentido. A posição do elo é definida pelo vetor de posição **R**, e a velocidado do ponto *P* é $\mathbf{V}_{PA}$. Esses vetores foram definidos nas equações 6.2 e 6.3 e são repetidas aqui por conveniência. (Ver também Figura 6-1.)

ANÁLISE DE ACELERAÇÕES

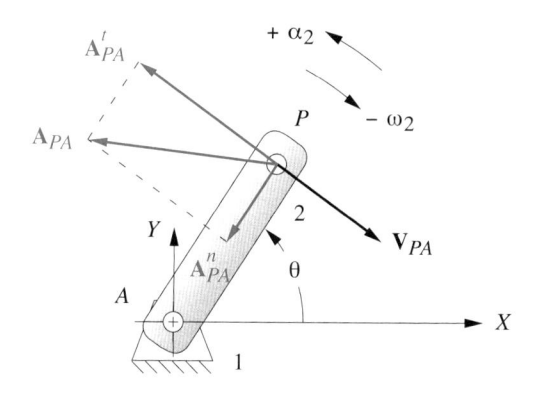

FIGURA 7-1

Aceleração em um elo em rotação pura com (SAH) α_2 positivo e (SH) ω_2 negativo.

$$\mathbf{R}_{PA} = p e^{j\theta} \tag{6.2}$$

$$\mathbf{V}_{PA} = \frac{d\mathbf{R}_{PA}}{dt} = p j e^{j\theta} \frac{d\theta}{dt} = p\omega j e^{j\theta} \tag{6.3}$$

Em que p é o comprimento escalar do vetor $\mathbf{R}_{PA}$. Podemos diferenciar facilmente a Equação 6.3 de modo a obter a expressão para a aceleração no ponto P:

$$\begin{aligned}
\mathbf{A}_{PA} &= \frac{d\mathbf{V}_{PA}}{dt} = \frac{d\left(p\omega j e^{j\theta}\right)}{dt} \\
\mathbf{A}_{PA} &= j p \left(e^{j\theta} \frac{d\omega}{dt} + \omega j e^{j\theta} \frac{d\theta}{dt} \right) \\
\mathbf{A}_{PA} &= p\alpha j e^{j\theta} - p\omega^2 e^{j\theta} \\
\mathbf{A}_{PA} &= \mathbf{A}^t_{PA} + \mathbf{A}^n_{PA}
\end{aligned} \tag{7.2}$$

Note que há duas funções do tempo na Equação 6.3, θ e ω. Desse modo, há dois termos na expressão para a aceleração, a componente tangencial da aceleração $\mathbf{A}^t_{PA}$ envolvendo α, e a componente normal (ou centrípeta) $\mathbf{A}^n_{PA}$ envolvendo ω^2. Como resultado da diferenciação, a componente tangencial é multiplicada pelo operador complexo (constante) j. Isso causa uma rotação de 90°, em relação ao vetor original, nesse vetor aceleração. (Ver também Figura 4-8b.) Essa rotação de 90° é normalmente positiva, ou horária (SAH). Contudo, a componente tangencial é também multiplicada por α, que pode ser positivo ou negativo. Como resultado, a componente tangencial da aceleração será **rotacionada em 90°** do ângulo θ do *vetor de posição* **em uma direção indicada pelo sinal de** α. Isso é apenas uma confirmação matemática do que você já sabia: *a aceleração tangencial está sempre em uma direção perpendicular ao raio de rotação e, portanto, tangente à direção do movimento*, como mostra a Figura 7-1. A componente da aceleração normal, ou centrípeta, é multiplicada por j^2, ou -1. Isso direciona *a componente centrípeta em 180° para o ângulo θ em relação à posição do vetor original*, isto é, rumo ao centro (centrípeta significa em *direção ao centro*). A aceleração total no ponto P, $\mathbf{A}_{PA}$ é o vetor soma da componente tangencial $\mathbf{A}^t_{PA}$ e normal $\mathbf{A}^n_{PA}$, como mostrado na Figura 7-1 e na Equação 7.2.

Substituindo a identidade de Euler (Equação 4.4a) na Equação 7.2, temos as componentes reais e imaginárias (ou x e y) do vetor aceleração.

$$\mathbf{A}_{PA} = p\alpha(-\operatorname{sen}\theta + j\cos\theta) - p\omega^2(\cos\theta + j\operatorname{sen}\theta) \tag{7.3}$$

A aceleração $\mathbf{A}_{PA}$ na Figura 7-1 pode ser referida como a **aceleração absoluta**, pois é atribuída a A, que é a origem do eixo de coordenadas global nesse sistema. Como tal, poderíamos tê-la referido como $\mathbf{A}_P$, com a ausência do segundo subscrito implicando uma referência ao sistema global de coordenadas.

A Figura 7-2a mostra um sistema diferente e ligeiramente mais complicado, em que o pivô A não é mais estacionário. Ele possui uma aceleração linear $\mathbf{A}_A$ conhecida como parte do elo em translação 3. Se α for constante, a aceleração no ponto P em relação a A será a mesma de antes, porém $\mathbf{A}_{PA}$ não poderá mais ser considerada uma aceleração absoluta. Ela será então uma **diferença de aceleração** e deve carregar o segundo subscrito como em $\mathbf{A}_{PA}$. A aceleração absoluta $\mathbf{A}_P$ precisa agora ser encontrada a partir da **diferença de aceleração**, cuja solução gráfica é mostrada na Figura 7-2b:

$$\mathbf{A}_P = \mathbf{A}_A + \mathbf{A}_{PA}$$

$$\left(\mathbf{A}_P^t + \mathbf{A}_P^n\right) = \left(\mathbf{A}_A^t + \mathbf{A}_A^n\right) + \left(\mathbf{A}_{PA}^t + \mathbf{A}_{PA}^n\right) \tag{7.4}$$

Note a similaridade da Equação 7.4 com a **equação da diferença de velocidade** (Equação 6.5). Note também que a solução para $\mathbf{A}_P$ na Equação 7.4 pode ser encontrada pela adição do vetor resultante $\mathbf{A}_{PA}$ ou das suas componentes tangencial e normal, $\mathbf{A}_{PA}^t$ e $\mathbf{A}_{PA}^n$, ao vetor $\mathbf{A}_A$ na Figura 7-2b. O vetor $\mathbf{A}_A$ possui uma componente normal nula neste exemplo porque o elo 3 está em translação pura.

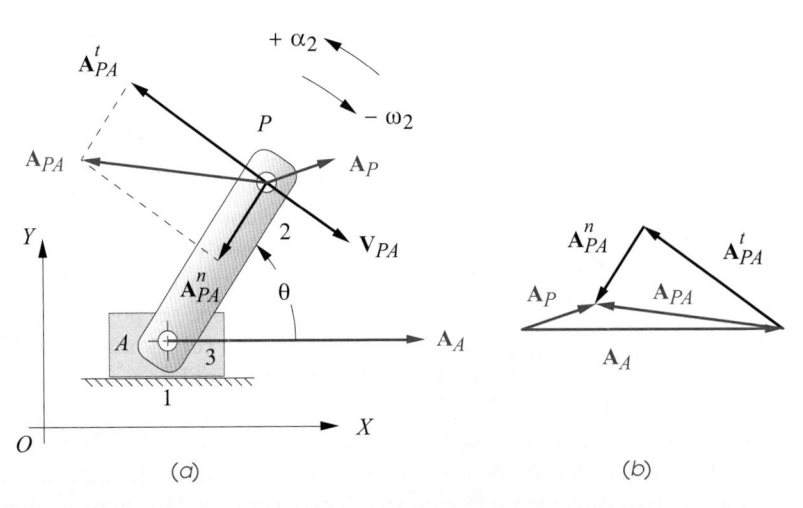

FIGURA 7-2

Diferença de aceleração em um sistema com (SAH) α_2 positivo e (SH) ω_2 negativo.

ANÁLISE DE ACELERAÇÕES

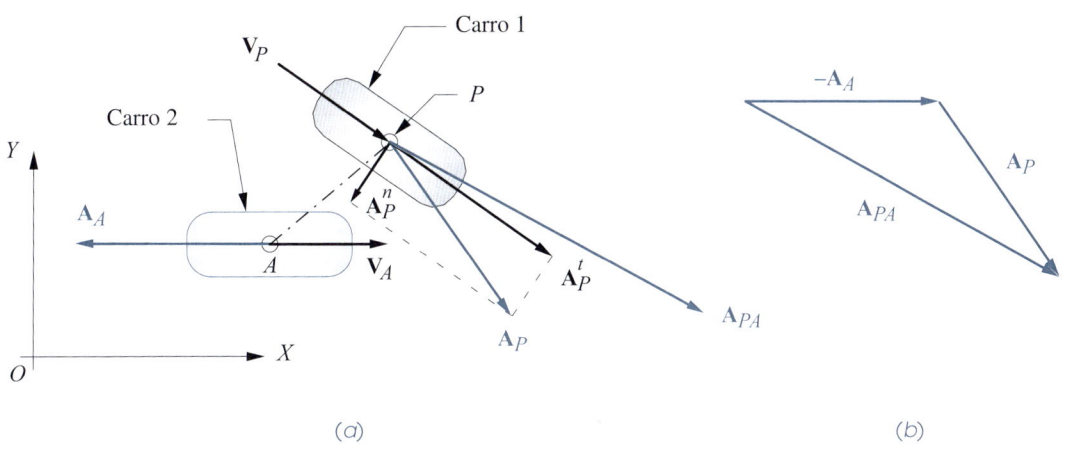

FIGURA 7-3

Aceleração relativa.

A Figura 7-3 mostra dois corpos independentes P e A, que poderiam ser dois automóveis se movendo em um mesmo plano. O carro 1 está virando e acelerando em direção ao trajeto do carro 2, que está desacelerando de forma a evitar uma batida. Se suas acelerações independentes, $\mathbf{A}_A$ e $\mathbf{A}_P$, são conhecidas, a **aceleração relativa**, $\mathbf{A}_{PA}$, pode ser encontrada a partir da Equação 7.4 algebricamente arranjada como:

$$\mathbf{A}_{PA} = \mathbf{A}_P - \mathbf{A}_A \tag{7.5}$$

A solução gráfica dessa equação é mostrada na Figura 7-3b.

Como fizemos na análise de velocidade, damos a esses dois casos nomes diferentes, apesar do fato de que as mesmas equações se aplicam. Repetindo a definição da Seção 6.1, modificando-as para que se refiram à aceleração:

Caso 1: Dois pontos em um mesmo corpo => **diferença de aceleração**

Caso 2: Dois pontos em corpos diferentes => **aceleração relativa**

7.2 ANÁLISE GRÁFICA DE ACELERAÇÕES

Os comentários realizados em relação à análise gráfica de velocidades na Seção 6.2 também aplicam-se à análise gráfica de acelerações. Historicamente, os métodos gráficos eram o único modo prático de se resolver problemas de análise de velocidade. Com certa prática e ferramentas apropriadas, como tecnígrafos, instrumentos de desenho ou um pacote de CAD, qualquer um podia determinar, em um tempo consideravelmente curto, a aceleração em pontos particulares de um mecanismo para qualquer posição de entrada por meio de diagramas de vetores desenhados. Contudo, caso se desejasse encontrar a aceleração para vários pontos do mecanismo, cada nova posição requer que um novo conjunto de vetores seja completamente desenhado. Muito pouco do trabalho realizado para determinação da aceleração na posição 1 pode ser utilizado para a posição 2 etc. Esse é um processo ainda mais tedioso do que aquele feito para a análise de velocidades porque, nesse caso, há mais componentes para desenhar.

Todavia, esse método tem ainda mais do que um valor histórico, visto que ele pode ser utilizado como uma verificação rápida das soluções obtidas por meio de um programa de computador. Tal verificação precisa ser feita apenas para algumas posições, a fim de provar a validade do programa.

$$\left|\mathbf{A}^t\right| = A^t = r\alpha$$

$$\left|\mathbf{A}^n\right| = A^n = r\omega^2$$

(7.6)

Note que as Equações escalares 7.6 definem apenas as **magnitudes** (A^t e A^n) das componentes da aceleração de qualquer ponto em rotação. Em uma análise gráfica do Caso 1, as **direções** dos vetores referentes às componentes centrípeta e tangencial da diferença de aceleração precisam ser entendidas na Equação 7.2 como perpendiculares e coincidentes ao raio de rotação, respectivamente. Desse modo, se o centro de rotação é conhecido ou assumido, as direções dos componentes da diferença de aceleração decorrentes dessa rotação são conhecidas e seus sentidos são consistentes à velocidade angular ω e à aceleração angular α do corpo.

A Figura 7-4 mostra um mecanismo de quatro barras em uma posição particular. Queremos determinar a aceleração angular dos elos 3 e 4 (α_3 e α_4) e a aceleração linear dos pontos A, B e C ($\mathbf{A}_A$, $\mathbf{A}_B$ e $\mathbf{A}_C$). O ponto C representa qualquer ponto de interesse, como um ponto do acoplador. O método de solução é válido para qualquer ponto em qualquer elo. Para resolver esse problema, precisamos conhecer o *comprimento de todos os elos*, a *posição angular de todos os elos*, a *velocidade angular de todos os elos* e a *aceleração instantânea de entrada de qualquer elo acionado ou ponto motriz*. Assumindo que projetamos esse mecanismo, poderemos então conhecer o comprimento dos elos. Precisamos, inicialmente, fazer uma **análise completa da posição e da velocidade** para encontrar os ângulos dos elos θ_3 e θ_4 e as velocidades angulares ω_3 e ω_4 dada a posição inicial do elo θ_2, a velocidade angular inicial ω_2, e a aceleração inicial α_2. Isso pode ser feito a partir de qualquer um dos métodos dos capítulos 4 e 6. De modo geral, precisamos resolver esses problemas em estágios: determinar primeiro a posição dos elos, depois as velocidades e por último as acelerações. Para o exemplo a seguir, iremos admitir que uma análise completa da posição e da velocidade já tenham sido feitas e que o elo de entrada é o elo 2 com θ_2, ω_2 e α_2 conhecidos para essa posição "congelada" do mecanismo em movimento.

EXEMPLO 7-1

Análise gráfica da aceleração para uma posição em um mecanismo de quatro barras.

Problema: Dados θ_2, θ_3, θ_4, ω_2, ω_3, ω_4 e α_2, encontre α_3, α_4, $\mathbf{A}_A$, $\mathbf{A}_B$, $\mathbf{A}_P$ por métodos gráficos.

Solução: (Ver Figura 7-4.)

1 Comece no final do elo do qual você tem mais informação. Calcule a magnitude das componentes centrípetas e tangencial da aceleração no ponto A utilizando as Equações escalares 7.6.

$$A_A^n = (AO_2)\omega_2^2; \qquad A_A^t = (AO_2)\alpha_2 \qquad (a)$$

ANÁLISE DE ACELERAÇÕES

(a) Construção dos vetores

(b) Polígono dos vetores (escala 2:1)

(c) Polígono dos vetores (escala 2:1)

(d) Vetores resultantes

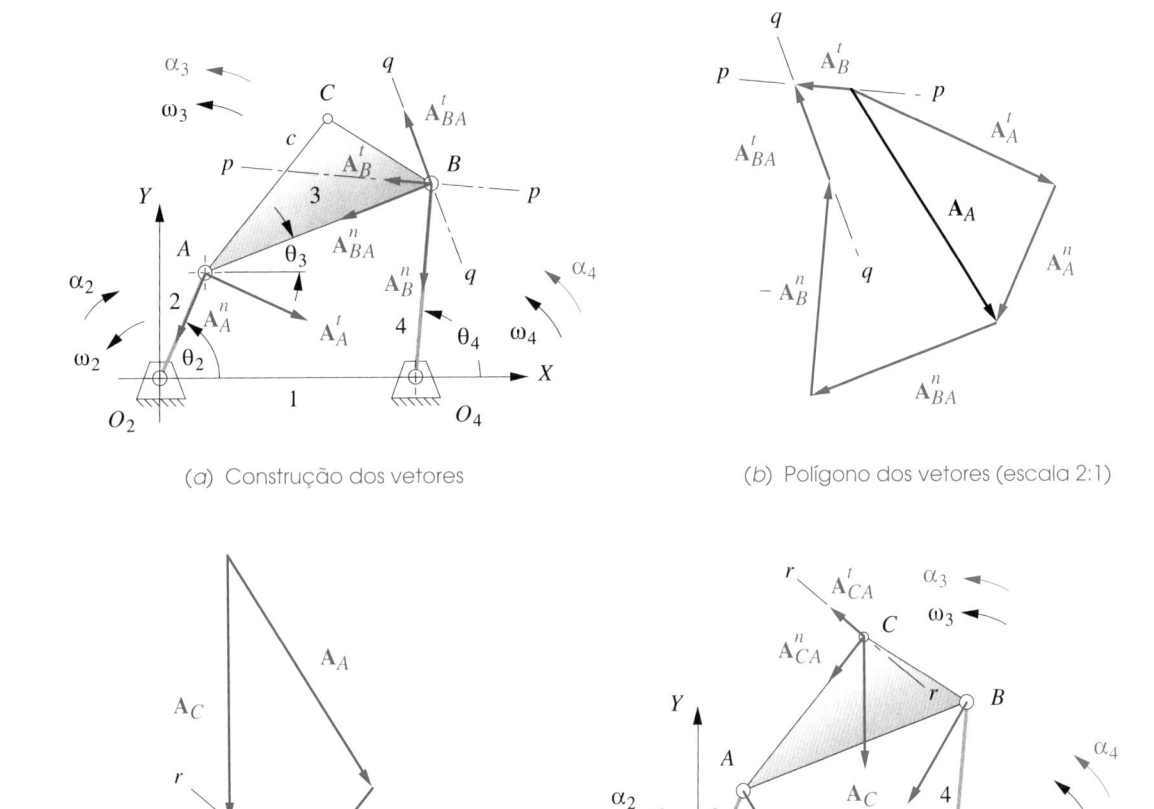

FIGURA 7-4

Solução gráfica para aceleração em um mecanismo com junta pinada (SH) α_2 negativo e (SAH) ω_2 positivo.

2. No diagrama do mecanismo, Figura 7-4a, desenhe os vetores das componentes da aceleração $\mathbf{A}_A^n$ e $\mathbf{A}_A^t$ com seus comprimentos iguais às suas magnitudes em uma escala conveniente. Posicione suas bases no ponto A com suas direções junto e perpendiculares ao raio AO_2, respectivamente. O sentido de $\mathbf{A}_A^t$ é definido por α_2 (de acordo com a regra da mão direita), e o sentido de $\mathbf{A}_A^n$ é o oposto ao sentido do vetor de posição $\mathbf{R}_A$ como mostrado na Figura 7-4a.

3. Mova para o próximo ponto do qual você tem alguma informação, como B no elo 4. Note que as direções das componentes tangencial e normal da aceleração do ponto B são previsíveis, visto que esse elo está em rotação pura em torno do ponto O_4. Desenhe a linha de construção pp através do ponto B, perpendicularmente a BO_4, para representar a direção de $\mathbf{A}_B^t$ como mostrado na Figura 7-4a.

4 Escreva a Equação do vetor diferença de acelerações 7.4 para o ponto B *versus* o ponto A.

$$\mathbf{A}_B = \mathbf{A}_A + \mathbf{A}_{BA} \qquad (b)$$

Substitua as componentes normal e tangencial para cada termo:

$$\left(\mathbf{A}_B^t + \mathbf{A}_B^n\right) = \left(\mathbf{A}_A^t + \mathbf{A}_A^n\right) + \left(\mathbf{A}_{BA}^t + \mathbf{A}_{BA}^n\right) \qquad (c)$$

Iremos utilizar o ponto A como a referência para encontrar $\mathbf{A}_B$ porque A encontra-se no mesmo elo que B e, além disso, já determinamos $\mathbf{A}_A^n$ e $\mathbf{A}_A^t$. Qualquer equação vetorial bidimensional pode ser resolvida para duas incógnitas. Cada termo possui dois parâmetros, a saber: magnitude e sentido. Há, então, potencialmente, doze incógnitas nessa equação, duas para cada termo. Precisamos conhecer dez delas para resolvê-la. Conhecemos ambas as magnitudes e as direções de $\mathbf{A}_A^n$ e $\mathbf{A}_A^t$ e de $\mathbf{A}_B^n$ e $\mathbf{A}_B^t$ que se encontram junto à linha pp e à linha BO_4, respectivamente. Podemos também calcular a magnitude de $\mathbf{A}_B^n$ a partir da Equação 7.6 uma vez que conhecemos ω_4. Isso nos dá um total de sete valores conhecidos. Precisamos conhecer mais três parâmetros para resolver a equação.

5 O termo $\mathbf{A}_{BA}$ representa a diferença de aceleração do ponto B em relação ao A. Ela possui dois componentes. A componente normal $\mathbf{A}^n{}_{BA}$ é direcionada junto à linha BA, porque estamos utilizando o ponto A como o centro de rotação de referência para o vetor livre ω_2, e sua magnitude pode ser calculada por meio da Equação 7.6. A direção de $\mathbf{A}^t{}_{BA}$ deve então ser perpendicular à linha BA. Desenhe a linha de construção pp através do ponto B e perpendicular a BA para representar a direção de $\mathbf{A}^t{}_{BA}$, como mostra a Figura 7-4a. A magnitude e direção calculadas do componente $\mathbf{A}^n{}_{BA}$ e a direção conhecida de $\mathbf{A}^t{}_{BA}$ nos fornecem os três parâmetros adicionais necessários.

6 Agora a equação vetorial pode ser resolvida graficamente por meio do desenho de um diagrama vetorial, como mostra a Figura 7-4b. Instrumentos de desenho ou pacotes CAD são necessários nessa etapa. A estratégia é desenhar primeiro todos os vetores dos quais conhecemos a magnitude e a direção, tendo o cuidado de arranjar seus sentidos de acordo com a Equação 7.4.

Primeiro, desenhe os vetores aceleração $\mathbf{A}_A^n$ e $\mathbf{A}_A^t$ raiz com seta, respeitando uma escala e mantendo suas direções. (Eles estão desenhados com o dobro do tamanho na figura.) Note que a soma desses dois componentes é o vetor $\mathbf{A}_A$. A equação da etapa 4 nos diz para adicionarmos $\mathbf{A}_{BA}$ à $\mathbf{A}_A$. Como conhecemos $\mathbf{A}_{BA}^n$, podemos desenhar esse componente no final de $\mathbf{A}_A$. Conhecemos também $\mathbf{A}_B^n$, porém, como esse componente se encontra no lado esquerdo da Equação 7.4, devemos subtraí-lo. Desenhe o negativo (o sentido oposto) de $\mathbf{A}_B^n$ no final de $\mathbf{A}_{BA}^n$.

Isso finaliza a determinação dos componentes com magnitude e direção conhecidas. Nossas incógnitas remanescentes são as direções de $\mathbf{A}^t{}_B$ e $\mathbf{A}^t{}_{BA}$ que se encontram ao longo das linhas pp e qq, respectivamente. Desenhe uma linha paralela à linha pp através da ponta do vetor que representa *menos* $\mathbf{A}^n{}_B$. A resultante, ou lado esquerdo da equação, precisa fechar o diagrama vetorial a partir da base (raiz) do primeiro vetor desenhado ($\mathbf{A}_A$) até a ponta (seta) do último, portanto, desenhe uma linha paralela a pp através da base de $\mathbf{A}_A$. A intersecção dessas linhas, paralelas a pp e a qq, definem os comprimentos de $\mathbf{A}^t{}_B$ e $\mathbf{A}^t{}_{BA}$. O sentido desses vetores são determinados a partir da referência indicada na Equação 7.4. O vetor $\mathbf{A}_B$ é a resultante, portanto, sua componente $\mathbf{A}^t{}_B$ precisa ir da base do primeiro vetor à ponta do último. Os vetores resultantes são mostrados na Figura 7-4b e d.

7 A aceleração angular dos elos 3 e 4 podem ser calculadas a partir da Equação 7.6:

$$\alpha_4 = \frac{A_B^t}{BO_4} \qquad \qquad \alpha_3 = \frac{A_{BA}^t}{BA} \qquad (d)$$

Note que o termo da diferença de aceleração $\mathbf{A}_{BA}^t$ representa a componente rotacional da aceleração do elo 3 devido a α_3. A aceleração rotacional α de qualquer corpo é um **"vetor livre"**, que não possui nenhum ponto particular de aplicação no corpo. Ela existe em toda parte do corpo.

8 Finalmente, podemos determinar $\mathbf{A}_C$ utilizando novamente a Equação 7.4. Selecionamos qualquer ponto do elo 3, cuja velocidade absoluta é conhecida, como referência, por exemplo, o ponto A.

$$\mathbf{A}_C = \mathbf{A}_A + \mathbf{A}_{CA} \tag{e}$$

Nesse caso, podemos calcular a magnitude de $\mathbf{A}_{CA}^t$ a partir da Equação 7.6, pois já determinamos α_3,

$$A_{CA}^t = c\alpha_3 \tag{f}$$

A magnitude do componente $\mathbf{A}_{CA}^n$ pode ser encontrada a partir da Equação 7.6, substituindo ω_3.

$$A_{CA}^n = c\omega_3^2 \tag{g}$$

Uma vez que $\mathbf{A}_A$ e $\mathbf{A}_{CA}$ são conhecidos, o diagrama vetorial pode ser imediatamente desenhado, como mostra a Figura 7-4c. O vetor $\mathbf{A}_C$ é a resultante que fecha o diagrama vetorial. A Figura 7-4d mostra os vetores aceleração calculados no diagrama do mecanismo.

O exemplo acima possui alguns princípios interessantes e relevantes que merecem atenção mais adiante. A Equação 7.4 é repetida aqui para discussão.

$$\mathbf{A}_P = \mathbf{A}_A + \mathbf{A}_{PA}$$

$$\left(\mathbf{A}_P^t + \mathbf{A}_P^n\right) = \left(\mathbf{A}_A^t + \mathbf{A}_A^n\right) + \left(\mathbf{A}_{PA}^t + \mathbf{A}_{PA}^n\right) \tag{7.4}$$

Essa equação representa a aceleração *absoluta* de um ponto genérico P em relação à origem do sistema global de coordenadas. O lado direito da equação define-o como a soma da aceleração absoluta de outro ponto de referência A do mesmo sistema de coordenadas, e da diferença de aceleração (ou aceleração relativa) entre o ponto P e o ponto A. Esses termos são então decompostos em suas componentes normal (ou centrípeta) e tangencial, como mostra a Equação 7.2.

Vamos rever o que foi feito no Exemplo 7-1, de modo a resumir a estratégia geral de solução dessa classe de problema. Começamos no elo de entrada do mecanismo, em que a aceleração angular motora α_2 foi definida. Procuramos primeiro um ponto (A), cujo movimento era de rotação pura. Então, determinamos a aceleração absoluta desse ponto ($\mathbf{A}_A$) separando-a em suas componentes, tangencial e normal, a partir das equações 7.4 e 7.6. *(Passos 1 e 2)*

Utilizamos o ponto (A), há pouco resolvido, como um ponto de referência para definição da componente de translação na Equação 7.4, escrita para um novo ponto (B). Note que precisamos escolher um segundo ponto (B), que estivesse no mesmo corpo rígido que o ponto de referência (A), já encontrado e sobre o qual poderíamos prever algum aspecto das novas componentes de aceleração para os novos pontos (B's). Nesse exemplo, conhecíamos a direção de $\mathbf{A}_B^t$, apesar de não saber sua magnitude. Poderíamos também calcular a direção e a magnitude da componente centrípetal, $\mathbf{A}_B^n$, uma vez que conhecíamos ω_4 e o comprimento do elo. De modo geral, essa situação será obtida para qualquer ponto que é articulado à terra pertença a um elo preso ao elemento terra (como o elo 4). Nesse exemplo, não poderíamos resolver para o ponto C enquanto não resolvêssemos para B, porque o ponto C está preso a um elo flutuante, para o qual ainda não conhecemos a direção da aceleração angular ou absoluta. (*Passos 3 e 4*)

Para resolver a equação para o segundo ponto (B), precisaríamos também reconhecer que a componente diferença da aceleração tangencial $\mathbf{A}_{AB}^t$ é sempre direcionada perpendicularmente à linha que conecta os dois pontos dos elos relacionados (B e A, nesse exemplo). Adicionalmente, você sempre saberá a magnitude e direção dos componentes da aceleração centrípeta na Equação 7.4 *se ela representar diferença de aceleração* (CASO 1). *Se os dois pontos estão no mesmo corpo rígido, então a diferença das componentes da aceleração centrípeta têm magnitude de $r\omega^2$ e é sempre direcionada junto à linha que conecta os dois pontos, apontada em direção ao ponto de referência definido como centro* (ver Figura 7-2). Essas observações serão verdadeiras independentemente dos dois pontos selecionados. *Porém, note que isso não é verdadeiro no* CASO 2, como mostra a Figura 7-3a, onde a componente normal da aceleração do carro 2 não é direcionada ao longo da linha que conecta os pontos A e P. *(Passos 5 e 6)*

Tendo encontrado a aceleração absoluta do ponto B ($\mathbf{A}_B$) poderíamos resolver para α_4, a aceleração angular do elo 4 utilizando a componente tangencial de $\mathbf{A}_B$ na equação (*d*). Pelo fato de os pontos A e B serem ambos do elo 3, poderíamos também determinar a aceleração do elo 3 utilizando a componente tangencial da diferença de aceleração $\mathbf{A}_{AB}$ entre os pontos B e A, na equação (*d*). Uma vez que a aceleração angular de todos os elos sejam conhecidas, podemos resolver para a aceleração linear em qualquer ponto (como o C) e em qualquer elo, utilizando a Equação 7.4. Para tanto, precisamos entender o conceito de aceleração angular como um **vetor livre**, o que significa que ele existe em qualquer lugar do elo, em qualquer instante dado. Ele não possui nenhum centro particular. *Ele tem uma infinidade de possíveis centros*. O elo simplesmente *possui uma aceleração angular*. É essa a propriedade que nos permite resolver a Equação 7.4 literalmente para **qualquer ponto** em um corpo rígido, realizando um movimento complexo **em relação a qualquer outro ponto** nesse corpo. *(Passos 7 e 8)*

7.3 SOLUÇÕES ANALÍTICAS PARA A ANÁLISE DE ACELERAÇÕES

O mecanismo de quatro barras com junta pinada

A equação posição para o mecanismo de quatro barras com junta pinada foi obtida na Seção 4.5. O mecanismo foi mostrado primeiro na Figura 4-7 e novamente na Figura 7-5a, onde mostramos também a aceleração angular de entrada α_2 aplicada no elo 2. Essa aceleração angular de entrada α_2 pode variar com o tempo. A equação vetorial de malha fechada foi definida nas Equações 4.5a e c, que são repetidas aqui para sua conveniência.

$$\mathbf{R}_2 + \mathbf{R}_3 - \mathbf{R}_4 - \mathbf{R}_1 = 0 \tag{4.5a}$$

Como feito anteriormente, substituímos pela notação vetorial complexa, denotando os comprimentos escalares como a, b, c, d mostrados na Figura 7-5.

$$ae^{j\theta_2} + be^{j\theta_3} - ce^{j\theta_4} - de^{j\theta_1} = 0 \tag{4.5c}$$

Na Seção 6.7, diferenciamos a Equação 4.5c em relação ao tempo para obter a velocidade, a qual é repetida aqui.

ANÁLISE DE ACELERAÇÕES

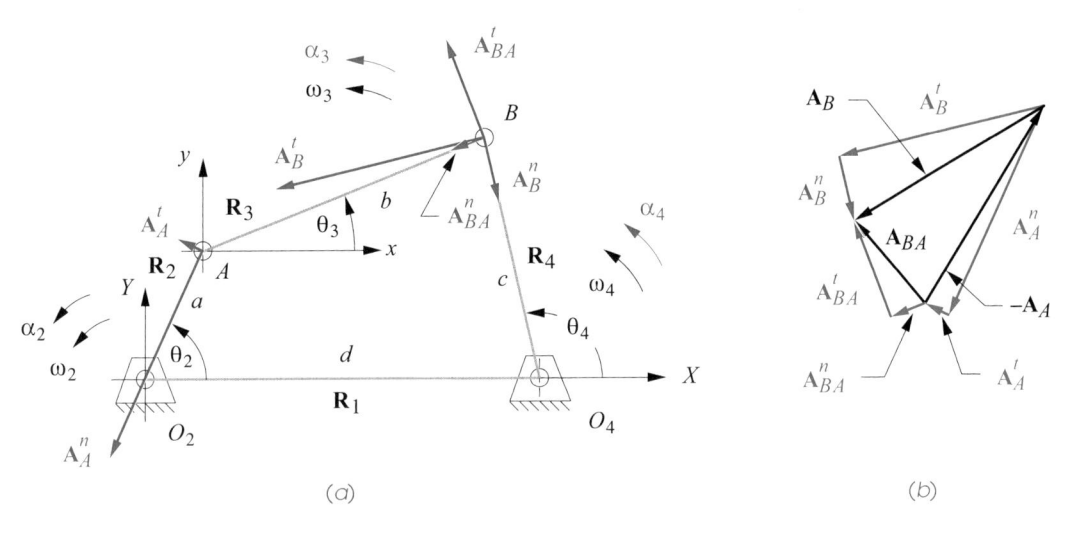

FIGURA 7-5

Vetores de posição em malha fechada para um mecanismo de quatro barras e seus vetores aceleração.

$$ja\omega_2 e^{j\theta_2} + jb\omega_3 e^{j\theta_3} - jc\omega_4 e^{j\theta_4} = 0 \tag{6.14c}$$

Iremos agora diferenciar a Equação 6.14c em relação ao tempo, de modo a obter uma expressão para a aceleração no mecanismo. Cada termo da Equação 6.14c contém duas funções do tempo, θ e ω. Utilizando a regra da cadeia nesse exemplo, teremos dois termos na expressão da aceleração para cada termo na equação da velocidade.

$$\left(j^2 a\omega_2^2 e^{j\theta_2} + ja\alpha_2 e^{j\theta_2}\right) + \left(j^2 b\omega_3^2 e^{j\theta_3} + jb\alpha_3 e^{j\theta_3}\right) - \left(j^2 c\omega_4^2 e^{j\theta_4} + jc\alpha_4 e^{j\theta_4}\right) = 0 \tag{7.7a}$$

Simplificando e agrupando os termos:

$$\left(a\alpha_2 j e^{j\theta_2} - a\omega_2^2 e^{j\theta_2}\right) + \left(b\alpha_3 j e^{j\theta_3} - b\omega_3^2 e^{j\theta_3}\right) - \left(c\alpha_4 j e^{j\theta_4} - c\omega_4^2 e^{j\theta_4}\right) = 0 \tag{7.7b}$$

Compare os termos agrupados dentro dos parênteses com a Equação 7.2. A Equação 7.7 contém as componentes tangencial e normal da aceleração nos pontos A e B, e da diferença de aceleração entre A e B. Note que essas relações são as mesmas que utilizamos ao resolver esse problema graficamente na Seção 7.2. A Equação 7.7 é, na verdade, a **Equação da diferença de aceleração** 7.4, na qual, utilizando os subscritos, temos:

$$\mathbf{A}_A + \mathbf{A}_{BA} - \mathbf{A}_B = 0 \tag{7.8a}$$

Em que:

$$\begin{aligned}
\mathbf{A}_A &= \left(\mathbf{A}_A^t + \mathbf{A}_A^n\right) = \left(a\alpha_2 j e^{j\theta_2} - a\omega_2^2 e^{j\theta_2}\right) \\
\mathbf{A}_{BA} &= \left(\mathbf{A}_{BA}^t + \mathbf{A}_{BA}^n\right) = \left(b\alpha_3 j e^{j\theta_3} - b\omega_3^2 e^{j\theta_3}\right) \\
\mathbf{A}_B &= \left(\mathbf{A}_B^t + \mathbf{A}_B^n\right) = \left(c\alpha_4 j e^{j\theta_4} - c\omega_4^2 e^{j\theta_4}\right)
\end{aligned} \tag{7.8b}$$

O diagrama de vetores na Figura 7-5b mostra as componentes e a solução gráfica para a Equação 7.8a. As componentes vetoriais também são mostradas atuando nos seus respectivos pontos na Figura 7-5a.

Precisamos agora resolver a Equação 7.7 para α_3 e α_4, conhecendo a aceleração de entrada α_2, os comprimentos e todos os ângulos dos elos e suas velocidades angulares. Portanto, a análise de posição obtida na Seção 4.5 e a análise de velocidades da Seção 6.7 devem ter sido feitas, para determinar os ângulos dos elos e as velocidades angulares, antes que a análise de acelerações fosse completada. Desejamos resolver a Equação 7.8 e obter expressões na forma:

$$\alpha_3 = f(a, b, c, d, \theta_2, \theta_3, \theta_4, \omega_2, \omega_3, \omega_4, \alpha_2) \quad (7.9a)$$

$$\alpha_4 = g(a, b, c, d, \theta_2, \theta_3, \theta_4, \omega_2, \omega_3, \omega_4, \alpha_2) \quad (7.9b)$$

A estratégia de solução será a mesma utilizada para análise de posição e velocidade. Primeiro, substitua a identidade de Euler da Equação 4.4a em cada termo da Equação 7.7:

$$\left[a\alpha_2 j(\cos\theta_2 + j\mathrm{sen}\theta_2) - a\omega_2^2(\cos\theta_2 + j\mathrm{sen}\theta_2)\right]$$
$$+ \left[b\alpha_3 j(\cos\theta_3 + j\mathrm{sen}\theta_3) - b\omega_3^2(\cos\theta_3 + j\mathrm{sen}\theta_3)\right] \quad (7.10a)$$
$$- \left[c\alpha_4 j(\cos\theta_4 + j\mathrm{sen}\theta_4) - c\omega_4^2(\cos\theta_4 + j\mathrm{sen}\theta_4)\right] = 0$$

Multiplicando pelo operador j e rearranjando:

$$\left[a\alpha_2(-\mathrm{sen}\theta_2 + j\cos\theta_2) - a\omega_2^2(\cos\theta_2 + j\mathrm{sen}\theta_2)\right]$$
$$+ \left[b\alpha_3(-\mathrm{sen}\theta_3 + j\cos\theta_3) - b\omega_3^2(\cos\theta_3 + j\mathrm{sen}\theta_3)\right]$$
$$- \left[c\alpha_4(-\mathrm{sen}\theta_4 + j\cos\theta_4) - c\omega_4^2(\cos\theta_4 + j\mathrm{sen}\theta_4)\right] = 0 \quad (7.10b)$$

Podemos agora separar a equação vetorial em duas partes, uma real e outra imaginária, coletando os termos separadamente:

Parte real (componente x):

$$-a\alpha_2\mathrm{sen}\theta_2 - a\omega_2^2\cos\theta_2 - b\alpha_3\mathrm{sen}\theta_3 - b\omega_3^2\cos\theta_3 + c\alpha_4\mathrm{sen}\theta_4 + c\omega_4^2\cos\theta_4 = 0 \quad (7.11a)$$

Parte imaginária (componente y):

$$a\alpha_2\cos\theta_2 - a\omega_2^2\mathrm{sen}\theta_2 + b\alpha_3\cos\theta_3 - b\omega_3^2\mathrm{sen}\theta_3 - c\alpha_4\cos\theta_4 + c\omega_4^2\mathrm{sen}\theta_4 = 0 \quad (7.11b)$$

Observe que os j's foram cancelados na Equação 7.11b. Podemos resolver as equações 7.11a e 7.11b simultaneamente para obter:

$$\alpha_3 = \frac{CD - AF}{AE - BD} \quad (7.12a)$$

$$\alpha_4 = \frac{CE - BF}{AE - BD} \quad (7.12b)$$

Em que:

ANÁLISE DE ACELERAÇÕES

$$A = c\,\text{sen}\,\theta_4$$
$$B = b\,\text{sen}\,\theta_3$$
$$C = a\alpha_2\,\text{sen}\,\theta_2 + a\omega_2^2\cos\theta_2 + b\omega_3^2\cos\theta_3 - c\omega_4^2\cos\theta_4$$
$$D = c\cos\theta_4 \tag{7.12c}$$
$$E = b\cos\theta_3$$
$$F = a\alpha_2\cos\theta_2 - a\omega_2^2\,\text{sen}\,\theta_2 - b\omega_3^2\,\text{sen}\,\theta_3 + c\omega_4^2\,\text{sen}\,\theta_4$$

Uma vez que resolvemos para α_3 e α_4, podemos calcular as acelerações lineares substituindo a identidade de Euler nas Equações 7.8 b,

$$\mathbf{A}_A = a\alpha_2\left(-\text{sen}\,\theta_2 + j\cos\theta_2\right) - a\omega_2^2\left(\cos\theta_2 + j\,\text{sen}\,\theta_2\right) \tag{7.13a}$$

$$\mathbf{A}_{BA} = b\alpha_3\left(-\text{sen}\,\theta_3 + j\cos\theta_3\right) - b\,\omega_3^2\left(\cos\theta_3 + j\,\text{sen}\,\theta_3\right) \tag{7.13b}$$

$$\mathbf{A}_B = c\alpha_4\left(-\text{sen}\,\theta_4 + j\cos\theta_4\right) - c\,\omega_4^2\left(\cos\theta_4 + j\,\text{sen}\,\theta_4\right) \tag{7.13c}$$

em que os termos reais e imaginários são as componentes x e y, respectivamente. As equações 7.12 e 7.13 proveem a solução completa para as acelerações angulares dos elos e as acelerações lineares das juntas do mecanismo de quatro barras com junta pinada.

O mecanismo biela-manivela

A primeira inversão do mecanismo biela-manivela com deslocamento tem o bloco cursor deslizando sobre o elo terra, conforme mostrado na Figura 7-6a. Suas acelerações podem ser resolvidas de modo similar às realizadas para o mecanismo de quatro barras com junta pinada.

As equações de posição para o mecanismo biela-manivela com deslocamento (inversão 1) foram obtidas na Seção 4.6. O mecanismo foi mostrado nas figuras 4-9 e 6-21, e é mostrado novamente na Figura 7-6a, onde também há uma aceleração angular de entrada α_2 aplicada ao elo 2. Esse α_2 pode ser uma aceleração de entrada variante no tempo. A Equação vetorial de malha fechada 4.14 é repetida aqui por conveniência:

$$\mathbf{R}_2 - \mathbf{R}_3 - \mathbf{R}_4 - \mathbf{R}_1 = 0 \tag{4.14a}$$

$$ae^{j\theta_2} - be^{j\theta_3} - ce^{j\theta_4} - de^{j\theta_1} = 0 \tag{4.14b}$$

Na Seção 6.7 diferenciamos a Equação 4.14b em relação ao tempo, notando que a, b, c, e θ_1 e θ_2 são constantes, mas o elo d varia com o tempo nessa inversão.

$$ja\omega_2 e^{j\theta_2} - jb\omega_3 e^{j\theta_3} - \dot{d} = 0 \tag{6.20a}$$

O termo d *ponto* é a velocidade linear do bloco deslizante. A Equação 6.20a é a equação de diferença de velocidades.

Iremos então diferenciar a Equação 6.20a em relação ao tempo e obter uma expressão para a aceleração nessa inversão do mecanismo biela-manivela.

$$\left(ja\alpha_2 e^{j\theta_2} + j^2 a\omega_2^2 e^{j\theta_2}\right) - \left(jb\alpha_3 e^{j\theta_3} + j^2 b\omega_3^2 e^{j\theta_3}\right) - \ddot{d} = 0 \tag{7.14a}$$

FIGURA 7-6
Vetor de posição de malha fechada para um mecanismo biela-manivela e seus vetores aceleração.

Simplificando:

$$\left(a\alpha_2 je^{j\theta_2} - a\omega_2^2 e^{j\theta_2}\right) - \left(b\alpha_3 je^{j\theta_3} - b\omega_3^2 e^{j\theta_3}\right) - \ddot{d} = 0 \quad (7.14b)$$

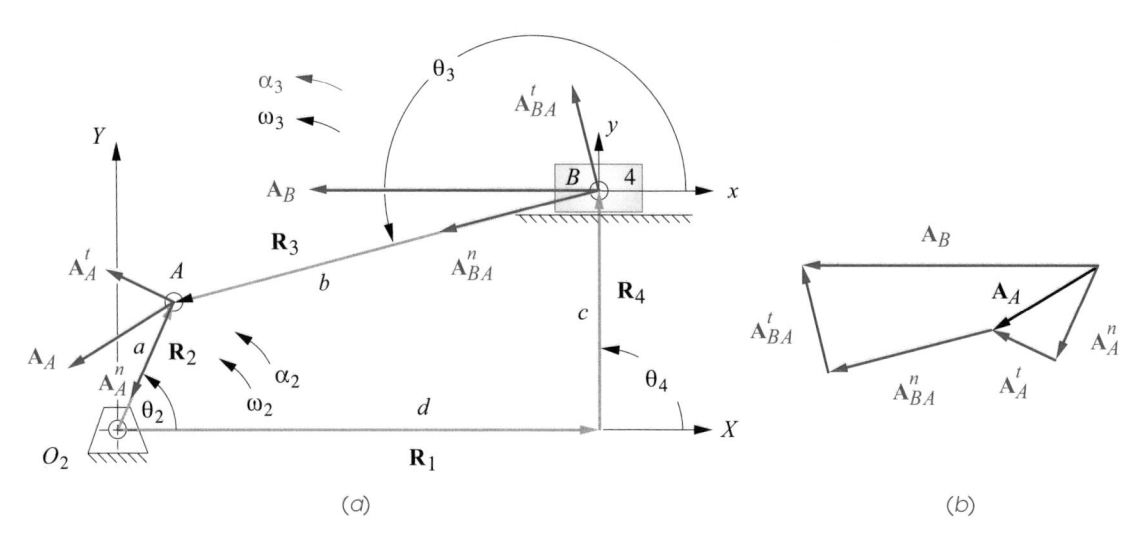

Note que a Equação 7.14 é novamente a equação da diferença de aceleração.

$$\mathbf{A}_A - \mathbf{A}_{AB} - \mathbf{A}_B = 0$$
$$\mathbf{A}_{BA} = -\mathbf{A}_{AB} \quad (7.15a)$$
$$\mathbf{A}_B = \mathbf{A}_A + \mathbf{A}_{BA}$$

$$\mathbf{A}_A = \left(\mathbf{A}_A^t + \mathbf{A}_A^n\right) = \left(a\alpha_2 je^{j\theta_2} - a\omega_2^2 e^{j\theta_2}\right)$$
$$\mathbf{A}_{BA} = \left(\mathbf{A}_{BA}^t + \mathbf{A}_{BA}^n\right) = \left(b\alpha_3 je^{j\theta_3} - b\omega_3^2 e^{j\theta_3}\right) \quad (7.15b)$$
$$\mathbf{A}_B = \mathbf{A}_B^t = \ddot{d}$$

Nesse mecanismo, o elo 4 está em translação pura e, portanto, tem ω_4 e α_4 nulos. A aceleração do elo 4 possui apenas a componente "tangencial" ao longo de seu percurso.

As duas incógnitas na Equação vetorial 7.14 são a aceleração angular do elo 3, α_3 e a aceleração linear do elo 4, *d dois pontos*. Para determiná-las, substitua a identidade de Euler,

$$a\alpha_2(-\mathrm{sen}\,\theta_2 + j\cos\theta_2) - a\omega_2^2(\cos\theta_2 + j\mathrm{sen}\,\theta_2)$$
$$- b\alpha_3(-\mathrm{sen}\,\theta_3 + j\cos\theta_3) + b\omega_3^2(\cos\theta_3 + j\mathrm{sen}\,\theta_3) - \ddot{d} = 0 \quad (7.16a)$$

ANÁLISE DE ACELERAÇÕES

e separe as componentes reais (x) e imaginárias (y):

Parte real (componente x):

$$-a\alpha_2 \operatorname{sen}\theta_2 - a\omega_2^2 \cos\theta_2 + b\alpha_3 \operatorname{sen}\theta_3 + b\omega_3^2 \cos\theta_3 - \ddot{d} = 0 \tag{7.16b}$$

Parte imaginária (componente y):

$$a\alpha_2 \cos\theta_2 - a\omega_2^2 \operatorname{sen}\theta_2 - b\alpha_3 \cos\theta_3 + b\omega_3^2 \operatorname{sen}\theta_3 = 0 \tag{7.16c}$$

A Equação 7.16c pode ser resolvida diretamente para α_3 e o resultado pode ser substituído na Equação 7.16b de modo a encontrar d *dois pontos*.

$$\alpha_3 = \frac{a\alpha_2 \cos\theta_2 - a\omega_2^2 \operatorname{sen}\theta_2 + b\omega_3^2 \operatorname{sen}\theta_3}{b\cos\theta_3} \tag{7.16d}$$

$$\ddot{d} = -a\alpha_2 \operatorname{sen}\theta_2 - a\omega_2^2 \cos\theta_2 + b\alpha_3 \operatorname{sen}\theta_3 + b\omega_3^2 \cos\theta_3 \tag{7.16e}$$

As outras acelerações lineares podem ser encontradas a partir da Equação 7.15b. Elas são mostradas no diagrama vetorial da Figura 7-6b.

Aceleração de Coriolis

Os exemplos utilizados para a análise da aceleração envolveram apenas mecanismos com juntas pinadas ou a inversão do mecanismo biela-manivela, cujo bloco deslizante não possui rotação. Quando existem juntas deslizantes em um elo de rotação, está presente uma componente adicional da aceleração, que foi denominada **componente de Coriolis**, devido ao seu descobridor. A Figura 7-7a mostra um sistema simples de dois elos que consiste em um elo com ranhura radial e um bloco deslizante com liberdade de deslizamento dentro do limite dessas ranhuras.

A posição instantânea do bloco é definida por um vetor de posição ($\mathbf{R}_P$) referido a origem global, no centro do elo. *Esse vetor rotaciona e modifica sua magnitude conforme o sistema se movimenta.* Como mostrado, esse é um sistema com dois graus de liberdade. As **duas entradas do sistema** são a aceleração angular do elo (α) e a velocidade de deslizamento linear do bloco em relação ao elo ($\mathbf{V}_{Pdesl}$). A velocidade angular ω é a resultante do histórico temporal da aceleração angular. A situação mostrada, com α no sentido anti-horário e ω no sentido horário, indica que, anteriormente, o elo foi acelerado até uma velocidade angular horária e está agora começando a desacelerar. A componente de transmissão da velocidade ($\mathbf{V}_{Ptrans}$) é uma resultante do ω do elo atuando no raio R_P cuja magnitude é p.

Mostramos a situação na Figura 7-7 para um instante de tempo. Entretanto, as equações a serem derivadas serão válidas para qualquer instante. Queremos determinar a aceleração no centro do bloco (P) submetido ao movimento combinado de rotação e escorregamento. Para tanto, precisamos primeiro escrever a expressão para o vetor de posição $\mathbf{R}_P$ que se localiza no ponto P.

$$\mathbf{R}_P = p e^{j\theta_2} \tag{7.17}$$

Note que há duas funções do tempo na Equação 7.17, p e θ. Quando diferenciamos em relação ao tempo, obtemos dois termos na expressão da velocidade:

$$\mathbf{V}_P = p\omega_2 j e^{j\theta_2} + \dot{p} e^{j\theta_2} \tag{7.18a}$$

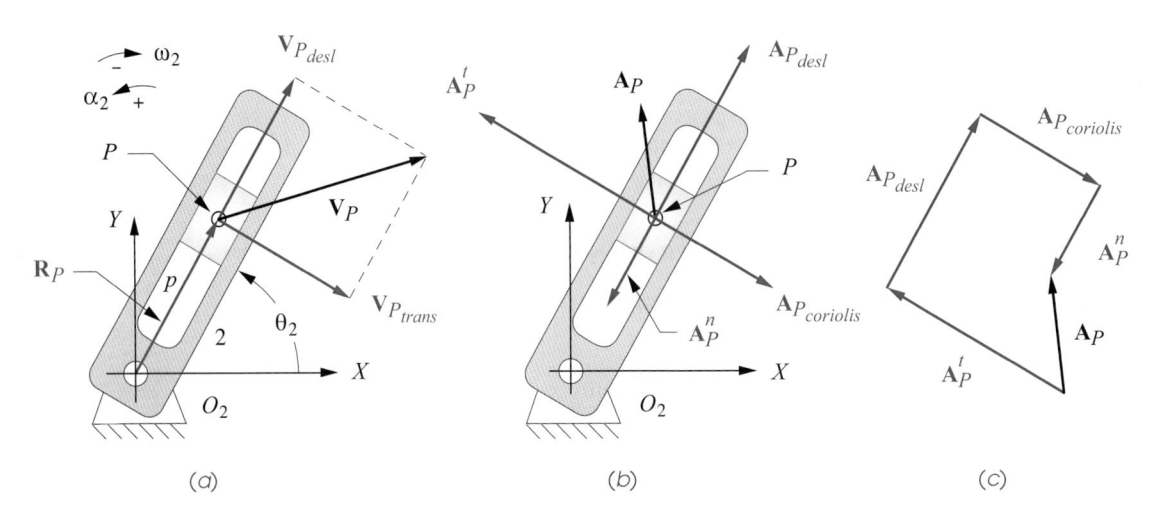

FIGURA 7-7

A componente Coriolis da aceleração é mostrada em um sistema com (SAH) α_2 positivo e (SH) ω_2 negativo.

Essas são a componente de transmissão (relativa) e a componente de deslizamento da velocidade.

$$\mathbf{V}_P = \mathbf{V}_{P_{trans}} + \mathbf{V}_{P_{desl}} \qquad (7.18b)$$

O termo $p\omega$ é a componente de transmissão e é direcionada 90 graus do eixo de deslizamento que, nesse exemplo, coincide com o vetor de posição $\mathbf{R}_P$. O termo p *ponto* é a **componente de deslizamento** e está dirigida ao longo do **eixo de deslizamento**, na mesma direção do vetor de posição desse exemplo. Sua soma vetorial é $\mathbf{V}_P$ como mostra a Figura 7-7a.

Para se obter a expressão para a aceleração, precisamos diferenciar a Equação 7.18 em relação ao tempo. Note que a componente de transmissão possui **três** funções do tempo: p, ω e θ. A regra da cadeia irá gerar três termos para este único termo. A componente de deslizamento da velocidade possui duas funções do tempo, p e θ, gerando dois termos na derivada. Assim temos um total de cinco termos, sendo que dois deles podem se juntar em um único.

$$\mathbf{A}_P = \left(p\alpha_2 je^{j\theta_2} + p\omega_2^2 j^2 e^{j\theta_2} + \dot{p}\omega_2 je^{j\theta_2} \right) + \left(\dot{p}\omega_2 je^{j\theta_2} + \ddot{p}e^{j\theta_2} \right) \qquad (7.19a)$$

Simplificando e agrupando os termos:

$$\mathbf{A}_P = p\alpha_2 je^{j\theta_2} - p\omega_2^2 e^{j\theta_2} + 2\dot{p}\omega_2 je^{j\theta_2} + \ddot{p}e^{j\theta_2} \qquad (7.19b)$$

Esses termos representam as seguintes componentes:

$$\mathbf{A}_P = \mathbf{A}_{P_{tangencial}} + \mathbf{A}_{P_{normal}} + \mathbf{A}_{P_{coriolis}} + \mathbf{A}_{P_{desl}} \qquad (7.19c)$$

Note que o termo de Coriolis apareceu na expressão da aceleração como resultado da diferenciação, simplesmente porque o comprimento do vetor p é uma função do tempo. A magnitude da componente de Coriolis é duas vezes o produto da velocidade relativa de deslizamento (Equação 7.18) com a velocidade angular do elo que contém a ranhura. Sua direção é rotacionada em 90 graus no sentido horário ou anti-horário da posição original do vetor R_P, dependendo do sentido de ω.* (Note que decidimos alinhar o vetor de posição R_P com o eixo de deslizamento na Figura 7-7, já que ele pode ser definido sem nos preocuparmos com a localização do centro de rotação – ver também a Figura 7-6, onde R_1 está alinhado com o eixo de deslizamento.) Todas as quatro componentes da Equação 7.19 são mostradas atuando no ponto P na Figura 7-7b. A aceleração total A_P é a soma vetorial dos quatro termos, como mostrado na Figura 7-7c. Note que o termo da aceleração normal na Equação 7.19b possui sinal negativo, portanto, torna-se uma subtração quando substituída na Equação 7.19c.

Essa componente de Coriolis da aceleração estará sempre presente quando houver uma velocidade de deslizamento associada a qualquer membro que também tenha uma velocidade angular. Na ausência de qualquer um desses dois fatores, a componente de Coriolis será nula. Provavelmente, você deve ter experimentado a aceleração de Coriolis se andou de carrossel. Se você tentou andar radialmente de fora ao interior (ou vice-versa) enquanto o carrossel estava funcionando, você foi "jogado" lateralmente pela força inercial existente, devido à aceleração de Coriolis. Você era o *bloco deslizante* da Figura 7-7, sua *velocidade de deslizamento* combinada com a rotação do carrossel geraram a componente de Coriolis. Conforme você andava de um raio maior a um raio menor, sua velocidade tangencial teve de mudar, de modo a se igualar àquela gerada pelo seu pé na nova posição do carrossel em movimento. Qualquer mudança na velocidade requer mudança na aceleração. Foi o "*fantasma do Coriolis*" que o empurrou lateralmente no carrossel.

Outro exemplo do componente de Coriolis é o seu efeito nos sistemas climáticos. Objetos grandes existentes na baixa atmosfera, como furacões, ocupam uma área suficientemente grande para que haja uma diferença significativa de velocidade em suas extremidades norte e sul. A atmosfera gira com a Terra. A velocidade tangencial da superfície da Terra devido a sua velocidade angular, varia de zero, nos polos, a um máximo de aproximadamente 1000 mph, no Equador. Os ventos em uma tempestade são atraídos em direção à baixa pressão por seus centros. Esses ventos têm uma velocidade de deslizamento relativa à superfície que, em combinação com a velocidade angular da Terra, cria uma componente de aceleração de Coriolis nas massas de ar em movimento. A aceleração de Coriolis faz com que o ar em movimento rotacione sobre o seu eixo, ou "olho" do sistema da tempestade. Essa rotação ocorre no sentido anti-horário, no hemisfério norte e, no sentido horário, no hemisfério sul. O movimento do sistema da tempestade inteiro, de sul a norte, cria uma componente de Coriolis que tende a desviá-lo para o leste, ainda que esse efeito seja sobreposto por forças geradas por outras grandes massas de ar, como sistemas de alta pressão, que podem desviar uma tempestade. Esses fatores complicados dificultam a previsão do efetivo caminho de uma grande tempestade.

Note que, na solução analítica aqui apresentada, a componente de Coriolis será contada automaticamente enquanto as diferenciações forem feitas corretamente. Entretanto, ao fazer uma análise gráfica para a aceleração, é preciso estar alerta para reconhecer a presença dessa componente, calculá-la e incluí-la no diagrama vetorial, quando seus dois constituintes V_{desl} e ω forem ambos diferentes de zero.

O mecanismo biela-manivela invertido

As equações de posição para o mecanismo biela-manivela de quatro barras invertido foram determinadas na Seção 4.7. O mecanismo foi mostrado primeiro nas figuras 4-10 e 6-22 e novamente na Figura 7-8, em que também mostramos a aceleração angular de entrada α_2 do elo 2. As Equações do vetor de malha fechada 4.14 também são válidas para esse mecanismo.

---

* Essa aproximação pode ser utilizada em situações 2-D. A aceleração de Coriolis é o produto vetorial entre 2ω e a velocidade de deslizamento. O produto vetorial irá definir sua magnitude, sinal e direção na situação 3-D.

Todos os mecanismos deslizantes terão pelo menos um elo, cujo comprimento equivalente entre as juntas varia, conforme ele se move. Nessa inversão, o comprimento do elo 3 entre os pontos A e B, designado como b, irá mudar conforme ele passa pelo bloco deslizante do elo 4. Na Seção 6.7 encontramos uma expressão para a velocidade a partir da diferenciação da Equação 4.14b em relação ao tempo, notando que a, b, d e θ_1 são constantes e b, θ_3 e θ_4 variam com o tempo.

$$ja\omega_2 e^{j\theta_2} - jb\omega_3 e^{j\theta_3} - \dot{b}e^{j\theta_3} - jc\omega_4 e^{j\theta_4} = 0 \tag{6.24}$$

Diferenciando essa expressão em relação ao tempo, iremos obter uma expressão para as acelerações nesse mecanismo biela-manivela invertido.

$$\left(ja\alpha_2 e^{j\theta_2} + j^2 a\omega_2^2 e^{j\theta_2}\right) - \left(jb\alpha_3 e^{j\theta_3} + j^2 b\omega_3^2 e^{j\theta_3} + j\dot{b}\omega_3 e^{j\theta_3}\right)$$
$$- \left(\ddot{b}e^{j\theta_3} + j\dot{b}\omega_3 e^{j\theta_3}\right) - \left(jc\alpha_4 e^{j\theta_4} + j^2 c\omega_4^2 e^{j\theta_4}\right) = 0 \tag{7.20a}$$

Simplificando e agrupando os termos:

$$\left(a\alpha_2 je^{j\theta_2} - a\omega_2^2 e^{j\theta_2}\right) - \left(b\alpha_3 je^{j\theta_3} - b\omega_3^2 e^{j\theta_3} + 2\dot{b}\omega_3 je^{j\theta_3} + \ddot{b}e^{j\theta_3}\right)$$
$$- \left(c\alpha_4 je^{j\theta_4} - c\omega_4^2 e^{j\theta_4}\right) = 0 \tag{7.20b}$$

A Equação 7.20 é, na verdade, a equação da diferença de aceleração (Equação 7.4) e pode ser escrita na notação mostrada nas Equações 7.21.

$$\mathbf{A}_A - \mathbf{A}_{AB} - \mathbf{A}_B = 0$$
mas: $$\mathbf{A}_{BA} = -\mathbf{A}_{AB} \tag{7.21a}$$
e: $$\mathbf{A}_B = \mathbf{A}_A + \mathbf{A}_{BA}$$

$$\mathbf{A}_A = \mathbf{A}_{A_{tangencial}} + \mathbf{A}_{A_{normal}}$$
$$\mathbf{A}_{AB} = \mathbf{A}_{AB_{tangencial}} + \mathbf{A}_{AB_{normal}} + \mathbf{A}_{AB_{coriolis}} + \mathbf{A}_{AB_{desl}} \tag{7.21b}$$
$$\mathbf{A}_B = \mathbf{A}_{B_{tangencial}} + \mathbf{A}_{B_{normal}}$$

$$\mathbf{A}_{A_{tangencial}} = a\alpha_2 je^{j\theta_2} \qquad \mathbf{A}_{A_{normal}} = -a\omega_2^2 e^{j\theta_2}$$
$$\mathbf{A}_{B_{tangencial}} = c\alpha_4 je^{j\theta_4} \qquad \mathbf{A}_{B_{normal}} = -c\omega_4^2 e^{j\theta_4}$$
$$\mathbf{A}_{AB_{tangencial}} = b\alpha_3 je^{j\theta_3} \qquad \mathbf{A}_{AB_{normal}} = -b\omega_3^2 e^{j\theta_3} \tag{7.21c}$$
$$\mathbf{A}_{AB_{coriolis}} = 2\dot{b}\omega_3 je^{j\theta_3} \qquad \mathbf{A}_{AB_{desl}} = \ddot{b}e^{j\theta_3}$$

Devido ao fato de o elo de escorregamento também ter uma velocidade angular, a componente de Coriolis da aceleração no ponto B, que é o termo 2 b ponto na Equação 7.20, será diferente de zero. Uma vez que uma análise completa da velocidade foi feita antes dessa análise de aceleração, a componente de Coriolis pode ser facilmente calculada nesse ponto, conhecendo-se ω e $\mathbf{V}_{desl}$ da análise de velocidades.

O termo b dois pontos nas equações 7.20b e 7.21c é o *componente de deslizamento da aceleração*. Essa é uma das variáveis que devem ser determinadas nessa análise de aceleração. A outra variável que deve ser determinada é α_4, a aceleração angular para o elo 4.

ANÁLISE DE ACELERAÇÕES

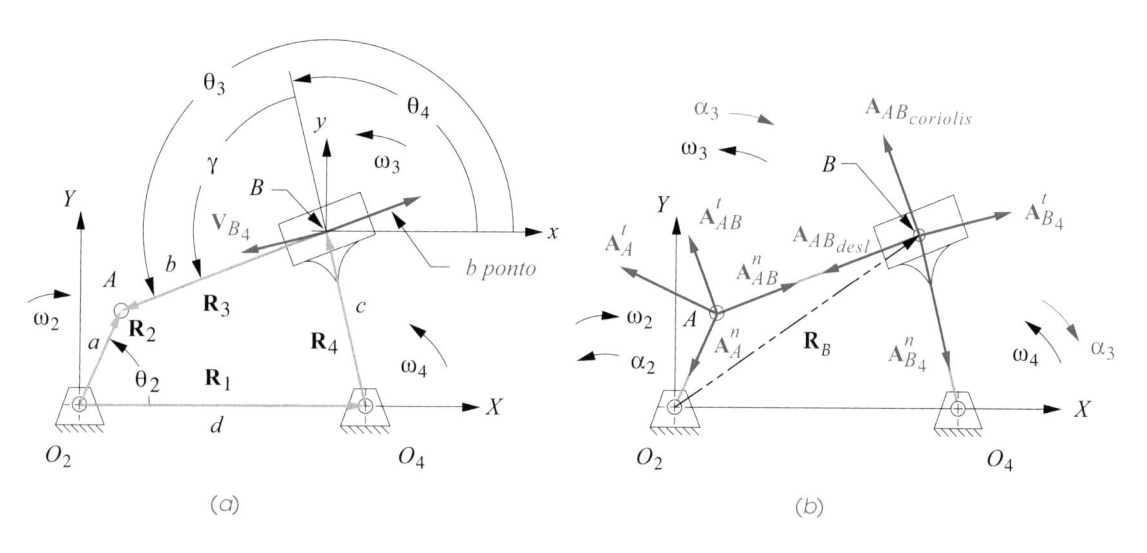

FIGURA 7-8

Análise da aceleração na inversão 3 do mecanismo biela-manivela de quatro barras acionado com um (SAH) α_2 positivo e (SH) ω_2 negativo.

Note, entretanto, que também temos uma incógnita em α_3, a aceleração angular do elo 3. Desse modo, precisamos de outra equação para resolver o sistema. Existe uma relação fixa entre os ângulos θ_3 e θ_4, indicada como γ na Figura 7-8 e definida pela Equação 4.18, repetida aqui:

$$\theta_3 = \theta_4 \pm \gamma \tag{4.18}$$

Diferencie-a duas vezes em relação ao tempo para obter:

$$\omega_3 = \omega_4; \qquad \alpha_3 = \alpha_4 \tag{7.22}$$

Desejamos resolver a Equação 7.20 de modo a obter a expressão nesta forma:

$$\alpha_3 = \alpha_4 = f\left(a, b, \dot{b}, c, d, \theta_2, \theta_3, \theta_4, \omega_2, \omega_3, \omega_4, \alpha_2\right) \tag{7.23a}$$

$$\frac{d^2 b}{dt^2} = \ddot{b} = g\left(a, b, \dot{b}, c, d, \theta_2, \theta_3, \theta_4, \omega_2, \omega_3, \omega_4, \alpha_2\right) \tag{7.23b}$$

A substituição da identidade de Euler (Equação 4.4a) na Equação 7.20, resulta em:

$$\begin{aligned}
& a\alpha_2 j(\cos\theta_2 + j\mathrm{sen}\theta_2) - a\omega_2^2(\cos\theta_2 + j\mathrm{sen}\theta_2) \\
& - b\alpha_3 j(\cos\theta_3 + j\mathrm{sen}\theta_3) + b\omega_3^2(\cos\theta_3 + j\mathrm{sen}\theta_3) \\
& - 2\dot{b}\omega_3 j(\cos\theta_3 + j\mathrm{sen}\theta_3) - \ddot{b}(\cos\theta_3 + j\mathrm{sen}\theta_3) \\
& - c\alpha_4 j(\cos\theta_4 + j\mathrm{sen}\theta_4) + c\omega_4^2(\cos\theta_4 + j\mathrm{sen}\theta_4) = 0
\end{aligned} \tag{7.24a}$$

Multiplicando pelo operador j e substituindo α_4 por α_3 por meio da Equação 7.22:

$$a\alpha_2\left(-\operatorname{sen}\theta_2 + j\cos\theta_2\right) - a\omega_2^2\left(\cos\theta_2 + j\operatorname{sen}\theta_2\right)$$
$$- b\alpha_4\left(-\operatorname{sen}\theta_3 + j\cos\theta_3\right) + b\omega_3^2\left(\cos\theta_3 + j\operatorname{sen}\theta_3\right)$$
$$- 2\dot{b}\omega_3\left(-\operatorname{sen}\theta_3 + j\cos\theta_3\right) - \ddot{b}\left(\cos\theta_3 + j\operatorname{sen}\theta_3\right) \qquad (7.24b)$$
$$- c\alpha_4\left(-\operatorname{sen}\theta_4 + j\cos\theta_4\right) + c\omega_4^2\left(\cos\theta_4 + j\operatorname{sen}\theta_4\right) = 0$$

Podemos agora dividir a Equação vetorial 7.24b em duas componentes, separando os termos reais e os termos imaginários:

Parte real (componente x):

$$-a\alpha_2\operatorname{sen}\theta_2 - a\omega_2^2\cos\theta_2 + b\alpha_4\operatorname{sen}\theta_3 + b\omega_3^2\cos\theta_3$$
$$+ 2\dot{b}\omega_3\operatorname{sen}\theta_3 - \ddot{b}\cos\theta_3 + c\alpha_4\operatorname{sen}\theta_4 + c\omega_4^2\cos\theta_4 = 0 \qquad (7.25a)$$

Parte imaginária (componente y):

$$a\alpha_2\cos\theta_2 - a\omega_2^2\operatorname{sen}\theta_2 - b\alpha_4\cos\theta_3 + b\omega_3^2\operatorname{sen}\theta_3$$
$$- 2\dot{b}\omega_3\cos\theta_3 - \ddot{b}\operatorname{sen}\theta_3 - c\alpha_4\cos\theta_4 + c\omega_4^2\operatorname{sen}\theta_4 = 0 \qquad (7.25b)$$

Note que os j's foram cancelados na Equação 7.25b. Podemos resolver as Equações 7.25 simultaneamente para as incógnitas, α_4 e b *dois pontos*. A solução é:

$$\alpha_4 = \frac{a\left[\alpha_2\cos(\theta_3 - \theta_2) + \omega_2^2\operatorname{sen}(\theta_3 - \theta_2)\right] + c\omega_4^2\operatorname{sen}(\theta_4 - \theta_3) - 2\dot{b}\omega_3}{b + c\cos(\theta_3 - \theta_4)} \qquad (7.26a)$$

$$\ddot{b} = -\frac{\left\{\begin{array}{c}a\omega_2^2\left[b\cos(\theta_3 - \theta_2) + c\cos(\theta_4 - \theta_2)\right] + a\alpha_2\left[b\operatorname{sen}(\theta_2 - \theta_3) - c\operatorname{sen}(\theta_4 - \theta_2)\right] \\ + 2\dot{b}c\omega_4\operatorname{sen}(\theta_4 - \theta_3) - \omega_4^2\left[b^2 + c^2 + 2bc\cos(\theta_4 - \theta_3)\right]\end{array}\right\}}{b + c\cos(\theta_3 - \theta_4)} \qquad (7.26b)$$

A Equação 7.26 nos fornece a **aceleração angular** do elo 4. A Equação 7.26b nos fornece a **aceleração de deslizamento** no ponto B. Uma vez que essas variáveis foram determinadas, a aceleração linear nos pontos A e B, no mecanismo da Figura 7-8, pode ser encontrada a partir da substituição da identidade de Euler nas Equações 7.21.

$$\mathbf{A}_A = a\alpha_2\left(-\operatorname{sen}\theta_2 + j\cos\theta_2\right) - a\omega_2^2\left(\cos\theta_2 + j\operatorname{sen}\theta_2\right) \qquad (7.27a)$$

$$\mathbf{A}_{BA} = b\alpha_3\left(\operatorname{sen}\theta_3 - j\cos\theta_3\right) + b\omega_3^2\left(\cos\theta_3 + j\operatorname{sen}\theta_3\right)$$
$$+ 2\dot{b}\omega_3\left(\operatorname{sen}\theta_3 - j\cos\theta_3\right) - \ddot{b}\left(\cos\theta_3 + j\operatorname{sen}\theta_3\right) \qquad (7.27b)$$

$$\mathbf{A}_B = -c\alpha_4\left(\operatorname{sen}\theta_4 - j\cos\theta_4\right) - c\omega_4^2\left(\cos\theta_4 + j\operatorname{sen}\theta_4\right) \qquad (7.27c)$$

Os componentes desses vetores são mostrados na Figura 7-8b.

ANÁLISE DE ACELERAÇÕES

7.4 ANÁLISE DE ACELERAÇÕES NO MECANISMO DE CINCO BARRAS ENGRENADO

A equação da velocidade para o mecanismo de cinco barras engrenado foi desenvolvida na Seção 6.8 e é repetida aqui. Veja a notação utilizada na Figura P7-4.

$$a\omega_2 je^{j\theta_2} + b\omega_3 je^{j\theta_3} - c\omega_4 je^{j\theta_4} - d\omega_5 je^{j\theta_5} = 0 \qquad (6.32a)$$

Diferenciando em relação ao tempo para obter a expressão para a aceleração.

$$\left(a\alpha_2 je^{j\theta_2} - a\omega_2^2 e^{j\theta_2}\right) + \left(b\alpha_3 je^{j\theta_3} - b\omega_3^2 e^{j\theta_3}\right) \\ -\left(c\alpha_4 je^{j\theta_4} - c\omega_4^2 e^{j\theta_4}\right) - \left(d\alpha_5 je^{j\theta_5} - d\omega_5^2 e^{j\theta_5}\right) = 0 \qquad (7.28a)$$

Substituindo a equivalência de Euler:

$$a\alpha_2\left(-\text{sen}\theta_2 + j\cos\theta_2\right) - a\omega_2^2\left(\cos\theta_2 + j\text{sen}\theta_2\right) \\ + b\alpha_3\left(-\text{sen}\theta_3 + j\cos\theta_3\right) - b\omega_3^2\left(\cos\theta_3 + j\text{sen}\theta_3\right) \\ - c\alpha_4\left(-\text{sen}\theta_4 + j\cos\theta_4\right) + c\omega_4^2\left(\cos\theta_4 + j\text{sen}\theta_4\right) \\ - d\alpha_5\left(-\text{sen}\theta_5 + j\cos\theta_5\right) + d\omega_5^2\left(\cos\theta_5 + j\text{sen}\theta_5\right) = 0 \qquad (7.28b)$$

Note que o ângulo θ_5 é definido em termos de θ_2, da relação de transmissão λ e do ângulo de fase θ. A relação e suas derivadas são:

$$\theta_5 = \lambda\theta_2 + \phi; \qquad \omega_5 = \lambda\omega_2; \qquad \alpha_5 = \lambda\alpha_2 \qquad (7.28c)$$

Visto que uma análise de posição e de velocidade completa precisa ser feita antes da análise de velocidade, iremos assumir que os valores de θ_5 e ω_5 foram encontrados e deixarão essas equações em termos de θ_5, ω_5 e α_5.

Separando o termo real e o imaginário na Equação 7.28b:

real:

$$-a\alpha_2\text{sen}\theta_2 - a\omega_2^2\cos\theta_2 - b\alpha_3\text{sen}\theta_3 - b\omega_3^2\cos\theta_3 \\ + c\alpha_4\text{sen}\theta_4 + c\omega_4^2\cos\theta_4 + d\alpha_5\text{sen}\theta_5 + d\omega_5^2\cos\theta_5 = 0 \qquad (7.28d)$$

imaginário:

$$a\alpha_2\cos\theta_2 - a\omega_2^2\text{sen}\theta_2 + b\alpha_3\cos\theta_3 - b\omega_3^2\text{sen}\theta_3 \\ - c\alpha_4\cos\theta_4 + c\omega_4^2\text{sen}\theta_4 - d\alpha_5\cos\theta_5 + d\omega_5^2\text{sen}\theta_5 = 0 \qquad (7.28e)$$

As únicas duas incógnitas são α_3 e α_4. Tanto a Equação 7.28d quanto a 7.28e podem ser resolvidas para uma das incógnitas, e o resultado substituído na outra. A solução para α_3 é:

$$\alpha_3 = \frac{\begin{bmatrix} -a\alpha_2 \operatorname{sen}(\theta_2 - \theta_4) - a\omega_2^2 \cos(\theta_2 - \theta_4) \\ - b\omega_3^2 \cos(\theta_3 - \theta_4) + d\omega_5^2 \cos(\theta_5 - \theta_4) \\ + d\alpha_5 \operatorname{sen}(\theta_5 - \theta_4) + c\omega_4^2 \end{bmatrix}}{b \operatorname{sen}(\theta_3 - \theta_4)} \quad (7.29a)$$

e o ângulo α_4 é:

$$\alpha_4 = \frac{\begin{bmatrix} a\alpha_2 \operatorname{sen}(\theta_2 - \theta_3) + a\omega_2^2 \cos(\theta_2 - \theta_3) \\ - c\omega_4^2 \cos(\theta_3 - \theta_4) - d\omega_5^2 \cos(\theta_3 - \theta_5) \\ + d\alpha_5 \operatorname{sen}(\theta_3 - \theta_5) + b\omega_3^2 \end{bmatrix}}{c \operatorname{sen}(\theta_4 - \theta_3)} \quad (7.29b)$$

Com todos os ângulos dos elos, velocidades angulares e acelerações angulares conhecidos, as acelerações lineares para as juntas pinadas podem ser encontradas por:

$$\mathbf{A}_A = a\alpha_2(-\operatorname{sen}\theta_2 + j\cos\theta_2) - a\omega_2^2(\cos\theta_2 + j\operatorname{sen}\theta_2) \quad (7.29c)$$

$$\mathbf{A}_{BA} = b\alpha_3(-\operatorname{sen}\theta_3 + j\cos\theta_3) - b\omega_3^2(\cos\theta_3 + j\operatorname{sen}\theta_3) \quad (7.29d)$$

$$\mathbf{A}_C = c\alpha_5(-\operatorname{sen}\theta_5 + j\cos\theta_5) - c\omega_5^2(\cos\theta_5 + j\operatorname{sen}\theta_5) \quad (7.29e)$$

$$\mathbf{A}_B = \mathbf{A}_A + \mathbf{A}_{BA} \quad (7.29f)$$

7.5 ACELERAÇÃO DE QUALQUER PONTO DO MECANISMO

Uma vez que a aceleração angular de todos os elos foi encontrada, fica fácil determinar e calcular a aceleração em *qualquer ponto de qualquer elo* do mecanismo para uma posição de entrada. A Figura 7-9 mostra o mecanismo de quatro barras com seu acoplador, o elo 3, ampliado de modo a conter o ponto do acoplador P. A manivela e o seguidor também foram ampliados para mostrar os pontos S e U que podem representar o centro de gravidade desses elos. Nosso objetivo é desenvolver expressões algébricas para a aceleração desses (ou de quaisquer) pontos dos elos.

A fim de encontrar a aceleração do ponto S, desenhe o vetor de posição que vai do pivô fixo O_2 ao ponto S. Esse vetor $\mathbf{R}_{SO2}$ forma um ângulo δ_2 com o vetor $\mathbf{R}_{AO2}$. Esse ângulo δ_2 é definido totalmente pela geometria do elo 2 e é constante. O vetor de posição para o ponto S é então:

$$\mathbf{R}_{SO_2} = \mathbf{R}_S = se^{j(\theta_2 + \delta_2)} = s\left[\cos(\theta_2 + \delta_2) + j\operatorname{sen}(\theta_2 + \delta_2)\right] \quad (4.25)$$

Diferenciamos esse vetor de posição na Seção 6.9 para encontrar a velocidade desse ponto. A equação é repetida aqui para sua conveniência.

$$\mathbf{V}_S = jse^{j(\theta_2 + \delta_2)}\omega_2 = s\omega_2\left[-\operatorname{sen}(\theta_2 + \delta_2) + j\cos(\theta_2 + \delta_2)\right] \quad (6.34)$$

Podemos diferenciar novamente em relação ao tempo, de modo a obter a aceleração do ponto S.

ANÁLISE DE ACELERAÇÕES

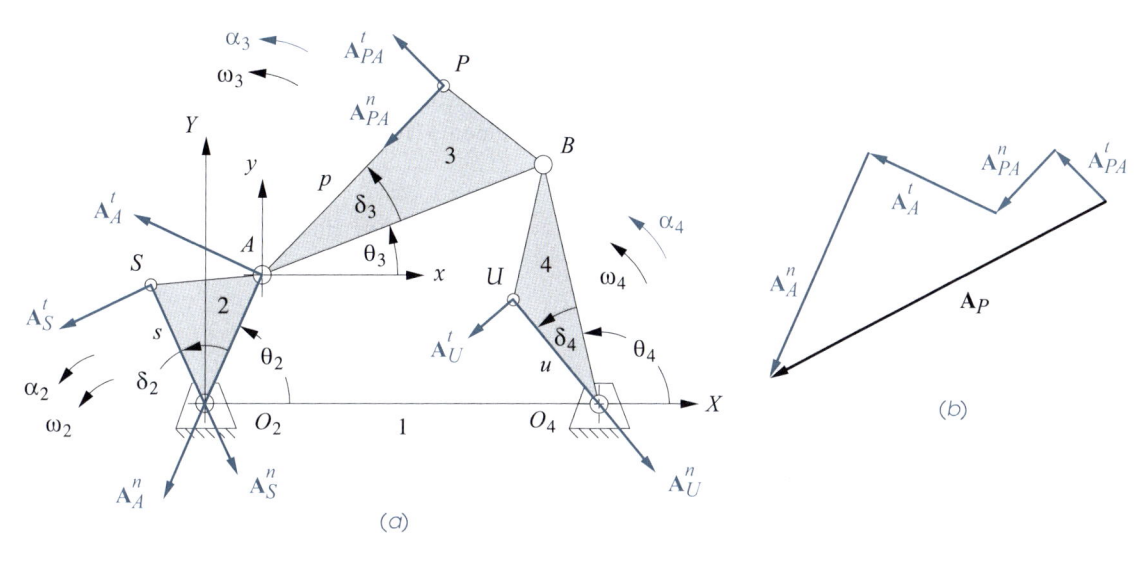

FIGURA 7-9

Encontrando a aceleração de qualquer ponto em qualquer elo.

$$\begin{aligned}\mathbf{A}_S &= s\alpha_2\, je^{j(\theta_2+\delta_2)} - s\omega_2^2 e^{j(\theta_2+\delta_2)} \\ &= s\alpha_2\left[-\operatorname{sen}(\theta_2+\delta_2)+j\cos(\theta_2+\delta_2)\right] \\ &\quad - s\omega_2^2\left[\cos(\theta_2+\delta_2)+j\operatorname{sen}(\theta_2+\delta_2)\right]\end{aligned} \quad (7.30)$$

A posição do ponto U no elo 4 é encontrada do mesmo modo, utilizando o ângulo δ_4, que é um ângulo constante de deslocamento do elo. A expressão é:

$$\mathbf{R}_{UO_4} = ue^{j(\theta_4+\delta_4)} = u\left[\cos(\theta_4+\delta_4)+j\operatorname{sen}(\theta_4+\delta_4)\right] \quad (4.26)$$

Diferenciamos esse vetor de posição na Seção 6.9 para encontrar a velocidade nesse ponto. A equação é aqui repetida para sua conveniência.

$$\mathbf{V}_U = jue^{j(\theta_4+\delta_4)}\omega_4 = u\omega_4\left[-\operatorname{sen}(\theta_4+\delta_4)+j\cos(\theta_4+\delta_4)\right] \quad (6.35)$$

Podemos diferenciar novamente em relação ao tempo, de forma a encontrar a aceleração no ponto U.

$$\begin{aligned}A_U &= u\alpha_4\, je^{j(\theta_4+\delta_4)} - u\omega_4^2 e^{j(\theta_4+\delta_4)} \\ &= u\alpha_4\left[-\operatorname{sen}(\theta_4+\delta_4)+j\cos(\theta_4+\delta_4)\right] \\ &\quad - u\omega_4^2\left[\cos(\theta_4+\delta_4)+j\operatorname{sen}(\theta_4+\delta_4)\right]\end{aligned} \quad (7.31)$$

A aceleração do ponto P no elo 3 pode ser encontrada a partir da adição de dois vetores aceleração, como $\mathbf{A}_A$ e $\mathbf{A}_{PA}$. O vetor $\mathbf{A}_A$ já foi definido na nossa análise de aceleração dos elos. $\mathbf{A}_{PA}$ é a diferença de aceleração do ponto P em relação ao ponto A, escolhido como o ponto de referência porque o ângulo θ_3 foi definido em um sistema local de coordenadas, cuja origem é o ponto A.

O vetor de posição $\mathbf{R}_{PA}$ é definido da mesma forma que $\mathbf{R}_U$ ou $\mathbf{R}_S$, utilizando o ângulo de deslocamento interno do elo δ_3 e o ângulo do elo 3, θ_3. Anteriormente, analisamos o vetor de posição e o diferenciamos na Seção 6.9, de forma a encontrar a diferença de velocidade daquele ponto em relação ao ponto A. Essas equações são repetidas aqui para a sua conveniência.

$$\mathbf{R}_{PA} = pe^{j(\theta_3 + \delta_3)} = p\left[\cos(\theta_3 + \delta_3) + j\,\text{sen}(\theta_3 + \delta_3)\right] \tag{4.27a}$$

$$\mathbf{R}_P = \mathbf{R}_A + \mathbf{R}_{PA} \tag{4.27b}$$

$$\mathbf{V}_{PA} = jpe^{j(\theta_3 + \delta_3)}\omega_3 = p\omega_3\left[-\text{sen}(\theta_3 + \delta_3) + j\cos(\theta_3 + \delta_3)\right] \tag{6.36a}$$

$$\mathbf{V}_P = \mathbf{V}_A + \mathbf{V}_{PA} \tag{6.36b}$$

Podemos diferenciar a Equação 6.36 novamente em relação ao tempo, de modo a encontrar $\mathbf{A}_{PA}$, a aceleração do ponto P em relação a A. Esse vetor pode então ser adicionado ao vetor $\mathbf{A}_A$, já encontrado, para definir a aceleração absoluta $\mathbf{A}_P$ do ponto P.

$$\mathbf{A}_P = \mathbf{A}_A + \mathbf{A}_{PA} \tag{7.32a}$$

Em que:

$$\begin{aligned}\mathbf{A}_{PA} &= p\alpha_3 j e^{j(\theta_3 + \delta_3)} - p\omega_3^2 e^{j(\theta_3 + \delta_3)} \\ &= p\alpha_3\left[-\text{sen}(\theta_3 + \delta_3) + j\cos(\theta_3 + \delta_3)\right] \\ &\quad - p\omega_3^2\left[\cos(\theta_3 + \delta_3) + j\,\text{sen}(\theta_3 + \delta_3)\right]\end{aligned} \tag{7.32b}$$

Compare a Equação 7.32 com a Equação 7.4. É novamente a equação da diferença de aceleração. Note que essa equação se aplica a **qualquer ponto** de **qualquer elo** em qualquer posição para o qual as posições e velocidades são definidas. Ela é uma solução genérica para qualquer corpo rígido.

7.6   A TOLERÂNCIA HUMANA À ACELERAÇÃO

É interessante notar que o corpo humano não possui senso de velocidade, exceto pelos olhos, que são muito sensíveis à aceleração. Dirigindo um automóvel, à luz do dia, qualquer um pode ver a paisagem passando e ter um senso do movimento. Mas, viajando à noite, em um avião comercial, a uma velocidade constante de 500 mph, não temos sensação alguma de movimento se o voo for suave. O que percebemos nessa situação são as mudanças na velocidade devido à turbulência atmosférica, decolagens ou aterrissagens. Os canais semicirculares dentro do ouvido são acelerômetros sensíveis, que nos reportam a qualquer aceleração que experimentamos. Sem dúvida, você experimentou a sensação de aceleração dentro de um elevador ou dando partida, freando ou fazendo curva em um automóvel. Acelerações produzem forças dinâmicas em sistemas físicos, como expresso na segunda lei de Newton, $\mathbf{F} = m\mathbf{a}$. Força é proporcional à aceleração, para uma massa constante. As forças dinâmicas produzidas em um corpo humano em resposta à aceleração podem ser perigosas, se em excesso.

ANÁLISE DE ACELERAÇÕES

O corpo humano, além de tudo, não é rígido. Ele é um conjunto de tecidos e água conjugados folgadamente, de modo que, consideravelmente, quase tudo se move dentro dele. Acelerações na direção da cabeça ou do pé irão esvaziar ou encher de sangue o cérebro, pois o líquido responde à lei de Newton, isto é, ele se movimenta dentro do corpo em uma direção oposta à aceleração imposta, devido à inércia do esqueleto. Falta de sangue no cérebro causa desmaio; excesso de sangue no cérebro causa colapso. Ambos os casos resultam em morte se mantidos por um período de tempo relativamente grande.

Grande quantidade de pesquisas foi feita por militares e pela NASA, para determinar os limites da tolerância humana à aplicação de acelerações contínuas, em diferentes direções. A Figura 7-10 mostra o desenvolvimento dos dados desses testes.[1] A unidade da aceleração linear foi definida na Tabela 1-4 como m/s². Outra unidade comum para a aceleração é o g, definido como a aceleração devido à gravidade, que, no nível do mar, é aproximadamente igual a 386 in/s², 32,2 ft/s² ou 9,8 m/s². É muito conveniente expressar a aceleração que envolve o ser humano em termos de g, já que vivemos em um ambiente de 1g. Nosso peso, sentido por nossos pés ou nádegas, é definido como a nossa massa multiplicada pela aceleração devido à gravidade, isto é, mg. Assim, ao aplicarmos uma aceleração de 1g acima do valor da gravidade, ou 2g's, sentiremos duas vezes o nosso peso. Se igual a 6g's, iríamos nos sentir seis vezes mais pesados do que o normal e teríamos grande dificuldade em movimentar nossos braços na direção oposta à aceleração. A Figura 7-10 mostra que a tolerância do corpo humano à aceleração é uma função de sua direção em relação à do corpo, de sua magnitude e de sua duração. Os dados utilizados para o gráfico foram obtidos a partir de testes com militares jovens e saudáveis em perfeitas condições físicas. Não se deve esperar que a população em geral, crianças e idosos em particular, sejam capazes de resistir a tais níveis de aceleração. Uma vez que muitas das máquinas são projetadas para o uso humano, tais dados de tolerância à aceleração devem ser de grande interesse e valor ao projetista de máquinas. Diversas referências que lidam com esses dados humanos são fornecidas na bibliografia do Capítulo 1.

Outra referência importante que pode ser utilizada ao se projetar uma máquina para ocupação humana é tentar relacionar a magnitude das acelerações, que você experimenta usualmente, aos valores calculados para seu possível projeto. A Tabela 7-1 lista níveis aproximados de aceleração, em g's, que os seres humanos costumam experimentar todos os dias. Sua própria experiência sobre isso irá ajudá-lo a desenvolver um senso para avaliar os valores de aceleração que você defronta ao projetar uma máquina destinada à ocupação humana.

Note que máquinas que não carregam seres humanos possuem níveis de aceleração limitados apenas pelas tensões atuantes em suas partes. Essas tensões são frequentemente geradas pelas forças dinâmicas existentes devido às acelerações. O intervalo de valores de aceleração em tais máquinas é tão amplo que é impossível definir qualquer diretriz sobre níveis aceitáveis e inaceitáveis de aceleração para o projetista. Se a massa em movimento for pequena, é sensato, então, considerar uma larga quantidade de valores de aceleração possíveis. Se a massa for grande, as tensões dinâmicas máximas que o material pode suportar podem limitar a aceleração possível a valores baixos. Infelizmente, o projetista de modo geral não sabe quanto de aceleração deve usar em um projeto, até que chegue ao ponto de ter calculado as tensões em todas as partes. Isso usualmente requer um projeto consideravelmente completo e detalhado. Se as tensões forem muito altas por causa das forças dinâmicas, então o único recurso possível será refazer o processo do projeto a partir de iterações, para reduzir as acelerações e/ou massas. Essa é uma das razões de o processo de um projeto ser circular e não linear.

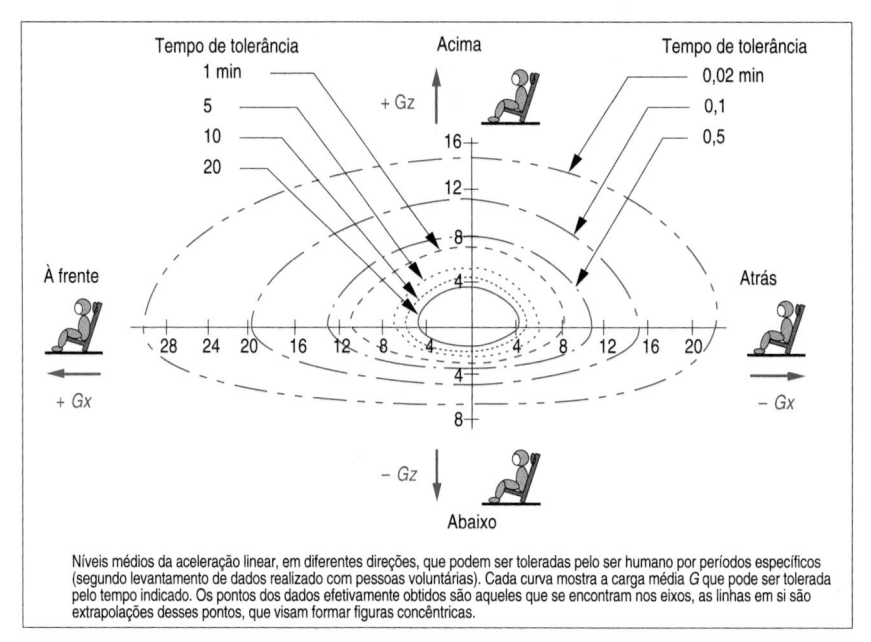

(Adaptado da referência [1], Figura 17-17, reimpressão autorizada)

FIGURA 7-10

Tolerância humana à aceleração.

Como ponto de referência, a aceleração do pistão de um motor pequeno, quatro cilindradas de um carro econômico (por volta de 1,5-L de deslocamento) em ponto morto é de aproximadamente 40g's. Em velocidades altas, a aceleração do pistão pode ser tão alta quanto 700g's. Na velocidade máxima do motor, 6000 rpm, a aceleração máxima do pistão é de 2000g's! Enquanto você não está "montado" no pistão, esses valores são aceitáveis. Apesar do alto valor de aceleração a que eles são submetidos, esses motores duram por um longo tempo. Um fator-chave é a escolha de materiais de baixa massa, alta resistência e rigidez, e a geometria apropriada para as partes móveis, de modo a manter tanto as forças dinâmicas baixas para altos valores de aceleração quanto tolerar as altas tensões atuantes.

TABELA 7-1 Valores comuns da aceleração em atividades humanas

Aceleração suave em um automóvel	+0,1 g
Decolagem de um jato comercial	+0,3 g
Aceleração forte em um automóvel	+0,5 g
Parada repentina em um automóvel	−0,7 g
Virada rápida em um carro esporte (por exemplo, BMW, Porsche, Ferrari)	+0,9 g
Carro de corrida da Fórmula 1	+2,0 g, −4,0 g
Montanhas-russas (várias)	±3,5 a ±6,5 g*
Decolagem do ônibus espacial da NASA	+4,0 g
Típico veículo de arrancada "dragster" dotado de paraquedas (>300 mph em ¼ de milhas)	±4,5 g
Avião de caça militar (por exemplo, F-15, F-16, F-22 – nota: o piloto veste um macacão G)	±9,0 g

* Recentemente algumas leis americanas limitaram a aceleração das montanhas-russas a um máximo de 5,0 a 5,4g.

7.7 PULSO

A **derivada da aceleração pelo tempo** é chamada de *pulso* ou *choque*. Esse nome é apropriado, já que ele figura a imagem exata desse fenômeno. **Pulso** é *variação da aceleração pelo tempo*. Força é proporcional à aceleração. Logo, uma mudança rápida da aceleração significa uma mudança rápida da força. Mudar rapidamente as forças faz com o que o objeto em questão tenda a "pulsar"! Provavelmente você já deve ter experimentado esse fenômeno ao andar de automóvel. Se o motorista acelera violentamente, você irá sofrer a ação de um pulso de magnitude elevada, porque sua aceleração terá variado de zero a um alto valor de repente. Por outro lado, quando Jeeves, o chofer, está dirigindo o *Rolls Royce*, ele sempre tenta minimizar o pulso acelerando gentil e suavemente, de modo que a *madame* não perceba a mudança.

Geralmente é interessante controlar e minimizar o pulso em uma máquina projetada, especialmente se pouca vibração é desejada. Grandes magnitudes de pulso tendem a excitar a frequência natural da vibração da máquina ou estrutura em que o mecanismo se encontra fixo, causando aumento de vibração e ruído. O controle do pulso é de maior interesse no projeto de cames que no de mecanismos, iremos investigá-lo com mais detalhes no Capítulo 8.

O procedimento utilizado para calcular o pulso em um mecanismo é uma simples extensão dos métodos realizados para a análise da aceleração. Sendo o pulso angular representado por:

$$\varphi = \frac{d\alpha}{dt} \tag{7.33a}$$

e o pulso linear por:

$$\mathbf{J} = \frac{d\mathbf{A}}{dt} \tag{7.33b}$$

Para resolver o pulso em um mecanismo de quatro barras diferencia-se, por exemplo, a equação do vetor de malha fechada da aceleração (Equação 7.7) pelo tempo. Volte à Figura 7-5 para relembrar a notação.

$$\begin{aligned}
&-a\omega_2^3 je^{j\theta_2} - 2a\omega_2\alpha_2 e^{j\theta_2} + a\alpha_2\omega_2 j^2 e^{j\theta_2} + a\varphi_2 je^{j\theta_2} \\
&- b\omega_3^3 je^{j\theta_3} - 2b\omega_3\alpha_3 e^{j\theta_3} + b\alpha_3\omega_3 j^2 e^{j\theta_3} + b\varphi_3 je^{j\theta_3} \\
&+ c\omega_4^3 je^{j\theta_4} + 2c\omega_4\alpha_4 e^{j\theta_4} - c\alpha_4\omega_4 j^2 e^{j\theta_4} - c\varphi_4 je^{j\theta_4} = 0
\end{aligned} \tag{7.34a}$$

Separe os termos e simplifique-os:

$$\begin{aligned}
&-a\omega_2^3 je^{j\theta_2} - 3a\omega_2\alpha_2 e^{j\theta_2} + a\varphi_2 je^{j\theta_2} \\
&- b\omega_3^3 je^{j\theta_3} - 3b\omega_3\alpha_3 e^{j\theta_3} + b\varphi_3 je^{j\theta_3} \\
&+ c\omega_4^3 je^{j\theta_4} + 3c\omega_4\alpha_4 e^{j\theta_4} - c\varphi_4 je^{j\theta_4} = 0
\end{aligned} \tag{7.34b}$$

Substitua a identidade de Euler e separe em componentes *x* e *y*:

Parte real (componente *x*):

$$\begin{aligned}
&a\omega_2^3 \operatorname{sen}\theta_2 - 3a\omega_2\alpha_2 \cos\theta_2 - a\varphi_2 \operatorname{sen}\theta_2 \\
&+ b\omega_3^3 \operatorname{sen}\theta_3 - 3b\omega_3\alpha_3 \cos\theta_3 - b\varphi_3 \operatorname{sen}\theta_3 \\
&- c\omega_4^3 \operatorname{sen}\theta_4 + 3c\omega_4\alpha_4 \cos\theta_4 + c\varphi_4 \operatorname{sen}\theta_4 = 0
\end{aligned} \tag{7.35a}$$

Parte imaginária (componente y):

$$-a\omega_2^3 \cos\theta_2 - 3a\omega_2\alpha_2 \sen\theta_2 + a\varphi_2 \cos\theta_2$$
$$- b\omega_3^3 \cos\theta_3 - 3b\omega_3\alpha_3 \sen\theta_3 + b\varphi_3 \cos\theta_3$$
$$+ c\omega_4^3 \cos\theta_4 + 3c\omega_4\alpha_4 \sen\theta_4 - c\varphi_4 \cos\theta_4 = 0 \qquad (7.35b)$$

As equações podem ser resolvidas simultaneamente por φ_3 e φ_4, os únicos termos desconhecidos. O pulso angular motor, φ_2, se diferente de zero, deve ser conhecido para resolver o sistema. Todos os outros fatores nas Equações 7.35 são definidos ou foram calculados por meio das análises de posição, velocidade e aceleração. Para simplificar essas expressões, os termos conhecidos serão fixados temporariamente como constantes.

Na Equação 7.35a, temos:

$$\begin{aligned}
A &= a\omega_2^3 \sen\theta_2 & D &= b\omega_3^3 \sen\theta_3 & G &= 3c\omega_4\alpha_4 \cos\theta_4 \\
B &= 3a\omega_2\alpha_2 \cos\theta_2 & E &= 3b\omega_3\alpha_3 \cos\theta_3 & H &= c\sen\theta_4 \\
C &= a\varphi_2 \sen\theta_2 & F &= c\omega_4^3 \sen\theta_4 & K &= b\sen\theta_3
\end{aligned} \qquad (7.36a)$$

Reduz-se a Equação 7.35a para:

$$\varphi_3 = \frac{A - B - C + D - E - F + G + H\varphi_4}{K} \qquad (7.36b)$$

Note que a Equação 7.36b define o ângulo φ_3 em termos do ângulo φ_4. Agora vamos simplificar a Equação 7.35b e substituir a Equação 7.36b nela.

Na Equação 7.35b, temos:

$$\begin{aligned}
L &= a\omega_2^3 \cos\theta_2 & P &= b\omega_3^3 \cos\theta_3 & S &= c\omega_4^3 \cos\theta_4 \\
M &= 3a\omega_2\alpha_2 \sen\theta_2 & Q &= 3b\omega_3\alpha_3 \sen\theta_3 & T &= 3c\omega_4\alpha_4 \sen\theta_4 \\
N &= a\varphi_2 \cos\theta_2 & R &= b\cos\theta_3 & U &= c\cos\theta_4
\end{aligned} \qquad (7.37a)$$

Reduz-se a Equação 7.35b para:

$$R\varphi_3 - U\varphi_4 - L - M + N - P - Q + S + T = 0 \qquad (7.37b)$$

Substituindo a Equação 7.36b na Equação 7.35b:

$$R\left(\frac{A - B - C + D - E - F + G + H\varphi_4}{K}\right) - U\varphi_4 - L - M + N - P - Q + S + T = 0 \qquad (7.38)$$

A solução é:

$$\varphi_4 = \frac{KN - KL - KM - KP - KQ + AR - BR - CR + DR - ER - FR + GR + KS + KT}{KU - HR} \qquad (7.39)$$

O resultado da Equação 7.39 deve ser substituído dentro da Equação 7.36b para encontrar φ_3. Quando o valor do pulso angular é encontrado, o pulso linear nas juntas pinadas também pode ser encontrado:

$$\mathbf{J}_A = -a\omega_2^3 je^{j\theta_2} - 3a\omega_2\alpha_2 e^{j\theta_2} + a\varphi_2 je^{j\theta_2}$$
$$\mathbf{J}_{BA} = -b\omega_3^3 je^{j\theta_3} - 3b\omega_3\alpha_3 e^{j\theta_3} + b\varphi_3 je^{j\theta_3} \qquad (7.40)$$
$$\mathbf{J}_B = -c\omega_4^3 je^{j\theta_4} - 3c\omega_4\alpha_4 e^{j\theta_4} + c\varphi_4 je^{j\theta_4}$$

A mesma abordagem usada na Seção 7.4 para encontrar a aceleração de qualquer ponto em qualquer elo pode ser usada para encontrar o pulso linear em qualquer ponto.

$$\mathbf{J}_P = \mathbf{J}_A + \mathbf{J}_{PA} \qquad (7.41)$$

A Equação de diferença entre pulsos 7.41 pode ser aplicada em qualquer ponto em qualquer elo se deixarmos P representar qualquer ponto arbitrário em qualquer elo, e A representar qualquer ponto de referência no mesmo elo, para o qual sabemos o valor do vetor pulso. Note que, se a Equação 7.40 for substituída na Equação 7.41, obteremos a Equação 7.34.

7.8 MECANISMOS DE N BARRAS

As mesmas técnicas de análises apresentadas aqui para posição, velocidade, aceleração e pulso, usando mecanismos de quatro e de cinco barras como exemplos, podem ser estendidas para montagens mais complexas de elos. Múltiplas equações vetoriais de malha fechada podem ser escritas ao redor de um mecanismo de complexidade arbitrária. Os resultados das equações vetoriais podem ser diferenciados e resolvidos simultaneamente para as variáveis de interesse. Em alguns casos, é necessário, para a solução, a resolução de um conjunto de equações simultâneas não lineares. Um algoritmo para encontrar raízes, como o método de Newton-Raphson, será necessário para solução de casos mais complexos. Um computador se torna necessário. Um programa de solução de equações como *TKSolver* ou *Mathcad*, que encontram raízes de forma iterativa, serão uma ajuda útil para a solução de qualquer um desses problemas de análise, incluindo os exemplos mostrados aqui.

7.9 REFERÊNCIAS

1   **Sanders, M. S., and E. J. McCormick.** (1987). *Human Factors in Engineering and Design*, 6th ed., McGraw-Hill Co., New York. p. 505.

7.10 PROBLEMAS **

7-1 Um ponto de raio de 165 mm está sobre um corpo girando em rotação pura com $\omega = 100$ rad/s e uma constante $\alpha = -500$ rad/s² no ponto A. O centro de rotação está na origem do sistema de coordenadas. Quando o ponto está na posição A, o vetor de posição forma um ângulo de 45° com o eixo X. O ponto leva 0,01s para alcançar o ponto B. Desenhe esse sistema para uma escala conveniente, calcule θ e ω da posição B, e:
   a. Escreva uma expressão para o vetor aceleração da partícula na posição A usando notação de números complexos na forma polar e cartesiana.
   b. Escreva uma expressão para o vetor aceleração da partícula na posição B usando notação de números complexos na forma polar e cartesiana.
   c. Escreva uma equação vetorial para a diferença de aceleração entre os pontos B e A. Substitua a notação em números complexos para os vetores nessa equação e resolva para a diferença de aceleração numericamente.
   d.   Compare o resultado do item c com um método gráfico.

TABELA P7-0 parte 1
Matriz de tópicos e problemas

7.1 Definição de aceleração
7-1, 7-2, 7-10, 7-56

7.2 Análise gráfica de aceleração

Mecanismo de quatro barras com junta pinada
7-3, 7-14a, 7-21, 7-24, 7-30, 7-33, 7-70a, 7-72a

Mecanismo biela-manivela de quatro barras
7-5, 7-13a, 7-27, 7-36

Outros mecanismos de quatro barras
7-15a

Mecanismos de cinco barras
7-79

Mecanismos de seis barras
7-52, 7-53, 7-61a, 7-63a, 7-65a

7.3 Solução analítica para análise de aceleração

Mecanismo de quatro barras com junta pinada
7-22, 7-23, 7-25, 7-26, 7-34, 7-35, 7-41, 7-46, 7-51, 7-70b, 7-71, 7-72b

Mecanismo biela-manivela de quatro barras
7-6, 7-28, 7-29, 7-37, 7-38, 7-45, 7-50, 7-58

Aceleração de Coriolis
7-12, 7-20

Mecanismo biela-nivelade quatro barras invertida
7-7, 7-8, 7-16, 7-59

Outros mecanismos de quatro barras
7-15b, 7-74

Mecanismos de cinco barras
7-80, 7-81

Mecanismos de seis barras
7-17, 7-18, 7-19, 7-48, 7-54, 7-61b, 7-62, 7-63b, 7-64, 7-65b, 7-66

Mecanismos de oito barras
7-67

Tabela P7-0 parte 2
Matriz de tópicos e problemas

7.5 Aceleração de qualquer ponto em um mecanismo

Mecanismo de quatro barras com junta pinada
7-4, 7-13b, 7-14b,
7-31, 7-32, 7-39,
7-40, 7-42, 7-43,
7-44, 7-49, 7-55,
7-68, 7-70b, 7-71,
7-72b, 7-73

Outros mecanismos de quatro barras
7-15b, 7-47

Mecanismos de cinco barras engrenado
7-9, 7-60

Mecanismos de seis barras
7-69

7.7 Pulso
7-11, 7-57

* Respostas no Apêndice F.

** Esses problemas foram elaborados para serem resolvidos usando os softwares de resolução de equações *Mathcad*, *Matlab* ou *TKSolver*.

7-2 No Problema 7-1, admita que A e B sejam pontos localizados em corpos girantes distintos e ambos tendo ω e α dados para $t = 0$, $\theta_A = 45°$, $\theta_B = 120°$. Encontre suas acelerações relativas.

* 7-3 O comprimento do elo (mm), a localização do ponto do acoplador, os valores de θ_2 (grau), ω_2 (rad/s) e α_2 (rad/s²) para os mesmos mecanismos de quatro barras usados para análises de posição e velocidade nos capítulos 4 e 6 são redefinidos na Tabela P7-1, que é igual à Tabela P6-1. A configuração geral do mecanismo e a terminologia são mostradas na Figura P7-1. *Para a(s) linha(s) indicada(s)*, desenhe o mecanismo em escala e encontre graficamente as acelerações dos pontos A e B. Então calcule α_3 e α_4 e a aceleração do ponto P.

* 7-4 Repita o Problema 7-3, resolvendo pelo método vetorial de malha fechada da Seção 7.3.

* 7-5 O comprimento do elo e o deslocamento (mm) e os valores de θ_2 (grau), ω_2 (rad/s) e α_2 (rad/s²) para alguns mecanismos biela-manivela não invertidos com deslocamento são definidos na Tabela P7-2. A configuração geral do mecanismo e a terminologia são mostradas na Figura P7-2. *Para a(s) linha(s) indicada(s)*, desenhe o mecanismo em escala e encontre graficamente as acelerações das juntas pinadas A e B e a aceleração de deslizamento da junta deslizante.

* 7-6 Repita o Problema 7-5 usando um método analítico.

* 7-7 O comprimento do elo (mm), os valores de θ_2 (grau), ω_2 (rad/s), α_2 (rad/s²) e γ (grau) para alguns mecanismos biela-manivela invertidos são definidos na Tabela P7-3. A configuração geral de mecanismo e a terminologia são mostradas na Figura P7-3. *Para a(s) linha(s) indicada(s)*, desenhe o mecanismo em escala e encontre graficamente as acelerações das juntas pinadas A e a aceleração de deslizamentos da junta deslizante. Resolva pelo método analítico vetorial de malha fechada da Seção 7.3 para configuração aberta do mecanismo.

* 7-8 Repita o Problema 7-7 para a configuração cruzada do mecanismo.

* 7-9 O comprimento do elo (mm), a relação de transmissão (λ), a fase do ângulo (θ) e θ_2 (grau), ω_2 (rad/s), α_2 (rad/s²) para alguns mecanismos de cinco barras engrenados são definidos na Tabela P7-4. A configuração geral do mecanismo e a terminologia são mostradas na Figura P7-4. *Para a(s) linha(s) indicada(s)*, encontre α_3, α_4 e a aceleração linear do ponto P.

** 7-10 O motorista de um automóvel faz uma curva muito rápida. O carro gira fora de controle em torno do seu centro de gravidade e desliza para fora da pista na direção nordeste. A fricção da derrapagem dos pneus causa uma desaceleração linear de 0,25 g. O carro

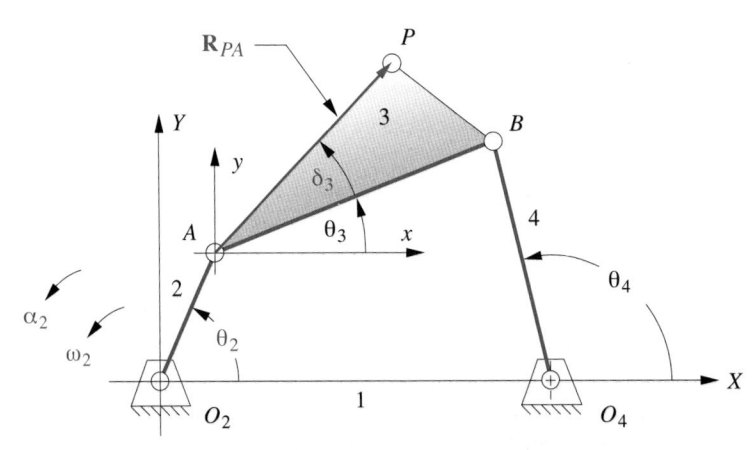

FIGURA P7-1

Configuração e terminologia para os problemas 7-3, 7-4 e 7-11.

ANÁLISE DE ACELERAÇÕES

TABELA P7-1 Dados para os problemas 7-3, 7-4 e 7-11

Linha	Elo 1	Elo 2	Elo 3	Elo 4	R_{pa}	δ_3	θ_2	ω_2	α_2
a	152,4	50,8	177,8	228,6	152,4	30	30	10	0
b	177,8	228,6	76,2	203,2	228,6	25	85	-12	5
c	76,2	254,0	152,4	203,2	254,0	80	45	-15	-10
d	203,2	127,0	177,8	152,4	127,0	45	25	24	-4
e	203,2	127,0	203,2	152,4	228,6	300	75	-50	10
f	127,0	203,2	203,2	228,6	254,0	120	15	-45	50
g	152,4	203,2	203,2	228,6	101,6	300	25	100	18
h	508,0	254,0	254,0	254,0	152,4	20	50	-65	25
i	101,6	127,0	50,8	127,0	228,6	80	80	25	-25
j	508,0	254,0	127,0	254,0	25,4	0	33	25	-40
k	101,6	152,4	254,0	177,8	254,0	330	88	-80	30
l	228,6	177,8	254,0	177,8	127,0	180	60	-90	20
m	228,6	177,8	279,4	203,2	254,0	90	50	75	-5
n	228,6	177,8	279,4	152,4	152,4	60	120	15	-65

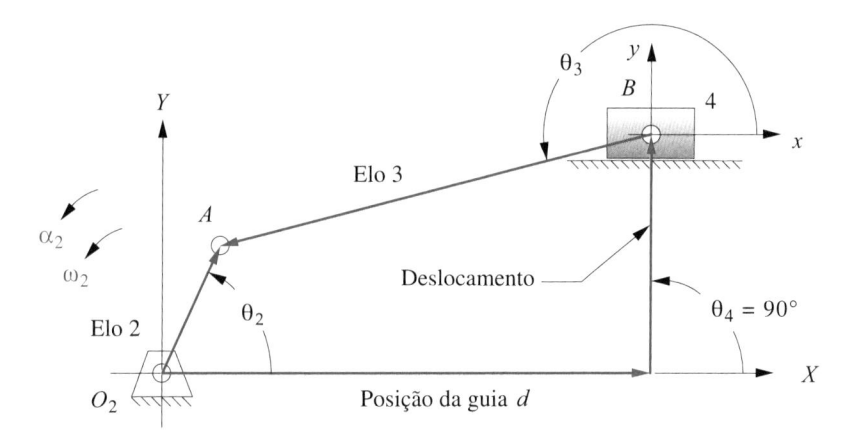

FIGURA P7-2

Configuração e terminologia para os problemas 7-5, 7-6 e 7-58.

TABELA P7-2 Dados para os problemas 7-5 e 7-6

Linha	Elo 2	Elo 3	Deslocamento	θ_2	ω_2	α_2
a	35,56	101,6	25,4	45	10	0
b	50,8	152,4	-76,2	60	-12	5
c	76,2	203,2	50,8	-30	-15	-10
d	88,9	254,0	25,4	120	24	-4
e	127,0	508,0	-127,0	225	-50	10
f	76,2	330,2	0,0	100	-45	50
g	177,8	635,0	254,0	330	100	18

TABELA P7-3   Dados para os problemas 7-7 e 7-8

Linha	Elo 1	Elo 2	Elo 4	γ	θ_2	ω_2	α_2
a	152,4	50,8	101,6	90	30	10	-25
b	177,8	228,6	76,2	75	85	-15	-40
c	76,2	254,0	152,4	45	45	24	30
d	203,2	127,0	76,2	60	25	-50	20
e	203,2	101,6	50,8	30	75	-45	-5
f	127,0	203,2	203,2	90	150	100	-65

girou a 100 rpm. Quando o carro bate na árvore de frente, está à 48 km/h e leva 0,1s para ficar em repouso.

a. Qual a aceleração experimentada pela criança sentada no meio do banco traseiro, 0,6 m atrás do *CG* do carro, instantes antes do impacto?

b. Qual a força que a criança de 455-N exerce sobre o cinto de segurança como resultado da aceleração, instantes antes do impacto?

c. Assumindo uma desaceleração constante durante os 0,1 s de impacto, qual foi a magnitude da aceleração média sentida pelos passageiros nesse intervalo?

** 7-11 Para as linhas indicadas na Tabela P7-1, encontre o pulso angular dos elos 3 e 4 e o pulso linear da junta pinada entre os elos 3 e 4 (ponto *B*). Assuma um pulso angular de zero no elo 2. A configuração e a terminologia do mecanismo são mostradas na Figura P7-1.

* ** 7-12 Você está montado sobre um carrossel, está em rotação constante a 15 rpm. O carrossel possui um raio interno de 1 m e externo de 3 m. Você começa a se deslocar de dentro para fora ao longo do raio. O pico da sua velocidade com relação ao carrossel é de 8 km/h, quando o raio é de 2 m. Qual é a magnitude máxima de aceleração de Coriolis e qual a sua direção em relação ao carrossel?

7-13 O mecanismo na Figura P7-5a tem O_2A = 20,3, AB = 49, AC = 33,8 e deslocamento = 9,7 mm. O ângulo da manivela na posição mostrada é 34,3° e o ângulo BAC = 38,6°. Encontre α_3, A_A,

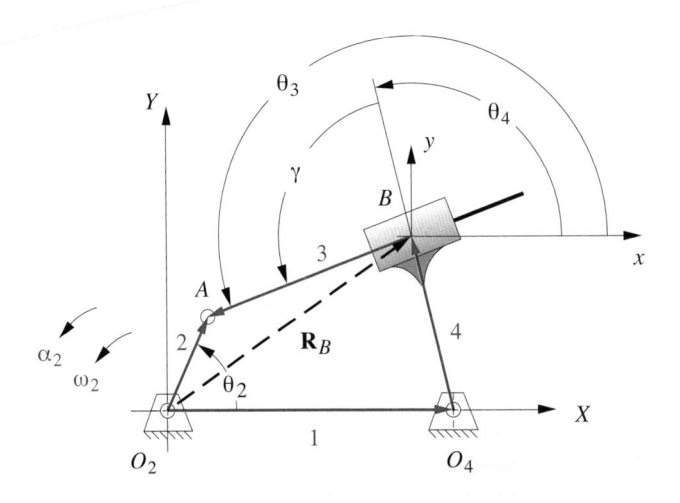

* Respostas no Apêndice F.

** Esses problemas foram elaborados para serem resolvidos usando os softwares de resolução de equações *Mathcad*, *Matlab* ou *TKSolver*.

FIGURA P7-3

Configuração é terminologia para os problemas 7-7, 7-8 e 7-59.

ANÁLISE DE ACELERAÇÕES

TABELA P7-4 Dados do Problema 7-9

Linha	Elo 1	Elo 2	Elo 3	Elo 4	Elo 5	R_{pa}	δ_3	λ	ϕ	θ_2	ω_2	α_2
a	152,4	25,4	177,8	228,6	101,6	152,4	30	2,0	30	60	10	0
b	152,4	127,0	177,8	203,2	101,6	228,6	25	-2,5	60	30	-12	5
c	76,2	127,0	177,8	203,2	101,6	254,0	80	-0,5	0	45	-15	-10
d	101,6	127,0	177,8	203,2	101,6	127,0	45	-1,0	120	75	24	-4
e	127,0	228,6	279,4	203,2	203,2	228,6	300	3,2	-50	-39	-50	10
f	254,0	50,8	177,8	127,0	76,2	254,0	120	1,5	30	120	-45	50
g	381,0	177,8	228,6	279,4	101,6	101,6	300	2,5	-90	75	100	18
h	304,8	203,2	177,8	228,6	101,6	152,4	20	-2,5	60	55	-65	25
i	228,6	177,8	203,2	228,6	101,6	228,6	80	-4,0	120	100	25	-25

$\mathbf{A}_B$, e $\mathbf{A}_C$ para a posição mostrada para ω_2=15 rad/s e α_2=10 rad/s² nas direções mostradas,
  a. Usando o método gráfico da diferença de aceleração.
  **b. Usando um método analítico.

7-14 O mecanismo na Figura P7-5b tem $I_{12}A$ = 19,1, AB = 38,1 e AC = 30,5 mm. O ângulo equivalente da manivela na posição mostrada é 77° e o ângulo BAC = 30°. Encontre α_3, $\mathbf{A}_A$, $\mathbf{A}_B$ e $\mathbf{A}_C$ para a posição mostrada com ω_2 = 10 rad/s nas direções mostradas,
  a. Usando o método gráfico da diferença de aceleração
  **b. Usando um método analítico. (Dica: crie um mecanismo equivalente para a posição mostrada e analise como um mecanismo de quatro barras com junta pinada.)

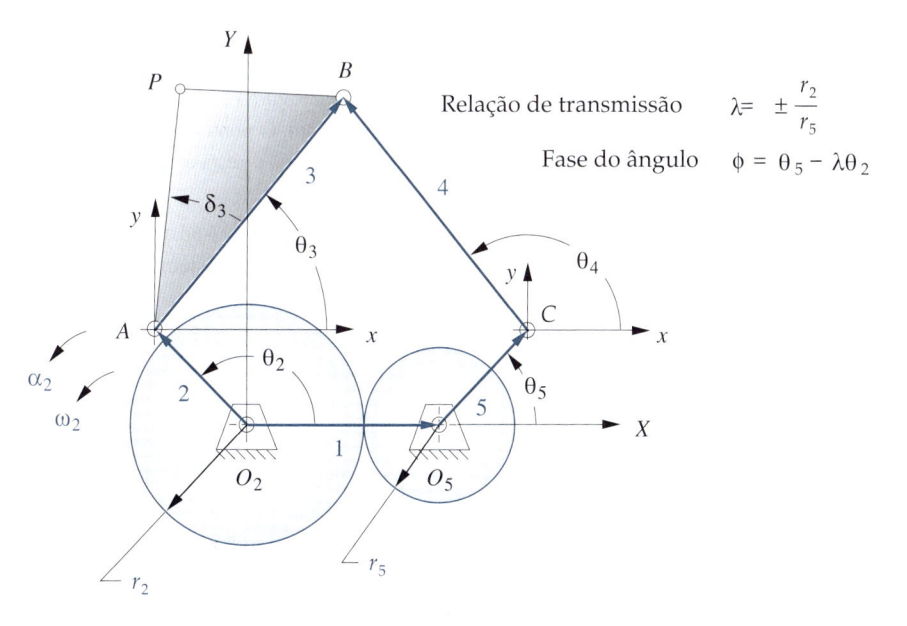

Relação de transmissão $\quad \lambda = \pm \dfrac{r_2}{r_5}$

Fase do ângulo $\quad \phi = \theta_5 - \lambda\theta_2$

FIGURA P7-4
Configuração esquemática e terminologia do mecanismo para os problemas 7-9 e 7-60.

** Esses problemas foram elaborados para serem resolvidos usando os softwares de resolução de equações *Mathcad*, *Matlab* ou *TKSolver*.

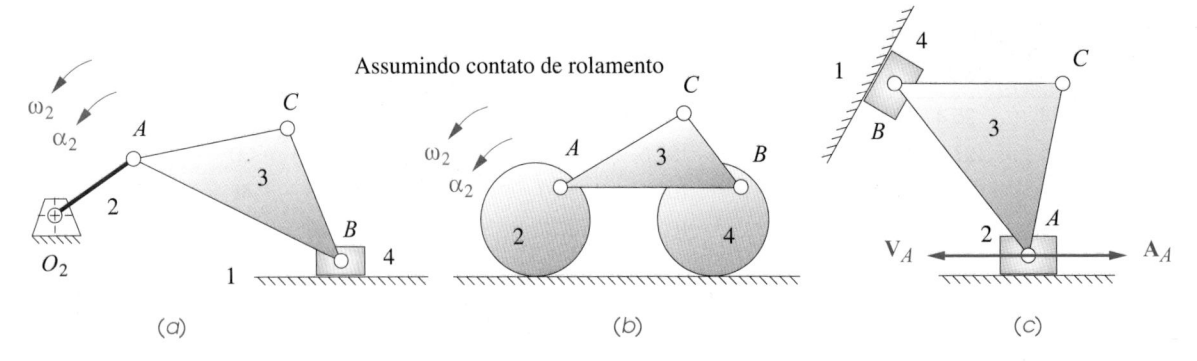

FIGURA P7-5

Problemas 7-13 até 7-15.

7-15 O mecanismo na Figura P7-5c tem $AB = 38,1$ e $AC = 30,5$ mm. O ângulo de AB na posição mostrada é $128°$ e o ângulo $BAC = 49°$. A biela em B está com um ângulo de $59°$. Encontre α_3, AB e AC para a posição mostrada com $V_A = 254$ mm/s e $A_A = 381$ mm/s² nas direções mostradas,
  a. Usando o método gráfico da diferença de aceleração
  ** b. Usando um método analítico.

** 7-16 O mecanismo na Figura P7-6a tem $O_2A = 5,6$, $AB = 9,5$, $O_4C = 9,5$, $L_1 = 38,8$ mm. θ_2 é $135°$ no sistema de coordenadas xy. Escreva as equações vetoriais de malha fechada, diferencie-as e faça uma análise completa da posição, da velocidade e da aceleração do mecanismo. Assuma $\omega_2 = 10$ rad/s e $\alpha_2 = 20$ rad/s².

** 7-17 Repita o Problema 7-16 para o mecanismo mostrado na Figura P7-6b, que possui as dimensões: $L_1 = 61,9$, $L_2 = 15$, $L_3 = 45,8$, $L_4 = 18,1$ e $L_5 = 23,1$ mm. θ_2 é $68,3°$ na sistema de coordenadas xy, o qual está a $-23,3°$ do sistema de coordenadas XY. A componente X de O_2C é $59,2$ mm.

** 7-18 Repita o Problema 7-16 para o mecanismo mostrado na Figura P7-6b, que possui as dimensões: $O_2A = 11,7$, $O_2C = 20$, $L_3 = 25$ e $L_5 = 25,9$ mm. O ponto B é deslocado $3,7$ mm do eixo x_1 e o ponto D é deslocado $24,7$ mm do eixo x_2. θ_2 está a $13,3°$ no sistema de coordenadas x_2y_2.

** 7-19 Repita o Problema 7-16, para o mecanismo mostrado na Figura P7-6d, que possui as dimensões: $L_2 = 15$, $L_3 = 40,9$ e $L_5 = 44,7$ mm. θ_2 está a $24,2°$ no sistema de coordenadas XY.

** 7-20 A Figura P7-7 mostra um mecanismo de seis barras com $O_2B = 25,4$, $BD = 38,1$, $DC = 88,9$, $DO_6 = 76,2$ e $h = 33,0$ mm. Encontre a aceleração angular do elo 6, se ω_2 é uma rotação constante de 1 rad/s.

* 7-21 O mecanismo na Figura P7-8a tem o elo 1 a $-25°$ e elo 2 a $37°$ no sistema de coordenadas global XY. Encontre α_4, A_A e A_B no sistema de coordenadas global para a posição mostrada se $\omega_2 = 15$ rad/s SH e $\alpha_2 = 25$ rad/s² SAH. Use o método gráfico da diferença de aceleração.

** 7-22 O mecanismo na Figura P7-8a possui o elo 1 a $-25°$ e elo 2 a $37°$ no sistema de coordenadas global XY. Encontre α_4, A_A e A_B no sistema de coordenadas global para a posição mostrada se $\omega_2 = 15$ rad/s SH e $\alpha_2 = 25$ rad/s² SAH. Use um método analítico.

** 7-23 Em t = 0, o mecanismo na Figura P7-8a possui o elo 1 a $-25°$ e o elo 2 a $37°$ no sistema de coordenadas global XY e $\omega_2 = 0$. Escreva um programa ou use um sistema de equações

* Respostas no Apêndice F.

** Esses problemas foram elaborados para serem resolvidos usando os softwares de resolução de equações *Mathcad*, *Matlab* ou *TKSolver*.

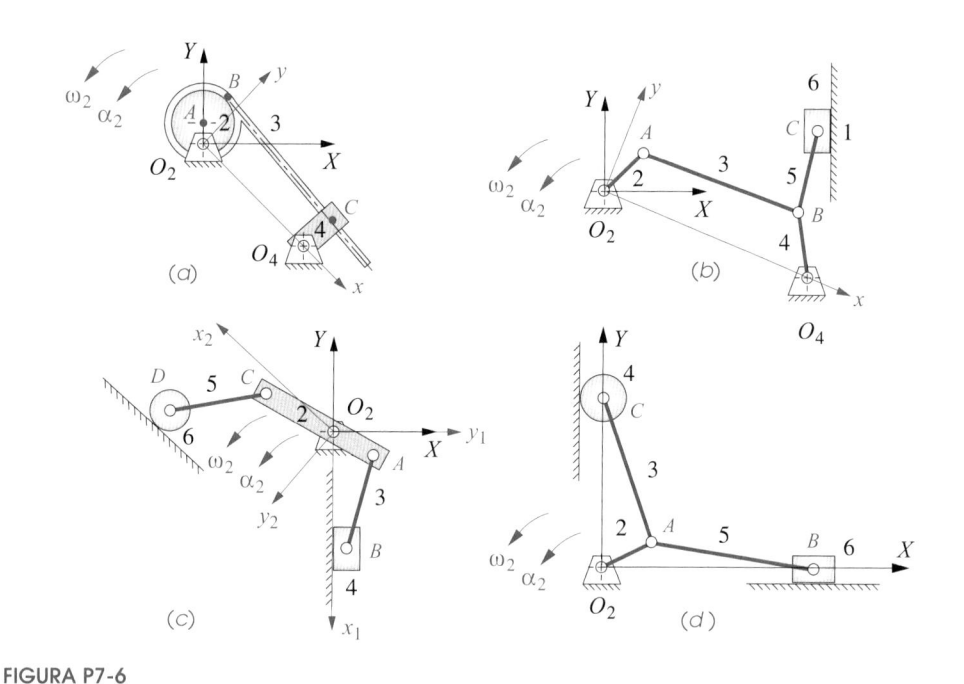

ANÁLISE DE ACELERAÇÕES

FIGURA P7-6

Problemas 7-16 até 7-19.

para encontrar e plotar ω_4, α_4, V_A, A_A, V_B e A_B no local do sistema de coordenadas para a amplitude máxima de movimento que esse mecanismo permite, se $\alpha_2 = 15$ rad/s² SH constante.

* 7-24 O mecanismo na Figura P7-8b possui o elo 1 a $-36°$ e elo 2 a $57°$ no sistema de coordenadas global XY. Encontre α_4, A_A e A_B no sistema de coordenadas global para a posição mostrada se $\omega_2 = 20$ rad/s SAH, constante. Use o método gráfico da diferença de aceleração.

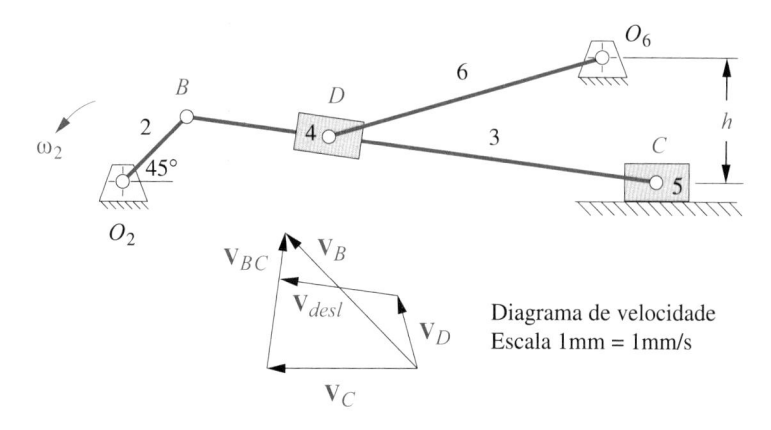

FIGURA P7-7

Problema 7-20. Cortesia do prof. J. M. Vance, Iowa State University.

Diagrama de velocidade
Escala 1mm = 1mm/s

* Respostas no Apêndice F.

** Esses problemas foram elaborados para serem resolvidos usando os softwares de resolução de equações *Mathcad*, *Matlab* ou *TKSolver*.

CINEMÁTICA E DINÂMICA DOS MECANISMOS   **CAPÍTULO 7**

$L_1 = 174$
$L_2 = 116$
$L_3 = 108$
$L_4 = 110$

(a) Mecanismo de quatro barras

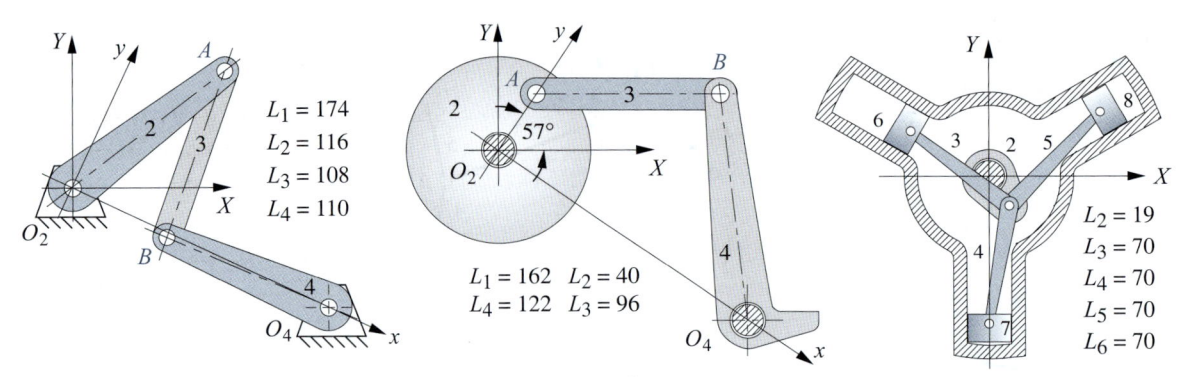

$L_1 = 162$ $L_2 = 40$
$L_4 = 122$ $L_3 = 96$

(b) Mecanismo de quatro barras

$L_2 = 19$
$L_3 = 70$
$L_4 = 70$
$L_5 = 70$
$L_6 = 70$

(c) Compressor radial

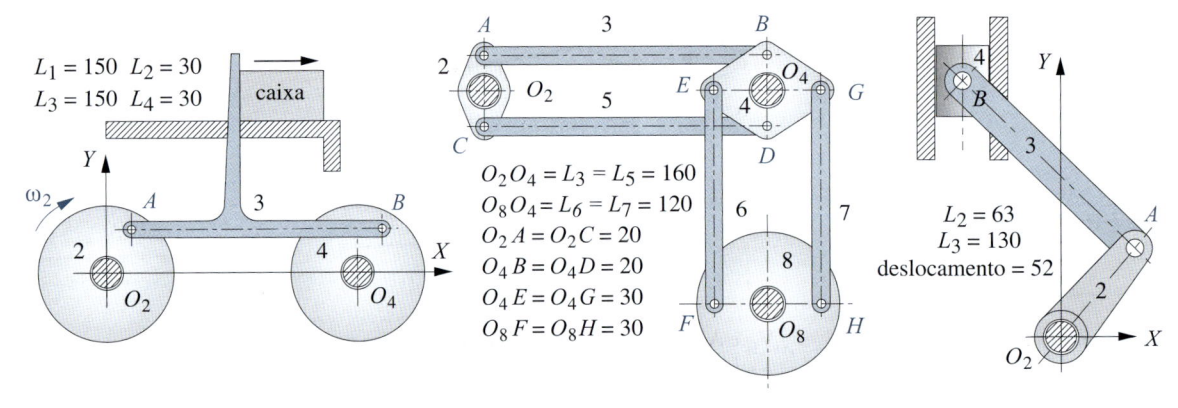

$L_1 = 150$ $L_2 = 30$
$L_3 = 150$ $L_4 = 30$

(d) Transportador de viga

$O_2O_4 = L_3 = L_5 = 160$
$O_8O_4 = L_6 = L_7 = 120$
$O_2A = O_2C = 20$
$O_4B = O_4D = 20$
$O_4E = O_4G = 30$
$O_8F = O_8H = 30$

(e) Mecanismo de alavanca excêntrica

$L_2 = 63$
$L_3 = 130$
deslocamento = 52

(f) Mecanismo biela-manivela com deslocamento

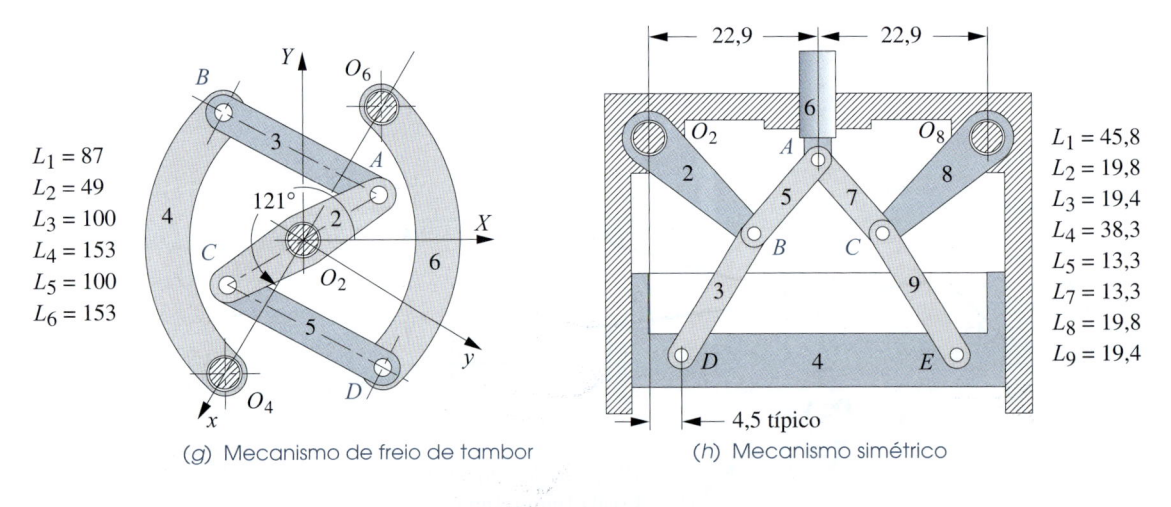

$L_1 = 87$
$L_2 = 49$
$L_3 = 100$
$L_4 = 153$
$L_5 = 100$
$L_6 = 153$

(g) Mecanismo de freio de tambor

22,9   22,9

4,5 típico

$L_1 = 45,8$
$L_2 = 19,8$
$L_3 = 19,4$
$L_4 = 38,3$
$L_5 = 13,3$
$L_7 = 13,3$
$L_8 = 19,8$
$L_9 = 19,4$

(h) Mecanismo simétrico

Todas as dimensões em mm

FIGURA P7-8

Mecanismos para os problemas 7-21 até 7-38. Adaptado de P. H. Hill & W. P. Rule. *Mechanisms: Analysis and Design*, com autorização.

** 7-25 O mecanismo na Figura P7-8b possui o elo 1 a −36° e elo 2 a 57° no sistema de coordenadas global XY. Encontre α_4, $\mathbf{A}_A$ e $\mathbf{A}_B$ no sistema de coordenadas global para a posição mostrada se ω_2 = 20 rad/s SAH, constante. Use um método analítico.

** 7-26 Para o mecanismo na Figura P7-8b, escreva um programa de computador ou use um software de resolução de equações para encontrar e plotar α_4, $\mathbf{A}_A$ e $\mathbf{A}_B$ no local do sistema de coordenadas para a amplitude máxima de movimento que esse mecanismo permite, se ω_2 = 20 rad/s SAH, constante.

7-27 O mecanismo biela-manivela deslocado na Figura P7-8f possui o elo 2 a 51° no sistema de coordenadas global XY. Encontre $\mathbf{A}_A$ e $\mathbf{A}_B$ no sistema global de coordenadas para a posição mostrada se ω_2 = 25 rad/s SH, constante. Use o método gráfico da diferença de acelerações.

** 7-28 O mecanismo biela-manivela deslocado na Figura P7-8f possui o elo 2 a 51° no sistema de coordenadas global XY, Encontre $\mathbf{A}_A$ e $\mathbf{A}_B$ no sistema global de coordenadas para a posição mostrada se ω_2 = 25 rad/s SH, constante. Use um método analítico.

** 7-29 Para o mecanismo biela-manivela deslocado na Figura P7-8f, escreva um programa de computador ou use um software de resolução de equações para encontrar e plotar $\mathbf{A}_A$ e $\mathbf{A}_B$ no sistema de coordenadas global para a amplitude máxima de movimento que esse mecanismo permite, supondo ω_2 = 25 rad/s SAH, constante.

7-30 O mecanismo na Figura P7-8d possui o elo 2 a 58° no sistema global de coordenadas XY. Encontre $\mathbf{A}_A$, $\mathbf{A}_B$ e $\mathbf{A}_{caixa}$ (aceleração da caixa) no sistema global de coordenadas para a posição mostrada se ω_2 = 30 rad/s SH, constante. Use o método gráfico da diferença de acelerações.

** 7-31 O mecanismo na Figura P7-8d possui o elo 2 a 58° no sistema global de coordenadas XY. Encontre $\mathbf{A}_A$, $\mathbf{A}_B$ e $\mathbf{A}_{caixa}$ (aceleração da caixa) no sistema global de coordenadas para a posição mostrada se ω_2 = 30 rad/s SH, constante. Use um método analítico.

** 7-32 Para o mecanismo na Figura P7-8d, escreva um programa de computador ou use um software de resolução de equações para encontrar e plotar $\mathbf{A}_A$, $\mathbf{A}_B$ e $\mathbf{A}_{caixa}$ (aceleração da caixa) no local do sistema de coordenadas para a amplitude máxima de movimento que esse mecanismo permite, se ω_2 = 30 rad/s SH, constante.

7-33 O mecanismo na Figura P7-8g possui o eixo local xy a −119° e O_2A a 29° no eixo de coordenadas global XY. Encontre α_4, $\mathbf{A}_A$ e $\mathbf{A}_B$ no sistema de coordenadas global para a posição mostrada se ω_2 = 15 rad/s SH, constante. Use o método gráfico da diferença de acelerações.

** 7-34 O mecanismo na Figura P7-8g possui o eixo local xy a −119° e O_2A a 29° no eixo de coordenadas global XY. Encontre α_4, $\mathbf{A}_A$ e $\mathbf{A}_B$ no sistema de coordenadas global para a posição mostrada se ω_2 = 15 rad/s SH e α_2 = 10 rad/s, constante. Use um método analítico.

** 7-35 Em t = 0, o mecanismo não Grashof na Figura P7-8g possui o eixo local xy a −119° e O_2A a 29° no eixo de coordenadas global XY e ω_2 = 0. Escreva um programa de computador ou use um software de resolução de equações para encontrar e plotar ω_4, α_4, $\mathbf{V}_A$, $\mathbf{A}_A$, $\mathbf{V}_B$ e $\mathbf{A}_B$ no local do sistema de coordenadas para a amplitude máxima de movimento que esse mecanismo permite, se α_2 = 15 rad/s SAH, constante.

7-36 O compressor radial de três cilindros na Figura P7-8c possui esses cilindros equidistantes a 120°. Encontre as acelerações dos pistões $\mathbf{A}_6$, $\mathbf{A}_7$, $\mathbf{A}_8$ com a manivela a −53° usando o método gráfico se ω_2 = 15 rad/s SH, constante.

* Respostas no Apêndice F.

** Esses problemas foram elaborados para serem resolvidos usando os softwares de resolução de equações *Mathcad*, *Matlab* ou *TKSolver*.

7-37 O compressor radial de três cilindros na Figura P7-8c possui esses cilindros equidistantes a 120°. Encontre as acelerações dos pistões A_6, A_7, A_8 com a manivela a −53° usando um método analítico se ω_2 = 15 rad/s SH, constante

** **7-38** Para o compressor radial de três cilindros na Figura P7-8c, escreva um programa de computador ou use um software de resolução de equações para encontrar e plotar as acelerações do pistão A_6, A_7, A_8 para uma revolução da manivela.

* ** **7-39** A Figura P7-9 mostra um mecanismo em uma posição. Encontre as acelerações instantâneas dos pontos A, B e P se o elo O_2A está rotacionando SH a 40 rad/s.

* ** **7-40** A Figura P7-10 mostra um mecanismo e a curva do acoplador. Escreva um programa de computador ou use um software de resolução de equações para calcular e esboçar a magnitude e a direção da aceleração do ponto do acoplador P com incremento de 2° no ângulo da manivela para ω_2 = 100 rpm. Confira seus resultados com o programa FOURBAR (ver Apêndice A).

* ** **7-41** A Figura P7-11 mostra um mecanismo que opera com a manivela a 500 rpm. Escreva um programa de computador ou use um software de resolução de equações para calcular e esboçar a magnitude e a direção da aceleração do ponto B com incremento de 2° no ângulo da manivela. Confira seus resultados com o programa FOURBAR.

* ** **7-42** A Figura P7-12 mostra um mecanismo e a curva do acoplador. Escreva um programa de computador ou use um software de resolução de equações para calcular e esboçar a magnitude e a direção da aceleração do ponto do acoplador P com incremento de 2° no ângulo da manivela para ω_2 = 20 rpm até a máxima amplitude de movimento possível. Confira seus resultados com o programa FOURBAR.

* ** **7-43** A Figura P7-13 mostra um mecanismo e a curva do acoplador. Escreva um programa de computador ou use um software de resolução de equações para calcular e esboçar a magnitude e a direção da aceleração do ponto do acoplador P com incremento de 2° no ângulo da manivela para ω_2 = 80 rpm até a máxima amplitude de movimento possível. Confira seus resultados com o programa FOURBAR.

* ** **7-44** A Figura P7-14 mostra um mecanismo e a curva do acoplador. Escreva um programa de computador ou use um software de resolução de equações para calcular e esboçar a magnitude e a direção da aceleração do ponto do acoplador P com incremento de 2° no ângulo da manivela para ω_2 = 80 rpm até a máxima amplitude de movimento possível. Confira seus resultados com o programa FOURBAR.

** **7-45** A Figura P7-15 mostra uma serra elétrica usada para cortar metal. O elo 5 pivotado em O_5 e as forças da lâmina contra a peça de trabalho enquanto o mecanismo movimenta a

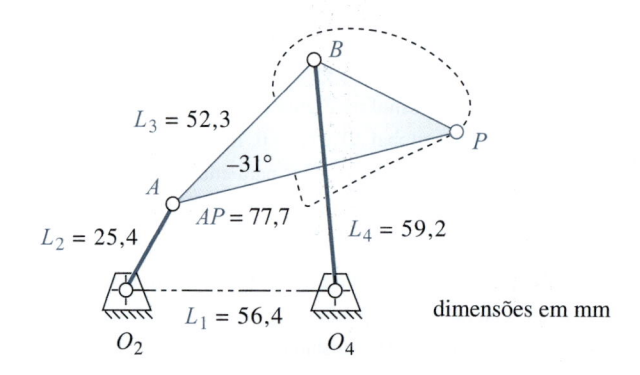

FIGURA P7-9
Problema 7-39 (ver Apêndice A).

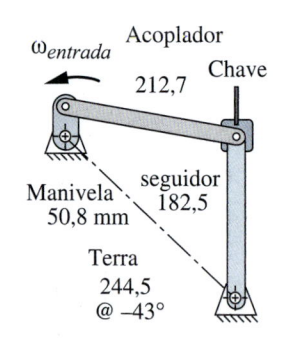

FIGURA P7-11
Problema 7-41.

FIGURA P7-10
Problema 7-40.

* Respostas no Apêndice F.

** Esses problemas foram elaborados para serem resolvidos usando os softwares de resolução de equações *Mathcad*, *Matlab* ou *TKSolver*.

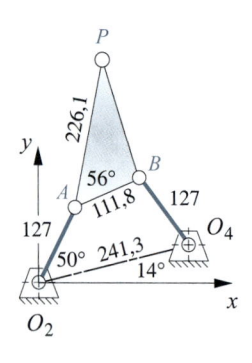

ANÁLISE DE ACELERAÇÕES

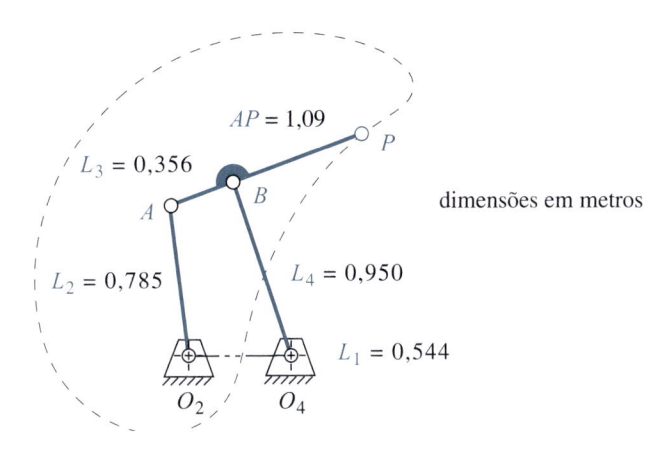

FIGURA P7-12

Problema 7-42.

lâmina (elo 4) para frente e para trás sobre o elo 5 para cortar a parte. O mecanismo possui um deslocamento no mecanismo biela-manivela com as dimensões mostradas na figura. Desenhe um diagrama do mecanismo equivalente e, então, calcule e esboce o gráfico da aceleração da serra respeitando o pedaço que está sendo cortado, com uma revolução da manivela a 50 rpm.

** 7-46 A Figura P7-16 mostra um transportador de viga e um mecanismo tipo "pega e posiciona", o qual é analisado como dois mecanismos de quatro barras com uma manivela em comum. Os comprimentos dos elos são dados na figura. A fase do ângulo entre os dois pinos da manivela no elo 4 e 5 é indicada. Os cilindros que são empurrados têm 60 mm de diâmetro. O ponto de contato entre a haste vertical esquerda e o cilindro mais a esquerda na posição mostrada é 58 mm a 80° em relação à extremidade esquerda do acoplador do paralelogramo (ponto D). Calcule e esboce o gráfico da aceleração relativa entre os pontos E e P para uma revolução da engrenagem 2.

** 7-47 A Figura P7-17 mostra um mecanismo de descarregamento de rolo de papel acionado por um cilindro pneumático. Na posição mostrada, O_4A é 0,3 m a 226° e O_2O_4 = 0,93 m a 163,2°. Os elos V são presos rigidamente a O_4A. O centro do rolo de papel é 0,707 m de O_4 a −181° em relação a O_4A. O cilindro pneumático é retratado com aceleração constante de 0,1 m/s². Desenhe um diagrama esquemático do mecanismo, escreva as

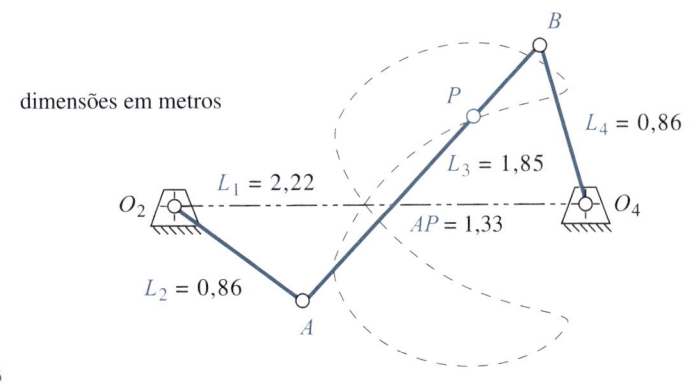

FIGURA P7-13

Problema 7-13.

** Esses problemas foram elaborados para serem resolvidos usando os softwares de resolução de equações *Mathcad*, *Matlab* ou *TKSolver*.

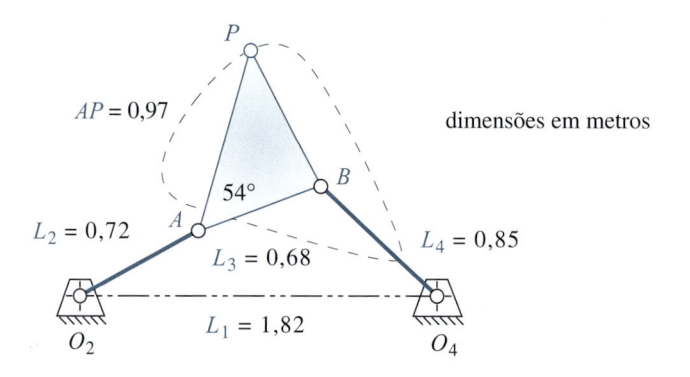

FIGURA P7-14

Problema 7-44.

equações necessárias, calcule e esboce o gráfico da aceleração angular do rolo de papel e a aceleração linear do centro, quando ele gira 90° SAH da posição mostrada.

** 7-48 A Figura P7-18 mostra um mecanismo e suas dimensões. Encontre as acelerações dos pontos A, B e C para a posição mostrada se $\omega_2 = 40$ rad/min e $\alpha_2 = -1500$ rad/min², como mostrado.

** 7-49 A Figura P7-19 mostra um transportador tipo viga. Calcule e esboce o gráfico da aceleração $A_{saída}$ para uma revolução de entrada da manivela 2 a 100 rpm.

** 7-50 A Figura P7-20 mostra uma retificadora plana. A peça de trabalho oscila abaixo de um rebolo de 90 mm de diâmetro girando por um mecanismo biela-manivela, o qual tem uma manivela de 22 mm, uma biela de 157 mm e deslocamento de 40 mm. A manivela gira a 30 rpm, enquanto o rebolo gira a 3450 rpm. Calcule e esboce o gráfico da aceleração relativa do ponto de contato do rebolo com a peça de trabalho após uma revolução da manivela.

** Esses problemas foram elaborados para serem resolvidos usando os softwares de resolução de equações *Mathcad*, *Matlab* ou *TKSolver*.

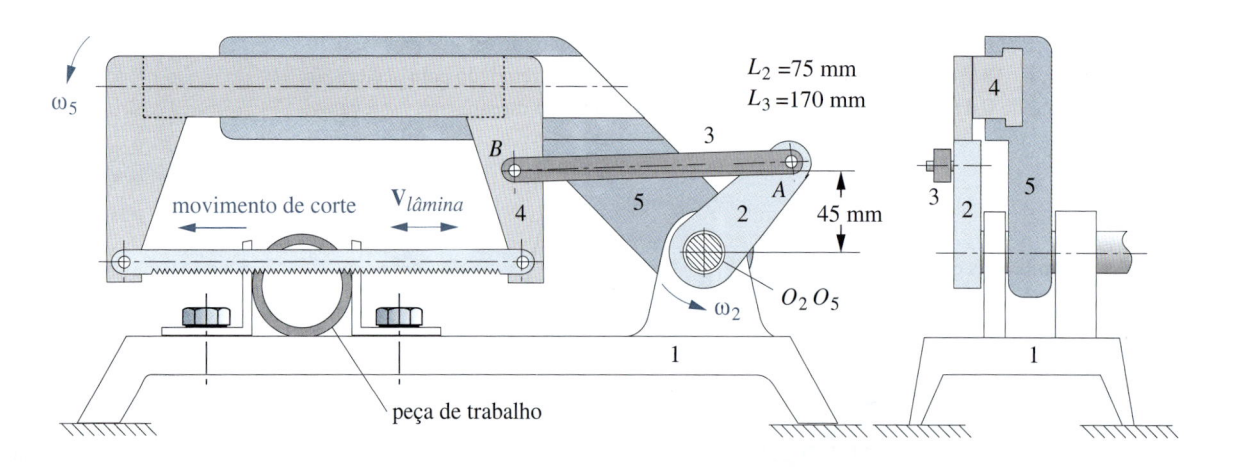

FIGURA P7-15

Problema 7-45   Serra alternativa motorizada. Adaptado de P. H. Hill & W. P. Rule. *Mechanisms: Analysis and Design*, com autorização.

ANÁLISE DE ACELERAÇÕES

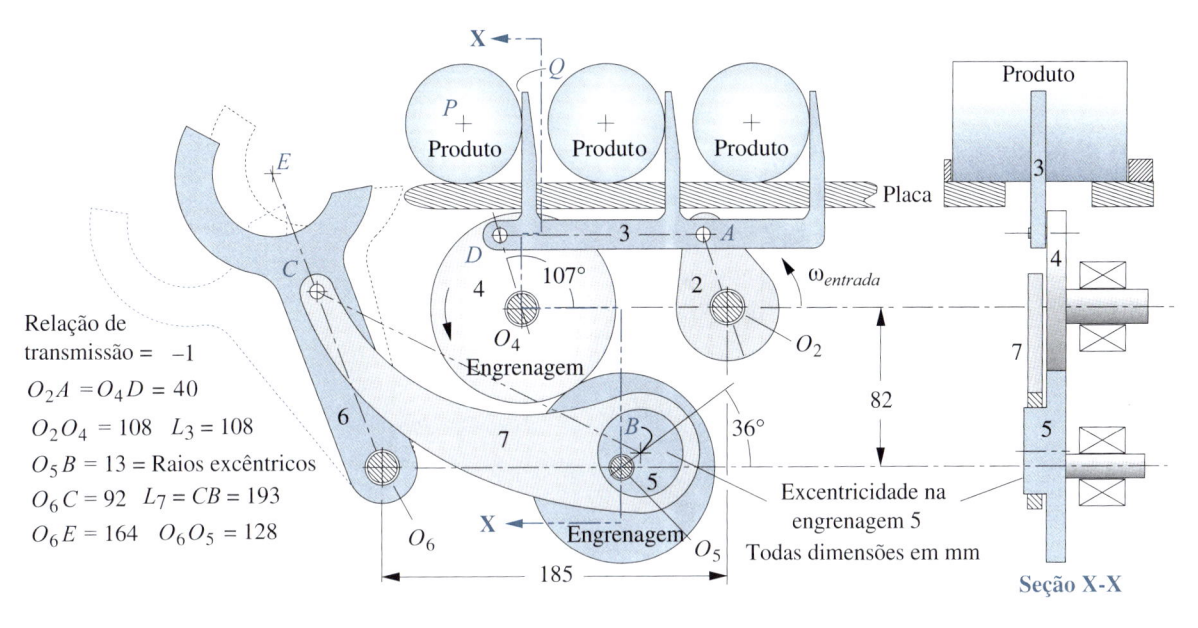

Relação de transmissão = –1
$O_2A = O_4D = 40$
$O_2O_4 = 108 \quad L_3 = 108$
$O_5B = 13$ = Raios excêntricos
$O_6C = 92 \quad L_7 = CB = 193$
$O_6E = 164 \quad O_6O_5 = 128$

Todas dimensões em mm

Seção X-X

FIGURA P7-16

Problema 7-46   Transportador com mecanismo tipo "pega e posiciona". Adaptado de P. H. Hill & W. P. Rule. *Mechanisms: Analysis and Design*, com autorização.

** 7-51 A Figura P7-21 mostra um mecanismo com elo de arrasto e suas dimensões. Escreva as equações necessárias e resolva-as para calcular a aceleração angular do elo 4 para uma entrada de $\omega_2 = 1$ rad/s. Comente sobre o uso desse mecanismo.

7-52 A Figura P7-22 mostra um mecanismo com dimensões. Use um método gráfico para calcular as acelerações dos pontos *A*, *B* e *C* para a posição mostrada. $\omega_2 = 20$ rad/s.

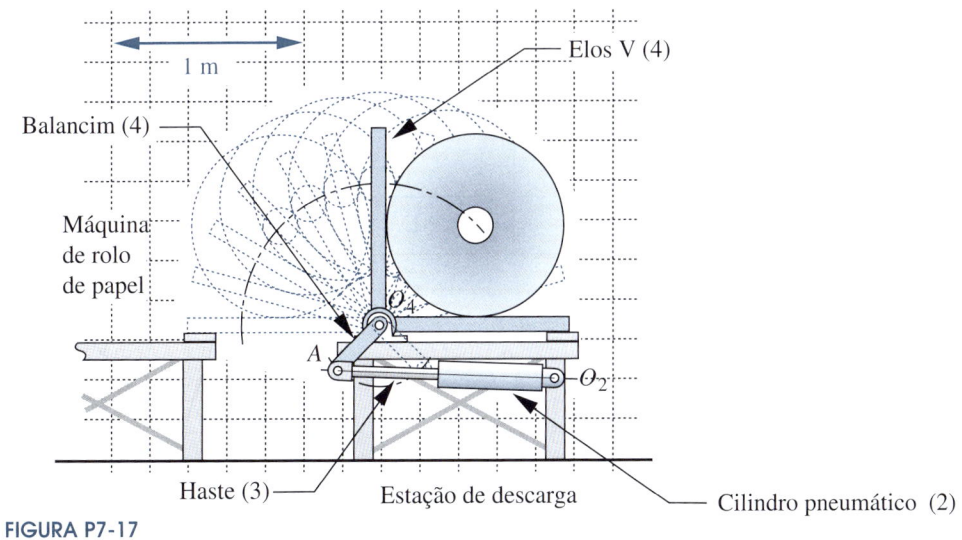

FIGURA P7-17

Problema 7-47.

** Esses problemas foram elaborados para serem resolvidos usando os softwares de resolução de equações *Mathcad*, *Matlab* ou *TKSolver*.

$L_2 = 20{,}3$ mm
$L_4 = 75{,}4$
$L_5 = 66{,}3$
$\theta_2 = 241°$
$O_2O_4 = 47{,}0 \, @ \, 278{,}5°$

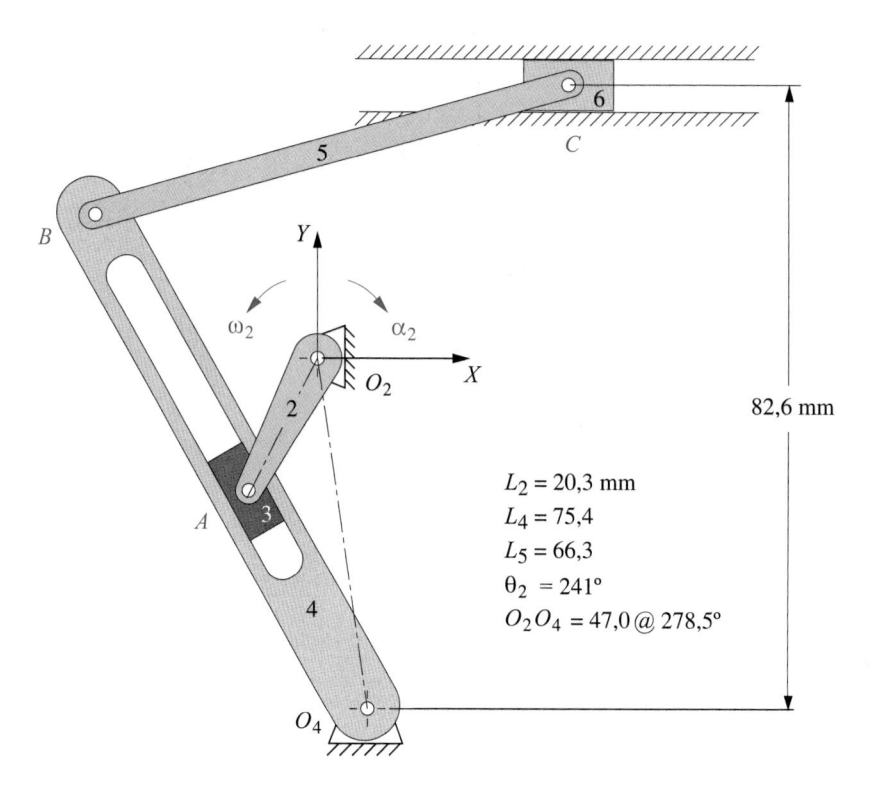

82,6 mm

FIGURA P7-18

Problema 7-48   Adaptado de P. H. Hill & W. P. Rule. *Mechanisms: Analysis and Design*, com autorização.

7-53   A Figura P7-23 mostra um mecanismo de retorno rápido e suas dimensões. Use um método gráfico para calcular as acelerações dos pontos A, B e C para a posição mostrada. $\omega_2 = 10$ rad/s.

** 7-54   A Figura P7-23 mostra um mecanismo de retorno rápido e suas dimensões. Use um método analítico para calcular as acelerações dos pontos A, B e C para uma revolução do elo de entrada. $\omega_2 = 10$ rad/s.

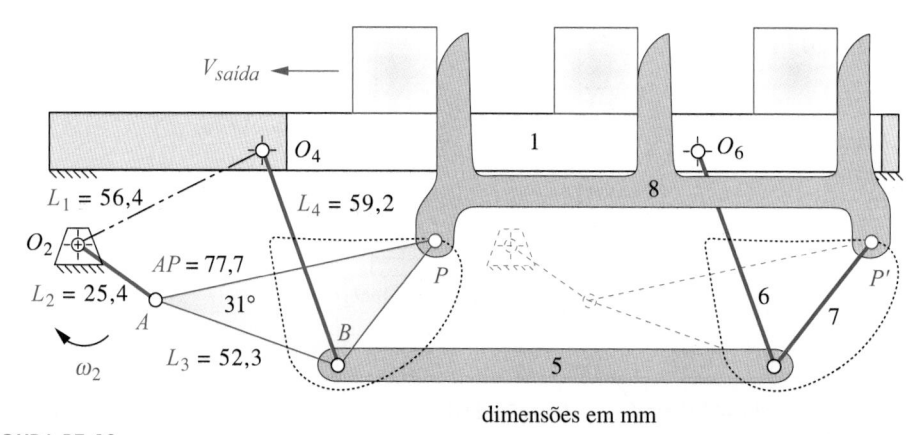

$L_1 = 56{,}4$
$L_2 = 25{,}4$
$L_3 = 52{,}3$
$L_4 = 59{,}2$
$AP = 77{,}7$
$31°$

dimensões em mm

** Esses problemas foram elaborados para serem resolvidos usando os softwares de resolução de equações *Mathcad*, *Matlab* ou *TKSolver*.

FIGURA P7-19

Problema 7-49   Mecanismo de transporte com oito barras de linha reta.

ANÁLISE DE ACELERAÇÕES

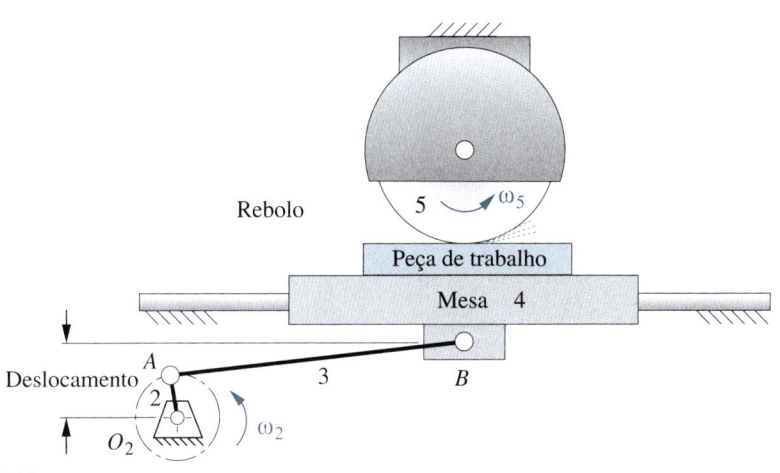

FIGURA P7-20

Problema 7-50 Um amolador de superfície.

** 7-55 A Figura P7-24 mostra um mecanismo de pedal de bateria. $O_2A = 100$ mm a $162°$ e rotaciona para $171°$ a A'. $O_2O_4 = 56$ mm, $AB = 28$ mm, $AP = 124$ mm e $O_4B = 64$ mm. A distância de O_4 para $F_{entrada}$ é 48 mm. Se a velocidade de entrada $V_{entrada}$ é de magnitude constante de 3 m/s, encontre a aceleração de saída para toda a amplitude do movimento.

** 7-56 Uma carreta tombou enquanto tentava entrar na rodovia. A entrada da estrada tem um raio de 15,24 m a esse ponto e inclinação de $3°$ para o lado de fora da curva. A carroceria, que possui 13,72 m de comprimento por 2,44 m de largura por 2,59 de altura (4 m do chão até em cima), estava carregada com 197,6 kN de rolos de papel em duas fileiras e duas camadas,

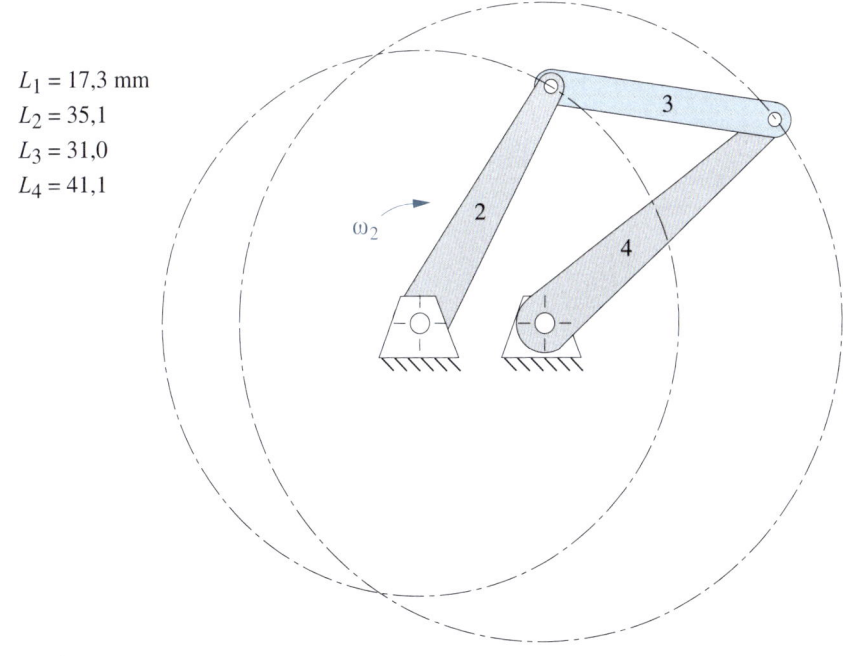

$L_1 = 17,3$ mm
$L_2 = 35,1$
$L_3 = 31,0$
$L_4 = 41,1$

FIGURA P7-21

Problema 7-51 de P. H. Hill & W. P. Rule. *Mechanisms: Analysis and Design.*

* Respostas no Apêndice F.

** Esses problemas foram elaborados para serem resolvidos usando os softwares de resolução de equações *Mathcad*, *Matlab* ou *TKSolver*.

$L_2 = 34,3$ mm $\theta_2 = 14°$
$L_4 = 34,5$ $\theta_6 = 88°$
$L_5 = 68,3$ $O_2O_4 = 31,0 @ 56,5°$
$L_6 = 45,7$ $O_6O_4 = 98,0 @ 33°$

FIGURA P7-22

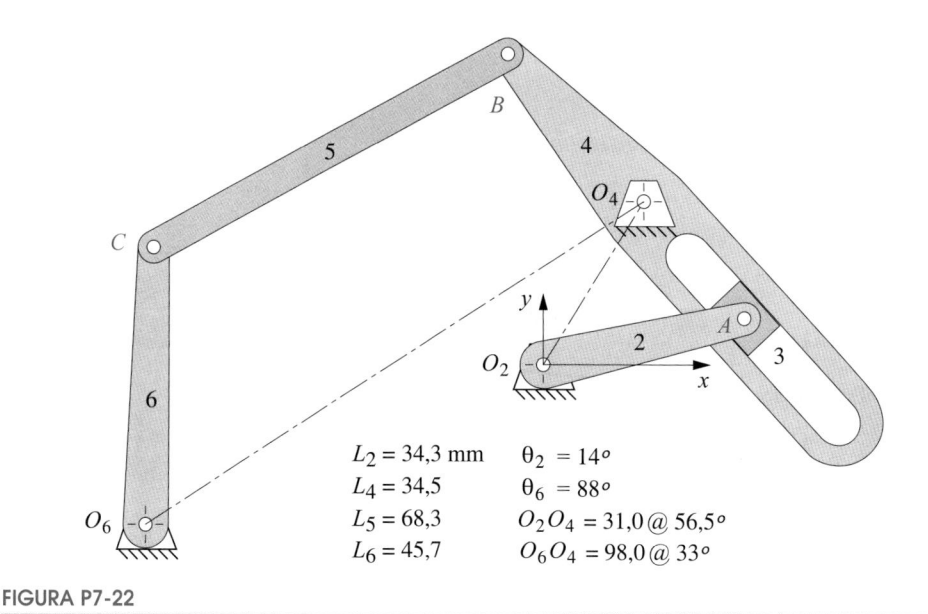

Problema 7-52 de P. H. Hill & W. P. Rule. *Mechanisms: Analysis and Design.*

como mostrado na Figura P7-25. Os rolos têm 1,016m de diâmetro por 0,915 de comprimento e pesam aproximadamente 4.00 kN cada. A carroceria vazia pesava 62,28 kN. O motorista informou que ele estava viajando a menos de 24 km/h e que a carga de papel se moveu, encostou na parede da carroceria e tombou o caminhão. A companhia de papel que carregou o caminhão informou que a carga estava propriamente alojada e nada se moveria àquela velocidade. Testes independentes de coeficiente de atrito entre rolos de papéis similares e

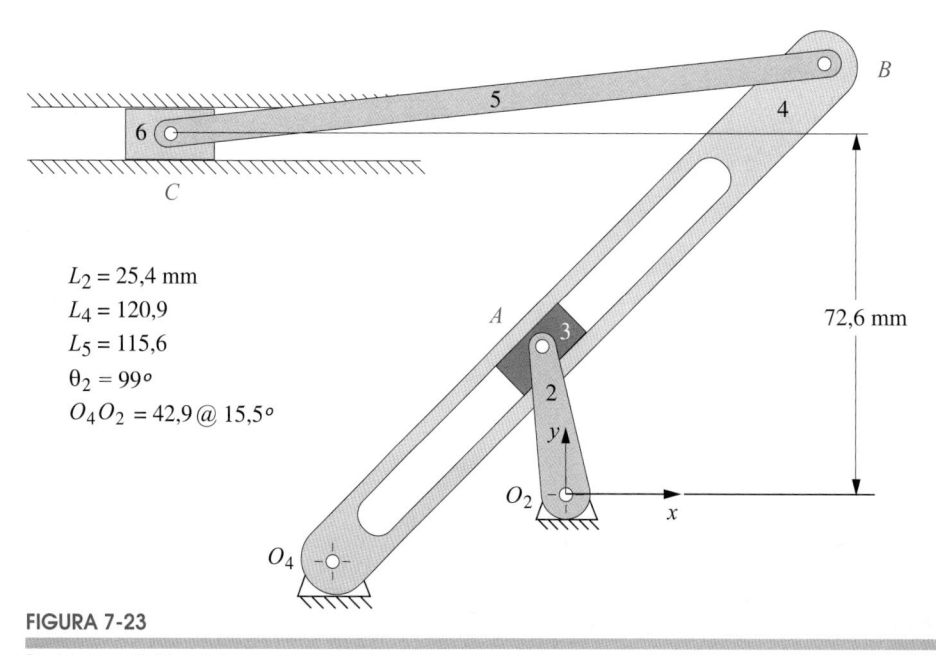

$L_2 = 25,4$ mm
$L_4 = 120,9$
$L_5 = 115,6$
$\theta_2 = 99°$
$O_4O_2 = 42,9 @ 15,5°$

72,6 mm

FIGURA 7-23

Problemas 7-53 a 7-54 de P. H. Hill & W. P. Rule. *Mechanisms: Analysis and Design.*

ANÁLISE DE ACELERAÇÕES

uma base de carroceria similar deram um valor de 0,43 + 0,08. O centro de gravidade da carga da carroceria é estimado para estar 2,286 m acima da estrada. Determine a velocidade que causaria o início do tombamento do caminhão e a velocidade com a qual os rolos iriam começar a deslizar para os lados. O que você acredita ter causado o acidente?

** 7-57 A Figura P7-26 mostra um correia em V. As polias têm diâmetros primitivos de 150 e 300 mm, respectivamente. A polia menor é acionada a uma rotação constante de 1750 rpm. Para um elemento diferencial da seção transversal da correia, escreva as equações da aceleração para um percurso completo desse elemento em torno das polias, incluindo seu trajeto. Compute e esboce o gráfico da aceleração do elemento diferencial em função do tempo para um percurso de uma volta do caminho da correia. O que sua análise lhe informou sobre o comportamento dinâmico da correia? Relacione suas descobertas com suas observações pessoais de uma correia desse tipo em operação. (Olhe no laboratório de máquinas da escola ou embaixo do capô de um automóvel, mas cuidado com seus dedos!)

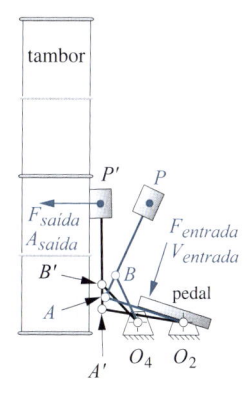

FIGURA 7-24

Problema 7-55.

** 7-58 Escreva um programa usando um software de resolução de equações ou qualquer outra linguagem de computador para resolver os deslocamentos, velocidades e acelerações de um mecanismo biela-manivela com deslocamento, como mostrado na Figura P7-2. Esboce o gráfico da variação angular em todos os elos e as posições, velocidades e acelerações lineares de todos os pinos, com uma velocidade angular de entrada constante para uma revolução de ambas as configurações do mecanismo, ou seja, tanto aberta quanto cruzada. Para testar o programa, use os dados da linha *a* da Tabela P7-2. Confira seus resultados com o programa SLIDER (ver Apêndice A).

** 7-59 Escreva um programa usando um software de resolução de equações como *Mathcad*, *Matlab* ou *TKSolver* para resolver os deslocamentos, velocidades e acelerações de um mecanismo biela-manivela invertido como mostrado na Figura P7-3. Esboce o gráfico da variação angular em todos os elos e as posições, velocidades e acelerações lineares de todos os pinos com uma velocidade angular de entrada constante para uma revolução de ambas as configurações do mecanismo, tanto aberta quanto cruzada. Para testar o programa, use os dados da linha *e* da Tabela P7-3, exceto o valor de α_2, será zero para esse exercício.

** 7-60 Escreva um programa usando um software de resolução de equações como *Mathcad*, *Matlab* ou *TKSolver* para resolver os deslocamentos, velocidades e acelerações de um mecanismo de cinco barras engrenado, como mostrado na Figura 7-4. Esboce o gráfico da variação angular em todos os elos e as posições, velocidades e acelerações lineares de todos os pinos com uma velocidade angular de entrada constante para uma revolução de ambas as configurações do mecanismo, tanto aberta quanto cruzada. Para testar o programa, use

** Esses problemas foram elaborados para serem resolvidos usando os softwares de resolução de equações *Mathcad*, *Matlab* ou *TKSolver*.

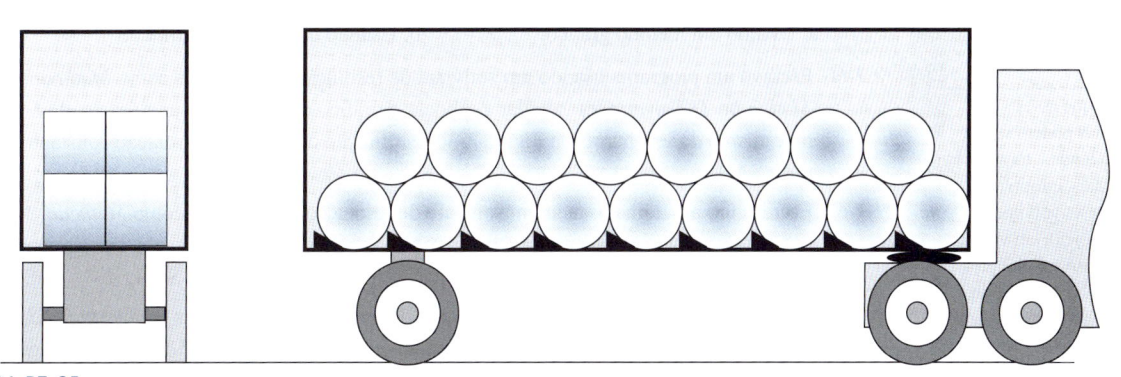

FIGURA P7-25

Problema 7-56.

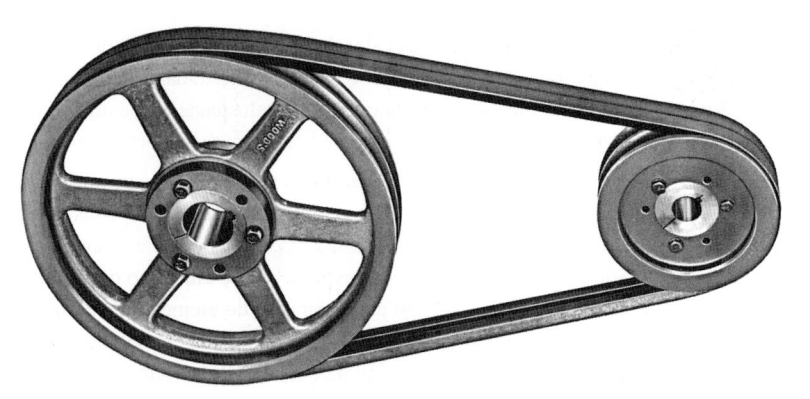

FIGURA P7-26

Problema 7-57. Um acionamento por correia trapezoidal em dois canais. *Cortesia de T. B. Wood's Sons Co., Chambersburg, PA.*

os dados da linha *a* da Tabela P7-4. Confira seus resultados com o programa FIVEBAR (ver Apêndice A).

7-61 Encontre a aceleração da biela na Figura 3-33 para a posição mostrada se $\theta_2 = 110°$ em relação ao eixo global *X*, assumindo uma constante de $\omega_2 = 1$ rad/s SH.
a. Usando um método gráfico.   ** b. Usando um método analítico.

7-62 Escreva um programa usando um software de resolução de equações como *Mathcad*, *Matlab* ou *TKSolver* para calcular e esboçar o gráfico da aceleração angular do elo 4 e a aceleração linear da biela 6 do mecanismo biela-manivela de seis barras da Figura 3-33, em função do ângulo de entrada do elo 2 para uma rotação constante $\omega_2 = 1$ rad/s SH. Esboce $\mathbf{A}_c$ como função de θ_2 e separadamente em função da posição da biela, como mostrada na figura.

** 7-63 Encontre a aceleração angular do elo 6 do mecanismo na Figura 3-34 parte (*b*) para a posição mostrada ($\theta_6 = 90°$ em relação ao eixo *x*) assumindo constante $\omega_2 = 10$ rad/s SH.
a. Usando um método gráfico.   ** b. Usando um método analítico.

** 7-64 Escreva um programa usando um software de resolução de equações como *Mathcad*, *Matlab* ou *TKSolver* para calcular e esboçar o gráfico da aceleração angular do elo 6 do mecanismo de seis barras da Figura 3-34, em função de θ_2 para uma constante $\omega_2 = 1$ rad/s SH.

7-65 Use compasso e esquadro (régua) para desenhar o mecanismo da Figura 3-35 com elo 2 a 90° e encontre a aceleração angular do elo 6 do mecanismo, assumindo uma constante $\omega_2 = 10$ rad/s SAH quando $\theta_2 = 90°$.
a. Usando um método gráfico.   ** b. Usando um método analítico.

** 7-66 Escreva um programa usando um software de resolução de equações como *Mathcad*, *Matlab* ou *TKSolver* para calcular e esboçar o gráfico da aceleração angular do elo 6 de um mecanismo de seis barras da Figura 3-35, em função de θ_2 para um rotação constante $\omega_2 = 1$ rad/s SAH.

** 7-67 Escreva um programa usando um software de resolução de equações como *Mathcad*, *Matlab*, ou *TKSolver* para calcular e esboçar o gráfico da aceleração angular do elo 8 no mecanismo da Figura 3-36 em função de θ_2 para uma rotação constante $\omega_2 = 1$ rad/s SAH.

** 7-68 Escreva um programa usando um software de resolução de equações como *Mathcad*, *Matlab* ou *TKSolver* para calcular e esboçar o gráfico da aceleração angular do elo 8 no mecanismo da Figura 3-36 e para calcular e esboçar o gráfico da magnitude e direção da aceleração do ponto *P* da Figura 3-37a em função de θ_2. Também calcule e esboce a aceleração do ponto *P* em relação a extremidade *A*.

** Note que esses problemas podem ser de solução longa e talvez sejam mais apropriados para o desenvolvimento de um projeto, em vez de uma tentativa ao longo da noite. Na maioria dos casos, sua solução pode ser checada com os programas FOURBAR, FIVEBAR, SLIDER ou SIXBAR (ver Apêndice A).

ANÁLISE DE ACELERAÇÕES

** 7-69 Repita o Problema 7-68 para o mecanismo da Figura 3-37b.

7-70 Encontre as acelerações angulares dos elos 3 e 4 e as acelerações lineares dos pontos A, B e P_1 no sistema de coordenadas XY para o mecanismo da Figura P7-27 na posição mostrada. Assuma que $\theta_2 = 45°$ no sistema de coordenadas XY e $\omega_2 = 10$ rad/s, constante. As coordenadas do ponto P_1 no elo 4 são (2,913, 0,843) m em relação ao sistema de coordenadas xy.

    a. Usando um método gráfico.

  ** b. Usando um método analítico.

** 7-71 Usando os dados do Problema 7-70, escreva um programa usando um software de resolução de equações como *Mathcad*, *Matlab* ou *TKSolver* para calcular e esboçar o gráfico da magnitude e da direção da aceleração absoluta do ponto P_1 na Figura P7-27 em função de θ_2.

7-72 Encontre as acelerações angulares dos elos 3 e 4 e a aceleração linear do ponto P no sistema de coordenadas XY para o mecanismo na Figura P7-28 na posição mostrada. Assuma que $\theta_2 = -94,121°$ no sistema de coordenadas XY, $\omega_2 = 1$ rad/s, e $\alpha_2 = 10$ rad/s². A posição do ponto do acoplador P no elo 3 em relação ao ponto A é: p = 381 mm, $\delta_3 = 0°$

    a. Usando um método gráfico.

    b. Usando um método analítico.

** 7-73 Para o mecanismo na Figura P7-28, escreva um programa usando um software de resolução de equações como *Mathcad, Matlab* ou *TKSolver* para calcular e esboçar o gráfico da velocidade angular e a aceleração dos elos 2 e 4, e a magnitude e direção da velocidade e aceleração do ponto P em função de θ_2 pela possível amplitude de movimento começando na posição mostrada. A posição do ponto do acoplador P no elo 3 em relação ao ponto A é: p = 381 mm, $\delta_3 = 0°$. Assuma que @ t = 0, $\theta_2 = -94,121°$ no sistema de coordenadas XY, $\omega_2 = 0$ rad/s, e $\alpha2 = 10$ rad/s², constante.

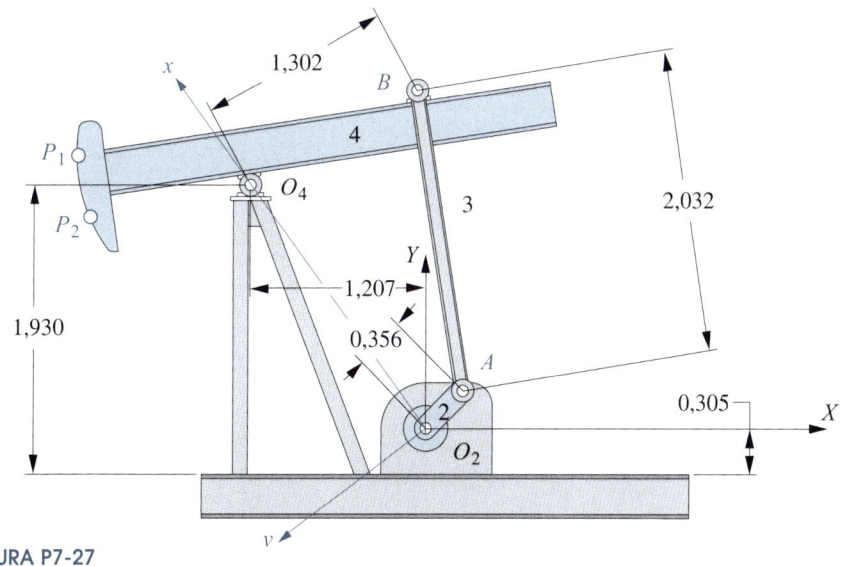

FIGURA P7-27

Problemas 7-70 e 7-71   Uma bomba de óleo de campo – dimensões em metros.

** Note que esses problemas podem ser de solução longa e talvez sejam mais apropriados para o desenvolvimento de um projeto, em vez de uma tentativa ao longo da noite. Na maioria dos casos, sua solução pode ser checada com os programas FOURBAR, SLIDER ou SIXBAR (ver Apêndice A).

FIGURA P7-28

Problemas 7-72 e 7-73   Mecanismo da porta do bagageiro de mão de um avião – dimensões em mm.

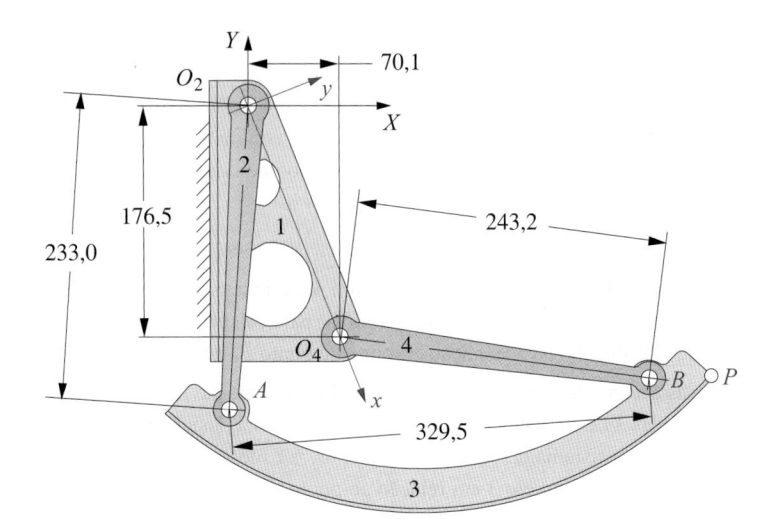

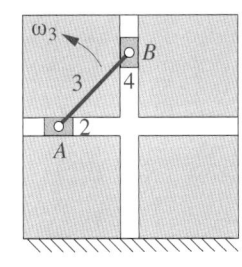

FIGURA P7-29

Compasso elíptico – Problema 7-74.

7-74   Derive a expressão analítica da aceleração dos pontos A e B na Figura P7-29 em função de θ_3, ω_3, α_3 e o comprimento AB do elo 3. Use uma equação vetorial de malha fechada. Codifique-as em um software de solução de equações ou em uma linguagem de programação e esboce os gráficos.

Capítulo 8

PROJETO DE CAMES

É mais fácil de projetar do que executar.
SAMUEL JOHNSON

8.0 INTRODUÇÃO

Sistemas came seguidor são frequentemente usados em todos os tipos de máquinas. As válvulas no motor do seu automóvel são operadas por cames. Máquinas usadas na manufatura de bens de consumo estão cheias de cames. Comparados aos mecanismos de barras, cames são mais simples para projetar uma função específica como saída, porém são mais difíceis e mais caros de construir do que um mecanismo de barras. Cames são formas degeneradas dos mecanismos de quatro barras, em que o elo acoplador é trocado por uma meia junta, como mostrado na Figura 8-1. Esse tópico foi discutido na Seção 2.10 na transformação dos mecanismos de barras (ver Figura 2-12). Para qualquer posição instantânea do came e do seguidor, podemos substituir por um mecanismo de barras que, para essa posição instantânea, executará o mesmo movimento que o original. Na verdade, o came seguidor é um mecanismo de quatro barras, no qual os elos possuem comprimento (equivalente) variável. Essa é a diferença conceitual que faz com que o came seguidor seja um **gerador de funções** mais flexível e útil. Podemos virtualmente especificar qualquer função de saída que desejarmos e criar uma superfície curva no came para gerar aquela função no movimento do seguidor. Não estamos limitados a elos de comprimentos fixos como nos casos de sínteses de mecanismos de barras. O came seguidor é um dispositivo mecânico extremamente útil sem o qual as tarefas dos projetistas de máquinas seriam bem mais difíceis de serem efetuadas. Mas, como para tudo na engenharia, existem recomendações a serem feitas. Isso será discutido nas próximas seções. Uma lista das variáveis usadas neste capítulo é fornecida na Tabela 8-1.

Esse capítulo apresentará a abordagem apropriada para se projetar um sistema came seguidor e alguns exemplos de problemas que projetistas de came inexperientes podem sofrer. Considerações teóricas de funções matemáticas comumente usadas para curvas de came serão discutidas. Métodos de derivação de funções polinomiais adaptadas para satisfazer qualquer grupo de condições de contorno serão apresentados. Será encaminhada a tarefa de dimensionar o came, considerando o ângulo de pressão e o raio de curvatura.

TABELA 8-1   Notações usadas nesse capítulo

t = Tempo, segundos (s)

θ = Ângulo do eixo do came, graus ou radianos (rad)

ω = Velocidade angular do eixo do came, rad/s

β = Ângulo total de qualquer segmento, subida, descida ou espera, graus ou rad

h = Elevação total (subida ou descida) de qualquer segmento, unidade de comprimento

e, E = Deslocamento do seguidor, unidade de comprimento

$v = de/d\theta$ = Velocidade do seguidor, comprimento/rad

$V = dE/dt$ = Velocidade do seguidor, comprimento/s

$a = dv/d\theta$ = Aceleração do seguidor, comprimento/rad^2

$A = dV/dt$ = Aceleração do seguidor, comprimento/s^2

$p = da/d\theta$ = Pulso do seguidor, comprimento/rad^3

$P = dA/dt$ = Pulso do seguidor, comprimento/s^3

$e\ v\ a\ p$* refere-se ao grupo de diagramas, unidade de comprimento por radianos

$E\ V\ A\ P$* refere-se ao grupo de diagramas, unidade de comprimento por tempo

R_b = Raio da circunferência de base, unidade de comprimento

R_p = Raio da circunferência primária, unidade de comprimento

Rs = Raio do seguidor de rolete, unidade de comprimento

ε = Excentricidade do came seguidor, unidade de comprimento

Φ = Ângulo de pressão, graus ou radianos

ρ = Raio de curvatura da superfície do came, unidade de comprimento

$\rho_{primitivo}$ = Raio de curvatura da curva primitiva, unidade de comprimento

$\rho_{mín}$ = Raio de curvatura mínimo da curva primitiva ou da superfície do came, unidade de comprimento

---

* Da sigla em inglês s v a j. Nas formulações ao longo do livro, optamos por manter as variáveis ou índices referentes aos diagramas em questão como no original. (N.R.T.)

O software de computador DYNACAM será usado por todo este capítulo como ferramenta para apresentar e ilustrar os conceitos de projeto e as soluções. Para mais informações, ver o Apêndice A.

8.1   TERMINOLOGIA PARA CAMES

Sistemas came seguidor podem ser classificados de muitas maneiras: pelo *tipo de movimentação do seguidor*, de **translação** ou **rotação** (oscilação); pelo tipo do came, radial, de rolete ou tridimensional; pelo *tipo de fechamento da junta*, **de força** ou **de forma**; pelo *tipo de seguidor*, **curvo** ou **liso**, **rotacionando** ou **deslizando**; pelo *tipo de movimento crítico*, **posição extrema crítica** (PEC) ou **percurso de movimento crítico** (PMC); pelo *tipo programado de movimentação*, **sobe-desce** (SD), **sobre-desce-para** (SDP), **sobe-para-desce-para** (SPDP). Iremos discutir cada um desses esquemas de classificação com mais detalhes.

Tipo de movimentação do seguidor

A Figura 8-1a mostra um sistema com oscilação, ou **rotação do seguidor**. A Figura 8-1b mostra a **translação do seguidor**. Eles são análogos ao mecanismo de quatro barras manivela seguidor e ao de biela-manivela, respectivamente. Um mecanismo de quatro barras equivalente pode ser substituído por um sistema came seguidor para qualquer posição instantânea. Os comprimentos dos elos equivalentes são determinados pelas localizações instantâneas dos centros de curvatura do came e do seguidor, como mostrado na Figura 8-1. As velocidades e acelerações do sistema came seguidor podem ser encontradas analisando-se o comportamento do mecanismo equivalente em qualquer posição. Uma prova disso pode ser encontrada na referência [1]. Com certeza, o comprimento dos elos equivalentes muda à medida que o came seguidor se movimenta, fornecendo uma vantagem em relação a um mecanismo puro de barras, pois permite maior flexibilidade para a movimentação crítica desejada.

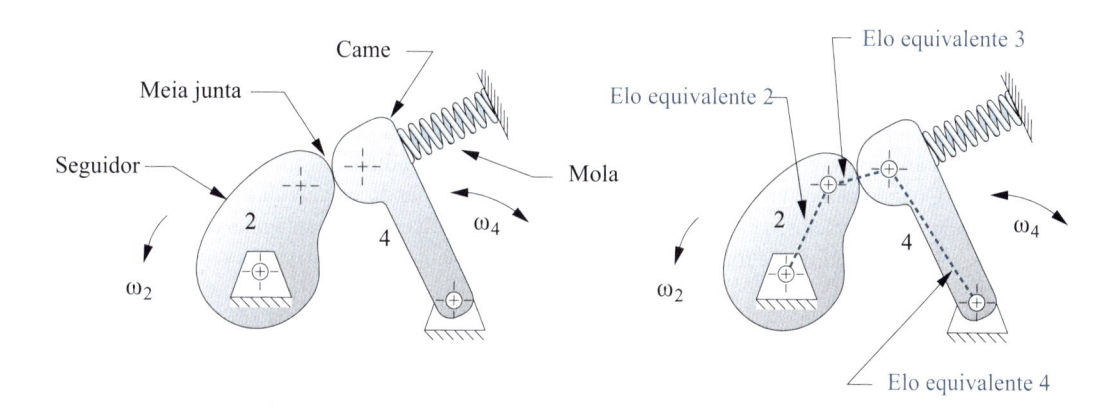

(a) Um came seguidor oscilatório tem um mecanismo de quatro barras com junta pinada equivalente

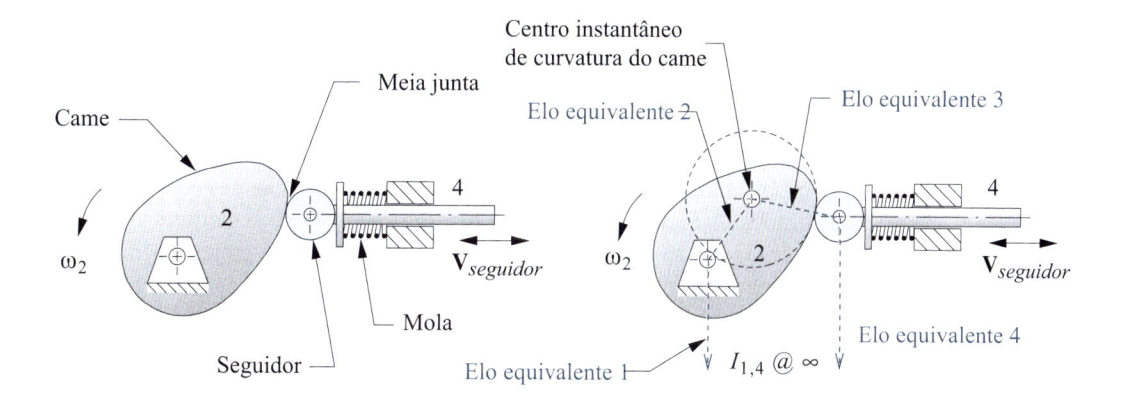

(b) Um came seguidor de translação tem um mecanismo biela-manivela de quatro barras equivalente

FIGURA 8-1

Mecanismo de barras equivalente no mecanismo came seguidor.

A escolha entre essas duas formas de came seguidor é usualmente ditada pelo tipo de movimentação desejada na saída. Se uma translação verdadeiramente retilínea for requerida, então é dito seguidor de translação. Se uma rotação pura é requerida na saída, então a oscilatória é a escolha óbvia. Essas são vantagens de cada uma das aproximações, separadas de suas características de movimento, dependendo do tipo de seguidor escolhido. Isso será discutido nas próximas seções.

Tipo de fechamento da junta

Juntas de força e de forma foram discutidas na Seção 2.3 e terão o mesmo significado aqui. **A junta de força**, como mostrado na Figura 8-1, *requer que uma força externa seja aplicada na junta* para manter os dois elos, came e seguidor, fisicamente em contato. Essa força é usualmente fornecida por uma mola; definida como a direção positiva que une a junta, não é permitido que se torne negativa. Se isso ocorrer, os elos terão perdido o contato porque uma *junta de força só pode empurrar, e não puxar*. **A junta de forma**, como mostrado na Figura 8-2, *força a junta pela geometria*. Nenhuma força externa é requerida. Existem duas superfícies de came nesse arranjo, uma superfície em cada lado do seguidor. Cada superfície empurra, na sua vez, para movimentar o seguidor em ambas as direções.

As figuras 8-2a e b mostram a trilha ou ranhura do came que prende um único seguidor na ranhura e ambos tanto empurram quanto puxam o seguidor. A Figura 8-2c mostra outra variedade de arranjo unido por forma no came seguidor, chamada **cames conjugados**. São dois cames fixos em um eixo comum, que são matematicamente conjugados um ao outro. Dois seguidores de rolete, anexados a um braço em comum, são empurrados em direções opostas pelos cames conjugados. Quando cames unidos por forma são usados no comando de válvulas de motores de automóveis ou motocicletas, são chamados cames **desmodrômicos**.* Há vantagens e desvantagens para ambos os arranjos, de forma e de junta, que serão discutidas nas próximas seções.

Tipo de seguidor

Seguidor, nesse contexto, refere-se somente à parte do elo seguidor que mantém contato com o came. A Figura 8-3 mostra três arranjos comuns, **face plana**, **cogumelo** (curvo) e **de rolete**. O seguidor de rolete tem como vantagem o baixo atrito (rolamento) em comparação ao contato de deslizamento dos outros dois, mas pode ser mais caro. **Seguidores de face plana** podem ter volumes menores que os seguidores de rolete para alguns projetos de came e, por essa razão e pelo custo, são frequentemente usados em comando de válvulas automotivas. **Seguidores de rolete** são mais frequentemente usados em maquinários de linha de produção, pois são mais simples para a troca e possuem a vantagem de estarem disponíveis em quaisquer quantidades nos estoques dos fabricantes. Cames com pistas ou trilhas requerem seguidores de rolete, que são essencialmente rolamentos de esferas ou roletes produzidos com detalhes de montagem personalizados. A Figura 8-5a mostra dois tipos comuns de seguidores de rolete comerciais. Seguidor de face plana ou **seguidor cogumelo** são usualmente projetos personalizados e manufaturados para cada aplicação. Para aplicações de grande volume, como motores automotivos, as quantidades são grandes o bastante para garantir um projeto personalizado de seguidor.

Tipo de came

A direção de movimentação do seguidor relativamente ao eixo de rotação do came determina se será um came **radial** ou **axial**. Todos os cames mostrados nas figuras 8-1 a 8-3 são cames radiais, porque a movimentação do seguidor é, em geral, na direção radial. **Cames radiais** abertos são também chamados de **cames-prato**.

---

* Mais informações sobre mecanismos de came seguidor desmodrômicos podem ser encontradas em <http://members.chello.nl/~wgj.jansen/>, onde uma coleção de modelos das implementações comerciais pode ser vista funcionando em vídeos.

PROJETO DE CAMES

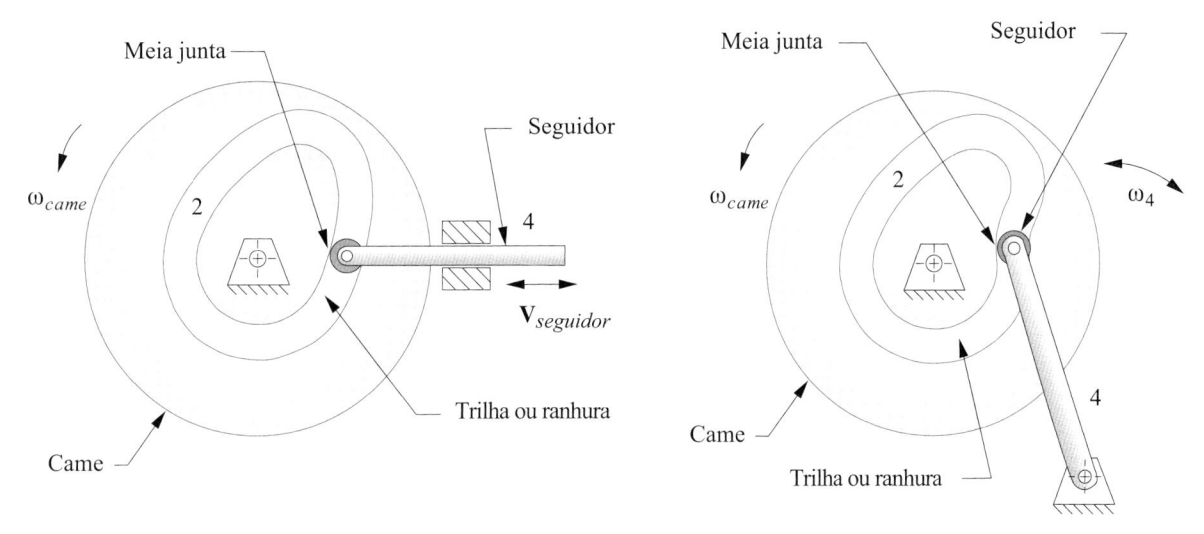

(a) Came unido por forma com seguidor de translação

(b) Came unido por forma com seguidor de oscilação

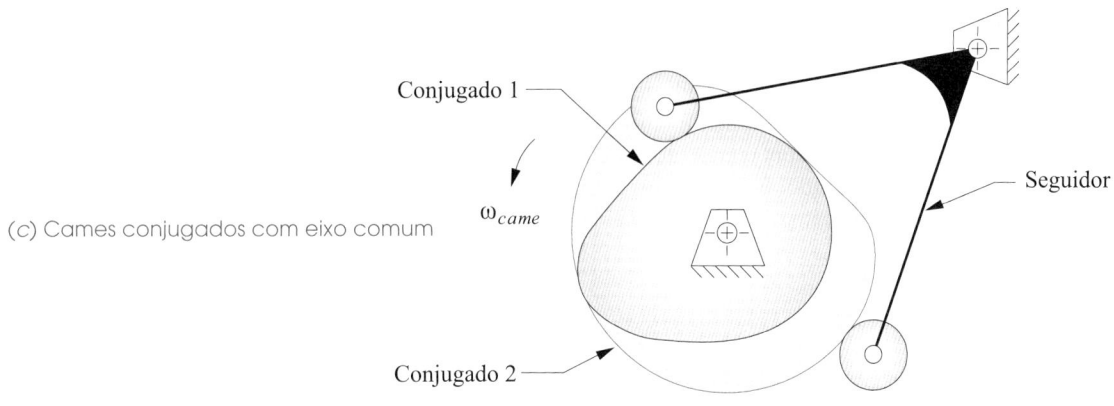

(c) Cames conjugados com eixo comum

FIGURA 8-2

Sistema de came seguidor unido por forma.

A Figura 8-4 mostra um **came axial**, no qual o seguidor se move paralelamente ao eixo de rotação do came. Esse arranjo é também chamado de **face** do came se aberto (unido por força), e de **rolete** ou came **tambor**, se ranhurado ou instalado (unido por forma).

A Figura 8-5b mostra uma seleção de cames de vários tipos. No sentido horário a partir da esquerda no centro inferior, são eles: aberto (unido por força) axial ou came de face; came axial ranhurado (sobre trilha) (unido por forma) com engrenagem externa; aberto radial, ou came prato (unido por força); came axial nervurado (unido por forma); came axial ranhurado (tambor).

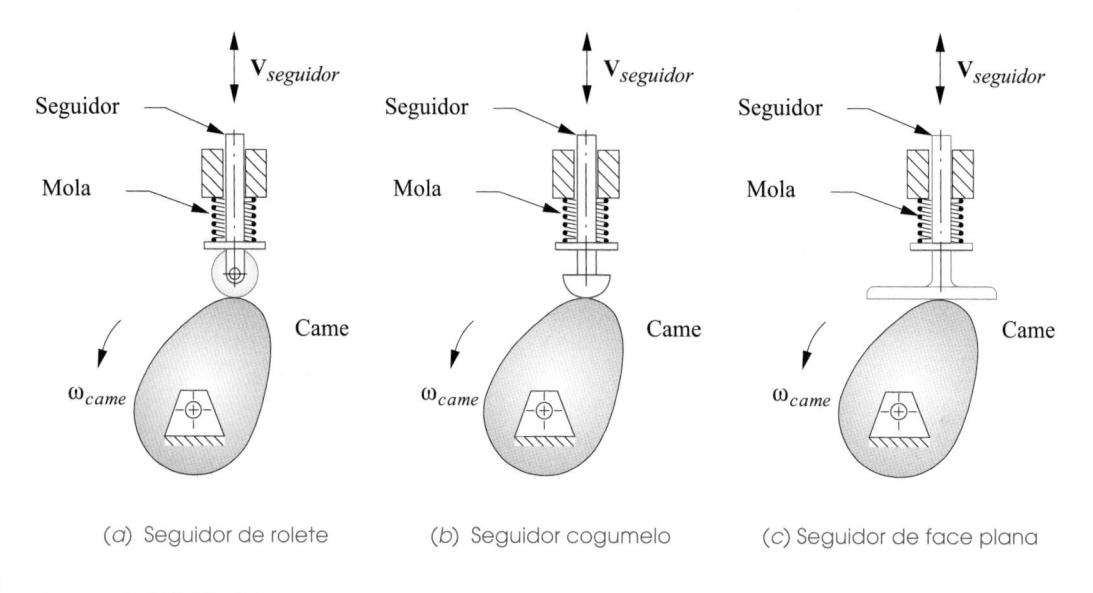

FIGURA 8-3

(a) Seguidor de rolete   (b) Seguidor cogumelo   (c) Seguidor de face plana

Três tipos comuns de came seguidor.

Um **came tridimensional** ou **camoide** (não mostrado) é uma combinação dos eixos radial e axial do came. É um sistema com dois graus de liberdade. As duas entradas são a rotação do came com relação ao seu eixo e a translação do came ao longo de seu eixo. A movimentação do seguidor é uma função de ambas as entradas. O seguidor percorre a trilha em diferentes partes do came, dependendo da entrada axial.

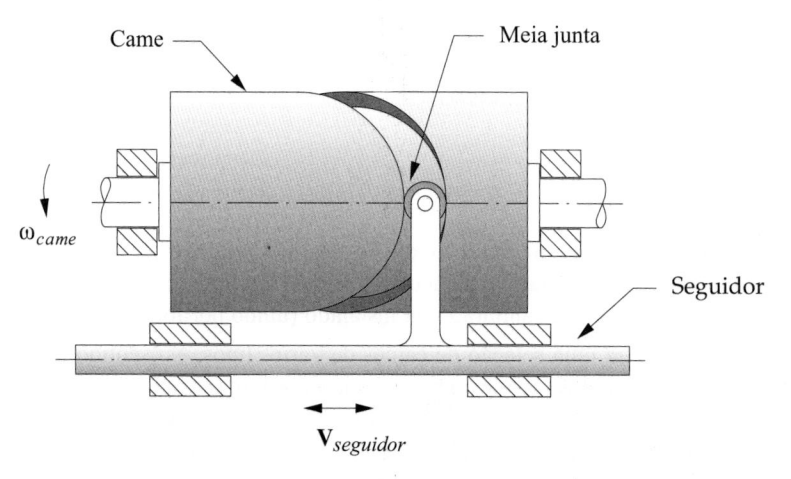

FIGURA 8-4

Came axial, de rolete ou tambor unido por forma, seguidor de translação.

PROJETO DE CAMES

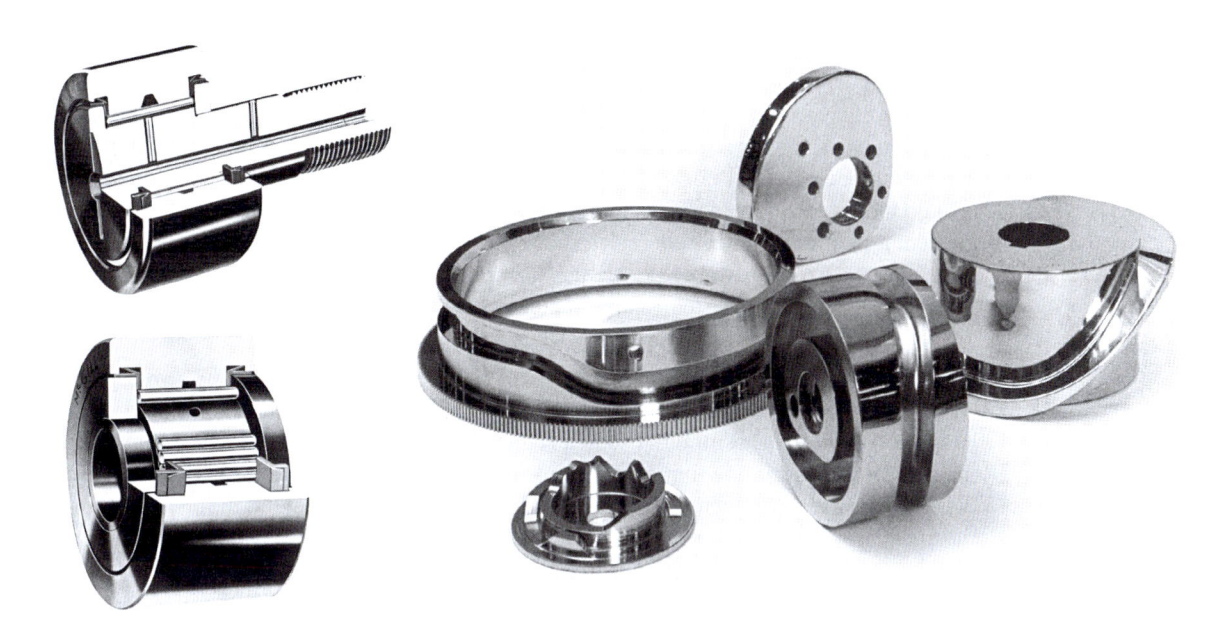

(a) Seguidores de rolete comerciais
*Cortesia da McGill Manufacturing Co.
South Bend, IN*

(b) Cames comerciais de vários tipos
*Cortesia da The Ferguson Co.
St. Louis, MO*

FIGURA 8-5

Cames e seguidores de rolete.

Tipo de restrições de movimento

Existem duas categorias gerais de restrições de movimentos, **posição extrema crítica** (PEC; também conhecida como especificação do ponto final) e **percurso de movimento crítico** (PMC). **Posição extrema crítica** refere-se ao caso em que especificações do projeto definem a posição inicial e final do seguidor (isto é, posições extremas), mas não especificam qualquer restrição no percurso entre as duas posições extremas. Esse caso é discutido nas seções 8.3 e 8.4 e é o modo mais fácil de projetar, já que o projetista tem grande liberdade na escolha das funções do came e controle do movimento entre os extremos. **Percurso de movimento crítico** é um caso mais complicado que o PEC porque o percurso de movimento e/ou uma ou mais de suas derivadas precisam ser definidos em todo ou em parte do intervalo do movimento. Isso é análogo à **geração de função** no projeto do mecanismo de barras, exceto que, com o came, podemos obter uma função de saída contínua para o seguidor. Na Seção 8.5 discute-se o caso PMC, em que só é possível criar uma aproximação da função especificada e ainda manter o comportamento dinâmico adequado.

Tipo de programa de movimentação

Os programas de movimentação **sobe-desce** (SD), **sobe-desce-para** (SDP) e **sobe-para-desce-para** (SPDP) referem-se todos principalmente ao caso PEC de restrição de movimentação e, na verdade, definem quantas esperas são apresentadas no ciclo completo de movimentação: nenhuma (SD), um (SDP) ou mais de uma (SPDP).

Espera ou tempo de espera, definido como *sem movimento de saída em um tempo específico do movimento de entrada*, é uma ferramenta importante do sistema came seguidor por permitir criar esperas exatas no mecanismo. O came seguidor é o tipo de projeto escolhido quando uma espera for requerida. Vimos na Seção 3.9 como projetar um mecanismo de barras com tempo de espera e, por melhor que tenhamos feito, conseguimos apenas uma aproximação do movimento de espera. Os mecanismos de barras com única ou dupla espera resultantes tendem a ser muito grandes em relação aos seus movimentos de saída e necessitam de projetos trabalhosos. (Ver o software SIXBAR, no Apêndice A, para alguns exemplos de mecanismos de barras com esperas.) O sistema came seguidor tende a ser mais compacto do que mecanismos de barras para o mesmo movimento de saída.

Se a sua necessidade for um **sobe-desce** (SD) de movimentação PEC, sem espera, então você deve realmente considerar o uso de um mecanismo manivela seguidor em vez de um came seguidor, para assim obter toda a segurança, facilidade de construção e baixo custo do mecanismo de barras que foram discutidos na Seção 2.18. Se sua necessidade for robustez, em vez das considerações anteriores, então a escolha de um came seguidor do caso SD pode ser justificada. Também, se houver uma especificação de projeto PMC, e a movimentação ou suas derivações forem definidas em um intervalo, então um sistema came seguidor será a escolha lógica no caso SD.

Os casos **sobe-desce-para** (SDP) e **sobe-para-desce-para** (SPDP) são escolhas óbvias para o sistema came seguidor pelas razões discutidas acima. De qualquer forma, cada um dos dois casos possui suas próprias restrições referentes ao comportamento das funções do came nas interfaces entre os segmentos que controlam a subida, a descida e as esperas. Geralmente, devemos verificar as **condições de contorno** (CCs) das funções e suas derivações em todas as interfaces entre os segmentos do came.

8.2   DIAGRAMAS *E V A P**

A primeira tarefa do projetista de came é selecionar a função matemática a ser usada para definir o movimento do seguidor. O caminho mais fácil é "linearizar" o came, isto é, desenvolvê-lo a partir de sua forma circular e considerá-la uma função desenhada nos eixos cartesianos. Traçamos a função do deslocamento *e*, sua primeira derivada, a velocidade *v*, sua segunda derivada, a aceleração *a* e sua terceira derivada, o pulso *p*, todas alinhadas no eixo como função do ângulo do came θ mostrado na Figura 8-6. Note que a variável independente nesses gráficos é o tempo *t*, ou o eixo do ângulo θ, pois conhecemos a velocidade angular constante ω do eixo do came e podemos facilmente converter o ângulo em tempo e vice-versa.

$$\theta = \omega t \qquad (8.1)$$

A Figura 8-6a mostra as especificações de um came com quatro esperas, que possui oito segmentos, SPDPSPDP. A Figura 8-6b mostra as curvas *e v a p* para todo o came em seus 360 graus de rotação do eixo do came. O projeto do came começa com a definição das funções requeridas e seus diagramas *e v a p*. Funções para segmentos de came sem esperas podem ser escolhidas com base nas suas velocidades, acelerações e pulsos característicos e nas relações das interfaces entre segmentos adjacentes, incluindo as esperas. Essas funções características podem ser conveniente e rapidamente investigadas com o software DYNACAM (ver Apêndice A), que gera os dados e os gráficos mostrados na Figura 8-6.

---

* Da sigla em inglês s v a j. Nas formulações ao longo do livro, optamos por manter as variáveis ou índices referentes aos diagramas em questão como no original. (N. de R. T.)

PROJETO DE CAMES

Número do segmento	Função usada	Ângulo inicial	Ângulo final	Delta do ângulo
1	Subida cicloidal	0	60	60
2	Espera	60	90	30
3	Descida seno modificada	90	150	60
4	Espera	150	180	30
5	Subida trapezoidal modificada	180	240	60
6	Espera	240	270	30
7	Descida harmônica simples	270	330	60
8	Espera	330	360	30

(a) Especificações do software do came

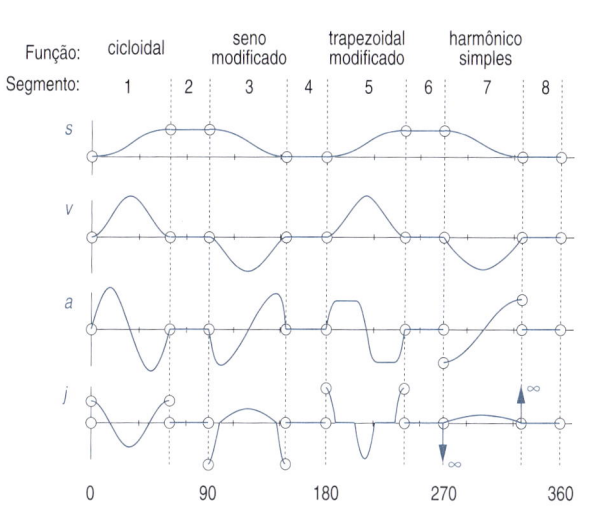

(b) Gráfico dos diagramas *e v a p* do came seguidor

FIGURA 8-6

Funções de movimento cicloidal, seno modificado, trapezoidal modificadas e harmônicas simples em um came com quatro paradas ou esperas.

8.3 PROJETO DO CAME COM DUPLA ESPERA – ESCOLHENDO AS FUNÇÕES *E V A P*

Muitas aplicações de projeto do came requerem esperas múltiplas. O caso da espera dupla é muito comum. Suponha que um came com **dupla espera** esteja movendo uma parte da estação de alimentação em uma máquina de produção de pasta de dentes. Esse hipotético came seguidor é carregado com um tubo de pasta de dentes vazio (durante uma espera inferior), então move o tubo vazio para a estação de carregamento (durante a subida), mantém o tubo absolutamente fixo em uma **posição extrema crítica** (PEC), enquanto a pasta de dentes é espremida para dentro da parte aberta do tubo (durante a espera superior), e então o tubo preenchido é levado de volta à posição inicial (zero) e mantido na outra posição extrema crítica. Nesse ponto, outro mecanismo (durante a espera inferior) agarra o tubo e o leva até a próxima operação, que deve selar o fundo do tubo. Um came similar pode ser usado também para alimentar, alinhar e retirar o tubo da estação onde se sela o fundo.

Especificações do came como essas são frequentemente posicionadas em um diagrama de tempo, como mostrado na Figura 8-7, que mostra uma representação gráfica dos eventos especificados no ciclo da máquina. O **ciclo da máquina** é definido como *uma revolução de seu eixo motor*. Em uma máquina complicada, como nossa produtora de pasta de dentes, existe um **diagrama de tempo** para cada submontagem da máquina. As relações de tempo entre todas as submontagens são definidas por seus diagramas de tempo, os quais são desenhados em um eixo de tempo comum. Obviamente, todas essas operações devem ser mantidas em sincronia precisa em relação ao tempo para que a máquina funcione.

Movimento (unidade de comprimento)

	Espera inferior	Subida	Espera superior	Descida	
Ângulo do came θ graus	0	90	180	270	360
Tempo t segundos	0	0,25	0,50	0,75	1,0

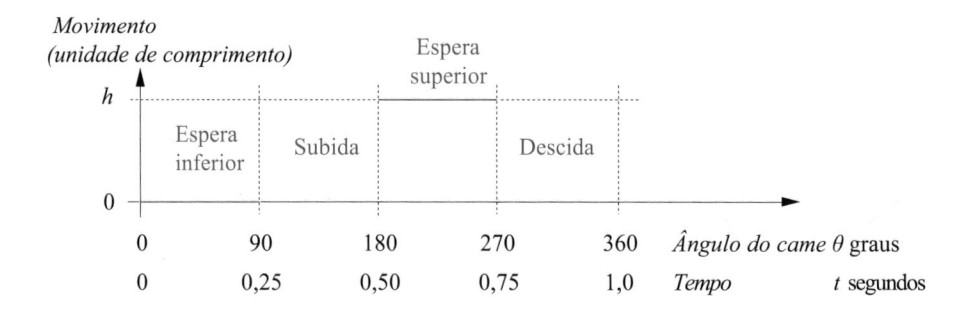

FIGURA 8-7

Diagrama de tempo do came.

Esse exemplo simples na Figura 8-7 é um caso de posição extrema crítica (PEC), porque nada é especificado sobre as funções que devem ser usadas para ir da espera inferior (um extremo) à espera superior (outro extremo). O projeto é livre para que se escolha qualquer função que executará o trabalho. Note que essas especificações contêm somente informação sobre a função do deslocamento. As derivadas superiores não são especificamente restrições para esse exemplo. Usaremos esse problema para investigar muitas maneiras diferentes de chegar a essas especificações.

✎ EXEMPLO 8-1

Projeto sem técnica ou ingênuo de came – Um came ruim.

Problema: Considere o seguinte projeto de came com especificação PEC:

espera no deslocamento zero por 90 graus (espera inferior)
subida 25 mm em 90 graus
espera em 25 mm por 90 graus (espera superior)
descida 25 mm em 90 graus
came ω 2π rad/s = 1 rev/s

Solução:

1. Provavelmente, o projetista de came inexperiente realizará o projeto como demonstrado na Figura 8-8a, tomando as especificações dadas literalmente, pois é tentador meramente "ligar os pontos" no diagrama de tempo para criar o diagrama de deslocamento (*e*). (Quando desenvolvermos esse diagrama *e* ao redor do círculo para criar o came real, ele parecerá completamente arredondado, apesar dos cantos pontiagudos do diagrama.) O engano que nosso projetista iniciante está cometendo aqui é ignorar os efeitos das derivadas superiores da função de deslocamento.

2. As figuras 8-8b, c e d mostram o problema. Note que temos de tratar cada segmento do came (subida, descida, espera) como entidades separadas no desenvolvimento das funções matemáticas do came. Obtendo primeiro o segmento de subida (2), a função de deslocamento na Figura 8-8a durante essa parte é uma linha reta, ou um polinômio de primeiro grau. A equação geral para uma linha reta é:

$$y = mx + b \tag{8.2}$$

PROJETO DE CAMES

em que *m* é a inclinação da linha, e *b* é o ponto intercepto do eixo *y*. Substituindo as variáveis apropriadas para esse exemplo na Equação 8.2, o ângulo θ substitui a variável independente *x*, e o deslocamento *e* substitui a variável dependente *y*. Por definição, a inclinação constante *m* do deslocamento é a velocidade constante K_v.

3 Para o segmento de subida, o ponto *b*, intercepto do eixo *y*, é zero, porque a posição da espera inferior é dada por convenção como o deslocamento zero. A Equação 8.2 fica assim:

$$s = K_v \theta \tag{8.3}$$

4 Derivando em relação a θ, obtemos a função para a velocidade durante a subida.

$$v = K_v = \text{constante} \tag{8.4}$$

5 Derivando novamente em relação a θ, obtemos a função para a aceleração durante a subida.

$$a = 0 \tag{8.5}$$

Isso parece muito bom para ser verdade (e é). Aceleração nula significa que a força dinâmica é nula. Isso quer dizer que esse came não possui forças dinâmicas ou tensões sobre ele!

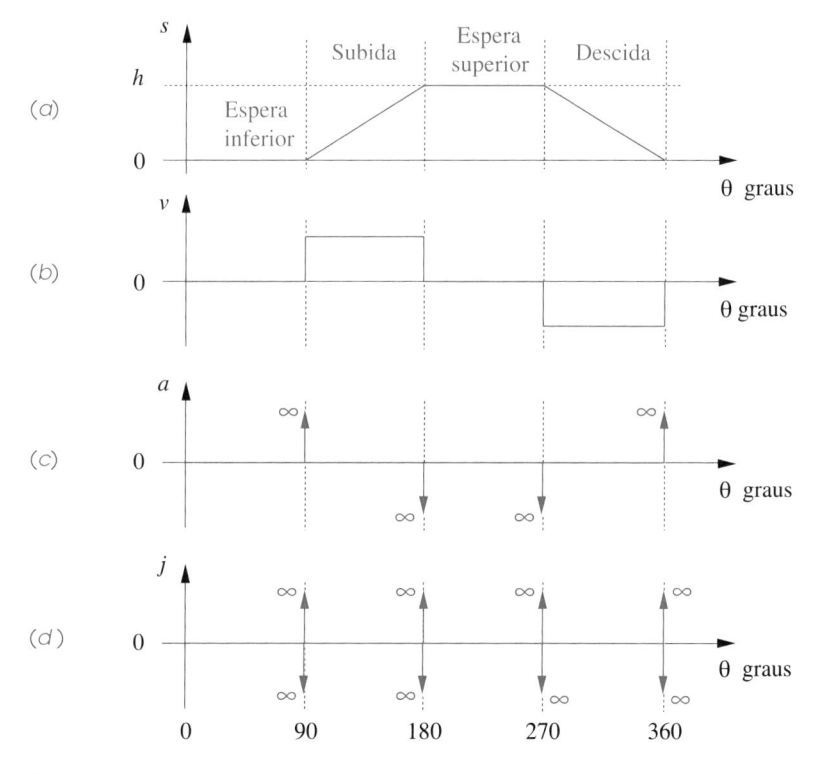

FIGURA 8-8

O diagrama *e v a p* de um came "mal" projetado.

A Figura 8-8 mostra o que realmente está acontecendo. Se retornarmos à função do deslocamento e graficamente derivarmos duas vezes, observaremos que, da definição de derivada como a inclinação instantânea da função, a aceleração é de fato zero **durante o intervalo**. *Mas no contorno do intervalo*, onde a subida encontra a espera inferior de um lado e a espera superior do outro lado, *a função da velocidade tem valores múltiplos. Existem descontinuidades nesses contornos*. O efeito dessas descontinuidades cria uma parte da curva da velocidade com **inclinação infinita** e zero de duração. Isso resulta em *infinitos picos de aceleração*, mostrados nos pontos indicados por 90, 180, 270 e 360 graus no eixo θ da Figura 8-8.

Esses picos são chamados **função delta de Dirac**. Aceleração infinita não pode ser realmente obtida, pois isso requer uma força infinita. As forças dinâmicas serão bem grandes nesses contornos e criarão altas tensões e rápido desgaste. Na verdade, se esse came for construído e rodar com qualquer velocidade significativa, os cantos pontiagudos do diagrama de deslocamento, que estão criando esta aceleração teoricamente infinita, podem rapidamente se desgastar até se arredondarem pela tensão insustentável gerada no material. *Esse é um projeto inaceitável.*

A impossibilidade desse projeto é reforçada pelo diagrama de **picos,** que mostra valores teóricos de ± **infinito** nas descontinuidades (a função **dupla**). O problema é resultado de uma escolha inapropriada da função de deslocamento. Na verdade, o projetista de came não deveria estar tão preocupado com a função de deslocamento como deveria estar com suas derivadas maiores.

A lei fundamental de projeto do came

Qualquer projeto de came para operações diferentes de velocidades bem baixas deve observar os seguintes cuidados:

A função do came deve ser contínua por toda primeira e segunda derivada do deslocamento durante todo o intervalo (360 graus).

Corolário

A função pulso deve ser finita durante todo o intervalo (360 graus).

Em qualquer came simples, a função de movimento do came não pode ser definida por uma única expressão matemática, de preferência deve se valer por várias funções separadas, cada uma definindo o comportamento do seguidor sobre seu segmento ou pedaço do came. Essas expressões são às vezes chamadas de *funções discretas*. Elas devem ser **contínuas até a terceira ordem** (a função mais duas derivadas) em todos os contornos. **As funções do deslocamento, da velocidade e da aceleração não podem ter descontinuidades.***

Se existir qualquer descontinuidade na função da aceleração, existirão infinitos picos, ou funções delta de Dirac, na derivada da aceleração, pulso. Dessa forma, a conclusão reedita a lei fundamental de projeto do came. Nosso projetista falhou ao não identificar isso iniciando o processo com uma polinomial (linear) de baixo grau para a função do deslocamento, o que faz aparecer descontinuidades nas derivadas maiores.

Funções polinomiais são uma das melhores escolhas para cames, mas possuem uma falha que pode acarretar problemas na aplicação. Cada vez que são derivadas, elas se reduzem em um grau. No fim, depois de suficientes derivações, as polinomiais degeneram-se para grau nulo (valor constante), como mostrado na função da velocidade da Figura 8-8b. Começando com uma função polinomial de primeiro grau para o deslocamento, era inevitável que aparecessem descontinuidades em suas derivadas.

---

* Essa regra foi estabelecida por Neklutin,[2] mas é disputada por outros autores.[3],[4] O autor acredita que essa é uma boa (e simples) regra a seguir para obter resultados dinâmicos aceitáveis com cames de alta velocidade. Aqui temos dados claros de simulação e evidência experimental de que funções arredondadas de pulsos reduzem vibrações residuais no sistema came seguidor.[10]

PROJETO DE CAMES

Para obter a lei fundamental do projeto do came, deve-se começar com, no mínimo, uma função polinomial do quinto grau (quíntica) para o deslocamento do came com dupla espera. Ela irá degenerar até uma função cúbica para a aceleração. A função parabólica do pulso terá descontinuidades, e a (não nomeada) derivada do pulso terá infinitos picos. Isso é aceitável, pois o pulso continua finito.

Movimento harmônico simples (MHS)

Nosso inexperiente projetista reconheceu seu engano na escolha de uma função linear para o deslocamento. Ele também se lembrou de uma família de funções, que conheceu em um curso de cálculo, que possuem a propriedade de permanecer contínuas durante qualquer número de derivação: as funções harmônicas. Em derivações repetidas, o seno torna-se cosseno, que se torna o seno negativo, que se torna o cosseno negativo etc., até o infinito. Nunca se foge de derivadas com a família harmônica de curvas. Na verdade, a derivação de uma função harmônica apenas executa uma defasagem de 90° da função. Apesar disso, quando você deriva essas funções, é como se você cortasse, com uma tesoura, uma parte diferente da mesma onda da função seno contínua, que é definida de menos infinito até mais infinito. As equações do movimento harmônico simples (MHS) para a subida são:

$$s = \frac{h}{2}\left[1 - \cos\left(\pi\frac{\theta}{\beta}\right)\right] \tag{8.6a}$$

$$v = \frac{\pi}{\beta}\frac{h}{2}\operatorname{sen}\left(\pi\frac{\theta}{\beta}\right) \tag{8.6b}$$

$$a = \frac{\pi^2}{\beta^2}\frac{h}{2}\cos\left(\pi\frac{\theta}{\beta}\right) \tag{8.6c}$$

$$j = -\frac{\pi^3}{\beta^3}\frac{h}{2}\operatorname{sen}\left(\pi\frac{\theta}{\beta}\right) \tag{8.6d}$$

em que h é a subida total, ou elevação; θ é o eixo do ângulo do came; e β é o ângulo total do intervalo de subida.

Introduzimos aqui uma notação para simplificar as expressões. A variável independente na nossa função do came é θ, o ângulo do eixo do came. O tempo de qualquer segmento é definido pelo ângulo β. Seu valor pode, com certeza, ser diferente em cada segmento. Normalizamos a variável independente θ dividindo-a pelo tempo do segmento β. Ambos, θ e β, são medidos em radianos (ou ambos em graus). O valor de θ/β irá variar de 0 a 1 em qualquer segmento. Ele será adimensional. As Equações 8.6 definem o movimento harmônico simples e suas derivadas em função de θ/β para o segmento de subida.

Essa família de funções harmônicas parece, à primeira vista, bem completa para o problema do projeto do came da Figura 8-7. Se definirmos a função do deslocamento como uma das funções harmônicas, não precisaremos "fugir das derivadas" antes de chegar até a função da aceleração.

EXEMPLO 8-2

Projeto do came sofomórico* – Movimento harmônico simples – Ainda um came ruim.

Problema: Considere o mesmo projeto do came com especificações PEC do Exemplo 8-1:

- **espera** no deslocamento zero por 90 graus (espera inferior)
- **subida** 25 mm em 90 graus
- **espera** em 25 mm por 90 graus (espera superior)
- **descida** 25 mm em 90 graus
- **came ω** 2π rad/s = 1 rev/s

Solução:

1. A Figura 8-9 mostra uma função harmônica simples de subida completa** aplicada ao segmento de subida do nosso problema de projeto do came.

2. Note que a função da velocidade é contínua, visto que confirma a velocidade nula das esperas em cada extremo. O valor de pico é 160 mm/s no ponto médio da subida.

3. A função da aceleração, de qualquer forma, **não** é contínua. Ela é uma curva cosseno de meio-tempo e tem valores não nulos no início e iguais a ±2,0 m/s² no final.

4. Infelizmente, as funções das esperas, que unem a subida em cada lado, têm aceleração nula, como pode ser visto na Figura 8-6. Desse modo, existem **descontinuidades na aceleração em cada extremo do intervalo**, que usa a função de deslocamento harmônica simples.

5. Isso viola a lei fundamental do projeto do came e cria **infinitos picos de pulsos** no extremo de cada intervalo de descida. **Esse também é um projeto inaceitável de came.**

FIGURA 8-9
Movimento harmônico simples com esperas tem aceleração descontínua.

* **Sofomórico**, do inglês "sophomore", *def. tolo esperto*; do grego, *sophos* = sabedoria, *moros = tolo*.

** Embora seja realmente uma curva cossenoidal de meio-tempo, a chamaremos de função harmônica simples de subida completa (ou descida completa) para diferenciá-la da função harmônica simples de meia subida (e meia descida), que é uma cossenoidal de um quarto de tempo.

O que houve de errado? É verdade que uma função harmônica é derivável até o infinito, mas aqui não estamos lidando com funções harmônicas simples. Nossa função de came durante todo o intervalo é uma **função discreta** (Figura 8-6), composta de vários segmentos, alguns dos quais podem ser partes da espera ou de outras funções. Uma espera sempre terá velocidade e aceleração nulas. Dessa forma, devemos marcar os valores nulos das esperas nos finais de cada derivada de qualquer segmento sem espera que os una. A função harmônica simples do deslocamento, quando usada com esperas, **não** satisfaz a lei fundamental do projeto de came. Sua segunda derivada, a aceleração, é não nula em seu final e dessa forma não concorda com as esperas requeridas nesse exemplo.

O único caso em que a função harmônica simples do deslocamento irá satisfazer a lei fundamental será no caso de SD sem retorno rápido, isto é, sobe em 180° e desce em 180° sem esperas. Então, o came, se trabalharmos com um seguidor de face plana, se torna um excêntrico, como mostrado na Figura 8-10. Como uma função contínua (não discreta) singular, suas derivadas são também contínuas. A Figura 8-11 mostra o deslocamento (em polegadas) e as funções de aceleração (em g's) do came excêntrico como medido no seguidor. O ruído, ou "ondulação", na curva da aceleração deve-se a pequenos e inevitáveis erros de manufatura. Limitações na manufatura serão discutidas nas próximas seções.

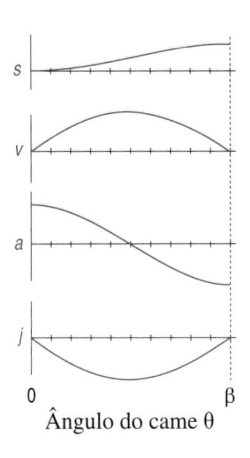

PROJETO DE CAMES

FIGURA 8-11

Deslocamento e aceleração como medidos no seguidor do came excêntrico.

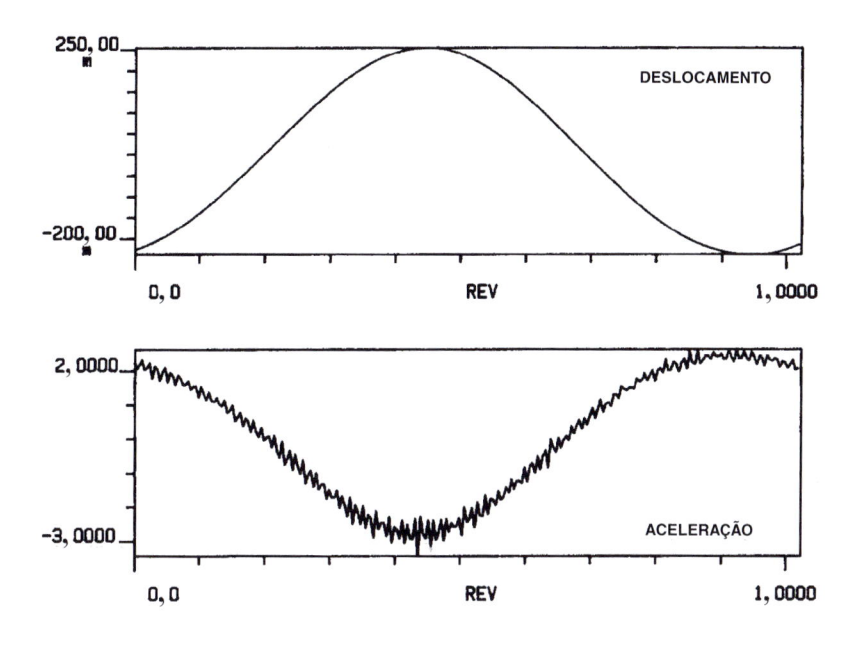

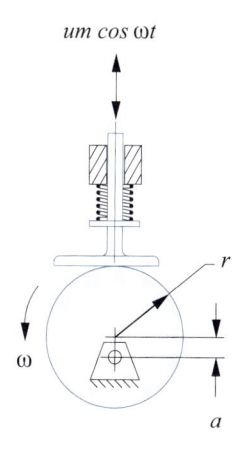

FIGURA 8-10

Um seguidor de face plana em um came excêntrico executa um movimento harmônico simples.*

Deslocamento cicloidal

Os dois exemplos ruins de projeto de came descritos acima deveriam levar o projetista de came a concluir que considerar somente a função do deslocamento quando se projeta um came é errado. A melhor abordagem é começar considerando a maior derivada, especialmente a aceleração. A função da aceleração e a função do impulso devem ser as principais preocupações do projeto. Em alguns casos, especialmente quando a massa do trem seguidor for grande ou quando houver uma especificação sobre a velocidade, essas funções devem ser cuidadosamente projetadas.

Com isso em mente, reprojetaremos o came segundo as especificações do exemplo acima. Dessa vez, começaremos pela função da aceleração. As funções da família harmônica ainda possuem vantagens que as tornam atraentes para essa aplicação. A Figura 8-12 mostra o tempo completo de uma senoidal de tempo total, aplicada como função da aceleração. Isso leva à restrição de magnitude nula em cada extremo para concordar com os segmentos de espera conectados. A equação para a curva senoidal é:

$$a = C \operatorname{sen}\left(2\pi \frac{\theta}{\beta}\right) \tag{8.7}$$

Novamente, normalizamos a variável independente θ dividindo-a pelo tempo do segmento β, com ambos, θ e β, medidos em radianos. O valor de θ/β vai de 0 a 1 em qualquer segmento e é uma razão adimensional. Desde que desejemos um ciclo completo da curva senoidal, deveremos multiplicar o argumento por 2π. O argumento da função seno irá então variar de 0 a 2π, independentemente do valor de β. A constante C define a amplitude da curva do seno.

---

* Se um seguidor de rolete for usado no lugar de um seguidor de face plana, então o traçado do centro do seguidor de rolete ainda será excêntrico, mas a superfície do came não será. Isso acontece devido ao adiantamento-retardo no ponto de contato do rolete com a superfície do came. Quando "sobe a montanha", o ponto de contato leva ao centro do seguidor e, quando "desce a montanha", ele deixa o centro. Isso distorce a superfície do came, fazendo com que não seja um verdadeiro círculo excêntrico. De qualquer forma, o movimento do seguidor será um movimento harmônico simples, como definido na Figura 8-10, não dependendo do tipo de seguidor.

Integra-se para obter a velocidade,

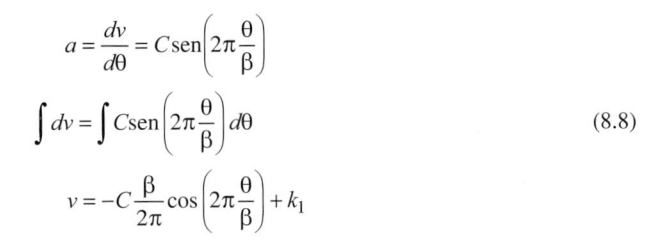

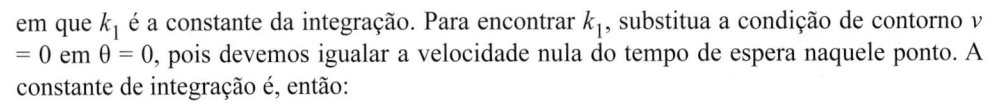

$$a = \frac{dv}{d\theta} = C\operatorname{sen}\left(2\pi\frac{\theta}{\beta}\right)$$

$$\int dv = \int C\operatorname{sen}\left(2\pi\frac{\theta}{\beta}\right) d\theta \qquad (8.8)$$

$$v = -C\frac{\beta}{2\pi}\cos\left(2\pi\frac{\theta}{\beta}\right) + k_1$$

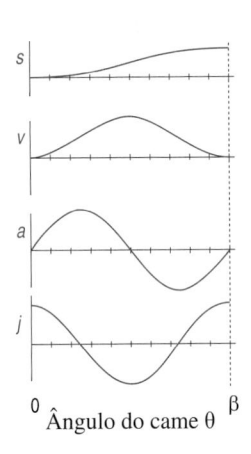

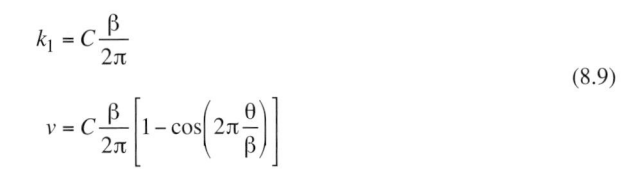

em que k_1 é a constante da integração. Para encontrar k_1, substitua a condição de contorno $v = 0$ em $\theta = 0$, pois devemos igualar a velocidade nula do tempo de espera naquele ponto. A constante de integração é, então:

$$k_1 = C\frac{\beta}{2\pi}$$

e

$$v = C\frac{\beta}{2\pi}\left[1 - \cos\left(2\pi\frac{\theta}{\beta}\right)\right] \qquad (8.9)$$

FIGURA 8-12
Aceleração senoidal fornece um deslocamento cicloidal.

Note que, substituindo o valor da condição de contorno no outro extremo do intervalo, $v = 0$, $\theta = \beta$, chegaremos ao mesmo resultado de k_1. Integra-se novamente para obter o deslocamento.

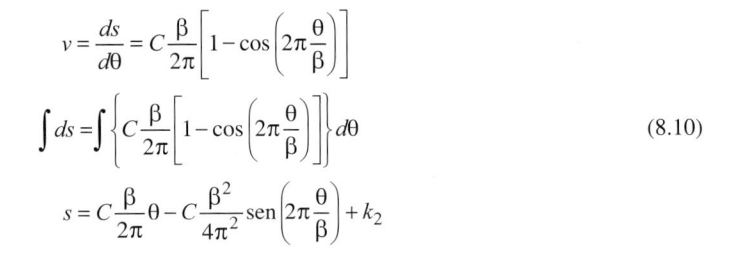

$$v = \frac{ds}{d\theta} = C\frac{\beta}{2\pi}\left[1 - \cos\left(2\pi\frac{\theta}{\beta}\right)\right]$$

$$\int ds = \int \left\{C\frac{\beta}{2\pi}\left[1 - \cos\left(2\pi\frac{\theta}{\beta}\right)\right]\right\} d\theta \qquad (8.10)$$

$$s = C\frac{\beta}{2\pi}\theta - C\frac{\beta^2}{4\pi^2}\operatorname{sen}\left(2\pi\frac{\theta}{\beta}\right) + k_2$$

Para encontrar k_2, substitua o valor da condição de contorno $e = 0$ em $\theta = 0$, desde que, obrigatoriamente, confirmemos o deslocamento nulo do tempo de espera naquele ponto. Para validar a constante C da amplitude, substitua a condição de contorno $e = h$ em $\theta = \beta$, em que h é valor máximo na subida (ou elevação) do seguidor requerido no intervalo e é uma constante para qualquer especificação de came.

$$k_2 = 0$$
$$C = 2\pi\frac{h}{\beta^2} \qquad (8.11)$$

Substituindo o valor da constante C na Equação 8.7 da aceleração, teremos:

$$a = 2\pi\frac{h}{\beta^2}\operatorname{sen}\left(2\pi\frac{\theta}{\beta}\right) \qquad (8.12a)$$

Derivando em relação a θ, obtemos a expressão do pulso.

PROJETO DE CAMES

$$j = 4\pi^2 \frac{h}{\beta^3} \cos\left(2\pi \frac{\theta}{\beta}\right) \quad (8.12b)$$

Substituindo os valores das constantes C e k_1 na Equação 8.9 da velocidade, teremos:

$$v = \frac{h}{\beta}\left[1 - \cos\left(2\pi \frac{\theta}{\beta}\right)\right] \quad (8.12c)$$

Essa função da velocidade é a soma do termo cosseno negativo e do termo constante. O coeficiente do termo cosseno é igual ao termo constante. Isso resulta na curva da velocidade que começa e termina em zero e alcança o módulo máximo em $\beta/2$, como podemos ver na Figura 8-12. Substituindo os valores das constantes C, k_1 e k_2 na Equação 8.10 para deslocamento, temos:

$$s = h\left[\frac{\theta}{\beta} - \frac{1}{2\pi}\operatorname{sen}\left(2\pi \frac{\theta}{\beta}\right)\right] \quad (8.12d)$$

Note que esta expressão de deslocamento é a soma de uma linha reta de inclinação h e uma onda senoidal negativa. A onda senoidal é, de fato, envolvida pela linha reta, como pode ser vista na Figura 8-12. A Equação 8.12d é a expressão para um cicloide. Essa função do came se refere tanto a um **deslocamento cicloidal** quanto a uma **aceleração senoidal**.

Da forma apresentada, com θ (em radianos) sendo a variável independente, a unidade da Equação 8.12d é de comprimento; a da Equação 8.12c é de comprimento/rad; a da Equação 8.12a é de comprimento/rad², e a da Equação 8.12b é de comprimento/rad³. Para converter essas equações em base de tempo, multiplique a velocidade v pela velocidade angular do eixo do came ω (em rad/s), multiplique a aceleração a por ω^2, e o pulso p por ω^3.

EXEMPLO 8-3

Projetista júnior de came – Deslocamento cicloidal – Um came aceitável.

Problema: Considere o mesmo projeto de came com as especificações PEC dos exemplos 8-1 e 8-2:

espera	no deslocamento zero por 90 graus (espera inferior)
subida	25 mm em 90 graus
espera	em 25 mm por 90 graus (espera superior)
descida	25 mm em 90 graus
came ω	2π rad/s = 1 rev/s

Solução:

1 A função do deslocamento cicloidal é aceitável para essa especificação de came de dupla espera. Suas derivadas são contínuas por toda a função de aceleração, como visto na Figura 8-12. O pico da aceleração é 2,55 m/s².

2 A curva do pulso, na Figura 8-12, tem descontinuidades nas condições de contorno, mas seu módulo é finito, e isso é aceitável. Seu valor de pico é 64 m/s³.

3 A velocidade é suave e confirma os zeros da espera em cada extremo. Seu valor de pico é 0,2 m/s.

4 A única desvantagem para essa função é que ela possui elevadas magnitudes para os picos de aceleração e de velocidade, comparadas a outras possíveis funções de dupla espera.

O leitor pode abrir o arquivo E08-03.cam no software DYNACAM (ver Apêndice A) para investigar esse exemplo com mais detalhes.

Funções combinadas

A força dinâmica é proporcional à aceleração. De fato, gostaríamos de minimizar as forças dinâmicas, e assim poderíamos minimizar também o módulo da função da aceleração para mantê-la contínua. A energia cinética é proporcional ao quadrado da velocidade. Também poderíamos minimizar a energia cinemática armazenada, especialmente em trens seguidores com grandes massas, e assim com os módulos da função da velocidade também.

ACELERAÇÃO CONSTANTE   Se desejamos minimizar o valor de pico do módulo da função da aceleração para um dado problema, a função que melhor resolve esse obstáculo é uma curva quadrada, como mostrado na Figura 8-13. Essa função também é chamada de **aceleração constante**. A onda quadrada tem como propriedade o valor mínimo de pico para uma dada área em um dado intervalo. Contudo, esta função não é contínua. Ela tem descontinuidades no início, no meio e no fim do intervalo, então, **não é aceitável para uma função de aceleração de came**.

ACELERAÇÃO TRAPEZOIDAL   As descontinuidades da onda quadrada podem ser removidas simplesmente "quebrando-se os cantos" da função da onda quadrada e criando-se a função da **aceleração trapezoidal,** mostrada na Figura 8-14a. A área perdida ao "quebrarem-se os cantos" deve ser recolocada aumentando-se o módulo do pico acima do módulo da onda quadrada original, para assim manter as especificações requeridas de elevação e duração.

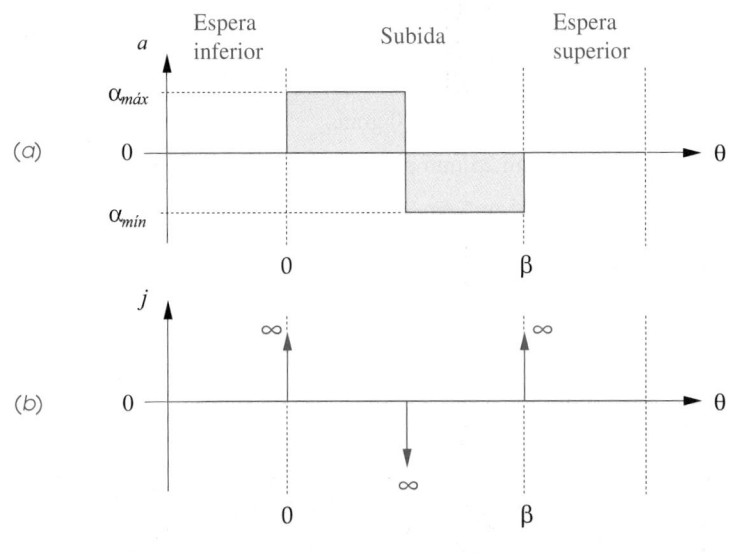

FIGURA 8-13

Aceleração constante fornece pulso infinito.

PROJETO DE CAMES

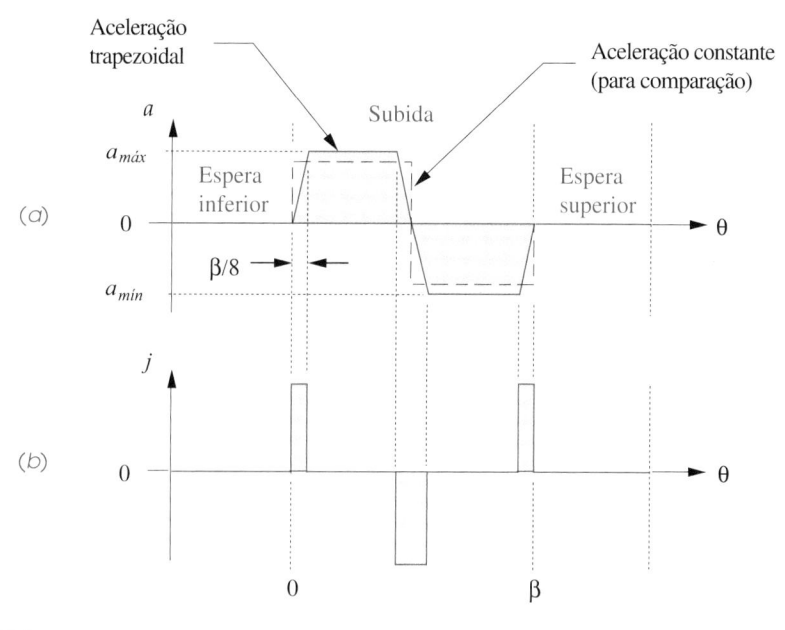

FIGURA 8-14

Aceleração trapezoidal fornece pulso finito.

Mas esse incremento na magnitude do pico é pequeno, e a aceleração máxima teórica pode ser significativamente menor do que o valor de pico teórico da função senoidal (deslocamento cicloidal) da aceleração. Uma desvantagem dessa função trapezoidal é a função pulso ter muitas descontinuidades, como mostrado na Figura 8-14b. Uma função pulso grosseira como essa tende a excitar um comportamento vibratório no trem seguidor devido a seu alto conteúdo harmônico. A aceleração cicloidal senoidal possui uma função cossenoidal de pulso relativamente atenuada com somente duas descontinuidades no intervalo, por isso é preferencialmente usada em vez da onda quadrada trapezoidal do pulso. Mas o pico teórico da aceleração cicloidal será maior, o que não é desejável. Então, devem ser feitas recomendações na seleção das funções para o came.

ACELERAÇÃO TRAPEZOIDAL MODIFICADA Uma melhoria pode ser feita na função de aceleração trapezoidal substituindo-se partes da curva seno para os lados inclinados dos trapézios, como mostrados na Figura 8-15. Essa função é chamada de curva da **aceleração trapezoidal modificada**.* Ela é o casamento da curva da aceleração senoidal com curvas de aceleração constantes. Conceitualmente, um tempo completo da curva seno é cortado em quatro partes e "colado" na onda quadrada, para fornecer uma transição atenuada dos zeros nos pontos finais até os máximos e mínimos valores de pico e para colocar a transição do máximo para o mínimo no centro do intervalo. As porções do segmento total do tempo (β) usadas para as partes senoidais da função podem variar. O arranjo mais comum é cortar a onda quadrada em $\beta/8$, $3\beta/8$, $5\beta/8$ e $7\beta/8$ para inserir os pedaços da curva seno, como mostrado na Figura 8-15.

A função trapezoidal modificada definida acima é uma das muitas funções combinadas, criadas para cames que colocam várias funções juntas; é preciso sempre ter o cuidado de confirmar os valores das curvas e, v e a em todas as faces entre as funções combinadas. Isso é

* Desenvolvido por C.N. Weklutin of Universal Match Corp. Ver ref. [2].

(a) Obtenha uma curva seno

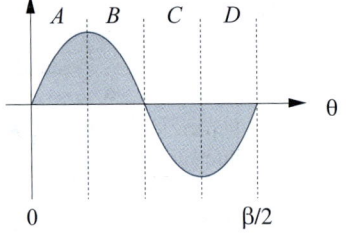

(b) Separe a curva seno

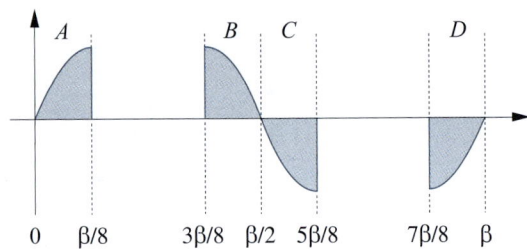

(c) Obtenha uma onda quadrada de aceleração constante

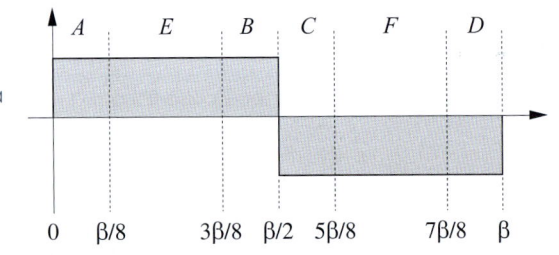

(d) Combine as duas

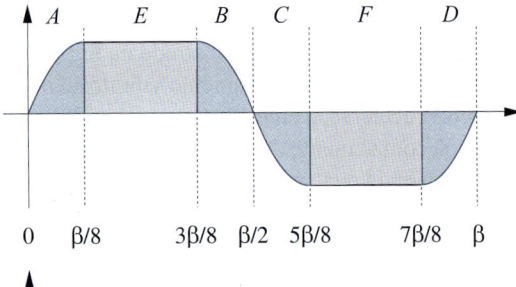

(e) Aceleração trapezoidal modificada

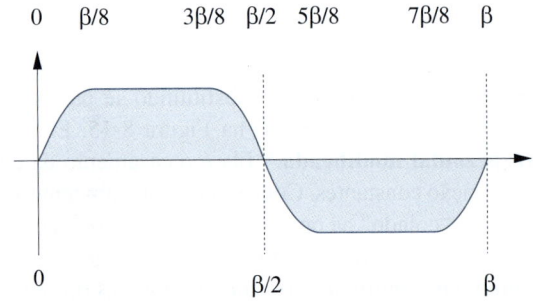

FIGURA 8-15

Criando a função da aceleração trapezoidal modificada.

vantajoso, pois mantém a aceleração de pico relativamente baixa e razoavelmente rápida, e as transições atenuadas no início e no fim do intervalo. A função trapezoidal modificada do came tem sido frequentemente usada para cames com duplo tempo de espera.

ACELERAÇÃO SENOIDAL MODIFICADA* A curva seno da aceleração (deslocamento cicloidal) tem a vantagem de não possuir atenuações (curva pulso menos grosseira), comparada à trapezoidal modificada, mas tem o pico de aceleração teoricamente maior. Combinando duas curvas (senoidais) harmônicas de frequências diferentes, podemos reter algumas características de não atenuação cicloidal ou trapezoidal modificada. A Figura 8-16 mostra como a curva seno modificada da aceleração é feita através de pedaços de duas funções senoidais, uma com frequência maior que a outra. O primeiro e o último quarto da curva seno de maior frequência (tempo curto, $\beta/2$) é usado para o primeiro e o último oitavos da função combinada. A metade central da curva seno de menor frequência (tempo longo, $3\beta/2$) é usada para preencher os três quartos centrais da curva combinada. Obviamente, os módulos das duas curvas e suas derivadas devem se encontrar em suas interfaces para evitar descontinuidades.

A família ASCC de funções de duplo tempo de espera

ASCC significa *aceleração seno cosseno constante* e se refere à família de funções da aceleração que incluem aceleração constante, harmônica simples, trapezoidal modificada, seno modificada e curvas cicloidais.[11] Essas curvas bem diferentes podem todas ser definidas pela mesma equação, mudando-se apenas alguns parâmetros numéricos. As equações para o deslocamento, velocidade e pulso de todas as funções ASCC diferem apenas quanto a seus parâmetros numéricos.

Para revelar esta similaridade, primeiro é necessário normalizar as variáveis nas equações. Já normalizamos a variável independente, o ângulo θ do came, dividindo-o pelo intervalo de tempo β. Iremos agora simplificar a notação pela definição

$$x = \frac{\theta}{\beta} \qquad (8.13a)$$

A variável normalizada x varia de 0 a 1 por todo o intervalo. O deslocamento normalizado do seguidor é, então:

$$y = \frac{s}{h} \qquad (8.13b)$$

em que e é o deslocamento instantâneo do seguidor e h é a elevação total. A variável normalizada y varia de 0 a 1 por todo o deslocamento do seguidor.

A forma geral das funções e v a p da família ASCC é mostrada na Figura 8-17. O intervalo β é dividido em cinco zonas, numeradas de 1 a 5. As zonas 0 e 6 representam os tempos de espera em ambos os lados de subida (ou descida). A largura das zonas 1 - 5 são definidas em função de β e de um dos três parâmetros b, c ou d. Os valores desses três parâmetros definem a forma da curva e sua identidade dentro da família de funções. A velocidade, a aceleração e o pulso normalizados são expressos, respectivamente, como:

---

* Desenvolvido por E. H. Schmidt of DuPont.

(a) Curva seno 1 de tempo β/2

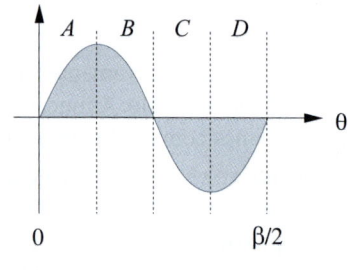

(b) Curva seno 2 de tempo 3β/2

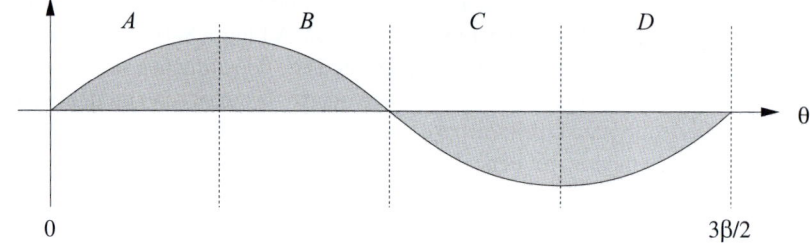

(c) Obtenha o 1º e o 4º quartos de 1

(d) Obtenha o 2º e o 3º quartos de 2

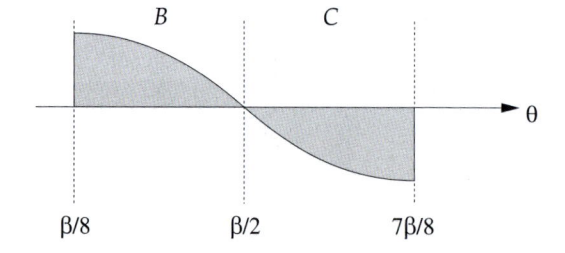

(e) Combine para chegar no seno modificado

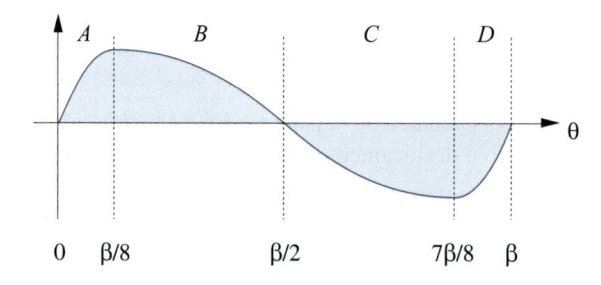

FIGURA 8-16

Criação da função de aceleração seno modificada.

PROJETO DE CAMES

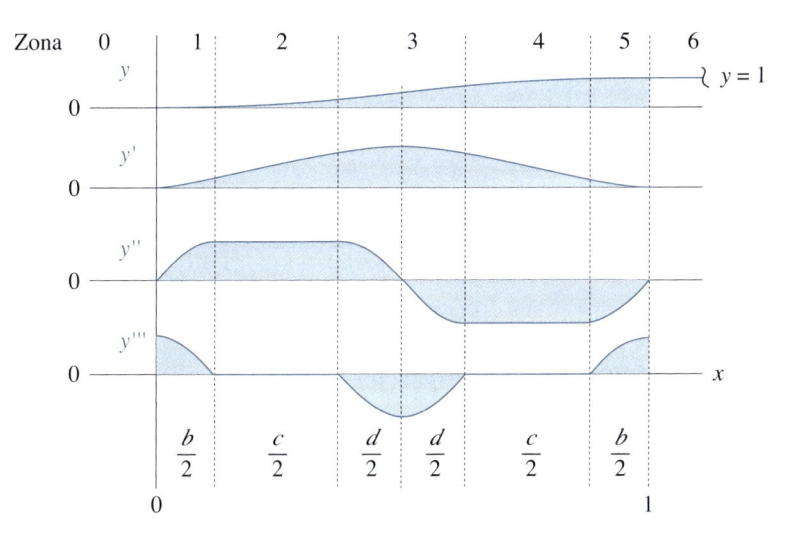

FIGURA 8-17

Parâmetros para a família de curvas normalizadas ASCC.

$$y' = \frac{dy}{dx} \qquad y'' = \frac{d^2y}{dx^2} \qquad y''' = \frac{d^3y}{dx^3} \qquad (8.14)$$

Na zona 0, todas as funções são zero. As expressões para as funções com cada uma das outras zonas da Figura 8-17 são as seguintes:

Zona 1: $\quad 0 \leq x \leq \frac{b}{2}: \qquad b \neq 0$

$$y = C_a\left[\frac{b}{\pi}x - \left(\frac{b}{\pi}\right)^2 \text{sen}\left(\frac{\pi}{b}x\right)\right] \tag{8.15a}$$

$$y' = C_a\left[\frac{b}{\pi} - \frac{b}{\pi}\cos\left(\frac{\pi}{b}x\right)\right] \tag{8.15b}$$

$$y'' = C_a \text{sen}\left(\frac{\pi}{b}x\right) \tag{8.15c}$$

$$y''' = C_a \frac{\pi}{b}\cos\left(\frac{\pi}{b}x\right) \tag{8.15d}$$

Zona 2: $\quad \frac{b}{2} \leq x \leq \frac{1-d}{2}$

$$y = C_a\left[\frac{x^2}{2} + b\left(\frac{1}{\pi} - \frac{1}{2}\right)x + b^2\left(\frac{1}{8} - \frac{1}{\pi^2}\right)\right] \tag{8.16a}$$

$$y' = C_a\left[x + b\left(\frac{1}{\pi} - \frac{1}{2}\right)\right] \tag{8.16b}$$

$$y'' = C_a \qquad (8.16c)$$

$$y''' = 0 \qquad (8.16d)$$

Zona 3: $\dfrac{1-d}{2} \le x \le \dfrac{1+d}{2}: \quad d \ne 0$

$$y = C_a\left\{\left(\dfrac{b}{\pi}+\dfrac{c}{2}\right)x + \left(\dfrac{d}{\pi}\right)^2 + b^2\left(\dfrac{1}{8}-\dfrac{1}{\pi^2}\right) - \dfrac{(1-d)^2}{8} - \left(\dfrac{d}{\pi}\right)^2 \cos\left[\dfrac{\pi}{d}\left(x-\dfrac{1-d}{2}\right)\right]\right\} \qquad (8.17a)$$

$$y' = C_a\left\{\dfrac{b}{\pi}+\dfrac{c}{2}+\dfrac{d}{\pi}\operatorname{sen}\left[\dfrac{\pi}{d}\left(x-\dfrac{1-d}{2}\right)\right]\right\} \qquad (8.17b)$$

$$y'' = C_a \cos\left[\dfrac{\pi}{d}\left(x-\dfrac{1-d}{2}\right)\right] \qquad (8.17c)$$

$$y''' = -C_a \dfrac{\pi}{d}\operatorname{sen}\left[\dfrac{\pi}{d}\left(x-\dfrac{1-d}{2}\right)\right] \qquad (8.17d)$$

Zona 4: $\dfrac{1+d}{2} \le x \le 1-\dfrac{b}{2}$

$$y = C_a\left[-\dfrac{x^2}{2}+\left(\dfrac{b}{\pi}+1-\dfrac{b}{2}\right)x+\left(2d^2-b^2\right)\left(\dfrac{1}{\pi^2}-\dfrac{1}{8}\right)-\dfrac{1}{4}\right] \qquad (8.18a)$$

$$y' = C_a\left(-x+\dfrac{b}{\pi}+1-\dfrac{b}{2}\right) \qquad (8.18b)$$

$$y'' = -C_a \qquad (8.18c)$$

$$y''' = 0 \qquad (8.18d)$$

Zona 5: $1-\dfrac{b}{2} \le x \le 1: \quad b \ne 0$

$$y = C_a\left\{\dfrac{b}{\pi}x+\dfrac{2(d^2-b^2)}{\pi^2}+\dfrac{(1-b)^2-d^2}{4}-\left(\dfrac{b}{\pi}\right)^2 \operatorname{sen}\left[\dfrac{\pi}{b}(x-1)\right]\right\} \qquad (8.19a)$$

$$y' = C_a\left\{\dfrac{b}{\pi}-\dfrac{b}{\pi}\cos\left[\dfrac{\pi}{b}(x-1)\right]\right\} \qquad (8.19b)$$

$$y'' = C_a \operatorname{sen}\left[\dfrac{\pi}{b}(x-1)\right] \qquad (8.19c)$$

$$y''' = C_a \dfrac{\pi}{b}\cos\left[\dfrac{\pi}{b}(x-1)\right] \qquad (8.19d)$$

PROJETO DE CAMES

Zona 6: $\quad x > 1$
$y = 1, \quad y' = y'' = y''' = 0$ (8.20)

O coeficiente C_a é um fator adimensional de pico de aceleração. Isso pode ser provado pelo fato de que, no fim do acréscimo do intervalo 5 quando $x = 1$, a expressão para o deslocamento (Equação 8.19a) deve ter $y = 1$ para corresponder ao tempo de espera do intervalo 6. Ajustando o lado direito da Equação 8.19a igual a 1, temos

$$C_a = \frac{4\pi^2}{\left(\pi^2 - 8\right)\left(b^2 - d^2\right) - 2\pi(\pi - 2)b + \pi^2}$$ (8.21a)

Podemos definir também fatores (coeficientes) adimensionais de pico para velocidade (C_v) e pulso (C_p) em termos de C_a. A velocidade é máxima em $x = 0,5$. Sendo assim, C_v será igual ao lado direito da Equação 8.17b quando $x = 0,5$.

$$C_v = C_a \left(\frac{b+d}{\pi} + \frac{c}{2}\right)$$ (8.21b)

O pulso é máximo em $x = 0$. Igualando o lado direito da Equação 8.15d a zero, temos:

$$C_j = C_a \frac{\pi}{b} \qquad b \neq 0$$ (8.21c)

A Tabela 8-2 mostra os valores de b, c, d e os fatores resultantes C_v, C_a e C_p para os cinco membros-padrões da família ASCC. Existe uma infinidade de funções relacionadas aos valores desses parâmetros entre aqueles mostrados. A Figura 8-18 mostra esses cinco membros da 'família aceleração' sobrepostos, com seus parâmetros de projeto descritos. Note que todas as funções mostradas na Figura 8-18 foram geradas com o mesmo conjunto de equações (8.15 até 8.21), em que mudam apenas os valores dos parâmetros b, c e d. Note também que existe uma

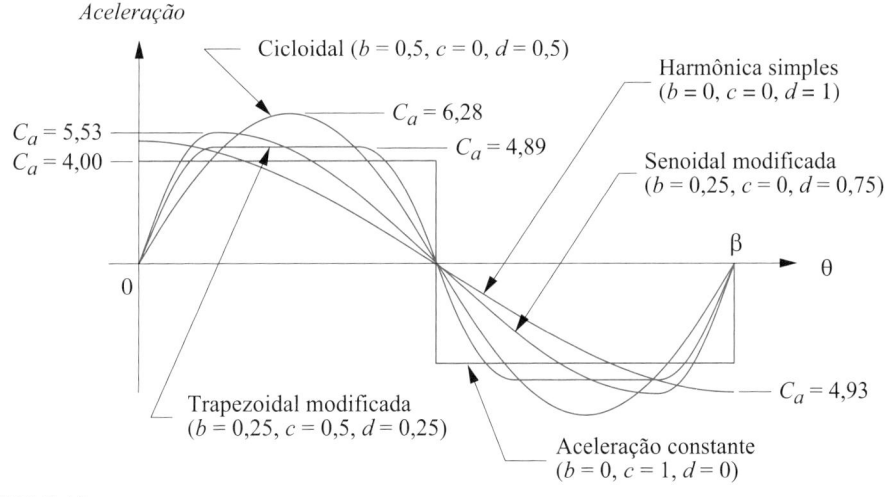

FIGURA 8-18

Comparação de cinco funções de aceleração da família ASCC.

Tabela 8-2   Parâmetros e coeficientes para a família de funções ASCC

Função	b	c	d	C_v	C_a	C_j
Aceleração constante	0,00	1,00	0,00	2,0000	4,0000	∞
Trapezoidal modificada	0,25	0,50	0,25	2,0000	4,8881	61,426
Harmônica simples	0,00	0,00	1,00	1,5708	4,9348	∞
Senoidal modificada	0,25	0,00	0,75	1,7596	5,5280	69,466
Cicloidal deslocada	0,50	0,00	0,50	2,0000	6,2832	39,478

infinidade de membros de família em que b, c e d podem assumir qualquer um dos conjuntos de valores, aos quais se adiciona 1.

Para aplicar as funções ASCC em problemas de projeto de came é necessário apenas que elas sejam multiplicadas ou divididas pelos próprios fatores do problema em questão, são eles o acréscimo real h, a duração real β (rad) e a velocidade do came ω (rad/s).

$$\begin{aligned}
s &= hy & &\text{comprimento} & S &= s & &\text{comprimento} \\
v &= \frac{h}{\beta} y' & &\text{comprimento/rad} & V &= v\omega & &\text{comprimento/s} \\
a &= \frac{h}{\beta^2} y'' & &\text{comprimento/rad}^2 & A &= a\omega^2 & &\text{comprimento/s}^2 \\
j &= \frac{h}{\beta^3} y''' & &\text{comprimento/rad}^3 & J &= j\omega^3 & &\text{comprimento/s}^3
\end{aligned} \qquad (8.22)$$

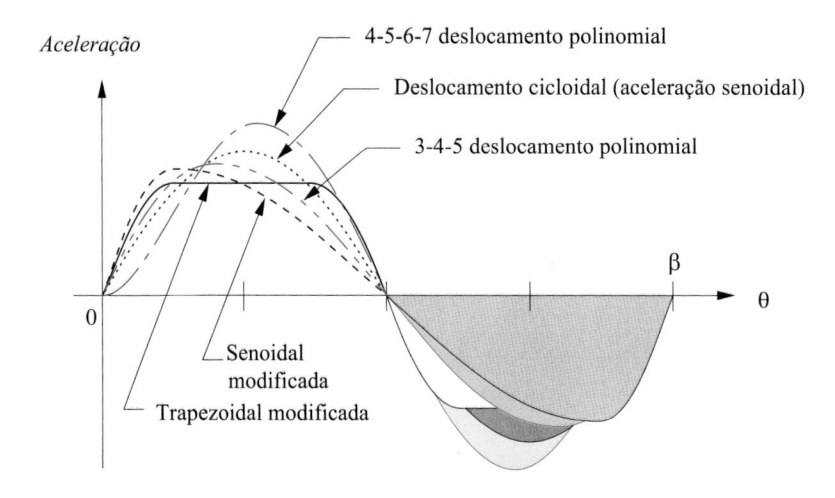

FIGURA 8-19

Comparação de cinco funções de aceleração de came com tempo de espera duplo.

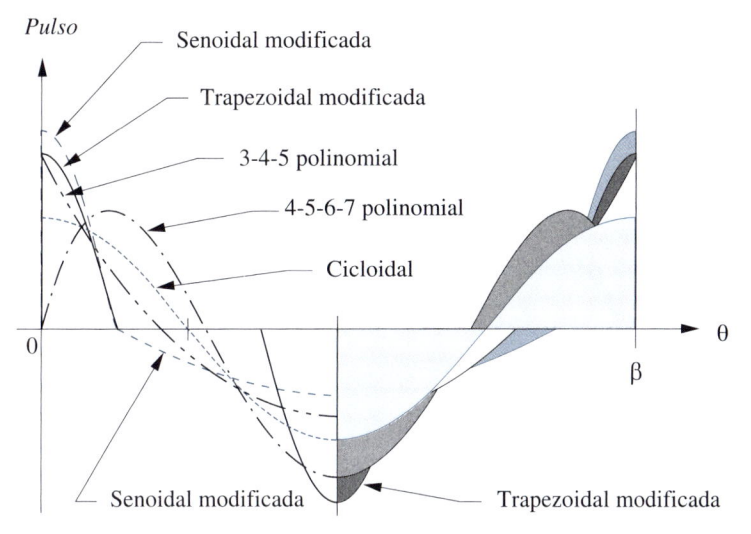

FIGURA 8-20

Comparação de cinco funções de pulso de came com tempo de espera duplo.

A Figura 8-19 mostra uma comparação das formas e magnitudes relativas das cinco funções de aceleração de came, incluindo as curvas cicloidal, trapezoidal modificada e senoidal modificada.* A curva cicloidal tem um pico de aceleração teórico, que é aproximadamente 1,3 vezes o valor de pico da trapezoidal modificada para uma mesma especificação de came. O valor de pico de aceleração para a senoidal modificada está entre os da cicloidal e da trapezoidal modificada. A Tabela 8-3 lista os valores de pico de aceleração, velocidade e pulso para essas funções em razão do acréscimo h e período β.

A Figura 8-20 compara a curva do pulso para as mesmas funções. O pulso da senoidal modificada é menos imperfeito que o pulso da trapezoidal modificada, mas não é tão bom quanto o cicloidal, que é uma cossenoidal de tempo completo. A Figura 8-21 compara as curvas de velocidade. A velocidade de pico das funções cicloidal e trapezoidal modificada é a mesma, assim cada uma armazena a mesma energia cinética de pico do trem seguidor. A velocidade

TABELA 8-3 Fatores para velocidades e acelerações de picos de algumas funções de came

Função	Veloc. máx.	Aceler. máx.	Pulso máx.	Comentários
Aceleração constante	2,000 h/β	4,000 h/β^2	Infinito	Pulso ∞ – Não aceitável
Deslocamento harmônico	1,571 h/β	4,945 h/β^2	Infinito	Pulso ∞ – Não aceitável
Aceleração trapezoidal	2,000 h/β	5,300 h/β^2	44 h/β^3	Não tão boa quanto a trap. mod.
Aceler. trapezoidal modif.	2,000 h/β	4,888 h/β^2	61 h/β^3	Baixa aceler., mas pulso irregular
Aceler. senoidal modif.	1,760 h/β	5,528 h/β^2	69 h/β^3	Baixa veloc., boa aceler.
Polinomial deslocada 3-4-5	1,875 h/β	5,777 h/β^2	60 h/β^3	Boa harmonização
Cicloidal deslocada	2,000 h/β	6,283 h/β^2	40 h/β^3	Pulso e aceleração regular
Polinomial deslocada 4-5-6-7	2,188 h/β	7,526 h/β^2	52 h/β^3	Pulso regular, alta aceleração

* As funções polinomiais 3-4-5 e 4-5-6-7, mostradas na figura, também serão discutidas em uma próxima seção.

FIGURA 8-21

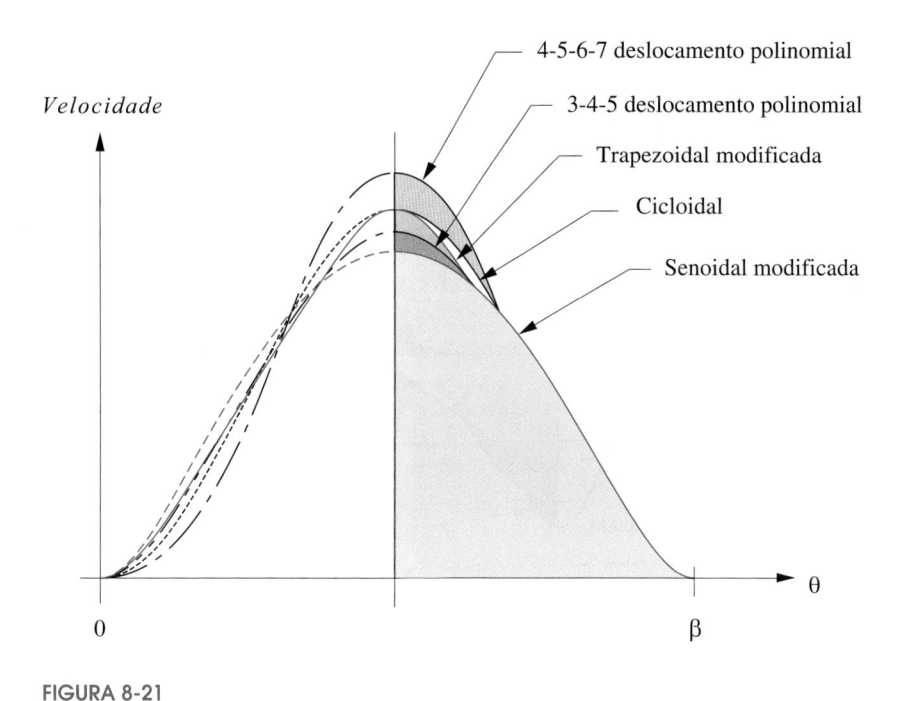

Comparação de cinco funções de velocidade de came com tempo de espera duplo.

de pico da senoidal modificada é a mais baixa das cinco funções mostradas. Essa é a principal vantagem da curva de aceleração da senoidal modificada e a razão de sua escolha frequente em aplicações em que a massa do seguidor é muito grande.

Um exemplo dessa aplicação é mostrado na Figura 8-22, que é uma mesa motorizada usada para automatizar linhas de montagem. A mesa indexada circular é montada em um eixo vertical cônico e direciona uma parte do trem seguidor, em forma de came cilíndrico, que se move através de alguns deslocamentos angulares; a mesa se mantém imóvel em um tempo de espera, enquanto uma operação de montagem é realizada na peça transportada pela mesa. Essas indexações podem ter três ou mais esperas, cada uma correspondente a sua posição indexada. A mesa é de aço fundido e pode ter alguns metros de diâmetro; por isso sua massa é grande. Para minimizar a energia cinética armazenada, que deve ser dissipada cada vez que a mesa é imobilizada, os fabricantes frequentemente utilizam a função senoidal modificada nesses multitempos de espera dos cames, para que a velocidade de pico seja baixa.

Tentaremos, novamente, aperfeiçoar o exemplo de came com tempo de espera, utilizando as funções combinadas ASCC das acelerações trapezoidal e senoidal modificadas.

EXEMPLO 8-4

Projeto de came consolidado – Funções combinadas – Cames aperfeiçoados.

Problema: Considere as mesmas especificações do projeto PEC de came como nos exemplos 8-1 ao 8-3:

espera no deslocamento zero por 90 graus (espera inferior)

PROJETO DE CAMES

Came

Seguidor rotativo

Entrada

Saída

Montagem do eixo do disco de grande diâmetro

Disco de ferro fundido reforçado

Mancal de suporte do disco (rolos de contato angular pré-carregados)

Came de aço - ferramenta temperado e retificado

Montagem da coluna central estacionária

Centro vazado

Montagem da placa reforçada de ferro-ferramenta fundido

Seguidores de rolete e calibrados

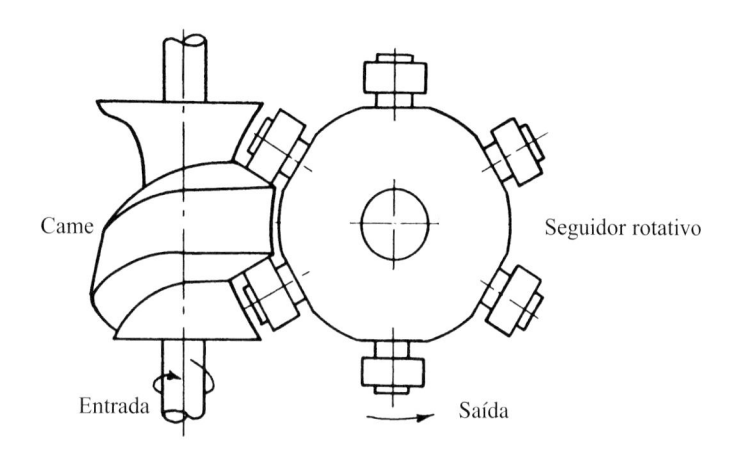

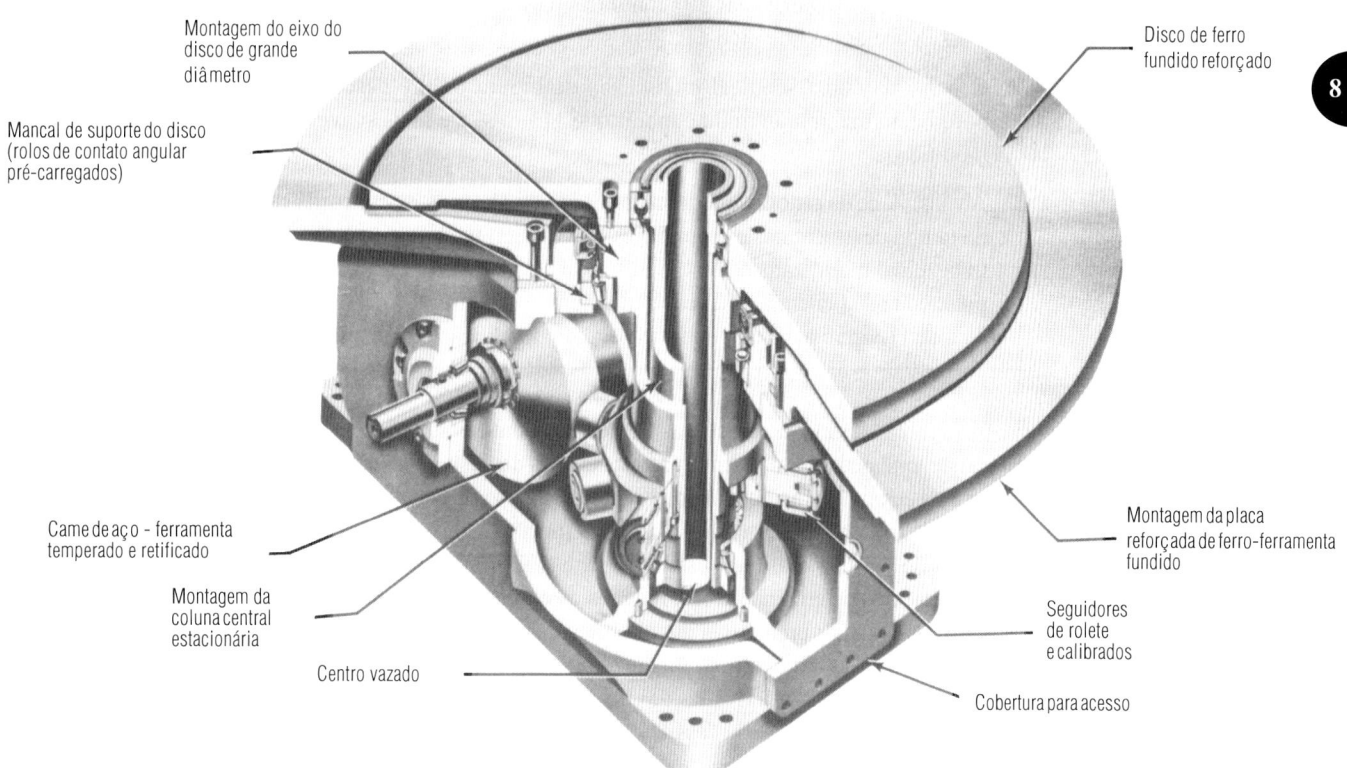

Cobertura para acesso

FIGURA 8-22

Indexador rotativo com tempo de espera múltiplo. *Cortesia de Ferguson Co., St. Louis, MO.*

subida	25 mm por 90 graus
espera	em 25 mm por 90 graus (espera superior)
descida	25 mm por 90 graus
came ω	2π rad/s = 1 rev/s

Solução:

1 A função trapezoidal modificada é aceitável para o duplo tempo de espera especificado para o came. As derivadas são contínuas para a função de aceleração mostrada na Figura 8-19. A aceleração de pico é 1,98 m/s².

2 O pulso da curva trapezoidal modificada da Figura 8-20 é descontínuo nas extremidades, porém tem magnitude finita de 100 m/s³, que é aceitável.

3 A curva de velocidade trapezoidal modificada da Figura 8-21 é suave e concorda com a velocidade nula do tempo de espera em cada extremidade. Seu pico é de magnitude igual a 0,2 m/s.

4 A vantagem dessa função trapezoidal modificada é que o pico de aceleração teórico é menor que o da cicloidal, mas a velocidade de pico é idêntica à da cicloidal.

5 A função senoidal modificada é aceitável também para o came de duplo tempo de espera especificado. As derivadas são contínuas para a função de aceleração mostrada na Figura 8-19. A aceleração de pico é 2,24 m/s².

6 O pulso da curva senoidal modificada da Figura 8-20 é descontínuo nas extremidades, porém tem magnitude finita e maior que 113 m/s³ e é mais suave do que o da trapezoidal modificada.

7 A velocidade da senoidal modificada (Figura 8-21) é suave, concorda com a velocidade nula do tempo de espera nas extremidades e tem magnitude de pico inferior às curvas cicloidal e trapezoidal modificada em 0,178 m/s. Isso é proveitoso para o sistema de seguidor robusto, pois reduz sua energia cinética, o que, junto com um pico de aceleração mais baixo que a cicloidal (porém mais alto que a trapezoidal modificada), é sua vantagem principal.

A Figura 8-23 mostra as curvas de deslocamento para essas três funções de cames. Note que existe uma pequena diferença entre as curvas de deslocamento, apesar da grande diferença nas formas de onda de aceleração na Figura 8-19. Isso prova o efeito da suavização obtido pelo processo de integração. Diferenciando duas funções quaisquer, as diferenças são exageradas. A integração tende a mascarar essas diferenças. É praticamente impossível reconhecer esses comportamentos diferenciados nas funções de cames olhando apenas para as curvas de deslocamento. Essa é mais uma prova das abordagens ingênuas de projetos de cames dos nossos antecessores, que lidaram exclusivamente com as curvas de deslocamento. O projetista de came deve estar atento às altas derivadas dos deslocamentos. A função de deslocamento é o principal valor para o fabricante, que necessita dessas informações coordenadas para usinar o came.

FUNÇÕES DE DESCIDA Temos utilizado apenas a parcela de subida para os cames desses exemplos. A descida é analisada de forma similar. As funções de subida apresentadas aqui são aplicáveis para descidas, com ligeiras modificações. Para converter as equações de subida em equações de descida, é necessário subtrair a função de deslocamento de subida *e* da elevação máxima *h* e negativar as máximas derivadas, *v, a* e *p*.

Deslocamento

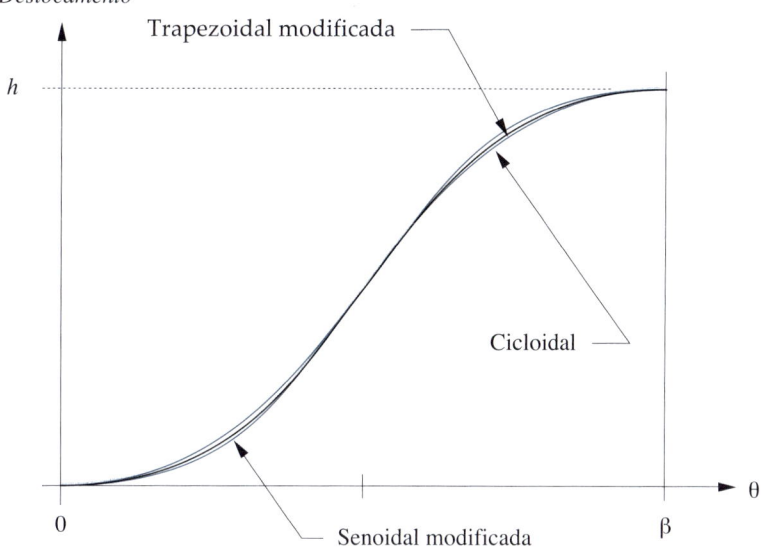

FIGURA 8-23

Comparação das três funções ASCC de deslocamento de cames com tempo de espera duplo.

Funções polinomiais

A classe de funções polinomiais é um dos tipos mais versáteis que podem ser utilizados para projetos de cames. Não são limitadas às aplicações com tempos de espera únicos ou duplos e podem ser adaptadas a várias especificações de projeto. A forma geral de uma função polinomial é:

$$s = C_0 + C_1 x + C_2 x^2 + C_3 x^3 + C_4 x^4 + C_5 x^5 + C_6 x^6 + \cdots + C_n x^n \qquad (8.23)$$

em que e é o deslocamento do seguidor; x é a variável independente, que no nosso caso será substituída por θ/β ou tempo t. Os coeficientes constantes C_n são as incógnitas a serem determinadas em nosso deslocamento pela equação polinomial particular para atender uma especificação de projeto. O grau de uma polinomial é definido pelo mais alto domínio presente nos termos. Note que uma polinomial de grau n terá $n + 1$ termos porque existe um termo x^0 ou termo constante com coeficiente C_0, bem como coeficientes inclusos em C_n.

Estruturamos um problema de projeto de came polinomial decidindo quantas condições de contorno (CCs) queremos especificar nos diagramas $e\ v\ a\ p$. O número de CCs determina o grau da polinomial resultante. Podemos escrever uma equação independente para cada CC substituindo-os na Equação 8.16 ou em uma de suas derivadas. Iremos então ter um sistema linear de equações que pode ser resolvido para as incógnitas desconhecidas $C_0,...,C_n$. Se k representa o número de condições de contorno escolhidas, haverá k equações em k incógnitas $C_0,...,C_n$, e o **grau** da polinomial será $n = k - 1$. A **ordem** da polinomial de grau n é igual ao número de termos k.

Aplicações polinomiais para tempo de espera duplo

A POLINOMIAL 3-4-5   Reconsidere o problema de tempo de espera duplo dos três exemplos anteriores e resolva-os com funções polinomiais. Muitas soluções polinomiais diferentes são possíveis. Começaremos com a função mais simples possível para o caso do tempo de espera duplo.

✎ EXEMPLO 8-5

A polinomial 3-4-5 para o caso de tempo de espera duplo.

Problema: Considere a mesma especificação PEC do projeto de came dos exemplos 8-1 ao 8-4:

espera	deslocamento zero por 90 graus (espera inferior)
subida	25 mm em 90 graus
espera	em 25 mm por 90 graus (espera superior)
descida	25 mm em 90 graus
came ω	2π rad/s = 1 rev/s

Solução:

1 Para satisfazer a lei fundamental do projeto de came, os valores das funções de subida (e descida) no cruzamento com os tempos de espera devem corresponder às não descontinuidades em, no mínimo, e, v e a.

2 A Figura 8-24 mostra os eixos para os diagramas e v a p em que o dado conhecido foi desenhado. Os tempos de espera são os únicos segmentos totalmente definidos nessa etapa. A exigência de uma continuidade na aceleração define, no mínimo, **seis condições de contorno** para o segmento de subida, e mais seis para o segmento de descida nesse problema. São mostradas como círculos cheios nos eixos. Para generalizar, deixaremos a subida total especificada ser representada pela variável h. A escolha mínima de condições de contorno obrigatórias para esse exemplo é, então:

para a subida:

$$\text{quando} \quad \theta = 0; \quad \text{então} \quad e = 0, \quad v = 0, \quad a = 0 \tag{a}$$
$$\text{quando} \quad \theta = \beta_1; \quad \text{então} \quad e = h, \quad v = 0, \quad a = 0$$

para a descida:

$$\text{quando} \quad \theta = 0; \quad \text{então} \quad e = h, \quad v = 0, \quad a = 0 \tag{b}$$
$$\text{quando} \quad \theta = \beta_2; \quad \text{então} \quad e = 0, \quad v = 0, \quad a = 0$$

3 Utilizaremos a subida como exemplo de solução. (A descida é uma derivação similar.) Temos seis CCs na subida. Isso requer seis termos na equação. O termo mais alto será de quinto grau. Usaremos o ângulo normalizado θ/β como variável independente, como antes. Já que nossas condições de contorno envolvem velocidade e aceleração, bem como deslocamento, precisamos derivar a Equação 8.23 em θ para obter as expressões em que podemos substituir aquelas CCs. Reescrevendo a Equação 8.23 para ajustar as constantes e derivando duas vezes, temos:

$$s = C_0 + C_1\left(\frac{\theta}{\beta}\right) + C_2\left(\frac{\theta}{\beta}\right)^2 + C_3\left(\frac{\theta}{\beta}\right)^3 + C_4\left(\frac{\theta}{\beta}\right)^4 + C_5\left(\frac{\theta}{\beta}\right)^5 \tag{c}$$

PROJETO DE CAMES

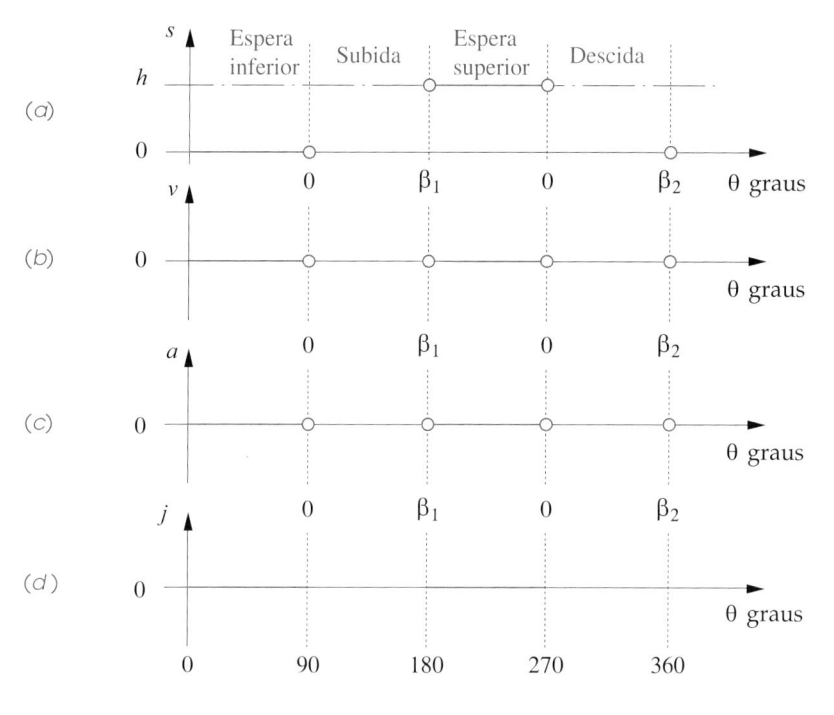

FIGURA 8-24

Condições de contorno mínimas para caso de tempo de espera duplo.

$$v = \frac{1}{\beta}\left[C_1 + 2C_2\left(\frac{\theta}{\beta}\right) + 3C_3\left(\frac{\theta}{\beta}\right)^2 + 4C_4\left(\frac{\theta}{\beta}\right)^3 + 5C_5\left(\frac{\theta}{\beta}\right)^4\right] \qquad (d)$$

$$a = \frac{1}{\beta^2}\left[2C_2 + 6C_3\left(\frac{\theta}{\beta}\right) + 12C_4\left(\frac{\theta}{\beta}\right)^2 + 20C_5\left(\frac{\theta}{\beta}\right)^3\right] \qquad (e)$$

4 Substitua as condições de contorno $\theta = 0$, $e = 0$ na equação (a):

$$0 = C_0 + 0 + 0 + \cdots$$
$$C_0 = 0 \qquad (f)$$

5 Substitua $\theta = 0$, $v = 0$ na equação (b):

$$0 = \frac{1}{\beta}[C_1 + 0 + 0 + \cdots]$$
$$C_1 = 0 \qquad (g)$$

6 Substitua $\theta = 0$, $a = 0$ na equação (c):

$$0 = \frac{1}{\beta^2}[C_2 + 0 + 0 + \cdots]$$
$$C_2 = 0 \qquad (h)$$

7 Substitua $\theta = \beta$, $e = h$ na equação (a):

$$h = C_3 + C_4 + C_5 \qquad (i)$$

8 Substitua $\theta = \beta$, $v = 0$ na equação (b):

$$0 = \frac{1}{\beta}\left[3C_3 + 4C_4 + 5C_5\right] \qquad (j)$$

9 Substitua $\theta = \beta$, $a = 0$ na equação (c):

$$0 = \frac{1}{\beta^2}\left[6C_3 + 12C_4 + 20C_5\right] \qquad (k)$$

10 Três das nossas incógnitas encontradas são iguais a zero, permitindo que três incógnitas sejam solucionadas, C_3, C_4, C_5. As equações (d), (e) e (f) podem ser resolvidas simultaneamente para obtermos:

$$C_3 = 10h; \qquad C_4 = -15h; \qquad C_5 = 6h \qquad (l)$$

11 A equação para esse projeto de deslocamento de came é, então:

$$s = h\left[10\left(\frac{\theta}{\beta}\right)^3 - 15\left(\frac{\theta}{\beta}\right)^4 + 6\left(\frac{\theta}{\beta}\right)^5\right] \qquad (8.24)$$

12 As expressões para a velocidade e aceleração podem ser obtidas substituindo-se os valores C_3, C_4 e C_5 nas equações 8.18b e c. Essa função é referida como a **polinomial 3-4-5**, em função de seus expoentes. Abra o arquivo E08-07.cam no programa DYNACAM (ver Apêndice A) para verificar esse exemplo em detalhes.

A Figura 8-25 mostra os diagramas resultantes e v a p para a função de **subida polinomial 3-4-5** com as condições de contorno circuladas. Note que a aceleração é contínua, mas o pulso não, porque não admitimos qualquer constante para os valores das condições de contorno da função de pulso. É interessante notar também que a forma de onda da aceleração é muito similar à da aceleração senoidal da função cicloidal na Figura 8-12. A Figura 8-19 mostra o pico de aceleração relativo dessa polinomial 3-4-5 comparada às outras quatro funções de mesmo h e β. A Tabela 8-3 lista os fatores de velocidade e aceleração máxima e dos pulsos dessas funções.

A POLINOMIAL 4-5-6-7 Deixamos o pulso livre no exemplo anterior. Agora vamos reprojetar o came para as mesmas especificações, mas fixaremos a função de pulso como nula em ambas as extremidades da subida. Isso confirmará os tempos de espera na função de pulso sem descontinuidade. São oito condições de contorno e uma polinomial de sétimo grau. O procedimento de solução para encontrar os oito coeficientes desconhecidos é idêntico ao usado no exemplo anterior. Escreva a polinomial com o número apropriado de termos. Derive para obter expressões para todas as ordens das condições de contorno. Substitua as condições de contorno e resolva o conjunto de equações simultâneas resultantes.* Esse problema é reduzido a quatro equações e quatro incógnitas, já que os coeficientes C_0, C_1, C_2 e C_3 tendem a zero. Para esse conjunto de condições de contorno, a equação de deslocamento para a subida é:

---

* Qualquer calculadora matricial, solucionadora de equações como *Matlab*, *Mathcad* ou *TKSolver*, ou os programas MATRIX e DYNACAM (citado nesse texto) darão a solução da equação simultânea para você. Os programas MATRIX e DYNACAM são discutidos no Apêndice A. Você precisa apenas preencher as condições de contorno desejadas no DYNACAM e os coeficientes serão calculados.

PROJETO DE CAMES

$$s = h\left[35\left(\frac{\theta}{\beta}\right)^4 - 84\left(\frac{\theta}{\beta}\right)^5 + 70\left(\frac{\theta}{\beta}\right)^6 - 20\left(\frac{\theta}{\beta}\right)^7\right] \qquad (8.25)$$

Essa equação é conhecida como a **polinomial 4-5-6-7**, em função de seus expoentes. A Figura 8-26 mostra os diagramas *e v a p* para essa função com as condições de contorno circuladas. Compare aquelas funções com as funções polinomiais 3-4-5 mostradas na Figura 8-25. Note que a aceleração da 4-5-6-7 começa lentamente, com inclinação zero (como impusemos com nossas CC_s de pulso nulo), e apresenta um pico de aceleração muito maior, que, no fim, substitui a área perdida no trecho precedente.

Essa função **polinomial 4-5-6-7** tem a vantagem do pulso preciso para melhores controles de vibração, se comparada com a **polinomial 3-4-5**, a **cicloidal** e com todas as outras funções discutidas anteriormente, mas, em compensação, o pico de aceleração teórico é mais alto do que em todas aquelas funções. Ver também a Tabela 8-3.

RESUMO As duas seções anteriores tentaram mostrar uma abordagem para a seleção de funções apropriadas para came com tempo de espera duplo, utilizando o came trivial com tempo de espera de subida e tempo de espera de descida como exemplo, e apontaram algumas dificuldades esperadas por um projetista de came. As funções particulares citadas são apenas algumas das que têm sido desenvolvidas para esse caso do tempo de espera duplo ao longo dos anos, por muitos projetistas, mas são provavelmente as mais usadas e as mais populares entre os projetistas de came. Muitas delas estão incluídas no programa DYNACAM (ver Apêndice A). Existem muitas recomendações a serem consideradas para escolher a função de came em qualquer aplicação, algumas delas já foram mencionadas, como as funções de continuidade, valores de pico de velocidade e aceleração e precisão de pulso. Existem muitas outras recomendações ainda para serem discutidas em outras seções desse capítulo, envolvendo o dimensionamento e a fabricação de um came.

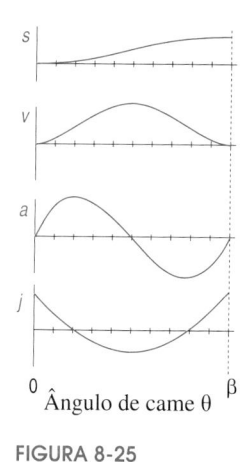

FIGURA 8-25

Subida polinomial 3-4-5. Sua aceleração é muito similar à senoidal do movimento cicloidal.

8.4 PROJETO DE CAME COM TEMPO DE ESPERA ÚNICO – ESCOLHENDO AS FUNÇÕES *E V A P*

Muitas aplicações em mecanismo requerem um programa de came com **tempo de espera único, tipo sobe-desce-para (SDP)**. Talvez um came de espera única seja necessário para elevar e abaixar um rolete que contenha um rolo de papel em uma máquina de produção de envelopes. Esse seguidor de came eleva o papel em uma posição extrema no exato momento em que ocorre o contato de um rolete, que aplica uma camada de cola na aba do envelope. Sem o tempo de espera da posição superior, o papel é retraído imediatamente para a posição inicial (zero) e se mantém nessa outra posição extrema (espera inferior), enquanto o resto do envelope passa por essa posição. O ciclo é repetido para o próximo envelope que chega. Outro exemplo comum de aplicação com tempos de espera únicos é o came que abre as válvulas no motor do seu automóvel. Ele sustenta a válvula aberta na subida e a fecha imediatamente na descida, então mantém a válvula fechada em um tempo de espera, enquanto a compressão e a combustão são feitas.

Se tentarmos usar o mesmo tipo de funções de came que foram definidas para o tempo de espera duplo nas aplicações de tempo de espera único, chegaremos a uma solução que pode funcionar, mas não perfeitamente. Mesmo assim, faremos isso como um exemplo para indicar como seria o resultado desses problemas. Então, reprojetaremos o came para eliminar os problemas.

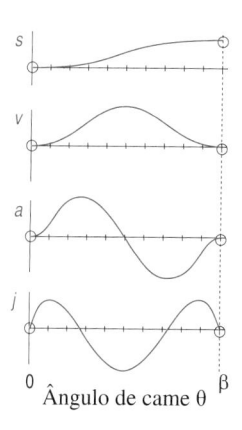

FIGURA 8-26

Subida polinomial 4-5-6-7. Seu pulso é uma secção contínua com os tempos de espera.

EXEMPLO 8-6

Utilizando o movimento cicloidal para o caso simétrico de tempo de espera único – Tipo sobe-
-desce.

Problema: Considere as seguintes especificações de tempo de espera:

subida	25 mm em 90 graus
descida	25 mm em 90 graus
espera	deslocamento nulo em 180 graus (espera inferior)
came ω	15 rad/s

Solução:

1 A Figura 8-27 mostra o deslocamento cicloidal de subida e o deslocamento cicloidal de descida em separado aplicado para esse exemplo de tempo de espera único. Note que o diagrama do deslocamento (e) parece aceitável para o movimento do seguidor da posição inferior até a superior e vice-versa, nos intervalos exigidos.

2 A velocidade (v) também parece aceitável na forma em que leva o seguidor da velocidade nula em uma espera inferior a um valor de pico de 0,49 m/s e a zero novamente no deslo- camento máximo, onde a cola é aplicada.

3 A Figura 8-27 também mostra a função de aceleração para essa solução. O máximo valor absoluto é por volta de 14,55 m/s².

4 O problema é que essa curva de aceleração tem um **retorno desnecessário a zero** na extre- midade da subida. É desnecessário porque a aceleração durante a primeira parte da subida é também negativa. Seria melhor mantê-la negativa na extremidade da subida.

5 Essa oscilação desnecessária da aceleração para zero faz com que o pulso tenha mudanças mais bruscas e descontinuidades. A única justificativa real para tender a aceleração para zero é a necessidade de mudar o sinal (como no caso do trecho intermediário da subida ou da descida) ou para concordar com um segmento adjacente, que tem aceleração nula.

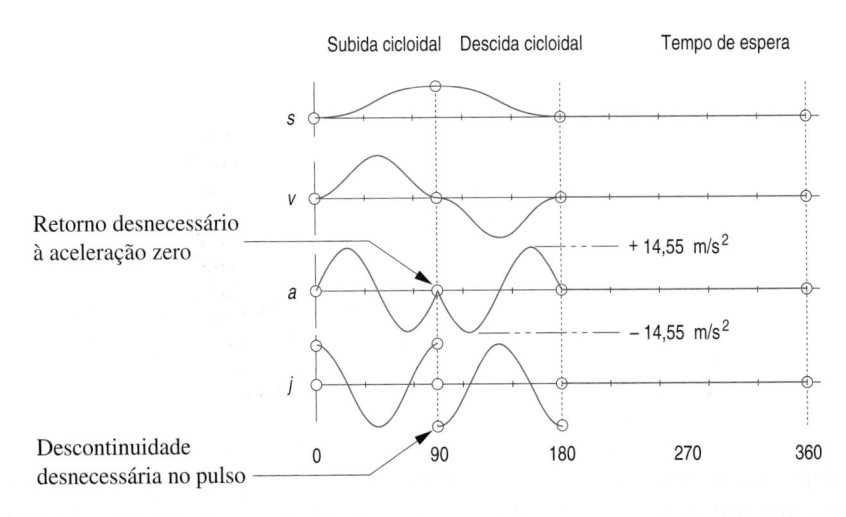

FIGURA 8-27

Movimento cicloidal (ou qualquer programa de tempo de espera duplo) é uma má escolha para o caso de o tempo de espera único.

PROJETO DE CAMES

Para o caso do tempo de espera único, precisaríamos de uma função para a subida que não retornasse à aceleração nula no final do intervalo. A função para a subida deveria começar com o mesmo valor de aceleração, que não zero, da extremidade da subida e, então, ser zero no término do tempo de espera correspondente. Uma função que satisfaz esses critérios é a **harmônica dupla,** que recebe esse nome por causa dos dois termos com cosseno, em que um é um meio-tempo harmônico e o outro, uma onda de tempo completo. As equações para as funções harmônicas duplas são

para a subida:

$$s = \frac{h}{2}\left\{\left[1 - \cos\left(\pi\frac{\theta}{\beta}\right)\right] - \frac{1}{4}\left[1 - \cos\left(2\pi\frac{\theta}{\beta}\right)\right]\right\}$$

$$v = \frac{\pi}{\beta}\frac{h}{2}\left[\operatorname{sen}\left(\pi\frac{\theta}{\beta}\right) - \frac{1}{2}\operatorname{sen}\left(2\pi\frac{\theta}{\beta}\right)\right]$$

$$a = \frac{\pi^2}{\beta^2}\frac{h}{2}\left[\cos\left(\pi\frac{\theta}{\beta}\right) - \cos\left(2\pi\frac{\theta}{\beta}\right)\right] \quad (8.26a)$$

$$j = -\frac{\pi^3}{\beta^3}\frac{h}{2}\left[\operatorname{sen}\left(\pi\frac{\theta}{\beta}\right) - 2\operatorname{sen}\left(2\pi\frac{\theta}{\beta}\right)\right]$$

para a descida:

$$s = \frac{h}{2}\left\{\left[1 + \cos\left(\pi\frac{\theta}{\beta}\right)\right] - \frac{1}{4}\left[1 - \cos\left(2\pi\frac{\theta}{\beta}\right)\right]\right\}$$

$$v = -\frac{\pi}{\beta}\frac{h}{2}\left[\operatorname{sen}\left(\pi\frac{\theta}{\beta}\right) + \frac{1}{2}\operatorname{sen}\left(2\pi\frac{\theta}{\beta}\right)\right]$$

$$a = -\frac{\pi^2}{\beta^2}\frac{h}{2}\left[\cos\left(\pi\frac{\theta}{\beta}\right) + \cos\left(2\pi\frac{\theta}{\beta}\right)\right] \quad (8.26b)$$

$$j = \frac{\pi^3}{\beta^3}\frac{h}{2}\left[\operatorname{sen}\left(\pi\frac{\theta}{\beta}\right) + 2\operatorname{sen}\left(2\pi\frac{\theta}{\beta}\right)\right]$$

Note que essas funções harmônicas duplas **nunca** deveriam ser usadas para o caso de tempo de espera duplo, porque as acelerações são diferentes de zero em uma extremidade do intervalo.

EXEMPLO 8-7

Movimento harmônico duplo para o caso de tempo de espera único de subida e descida simétrico.

Problema: Considere as mesmas especificações de came de espera única do Exemplo 8-5:

    subida   25 mm em 90 graus
    descida   25 mm em 90 graus
    espera   deslocamento zero em 180 graus (espera inferior)
    came ω   15 rad/s

Solução:

1. A Figura 8-28 mostra uma curva de subida harmônica dupla e descida harmônica dupla. A velocidade de pico é 0,50 m/s, que é similar àquela da solução cicloidal do Exemplo 8-6.

2. Note que a aceleração dessa função harmônica dupla tende a zero na extremidade de subida. Isso a torna mais adequada para o caso de tempo de espera simples.

3. A função de pulso harmônico duplo tem picos em 938 m/s³ e compara-se aproximadamente com a solução cicloidal.

4. Infelizmente, o pico de aceleração negativa é 22,86 m/s², quase duas vezes o valor da solução cicloidal. Essa é uma função precisa, mas desenvolverá forças dinâmicas mais altas. Abra o arquivo E08-07.cam no programa DYNACAM (ver Apêndice A) para ver esse exemplo com mais detalhes.

5. Outra limitação dessa função é que ela só pode ser utilizada para o caso de tempo de subida e descida iguais (simétricos). Se os tempos de subida e descida forem diferentes, a aceleração será descontínua no encontro da subida e da descida, violando a lei fundamental do projeto de came.

Nenhuma das soluções dos exemplos 8-6 e 8-7 é satisfatória. Vamos aplicar agora funções polinomiais e reprojetá-las para torná-las mais suaves e reduzir o pico de aceleração.

Aplicações polinomiais para tempo de espera único

Para resolver o problema do Exemplo 8-7 com uma polinomial, devemos decidir por um conjunto de soluções de contorno adequadas. Mas, primeiro, devemos decidir em quantos segmentos dividiremos o ciclo do came. A indicação do problema parece impor três segmentos, um de subida, um de descida e o tempo de espera.

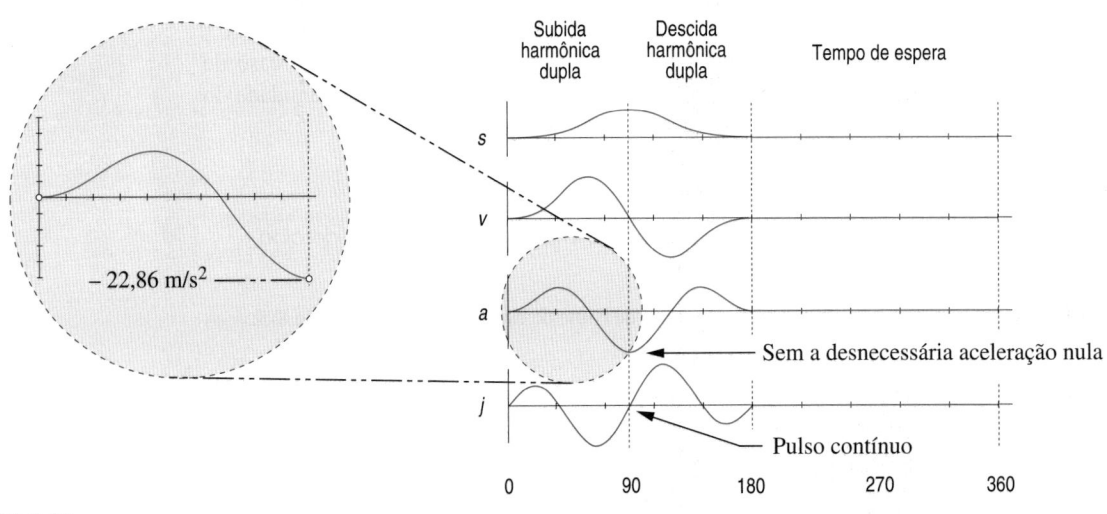

FIGURA 8-28

O movimento harmônico duplo pode ser utilizado para o caso de tempo de espera único se a duração dos tempos de subida e descida forem iguais.

PROJETO DE CAMES

Poderíamos utilizar esses três segmentos para criar as funções, assim como fizemos nos dois exemplos anteriores, mas uma melhor aproximação é usar apenas **dois segmentos,** um para subida e descida combinadas e outro para o tempo de espera. *Como regra geral, gostaríamos de minimizar o número de segmentos em nossas funções polinomiais do came.* Qualquer tempo de espera requer seu próprio segmento. Assim, o número mínimo possível nesse caso são dois segmentos.

Outra regra é que *gostaríamos de minimizar o número de condições de contorno especificadas,* porque o grau da polinomial é amarrado ao número de CCs. Se o grau da função aumenta, o número de seus **pontos de inflexão** e seus números de **máximos e mínimos** também aumentam. O processo de derivação polinomial garantirá que a função passe por todas as CCs especificadas, mas não diz nada sobre seu comportamento entre as CCs. Uma *função de grau alto pode ter oscilações indesejáveis entre essas CCs.*

Com essas suposições, podemos selecionar um conjunto de condições de contorno para uma solução experimental. Primeiro, apresentaremos novamente o problema para refletir nossa configuração de dois segmentos.

EXEMPLO 8-8

Projetando uma polinomial para o caso de tempo de espera único de subida e descida simétrico.

Problema: Redefina a especificação PEC dos exemplos 8-5 e 8-6:

subida-descida	25 mm em 90° e descida 25 mm em 90° para um total de 180°
espera	deslocamento nulo para 180° (espera inferior)
came ω	15 rad/s

Solução:

1 A Figura 8-29 mostra um conjunto mínimo de sete CCs para esse problema simétrico, que dará uma polinomial de sexto grau. O tempo de espera de ambos os lados do segmento do tipo subida-descida tem valores zero para *e, v, a* e *p.* A lei fundamental de projeto de came exige que igualemos esses valores nulos com a função de aceleração em cada extremidade do segmento do tipo subida-descida.

2 Isso proporciona 6 CCs: *e, v, a* = 0 em cada extremidade do segmento do tipo subida-descida.

3 Devemos especificar também o valor do deslocamento com pico de 25 mm na subida, que ocorre para θ = 90°. Essa é a sétima CC. Note que devido à simetria, não é necessário especificar a velocidade como nula no pico. Mas faremos isso mesmo assim.

4 A Figura 8-29 mostra também os coeficientes do deslocamento polinomial que resultam da solução simultânea das equações para as CCs escolhidas. Para generalizar, substituímos a variável *h* para o valor especificado de 25 mm. A função acaba se tornando uma polinomial 3-4-5-6, e sua equação normalizada é:

$$s = h\left[64\left(\frac{\theta}{\beta}\right)^3 - 192\left(\frac{\theta}{\beta}\right)^4 + 192\left(\frac{\theta}{\beta}\right)^5 - 64\left(\frac{\theta}{\beta}\right)^6\right] \qquad (a)$$

Número do segmento	Função utilizada	Ângulo inicial	Ângulo final	Ângulo delta
1	Poli 6	0	180	180

Condições de contorno impostas				Equação resultante	
Função	Teta	% Beta	Cond. contorno	Expoente	Coeficiente
Desloc.	0	0	0	0	0
Veloc.	0	0	0	1	0
Aceler.	0	0	0	2	0
Desloc.	180	1	0	3	64
Veloc.	180	1	0	4	−192
Aceler.	180	1	0	5	192
Desloc.	90	0,5	1	6	−64

FIGURA 8-29

Condições de contorno e coeficientes para uma aplicação polinomial com tempo de espera único.

A Figura 8-30 mostra os diagramas e v a p para essa solução com seus máximos valores notados. Compare as acelerações e a curvas e v a p das soluções harmônica dupla e cicloidal com o mesmo problema das figuras 8-27 e 8-28. Note que a função polinomial de sexto grau é tão suave quanto as funções harmônicas duplas (Figura 8-28) e não retorna desnecessariamente à aceleração zero no topo da subida como a cicloidal (Figura 8-27). A polinomial tem um pico negativo de aceleração de 13,89 m/s², cuja magnitude é menor que cada uma das soluções cicloidal e harmônica dupla. Essa polinomial 3-4-5-6 é uma solução superior a cada uma daquelas apresentadas para o caso do tipo subida-descida simétricas e é um exemplo de como funções polinomiais podem ser facilmente adaptadas a projetos com especificações particulares.

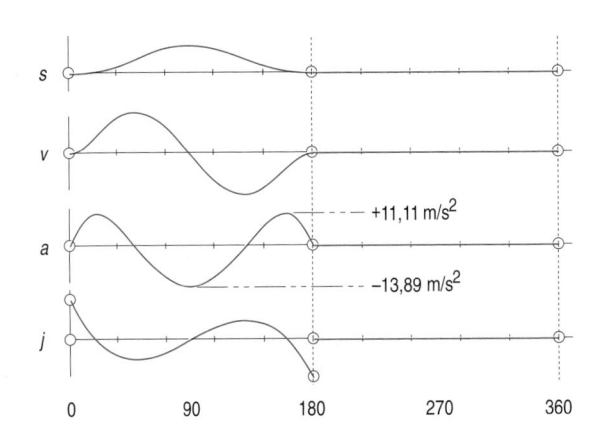

FIGURA 8-30

Função polinomial 3-4-5-6 para dois segmentos simétricos do tipo subida-descida, came com tempo de espera único.

PROJETO DE CAMES

Efeito da assimetria na solução polinomial tipo subida-descida

Os exemplos anteriormente apresentados nesta seção tinham os mesmos tempos para subida e descida, referidos como curva simétrica tipo subida-descida. O que aconteceria se precisássemos de uma função assimétrica e tentássemos utilizar uma polinomial simples como foi feito no exemplo anterior?

EXEMPLO 8-9

Projetando uma polinomial para o caso de tempo de espera único de subida-descida assimétrico.

Problema: Redefina a especificação do Exemplo 8-8 como:

subida-descida subida 25 mm em 45° e descida 25 mm em 135° para um total de 180°

espera deslocamento zero em 180° (espera inferior)

came ω 15 rad/s

Solução:

1 A Figura 8-31 mostra o conjunto mínimo de sete condições de contorno para esse problema, que resultará em uma polinomial de sexto grau. O tempo de espera em cada lado do segmento subida-descida combinado tem valores zero para E, V, A e P. A lei fundamental de projeto de came exige que igualemos esses valores nulos na função de aceleração, em cada extremidade do segmento do tipo subida-descida.

2 Isso proporciona 6 CCs: $E = V = A = 0$ em cada extremidade do segmento tipo subida-descida.

3 Devemos especificar também o valor do deslocamento para $h = 25$ mm no pico da subida, que ocorre para $\theta = 45°$. Essa é a sétima CC.

4 A solução simultânea desse conjunto de equações dá uma polinomial 3-4-5-6, cuja equação é:

$$s = h\left[151{,}704\left(\frac{\theta}{\beta}\right)^3 - 455{,}111\left(\frac{\theta}{\beta}\right)^4 + 455{,}111\left(\frac{\theta}{\beta}\right)^5 - 151{,}704\left(\frac{\theta}{\beta}\right)^6\right] \quad (a)$$

Para generalizar, temos substituído a variável h como 25 mm para a subida especificada.

5 A Figura 8-31 mostra os diagramas $E\ V\ A\ P$ para essa solução com os máximos valores notados. Observe que derivadas polinomiais de sexto grau têm obedecido às condições de contorno estabelecidas e, de fato, passam entre um deslocamento de 1 unidade ($h = 25$ mm) em 45°. Mas note também que elas ultrapassam aquele ponto e alcançam uma altura de 60,2 mm em seu pico, 2,37 vezes o valor desejado. O pico de aceleração também tem 2,37 vezes o valor do caso simétrico do Exemplo 8-8. Sem nenhuma condição de contorno aplicada, a função parece simétrica. Note que o ponto de velocidade nulo ainda está em 90° quando gostaríamos que fosse 45°. Podemos tentar forçar a velocidade a zero com uma condição de contorno adicional de $V = 0$, quando $\theta = 45°$.

6 A Figura 8-32 mostra os diagramas $E\ V\ A\ P$ para uma polinomial de sétimo grau, tendo oito CCs, $E = V = A = 0$ em $\theta = 0°$, $E = V = A = 0$ em $\theta = 180°$, $E = 1$, $V = 0$, em $\theta = 45°$. Note que a função resultante obedece a nossos comandos e passa através daqueles pontos, mas de forma própria não passa por outros locais. Ela agora mergulha para um deslocamento negativo de −99,82 mm, e o pico de aceleração é muito maior. Isso aponta um problema inerente em funções polinomiais, a saber, que seu comportamento entre as condições de

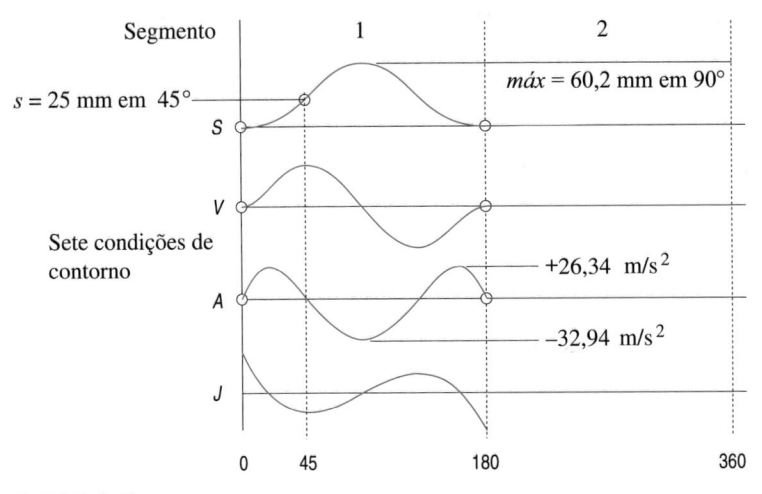

FIGURA 8-31

Polinomial inaceitável para dois segmentos assimétricos do tipo subida-descida, came com tempo de espera único.

contorno não é controlável e pode criar derivações indesejadas no movimento do seguidor. Esse problema é exacerbado quando o grau da função aumenta, desde que tenha mais raízes e pontos de inflexão, causando assim mais oscilações entre as condições de contorno.

Nesse caso, a regra para minimizar o número de segmentos está em conflito com a regra para minimizar o grau da polinomial. Uma solução alternativa para esse problema de assimetria é utilizar três segmentos, um para a subida, um para a descida e um para o tempo de espera. Adicionando segmentos, as ordens das funções se reduzirão e ficarão sob controle.

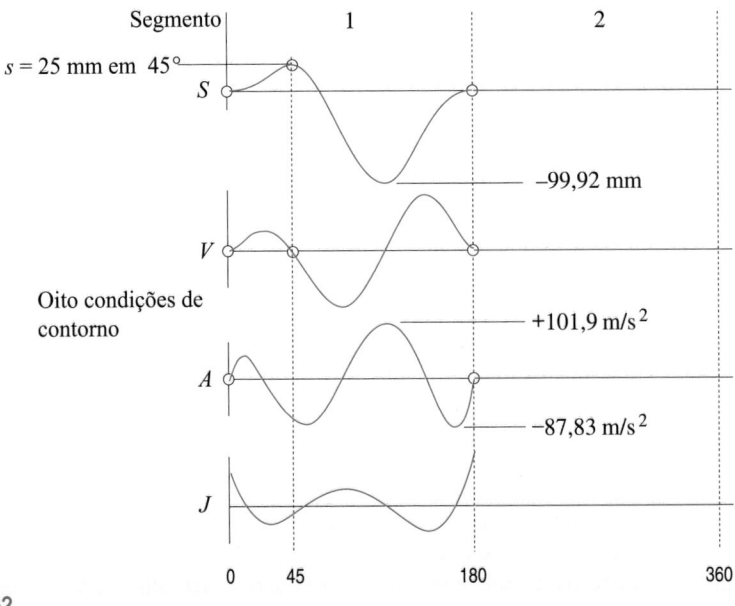

FIGURA 8-32

Polinomial inaceitável para dois segmentos assimétricos do tipo subida-descida, came com tempo de espera único.

PROJETO DE CAMES

EXEMPLO 8-10

Projetando uma polinomial de três segmentos para o caso de tempo de espera único de subida-descida assimétrico utilizando mínimas condições de contorno.

Problema: Redefina a especificação do Exemplo 8-9 como:

subida 25 mm em 45°
descida 25 mm em 135°
espera deslocamento nulo por 180° (espera inferior)
came ω 15 rad/s

Solução:

1 A primeira tentativa para essa solução especifica cinco CCs: $E = V = A = 0$ no início da subida (para atender o tempo de espera), $E = 1$ e $V = 0$, no final da descida. Note que o segmento de subida das condições de contorno deixa a aceleração sem especificação em sua extremidade, mas o segmento de descida das condições de contorno deve incluir o valor da aceleração na extremidade da subida, que resulta do cálculo dessa aceleração. Desse modo, a descida exige uma condição de contorno a mais que a subida.

2 Isso resulta na seguinte equação de quarto grau abaixo para o segmento de subida:

$$s = h\left[4\left(\frac{\theta}{\beta}\right)^3 - 3\left(\frac{\theta}{\beta}\right)^4\right] \quad (a)$$

3 Calculando a aceleração na extremidade da subida temos −111,18 m/s². Esse valor torna-se uma condição de contorno para o segmento de descida. O conjunto das 6 CCs para a descida é, então: $E = 1$, $V = 0$, $A = -111,18$ no início da descida (para concordar com a subida) e $E = V = A = 0$ no final da descida para concordar com o tempo de espera. A equação de quinto grau para a descida é, então:

$$s = h\left[1 - 54\left(\frac{\theta}{\beta}\right)^2 + 152\left(\frac{\theta}{\beta}\right)^3 - 147\left(\frac{\theta}{\beta}\right)^4 + 48\left(\frac{\theta}{\beta}\right)^5\right] \quad (b)$$

4 A Figura 8-33 mostra os diagramas $E\ V\ A\ P$ para essa solução com os valores extremos. Observe que essa polinomial na descida também tem um problema – o deslocamento ainda é negativo.

5 O truque, nesse caso (e em geral), é primeiro calcular o segmento com a menor aceleração (aqui o segundo segmento), por causa da longa duração do ângulo β. Então, utilize o menor valor de aceleração como uma condição de contorno para o primeiro segmento. As 5 CCs para o segmento 2 são, então: $E = 1$ e $V = 0$ no início da descida e $E = V = A = 0$ no final da descida (igual para o tempo de espera). Elas resultam na seguinte equação polinomial de quarto grau para a descida.

$$s = h\left[1 - 6\left(\frac{\theta}{\beta}\right)^2 + 8\left(\frac{\theta}{\beta}\right)^3 - 3\left(\frac{\theta}{\beta}\right)^4\right] \quad (c)$$

Segmento 1 2 3
$s = 25$ mm em $45°$

Segmento 1
Cinco condições
de contorno

−31,14 mm

Segmento 2
Seis condições
de contorno

Apenas para
o segmento 2 −111,14 m/s^2

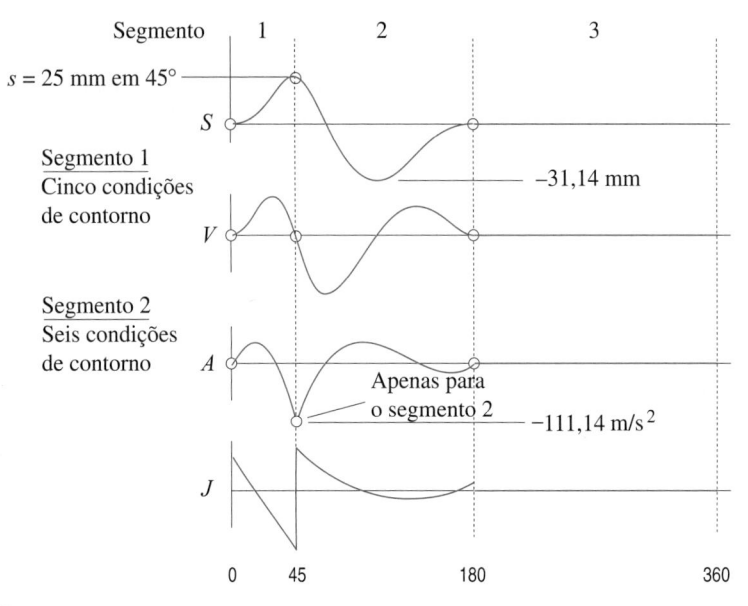

0   45   180   360

FIGURA 8-33

Polinomiais inaceitáveis para os três segmentos do tipo subida-descida assimétricos, came com tempo de espera único.

6 Calculando a aceleração no início da descida, temos −12,35 m/s². Esse valor se torna um CC para o segmento de subida. O conjunto de 6 CCs para a subida é, então: $E = V = A = 0$ no início da subida (para concordar com os tempos de espera) e $E = 1$, $V = 0$, $A = -12,35$ no final da subida (para concordar com a descida). A equação de quinto grau para a subida é, então:

$$s = h\left[9,333\left(\frac{\theta}{\beta}\right)^3 - 13,667\left(\frac{\theta}{\beta}\right)^4 + 5,333\left(\frac{\theta}{\beta}\right)^5\right] \qquad (d)$$

7 O projeto de came resultante é mostrado na Figura 8-34. O deslocamento agora está controlado, e o pico de aceleração é muito menor que o do projeto anterior, por volta de 51,4 m/s².

8 O projeto da Figura 8-34 é aceitável (embora não ótimo)* para esse exemplo. Abra os arquivos Ex_08-10a e b no programa DYNACAM (ver Apêndice A) para ver esse exemplo com mais detalhes.

8.5 MOVIMENTO DE TRAJETÓRIA CRÍTICO (MTC)

Provavelmente, a aplicação mais comum de especificações com **movimento de trajetória crítico** (MTC) em projetos de mecanismos de produção é a necessidade de um **movimento com velocidade constante**. Existem dois tipos gerais de mecanismos de produção automatizados de uso comum, máquinas de montagem com **movimento intermitente** e máquinas de montagem com **movimento contínuo**.

Máquinas de montagem com movimento intermitente levam produtos manufaturados de uma estação de trabalho à outra, parando com a peça ou subconjunto em cada estação, enquanto outra operação é realizada. A velocidade imposta para esse tipo de máquina é limitada

* Uma ótima solução para esse problema genérico pode ser encontrada na referência [5].

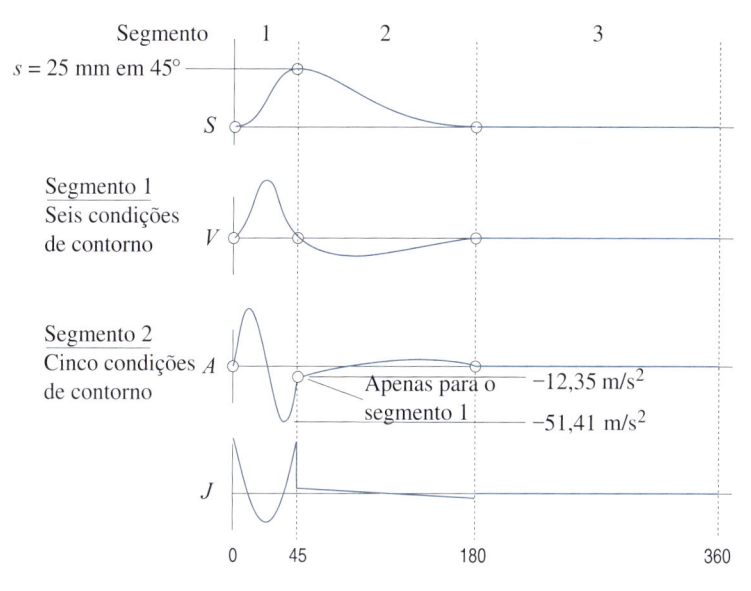

FIGURA 8-34

Polinomiais aceitáveis para os três segmentos do tipo subida-descida assimétricos, came com tempo de espera único.

pelas forças dinâmicas resultantes das acelerações e desacelerações das massas das partes móveis da máquina e suas peças. O movimento das peças pode ser em linha reta, como em um transportador, ou em círculos, como em uma mesa rotativa, mostrada na Figura 8-22.

Máquinas de montagem com movimento contínuo não permitem que a peça pare e, por isso, são capazes de impor velocidades mais altas. Todas as operações são realizadas sobre um alvo móvel. Qualquer ferramenta que opere sobre o produto deve "perseguir" a linha de montagem em movimento para realizar seu trabalho. Uma vez que a linha de montagem (geralmente uma correia ou corrente transportadora, ou mesa rotativa) tem de ser movida com velocidade constante, é necessário que mecanismos forneçam movimentos de velocidade constante, exatamente iguais ao transportador, para carregar as ferramentas com a linha, por um longo tempo, suficiente para que estas façam seu trabalho. Esses mecanismos "perseguidores", dirigidos por cames, devem retornar a ferramenta à posição inicial rapidamente, a tempo de encontrar a próxima parte ou subconjunto no transportador (retorno rápido). A motivação para que as fábricas troquem as máquinas com movimento intermitente pelas com movimento contínuo é aumentar as taxas de produção. Assim, há algumas demandas para esse tipo de mecanismo de velocidade constante. Embora já tenhamos visto alguns mecanismos no Capítulo 6 com velocidades de saída aproximadamente constantes, o sistema de came seguidor é bem adaptado para esse problema, permitindo, em teoria, uma velocidade constante exata do seguidor, e a função polinomial de came é particularmente adaptável para esse tipo de tarefa.

Polinômios utilizados para movimento de trajetória crítico

Funções polinomiais são perfeitamente adaptáveis para solucionar problemas de movimento de trajetória crítico. Elas podem ser agrupadas para concordar com as condições de contorno desejadas, como veremos nos próximos exemplos.

EXEMPLO 8-11

Projetando uma polinomial para movimentos de trajetória crítico com velocidade constante.

Problema: Considere as seguintes afirmações de um problema de movimento de trajetória crítico (MTC):

acelerar o seguidor de 0 a 10 cm/s
manter uma velocidade constante de 10 cm/s por 0,5 s
desacelerar o seguidor para velocidade nula
retornar o seguidor à posição inicial
tempo do ciclo exatamente 1 s

Solução:

1 Essa afirmação de problema desestruturado é típica em problemas de projeto real, como foi discutido no Capítulo 1. Nenhuma informação dada é útil para acelerar ou desacelerar o seguidor; também não sabemos que parcelas do tempo disponível podem ser utilizadas para as atividades. Uma pequena reflexão fará com que o engenheiro reconheça que a especificação para o tempo do ciclo total define de fato a velocidade do eixo do came para ser sua recíproca ou em **uma revolução por segundo.** Convertida para as unidades apropriadas, é uma velocidade angular de 2π rad/s.

2 A parcela com velocidade constante utiliza metade do tempo total de 1 s nesse exemplo. O projetista deve decidir depois quantos dos 0,5 s restantes serão dedicados para as outras fases do movimento exigido.

3 O problema parece implicar que quatro segmentos serão necessários. Note que o projetista tem de selecionar arbitrariamente os comprimentos dos segmentos individuais (exceto para velocidade constante). Algumas iterações podem ser exigidas para otimizar o resultado. Entretanto, o programa DYNACAM (ver Apêndice A) executa o processo de iteração rápida e facilmente.

4 Assumindo quatro segmentos, o diagrama de tempo na Figura 8-35 mostra a fase da aceleração, a fase da velocidade constante, a fase da desaceleração e a fase do retorno, classificadas como segmentos de 1 a 4.

5 O segmento dos ângulos (β's) é assumido, na primeira aproximação, em 30° para o segmento 1; 180° para o segmento 2; 30° para o segmento 3; e 120° para o segmento 4, como mostrado na Figura 8-36. Esses ângulos podem precisar de ajustes nas próximas iterações, exceto o do segmento 2, que é rigidamente mantido nas especificações.

6 A Figura 8-36 mostra uma tentativa do diagrama $e \ v \ a \ p$. Os círculos preenchidos indicam o conjunto de condições de contorno que manterão as funções contínuas nessas especificações para o segmento 1:

$$\text{quando} \quad \theta = 0°; \quad e = 0, \quad v = 0, \quad \text{nenhuma}$$
$$\text{quando} \quad \theta = 30°; \quad \text{nenhum}, \quad v = 10, \quad a = 0 \tag{a}$$

7 Note que o deslocamento para $\theta = 30°$ é deixado como indeterminado. A função polinomial resultante nos fornecerá os valores do deslocamento nesse ponto, o qual pode ser usado como uma condição de contorno para o próximo segmento, a fim de tornar todas as funções restantes contínuas, como exigido. A aceleração em $\theta = 30°$ deve ser zero em condições de concordar com a velocidade constante do segmento 2. A aceleração para $\theta = 0°$ é deixada como indeterminada. O valor resultante será utilizado, posteriormente, para concordar com a extremidade do último segmento de aceleração.

PROJETO DE CAMES

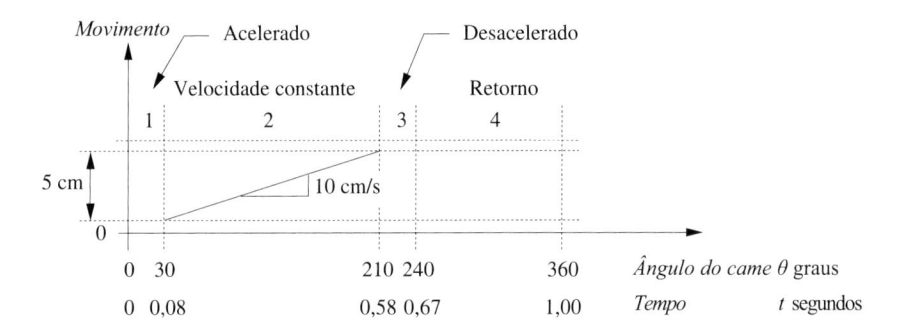

FIGURA 8-35

Diagrama de tempo para cames de velocidade constante.

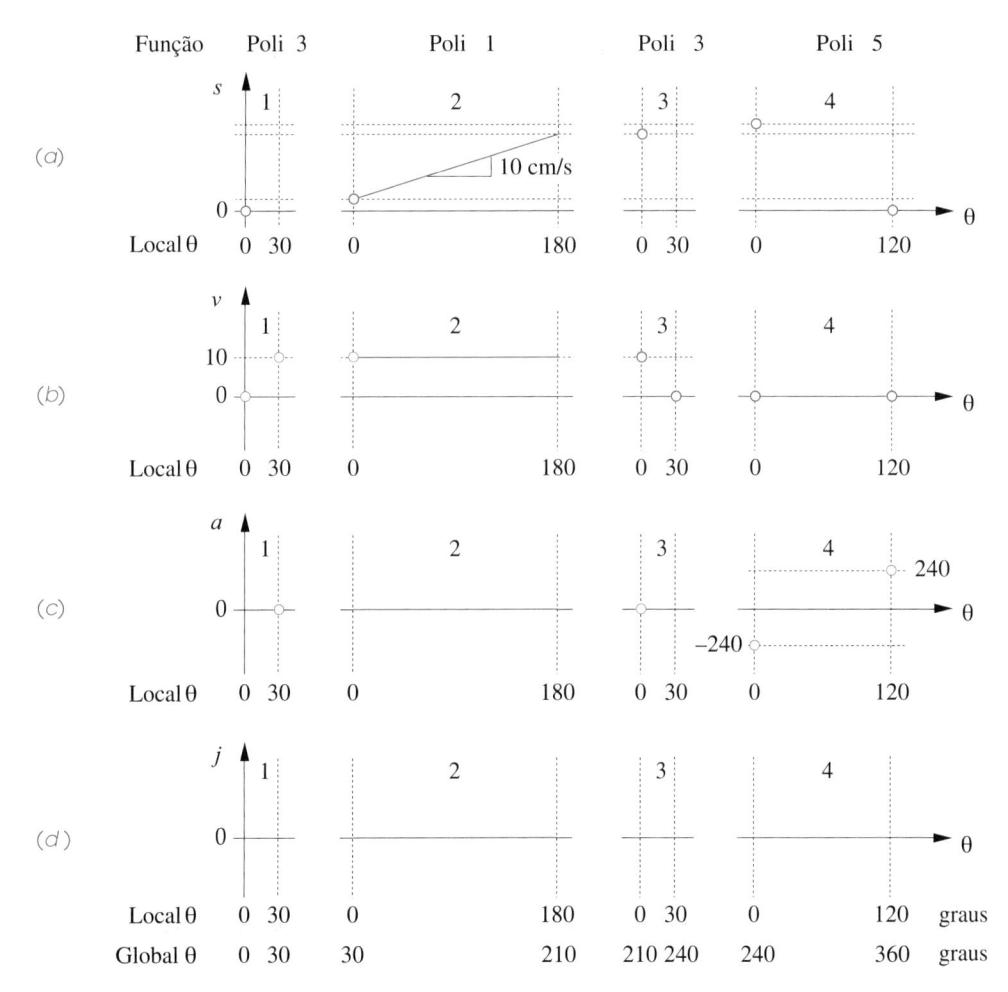

FIGURA 8-36

Um possível conjunto de condições de contorno para a solução da velocidade constante de quatro segmentos.

8 Colocando essas 4 CCs do segmento 1 no programa DYNACAM (ver Apêndice A) temos funções cúbicas, cujas parcelas *e v a p* são mostradas na Figura 8-37. Essa equação é

$$s = 0,83376\left(\frac{\theta}{\beta}\right)^2 - 0,27792\left(\frac{\theta}{\beta}\right)^3 \qquad (8.27a)$$

O máximo deslocamento ocorre em $\theta = 30°$. Isso será utilizado como uma condição de contorno para o segmento 2. O conjunto completo para o segmento 2 é

$$\begin{array}{lll} \text{quando} & \theta = 30°; & e = 0{,}556, \quad v = 10 \\ \text{quando} & \theta = 210°; & \textit{nenhum}, \quad \textit{nenhuma} \end{array} \qquad (b)$$

9 Note que nas derivações e no programa DYNACAM cada segmento de ângulo local percorre de zero a β naquele segmento. Desse modo, os ângulos locais do segmento 2 variam de 0° a 180°, os quais correspondem de 30° a 210° globalmente nesse exemplo. Deixamos o deslocamento, a velocidade e a aceleração indeterminados no final do segmento 2. Eles serão determinados pela computação.

10 Uma vez que esse segmento é de velocidade constante, sua integral, a função de deslocamento, deve ser uma polinomial de grau um, por exemplo: uma linha reta. Se especificarmos mais do que duas CCs, encontraremos uma função com grau mais alto que um, que passará pelos pontos finais especificados, mas também pode oscilar e desviar da velocidade constante desejada. Assim, apenas conseguimos duas CCs, uma inclinação e uma interseção como definido na Equação 8.2. No entanto, devemos fornecer pelo menos uma condição de contorno para o deslocamento a fim de calcular o coeficiente C_0 da Equação 8.23. Especificar as duas CCs para apenas uma extremidade do intervalo é perfeitamente aceitável. A equação para o segmento é:

$$s = 5\left(\frac{\theta}{\beta}\right) + 0,556 \qquad (8.27b)$$

11 A Figura 8-38 mostra o deslocamento e as parcelas da velocidade do segmento 2. A aceleração e o pulso são nulos. O deslocamento resultante para $\theta = 210°$ é 5,556.

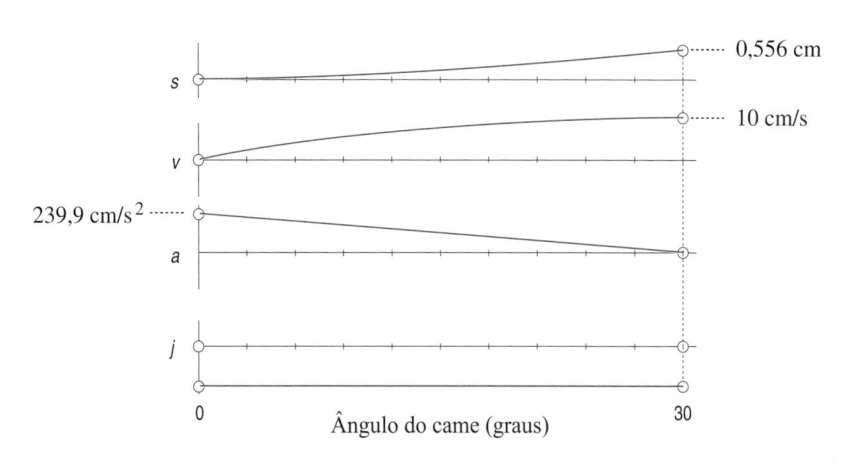

FIGURA 8-37

Segmento 1 para a solução de quatro segmentos do problema de velocidade constante. (Exemplo 8-11)

PROJETO DE CAMES

12 O deslocamento no final do segmento 2 é agora conhecido para sua equação. As quatro condições de contorno para o segmento 3 são:

$$\text{quando} \quad \theta = 210°; \quad e = 5{,}556, \quad v = 10, \quad a = 0$$
$$\text{quando} \quad \theta = 240°; \quad \text{nenhum}, \quad v = 0, \quad \text{nenhuma}$$
(c)

13 Isso gera uma função cúbica de deslocamento, como mostrada na Figura 8-39. Sua equação é:

$$s = -0{,}27792\left(\frac{\theta}{\beta}\right)^3 + 0{,}83376\left(\frac{\theta}{\beta}\right) + 5{,}556 \qquad (8.27c)$$

14 As condições de contorno para o último segmento 4 são definidas agora, pois elas concordam com aquelas do final do segmento 3 e do começo do segmento 1. O deslocamento no final do segmento 3 é encontrado pelo cálculo no DYNACAM (ver Apêndice A), sendo $e = 6{,}112$ em $\theta = 240°$, e a aceleração naquele ponto $-239{,}9$. Deixamos a aceleração indeterminada no começo do segmento 1. Da segunda derivada da equação para o deslocamento naquele segmento, encontramos a aceleração 239,9 em $\theta = 0°$. As CCs para o segmento 4 são:

$$\text{quando} \quad \theta = 240°; \quad e = 6{,}112, \quad v = 0, \quad a = -239{,}9$$
$$\text{quando} \quad \theta = 360°; \quad e = 0, \quad v = 0, \quad a = 239{,}9$$
(d)

15 A equação para o segmento 4 é, então:

$$s = -9{,}9894\left(\frac{\theta}{\beta}\right)^5 + 24{,}9735\left(\frac{\theta}{\beta}\right)^4 - 7{,}7548\left(\frac{\theta}{\beta}\right)^3 - 13{,}3413\left(\frac{\theta}{\beta}\right)^2 + 6{,}112 \qquad (8.27d)$$

16 A Figura 8-39 mostra os gráficos e v a p para o came completo. Ele obedece à lei fundamental do projeto de came porque as funções individuais são contínuas para a aceleração. O máximo valor da aceleração é 257 cm/s². A máxima velocidade negativa é $-29{,}4$ cm/s. Agora temos quatro seções e funções contínuas, Equações 8.27, com as quais encontraremos as especificações de desempenho para esse problema.

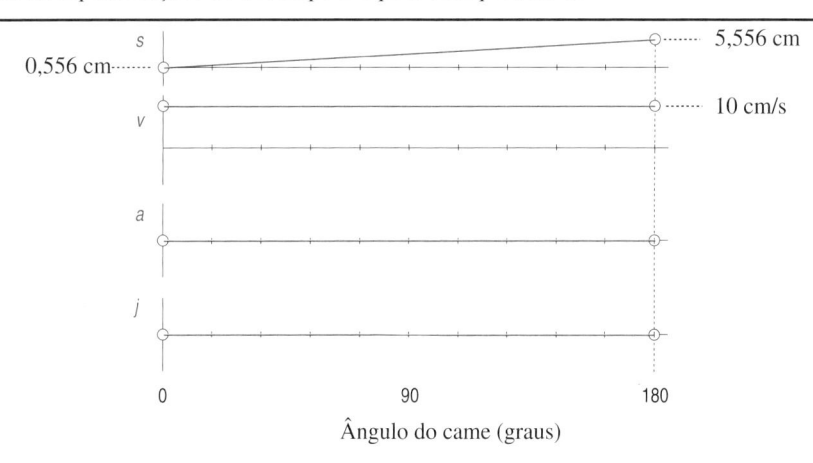

FIGURA 8-38

Segmento 2 para a solução de quatro segmentos do problema de velocidade constante. (Exemplo 8-11.)

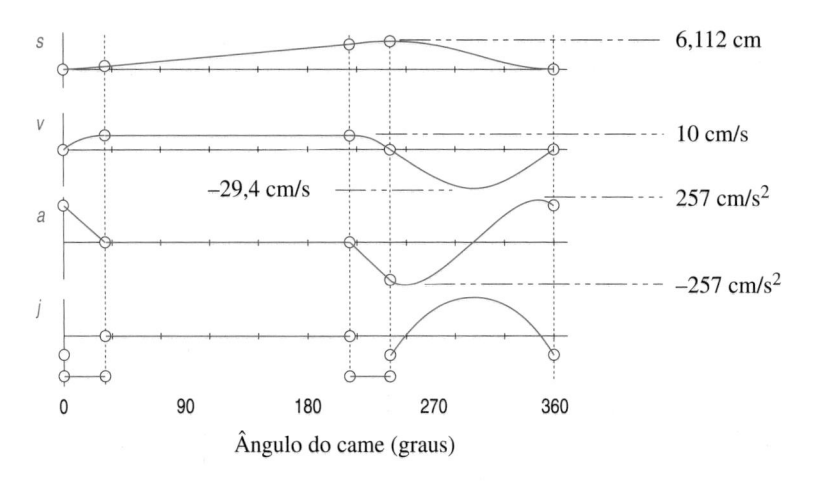

FIGURA 8-39

Solução de quatro segmentos do problema de velocidade constante do Exemplo 8-11.

Enquanto esse projeto for aceitável, ele poderá ser melhorado. Uma estratégia útil para projetos de came polinomial é minimizar o número de segmentos, desde que isso não resulte em funções de alto grau, que se comportem mal entre as condições de contorno. Outra estratégia é sempre começar com o segmento sobre o qual se tem mais informações. Nesse exemplo, a parcela de velocidade constante é a mais restrita e deve estar em um segmento separado, assim como o tempo de espera deve estar em um segmento separado. O resto do movimento do came existe apenas para retornar o seguidor de segmento de velocidade constante ao próximo ciclo. Se começarmos projetando o segmento de velocidade constante, pode ser possível completar o came com apenas um segmento adicional. Reprojetaremos esse came, para as mesmas especificações, mas com apenas dois segmentos, como mostrados na Figura 8-40.

EXEMPLO 8-12

Projetando uma polinomial ótima para movimento de trajetória crítico de velocidade constante.

Problema: Redefina a imposição do problema no Exemplo 8-11 para ter apenas dois segmentos:

manter uma velocidade constante de 10 cm/s por 0,5 s
desacelerar e **acelera** o seguidor para velocidade constante
tempo do ciclo exatamente 1 s

Solução:

1 As CCs (condições de contorno) para o primeiro segmento, com velocidade constante, serão similares às da nossa solução anterior, exceto para os valores globais dos ângulos e pelo fato de que começaremos no deslocamento zero. São elas:

$$\text{quando} \quad \theta = 0°; \quad e = 0, \quad v = 10$$
$$\text{quando} \quad \theta = 180°; \quad \textit{nenhum}, \quad \textit{nenhuma}$$

(a)

PROJETO DE CAMES

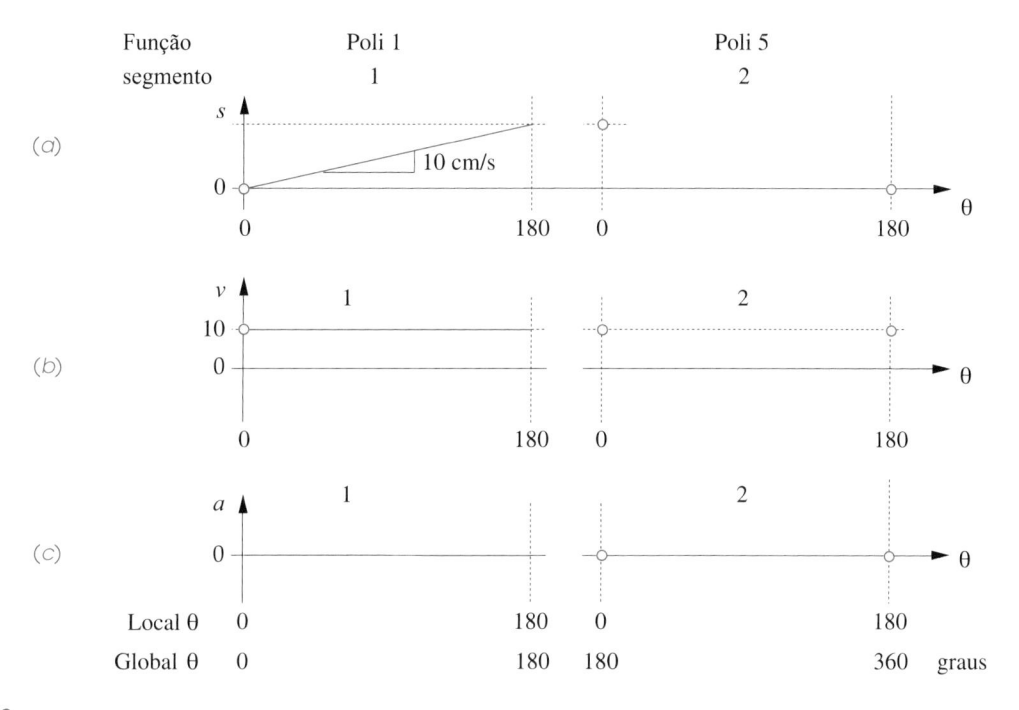

FIGURA 8-40

Condições de contorno para solução de velocidade constante de dois segmentos.

2 As parcelas do deslocamento e da velocidade para esse segmento são idênticas àquelas da Figura 8-38, exceto para aqueles deslocamentos que começam em zero. A equação para o segmento 1 é:

$$s = 5\left(\frac{\theta}{\beta}\right) \tag{8.28a}$$

3 O programa calcula o deslocamento no final do segmento 1 em 5,00 cm, o que define aquelas CCs para o segmento 2. O conjunto de CCs para o segmento 2 é, então:

$$\begin{aligned}&\text{quando} \quad \theta = 180°; \quad e = 5{,}00, \quad v = 10, \quad a = 0\\ &\text{quando} \quad \theta = 360°; \quad e = 0, \quad v = 10, \quad a = 0\end{aligned} \tag{b}$$

A equação para o segmento 2 é:

$$s = -60\left(\frac{\theta}{\beta}\right)^5 + 150\left(\frac{\theta}{\beta}\right)^4 - 100\left(\frac{\theta}{\beta}\right)^3 + 5\left(\frac{\theta}{\beta}\right)^1 + 5 \tag{8.28b}$$

4 Os diagramas *e v a p* para esse projeto são mostrados na Figura 8-41. Note que eles são muito mais suaves que os do projeto de quatro segmentos. A máxima aceleração nesse exemplo é agora 230 cm/s², e a máxima velocidade negativa é −27,5 cm/s. Ambas são menores que as do projeto anterior, do Exemplo 8-11.

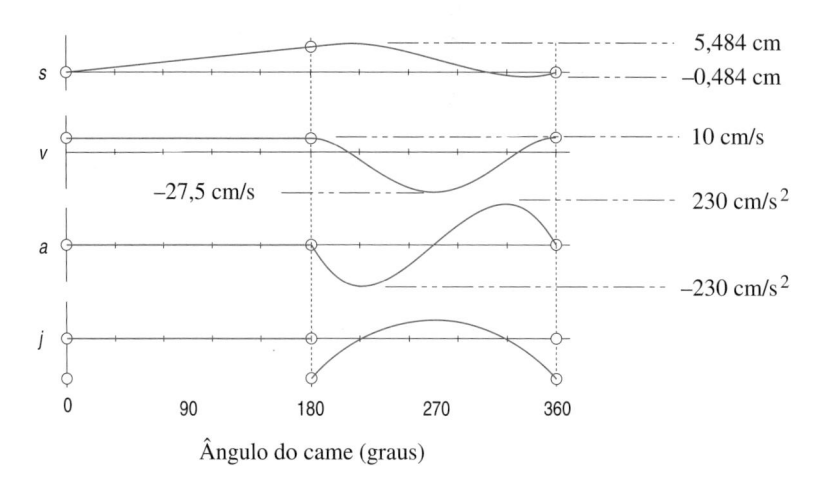

FIGURA 8-41

Solução de dois segmentos para o problema de velocidade constante do Exemplo 8-12.

5 O fato de nosso deslocamento nesse modelo conter valores negativos, como mostrado no diagrama e da Figura 8-39, não passa despercebido. Isso se deve ao fato de a velocidade ser constante quando o deslocamento é nulo. O seguidor deve ir para uma posição negativa, de maneira a ter distância para acelerar novamente. Nós simplesmente iremos trocar as coordenadas de deslocamento pelo valor negativo para fazer o came. Para fazer isso, calculamos as coordenadas de deslocamento. Escolha o valor do maior deslocamento negativo. Adicione esse valor à condição limite de deslocamento dos segmentos e recalcule as funções do came com o DYNACAM (ver Apêndice A). (Não altere as CCs por derivações superiores.) O perfil do came de deslocamento acabado mudará, uma vez que o seu valor mínimo será agora zero.

Então, não apenas teremos um came melhor como também as forças dinâmicas e energia cinética armazenadas serão menores. Note que não é necessário fazer nenhuma suposição sobre as porções de tempo de velocidade não constante disponíveis para aumentarmos ou diminuirmos a velocidade. Isso acontece automaticamente com a escolha de apenas dois segmentos e a especificação do conjunto mínimo de condições de contorno necessárias. Esse é claramente um modelo superior ao anterior e é, de fato, uma solução polinomial ótima para as especificações dadas. Abra o arquivo E08-12.cam no programa DYNACAM para investigar esse exemplo com maiores detalhes.

RESUMO As funções polinomiais são as abordagens mais versáteis (das apresentadas aqui) para realizar qualquer problema de projeto de came. Graças ao desenvolvimento e disponibilidade geral dos computadores, funções polinomiais se tornaram de fácil utilização, assim como os problemas com equações simultâneas, geralmente além das habilidades de cálculo manuais. Com a disponibilidade de um assistente, como o programa DYNACAM, as polinomiais têm se tornado uma maneira prática e preferencial para resolver muitos, mas não todos, os problemas de projeto de came. **Funções spline**, das quais as polinomiais são um subconjunto, oferecem ainda maior flexibilidade. O espaço não permite uma exposição detalhada das funções spline, como foi feito aqui para os sistemas de came. Ver referência [6] para mais informações.

8.6 DIMENSIONANDO O CAME – ÂNGULO DE PRESSÃO E RAIO DE CURVATURA

Uma vez que as funções *e v a p* foram definidas, o próximo passo é dimensionar o came. Existem dois fatores principais que afetam o tamanho do came, o **ângulo de pressão** e o **raio de curvatura**. Ambos envolvem o **raio da circunferência de base** no came (R_b), quando utilizados seguidores de face plana, ou o **raio da circunferência primária** no came (R_p), quando utilizados seguidores de rolete ou curvados.

Os centros da circunferência de base e da circunferência primária estão no centro de rotação do came. A circunferência de base é definida como *o menor círculo que pode ser desenhado tangente à superfície física do came*, como mostrado na Figura 8-42. Todos os cames radiais terão circunferência de base, indiferentemente do tipo de seguidor utilizado.

A circunferência primária é aplicável somente para cames com seguidores de rolete ou com raios (cogumelo) e é medida a partir do centro do seguidor. A **circunferência primária** é definida como *o menor círculo que pode ser desenhado tangente à trajetória da linha de centro do seguidor,* como mostrado na Figura 8-42. *A trajetória da linha de centro do seguidor* é chamada de **curva primitiva**. Os cames com seguidores de rolete são definidos para manufatura com relação à curva primitiva, e não com relação à superfície física do came. Os cames com seguidores de face plana devem ser definidos para manufatura com relação às suas superfícies físicas, uma vez que não existe curva primitiva.

O processo de criação física do came pelo diagrama *e* pode ser visualizado conceitualmente imaginando-se o diagrama *e* sendo cortado de um material flexível como a borracha. O eixo *x* do diagrama *e* representa a circunferência de um círculo, que pode ser tanto a **circunferência de base** quanto a **circunferência primária**, ao redor do qual nós "enrolaremos" nosso diagrama *e* "de borracha". Somos livres para escolher o comprimento inicial de nosso eixo *x* do diagrama *e*, embora a altura da curva de deslocamento seja fixada pela função de deslocamento do came que escolhemos. Com efeito, nós vamos escolher a base ou o raio da circunferência primária como parâmetro de projeto e alongar o comprimento dos eixos do diagrama *e* para se adequarem à circunferência do círculo escolhido.

Vamos apresentar equações para ângulos de pressão e raios de curvatura somente para cames radiais com seguidores de translação. Para informações relacionadas a cames de seguidores oscilatórios e axiais (barris), ver Capítulo 7 ou referência [5].

Ângulo de pressão – Transladando seguidores de rolete

O **ângulo de pressão** é definido como mostrado na Figura 8-43. Ele é o complemento do ângulo de transmissão, que foi definido para elos nos capítulos anteriores e possui significado similar ao da operação de came seguidor. Por convenção, o ângulo de pressão é utilizado para cames, em vez do ângulo de transmissão. Somente ao longo do **eixo de transmissão**, que é perpendicular ao **eixo de deslizamento** ou à tangente comum, a força pode ser transmitida do came para o seguidor e vice-versa.

ÂNGULO DE PRESSÃO O **ângulo de pressão** ϕ é *o ângulo entre a direção de movimento (velocidade) do seguidor e a direção do eixo de transmissão.** Quando $\phi = 0$, toda a força transmitida vai em direção ao movimento do seguidor e nenhuma na velocidade de deslizamento. Quando ϕ alcança 90°, não existirá movimentação no seguidor. Como regra geral, gostaríamos que o ângulo de pressão estivesse entre zero e cerca de 30° para seguidores de translação, para evitar carregamento lateral excessivo no seguidor deslizante. Se o seguidor está oscilando em um braço pivotado, um ângulo de pressão até mais ou menos

* Dresner e Buffington[7] mostraram que essa definição é válida apenas para sistemas com um grau de liberdade. Para sistemas com múltiplas entradas, uma definição mais complexa e cálculos de ângulo de pressão (ou ângulo de transmissão) são necessários.

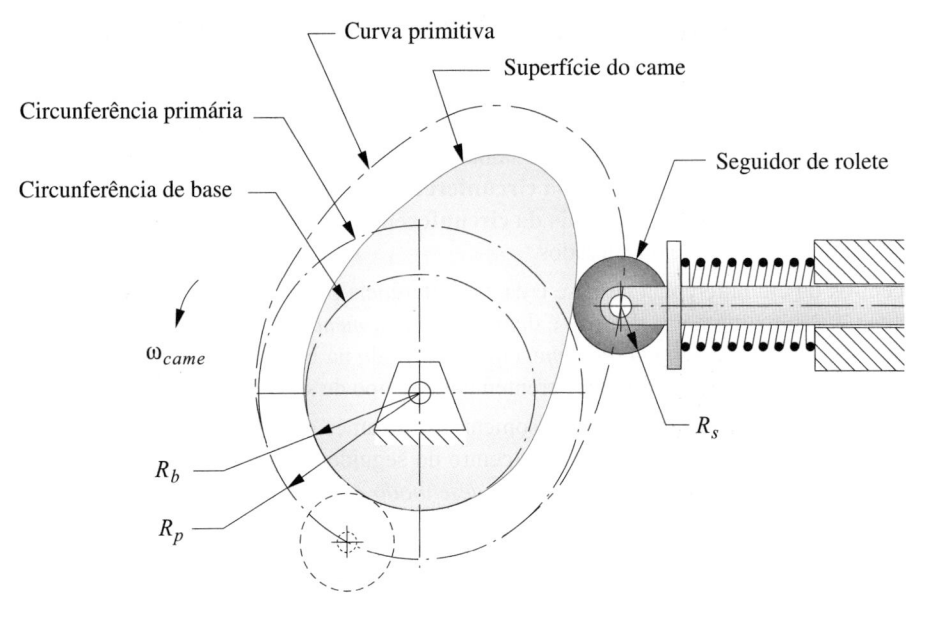

FIGURA 8-42

Circunferência de base R_b, circunferência primária R_p, e curva primitiva de um came radial com seguidor de rolete.

35° é aceitável. Valores de ϕ maiores podem aumentar o atrito no seguidor deslizante ou no pivô para níveis indesejáveis e podem até esmagar um seguidor de translação em suas guias.

EXCENTRICIDADE A Figura 8-44 mostra a geometria de um came e seu seguidor de rolete de translação em uma posição arbitrária. É um caso geral em que o eixo de movimentação do seguidor não intercepta o centro do came. Há uma **excentricidade** ε definida como *a distância perpendicular entre o eixo de movimentação do seguidor e o centro do came.* Frequentemente, essa excentricidade ε será zero, fazendo dele um **seguidor alinhado**, o que é um caso especial.

Na figura, o eixo de transmissão é estendido para cruzar a conexão equivalente 1, que é o elo terra. (Ver Seção 8.0 e Figura 8-1, para uma discussão da conexão equivalente em sistemas de came.) Essa intersecção é o centro instantâneo $I_{2,4}$ (denominado B) que, por definição, possui a mesma velocidade no elo 2 (o came) e no elo 4 (o seguidor). Como o elo 4 está em translação pura, todos os seus pontos terão velocidades idênticas $V_{seguidor}$, que são iguais à velocidade de $I_{2,4}$ no elo 2. Podemos escrever uma expressão para a velocidade $I_{2,4}$ em termos de velocidade angular do came e o raio b do centro do came a $I_{2,4}$,

$$V_{I_{2,4}} = b\omega = \dot{s} \qquad (8.29)$$

em que e é o deslocamento instantâneo do seguidor do diagrama e, e o $\dot{e}$ é sua derivada no tempo em unidades de comprimento/s (note que $E\ V\ A\ P$ maiúsculos são variáveis de tempo em vez de funções do ângulo do came).

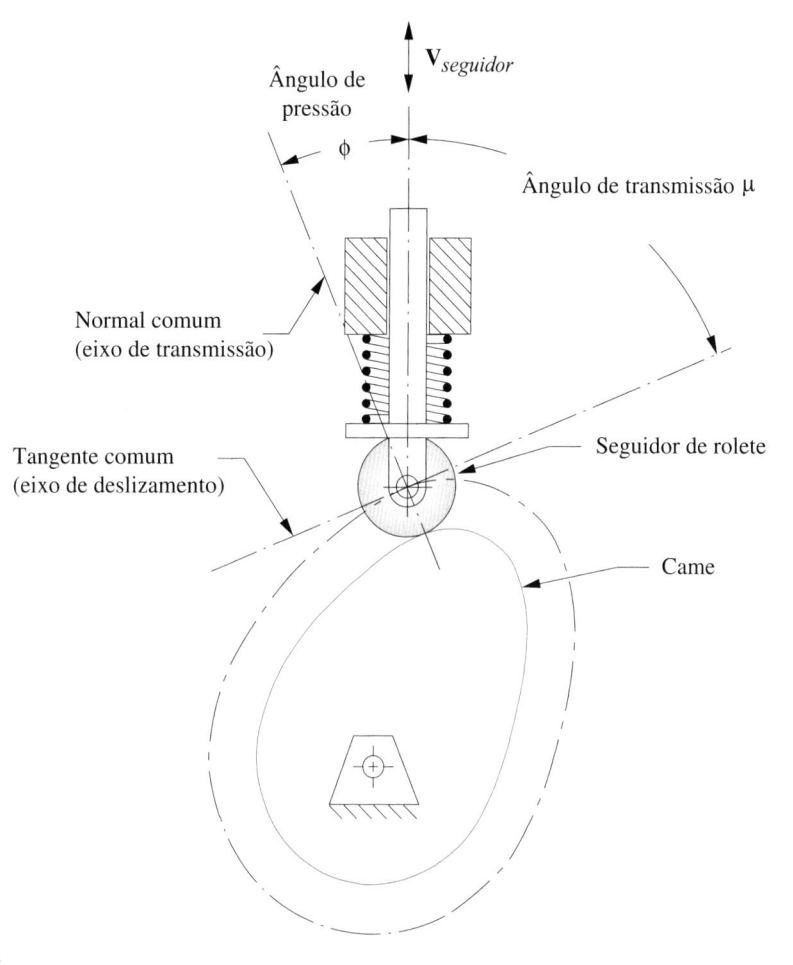

PROJETO DE CAMES

FIGURA 8-43
Ângulo de pressão do came.

Mas
$$s = \frac{ds}{dt}$$

e
$$\frac{ds}{dt}\frac{d\theta}{d\theta} = \frac{ds}{d\theta}\frac{d\theta}{dt} = \frac{ds}{d\theta}\omega = v\omega$$

assim
$$b\omega = v\omega$$

então
$$b = v$$
(8.30)

Essa é uma relação interessante que diz que a **distância b para o centro instantâneo de velocidade $I_{2,4}$ é igual à velocidade do seguidor** v em unidades de comprimento por radianos, como derivada em seções anteriores. Reduzimos esta expressão para geometria pura, independentemente da velocidade angular do came.

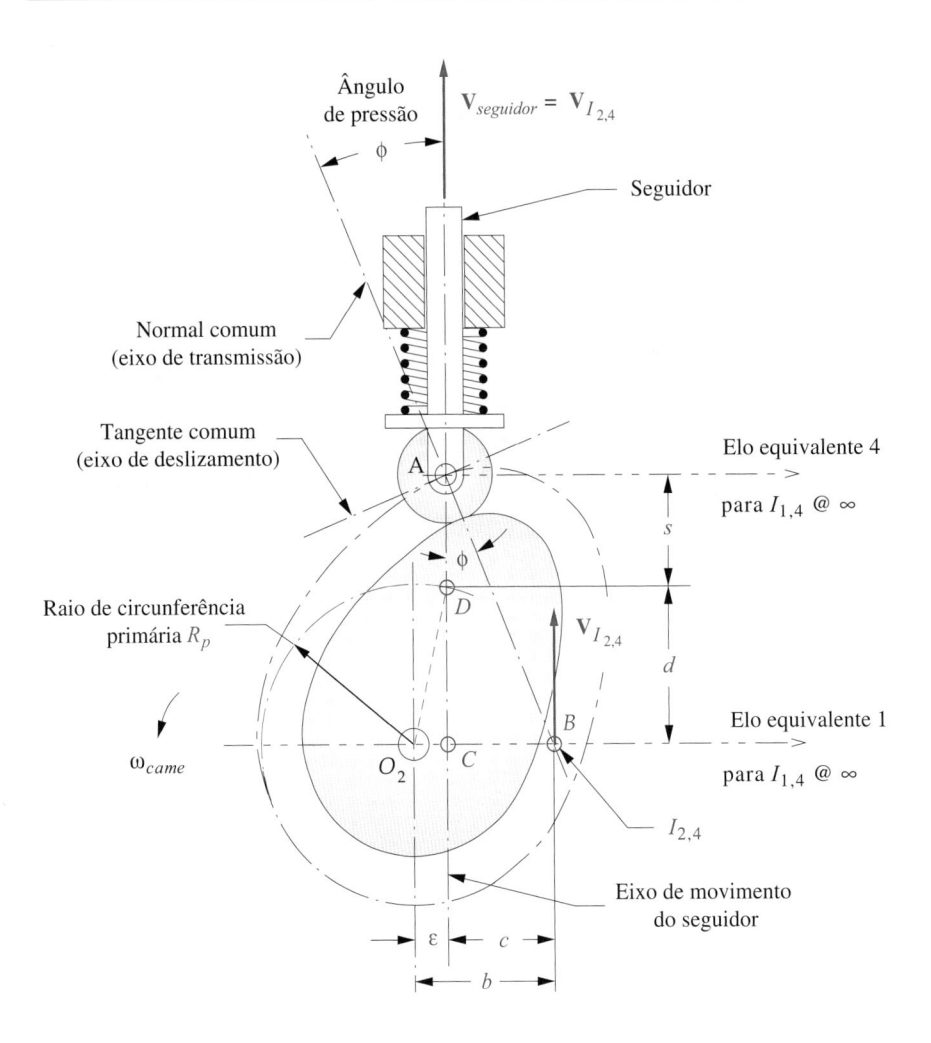

FIGURA 8-44

Geometria para a derivada da equação para ângulo de pressão.

Note que podemos expressar a distância b em termos de raio da circunferência primária R_p e a excentricidade ε, pela construção mostrada na Figura 8-44. Balance o arco do raio R_p até ele interceptar o eixo de movimentação do seguidor no ponto D. Isso define o comprimento da linha d de conexão equivalente 1 para essa intersecção. Esse comprimento é constante para qualquer raio de circunferência primária R_p escolhido. Os pontos A, C e $I_{2,4}$ formam um triângulo reto cujo ângulo superior é o ângulo de pressão ϕ e cuja perna vertical é $(e + d)$, em que e é a movimentação instantânea do seguidor. Desse triângulo:

$$c = b - \varepsilon = (e+d)\tan\phi$$

e

$$b = (e+d)\tan\phi + \varepsilon \quad (8.31a)$$

então, da Equação 8.30

$$v = (e+d)\tan\phi + \varepsilon \quad (8.31b)$$

e do triângulo CDO_2

$$d = \sqrt{R_P^2 - \varepsilon^2} \qquad (8.31c)$$

Substituir a Equação 8.31c na Equação 8.31b e resolver para ϕ resulta em uma expressão para um ângulo de pressão em termos de deslocamento e, velocidade v, excentricidade ε e raio da circunferência primária R_p.

$$\phi = \arctan \frac{v - \varepsilon}{s + \sqrt{R_P^2 - \varepsilon^2}} \qquad (8.31d)$$

A velocidade v nessa expressão é em unidades de comprimento/rad, e todas as outras quantidades são em unidades de comprimento compatíveis. Temos definido e e v tipicamente por esse estágio do processo de projeto do came e queremos manipular R_p e ε para obtermos um ângulo de pressão máximo ϕ aceitável. Com o aumento de R_p, ϕ será reduzido. As únicas restrições contra valores altos de R_p são o custo e o tamanho do conjunto. Frequentemente, haverá algum limite superior no tamanho do conjunto do came seguidor ditado por seus ambientes. Haverá sempre uma restrição referente ao custo, e maior = mais pesado = mais caro.

Escolhendo o raio de circunferência primária

Tanto R_p quanto ε estão presentes na expressão transcendental na Equação 8.31d, então eles não podem ser resolvidos diretamente de maneira conveniente. A abordagem mais simples é assumir um valor qualquer para R_p e excentricidade inicial igual a zero, e utilizar o programa DYNACAM (ver Apêndice A), seu programa próprio ou um programa para resolver equações como o *Matlab*, *TKSolver* ou *Mathcad* para calcular rapidamente os valores de ϕ para o came inteiro, para então ajustar R_p e repetir os cálculos anteriores até se encontrar um arranjo aceitável. A Figura 8-45 mostra os ângulos de pressão calculados para um came de quatro esperas. Note a semelhança das funções de velocidade para o mesmo came na Figura 8-6 e como esse termo é dominante na Equação 8.31d.

UTILIZANDO A EXCENTRICIDADE Se um came adequadamente pequeno não pode ser obtido com um ângulo de pressão aceitável, a excentricidade pode ser introduzida para modificar esse ângulo de pressão. Utilizar a excentricidade para controlar o ângulo de pressão tem suas limitações. Para um ω positivo, um valor positivo de excentricidade irá *diminuir o ângulo de pressão na subida*, porém irá *aumentá-lo na descida*. Excentricidade negativa produz efeito reverso.

Isso não é muito útil para um came unido por forma fechada (encaixe ou trilha), porque ele está movimentando o seguidor em ambas as direções. Para um came unido por força com retorno por mola, você pode às vezes dispor de um maior ângulo de pressão na descida que na subida, porque a energia armazenada na mola está tentando aumentar a velocidade do eixo do came na descida, considerando que o came está armazenando a energia na mola durante a subida. O limite dessa técnica pode ser o grau de excesso de velocidade atingido com um maior ângulo de pressão na descida. As variações resultantes na velocidade angular do came podem ser inaceitáveis.

O maior ganho ao se acrescentar a excentricidade em um seguidor aparece em situações em que a função do came é assimétrica e existem diferenças significativas (sem excentricidade) entre os ângulos de pressão máximos na subida e na descida. Ao se introduzir a excentricidade, pode-se balancear os ângulos de pressão e criar um came de funcionamento mais suave.

Se ajustes em R_p ou ε não rendem ângulos de pressão aceitáveis, o único recurso é retornar ao estágio anterior no projeto e redefinir o problema. Gastar menos ou mais tempo na subida e na descida reduzirá as causas do elevado ângulo de pressão. Projetar é, afinal, um processo iterativo.

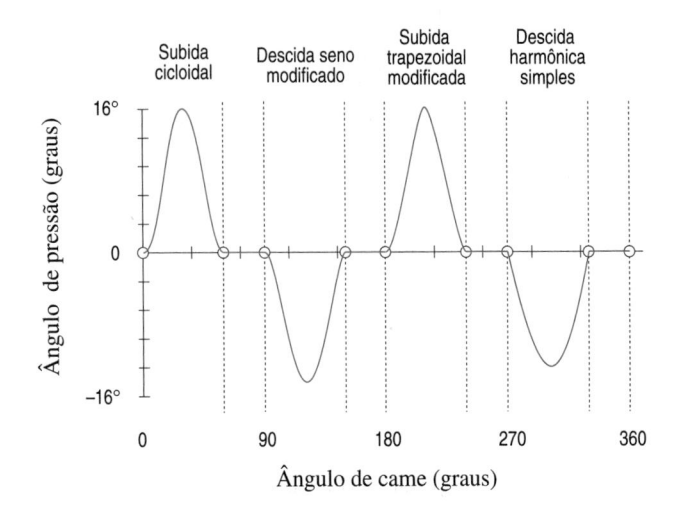

FIGURA 8-45

Funções de ângulo de pressão são similares em formato às funções de velocidade.

Momento de tombamento – Seguidor de translação de face plana

A Figura 8-46 mostra um seguidor de face plana transladando contra um came radial. O ângulo de pressão é zero para todas as posições do came e do seguidor. Isso parece que não nos serve, o que não é verdade. Com a movimentação do ponto de contato para a esquerda e para a direita, o ponto de aplicação da força entre came e seguidor move-se também. Há um momento de tombamento no seguidor, associado a essa força fora de centro, que tende a empenar o seguidor em suas guias, da mesma maneira que se obteve um ângulo de pressão muito elevado no caso do seguidor de rolete. Nesse caso, gostaríamos de manter o came o menor possível, de modo a minimizar o braço do momento da força. A excentricidade afetará o valor médio do momento, mas a variação pico a pico do momento em relação à média não é afetada pela excentricidade. Considerações de ângulos de pressão muito elevados não limitam o tamanho do came, mas outros fatores, sim. O menor raio de curvatura (ver a seguir) da superfície do came deve ser grande o suficiente para evitar o adelgaçamento. Isso é verdade independentemente do tipo de seguidor utilizado.

Raio de curvatura – Seguidor de rolete de translação

O **raio de curvatura** é uma *propriedade matemática de uma função*. Seu valor e uso não são limitado a cames, porém ele possui uma grande significância em seu projeto. O conceito é simples. Não importa o quão complicado seja o formato da curva, ou quão alto é o grau de descrição da função, haverá um raio instantâneo de curvatura em todos os pontos da curva. Esses raios de curvatura terão centros instantâneos (que podem estar no infinito), e os raios de curvatura de qualquer função são inerentemente também uma função que pode ser computada e mostrada graficamente. Por exemplo, o raio de curvatura de uma linha reta é infinito em qualquer ponto; já o do círculo é um valor constante. A parábola tem um raio de curvatura que muda constantemente e se aproxima do infinito. Uma curva cúbica terá o raio de curvatura algumas vezes positivo (convexo) e algumas vezes negativo (côncavo). Geralmente, quanto maior o grau da função, maior a variação de potencial em seus raios de curvatura.

PROJETO DE CAMES

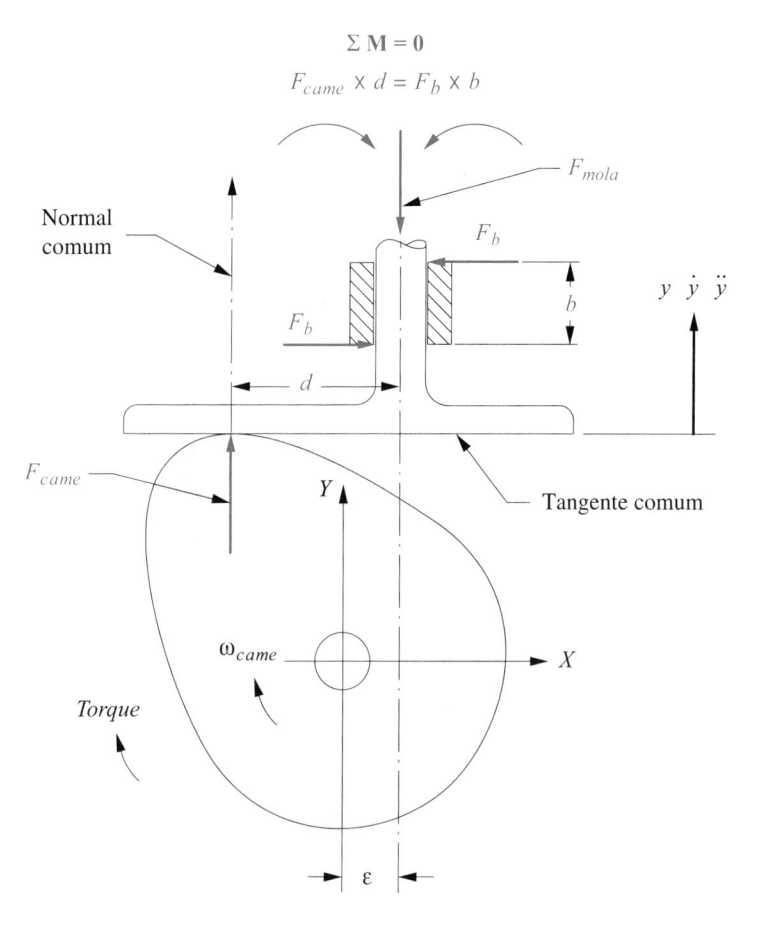

FIGURA 8-46

Momento de tombamento em um seguidor de face plana.

Contornos de cames são, geralmente, funções de grau elevado. Quando são enrolados em torno de suas bases ou circunferência primária, eles podem ter partes côncavas, convexas ou planas. Planos infinitesimalmente pequenos de raios infinitos ocorrerão em todos os pontos de inflexão na superfície do came onde ele muda de côncavo pra convexo ou vice-versa.

O raio de curvatura do came acabado é relevante independentemente do tipo de seguidor, mas as preocupações são diferentes para seguidores diferentes. A Figura 8-47 mostra um problema óbvio (e exagerado) com um seguidor de rolete, cujo raio de curvatura R_s (constante) é muito grande para seguir o raio côncavo pequeno (negativo) $-\rho$ localizado no came (note que, normalmente, não se usaria um rolete tão grande em relação ao came).

Um problema mais sutil ocorre quando o raio do seguidor de rolete R_s é maior do que o menor raio local positivo (convexo) $+\rho$ no came. Esse problema é chamado **adelgaçamento** e é representado na Figura 8-48. Relembre que, para um came seguidor de rolete, o contorno do came é definido, na verdade, como a trajetória do centro do seguidor de rolete ou **curva primitiva**. Ao operador são dadas as coordenadas x,y (em dados de computador ou disco) e também é informado o raio do seguidor R_j. Ele, então, cortará o came com um cortador do mesmo raio equivalente do seguidor, seguindo as coordenadas da curva primitiva com o centro do cortador.

A Figura 8-48a mostra uma situação em que o raio do seguidor (cortador) R_j está em um ponto exatamente igual ao raio de curvatura mínimo convexo do came $(+\rho_{min})$. O cortador criou um ponto agudo perfeito, ou **cúspide**, na superfície do came. Esse came não terá um bom desempenho a altas velocidades. A Figura 8-48b mostra uma situação na qual o raio do seguidor (cortador) é maior que o raio de curvatura mínimo convexo do came. O cortador agora adelgaça ou remove o material necessário para o contorno do came em diferentes posições e também cria um ponto agudo ou cúspide na superfície do came. Esse came não terá mais a mesma função de deslocamento que você projetou tão cautelosamente.

A regra geral é manter o valor absoluto do raio de curvatura mínimo $\rho_{mín}$ da curva primitiva do came preferencialmente, no mínimo, de duas a três vezes o tamanho do raio do seguidor de rolete R_j.

$$|\rho_{mín}| \gg R_j \qquad (8.32)$$

A derivada do raio de curvatura pode ser encontrada em qualquer livro de cálculo. Para o nosso caso do seguidor de rolete, podemos escrever a equação do raio de curvatura da curva primitiva do came, por exemplo:

$$\rho_{primitivo} = \frac{\left[(R_P + s)^2 + v^2\right]^{3/2}}{(R_P + s)^2 + 2v^2 - a(R_P + s)} \qquad (8.33)$$

Nessa expressão, e, v, e a são deslocamento, velocidade e aceleração, respectivamente, do seguidor do came, como definido na seção anterior. Suas unidades são comprimento, comprimento/rad e comprimento/rad², respectivamente. R_p é o raio da circunferência primária. **Não confunda** esse *raio da circunferência primária R_p* com o *raio de curvatura $\rho_{primitivo}$*. R_p **é um valor constante** que você escolhe como parâmetro de projeto, e $\rho_{primitivo}$ é o raio de curvatura constantemente modificado, resultante das escolhas de seu projeto.

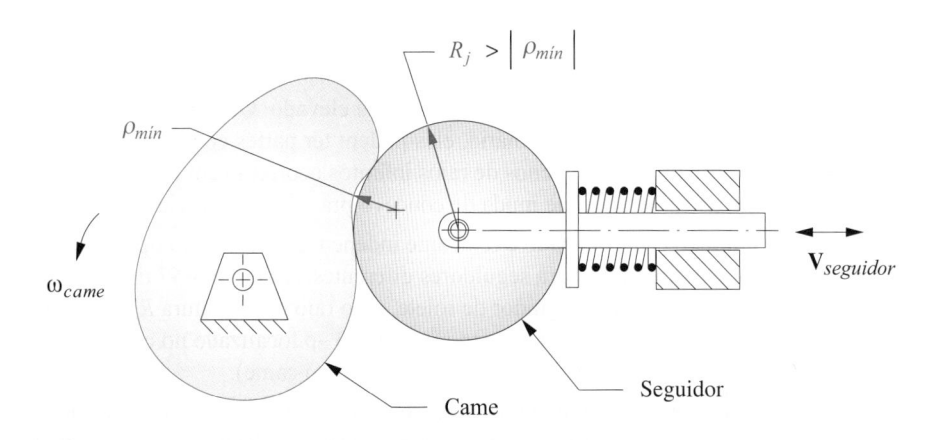

FIGURA 8-47

O resultado de utilizar um seguidor de rolete maior que um para o qual o came foi projetado.

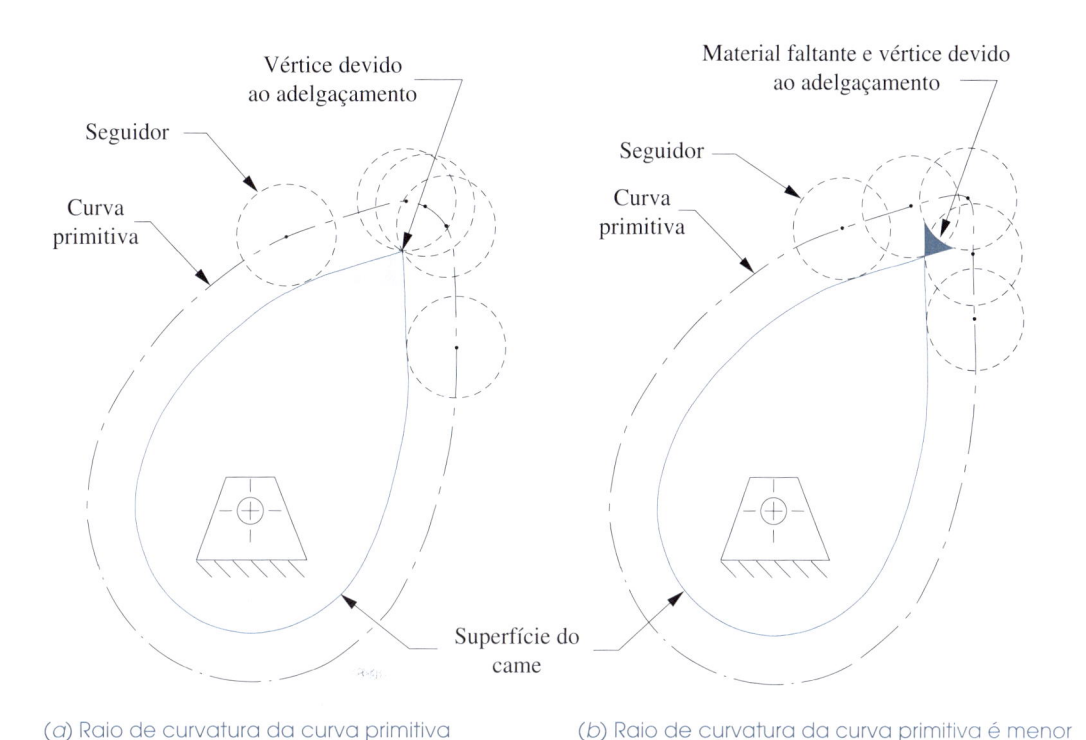

(a) Raio de curvatura da curva primitiva igual ao raio do seguidor de rolete

(b) Raio de curvatura da curva primitiva é menor que o raio do seguidor de rolete

FIGURA 8-48

Raio de curvatura pequeno e positivo pode causar adelgaçamento.

Não confundir, também, R_p, o *raio de circunferência primária* com R_s, o *raio do seguidor de rolete*. Ver Figura 8-42 para definições. Você pode escolher o valor de R_s para resolver o problema, por isso pode pensar que será simples satisfazer a Equação 8.32 apenas selecionando um seguidor de rolete com um pequeno valor de R_s. Infelizmente, é mais complicado, pois o pequeno seguidor de rolete pode não ser forte o suficiente para resistir às forças dinâmicas do came. O raio do pino, no qual o seguidor de rolete rotaciona, é substancialmente menor que R_s por causa do espaço necessário para rolete ou esferas de rolamento no seguidor. As forças dinâmicas serão abordadas em capítulos posteriores, quando revisaremos esse problema.

Podemos resolver a Equação 8.33 por $\rho_{primitivo}$ desde que conheçamos e, v e a para todos os valores de θ e possamos escolher um valor de R_p para teste. Se o ângulo de pressão tiver sido calculado, o R_p escolhido para os valores aceitáveis deve ser usado para calcular $\rho_{primitivo}$. Se um raio de seguidor satisfatório não pode ser aceitável na Equação 8.32 para os mínimos valores de $\rho_{primitivo}$ calculados na Equação 8.33, então iterações posteriores serão necessárias, possivelmente incluindo a redefinição das especificações do came.

O programa DYNACAM (ver Apêndice A) calcula $\rho_{primitivo}$ para todos os valores de θ para fornecer o raio da circunferência primária R_p utilizável. A Figura 8-49 mostra $\rho_{primitivo}$ para um came de quatro esperas da Figura 8-6. Note que o came possui ambos os raios de curvatura, positivo e negativo. O maior valor do raio de curvatura é truncado a níveis arbitrários no gráfico quando tendem ao infinito nos pontos de inflexão entre as partes côncavas e convexas. Note que o raio de curvatura tende ao infinito positivo e retorna do infinito negativo ou vice-versa nesses pontos de inflexão (talvez depois de uma volta ao redor do universo?).

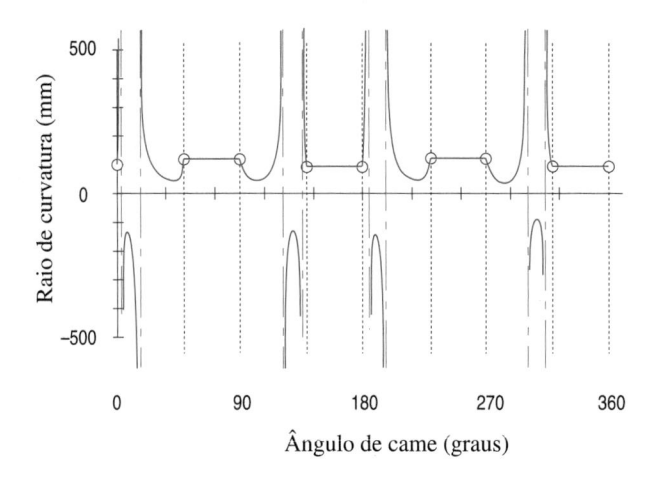

FIGURA 8-49

Raio de curvatura de um came de quatro esperas.

Uma vez que o raio da circunferência primária seja aceitável e o raio do seguidor de rolete foi determinado, baseado no ângulo de pressão e no raio de curvatura, o came pode ser desenhado em sua forma final e fabricado, subsequentemente. A Figura 8-50 mostra o perfil de um came de quatro esperas da Figura 8-6. O contorno da superfície do came passa fora do envelope de posições do seguidor, da mesma maneira que o cortador criará um came no metal. A barra lateral mostra os parâmetros de projeto, dos quais um é aceitável. O ρ_{min} é 1,7 vez R_f e os ângulos de pressão são menores que 30°. O contorno da superfície do came aparenta estar suave, sem pontas agudas. A Figura 8-51 mostra o mesmo came com apenas uma mudança. O raio do seguidor R_j é igual ao raio mínimo de curvatura ρ_{min}. As pontas ou cúspides em vários lugares indicam que o adelgaçamento ocorreu. Ele se tornou um **came inaceitável**, *simplesmente porque o seguidor de rolete está muito grande.*

As coordenadas para o contorno do came, medidas da posição do centro do seguidor de rolete, ou a **curva primitiva** mostrada na Figura 8-50, são definidas pelas expressões seguintes, referenciadas no centro de rotação do came. Ver Figura 8-45 para a nomenclatura. A subtração do ângulo de entrada θ do came de 2π é necessária porque a movimentação relativa do seguidor *versus* o came é oposta ao do came *versus* o seguidor. Em outras palavras, para definir o contorno da linha de centro da trajetória do seguidor ao redor do came estacionário, devemos mover o seguidor (e também o cortador para fazer o came) na direção oposta à rotação do came.

$$x = \cos\lambda\sqrt{(d+s)^2 + \varepsilon^2}$$
$$y = \text{sen}\lambda\sqrt{(d+s)^2 + \varepsilon^2} \tag{8.34}$$

em que

$$\lambda = (2\pi - \theta) - \arctan\left(\frac{\varepsilon}{d+s}\right)$$

PROJETO DE CAMES

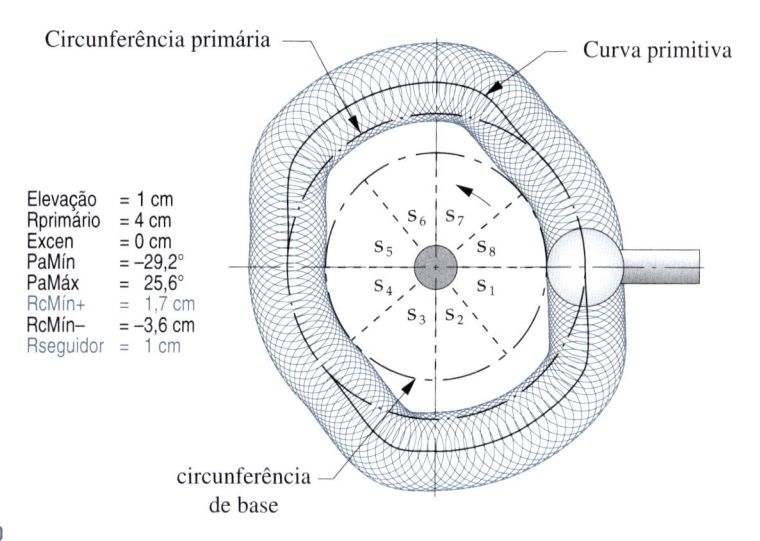

FIGURA 8-50

Elevação = 1 cm
Rprimário = 4 cm
Excen = 0 cm
PaMín = –29,2°
PaMáx = 25,6°
RcMín+ = 1,7 cm
RcMín– = –3,6 cm
Rseguidor = 1 cm

Perfil de came de disco radial é gerado pela posição do seguidor de rolete (ou cortador).

Raio de curvatura – Seguidor de translação de face plana

A situação com o seguidor de face plana é diferente da do seguidor de rolete. Um raio de curvatura negativo do came não pode ser acomodado com um seguidor de face plana. O seguidor plano obviamente não pode seguir um came côncavo. O adelgaçamento ocorrerá quando o raio de curvatura se tornar negativo, se o came com essas condições for feito.

A Figura 8-52 mostra um came e um seguidor de translação de face plana em posições arbitrárias. A origem do sistema de coordenadas global XY é no centro de rotação do came,

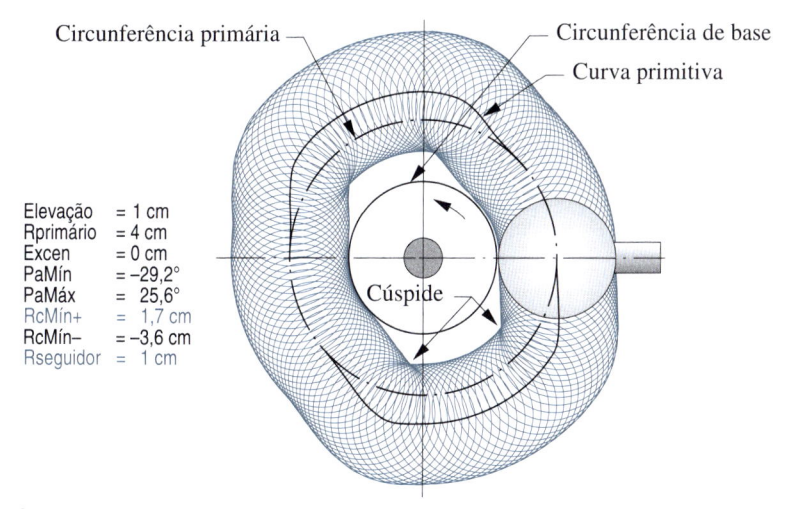

FIGURA 8-51

Elevação = 1 cm
Rprimário = 4 cm
Excen = 0 cm
PaMín = –29,2°
PaMáx = 25,6°
RcMín+ = 1,7 cm
RcMín– = –3,6 cm
Rseguidor = 1 cm

Cúspides formadas por adelgaçamento devido ao raio do seguidor $R_j \geq$ raio de curvatura ρ do came.

e o eixo X é definido paralelamente à tangente comum, que é a superfície do seguidor plano. O vetor **r** é atrelado ao came, rotacionando com ele, e serve como linha de referência para o ângulo do came θ que é medido do eixo X. O ponto de contato A é definido pelo vetor de posição $\mathbf{R}_A$. O centro instantâneo de curvatura está em C e o raio de curvatura é ρ. R_b é o raio da circunferência de base e e é o deslocamento do seguidor para o ângulo θ. A excentricidade é ε.

Podemos definir o local do ponto de contato A para dois vetores de laço (em notação complexa).

$$\mathbf{R}_A = x + j(R_b + s)$$

e

$$\mathbf{R}_A = ce^{j(\theta + \alpha)} + j\rho$$

então:

$$ce^{j(\theta + \alpha)} + j\rho = x + j(R_b + s) \tag{8.35a}$$

Substituimos o equivalente de Euler (Equação 4.4a) na Equação 8.35a e separamos as partes reais e imaginárias.

reais:
$$c\cos(\theta + \alpha) = x \tag{8.35b}$$

imaginárias:
$$c\,\text{sen}(\theta + \alpha) + \rho = R_b + s \tag{8.35c}$$

O centro de curvatura C é **estacionário** no came, o que significa que as magnitudes de c bem como ρ, e o ângulo α não variam para pequenas mudanças no ângulo θ do came. (Esses valores não são constantes, mas são valores estacionários. Suas primeiras derivadas em relação a θ são nulas, mas suas derivadas mais altas não são nulas.)

Diferenciar a Equação 8.35a com relação a θ resulta em:

$$jce^{j(\theta + \alpha)} = \frac{dx}{d\theta} + j\frac{ds}{d\theta} \tag{8.36}$$

Substituimos o equivalente de Euler (Equação 4.4a) na Equação 8.36 e separamos as partes reais e imaginárias.

reais:

$$-c\,\text{sen}(\theta + \alpha) = \frac{dx}{d\theta} \tag{8.37}$$

imaginárias:

$$c\cos(\theta + \alpha) = \frac{ds}{d\theta} = v \tag{8.38}$$

A verificação das equações 8.35b e 8.36 mostra que

$$x = v \tag{8.39}$$

PROJETO DE CAMES

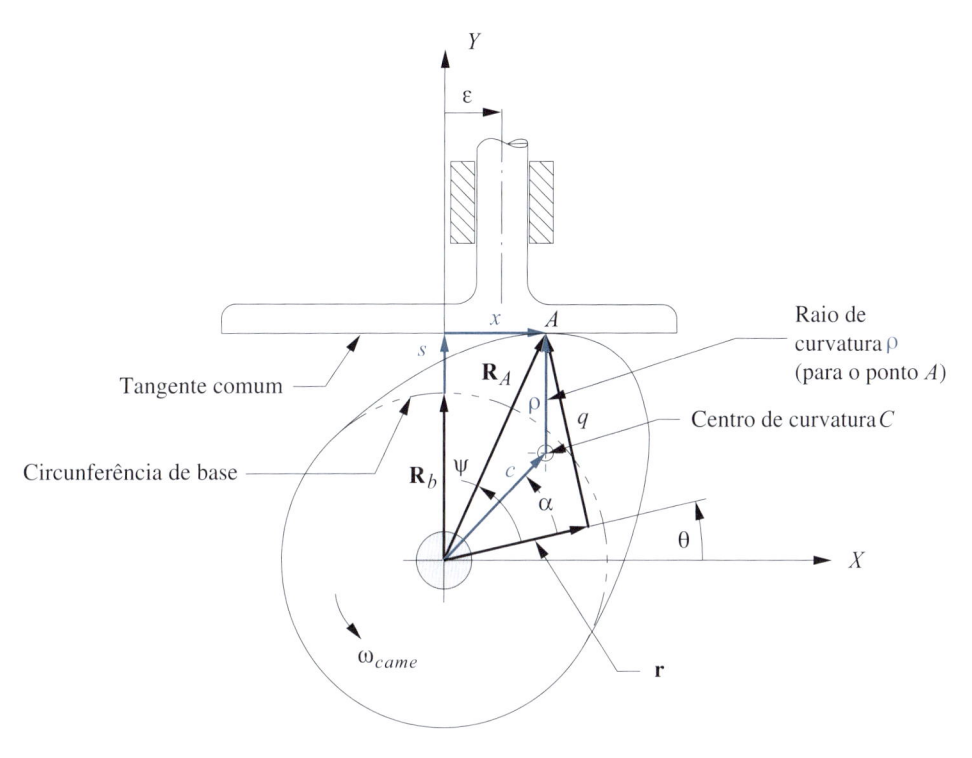

FIGURA 8-52

Geometria para derivação do raio de curvatura e contorno do came com seguidor de face plana.

Essa é uma relação interessante que demonstra que a posição x no ponto de contato entre o came e o seguidor é igual à velocidade do seguidor em comprimento/rad. Isso significa que o diagrama v nos dá uma medida direta da largura mínima da face necessária do seguidor plano.

$$espessura > v_{máx} - v_{mín} \tag{8.40}$$

Se a função de velocidade é assimétrica, o seguidor de largura mínima terá que ser assimétrico também, para não cair fora do came.

Diferenciar a Equação 8.39 em relação a θ resulta em:

$$\frac{dx}{d\theta} = \frac{dv}{d\theta} = a \tag{8.41}$$

As equações 8.35c e 8.37 podem ser resolvidas simultaneamente e a Equação 8.41 substituída no resultado para resultar em:

$$\rho = R_b + s + a \tag{8.42a}$$

e o valor mínimo do raio de curvatura é

$$\rho_{mín} = R_b + (s+a)_{mín} \tag{8.42b}$$

CIRCUNFERÊNCIA DE BASE   Note que as Equações 8.42 definem o raio de curvatura em termos de raio de circunferência de base e o deslocamento e funções de aceleração dos diagramas e v a p. Porque não pode ser permitido a ρ se tornar negativo com seguidor de face plana, podemos formular uma relação da Equação 8.42b que predirá o menor raio da circunferência de base R_b necessário para evitar o adelgaçamento. O único fator no lado direito da Equação 8.42 que pode ser negativo é a aceleração a. Definimos e para ser sempre positivo, assim como R_b. Entretanto, o pior caso para adelgaçamento ocorrerá quando a estiver próximo ao seu **máximo valor negativo**, $a_{mín}$, que conhecemos do diagrama a. O raio mínimo da circunferência de base pode ser definido por

$$R_{b_{mín}} > \rho_{mín} - (s+a)_{mín} \tag{8.43}$$

Por $a_{mín}$ ser negativo e também subtraído na Equação 8.43, ele domina a expressão. Para usar esta relação, nós devemos escolher alguns raios de curvatura $\rho_{mín}$ para a superfície do came como parâmetro de projeto. Uma vez que a pressão de contato de Hertz no ponto de contato é função do raio local de curvatura, esse critério pode ser utilizado para selecionar $\rho_{mín}$. O tópico vai além do escopo desse texto e não será explorado mais profundamente aqui. Ver referência [1] para mais informações sobre tensões de contato.

CONTORNO DO CAME   Para um came seguidor de face plana, as coordenadas para a superfície física do came devem ser providas para o operador, pois não existe curva primitiva para utilizar. A Figura 8-52 mostra dois vetores ortogonais, **r** e **q**, que definem as coordenadas cartesianas do ponto de contato A entre came e seguidor em relação ao sistema de coordenadas de eixos rotativos embutido no came. O vetor **r** é o eixo rotativo "x" desse sistema de coordenadas embutido. O ângulo ψ define a posição do vetor $\mathbf{R}_A$ no sistema. Duas equações de vetores de laço podem ser escritas e equacionadas para definir as coordenadas de todos os pontos na superfície do came como função do ângulo do came θ.

$$\mathbf{R}_A = x + j(R_b + s)$$

e

$$\mathbf{R}_A = re^{j\theta} + qs^{j\left(\theta + \frac{\pi}{2}\right)}$$

então:

$$re^{j\theta} + qs^{j\left(\theta + \frac{\pi}{2}\right)} = x + j(R_b + s) \tag{8.44}$$

Divida os lados por $e^{j\theta}$:

$$r + jq = xs^{-p\pi} + j(R_b + s)s^{-j\theta} \tag{8.45}$$

Separe em componentes reais e imaginários e substitua v por x da Equação 8.39.

reais (componente x):

$$r = (R_b + s)\operatorname{sen}\theta + v\cos\theta \tag{8.46a}$$

imaginários (componente y):

$$q = (R_b + s)\cos\theta - v\operatorname{sen}\theta \tag{8.46b}$$

As Equações 8.44 podem ser utilizadas para usinar o came para um seguidor de face plana. Esses componentes x,y estão no sistema de coordenadas rotacionável que está embutido no came.

Note que nenhuma das equações desenvolvidas acima para esse caso envolve **excentricidade**, ε. Este é somente um fator no comprimento do came quando um seguidor de rolete é utilizado. Não afeta a geometria do came seguidor plano.

A Figura 8-53 mostra o resultado de uma tentativa de utilizar um seguidor de face plana no came cujo caminho teórico do ponto P do seguidor possui raio de curvatura negativo devido ao raio da circunferência de base ser muito pequeno. Se o seguidor seguiu a trajetória de P como desejado para criar a função de movimentação definida no diagrama e, a superfície do came será, na verdade, desenvolvida pelo envelope de linhas retas mostrado. Mas, esse lugar da face do seguidor estará cortado dentro dos contornos do came que são necessários para outros ângulos de came. A linha passando através da sequência de pontos é a trajetória do ponto P necessária para o projeto. O adelgaçamento pode ser claramente visto como as peças faltantes de formato crescente em quatro posições entre a trajetória de P e a posição da face do seguidor. Note que, se o seguidor for de largura zero (no ponto P), ele trabalhará cinematicamente, mas a tensão na extremidade da faca será infinita.

RESUMO A tarefa de dimensionar o came é um excelente exemplo da necessidade de iteração de valores no projeto. Recálculos rápidos das equações relevantes com uma ferramenta como o programa DYNACAM (ver Apêndice A) possibilitam chegar rapidamente sem percalços à solução, balanceando os frequentes requisitos conflitantes dos ângulos de pressão e das restrições dos raios de curvatura. Em qualquer came, tanto as considerações dos ângulos de pressão quanto as dos raios de curvatura irão ditar o tamanho mínimo do came. Ambos os fatores devem ser conferidos. A escolha do tipo do seguidor, tanto rolete quanto face plana, faz uma grande diferença na geometria do came. As funções de came que geram raios de curvatura negativos são inadequadas para o tipo de seguidor de face plana, a não ser que seja utilizada uma circunferência de base muito grande para forçar ρ a ser positivo em qualquer posição.

8.7 CONSIDERAÇÕES PRÁTICAS DE PROJETO

O projetista do came se depara frequentemente com muitas decisões confusas, sobretudo em estágios iniciais de projeto. Muitas decisões iniciais, em geral arbitrárias e sem muita reflexão, podem ter consequências significativas e caras posteriormente no projeto. A seguir, apresentamos uma discussão de alguns intercâmbios relacionados a decisões com a expectativa de que proverá ao projetista do came algumas orientações na tomada de decisões.

Seguidor de translação ou oscilação?

Há muitos casos, especialmente em estágios iniciais do projeto, em que tanto movimentos de translação quanto de rotação podem ser definidos como saídas do came, embora em outras situações a movimentação e a geometria do seguidor sejam ditadas ao projetista. Se alguma liberdade de projeto é permitida e uma movimentação em linha reta é especificada, o projetista deve considerar a possibilidade de utilizar uma movimentação de linha reta aproximada, que é frequentemente adequada e pode ser obtida de um seguidor oscilante de raio grande. O seguidor ou seguidor oscilatório possui vantagens em relação ao seguidor de translação quando um rolete é utilizado. Uma guia do seguidor de translação de seção circular é livre para rotacionar ao redor de seu eixo de translação e necessita possuir algum dispositivo de antirrotação (como uma chaveta ou uma segunda guia) para prevenir o desalinhamento do eixo z do seguidor de rolete com o came. Muitos mecanismos comerciais, com deslizamento não rotacionável, agora

Circunferência de base — Caminho do ponto P

Elevação = 1 cm
Rprimário = 4 cm
Excen = 0 cm
PaMín = 0 cm
PaMáx = 0 cm
RcMín+ = 0,03 cm
RcMín− = −0,16 cm
Rseguidor = infinito

P

Adelgaçamento

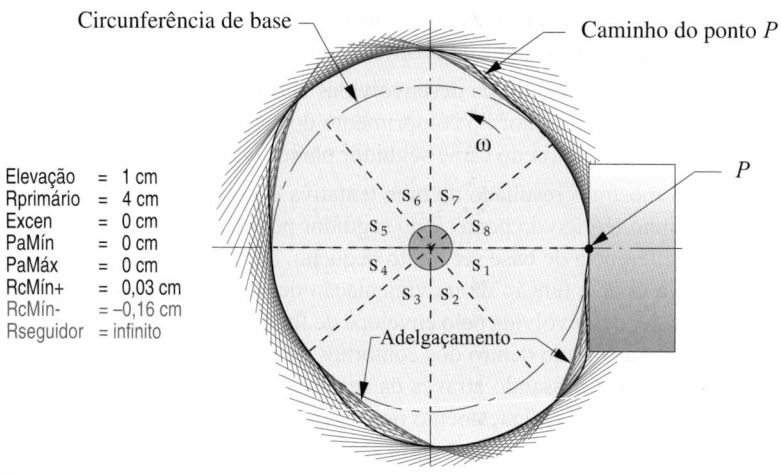

FIGURA 8-53

Adelgaçamento devido ao raio de curvatura negativo utilizado em seguidor de face plana.

estão disponíveis, geralmente acoplados a esferas de rolamentos, sendo uma boa maneira de lidar com essa situação. Entretanto, um braço de seguidor oscilatório manterá o seguidor de rolete alinhado com o mesmo plano do came, sem outro guia além de seu próprio pivô.

Também, o atrito do pivô em um seguidor oscilatório geralmente possui um braço de momento pequeno, comparado ao momento da força do came no braço do seguidor. Mas a força de atrito em um seguidor de translação possui uma relação geométrica de razão 1:1 com a força do came. Essa relação pode ter um grande efeito parasita no sistema.

Seguidores de translação de face plana são ajustados de forma deliberada com seus eixos ligeiramente fora do plano do came para criar uma rotação em volta de seus próprios eixos devido ao momento de atrito resultante do deslocamento. O seguidor plano irá realizar uma *precessão* em volta de seu próprio eixo e distribuir o desgaste sobre sua superfície de face inteira. Isso é uma prática comum com cames de válvulas automotivas que utilizam seguidores de face plana ou "alavancas".

Unido por força ou forma?

Um came unido por forma (trilha ou ranhura) ou cames conjugados são mais caros de produzir comparados aos cames unidos por força (abertos) simplesmente porque há duas superfícies para usinar e retificar. Também, tratamentos térmicos com frequência retorcem a trilha de um came de forma fechada, estreitando-a ou alargando-a de tal forma que o seguidor de rolete não encaixará de forma adequada. Isso requer, virtualmente, retificação após o tratamento térmico para cames com pistas com a finalidade de redimensionar o espaço. Um came aberto (unido por força) irá também se distorcer com tratamento térmico, mas ainda pode ser utilizado sem retificação.

SALTO DO SEGUIDOR A principal vantagem de um came normalmente fechado (trilha) é que não necessita de uma mola de retorno e, assim, pode atingir velocidades mais altas do que cames unidos por força cuja mola e massa do seguidor entrarão em ressonância em velocidade, causando um salto do seguidor potencialmente destrutivo. Esse fenômeno será investigado no Capítulo 15, em dinâmica do came. Motores de automóveis de alta velocidade e motocicletas de corrida geralmente utilizam trens de cames de válvulas de forma fechada (desmodrômico)* para permitir uma maior rotação sem ocorrer "flutuação" de válvula ou **salto do seguidor**.

IMPACTO CRUZADO Embora a falta de molas de retorno possa ser uma vantagem, ela vem normalmente com uma recomendação. Em um came normalmente fechado (trilha) haverá **impacto cruzado** cada vez que a aceleração mudar de sinal. Impactos cruzados descrevem a força de impacto causada quando o seguidor, de repente, salta de um lado da trilha para outro de acordo com a reversão de sinal da força dinâmica (*ma*). Não há molas flexíveis nesse sistema para absorver a força reversa como no caso do unido por força. A elevada força de impacto cruzado causa ruído, elevadas tensões e desgaste local. Também, o seguidor de roletes tem que reverter sua direção a cada cruzamento, o que causa deslizamento e acelera o desgaste do seguidor. Estudos mostraram que seguidores de rolete se movimentando contra um came radial aberto com boa lubrificação têm taxas de deslizamento inferiores a 1%. [9]

Came radial ou axial?

Esta escolha é ditada, em geral, pela geometria global da máquina para a qual o came está sendo projetado. Se o seguidor deve se mover paralelamente ao eixo do came, então um came axial é escolhido. Se não há esta restrição, um came radial é provavelmente a melhor escolha simplesmente porque é menos complexo e, portanto, mais barato de fabricar.

Seguidor de rolete ou seguidor de face plana?

O seguidor de rolete é uma escolha melhor do ponto de vista de um projeto de came simplesmente porque aceita o raio de curvatura negativo do came. Isso permite uma maior variedade de funções para o came. Também, para qualquer quantidade de produção, o seguidor de rolete tem a vantagem de estar mais disponível de vários produtores em qualquer quantidade, de um a um milhão. Não é economicamente viável projetar e construir seu próprio seguidor para pequenas quantidades. Além do mais, seguidores de rolete reservas podem ser obtidos de fornecedores em curto prazo quando é necessário reparo. Além disso, eles não são particularmente caros, mesmo em quantidades pequenas.

Talvez os maiores consumidores de cames de face plana sejam os fabricantes de motores de automóveis. A quantidade utilizada é grande o suficiente para permitir qualquer tipo de projeto desejado. Pode ser produzido ou comprado economicamente em grandes quantidades e pode ser mais barato que o seguidor de rolete nesse caso. Também em cames de válvulas de máquinas, um seguidor plano pode salvar espaço em comparação com um de rolete. Mesmo assim, muitos produtores têm substituído por seguidores de rolete os conjuntos de válvulas de motores automotivos para reduzir o atrito e aumentar a economia de combustível. Muitos motores CI em automóveis novos projetados nos Estados Unidos nos últimos anos têm utilizado seguidores de rolete por essas razões. Motores a diesel utilizam seguidores de rolete (alavancas) há tanto tempo quanto corredores que "envenenam" motores para melhores performances.

Cames utilizados em maquinários de linhas de produção automatizadas utilizam seguidores de rolete comerciais quase que exclusivamente. A habilidade de trocar rapidamente um seguidor desgastado por um novo do estoque, sem perder muito tempo na linha de produção, é um forte argumento nesse ambiente. Seguidores de rolete vêm em considerável variedade (ver Figura 8-5a). Eles são baseados em roletes ou esferas de rolamento. Versões planas de rolamentos também estão disponíveis para exigências de baixo ruído. A superfície externa, que rola contra o came, pode ser de forma tanto cilíndrica quanto esférica. A "coroa" no seguidor esférico é leve, mas garante que o seguidor irá se movimentar próximo ao centro em um came plano mesmo com pouca precisão de alinhamento nos eixos de rotação do came e do seguidor. Se um seguidor cilíndrico é escolhido e não são tomados os cuidados necessários para alinhar os eixos do came e do seguidor de rolete, ou se ele se inclina com a carga, o seguidor se movimentará em uma extremidade e se desgastará rapidamente.

* Mais informações sobre mecanismos de came seguidor desmodrômicos podem ser encontradas em <http://members.chello.nl/~wgj.jansen/>, onde uma coleção de modelos das implementações comerciais pode ser vista funcionando em vídeos.

Seguidores de rolete comercialmente utilizados são feitos geralmente de ligas metálicas com elevado teor de carbono, como AISI 52100, e endurecidos para Rockwell 60-62HRC. A liga 52100 é adequada para secções estreitas que devem ser tratadas termicamente para uma dureza uniforme. Por causa das muitas revoluções do rolete para cada rotação do came, sua taxa de desgaste pode ser maior que a do came. Revestimentos de cromo em seguidores podem aumentar sua vida. O cromo é mais duro que o aço cerca de HRC 70. Cames de aço são endurecidos normalmente a uma taxa de 50-55HRC.

Tempo de espera ou não?

A necessidade de uma espera é geralmente clara em uma especificação do problema. Se o seguidor deve ser mantido em estado estacionário em qualquer tempo, então uma espera é necessária. Alguns projetistas de came tendem a inserir esperas em situações em que elas não são especificamente necessárias para a estase do seguidor, numa crença errônea de que isso é preferível a prover um movimento de retorno em subida, quando isso é o que se realmente, necessita. Se o projetista está tentando utilizar uma função de dupla espera quando, na verdade, é um caso para uma espera única, com a motivação de deixar "a vibração diminuir" por prover "uma espera curta" ao final da movimentação, ele ou ela está errado. Em vez disso, o projetista provavelmente deveria usar uma função diferente de came, talvez uma polinomial ou B-spline talhada às especificações. Levar a aceleração do seguidor a zero, seja por um instante ou por "uma espera curta", geralmente não é desejável, a não ser que seja absolutamente necessário para a função da máquina (ver os exemplos 8-6, 8-7 e 8-8). Uma espera deve ser utilizada somente quando o seguidor estiver estacionário por um intervalo de tempo predeterminado. Além disso, se você não precisar de qualquer espera, considere o uso alternativo de um mecanismo de barras. Eles são muito mais simples e baratos de manufaturar.

Retificar ou não retificar?

Alguns cames de maquinários de produção são utilizados apenas fresados, e não retificados. Cames de válvulas automotivas são retificados. As razões são devidas especialmente às considerações de custo e quantidade, bem como de altas velocidades nos cames automotivos. Não há dúvidas de que o came retificado é superior ao came fresado. A dúvida nesse caso é sobre o custo-benefício. Em pequenas quantidades, como é comum em maquinários de produção, retificar quase dobra o custo do came. As vantagens em relação à suavidade e silêncio de operação e de desgaste, não estão na mesma razão das diferenças de custo. Um came bem usinado pode operar praticamente tão bem quanto um came bem retificado e melhor que um came retificado de má qualidade.[9],[10]

Cames automotivos são produzidos em grandes quantidades, se movimentam a velocidades muito altas e têm expectativa de vida longa com a mínima manutenção. É uma especificação muito desafiadora. É um grande crédito para a engenharia desses cames que eles raramente falhem em 150000 milhas ou mais de operação. Esses cames são feitos em equipamentos especiais que mantêm o custo de retificação no mínimo.

Cames de maquinários de produção industrial também têm vida longa, geralmente 10 a 20 anos, executando cerca de bilhões de ciclos em velocidades típicas de máquinas. Diferentemente das aplicações automotivas normais, cames industriais, em geral, operam o dia todo, sete dias por semana e mais de cinquenta semanas por ano.

Lubrificar ou não lubrificar?

Cames gostam de muita lubrificação. Cames automotivos são imersos literalmente em um banho de óleo de motor. Muitos cames de máquinas de produção operam imersos em banhos de óleo. Esses são cames felizes. Outros não têm a mesma sorte. Cames que operam em proximidade do produto em uma máquina onde o óleo contaminaria o produto (comida e produtos pessoais) geralmente operam a seco. Mecanismos de câmera, que são repletos de elos e cames, também operam a seco na maioria dos casos. O lubrificante poderia entrar em contato com o filme.

A não ser que haja uma excelente razão para evitar lubrificação, um came seguidor deve ser disponibilizado com um suprimento generoso de lubrificante limpo, preferencialmente um óleo industrial contendo aditivos para condições de contorno de lubrificação. A geometria da junta do came seguidor (meia junta) é, do ponto de vista da lubrificação, uma das piores possíveis. Diferentemente de um rolamento de mancal, que tende a manter um filme de lubrificante na junta, a meia junta está continuamente tentando esguichar lubrificante nela mesma. Isso pode resultar em um estado de lubrificação limite, ou limite misto (LEH*), em que pode ocorrer em alguns casos o contato metal-metal. O lubrificante deve ser continuamente fornecido à junta. Outro propósito para lubrificantes líquidos é remover calor de atrito da junta. Se esta operar a seco, resultará em elevadas temperaturas de materiais, com desgaste acelerado e possível falha antecipada.

8.8 REFERÊNCIAS

1. **MCPHATE, A. J., and L. R. DANIEL**. (1962). *"A Kinematic analysis of fourbar equivalent mechanisms for plane motion direct contact mechanisms."* Proc. of Seventh Conference on Mechanisms, Purdue University, pp. 61-65.

2. **NEKLUTIN, C. N.** (1954). *"Vibration analysis of cams."* Machine design, **26**, pp. 190-198.

3. **WIEDERRICH, J. L., and B. ROTH**. (1978). *"Design of low vibration cam profiles."* Cams and Cam Mechanisms, Jones, J. R., ed. Institution of Mechanical Engineers: London, pp. 3-8.

4. **CHEW, M., and C. H. CHUANG**. (1995). *"Minimizing residual vibrations in high speed cam-follower systems over a range of speeds."* Journal of Mechanical Design, **117**(1), p. 166.

5. **NORTON, R. L.** (2002). *Cam design and manufacturing handbook*. Industrial Press: New York., pp. 108-115

6. **Ibid.**, pp. 69-126.

7. **DRESNER, T. L., and K. W. BUFFINGTON**. (1991). *"Definition of pressure and transmission angles applicable to multi-input mechanisms."* Journal of Mechanical Design, **113**(4), p. 495.

8. **CASSERES, M. G.** (1994). *"An Experimental investigation of the effect of manufacturing methods and displacement functions on the dynamic performance of quadruple dwell plate cams."* M. S. Thesis, Worcester Polytechnic Institute.

9. **NORTON, R. L.** (1988). *"Effect of manufacturing method on dynamic performance of cams."* Mechanism and Machine Theory, **23**(3), pp. 191-208.

10. **NORTON, R. L., et al.** (1988). *"Analysis of the effect of manufacturing methods and heat treatment on the performance of double dwell cams."* Mechanism and Machine Theory, **23**(6), pp. 461-473.

11. **JONES, J. R., and J. E. REEVE**. (1978). *"Dynamic Response of Cam Curves Based on Sinusoidal Segments."* Cams and Cam Mechanisms, Jones, J. R., ed., Institution of Mechanical Engineers: London, pp. 14-24.

---

* Lubrificação elasto-hidrodinâmica – ver referência [5].

Tabela P8-0
Matriz de tópicos/ Problemas

8.1 Terminologia para came
8-1, 8-3, 8-5

8.3 Projeto de came de espera dupla
Movimento harmônico simples (MHS)
8-26
Deslocamento cicloidal
8-23
Trapezoidal modificada
8-7, 8-11, 8-21
Senoidal modificada
8-8, 8-10, 8-22
Polinomial
8-24, 8-25

8.4 Projeto de came de espera única
8-9, 8-41, 8-42, 8-47, 8-53

8.5 Movimento de trajetória crítica
8-17, 8-43, 8-48, 8-54

8.6 Dimensionando o came
Ângulo de pressão
8-2, 8-4, 8-6
Raios de curvatura
Seguidores de rolete
8-18, 8-19, 8-20, 8-27, 8-28, 8-29, 8-30
Raios de curvatura
Seguidores de rolete e de face plana
8-12, 8-13, 8-14, 8-15

* Respostas no Apêndice F.

8.9 PROBLEMAS

Os programas DYNACAM *e* MATRIX *(ver Apêndice A) podem ser utilizados para resolver os problemas ou conferir seus resultados quando apropriado.*

* 8-1 A Figura P8-1 mostra o came e o seguidor do Problema 6-65. Utilizando métodos gráficos, encontre e esboce o mecanismo equivalente de quatro barras para essa posição do came e do seguidor.

* 8-2 A Figura P8-1 mostra o came e o seguidor do Problema 6-65. Utilizando métodos gráficos, encontre o ângulo de pressão na posição mostrada.

8-3 A Figura P8-2 mostra um came e seu seguidor. Utilizando métodos gráficos, encontre e esboce o mecanismo equivalente de quatro barras para esta posição do came e do seguidor.

* 8-4 A Figura P8-2 mostra um came e seu seguidor. Utilizando métodos gráficos, encontre o ângulo de pressão na posição mostrada.

8-5 A Figura P8-3 mostra um came e seu seguidor. Utilizando métodos gráficos, encontre e esboce o mecanismo equivalente de quatro barras para esta posição do came e do seguidor.

* 8-6 A Figura P8-3 mostra um came e seu seguidor. Utilizando métodos gráficos, encontre o ângulo de pressão na posição mostrada.

** 8-7 Projete um came de dupla espera para mover um seguidor de 0 a 60 mm em 60°, espera em 120°, queda para 60 mm em 30° e espera para o resto. O ciclo total deve levar 4 s. Escolha funções satisfatórias para subida e descida para minimizar a aceleração. Esboce o diagrama *e v a p*.

** 8-8 Projete um came de dupla espera para mover um seguidor de 0 a 40 mm em 45°, espera em 150°, queda para 40 mm em 90° e espera para o resto. O ciclo total deve levar 6 s. Escolha funções satisfatórias para subida e descida para minimizar a aceleração. Esboce o diagrama e *v a p*.

** 8-9 Projete um came de espera única para mover um seguidor de 0 a 50 mm em 60°, queda para 50 mm em 90° e espera para o resto. O ciclo total deve levar 2 s. Escolha funções satisfatórias para subida e descida para minimizar a aceleração. Esboce o diagrama *e v a p*.

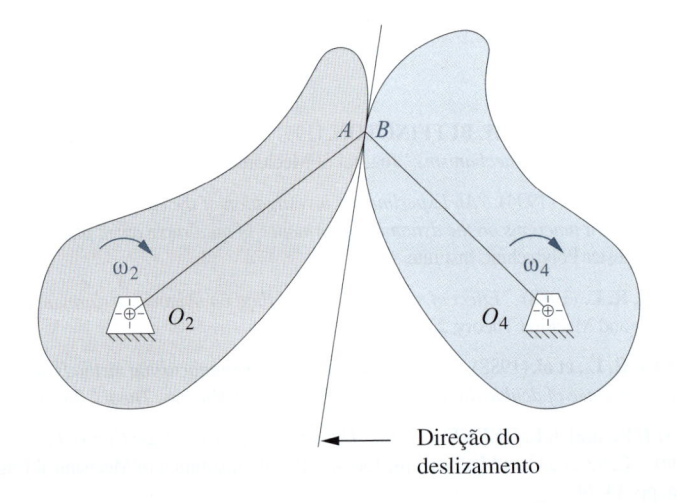

FIGURA P8-1

Problemas 8-1 e 8-2. *Adaptado de P. H. Hill; W.P. Rule* Mechanisms: *Analysis and Design; 1960.*

8-10 Projete um came de tripla espera para mover um seguidor de 0 a 65 mm em 40°, espera em 100°, queda para 40 mm em 90°, espera em 20°, queda de 25 mm em 30° e espera para o resto. O ciclo total deve levar 10 s. Escolha funções satisfatórias para subida e descida para minimizar a aceleração. Esboce o diagrama *e v a p*.

8-11 Projete um came de quádrupla espera para mover um seguidor de 0 a 70 mm em 40°, espera em 100°, queda para 40 mm em 90°, espera em 20°, queda de 15 mm em 30°, espera em 40°, queda de 15 mm em 30° e espera para o resto. O ciclo total deve levar 15 s. Escolha funções satisfatórias para subida e descida para minimizar a aceleração. Esboce o diagrama *e v a p*.

8-12 Dimensione o came do Problema 8-7 para um raio de 25 mm para o seguidor de rolete, considerando ângulo de pressão e raio de curvatura. Utilize excentricidade somente se necessário para balancear as funções. Esboce o gráfico para ambas as funções. Desenhe o perfil do came. Repita o procedimento para seguidor de face plana. Qual você utilizaria?

8-13 Dimensione o came do Problema 8-8 para um raio de 35 mm para o seguidor de rolete, considerando ângulo de pressão e raio de curvatura. Utilize excentricidade somente se necessário para balancear as funções. Esboce o gráfico para ambas as funções. Desenhe o perfil do came. Repita o procedimento para seguidor de face plana. Qual você utilizaria?

8-14 Dimensione o came do Problema 8-9 para um raio de 12 mm para o seguidor de rolete, considerando ângulo de pressão e raio de curvatura. Utilize excentricidade somente se necessário para balancear as funções. Esboce o gráfico para ambas as funções. Desenhe o perfil do came. Repita o procedimento para seguidor de face plana. Qual você utilizaria?

8-15 Dimensione o came do Problema 8-10 para um raio de 50 mm para o seguidor de rolete, considerando ângulo de pressão e raio de curvatura. Utilize excentricidade somente se necessário para balancear as funções. Esboce o gráfico para ambas as funções. Desenhe o perfil do came. Repita o procedimento para seguidor de face plana. Qual você utilizaria?

8-16 Dimensione o came do Problema 8-11 para um raio de 12 mm para o seguidor de rolete, considerando ângulo de pressão e raio de curvatura. Utilize excentricidade somente se necessário para balancear as funções. Esboce o gráfico para ambas as funções. Desenhe o perfil do came. Repita o procedimento para seguidor de face plana. Qual você utilizaria?

8-17 Uma alta carga de inércia com elevado atrito deve ser controlada. Queremos manter a velocidade de pico baixa. Combine segmentos de deslocamento polinomial com segmentos de velocidade constante, tanto para subida quanto para descida, para reduzir a velocidade máxima menor do que a obtida por um tempo completo senoidal de aceleração (isto é, um sem porção de velocidade constante). Subida 25 mm em 90°, espera em 60°, descida 50°, espera para o resto. Compare os dois projetos e comente. Utilize um ω para comparações.

8-18 Uma velocidade constante de 10 mm/s deve ser mantida por 1,5 s. Então o seguidor deve retornar para o ponto de partida de sua escolha e esperar por 2 s. O ciclo total tem tempo de 6 s. Projete o came para um raio de seguidor de 19 mm e um ângulo máximo de pressão de 30° em valores absolutos.

8-19 Uma velocidade constante de 6 mm/s deve ser mantida por 3 s. Então o seguidor deve retornar para o ponto de partida de sua escolha e esperar por 3 s. O ciclo total tem tempo de 12 s. Projete o came para um raio de seguidor de 19 mm e um ângulo máximo de pressão de 35° em valores absolutos.

8-20 Uma velocidade constante de 50 mm/s deve ser mantida por 1s. Então o seguidor deve retornar para o ponto de partida de sua escolha. O ciclo total tem tempo de 2,75 s. Projete o came para um raio de seguidor de 12 mm e um ângulo máximo de pressão de 25° em valores absolutos.

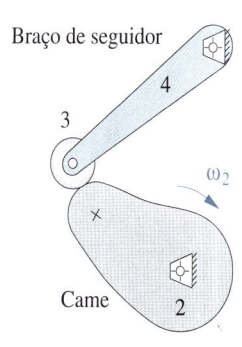

FIGURA P8-2
Problemas 8-3 e 8-4.

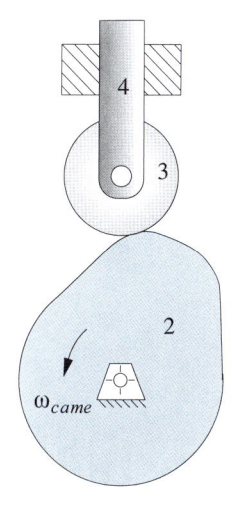

FIGURA P8-3
Problemas 8-5 e 8-6.

* Respostas no Apêndice F.

** Esses problemas podem ser resolvidos usando o programa DYNACAM (ver Apêndice A).

*** 8-21 Faça um programa de computador ou utilize um programa para solução de equações para calcular e esboce o gráfico dos diagramas *e v a p* para as funções de came de aceleração trapezoidal modificada para qualquer dos valores especificados de elevação ou duração. Teste utilizando uma elevação de 20 mm em 60° e 1 rad/s.

*** 8-22 Faça um programa de computador ou utilize um programa para solução de equações para calcular e esboce o gráfico dos diagramas *e v a p* para as funções de came de aceleração senoidal modificada para qualquer dos valores especificados de elevação ou duração. Teste utilizando uma elevação de 20 mm em 60° e 1 rad/s.

***8-23 Faça um programa de computador ou utilize um programa para solução de equações para calcular e esboce o gráfico dos diagramas *e v a p* para as funções de came de deslocamento cicloidal para qualquer dos valores especificados de elevação ou duração. Teste utilizando uma elevação de 20 mm em 60° e 1 rad/s.

***8-24 Faça um programa de computador ou utilize um programa para solução de equações para calcular e esboce o gráfico dos diagramas *e v a p* para as funções de came de deslocamento polinomial 3-4-5 para qualquer dos valores especificados de elevação ou duração. Teste utilizando uma elevação de 20 mm em 60° e 1 rad/s.

***8-25 Faça um programa de computador ou utilize um programa para solução de equações para calcular e esboce o gráfico dos diagramas *e v a p* para as funções de came de deslocamento polinomial 4-5-6-7 para qualquer dos valores especificados de elevação ou duração. Teste utilizando uma elevação de 20 mm em 60° e 1 rad/s.

***8-26 Faça um programa de computador ou utilize um programa para solução de equações para calcular e esboce o gráfico dos diagramas *e v a p* para as funções de came de deslocamento simples harmônico para qualquer dos valores especificados de elevação ou duração. Teste utilizando uma elevação de 20 mm em 60° e 1 rad/s.

***8-27 Faça um programa de computador ou utilize um programa para solução de equações para calcular e esboce o gráfico dos ângulos de pressão e raio de curvatura para as funções de came de aceleração trapezoidal modificada para qualquer valor especificado de elevação, duração, excentricidade e raio da circunferência primária. Teste utilizando uma elevação de 20 mm em 60° e 1 rad/s e determine o raio da circunferência primária necessário para obter um ângulo de pressão máximo de 20°. Qual o menor diâmetro de seguidor de rolete necessário para evitar adelgaçamento com esses dados?

***8-28 Faça um programa de computador ou utilize um programa para solução de equações para calcular e esboce o gráfico dos ângulos de pressão e raio de curvatura para as funções de came de aceleração senoidal modificada para qualquer valor especificado de elevação, duração, excentricidade e raio da circunferência primária. Teste utilizando uma elevação de 20 mm em 60° e 1 rad/s e determine o raio da circunferência primária necessário para obter um ângulo de pressão máximo de 20°. Qual o menor diâmetro do seguidor de rolete necessário para evitar o adelgaçamento?

***8-29 Faça um programa de computador ou utilize um programa para solução de equações para calcular e esboce o gráfico dos ângulos de pressão e raio de curvatura para as funções de came de deslocamento cicloidal para qualquer valor especificado de elevação, duração, excentricidade e raio da circunferência primária. Teste utilizando uma elevação de 20 mm em 60° e 1 rad/s e determine o raio da circunferência primária necessário para obter um ângulo de pressão máximo de 20°. Qual o menor diâmetro do seguidor de rolete necessário para evitar o adelgaçamento?

***8-30 Faça um programa de computador ou utilize um programa para solução de equações para calcular e esboce o gráfico dos ângulos de pressão e raio de curvatura para as funções de came de deslocamento polinomial 3-4-5 para qualquer valor especificado de elevação, duração, excentricidade e raio da circunferência primária. Teste utilizando uma elevação de 20 mm em 60° e 1 rad/s e determine o raio da circunferência primária necessário para obter um ângulo de pressão máximo de 20°. Qual o menor diâmetro do seguidor de rolete necessário para evitar o adelgaçamento?

*** Esses problemas podem ser resolvidos usando os programas de resolução de equações *Mathcad, Matlab* ou *TKSolver*.

PROJETO DE CAMES

8.10 PROJETOS

Esses descritivos de projetos foram deliberadamente estabelecidos sem detalhes e com definição imprecisa. Assim, eles são semelhantes ao tipo de "identificação de necessidade" ou definição de problemas comumente encontrados na prática de engenharia. Fica a cargo do estudante estruturar o problema por meio de pesquisas e criar uma definição de metas claras e elaborar as especificações de tarefas antes de tentar projetar a solução. Esse processo do projeto é explicado no Capítulo 1 e deve ser seguido em todos esses exemplos. Documente todos os resultados em um relatório profissional de engenharia. (Ver Seção 1.9 e bibliografia no Capítulo 1 para informação sobre o relatório.)

** P8-1 Um diagrama de tempo para um dispositivo de inserção de filamento de lâmpada de halogênio é mostrado na Figura P8-4. Quatro pontos são especificados. Ponto A é o início da subida. Em B as ferramentas de aperto estão perto de agarrar o filamento. O filamento entra no soquete em C e é completamente inserido em D. A espera superior de D para E mantém o filamento estacionário enquanto é soldado. O seguidor retorna para sua posição de partida de E para F. De F para A o seguidor está estacionário enquanto o próximo bulbo é posicionado. É desejável ter a velocidade próxima a zero no ponto B, onde as ferramentas de aperto fecham no filamento frágil. A velocidade em C não deve ser tão elevada para "dobrar o filamento no contato". Projete e dimensione um sistema came seguidor completo para realizar esta tarefa.

** P8-2 Uma bomba movida por came para simular a pressão aórtica humana é necessária para servir como uma entrada consistente, repetitiva e pseudo-humana para um equipamento de monitoramento de quarto de hospital, para testá-lo diariamente. A Figura P8-5 mostra uma curva de pressão aórtica típica e características de bomba pressão-volume. Projete um came para mover o pistão e gerar uma curva de pressão aórtica o mais precisa possível que possa ser obtida sem violar nenhuma lei fundamental de projeto de cames. Simule o entalhe dicroico o melhor que puder.

** P8-3 Uma máquina de produção de bulbos de luz fluorescente move 5 500 lâmpadas por hora para um forno de 550 °C em uma transportadora de corrente que possui movimentação constante. As lâmpadas estão com distância entre centros de 2 pols. Os bulbos devem ser borrifados internamente com cobertura de óxido de titânio ao saírem do forno, ainda quentes. Isto requer um dispositivo de came para guiar os bulbos com velocidade constante por 0,5 s necessários para borrifá-los. As borrifadoras caberão em uma mesa de 6 x 10 pols. O borrifo gera ácido hidroclorídrico, então todas as partes expostas devem ser resistentes a esses ambientes. O dispositivo de transporte da cabeça borrifadora será movido pela corrente do transportador por um eixo com uma roda dentada de 28 dentes acoplada à corrente. Projete um dispositivo completo de transporte de borrifadoras para estas especificações.

Diagrama de tempo

Tabela de deslocamento

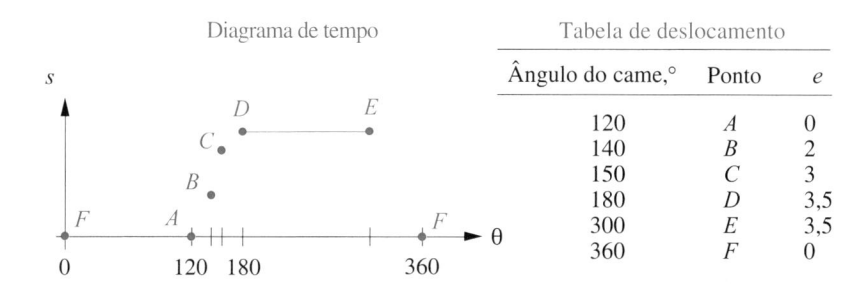

Ângulo do came,°	Ponto	e
120	A	0
140	B	2
150	C	3
180	D	3,5
300	E	3,5
360	F	0

FIGURA P8-4

Dados para projeto de came. Projeto P8-1.

** Esses problemas podem ser resolvidos usando o programa DYNACAM (ver Apêndice A).

Pressão aórtica humana

Pressão sanguínea mmHg

120
80
40
0

Entalhe dicroico

Tempo
0   T = 0,83 s

(a)

Função pressão – volume do sistema

Pressão da bomba mmHg

120
80
40
0

40 mmHg/pol³

0   Volume do curso (pol)³

(b)

Seguidor — Mola — Corpo da bomba — Acumulador — Conexão de saída pressurizada
Came — Êmbolo — ar — Solução salina

(c)

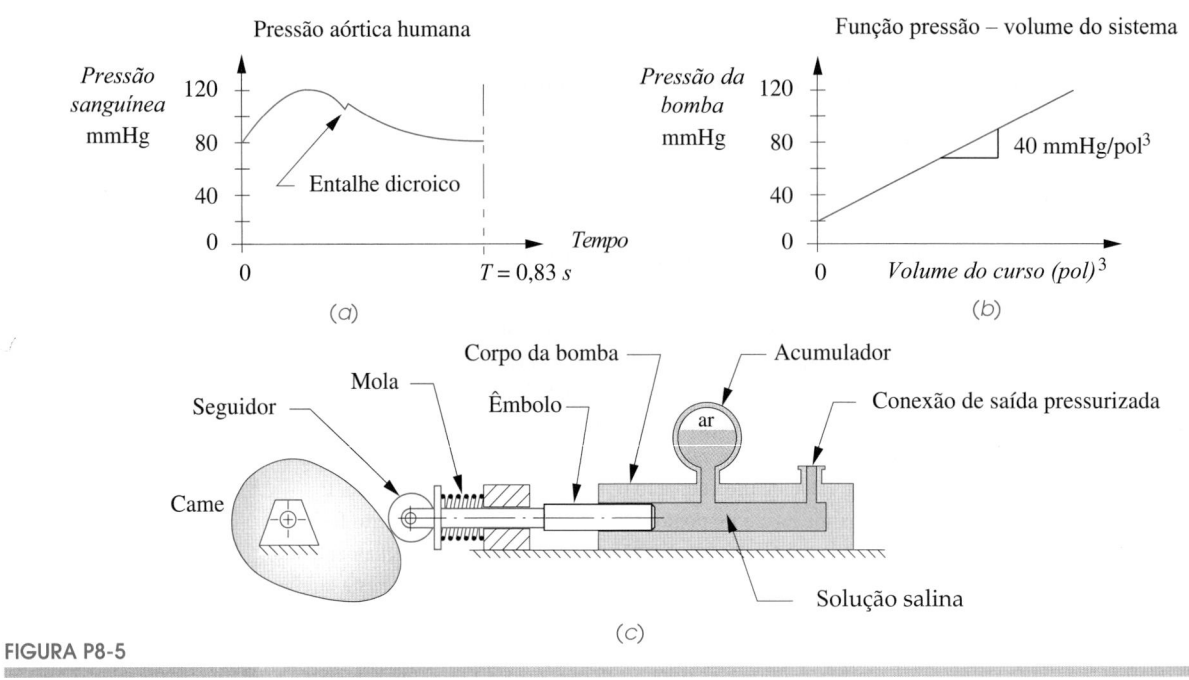

FIGURA P8-5

Dados para projeto de came. Projeto P8-2.

Força humana ao caminhar

Força lb

120
80
40
0

Tempo
0   T = 0,5 s

(a)

Função Pressão – volume do sistema

Pressão da bomba (psi)

120
80
40
0

30 psi/pol³

0   Volume do curso (pol)³

(b)

Seguidor — Mola — Corpo da bomba — Acumulador — Assento
Came — Êmbolo — ar — Êmbolo — Fluido hidráulico

(c)

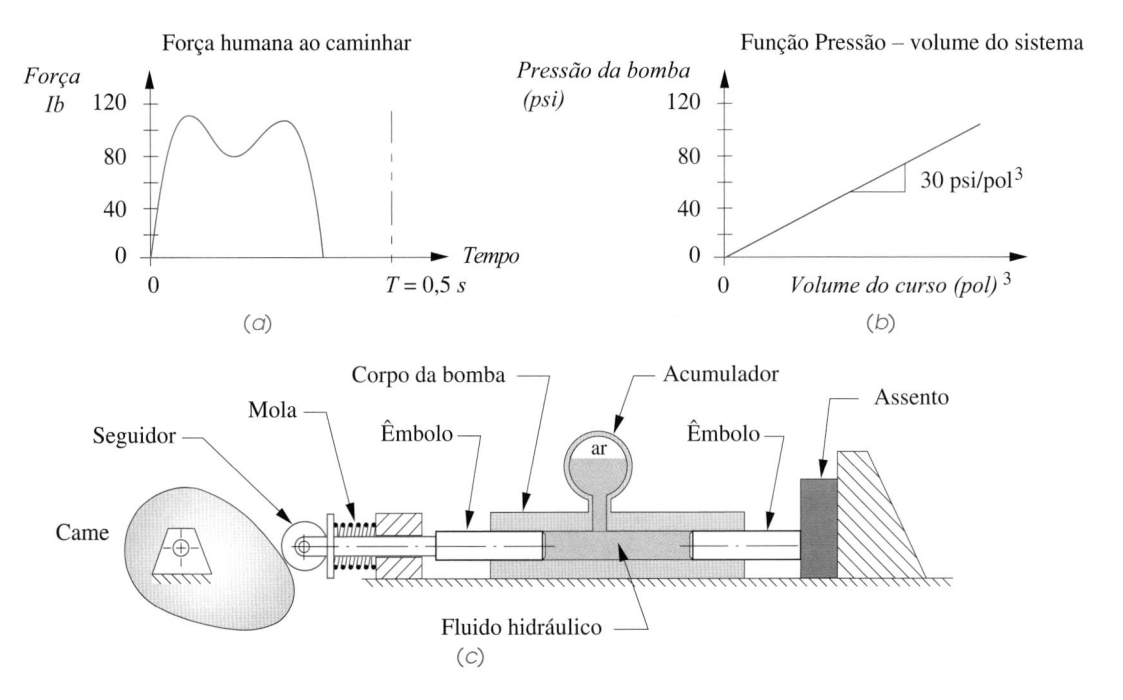

FIGURA P8-6

Dados para projeto de came. Projeto P8-6.

PROJETO DE CAMES

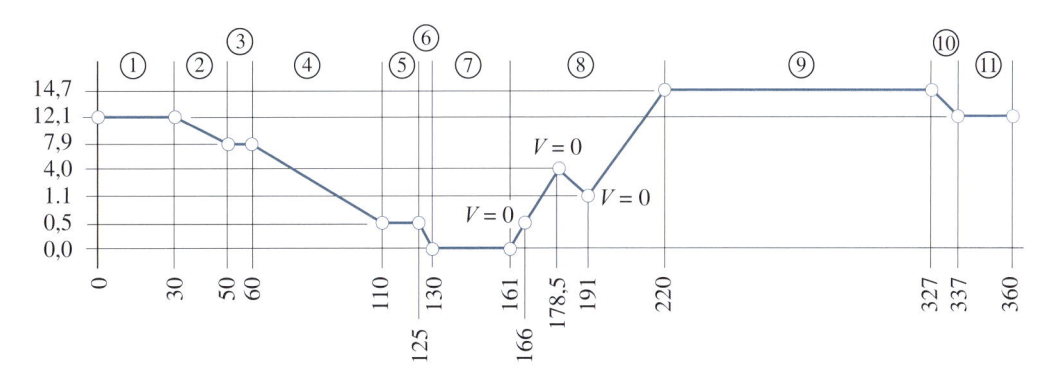

FIGURA P8-7

Diagrama de tempo para Projeto P8-7. Deslocamento em mm (fora de escala).

** P8-4 Uma torre de 30 pés de altura está sendo utilizada para estudar o formato das gotas de água de acordo com seus deslocamentos no ar. Uma câmera deve ser transportada por meio de um mecanismo operado por came que irá seguir a movimentação das gotas dos pontos de 8 pés até 10 pés em suas quedas (medidas do ponto de partida no alto da torre). As gotas são geradas a cada 1/2 s. Cada gota deve ser filmada. Projete um came e acoplamentos que seguirão as gotas, combinadas com suas velocidades e acelerações em uma janela de 1 pé.

** P8-5 Um dispositivo é necessário para acelerar um veículo de 3 000 lb em direção a uma barreira, com velocidade constante, para testar os para-choques a 5 mph. O veículo começará em repouso, mover-se-á para a frente e terá uma velocidade constante para a última parte de sua movimentação antes de atingir a barreira com velocidade específica. Projete um sistema came seguidor para realizar esta tarefa. O veículo perderá contato com seu seguidor pouco antes da colisão.

** P8-6 Um fabricante de tênis esportivos deseja um dispositivo para testar saltos de borrachas quanto a sua habilidade de resistir a milhões de ciclos de força similares a de um pé humano aplicada no chão. A Figura P8-6 mostra uma função de força-tempo típica de uma pessoa que caminha e uma curva de pressão-volume para um pistão-acumulador. Projete um sistema de came seguidor para guiar o pistão de maneira a criar uma função de força-tempo no salto semelhante ao mostrado. Escolha diâmetros de pistão satisfatórios em cada fim.

** P8-7 A Figura P8-7 mostra um diagrama de tempo para um came de máquina guiar um seguidor de rolete em translação. Projete funções satisfatórias para todos os movimentos e dimensione o came para ângulos de pressão aceitáveis e diâmetros de seguidores de rolete. Repare nos pontos que requerem velocidades nulas em deslocamentos particulares. A velocidade do came é de 30 rpm. Dica: O segmento 8 deve ser resolvido com funções polinomiais, quanto menos melhor.

** Esses problemas podem ser resolvidos usando o programa DYNACAM (ver Apêndice A).

Capítulo 9

TRANSMISSÕES POR ENGRENAGENS

Cíclico ou epicíclico, orbe em orbe.
John Milton, Paraíso Perdido

9.0 INTRODUÇÃO

A referência mais antiga conhecida sobre a transmissão por engrenagens remete a um ensaio de Hero de Alexandria (século 100 a.C.). Transmissões por engrenagens são amplamente aplicadas em máquinas e mecanismos, desde abridores de latas até navios porta-aviões. Quando é necessária a mudança da velocidade ou do torque de um dispositivo rotativo, uma transmissão por engrenagens ou outra similar, como a por correias ou correntes, provavelmente será utilizada. Este capítulo irá abordar a teoria do funcionamento de dentes das engrenagens e o projeto destes dispositivos de controle de movimentos. Os cálculos envolvidos neste processo são considerados triviais quando comparados com os de cames e mecanismos de barras. O formato de dentes das engrenagens se tornou bastante normatizado devido a questões cinemáticas que iremos explorar.

Engrenagens de diversos tamanhos e tipos são produzidas por muitas empresas. Transmissões prontas de diversas relações de redução também são encontradas para venda. O projeto cinemático de transmissões por engrenagens inclui a escolha de relações de redução apropriadas e diâmetros de engrenagens. Um projeto de redutor por engrenagens completo deve levar em consideração o cálculo de esforços e também de fadiga aos quais os dentes das engrenagens estarão sujeitos. Este texto não irá abordar aspectos de análise de fadiga do projeto de engrenagens, existem muitos outros que têm como foco este tema. Alguns deles estão listados na bibliografia ao final deste capítulo. Nele é abordada a cinemática da teoria de dentes de engrenagens, tipos de engrenagens e projeto cinemático do conjunto de engrenagens e transmissões por engrenagens simples, compostas, reversas e epicicloidais. Transmissões por correntes e correias também serão discutidas. Exemplos do uso destes dispositivos também serão apresentados.

9.1 RODAS DE ATRITO

Uma das maneiras mais simples para transferir rotações entre eixos são pares de rodas de atrito. Eles podem ser cilindros de contato externo, como na Figura 9-1a, ou de contato interno, como na Figura 9-1b. Desde que o atrito entre as faces dos cilindros seja suficientemente grande, o mecanismo terá um bom funcionamento. Não haverá deslizamento entre as faces dos cilindros desde que a força de atrito máxima entre elas não seja excedida pelo torque transferido.

Uma variação desse mecanismo é o que permite que seu carro ou sua bicicleta se movimentem pelas estradas. Seu pneu é um cilindro rolante, e a estrada o outro (de raio muito grande). O atrito evita que haja deslizamento entre eles, a não ser que seu coeficiente seja reduzido pela presença de gelo ou outra substância escorregadia. De fato, alguns dos automóveis mais antigos possuíam sistemas de transmissão por rodas de atrito, como alguns extratores de neve e cortadores de grama atuais, que fazem uso de uma roda revestida de borracha em contato com um disco de ferro para transmitir potência do motor para as rodas.

Uma variação da transmissão por rodas de atrito é a transmissão por correias (planas ou em V), como mostrado na Figura 9-2. Este mecanismo também transmite potência por atrito e é capaz de transferir níveis de potência razoavelmente altos, de acordo com seus perfis. Correias possuem uma ampla variedade de usos, desde pequenas máquinas de costura a alternadores de carros, e até mesmo geradores e bombas de alta potência. Quando sincronismo absoluto não for necessário e os níveis de potência transmitidos não forem muito altos, uma transmissão por correias será a melhor opção. Elas são relativamente silenciosas, não necessitam de lubrificação e possuem um custo muito menor quando comparadas com transmissões por correntes e engrenagens. A transmissão CVT (do inglês, *constant velocity transmission*) utilizada em muitos automóveis também é uma transmissão por correia em V e polia na qual as polias ajustam seu espaçamento e deste modo modificam seus diâmetros. Ao passo que uma polia aumenta seu espaçamento, a outra terá de reduzir o seu, para que os raios relativos da correia em V sejam alterados. O comprimento da correia permanece o mesmo, obviamente.

Ambas as transmissões, por rodas de atrito ou correia (ou corrente), possuem mecanismos equivalentes como os mostrados na Figura 9-3. Esses mecanismos são somente outra variação dos mecanismos de quatro barras disfarçados.

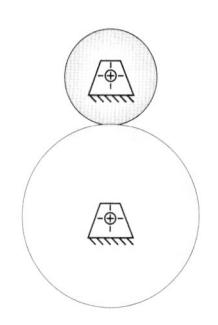

(a) Cilindros de contato externo

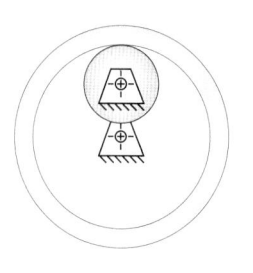

(b) Cilindros de contato interno

FIGURA 9-1
Rodas de atrito.

FIGURA 9-2
Transmissão por correia em V com dois canais. *Cortesia de T. B. Wood's Sons Co., Chambersburg, PA.*

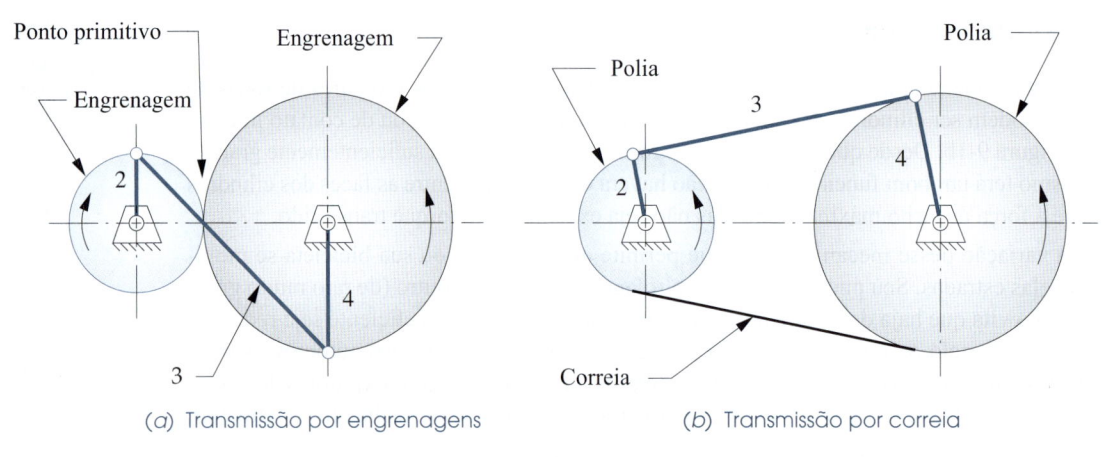

FIGURA 9-3

(a) Transmissão por engrenagens (b) Transmissão por correia

Transmissões por engrenagens e por correia possuem mecanismos de quatro barras equivalentes para qualquer posição no tempo.

As principais desvantagens da transmissão por rodas de atrito (ou correias) são a capacidade relativamente baixa de transmitir um torque e a possibilidade de deslizamento. Alguns dispositivos requerem total sincronia entre suas entradas e saídas por questões de tempo. Um exemplo comum é o mecanismo de comando de válvulas no motor de um automóvel. Os cames das válvulas devem permanecer sincronizados com o movimento dos pistões, ou então o motor não funcionará. Uma transmissão por correia ou rodas de atrito não garantiria o sincronismo dos movimentos dos cames ou dos pistões. Neste caso, é necessária uma garantia de que não haverá deslizamento.

Isto normalmente significa adicionar dentes às rodas de atrito. Elas então se tornam engrenagens como as mostradas na Figura 9-4 e, unidas, são chamadas de *pares de engrenagens*. Quando duas engrenagens são unidas para formar um par de engrenagens como o da figura, por convenção adota-se o nome de *pinhão* para a menor das duas e *coroa* para a maior.

9.2 LEI FUNDAMENTAL DE ENGRENAMENTO

Conceitualmente, dentes de qualquer formato irão prevenir o deslizamento. Antigos moinhos movidos a água e vento faziam uso de engrenagens de madeira cujos dentes eram simples estacas de madeira inseridas nas bordas dos cilindros. Mesmo ignorando que tais construções antigas (engrenagens) eram rústicas, não havia maneira de suavizar a velocidade de transmissão, pois a geometria dos dentes dessas "engrenagens" violava a **lei fundamental de engrenamento**, que, se obedecida, estabelece que *a relação da velocidade angular entre as engrenagens de um par de engrenagens permanece constante durante o funcionamento*. Uma definição mais completa desta lei é abordada na p. 458. A relação da velocidade angular (m_V) à qual se refere esta lei é a mesma que encontramos para o mecanismo de quatro barras na Seção 6.4 e Equação 6.10. É igual a razão entre os raios das engrenagens de entrada e saída.

$$m_V = \frac{\omega_{saída}}{\omega_{entrada}} = \pm \frac{r_{entrada}}{r_{saída}} = \pm \frac{d_{entrada}}{d_{saída}} \quad (9.1a)$$

$$m_T = \frac{\omega_{entrada}}{\omega_{saída}} = \pm \frac{r_{saída}}{r_{entrada}} = \pm \frac{d_{saída}}{d_{entrada}} \quad (9.1b)$$

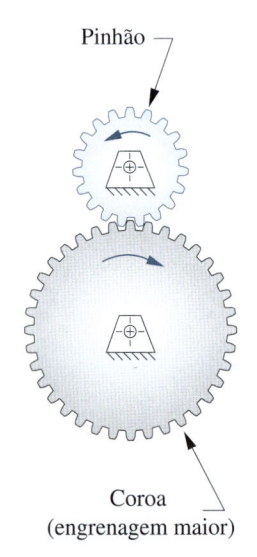

FIGURA 9-4

Par de engrenagens externo (pinhão, coroa).

A **razão de torque** (m_T) foi apresentada na Equação 6.12f para ser o inverso da relação da velocidade (m_V); portanto, um par de engrenagens é essencialmente um dispositivo para transformar torque em velocidade ou vice-versa. Como não há forças aplicadas como em um elo, mas, sim, torques nas engrenagens, a **vantagem mecânica** m_A de um par de engrenagens é igual a sua razão de torque m_T. Sua aplicação mais comum é a de reduzir a velocidade e o aumento de torque para o acionamento de altas cargas, como na transmissão de um automóvel. Outras aplicações requerem um aumento da velocidade, para a qual uma redução no torque deve ser aceitável. Em ambos os casos, normalmente é desejável manter uma razão constante entre as engrenagens conforme elas rotacionam. Qualquer variação dessa razão irá resultar em oscilação da velocidade de saída e também do torque, mesmo que a entrada seja constante no tempo.

Os raios na Equação 9.1 são aqueles das rodas de atrito às quais adicionamos os dentes. O sinal positivo ou negativo se refere a montagens com cilindros internos ou externos, como definidos na Figura 9-1. Uma montagem com cilindros externos inverte a direção de rotação entre os cilindros e requer sinal negativo. Na montagem na qual temos um dos cilindros internos ou uma transmissão por correia ou corrente, a direção da rotação de saída será a mesma da de entrada, o que faz com que o sinal da Equação 9.1 seja positivo. As superfícies das rodas de atrito se tornarão então as **circunferências primitivas**, e seus diâmetros os **diâmetros primitivos** das engrenagens. Os pontos de contato entre os cilindros encontram-se nas linhas de centro como mostrado na Figura 9-3a, e este ponto é chamado de **ponto primitivo** (ou do inglês, *pitch point*).

Para que a lei fundamental de engrenamento seja verdadeira, o contorno dos dentes das engrenagens nos dentes nos quais eles serão acoplados devem ser conjugados uns dos outros. Existem inúmeras possibilidades de possíveis pares conjugados que poderiam ser utilizados, mas poucos formatos possuem aplicações práticas em engrenagens. O **cicloide** ainda é utilizado como formato de dentes de engrenagens de relógios, mas muitas outras engrenagens possuem dentes com forma **evolvente**.

A forma de dente evolvente

A curva evolvente pode ser gerada desenrolando-se uma corda do cilindro (chamado gerador), como mostrado na Figura 9-5. Pode-se afirmar sobre a curva evolvente que:

A corda é sempre tangente ao cilindro.

O centro de curvatura é sempre o ponto de tangência entre o cilindro e a corda.

Uma tangente à evolvente é sempre normal à corda, seu comprimento é o raio de curvatura da evolvente neste instante.

A Figura 9-6 mostra duas evolventes em cilindros distintos em contato ou "encaixadas". Elas representam os dentes das engrenagens. Os cilindros dos quais as evolventes se originam são chamados de **circunferências de base** das respectivas engrenagens. Note que as circunferências de base são menores do que as primitivas, que possuem o raio dos cilindros originais, r_p e r_g. Os dentes das engrenagens devem possuir projeções acima e abaixo da superfície do cilindro de contato (circunferência primitiva) e a *evolvente existe apenas externamente à circunferência de base*. A região do dente da engrenagem que está sobre a circunferência primitiva é chamada de **adendo** (complemento do dente), mostrado como a_p e a_g para pinhão e engrenagem, respectivamente, que são os mesmos para dentes de engrenagem-padrão.

A geometria da interface entre os dentes é similar à da junta came seguidor, como foi mostrada na Figura 8-44. Há uma **tangente comum** a ambas as curvas no ponto de contato, e uma

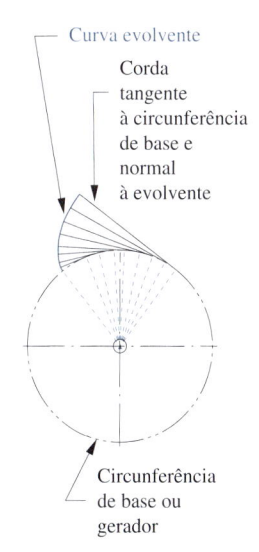

FIGURA 9-5

Desenvolvimento da evolvente de um círculo.

FIGURA 9-6

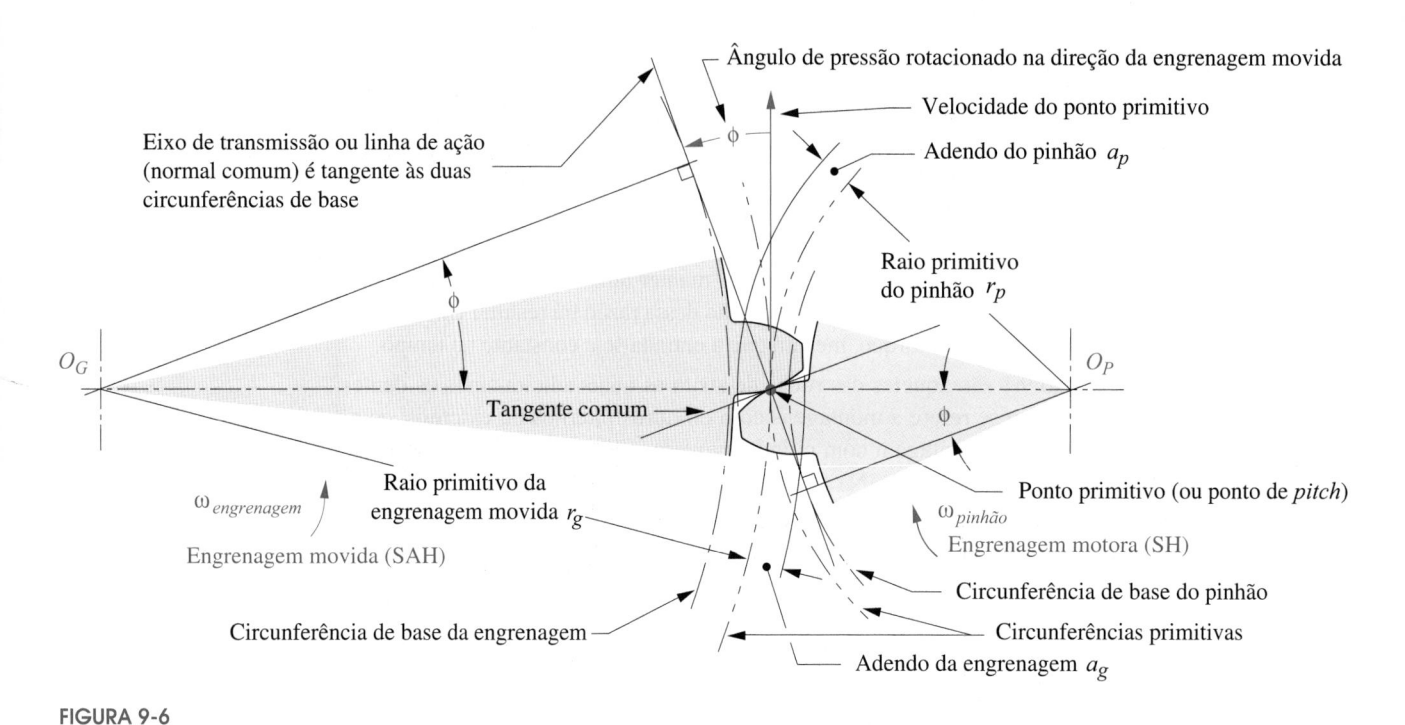

Geometria de contato e ângulo de pressão de um dente evolvente.

normal comum, perpendicular à tangente comum. Note que a normal comum é, na verdade, a "corda" de ambas as evolventes, que são colineares. Portanto, a normal comum, que também é o **eixo de transmissão**, sempre passa pelo ponto primitivo (ou ponto de *pitch*), indiferentemente de onde os dentes engrenados estejam em contato.

A Figura 9-7 mostra um par de dentes evolventes em duas posições, em início de contato e prestes a deixar o contato. As normais comuns de ambos os pontos de contato ainda passam pelo mesmo ponto primitivo. Esta é uma propriedade da curva evolvente que faz com que a lei fundamental do engrenamento seja obedecida. A razão entre os raios da engrenagem motora e da engrenagem movida permanece a mesma conforme os dentes entram e saem de contato.

A partir desta observação de comportamento da evolvente, podemos redefinir a **lei fundamental de engrenamento** de um modo cinemático mais formal: *a normal comum dos perfis dos dentes, em todos os pontos de contato quando unidos, deve sempre passar por um ponto fixo nas linhas de centro, chamado ponto primitivo*. A relação de velocidades do par de engrenagens será, então, uma constante definida pela razão dos respectivos raios das engrenagens em relação ao ponto primitivo.

Os pontos de início e término de contato entre os dentes definem o **engrenamento** do pinhão e da engrenagem. A distância da linha de ação entre esses pontos ao longo do engrenamento é chamada de **comprimento de ação**, Z, definida pela intersecção dos respectivos círculos de adendo com a linha de ação, como mostrado na Figura 9-7.

$$Z = \sqrt{(r_p + a_p)^2 - (r_p \cos\phi)^2} + \sqrt{(r_g + a_g)^2 - (r_g \cos\phi)^2} - C \operatorname{sen}\phi \qquad (9.2)$$

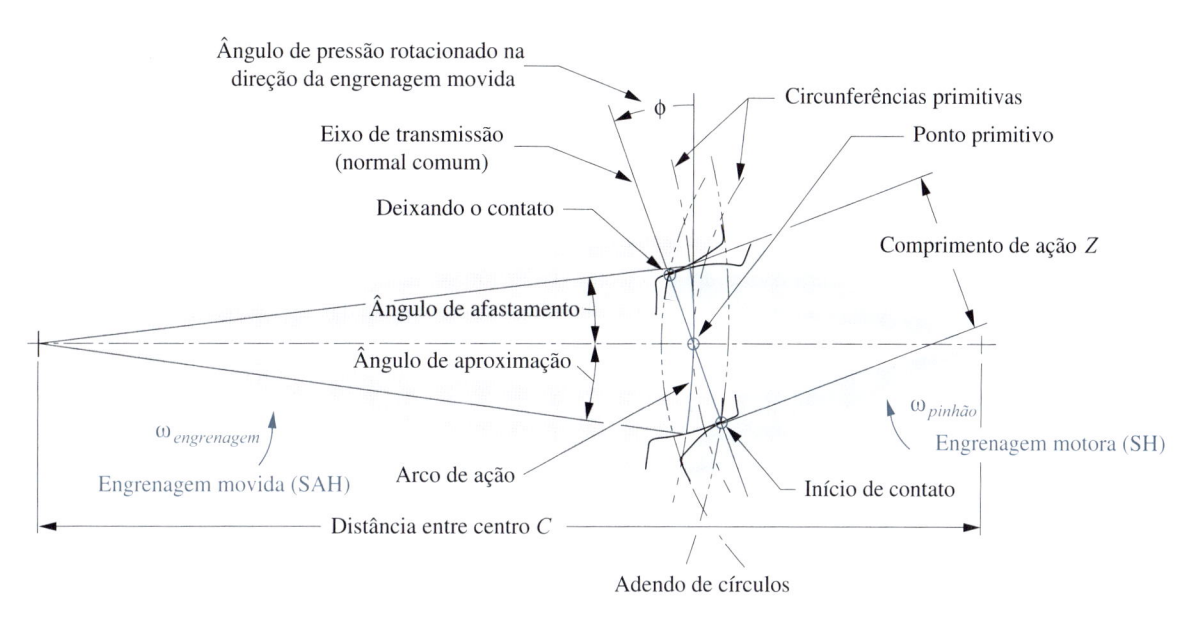

TRANSMISSÕES POR ENGRENAGENS

FIGURA 9-7
Ponto primitivo, circunferências primitivas, ângulo de pressão, comprimento de ação, arco de ação, ângulos de aproximação e afastamento durante o engrenamento da engrenagem e do pinhão.

A distância da circunferência primitiva durante o engrenamento é o **arco de ação**, e os ângulos formados por estes pontos e as linhas de centro são o **ângulo de aproximação** e o **ângulo de afastamento**, que são mostrados somente na engrenagem movida da Figura 9-7 para simplificar o desenho, porém ângulos similares podem ser encontrados na engrenagem motora (pinhão). O arco de ação em ambas as circunferências primitivas das engrenagens deve ser do mesmo comprimento para que não ocorra deslizamento entre as rodas de atrito teóricas.

Ângulo de pressão

O **ângulo de pressão** em um par de engrenagens é similar àquele do came e seguidor e é definido como o ângulo entre o eixo de transmissão ou linha de ação (normal comum) e a direção da velocidade no ponto primitivo como mostrados nas Figuras 9-6 e 9-7. Ângulos de pressão de pares de engrenagens são normalizados em alguns valores por fabricantes de engrenagens. Eles são definidos em relação à distância nominal entre centros quando as engrenagens são produzidas. Os valores-padrão são 14,5°, 20° e 25°, porém o mais utilizado é o ângulo de 20°, sendo o ângulo de 14,5° considerado obsoleto. Qualquer ângulo de pressão pode ser produzido, mas seu maior custo em relação às engrenagens disponíveis em estoque com ângulos de pressão padronizados torna seu uso pouco indicado. Ferramentas teriam de ser fabricadas apenas para sua produção. Engrenagens que funcionarão aos pares devem ser fabricadas com o mesmo ângulo de pressão nominal.

Alterando a distância entre centros

Quando dentes evolventes (ou qualquer outro dente) foram cortados em um cilindro, respeitando determinada circunferência de base, para criar uma única engrenagem, nós ainda não tínhamos definida a circunferência primitiva. Essa circunferência passa a existir somente quando unimos esta engrenagem a outra para criar um par de engrenagens ou um conjunto de engrenagens. Haverá uma faixa de valores para distâncias entre centros na qual poderemos obter o engrenamento das engrenagens. Existirá também uma distância entre centros *(DC)* ideal que nos fornecerá os diâmetros primitivos nominais para os quais as engrenagens foram projetadas. Entretanto, limitações no processo de produção irão reduzir a probabilidade de alcançarmos exatamente a distância entre centros ideal em todos os casos. Provavelmente, haverá algum erro na distância entre centros, mesmo sendo muito baixo.

O que ocorrerá com a aplicabilidade da lei fundamental de engrenamento se houver erro na localização dos centros das engrenagens? Se o formato do dente da engrenagem **não** for o evolvente, então um erro na distância entre centros irá violar a lei fundamental, e haverá variação ou flutuação na velocidade de saída. A velocidade angular de saída não será constante para uma velocidade constante de entrada. Todavia, **com a forma evolvente do dente da engrenagem**, *erros na distância entre centros não afetam a relação de velocidades*. Esta é a principal vantagem da forma evolvente em relação a outras possíveis formas de dentes e a razão pela qual esta forma é quase universalmente utilizada para dentes de engrenagens. A Figura 9-8 mostra o que ocorre quando a distância entre centros varia em um conjunto de engrenagens com dentes evolventes. Note que a normal comum ainda passa pelo ponto primitivo, comum a todos os pontos de contato quando em engrenamento. Porém, o ângulo de pressão é alterado quando há erro na distância entre centros.

A Figura 9-8 ainda mostra o ângulo de pressão para duas distâncias entre centros diferentes. À medida que a distância entre centros aumenta, o ângulo de pressão também aumentará e vice-versa. Esta é uma consequência da mudança, ou erro, na distância entre centros de um dente evolvente. Note que a lei fundamental de engrenamento ainda é válida para uma distância entre centros alterada. A normal comum ainda é tangente às duas circunferências de base e ainda passa pelo ponto primitivo. Esse ponto foi alterado, mas em proporção à alteração da distância entre centros e dos raios das engrenagens. A relação das velocidades não é alterada, apesar da mudança da distância entre centros. Na verdade, a relação das velocidades de engrenagens evolventes é fixada pela razão entre os diâmetros das circunferências de base, que não podem ser alterados após o corte das engrenagens.

Jogo nos dentes

Outro fator afetado pela mudança da distância entre os centros é o jogo nos dentes. Com o aumento da *DC*, a folga nos dentes também irá aumentar e vice-versa. O **jogo nos dentes** é definido como *o vão entre dentes em contato medido na circunferência primitiva*. Tolerâncias de fabricação evitam folgas iguais a zero, pois nem todos os dentes possuem as mesmas dimensões, e todos devem engrenar. Portanto, deve haver uma pequena diferença entre a espessura dos dentes e o espaçamento entre eles (ver Figura 9-9). Enquanto o conjunto de engrenagens funcionar com um torque não reversível, a folga não deve ser um problema. Porém, quando o torque mudar de sentido, o dente irá se movimentar do contato em um lado para o contato em outro lado. O vão devido à folga será percorrido pelo dente e o impacto do dente gerará ruído. Este é o mesmo fenômeno que ocorre no impacto cruzado nos cames unidos por forma. Assim como o aumento da fadiga e o desgaste da engrenagem, a folga pode causar erros de posicionamento indesejáveis em algumas aplicações. Se a distância entre centros for definida exatamente para obedecer ao valor teórico definido para o conjunto de engrenagens, a tolerância de jogo deve variar na faixa de 0,003 a 0,018 mm para engrenagens de precisão. O aumento do jogo angular em função do erro na distância entre centros é aproximadamente

$$\theta_B = 43\,200(\Delta C)\frac{\tan \phi}{\pi d} \text{ minutos de arco} \qquad (9.3)$$

TRANSMISSÕES POR ENGRENAGENS

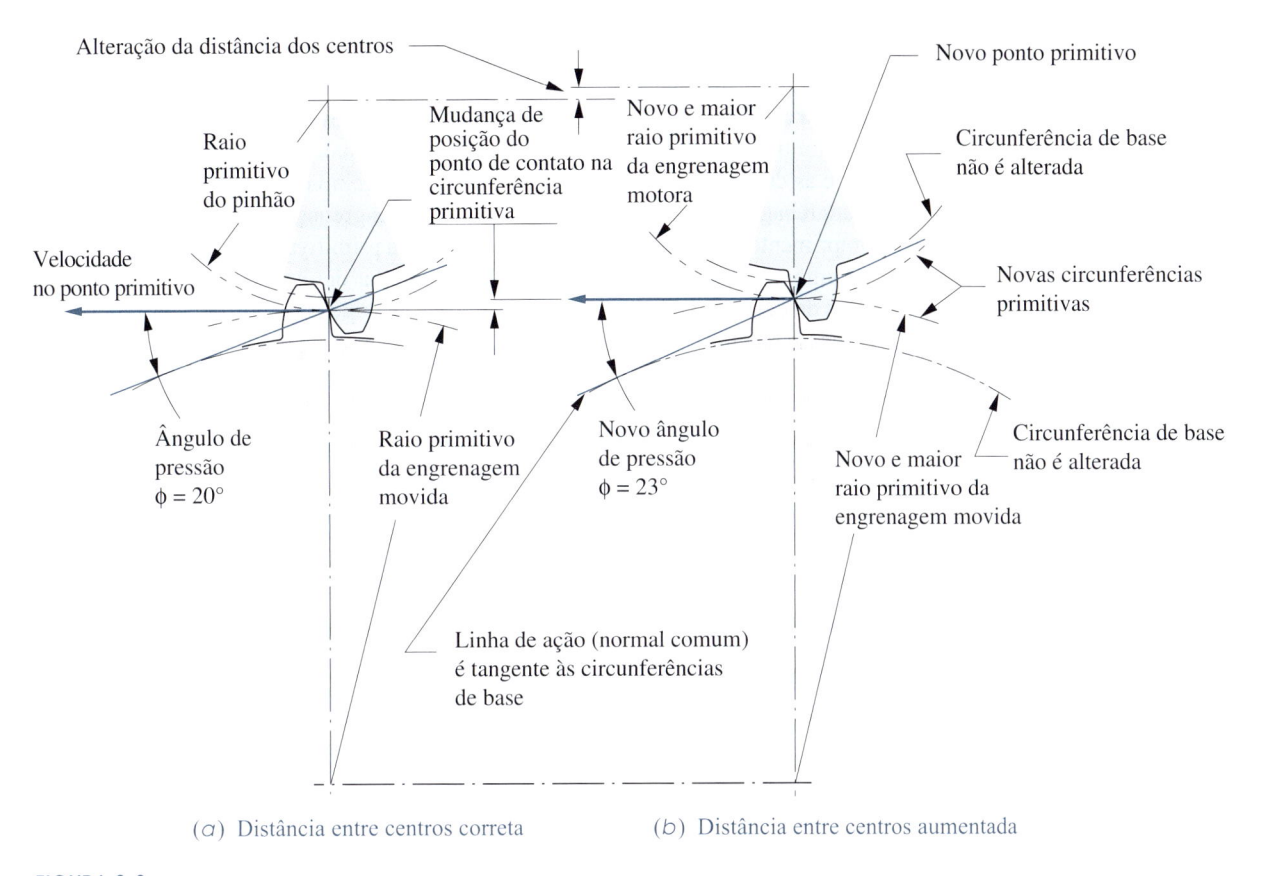

(a) Distância entre centros correta   (b) Distância entre centros aumentada

FIGURA 9-8
A alteração da distância entre centros de engrenagens evolventes modifica o ângulo de pressão e os diâmetros primitivos.

em que ϕ = ângulo de pressão, ΔC = erro na distância entre centros e d = diâmetro primitivo da engrenagem no eixo em que a folga é medida.

Em servomecanismos, acionados por motores, por exemplo, as superfícies de controle de aeronaves, a folga pode causar sérios problemas, pois o sistema de controle tentará corrigir problemas de posicionamento em vão devido a folgas no acionamento mecânico. Tais aplicações necessitam de **engrenagens que não permitem folgas entre os dentes**, que são na verdade duas engrenagens unidas no mesmo eixo que podem ser levemente rotacionadas uma em relação à outra na montagem e fixadas de modo a eliminar a folga. Em aplicações menos críticas, como o dispositivo de propulsão de um barco, a folga na rotação reversa não será notada. O *Sistema Internacional* (**SI**) define padrões para projeto e fabricação de engrenagens.

9.3   NOMENCLATURA DE DENTES DE ENGRENAGENS

A Figura 9-9 mostra dois dentes de engrenagem com a nomenclatura-padrão definida. **Circunferência primitiva** e **circunferência de base** foram definidas anteriormente. A altura do dente é definida pela soma do **adendo** *(adicionado a)*, ou altura de cabeça, e do **dedendo** *(subtraído de)*, ou altura de pé, que são referidos à circunferência primitiva. O dedendo é levemente maior que o adendo para fornecer a menor **folga** possível entre a ponta do dente de uma engrenagem (**circunferência de adendo ou de cabeça**) e o fundo do espaço entre dentes da outra (**circunferência de dedendo ou de pé**). A **espessura do dente** é medida na circunferência primitiva, e o **vão** entre os dentes é levemente maior que a espessura do dente. A diferença entre as duas dimensões é chamada de **jogo** (folga no dente). A **largura** do dente (espessura da engrenagem) é medida ao longo do eixo da engrenagem. O **passo circular ou frontal** é o comprimento do arco ao longo da circunferência primitiva medido de um ponto em um dente ao mesmo ponto no dente seguinte. O passo circular define o tamanho do dente. As outras dimensões do dente são padronizadas baseando-se na dimensão mostrada na Tabela 9-1. A definição de **passo circular** p_c é

$$p_c = \frac{\pi d}{N} \tag{9.4a}$$

em que d = diâmetro primitivo e N = número de dentes. O passo do dente também pode ser medido ao longo do círculo da circunferência de base e é chamado de **passo de base** p_b.

$$p_b = p_c \cos\phi \tag{9.4b}$$

A unidade de p_b e p_c é milímetros. Uma maneira mais comum e conveniente de definir o tamanho dos dentes é relacionar esse tamanho ao diâmetro da circunferência primitiva, em vez de seu perímetro. No sistema SI, o **módulo** m é representado por

$$m = \frac{d}{N} \tag{9.4c}$$

O módulo é dado em milímetros.

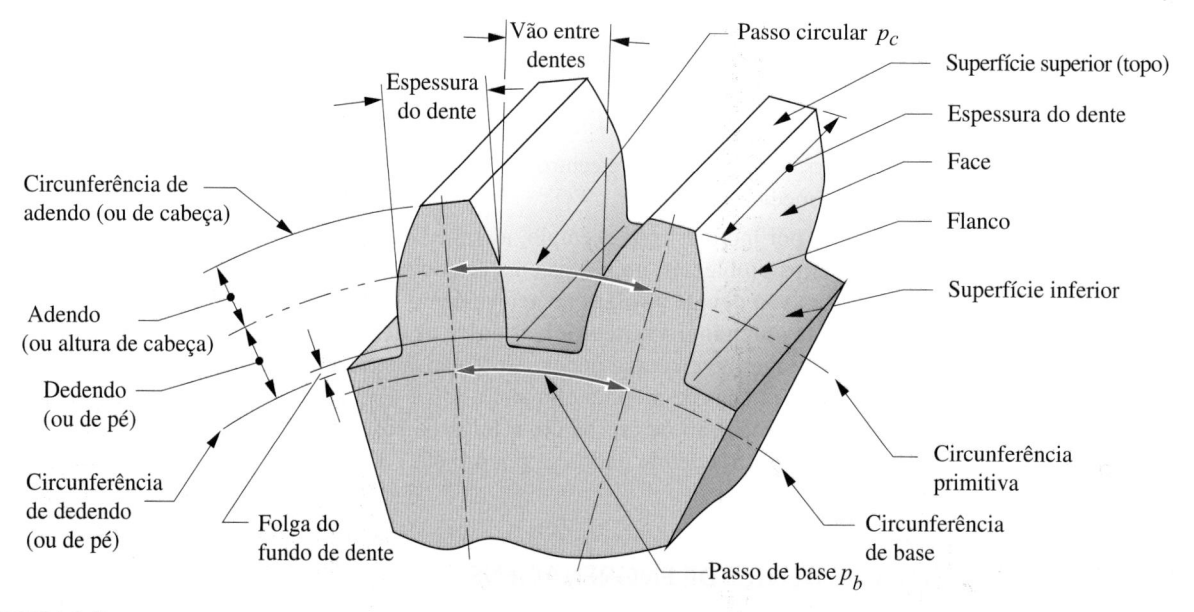

FIGURA 9-9

Nomenclatura do dente de uma engrenagem.

TRANSMISSÕES POR ENGRENAGENS

Combinando as equações 9.4a e 9.4c obtemos a seguinte relação entre passo circular e módulo.

$$p_c = \pi m \tag{9.4d}$$

A **relação de velocidade** m_V e a de **torque** m_T do par de engrenagens pode ser colocada de maneira mais conveniente substituindo a Equação 9.4c na Equação 9.1, notando que o módulo de engrenagens em contato deve ser o mesmo.

$$m_V = \pm \frac{d_{entrada}}{d_{saída}} = \pm \frac{N_{entrada}}{N_{saída}} \tag{9.5a}$$

$$m_T = \pm \frac{d_{saída}}{d_{entrada}} = \pm \frac{N_{saída}}{N_{entrada}} \tag{9.5b}$$

Assim, a relação de velocidade e a de torque pode ser computada pelo número de dentes das engrenagens em contato, que são inteiros. Note que o sinal negativo indica um par de engrenagens externo e o sinal positivo um par de engrenagens interno, como mostrado na Figura 9-1. A relação de transmissão m_G é sempre > 1 e pode ser expressa em termos da relação de velocidade ou de torque, dependendo de qual delas for maior que 1. Portanto, m_G expressa a relação de transmissão por engrenagens geral do engrenamento, independentemente de mudança no sentido de rotação ou direção da transmissão da potência através do engrenamento, podendo funcionar como redutor ou como amplificador de velocidade.

$$m_G = |m_V| \text{ ou } m_G = |m_T|, \text{ para } m_G \geq 1 \tag{9.5c}$$

DENTE DE ENGRENAGEM PADRONIZADO Em engrenagens padronizadas, o adendo da engrenagem motora e movida é o mesmo, e o dedendo é um pouco maior para haver folga. As dimensões dos dentes de uma engrenagem padronizada são definidas de acordo com o módulo. A Tabela 9-1 mostra as dimensões padronizadas (SI). A Figura 9-10 mostra seus formatos para três ângulos de pressão diferentes. Apesar de não haver restrições teóricas para possíveis valores de módulos, um conjunto de valores padronizados é definido com base em ferramentas de corte de engrenagem disponíveis. Essas dimensões padronizadas para dentes de engrenagens são mostradas na Tabela 9-2 de acordo com o módulo (m) na unidade métrica.

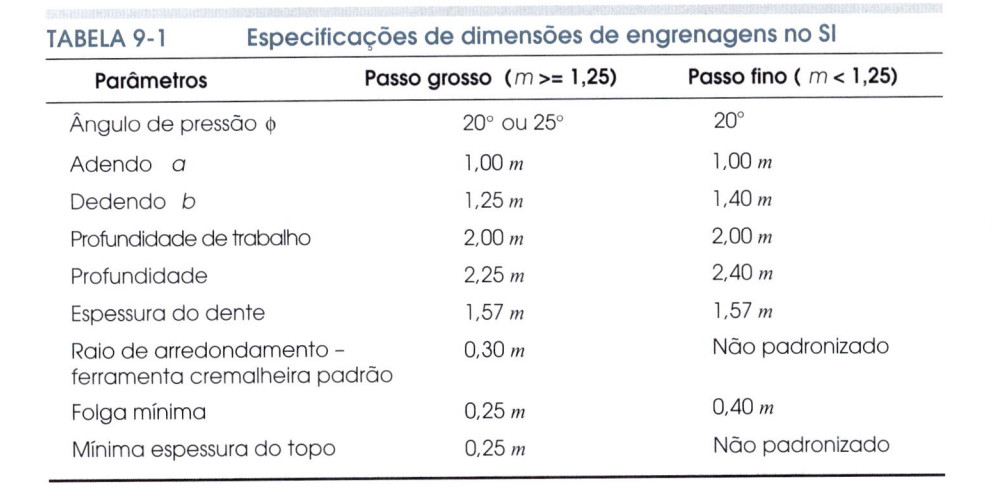

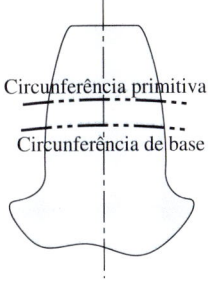

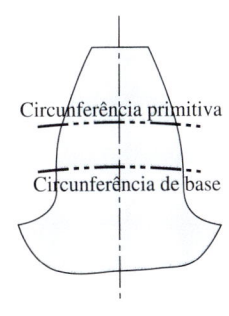

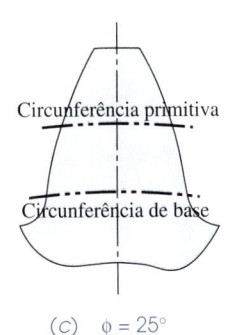

(a) $\phi = 14,5°$

(b) $\phi = 20°$

(c) $\phi = 25°$

FIGURA 9-10

Perfis de dentes de engrenagens para três ângulos de pressão.

TABELA 9-1	Especificações de dimensões de engrenagens no SI	
Parâmetros	Passo grosso ($m \geq 1,25$)	Passo fino ($m < 1,25$)
Ângulo de pressão ϕ	20° ou 25°	20°
Adendo a	1,00 m	1,00 m
Dedendo b	1,25 m	1,40 m
Profundidade de trabalho	2,00 m	2,00 m
Profundidade	2,25 m	2,40 m
Espessura do dente	1,57 m	1,57 m
Raio de arredondamento – ferramenta cremalheira padrão	0,30 m	Não padronizado
Folga mínima	0,25 m	0,40 m
Mínima espessura do topo	0,25 m	Não padronizado

TABELA 9-2
Módulos métricos padronizados

Módulo métrico (mm)	
0,3	
0,4	
0,5	passo fino
0,8	
1	
1,25	
1,5	
2	
3	
4	
5	
6	passo grosso
8	
10	
12	
16	
20	
25	

9.4 INTERFERÊNCIA E ADELGAÇAMENTO

O formato evolvente dos dentes de engrenagem é definido somente fora da circunferência de base. Em alguns casos, o dedendo será suficientemente largo para estender esse formato abaixo da circunferência de base. Se isso acontecer, então a proporção do dente abaixo da circunferência de base não será evolvente e causará interferência com a ponta do dente da outra engrenagem, que é uma evolvente. Se a engrenagem for usinada com uma ferramenta padronizada ou uma "fresa caracol", como mostrado na Figura 9-11, a ferramenta de corte também irá interferir com as proporções do dente abaixo da circunferência de base e irá eliminar o material que causa interferência. Isso resulta em um dente cortado próximo à raiz, como mostrado na Figura 9-12. Esse processo, chamado de adelgaçamento, enfraquece o dente removendo material de sua base. O momento e cisalhamento máximos para um dente carregado como viga engastada ocorrem nessa região. Um grande adelgaçamento promoverá uma falha precoce no dente da engrenagem.

Interferência e adelgaçamento causado pelas ferramentas de fabricação podem ser prevenidos simplesmente evitando engrenagens com poucos dentes. Se uma engrenagem possui um grande número de dentes, eles serão pequenos comparados com o seu diâmetro. Com a redução do número de dentes para um diâmetro fixo, o dente deverá ser maior. Em algum ponto, o dedendo excederá a distância radial entre a circunferência de base e a primitiva, e haverá interferência.

A Tabela 9-3 mostra o número mínimo de dentes no pinhão para que este possa ser engrenado à cremalheira sem que haja interferência em função do ângulo de pressão. Engrenagens com poucos dentes podem ser produzidas sem adelgaçamento apenas por uma ferramenta pinhão ou fresamento. Engrenagens que são cortadas com uma "fresa caracol", que tem a mesma função de uma cremalheira quando se trata da fabricação de uma engrenagem, devem ter mais dentes para evitar adelgaçamento do dente evolvente durante sua produção. O número mínimo de dentes que podem ser cortados por uma fresa caracol sem que haja adelgaçamento em função do ângulo é dado na Tabela 9-4. A Tabela 9-5a mostra o número máximo de dentes com ângulo de pressão de 20° que pode funcionar em conjunto com um pinhão com certo número de dentes sem que haja interferência, e a Tabela 9-5b possui as mesmas informações para

TABELA 9-3
Número mínimo de dentes no pinhão
Para evitar interferência entre coroa e pinhão com dentes em plena profundidade

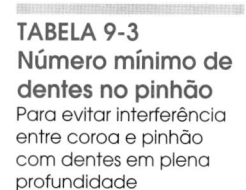

Ângulo de pressão (graus)	Número mínimo de dentes
14,5	32
20	18
25	12

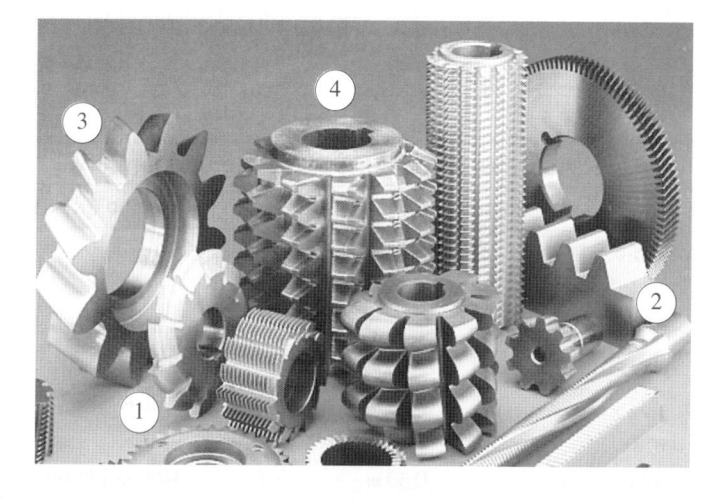

FIGURA 9-11

Conjunto de ferramentas de corte de engrenagens: 1 – Fresa módulo, 2 – Fresa cremalheira, 3 – Fresa de forma, 4 – Fresa caracol (renânia). *Cortesia de Pfauter-Maag Cutting Tools Limited Partnership, Loves Park, Ill.*

TRANSMISSÕES POR ENGRENAGENS

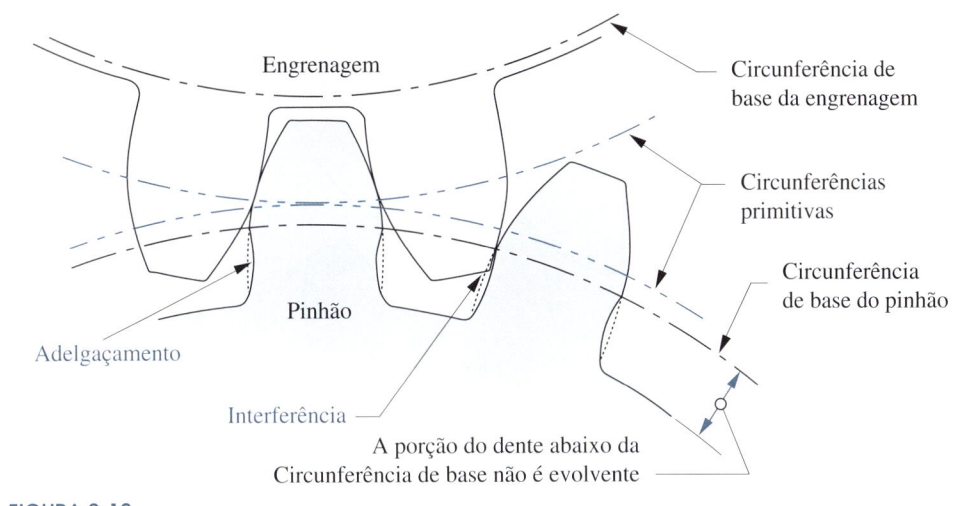

FIGURA 9-12

Interferência e adelgaçamento dos dentes abaixo da circunferência de base.

TABELA 9-4
Número mínimo de dentes no pinhão

Para evitar adelgaçamento quando estiver usinando a engrenagem com uma fresa caracol

Ângulo de pressão (graus)	Número mínimo de dentes
14,5	37
20	21
25	14

TABELA 9-5a
Número máximo de dentes na engrenagem

Para evitar interferência entre um pinhão com dentes de 20° e engrenagens de diferentes tamanhos

Número de dentes no pinhão	Número máximo de dentes na engrenagem
17	1 309
16	101
15	45
14	26
13	16

TABELA 9-5b
Número máximo de dentes na engrenagem

Para evitar interferência entre um pinhão com dentes de 25° e engrenagens de diferentes tamanhos

Número de dentes no pinhão	Número máximo de dentes na engrenagem
11	249
10	32
9	13

engrenagens com dentes de ângulo de pressão igual a 25°. Note que os números de dentes para o pinhão mostrados nesta tabela são todos menores que o número mínimo de dentes que podem ser gerados por uma fresa caracol. Conforme a engrenagem que se ajustará tenha seu tamanho reduzido, o pinhão pode ter seu número de dentes reduzido e, ainda assim, evitar interferência.

Formatos de dentes com adendo desigual (corrigidos)

Para evitar interferência e adelgaçamento em pequenos pinhões, o formato do dente da engrenagem pode ser modificado em relação ao padrão dos formatos de dentes mostrados na Figura 9-10, que possuem adendo igual na engrenagem e no pinhão para o formato evolvente com o adendo maior no pinhão e menor na engrenagem, o que é chamada de **correção de dentes de engrenagens**. O SI define coeficientes de alteração do adendo, x_1 e x_2, cuja soma sempre equivale a zero, possuindo a mesma magnitude e sinais opostos. O coeficiente positivo x_1 é aplicado no aumento do adendo do pinhão, e o negativo x_2 diminui o adendo na mesma proporção. A altura total do dente permanece a mesma. Essas alterações modificam a circunferência de cabeça, de forma que ela passe a ser externa à circunferência de base, e eliminam a porção não evolvente do dente do pinhão localizada abaixo da circunferência de base. Os coeficientes-padrão são ± 0,25 e 0,50, que somam ou subtraem 25% ou 50% ao adendo-padrão. O limite dessa aproximação se dá quando o dente da engrenagem se torna pontiagudo.

Existem benefícios secundários a esta técnica. O dente do pinhão se torna mais espesso em sua base e, portanto, mais resistente. Consequentemente o dente da engrenagem se torna mais frágil, mas como o dente da engrenagem é mais resistente que o dente do pinhão, essas alterações tornam suas resistências mais similares. Uma desvantagem do formato do dente de adendo desigual é o aumento da velocidade de deslizamento da ponta do dente. O deslizamento percentual entre os dentes é maior que com dentes com mesmo adendo, o que aumenta os esforços nas superfícies dos dentes. Perdas por atrito no engrenamento das engrenagens também são incrementadas pelo aumento dessas velocidades. A Figura 9-13 mostra os perfis dos formatos dos dentes evolventes corrigidos. Compare esses formatos com os formatos-padrão na Figura 9-10.

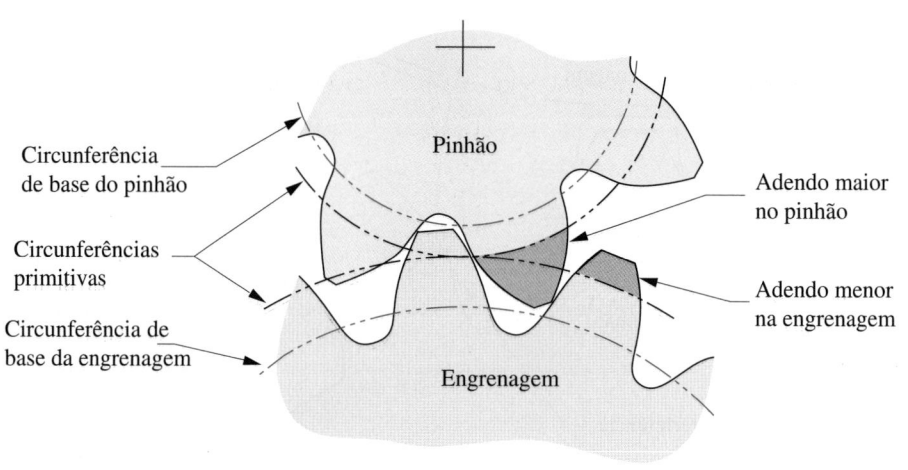

FIGURA 9-13

Correção de um dente de engrenagem com adendos maiores e menores para evitar interferência e adelgaçamento.

9.5 RAZÃO DE CONTATO OU GRAU DE RECOBRIMENTO

A razão de contato ou grau de recobrimento m_p define o número médio de dentes em contato em um determinado instante como

$$m_p = \frac{Z}{p_b} \tag{9.6a}$$

em que Z é o comprimento da linha de ação da Equação 9.2, e p_b é o passo de base da Equação 9.4b. Substituindo as equações 9.4b e 9.4d na Equação 9.6a define-se m_p em função do módulo m:

$$m_p = \frac{Z}{\pi m \cos \phi} \tag{9.6b}$$

Se o grau de recobrimento for 1, então um dente está deixando o contato ao mesmo tempo em que outro dente está iniciando o contato. Isso não é desejável, pois pequenos erros no espaçamento dos dentes causarão oscilações na velocidade, vibração e ruído. Além disso, a carga será aplicada na ponta do dente, criando o maior momento fletor possível. Para razões de contato maiores que 1, existe a possibilidade de distribuição de carga entre os dentes. Para razões de contato entre 1 e 2, comuns entre engrenagens cilíndricas de dentes retos, ainda haverá momentos durante o engrenamento em que um par de dentes estará suportando todo o carregamento. Entretanto, isso ocorrerá no sentido do centro da região de engrenamento onde o carregamento é aplicado em uma posição inferior do dente, e não em sua ponta. Esse ponto é chamado de **ponto mais alto de contato de um único dente** (PMACUD). A menor razão de contato aceitável para operações leves é de 1,2. Uma razão de contato de 1,4 é preferencial, e quanto maior melhor. A maior parte dos conjuntos de engrenagens cilíndricas de dentes retos terá razão de contato entre 1,4 e 2. A Equação 9.6b mostra que, para dentes menores (menor módulo m) e maior ângulo de pressão, a razão de contato será maior.

TRANSMISSÕES POR ENGRENAGENS

✍ EXEMPLO 9-1

Determinando parâmetros de dentes e engrenamento para engrenagens.

Problema: Encontre a relação de transmissão, o passo circular, passo de base, os diâmetros primitivos, os raios primitivos, a distância entre centros, o adendo, o dedendo, a profundidade do dente, a folga, os diâmetros externos e o grau de recobrimento do par de engrenagens com os parâmetros dados. Se a distância entre centros aumentar 2%, qual será o novo ângulo de pressão e aumento no jogo?

Dados: m = 4 mm, ângulo de pressão de 20°, 19 dentes no pinhão e 17 dentes na engrenagem.

Pressuposto: Os dentes são evolventes no padrão SI.

Solução:

1 A relação de transmissão é encontrada por meio do número de dentes no pinhão e na engrenagem usando a Equação 9.5b.

$$m_G = \frac{N_g}{N_p} = \frac{37}{19} = 1{,}947 \tag{a}$$

2 O passo circular é encontrado por meio da Equação 9.4c.

$$p_c = \pi m = 4\pi = 12{,}566 \text{ mm} \tag{b}$$

3 O passo da base medido na circunferência de base é (da Equação 9.4b)

$$p_b = p_c \cos\phi = 12{,}566 \cos(20°) = 11{,}809 \text{ mm} \tag{c}$$

4 Os diâmetros e raios primitivos do pinhão e da engrenagem são obtidos por meio da Equação 9.4c.

$$d_p = N_p m = 19(4) = 76 \text{ mm}, \qquad r_p = \frac{d_p}{2} = 38 \text{ mm} \tag{d}$$

$$d_g = N_p m = 37(4) = 148 \text{ mm}, \qquad r_g = \frac{d_g}{2} = 74 \text{ mm} \tag{e}$$

5 A distância entre centro nominal C é a soma dos raios primitivos.

$$C = r_p + r_g = 112 \text{ mm} \tag{f}$$

6 O adendo e dedendo são encontrados por meio das equações da Tabela 9-1:

$$a = 1{,}0m = 4 \text{ mm}, \qquad b = 1{,}25m = 5\text{mm} \tag{g}$$

7 A profundidade do dente h_t é dada pela soma do adendo e dedendo.

$$h_t = a + b = 4 + 5 = 9 \text{ mm} \tag{h}$$

8 A folga é dada pela diferença entre adendo e dedendo.

$$c = b - a = 5 - 4 = 1 \text{ mm} \tag{i}$$

9 O diâmetro externo de cada uma das engrenagens é dado pela soma dos diâmetros primitivos e dos adendos.

$$D_{o_p} = d_p + 2a = 84 \text{ mm}, \qquad D_{o_g} = d_g + 2a = 156 \text{ mm} \qquad (j)$$

10   O grau de recobrimento é dado pelas equações 9.2 e 9.6.

$$Z = \sqrt{(r_p + a_p)^2 - (r_p \cos\phi)^2} + \sqrt{(r_g + a_g)^2 - (r_g \cos\phi)^2} - C \sen\phi$$
$$= \sqrt{(38+4)^2 - (38\cos 20°)^2}$$
$$+ \sqrt{(74+4)^2 - (74\cos 20°)^2} - 112 \sen 20° = 19{,}140 \text{ mm}$$
$$m_p = \frac{Z}{p_b} = \frac{19{,}140}{11{,}809} = 1{,}621 \qquad (k)$$

11   Aumentando-se a distância entre centros em relação à nominal devido a erros de montagem ou outros fatores, os raios primitivos equivalentes serão afetados na mesma proporção. Os raios da base das engrenagens permanecerão os mesmos. O novo ângulo de pressão pode ser encontrado por meio da nova geometria. Para um aumento de 2% na distância entre centros (1,02 x):

$$\phi_{novo} = \cos^{-1}\left(\frac{r_{\text{circunferência de base}_p}}{1{,}02 r_p}\right) = \cos^{-1}\left(\frac{r_p \cos\phi}{1{,}02 r_p}\right) = \cos^{-1}\left(\frac{\cos 20°}{1{,}02}\right) = 22{,}89° \qquad (l)$$

12   A mudança no jogo como medido no pinhão é encontrada por meio da Equação 9.3:

$$\theta_B = 43\,200(\Delta C)\frac{\tan\phi}{\pi d} = 43\,200(0{,}02)(112)\frac{\tan(22{,}89°)}{\pi(76)} = 171{,}1 \quad \text{minutos de arco} \qquad (m)$$

9.6   TIPOS DE ENGRENAGENS

Engrenagens são fabricadas com várias configurações para aplicações particulares. Esta seção descreve alguns dos tipos mais comuns.

Engrenagens cilíndricas de dentes retos, helicoidal e helicoidal dupla (tipo espinha de peixe)

ENGRENAGENS CILÍNDRICAS DE DENTES RETOS são aquelas nas quais os *dentes são paralelos ao eixo da engrenagem*. Este é o formato mais simples e mais barato de fabricar. Engrenagens cilíndricas de dentes retos só se encaixam se seus eixos forem paralelos. A Figura 9-14 mostra uma engrenagem cilíndrica de dentes retos.

ENGRENAGENS DE DENTES HELICOIDAIS   são aquelas nas quais os dentes possuem um ângulo helicoidal Ψ em relação ao eixo da engrenagem, como mostrado na Figura 9-15a. A Figura 9-16 mostra um par de **engrenagens de dentes helicoidais** com mãos opostas* engrenadas. Seus eixos são paralelos. Duas **engrenagens helicoidais cruzadas** (ditas "esconsas") de mesma mão podem engrenar com seus eixos a um ângulo como o mostrado na Figura 9-17. Os ângulos helicoidais podem ser projetados para acomodar qualquer ângulo de inclinação entre vãos que não se interceptam.

Engrenagens de dentes helicoidais são mais caras do que engrenagens de dentes retos, porém oferecem um número maior de vantagens. Elas emitem menos ruídos do que engrenagens de dentes retos, pois o contato entre seus dentes é gradual e mais suave. O engrenamento das faces dos dentes das engrenagens de dentes retos ocorre de uma vez só. O impacto repentino entre os dentes

FIGURA 9-14

Uma engrenagem de dentes retos. *Cortesia de Martin Sprocket and Gear Co., Arlington, TX.*

* Engrenagens de dentes helicoidais são de mão direita ou esquerda. Note que a engrenagem da Figura 9-15a é de mão esquerda, pois, se qualquer uma das faces for posicionada em uma superfície horizontal, seus dentes estarão direcionados para a esquerda.

TRANSMISSÕES POR ENGRENAGENS

(a) Engrenagem helicoidal

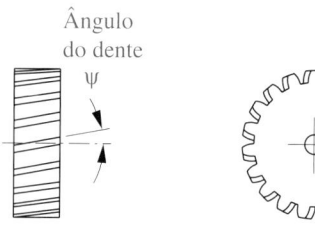

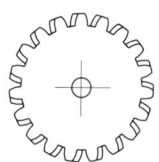

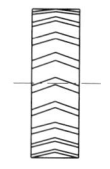

(b) Engrenagem helicoidal dupla "tipo espinha de peixe"

FIGURA 9-15

Engrenagens helicoidais e dupla ("tipo espinha de peixe").

causa vibrações que são ouvidas como um "lamento" característico de engrenagens de dentes retos, ausente em engrenagens de dentes helicoidais. Além disso, para engrenagens de mesmo diâmetro e módulo, uma engrenagem de dentes helicoidais é mais resistente do que uma engrenagem com dentes levemente mais espessos em um plano perpendicular ao eixo de rotação da engrenagem.

ENGRENAGEM HELICOIDAL DUPLA "TIPO ESPINHA DE PEIXE" são formadas pela união de duas engrenagens de dentes helicoidais de mesmo passo e diâmetro, porém de mãos opostas em um mesmo eixo. Esses dois conjuntos de dentes são normalmente cortados na mesma matéria-prima. A vantagem em comparação à engrenagem de dentes helicoidais é o cancelamento dos esforços axiais, já que cada "mão", metade da engrenagem, possui uma carga de mesmo módulo e sentido oposto da outra. Portanto, não há necessidade do uso de rolamentos para evitar o movimento axial da engrenagem, mas somente o seu posicionamento já é suficiente. Esse tipo de engrenagem é muito mais caro do que a engrenagem de dentes helicoidais, e sua utilização é feita em aplicações de alta potência, tais como transmissões de navios, onde perdas por atrito por cargas axiais não são aceitáveis. Uma engrenagem helicoidal dupla (tipo espinha de peixe) é mostrada na Figura 9-15b. Sua vista frontal é a mesma da engrenagem de dentes helicoidais.

RENDIMENTO A definição geral de rendimento é *potência de saída/potência de entrada*, expressada em porcentagem. O rendimento de um par de engrenagens cilíndricas de dentes retos pode variar de 98% a 99%. As engrenagens de dentes helicoidais são menos eficientes do que as engrenagens cilíndricas de dentes retos devido ao atrito gerado pelo deslizamento ao longo do ângulo do dente. Elas também apresentam uma força de reação ao longo do eixo da engrenagem, que também não existe nas engrenagens cilíndricas de dentes retos. Portanto, engrenagens de dentes helicoidais devem ser montadas em conjunto com rolamentos em seus eixos para prevenir que elas se movimentem ao longo de seu eixo. Perdas por atrito também estão presentes nas engrenagens. Um par de engrenagens de dentes helicoidais possuirá um rendimento entre 96% e 98%, e a montagem cruzada deste tipo de engrenagens pode ter rendimento de 50% a 90%. O par de engrenagens de dentes helicoidais (de mão oposta, porém com o mesmo ângulo do dente) possui contato linear entre os dentes e pode suportar cargas a altas velocidades. A montagem cruzada possui contatos pontuais e alto deslizamento que limita sua aplicação a situações de baixas cargas.

Se o par de engrenagens deve engrenar e desengrenar durante seu movimento, o uso de engrenagens cilíndricas de dentes retos é mais aconselhável que o de engrenagens de dentes helicoidais, já que o ângulo dos dentes interfere no movimento de engrenamento axial. (Engrenagens helicoidais duplas não podem ser desengrenadas axialmente.) Transmissões de caminhões normalmente empregam o uso de engrenagens cilíndricas de dentes retos por esse motivo, ao passo que transmissões (padrão) de automóveis utilizam engrenagens helicoidais, engrenagens com engrenamento constante para baixo nível de ruídos durante seu funcionamento e mecanismos de engrenamento sincronizado para permitir mudanças de redução. Essas aplicações de transmissões serão descritas posteriormente nesta seção.

FIGURA 9-16

Engrenagens helicoidais de eixos paralelos. *Cortesia de Marting Sprocket and Gear Co., Arlington, TX.*

FIGURA 9-17

Engrenagens helicoidais de eixos cruzados (esconsas). *Cortesia de Marting Sprocket and Gear Co. Arlington, TX.*

Rosca sem fim e coroa

Se o ângulo de hélice for aumentado o suficiente, o resultado será uma **rosca sem fim**, que tem apenas um dente enrolado continuamente em sua circunferência um certo número de vezes, análogo a um filete de rosca. Essa rosca sem fim pode ser engrenada com uma **coroa** especial (ou **engrenagem helicoidal para rosca sem fim**), cujo eixo é perpendicular ao da rosca sem fim, como mostrado na Figura 9-18. Como normalmente a rosca sem fim tem apenas um dente, a relação de transmissão do par de engrenagens é igual a um sobre o número de dentes da coroa (ver as Equações 9.5). Esses dentes não são evolventes em toda a sua face, o que significa que a distância entre centros deve ser mantida precisamente para garantir ação conjunta.

Roscas sem fim e coroas são fabricadas e repostas como conjuntos. Esses conjuntos de rosca sem fim e coroa têm a vantagem de possuir uma alta relação de transmissão em um espaço pequeno e suportam cargas muito elevadas, especialmente nas formas simples e dupla de coroa envolvente. **Simples envolvente** significa que os dentes da coroa envolvem a rosca sem fim. **Dupla envolvente** também envolve a coroa com a rosca sem fim, resultando em uma rosca sem fim em forma de ampulheta. Ambas as técnicas ampliam a área de contato entre a rosca sem fim e a coroa, aumentando a capacidade de carga e também o custo. Uma desvantagem de qualquer rosca sem fim é o alto deslizamento e força axial que faz com que o conjunto se torne muito ineficiente, tendo de 40% a 85% de eficiência.

Talvez a maior vantagem do conjunto rosca sem fim e coroa seja que ele pode ser projetado de forma a tornar impossível o **acionamento inverso**. Um par de engrenagens cilíndricas de dentes retos ou helicoidais pode ser acionado por qualquer eixo, como um redutor ou multiplicador de velocidades. Embora isso possa ser desejável em muitos casos, se a carga sendo acionada deve ser mantida na posição mesmo com o sistema desligado, o par de engrenagens cilíndricas de dentes retos ou helicoidais não a manterá. Eles sofrerão "acionamento inverso". Isso os torna inadequados para aplicações como em um elevador para carros, a menos que um freio seja adicionado ao projeto para segurar a carga. O conjunto rosca sem fim e coroa, por outro lado, somente pode ser acionado pela rosca sem fim. O atrito poderá ser grande o bastante para impedir o acionamento inverso pela coroa. Dessa forma, pode ser usado sem freio em aplicações que mantêm a carga, como em elevadores e guinchos.

Pinhão e cremalheira

Se o diâmetro da circunferência de base de uma engrenagem for aumentado infinitamente, a circunferência de base se tornará uma linha reta. Se a "corda" enrolada em volta dessa circunferência de base para gerar a evolvente ainda estivesse no lugar após o aumento do raio da circunferência para infinito, a corda estaria pivotada no infinito e iria gerar uma evolvente que é uma linha reta. Essa engrenagem linear é chamada de **cremalheira**. Seus dentes são trapezoidais e, mesmo assim, verdadeiramente evolventes. Esse fato facilita a criação de uma ferramenta de corte para produzir dentes evolventes em engrenagens circulares, usinando cuidadosamente uma cremalheira e endurecendo-a para cortar os dentes nas outras engrenagens. Rotacionando o tarugo para engrenagem em função da posição da cremalheira cortadora enquanto ela se move axialmente para a frente e para trás sobre o tarugo para engrenagem irá formar ou desenvolver um dente realmente evolvente na engrenagem circular.

A Figura 9-19 mostra um **conjunto pinhão e cremalheira**. A aplicação mais comum desse dispositivo é na conversão de movimento rotativo em linear e vice-versa. Ele pode ser acionado inversamente, então necessita de um freio se for usado para segurar uma carga. Um exemplo de aplicação é **nos sistemas de direção a pinhão e cremalheira** em automóveis. O pinhão é fixado na extremidade inferior da coluna de direção e gira com o volante. A cremalheira engrena-se ao pinhão e pode mover-se livremente para os lados em resposta à posição angular do volante. A cremalheira também é um elo de um mecanismo de várias barras que converte a translação linear da cremalheira na quantidade apropriada de movimento angular dos elos seguidores fixados no sistema de direção frontal.

FIGURA 9-18

Uma rosca sem fim e uma coroa (ou engrenagem helicoidal para rosca sem fim). *Cortesia de Martin Sprocket and Gear Co., Arlington, TX.*

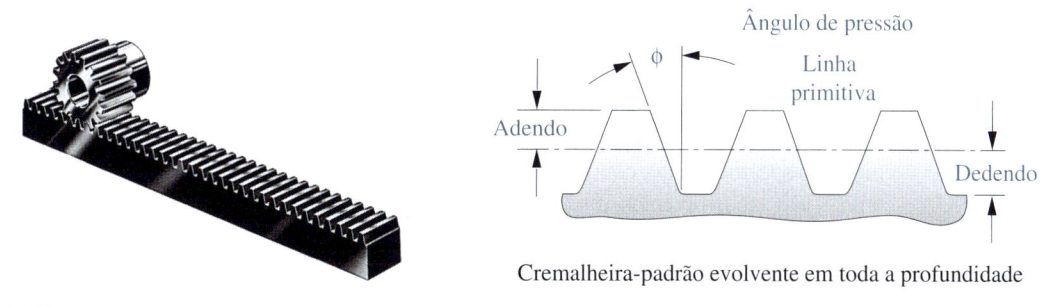

FIGURA 9-19

Um conjunto pinhão e cremalheira. *Fotografia cortesia de Martin Sprocket and Gear Co., Austin, TX.*

Engrenagens cônicas e hipoidais

ENGRENAGENS CÔNICAS Para acionamentos em ângulo reto, engrenagens helicoidais cruzadas ou conjuntos rosca sem fim e coroa podem ser usados. Para qualquer ângulo entre eixos, incluindo 90°, engrenagens cônicas podem ser a solução. Da mesma forma que engrenagens cilíndricas de dentes retos são baseadas em cilindros rolantes, **engrenagens cônicas** são baseadas em cones rolantes, como mostrado na Figura 9-20. O ângulo entre os eixos e a superfície dos cones podem ter quaisquer valores compatíveis, desde que os vértices dos cones se intersectem. Se eles não se intersectarem, haverá uma diferença de velocidade na junção. O vértice de cada cone tem raio zero, e, portanto, velocidade zero. Todos os outros pontos da superfície do cone terão velocidade diferente de zero. A relação de velocidade das engrenagens cônicas é definida pela Equação 9.1a usando os diâmetros primitivos em qualquer ponto comum de intersecção dos diâmetros do cone.

ENGRENAGENS CÔNICAS HELICOIDAIS Se os dentes forem paralelos ao eixo da engrenagem, teremos uma engrenagem cônica de dentes retos como mostrado na Figura 9-21. Se os

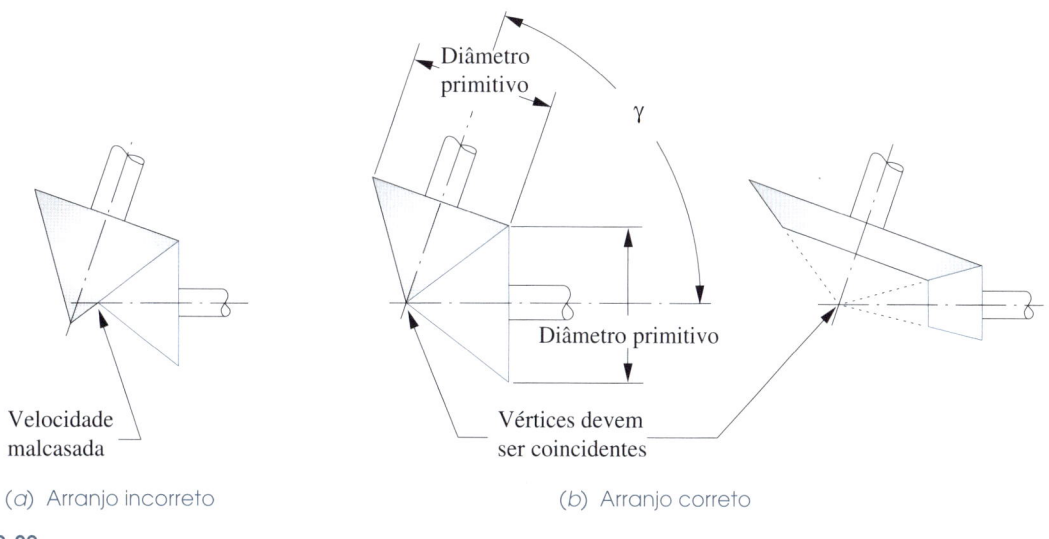

(*a*) Arranjo incorreto

(*b*) Arranjo correto

FIGURA 9-20

Engrenagens cônicas são baseadas em cones rolantes.

FIGURA 9-21

Engrenagens cônicas de dentes retos.
Cortesia de Martin Sprocket and Gear, Arlington, TX.

FIGURA 9-22

Engrenagens cônicas de dentes helicoidais.
Cortesia de Boston Gear Division of IMO Industries, Quincy, MA.

dentes estiverem inclinados em relação ao eixo, ela será uma **engrenagem cônica de dentes helicoidais** (Figura 9-22), análogo a uma engrenagem helicoidal. Os eixos e os vértices dos cones devem se intersectar em ambos os casos. As vantagens e desvantagens das engrenagens cônicas de dentes retos e helicoidais são similares às das engrenagens cilíndricas de dentes retos e helicoidais, respectivamente, com relação à força, ao silêncio e ao custo. Os dentes das engrenagens cônicas não são evolventes, mas são baseados em curvas de dente com formato "octoide". Elas devem ser substituídas em pares (conjunto de engrenagens), pois não são universalmente intercambiáveis, e suas distâncias entre centros devem ser mantidas com precisão.

ENGRENAGENS HIPOIDAIS Se os eixos entre as engrenagens não forem paralelos nem se intersectarem, não podem ser usadas engrenagens cônicas. **Engrenagens hipoidais** irão acomodar essa geometria. Engrenagens hipoidais são baseadas em hiperboloides de revolução rolantes, como mostrado na Figura 9-23. (O termo *hipoidal* é a contração de *hiperboloide*.) A forma do dente não é uma evolvente. Essas engrenagens hipoidais são usadas no final da transmissão de automóveis com motor frontal e tração traseira, de forma a rebaixar o eixo cardan abaixo do centro do eixo traseiro para reduzir a altura do "túnel do assoalho" no banco traseiro.

Engrenagens não circulares

Engrenagens não circulares são baseadas em centroides rolantes de um mecanismo de quatro barras Grashof dupla manivela. Centroides são as posições do centro instantâneo I_{24} do mecanismo e foram descritos na Seção 6.5. A Figura 6-15b mostra um par de centroides que puderam ser usados para engrenagens não circulares. Os dentes poderão ser adicionados às circunferências deles, da mesma maneira que adicionamos dentes a cilindros rolantes para engrenagens circulares. Então, os dentes agem para garantir que não haja deslizamento. A Figura 9-24 mostra um par de engrenagens não circulares baseadas em um conjunto de centroides diferentes dos da Figura 6-15b. (As engrenagens da Figura 9-24 realmente realizam revoluções completas em conjunto!) É claro que a relação de velocidade de engrenagens não circulares não é constante. Esse

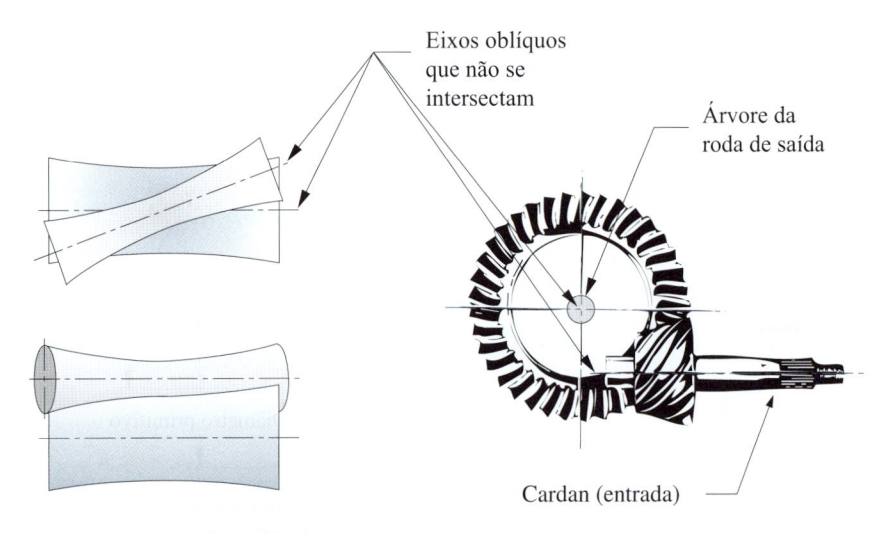

(a) Hiperboloides de revolução rolantes   (b) Engrenagens hipoidais automotivas do final da transmissão
Cortesia de General Motors Co., Detroit, Ml.

FIGURA 9-23

Engrenagens hipoidais são baseadas em hiperboloides de revolução.

é o propósito delas, fornecer uma função variável no tempo em resposta a uma velocidade de entrada constante. A relação de velocidade instantânea delas é definida pela Equação 6.11f. Esses dispositivos são usados em várias máquinas rotativas, como prensas de impressão, onde é necessária a variação da velocidade angular dos roletes em uma base cíclica.

Correias e correntes

CORREIAS EM V Uma transmissão por **correia em V** (ou trapezoidal) é mostrada na Figura 9-2. Correias em V são feitas de elastômeros (borracha sintética) reforçados com fibras sintéticas ou metálicas para maior resistência. As polias, ou *roldanas*, têm um canal em V que aumenta a aderência da correia à medida que a tensão na correia empurra a correia para dentro do V. As correias em V têm rendimentos de 95% a 98%, quando novas. Isso diminui para 93% à medida que a correia se desgasta e o deslizamento aumenta. Por causa do deslizamento, a relação de velocidade não é exata nem constante. Correias planas que funcionam em polias planas e abauladas ainda são usadas em algumas aplicações. Como discutido acima, deslizamento é possível com correias sem dentes, e o sincronismo não pode ser garantido.

CORREIAS SINCRONIZADORAS (DENTADAS) As **correias sincronizadoras** resolvem o problema da sincronia evitando o deslizamento enquanto mantêm algumas das vantagens das correias em V e podem custar menos do que engrenagens ou correntes. A Figura 9-25a mostra uma correia sincronizadora (ou dentada) e suas polias ou roldanas dentadas. Essas correias são feitas de um material parecido com borracha, mas reforçadas com fios de aço ou sintéticos para aumentar a resistência e têm dentes moldados que se encaixam nas ranhuras das polias para acionamento positivo. Elas são capazes de transmitir torques e potências relativamente altos e, com frequência, são usadas no comando de válvulas de motores automotivos, como mostrado na Figura 9-25b. Elas são mais caras do que correias em V convencionais e mais barulhentas, mas rodam mais frias e duram mais. O rendimento da transmissão é de 98% e permanece nesse

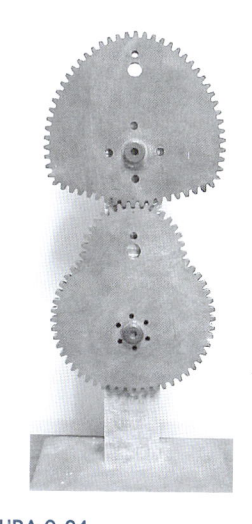

FIGURA 9-24
Engrenagens não circulares.

(a) Correia sincronizadora padrão
Cortesia de T. B. Wood's Sons Co., Chambersburg, PA.

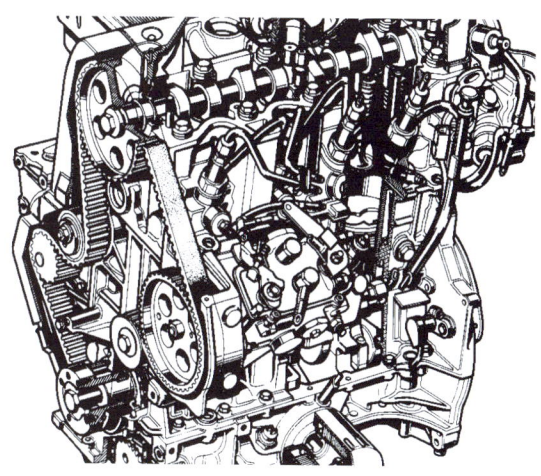

(b) Acionamento do comando de válvulas de um motor
Cortesia de Chevrolet Division, General Motors Co., Detroit, MI.

FIGURA 9-25
Correias sincronizadoras e rodas dentadas.

(a) Corrente de roletes

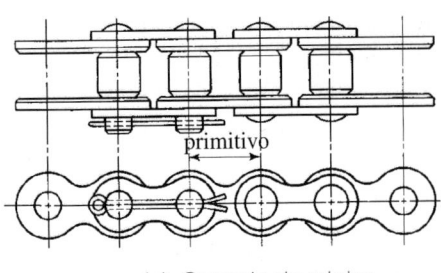

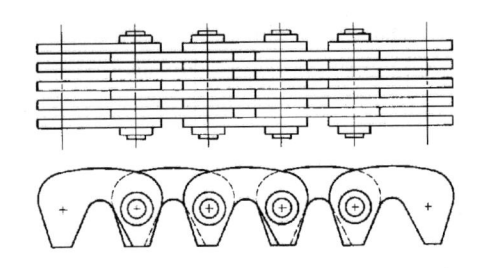

(b) Corrente silenciosa ou de dentes invertidos

FIGURA 9-26

Tipos de correntes para transmissão de potência. *De R. M. Phelan. Fundamentals of mechanical design, 1970. 3. ed. NY: McGraw-Hill.*

nível mesmo com o uso. Catálogos de fabricantes fornecem informações detalhadas do dimensionamento de correias em V e sincronizadoras para várias aplicações. Ver Bibliografia.

TRANSMISSÕES POR CORRENTE frequentemente são usadas em aplicações nas quais o acionamento positivo (sincronia) é necessário e requisitos de alto torque ou altas temperaturas impedem o uso de correias dentadas. Quando os eixos de entrada e saída estão afastados, uma transmissão por corrente pode ser a escolha mais econômica. Sistemas de esteiras normalmente usam correntes para encaminhar o trabalho ao longo da linha de montagem. Correntes de aço podem entrar em contato com muitos (mas não todos) ambientes química ou termicamente hostis. Muitos tipos e estilos de correntes foram projetados para várias aplicações, variando da corrente de roletes comum (Figura 9-26a), usada nas nossas bicicletas ou motocicletas, até projetos com a mais cara "corrente silenciosa" ou de dentes invertidos (Figura 9-26b), usada no acionamento do comando de válvulas em motores automotivos mais caros. A Figura 9-27 mostra uma roda dentada para corrente de roletes típica. Note que os dentes da roda dentada não possuem o mesmo formato que os dentes das engrenagens e não são evolventes. A forma dos dentes da roda dentada é ditada pela necessidade de casar com o contorno da porção da corrente que abraça os entalhes. Nesse caso, a corrente de roletes tem pinos cilíndricos que se encaixam na roda dentada.

A única limitação do acionamento por corrente é a chamada "**ação cordal**". Os elos da corrente formam um conjunto de cordas quando enrolados na roda dentada. À medida que esses elos entram e saem da roda dentada, eles dão "trancos" no eixo movido, causando uma certa vibração, ou pulsação, na velocidade de saída. Acionamentos por corrente não obedecem exatamente à lei fundamental do engrenamento. Se uma velocidade de saída constante com muita precisão for requerida, uma transmissão por corrente pode não ser a melhor escolha.

VIBRAÇÃO EM CORREIAS E CORRENTES Você pode ter percebido ao ver a operação de, por exemplo, uma correia em V, como a correia da ventoinha do motor do seu carro, que a correia vibra lateralmente ao passar entre as polias, mesmo quando a velocidade linear da correia é constante. Se você considerar a aceleração de uma partícula da correia ao longo do percurso da correia, perceberá que a aceleração dela é teoricamente zero enquanto percorre o trecho entre as polias em velocidade constante; mas, quando ela entra no canal de uma polia, de imediato adquire aceleração centrípeta diferente de zero que permanece essencialmente constante em magnitude enquanto a partícula da correia estiver no canal da polia. Dessa forma, a aceleração de uma partícula da correia tem saltos abruptos de zero para alguma magnitude constante ou vice-versa, quatro vezes por ciclo ao percorrer um simples sistema com duas polias como o da Figura 9-2, e mais se houver múltiplas polias. Isso teoricamente fornece pulsos infinitos de variação de aceleração às partículas da correia nessas transições, e isso excita lateralmente as

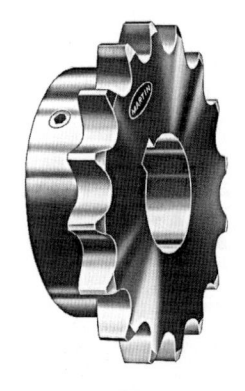

FIGURA 9-27

Uma roda dentada para correntes de roletes. *Cortesia de Martin Sprocket and Gear Co., Arlington, TX.*

9.7 TRANSMISSÕES POR ENGRENAGENS SIMPLES

Uma transmissão por engrenagens é um conjunto de duas ou mais engrenagens que se engrenam. Uma transmissão por engrenagens simples é aquela em que cada eixo possui apenas uma engrenagem, sendo o seu exemplo mais básico, de duas engrenagens, mostrado na Figura 9-4. A *relação de velocidades* m_V (algumas vezes chamada de *relação de transmissão*) desse par de engrenagens é encontrada ao expandir a Equação 9.5a. A Figura 9-28 mostra uma transmissão simples por engrenagens com cinco engrenagens em série. A expressão para a relação de velocidade dessa transmissão simples é

$$m_V = \left(-\frac{N_2}{N_3}\right)\left(-\frac{N_3}{N_4}\right)\left(-\frac{N_4}{N_5}\right)\left(-\frac{N_5}{N_6}\right) = +\frac{N_2}{N_6}$$

ou em termos gerais

$$m_V = \pm \frac{N_{entrada}}{N_{saída}} \tag{9.7}$$

que é igual à Equação 9.5a para um único par de engrenagens.

Cada conjunto de engrenagens contribui potencialmente para a relação de transmissão global, mas no caso de uma transmissão simples (em série) os efeitos numéricos de todas as engrenagens, exceto a da primeira e da última, se anulam. A relação de transmissão é sempre apenas a razão da primeira engrenagem para a última. Apenas o sinal da relação de transmissão global é afetado pelas engrenagens intermediárias, que são chamadas de *engrenagens ociosas* porque normalmente nenhuma potência é consumida por esse eixo. Se todas as engrenagens em uma transmissão forem externas e houver um número par de engrenagens na transmissão, o sentido da saída será oposto ao da entrada. Se houver um número ímpar de engrenagens externas na transmissão, a saída terá o mesmo sentido que a entrada. Dessa forma, uma única engrenagem ociosa externa de *qualquer diâmetro* pode ser usada para mudar o sentido de rotação da engrenagem de saída sem afetar sua velocidade.

Um único par de engrenagens de dentes retos, helicoidais ou cônicos *normalmente é limitado à relação de transmissão* de 10:1 simplesmente porque o par de engrenagens vai ficar muito grande, caro e difícil de acomodar acima dessa relação se o pinhão tiver o número mínimo de dentes, conforme mostrado nas tabelas 9-3 e 9-4. Se for necessário obter uma relação de transmissão maior do que pode ser obtida com um único par de engrenagens, fica claro pelas Equações 9.6 que uma transmissão simples não irá ajudar.

É uma prática comum inserir uma única engrenagem ociosa para mudar o sentido de rotação, mas mais do que uma engrenagem ociosa é supérfluo. Não há boas justificativas para projetar uma transmissão por engrenagens como a mostrada na Figura 9-28. Se for necessário conectar dois eixos distantes entre si, uma transmissão simples com muitas engrenagens poderia ser usada, mas será mais cara do que um acionamento por corrente ou correia para a mesma aplicação. A maioria das engrenagens não é barata.

9.8 TRANSMISSÕES POR ENGRENAGENS COMPOSTAS

Para obter uma relação de transmissão maior que 10:1 com engrenagens cilíndricas de dentes retos, helicoidais ou cônicos (ou qualquer combinação delas), é necessário **compor a transmissão** (a menos que uma transmissão epicicloidal seja usada – ver Seção 9.9). Uma **transmissão composta** *é aquela em que pelo menos um eixo carrega mais de uma engrenagem*. Isso será uma associação paralela ou em série-paralela, em vez de associações em série puras da transmissão simples por

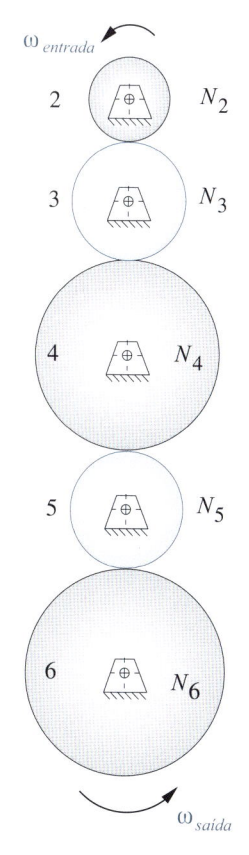

FIGURA 9-28

Uma transmissão por engrenagens simples.

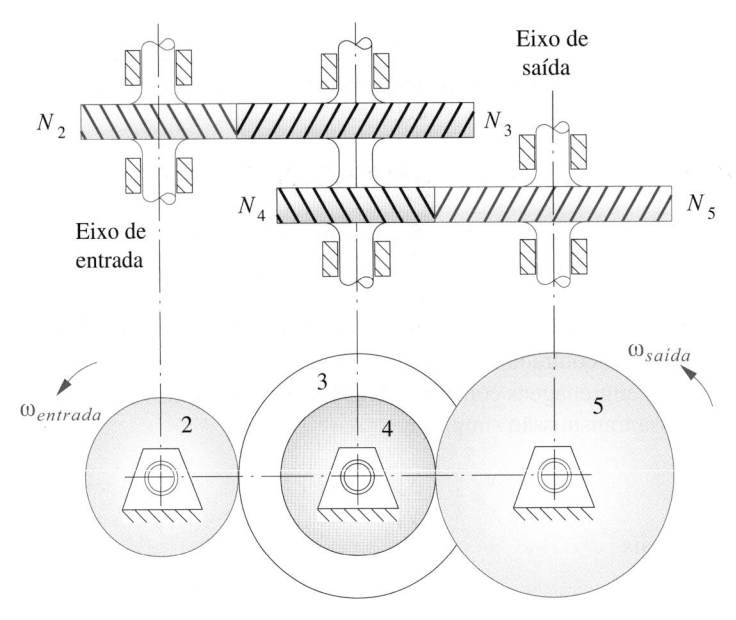

FIGURA 9-29

Uma transmissão por engrenagens compostas.

engrenagens. A Figura 9-29 mostra uma transmissão composta de quatro engrenagens, duas das quais, engrenagens 3 e 4, são fixadas no mesmo eixo e, portanto, têm a mesma velocidade angular.

A relação de transmissão agora é

$$m_V = \left(-\frac{N_2}{N_3}\right)\left(-\frac{N_4}{N_5}\right) \qquad (9.8a)$$

Isso pode ser generalizado para qualquer número de engrenagens na transmissão:

$$m_V = \pm \frac{\text{produto dos números de dentes das engrenagens motoras}}{\text{produto dos números de dentes das engrenagens movidas}} \qquad (9.8b)$$

Note que essas relações intermediárias não se cancelam e a relação de transmissão global é o produto das razões de conjuntos de engrenagens paralelas. Dessa forma, uma relação de transmissão maior pode ser obtida em uma transmissão composta por engrenagens, apesar da limitação na relação de transmissão de cerca de 10:1 em pares de engrenagens individuais. O sinal de mais ou menos na Equação 9.8b depende do número e do tipo dos engrenamentos na transmissão, se eles são internos ou externos. Escrevendo a expressão na forma da Equação 9.8a e observando cuidadosamente o sinal de cada engrenamento na expressão obtém-se o sinal algébrico correto para a relação de transmissão global.

Projeto de transmissões compostas

Se você se deparar com um projeto completo de uma transmissão composta por engrenagens como a da Figura 9-28, aplicar a Equação 9.8 e determinar a relação de transmissão é uma tarefa trivial. Não é tão simples fazer o contrário, em outras palavras, projetar uma transmissão composta para uma relação de transmissão específica.

TRANSMISSÕES POR ENGRENAGENS

✏️ EXEMPLO 9-2

Determinando parâmetros de dentes e engrenamento para engrenagens.

Problema: Projetar uma transmissão composta por engrenagens para obter exatamente a relação de transmissão 180:1. Encontre uma combinação de engrenagens que forneça essa relação.

Solução:

1. O primeiro passo é determinar quantos estágios, ou pares de engrenagens, são necessários. Simplicidade é sinal de um bom projeto, por isso comece pelo menor número possível. Calcule a raiz quadrada de 180, que é 13,416. Dessa forma, dois estágios cada um com essa relação de transmissão darão aproximadamente 180:1. Entretanto, isso é maior que nosso limite de projeto de 10:1 para cada estágio, então tente três estágios. A raiz cúbica de 180 é 5,646, que está dentro de 10, assim três estágios são suficientes.

2. Se pudermos encontrar uma razão de números de dentes de engrenagens inteiros que resulte em 5,646:1, podemos simplesmente usar três deles para projetar nosso redutor de engrenagens. Usando um limite mínimo de 12 dentes para o pinhão e tentando várias possibilidades, obtemos os conjuntos de engrenagens mostrados na Tabela 9-6 como possibilidades.

3. O número de dentes da engrenagem obviamente deve ser inteiro. O resultado mais próximo de um inteiro na Tabela 9-6 é o resultado 79,05. Dessa forma, um conjunto de engrenagens com 79:14 se aproxima da relação desejada. Aplicar essa relação em todos os três estágios resultará numa relação de transmissão de $(79/14)^3 = 179,68:1$, que está dentro de 0,2% de 180:1. Essa pode ser uma solução aceitável desde que o redutor de engrenagens não seja usado em aplicações com sincronia. Se o propósito desse redutor de engrenagens for reduzir a rotação de um motor para uma grua, por exemplo, uma relação aproximada será adequada.

4. Muitos redutores de engrenagens são usados no maquinário de produção para acionar eixos de comando de cames ou mecanismos de barras a partir do movimento de um eixo motor mestre e devem ter exatamente a relação de transmissão necessária, senão mais cedo ou mais tarde o dispositivo movido irá sair de sincronia com o resto da máquina. Se esse fosse o caso deste exemplo, a solução encontrada no passo 3 não seria boa o bastante. Teríamos que reprojetá-la para exatamente 180:1. Uma vez que nossa relação de transmissão global é inteira, o mais simples seria procurar por relações de transmissão inteiras dos pares de engrenagens. Dessa forma, precisamos de três fatores inteiros de 180. A primeira solução acima fornece um ponto de partida razoável na raiz cúbica de 180, que é 5,65. Se arredondarmos esse número para o inteiro acima (ou abaixo), poderemos encontrar uma combinação adequada.

5. A composição de dois estágios de 6:1 fornece 36:1. Dividindo 180 por 36, obtemos 5. Dessa forma, os estágios mostrados na Tabela 9-7 fornecem uma possível solução exata.

TABELA 9-6
Exemplo 9-2
Possíveis pares de engrenagens para transmissão composta de três estágios com relação de transmissão 180:1

Relação de transmissão do conjunto	Dentes no pinhão		Dentes na coroa
5,646	x 12	=	67,75
5,646	x 13	=	73,40
5,646	x 14	=	79,05
5,646	x 15	=	84,69

TABELA 9-7
Exemplo 9-2
Solução exata para transmissão composta de três estágios com relação de transmissão 180:1

Relação de transmissão do conjunto	Dentes no pinhão		Dentes na coroa
6	x 14	=	84
6	x 14	=	84
5	x 14	=	70

nossas especificações de projeto. Ela tem a relação de transmissão correta, exata; todos os estágios têm menos que 10:1; e nenhum pinhão tem menos que 14 dentes, o que evita o adelgaçamento se engrenagens com ângulo de pressão de 25° forem usadas (Tabela 9-4b).

Projeto de transmissões compostas reversas

No exemplo anterior, os eixos de entrada e saída estão em locais diferentes. Isso pode ser aceitável ou até mesmo desejável em alguns casos, dependendo de outras restrições globais no projeto da máquina. Esse tipo de redutor de engrenagens, cujos *eixos de entrada e saída não são*

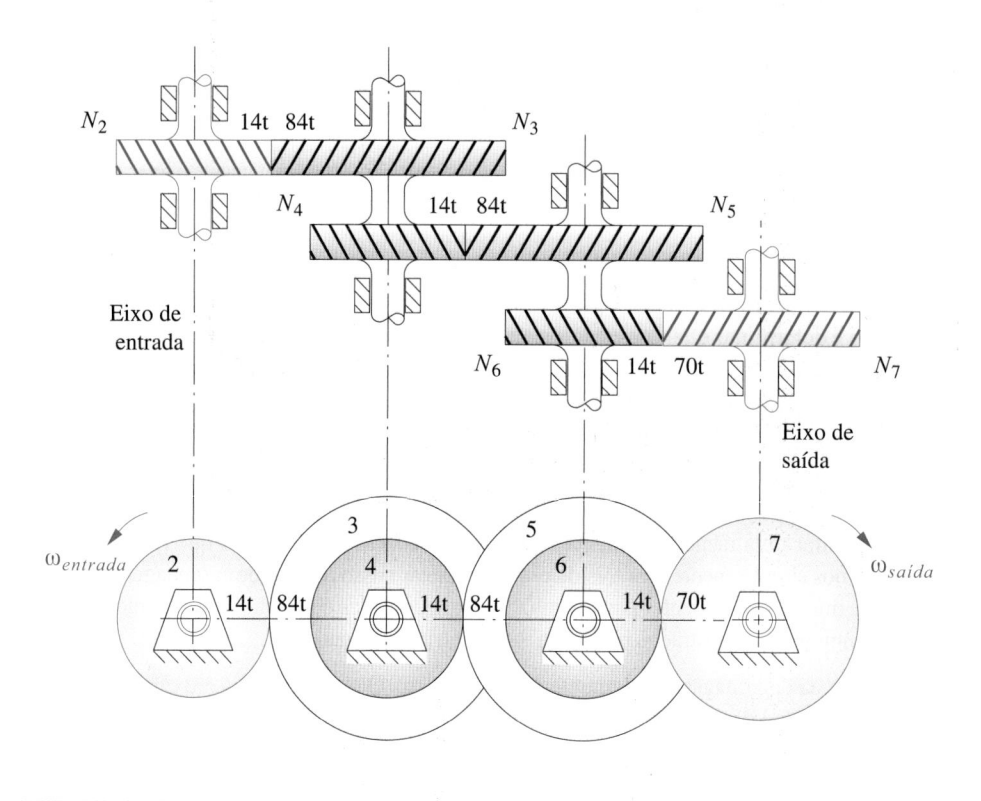

FIGURA 9-30

A transmissão composta de três estágios de engrenagens com relação de transmissão $m_V = 1:180$ (razão de engrenagem $m_G = 180:1$).

coincidentes, é chamado de **transmissão composta não reversa**. Em alguns casos, como de transmissões automotivas, é desejável ou até mesmo necessário que o *eixo de saída seja concêntrico com o eixo de entrada*. Isso é referido como "reverter a transmissão" ou "trazer de volta para si". O projeto de **uma transmissão composta reversa** é mais complicado por causa da restrição adicional de que as distâncias entre centros dos estágios devem ser iguais. Recorrendo à Figura 9-31, essa constante pode ser expressa em termos dos raios primitivos, diâmetros primitivos, ou números de dentes (desde que todas as engrenagens tenham o mesmo módulo).

$$r_2 + r_3 = r_4 + r_5 \qquad (9.9a)$$

ou
$$d_2 + d_3 = d_4 + d_5 \qquad (9.9b)$$

Se *o módulo* for o mesmo para todas as engrenagens, a Equação 9.4c pode ser substituída na Equação 9.9b e os termos do módulo podem ser cortados, resultando em

$$N_2 + N_3 = N_4 + N_5 \qquad (9.9c)$$

EXEMPLO 9-3

Projeto de uma transmissão por engrenagens reversa.

Problema: Projete uma transmissão composta reversa com a relação de transmissão exata de 18:1.

TRANSMISSÕES POR ENGRENAGENS

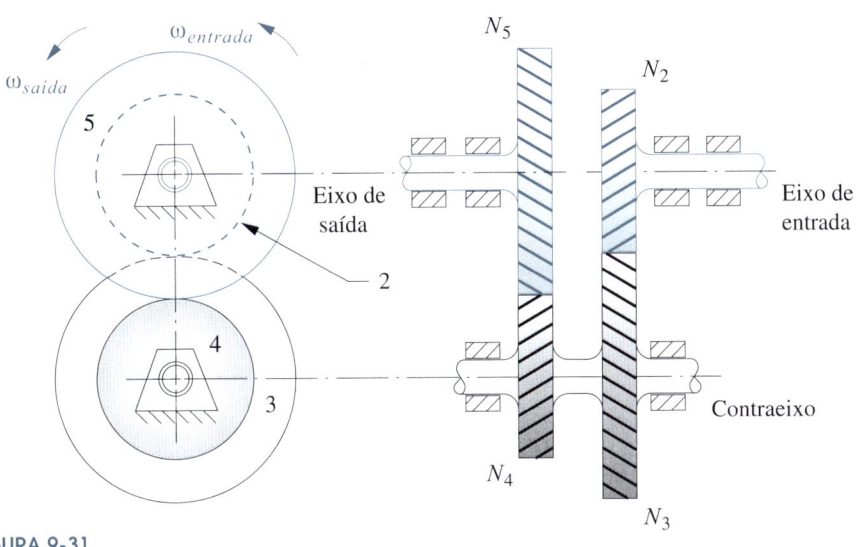

FIGURA 9-31

Uma transmissão por engrenagens composta reversa.

TABELA 9-8
Exemplo 9-3
Possíveis pares de engrenagens para transmissão composta reversa de dois estágios com relação de transmissão 18:1

Relação de transmissão do conjunto	Dentes no pinhão		Dentes na coroa
4,2426	x 12	=	50,91
4,2426	x 13	=	55,15
4,2426	x 14	=	59,40
4,2426	x 15	=	63,64
4,2426	x 16	=	67,88
4,2426	x 17	=	72,12
4,2426	x 18	=	76,37
4,2426	x 19	=	80,61
4,2426	x 20	=	84,85

Solução:

1. Embora não seja necessário que os pares de engrenagens tenham relações de transmissão inteiras em uma transmissão composta (apenas números de dentes inteiros), se a relação de transmissão for inteira, será mais fácil projetar com relações de transmissão inteiras dos pares de engrenagens.

2. A raiz quadrada de 18 é 4,2426, bem dentro do nosso limite de 10:1. Então, dois estágios são suficientes nesse redutor de engrenagens.

3. Se pudéssemos ter dois estágios idênticos, cada um com a relação de transmissão igual à raiz quadrada da relação de transmissão global, a transmissão seria revertida por padrão. A Tabela 9-8 mostra que não há combinações razoáveis de razões de dentes que forneçam exatamente a raiz quadrada necessária. Além do mais, essa raiz quadrada não é um número racional, então não podemos obter uma solução exata com essa abordagem.

4. Em vez disso, vamos fatorar a relação de transmissão. Todos os números nos fatores 9×2 e 6×3 são menores que 10, por isso são aceitáveis nesse quesito. Provavelmente é melhor que as relações de transmissão dos dois estágios tenham valores mais próximos entre si por razões de acomodação, então tentaremos a escolha de 6×3.

5. A Figura 9-31 mostra uma transmissão reversa de dois estágios. Note que, diferentemente da transmissão não reversa da Figura 9-29, agora os eixos de entrada e saída estão alinhados e em balanço; dessa forma, cada um deve ter rolamentos duplos em uma extremidade para suportar o momento e uma boa razão de mancal, conforme foi definida na Seção 2.18.

6. A Equação 9.8 expressa a relação de transmissão de uma transmissão composta. Fora isso, temos a restrição de que as distâncias entre centros sejam iguais. Use a Equação 9.9c e iguale-a a uma constante arbitrária K a ser determinada.

$$N_2 + N_3 = N_4 + N_5 = K \qquad (a)$$

7. Queremos resolver as equações 9.8 e 9.9c simultaneamente. Podemos separar os termos da Equação 9.8 e igualá-los às relações de transmissão dos estágios escolhidas para esse projeto.

$$\frac{N_2}{N_3} = \frac{1}{6}$$
$$N_3 = 6N_2 \qquad (b)$$

$$\frac{N_4}{N_5} = \frac{1}{3}$$
$$N_5 = 3N_4 \qquad (c)$$

8 Separando os termos na Equação (a):

$$N_2 + N_3 = K \qquad (d)$$
$$N_4 + N_5 = K \qquad (e)$$

9 Substituindo a Equação (b) em (d) e a Equação (c) em (e), obtemos:

$$N_2 + 6N_2 = K = 7N_2 \qquad (f)$$
$$N_4 + 3N_4 = K = 4N_4 \qquad (g)$$

10 Para tornar as equações (f) e (g) compatíveis, K deve ser pelo menos o mínimo múltiplo comum entre 7 e 4, que é 28. Isso resulta em valores de $N_2 = 4$ dentes e $N_4 = 7$ dentes.

11 Como uma engrenagem de quatro dentes teria um adelgaçamento inaceitável, precisamos aumentar nosso valor de K suficientemente para que o menor pinhão fique grande o bastante.

12 Um novo valor de $K = 28 \times 4 = 112$ aumenta a engrenagem de quatro dentes para uma de 16 dentes, o que é aceitável para um ângulo de pressão de 25° (Tabela 9-4b). Com essa suposição de $K = 112$, as equações (b), (c), (f) e (g) podem ser resolvidas simultaneamente para obter

$$N_2 = 16 \qquad N_3 = 96$$
$$N_4 = 28 \qquad N_5 = 84 \qquad (h)$$

que é uma solução viável para essa transmissão reversa.

O mesmo procedimento resumido aqui pode ser aplicado no projeto de transmissões reversas que envolvam vários estágios, como no redutor de engrenagens helicoidais da Figura 9-32.

Um algoritmo para o projeto de transmissões por engrenagens compostas

Os exemplos de projeto de transmissões por engrenagens compostas apresentados acima usam relações de transmissão inteiras. Se a relação de transmissão requerida não é inteira, é mais difícil encontrar a combinação de números de dentes inteiros que forneçam a relação de transmissão exata. Algumas vezes, uma relação de transmissão irracional é necessária em tarefas como a conversão de unidades inglesas para o sistema de medida métrico com uma transmissão por engrenagens em uma máquina-ferramenta ou quando π é um fator da relação de transmissão. Então, precisaremos da melhor aproximação possível à relação de transmissão irracional desejada que possa caber em um espaço razoável.

DilPare[1] e Selfridge e Riddle[2] desenvolveram algoritmos para resolver esse problema. Ambos requerem um computador para a solução. A abordagem de Selfridge será descrita aqui. Ela é aplicável a transmissões compostas de dois ou três estágios. Um limite mínimo N_{min} e um limite máximo $N_{máx}$ do número de dentes aceitável para qualquer engrenagem devem ser especificados.

TRANSMISSÕES POR ENGRENAGENS

FIGURA 9-32

Um redutor de engrenagens comercial composto reverso de três estágios. *Cortesia de Boston Gear Division of IMO Industries, Quincy, MA.*

Uma tolerância de erro ε expressa em porcentagem da relação de transmissão desejada R (sempre >1) também é selecionada. Para uma transmissão composta por dois estágios, a relação de transmissão será como a mostrada na Equação 9.5c e expandida de acordo com a Equação 9.8, com os sinais desprezados para a análise.

$$R = m_G = \frac{N_3 N_5}{N_2 N_4} \tag{9.10a}$$

A faixa de relações de transmissão aceitáveis é determinada pela escolha da tolerância ε.

$$R_{baixa} = R - \varepsilon$$
$$R_{alta} = R + \varepsilon \tag{9.10b}$$

$$R_{baixa} \leq \frac{N_3 N_5}{N_2 N_4} \leq R_{alta} \tag{9.10c}$$

Então, uma vez que os números de dentes devem ser inteiros:

$$N_3 N_5 \leq INT\left(N_2 N_4 R_{alta}\right) \tag{9.10d}$$

Temos:
$$P = INT\left(N_2 N_4 R_{alta}\right) \tag{9.10e}$$

Também da Equação 9.10c,

$$N_3 N_5 \geq INT\left(N_2 N_4 R_{baixa}\right) \tag{9.10f}$$

Temos:
$$Q = INT\left(N_2 N_4 R_{baixa}\right) + 1 \tag{9.10g}$$

arredondando para o próximo inteiro acima.

Uma varredura é realizada em todos os valores do parâmetro temporário K, definido como $Q \leq K \leq P$, para verificar se um par de produtos útil pode ser encontrado. Devido à simetria multiplicativa, o maior valor de N_3 que precisa ser considerado é

$$N_3 \leq \sqrt{P} \tag{9.11a}$$

Então:
$$N_p = \sqrt{P} \tag{9.11b}$$

O menor valor de N_3 que precisa ser considerado ocorre quando K está em seu menor valor Q, e N_5 assume seu maior valor N_{alta}. (N_3 também é limitado por N_{baixa}.)

$$N_3 \geq \frac{Q}{N_{alta}} \tag{9.11c}$$

Então:
$$N_m = INT\left(\frac{Q + N_{alta} - 1}{N_{alta}}\right) \tag{9.11d}$$

que também arredonda para o próximo inteiro acima.

A varredura encontra aqueles valores de N_3 que atendem a $N_m \leq N_3 \leq N_p$ e a $N_5 = K/N_3$. O código de computador desse algoritmo é mostrado na Tabela 9-9. O código pode facilmente ser reescrito para outros solucionadores de equações ou compiladores.

Esse algoritmo é extensível a transmissões por engrenagens compostas com três estágios, e a versão para dois estágios pode ser modificada para forçar e a reversão da transmissão adicionando um cálculo da distância entre centros para cada par de engrenagens e uma comparação a uma tolerância selecionada na distância entre centros.

EXEMPLO 9-4

Projeto de transmissão por engrenagens composta para aproximar uma relação de transmissão irracional.

Problema: Encontre dois pares de engrenagens que, quando compostos, forneçam uma relação de transmissão de 3,141 59:1 com um erro < 0,000 5%. Limite o número de dentes das engrenagens entre 15 e 100. Também determine o número de dentes para o menor erro possível se os dois pares de engrenagens tiverem de ser revertidos.

Solução:

1 Os dados de entrada do algoritmo são $R = 3{,}141\ 59$, $N_{baixa} = 15$, $N_{alta} = 100$, ε inicial = 3,141 59 E-5.

2 Um programa COMPOUND (ver Tabela 9-9) foi escrito para gerar as soluções não reversas mostradas na Tabela 9-10.

3 A melhor solução não reversa (7ª coluna na Tabela 9-10) tem um erro na relação de transmissão de 7,849 9 E-06 (0,000 249 87%), resultando em uma relação de transmissão de 3,141 582 com pares de engrenagens com 29:88 e 85:88 dentes.

4 O programa REVERT (ver Apêndice A) foi escrito para gerar as soluções reversas mostradas na Tabela 9-11.

5 A melhor solução reversa tem um erro na relação de transmissão de –9,619 8 E-04 (–0,030 62%), resultando em uma relação de transmissão de 3,142 562 com pares de engrenagens com 22:39 e 22:39 dentes.

TRANSMISSÕES POR ENGRENAGENS

TABELA 9-9 Algoritmo para o projeto de transmissões por engrenagens compostas com dois estágios
Do arquivo Compound.tk do *TKSolver*. Com base na Referência [2].

" *Ratio* é a relação de transmissão desejada e deve ser > 1. *Nmín* é o número mínimo de dentes aceitável para qualquer pinhão.
" *Nmáx* é o número máximo de dentes aceitável em qualquer engrenagem. *eps1* é a estimativa inicial da tolerância de erro em *Ratio*.
" *eps* é a tolerância usada no cálculo, inicializada com *eps1*, mas modificada (duplicada) até que soluções sejam encontradas.
" *counter* indica quantas vezes a tolerância inicial foi duplicada. Note que um valor inicial grande em *eps1* causará
" tempos de processamento longos, enquanto um valor muito pequeno (que não fornece soluções) será aumentado rapidamente e levará a uma solução mais rápida.
" *pinion1*, *pinion2*, *gear1* e *gear2* são os números de dentes da solução.

```
           eps = eps1 . . . . . . . . . . . . . . . . . . . .  " inicializa limite de erro
           counter = 0 . . . . . . . . . . . . . . . . . . .  " inicializa counter
    redo: . . . . . . . . . . . . . . . . . . . . . . . . .  " ponto de reentrada para novas tentativas
           S = 1 . . . . . . . . . . . . . . . . . . . . . .  " inicializa o ponteiro do array
           R_high = Ratio + eps . . . . . . . . . . . . . . .  " inicializa a faixa de tolerância em torno de relação
           R_low = Ratio − eps . . . . . . . . . . . . . . .  " inicializa a faixa de tolerância em torno de relação
           Nh3 = INT( Nmax^2 / R_high ) . . . . . . . . . .  " valor auxiliar no cálculo
           Nh4 = INT( Nmax / SQRT ( R_high)) . . . . . . . .  " valor auxiliar no cálculo
           For pinion1 = Nmin to Nh4 . . . . . . . . . . . .  " loop para o 1º pinhão
               Nhh = MIN( Nmax, INT (Nh3 / pinion1)) . . . .  " valor auxiliar no cálculo
               For pinion2 = pinion1 to Nhh . . . . . . . . .  " loop para o 2º pinhão
                   P = INT( pinion1 * pinion2 * R_high) . . .  " valor auxiliar no cálculo
                   Q = INT( pinion1 * pinion2 * R_low) + 1 .  " valor auxiliar no cálculo
                   IF ( P < Q ) THEN GOTO np2 . . . . . . . .  " pula para o próximo pinhão 2 se verdadeiro
                   Nm = MAX( Nmin, INT( (Q + Nmax − 1) / Nmax )) . . . " valor auxiliar no cálculo
                   Np = SQRT(P) . . . . . . . . . . . . . . .  " valor auxiliar no cálculo
                   For K = Q to P . . . . . . . . . . . . . .  " loop para o parâmetro K
                       For gear1 = Nm to Np . . . . . . . . .  " loop para a primeira engrenagem
                           IF (MOD( K, gear1 ) <> 0 ) Then GOTO ng1 . . . " não combina – pula para próxima engrenagem 1
                           gear2 = K / gear1 . . . . . . . . .  " determina o número de dentes da segunda engrenagem
                           error = ( Ratio − K / ( pinion1 * pinion2) ) . . . " determina o erro na razão
                           " verifica se está dentro da tolerância
                           IF error > eps THEN GOTO ng1 . . .  " está fora dos limites – pula para próxima engrenagem 1
                           " senão carrega a solução em arrays
                           pin1[S] = pinion1
                           pin2[S] = pinion2
                           gear1[S] = gear1
                           gear2[S] = gear2
                           error[S] = ABS(error)
                           ratio1[S] = gear1 / pinion1
                           ratio2[S] = gear2 / pinion2
                           ratio[S] = ratio1[S] * ratio2[S]
                           S = S + 1 . . . . . . . . . . . .  " incrementa o ponteiro do array
      ng1:       Next gear1
               Next K
      np2:   Next pinion2
           Next pinion1
           " testa se alguma solução foi encontrada com o valor atual de eps
           IF (Length(pin1) = 0 ) Then GOTO again ELSE Return . . . . " há uma solução
    again: . . . . . . . . . . . . . . . . . . . . . . . .  " duplica o valor de eps e tenta novamente
           eps = eps * 2
           counter = counter + 1
           GOTO redo
```

TABELA 9-10 Pares engrenados não reversíveis e erros na razão ao Exemplo 9-4

N_2	N_3	Razão 1	N_4	N_5	Razão 2	m_V	Erro
17	54	3,176	91	90	0,989	3,141 564	2,568 2 E-05
17	60	3,529	91	81	0,890	3,141 564	2,568 2 E-05
22	62	2,818	61	68	1,115	3,141 580	1,026 8 E-05
23	75	3,261	82	79	0,963	3,141 569	2,054 1 E-05
25	51	2,040	50	77	1,540	3,141 600*	1,000 0 E-05
28	85	3,036	86	89	1,035	3,141 611	2,129 6 E-05
29	88	3,034	85	88	1,035	3,141 582**	7,849 9 E-06
33	68	2,061	61	93	1,525	3,141 580	1,026 8 E-05
41	75	1,829	46	79	1,717	3,141 569	2,054 1 E-05
43	85	1,977	56	89	1,589	3,141 611	2,129 6 E-05
43	77	1,791	57	100	1,754	3,141 575	1,513 3 E-05

TABELA 9-11 Pares engrenados não reversíveis e erros na razão ao Exemplo 9-4

N_2	N_3	Razão 1	N_4	N_5	Razão 2	m_V	Erro
22	39	1,773	22	39	1,773	3,142 562	−9,619 8 E-04
44	78	1,773	44	78	1,773	3,142 562	−9,619 8 E-04

6 Note que a imposição da restrição adicional de reversão reduziu o número de soluções equivalentes para uma (as duas soluções na Tabela 9-11 diferem por um fator 2 no número de dentes, porém possuem o mesmo erro) e o erro é ainda maior que mesmo o pior das 11 soluções não invertidas encontradas na Tabela 9-10.

* Note que essa combinação de transmissões por engrenagens fornece uma aproximação para o π que é exato para 4 casas decimais. Porém esse exemplo pede uma aproximação para 5 casas decimais dentro de uma tolerância de 5 dezenas de milhares de um por cento. Essa proporção está fora por um milhar de um por cento do valor desejado de 5 casas decimais.

** Essa é a melhor aproximação possível do valor do π com 5 casas decimais em uma transmissão por engrenagens não reversível, dentro das limitações dadas para dimensões das engrenagens.

9.9 TRANSMISSÕES POR ENGRENAGENS PLANETÁRIAS OU EPICICLOIDAIS

Todas as transmissões por engrenagens convencionais descritas na seção anterior são dispositivos de um grau de liberdade (*GDL*). Outra classe de transmissões por engrenagens, a qual tem ampla aplicação, é a **transmissão epicicloidal ou transmissão planetária**. Esse é um dispositivo de dois graus de liberdade. Duas entradas são necessárias para se obter uma saída previsível. Em alguns casos, como no diferencial dos veículos automotivos, uma entrada é fornecida (eixo motor) e duas saídas conjugadas por fricção (atrito) são obtidas (as duas rodas motoras). Em outra aplicação, como na transmissão automática, motores de aeronaves para redução de propulsão e transmissão de bicicletas com marchas, duas entradas são fornecidas (uma normalmente sendo a velocidade zero, ou seja, uma marcha fixa), o que resulta em uma saída controlada.

A Figura 9-33a mostra um par engrenado de um grau de liberdade (*GDL*) convencional no qual o elo 1 está imobilizado como o elo terra. A Figura 9-33b mostra o mesmo conjunto de engrenagens, com o elo 1 agora livre para rotacionar como um **braço** que conecta as duas engrenagens. Agora, apenas a junta O_2 é aterrada, e o grau de liberdade do sistema é igual a 2 (*GDL* = 2). Esse se tornou uma transmissão **epicicloidal** com uma **engrenagem solar** e uma **engrenagem planetária** orbitando em torno da engrenagem solar, mantida em órbita pelo **braço**. Duas entradas são necessárias. Tipicamente, o braço e a engrenagem solar serão, cada um, acionados em alguma direção, com alguma

TRANSMISSÕES POR ENGRENAGENS

(a) Pares engrenados convencionais

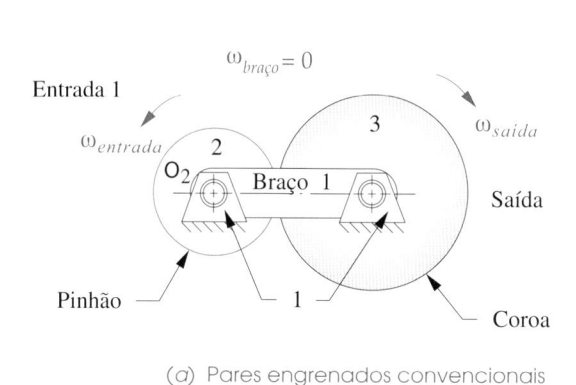

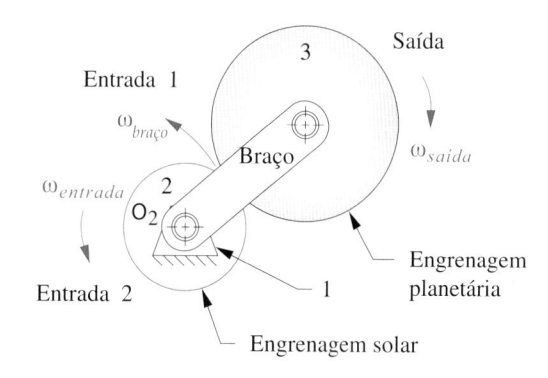

(b) Par engrenado planetário ou epicicloidal

FIGURA 9-33

Pares engrenados convencionais são casos especiais de conjuntos engrenados planetários ou epicicloidais.

velocidade. Em muitos casos, uma dessas entradas será a velocidade zero, ou seja, um freio aplicado tanto ao braço quanto à engrenagem solar. Note que a velocidade zero entrando pelo braço meramente faz a transmissão epicicloidal se comportar como uma transmissão convencional, como mostrado na Figura 9.33a. Assim, a transmissão por engrenagens é simplesmente um caso especial de um caso mais complexo de transmissão epicicloidal, no qual o seu braço é mantido estacionário.

Neste exemplo simples da transmissão epicicloidal, a única engrenagem restante para tomar uma saída, depois de introduzidas as entradas solar e no braço, é a planetária. É um pouco difícil conseguir uma saída útil dessa engrenagem anelar, já que o pivô dela é móvel. Uma configuração mais usual é a mostrada na Figura 9-34, na qual uma **engrenagem anelar** foi adicionada. Essa engrenagem anelar conecta-se e trabalha junto com a engrenagem planetária e os pivôs O_2, para então poder facilmente ser aproveitada como membro de saída. A maioria das transmissões planetárias é arranjada com engrenagens internas para trazer o movimento do planetário de volta para um pivô terra. Note como a engrenagem solar, engrenagem anelar e braço apresentam todas as qualidades de eixos vazados concêntricos, e assim cada um pode ser acessado a fim de se utilizar sua velocidade angular e torque, tanto como uma entrada quanto como uma saída.

Transmissões epicicloidais podem ser construídas de várias formas. Levai[3] catalogou 12 possibilidades de transmissões epicicloidais básicas, conforme mostrado na Figura 9-35. Essas transmissões básicas podem ser conectadas entre si para uma transmissão maior, com mais graus de liberdade. Isto é feito em transmissões automotivas automáticas, como será descrito em seção posterior.

Enquanto é relativamente fácil visualizar o fluxo de potência através de uma transmissão por engrenagens convencional e observar os sentidos de movimento de cada membro do sistema engrenado, é, porém, muito difícil determinar o comportamento da transmissão planetária apenas por visualização. Devemos realizar os cálculos necessários para determinar o seu comportamento e, talvez, fiquemos surpresos com a frequência de resultados não intuitivos. Já que as engrenagens estão girando concordantemente com o braço e ele, por si só, tem movimento, temos aqui um problema de velocidade relativa que requer o uso da Equação 6.5b. Reescrevendo a equação de velocidade relativa em função da velocidade angular específica desse sistema, temos

$$\omega_{engrenagem} = \omega_{braço} + \omega_{engrenagem/braço} \qquad (9.12)$$

As equações 9.12 e 9.5a são tudo o que precisamos para resolver um problema de velocidades de transmissões epicicloidais, levando-se em conta que os números de dentes e as duas condições de entrada são conhecidos.

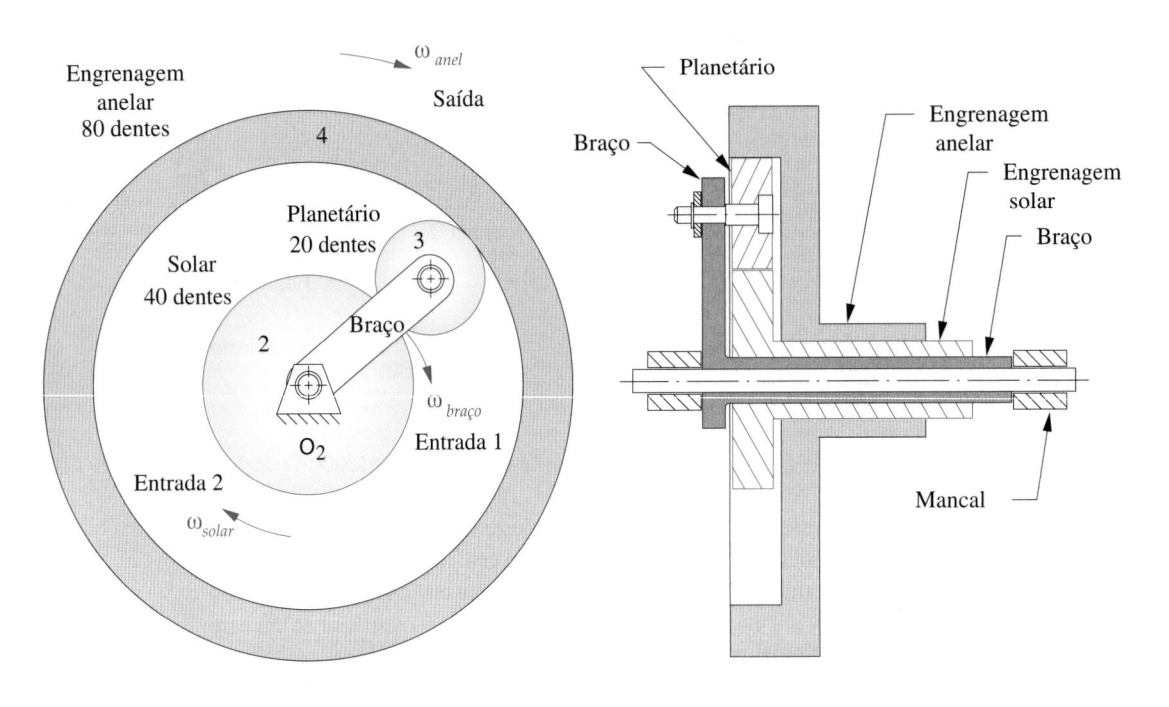

FIGURA 9-34

Transmissão planetária com engrenagem anelar usada como saída.

Método da tabulação

Uma abordagem da análise de velocidades em uma transmissão epicicloidal é criar uma tabela que represente a Equação 9.12 para cada engrenagem da transmissão.

EXEMPLO 9-5

Análise de transmissão por engrenagens epicicloidal pelo método da tabulação.

Problema: Considere a transmissão da Figura 9-34, que possui os seguintes números de dentes e condições iniciais:

Engrenagem solar	$N_2 = 40$ dentes – engrenagem externa
Engrenagem planetária	$N_3 = 20$ dentes – engrenagem externa
Engrenagem anelar	$N_4 = 80$ dentes – engrenagem interna
Entrada pelo braço	200 rpm, sentido horário
Entrada pela engrenagem solar	100 rpm, sentido horário

Desejamos determinar a velocidade angular absoluta de saída da engrenagem anelar.

Solução:

1 A tabela de solução é feita com uma coluna para cada termo da Equação 9.12 e uma linha para cada engrenagem da transmissão. Será muito mais conveniente se pudermos organizar

FIGURA 9-35

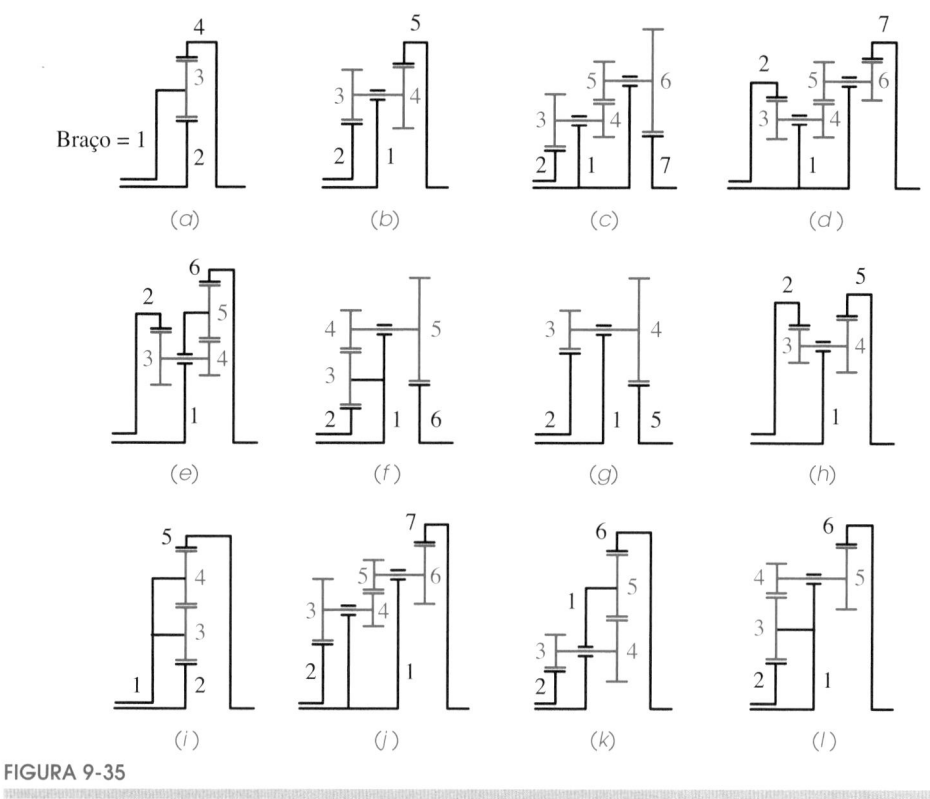

Doze possíveis configurações de transmissões epicicloidais [3].

a tabela a fim de termos as engrenagens em contato e dispostas em linhas adjacentes. A tabela para esse método, antes de qualquer dado de entrada, é mostrada na Figura 9-36.

2 Note que as relações de transmissão dos pares engrenados são mostradas entre as linhas das engrenagens às quais tais relações se aplicam. A coluna da relação de transmissão é posicionada ao lado da coluna, contendo a velocidade relativa $\omega_{engrenagem/braço}$, pois a relação de transmissão só se aplica à velocidade relativa. A relação de transmissão **não pode ser diretamente aplicada à velocidade absoluta** na coluna de $\omega_{engrenagem}$.

3 A estratégia de solução é simples, porém cheia de oportunidades de erros de desatenção. Note que estamos resolvendo uma equação vetorial com álgebra escalar e os sinais dos termos denotam o sentido dos vetores ω, os quais estão na direção do eixo Z. Um cuidado relevante deve ser tomado para introduzir os sinais das velocidades de entrada e das relações de transmissão corretos na tabela, ou a resposta estará errada. Algumas relações de transmissão podem ser negativas se envolverem pares de engrenagens externos, e algumas serão positivas se envolverem engrenagens internas. Temos ambos os casos nesse exemplo.

4 O primeiro passo é inserir os dados conhecidos, como mostrado na Figura 9-37 os quais são, neste caso, a velocidade do braço (em todas as linhas) e a velocidade absoluta da engrenagem 2 na coluna 1. As relações de transmissão podem também ser calculadas e alocadas nas suas respectivas posições. Note que essa relação deve ser calculada para cada par de engrenagens de uma maneira consistente, seguindo o fluxo de potência através da transmissão. Por exemplo, começando com a engrenagem 2 como motora, a engrenagem 3 será movida diretamente. Isso faz a sua relação de transmissão $-N_2/N_3$, ou entrada sobre saída, não o recíproco. *Essa relação é negativa porque o par engrenado é externo.* A en-

grenagem 3, por sua vez, aciona a engrenagem 4; portanto, sua relação de transmissão é $+N_3/N_4$. *Esta é positiva, pois é uma relação de transmissão por engrenagem interna.*

5 Uma vez que qualquer linha tem duas entradas, o valor das colunas restantes pode ser calculado pela Equação 9.12. Uma vez que qualquer valor na coluna da velocidade relativa (coluna 3) é encontrado, a relação de transmissão pode ser usada para calcular todos os outros valores da coluna. Finalmente, as linhas restantes podem ser calculadas por meio da Equação 9.12 para atingir as velocidades absolutas de todas as engrenagens da coluna 1. Esse cálculo é mostrado na Figura 9-38, a qual completa a solução.

6 Os valores da transmissão para esse exemplo podem ser calculados pela tabela e são, do braço para a engrenagem anelar, +1,25:1 e, da engrenagem solar para a engrenagem anelar, +2,5:1.

Nesse exemplo, a velocidade do braço foi dada. Se ela tiver de ser determinada como uma saída, então deve-se inseri-la na tabela como uma incógnita, x, e as equações resolvidas para essa incógnita.

Paradoxo de Ferguson Transmissões epicicloidais apresentam diversas vantagens sobre transmissões convencionais, entre as quais, relações de transmissão maiores em pacotes menores, inversão por padrão, saídas simultâneas, concêntricas e bidirecionais disponíveis de uma única entrada unidirecional. Essas características fazem as transmissões planetárias mais populares em transmissões automáticas de automóveis e caminhões etc.

O chamado **paradoxo de Ferguson**, da Figura 9-39, ilustra todas essas características da transmissão planetária. Ele é uma **transmissão epicicloidal composta** com engrenagem planetária de 20 dentes (engrenagem 5) movida através do braço e ligada simultaneamente com três engrenagens solares. Essas engrenagens solares têm 100 (engrenagem 2), 99 (engrenagem 3) e 101 (engrenagem 4) dentes, respectivamente. A distância entre centros de todas as engrenagens solares e planetária é a mesma, apesar da pequena diferença nos seus diâmetros primitivos. Isto é possível por causa das propriedades da forma evolvente do dente, como descrito na Seção 9.2. Cada engrenagem solar irá trabalhar suavemente com a engrenagem planetária. Cada par de engrenagens irá somente ter um ângulo de pressão ligeiramente diferente.

EXEMPLO 9-6

Analisando o paradoxo de Ferguson pelo método da tabulação.

Problema: Considere uma transmissão paradoxal de Ferguson, na Figura 9-39, o qual possui os seguintes números de dentes e condições iniciais:

Engrenagem	1 $\omega_{engrenagem} =$	2 $\omega_{braço} +$	3 $\omega_{engrenagem/braço}$	Relação de transmissão

FIGURA 9-36

Tabela para a solução da transmissão por engrenagens planetárias.

TRANSMISSÕES POR ENGRENAGENS

Engrenagem	1 $\omega_{engrenagem}$ =	2 $\omega_{braço}$ +	3 $\omega_{engrenagem/braço}$	Relação de transmissão
2	−100	−200		
				−40/20
3		−200		
				+20/80
4		−200		

FIGURA 9-37

Dados fornecidos para a transmissão por engrenagens planetárias do Exemplo 9-5 posicionadas na tabela de solução.

Engrenagem solar 2 $N_2 = 100$ dentes – engrenagem externa
Engrenagem solar 3 $N_3 = 99$ dentes – engrenagem externa
Engrenagem solar 4 $N_4 = 101$ dentes – engrenagem externa
Engrenagem planetária $N_5 = 20$ dentes – engrenagem externa
Entrada pela engrenagem solar 2 0 rpm
Entrada pelo braço 100 rpm, sentido anti-horário

A engrenagem solar 2 é fixa à estrutura, assim fornece uma entrada (velocidade zero) ao sistema. O braço é movido a 100 rpm sentido anti-horário como segunda entrada. Determine as velocidades angulares de duas saídas disponíveis nessa transmissão composta, uma da engrenagem 3 e outra da engrenagem 4, ambas as quais estão livres para rotacionar em torno do eixo principal.

Solução:

1 A solução tabular para essa transmissão está resolvida na Figura 9-40, a qual mostra os dados fornecidos. Note que a linha para a engrenagem 5 está repetida para clarificação na aplicação da relação de transmissão entre as engrenagens 5 e 4.

2 Os valores das velocidades de entrada conhecidos são o da velocidade angular do braço e o da velocidade absoluta nula da engrenagem 2.

3 As relações de transmissão neste caso são todas negativas por causa dos conjuntos de engrenagens externas, e seus valores refletem o sentido do fluxo de potência da engrenagem 2 para a 5, da 5 para a 3 e, então, da 5 para a 4 no segundo estágio.

4 A Figura 9-41 mostra os valores calculados adicionados à tabela. Note que, para uma entrada de 100 rpm, **sentido anti-horário**, pelo braço, temos uma saída de 1 rpm, **sentido anti-horário**, da engrenagem 4 e uma saída de 1 rpm, **sentido horário**, da engrenagem 3, simultaneamente.

Engrenagem	1 $\omega_{engrenagem}$ =	2 $\omega_{braço}$ +	3 $\omega_{engrenagem/braço}$	Relação de transmissão
2	−100	−200	+100	
				−40/20
3	−400	−200	−200	
				+20/80
4	−250	−200	−50	

FIGURA 9-38

Solução para a transmissão por engrenagem planetária do Exemplo 9-5.

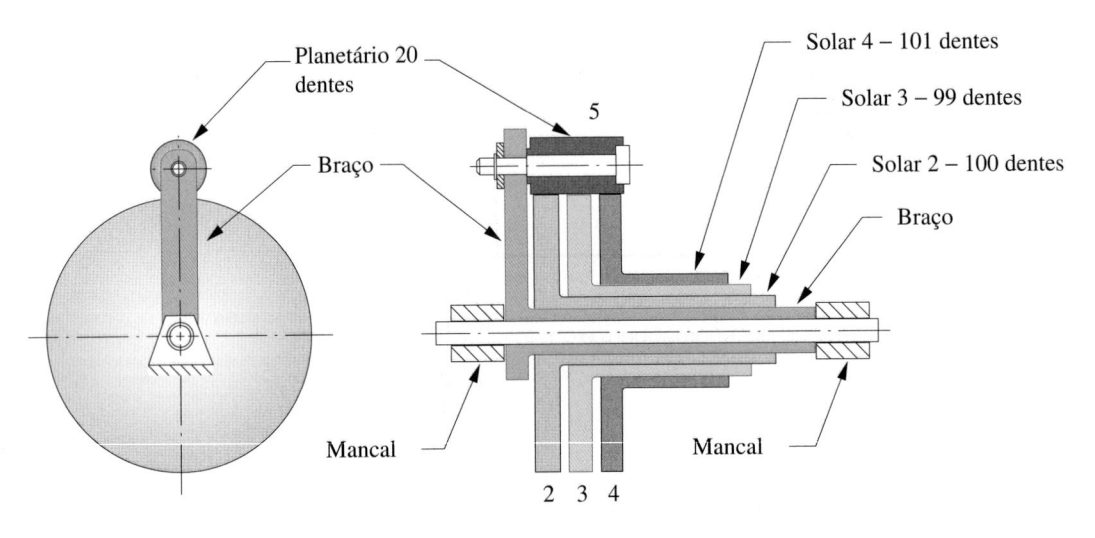

FIGURA 9-39

A transmissão composta por engrenagens planetárias de Ferguson.

Este resultado responde pelo uso da palavra **paradoxo** para descrever este sistema. Não só obtemos uma razão muito maior (100:1) do que poderíamos de um sistema convencional de engrenagens com 100 e 20 dentes, mas também podemos escolher o sentido das saídas!

Transmissões automáticas de automóveis utilizam combinações de sistema planetários, que estão sempre engrenadas e fornecem diferentes razões de velocidade para a frente, mais a ré, simplesmente acionando ou desacionando freios em diferentes partes do transmissão. O freio fornece velocidade de entrada igual a zero para um membro da transmissão. A outra entrada vem do motor. Assim, a saída é modificada pela aplicação desses freios internos na transmissão, de acordo com a seleção do operador (**P**ark = estacionamento, **R**everse = ré, **N**eutral = neutro, **D**rive = dirigir etc.).

Engrenagem	1 $\omega_{engrenagem}=$	2 $\omega_{braço}+$	3 $\omega_{engrenagem/braço}$	Relação de transmissão
2	0	+100		−100/20
5		+100		
3		+100		−20/99
5		+100		
4		+100		−20/101

FIGURA 9-40

Dados obtidos para o transmissão composta por engrenagens planetárias de Ferguson do Exemplo 9-6.

Engrenagem	1 $\omega_{engrenagem}$ =	2 $\omega_{braço}$ +	3 $\omega_{engrenagem/braço}$	Relação de transmissão
2	0	+100	−100	−100/20
5	+600	+100	+500	
3	−1,01	+100	−101,01	−20/99
5	+600	+100	+500	−20/101
4	+0,99	+100	−99,01	

FIGURA 9-41

Solução para o transmissão composta por engrenagens planetárias de Ferguson do Exemplo 9-6.

O método da fórmula

Não é necessário tabular a solução para uma transmissão epicicloidal. A fórmula de diferença de velocidade pode ser resolvida diretamente pela relação de transmissão. Podemos reordenar a Equação 9.12 para resolver pelo termo de diferença de velocidade. Então, fazemos ω_F representar a velocidade angular da primeira engrenagem (escolhida a partir de qualquer extremidade da transmissão, e ω_L representar a velocidade angular da última engrenagem (na outra extremidade).

Para a primeira engrenagem no sistema:

$$\omega_{F/braço} = \omega_F - \omega_{braço} \qquad (9.13a)$$

Para a última engrenagem no sistema:

$$\omega_{L/braço} = \omega_L - \omega_{braço} \qquad (9.13b)$$

Dividindo a última pela primeira:

$$\frac{\omega_{L/braço}}{\omega_{F/braço}} = \frac{\omega_L - \omega_{braço}}{\omega_F - \omega_{braço}} = R \qquad (9.13c)$$

Isto resulta em uma expressão para o valor fundamental da transmissão R que define a relação de velocidade para a transmissão com o braço parado. O lado esquerdo da Equação 9.13c envolve somente os termos de diferença de velocidade que são relativos ao braço. Esta divisão é igual à razão do produto dos números de dentes das engrenagens da primeira à última do sistema como definido na Equação 9.8b, que pode ser substituída pelo lado esquerdo da Equação 9.13c.

$$R = \pm \frac{\text{produto do número de dentes nas engrenagens motoras}}{\text{produto do número de dentes nas engrenagens movidas}} = \frac{\omega_L - \omega_{braço}}{\omega_F - \omega_{braço}} \qquad (9.14)$$

Esta equação pode ser resolvida por qualquer uma das variáveis do lado esquerdo, contanto que as outras duas sejam definidas como duas entradas para esta transmissão com dois graus de liberdade. Tanto a velocidade do braço quanto a velocidade de uma engrenagem ou a velocidade de duas engrenagens, a primeira e a última, como designado, devem ser conhecidas. Outra limitação deste método é que a primeira e a última engrenagem escolhidas devem estar pivotadas ao elemento terra (não orbitando), e deve haver um caminho de engrenamento que as conecte, o qual pode incluir engrenagens planetárias orbitantes. Vamos usar este método novamente para resolver o paradoxo de Ferguson do Exemplo 9-6.

EXEMPLO 9-7

Analisando o paradoxo de Ferguson pelo método da fórmula.

Problema: Considere a mesma transmissão do paradoxo de Ferguson no Exemplo 9-6 que possui número de dentes e condições iniciais dados (ver Figura 9-37):

Engrenagem solar 2	N_2 = engrenagem externa de 100 dentes
Engrenagem solar 3	N_3 = engrenagem externa de 99 dentes
Engrenagem solar 4	N_4 = engrenagem externa de 101 dentes
Engrenagem planetária	N_5 = engrenagem externa de 20 dentes
Entrada pela engrenagem solar 2	0 rpm
Entrada pelo braço	100 rpm, sentido anti-horário

A engrenagem solar 2 é fixa à estrutura e, assim, fornece uma entrada (velocidade zero) ao sistema. O braço é movido a 100 rpm, sentido anti-horário, como segunda entrada. Determine as velocidades angulares de duas saídas disponíveis nessa transmissão composta, uma da engrenagem 3 e outra da engrenagem 4, ambas as quais estão livres para rotacionar em torno do eixo principal.

Solução:

1. Teremos de aplicar a Equação 9.14 duas vezes, uma para cada engrenagem de saída. Tomando a engrenagem 3 como a última engrenagem na transmissão e a engrenagem 2 como a primeira, temos

$$N_2 = 100 \qquad N_3 = 99 \qquad N_5 = 20s$$
$$\omega_{braço} = +100 \qquad \omega_F = 0 \qquad \omega_L = ? \qquad (a)$$

2. Substituindo na Equação 9.14, temos

$$\left(-\frac{N_2}{N_5}\right)\left(-\frac{N_5}{N_3}\right) = \frac{\omega_L - \omega_{braço}}{\omega_F - \omega_{braço}}$$
$$\left(-\frac{100}{20}\right)\left(-\frac{20}{99}\right) = \frac{\omega_3 - 100}{0 - 100} \qquad (b)$$
$$\omega_3 = -1{,}01$$

3. Agora tomando a engrenagem 4 como a última engrenagem na transmissão e a engrenagem 2 como a primeira, temos

$$N_2 = 100 \qquad N_4 = 101 \qquad N_5 = 20$$
$$\omega_{braço} = +100 \qquad \omega_F = 0 \qquad \omega_L = ? \qquad (c)$$

4. Substituindo na Equação 9.14, temos

$$\left(-\frac{N_2}{N_5}\right)\left(-\frac{N_5}{N_4}\right) = \frac{\omega_L - \omega_{braço}}{\omega_F - \omega_{braço}}$$
$$\left(-\frac{100}{20}\right)\left(-\frac{20}{101}\right) = \frac{\omega_4 - 100}{0 - 100} \qquad (d)$$
$$\omega_4 = +0{,}99$$

Estes são os mesmos resultados obtidos com o método da tabulação.

9.10 RENDIMENTO EM TRANSMISSÕES POR ENGRENAGEM

A definição geral de rendimento é a relação entre *potência de saída/potência de entrada*. É expressa como uma fração (% decimal) ou como porcentagem. O rendimento de uma transmissão por engrenagem convencional (simples ou composta) é muito alto. A potência perdida nos conjuntos de engrenagens está entre 1% e 2%, dependendo de alguns fatores, como acabamento de dente e lubrificação. O rendimento básico de um conjunto de engrenagens é indicado por E_0. Um conjunto de engrenagens externo terá um E_0 de 0,98 ou mais e um conjunto de engrenagens interno-externo terá 0,99 ou mais. Quando múltiplos conjuntos de engrenagens são usados em uma transmissão convencional ou composta, o rendimento global do sistema será o produto dos rendimentos de todos os seus estágios. Por exemplo, uma transmissão de estágio duplo com rendimento dos conjuntos de engrenagens dado por $E_0 = 0{,}98$ terá uma eficiência global de $\eta = 0{,}98^2 = 0{,}96$.

Transmissões epicicloidais, se corretamente projetadas, podem ter rendimentos globais ainda maiores que transmissões convencionais. Mas, se a transmissão epicicloidal foi mal projetada, seu rendimento pode ser tão baixo que poderá gerar calor excessivo e vir a se tornar inoperante. Este resultado estranho pode ocorrer se os elementos que orbitam (planetas) na transmissão tiverem perdas muito altas que absorvam uma grande quantidade de "energia circulante" dentro da transmissão. É possível que essa energia circulante seja muito maior do que a energia de saída para a qual a transmissão foi projetada, resultando em aquecimento excessivo. O cálculo do rendimento global de uma transmissão epicicloidal é muito mais complicado do que uma simples multiplicação, como a utilizada para transmissões convencionais. Molian[4] apresenta uma forma concisa.

Para calcular o rendimento global η de uma transmissão epicicloidal, precisamos definir a razão básica ρ que está relacionada com o valor fundamental R da transmissão definido na Equação 9.13c.

$$\text{se } |R| \geq 1, \text{ então } \rho = R, \text{ senão } \rho = 1/R \tag{9.15}$$

Isso força ρ a representar o crescimento da velocidade em vez de uma diminuição, indiferentemente de do sentido no qual a transmissão de engrenagens pretende operar.

A fim de calcular o torque e a energia em uma transmissão epicicloidal, podemos considerá-lo como uma "caixa preta" com três eixos concêntricos, como mostrado na Figura 9-42. Esses eixos são nomeados 1, 2 e braço e se conectam ao "fim" da transmissão por engrenagens e a seu braço, respectivamente. Dois desses eixos podem servir de entrada e o terceiro como saída em qualquer combinação. Os detalhes da configuração interna da transmissão por engrenagens não são necessários se soubermos sua razão básica ρ e o rendimento básico E_0 de seus conjuntos de engrenagens. Toda a análise é feita relativamente ao braço da transmissão desde que o fluxo e as perdas de energia interna sejam afetados somente pela rotação dos eixos 1 e 2 com respeito ao braço, não pela rotação da unidade inteira. Também modelamos isso como se houvesse uma única engrenagem planetária, a fim de determinar E_0 assumindo que a potência e as perdas são igualmente divididas ao longo de todas as engrenagens atuantes na transmissão. Torques e velocidades angulares são considerados positivos no sentido anti-horário. Potência é o produto de torque e velocidade angular, então uma potência positiva é uma entrada (torque e velocidade no mesmo sentido) e uma potência negativa é uma saída.

Se a transmissão por engrenagens está girando a uma velocidade constante ou está mudando de velocidade tão lentamente que não afeta de forma significativa a energia cinética interna, então podemos assumir um equilíbrio estático e o somatório de torques igual a zero.

$$T_1 + T_2 + T_{braço} = 0 \tag{9.16}$$

O somatório de potências de entrada e de saída também deve ser zero, mas o sentido do fluxo de potência afeta o cálculo. Se a potência flui do eixo 1 para o eixo 2, então

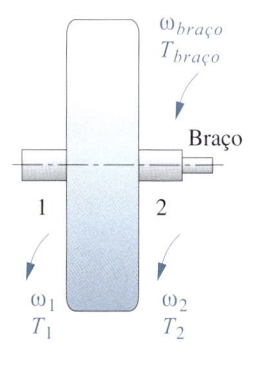

FIGURA 9-42

Transmissão por engrenagens epicicloidal genérico.

$$E_0 T_1(\omega_1 - \omega_{braço}) + T_2(\omega_2 - \omega_{braço}) = 0 \qquad (9.17a)$$

Se a potência flui do eixo 2 para o eixo 1, então

$$T_1(\omega_1 - \omega_{braço}) + E_0 T_2(\omega_2 - \omega_{braço}) = 0 \qquad (9.17b)$$

Se a potência flui do eixo 1 para o eixo 2, as equações 9.16 e 9.17a são resolvidas simultaneamente para obter os torques do sistema. Se a potência flui em outro sentido, então as equações 9.16 e 9.17b devem ser usadas. Uma substituição da Equação 9.13c em combinação com a Equação 9.15 introduz a razão básica ρ e, após solução simultânea, recaímos em

potência flui de 1 para 2
$$T_1 = \frac{T_{braço}}{\rho E_0 - 1} \qquad (9.18a)$$

$$T_2 = -\frac{\rho E_0 T_{braço}}{\rho E_0 - 1} \qquad (9.18b)$$

potência flui de 2 para 1
$$T_1 = \frac{E_0 T_{braço}}{\rho - E_0} \qquad (9.19a)$$

$$T_2 = -\frac{\rho T_{braço}}{\rho - E_0} \qquad (9.19b)$$

Uma vez que os torques foram encontrados, as potências de entrada e de saída podem ser calculadas usando velocidades de entrada e de saída conhecidas (de uma análise cinemática, como descrita acima) e o rendimento determinado por *potência de saída/potência de entrada*.

Existem oito casos possíveis dependendo de qual eixo foi fixado, qual eixo é entrada, e se a razão básica ρ é positiva ou negativa. Esses casos estão na Tabela 9-12[4], que inclui expressões tanto para o rendimento quanto para o torque da transmissão. Note que o torque a ser fornecido em um eixo é sempre conhecido por meio de uma carga a ser acionada ou da potência motora, e isso é necessário para calcular os outros dois torques.

EXEMPLO 9-8

Determinando o rendimento de uma transmissão por engrenagens epicicloidal.[*]

Problema: Encontre o rendimento global da transmissão epicicloidal mostrada na Figura 9-43.[5] O rendimento global E_0 é 0,9928 e os números de dentes da engrenagem são: N_A = 82 dentes, N_B = 84 dentes, N_C = 86 dentes, N_D = 82 dentes, N_E = 82 dentes e N_F = 84 dentes. A engrenagem A (eixo 2) é fixada à referência, com uma velocidade de entrada igual a zero. O braço é acionado pela segunda entrada.

Solução:

1 Encontrar a razão básica ρ para o transmissão por engrenagem usando as Equações 9.14 e 9.15. Note que as engrenagens B e C têm a mesma velocidade, assim como D e E, então suas razões são 1 e assim omitidas.

$$\rho = \frac{N_F N_D N_B}{N_E N_C N_A} = \frac{84(82)(84)}{82(86)(82)} = \frac{1764}{1763} \cong 1{,}000567 \qquad (a)$$

2 A combinação de $\rho > 1$, eixo 2 fixo e entrada pelo braço corresponde ao Caso 2 da Tabela 9-12, dando um rendimento de

---

[*] Este exemplo é adaptado da referência [5].

TRANSMISSÕES POR ENGRENAGENS

TABELA 9-12 Torques e rendimentos em uma transmissão epicicloidal.[4]

Caso	ρ	Eixo fixo	Eixo de entrada	Relação de transmissão	T_1	T_2	$T_{braço}$	Rendimento (η)
1	> +1	2	1	$1-\rho$	$-\dfrac{T_{braço}}{1-\rho E_0}$	$\dfrac{\rho E_0 T_{braço}}{1-\rho E_0}$	$T_{braço}$	$\dfrac{\rho E_0 - 1}{\rho - 1}$
2	> +1	2	braço	$\dfrac{1}{1-\rho}$	T_1	$-\rho \dfrac{T_1}{E_0}$	$\left(\dfrac{\rho - E_0}{E_0}\right) T_1$	$\dfrac{E_0(\rho-1)}{\rho - E_0}$
3	> +1	1	2	$\dfrac{\rho-1}{\rho}$	$\dfrac{T_{braço}}{\rho E_0 - 1}$	$-\dfrac{\rho E_0 T_{braço}}{\rho E_0 - 1}$	$T_{braço}$	$\dfrac{\rho E_0 - 1}{E_0(\rho-1)}$
4	> +1	1	braço	$\dfrac{\rho}{\rho-1}$	$-\dfrac{E_0}{\rho} T_2$	T_2	$-\left(\dfrac{\rho - E_0}{\rho}\right) T_2$	$\dfrac{\rho - 1}{\rho - E_0}$
5	≤ -1	2	1	$1-\rho$	$-\dfrac{T_{braço}}{1-\rho E_0}$	$\dfrac{\rho E_0 T_{braço}}{1-\rho E_0}$	$T_{braço}$	$\dfrac{\rho E_0 - 1}{\rho - 1}$
6	≤ -1	2	braço	$\dfrac{1}{1-\rho}$	T_1	$-\rho \dfrac{T_1}{E_0}$	$\left(\dfrac{\rho - E_0}{E_0}\right) T_1$	$\dfrac{E_0(\rho-1)}{\rho - E_0}$
7	≤ -1	1	2	$\dfrac{\rho-1}{\rho}$	$\dfrac{E_0 T_{braço}}{\rho - E_0}$	$-\dfrac{\rho T_{braço}}{\rho - E_0}$	$T_{braço}$	$\dfrac{\rho - E_0}{\rho - 1}$
8	≤ -1	1	braço	$\dfrac{\rho}{\rho-1}$	$-\dfrac{T_2}{\rho E_0}$	T_2	$-\left(\dfrac{\rho E_0 - 1}{\rho E_0}\right) T_2$	$\dfrac{E_0(\rho-1)}{\rho E_0 - 1}$

$$\eta = \frac{E_0(\rho-1)}{\rho - E_0} = \frac{0{,}9928(1{,}000567 - 1)}{1{,}000567 - 0{,}9928} = 0{,}073 = 7{,}3\%$$ (b)

3 Este é um rendimento muito baixo, o que faz com que essa caixa de câmbio seja essencialmente inutilizável. Cerca de 93% da potência de entrada está circulando dentro da transmissão por engrenagens e é perdida como calor.

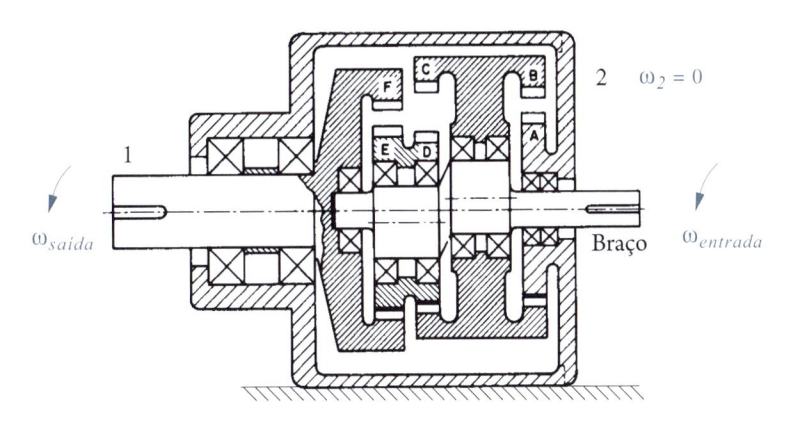

FIGURA 9-43

Transmissão epicicloidal do Exemplo 9-8.[5]

O exemplo anterior ressalta um problema com transmissões por engrenagem epicicloidais que tem razão básica perto da unidade. Elas têm baixo rendimento e são inúteis para transmissão de potência. Grandes razões de velocidade com alto rendimento só podem ser obtidas com transmissões se houver razões básicas altas.[5]

9.11 TRANSMISSÕES

Transmissões por engrenagem compostas reversíveis são comumente usadas em transmissões automotivas manuais (não automáticas) para proporcionar a seleção pelo usuário de razões entre o motor e as rodas visando à multiplicação do torque (vantagem mecânica). Essas caixas de transmissão usualmente têm de três a seis velocidades dianteiras e uma de ré. As transmissões mais modernas desse tipo usam engrenagens helicoidais para operação mais silenciosa. Essas engrenagens **não** são movidas para dentro e fora do engrenamento quando são trocadas as velocidades no câmbio, exceto na ré. As relações de transmissão desejadas são seletivamente travadas ao eixo de saída por mecanismos sincronizadores, como na Figura 9-44, que mostra uma transmissão automotiva de quatro velocidades, de câmbio manual com mudança sincronizada.

O eixo de entrada está em cima à esquerda. A engrenagem de entrada está sempre engrenada com a engrenagem mais à esquerda no contraeixo na parte inferior. Esse contraeixo possui muitas engrenagens integradas a ele, cada uma delas está engrenada a uma engrenagem de saída diferente que está rodando livremente no eixo de saída. O eixo de saída é concêntrico ao eixo de entrada, fazendo deste uma transmissão revertida, mas os eixos de entrada e saída somente se conectam através das engrenagens no contraeixo, exceto em "última marcha" (quarta velocidade), para o qual os eixos de entrada e saída estão diretamente conjugados através de uma embreagem de sincronismo com uma razão de 1:1.

As embreagens de sincronismo estão ao lado de cada engrenagem no eixo de saída e parcialmente escondidas pelos colares de transmissão que as movimentam para a esquerda e para a direita em resposta à mão do motorista na troca de marcha. Essas embreagens agem

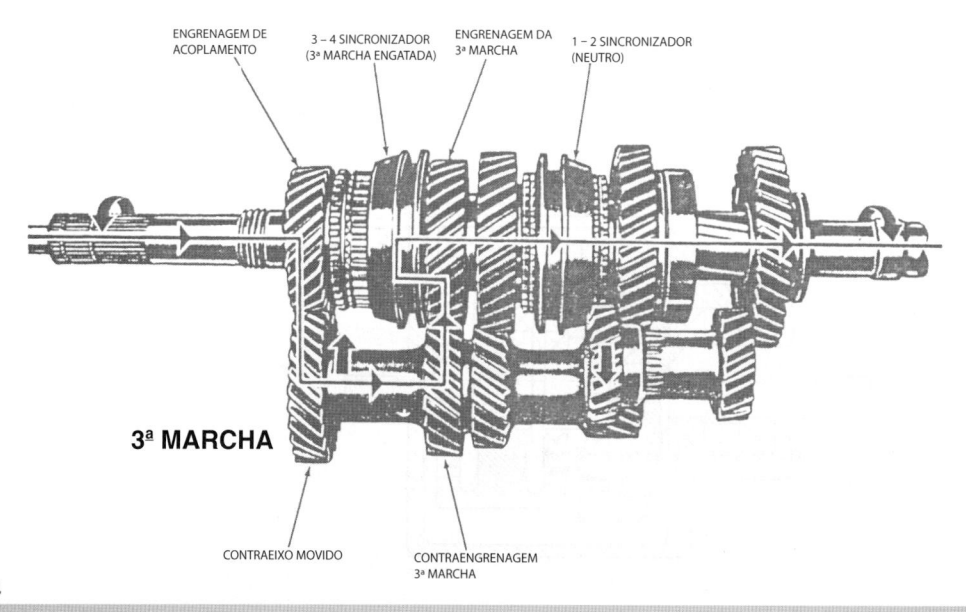

FIGURA 9-44

Transmissão automotiva manual de quatro velocidades sincronizada. *De W. H. Crouse.* Automotive mechanics, *8. ed. Nova York, NY: McGraw-Hill, 1980. p. 480. Reimpresso com autorização.*

para travar uma engrenagem do eixo de saída por vez para fornecer um caminho de potência da entrada para a saída com uma razão de transmissão particular. As setas na figura mostram o caminho da força para a terceira marcha, que está engrenada. A engrenagem da ré, na parte direita inferior, é uma engrenagem ociosa que é fisicamente trocada dentro e fora do par quando o conjunto está parado.

TRANSMISSÕES EPICICLOIDAIS OU PLANETÁRIAS são comumente usadas em transmissões automáticas de automóveis, como mostrado na Figura 9-45. O eixo de entrada, que se conjuga ao eixo de manivelas (virabrequim) do motor, é uma entrada para a transmissão de múltiplos graus de liberdade que consiste de vários estágios de transmissões epicicloidais. Transmissões automáticas podem ter várias relações de transmissão. Modelos automotivos possuem normalmente de duas a seis marchas de velocidades à frente. Caminhões e ônibus podem ter mais.

Três conjuntos de engrenagens epicicloidais podem ser vistos perto do centro da transmissão de quatro velocidades na Figura 9-45. Eles são controlados por embreagens e freios multidisco operados hidraulicamente dentro da transmissão que impõe velocidade zero de entrada a vários elementos da transmissão para criar uma das quatro relações de velocidades à frente, mais a ré, neste exemplo particular. As embreagens forçam velocidade relativa nula entre os dois elementos conectados, e o freio força velocidade nula em um elemento. Já que todas as engrenagens estão acopladas constantemente, a transmissão pode ser trocada sob carga por meio do acionamento ou não dos freios e embreagens internas. Elas são controladas por uma combinação de entradas que incluem a seleção do motorista (PRND), velocidade de estrada, posição do acelerador, carga e rotação do motor, e outros fatores que são monitorados automaticamente e controlados via computador. Alguns controles de transmissão mais modernos utilizam técnicas de inteligência artificial para aprender e se adaptar ao modo de dirigir daquele motorista simplesmente reiniciando os pontos de troca do câmbio para performance esportiva ou suave, com base nos hábitos do motorista.

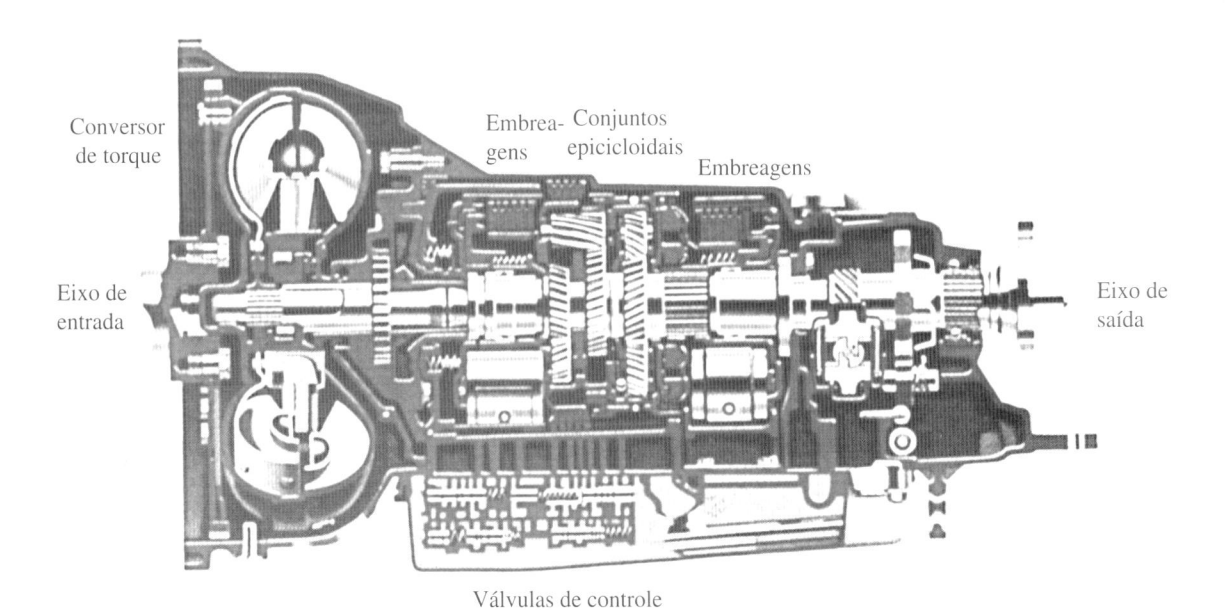

FIGURA 9-45

Transmissão automotiva automática de quatro velocidades. *Cortesia de Mercedes-Benz of North America Inc.*

FIGURA 9-46

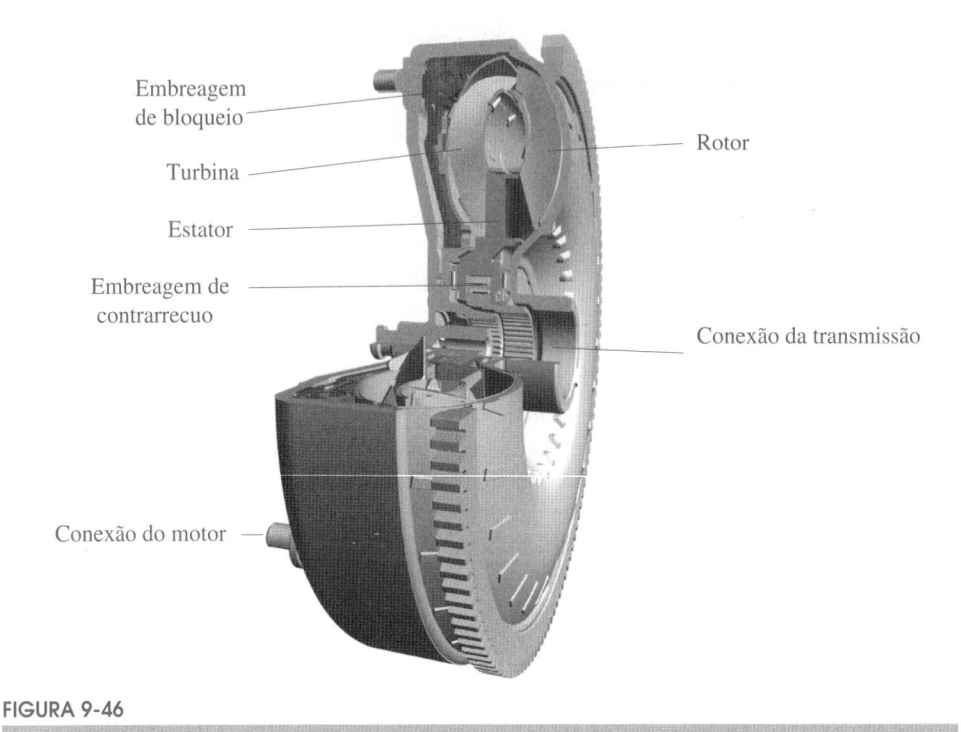

Conversor de torque. *Cortesia de Mannesmann Sachs AG, Schweinfurt, Alemanha.*

Do lado esquerdo da Figura 9-45 há um acoplamento semelhante a uma turbina de fluido entre o motor e a transmissão, chamado de **conversor de torque**, o qual é mostrado em corte na Figura 9-46. Este dispositivo permite um deslizamento no fluido hidráulico suficiente para deixar o motor sem carga com a transmissão engatada e as rodas do veículo paradas. A *pá do rotor* impulsionada pelo motor, trabalhando com óleo, transmite torque através do bombeamento de óleo que passa por um conjunto de *pás do estator* estacionário e também contra as *pás da turbina* que está presa no eixo de entrada da transmissão. As pás do estator, que não se movem, servem para redirecionar o fluxo de óleo que sai das pás do rotor para um ângulo relativamente mais favorável para as pás da turbina. O redirecionamento do fluxo é responsável pela multiplicação do torque que dá a esse dispositivo o nome de conversor de torque. Sem as pás do estator, ele é somente um *acoplamento fluido* que iria transmitir, mas não multiplicar, o torque. Em um conversor de torque, o aumento de torque máximo de cerca de 2× ocorre na imobilidade, quando a turbina de transmissão está parada e o rotor impulsionado pelo motor está virando, criando deslizamento máximo entre os dois. Esse aumento de torque ajuda a acelerar o veículo do descanso quando sua inércia deve ser superada. A multiplicação de torque cai para um quando não há deslizamento entre o rotor e a turbina. Entretanto, o dispositivo não pode alcançar uma condição de deslizamento nulo por si só. Ele sempre trabalhará com uma pequena porcentagem de deslizamento. Isto faz com que ocorra perda de potência constante, como quando o veículo viaja com velocidade constante em estrada plana. Para conservar essa potência, a maioria dos conversores de torque agora é equipada com uma embreagem de trava eletromecânica que é engatada acima de 45 km/h em marcha alta e trava o estator ao rotor, fazendo com que o rendimento da transmissão seja de 100%. Quando a velocidade cai para abaixo da velocidade selecionada, ou quando a transmissão diminui a marcha, a embreagem é desengrenada, permitindo que o conversor de torque volte a exercer sua função.

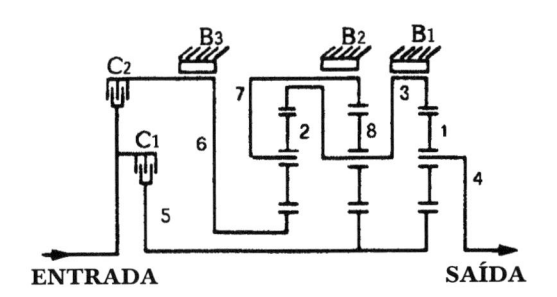

TRANSMISSÕES POR ENGRENAGENS

(a) Esquema de uma transmissão automática de quatro velocidades

(b) Tabela de ativação embreagem / freio

Marcha	Ativação embreagem / freio				
	C_1	C_2	B_1	B_2	B_3
Primeira	x		x		
Segunda	x			x	
Terceira	x				x
Quarta	x	x			
Ré		x	x		

FIGURA 9-47

Esquema da transmissão automática da Figura 9-45. *Adaptada da referência* [6].

A Figura 9-47a mostra o esquema da mesma transmissão da Figura 9-45. Seus três estágios epicicloidais, duas embreagens (C_1, C_2) e três freios de lona (B_1, B_2, B_3) estão representados. A Figura 9-47b mostra a tabela de ativação das combinações de freio/embreagem para cada razão de velocidades dessa transmissão.[6]

Um exemplo histórico e muito interessante de uma transmissão epicicloidal em uma caixa de transmissão manual é a transmissão do Modelo T da Ford, descrito e à mostra na Figura 9-48. Mais de 9 milhões foram produzidos de 1909 a 1927, antes da invenção da engrenagem sincronizada mostrada na Figura 9-44. As transmissões convencionais (composta-reversa), como as utilizadas em outros automóveis da época (e na década de 1930), foram maldosamente apelidadas de "caixa de batida", nome descritivo do barulho feito quando se mudava as

A entrada do motor é o braço 2.
A engrenagem 6 é rigidamente presa ao eixo de saída que aciona as rodas.
As engrenagens 3, 4 e 5 giram na mesma velocidade.

Existem duas velocidades à frente.
A baixa (1:2,75) é selecionada engatando o freio de lona B_2 para travar a engrenagem 7 à referência. A embreagem C é desengatada.

A alta (1:1) é selecionada acoplando-se a embreagem C, que trava o eixo de entrada diretamente ao eixo de saída.

A ré (1:−4) é obtida engatando o freio de lona B_1 para travar a engrenagem 8 à referência. A embreagem C é desengatada.

$N_3 = 27$, $N_6 = 27$
$N_4 = 33$, $N_7 = 21$
$N_5 = 24$, $N_8 = 30$

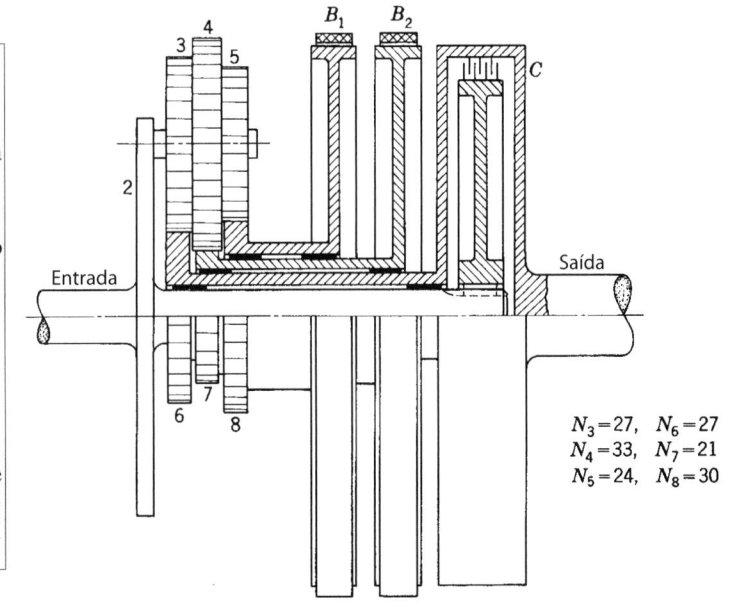

FIGURA 9-48

Transmissão epicicloidal do Modelo T da Ford. *Retirado de R.M. Phelan. Fundamentals of mechanical design. 3. ed. NY: McGraw-Hill, 1970.*

Eixo de saída

Eixo de entrada

Polia de largura variável

Correia segmentada em V de aço

Polia de largura variável

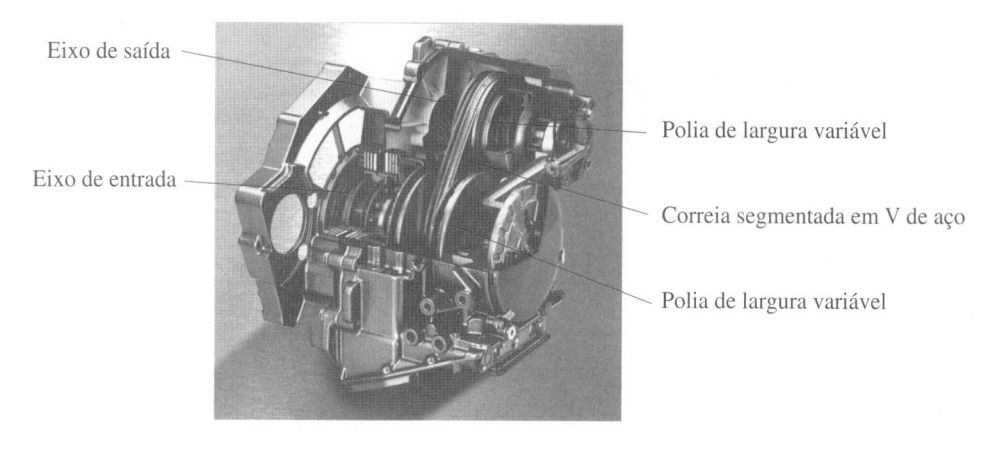

FIGURA 9-49

Transmissão continuamente variável (CVT). *Cortesia de ZF Getriebe GmbH, Saabrucken, Alemanha.*

engrenagens sem sincronizadores para dentro e fora do engrenamento. Henry Ford teve uma ideia melhor. As engrenagens de seu Modelo T estavam encaixadas continuamente. As duas velocidades à frente e uma ré foram alcançadas graças ao engrenamento/desengrenamento das embreagens e dos freios de lona em diferentes combinações via pedais. Isso forneceu entradas secundárias à transmissão epicicloidal, a qual, como no paradoxo de Ferguson, gerou saídas bidirecionais, sem nenhuma "batida" de dentes das engrenagens. Esta transmissão Modelo T é a precursora para todas as transmissões automáticas mais modernas que substituem os pedais T por operações hidráulicas automatizadas dos freios e das embreagens.*

TRANSMISSÃO CONTINUAMENTE VARIÁVEL (CVT) Uma transmissão que não possui engrenagens, a CVT utiliza duas polias ou roldanas que ajustam suas larguras axiais simultaneamente em direções opostas para mudar a razão da correia que gira nas polias. Este conceito está presente há mais de um século e, na realidade, foi usado em alguns automóveis antigos como acionamento final e transmissão combinados. A CVT está encontrando aplicações renovadas no século 21 na busca de um maior rendimento em veículos. A Figura 9-49 mostra um motor CVT comercial que usa correia segmentada em V feita em aço que atravessa as polias de largura variável. Para mudar a razão de transmissão, a largura de uma polia aumenta e a da outra polia diminui em harmonia, de forma que o raio primitivo equivalente forneça a relação desejada. Assim, ela tem uma infinidade de relações de transmissão possíveis, variando continuamente entre dois limites. A razão é ajustável enquanto estiver com pouca carga. A CVT mostrada é projetada e controlada por computador para manter o motor do veículo sempre em rotação essencialmente constante com uma rpm que forneça a melhor economia de combustível, indiferentemente da velocidade do veículo. Projetos similares de CVTs que usam correias de borracha convencionais têm sido amplamente utilizados em máquinas de baixa potência, como sopradores de neve e cortadores de grama.

9.12 DIFERENCIAIS

Um diferencial é o dispositivo que permite uma diferença de velocidade (e deslocamento) entre dois elementos. Isto requer um mecanismo com dois graus de liberdade, como uma transmissão epicicloidal. Talvez a aplicação mais comum de diferenciais seja em mecanismos

---

* Frederick Lanchester, um pioneiro automotivo, de fato inventou a transmissão manual de combinação epicicloidal e a patenteou na Inglaterra em 1898, bem antes de Ford fabricar o Modelo T (de 1909 a 1927) aos milhões e enriquecer. Lanchester morreu pobre.

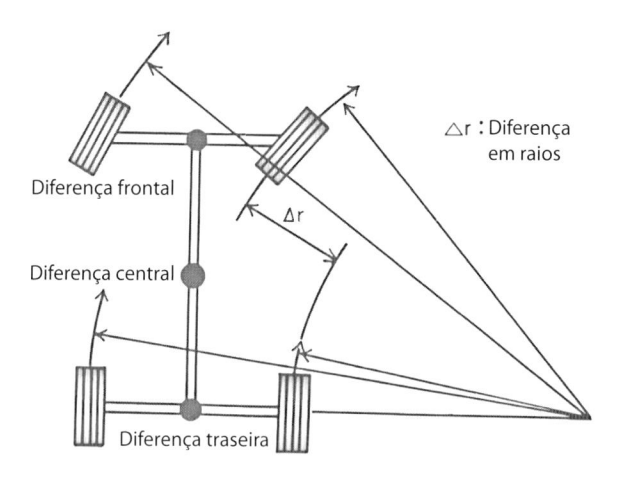

FIGURA 9-50

Comportamento de um veículo de quatro rodas virando. *Cortesia de Tochigi Fuji Sangyo, Japão.*

finais de direção de veículos terrestres com rodas, como mostrado na Figura P9-3. Quando um veículo de quatro rodas vira, as rodas externas à curva devem percorrer um trecho maior do que as rodas internas, devido aos seus diferentes raios, como mostrado na Figura 9-50. Sem um mecanismo diferencial entre as rodas internas e externas à curva, os pneus devem deslizar na superfície da estrada para que o veículo gire. Se as rodas tiverem uma boa tração, uma transmissão de direção não diferencial tende a ir em linha reta sempre e irá lutar contra o motorista nas curvas. Em um veículo que possua "four-wheel-drive"* (4WD) ou tração integral, o tempo todo (algumas vezes chamado de "all wheel drive" ou AWD), necessita-se de um diferencial adicional entre as rodas dianteiras e traseiras para permitir que a velocidade das rodas em cada extremidade do veículo varie proporcionalmente à tração desenvolvida nas rodas sob condições de deslizamento. A Figura 9-51 mostra um chassi automotivo AWD com seus três diferenciais. Neste exemplo, o diferencial central é acoplado à transmissão e ao diferencial dianteiro, mas está essencialmente no eixo de transmissão entre as rodas dianteiras e traseiras, como mostrado na Figura 9-50. Os diferenciais são feitos com vários tipos de engrenagens. Para aplicações no eixo traseiro, são comumente utilizadas engrenagens epicicloidais de ângulo oblíquo, como mostrado na Figura 9-52a e na Figura P9-3 na seção Problemas. Para diferenciais dianteiros e centrais, são utilizadas frequentemente engrenagens helicoidais ou de dentes retos, como nas figuras 9-52b e 9-52c.

Uma transmissão epicicloidal usada como diferencial tem uma entrada e duas saídas. Tomando o diferencial traseiro de um automóvel como exemplo, sua entrada vem do eixo de transmissão e suas saídas são as rodas esquerda e direita. As duas saídas são conjugadas à estrada por meio das forças de tração (fricção) entre pneus e pavimento. A velocidade relativa entre cada roda pode variar de zero, quando os pneus têm trações iguais e o carro não está virando, até o dobro da velocidade de entrada da transmissão epicicloidal, quando uma roda está no gelo e a outra tem tração. Os diferenciais traseiros ou dianteiros dividem o torque igualmente entre as duas rodas de saída. Desde que a potência é produto de torque e velocidade angular, e a potência de saída não pode exceder a potência de entrada, a potência é dividida entre as rodas de acordo com suas velocidades. Ao viajar em linha reta (ambas as rodas tendo tração), metade da potência vai para cada roda. Quando o carro vira, a roda mais rápida demanda mais potência e a mais lenta menos potência. Quando uma roda perde tração (como no gelo), ela obtém *toda* a potência (50% torque × 200% velocidade), e a roda com tração

* Os dispositivos 4WD que não sejam integrais são comuns em caminhões e diferem do AWD nisso, não possuem o diferencial central, fazendo com que sejam úteis somente quando a rodovia é escorregadia. Qualquer diferença na velocidade de rotação entre as rodas traseiras e dianteiras é compensada pelo deslizamento do pneu. Em pavimentos secos, um veículo sem tração integral não terá controle completo e pode ser perigoso. Ao contrário dos veículos AWD, que estão sempre engatados, veículos sem tração integral normalmente operam em 2WD e requerem atuação do motorista para obter o efeito 4WD. Os fabricantes alertam contra a troca para 4WD, a menos que a tração seja pobre.

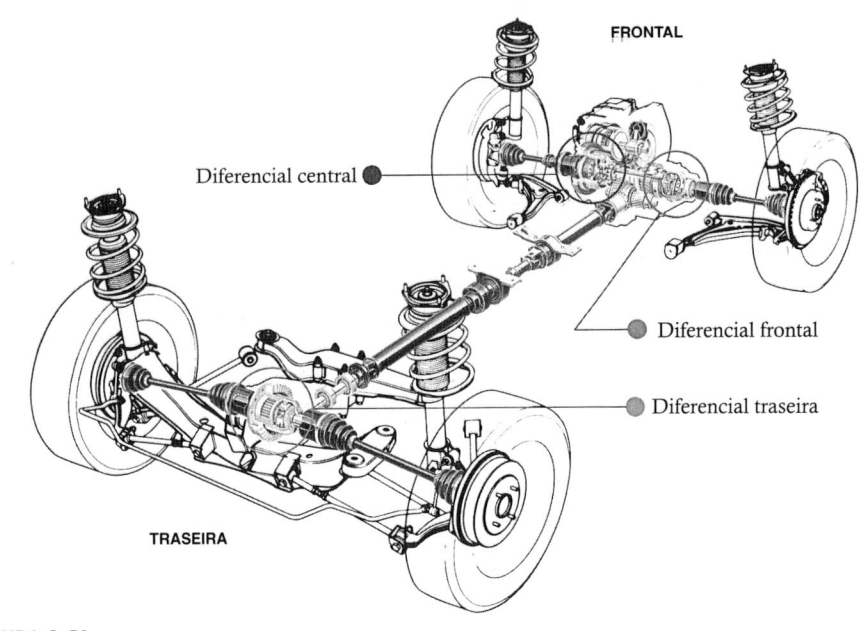

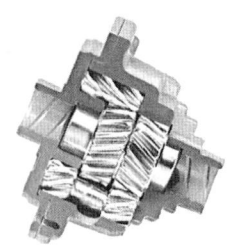

FIGURA 9-51

Um chassi e uma transmissão de direção "all-wheel-drive" (AWD) – tração integral. *Cortesia de Tochigi Fuji Sangyo, Japão.*

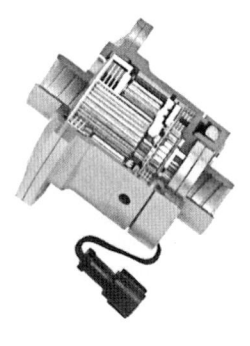

FIGURA 9-52

Diferenciais. *Cortesia de Tachigi Fuji, Sangyo, Japão.*

consome potência zero (50% torque × 0% velocidade). Isso explica porque o 4WD ou AWD é necessário em condições escorregadias. No AWD, o diferencial central divide o torque entre a dianteira e a traseira em alguma proporção. Se uma extremidade do carro perder tração, a outra ainda será capaz de controlar o carro, desde que ele ainda tenha tração.

DIFERENCIAL COM DESLIZAMENTO LIMITADO Por causa de seu comportamento quando uma roda perde a tração, muitos projetos de diferencial foram criados para limitar o deslizamento entre as duas saídas dentro destas condições. Isso é chamado diferencial com deslizamento limitado e normalmente é munido de um dispositivo de fricção entre as duas engrenagens de saída para transmitir um torque, mas ainda permite deslizamento para virar. Alguns usam fluido entre as engrenagens, e outros usam discos de fricção carregados por molas ou cones, como pode ser visto na Figura 9-52a. Alguns ainda utilizam uma embreagem controlada eletricamente dentro da transmissão epicicloidal para acioná-la por demanda em atividades fora de estrada ("off-road"), como mostrado na Figura 9-52b. O diferencial do tipo TORSEN® (do inglês, "TORque SENsing", sensível ao torque) da Figura 9-53, criado por V. Gleasman, utiliza um conjunto de roscas sem fim cuja resistência ao movimento inverso gera um acoplamento por torque entre as saídas. O ângulo de saída da rosca sem fim determina a porcentagem de torque transmitido através do diferencial. Estes diferenciais são utilizados em vários veículos AWD, incluindo o veículo militar "Humvee" ou "Hummer".

9.13 REFERÊNCIAS

1 **DilPare, A. L.** (1970). "A Computer Algorithm to Design Compound Gear Trains for Arbitrary Ratio." *J. of Eng. for Industry*, **93B**(1), pp. 196-200.

2 **Selfridge, R. G., and D. L. Riddle**. (1978). "Design Algorithms for Compound Gear Train Ratios." ASME Paper: 78-DET-62.

TRANSMISSÕES POR ENGRENAGENS

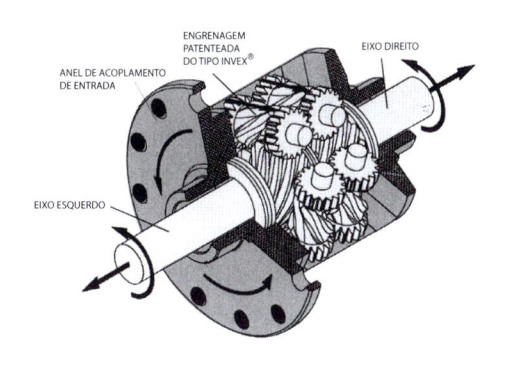

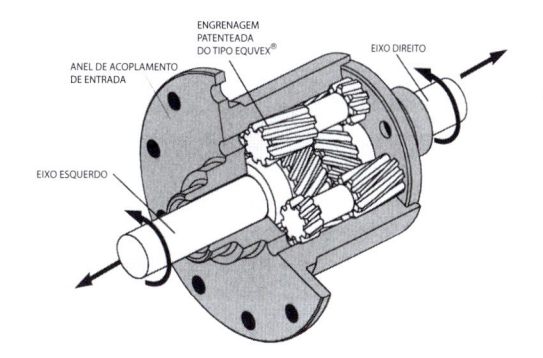

(a) Diferencial TORSEN® tipo 1   (b) Diferencial TORSEN® tipo 2

FIGURA 9-53

Diferenciais do tipo TORSEN®. *Cortesia de Zexel Torsen Inc., Rochester, NY.*

3   **Levai, Z.** (1968). "Structure and Analysis of Planetary Gear Trains." *Journal of Mechanisms*, **3**, pp. 131-148.

4   **Molian, S.** (1982). *Mechanism Design: An Introductory Text.* Cambridge University Press: Cambridge, p. 148.

5   **Auksmann, B., and D. A. Morelli**. (1963). "Simple Planetary-Gear System." ASME Paper: 63-WA-204.

6   **Pennestri, E., et al.** (1993). "A Catalog of Automotive Transmissions with Kinematic and Power Flow Analyses." *Proc. of 3rd Applied Mechanisms and Robotics Conference*, Cincinnati, pp. 57-1.

9.14 BIBLIOGRAFIA

Sites úteis para obter informações sobre engrenagens, correias ou correntes.

http://www.howstuffworks.com/gears.htm

http://www.efunda.com/DesignStandards/gears/gears_introduction.cfm

http://www.oit.doe.gov/bestpractices/pdfs/motor3.pdf

http://www.gates.com/index.cfm

http://www.bostongear.com/

http://www.martinsprocket.com/

9.15 PROBLEMAS

*** 9-1   Uma engrenagem possui 22 dentes normais com módulo de 6 mm. Calcule o diâmetro primitivo, o passo circular, a altura da cabeça (adendo), a altura do pé (dedendo), a espessura do dente e a folga.

** 9-2   Uma engrenagem possui 40 dentes normais com módulo de 3 mm. Calcule o diâmetro primitivo, o passo circular, a altura da cabeça (adendo), a altura de pé (dedendo), a espessura do dente e a folga.

** 9-3   Uma engrenagem possui 30 dentes normais com módulo de 2 mm. Calcule o diâmetro primitivo, o passo circular, a altura da cabeça (adendo), a altura de pé (dedendo), a espessura do dente e a folga.

TABELA P9-0

Matriz de tópicos/problemas

9.2 Lei fundamental do engrenamento
9-4

9.3 Nomenclatura do dente da engrenagem
9-1, 9-2, 9-3

9.4 Interferência e adelgaçamento
9-5

9.6 Tipos de engrenagem
9-23, 9-24

9.7 Transmissões simples por engrenagem
9-6, 9-7, 9-8, 9-9

9.8 Transmissões compostos por engrenagem
9-10, 9-11, 9-12,
9-13, 9-14, 9-15,
9-16, 9-17, 9-18,
9-29, 9-30, 9-31,
9-32, 9-33

9.9 Transmissões por engrenagens planetárias ou epicicloidais
9-25, 9-26, 9-27,
9-28, 9-36, 9-38,
9-39, 9-41, 9-42, 9-43

9.10 Rendimento em transmissões por engrenagem
9-35, 9-37, 9-40

9.11 Transmissões
9-19, 9-20, 9-21,
9-22, 9-34

9-4 Com um barbante, uma fita, um lápis e um copo de água ou uma lata, desenhe uma curva evolvente em um pedaço de papel. Com o seu transferidor, mostre que todas as normais à curva são tangentes à circunferência de base.

*9-5 Um conjunto de engrenagens cilíndricas de dentes retos deve ter diâmetros primitivos iguais a 114 e 306 mm. Qual é o tamanho do maior dente normal, em termos de módulo m, que pode ser utilizado sem que haja interferência ou adelgaçamento? Encontre o número de dentes da fresa caracol e pinhão para este m.
  a. Para um ângulo de pressão de 20°.
  b. Para um ângulo de pressão de 25°.

***9-6 Projete uma transmissão simples por engrenagens cilíndricas de dentes retos para uma razão de −9:1 e módulo 3. Especifique o diâmetro primitivo e número de dentes. Calcule a razão de contato.

***9-7 Projete uma transmissão simples por engrenagens cilíndricas de dentes retos para uma razão de +8:1 e módulo 4. Especifique o diâmetro primitivo e número de dentes. Calcule a razão de contato.

**9-8 Projete uma transmissão simples por engrenagens cilíndricas de dentes retos para uma razão de −7:1 e módulo 3. Especifique o diâmetro primitivo e número de dentes. Calcule a razão de contato.

**9-9 Projete uma transmissão simples por engrenagens cilíndricas de dentes retos para uma razão de +6,5:1 e módulo 5. Especifique o diâmetro primitivo e número de dentes. Calcule a razão de contato.

***9-10 Projete uma transmissão por engrenagens composta cilíndrica de dentes retos para uma razão de −70:1 e módulo 2. Especifique o diâmetro primitivo e número de dentes. Rascunhe a transmissão em escala.

**9-11 Projete uma transmissão por engrenagens composta cilíndrica de dentes retos para uma razão de 50:1 e módulo 3. Especifique o diâmetro primitivo e número de dentes. Rascunhe a transmissão em escala.

***9-12 Projete uma transmissão por engrenagens composta cilíndrica de dentes retos para uma razão de 150:1 e módulo 4. Especifique o diâmetro primitivo e número de dentes. Rascunhe a transmissão em escala.

**9-13 Projete uma transmissão por engrenagens composta cilíndrica de dentes retos para uma razão de −250:1 e módulo 3. Especifique o diâmetro primitivo e número de dentes. Rascunhe a transmissão em escala.

***9-14 Projete uma transmissão de engrenagens composta reversível cilíndrica de dentes retos para uma razão de 30:1 e módulo 2. Especifique o diâmetro primitivo e número de dentes. Rascunhe a transmissão em escala.

**9-15 Projete uma transmissão de engrenagens composta reversível cilíndrica de dentes retos para uma razão de 40:1 e módulo 3. Especifique o diâmetro primitivo e número de dentes. Rascunhe a transmissão em escala.

***9-16 Projete uma transmissão de engrenagens composta reversível cilíndrica de dentes retos para uma razão de 75:1 e módulo 2. Especifique o diâmetro primitivo e número de dentes. Rascunhe a transmissão em escala.

**9-17 Projete uma transmissão de engrenagens composta reversível cilíndrica de dentes retos para uma razão de 7:1 e módulo 6. Especifique o diâmetro primitivo e número de dentes. Rascunhe a transmissão em escala.

**9-18 Projete uma transmissão composta reversível por engrenagens cilíndricas de dentes retos para uma razão de 12:1 e módulo 4. Especifique o diâmetro primitivo e número de dentes. Rascunhe a transmissão em escala.

***9-19 Projete uma transmissão composta reversível por engrenagens cilíndricas de dentes retos que fornecerá duas razões de transmissão de +3:1 para a frente e −4,5:1 para a ré com módulo 4. Especifique o diâmetro primitivo e número de dentes. Rascunhe a transmissão em escala.

**9-20 Projete uma transmissão composta reversível por engrenagens cilíndricas de dentes retos que fornecerá duas razões de transmissão de +5:1 para a frente e −3,5:1 para a ré com módulo 4. Especifique o diâmetro primitivo e número de dentes. Rascunhe a transmissão em escala.

---

* Respostas no Apêndice F.

** Esses problemas foram resolvidos utilizando programas de resolução de equação como *Mathcad*, *Matlab* ou *TKSolver*.

TRANSMISSÕES POR ENGRENAGENS

FIGURA P9-1
Conjunto de engrenagens planetárias para o Problema 9-25.

*** 9-21 Projete uma transmissão simples por engrenagens cilíndricas de dentes retos que fornecerá três razões de transmissão de +6:1, +3,5:1 para a frente e −4:1 para a ré com módulo 3. Especifique o diâmetro primitivo e número de dentes. Rascunhe a transmissão em escala.

** 9-22 Projete uma transmissão simples por engrenagens cilíndricas de dentes retos que fornecerá três razões de transmissão de +4,5:1, +2,5:1 para a frente e −3,5:1 para a ré com módulo 5. Especifique o diâmetro primitivo e número de dentes. Rascunhe a transmissão em escala.

** 9-23 Projete cones de rolamento para uma razão de −3:1 e ângulo incluso igual a 60° entre os eixos. Rascunhe a transmissão em escala.

** 9-24 Projete cones de rolamento para uma razão de −4,5:1 e ângulo incluso igual a 40° entre os eixos. Rascunhe a transmissão em escala.

*** 9-25 A Figura P9-1 mostra uma transmissão composta por engrenagens planetárias (fora de escala). A Tabela P9-1 fornece dados para o número de dentes da engrenagem e da velocidade de entrada. Para as linhas dadas, encontre as variáveis representadas por pontos de interrogação.

*** 9-26 A Figura P9-2 mostra uma transmissão composta por engrenagens planetárias (fora de escala). A Tabela P9-2 fornece dados para o número de dentes da engrenagem e da velocidade de entrada. Para as linhas dadas, encontre as variáveis representadas por pontos de interrogação.

TABELA P9-1 Dados para o Problema 9-25

Linha	N_2	N_3	N_4	N_5	N_6	ω_2	ω_6	$\omega_{braço}$
a	30	25	45	50	200	?	20	−50
b	30	25	45	50	200	30	?	−90
c	30	25	45	50	200	50	0	?
d	30	25	45	30	160	?	40	−50
e	30	25	45	30	160	50	?	−75
f	30	25	45	30	160	50	0	?

* Respostas no Apêndice F.

** Esses problemas foram resolvidos utilizando programas de resolução de equação como *Mathcad*, *Matlab* ou *TKSolver*.

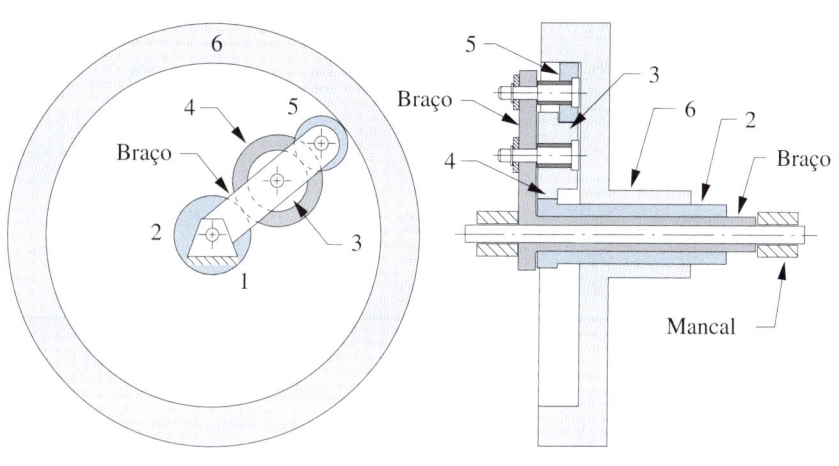

TABELA P9-2		Dados para o Problema 9-26						
Linha	N_2	N_3	N_4	N_5	N_6	ω_2	ω_6	$\omega_{braço}$
a	50	25	45	30	40	?	20	−50
b	30	35	55	40	50	30	?	−90
c	40	20	45	30	35	50	0	?
d	25	45	35	30	50	?	40	−50
e	35	25	55	35	45	30	?	−75
f	30	30	45	40	35	40	0	?

* ** 9-27 A Figura P9-3 mostra uma transmissão de engrenagens planetárias usado em diferenciais automotivos traseiros (fora de escala). O carro tem rodas com raio de 380 mm se movendo para a frente em linha reta a 80 km/h. O motor está girando a 2 000 rpm. A transmissão está engatada diretamente no eixo de transmissão (1:1).

   a. Qual a velocidade, em rpm, das rodas traseiras e a relação de transmissão entre a coroa e o pinhão?
   b. Quando o carro atinge um pavimento de gelo, a roda direita acelera para 800 rpm. Qual a velocidade na roda esquerda? Dica: A média de velocidade, em rpm, de ambas as rodas é constante.
   c. Calcule o valor fundamental da transmissão no estágio epicicloidal.

** 9-28 Projete uma caixa de redução de velocidades planetária que será utilizada para elevar uma carga de 49 -kN a 15 m com um motor que desenvolve um torque igual a 27 -Nm quando opera a 1 750 rpm. O tambor do guincho disponível não tem mais que 400 mm de diâmetro quando está com o cabo de aço todo enrolado. O redutor de velocidade não deve ser maior que o tambor, em diâmetro. É desejável que sejam utilizadas engrenagens com menos de 75

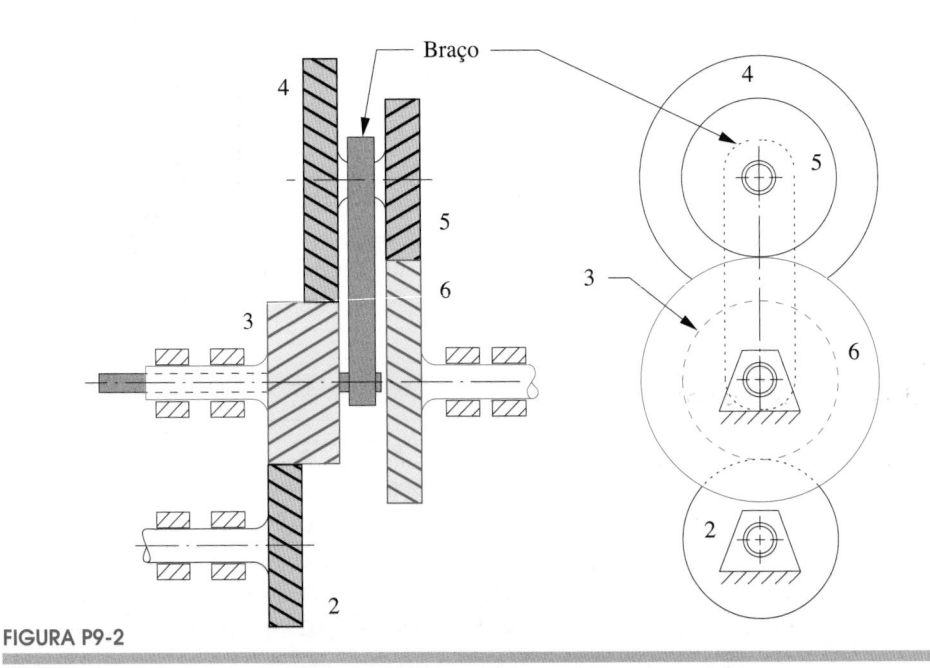

* Respostas no Apêndice F.

** Esses problemas foram resolvidos utilizando programas de resolução de equação como *Mathcad*, *Matlab* ou *TKSolver*.

FIGURA P9-2

Transmissão composta por engrenagens planetárias para o Problema 9-26.

TRANSMISSÕES POR ENGRENAGENS

Eixo de transmissão
Pinhão (2)
Engrenagem anelar (3)
Engrenagem planetária (7)
Engrenagem solar (6)
Eixo direito
Engrenagem solar (4)
Eixo esquerdo
Engrenagem planetária (5)
Suporte da engrenagem planetária (sobre a engrenagem anelar)

FIGURA P9-3
Transmissão de engrenagens planetárias do diferencial automotivo para o Problema 9-27.

dentes, e o módulo precisa ter no mínimo 4 mm para aguentar a tensão. Faça um rascunho com múltiplas vistas do seu projeto e mostre os cálculos. Quanto tempo será necessário para erguer a carga com o seu projeto?

*** 9-29 Determine todas as possíveis combinações de engrenagens compostas de dois estágios que forneçam uma aproximação para a base neperiana 2,71828. Limite o número de dentes entre 18 e 80. Determine o arranjo que fornece o menor erro.

** 9-30 Determine todas as possíveis combinações de engrenagens compostas de dois estágios que forneçam uma aproximação para 2π. Limite o número de dentes entre 15 e 90. Determine o arranjo que fornece o menor erro.

** 9-31 Determine todas as possíveis combinações de engrenagens compostas de dois estágios que forneçam uma aproximação para $\pi/2$. Limite o número de dentes entre 20 e 100. Determine o arranjo que fornece o menor erro.

** 9-32 Determine todas as possíveis combinações de engrenagens compostas de dois estágios que forneçam uma aproximação para $3\pi/2$. Limite o número de dentes entre 20 e 100. Determine o arranjo que fornece o menor erro.

** 9-33 A Figura P9-4a mostra uma transmissão de relógio reversível. Projete-o usando 25° de ângulo nominal de pressão, módulo da engrenagem de 1 mm e contendo entre 12 e 150 dentes. Determine o número de dentes e a distância nominal entre centros. Se a distância entre centros tem uma tolerância de fabricação de ± 0,01 mm, qual será o ângulo de pressão e a folga nos dentes no braço de minuto em cada extremidade da tolerância?

** 9-34 A Figura P9-4b mostra uma transmissão de três velocidades com mudança de marcha. O eixo F, com o agrupamento das engrenagens E, G e H, é capaz de deslizar para a esquerda e para a direita para engatar e desengatar os três conjuntos de engrenagens quando está virando. Projete os três estágios reversíveis para dar velocidades de saída no eixo F de 150, 350 e 550 rpm, para uma velocidade de entrada de 450 rpm no eixo D.

* Respostas no Apêndice F.

** Esses problemas foram resolvidos utilizando programas de resolução de equação como *Mathcad*, *Matlab* ou *TKSolver*.

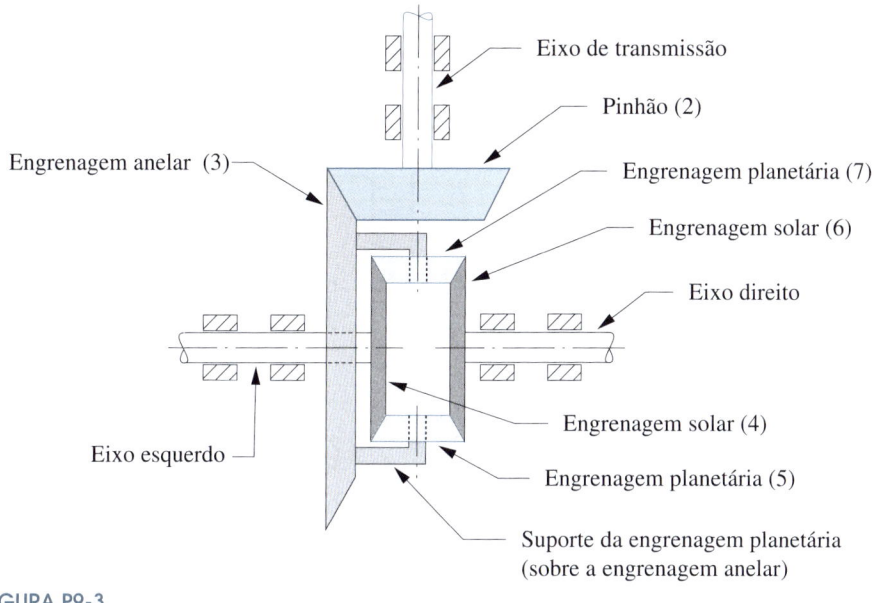

FIGURA P9-4

Problemas 9-33 a 9-34. *Retirados de P. H Hill e W. P. Rule. Mechanisms: analysis and design, 1960, com autorização.*

* Respostas no Apêndice F.

** Esses problemas foram resolvidos utilizando programas de resolução de equação como *Mathcad*, *Matlab* ou *TKSolver*.

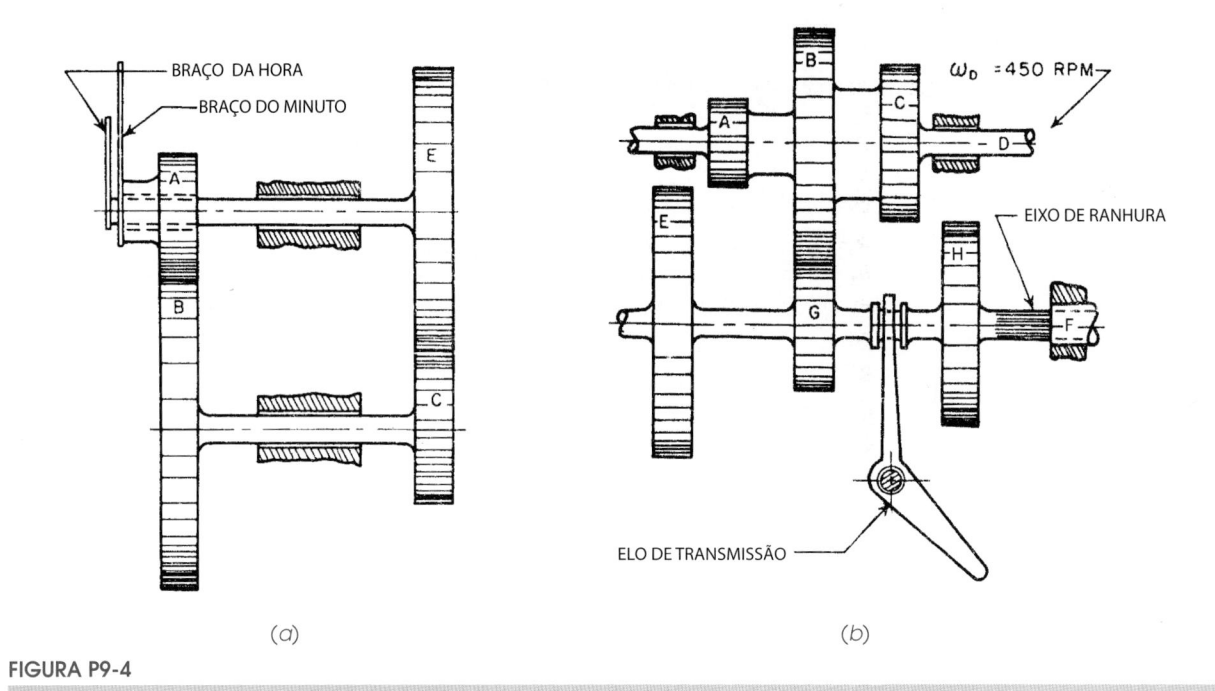

* ** 9-35 A Figura P9-5a mostra uma transmissão composta epicicloidal, com seu respectivo número de dentes, usado para girar um tambor de guincho. A engrenagem A é acionada a 20 rpm em sentido horário e a engrenagem D está fixa ao elemento terra. Encontre a velocidade e o sentido desse tambor. Qual o rendimento da transmissão para o conjunto de engrenagens $E_0 = 0,98$?

** 9-36 A Figura P9-5b mostra uma transmissão composta epicicloidal com seus respectivos números de dentes. O braço é movimentado no sentido anti-horário a 20 rpm. A engrenagem A é movimentada no sentido horário a 40 rpm. Encontre a velocidade da engrenagem anelar D.

* ** 9-37 A Figura P9-6a mostra uma transmissão epicicloidal com seus respectivos números de dentes. O braço é movimentado em sentido horário a 60 rpm, e a engrenagem A no eixo

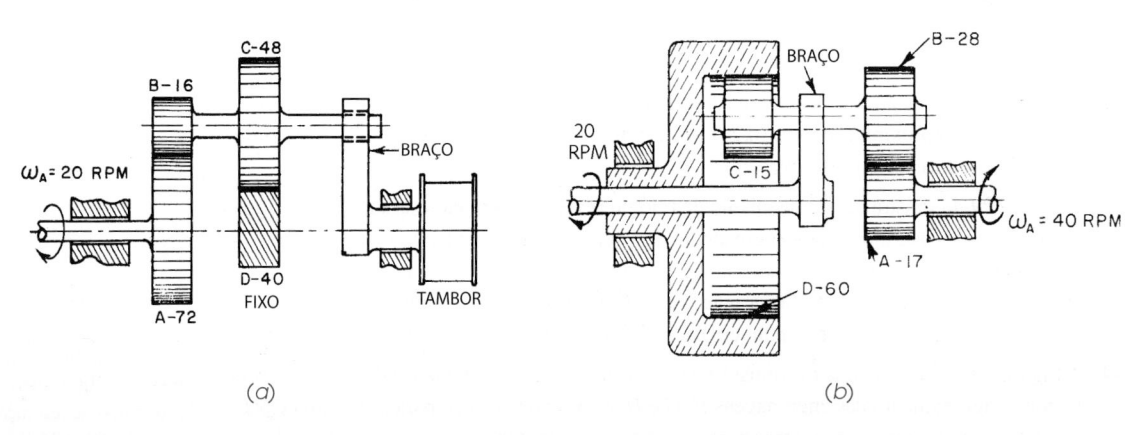

FIGURA P9-5

Problemas 9-35 a 9-36. *Retirados de P. H Hill e W. P. Rule. Mechanisms: analysis and design, 1960, com autorização.*

TRANSMISSÕES POR ENGRENAGENS

(a)

(b)

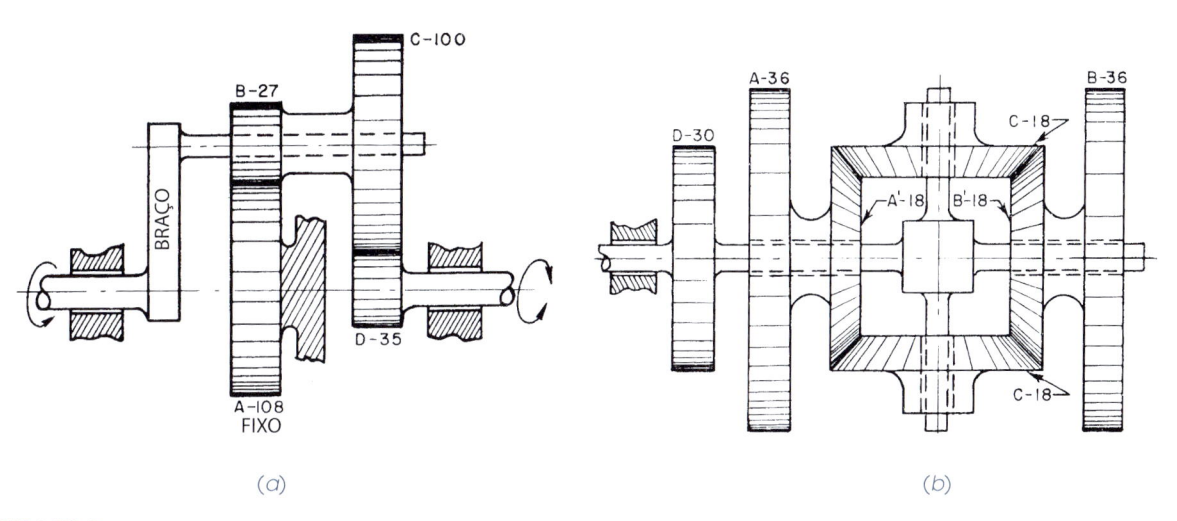

FIGURA P9-6

Problemas 9-37 a 9-38. *Retirados de P. H Hill e W. P. Rule.* Mechanisms: *analysis and design, 1960, com autorização.*

1 é fixa ao elemento terra. Encontre a velocidade da engrenagem *D* no eixo 2. Qual será o rendimento dessa transmissão se as engrenagens tiverem $E_0 = 0,98$?

** 9-38 A Figura P9-6b mostra um diferencial com seus respectivos números de dentes. A engrenagem *A* é movimentada no sentido anti-horário a 10 rpm e a engrenagem *B* é movimentada no sentido horário a 24 rpm. Encontre a velocidade da engrenagem *D*.

* ** 9-39 A Figura P9-7a mostra uma transmissão por engrenagem contendo um estágio reversível composto e um epicicloidal. Números de dentes estão indicados na figura. O motor gira no sentido anti-horário a 1750 rpm. Encontre as velocidades dos eixos 1 e 2.

** 9-40 A Figura P9-7b mostra uma transmissão epicicloidal utilizada para acionar um tambor de guincho. O braço é girado a 250 rpm no sentido anti-horário e a engrenagem *A*, no eixo 2,

(a)

(b)

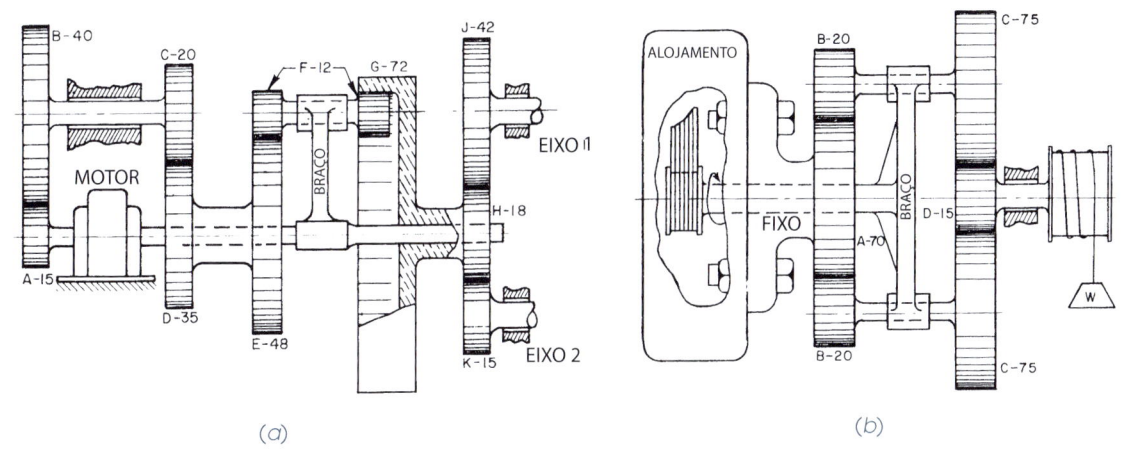

FIGURA P9-7

Problemas 9-39 a 9-40. *Retirados de P. H Hill e W. P. Rule.* Mechanisms: *analysis and design, 1960, com autorização.*

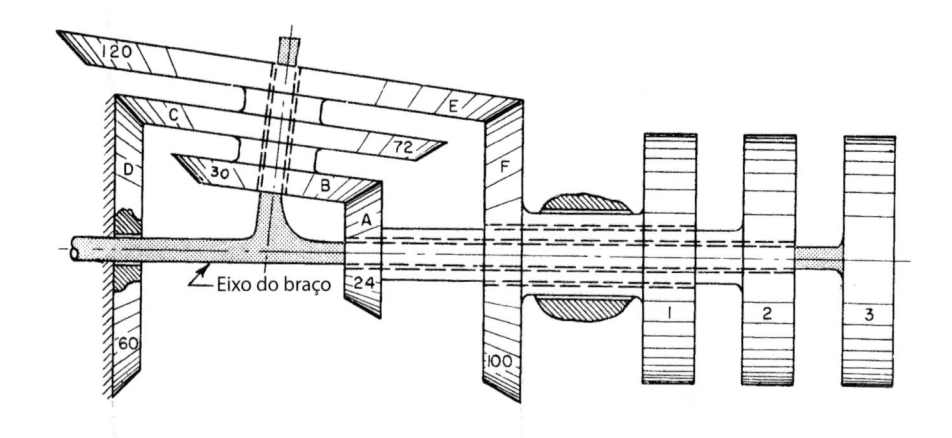

FIGURA P9-8

Problema 9-41. *Retirado de P. H Hill e W. P. Rule.* Mechanisms: *analysis and design, 1960, com autorização.*

** Esses problemas foram resolvidos utilizando programas de resolução de equação como *Mathcad*, *Matlab* ou *TKSolver*.

está fixa ao elemento terra. Encontre a velocidade e o sentido do tambor no eixo 1. Qual o rendimento da transmissão se as engrenagens tiverem $E_0 = 0,98$?

*** 9-41 A Figura P9-8 mostra uma transmissão epicicloidal com seus respectivos números de dentes. A engrenagem 2 é movida a 800 rpm no sentido anti-horário e a engrenagem D é fixa ao elemento terra. Encontre a velocidade e o sentido de giro das engrenagens 1 e 3.

** 9-42 A Figura P9-9 mostra uma transmissão composta epicicloidal. O eixo 1 gira a 300 rpm no sentido anti-horário e a engrenagem A é fixa ao elemento terra. Os números de dentes estão indicados na figura. Determine a velocidade e o sentido do eixo 2.

** 9-43 Calcule as razões na transmissão Modelo T mostrada na Figura 9-48 e prove que os valores mostrados na lateral da figura estão corretos.

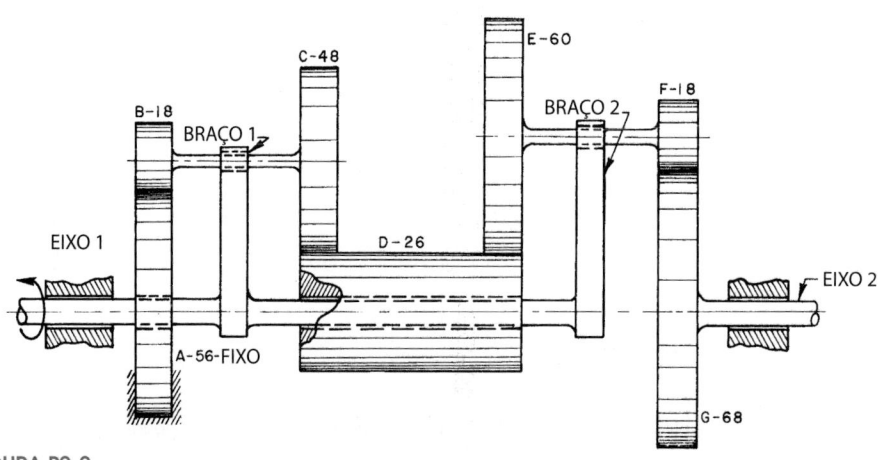

FIGURA P9-9

Problema 9-42. *Retirado de P. H Hill e W. P. Rule.* Mechanisms: *analysis and design, 1960, com autorização.*

O mundo inteiro de maquinários... é inspirado pela tocata de órgãos reprodutores. O projetista anima objetos artificiais por simulação de movimentos de animais engajados na propagação das espécies. Nossas máquinas são Romeus de aço e Julietas de ferro fundido.

COHEN, J. *Human robots in myth and science*. London: Allen & Unwin, 1966, p. 67.

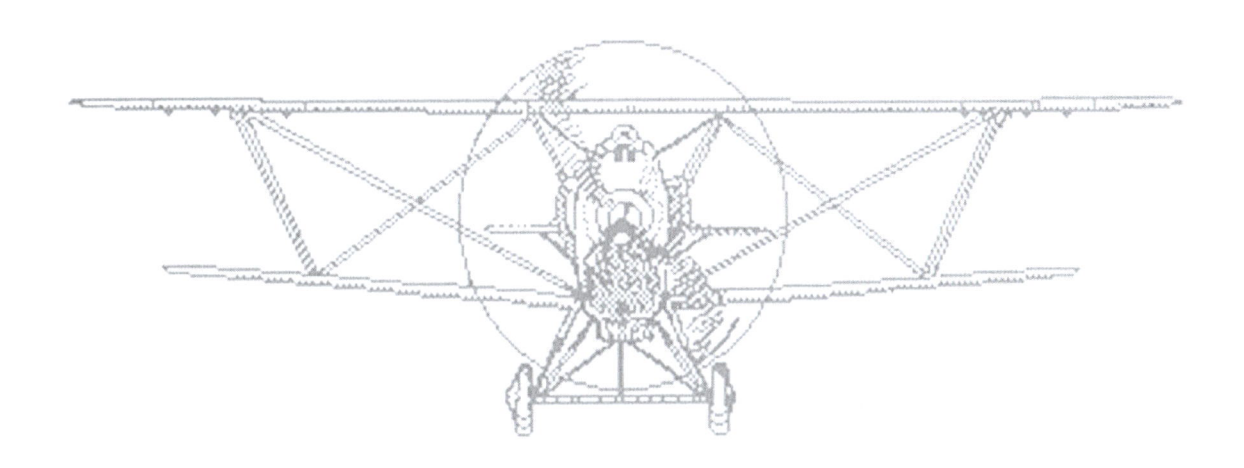

PARTE II

DINÂMICA DE MECANISMOS

Capítulo **10**

FUNDAMENTOS DE DINÂMICA

Aquele que fez um começo tem metade de seu feito pronto.
HORÁCIO, 65-8 a.C.

10.0 INTRODUÇÃO

A Parte I deste texto abordou a **cinemática** dos mecanismos, enquanto ignorou, temporariamente, as forças presentes em tais mecanismos. Esta segunda parte encaminhará o problema de determinação das forças presentes no movimento dos mecanismos e maquinários. Esse tópico é chamado de **cinética** ou **análise da força dinâmica**. Iremos começar com uma rápida revisão de alguns fundamentos necessários para a análise dinâmica. Parte-se do pressuposto de que o leitor já fez um curso introdutório de dinâmica. Se tal tópico estiver "enferrujado", você pode revê-lo por meio da referência[1] ou em qualquer outro texto sobre o assunto.

10.1 LEIS DE NEWTON DO MOVIMENTO

A análise da força dinâmica envolve a aplicação das três **leis de Newton do movimento**, que são:

1 *Um corpo em repouso tende a permanecer em repouso, e um corpo em movimento uniforme tende a permanecer em movimento uniforme, a não ser que seja submetido a uma força externa.*

2 *A taxa de variação do momento linear de um corpo possui magnitude igual à soma das magnitudes das forças que atuam sobre ele e atua na mesma direção e sentido de tal soma vetorial.*

3 *Para cada força ativa, existe uma força de reação de mesma magnitude e direção e em sentido contrário.*

A segunda lei é expressa em termos da taxa de variação do *momento linear*, $\mathbf{M} = m\mathbf{v}$, em que m é a massa do corpo e $\mathbf{v}$ sua velocidade. Assumiremos que m é constante em nossas análises. Assim, a taxa de variação do momento linear $m\mathbf{v}$ é $m\mathbf{a}$, em que $\mathbf{a}$ é a aceleração do centro de massa.

$$\mathbf{F} = m\mathbf{a} \qquad (10.1)$$

F é a resultante de todas as forças do sistema atuantes no centro de massa.

Podemos diferenciar duas classes de problemas de dinâmica, dependendo do número de grandezas conhecidas e de quais são aquelas a ser determinadas. O "**problema de dinâmica direto**" é aquele em que conhecemos tudo sobre as cargas externas (forças e/ou torques) sendo exercidas no sistema e queremos determinar as acelerações, velocidades e possíveis deslocamentos provenientes da aplicação de tais forças e torques. Essa subclasse é típica dos problemas que você provavelmente encontrou em um curso introdutório de dinâmica, por exemplo, determinar a aceleração de um bloco deslizando para baixo sobre um plano, sob a atuação da força da gravidade. Dados **F** e m, solucionamos o problema para **a**.

A segunda subclasse de problemas de dinâmica é chamada de "**problema de dinâmica inverso**", que é aquele em que conhecemos as (desejadas) acelerações, velocidades e deslocamentos impostos em nosso sistema e desejamos resolvê-los a fim de determinar as magnitudes, direções e sentidos das forças que são necessárias para fornecer os movimentos desejados e o que resulta deles. Esse caso de dinâmica invertida é algumas vezes chamado de **cinetostática**. Dados **a** e m, solucionamos o problema para **F**.

Qualquer que seja a subclasse de problema referida, é importante perceber que são sempre problemas de dinâmica. Cada um deles meramente resolve $\mathbf{F} = m\mathbf{a}$ para variáveis diferentes. Para tal, precisamos, primeiro, rever alguns fundamentos geométricos e propriedades da massa necessários para os cálculos.

10.2 MODELOS DINÂMICOS

É geralmente conveniente na análise dinâmica criar modelos simplificados de peças complicadas. Esses modelos são, às vezes, considerados como conjunto de pontos de massas conectados por uma barra de massa desprezível. Para um modelo de um corpo rígido ser dinamicamente equivalente ao corpo original, três situações devem ser verdadeiras:

1 *A massa do modelo deve ser igual à massa do corpo original.*

2 *O centro de gravidade deve estar na mesma posição do centro de gravidade do corpo original.*

3 *O momento de inércia de massa deve ser igual ao do corpo original.*

10.3 MASSA

Massa não é peso! Massa é uma propriedade invariável de um corpo rígido. O peso de um mesmo corpo varia dependendo do sistema gravitacional a que está submetido. Ver a Seção 1.10 para observar a discussão do uso apropriado das unidades de massa. Assumiremos que a massa das peças usadas aqui será constante no tempo. Para muitas máquinas sujeitas às condições terrestres, isso é razoável. A taxa em que o carro perde massa durante o consumo de combustível, por exemplo, é lenta o suficiente para podermos ignorá-la quando calcularmos esforços dinâmicos em curtos intervalos de tempo. No entanto, isso não será uma suposição segura para um veículo como o ônibus espacial, cuja massa varia rápida e drasticamente durante sua decolagem.

Quando projetamos máquinas, devemos primeiro fazer uma análise cinemática completa do nosso projeto, como descrito na Parte I deste texto, a fim de obter informações sobre as acelerações das peças móveis. Posteriormente, precisamos usar a segunda lei de Newton para calcular as forças dinâmicas. Para tanto, devemos saber as massas de todas as peças móveis que possuem tais acelerações. Essas peças ainda não existem! Assim como em qualquer problema de projeto, não possuímos informações suficientes nesse estágio de projeto para determinar precisamente o melhor tamanho e formas das peças. Devemos estimar as massas dos elos e outras peças do projeto a fim de dar o primeiro passo no cálculo. A seguir, teremos de iterar para soluções cada vez melhores, à medida que geramos mais informações. Ver Seção 1.5 no processo de projeto para rever o uso das iterações no projeto.

Uma primeira estimativa das massas das peças do mecanismo do projeto pode ser obtida assumindo algumas formas e tamanhos razoáveis e escolhendo materiais apropriados. Então, calcula-se o volume de cada peça e multiplica-se o volume pela **massa específica** do material (não o peso específico) para obter uma primeira aproximação da sua massa. Esse valor de massa pode ser, assim, usado na equação de Newton. A densidade de alguns materiais comuns de engenharia pode ser encontrada no Apêndice B.

Como saberemos se o tamanho e as formas dos elos escolhidos são tanto aceitáveis quanto otimizados individualmente? Infelizmente, não saberemos até prosseguirmos com os cálculos através de uma análise completa de tensão e deflexão das peças. Em geral, especialmente no caso de elementos estreitos e longos como eixos e elos delgados cujas deflexões de suas peças sob ação de cargas dinâmicas limitarão o projeto até para pequenos níveis de tensão. Em alguns casos as tensões serão excessivas.

Provavelmente iremos descobrir que as peças falham diante de esforços dinâmicos. Assim, teremos de retornar às nossas suposições iniciais de formas, dimensões e materiais de tais peças, reprojetá-las e repetir as análises de forças, tensão e deflexão. Projetar é, inevitavelmente, um **processo iterativo**.

O tópico de análise de tensão e deflexão está além do âmbito deste texto, e não será mais discutido aqui (ver Referência [2]). Esse tópico é mencionado apenas para colocar nossa discussão de análise da força dinâmica dentro do contexto. Estamos analisando essas forças dinâmicas principalmente para proporcionar as informações necessárias para fazer a análise de tensão e deflexão em nossas peças! Também vale observar que, ao contrário de uma situação de força estática na qual um projeto falho pode ser corrigido adicionando-se mais massa à peça para torná-la mais resistente, fazer isso em uma situação de forças dinâmicas pode apresentar um efeito deletério. Mais massa com a mesma aceleração gerará tanto maiores forças como maiores tensões! O projetista de máquinas geralmente precisa remover massa (em lugares corretos) das peças a fim de reduzir as tensões e deflexões devidas a $\mathbf{F} = m\mathbf{a}$. Assim, o projetista precisa ter um bom conhecimento em propriedade de materiais e em análise de tensão e deflexão das formas apropriadas e dimensões das peças para uma mínima massa, enquanto maximiza a resistência e rigidez necessárias para suportar as forças dinâmicas.

10.4 MOMENTO DE MASSA E CENTRO DE GRAVIDADE

Quando a massa de um objeto é distribuída ao longo de sua dimensão, este possuirá um momento com relação a qualquer eixo de escolha. A Figura 10-1 mostra a massa de um perfil em um sistema de coordenadas *xyz*. Um elemento infinitesimal de massa também é mostrado. O **momento de massa (primeiro momento de massa)** do elemento infinitesimal é igual ao **produto de sua massa pela sua distância** do eixo de interesse. Quanto aos eixos *x*, *y* e *z*, são eles:

$$dM_x = x\,dm \qquad (10.2a)$$

$$dM_y = y\,dm \qquad (10.2b)$$

$$dM_z = z\,dm \qquad (10.2c)$$

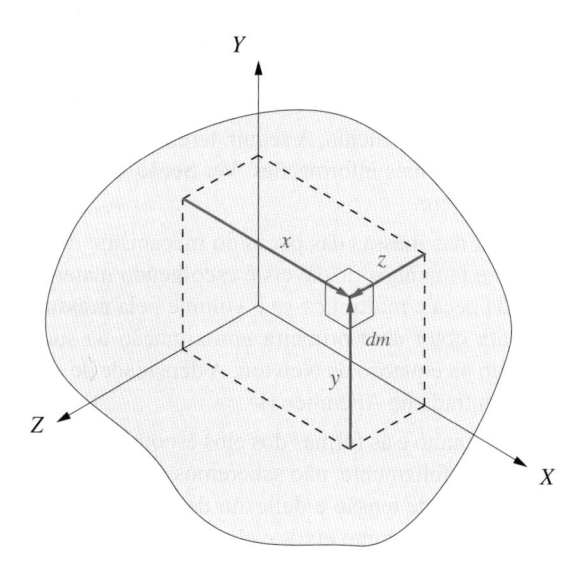

FIGURA 10-1

Um elemento generalizado de massa em um sistema de coordenadas 3-D.

Para obter o momento de massa do corpo como um todo, integramos cada uma das expressões.

$$M_x = \int x\,dm \tag{10.3a}$$

$$M_y = \int y\,dm \tag{10.3b}$$

$$M_z = \int z\,dm \tag{10.3c}$$

Se o momento de massa que faz referência a um eixo em particular for numericamente igual a zero, então esse eixo passa através do **centro de massa** (**CM**) do objeto, o qual, em sistemas sujeitos às condições terrestres, é coincidente com o **centro de gravidade** (**CG**). Por definição, a soma dos primeiros momentos de massa de todos os eixos através do centro de gravidade é zero. Teremos de localizar o CG de todos os corpos em movimento dos nossos projetos, pois a componente linear da aceleração de cada corpo é calculada agindo em tal ponto.

É geralmente conveniente modelar um perfil complicado em vários perfis simples interligados cujas geometrias individuais permitam um processamento de suas massas e da localização de seus CGs. O CG global pode ser encontrado pela soma dos momentos primários desses perfis compostos igualados a zero. O Apêndice C contém fórmulas para os volumes e as localizações dos centros de gravidade de alguns perfis comuns.

A Figura 10-2 mostra um modelo simplificado de uma marreta dividida em duas peças cilíndricas, a haste e o martelo (cabeça), os quais têm massas m_h e m_d, respectivamente. Os centros de gravidade individuais das duas peças são l_d e $l_h/2$, respectivamente, com relação ao eixo ZZ. Queremos determinar a localização do centro de gravidade composto da marreta com relação a ZZ. Somando os primeiros momentos de massa de cada componente individual com relação a ZZ e igualando-os ao momento de toda a massa, também em relação a ZZ, temos

FUNDAMENTOS DE DINÂMICA

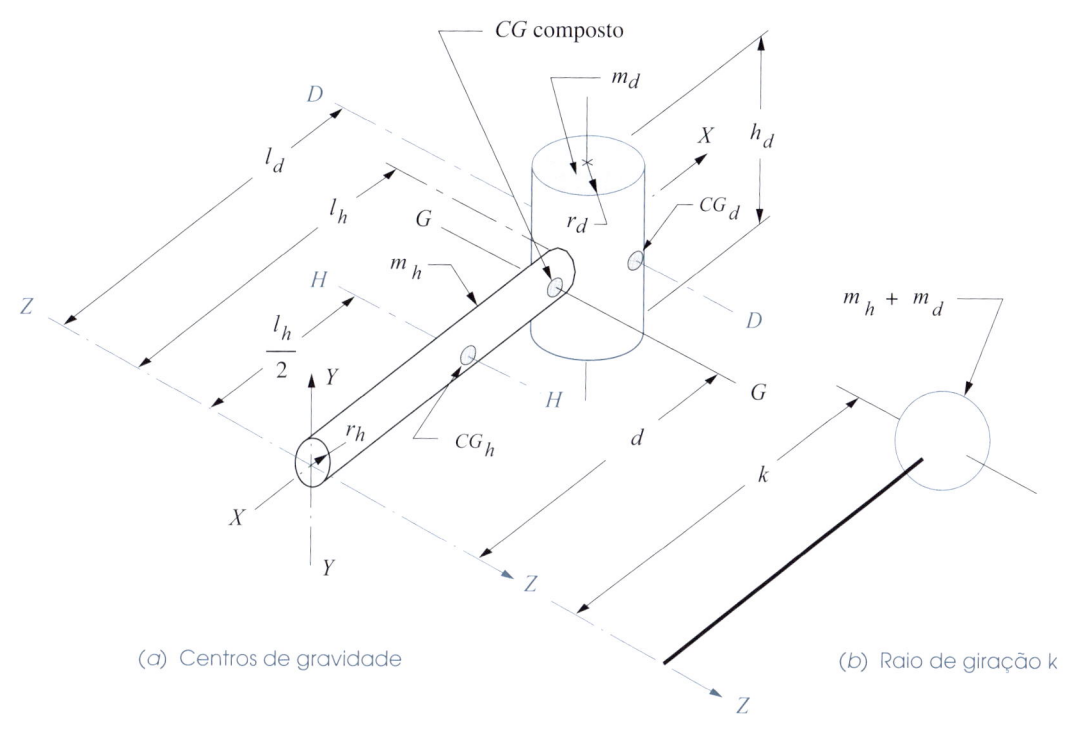

FIGURA 10-2

Modelos dinâmicos, centros de gravidade compostos e raio de giração de uma marreta.

$$\sum M_{ZZ} = m_h \frac{l_h}{2} + m_d l_d = (m_h + m_d)d \qquad (10.3d)$$

Essa equação pode ser resolvida para a distância d ao longo do eixo X, o qual, neste exemplo simétrico, é a única dimensão do CG composto não perceptível por inspeção. As componentes y e z do CG composto são ambas nulas.

$$d = \frac{m_h \frac{l_h}{2} + m_d l_d}{(m_h + m_d)} \qquad (10.3e)$$

10.5 MOMENTO DE INÉRCIA DE MASSA (SEGUNDO MOMENTO DE INÉRCIA)

A lei de Newton aplica-se tanto aos sistemas em rotação quanto àqueles em translação. A segunda lei de Newton aplicada aos sistemas em rotação é

$$\mathbf{T} = I\alpha \qquad (10.4)$$

em que $\mathbf{T}$ é o torque resultante em torno do centro de massa, α é a aceleração angular e I é o momento de inércia de massa em torno do eixo que passa no centro de massa.

O momento de inércia de massa é referido a algum dos eixos de rotação, geralmente um passante pelo CG. Ver novamente a Figura 10-1, que mostra a massa de um perfil genérico e um sistema de coordenadas *XYZ*. Um elemento diferencial de massa também é mostrado. O **momento de inércia de massa** do elemento diferencial é igual ao **produto da sua massa pelo quadrado da distância** em relação ao eixo de interesse. Em relação aos eixos *X*, *Y* e *Z*, são eles:

$$dI_x = r_x^2 dm = (y^2 + z^2)dm \qquad (10.5a)$$

$$dI_y = r_y^2 dm = (x^2 + z^2)dm \qquad (10.5b)$$

$$dI_z = r_z^2 dm = (x^2 + y^2)dm \qquad (10.5c)$$

O expoente 2 nos termos do raio dá a esta propriedade outro nome pelo qual é conhecida: **segundo momento de massa**. Para obter os momentos de inércia de massa de todo o corpo integramos as equações acima.

$$I_x = \int (y^2 + z^2)dm \qquad (10.6a)$$

$$I_y = \int (x^2 + z^2)dm \qquad (10.6b)$$

$$I_z = \int (x^2 + y^2)dm \qquad (10.6c)$$

Enquanto é razoavelmente intuitivo avaliar o significado físico do primeiro momento de massa, é mais difícil fazer o mesmo para o segundo momento, ou momento de inércia.

Considere a Equação 10.4. Esta afirma que o torque é proporcional à aceleração angular e que a constante de proporcionalidade é esse momento de inércia, *I*. Imagine um martelo comum ou uma marreta, como a descrita na Figura 10-2. A cabeça, feita de aço, tem uma massa maior se comparada com a leve haste de madeira. Quando segurada corretamente na extremidade da haste, o raio até a massa da cabeça é longo. Essa contribuição para o *I* total da marreta é proporcional ao quadrado do raio do eixo de rotação (seu pulso no eixo *ZZ*) até a cabeça. Desse modo, temos um torque consideravelmente maior para girar (e assim uma maior aceleração angular) a marreta quando segurada de forma apropriada do que quando segurada perto da cabeça. Se você fosse uma criança, provavelmente a seguraria perto da cabeça, pois você não teria força suficiente para fornecer a grande quantidade de torque necessária para segurá-la de forma apropriada. Você descobre, também, que é ineficaz martelar um prego segurando o martelo perto da cabeça, porque você é incapaz de armazenar muita **energia cinética** nessa ferramenta. Em um sistema em translação pura, a energia cinética é

$$KE = \frac{1}{2}mv^2 \qquad (10.7a)$$

e, em um sistema em rotação pura, a energia cinética é

$$KE = \frac{1}{2}I\omega^2 \qquad (10.7b)$$

Assim, a energia cinética armazenada na marreta é também proporcional a *I* e a ω^2. Então você pode ver que segurar a marreta perto da cabeça reduz o *I* e diminui a energia disponível para martelar um prego.

Então, o momento de inércia é um indicador da habilidade do corpo de armazenar energia cinética rotacional e também um indicador da quantidade de torque necessária para acelerar, rotacionalmente, o corpo. A não ser que esteja projetando um dispositivo com a finalidade de estocar e transferir uma grande quantidade de energia (prensas de estampagem, martelos mecânicos, martelos trituradores de rochas etc.), você provavelmente desejará minimizar os momentos de inércia das peças girantes. Assim como a massa é uma medida de resistência à aceleração linear, o momento de inércia é uma medida de resistência à aceleração angular. Um grande I irá requerer um grande torque motor e, assim, um motor maior e mais potente para obter a mesma aceleração. Mais tarde, veremos como fazer o momento de inércia trabalhar para nós em máquinas rotativas pelo uso de um volante de inércia com grande I. As unidades do momento de inércia podem ser determinadas fazendo-se um balanço de unidades na Equação 10.4 ou na Equação 10.7 e são mostradas na Tabela 1-4. No **SI** (Sistema Internacional de Unidades), são elas: N-m-s² ou kg-m².

10.6 TEOREMA DOS EIXOS PARALELOS (TEOREMA DA TRANSFERÊNCIA)

O momento de inércia de qualquer corpo referente a qualquer eixo (ZZ) pode ser expresso pela soma dos seus momentos de inércia em relação a um eixo (GG) paralelo a ZZ através de seu CG e do produto da massa pelo quadrado da distância perpendicular entre os dois eixos paralelos.

$$I_{ZZ} = I_{GG} + md^2 \tag{10.8}$$

em que ZZ e GG são eixos paralelos, GG passa pelo CG do corpo ou do conjunto, m é a massa do corpo ou do conjunto e d é a distância perpendicular entre os eixos paralelos. Essa propriedade é muito útil ao calcular o momento de inércia de um perfil complexo que foi desmembrado em um conjunto de simples perfis, como mostrado na Figura 10-2a, a qual representa modelo simplificado de uma marreta. A marreta é separada em duas peças cilíndricas, a haste e a cabeça, as quais possuem massas m_h e m_d, e raios r_h e r_d, respectivamente. As expressões para o momento de inércia de massa de um cilindro com relação ao eixo que passa pelo seu CG podem ser encontradas no Apêndice C e, para a haste com relação ao eixo HH que passa pelo CG, é

$$I_{HH} = \frac{m_h\left(3r_h^2 + l_h^2\right)}{12} \tag{10.9a}$$

e para a cabeça, com relação ao eixo DD passante pelo CG:

$$I_{DD} = \frac{m_d\left(3r_d^2 + h_d^2\right)}{12} \tag{10.9b}$$

Usando o teorema dos eixos paralelos para transferir o momento de inércia para o eixo ZZ no fim da haste:

$$I_{ZZ} = \left[I_{HH} + m_h\left(\frac{l_h}{2}\right)^2\right] + \left[I_{DD} + m_d l_d^2\right] \tag{10.9c}$$

10.7 DETERMINANDO O MOMENTO DE INÉRCIA DE MASSA

Existem diversas maneiras de determinar o momento de inércia de massa de uma peça. Se tal peça estiver no processo de ser projetada, então um método analítico é necessário. Se a peça já existe, então tanto um método analítico quanto experimental podem ser usados.

Métodos analíticos

Enquanto é possível integrar as Equações 10.6 numericamente para uma peça de qualquer formato, o trabalho envolvido para fazê-lo à mão é, em geral, proibitivamente tedioso e demorado. Se uma peça de um perfil complicado pode ser dividida em subpeças que apresentam uma geometria simples, como cilindros, prismas retangulares, esferas etc., assim como feito com a marreta da Figura 10-2, então os momentos de inércia de massa de cada subpeça e em relação aos seus próprios *CGs* podem ser calculados. Cada valor deve ser referido ao eixo de rotação desejado, usando o teorema da transferência (Equação 10.8) e, a seguir, somado para se obter um valor aproximado do momento de inércia do conjunto como um todo em relação ao eixo desejado. As fórmulas dos momentos de inércia de massa de algumas geometrias sólidas simples são mostradas no Apêndice C.

Se um programa de modelagem de sólidos CAD é usado para projetar a geometria da peça, então a tarefa de determinar todas as propriedades de massa é bastante simplificada. Muitos programas CAD calculam a massa e o momento de inércia de massa de uma peça sólida 3-D em relação a qualquer eixo selecionado com boa precisão. Este é, de longe, o método preferido, e é apenas uma das diversas vantagens de usar um programa de modelagem de sólidos CAD para trabalhos de projetos mecânicos.

Métodos experimentais

Se a peça foi projetada e construída, o seu momento de inércia de massa pode ser determinado, aproximadamente, por um simples experimento. Isso requer que se faça a peça oscilar em torno de um eixo (outro sem ser aquele que passa pelo *CG*) paralelo àquele em relação ao qual o momento é desejado e a medição de seu período de oscilação pendular. A Figura 10-3a mostra uma peça (uma biela) suspensa por um pivô de gume em *ZZ* e rotacionada até um pequeno ângulo θ, como mostrado na Figura 10-3b. A sua força-peso *W* age em seu *CG* e possui uma componente *W* sen θ perpendicular ao raio *r* que vai do pivô ao *CG*. Da Equação 10.4

$$\mathbf{T}_{ZZ} = I_{ZZ}\,\alpha \tag{10.10a}$$

substituindo as expressões equivalentes para $\mathbf{T}_{ZZ}$ e α:

$$-(W\operatorname{sen}\theta)r = I_{ZZ}\frac{d^2\theta}{dt^2} \tag{10.10b}$$

em que o sinal negativo é devido ao torque estar em sentido contrário ao do ângulo θ.

Para pequenos valores de θ, sen θ = θ, aproximadamente, assim:

$$-W\theta r = I_{ZZ}\frac{d^2\theta}{dt^2}$$

$$\frac{d^2\theta}{dt^2} = -\frac{Wr}{I_{ZZ}}\theta \tag{10.10c}$$

A Equação 10.10c é uma equação diferencial de segunda ordem com coeficientes constantes que tem uma solução bem conhecida:

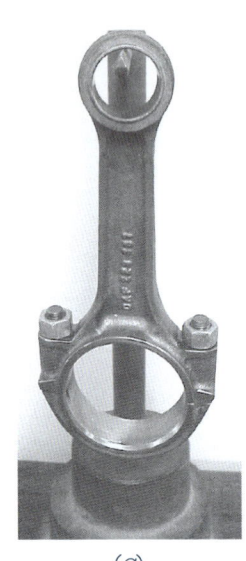

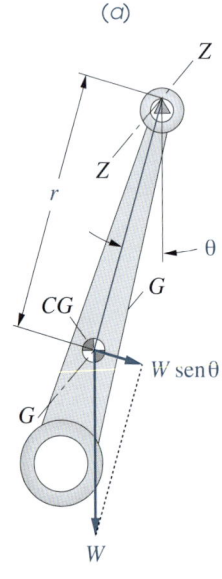

$$\theta = C\left(\operatorname{sen}\sqrt{\frac{Wr}{I_{ZZ}}}t\right) + D\left(\cos\sqrt{\frac{Wr}{I_{ZZ}}}t\right) \tag{10.10d}$$

FIGURA 10-3

Quantificando o momento de inércia.

As constantes de integração C e D podem ser encontradas por meio das condições iniciais definidas no instante em que a peça é liberada para oscilar livremente.

$$\text{para: } t = 0, \quad \theta = \theta_{\text{máx}}, \quad \omega = \frac{d\theta}{dt} = 0; \quad \text{então:} \quad C = 0, \quad D = \theta_{\text{máx}}$$

e:
$$\theta = \theta_{\text{máx}}\left(\cos\sqrt{\frac{Wr}{I_{ZZ}}}t\right) \tag{10.10e}$$

A Equação 10.10e define o movimento da peça como uma cossenoide que completa um ciclo inteiro de período τ segundos quando

$$\sqrt{\frac{Wr}{I_{ZZ}}}\tau = 2\pi \tag{10.10f}$$

O peso da peça é facilmente quantificado. A localização do CG pode ser encontrada equilibrando-se a peça em um apoio em cunha ou suspendendo-a por dois pontos diferentes; qualquer um desses métodos fornece a distância r. O período de oscilação τ pode ser medido por um cronômetro, preferencialmente em um número grande de ciclos para reduzir os erros experimentais. Com esses dados, a Equação 10.10f pode ser solucionada para o momento de inércia de massa I_{ZZ} em torno do pivô ZZ como:

$$I_{ZZ} = Wr\left(\frac{\tau}{2\pi}\right)^2 \tag{10.10g}$$

e o momento de inércia I_{GG} em torno do CG pode ser calculado usando o teorema da transferência (Equação 10.8).

$$I_{ZZ} = I_{GG} + mr^2$$
$$I_{GG} = Wr\left(\frac{\tau}{2\pi}\right)^2 - \frac{W}{g}r^2 \tag{10.10h}$$

10.8 RAIO DE GIRAÇÃO

O **raio de giração** é definido como o raio no qual toda a massa do corpo pode ser concentrada, fazendo com que o modelo resultante tenha o mesmo momento de inércia do corpo original. A massa desse modelo deve ser a mesma da do corpo original. Façamos I_{ZZ} representar o momento de inércia de massa em relação a ZZ pela Equação 10.9c, e m, a massa do corpo original. Pelo teorema dos eixos paralelos, uma massa concentrada m em um raio k terá um momento de inércia

$$I_{ZZ} = mk^2 \tag{10.11a}$$

Já que desejamos que I_{zz} seja igual ao momento de inércia original, o **raio de giração** adequado no qual iremos concentrar a massa m é

$$k = \sqrt{\frac{I_{ZZ}}{m}} \tag{10.11b}$$

Note que esse raio de giração apropriado permite a construção de um modelo dinâmico do sistema mais simples, no qual toda a massa do sistema está concentrada em um "ponto de massa" no fim da haste de massa desprezível e comprimento k. A Figura 10-2b mostra esse modelo da marreta na Figura 10-2a.

Comparando-se a Equação 10.11a com a Equação 10.8, pode-se observar que o raio de giração k será sempre maior que o raio do CG composto do corpo original.

$$I_{GG} + md^2 = I_{ZZ} = mk^2 \qquad \therefore k > d \tag{10.11c}$$

O Apêndice C contém as fórmulas dos momentos de inércia e dos raios de giração de alguns perfis mais comuns.

10.9 MODELANDO ELOS ROTATIVOS

Muitos mecanismos contêm elos que oscilam em rotação pura. Como uma primeira aproximação, é possível modelar esses elos como uma massa concentrada em translação. O erro de fazer tal aproximação será, aceitavelmente, pequeno se o ângulo de rotação também for pequeno. Assim, a diferença entre o comprimento do arco ao longo de um ângulo e sua corda será pequeno.

O objetivo é modelar uma massa distribuída de um elo rotativo como um ponto de massa concentrada posicionado na ligação com seu elo adjacente, conectado em seu pivô por uma haste rígida, porém de massa desprezível. A Figura 10-4 mostra um elo rotacionando em torno do eixo ZZ e seu modelo dinâmico e concentrado. A massa desse ponto concentrado alocado ao elo de raio r deve possuir o mesmo momento de inércia em relação ao pivô ZZ que o elo original. O momento de inércia de massa I_{ZZ} do elo original deve ser conhecido ou estimado. O momento de inércia de um ponto de massa em certo raio pode ser encontrado pelo teorema da transferência. Já que um ponto de massa, por definição, não possui dimensão, o seu momento de inércia I_{GG} em torno de seu centro de massa é zero, e a Equação 10.8 reduz-se para

$$I_{ZZ} = mr^2 \tag{10.12a}$$

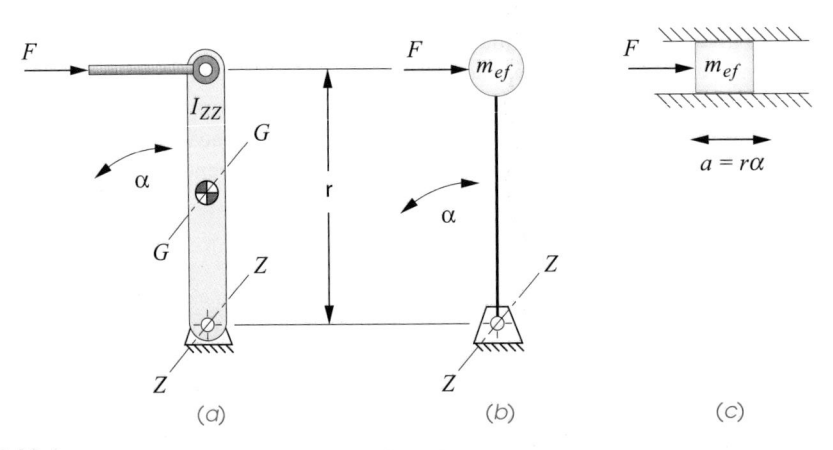

FIGURA 10-4

Modelando um elo rotativo como uma massa em translação.

A massa equivalente m_{ef} a ser posicionada no raio r é, então,

$$m_{ef} = \frac{I_{ZZ}}{r^2} \qquad (10.12b)$$

Para pequenos ângulos de rotação, o elo rotativo pode ser modelado como uma massa m_{ef} em pura translação linear por inclusão em um modelo como o mostrado na Figura 10-11.

10.10 CENTRO DE PERCUSSÃO

O **centro de percussão** é um ponto no corpo que, quando submetido a uma força, terá associado a ele outro ponto chamado **centro de rotação**, no qual haverá uma força de reação nula. Você provavelmente já deve ter experimentado o efeito de "perder o centro de percussão" quando rebateu uma bola de beisebol ou softball com a região errada do taco. O "lugar correto no taco" para se rebater a bola é o centro de percussão associado ao ponto em que suas mãos seguram o taco (o centro de rotação). Acertar a bola em outro ponto que não o centro de percussão resulta em uma força de reação que é transmitida até sua mão. Rebata a bola na região correta e você não sentirá força reativa (ou dor). O centro de percussão é algumas vezes chamado de "região suave" em um taco, raquete de tênis ou tacos de golfe. No caso do nosso exemplo da marreta, o centro de percussão na cabeça corresponde ao centro de rotação próximo ao final da haste, e a haste é geralmente feita para incentivar a segurá-la em tal local.

A explicação para esse fenômeno é relativamente simples. Para fazer o exemplo bidimensional e eliminar os efeitos de atrito, considere um taco de hóquei de massa m deitado no gelo, como mostrado na Figura 10-5a. Aplique um golpe no ponto P com uma força $\mathbf{F}$ perpendicular ao eixo do taco. O taco começará a se locomover sobre o gelo em um movimento plano complexo, com rotação e translação. Tal movimento complexo em qualquer instante pode ser considerado uma superposição de duas componentes: translação pura de seu centro de gravidade G na direção de $\mathbf{F}$ e rotação pura em torno desse ponto G. Crie um sistema de coordenadas fixo centrado em G com o eixo X ao longo do taco na sua posição inicial, como mostrado. A componente translacional da aceleração do CG resultante da força $\mathbf{F}$ é (de acordo com a lei de Newton)

$$A_{G_y} = \frac{F}{m} \qquad (10.13a)$$

e a aceleração angular é

$$\alpha = \frac{T}{I_{GG}} \qquad (10.13b)$$

em que I_{GG} é o momento de inércia de massa em torno da reta GG passando por CG (saindo da folha e na direção do eixo Z). Mas o torque é também

$$T = F l_P \qquad (10.13c)$$

em que l_p é a distância ao longo do eixo X, do ponto G ao ponto P; então,

$$\alpha = \frac{F l_P}{I_{GG}} \qquad (10.13d)$$

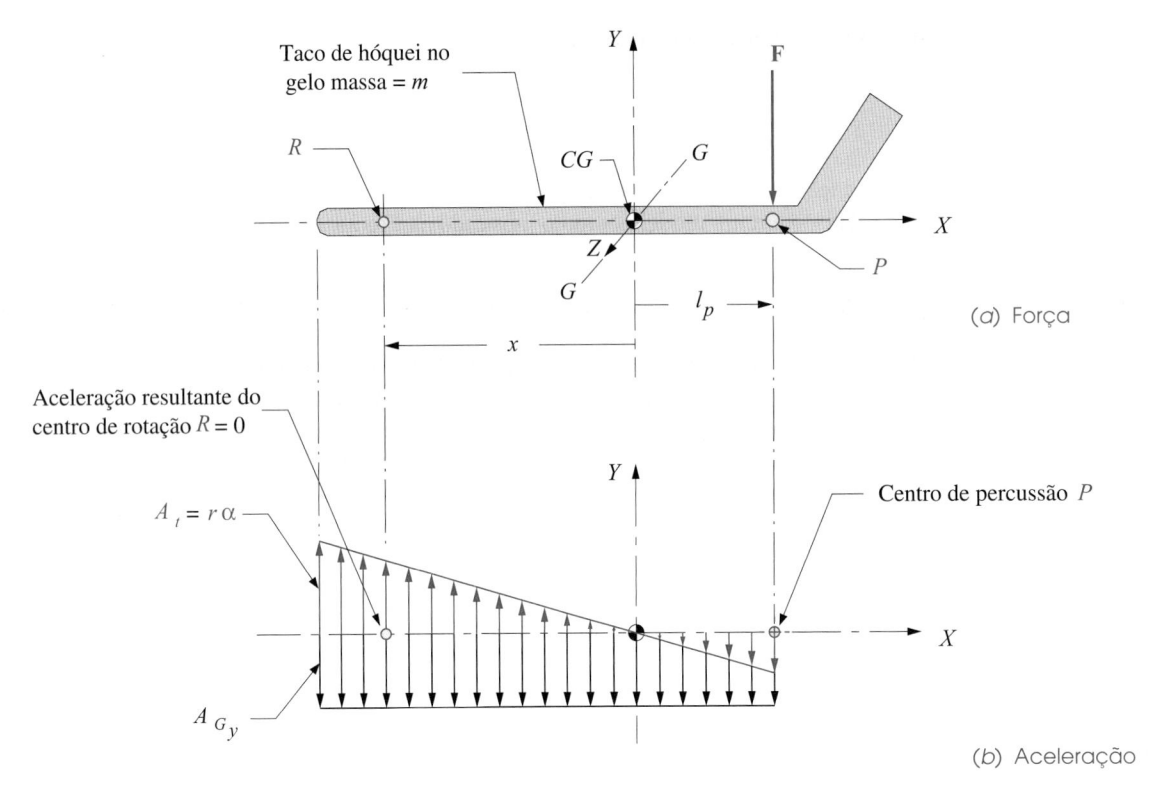

FIGURA 10-5

Centro de percussão e centro de rotação.

A aceleração linear total em qualquer ponto do taco será a soma da aceleração linear A_{G_y} do CG e da componente tangencial ($r\alpha$) da aceleração angular, como mostrado na Figura 10-4b.

$$A_{y_{total}} = A_{G_y} + r\alpha$$
$$= \frac{F}{m} + x\left(\frac{Fl_P}{I_{GG}}\right) \qquad (10.14)$$

em que x é a distância a qualquer ponto no taco. A Equação 10.14 pode ser igualada a zero e resolvida para um valor de x para o qual a componente $r\alpha$ cancela exatamente a componente A_{G_y}. Esse valor será o **centro de rotação**, no qual não haverá aceleração translacional nem, consequentemente, força dinâmica linear. A solução para x quando $A_{y_{total}} = 0$ é:

$$x = -\frac{I_{GG}}{ml_P} \qquad (10.15a)$$

e substituindo a Equação 10.11b

$$x = -\frac{k^2}{l_P} \qquad (10.15b)$$

em que o raio de giração k é calculado com relação à reta GG através do CG.

FUNDAMENTOS DE DINÂMICA

Note que essa relação entre o centro de percussão e o centro de rotação envolve apenas propriedades de massa e geométricas. A magnitude da força aplicada é irrelevante, mas sua localização l_p determina completamente x. Assim, **não** há somente um centro de percussão em um corpo. Na verdade, haverá pares de pontos. Para cada ponto (centro de percussão) onde uma força é aplicada, haverá um centro de rotação correspondente em que a força de reação sentida será nula. Esse centro de rotação não necessita, no entanto, abranger o comprimento físico do corpo. Considere o valor de x previsto pela Equação 10.15b se você arremessar o taco pelo CG.

10.11 MODELOS DINÂMICOS DE MASSA CONCENTRADA

A Figura 10-6a mostra um prato simples, ou came de disco, acionando um seguidor de rolete e carregado por mola. Esse é um sistema unido por força que depende da força da mola para manter o contato do seguidor com o came por todo o tempo. A Figura 10-6b mostra um modelo dinâmico de massa concentrada do sistema no qual toda a **massa** que se move com o trem seguidor está concentrada como m, toda a elasticidade do sistema está concentrada na **constante elástica** k e todo o **amortecimento**, ou resistência, do movimento está concentrado como um coeficiente de amortecimento c. As fontes de massa que contribuem para m são relativamente óbvias. A massa da haste seguidora, do rolete, do pino pivô, e qualquer outra estrutura anexada à montagem em movimento, todas juntas, contribuem para a criação de m. A Figura 10-6c mostra um diagrama de corpo livre do sistema sendo acionado pela força do came F_c, força da mola F_s e força de amortecimento F_d. É claro que haverá também a ação da aceleração vezes a massa no sistema.

Constante elástica

Temos admitido até então que todos os elos e todas as peças são corpos rígidos para realizarmos as análises cinemáticas, mas, para fazer uma análise de forças mais precisa, devemos reconhecer que tais corpos não são verdadeiramente rígidos. A elasticidade no sistema é aceita como linear e assim descrita por uma mola de constante k. A constante elástica é definida como a força por unidade de deflexão.

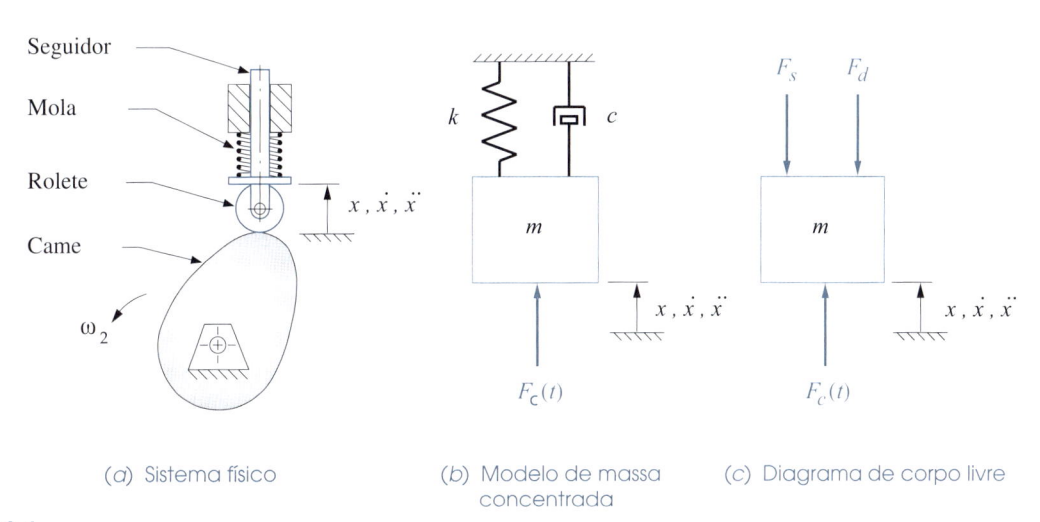

FIGURA 10-6

Modelo dinâmico de massa concentrada, de um grau de liberdade, came seguidor.

(a) Sistema físico (b) Modelo de massa concentrada (c) Diagrama de corpo livre

$$k = \frac{F_s}{x} \qquad (10.16)$$

A constante elástica total do sistema k é uma combinação da constante elástica da mola helicoidal mais as constantes elásticas de todas as peças que são deformadas devido à aplicação das forças envolvidas no sistema. O rolete, o pino e a haste seguidora atuam todos como molas, já que são feitos de materiais elásticos. A constante elástica de cada peça pode ser obtida da equação da sua deformação sob a carga aplicada. Qualquer equação de deformação relaciona força com deformação e pode ser algebricamente rearranjada para expressar a constante elástica. Uma peça individual pode possuir mais de um k se carregada de várias formas, por exemplo, um eixo de came com uma constante elástica na flexão e uma na torção. Discutiremos os procedimentos para combinar essas várias constantes elásticas no sistema em uma constante elástica k equivalente e combinada na próxima seção. Por enquanto, vamos apenas supor que podemos combiná-las para nossa análise e criar um k global para nosso modelo dinâmico de massa concentrada.

Amortecimento

O atrito, mais usualmente denominado **amortecimento**, é, dos três parâmetros, o mais difícil de modelar. Ele precisa ser uma combinação de todos os efeitos de amortecimento encontrados no sistema. Esses podem ocorrer de diversas formas. O **atrito de Coulomb** resulta de duas superfícies secas ou lubrificadas friccionando entre si. As superfícies de contato entre cames e seguidores e entre o seguidor e suas juntas deslizantes podem experimentar o atrito de Coulomb. Este é comumente considerado independente da magnitude da velocidade, mas possui um valor mais alto e diferente quando a velocidade é zero (força de atrito estático F_{st} ou simplesmente *atrito estático*) do que quando há um movimento relativo entre as peças (atrito dinâmico F_d). A Figura 10-7a mostra os gráficos da força de atrito de Coulomb em função da velocidade relativa v nas superfícies de contato. Note que o atrito sempre se opõe ao movimento, assim o atrito muda bruscamente de sinal em $v = 0$. O atrito F_{st} aparece como um bloqueio com valor mais elevado em v nulo do que o valor do atrito dinâmico F_d. Assim, temos um atrito cuja função é **não linear**. Esta apresenta múltiplos valores em zero. Na verdade, em velocidade zero, a força de atrito pode ter qualquer valor entre $-F_{st}$ e $+F_{st}$. Ela será qualquer força necessária para balancear o sistema de forças e criar um equilíbrio. Quando a força aplicada supera F_{st}, o movimento se inicia e a força de atrito repentinamente cai para F_d. Essa queda não linear cria dificuldades em nosso modelo simples, já que queremos descrever nosso sistema com uma equação diferencial linear com soluções conhecidas.

Outras fontes de amortecimento podem estar presentes, além do atrito de Coulomb. O **amortecimento viscoso** resulta do cisalhamento de um fluido (lubrificante) na folga entre as peças móveis e é considerado uma função linear em relação à velocidade relativa, conforme mostrado na Figura 10-7b. O **amortecimento quadrático** resulta do movimento de um objeto através de um meio fluido, como um carro deslocando-se através do ar ou um barco através da água. Esse fator é um contribuidor relativamente desprezível em um amortecimento global de um came seguidor, a não ser que as velocidades sejam muito altas ou o meio fluido seja muito denso. Amortecimento quadrático é uma função do quadrado da velocidade relativa, como mostrado na Figura 10-7c. A relação da força de amortecimento dinâmica F_d como uma função da velocidade relativa para todos esses casos pode ser expressa como

$$F_d = cv|v|^{r-1} \qquad (10.17a)$$

em que c é a constante coeficiente de amortecimento, v é a velocidade relativa e r é uma constante que define o tipo de amortecimento.

Para o amortecimento de Coulomb, $r = 0$ e

$$F_d = \pm c \qquad (10.17b)$$

Para o amortecimento viscoso, $r = 1$ e

$$F_d = cv \qquad (10.17c)$$

Para o amortecimento quadrático, $r = 2$ e

$$F_d = \pm cv^2 \qquad (10.17d)$$

Se combinarmos essas três formas de amortecimento, a soma delas parecerá com as figuras 10-7d e 10-7e. Ela é obviamente uma função não linear. Mas podemos aproximá-la, em pequenas variações da velocidade, como uma função linear com coeficiente angular c, que é, então, um *coeficiente de amortecimento pseudoviscoso*. Isso é mostrado na Figura 10-7f. Embora não seja um método exato de calcular o verdadeiro amortecimento, essa aproximação tem sido considerada satisfatoriamente precisa para uma primeira aproximação durante o processo de projeto. O amortecimento nesses tipos de sistemas mecânicos pode variar consideravelmente de um projeto para outro devido às diferentes geometrias, ângulos de pressão ou de transmis-

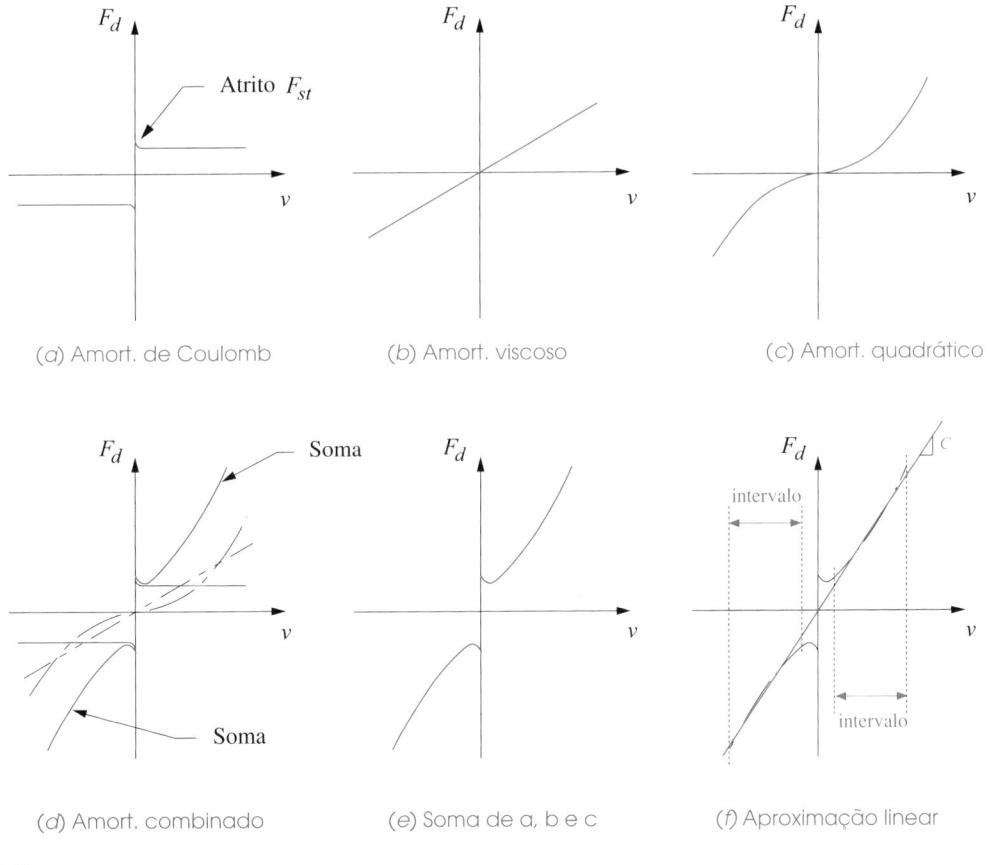

(a) Amort. de Coulomb (b) Amort. viscoso (c) Amort. quadrático

(d) Amort. combinado (e) Soma de a, b e c (f) Aproximação linear

FIGURA 10-7

Modelando o amortecimento.

são, tipos de rolamentos, lubrificantes ou sua ausência etc. É muito difícil prever precisamente o nível de amortecimento (no exemplo, o valor de c) antes da construção e teste do protótipo, o qual é a melhor forma de determinar o coeficiente de amortecimento. Se dispositivos similares já foram construídos e testados, sua história pode fornecer boas previsões. Para o propósito de nossa modelagem dinâmica, admitiremos o *amortecimento pseudoviscoso* e algum valor para c.

10.12 SISTEMAS EQUIVALENTES

Sistemas mais complexos que o mostrado na Figura 10-6 terão múltiplas massas, molas e fontes de amortecimento conectadas juntas, como mostrado na Figura 10-11. Esses modelos podem ser analisados escrevendo as equações dinâmicas para cada subsistema e, assim, simultaneamente resolvendo esse conjunto de equações. Isso permite uma análise de múltiplos graus de liberdade, com um *GDL* para cada subsistema incluso na análise. Koster[3] descobriu, em seus extensos estudos sobre vibrações em mecanismos de came, que um modelo de cinco *GDL* que incluiu os efeitos de ambas as deflexões torcionais e fletoras do eixo de came, a folga nos dentes do pinhão, os efeitos de compressão do lubrificante, o amortecimento não linear de Coulomb e a variação da velocidade motora – fornece uma previsão muito boa da medida real da resposta do seguidor. Porém, também descobriu que um modelo de um único *GDL*, como mostrado na Figura 10-5, forneceu uma razoável simulação do mesmo sistema. Podemos, então, pegar a aproximação mais simples e compactar todos os subsistemas da Figura 10-11 em um único **sistema equivalente** de um *GDL*, como mostrado na Figura 10-6. A combinação de várias molas, amortecedores e massas deve ser feita cuidadosamente para aproximar, apropriadamente, as interações dinâmicas entre cada um dos componentes do sistema.

Há apenas dois tipos de variáveis ativas em qualquer sistema dinâmico. A essas são dados os nomes genéricos *variáveis atuantes* e *variáveis internas*. Esses nomes são descritivos das suas ações no sistema. Uma **variável atuante** *passa através do sistema*. Uma **variável interna** *existe dentro do sistema*. A potência do sistema é o produto das variáveis atuantes e das internas. A Tabela 10-1 lista as variáveis atuantes e internas para vários tipos de sistemas dinâmicos.

Nós geralmente falamos da tensão dentro de um circuito e da corrente fluindo através dele. Também podemos falar da velocidade dentro de um "circuito" mecânico ou sistema e das forças que fluem através dele. Assim como podemos conectar componentes elétricos como resistores, capacitores e indutores, juntos em série ou em paralelo, ou em uma combinação de ambos, para construir um circuito elétrico, também podemos conectar seus análogos mecânicos, amortecedores, molas e massas, juntos em série, paralelos ou ambos, a fim de construir um sistema mecânico. A Tabela 10-2 mostra uma analogia entre três tipos de sistemas físicos. As relações fundamentais entre as variáveis atuantes e internas em sistemas fluidos, mecânicos e elétricos são mostradas na Tabela 10-3.

Reconhecer as conexões em série ou em paralelo entre os elementos em um circuito elétrico é razoavelmente simples, já que suas conexões são bem visíveis. Determinar como elementos mecânicos em um sistema estão interconectados é muito mais difícil, já que suas interconexões são algumas vezes difíceis de visualizar. O teste para conexões em série ou em paralelo é mais bem executado pelo exame das forças e velocidades (ou a integral da velocidade, deslocamento) que existem nos elementos particulares. Se dois elementos têm a mesma força passando através deles, eles estão em série. Se dois elementos têm a mesma velocidade ou deslocamento, estão em paralelo.

FUNDAMENTOS DE DINÂMICA

TABELA 10-1 Variáveis atuantes e internas em um sistema dinâmico

Tipo de sistema	Variáveis atuantes	Variáveis internas	Unidades de potência
Elétrico	Corrente (i)	Tensão (e)	ei = watts
Mecânico	Força (F)	Velocidade (v)	Fv = (pol-lb)/s
Fluido	Vazão (Q)	Pressão (P)	PQ = (pol-lb)/s

TABELA 10-2 Analogias físicas em sistemas dinâmicos

Tipo de sistema	Dissipador de energia	Armazenador de energia	Armazenador de energia
Elétrico	Resistor (R)	Capacitor (C)	Indutor (L)
Mecânico	Amortecedor (c)	Massa (m)	Mola (k)
Fluido	Resistor fluido (R_f)	Acumulador (C_f)	Indutor fluido (L_f)

TABELA 10-3 Relações entre as variáveis nos sistemas dinâmicos

Tipo de sistema	Resistência	Capacitância	Indutância
Elétrico	$i = \dfrac{1}{R} e$	$i = C \dfrac{de}{dt}$	$i = \dfrac{1}{L} \int e\, dt$
Mecânico	$F = c\, v$	$F = m \dfrac{dv}{dt}$	$F = k \int v\, dt$
Fluido	$Q = \dfrac{1}{R_f} P$	$Q = C_f \dfrac{dP}{dt}$	$Q = \dfrac{1}{L_f} \int P\, dt$

Combinando amortecedores

AMORTECEDORES EM SÉRIE A Figura 10-8a mostra três amortecedores em série. A força que passa através de cada amortecedor é a mesma, e seus deslocamentos e velocidades individuais são diferentes.

$$F = c_1(\dot{x}_1 - \dot{x}_2) = c_2(\dot{x}_2 - \dot{x}_3) = c_3 \dot{x}_3$$

ou:
$$\frac{F}{c_1} = \dot{x}_1 - \dot{x}_2; \qquad \frac{F}{c_2} = \dot{x}_2 - \dot{x}_3; \qquad \frac{F}{c_3} = \dot{x}_3$$

combinando:
$$\dot{x}_{total} = (\dot{x}_1 - \dot{x}_2) + (\dot{x}_2 - \dot{x}_3) + \dot{x}_3 = \frac{F}{c_1} + \frac{F}{c_2} + \frac{F}{c_3}$$

então:
$$\dot{x}_{total} = F \frac{1}{c_{ef}} = F\left(\frac{1}{c_1} + \frac{1}{c_2} + \frac{1}{c_3} \right)$$

$$\frac{1}{c_{ef}} = \frac{1}{c_1} + \frac{1}{c_2} + \frac{1}{c_3}$$

$$c_{ef} = \frac{1}{\dfrac{1}{c_1} + \dfrac{1}{c_2} + \dfrac{1}{c_3}} \tag{10.18a}$$

O inverso do amortecimento equivalente dos amortecedores em série é a soma dos inversos de seus coeficientes de amortecimento individuais.

AMORTECEDORES EM PARALELO A Figura 10-8b mostra três amortecedores em paralelo. A força passando através de cada amortecedor é diferente, e seus deslocamentos e velocidades são os mesmos.

$$F = F_1 + F_2 + F_3$$
$$F = c_1\dot{x} + c_2\dot{x} + c_3\dot{x}$$
$$F = (c_1 + c_2 + c_3)\dot{x}$$
$$F = c_{ef}\dot{x}$$

$$c_{ef} = c_1 + c_2 + c_3 \tag{10.18b}$$

O amortecimento equivalente dos três é a soma de seus coeficientes de amortecimento individuais.

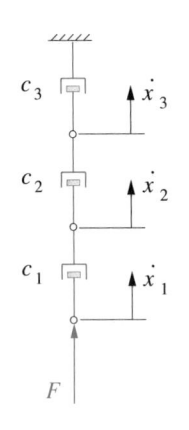

(a) Série

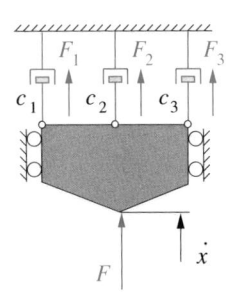

(b) Paralelo

FIGURA 10-8

Amortecedores em série e em paralelo.

Combinando molas

As molas são os análogos mecânicos dos indutores elétricos. A Figura 10-9a mostra três molas em série. A força passando através de cada uma delas é a mesma, e seus deslocamentos e velocidades individuais são diferentes. A força F aplicada ao sistema irá criar uma deflexão total que é a soma das deflexões individuais. A força elástica é definida pela relação explícita na Equação 10.16.

$$F = k_{ef}\, x_{total}$$

em que:
$$x_{total} = (x_1 - x_2) + (x_2 - x_3) + x_3 \tag{10.19a}$$

$$(x_1 - x_2) = \frac{F}{k_1} \qquad (x_2 - x_3) = \frac{F}{k_2} \qquad x_3 = \frac{F}{k_3} \tag{10.19b}$$

Substituindo, descobrimos que o inverso do k equivalente das **molas em série** é a soma dos inversos das constantes elásticas de cada mola individualmente.

$$\frac{F}{k_{ef}} = \frac{F}{k_1} + \frac{F}{k_2} + \frac{F}{k_3}$$

$$k_{ef} = \frac{1}{\dfrac{1}{k_1} + \dfrac{1}{k_2} + \dfrac{1}{k_3}} \tag{10.19c}$$

A Figura 10-9b mostra três molas em paralelo. A força que passa através delas é diferente, e seus deslocamentos e velocidades individuais são os mesmos. A força total é a soma das forças individuais.

$$F_{total} = F_1 + F_2 + F_3 \tag{10.20a}$$

Substituindo a Equação 10-19b, descobrimos que o k equivalente das **molas em paralelo** é a soma das constantes elásticas individuais.

$$k_{ef}\, x = k_1 x + k_2 x + k_3 x$$
$$k_{ef} = k_1 + k_2 + k_3 \tag{10.20b}$$

FUNDAMENTOS DE DINÂMICA

Combinando massas

As massas são os análogos mecânicos dos capacitores elétricos. As forças inerciais associadas a todas as massas móveis são referidas ao plano terra do sistema porque a aceleração em $\mathbf{F} = m\mathbf{a}$ é absoluta. Assim, todas as massas são conectadas em paralelo e combinadas da mesma maneira que os capacitores em paralelo com um terminal conectado a um terra comum.

$$m_{ef} = m_1 + m_2 + m_3 \tag{10.21}$$

Relações de transmissão e de alavanca

Sempre que um elemento é separado do ponto de aplicação da força ou de outro elemento por uma **relação de alavanca** ou **relação de transmissão**, seu valor equivalente será modificado por essa relação. A Figura 10-10a mostra uma mola conectada a uma extremidade (A) e uma massa na extremidade oposta (B) de uma alavanca. Desejamos modelar esse sistema como um sistema de massa concentrada com um *GDL*. Existem duas possibilidades neste caso. Podemos transferir uma massa equivalente m_{ef} para o ponto A e anexá-la à mola k existente, como mostrado na Figura 10-10b, ou transferir uma mola equivalente k_{ef} para o ponto B e anexá-la à massa m existente, como mostrado na Figura 10-10c. Em ambos os casos, para o modelo concentrado ser equivalente ao sistema original, ele deve ter a mesma energia.

Primeiro, descubra a massa equivalente que deve ser posicionada no ponto A para eliminar a alavanca. Equacionando as energias cinéticas nas massas nos pontos A e B:

$$\frac{1}{2}m_B v_B^2 = \frac{1}{2} m_{ef} v_A^2 \tag{10.22a}$$

As velocidades em cada extremidade da alavanca podem ser relacionadas pela relação de alavanca.

substituindo:
$$v_A = \left(\frac{a}{b}\right) v_B$$

$$m_B v_B^2 = m_{ef} \left(\frac{a}{b}\right)^2 v_B^2$$

$$m_{ef} = \left(\frac{b}{a}\right)^2 m_B \tag{10.22b}$$

A massa equivalente varia em relação à massa original com o quadrado da relação de alavanca. Note que, se no lugar da alavanca fosse um par de engrenagens de raios a e b, o resultado seria o mesmo.

Agora, descobriremos a mola equivalente a ser posicionada em B para eliminar a alavanca. Equacionando as energias potenciais nas molas em A e B:

$$\frac{1}{2}k_A x_A^2 = \frac{1}{2} k_{ef} x_B^2 \tag{10.23a}$$

A deflexão em B é relacionada com a deflexão em A pela relação de alavanca.

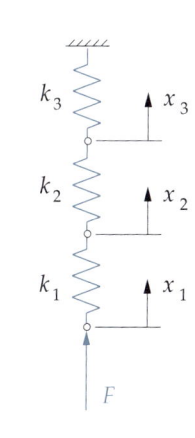

(a) Série

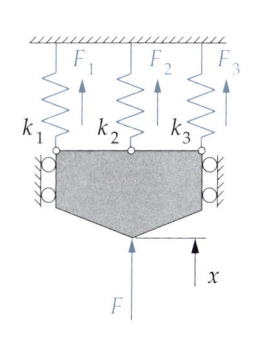

(b) Paralelo

FIGURA 10-9

Molas em série e em paralelo.

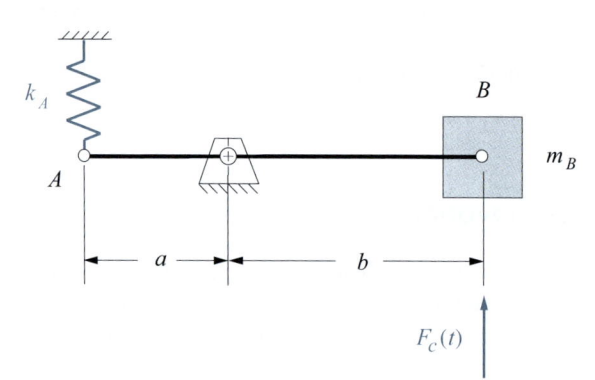

(a) Sistema físico

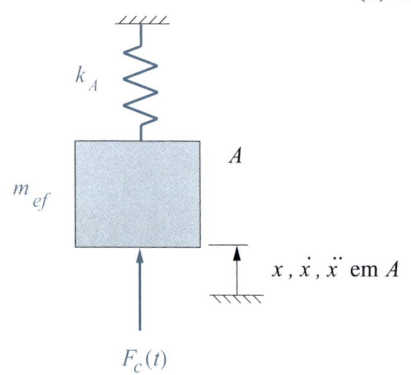

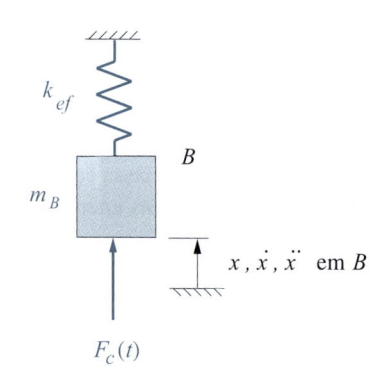

(b) Massa equivalente no ponto A

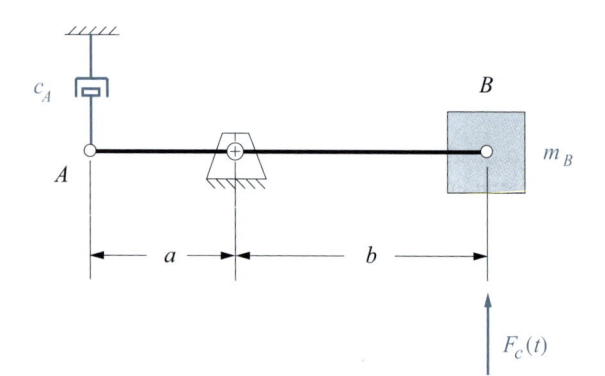

(c) Mola equivalente no ponto B

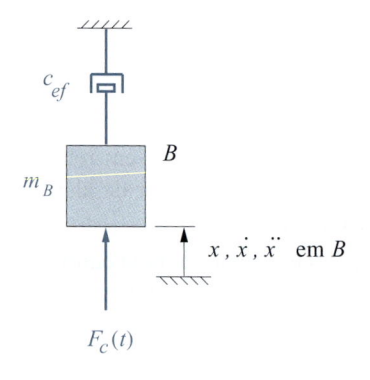

(d) Sistema físico

(e) Amortecedor equivalente no ponto B

FIGURA 10-10

Relações de transmissão ou de alavanca empregadas no sistema equivalente.

substituindo:

$$x_B = \left(\frac{b}{a}\right) x_A$$

$$k_A x_A^2 = k_{ef} \left(\frac{b}{a}\right)^2 x_A^2$$

$$k_{ef} = \left(\frac{a}{b}\right)^2 k_A \qquad (10.23b)$$

O k equivalente varia em relação ao k original com o quadrado da relação de alavanca. Se no lugar da alavanca fosse um par de engrenagens de raios a e b, o resultado seria o mesmo. Assim, relações de transmissão ou de alavanca podem ter um amplo efeito nos valores das massas concentradas no modelo simplificado.

Os coeficientes de amortecimento são também afetados pela relação de alavanca. A Figura 10-10d mostra um amortecedor e uma massa nas extremidades opostas da alavanca. Se o amortecedor em A deve ser reposicionado por um outro amortecedor em B, então os dois amortecedores devem produzir o mesmo momento em torno do pivô, assim

$$F_{d_A} a = F_{d_B} b \qquad (10.23c)$$

Substituindo o produto do coeficiente de amortecimento vezes a velocidade pela força:

$$\left(c_A \dot{x}_A\right) a = \left(c_{B_{ef}} \dot{x}_B\right) b \qquad (10.23d)$$

As velocidades nos pontos A e B na Figura 10.10d podem ser expressas pela cinemática.

$$\omega = \frac{\dot{x}_A}{a} = \frac{\dot{x}_B}{b}$$

$$\dot{x}_A = \dot{x}_B \frac{a}{b} \qquad (10.23e)$$

Substituindo na Equação 10.23d, temos uma expressão para o coeficiente de amortecimento equivalente em B resultante de um amortecedor em A.

$$\left(c_A \dot{x}_B \frac{a}{b}\right) a = \left(c_{B_{ef}} \dot{x}_B\right) b$$

$$c_{B_{ef}} = c_A \left(\frac{a}{b}\right)^2 \qquad (10.23f)$$

Novamente, o quadrado da relação de alavanca determina o amortecimento equivalente. O sistema equivalente é mostrado na Figura 10-10e.

EXEMPLO 10-1

Criando um modelo de sistema equivalente de um *GDL* de um sistema dinâmico com multielementos.

Dado: Uma válvula automotiva de came com seguidor translacional plano, de haste longa, com balancim, válvula e mola de válvula é mostrada na Figura 10-11a.

Problema: Criar um modelo adequado e aproximado de massas concentradas de um *GDL* do sistema. Definir sua massa equivalente, constante elástica e amortecimento em termos dos parâmetros dos elementos individuais.

Solução:

1 Separar o sistema em elementos individuais, como mostrado na Figura 10-11b. Cada peça móvel significante é designada por um elemento de massa concentrado que possui uma conexão ao elemento terra através de um amortecedor. Há, também, elasticidade e amortecimento dentro de cada elemento individual, mostrados como amortecedores e molas conectoras. O balancim é modelado como duas massas concentradas em suas extremidades, conectado com um pino rígido de massa desprezível pela manivela e biela do mecanismo biela-manivela. (Ver também a Seção 13.4). O colapso mostrado representa um modelo de seis *GDL*, já que há seis coordenadas de deslocamento independentes, x_1 a x_6.

2 Defina as constantes de mola individuais de cada elemento que represente a elasticidade das massas concentradas por meio da fórmula de deflexão elástica da cada componente particular. Por exemplo, a haste é comprimida, assim sua fórmula de deflexão relevante e seu k são

$$x = \frac{Fl}{AE} \qquad \text{e} \qquad k_{pr} = \frac{F}{x} = \frac{AE}{l} \qquad (a)$$

em que A é a área da seção transversal da haste, l seu comprimento e E o módulo de Young do material. O k do elemento ressaltado terá a mesma expressão. A expressão para o k de uma mola helicoidal de compressão da espera, usada para válvula de mola, pode ser encontrada em qualquer manual de projeto de molas ou texto de projeto de máquinas e é

$$k_{sp} = \frac{d^4 G}{8D^3 N} \qquad (b)$$

em que d é o diâmetro do arame, D é o diâmetro médio da espiral, N o número de espirais e G o módulo de elasticidade transversal do material.

O balancim também atua como uma mola, já que é uma viga em balanço. Ele pode ser modelado como uma viga em duplo balanço com suas deflexões, em cada lado do pivô, consideradas separadamente. Esses efeitos de mola são mostrados no modelo como se fossem molas de compressão, mas isso é apenas esquemático. Eles representam realmente as deflexões de balanço dos balancins. Pela fórmula de deflexão para uma viga em balanço com carga concentrada:

$$x = \frac{Fl^3}{3EI} \qquad \text{e} \qquad k_{ra} = \frac{3EI}{l^3} \qquad (c)$$

em que I é o segundo momento de inércia de área da seção transversal da viga, l é o comprimento e E é o módulo de Young do material. As constantes elásticas de qualquer outro elemento em um sistema podem ser obtidas de maneira semelhante por meio de suas fórmulas de deflexão.

3 Os amortecedores mostrados, conectados ao elemento terra, representam o amortecimento viscoso ou de atrito nas interfaces entre os elementos e o plano terra. Os amortecedores entre as massas representam os amortecimentos internos nas peças, os quais são tipicamente pequenos. Esses valores terão de ser estimados por experiência ou medidos em montagens de protótipos.

4 O balancim fornece uma relação de alavanca que deve ser levada em consideração. A estratégia será combinar todos os elementos em cada lado da alavanca separadamente em dois modelos dinâmicos de massas concentradas, como mostrado na Figura 10-11c, e, assim, transferir um deles através do pivô da alavanca para criar um modelo de um *GDL*, como mostrado na Figura 10-11d.

FUNDAMENTOS DE DINÂMICA

5 O próximo passo é determinar os tipos de conexões, tanto em série como em paralelo, entre os elementos. As massas são sempre conectadas em paralelo, já que cada uma delas comunica suas forças internas diretamente ao elemento terra e têm deslocamentos independentes. Nos lados esquerdo e direito, respectivamente, as massas equivalentes são

$$m_L = m_{tp} + m_{pr} + m_{ra} \qquad\qquad m_R = m_{rb} + m_v \qquad\qquad (d)$$

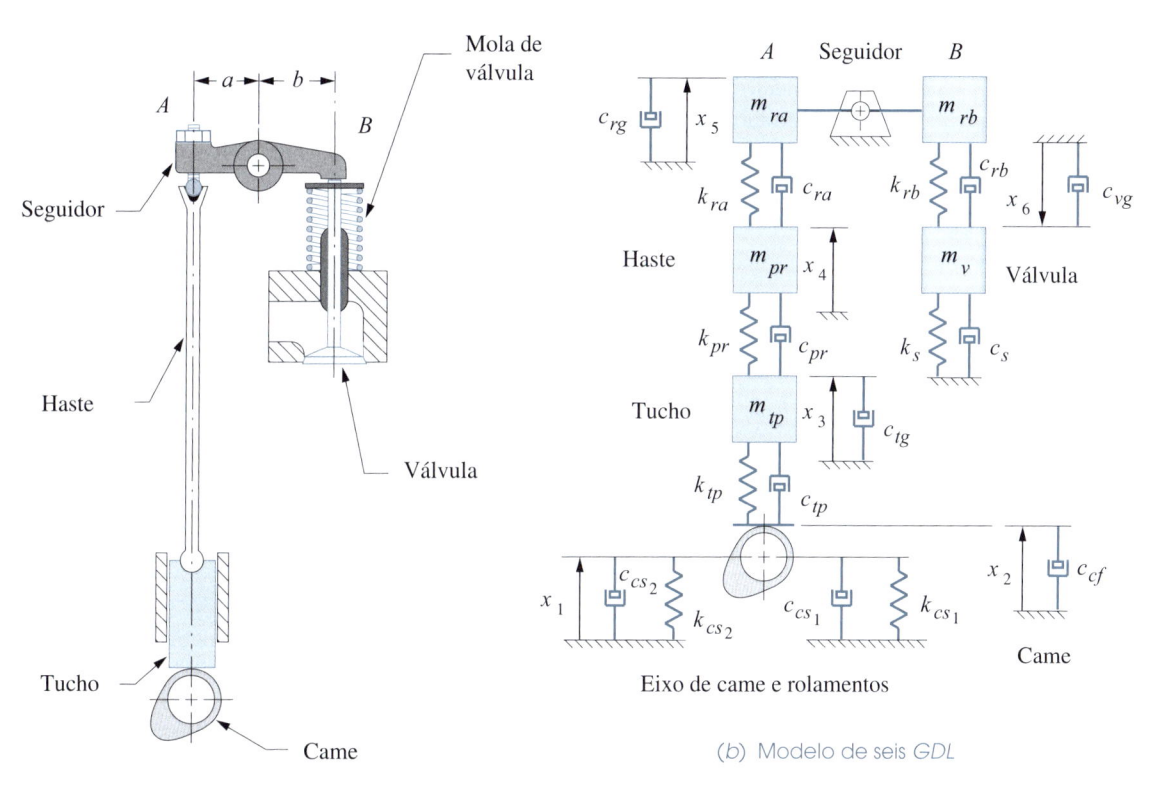

(a) Modelo físico

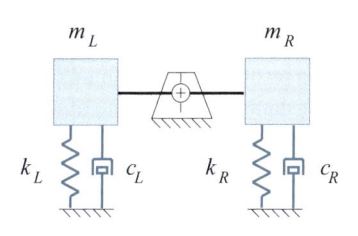

(b) Modelo de seis GDL

(c) Modelo de um GDL com alavanca

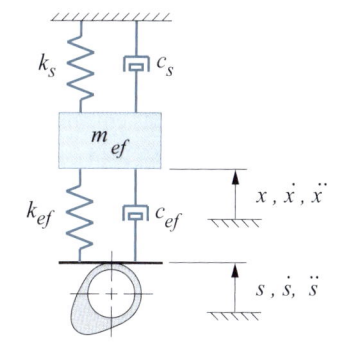

(d) Modelo concentrado de um GDL

FIGURA 10-11

Modelo dinâmico de massa concentrada para um sistema de comando de válvula no cabeçote do motor, tipo came seguidor.

Note que m_v inclui cerca de um terço da massa da mola para compensar a porção da mola que se move. As duas molas mostradas, que representam a flexão do eixo de came, dividem a força entre elas, então elas estão em paralelo e, assim, adicionam-se diretamente.

$$k_{cs} = k_{cs_1} + k_{cs_2} \qquad (e)$$

Note que, por coerência, a deflexão torsional do eixo de came deveria também ser inclusa, mas é omitida nesse exemplo para reduzir a complexidade. A combinação da mola do eixo de came com todas as outras molas mostradas no lado esquerdo está em série, pois cada uma possui deflexões independentes e a mesma força passa através de todas elas. No lado direito, a mola do balancim está em série com aquela do lado esquerdo, porém a mola física da válvula está em paralelo com a mola equivalente dos elementos do trem seguidor, já que ele tem um curso separado das massas equivalentes na válvula em relação ao elemento terra. (Os elementos dos trens seguidores comunicam-se novamente com o elemento terra através de cames pivotados.) Então, as taxas de elasticidade equivalentes dos elementos dos trens seguidores para cada lado do balancim são:

$$k_L = \frac{1}{\frac{1}{k_{cs}} + \frac{1}{k_{tp}} + \frac{1}{k_{pr}} + \frac{1}{k_{ra}}} \qquad k_R = k_{rb} \qquad (f)$$

Os amortecedores estão combinados em série e em paralelo. Os amortecedores c_{cs1} e c_{cs2}, que suportam o eixo de came, representam o atrito nos dois rolamentos do eixo de came e estão em paralelo.

$$c_{cs} = c_{cs_1} + c_{cs_2} \qquad (g)$$

Os representantes do amortecimento interno estão em série uns com os outros e com o amortecimento combinado do eixo.*

$$c_{entrada_L} = \frac{1}{\frac{1}{c_{tp}} + \frac{1}{c_{pr}} + \frac{1}{c_{ra}} + \frac{1}{c_{cs}}} \qquad c_{entrada_R} = c_{rb} \qquad (h)$$

em que $c_{entrada_L}$ é todo o amortecimento interno na parte esquerda e $c_{entrada_R}$ é todo o amortecimento interno na parte direita do pivô do balancim. O amortecimento interno combinado $c_{entrada_L}$ vai até o elemento terra através de c_{rg}, e o amortecimento interno combinado $c_{entrada_R}$ vai ao elemento terra através da mola da válvula c_s. Essas duas combinações estão, assim, em paralelo com todos os outros amortecedores que vão ao elemento terra. Os amortecimentos combinados para cada lado do sistema são então

$$c_L = c_{tg} + c_{rg} + c_{entrada_L} \qquad c_R = c_{vg} + c_{entrada_R} \qquad (i)$$

6 O sistema pode ser agora reduzido a um modelo de um *GDL* com massas e molas concentradas em ambos os lados do balancim, como mostrado na Figura 10-11c. Traremos os elementos para o ponto *B* através do ponto *A*. Note que revertemos a convenção de sinais através do pivô para que o movimento positivo de um lado resulte também em um movimento positivo no outro lado. O amortecedor, a massa e as constantes elásticas são afetadas pelo quadrado da relação de alavanca, como mostrado nas equações 10.22 e 10.23.

$$\begin{aligned} m_{ef} &= m_L + \left(\frac{b}{a}\right)^2 m_R \\ k_{ef} &= k_L + \left(\frac{b}{a}\right)^2 k_R \\ c_{ef} &= c_L + \left(\frac{b}{a}\right)^2 c_R \end{aligned} \qquad (j)$$

---

* Essa análise supõe que os valores dos amortecimentos internos (*c*'s) dos elementos são muito pequenos e variam aproximada e proporcionalmente com a rigidez (*k*'s) dos respectivos elementos aos quais eles se aplicam. Pelo fato de o amortecimento ser tipicamente pequeno nesses sistemas, seus efeitos na taxa de elasticidade equivalente são pequenos, porém o contrário não é verdadeiro, já que a elevada rigidez afetará os níveis de amortecimento. Um elemento muito rígido irá deformar menos diante de uma dada carga do que um menos rígido. Se o amortecimento é proporcional à velocidade do elemento, então uma pequena deflexão terá uma pequena velocidade. Mesmo que o coeficiente de amortecimento do elemento seja alto, teremos um pequeno efeito no sistema, devido à relativamente alta rigidez do material. Um modo mais preciso de estimar o amortecimento deve levar em consideração a interação entre *k*'s e *c*'s. Para *n* molas $k_1, k_2, ..., k_n$ em série, posicionadas em paralelo com *n* amortecedores $c_1, c_2, ..., c_n$ em série, o amortecimento equivalente pode ser mostrado como:

$$c_{ef} = k_{ef} \sum_{i=1}^{n} \frac{c_i}{k_i^2}$$

Por uma questão prática, no entanto, é geralmente difícil determinar os valores dos amortecimentos dos elementos individuais que são necessários para fazer o cálculo, como o mostrado acima e na equação (*h*).

Isso é mostrado na Figura 10-11d no final, um modelo concentrado de um *GDL* do sistema. Ele mostra toda a elasticidade dos elementos dos trens seguidores concentrada em uma mola equivalente k_{ef} e o amortecimento como c_{ef}. O deslocamento inicial do came *s(t)* age contra a base de massa desprezível, porém rígida. A mola da válvula e o amortecimento da válvula fornecem uma força que mantém a junta entre o came e o seguidor fechada. Se o came e o seguidor se separarem, o sistema muda dinamicamente em relação àquele mostrado.

Note que esse modelo de um *GDL* fornece apenas uma aproximação do comportamento desse sistema complexo. Mesmo que seja uma simplificação, ainda é útil como uma primeira aproximação e serve dentro deste contexto como um exemplo do método geral envolvido em modelagem de sistemas dinâmicos. Um modelo mais complexo com múltiplos graus de liberdade fornecerá uma melhor aproximação do comportamento do sistema dinâmico.

10.13 MÉTODOS DE SOLUÇÃO

A análise da força dinâmica pode ser feita por qualquer dos vários métodos existentes. Dois deles serão discutidos aqui, o **método da superposição** e o **método da solução de equações lineares simultâneas**. Ambos os métodos requerem que o sistema seja linear.

Esses problemas dinâmicos das forças normalmente possuem um alto número de incógnitas e, assim, múltiplas equações a serem resolvidas. O método da superposição dedica-se a solucionar o problema resolvendo por partes da solução e, então, somando (sobrepondo) os resultados parciais para obter a solução completa. Por exemplo, se tivermos duas cargas aplicadas ao sistema, resolvemos independentemente para os efeitos de cada uma, e, em seguida, somam os resultados. Na verdade, resolvemos um sistema de *N* variáveis fazendo cálculos sequenciais em partes do problema. Pode ser pensado como uma aproximação "processada em série".

Outro método anota todas as equações relevantes para todo o sistema como um conjunto de equações lineares simultâneas. Essas equações podem ser resolvidas simultaneamente para obter o resultado. Isso pode ser identificado como análogo a uma aproximação "processada em paralelo". Uma aproximação conveniente para a solução dos conjuntos de equações simultâneas é colocá-las em uma forma matricial-padrão e usar um solucionador numérico de matrizes para obter as respostas. Os solucionadores de matrizes estão desenvolvidos na maioria das calculadoras científicas e de engenharia portáteis. Alguns pacotes de planilhas e solucionadores de equações irão também executar a solução matricial. Uma breve introdução à solução matricial de equações lineares simultâneas foi apresentada na Seção 5.6. O Apêndice A descreve como obter o programa de computador MATRIX, um programa que permite um cálculo rápido da solução com até 16 equações simultâneas. Por favor, retorne às seções do Capítulo 5 para rever esses procedimentos de cálculo. A Referência [4] fornece uma introdução à álgebra matricial.

Usaremos ambas as soluções de equações de superposição e equações simultâneas para resolver várias análises das forças dinâmicas nos capítulos restantes. Ambas têm seu lugar, e uma pode servir como verificação do resultado obtido pela outra. Então, é útil estar familiarizado com mais de uma aproximação. Historicamente, o método da superposição foi o único método prático para sistemas envolvendo um amplo número de equações até que o computador se tornou disponível para resolver um amplo conjunto de equações simultâneas. Hoje, o método de solução de equações simultâneas é mais popular.

10.14 O PRINCÍPIO DE D'ALEMBERT

A segunda lei de Newton (equações 10.1 e 10.4) é tudo o que é necessário para resolver qualquer sistema dinâmico de forças pelo método newtoniano. Jean le Rond d'Alembert (1717--1783), um matemático francês, rearranjou a equação de Newton criando uma situação "quase estática" de uma situação dinâmica. A versão de d'Alembert das equações 10.1 e 10.4 são

$$\sum \mathbf{F} - m\mathbf{a} = 0$$
$$\sum \mathbf{T} - I\alpha = 0$$
(10.24)

Tudo que d'Alembert fez foi mover os termos do lado direito para o lado esquerdo, mudando o sinal algébrico no processo, como requerido. Elas são, obviamente, as mesmas equações como 10.1 e 10.4, algebricamente rearranjadas. A motivação para essa manipulação algébrica era fazer um sistema parecer um problema estático no qual, para equilíbrio, todas as forças e torques devem somar zero. Assim, isso é algumas vezes chamado de problema quase estático, quando expresso dessa forma. A premissa é que, posicionando uma "força inercial" igual a $-m\mathbf{a}$ e um "torque inercial" igual a $-I\alpha$ em nossos diagramas de corpo livre, o sistema estará, desse modo, em um estado de "equilíbrio dinâmico" e pode ser solucionado pelo método familiar da estática. Essas forças e torques inerciais são iguais em magnitude, opostos no sentido e atuantes na mesma reta de atuação de $m\mathbf{a}$ e $I\alpha$. Essa foi uma aproximação popular e útil que fez a solução de problemas de análise da força dinâmica de alguma forma mais fácil quando as soluções gráficas de vetores eram os métodos escolhidos.

Com a disponibilidade de calculadoras e computadores que podem resolver equações simultâneas para esses problemas, há agora uma pequena motivação para trabalhar por meio da tediosa e complicada análise gráfica de forças. É por esse motivo que o método da análise gráfica de força não é apresentado neste texto. No entanto, o conceito de d'Alembert das "forças e torques iniciais" ainda tem valor histórico e, em muitas instâncias, pode se mostrar útil no entendimento do que está ocorrendo no sistema dinâmico. Além disso, o conceito de forças de inércia entrou no dicionário popular e é comumente usado em um contexto estabelecido quando se discute movimento. Assim, aqui apresentamos um simples exemplo de sua utilidade, e utilizando-o novamente em nossas discussões futuras de análise da força dinâmica neste texto, em que irá nos ajudar a entender alguns tópicos, como balanceamento e superposição.

O termo popular **força centrífuga**, usado por leigos em toda a parte para explicar por que a massa amarrada em uma corda mantém a corda esticada quando está se movimentando em uma trajetória circular, é, de fato, a força inercial de d'Alembert. A Figura 10-12a mostra tal massa sendo rotacionada na extremidade de uma corda flexível, porém inextensível, com uma velocidade angular constante ω e raio constante r. A Figura 10-12b mostra um diagrama de corpo livre "puro" de ambos os membros neste sistema, o elo terra (1) e o elo rotativo (2). A única força real atuando no elo 2 é a força do elo 1 em 2, F_{12}. Já que a aceleração angular é zero neste exemplo, a única aceleração atuando no elo é a componente $r\omega^2$, a qual é uma **aceleração centrípeta**, isto é, apontada *para o centro*. A força no pino pela equação de Newton 10.1 é, então,

$$F_{12} = mr\omega^2$$
(10.25a)

Note que essa força é direcionada para o centro, então é uma força *centrípeta*, e não *centrífuga* (direcionada para fora do centro). A força F_{21} que o elo 2 exerce no elo 1 pode ser calculada pela terceira lei de Newton e é obviamente igual e oposta a $\mathbf{F}_{12}$.

$$F_{21} = -F_{12}$$
(10.25b)

FUNDAMENTOS DE DINÂMICA

Assim, é a força de reação no elo 1 que é centrífuga, não a força no elo 2. Claro que é essa a força de reação que sua mão (elo 1) sente, e isso dá asas ao conceito popular de algo puxando centrifugamente o peso rotativo. Agora, vamos dar uma olhada através dos olhos de d'Alembert. A Figura 10.12c mostra um outro conjunto de diagramas de corpo livre feitos de acordo com o princípio de d'Alembert. Aqui mostramos uma força de inércia negativa $m\mathbf{a}$ aplicada à massa no elo 2. A força no pino proveniente da equação de d'Alembert é

$$F_{12} - mr\omega^2 = 0$$
$$F_{12} = mr\omega^2 \qquad (10.25c)$$

Sem surpresas, o resultado é o mesmo do da Equação 10.25a, como deveria ser. A única diferença é que o diagrama de corpo livre mostra uma força de inércia aplicada à massa em rotação no elo 2. Essa é a força centrífuga da fama popular que fica com o crédito (ou culpa) de manter a corda esticada.

Claramente, qualquer problema pode ser resolvido para a resposta correta, não importando como rearranjemos algebricamente a equação correta. Então, se ajuda o nosso entendimento pensar em termos da força de inércia sendo aplicada ao sistema dinâmico, faremos isso. Ao lidar com tópicos de balanceamento, essa abordagem, de fato, ajuda a visualizar o efeito das massas de balanceamento no sistema.

10.15 MÉTODOS DA ENERGIA – TRABALHOS VIRTUAIS

O método newtoniano de análise da força dinâmica da Seção 10.1 tem a vantagem de fornecer informações completas de todas as forças internas nas juntas pinadas, assim como as forças e torques externos no sistema. Uma consequência desse fato é a relativa complexidade de suas aplicações, que requerem soluções simultâneas de um amplo sistema de equações. Outros métodos estão disponíveis para a solução desses problemas, que são fáceis de ser implementados; contudo, fornecem menos informação. Os métodos de solução por energia são

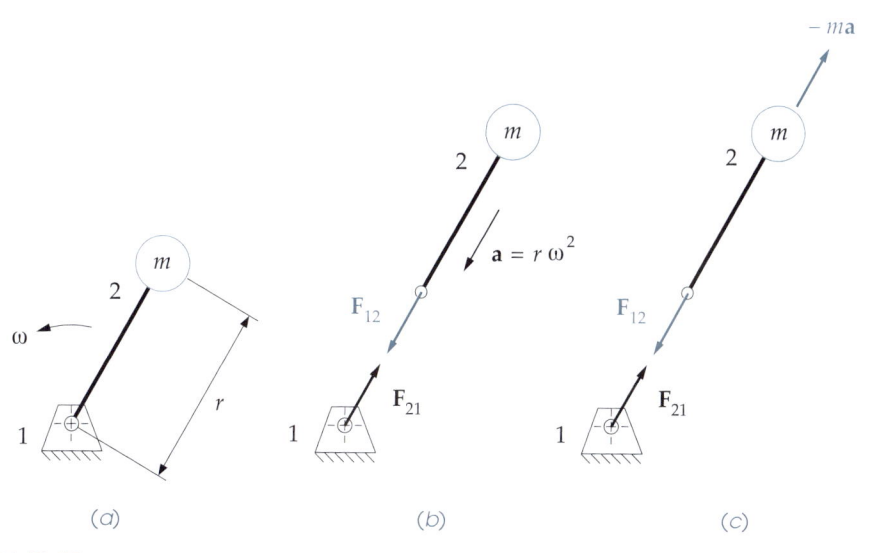

FIGURA 10-12

Forças centrípetas e centrífugas.

desse tipo. Somente as forças e torques externos, realizando trabalho, são encontrados por esse método. As forças internas de juntas não são computadas. Um valor principal da aproximação de energia é usado como uma rápida conferência da exatidão da solução newtoniana para torque de entrada. Geralmente somos forçados a usar a mais completa solução newtoniana para obter informações das forças nas juntas pinadas para que os pinos e elos possam ser analisados quanto a sua resistência aos esforços internos solicitantes.

O *princípio da conservação da energia* afirma que a energia não pode ser criada nem destruída, apenas convertida de uma forma para outra. Muitas máquinas são projetadas especificamente para converter energia de uma forma para outra em um processo controlado. Dependendo da eficiência da máquina, uma parte da energia de entrada será convertida em calor, o qual não pode ser completamente recuperado. Contudo, uma ampla quantidade de energia será tipicamente armazenada, de modo temporário, no interior da máquina em ambas as formas, potencial e cinética. Não é incomum para a magnitude dessas energias internas armazenadas, em uma base instantânea, exceder a magnitude de qualquer trabalho externo útil sendo executado pela máquina.

Trabalho é definido como *o produto escalar da força pelo deslocamento*. Ele pode ser positivo, negativo ou zero e é uma grandeza escalar.

$$W = \mathbf{F} \cdot \mathbf{R} \tag{10.26a}$$

Já que as forças nas juntas pinadas entre os elos não possuem um deslocamento relativo associado a elas, elas não exercem trabalho no sistema e, assim, não aparecerão nas equações de trabalho. O trabalho exercido pelo sistema mais perdas é igual à energia fornecida ao sistema.

$$E = W + Perdas \tag{10.26b}$$

Mecanismos de junta pinadas com mancais de baixo atrito em seus pivôs podem ter alta eficiência, acima de 95%. Então é razoável, para uma primeira aproximação no projeto do mecanismo, assumir que as perdas são iguais a zero. **Potência** é a taxa de variação da energia com o tempo.

$$P = \frac{dE}{dt} \tag{10.26c}$$

Uma vez que estamos admitindo os membros do corpo da máquina como rígidos, apenas uma mudança de posição dos *CG*s dos membros irá alterar a energia potencial armazenada no sistema. As forças gravitacionais dos membros das máquinas de moderada a alta velocidade tendem a ser minimizadas pelas forças dinâmicas das massas aceleradas. Por essa razão iremos ignorar as energias potenciais gravitacionais e os pesos e considerar apenas a energia cinética no sistema para essa análise. As derivadas em relação ao tempo da energia cinética armazenada no interior do sistema para movimento linear e angular, respectivamente, são:

$$\frac{d\left(\frac{1}{2}m\mathbf{v}^2\right)}{dt} = m\mathbf{a} \cdot \mathbf{v} \tag{10.27a}$$

e

$$\frac{d\left(\frac{1}{2}I\omega^2\right)}{dt} = I\alpha \cdot \omega \tag{10.27b}$$

FUNDAMENTOS DE DINÂMICA

Elas são, é claro, expressões para a potência do sistema, que é equivalente a

$$P = \mathbf{F} \cdot \mathbf{v} \tag{10.27c}$$

e

$$P = \mathbf{T} \cdot \omega \tag{10.27d}$$

A taxa de variação de energia do sistema em qualquer instante deve oscilar entre a que é fornecida externamente e a que é armazenada no interior do sistema (desconsiderando as perdas). As equações 10.27a e b representam a mudança na energia armazenada no sistema, e as equações 10.27c e d representam a mudança na energia que passa para dentro ou fora do sistema. Na ausência de perdas, essas duas devem ser iguais a fim de conservar a energia. Podemos expressar essa relação como um somatório de todos os deltas de energias (ou potências) para cada elemento móvel (ou elo) no sistema.

$$\sum_{k=2}^{n} \mathbf{F}_k \cdot \mathbf{v}_k + \sum_{k=2}^{n} \mathbf{T}_k \cdot \omega_k = \sum_{k=2}^{n} m_k \mathbf{a}_k \cdot \mathbf{v}_k + \sum_{k=2}^{n} I_k \alpha_k \cdot \omega_k \tag{10.28a}$$

O k subscrito representa cada um dos n elos ou elementos móveis no sistema, começando pelo elo 2, pois o elo 1 é o elo terra estacionário. Note que todas as velocidades e acelerações, angulares e lineares, nessa equação, deveriam ter sido calculadas para todas as posições de interesse do mecanismo por uma prévia análise cinemática. Do mesmo modo, as massas e momentos de inércia de massa de todos os elos móveis devem ser conhecidos.

Se usarmos o princípio de d'Alembert para rearranjar essa equação, podemos mais facilmente "nomear" os termos para fins de discussão.

$$\sum_{k=2}^{n} \mathbf{F}_k \cdot \mathbf{v}_k + \sum_{k=2}^{n} \mathbf{T}_k \cdot \omega_k - \sum_{k=2}^{n} m_k \mathbf{a}_k \cdot \mathbf{v}_k - \sum_{k=2}^{n} I_k \alpha_k \cdot \omega_k = 0 \tag{10.28b}$$

Os dois primeiros termos da Equação 10.28b representam, respectivamente, a mudança de energia devido a todas as **forças externas** e todos os **torques externos** aplicados ao sistema. Isso incluirá qualquer força ou torque de outro mecanismo que atue em qualquer desses elos e também inclui o torque motor. Os últimos dois termos, respectivamente, representam a mudança de energia devida a todas as **forças inerciais** e todos os **torques inerciais** presentes no sistema. Esses dois últimos termos definem a mudança na energia cinética armazenada no sistema em cada intervalo de tempo. A única incógnita nesta equação, quando propriamente formulada, é o **torque motor** (ou força motora) a ser fornecido pelo motor do mecanismo ou atuador. Esse torque motor (ou força) é, então, a única variável que pode ser resolvida com essa aproximação. As forças internas nas juntas não estão presentes nessa equação, uma vez que não exercem trabalho no sistema.

A Equação 10.28b é algumas vezes chamada de **equação dos trabalhos virtuais**, que é, de certo modo, um termo impróprio, já que é, na verdade, uma **equação de potência**, como pode ser visto pelas unidades. Quando essa análise aproximada é aplicada ao problema estático, não há movimento. O termo **trabalho virtual** vem do conceito de cada força causar um deslocamento infinitesimal, ou virtual, do elemento do sistema estático, o qual é realizado em um delta de tempo infinitesimal. O produto escalar da força pelo deslocamento virtual é o trabalho virtual. No limite, isso se torna a potência instantânea do sistema. Apresentaremos um exemplo do uso desse método dos trabalhos virtuais no próximo capítulo, com exemplos de solução newtoniana aplicada a mecanismos em movimento.

TABELA P10-0
Matriz de tópicos/problema
10.5 Momento de inércia de massa
10-5
10.8 Raio de giração
10-1, 10-2, 10-3
10.12 Sistemas equivalentes
Combinando molas
10-6, 10-7, 10-8
Combinando amortecedores
10-9, 10-10, 10-11
Relações de transmissão e de alavanca
10-12, 10-13, 10-14, 10-20, 10-21, 10-22, 10-23
Modelos de um GDL
10-15, 10-16, 10-30
10.13 Métodos de solução
10-4
10.15 Métodos da energia
10-17, 10-18, 10-19

* Respostas no Apêndice F.

** Esses problemas podem ser resolvidos usando softwares matemáticos, como *Mathcad*, *Matlab* ou *TKSolver*.

10.16 REFERÊNCIAS

1 **Beer, F. P., and E. R. Johnson.** (1984). *Vector Mechanics for Engineers, Statics and Dynamics*, McGraw-Hill Inc., New York.

2 **Norton, R. L.**, (2000). *Machine Design: An Integrated Approach*, 2ed. Prentice-Hall, Upper Saddle River, NJ.

3 **Koster, M. P.** (1974). *Vibrations of Cam Mechanisms*. Phillips Technical Library Series, Macmillan: London.

4 **Jennings, A.** (1977). *Matrix Computation for Engineers and Scientists*. John Wiley and Sons, New York.

10.17 PROBLEMAS

*** 10-1 A marreta mostrada na Figura 10-2 tem as seguintes especificações: a cabeça de aço tem diâmetro de 25,4 mm e comprimento de 76,2 mm; a haste de madeira possui diâmetro de 32 mm e comprimento de 254 mm, e o diâmetro é rebaixado para 16 mm no encaixe com a cabeça. Encontre a localização do seu *CG* composto, e seu momento de inércia e raio de giração em torno do eixo *ZZ*. Assuma que a madeira tenha densidade igual a 0,9 vez a densidade da água.

*** 10-2 Repita o Problema 10-1 usando uma marreta com cabeça de madeira de 50,8 mm de diâmetro. Assuma a densidade da madeira igual a 0,9 vez a densidade da água.

** 10-3 Calcule a localização do *CG* composto, o momento de inércia de massa e o raio de giração em relação aos eixos especificados para quaisquer dos seguintes itens relacionados comumente disponíveis. (Note que esses não são problemas curtos.)

  a. Uma caneta de boa qualidade, em torno do ponto pivô no qual você segura para escrever. (Como o posicionamento da tampa na parte superior da caneta afeta os parâmetros pedidos quando você escreve?)

  b. Duas facas de mesa, uma de metal e outra de plástico, em torno do eixo pivô quando segurado para cortar. Compare os resultados calculados e comente como eles nos informam quanto à utilidade dinâmica das duas facas (ignore considerações de corte).

  c. Um martelo-bola (disponível em qualquer loja de ferramentas universitárias), em torno do centro de rotação (depois calcule a localização para o centro de percussão próprio).

  d. Um taco de beisebol (veja o instrutor) através do centro de rotação (depois calcule a localização do centro de percussão próprio).

  e. Uma caneca cilíndrica de café, em relação ao furo da haste de segurar.

*** 10-4 Organize estas equações na forma matricial. Use o programa MATRIX (ver Apêndice A), *Mathcad* ou uma calculadora com capacidade de executar matemática matricial para resolvê-las.

a.
$$-5x - 2y + 12z - w = -9$$
$$x + 3y - 2z + 4w = 10$$
$$-x - y + z = -7$$
$$3x - 3y + 7z + 9w = -6$$

b.
$$3x - 5y + 17z - 5w = -5$$
$$-2x + 9y - 14z + 6w = 22$$
$$-x - y - 2w = 13$$
$$4x - 7y + 8z + 4w = -9$$

10-5 A Figura P10-1 mostra uma braçadeira feita de aço.
  a. Ache a localização do seu centroide referente ao ponto B.
  b. Ache o momento de inércia de massa I_{xx} em relação ao eixo X através do ponto B.
  c. Ache o momento de inércia de massa I_{yy} em relação ao eixo Y através do ponto B.

10-6 Duas molas estão conectadas em série. Uma possui k igual a 34 N/m e a outra k = 3,4 N/m. Calcule a constante elástica equivalente. Qual mola domina? Repita para as duas molas em paralelo. Qual mola domina?

10-7 Repita o Problema 10-6 com k_1 = 125 N/m e k_2 = 25 N/m.

10-8 Repita o Problema 10-6 com k_1 = 125 N/m e k_2 = 115 N/m.

10-9 Dois amortecedores estão conectados em série. Um possui coeficiente de amortecimento c_1 = 12,5 N-s/m e o outro, c_2 = 1,2 N-s/m. Calcule o coeficiente de amortecimento equivalente. Qual amortecedor domina? Repita para os dois amortecedores em paralelo. Qual amortecedor domina?

10-10 Repita o Problema 10-9 com c_1 = 12,5 N-s/m e c_2 = 2,5 N-s/m.

10-11 Repita o Problema 10-9 com c_1 = 12,5 N-s/m e c_2 = 10 N-s/m.

10-12 Uma massa de m = 2,5 kg e uma mola de k = 42 N/m estão ligadas a uma extremidade de uma alavanca em um raio de 4 m. Calcule a massa e a constante elástica equivalentes em um raio de 12 m na mesma alavanca.

10-13 Uma massa de m = 1,5 kg e uma mola de k = 24 N/m estão ligadas a uma extremidade de uma alavanca em um raio de 3 m. Calcule a massa e a constante elástica equivalentes em um raio de 10 m na mesma alavanca.

10-14 Uma massa de m = 4,5 kg e uma mola de k = 15 N/m estão ligadas a uma extremidade de uma alavanca em um raio de 12 m. Calcule a massa e a constante elástica equivalentes em um raio de 3 m na mesma alavanca.

10-15 Recorra à Figura 10-11 e ao Exemplo 10-1. As dimensões para o trem de válvula são: o tucho é um cilindro sólido de 19 mm de diâmetro e 32 mm de comprimento. A haste é um tubo oco com diâmetro externo igual a 10 mm, diâmetro interno igual a 6 mm e comprimento de 300 mm. O balancim apresenta uma seção transversal média de 25 mm

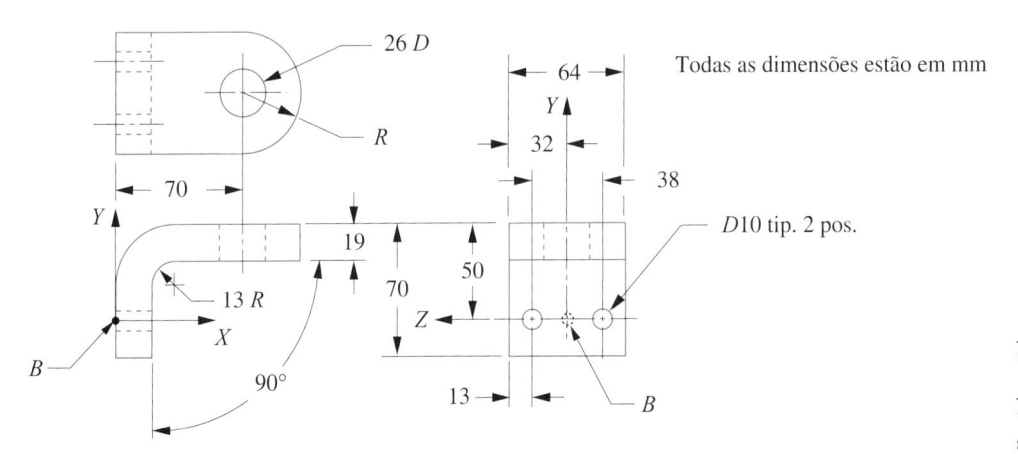

FIGURA P10-1
Problema 10-5.

* Respostas no Apêndice F.

** Esses problemas podem ser resolvidos usando softwares matemáticos, como *Mathcad*, *Matlab* ou *TKSolver*.

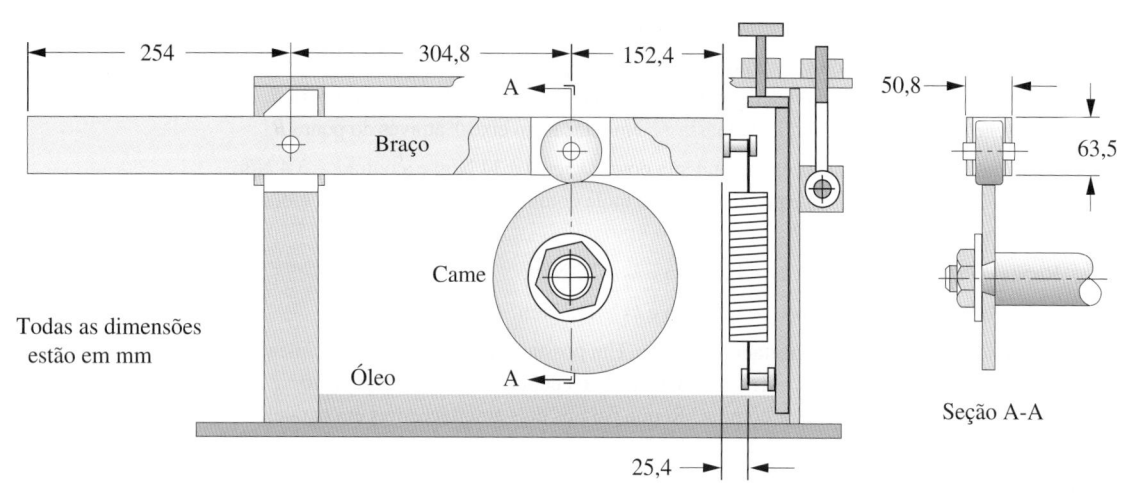

FIGURA P10-2

Problemas 10-16, 10-17, 10-21, 10-26 e 10-29.

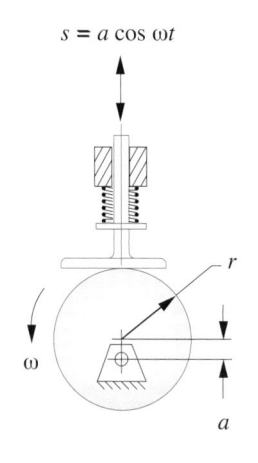

FIGURA P10-3

Problemas 10-18 a 10-19.

* Respostas no Apêndice F.

** Esses problemas podem ser resolvidos usando ferramentas matemáticas, como *Mathcad*, *Matlab* ou *TKSolver*.

de largura e 38 mm de altura. Os comprimentos são a = 50 mm, b = 75 mm. O eixo de came tem 25 mm de diâmetro por 75 mm de diâmetro entre os suportes do rolamento, com came no centro. Mola da válvula com k = 35 N/mm. Todas as peças são de aço. Calcule a constante de mola e massa equivalentes de um sistema equivalente de um *GDL* posicionado no lado do came do balancim.

** 10-16 A Figura P10-2 mostra um sistema came seguidor. As dimensões de comprimento do sólido, seção transversal retangular de 50 × 64 mm são dadas. O fim de curso do seguidor de rolete de aço de 50 mm de diâmetro e 38 mm de espessura é 75 mm. Ache a massa do braço, a localização do centro de gravidade e o momento de inércia de massa em torno de seus *CGs* e o pivô braço. Crie um modelo linear de massa concentrada de um *GDL* do sistema dinâmico relacionado ao came seguidor. Despreze amortecimentos.

** 10-17 O came da Figura P10-2 é um excêntrico puro com excentricidade = 12,7 mm e gira com 500 rpm. A mola tem uma constante de 21,54 N/mm e uma pré-carga de 770 N. Use o método dos trabalhos virtuais para achar o torque requerido para rotacionar o came de uma revolução. Use os dados da solução do Problema 10-16.

** 10-18 O came da Figura P10-3 é um excêntrico puro com excentricidade = 20 mm e gira com 200 rpm. A massa do seguidor é 1 kg. A mola tem uma constante de 10 N/m e um pré-carga de 0,2 N. Use o método dos trabalhos virtuais para achar o torque requerido para rotacionar o came de uma revolução.

** 10-19 Repita o Problema 10-18 usando um came com dupla amplitude harmônica de subida em 180° e dupla amplitude harmônica de descida em 180° de 20 mm, simétrico. Ver Capítulo 8 para fórmulas de came.

* ** 10-20 Um automóvel de 13,3 kN tem uma relação de transmissão final de 1:3 e relações de transmissão da caixa de câmbio de 1:4, 1:3, 1:2, e 1:1 através das primeiras quatro marchas, respectivamente. Qual é a massa equivalente do veículo sentida no volante do motor em cada marcha?

* ** 10-21 Determine a constante elástica e a carga equivalentes da mola na Figura P10-2, refletida para o came seguidor. Ver Problema 10-17 para dados adicionais.

** 10-22 Qual é a inércia equivalente de uma carga aplicada ao tambor da Figura P9-5a quando refletida para a engrenagem A?

** 10-23 Qual é a inércia equivalente de uma carga W aplicada ao tambor da Figura P9-7b quando refletida para o braço?

Capítulo 11

ANÁLISE DINÂMICA

Não force!
Use um martelo maior.
ANÔNIMO

11.0 INTRODUÇÃO

Quando análises e sínteses cinemáticas são utilizadas para definir uma geometria e um conjunto de movimentos para uma tarefa de dimensionamento particular, é lógico e conveniente que então se use a **cinetostática** ou a **dinâmica inversa** como solução para determinar as forças e torques no sistema. Neste capítulo, utilizaremos essa abordagem e nos concentraremos em soluções para as forças e torques resultantes de, ou requeridos para acionar, nossos sistemas cinemáticos, de tal modo a estabelecer a aceleração projetada.

11.1 MÉTODO DE SOLUÇÃO NEWTONIANA

A análise dinâmica pode ser feita por diversos métodos. Aquela que fornece mais informações sobre as forças internas do mecanismo requer somente o uso das leis de Newton, como definido nas equações 10.1 e 10.4. Elas podem ser escritas como um somatório de todas as forças e torques do sistema.

$$\sum \mathbf{F} = m\mathbf{a} \qquad \sum \mathbf{T} = I_G \alpha \qquad (11.1a)$$

Também é apropriado separar a soma das componentes das forças nas direções X e Y, conforme o sistema de coordenadas escolhido por conveniência. Os torques em nosso sistema de duas dimensões são todos na direção Z. Isso nos leva a transformar as duas equações vetoriais em três equações escalares.

$$\sum F_x = ma_x \qquad \sum F_y = ma_y \qquad \sum T = I_G \alpha \qquad (11.1b)$$

Essas três equações devem ser escritas para cada um dos corpos em movimento, o que levará a um sistema de equações lineares simultâneas para qualquer sistema. Esse sistema de equações simultâneas pode, convenientemente, ser resolvido por um método matricial, como mostrado no Capítulo 5. Essas equações não levam em conta a força gravitacional (peso) em um elo. Se as acelerações cinemáticas são grandes, quando comparadas à da gravidade, o que frequentemente é o caso, as forças peso podem ser ignoradas em análises dinâmicas. Se as partes da máquina são muito grandes ou se movem vagarosamente com pequenas acelerações cinemáticas, ou ambos, pode ser necessária a inclusão do peso dos componentes nas análises. O peso pode ser tratado como uma força externa agindo sobre o CG do membro com um ângulo constante.

11.2 ÚNICO ELO EM ROTAÇÃO PURA

Como um simples exemplo de procedimento de solução, considere um único elo em rotação pura mostrado na Figura 11-1a. Em qualquer desses problemas de análise de dinâmica inversa, primeiro a cinemática do problema deve ser totalmente definida. Em outras palavras, as acelerações angulares de todos os membros em rotação e as acelerações lineares dos CGs de todos os membros em movimento devem ser encontradas para todas as posições de interesse. A massa de cada membro e o momento de inércia de massa I_G em relação ao respectivo CG de cada membro também devem ser conhecidos. Em adição, pode haver forças externas ou torques aplicados em qualquer membro do sistema. Esses são mostrados na Figura 11-1.

Embora essas análises possam ser tratadas de várias maneiras, é útil, por questão de consistência, adotar um arranjo particular de sistemas de coordenadas e sempre utilizá-lo. Essa abordagem que apresentamos aqui, se cuidadosamente seguida, tenderá a minimizar os riscos de erro. O leitor pode desejar desenvolver sua própria abordagem, uma vez que os princípios sejam compreendidos. As bases matemáticas são constantes, e um sistema de coordenadas deve ser escolhido por conveniência. Os vetores que estão atuando no sistema dinâmico em qualquer situação de carga são os mesmos em um instante particular, independentemente de como vamos resolvê-los usando suas componentes. O resultado da solução será o mesmo.

Primeiramente, vamos configurar um sistema de coordenadas local não rotacionável em cada membro em movimento, localizado em seu CG. (Nesse simples exemplo, temos apenas um membro em movimento.) Todas as forças externamente aplicadas, seja devido à conexão com outro membro ou com outro sistema, devem ter seus pontos de aplicação localizados nesse sistema de coordenadas local. A Figura 11-1b mostra o diagrama de corpo livre do elo 2 em movimento. A junta pinada em O_2 no elo 2 tem a força $\mathbf{F}_{12}$ devido ao elo 1 correspondente, e as componentes x e y são F_{12x} e F_{12y}. Essas subscrições são lidas como "força do elo 1 em 2" na direção x ou y. Esse esquema de notação subscrita será usado constantemente para indicar qual par de forças de "ação-reação" de cada junta está sendo resolvido.

ANÁLISE DINÂMICA

Nota: x, y é um sistema de coordenadas local rotacionável (SCLR), junto ao elo

Nota: X, Y é o sistema de coordenadas global (SCG)

(a) Diagrama cinemático (b) Diagrama de (corpo livre) forças

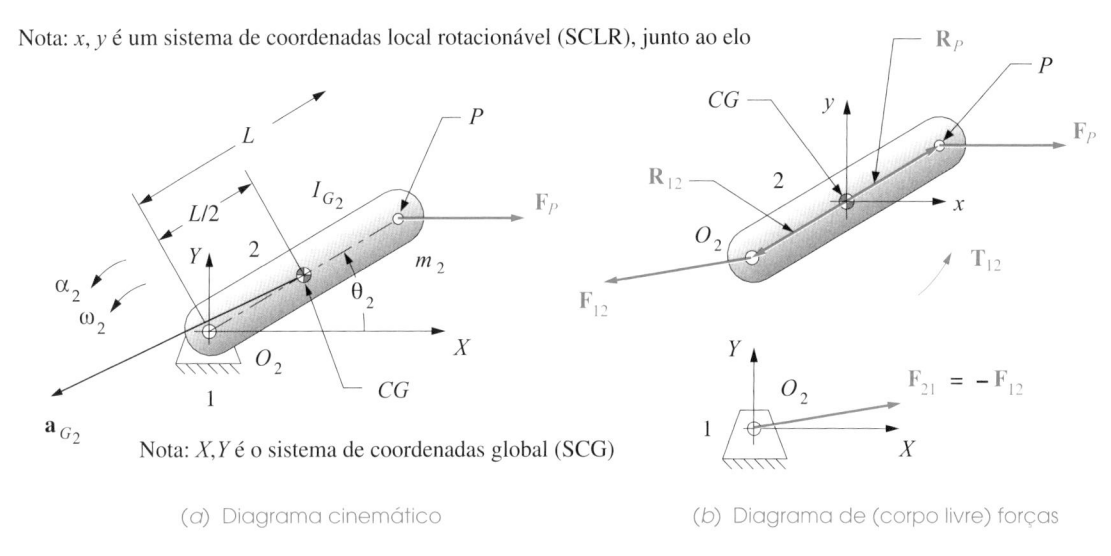

FIGURA 11-1

Análises dinâmicas de um único elo em rotação pura.

Existe também uma força $\mathbf{F}_P$ aplicada externamente, mostrada no ponto P, com componentes F_{Px} e F_{Py}. Os pontos de aplicação dessas forças são definidos pelos vetores de posição $\mathbf{R}_{12}$ e $\mathbf{R}_P$, respectivamente. Esses vetores de posição são definidos em relação ao sistema de coordenadas local no CG do membro. É necessário resolvê-los em função das componentes x e y. Também deverá haver uma fonte de torque disponível no elo para acioná-lo com as acelerações definidas cinematicamente. Essa é uma das incógnitas que serão resolvidas. A fonte de torque é o torque vindo *do elo terra para o elo guia 2* e também descrito como $\mathbf{T}_{12}$. Outras duas incógnitas nesse exemplo são as componentes das forças na junta pinada F_{12x} e F_{12y}.

Como temos três incógnitas e três equações, o sistema pode ser resolvido. Equações 11.1 podem agora ser escritas para o movimento do elo 2. Quaisquer forças ou torques aplicados cujas direções sejam conhecidas devem possuir seus próprios sinais em suas componentes. Vamos supor que todos os torques e forças desconhecidos são positivos. Seus verdadeiros sinais serão "revelados no equacionamento".

$$\sum \mathbf{F} = \mathbf{F}_P + \mathbf{F}_{12} = m_2 \mathbf{a}_G$$
$$\sum \mathbf{T} = \mathbf{T}_{12} + \left(\mathbf{R}_{12} \times \mathbf{F}_{12}\right) + \left(\mathbf{R}_P \times \mathbf{F}_P\right) = I_G \alpha \qquad (11.2)$$

A equação da força pode ser dividida em duas componentes. A equação do torque contém dois termos com produtos vetoriais, os quais representam os torques resultantes das forças aplicadas a uma distância do CG. Quando os produtos vetoriais são expandidos, o sistema de equações fica dessa forma:

$$F_{P_x} + F_{12_x} = m_2 a_{G_x}$$
$$F_{P_y} + F_{12_y} = m_2 a_{G_y} \quad (11.3)$$
$$T_{12} + \left(R_{12_x} F_{12_y} - R_{12_y} F_{12_x}\right) + \left(R_{P_x} F_{P_y} - R_{P_y} F_{P_x}\right) = I_G \alpha$$

Este sistema pode ser colocado em forma matricial com os coeficientes das incógnitas formando a matriz **A**, as incógnitas o vetor **B**, e os termos constantes o vetor **C**, que podem então ser resolvidos para **B**.

$$[\mathbf{A}] \times [\mathbf{B}] = [\mathbf{C}]$$

$$\begin{bmatrix} 1 & 0 & 0 \\ 0 & 1 & 0 \\ -R_{12_y} & R_{12_x} & 1 \end{bmatrix} \times \begin{bmatrix} F_{12_x} \\ F_{12_y} \\ T_{12} \end{bmatrix} = \begin{bmatrix} m_2 a_{G_x} - F_{P_x} \\ m_2 a_{G_y} - F_{P_y} \\ I_G \alpha - \left(R_{P_x} F_{P_y} - R_{P_y} F_{P_x}\right) \end{bmatrix} \quad (11.4)$$

Note que a matriz **A** contém todas as informações geométricas, e a matriz **C** contém todas as informações dinâmicas sobre o sistema. A matriz **B** contém todas as incógnitas de forças e torques. Apresentaremos um exemplo numérico para reforçar seu entendimento desse método.

EXEMPLO 11-1

Análise dinâmica de um único elo em pura rotação. (Ver Figura 11-1)

Dados: O elo de comprimento 250 mm mostrado tem massa de 2 kg. Seu *CG* está sobre a linha de centro no ponto 125 mm. Seu momento de inércia de massa em relação ao *CG* é 0,011 kg-m². Seus dados cinemáticos são

θ_2 graus	ω_2 rad/s	α_2 rad/s²	a_{G_2} m/s²	
30	20	15	50 @ 208°	(a)

Uma força externa de 200 N a 0° é aplicada no ponto P.

Encontre: A **força** F_{12} na junta pinada O_2 e o **torque** de acionamento T_{12} necessário para manter o movimento com a aceleração dada para essa posição instantânea do elo.

Solução:

1. Monte um sistema de coordenadas local sobre o *CG* do elo e desenhe todos os vetores aplicáveis no sistema, como mostrado na Figura 11-1. Desenhe um diagrama de corpo livre, como mostrado. Note que, para o cálculo dinâmico, todas as unidades devem ser em SI. Dimensões declaradas em mm ou cm devem ser transformadas para m, por exemplo.

2. Calcule as componentes *x* e *y* dos vetores de posição $\mathbf{R}_{12}$ e $\mathbf{R}_P$ neste sistema de coordenadas.

$$\mathbf{R}_{12} = 0{,}125 \text{ m} @ \angle 210°; \quad R_{12_x} = -0{,}1083 \text{ m}, \quad R_{12_y} = -0{,}0625 \text{ m}$$
$$\mathbf{R}_P = 0{,}125 \text{ m} @ \angle 30°; \quad R_{P_x} = +0{,}1083 \text{ m}, \quad R_{P_y} = +0{,}0625 \text{ m} \quad (b)$$

3 Calcule as componentes x e y da aceleração do CG neste sistema de coordenadas.

$$\mathbf{a}_G = 50 \ @ \angle 208°; \qquad a_{G_x} = -44{,}147; \qquad a_{G_y} = -23{,}474 \qquad (c)$$

4 Calcule as componentes x e y da força externa em P neste sistema de coordenadas.

$$\mathbf{F}_P = 200 \ @ \angle 0°; \qquad F_{P_x} = 200; \qquad F_{P_y} = 0 \qquad (d)$$

5 Substitua esses dados e calcule os valores na Equação matricial 11.4.

$$\begin{bmatrix} 1 & 0 & 0 \\ 0 & 1 & 0 \\ 0{,}0625 & -0{,}1083 & 1 \end{bmatrix} \times \begin{bmatrix} F_{12_x} \\ F_{12_y} \\ T_{12} \end{bmatrix} = \begin{bmatrix} (2)(-44{,}147) - 200 \\ (2)(-23{,}474) - 0 \\ (0{,}011)(15) - \{(0{,}1083)(0) - (0{,}0625)(200)\} \end{bmatrix}$$

$$(e)$$

$$\begin{bmatrix} 1 & 0 & 0 \\ 0 & 1 & 0 \\ 0{,}0625 & -0{,}1083 & 1 \end{bmatrix} \times \begin{bmatrix} F_{12_x} \\ F_{12_y} \\ T_{12} \end{bmatrix} = \begin{bmatrix} -288{,}294 \\ -46{,}948 \\ 12{,}557 \end{bmatrix}$$

6 Resolva esse sistema invertendo a matriz **A** e pré-multiplicando a inversa pela matriz **C** com uma calculadora de bolso com capacidade matricial ou com o *Mathcad*, *Matlab*; ou, ainda, colocando os valores para as matrizes **A** e **C** no programa MATRIX (ver Apêndice A).

O programa MATRIX fornece as seguintes soluções:

$$F_{12_x} = -288{,}294 \text{ N}; \qquad F_{12_y} = -46{,}948 \text{ N}; \qquad T_{12} = 25{,}491 \text{ N-m} \qquad (f)$$

Convertendo as forças para as coordenadas polares:

$$\mathbf{F}_{12} = 292{,}09 \text{ N} \ @ \angle -170{,}75° \qquad (g)$$

Abra o arquivo E11-01.mtr no programa MATRIX para exercitar este exemplo (ver Apêndice A).

11.3 ANÁLISE DE FORÇA DE UM MECANISMO DE TRÊS BARRAS BIELA-MANIVELA

Quando há mais de um elo na montagem, a solução simplificada requer que as três Equações 11.1b sejam escritas para cada elo e então resolvidas simultaneamente. A Figura 11-2a mostra um mecanismo de três barras biela-manivela. Esse mecanismo foi simplificado de um mecanismo de quatro barras biela-manivela (ver Figura 11-4) substituindo o bloco guia cinematicamente redundante (elo 4) por uma meia junta, como mostrado. Essa transformação de mecanismo reduz o número de elos para três sem mudanças no grau de liberdade (ver Seção 2.10). Somente os elos 2 e 3 estão em movimento. O elo 1 é o terra. Assim, deveríamos ter seis equações e seis incógnitas (três por elo em movimento).

A Figura 11-2b mostra o mecanismo "explodido" em três elos separados, desenhados como corpos livres. A análise cinemática deve ser feita antes da análise dinâmica, para determinar a aceleração angular e a aceleração linear do CG de cada elo. Para a análise cinemática, somente os comprimentos dos elos de pino a pino foram requeridos. Para uma

CINEMÁTICA E DINÂMICA DOS MECANISMOS   CAPÍTULO 11

(a) O mecanismo e dimensões

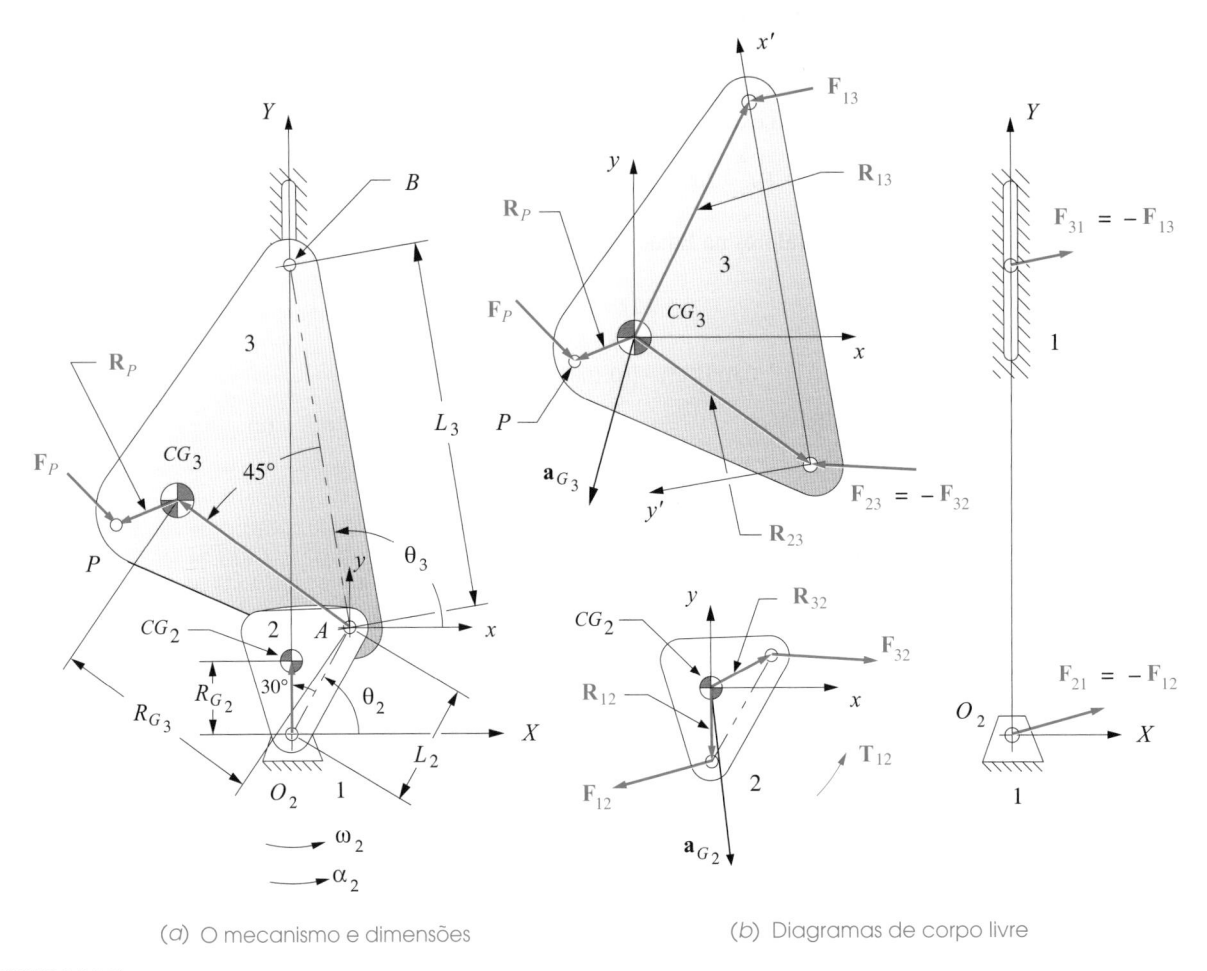

(b) Diagramas de corpo livre

FIGURA 11-2

Análise dinâmica de um mecanismo biela-manivela.

análise dinâmica, a massa (m), a localização do CG e o momento de inércia de massa (I_G) em relação ao CG, de cada elo, são necessários.

O CG de cada elo é inicialmente definido pelo vetor de posição com origem na única junta pinada, e seu ângulo é medido em relação à linha de centro do elo no sistema de coordenadas local rotacionável (SCLR) x', y'. Esse é o modo mais conveniente de estabelecer a localização do CG, uma vez que a linha de centro do elo é a definição cinemática do elo. Entretanto, precisaremos definir parâmetros dinâmicos do elo e a localização da força em relação a um sistema de coordenadas local rotacionável (SCLR) x, y localizado em seu CG e sempre paralelo ao sistema de coordenadas global (SCG) XY. A localização do vetor de posição de todos os pontos de conexão de outros elos e os pontos de aplicação de forças externas devem ser definidos em relação ao CSLNR do elo. Note que os dados cinemáticos e da força aplicada devem estar disponíveis para todas as posições do mecanismo onde se deseje fazer a análise de forças. Nas seguintes discussões e exemplos, apenas uma posição do mecanismo

ANÁLISE DINÂMICA

será abordada. O processo é idêntico para cada posição sucessiva, e apenas os cálculos devem ser repetidos. Obviamente, a ajuda de um computador será valiosa para executar a tarefa.

O elo 2 na Figura 11-2b mostra as forças atuando em cada junta pinada de conexão, designadas por $\mathbf{F}_{12}$ e $\mathbf{F}_{32}$. Por convenção, seus subscritos denotam a força que o elo adjacente exerce *sobre* o elo que está sendo analisado; isto é, $\mathbf{F}_{12}$ é a força de 1 *em* 2, e $\mathbf{F}_{32}$ é a força de 3 *em* 2. Obviamente, existem também forças iguais e opostas em cada um desses pinos, as quais são designadas como $\mathbf{F}_{21}$ e $\mathbf{F}_{23}$, respectivamente. A escolha desses pares de forças dos membros, para a resolução, é arbitrária. A menos que a nomenclatura seja alterada, suas identidades serão sempre mantidas.

Quando nos referimos ao elo 3, mantemos a mesma convenção de mostrar as forças atuando *sobre* o elo no diagrama de corpo livre. Assim, no centro instantâneo I_{23} mostramos $\mathbf{F}_{23}$ atuando sobre o elo 3. Entretanto, o fato de mostrar a força $\mathbf{F}_{23}$ atuando no mesmo ponto no elo 2 adiciona uma variável desconhecida para a qual precisaremos de uma equação adicional. Essa equação é proveniente da terceira lei de Newton.

$$\mathbf{F}_{23} = -\mathbf{F}_{32} \qquad (11.5)$$

Assim, estamos livres para substituir a reação negativa da força por qualquer ação de força em qualquer junta. Isso foi feito no elo 3 da figura com o objetivo de reduzir as forças desconhecidas para uma, designada $\mathbf{F}_{32}$. O mesmo procedimento é seguido para cada junta com uma força de ação e reação arbitrariamente escolhida para ser resolvida e ter suas reações negativas aplicadas no elo correspondente.

A convenção de nomes usada para os vetores de posição ($\mathbf{R}_{ap}$), os quais localizam as juntas pinadas em relação ao *CG* no sistema de coordenadas local não rotacionável do elo, é descrita a seguir: o primeiro subscrito (a) denota o elo adjunto para o qual o vetor de posição aponta. O segundo subscrito (p) denota o elo pai ao qual o vetor de posição pertence. Assim, no caso do elo 2, o vetor $\mathbf{R}_{12}$ localiza o ponto de conexão do elo 1 com o elo 2; já o vetor $\mathbf{R}_{32}$ localiza o ponto de conexão do elo 3 com o elo 2, e assim sucessivamente. Note que, em alguns casos, esses subscritos vão concordar com os das forças na articulação atuantes nesses pontos, mas, onde a força de reação negativa tiver sido substituída como descrito acima, a ordem dos subscritos da força e de seu vetor de posição não concordarão. Isso pode gerar confusão e devemos ter cuidado com erros de grafia quando montamos o problema.

Qualquer força externa atuando nos elos será localizada de forma similar com uma posição vetorial do ponto na linha de aplicação da força. A esse ponto é dada a mesma letra subscrita da força externa. O elo 3 na figura mostra cada força externa $\mathbf{F}_P$ atuando no ponto P. O vetor de posição $\mathbf{R}_P$ localiza esse ponto em relação ao *CG*. É importante notar que o *CG* de cada elo é consistentemente tomado como um ponto de referência para todas as forças atuantes no elo. Abandonado ao acaso, um corpo em movimento complexo sem restrições tenderá a girar em torno do seu *CG*; assim, analisamos sua aceleração linear neste ponto e aplicamos a aceleração angular em relação ao *CG* como centro.

As Equações 11.1 são agora escritas para cada elo em movimento. Para o elo 2, com o produto vetorial expandido:

$$F_{12_x} + F_{32_x} = m_2 a_{G_{2_x}}$$
$$F_{12_y} + F_{32_y} = m_2 a_{G_{2_y}} \qquad (11.6a)$$
$$T_{12} + \left(R_{12_x} F_{12_y} - R_{12_y} F_{12_x}\right) + \left(R_{32_x} F_{32_y} - R_{32_y} F_{32_x}\right) = I_{G_2} \alpha_2$$

Para o elo 3, com o produto vetorial expandido, note a substituição da força de reação $-\mathbf{F}_{32}$ por $\mathbf{F}_{23}$:

$$F_{13_x} - F_{32_x} + F_{P_x} = m_3 a_{G_{3_x}}$$
$$F_{13_y} - F_{32_y} + F_{P_y} = m_3 a_{G_{3_y}} \qquad (11.6b)$$
$$\left(R_{13_x} F_{13_y} - R_{13_y} F_{13_x}\right) - \left(R_{23_x} F_{32_y} - R_{23_y} F_{32_x}\right) + \left(R_{P_x} F_{P_y} - R_{P_y} F_{P_x}\right) = I_{G_3} \alpha_3$$

Note também que $\mathbf{T}_{12}$, a fonte de torque, somente aparece na equação para o elo 2 por ser a manivela acionadora à qual o motor está fixo. O elo 3 não possui nenhum torque aplicado externamente, mas uma força externa $\mathbf{F}_P$ que pode representar todo o trabalho externo exercido sobre o elo 3.

Existem sete variáveis em seis equações, F_{12_x}, F_{12_y}, F_{32_x}, F_{32_y}, F_{13_x}, F_{13_y} e T_{12}. Mas F_{13_y} é somente o atrito na junta entre o elo 3 e o elo 1. Podemos escrever uma relação para essa força de atrito f nessa superfície como $f = \pm \mu N$, em que $\pm \mu$ é um coeficiente de atrito de Coulomb conhecido. A força de atrito sempre se opõe ao movimento. A análise cinemática preverá a velocidade do elo na junta deslizante. A direção de f sempre será oposta a essa velocidade. Note que μ é uma função não linear a qual tem uma descontinuidade na velocidade zero. Assim, nas posições do mecanismo em que a velocidade é zero, a inclusão de μ nessas equações lineares não é valida. (Ver Figura 10-5a.) Neste exemplo, a força normal N é igual a F_{13_x} e a força de atrito f é igual a F_{13_y}. Para as posições do mecanismo sem velocidade nula, podemos eliminar F_{13_y}, substituindo na Equação 11.6b.

$$F_{13_y} = \mu F_{13_x} \qquad (11.6c)$$

em que o sinal de F_{13_y} é tomado como oposto ao sinal da velocidade neste ponto. Ficamos, então, com a Equação 11.6 com seis incógnitas e podemos resolvê-las simultaneamente. Também rearranjamos as equações 11.6a e 11.6b para colocar todos os termos conhecidos no lado direito.

$$F_{12_x} + F_{32_x} = m_2 a_{G_{2_x}}$$
$$F_{12_y} + F_{32_y} = m_2 a_{G_{2_y}}$$
$$T_{12} + R_{12_x} F_{12_y} - R_{12_y} F_{12_x} + R_{32_x} F_{32_y} - R_{32_y} F_{32_x} = I_{G_2} \alpha_2$$
$$F_{13_x} - F_{32_x} = m_3 a_{G_{3_x}} - F_{P_x} \qquad (11.6d)$$
$$\pm \mu F_{13_x} - F_{32_y} = m_3 a_{G_{3_y}} - F_{P_y}$$
$$\left(\pm \mu R_{13_x} - R_{13_y}\right) F_{13_x} - R_{23_x} F_{32_y} + R_{23_y} F_{32_x} = I_{G_3} \alpha_3 - R_{P_x} F_{P_y} + R_{P_y} F_{P_x}$$

Colocando essas seis equações em forma de matriz, obtemos

ANÁLISE DINÂMICA

$$\begin{bmatrix} 1 & 0 & 1 & 0 & 0 & 0 \\ 0 & 1 & 0 & 1 & 0 & 0 \\ -R_{12_y} & R_{12_x} & -R_{32_y} & R_{32_x} & 0 & 1 \\ 0 & 0 & -1 & 0 & 1 & 0 \\ 0 & 0 & 0 & -1 & \mu & 0 \\ 0 & 0 & R_{23_y} & -R_{23_x} & (\mu R_{13_x} - R_{13_y}) & 0 \end{bmatrix} \times \begin{bmatrix} F_{12_x} \\ F_{12_y} \\ F_{32_x} \\ F_{32_y} \\ F_{13_x} \\ T_{12} \end{bmatrix} =$$

(11.7)

$$\begin{bmatrix} m_2 a_{G_{2_x}} \\ m_2 a_{G_{2_y}} \\ I_{G_2} \alpha_2 \\ m_3 a_{G_{3_x}} - F_{P_x} \\ m_3 a_{G_{3_y}} - F_{P_y} \\ I_{G_3} \alpha_3 - R_{P_x} F_{P_y} + R_{P_y} F_{P_x} \end{bmatrix}$$

Esse sistema pode ser resolvido utilizando o programa MATRIX (ver Apêndice A) ou qualquer outra calculadora com recursos de cálculos matriciais. Como um exemplo dessa solução, considerar os dados do mecanismo a seguir.

EXEMPLO 11-2

Análise dinâmica de um mecanismo de três barras biela-manivela com meia junta. (Ver Figura 11-2)

Dados: A manivela de comprimento 127 mm (elo 2) tem massa de 0,9072 kg. Seu CG está a 76,2 mm e 30° da linha de centros. Seu momento de inércia de massa em relação ao seu CG é 0,0056 kg-m². Sua aceleração é definida em seu SCNR, x,y. Seus dados cinemáticos são

θ_2 graus	ω_2 rad/s	α_2 rad/s²	a_{G_2} m/s²	
60	30	−10	68,584 @ −89,4°	(a)

O acoplador de 1,8144 kg (elo 3) tem 381 mm de comprimento. Seu CG está a 228,6 mm e 45° da linha de centros. Seu momento de inércia de massa em relação ao seu CG é 0,0113 kg-m². Sua aceleração é definida em seu SCNR, x,y. Seus dados cinemáticos são

θ_3 graus	ω_3 rad/s	α_3 rad/s²	a_{G_3} m/s²	
99,59	−8,78	−136,16	87,715 @ 254,4°	(b)

A junta deslizante no elo 3 tem velocidade de 2,462 m/s na direção + Y.

Existe uma força externa de 222,41 N a −45°, aplicada no ponto P, que está localizado a 68,6 mm e 201° do CG do elo 3, medido no sistema de coordenadas local rotacionável ou SCLR, x', y' (origem em A, e eixo x de A para B) do elo. O coeficiente de atrito μ é 0,2.

Encontre: As **forças** F_{12}, F_{32}, F_{13} nas juntas e o **torque** de acionamento T_{12} necessário para manter o movimento com a aceleração dada para essa posição instantânea do elo.

Solução:

1. Monte um sistema de coordenadas local não rotacionável (SCNR) no *CG* de cada elo e desenhe todos os vetores de posição aplicáveis e vetores de forças atuantes dentro ou nesse sistema, como mostrado na Figura 11-2. Desenhe o diagrama de corpo livre de cada elo em movimento, como mostrado.

2. Calcule as componentes x e y dos vetores de posição R_{12}, R_{32}, R_{23}, R_{13} e R_P no sistema de coordenadas SCNR e coloque suas unidades em SI (m).

$$\begin{aligned}
\mathbf{R}_{12} &= 0{,}0762 \; @ \; \angle \; 270{,}0°; & R_{12_x} &= 0{,}000, & R_{12_y} &= -0{,}0762 \\
\mathbf{R}_{32} &= 0{,}0719 \; @ \; \angle \; 28{,}0°; & R_{32_x} &= 0{,}0635, & R_{32_y} &= 0{,}0338 \\
\mathbf{R}_{23} &= 0{,}2286 \; @ \; \angle \; 324{,}5°; & R_{23_x} &= 0{,}1861, & R_{23_y} &= -0{,}1328 \\
\mathbf{R}_{13} &= 0{,}2723 \; @ \; \angle \; 63{,}14°; & R_{13_x} &= 0{,}1230, & R_{13_y} &= 0{,}2429 \\
\mathbf{R}_P &= 0{,}0686 \; @ \; \angle \; 201{,}0°; & R_{P_x} &= -0{,}0640, & R_{P_y} &= -0{,}0246
\end{aligned}$$

(c)

Esses ângulos do vetor de posição são medidos em relação ao SCNR, o qual sempre é paralelo ao sistema de coordenadas global (SCG), marcando os mesmos ângulos em ambos os sistemas.

3. Calcule as componentes x e y da aceleração dos *CGs* de todos os elos em movimento no sistema de coordenadas global, em m/s².

$$\begin{aligned}
\mathbf{a}_{G_2} &= 68{,}584 \; @ \; \angle \; -89{,}4°; & a_{G_{2x}} &= 0{,}71820, & a_{G_{2y}} &= -68{,}58056 \\
\mathbf{a}_{G_3} &= 87{,}715 \; @ \; \angle \; 254{,}4°; & a_{G_{3x}} &= -23{,}58833, & a_{G_{3y}} &= -84{,}48389
\end{aligned}$$

(d)

4. Calcule as componentes x e y da força externa P no sistema de coordenadas global.

$$\mathbf{F}_P = 222{,}4 \; @ \; \angle -45°; \qquad F_{P_x} = 157{,}268; \qquad F_{P_y} = -157{,}268 \qquad (e)$$

5. Substitua os valores dados e calculados dentro da Equação matricial 11.7.

$$\begin{bmatrix} 1 & 0 & 1 & 0 & 0 & 0 \\ 0 & 1 & 0 & 1 & 0 & 0 \\ 0{,}0762 & 0 & -0{,}03375 & 0{,}06347 & 0 & 1 \\ 0 & 0 & -1 & 0 & 1 & 0 \\ 0 & 0 & 0 & -1 & 0{,}2 & 0 \\ 0 & 0 & -0{,}13275 & -0{,}18611 & (0{,}2)0{,}12302-0{,}24291 & 0 \end{bmatrix} \times \begin{bmatrix} F_{12_x} \\ F_{12_y} \\ F_{32_x} \\ F_{32_y} \\ F_{13_x} \\ T_{12} \end{bmatrix} =$$

$$\begin{bmatrix} 0{,}9072(0{,}71820) \\ 0{,}9072(-68{,}58056) \\ 0{,}005649(-10) \\ 1{,}8144(-23{,}58833)-157{,}26762 \\ 1{,}8144(-84{,}48389)-(-157{,}26762) \\ 0{,}01130(-136{,}16)-(-0{,}06402)(-157{,}26762)+(-0{,}02458)(157{,}26762) \end{bmatrix} = \begin{bmatrix} 0{,}65169 \\ -62{,}22921 \\ -0{,}05649 \\ -200{,}07517 \\ 3{,}94819 \\ -15{,}47201 \end{bmatrix}$$

(f)

ANÁLISE DINÂMICA

6 Resolva esse sistema por inversão da matriz **A** e pré-multiplicando pela matriz inversa **C** com uma calculadora portátil com função de cálculo matricial, ou usando um software de resolução de equações como *Mathcad* ou *Matlab*.

$$\begin{bmatrix} F_{12_x} \\ F_{12_y} \\ F_{32_x} \\ F_{32_y} \\ F_{13_x} \\ T_{12} \end{bmatrix} = \begin{bmatrix} -172{,}761 \\ -52{,}949 \\ 173{,}413 \\ -9{,}281 \\ -26{,}662 \\ 19{,}548 \end{bmatrix} \quad (g)$$

Convertendo as forças para coordenadas polares:

$$\mathbf{F}_{12} = 180{,}69 \text{ N} \quad @ \angle -162{,}96°$$
$$\mathbf{F}_{32} = 173{,}66 \text{ N} \quad @ \angle -3{,}063° \quad (h)$$
$$\mathbf{F}_{13} = 27{,}19 \text{ N} \quad @ \angle -168{,}69°$$

7 Essa solução foi feita com todos os dados carregados com o tamanho máximo de palavra no computador. Os dados mostrados nos passos acima estão arredondados. Se resolver esse problema utilizando os dados como mostrado, você obterá resultados ligeiramente diferentes devido aos erros de arredondamento.

11.4 ANÁLISE DE FORÇA DE UM MECANISMO DE QUATRO BARRAS

A Figura 11-3a mostra um mecanismo de quatro barras. Todas as dimensões de comprimentos, posições, localização de *CGs*, aceleração linear dos *CGs*, bem como de acelerações e velocidade dos elos, foram previamente determinados por análise cinemática. Agora desejamos encontrar as forças atuantes em todos as juntas pinadas do mecanismo para uma ou mais posições. O procedimento é exatamente o mesmo utilizado anteriormente nos dois exemplos. Esse mecanismo possui três elos em movimento. A Equação 11.1 provê três equações para qualquer elo ou corpo rígido em movimento. Precisaríamos esperar ter nove incógnitas em nove equações para esse problema.

A Figura 11-3b mostra os diagramas de corpo livre para todos os elos, com todas as forças mostradas. Note que uma força externa $\mathbf{F}_P$ é mostrada atuando sobre o elo 3 no ponto *P*. Também, um torque externo $\mathbf{T}_4$ é mostrado atuando sobre o elo 4. Essas cargas externas são causadas devido a algum outro mecanicismo (dispositivo, pessoa, coisa etc.) empurrando e torcendo contra o movimento do mecanismo. Qualquer elo pode ter qualquer número de cargas e torques externos sobre si. Somente um torque externo e uma força externa são mostrados aqui para servir como exemplo de como eles podem ser manuseados durante o processamento. (Note que um sistema de forças mais complicado, se apresentado, pode também ser reduzido para uma combinação de uma única força e torque em cada elo.)

Para resolver as forças na articulação é necessário que as forças e torques aplicados sejam definidos para todas as posições de interesse. Resolveremos para um dos membros do par de forças de ação e reação em cada junta, e também para o torque $\mathbf{T}_{12}$ necessário para acionamento do elo 2 de forma a manter o estado cinemático como definido. A convenção de subscritos é a mesma definida nos exemplos anteriores. Como exemplo, $\mathbf{F}_{12}$ é a força de 1 *em* 2, e $\mathbf{F}_{32}$ é a força de 3 *em* 2. As forças iguais e opostas em cada um desses pinos são

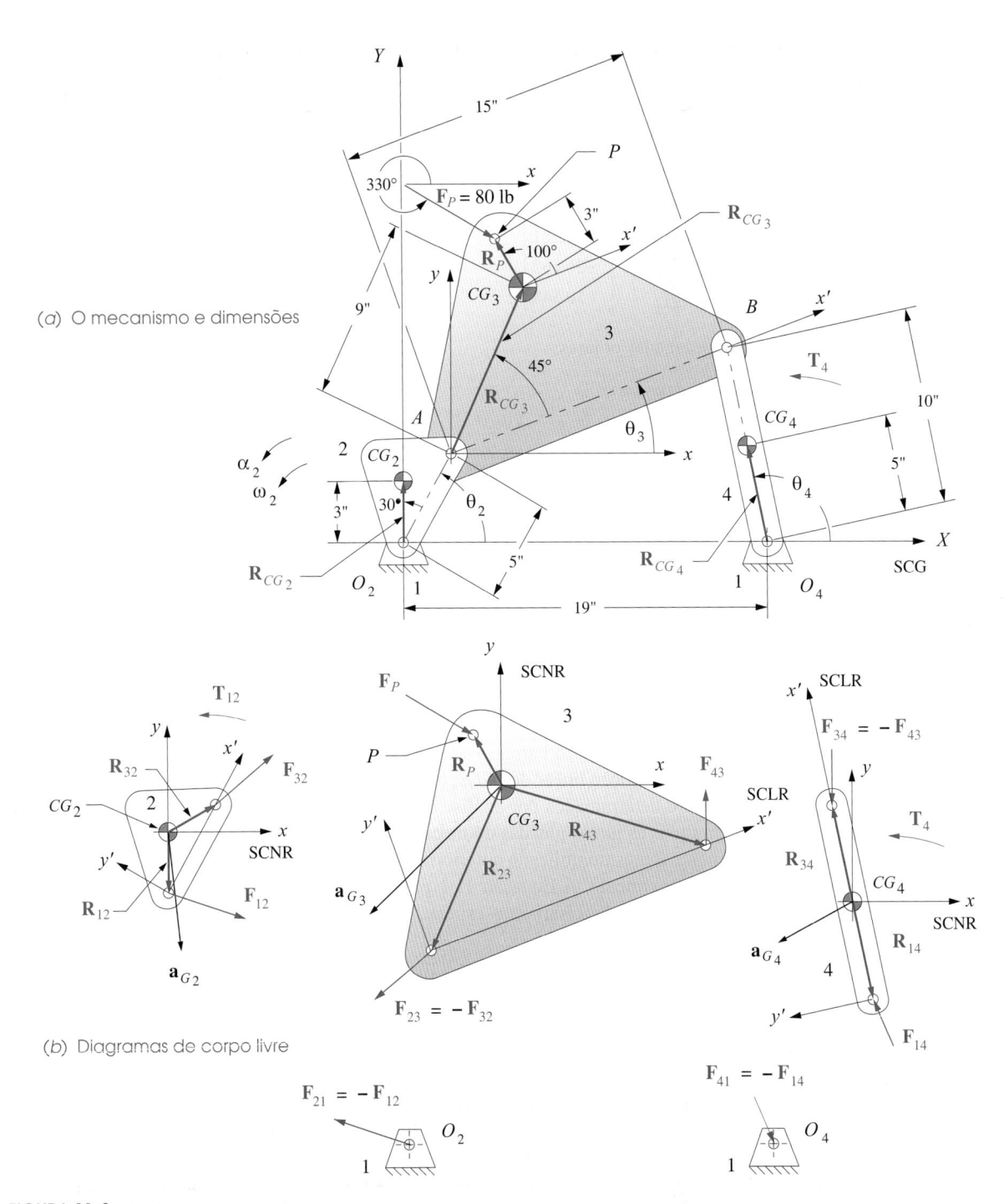

576 CINEMÁTICA E DINÂMICA DOS MECANISMOS CAPÍTULO 11

(a) O mecanismo e dimensões

(b) Diagramas de corpo livre

FIGURA 11-3
Análise dinâmica de um mecanismo de quatro barras. (Ver também Figura P11-2)

ANÁLISE DINÂMICA

designadas F_{21} e F_{23}, respectivamente. Todas as forças desconhecidas na figura são mostradas com ângulos e comprimentos arbitrários, uma vez que seus valores reais ainda estão para ser determinados.

Os parâmetros cinemáticos do mecanismo são definidos em relação ao sistema global XY (SCG) cuja origem é no pivô motor O_2 e cujo eixo X vai através do elo 4 fixo no pivô O_4. A massa (m) de cada elo, a localização de seu CG e o momento de inércia de massa (I_G) em relação ao seu CG são também necessários. O CG de cada elo é inicialmente definido em relação ao sistema de eixos móvel e rotacionável (SCLR) ao longo do elo, pois o CG é uma propriedade física invariável do elo. A origem deste sistema de eixos x', y' é a junta pinada, e o eixo x' é a linha de centros do elo. A posição do CG dentro do elo é definida por um vetor de posição neste SCLR. A localização instantânea do CG pode ser facilmente determinada para cada posição dinâmica do elo adicionando-se o ângulo interno do vetor de posição do CG ao atual ângulo do elo no SCG.

Precisamos definir os parâmetros dinâmicos e a força de cada elo em relação a um sistema de eixos local, móvel, mas não rotacionável (SCLNR) x,y localizado em seu CG, como mostrado em cada diagrama de corpo livre na Figura 11-3b. As localizações dos vetores de posição de todas as junções de outros elos e os pontos de aplicação de forças externas devem ser definidos em relação a esse sistema de eixos SCLNR. Esses dados de cinemática e força aplicada diferem para cada posição do mecanismo. Nas discussões e exemplos a seguir, somente uma posição do mecanismo será abordada. O processo é idêntico para cada posição sucessiva.

Equações 11.1 são agora escritas para cada elo em movimento. Para o elo 2, o resultado é idêntico ao feito para o exemplo biela-manivela na Equação 11.6a.

$$F_{12_x} + F_{32_x} = m_2 a_{G_{2x}}$$
$$F_{12_y} + F_{32_y} = m_2 a_{G_{2y}} \quad (11.8a)$$
$$T_{12} + \left(R_{12_x} F_{12_y} - R_{12_y} F_{12_x}\right) + \left(R_{32_x} F_{32_y} - R_{32_y} F_{32_x}\right) = I_{G_2} \alpha_2$$

Para o elo 3, com substituição da força de reação $-\mathbf{F}_{32}$ pela $\mathbf{F}_{23}$, o resultado é similar à Equação 11.6b, com as mesmas mudanças de subscritos para mostrar a presença do elo 4.

$$F_{43_x} - F_{32_x} + F_{P_x} = m_3 a_{G_{3x}}$$
$$F_{43_y} - F_{32_y} + F_{P_y} = m_3 a_{G_{3y}} \quad (11.8b)$$
$$\left(R_{43_x} F_{43_y} - R_{43_y} F_{43_x}\right) - \left(R_{23_x} F_{32_y} - R_{23_y} F_{32_x}\right) + \left(R_{P_x} F_{P_y} - R_{P_y} F_{P_x}\right) = I_{G_3} \alpha_3$$

Para o elo 4, substituindo a força de reação $\mathbf{F}_{43}$ pela $\mathbf{F}_{34}$, um sistema de Equações similares 11.1 pode ser escrito.

$$F_{14_x} - F_{43_x} = m_4 a_{G_{4x}}$$
$$F_{14_y} - F_{43_y} = m_4 a_{G_{4y}} \quad (11.8c)$$
$$\left(R_{14_x} F_{14_y} - R_{14_y} F_{14_x}\right) - \left(R_{34_x} F_{43_y} - R_{34_y} F_{43_x}\right) + T_4 = I_{G_4} \alpha_4$$

Note que novamente $\mathbf{T}_{12}$, o torque externo, somente aparece na equação para o elo 2, por ser a manivela acionadora à qual o motor está fixo. O elo 3, no exemplo, não tem torque externamente aplicado (embora pudesse ter), mas tem uma força externa $\mathbf{F}_P$. O elo 4, neste exemplo, não possui nenhuma força externa atuante (embora pudesse ter), porém possui um torque externo $\mathbf{T}_4$. (O elo movido 2 pode também ter uma força externa aplicada sobre ele, porém isso não é comum.) Existem nove incógnitas presentes nessas nove equações, F_{12_x}, F_{12_y}, F_{32_x}, F_{32_y}, F_{43_x}, F_{43_y}, F_{14_x}, F_{14_y} e T_{12}, porém podemos resolvê-las simultaneamente. Rearranjamos os termos nas Equações 11.8 para colocar todos os termos constantes conhecidos no lado direito e em forma de matriz.

$$\begin{bmatrix} 1 & 0 & 1 & 0 & 0 & 0 & 0 & 0 & 0 \\ 0 & 1 & 0 & 1 & 0 & 0 & 0 & 0 & 0 \\ -R_{12_y} & R_{12_x} & -R_{32_y} & R_{32_x} & 0 & 0 & 0 & 0 & 1 \\ 0 & 0 & -1 & 0 & 1 & 0 & 0 & 0 & 0 \\ 0 & 0 & 0 & -1 & 0 & 1 & 0 & 0 & 0 \\ 0 & 0 & R_{23_y} & -R_{23_x} & -R_{43_y} & R_{43_x} & 0 & 0 & 0 \\ 0 & 0 & 0 & 0 & -1 & 0 & 1 & 0 & 0 \\ 0 & 0 & 0 & 0 & 0 & -1 & 0 & 1 & 0 \\ 0 & 0 & 0 & 0 & R_{34_y} & -R_{34_x} & -R_{14_y} & R_{14_x} & 0 \end{bmatrix} \times \begin{bmatrix} F_{12_x} \\ F_{12_y} \\ F_{32_x} \\ F_{32_y} \\ F_{43_x} \\ F_{43_y} \\ F_{14_x} \\ F_{14_y} \\ T_{12} \end{bmatrix} =$$

(11.9)

$$\begin{bmatrix} m_2 a_{G_{2_x}} \\ m_2 a_{G_{2_y}} \\ I_{G_2} \alpha_2 \\ m_3 a_{G_{3_x}} - F_{P_x} \\ m_3 a_{G_{3_y}} - F_{P_y} \\ I_{G_3} \alpha_3 - R_{P_x} F_{P_y} + R_{P_y} F_{P_x} \\ m_4 a_{G_{4_x}} \\ m_4 a_{G_{4_y}} \\ I_{G_4} \alpha_4 - T_4 \end{bmatrix}$$

Esse sistema pode ser resolvido com uma calculadora com função matricial ou um software de equações como o *Mathcad* e *Matlab*. Como um exemplo dessa solução, considerar os dados do mecanismo a seguir.

EXEMPLO 11-3

Análise dinâmica de um mecanismo de quatro barras. (Ver Figura 11-3)

Dados: A manivela de comprimento 127 mm (elo 2) tem massa de 0,680 kg. Seu *CG* está a 76,2 mm @ +30° da linha de centros (SCLR). Seu momento de inércia de massa em relação ao seu *CG* é 0,006 kg-m². Seus dados cinemáticos são

θ_2 graus	ω_2 rad/s	α_2 rad/s²	a_{G_2} m/s²	
60	25	–40	47,722 @ –86,34°	(*a*)

ANÁLISE DINÂMICA

O acoplador de 3,493 kg (elo 3) tem 381 mm de comprimento. Seu *CG* está a 228,6 mm e 45° da linha de centros (SCLR). Seu momento de inércia de massa em relação ao seu *CG* é 0,011 kg-m². Seus dados cinemáticos são

θ_3 graus	ω_3 rad/s	α_3 rad/s²	a_{G_3} m/s²	
20,92	−5,877	120,609	92,602 @ 226,51°	(b)

O elo terra tem comprimento 482,6 mm. O seguidor de 2.631 kg (elo 4) tem 254 mm de comprimento. Seu *CG* está a 127 mm @ 0° sobre a linha de centros (SCLR). Seu momento de inércia de massa em relação ao seu *CG* é 0,090 k-gm². Existe um torque externo no elo 4 de 13,558 N-m (SCG). Uma força externa de 355,84 N @ 330° atua sobre o elo 3 no SCG, aplicado no ponto *P* em 76,2 mm @ 100° do *CG* do elo 3 (SCLR). Os dados cinemáticos são

θ_4 graus	ω_4 rad/s	α_4 rad/s²	a_{G_4} m/s²	
104,41	7,933	276,423	35,987 @ 207,24°	(c)

Encontre: As forças $\mathbf{F}_{12}$, $\mathbf{F}_{32}$, $\mathbf{F}_{43}$, $\mathbf{F}_{14}$ nas juntas e o torque atuante $\mathbf{T}_{12}$ necessário para manter o movimento com a aceleração dada para essa posição instantânea do elo.

Solução:

1. Monte o sistema de coordenadas *xy* SCNR no *CG* de cada elo e desenhe todos os vetores aplicáveis agindo no sistema, como mostrado na figura. Desenhe o diagrama de corpo livre para cada elo em movimento, como mostrado.

2. Calcule as componentes *x* e *y* dos vetores de posição $\mathbf{R}_{12}$, $\mathbf{R}_{32}$, $\mathbf{R}_{23}$, $\mathbf{R}_{43}$, $\mathbf{R}_{34}$, $\mathbf{R}_{14}$ e $\mathbf{R}_P$ no SCNR dos elos, em metros. $\mathbf{R}_{43}$, $\mathbf{R}_{34}$ e $\mathbf{R}_{14}$ terão de ser calculadas para cada geometria de elo fornecida usando a lei dos cossenos e lei dos senos. Note que o valor atual do ângulo de posição (θ_3) do elo 3 no SCG deve ser adicionado aos ângulos de todos os vetores de posição antes de gerar suas componentes *x* e *y*, no SCNR, se seus ângulos foram originalmente medidos em relação aos sistema de coordenadas local rotacionável (SCLR) dos elos.

$\mathbf{R}_{12} = 0,0762$ @ $\angle 270,00°$; $R_{12_x} = 0,0000$, $R_{12_y} = -0,0762$

$\mathbf{R}_{32} = 0,0719$ @ $\angle 28,00°$; $R_{32_x} = 0,0635$, $R_{32_y} = 0,0338$

$\mathbf{R}_{23} = 0,2286$ @ $\angle 245,92°$; $R_{23_x} = -0,0933$, $R_{23_y} = -0,2087$

$\mathbf{R}_{43} = 0,2723$ @ $\angle -15,46°$; $R_{43_x} = 0,2626$, $R_{43_y} = -0,0727$ \quad (d)

$\mathbf{R}_{34} = 0,1270$ @ $\angle 104,41°$; $R_{34_x} = -0,0318$, $R_{34_y} = 0,1230$

$\mathbf{R}_{14} = 0,1270$ @ $\angle 284,41°$; $R_{14_x} = 0,0318$, $R_{14_y} = -0,1230$

$\mathbf{R}_P = 0,0762$ @ $\angle 120,92°$; $R_{P_x} = -0,0392$, $R_{P_y} = 0,0654$

3. Calcule as componentes *x* e *y* da aceleração dos *CGs* para todos os elos em movimento no sistema de coordenadas global (SCG), em m/s².

$\mathbf{a}_{G_2} = 47,722$ @ $\angle -86,34°$; $a_{G_{2_x}} = 3,048$, $a_{G_{2_y}} = -47,625$

$\mathbf{a}_{G_3} = 92,602$ @ $\angle 226,55°$; $a_{G_{3_x}} = -63,680$, $a_{G_{3_y}} = -67,231$ \quad (e)

$\mathbf{a}_{G_4} = 36,004$ @ $\angle 207,24°$; $a_{G_{4_x}} = -31,988$, $a_{G_{4_y}} = -16,524$

4 Calcule as componentes x e y da força externa P (N) no SCG.

$$\mathbf{F}_{P3} = 355{,}86 \ @ \ \angle \ 330°; \qquad F_{P3_x} = 308{,}184; \qquad F_{P3_y} = -177{,}930 \qquad (f)$$

5 Substitua os valores dados e calculados dentro da Equação matricial 11.9.

$$\begin{bmatrix} 1 & 0 & 1 & 0 & 0 & 0 & 0 & 0 & 0 \\ 0 & 1 & 0 & 1 & 0 & 0 & 0 & 0 & 0 \\ 0{,}0762 & 0 & -0{,}0338 & 0{,}0635 & 0 & 0 & 0 & 0 & 1 \\ 0 & 0 & -1 & 0 & 1 & 0 & 0 & 0 & 0 \\ 0 & 0 & 0 & -1 & 0 & 1 & 0 & 0 & 0 \\ 0 & 0 & -0{,}2087 & 0{,}0933 & 0{,}0727 & 0{,}2626 & 0 & 0 & 0 \\ 0 & 0 & 0 & 0 & -1 & 0 & 1 & 0 & 0 \\ 0 & 0 & 0 & 0 & 0 & -1 & 0 & 1 & 0 \\ 0 & 0 & 0 & 0 & 0{,}1230 & 0{,}0318 & 0{,}1230 & 0{,}0318 & 0 \end{bmatrix} \times \begin{bmatrix} F_{12_x} \\ F_{12_y} \\ F_{32_x} \\ F_{32_y} \\ F_{43_x} \\ F_{43_y} \\ F_{14_x} \\ F_{14_y} \\ T_{12} \end{bmatrix} =$$

$$\begin{bmatrix} 0{,}680(3{,}048) \\ 0{,}680(-47{,}625) \\ 0{,}006(-40) \\ 3{,}493(-63{,}680)-308{,}184 \\ 3{,}493(-67{,}231)-(-177{,}930) \\ 0{,}011(120{,}609)-[-0{,}0392(-177{,}930)]+0{,}0654(308{,}184) \\ 2{,}631(-31{,}988) \\ 2{,}631(-16{,}524) \\ 0{,}090(276{,}423)-13{,}558 \end{bmatrix} = \begin{bmatrix} 2{,}073 \\ -32{,}385 \\ -2{,}400 \\ -530{,}618 \\ -56{,}908 \\ 14{,}507 \\ -84{,}160 \\ -43{,}475 \\ 11{,}320 \end{bmatrix}$$

(g)

6 Resolva esse sistema também por inversão da matriz **A** e pré-multiplicando pela matriz inversa **C** com uma calculadora portátil com função matriz, ou colocando os valores para matriz **A** e **C** no programa MATRIX (ver Apêndice A), o qual dará a seguinte solução:

$$\begin{bmatrix} F_{12_x} \\ F_{12_y} \\ F_{32_x} \\ F_{32_y} \\ F_{43_x} \\ F_{43_y} \\ F_{14_x} \\ F_{14_y} \\ T_{12} \end{bmatrix} = \begin{bmatrix} -534{,}58 \\ -428{,}55 \\ 536{,}65 \\ 396{,}16 \\ 6{,}03 \\ 339{,}25 \\ -78{,}13 \\ 295{,}78 \\ 33{,}47 \end{bmatrix} \qquad (h)$$

Convertendo as forças para coordenadas polares:

ANÁLISE DINÂMICA

$$\mathbf{F}_{12} = 685 \text{ N} \quad @ \angle \; 218{,}72°$$
$$\mathbf{F}_{32} = 667 \text{ N} \quad @ \angle \;\; 36{,}44°$$
$$\mathbf{F}_{43} = 339 \text{ N} \quad @ \angle \;\; 88{,}98° \qquad (i)$$
$$\mathbf{F}_{14} = 305 \text{ N} \quad @ \angle \; 104{,}80°$$
$$\mathbf{T}_{12} = \;\; 33 \text{ N-m}$$

7   A magnitude da força na articulação em (*i*) é necessária para dimensionar o pino pivô e o elo contra falhas e também selecionar o mancal do pivô para que a montagem tenha a vida requerida. O torque de acionamento T_{12} é necessário para selecionar o motor ou outro dispositivo capaz de suprir a energia para acionar o sistema. Ver Seção 2.19 para um resumo de discussões sobre seleção de motores. Tópicos sobre cálculo de tensões e prevenção de falhas estão além do escopo deste texto, mas note que alguns cálculos não podem ser feitos até que se tenha uma boa estimativa das forças dinâmicas e torques sobre o sistema, feitos pelos métodos mostrados neste exemplo.

8   Essa solução foi feita com todos os dados carregados com o tamanho máximo de palavra no computador. Os dados mostrados nos passos acima estão arredondados. Se resolver esse problema utilizando os dados como mostrado, você obterá resultados ligeiramente diferentes devido aos erros de arredondamento.

Esse método resolve o mecanismo para uma posição. Um novo grupo de valores pode ser colocado dentro das matrizes **A** e **C** para cada uma das posições de interesse onde a análise de força é necessária.

Vale fazer algumas observações gerais sobre esse método neste ponto. A solução pode ser feita usando coordenadas cartesianas de todos os vetores de força e posição. Antes de serem colocados nas matrizes, esses vetores devem ser definidos no sistema de coordenadas global (SCG) ou em um sistema de coordenadas local não rotacionável paralelo ao sistema de coordenadas global, com suas origens no *CG* do elo (SCLNR). Alguns dos parâmetros do mecanismo são geralmente expressos em tal sistema de coordenadas, mas outros não são, e devem ser transformados para o sistema de coordenadas apropriado. Os dados cinemáticos devem ser todos computados no sistema global ou no sistema local paralelo, **não rotacionável**, colocado no *CG* de cada elo individual. Qualquer força externa sobre o elo deve também ser definida no sistema global.

Entretanto, os vetores de posição definidos localizados dentro do elo, tais como as juntas pinadas em relação ao *CG*, ou aqueles que localizam os pontos de aplicação das forças externas em relação ao *CG* estão definidos no sistema de coordenadas local **rotacionável** pertencente ao elo (SCLR). Dessa forma, os vetores de posição devem ser redefinidos no sistema paralelo **não rotacionável** antes de serem usados na matriz. Um exemplo disso é o vetor $\mathbf{R}_P$, o qual foi inicialmente definido como 76,2 mm a 100° no sistema de coordenadas local **rotacionável** do elo 3. Note, no Exemplo 11-3, que as coordenadas cartesianas usadas nas equações eram calculadas depois de adicionar o atual valor de θ_3 a esses ângulos. Isso redefine $\mathbf{R}_P$ como 76,2 mm a 120,92° no sistema local **não rotacionável**. O mesmo foi feito para os vetores de posições $\mathbf{R}_{12}$, $\mathbf{R}_{32}$, $\mathbf{R}_{23}$, $\mathbf{R}_{43}$, $\mathbf{R}_{34}$ e $\mathbf{R}_{14}$. Em cada caso, o **ângulo dentro do elo** desses vetores (os quais são independentes da posição do mecanismo) foi adicionado ao ângulo atual do elo para obter essas posições no sistema *xy* no *CG* do elo. A própria definição dessas componentes dos vetores de posição são importantes para a solução, e é muito fácil cometer erros em sua definição.

Para confundir ainda mais, embora o vetor de posição $\mathbf{R}_P$ seja inicialmente medido no sistema de coordenadas rotacionável do elo, a força $\mathbf{F}_P$, que é localizada por ele, não é. A força $\mathbf{F}_P$ não faz parte do elo, como $\mathbf{R}_P$, mas, antes, faz parte do mundo externo, por isso é definida no sistema global.

11.5 ANÁLSE DE FORÇA DE UM MECANISMO DE QUATRO BARRAS BIELA-MANIVELA

A abordagem utilizada para o mecanismo de quatro barras com junta pinada é igualmente válida para um mecanismo de quatro barras biela-manivela. A principal diferença será que o bloco deslizante não terá aceleração angular. A Figura 11-4 mostra um mecanismo biela-manivela com uma força externa na junta deslizante, elo 4. Essa é a representação do mecanismo extensamente usada em bombas de pistão e motores de combustão interna. Desejamos determinar as forças nas juntas e o torque de acionamento necessário na manivela para gerar a aceleração específica. Uma análise cinemática deve ser previamente feita de forma a determinar todas as informações sobre a posição, velocidade e aceleração para as posições que estão sendo analisadas. Equações 11.1 são escritas para cada elo. Para o elo 2:

$$F_{12_x} + F_{32_x} = m_2 a_{G_{2_x}}$$
$$F_{12_y} + F_{32_y} = m_2 a_{G_{2_y}} \qquad (11.10a)$$
$$T_{12} + \left(R_{12_x} F_{12_y} - R_{12_y} F_{12_x}\right) + \left(R_{32_x} F_{32_y} - R_{32_y} F_{32_x}\right) = I_{G_2} \alpha_2$$

Essa equação é idêntica à Equação 11.8a para o mecanismo de quatro barras "puro". Para o elo 3:

$$F_{43_x} - F_{32_x} = m_3 a_{G_{3_x}}$$
$$F_{43_y} - F_{32_y} = m_3 a_{G_{3_y}} \qquad (11.10b)$$
$$\left(R_{43_x} F_{43_y} - R_{43_y} F_{43_x}\right) - \left(R_{23_x} F_{32_y} - R_{23_y} F_{32_x}\right) = I_{G_3} \alpha_3$$

Essa equação é similar à Equação 11.8b, desprovida somente de termos envolvendo $\mathbf{F}_P$, uma vez que não existe força externa mostrada atuando no elo 3 de nosso exemplo de biela-manivela. Para o elo 4:

$$F_{14_x} - F_{43_x} + F_{P_x} = m_4 a_{G_{4_x}}$$
$$F_{14_y} - F_{43_y} + F_{P_y} = m_4 a_{G_{4_y}} \qquad (11.10c)$$
$$\left(R_{14_x} F_{14_y} - R_{14_y} F_{14_x}\right) - \left(R_{34_x} F_{43_y} - R_{34_y} F_{43_x}\right) + \left(R_{P_x} F_{P_y} - R_{P_y} F_{P_x}\right) = I_{G_4} \alpha_4$$

Estas contêm a força externa $\mathbf{F}_p$ mostrada atuando no elo 4.

Para a inversão da biela-manivela mostrada, o bloco guia, ou pistão, está em pura translação contra o plano terra estacionário; assim, não pode ter nenhuma aceleração ou velocidade angular. Além disso, os vetores de posição na equação do torque (Equação 11.10c) são todos zero, como a força $\mathbf{F}_P$ atuando no *CG*. Assim, a equação do torque para o elo 4 (terceira expressão na Equação 11.10c) é zero para essa inversão do mecanismo biela-manivela. Sua aceleração linear também não tem componente *y*.

$$\alpha_4 = 0, \qquad a_{G_{4_y}} = 0 \qquad (11.10d)$$

A única força dirigida a *x* que pode existir na interface entre os elos 4 e 1 é o atrito. Assumindo atrito de Coulomb, a componente *x* deve ser expressa em termos da componente *y* para a força nesta interface. Podemos escrever a relação para a força de atrito *f* na interface como $f = \pm \mu \mathbf{N}$, em que $\pm \mu$ é o coeficiente de atrito conhecido. Os sinais de mais e menos do coeficiente de atrito são para reconhecer o fato de que a força de atrito é sempre oposta ao

ANÁLISE DINÂMICA

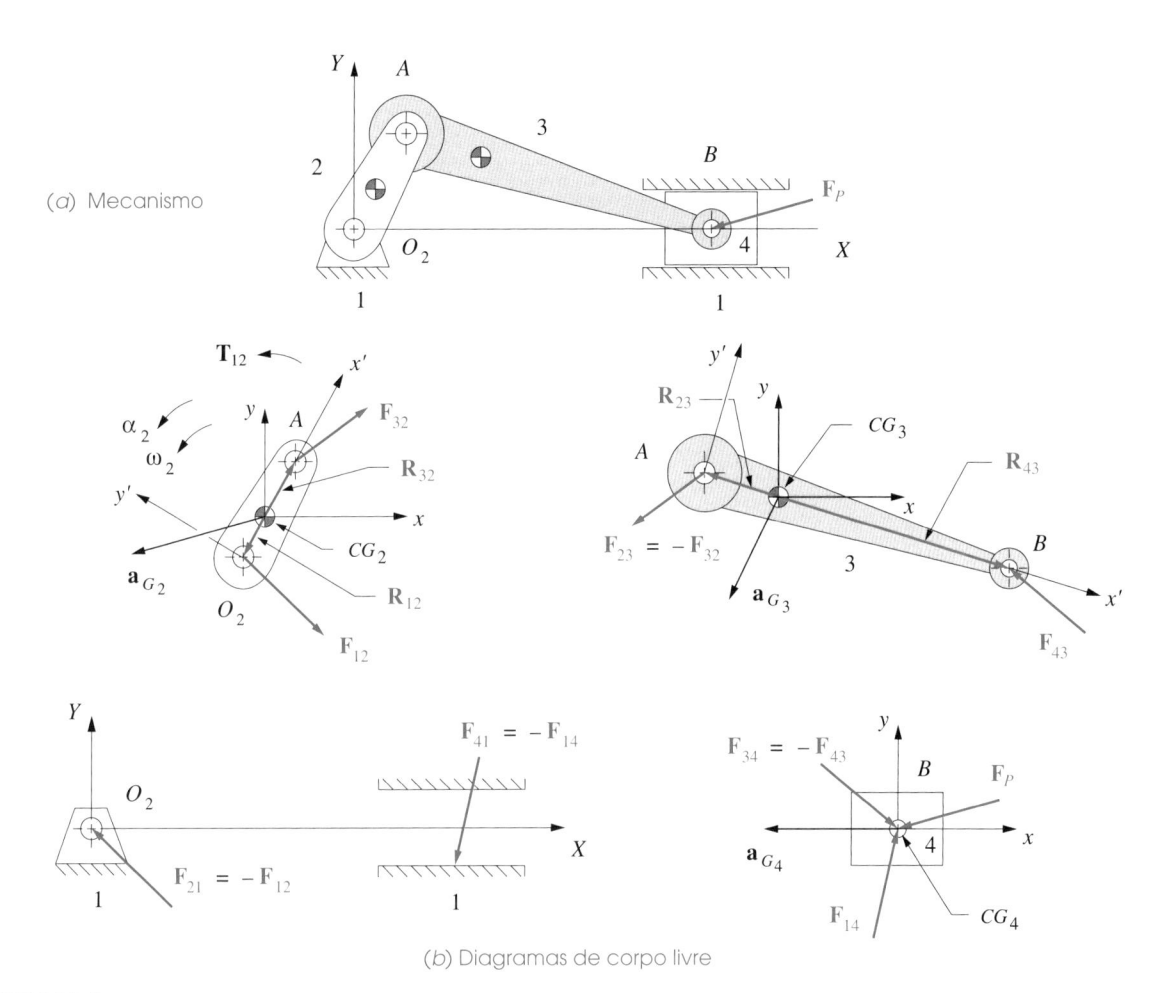

(a) Mecanismo

(b) Diagramas de corpo livre

FIGURA 11-4

Análise dinâmica de mecanismo de quatro barras biela-manivela.

movimento. A análise cinemática irá fornecer a velocidade da junta deslizante. O sinal do μ sempre é oposto ao sinal desta velocidade.

$$F_{14_x} = \pm \mu F_{14_y} \tag{11.10e}$$

Substituir as equações 11.10d e 11.10e na Equação reduzida 11.10c resultará em

$$\pm \mu F_{14_y} - F_{43_x} + F_{P_x} = m_4 a_{G_{4_x}}$$
$$F_{14_y} - F_{43_y} + F_{P_y} = 0 \tag{11.10f}$$

Essa última substituição reduziu o número de incógnitas para oito, F_{12_x}, F_{12_y}, F_{32_x}, F_{32_y}, F_{43_x}, F_{43_y}, F_{14_x}, F_{14_y} e T_{12}; assim, precisaremos somente de oito equações. Podemos agora usar oito equações em 11.10a, b e f para montar matrizes para solução.

$$\begin{bmatrix} 1 & 0 & 1 & 0 & 0 & 0 & 0 & 0 \\ 0 & 1 & 0 & 1 & 0 & 0 & 0 & 0 \\ -R_{12_y} & R_{12_x} & -R_{32_y} & R_{32_x} & 0 & 0 & 0 & 1 \\ 0 & 0 & -1 & 0 & 1 & 0 & 0 & 0 \\ 0 & 0 & 0 & -1 & 0 & 1 & 0 & 0 \\ 0 & 0 & R_{23_y} & -R_{23_x} & -R_{43_y} & R_{43_x} & 0 & 0 \\ 0 & 0 & 0 & 0 & -1 & 0 & \pm\mu & 0 \\ 0 & 0 & 0 & 0 & 0 & -1 & 1 & 0 \end{bmatrix} \times \begin{bmatrix} F_{12_x} \\ F_{12_y} \\ F_{32_x} \\ F_{32_y} \\ F_{43_x} \\ F_{43_y} \\ F_{14_y} \\ T_{12} \end{bmatrix} =$$

(11.10g)

$$\begin{bmatrix} m_2 a_{G_{2_x}} \\ m_2 a_{G_{2_y}} \\ I_{G_2} \alpha_2 \\ m_3 a_{G_{3_x}} \\ m_3 a_{G_{3_y}} \\ I_{G_3} \alpha_3 \\ m_4 a_{G_{4_x}} - F_{P_x} \\ -F_{P_y} \end{bmatrix}$$

A solução desta Equação matricial 11.10g, mais a Equação matricial 11.10e, fornecerá as informações completas da força dinâmica para mecanismo de quatro barras biela-manivela.

11.6 ANÁLISE DE FORÇA DE BIELA-MANIVELA INVERTIDA

Outra inversão do mecanismo de quatro barras biela-manivela foi também analisada cinematicamente na Parte I. Isso é mostrado na Figura 11-5. O elo 4 tem uma aceleração angular nesta inversão. De fato, ele deve ter o mesmo ângulo, velocidade e aceleração angular do elo 3, pois estão rotacionalmente conjugados na junta deslizante. Desejamos determinar as forças em todas as juntas pinadas e na junta deslizante, bem como o torque atuante necessário para gerar a aceleração desejada. Cada junta do elo é localizada por um vetor de posição referenciado a um sistema de coordenadas local não rotacionável ao *CG* de cada elo, como antes. A junta deslizante é localizada por um vetor de posição $\mathbf{R}_{43}$ para o centro da guia, ponto *B*. A posição instantânea do ponto *B* foi determinada por meio de análises cinemáticas com o comprimento *b* referenciado no centro instantâneo I_{23} (ponto *A*). Ver as seções 4.7, 6.7 e 7.3 para revisar as análises de posição, velocidade e aceleração desses mecanismos. Lembre que esse mecanismo tem a componente de aceleração de Coriolis diferente de zero. A força entre o elo 3 e 4 na junta deslizante é distribuída ao longo do comprimento não especificado do bloco guia. Para essa análise, a força distribuída pode ser modelada como a força concentrada no ponto *B* na junta deslizante. Ignoraremos o atrito neste exemplo.

As equações para os elos 2 e 3 são idênticas àquelas para o biela-manivela não invertido (equações 11.10a e b). As equações para o elo 4 são iguais às Equações 11.10c, exceto

ANÁLISE DINÂMICA

pela ausência dos termos envolvendo $\mathbf{F}_p$, pois nenhuma força externa é mostrada agindo sobre o elo 4 neste exemplo. A junta deslizante pode apenas transmitir força do elo 3 para o elo 4 ou vice-versa ao longo da linha perpendicular ao eixo de deslizamento. Essa linha é chamada de eixo de transmissão. De forma a garantir que a força $\mathbf{F}_{34}$ ou $\mathbf{F}_{43}$ seja sempre perpendicular ao eixo de deslizamento, podemos escrever a seguinte relação

$$\hat{\mathbf{u}} \cdot \mathbf{F}_{43} = 0 \qquad (11.11a)$$

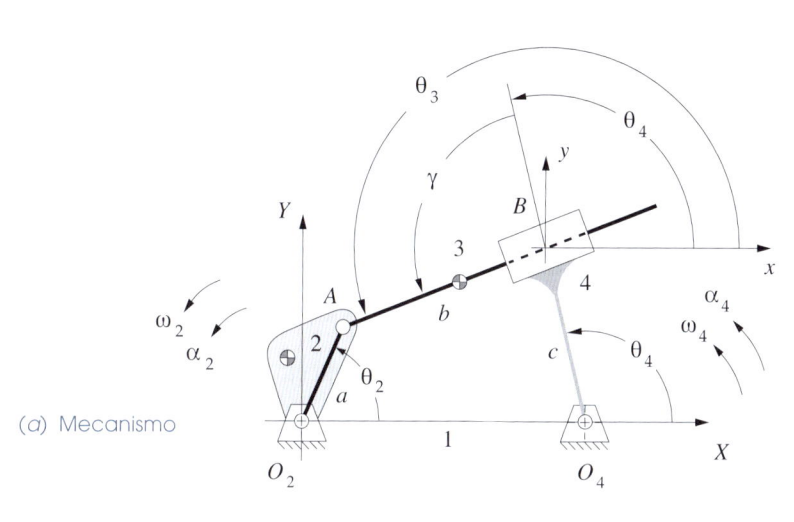

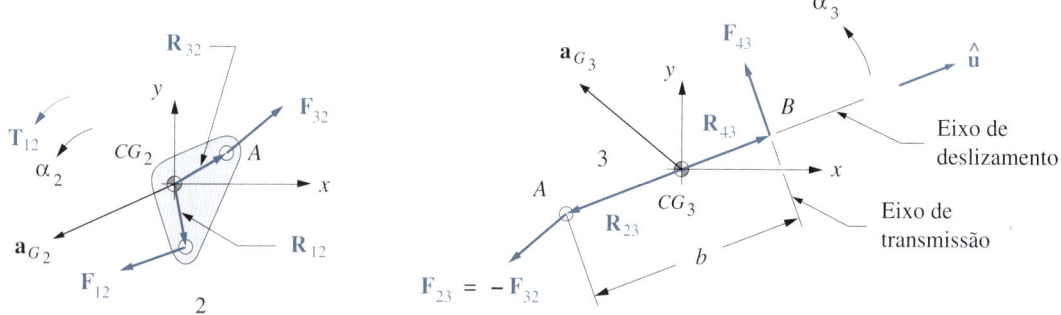

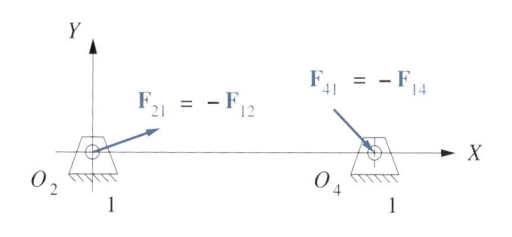

(a) Mecanismo

(b) Diagramas de corpo livre

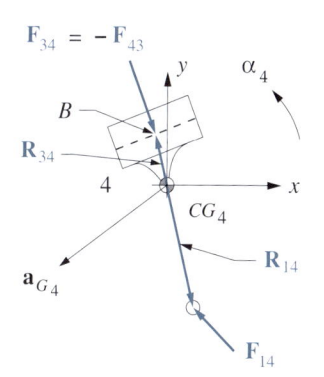

FIGURA 11-5
Forças dinâmicas no mecanismo de quatro barras biela-manivela invertido.

que se expande:

$$u_x F_{43_x} + u_y F_{43_y} = 0 \tag{11.11b}$$

O produto escalar de dois vetores será zero quando forem mutuamente perpendiculares. A unidade do vetor *u chapéu* está na direção do elo 3, o qual é definido por meio de análises cinemáticas em θ_3.

$$u_x = \cos\theta_3, \qquad u_y = \sen\theta_3 \tag{11.11c}$$

A Equação 11.11b nos fornece uma décima equação, mas temos somente nove incógnitas, $F_{12x}, F_{12y}, F_{32x}, F_{32y}, F_{43x}, F_{43y}, F_{14x}, F_{14y}$ e T_{12}, então uma de nossas equações é redundante. Visto que devemos incluir a Equação 11.11, iremos combinar as equações de torque do elo 3 e 4 e reescrever aqui em forma vetorial sem a força externa F_P.

$$\left(\mathbf{R}_{43} \times \mathbf{F}_{43}\right) - \left(\mathbf{R}_{23} \times \mathbf{F}_{32}\right) = I_{G_3}\alpha_3 = I_{G_3}\alpha_4$$

$$\left(\mathbf{R}_{14} \times \mathbf{F}_{14}\right) - \left(\mathbf{R}_{34} \times \mathbf{F}_{43}\right) = I_{G_4}\alpha_4 \tag{11.12a}$$

Note que a aceleração angular do elo 3 é a mesma do elo 4 neste mecanismo. Somando essas equações, teremos

$$\left(\mathbf{R}_{43} \times \mathbf{F}_{43}\right) - \left(\mathbf{R}_{23} \times \mathbf{F}_{32}\right) + \left(\mathbf{R}_{14} \times \mathbf{F}_{14}\right) - \left(\mathbf{R}_{34} \times \mathbf{F}_{43}\right) = \left(I_{G_3} + I_{G_4}\right)\alpha_4 \tag{11.12b}$$

Expandindo e agrupando os termos:

$$\left(R_{43_x} - R_{34_x}\right)F_{43_y} + \left(R_{34_y} - R_{43_y}\right)F_{43_x} - R_{23_x}F_{32_y}$$
$$+ R_{23_y}F_{32_x} + R_{14_x}F_{14_y} - R_{14_y}F_{14_x} = \left(I_{G_3} + I_{G_4}\right)\alpha_4 \tag{11.12c}$$

As equações 11.10a, 11.11b, 11.12c e as quatro equações de força das equações 11.10b e 11.10c (excluindo a força externa $\mathbf{F}_P$) nos fornecem nove equações em nove incógnitas, as quais podemos colocar em forma matricial para a solução.

ANÁLISE DINÂMICA

$$\begin{bmatrix} 1 & 0 & 1 & 0 & 0 & 0 & 0 & 0 & 0 \\ 0 & 1 & 0 & 1 & 0 & 0 & 0 & 0 & 0 \\ -R_{12_y} & R_{12_x} & -R_{32_y} & R_{32_x} & 0 & 0 & 0 & 0 & 1 \\ 0 & 0 & -1 & 0 & 1 & 0 & 0 & 0 & 0 \\ 0 & 0 & 0 & -1 & 0 & 1 & 0 & 0 & 0 \\ 0 & 0 & R_{23_y} & -R_{23_x} & \left(R_{34_y} - R_{43_y}\right) & \left(R_{43_x} - R_{34_x}\right) & -R_{14_y} & R_{14_x} & 0 \\ 0 & 0 & 0 & 0 & -1 & 0 & 1 & 0 & 0 \\ 0 & 0 & 0 & 0 & 0 & -1 & 0 & 1 & 0 \\ 0 & 0 & 0 & 0 & u_x & u_y & 0 & 0 & 0 \end{bmatrix} \times$$

$$\begin{bmatrix} F_{12_x} \\ F_{12_y} \\ F_{32_x} \\ F_{32_y} \\ F_{43_x} \\ F_{43_y} \\ F_{14_x} \\ F_{14_y} \\ T_{12} \end{bmatrix} = \begin{bmatrix} m_2 a_{G_{2_x}} \\ m_2 a_{G_{2_y}} \\ I_{G_2} \alpha_2 \\ m_3 a_{G_{3_x}} \\ m_3 a_{G_{3_y}} \\ \left(I_{G_3} + I_{G_4}\right)\alpha_4 \\ m_4 a_{G_{4_x}} \\ m_4 a_{G_{4_y}} \\ 0 \end{bmatrix} \quad (11.13)$$

11.7 ANÁLISE DE FORÇA – MECANISMOS COM MAIS DE QUATRO BARRAS

Este método matricial da análise de forças pode facilmente ser estendido para montagens mais complexas de elos. As equações para cada elo são da mesma forma. Podemos criar notações mais gerais para as Equações 11.1 para aplicá-las em qualquer montagem de n elos conectados com um pino. Vamos representar j como qualquer elo na montagem. Façamos $i = j - 1$ ser o elo anterior na cadeia e $k = j + 1$ ser o próximo elo da cadeia; então, usando a forma vetorial nas Equações 11.1:

$$\mathbf{F}_{ij} + \mathbf{F}_{jk} + \sum \mathbf{F}_{ext_j} = m_j \mathbf{a}_{G_j} \quad (11.14a)$$

$$\left(\mathbf{R}_{ij} \times \mathbf{F}_{ij}\right) + \left(\mathbf{R}_{jk} \times \mathbf{F}_{jk}\right) + \sum \mathbf{T}_j + \left(\mathbf{R}_{ext_j} \times \sum \mathbf{F}_{ext_j}\right) = I_{G_j} \alpha_j \quad (11.14b)$$

em que:

$$j = 2, 3, \ldots, n; \quad i = j - 1; \quad k = j + 1, j \neq n; \quad \text{se } j = n, k = 1$$

e

$$\mathbf{F}_{ji} = -\mathbf{F}_{ij}; \quad \mathbf{F}_{kj} = -\mathbf{F}_{jk} \quad (11.14c)$$

A Equação da soma dos vetores da força 11.4a pode ser dividida em duas equações das componentes x e y e aplicada com a Equação da soma de torques 11.14b, para cada um dos elos na cadeia cinemática para gerar um sistema de equações simultâneas para a solução. Qualquer elo pode ter forças externas e/ou torques externos aplicados a ele. Todos terão forças na articulação. Uma vez que o n-ésimo elo de uma cadeia fechada se conecta com o primeiro elo, o valor de k para o n-ésimo elo é ajustado em 1. Com o objetivo de reduzir o número de variáveis para uma quantidade tratável, substituímos as forças de reação negativas da Equação 11.14c onde for necessário, como feito nos exemplos deste capítulo. Quando existem juntas deslizantes, será necessário adicionar obstáculos nas direções permitidas das forças nessas juntas, como feito no equacionamento do mecanismo biela-manivela invertido acima.

11.8 FORÇA E MOMENTO VIBRATÓRIOS

É geralmente interessante saber o efeito resultante de forças dinâmicas que são sentidas no plano terra, pois estas podem gerar vibrações na estrutura que suporta a máquina. Para nossos exemplos simples de mecanismos de três e quatro barras, existem somente dois pontos pelos quais as forças dinâmicas podem ser transmitidas para o elo 1, o plano terra. Mecanismos mais complicados terão mais juntas com o plano terra. As forças transmitidas pelo movimento dos elos para a terra nos pivôs fixos O_2 e O_4 são designadas $\mathbf{F}_{21}$ e $\mathbf{F}_{41}$ por nossa convenção de subscritos, como definida na Seção 11.1. Uma vez que escolhamos para resolver $\mathbf{F}_{12}$ e $\mathbf{F}_{14}$ em nossas soluções, podemos simplesmente negativar essas forças para obter suas contrapartes iguais e opostas. (Ver Equação 11.5.)

$$\mathbf{F}_{21} = -\mathbf{F}_{12} \qquad \mathbf{F}_{41} = -\mathbf{F}_{14} \qquad (11.15a)$$

O *somatório de todas as forças atuando no plano terra* é chamado **força vibratória** ($\mathbf{F}_s$), como mostrado na Figura 11-6. Nestes simples exemplos, ela é igual a

$$\mathbf{F}_s = \mathbf{F}_{21} + \mathbf{F}_{41} \qquad (11.15b)$$

O *momento de reação sentido pelo plano terra* é chamado **momento vibratório** ($\mathbf{M}_s$), como mostrado na Figura 11-7. Esse é a fonte negativa de torque ($\mathbf{T}_{21} = -\mathbf{T}_{12}$) mais o produto vetorial das forças no pino-terra e suas distâncias do ponto de referência. O momento vibratório em relação ao pivô da manivela O_2 é

$$\mathbf{M}_s = \mathbf{T}_{21} + (\mathbf{R}_1 \times \mathbf{F}_{41}) \qquad (11.15c)$$

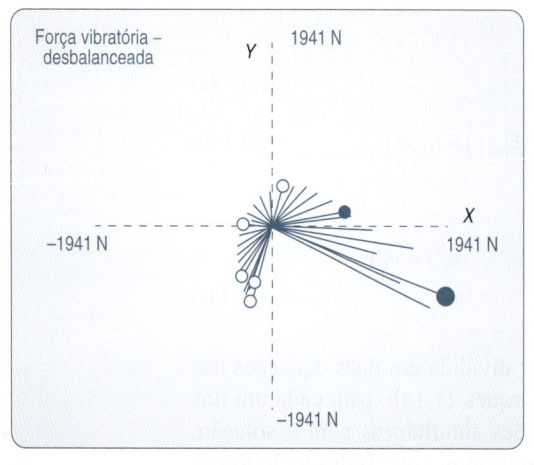

Elo No.	Comprimento mm	Massa kg	Inércia kg-m²	CG mm	a Graus	Força Ext. N	a Graus
1	139,7						
2	50,8	0,350	0,001	25,4	0		
3	152,4	5,252	0,007	63,5	30	53,38	270
4	76,2	1,751	0,002	38,1	0	266,88	−45

Aberto/Fechado = aberto

Força externa 3 atuando a 127 mm @ 30° vs. CG do elo 3
Força externa 4 atuando a 127 mm @ 90° vs. CG do elo 4
Torque externo 3 = − 2,260 N-m
Torque externo 4 = 2,824 N-m

Início Alfa2 = 0 rad/s²
Início Ômega2 = 50 rad/s
Início Teta2 = 0°
Final Teta2 = 360°
Delta Teta2 = 10°

FIGURA 11-6

Dados do mecanismo e plotagem polar de força vibratória para um mecanismo de quatro barras manivela seguidor desbalanceado do programa Fourbar (ver Apêndice A).

ANÁLISE DINÂMICA

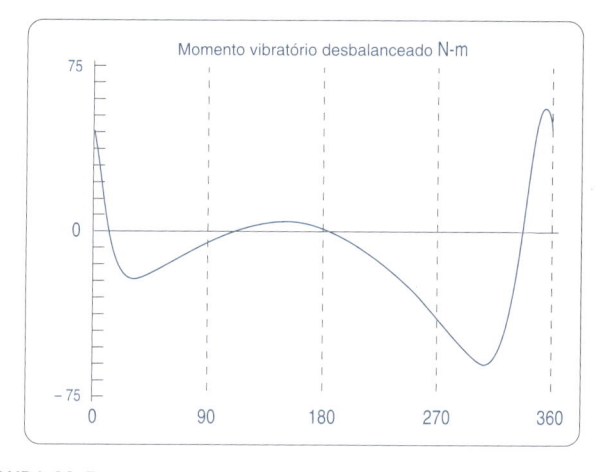

Elo No.	Comprimento mm	Massa kg	Inércia kg-m²	CG mm	a Graus	Força Ext. N	a Graus
1	139,7						
2	50,8	0,350	0,001	25,4	0		
3	152,4	5,252	0,007	63,5	30	53,38	270
4	76,2	1,751	0,002	38,1	0	266,88	−45

Aberto/Fechado = aberto

Força externa 3 atuando a 127 mm @ 30° vs, CG do elo 3
Força externa 4 atuando a 127 mm @ 90° vs, CG do elo 4
Torque externo 3 = − 2,260 N-m
Torque externo 4 = 2,824 N-m

Início Alfa2 = 0 rad/s²
Início Ômega2 = 50 rad/s
Início Teta2 = 0°
Final Teta2 = 360°
Delta Teta2 = 10°

FIGURA 11-7

Dados do mecanismo e curva do momento vibratório para um mecanismo de quatro barras manivela seguidor desbalanceado do programa FOURBAR (ver Apêndice A).

A força vibratória tenderá a movimentar o plano terra para a frente e para trás, e o momento vibratório tenderá a chocar-se com o plano de referência ao longo do eixo de acionamento. Ambos causarão vibrações. Usualmente procuramos minimizar os efeitos da força vibratória e do momento vibratório sobre a estrutura. Isso pode ser feito algumas vezes por meio de um balanceamento, outras pela adição de um volante de inércia ao sistema, ou ainda com placas de choque que isolam a vibração do resto da montagem. Na maioria das vezes, iremos utilizar a combinação de todas as três abordagens. Investigaremos algumas dessas técnicas no Capítulo 12.

11.9 PROGRAMAS FOURBAR, FIVEBAR, SIXBAR, SLIDER

Os métodos matriciais introduzidos nas seções anteriores fornecem informações de força e torque para uma posição da montagem do mecanismo conforme definido por seus parâmetros geométricos e cinemáticos. Para fazer uma análise de força completa para múltiplas posições de uma máquina, é requerido que esse processamento seja repetido com novas entradas de dados para cada posição. Usar um programa de computador é a maneira mais óbvia de executar isso. Os programas disponíveis no website do autor computam os parâmetros cinemáticos para esses mecanismos, uma vez que sejam modificados em função do tempo ou do ângulo de acionamento (manivela), mais as forças e torques concomitantes com o mecanismo cinemático e geometria do elo. Exemplos dessas saídas são mostrados nas figuras 11-6 e 11-7. Por favor, consulte o Apêndice A para informações sobre como obter e usar esses programas.

11.10 ANÁLISE DE FORÇA NO MECANISMO PELOS MÉTODOS DE ENERGIA

Na Seção 10.15 o método do trabalho virtual foi apresentado. Utilizaremos agora essa abordagem para resolver mecanismos do Exemplo 11-3 como forma de verificar a solução obtida pelo método newtoniano usado neste exemplo. O dados cinemáticos no Exemplo 11-3 não incluíram informações das velocidades angulares de todos os elos, da velocidade linear dos centros de gravidade dos elos e da velocidade linear do ponto P de aplicação da força externa no elo 3. Dados da velocidade não eram necessários para a solução newtoniana, mas são necessários para o método do trabalho virtual e são detalhados a seguir. A Equação 10.28 é repetida e renumerada aqui.

$$\sum_{k=2}^{n}\mathbf{F}_k\cdot\mathbf{v}_k + \sum_{k=2}^{n}\mathbf{T}_k\cdot\omega_k = \sum_{k=2}^{n}m_k\mathbf{a}_k\cdot\mathbf{v}_k + \sum_{k=2}^{n}I_k\alpha_k\cdot\omega_k \qquad (11.16a)$$

Expandindo os somatórios, ainda na forma vetorial:

$$\left(\mathbf{F}_{P_3}\cdot\mathbf{v}_{P_3} + \mathbf{F}_{P_4}\cdot\mathbf{v}_{P_4}\right) + \left(\mathbf{T}_{12}\cdot\omega_2 + \mathbf{T}_3\cdot\omega_3 + \mathbf{T}_4\cdot\omega_4\right) =$$
$$\left(m_2\mathbf{a}_{G_2}\cdot\mathbf{v}_{G_2} + m_3\mathbf{a}_{G_3}\cdot\mathbf{v}_{G_3} + m_4\mathbf{a}_{G_4}\cdot\mathbf{v}_{G_4}\right) \qquad (11.16b)$$
$$+ \left(I_{G_2}\alpha_2\cdot\omega_2 + I_{G_3}\alpha_3\cdot\omega_3 + I_{G_4}\alpha_4\cdot\omega_4\right)$$

Expandindo os produtos escalares de forma a criar uma equação escalar:

$$\left(F_{P_{3x}}V_{P_{3x}} + F_{P_{3y}}V_{P_{3y}}\right) + \left(F_{P_{4x}}V_{P_{4x}} + F_{P_{4y}}V_{P_{4y}}\right) + \left(T_{12}\omega_2 + T_3\omega_3 + T_4\omega_4\right) =$$
$$m_2\left(a_{G_{2x}}V_{G_{2x}} + a_{G_{2y}}V_{G_{2y}}\right) + m_3\left(a_{G_{3x}}V_{G_{3x}} + a_{G_{3y}}V_{G_{3y}}\right) \qquad (11.16c)$$
$$+ m_4\left(a_{G_{4x}}V_{G_{4x}} + a_{G_{4y}}V_{G_{4y}}\right) + \left(I_{G_2}\alpha_2\omega_2 + I_{G_3}\alpha_3\omega_3 + I_{G_4}\alpha_4\omega_4\right)$$

EXEMPLO 11-4

Análise de um mecanismo de quatro barras pelo método do trabalho virtual. (Ver Figura 11-3)

Dados: A manivela de 127 mm de comprimento (elo 2) ilustrada possui uma massa de 0,680 kg. Seu CG está a 76,2 mm @ +30° do sistema de coordenadas local rotacionável (SCLR). O momento de inércia de massa em relação a seu CG é de 0,006 kg-m^2. Seus valores cinemáticos são

θ_2 graus	ω_2 rad/s	α_2 rad/s^2	V_{G_2} m/s	
60	25	−40	1,905 @ 180°	(a)

O acoplador de 3,493 kg (elo 3) possui 381 mm de comprimento. Seu CG está a 228,6 mm @ 45° do sistema de coordenadas local rotacionável (SCLR). O momento de inércia de massa em relação a seu CG é de 0,011 kg-m^2. Seus valores cinemáticos são

θ_3 graus	ω_3 rad/s	α_3 rad/s^2	V_{G_3} m/s	
20,92	−5,877	120,90	1,846 @ 145,7°	(b)

Uma força externa de 355,84 N @ 330° age no elo 3 no SCG, aplicada no ponto P a 76,2 mm @ 100° do CG do elo 3 (SCLR). A velocidade linear desse ponto é de 1,648 m/s a 132,71°.

O seguidor de 2,631 kg (elo 4) possui 254 mm de comprimento. Seu CG está a 127 mm @ 0° do sistema de coordenadas local rotacionável (SCLR). O momento de inércia de massa em relação a seu CG é de 0,090 kg-m^2.

θ_4 graus	ω_4 rad/s	α_4 rad/s^2	V_{G_4} m/s	
104,41	7,933	276,29	1,007 @ 194,41°	(c)

Há um torque externo no elo 4 de 13,558 Nm (SCG). O elo terra possui um comprimento de 482,6 mm.

ANÁLISE DINÂMICA

Encontre: O torque motor T_{12} necessário para manter o movimento com a aceleração dada para essa posição instantânea do elo.

Solução:

1. Os vetores do torque, da velocidade angular e da aceleração angular, neste problema bi-dimensional, são nulos em relação ao eixo Z, de forma que seus produtos escalares possuem apenas um termo. Note que nesse exemplo particular não existe a força $\mathbf{F}_{P4}$ e o torque $\mathbf{T}_3$.

2. As coordenadas cartesianas da aceleração foram calculadas no Exemplo 11-3.

$$\mathbf{a}_{G_2} = 47{,}722 \ @ \ \angle -86{,}34°; \quad a_{G_{2_x}} = 3{,}048, \quad a_{G_{2_y}} = -47{,}625$$
$$\mathbf{a}_{G_3} = 92{,}602 \ @ \ \angle 226{,}55°; \quad a_{G_{3_x}} = -63{,}680, \quad a_{G_{3_y}} = -67{,}231 \quad (d)$$
$$\mathbf{a}_{G_4} = 36{,}004 \ @ \ \angle 207{,}24°; \quad a_{G_{4_x}} = -31{,}988, \quad a_{G_{4_y}} = -16{,}524$$

3. As componentes x e y da força externa P no sistema de coordenadas global também foram calculadas no Exemplo 11-3.

$$\mathbf{F}_{P3} = 355{,}86 \ @ \ \angle 330°; \quad F_{P3_x} = 308{,}184, \quad F_{P3_y} = -177{,}930 \quad (e)$$

4. Convertendo os valores de velocidade para este exemplo em coordenadas cartesianas:

$$\mathbf{V}_{G_2} = 1{,}905 \ @ \angle 180°; \quad V_{G_{2_x}} = -1{,}905, \quad V_{G_{2_y}} = 0$$
$$\mathbf{V}_{G_3} = 1{,}844 \ @ \angle 145{,}70°; \quad V_{G_{3_x}} = -1{,}523, \quad V_{G_{3_y}} = 1{,}039$$
$$\mathbf{V}_{G_4} = 1{,}007 \ @ \angle 194{,}50°; \quad V_{G_{4_x}} = -0{,}975, \quad V_{G_{4_y}} = -0{,}252 \quad (f)$$
$$\mathbf{V}_{P_3} = 1{,}648 \ @ \angle 132{,}71°; \quad V_{P_{3_x}} = -1{,}118, \quad V_{P_{3_y}} = 1{,}211$$

5. Substituindo os valores do exemplo na Equação 11.16c:

$$\left[308{,}184(-1{,}118)+(-177{,}930)(1{,}211)\right]+[0]+\left[25T_{12}+(0)+(13{,}558)(7{,}933)\right] =$$
$$,068\left[3{,}048(-1{,}905)+(-47{,}625)(0)\right]$$
$$+3{,}493\left[(-63{,}680)(-1{,}523)+(-67{,}231)(1{,}039)\right] \quad (g)$$
$$+2{,}631\left[(-31{,}988)(-0{,}975)+(-16{,}524)(-0{,}252)\right]$$
$$+\left[(0{,}006)(-40)(25)+(,011)(120{,}90)(-5{,}877)+(0{,}09)(276{,}29)(7{,}933)\right]$$

6. A única incógnita dessa equação é o torque de entrada T_{12}, que é calculado por

$$\mathbf{T}_{12} = 33\,\hat{\mathbf{k}} \quad \text{N-m} \quad (h)$$

o que é próximo do resultado obtido no Exemplo 11-3. A diferença é devida ao arredondamento dos valores intermediários.

O método do trabalho virtual é útil quando se deseja uma resposta rápida para o torque de entrada, mas ele não fornece nenhuma informação em relação às forças nas juntas.

11.11 CONTROLANDO O TORQUE DE ENTRADA – VOLANTES DE INÉRCIA

A grande variação típica da aceleração dentro de um mecanismo pode causar oscilações significativas no torque requerido para manter a velocidade constante ou quase constante. O pico de torque requerido pode ser tão alto que requeira um motor excessivamente grande para transmiti-lo. Entretanto, o torque médio em um ciclo, devido sobretudo às perdas e trabalho externo, pode frequentemente ser muito menor que o valor do pico de torque. Gostaríamos de fornecer alguns meios para suavizar essas oscilações do torque durante um ciclo. Isso nos permitirá dimensionar o motor de forma que transmita o torque médio em vez do torque máximo. Uma forma conveniente e relativamente econômica de resolver essa situação é a adição de um **volante de inércia** ao sistema.

VARIAÇÃO DE TORQUE A Figura 11-8 mostra a variação do torque de entrada de um mecanismo de quatro barras manivela seguidor para uma revolução completa da manivela motora. Ele se movimenta a uma velocidade angular constante de 50 rad/s. O torque varia muito em um ciclo do mecanismo, indo de um pico positivo de 38,9 N-m a um pico negativo de –18,9 N-m. O **valor médio desse torque** em um ciclo é de apenas 8,0 N-m, devido às *perdas e trabalho externo realizado*. Esse mecanismo possui apenas uma força externa de 54 N aplicada no *CG* do elo 3 e um torque externo de 2,8 N-m aplicado no elo 4. Essas pequenas cargas externas não podem explicar a ampla variação do valor do torque de entrada necessário para manter a velocidade da manivela constante. Qual é a explicação, então? As amplas variações do torque são uma evidência da energia cinética que é armazenada nos elos conforme eles se movimentam. Podemos pensar nos pulsos positivos do torque como a energia transferida pelo acionamento (motor) aos elos, onde ela é armazenada temporariamente, e podemos pensar nos pulsos negativos do torque como a energia tentando retornar dos elos ao motor. Infelizmente a maioria dos motores é projetada de forma a transferir energia, mas não recebê-la de volta. Desse modo, a "energia em retorno" não tem onde ser armazenada.

A Figura 11-9 mostra a característica da velocidade do torque de um motor elétrico CC (corrente contínua) de ímãs permanentes (IP). Outros tipos de motores terão funções que relacionam velocidade e torque, como mostram as figuras 2-41 e 2-42, com uma forma diferente, mas todos os motores (fontes) terão tal curva característica.

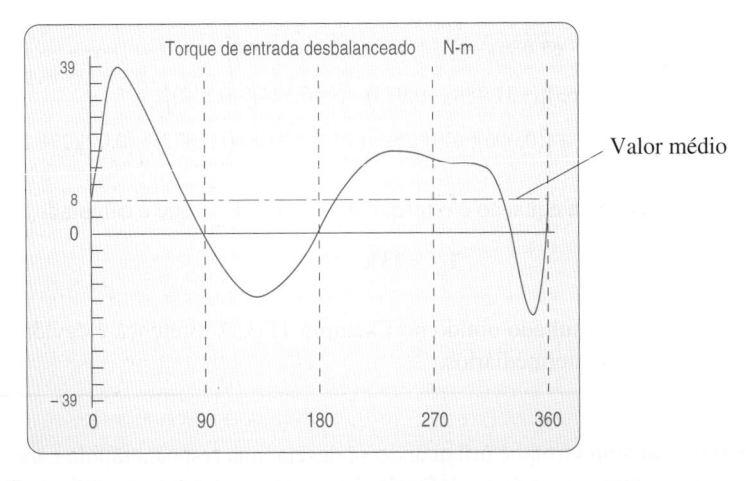

FIGURA 11-8

Curva do torque de entrada para um mecanismo de quatro-barras manivela seguidor desbalanceado.

ANÁLISE DINÂMICA

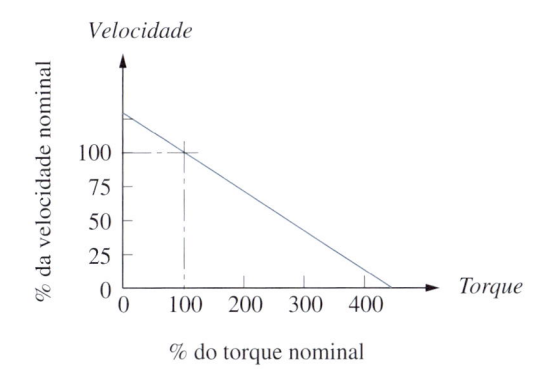

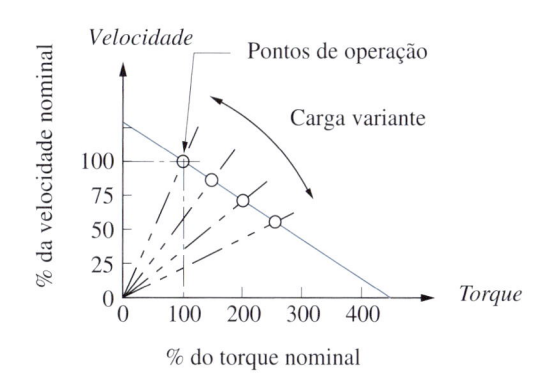

(a) Curva velocidade-torque característica de um motor elétrico IP

(b) Linhas da carga superpostas na curva velocidade-torque

FIGURA 11-9

Típica curva velocidade-torque característica de um motor elétrico de corrente contínua de ímãs permanentes.

Conforme o torque demandado pelo motor varia, a velocidade do motor também varia, de acordo com características próprias. Isso significa que será muito difícil para um motor-padrão transmitir o torque demandado pela curva da Figura 11-8 sem que haja uma mudança drástica em sua velocidade.

O cálculo do torque na curva da Figura 11-8 foi feito com base no pressuposto de que a velocidade da manivela (e, por conseguinte, do motor) é um valor constante. Todos os dados cinemáticos utilizados para o cálculo da força e do torque levam em conta esse pressuposto. Com a variação do torque mostrada, teríamos de utilizar um motor com potência maior, de forma que este forneça o torque requerido para alcançar o torque máximo na velocidade de projeto:

$$Potência = torque \times velocidade\ angular$$

$$Potência\ máxima = 38,9\ N-m \times 50\ \frac{rad}{s} = 1,93\ kw$$

A potência necessária para suprir o valor médio do torque é muito menor.

$$Potência\ média = 7,98\ N-m \times 50\ \frac{rad}{s} = 0,397\ kw$$

Seria extremamente ineficiente especificar o motor com base na demanda máxima do sistema, já que na maior parte do tempo ele seria subutilizado. Precisamos de alguma peça no sistema que seja capaz de armazenar energia cinética. Um dispositivo que armazena energia cinética é chamado de **volante de inércia**.

ENERGIA DO VOLANTE DE INÉRCIA A Figura 11-10 mostra um **volante de inércia**, projetado como um disco circular plano, preso ao eixo de um motor que pode também ser o eixo motor da manivela do mecanismo. O motor fornece uma magnitude de torque T_M que gostaríamos que fosse o mais constante possível, isto é, que fosse igual ao valor médio $T_{médio}$. A carga (nosso mecanismo), do outro lado do volante de inércia, exige um torque T_L que varia com o tempo, como mostrado na Figura 11-8. A energia cinética em um sistema em rotação é

$$E = \frac{1}{2}I\omega^2 \qquad (11.17)$$

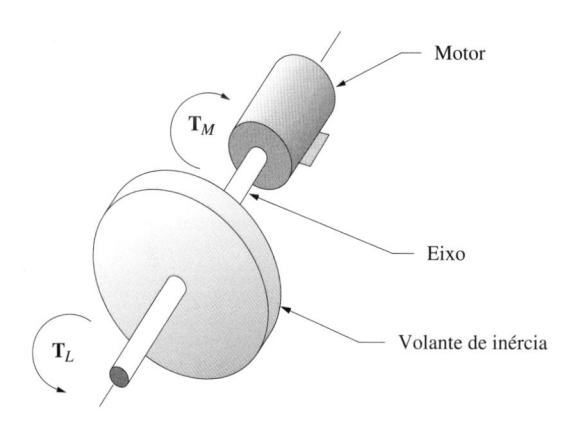

FIGURA 11-10

Volante de inércia em um eixo motor.

** Frequentemente, ocorre uma confusão entre torque e energia, uma vez que ambos têm a mesma unidade: N-m (joules). Isso leva alguns estudantes a pensar que eles são a mesma grandeza, mas não são. Torque ≠ energia. A **integral** do torque em relação ao ângulo, medido em radianos, **é** igual à energia. Essa integral possui as unidades N-m-rad. O termo radiano é usualmente omitido, pois de fato representa uma unidade. A potência em um sistema que rotaciona é igual ao torque multiplicado pela velocidade angular (medida em rad/s), e então sua unidade é (N-m-rad)/s. Quando a potência é integrada em relação ao tempo, de forma a obter energia, as unidades do resultado são N-m-rad, as mesmas da integral do torque em relação ao ângulo. Os radianos são novamente omitidos, contribuindo para a confusão.*

em que I é o momento de inércia de toda a massa em rotação no eixo. Isso inclui o I do rotor do motor, da manivela do mecanismo, mais o do volante de inércia. Queremos determinar quanto de I é necessário adicionarmos na forma de um volante de inércia, de forma a reduzir a variação da velocidade do eixo a um nível aceitável. Começamos escrevendo a lei de Newton para o diagrama do corpo livre da Figura 11-10.

$$\sum T = I\alpha$$

$$T_L - T_M = I\alpha$$

mas queremos: $\quad T_M = T_{média}$

portanto: $\quad T_L - T_{média} = I\alpha \quad$ (11.18a)

substituindo: $\quad \alpha = \dfrac{d\omega}{dt} = \dfrac{d\omega}{dt}\left(\dfrac{d\theta}{d\theta}\right) = \omega\dfrac{d\omega}{d\theta}$

obtemos: $\quad T_L - T_{média} = I\omega\dfrac{d\omega}{d\theta}$

$$\left(T_L - T_{média}\right)d\theta = I\omega\, d\omega \quad (11.18b)$$

e integrando:

$$\int_{\theta\,@\,\omega_{min}}^{\theta\,@\,\omega_{máx}} \left(T_L - T_{média}\right)d\theta = \int_{\omega_{min}}^{\omega_{máx}} I\omega\, d\omega$$

$$\int_{\theta\,@\,\omega_{min}}^{\theta\,@\,\omega_{máx}} \left(T_L - T_{média}\right)d\theta = \dfrac{1}{2}I\left(\omega_{máx}^2 - \omega_{min}^2\right) \quad (11.18c)$$

O lado esquerdo dessa expressão representa a diferença de energia E entre a máxima e a mínima velocidade angular do eixo, ω, e é igual à *área embaixo do diagrama torque-tempo** (figuras 11-8 e 11-11) entre os dois valores extremos de ω. O lado direito da Equação 11.18c representa a variação da energia armazenada no volante de inércia. A única forma de podermos

ANÁLISE DINÂMICA

extrair energia do volante de inércia é diminuindo sua velocidade, como mostrado na Equação 11.17. Adicionar energia fará com que ele acelere. Portanto, é impossível obter uma velocidade do eixo exatamente constante, devido às variações de energia causadas pela carga. O melhor que podemos fazer é minimizar a variação de velocidade ($\omega_{máx} - \omega_{mín}$), utilizando um volante de inércia com I suficientemente grande.

EXEMPLO 11-5

Determinando a variação de energia em uma função torque-tempo.

Dados: Uma função torque-tempo que varia a cada ciclo. A Figura 11-11 mostra a curva do torque de entrada da Figura 11-8. O torque varia, durante o ciclo de 360°, em relação a seu valor médio.

Encontre: A variação total de energia em um ciclo.

Solução:

1 Calcule o valor médio da função torque-tempo para um ciclo, que neste caso é 8 N-m. (Note que, em certos casos, o valor médio pode ser próximo de zero.)

2 Note que a *integral do lado esquerdo da Equação 11.18c é feita em relação à linha média da função de torque, não em relação ao eixo θ*. (Pela definição da média, a soma da área positiva acima da linha média é igual à soma da área negativa abaixo desta linha.) Os limites de integração na Equação 11.18 são do ângulo do eixo, θ, no qual a velocidade angular do eixo, ω, é mínima, ao ângulo do eixo, θ, no qual a velocidade angular do eixo, ω, é máxima.

Área	Área positiva	Área negativa
1	22,84	−29,71
2	17,51	−10,47

Áreas dos pulsos de torque em ordem, durante um ciclo

Unidades de energia em N-m-rad

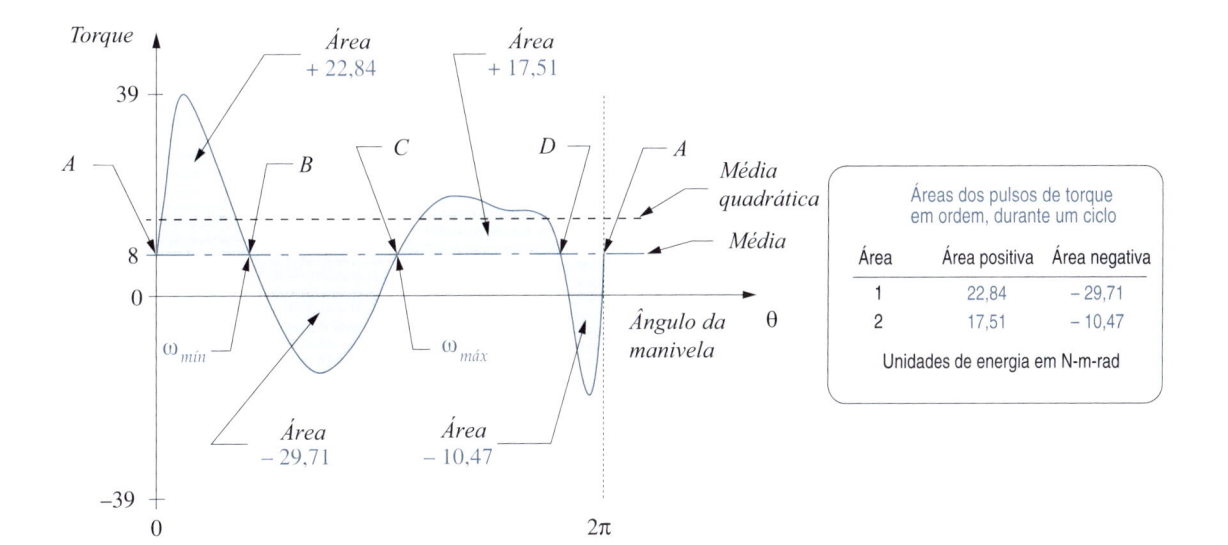

FIGURA 11-11

Integrando os pulsos abaixo e acima do valor médio da função do torque de entrada.

TABELA 11-1   Integrando a função de torque

De	Δ Área = ΔE	Somatório acumulado = E	
A para B	+22,84	+22,84	ω_{min} @ B
B para C	−29,71	−6,87	$\omega_{máx}$ @ C
C para D	+17,51	+10,64	
D para A	−10,47	+0,17	
	Δ Energia total	= $E@\ \omega_{máx} - E@\ \omega_{min}$	
		= $(-6,87) - (+22,84) = -29,71$ joules	

3 A velocidade angular mínima, ω, ocorrerá depois que a energia positiva máxima for transferida do motor à carga, isto é, na posição (θ) em que o somatório de energia positiva (área) dos pulsos de torque for máximo.

4 A velocidade angular máxima, ω, ocorrerá depois que a energia negativa máxima tiver sido devolvida à carga, isto é, na posição (θ) em que o somatório de energia (área) dos pulsos de torque for mínimo.

5 Para encontrar as posições em θ correspondentes à velocidade angular máxima e mínima e, desse modo, determinar a quantidade de energia necessária a ser armazenada no volante de inércia, precisamos integrar numericamente cada pulso dessa função de interseção a interseção com a linha média. Os pontos de interseção na Figura 11-11 foram nomeados A, B, C e D. (O programa FOURBAR – ver Apêndice A – faz essa integração numericamente para você, utilizando a regra do trapézio.)

6 O programa FOURBAR monta a tabela de áreas mostrada na Figura 11-11. Os pulsos positivos e negativos são integrados separadamente como descrito a seguir. O ponto de referência do gráfico da função utilizado indicará se um pulso negativo ou positivo será o primeiro a ser encontrado. O primeiro pulso nesse exemplo é positivo.

7 A última tarefa é a de acumular a área desses pulsos começando em uma interseção arbitrária (neste caso, ponto A) e procedendo pulso a pulso até o fim de um ciclo. A Tabela 11-1 mostra esse processo e o resultado.

8 Note, na Tabela 11-1, que a velocidade mínima do eixo ocorre depois que o maior acúmulo positivo de pulso de energia (+22,84 N-m) foi transferido do eixo motor ao sistema. Transferência de energia desacelera o motor. A velocidade máxima do eixo ocorre depois que o maior acúmulo negativo de pulso de energia (−6,87 N-m) foi transferido do sistema ao eixo motor. A variação de energia total é a diferença algébrica entre esses dois valores extremos, a qual, neste exemplo, é igual a −29,71 joules. Essa energia negativa que sai do sistema deve ser absorvida pelo volante de inércia e, então, retransferida ao sistema *durante cada ciclo*, de forma a suavizar a variação da velocidade do eixo.

DIMENSIONANDO O VOLANTE DE INÉRCIA Agora precisamos determinar o quão grande o volante de inércia precisa ser de forma a absorver essa energia para que a variação de velocidade seja aceitável. A variação da velocidade do eixo em um ciclo é chamada *flutuação* (*Fl*) e é igual a

$$Fl = \omega_{máx} - \omega_{min} \tag{11.19a}$$

ANÁLISE DINÂMICA

Podemos normalizar essa expressão a uma razão adimensional, dividindo-a pela velocidade média do eixo. Essa razão é chamada de *coeficiente de flutuação* (k).

$$k = \frac{(\omega_{máx} - \omega_{mín})}{\omega_{média}} \quad (11.19b)$$

Esse *coeficiente de flutuação* é um parâmetro de projeto que deve ser escolhido pelo projetista. Ele é geralmente igualado a um valor entre 0,01 e 0,05, que corresponde de 1 a 5% de flutuação na velocidade do eixo. Quanto menor for o valor escolhido, maior terá de ser o volante de inércia. Trata-se de uma compensação: um volante de inércia maior irá custar e pesar mais no sistema, fatores que devem ser avaliados conforme a suavidade da operação desejada.

Encontramos a variação da energia necessária, E, integrando a curva de torque:

$$\int_{\theta\,@\,\omega_{mín}}^{\theta\,@\,\omega_{máx}} \left(T_L - T_{média}\right) d\theta = E \quad (11.20a)$$

e pode agora ser igualada ao lado direito da Equação 11.18c:

$$E = \frac{1}{2} I \left(\omega_{máx}^2 - \omega_{mín}^2\right) \quad (11.20b)$$

Fatorando essa expressão:

$$E = \frac{1}{2} I \left(\omega_{máx} + \omega_{mín}\right)\left(\omega_{máx} - \omega_{mín}\right) \quad (11.20c)$$

Se a função torque-tempo fosse puramente harmônica, então seu valor médio poderia ser expresso exatamente como

$$\omega_{média} = \frac{(\omega_{máx} + \omega_{mín})}{2} \quad (11.21)$$

Nossas funções de torque raramente serão puramente harmônicas, porém o erro introduzido pela utilização dessa expressão como uma aproximação da média é razoavelmente pequeno. Podemos agora substituir as equações 11.19b e 11.21 de forma a obter uma expressão para o momento de inércia de massa do sistema necessário, I_s.

$$E = \frac{1}{2} I \left(2\omega_{média}\right)\left(k\omega_{média}\right)$$

$$I_s = \frac{E}{k\omega_{média}^2} \quad (11.22)$$

A Equação 11.22 pode ser utilizada para projetar o volante de inércia físico escolhendo um coeficiente de flutuação k desejado e utilizando o valor de E da integração numérica da curva do torque (ver Tabela 11-1) e a velocidade angular média do eixo, ω, para computar o momento de inércia necessário do sistema, I_s. O momento de inércia de massa do volante, I_f, é então igualado ao requerido pelo sistema, I_s. No entanto, se os momentos de inércia de massa dos outros elementos que rotacionam no mesmo eixo motor (como o motor) forem conhecidos, o momento de inércia do volante, I_f, pode ser reduzido dessa quantidade.

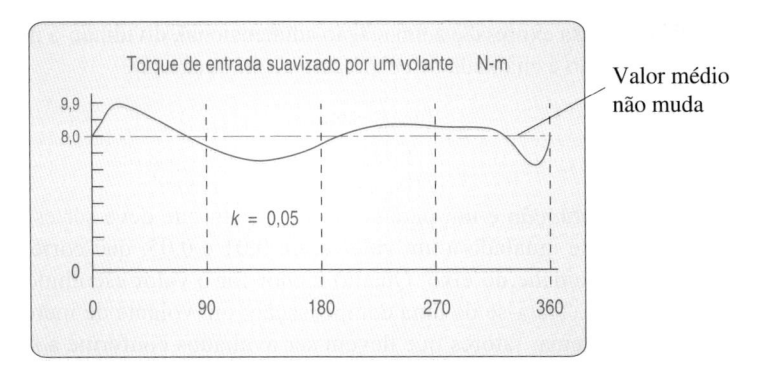

FIGURA 11-12

Curva do torque de entrada para o mecanismo de quatro barras da Figura 11-8 após suavização por meio de um volante de inércia.

O projeto mais eficiente para o volante de inércia, em termos de maximizar I_f e minimizar a quantidade de material utilizado, é aquele em que a massa é concentrada na sua extremidade e seu cubo é suportado por raios, como uma carruagem. Isso coloca a maior parte da massa no maior raio possível e minimiza o peso para um dado I_f. Mesmo que, no projeto de um volante de inércia, um disco sólido plano e circular seja escolhido, por simplicidade de manufatura ou para obter uma superfície lisa para outras funções (como para a marcha de um automóvel), esse projeto deve ser feito visando reduzir o peso, e com isso, o custo. Desde que, em geral, $I = mr^2$, um disco fino de diâmetro grande precisará de menos material para obter certo I do que um disco espesso de diâmetro pequeno. Materiais densos como ferro fundido e aço são escolhas óbvias para um volante de inércia. Alumínio raramente é utilizado. Embora muitos metais (chumbo, ouro, prata, platina) sejam mais densos que o ferro e o aço, é raro obter a aprovação do departamento financeiro para utilizá-los em um volante de inércia.

A Figura 11-12 mostra a mudança do torque de entrada T_{12}, para o mecanismo na Figura 11-8, após a adição de um volante de inércia dimensionado de forma a fornecer um coeficiente de flutuação igual a 0,05. A oscilação do torque em relação ao valor médio fixo é agora de 5%, muito menor que o valor de antes sem o volante de inércia. Um motor com potência muito menor pode agora ser utilizado, já que o volante de inércia é capaz de absorver a energia que retorna do mecanismo durante seu ciclo.

11.12 COEFICIENTE DE TRANSMISSÃO DE FORÇA EM UM MECANISMO

O ângulo de transmissão foi introduzido no Capítulo 2 e utilizado nos capítulos subsequentes como índice de desempenho para predizer o comportamento cinemático do mecanismo. Um ângulo de transmissão muito pequeno indica problemas de movimento e transmissão de força em um mecanismo de quatro barras. Infelizmente, o ângulo de transmissão tem aplicação limitada. Ele é útil apenas para mecanismos de quatro barras e, mesmo assim, apenas quando os torques de entrada e saída forem aplicados a elos pivotados ao elo terra (isto é, a manivela e o seguidor). Quando forças externas são aplicadas ao elo acoplador, o ângulo de transmissão não diz nada sobre o comportamento do mecanismo.

Holte e Chase[1] definiram o índice de força na junta (IFJ), que é útil como indicador de qualquer capacidade de um mecanismo para suavizar a transmissão de energia, independentemente de onde as cargas são aplicadas no mecanismo. É aplicável tanto a mecanismos de ordem mais alta quanto ao mecanismo de quatro barras.

O IFJ para qualquer posição instantânea é definido como a razão da força estática máxima em qualquer junta de um mecanismo pela carga externa aplicada. Se a carga externa é uma força, então o IFJ é definido como

$$IFJ = M\acute{A}X \left| \frac{F_{ij}}{F_{ext}} \right| \qquad \text{para todos os pares } i, j \qquad (11.23a)$$

Se a carga externa é um torque, então o IFJ é definido como

$$IFJ = M\acute{A}X \left| \frac{F_{ij}}{T_{ext}} \right| \qquad \text{para todos os pares } i, j \qquad (11.23b)$$

em que, em ambos os casos, F_{ij} é a força na junta do mecanismo que conecta os elos i e j.

As F_{ij} são calculadas a partir de uma análise estática de forças do mecanismo. As forças dinâmicas podem ser muito maiores que as forças estáticas se as velocidades forem altas. Entretanto, se o coeficiente de transmissão de força estática indicar um problema na ausência de qualquer força dinâmica, então a situação será obviamente pior com velocidade. O valor da maior força aplicada na junta em cada posição é utilizado, em vez de uma combinação de valores ou de um valor médio, com base no pressuposto de que um grande atrito em qualquer junta é suficiente para dificultar o desempenho do mecanismo, independentemente das forças nas outras juntas.

A Equação 11.23a é adimensional e, desse modo, pode ser utilizada para comparar mecanismos de projeto e geometria diferentes. A Equação 11.23b possui dimensões de comprimento similar, portanto é necessário ter cuidado ao comparar projetos quando a carga externa for um torque. Então, as unidades utilizadas em qualquer comparação precisam ser as mesmas, e os mecanismos comparados devem ser similares quanto ao tamanho.

As Equações 11.23 aplicam-se a qualquer posição instantânea do mecanismo. Assim como com o ângulo de transmissão, esse coeficiente precisa ser avaliado para todas as posições do mecanismo dentro da faixa de movimento esperada, e deve ser o maior valor encontrado. A força de pico pode se movimentar de pino a pino, conforme o mecanismo rotaciona. Se as cargas externas variarem com a posição do mecanismo, elas podem ser consideradas nos cálculos.

Holte e Chase sugerem que o IFJ seja mantido abaixo de um valor próximo a 2 para mecanismos cuja incógnita é a força. Valores maiores podem ser tolerados, especialmente se as juntas forem projetadas com bons rolamentos que sejam capazes de lidar com altas cargas.

Há algumas posições do mecanismo para as quais o IFJ pode se tornar infinito ou indeterminado, como quando o mecanismo atinge uma posição imóvel, definida como o momento em que o elo motriz ou junta motriz está inativa. Isso é equivalente a uma configuração estacionária, como descrito em capítulos anteriores, em que a junta motriz é inativa na configuração estacionária particular. Essas posições devem ser identificadas e evitadas em qualquer caso, independentemente da determinação de qualquer índice de desempenho. Em alguns casos, o mecanismo pode ser imóvel, mas, ainda assim, capaz de suportar a carga. Ver referência [1] para informações mais detalhadas desses casos especiais.

11.13 CONSIDERAÇÕES PRÁTICAS

Este capítulo apresentou algumas abordagens quanto ao cálculo de forças dinâmicas de máquinas em movimento. A abordagem newtoniana fornece mais informação e é necessária para obter as forças em todas as juntas pinadas de forma que a análise de tensão em todos os elementos possa ser feita. Sua aplicação é bastante simples, requerendo apenas a criação de diagramas de corpo livre corretos para cada elemento e a aplicação das duas equações vetoriais simples que expressam a segunda lei de Newton para cada corpo livre. Uma vez que essas equações estejam expandidas para cada elemento do sistema e colocadas na forma de uma matriz, sua solução (com um computador) é uma tarefa simples.

O verdadeiro trabalho em projetar esses mecanismos está em determinar a forma e o tamanho desses elementos. Em adição aos dados cinemáticos, o cálculo das forças requer apenas massas, localizações dos *CGs*, e momento de inércia de massa em relação aos respecitvos *CGs* para que possa ser realizado. Esses três parâmetros geométricos caracterizam completamente o elemento para fins de modelagem dinâmica. Mesmo que as formas e materiais dos elos estejam completamente definidos no final de um processo de análise de forças (como em um reprojeto de um sistema já existente), é um exercício tedioso calcular as propriedades dinâmicas de formas complicadas. Sistemas atuais *CAD* de modelagem de sólidos fazem com que esse passo seja fácil por meio do cálculo automático desses parâmetros de qualquer elemento projetado dentro de seus domínios.

Se, entretanto, você está começando o seu projeto do princípio, a *síndrome do papel em branco* surgirá para atormentá-lo. Uma primeira aproximação da forma dos elos e uma seleção dos materiais precisam ser feitas de modo a criar os parâmetros dinâmicos necessários para uma primeira análise de forças. Uma análise de tensão desses elementos, com base nos cálculos de força dinâmica, invariavelmente apresentará problemas que requeiram mudanças na forma dos elementos, exigindo, desse modo, uma nova determinação das propriedades dinâmicas e um recálculo das forças dinâmicas e tensões. Esse processo terá de ser repetido circularmente (*iteração* – ver Capítulo 1) até que um projeto aceitável seja alcançado. A vantagem em utilizar um computador para resolver esses cálculos repetitivos é óbvia e nunca é excessiva. Um programa que solucione equações, como o *Mathcad*, *Matlab* ou *TKSolver*, será uma ajuda útil nesse processo, reduzindo a quantidade de programação computacional necessária.

Estudantes que não possuem experiência em projetos em geral não sabem bem como lidar com o processo de projetar elementos para fins de aplicação dinâmica. As sugestões seguintes são oferecidas para que você dê os primeiros passos. Conforme ganhe experiência, você desenvolverá seu próprio método.

É frequentemente útil criar formatos complexos a partir da combinação de formas simples, pelo menos para uma primeira aproximação dos modelos dinâmicos. Por exemplo, um elo pode ser considerado formado de um cilindro oco em cada uma de suas pontas, conectados por um prisma retangular junto a sua linha central. É fácil calcular os parâmetros para cada uma dessas formas simples e então combiná-las. Os passos a ser seguidos seriam então (repetidos para cada elo):

1 Calcule o volume, a massa, a localização do *CG* e o momento de inércia de massa em relação ao *CG* local de cada parte separada de seu elo construtivo. No nosso exemplo de elo, essas partes seriam os dois cilindros ocos e o prisma retangular.

2 Encontre a localização do *CG* total do elo pelo método mostrado na Seção 10.4 e Equações 10.3. Ver também a Figura 10-2.

3 Utilize o *teorema do eixo paralelo* (Equação 10.8) para transferir os momentos de inércia de massa de cada uma das partes ao *CG* total do elo. Então some as parcelas individuais e transferíveis, *Is*, de cada uma das partes de forma a obter o *I* total do elo em relação ao seu *CG* total. Ver Seção 10.6.

Os passos 1 a 3 vão gerar os dados geométricos de cada um dos elos necessários para a análise dinâmica, como discutido neste capítulo.

4 Faça a análise dinâmica.

5 Faça a análise de tensões dinâmicas e de deformação de todas as partes.

6 Redimensione as partes e repita os passos de 1 a 5 até alcançar um resultado satisfatório.

ANÁLISE DINÂMICA

Lembre-se de que elos com menos massa terão forças inerciais menores agindo neles e, desse modo, poderiam ter tensões menores, apesar de suas seções transversais serem pequenas. Também, momentos de inércia de massa pequenos dos elos podem reduzir o torque motor requerido, especialmente em velocidades altas. Contudo, seja cauteloso em relação às deflexões dinâmicas de elos finos e leves se elas se tornarem muito grandes. Estamos supondo nessas análises que os corpos são rígidos. Essa consideração não é válida se os elos forem muito flexíveis. Portanto, sempre cheque tanto a deflexão como as tensões em seus projetos.

11.14 REFERÊNCIAS

1 **Holte, J. E., and T. R. Chase**. (1994). "A Force Transmission Index for Planar Linkage Mechanisms." *Proc. of 23rd Biennial Mechanisms Conference*, Minneapolis, MN, p. 377.

11.15 PROBLEMAS

11-1 Desenhe os diagramas de corpo livre dos elos do mecanismo de cinco barras engrenado mostrado na Figura 4-11 e escreva as equações dinâmicas para determinar todas as forças e o torque motor. Junte as equações simbólicas na forma de uma matriz para solucionar o problema.

11-2 Desenhe os diagramas de corpo livre dos elos do mecanismo de seis barras mostrado na Figura 4-12 e escreva as equações dinâmicas para determinar todas as forças e o torque motor. Junte as equações simbólicas na forma de uma matriz para solucionar o problema.

* ** 11-3 A Tabela P11-1 mostra os dados cinemáticos e geométricos para vários mecanismos biela-manivela do tipo e orientação mostrados na Figura P11-1. As localizações dos pontos são definidas como descrito no texto. Para a(s) linha(s) na tabela, use o método da matriz da Seção 11.5 e os programas MATRIX (ver Apêndice A), *Mathcad*, *Matlab*, *TKSolver*, ou uma calculadora com função matricial para determinar as forças e torques na posição mostrada. Considere que o coeficiente de atrito μ entre o bloco deslizante e o terra é nulo. Você pode checar a sua solução abrindo o arquivo de soluções chamado P11-03x (em que x é a letra da linha) dentro do programa SLIDER (ver Apêndice A).

* ** 11-4 Repita o Problema 11-3 utilizando o método do trabalho virtual para determinar o torque de entrada no elo 2. Dados adicionais para as linhas correspondentes são fornecidos na Tabela P11-2.

* ** 11-5 A Tabela P11-3 mostra os valores cinemáticos e geométricos para diversos mecanismos de quatro barras com juntas pinadas do tipo e orientação mostrados na Figura P11-2. Todos têm $\theta_1 = 0$. As localizações dos pontos são definidas como descrito no texto. Para a(s) linha(s) na tabela, use o método da matriz da Seção 11.4 e o programa MATRIX ou uma calculadora com função matricial para determinar as forças e torques na posição mostrada. Você pode checar a sua solução abrindo o arquivo de soluções chamado P11-05x (em que x é a letra da linha) dentro do programa FOURBAR (ver Apêndice A).

* *** 11-6 Repita o Problema 11-5 utilizando o método dos trabalhos virtuais para determinar o torque motor do elo 2. Dados adicionais para as linhas correspondentes são fornecidos na Tabela P11-4 em unidades de m/s e graus.

* *** 11-7 Para a(s) linha(s) mostrada(s) na Tabela P11-3 (a-f), entre com os dados no programa FOURBAR (ver Apêndice A), calcule os parâmetros do mecanismo para ângulos da manivela de zero a 360° com incrementos de 5°, com $\alpha_2 = 0$, e projete um volante de inércia para suavizar o torque de entrada utilizando um coeficiente de flutuação igual a 0,05. Minimize o peso do volante de inércia.

TABELA P11-0
Matriz de tópicos/problemas

11.4 Análise de força de um mecanismo de quatro barras
Instântanea
11-8, 11-9, 11-10, 11-11, 11-12, 11-20
Contínua
11-13, 11-15, 11-21, 11-26, 11-29, 11-32, 11-35, 11-38

11.5 Análise de força de um mecanismo biela-manivela
11-16, 11-17, 11-18

11.7 Mecanismos com mais de quatro barras
11-1, 11-2

11.8 Forças e torques vibratórios
11-3, 11-5

11.10 Análise do torque por meio do método de energia
11-4, 11-6, 11-22, 11-23, 11-24, 11-25, 11-27, 11-28, 11-30, 11-31, 11-33, 11-34, 11-36, 11-37, 11-39

11.11 Volantes de inércia
11-7, 11-19, 11-40 a 11-44

11.12 Coeficiente de transmissão de força de um mecanismo
11-14

---

* Respostas no Apêndice F.

** É adequado solucionar esses problemas utilizando os programas solucionadores de matriz: *Mathcad*, *Matlab* ou *TKSolver*.

TABELA P11-1 Dados para o Problema 11-3 (Ver Figura P11-1 para nomenclatura)

Parte 1 Comprimentos em mm, ângulos em graus, massa em kg, velocidade angular em rad/s

Linha	elo 2	elo 3	deslocamento	θ_2	ω_2	α_2	m_2	m_3	m_4
a.	101,6	304,8	0,0	45	10	20	0,35	3,50	10,51
b.	76,2	254,0	25,4	30	15	−5	8,76	17,51	35,03
c.	127,0	381,0	−25,4	260	20	15	1,75	3,50	5,25
d.	152,4	508,0	25,4	−75	−10	−10	1,05	26,27	8,76
e.	50,8	203,2	0,0	135	25	25	0,18	0,70	2,45
f.	254,0	889,0	50,8	120	5	−20	26,27	52,54	8,76
g.	177,8	635,0	−50,8	−45	30	−15	14,01	35,03	17,51

Parte 2 Aceleração angular em rad/s², momento de inércia de massa em kg-m², torque em N-m

Linha	I_2	I_3	R_{g_2} mag	δ_2 âng	R_{g_3} mag	δ_3 âng	F_{P_3} mag	$\delta_{F_{P_3}}$ âng	R_{P_3} mag	$\delta_{R_{P_3}}$ âng	T_3
a.	0,011	0,023	50,8	0	127,0	0	0,00	0	0,0	0	2,26
b.	0,023	0,045	25,4	20	101,6	−30	44,48	45	101,6	30	−3,95
c.	0,006	0,011	76,2	−40	228,6	50	142,34	270	0,0	0	−7,34
d.	0,014	0,034	76,2	120	304,8	60	66,72	180	50,8	60	−1,36
e.	0,034	0,090	12,7	30	76,2	75	26,69	−60	50,8	75	4,52
f.	0,027	0,068	152,4	45	381,0	135	111,21	270	0,0	0	−8,47
g.	0,051	0,102	101,6	−45	254,0	225	40,03	120	127	45	−10,17

Parte 3 Forças em N, magnitude da aceleração linear em m/s²

Linha	θ_3	α_3	a_{g_2} mag	a_{g_2} âng	a_{g_3} mag	a_{g_3} âng	a_{g_4} mag	a_{g_4} âng
a.	166,40	−2,40	5,18	213,69	9,43	200,84	9,07	180
b.	177,13	34,33	5,72	231,27	14,97	200,05	18,08	180
c.	195,17	−134,76	30,50	37,85	53,04	43,43	23,6	0
d.	199,86	−29,74	7,66	230,71	13,00	74,52	0,61	180
e.	169,82	113,12	7,94	−17,29	24,81	−58,13	21,58	0
f.	169,03	3,29	4,88	23,66	7,68	−29,93	7,67	0
g.	186,78	−172,20	204,53	90,95	124,70	134,66	124,70	180

TABELA P11-2 Dados para o Problema 11-4

Ver Tabela P11-1. O sistema de unidades é o mesmo desta tabela

Linha	ω_3	V_{g_2} mag	V_{g_2} âng	V_{g_3} mag	V_{g_3} âng	V_{g_4} mag	V_{g_4} âng	V_{P_3} mag	V_{P_3} âng
a.	−2,43	0,508	135	0,895	152,09	0,893	180	0,895	152,09
b.	−3,90	0,381	140	1,025	140,14	0,621	180	0,678	153,35
c.	1,20	1,524	310	2,276	−8,23	2,382	0	2,276	−8,23
d.	0,83	0,762	315	1,755	191,15	1,615	180	1,794	191,01
e.	4,49	0,386	255	1,423	211,93	0,737	180	1,559	204,87
f.	0,73	0,762	255	1,547	210,72	0,977	180	1,547	210,72
g.	−5,98	3,048	0	5,371	61,31	4,220	0	5,298	53,19

ANÁLISE DINÂMICA

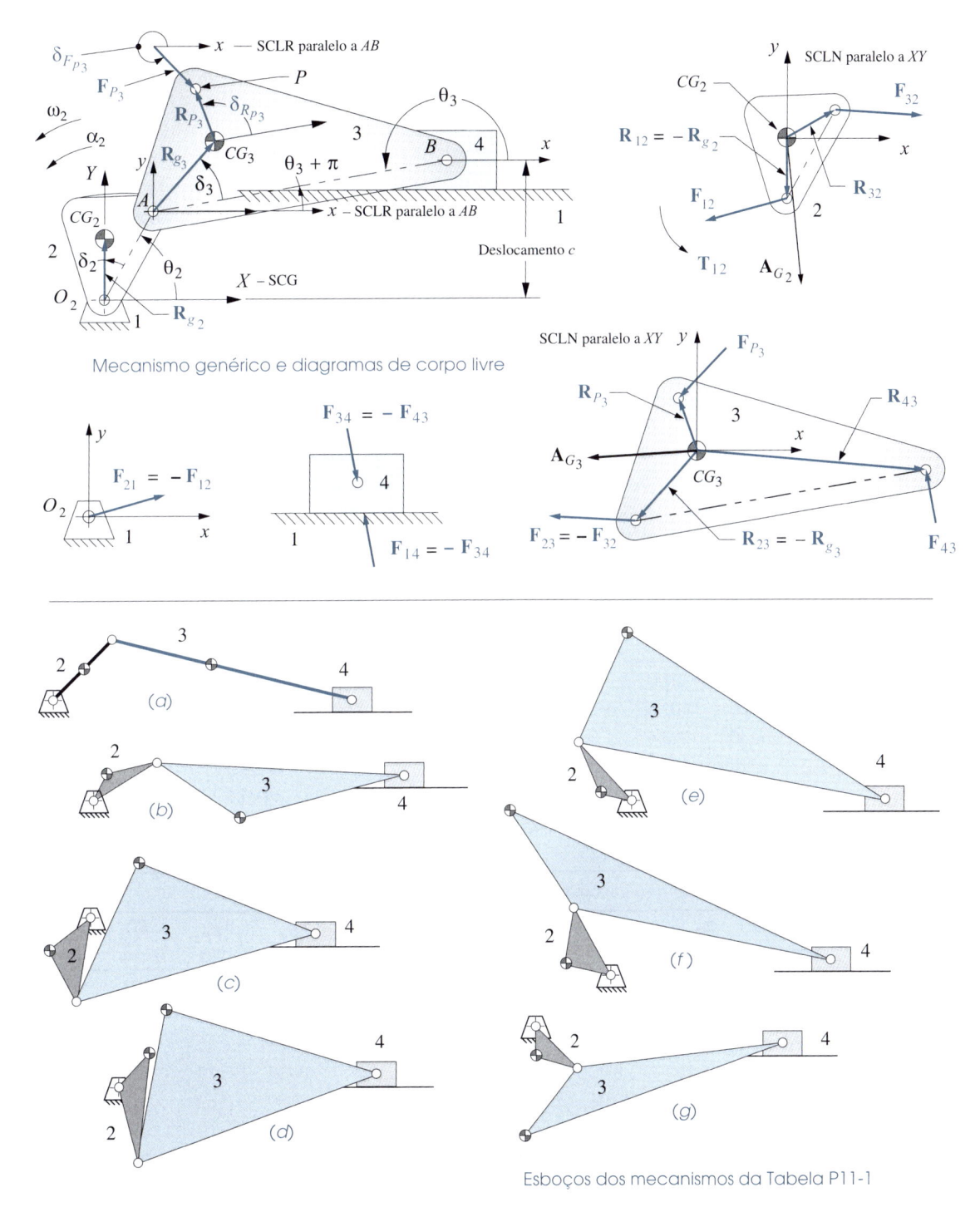

Mecanismo genérico e diagramas de corpo livre

Esboços dos mecanismos da Tabela P11-1

FIGURA P11-1

Geometria do mecanismo, notação e diagrama de corpo livre para os problemas 11-3 a 11-4.

TABELA P11-3 Dados para os problemas 11-5 e 11-7 (ver Figura P11-2 para nomenclatura)

Parte 1 — Comprimentos em mm, ângulos em graus, aceleração angular em rad/s^2

Linha	elo 2	elo 3	elo 4	elo 1	θ_2	θ_3	θ_4	α_2	α_3	α_4
a.	101,6	304,8	203,2	381,0	45	24,97	99,30	20	75,29	244,43
b.	76,2	254,0	304,8	152,4	30	90,15	106,60	−5	140,96	161,75
c.	127,0	381,0	355,6	50,8	260	128,70	151,03	15	78,78	53,37
d.	152,4	508,0	406,4	254,0	−75	91,82	124,44	−10	−214,84	−251,82
e.	50,8	203,2	177,8	228,6	135	34,02	122,71	25	71,54	−14,19
f.	431,8	889,0	584,2	101,6	120	348,08	19,01	−20	−101,63	−150,86
g.	177,8	635,0	254,0	482,6	100	4,42	61,90	−15	−17,38	−168,99

Parte 2 — Velocidade angular em rad/s, momento de inércia de massa em kg-m^2, torque em N-m

Linha	ω_2	ω_3	ω_4	m_2	m_3	m_4	I_2	I_3	I_4	T_3	T_4
a.	20	−5,62	3,56	0,35	3,50	17,51	0,011	0,023	0,056	−1,69	2,82
b.	10	−10,31	−7,66	8,76	17,51	35,03	0,023	0,045	0,045	1,36	0,00
c.	20	16,60	14,13	1,75	3,50	8,76	0,006	0,011	0,015	−1,13	2,26
d.	20	3,90	−3,17	1,05	26,27	12,26	0,014	0,034	0,017	0,00	3,39
e.	20	1,06	5,61	0,18	7,01	15,76	0,034	0,090	0,034	2,82	4,52
f.	20	18,55	21,40	26,27	52,54	43,78	0,027	0,068	0,104	0,00	−2,82
g.	20	4,10	16,53	14,01	35,03	21,02	0,051	0,102	0,061	0,00	0,00

Parte 3 — Comprimentos em mm, ângulos em graus, acelerações lineares em m/s^2

Linha	R_{g_2} mag	R_{g_2} âng	R_{g_3} mag	R_{g_3} âng	R_{g_4} mag	R_{g_4} âng	a_{g_2} mag	a_{g_2} âng	a_{g_3} mag	a_{g_3} âng
a.	50,8	0	127,0	0	101,6	30	20,35	222,14	42,96	208,24
b.	25,4	20	101,6	−30	152,4	40	2,54	232,86	25,03	194,75
c.	76,2	−40	228,6	50	177,8	0	30,50	37,85	79,27	22,45
d.	76,2	120	304,8	60	152,4	−30	30,50	226,43	115,39	81,15
e.	12,7	30	76,2	75	50,8	−40	5,09	341,42	19,05	295,98
f.	152,4	45	381,0	135	254,0	25	61,04	347,86	306,43	310,22
g.	101,6	−45	254,0	225	101,6	45	40,67	237,15	65,08	−77,22

Parte 4 — Acelerações lineares em m/s^2, forças em N, comprimentos em mm, ângulos em graus

Linha	a_{g_4} mag	a_{g_4} âng	F_{P_3} mag	δF_{P_3} âng	R_{P_3} mag	δR_{P_3} âng	F_{P_4} mag	δF_{P_4} âng	R_{P_4} mag	δR_{P_4} âng
a.	24,87	222,27	0,00	0	0,00	0	177,93	−30	203,2	0
b.	26,22	256,52	17,79	30	254,0	45	66,72	−55	304,8	0
c.	36,74	316,06	0,00	0	0,00	0	333,62	45	355,6	0
d.	38,36	2,15	8,90	45	381,0	180	88,96	270	406,4	0
e.	1,75	286,97	40,03	0	152,4	−60	71,17	60	177,8	0
f.	122,45	242,25	0,00	0	0,00	0	102,31	0	584,2	0
g.	32,63	−41,35	53,38	−60	228,6	120	142,34	20	254,0	0

ANÁLISE DINÂMICA

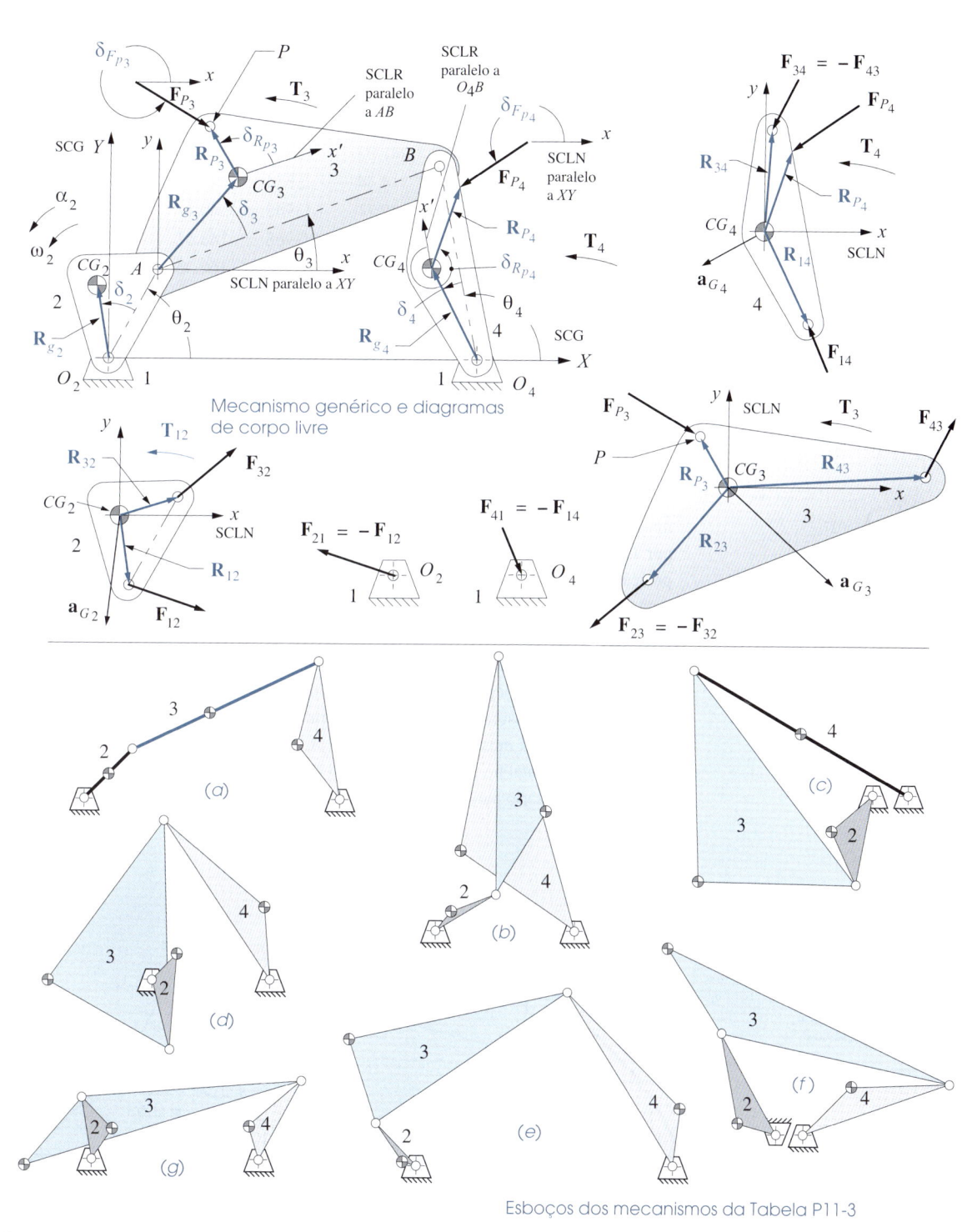

Mecanismo genérico e diagramas de corpo livre

Esboços dos mecanismos da Tabela P11-3

FIGURA P11-2

Geometria do mecanismo, notação e diagrama de corpo livre para os problemas 11-5 a 11-7.

TABELA P11-4 Dados para o Problema 11-6

Linha	Vg_2 mag	Vg_2 âng	Vg_3 mag	Vg_3 âng	Vg_4 mag	Vg_4 âng	V_{P_3} mag	V_{P_3} âng	V_{P_4} mag	V_{P_4} âng
a.	1,016	135,00	1,383	145,19	0,361	219,30	1,383	145,19	1,051	−160,80
b.	0,254	140,00	0,545	14,74	1,167	56,60	3,101	40,04	3,315	29,68
c.	1,524	−50,00	4,875	299,70	2,512	241,03	4,875	−60,30	7,537	−118,97
d.	1,524	135,00	2,397	353,80	0,483	4,44	3,874	−3,13	1,724	26,38
e.	0,254	255,00	1,089	223,13	0,285	172,71	0,940	−140,37	1,230	−155,86
f.	3,048	255,00	15,698	211,39	5,435	134,01	15,968	−148,61	17,579	116,52
g.	2,032	145,00	3,005	205,52	1,679	196,90	3,933	−152,36	5,516	164,33

*** 11-8   A Figura P11-3 mostra um mecanismo de quatro barras e suas dimensões. A manivela de aço e o seguidor têm uma seção transversal uniforme de 25 mm de largura por 13 mm de espessura. O acoplador de alumínio tem espessura igual a 19 mm. Na posição instantânea mostrada, a manivela O_2A tem $\omega = 40$ rad/s e $\alpha = -20$ rad/s^2. Existe uma força horizontal no ponto P de $F = 222$ N. Determine todas as forças na articulação e o torque necessário para movimentar a manivela neste instante.

*** 11-9   A Figura P11-4a mostra um mecanismo de quatro barras e suas dimensões em metros. A manivela de aço e o seguidor têm uma seção transversal uniforme de 50 mm de largura por 25 mm de espessura. O acoplador de alumínio tem espessura igual a 25 mm. Na posição instantânea mostrada, a manivela O_2A tem $\omega = 10$ rad/s e $\alpha = 5$ rad/s^2. Existe uma força vertical no ponto P de $F = 100$ N. Determine todas as forças na articulação e o torque necessário para movimentar a manivela neste instante.

*** 11-10   A Figura P11-4b mostra um mecanismo de quatro barras e suas dimensões em metros. A manivela de aço e o seguidor têm uma seção transversal uniforme de 50 mm de largura por 25 mm de espessura. O acoplador de alumínio tem espessura igual a 25 mm. Na posição instantânea mostrada, a manivela O_2A tem $\omega = 15$ rad/s e $\alpha = -10$ rad/s^2. Existe uma força horizontal no ponto P de $F = 200$ N. Determine todas as forças na articulação e o torque necessário para movimentar a manivela neste instante.

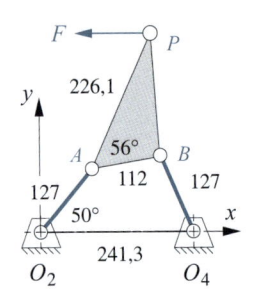

dimensões em mm

FIGURA P11-3

Problema 11-8.

* Respostas no Apêndice F.

** É adequado solucionar esses problemas utilizando os programas solucionadores de equações: *Mathcad*, *Matlab* ou *TKSolver*.

*** É adequado solucionar esses problemas utilizando o programa FOURBAR.

(a)   dimensões em metros   (b)

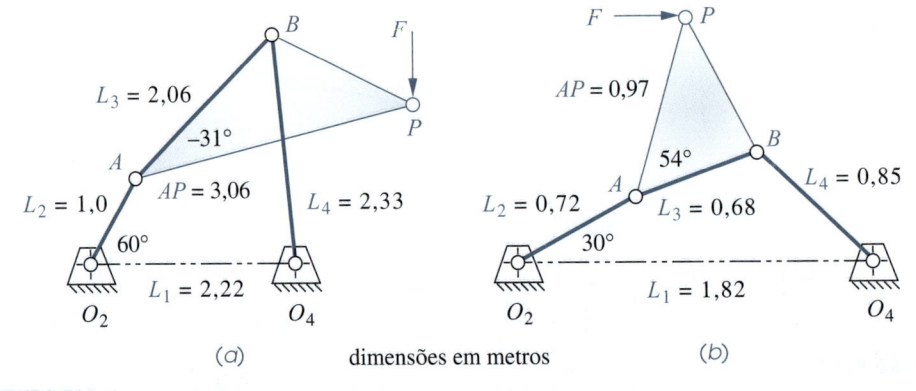

FIGURA P11-4

Problema 11-9 ao 11-10.

ANÁLISE DINÂMICA

* ** 11-11 A Figura P11-5a mostra um mecanismo de quatro barras e suas dimensões em metros. A manivela de aço, o acoplador e o seguidor têm uma seção transversal uniforme de 50 mm de largura por 25 mm de espessura. Na posição instantânea mostrada, a manivela O_2A tem $\omega = 15$ rad/s e $\alpha = -10$ rad/s^2. Existe uma força vertical no ponto P de $F = 500$ N. Determine todas as forças na articulação e o torque necessário para movimentar a manivela neste instante.

* ** *** 11-12 A Figura P11-5b mostra um mecanismo de quatro barras e suas dimensões em metros. A manivela de aço, o acoplador e o seguidor têm uma seção transversal uniforme de 50 mm de diâmetro. Na posição instantânea mostrada, a manivela O_2A tem $\omega = 10$ rad/s e $\alpha = 10$ rad/s^2. Existe uma força horizontal no ponto P de $F = 300$ N. Determine todas as forças na articulação e o torque necessário para movimentar a manivela neste instante.

* ** 11-13 A Figura P11-6 mostra uma máquina de tear dotada de um lançador a jato de água e acionada por um par de mecanismos de quatro barras Grashof manivela seguidor. A manivela rotaciona a 500 rpm. O apoio é fixado entre as juntas da manivela seguidor dos dois mecanismos em seus respectivos $I_{3,4}$. O peso combinado do pente de tear e do apoio é de 129 N. Uma força de batida do tecido é aplicada ao pente de tear, como mostrado. Os elos de aço têm uma seção transversal uniforme de 50 x 25-mm. Encontre as forças nas juntas pinadas para uma volta da manivela. Encontre a função torque-tempo requerida para movimentar o sistema.

* ** 11-14 A Figura P11-7 mostra um alicate de pressão. Determine a força $F_{mão}$ necessária para gerar $F_{crimpagem} = 8,9$ kN. Encontre as forças na articulação. Qual é o índice de força na junta (IFJ) nessa posição?

** 11-15 A Figura P11-8 mostra um mecanismo transportador do tipo viga que opera a velocidade baixa (25 rpm). Cada uma das caixas sendo empurradas pesa 222 N. Determine as forças na articulação do mecanismo e o torque requerido para movimentar o mecanismo durante uma volta. Despreze as massas dos elos.

** 11-16 A Figura P11-9 mostra a superfície de uma retificadora plana que opera a 120 rpm. O raio da manivela é igual a 22 mm, o acoplador possui um comprimento de 157 mm e seu deslocamento é de 40 mm. A massa da mesa e da peça de trabalho em conjunto é igual a 50 kg. Determine as forças na articulação, as cargas nos cursores laterais e o torque motor durante uma volta. Despreze a massa da manivela e dos elos.

* Respostas no Apêndice F.

** É adequado solucionar esses problemas utilizando os programas solucionadores de equações: *Mathcad*, *Matlab* ou *TKSolver*.

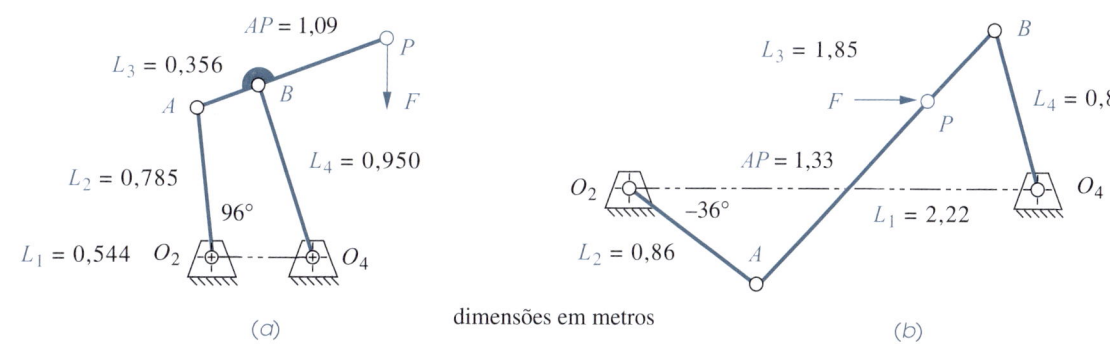

FIGURA P11-5

Problemas 11-11 a 11-12.

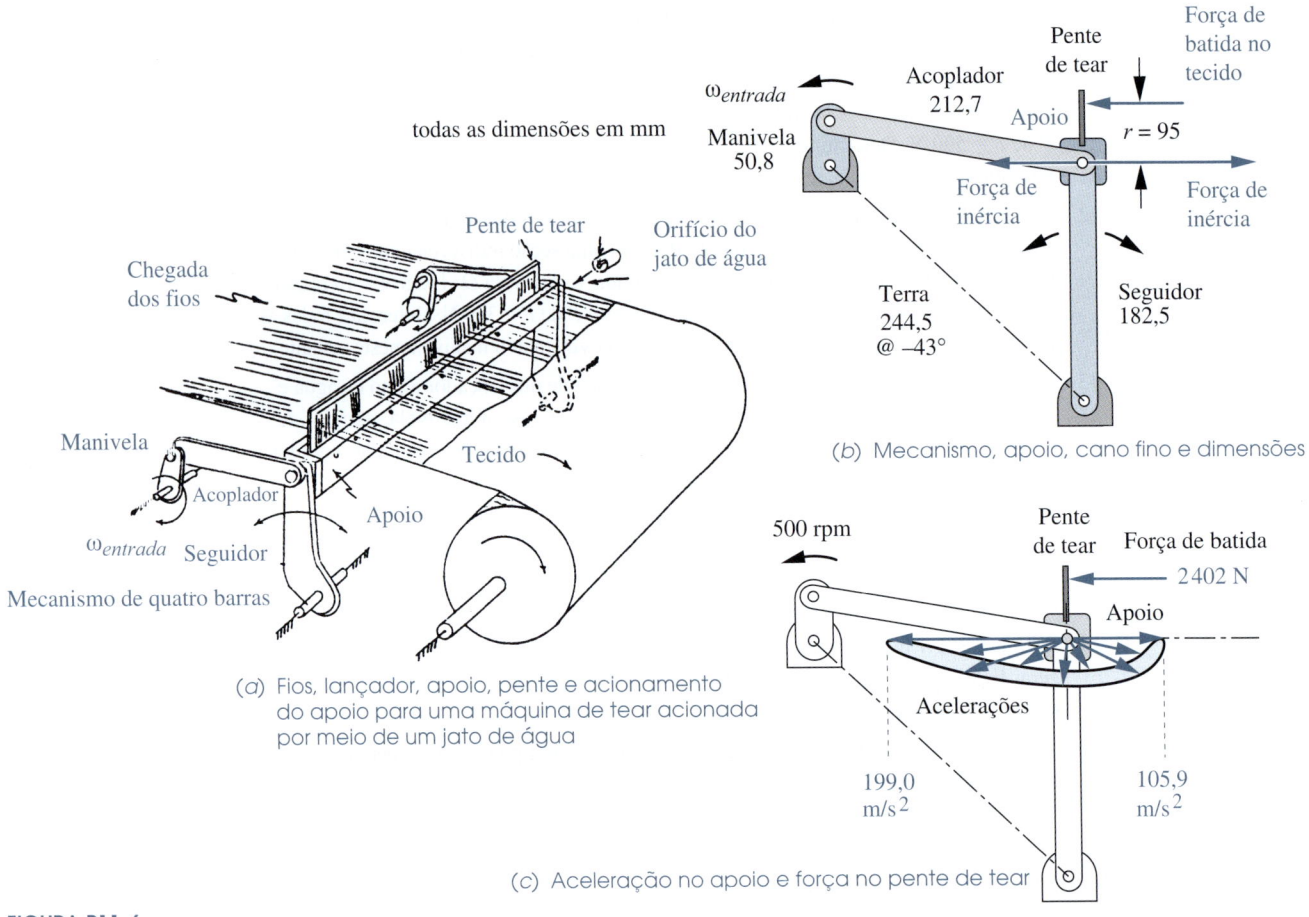

608   CINEMÁTICA E DINÂMICA DOS MECANISMOS   CAPÍTULO 11

(a) Fios, lançador, apoio, pente e acionamento do apoio para uma máquina de tear acionada por meio de um jato de água

(b) Mecanismo, apoio, cano fino e dimensões

(c) Aceleração no apoio e força no pente de tear

FIGURA P11-6

Problema 11-13. Mecanismo de quatro barras para movimentar o apoio da máquina de tear, mostrando as forças e acelerações no pente de tear.

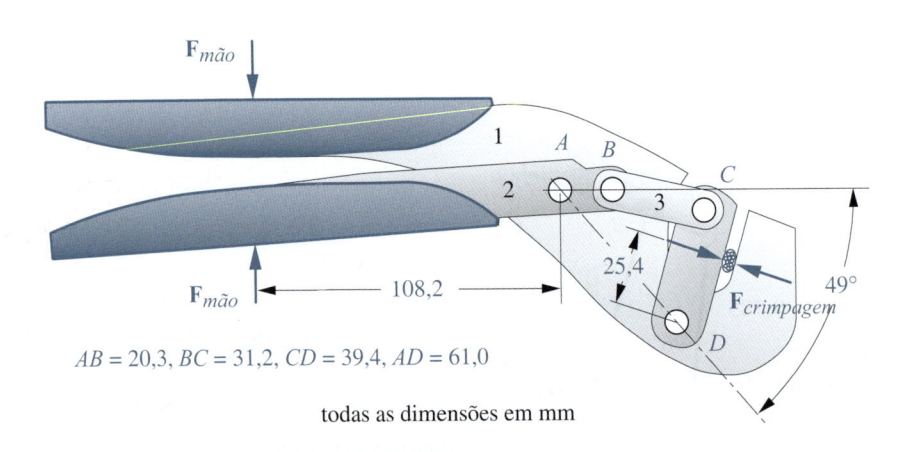

$AB = 20{,}3$, $BC = 31{,}2$, $CD = 39{,}4$, $AD = 61{,}0$

todas as dimensões em mm

FIGURA P11-7

Problema 11-14. Alicate de pressão.

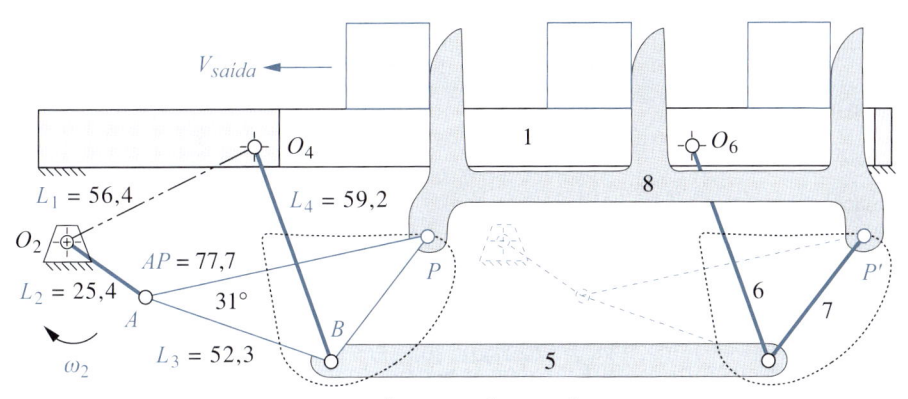

ANÁLISE DINÂMICA

FIGURA P11-8
Problema 11-15.

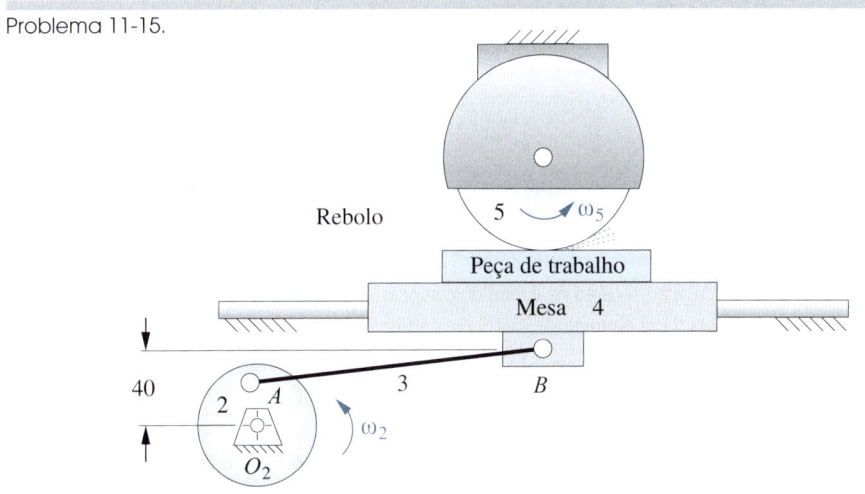

FIGURA P11-9
Problema 11-16.

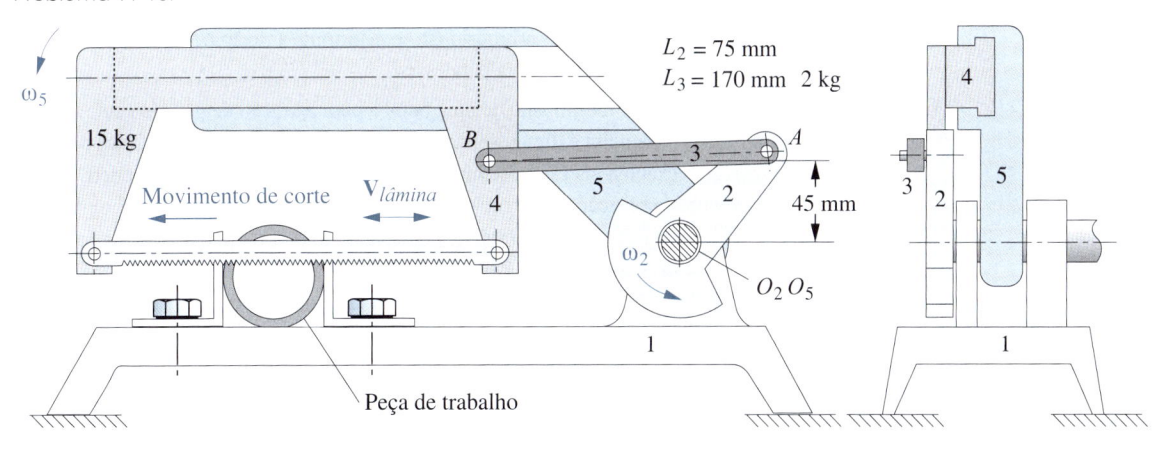

FIGURA P11-10
Problema 11-17. Serra alternativa motorizada. Adaptado de P. H. Hill e W. P. Rule. (1960). *Mechanisms: Analysis and Design*, com autorização.

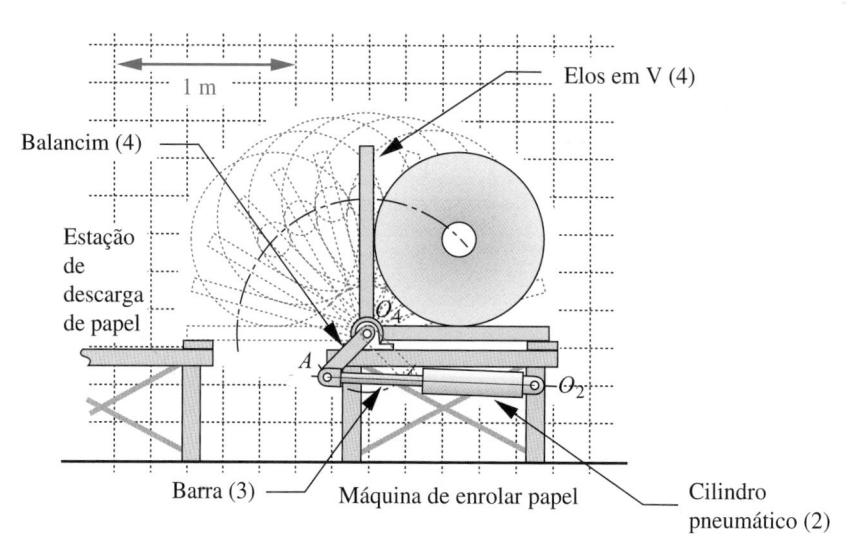

FIGURA P11-11

Problema 11-8.

** 11-17 A Figura P11-10 mostra uma serra alternativa motorizada que opera a 50 rpm. A manivela balanceada tem 75 mm, a seção transversal uniforme do acoplador possui um comprimento de 170 mm, pesa 19,62 N e seu deslocamento é de 45 mm. O elo 4 pesa 147,15 N. Encontre as forças na articulação, a carga na lateral do cursor e o torque motor para uma revolução, considerando uma força cortante de 250 N para a frente e 50 N na volta.

** 11-18 A Figura P11-11 mostra uma estação de descarga de papel. O rolo de papel tem $OD = 0,9$ m, $ID = 0,22$ m, possui um comprimento de 3,23 m e tem densidade de 984 kg/m^3. Os garfos que suportam o rolo possuem um comprimento de 1,2 m. O movimento é lento, de forma que a força de inércia pode ser desprezada. Determine a força requerida pelo cilindro pneumático para que o rolo rotacione em 90°.

** 11-19 Derive uma expressão para a relação entre a massa do volante de inércia e o parâmetro adimensional raio/espessura (r/t) para um volante circular sólido com momento de inércia I. Plote essa função para um valor arbitrário de I e determine a razão r/t ótima para minimizar o peso do volante de inércia para esse I.

11-20 A Figura P11-12 mostra o mecanismo de uma bomba para extração de petróleo em campo. A cabeça do balancim é dimensionada de forma que a extremidade inferior de um cabo flexível anexado a ela estará sempre posicionada sobre o cabeçote do poço, independentemente da posição do balancim 4. A haste da bomba, que conecta a bomba na caixa do poço, é conectada à extremidade inferior do cabo. A força existente na haste da bomba no golpe de subida é de 13 211 N e a força no golpe de descida é de 10 231 N. O elo 2 pesa 2,661 kN e possui um momento de inércia de massa de 1,333 kg-m^2, ambos incluindo o contrapeso. Seu CG se encontra no centro do elo, a 335 mm de O_2. O elo 3 pesa 480,4 N e seu CG está posicionado no centro do elo, a 1,016 mm de A. Ele tem um momento de inércia de massa de 16,95 kg-m^2. O elo 4 pesa 12,04 kN e possui um momento de inércia de massa de 1 209 kg-m^2, ambos incluindo o contrapeso. Seu CG está posicionado no centro do elo, como mostrado. A manivela rotaciona com uma velocidade constante de 4 rpm SAH. No instante mostrado na figura, o ângulo da manivela está a 45° em relação ao sistema de coordenadas global. Determine todas as forças na articulação e o torque requerido para movimentar a manivela para a posição mostrada. Inclua a ação da gravidade, porque os elos são pesados e a velocidade é baixa.

** É adequado solucionar esses problemas utilizando os programas solucionadores de equações: *Mathcad*, *Matlab* ou *TKSolver*.

ANÁLISE DINÂMICA

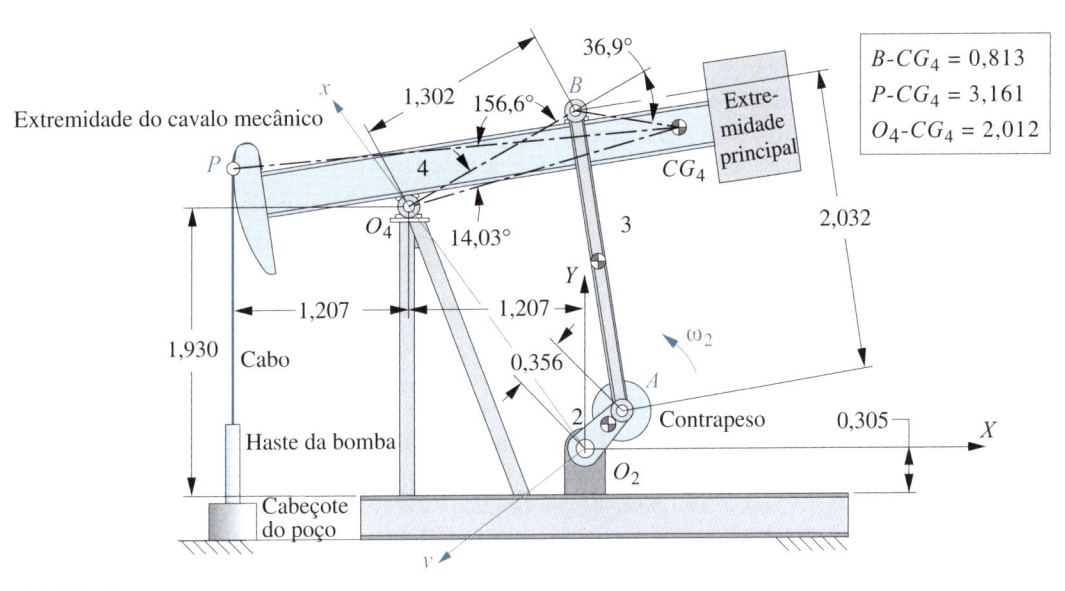

FIGURA P11-12

Problemas 11-20 a 11-23. Uma bomba de extração de petróleo – dimensões em metros.

$B\text{-}CG_4 = 0,813$
$P\text{-}CG_4 = 3,161$
$O_4\text{-}CG_4 = 2,012$

** 11-21   Use a informação do Problema 11-20 para encontrar e plotar todas as forças na articulação e o torque requerido para movimentar a manivela durante uma revolução dessa manivela.

** 11-22   Use a informação do Problema 11-20 para encontrar o torque requerido para movimentar a manivela para a posição mostrada utilizando o método do trabalho virtual.

** 11-23   Use a informação do Problema 11-20 para encontrar e plotar o torque requerido para movimentar a manivela durante uma revolução utilizando o método do trabalho virtual.

** 11-24   Na Figura P11-13, os elos 2 e 4 pesam, cada um, 8,9 N e há dois de cada (há outro conjunto atrás). Seus CGs se encontram no ponto central de cada um. O elo 3 pesa 44,5 N.

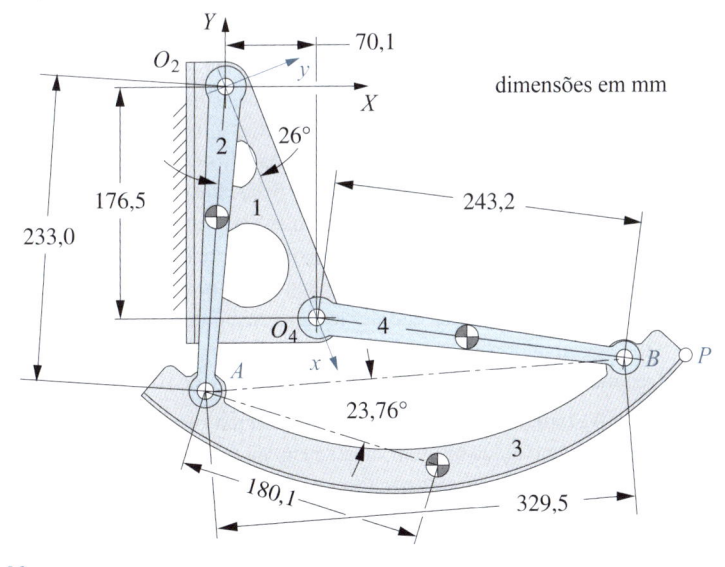

FIGURA P11-13

Problema 11-24. O mecanismo de um bagageiro de avião.

** É adequado solucionar esses problemas utilizando os programas solucionadores de equações: *Mathcad*, *Matlab* ou *TKSolver*.

O momento de inércia de massa dos elos 2, 3 e 4 são 8,02E-3, 4,86E-2 e 8,70E-3 kg-m^2, respectivamente.

Determine o torque necessário para iniciar uma rotação lenta SAH no elo 2 a partir da posição mostrada utilizando o método do trabalho virtual. Inclua as forças da gravidade, porque os elos são pesados e a velocidade é baixa.

11.16 PROJETOS

A seguinte declaração de problema se aplica a todos os projetos listados.

*Estas declarações de projeto de larga escala não dispõem, deliberadamente, de detalhes nem de estrutura e são vagamente definidas. Portanto, são similares a um tipo de "identificação de necessidade" ou de declaração de problema comumente encontrado na prática da engenharia. É deixado para o estudante estruturar o problema com base em **pesquisas preliminares**, bem como criar uma **declaração clara de objetivos** e um conjunto de **especificações de desempenho** antes de tentar projetar uma solução. Esse processo de projeto está enunciado no Capítulo 1 e deve ser seguido em todos esses exemplos. Todos os resultados devem ser documentados em um relatório profissional de engenharia. Ver Bibliografia no Capítulo 1 para referências quanto à realização de relatórios.*

*Alguns destes problemas de projeto são baseados nos projetos cinemáticos do Capítulo 3. Esses dispositivos cinemáticos podem ser agora projetados de forma mais realista, levando em consideração as forças dinâmicas que eles geram. A estratégia, na maioria dos seguintes problemas de projeto, é manter as forças dinâmicas na articulação e, com isso, as forças vibratórias a um valor mínimo, assim como manter a curva torque-tempo de entrada o mais suave possível, de forma a minimizar a potência requerida. **Todos esses problemas podem ser solucionados com um mecanismo de quatro barras com juntas pinadas.** Isso permitirá utilizar o programa FOURBAR (ver Apêndice A) para realizar os cálculos cinemáticos e dinâmicos em uma grande quantidade e variedade de projetos, em pouco tempo. Há infinitas soluções viáveis para esses problemas. **Itere várias vezes para encontrar a melhor solução!** Todos os elos devem ser projetados detalhadamente quanto a sua geometria (massa, momento de inércia etc.). Um software como o Mathcad, Matlab, ou TKSolver será útil aqui. Determine todas as forças na articulação, forças vibratórias, torque vibratório e potência de entrada requerida para seus projetos.*

P11-1 Um professor de tênis precisa de um lançador de bolas melhor para a prática. Esse dispositivo deve disparar uma sequência de bolas de tênis padrão de um lado de uma quadra de tênis padrão sobre a rede, de modo que elas aterrissem e saltem dentro cada uma das três áreas da quadra definidas pelas linhas brancas desta. A ordem e a frequência da aterrissagem de bolas em cada uma das três áreas devem ser aleatórias. Ele deve operar automaticamente e sem supervisão, exceto para o recarregamento de bolas. Ele deve lançar 50 bolas entre os recarregamentos. O tempo de lançamento de bolas deve variar. Por simplicidade, um mecanismo com juntas pinadas acionado por motor é preferido. Pede-se que você projete tal dispositivo de forma que ele seja montado em cima de um tripé de 1,5 m de altura. Projete o dispositivo, e o seu apoio, de forma que eles tenham estabilidade em caso de torção devido às forças e torques vibratórios, que também devem ser minimizados no desenvolvimento do projeto de seu mecanismo. Minimize o torque de entrada.

P11-2 A fundação "Salve o prato" pediu que um lançador de pratos mais humano fosse desenvolvido. Enquanto ainda não tem sucesso em aprovar uma legislação para prevenir o massacre em grande escala dessas pequenas criaturas, está preocupada com os aspectos desumanos das grandes acelerações impostas ao prato ao ser lançado para o alto para o praticante acertá-lo no voo. A necessidade é de um lançador que acelere o prato suavemente na sua trajetória desejada. Projete um lançador a ser montado sobre um cadeira infantil de 7 kg. Controle seus parâmetros de projeto de forma a minimizar as forças e os torques vibratórios, a fim de que a cadeira permaneça o mais estável possível durante o tiro do prato.

ANÁLISE DINÂMICA

P11-3 A máquina de balanço para crianças, que funciona com moedas, presente em shoppings, fornece um movimento oscilante pouco criativo para o ocupante. Há a necessidade de uma máquina de balanço melhor que forneça movimentos mais interessantes, mas continue sendo segura para crianças pequenas. Projete o equipamento para montá-lo na caçamba de uma caminhonete. Mantenha as forças vibratórias no valor mínimo possível e a curva torque-tempo o mais suave possível.

P11-4 A NASA quer uma máquina de gravidade zero para treinamento de astronautas. Essa máquina deve levar uma pessoa e gerar uma aceleração negativa de 1g pelo maior tempo possível. Projete esse mecanismo e monte-o em uma superfície plana de forma a minimizar as forças dinâmicas e o torque motor.

P11-5 A Corporação Máquinas de Diversão quer um cavalo mecânico portátil que proporcione uma atração excitante, mas, ao mesmo tempo, comporte duas ou quatro pessoas e possa ser rebocado por uma picape de um lugar a outro. Projete esse dispositivo e o equipamento de montagem à caminhonete, minimizando as forças dinâmicas e o torque motor.

P11-6 A Força Aérea requisitou um simulador para treinamento de pilotos que os exponha a forças G similares às que eles experimentam em manobras de batalhas aéreas. Projete este dispositivo e monte-o em uma referência plana de modo que as forças dinâmicas e o torque motor sejam minimizados.

P11-7 Precisa-se de um touro mecânico em um bar "Yupie", em Boston, para animar o público. Ele deve ser uma "montaria selvagem" excitante, mas segura. Projete esse dispositivo e monte-o em uma referência plana de modo que as forças dinâmicas e o torque motor sejam minimizados.

P11-8 A companhia Gargantuan Motors está projetando um novo veículo de transporte militar leve. Seu mecanismo atual de limpador de para-brisas cria forças vibratórias tão grandes quando se movimenta com velocidade máxima, que os motores estão quebrando! Projete um mecanismo limpador de para-brisas melhor para rotacionar a pá blindada do limpador de 5 kg, a 90°, minimizando o torque motor e as forças vibratórias. A força do vento sobre a pá, perpendicular ao para-brisa, é de 200 N. O coeficiente de atrito entre as pás do limpador de para-brisas e o vidro é de 0,9.

P11-9 A arma mais recente de um helicóptero do exército deve ser montada com uma metralhadora que lança balas de urânio com 50 mm de diâmetro e 200 mm de comprimento a uma taxa de 10 tiros por segundo. A força de reação (recuo) pode perturbar a estabilidade do helicóptero. É necessário um mecanismo que possa ser montado na estrutura do helicóptero e forneça uma força vibratória sincronizada, com 180° de diferença de fase em relação à pulsação da força de recuo, para neutralizar o recuo da arma. Projete tal mecanismo e minimize o torque e a potência requerida pelo motor da aeronave. O peso total do seu dispositivo também deve ser minimizado.

P11-10 Estacas de aço são universalmente utilizadas como base para grandes edifícios. Elas são frequentemente fixadas ao chão por meio de martelos movimentados por um bate-estaca. Em certos solos (areia, lama), as estacas podem vibrar na terra por meio de um "acionamento vibratório" que transmite uma força dinâmica vibratória, vertical, na ou próxima à frequência natural do sistema estaca-terra. A estaca pode literalmente penetrar sem esforço na terra em situações ótimas. Projete um mecanismo vibratório de quatro barras para fixação de estacas que, quando seu elo-terra está firmemente fixado ao topo de uma estaca (suportada por um guindaste), transmitirá uma força dinâmica vibratória que é predominantemente direcionada ao longo do comprimento da estaca, ou seja, seu eixo vertical. A velocidade de operação deve ser próxima à frequência natural do sistema estaca-terra.

P11-11 Mecanismos para mistura de tinta são comuns em lojas de material de contrução e de pintura. Embora misturem bem as tintas, são barulhentos e transmitem vibrações às prateleiras e contadores. Um projeto melhor do mecanismo para mistura de tinta é possível utilizando o mecanismo de quatro barras balanceado. Projete um dispositivo portátil apoiado no chão (mas não fixo a ele) e minimize as forças vibratórias, sem deixar de misturar eficazmente as tintas.

Capítulo 12

BALANCEAMENTO

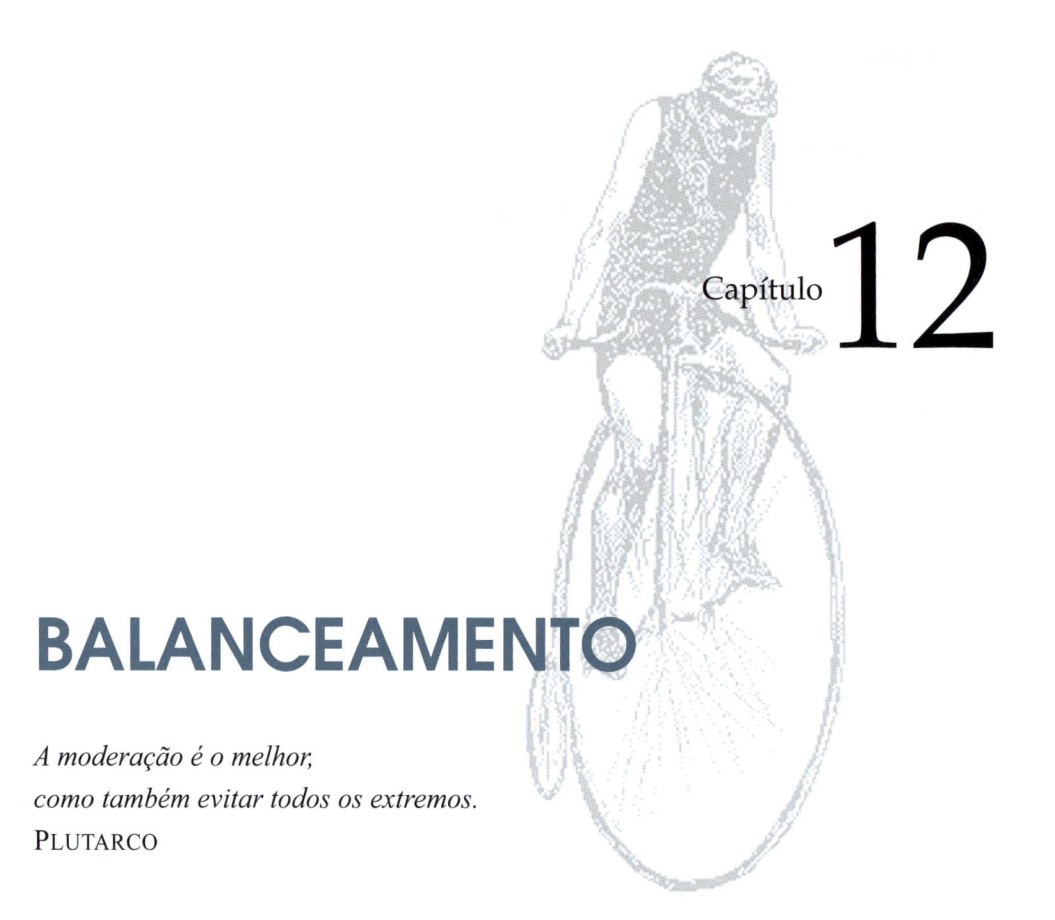

*A moderação é o melhor,
como também evitar todos os extremos.*
PLUTARCO

12.0 INTRODUÇÃO

Qualquer elo ou membro que está em rotação pura pode, em teoria, ser perfeitamente balanceado para eliminar todas as forças vibratórias e momentos vibratórios. É uma prática de projeto aceitável balancear todos os membros em rotação em uma máquina, a menos que forças vibratórias sejam desejadas (como em um mecanismo vibratório, por exemplo). Um membro rotativo pode ser balanceado estática ou dinamicamente. O balanço estático é um subsistema do balanço dinâmico. Realizar um balanceamento completo requer que seja feito um balanceamento dinâmico. Em alguns casos, o balanceamento estático pode ser um substituto aceitável para o balanceamento dinâmico e é geralmente mais fácil de fazer.

Partes rotativas podem, e em geral devem, ser projetadas para serem inerentemente balanceadas por suas geometrias. Entretanto, as variabilidades das tolerâncias de produção garantem que ainda haverá algum desbalanceamento em cada parte. Assim, um procedimento de balanceamento deverá ser aplicado a cada parte depois de manufaturada. A intensidade e posição de qualquer desbalanceamento podem ser medidas com bastante precisão e compensadas pela adição ou remoção de material nos lugares certos.

Neste capítulo, investigaremos os processos matemáticos para determinar e projetar um estado de balanço estático e dinâmico em elementos rotativos e também em mecanismos que possuem movimento complexo, como os mecanismos de quatro barras. Os métodos e equipamentos utilizados para medir e corrigir desbalanceamentos em montagens manufaturadas também serão discutidos. É bastante conveniente usar o método de d'Alembert (ver Seção 10.14) quando o assunto discutido é desbalanceamento rotativo, com aplicação de forças inerciais aos elementos rotativos, então é o que faremos.

12.1 BALANCEAMENTO ESTÁTICO

Apesar de seu nome, o **balanceamento estático** é aplicável a coisas em movimento. As forças não balanceadas que nos interessam são devidas às acelerações de massa do sistema. A exigência do **balanceamento estático** é simplesmente que *a soma de todas as forças em um sistema em movimento (incluindo forças inerciais de d'Alembert) deve ser zero*.

$$\sum \mathbf{F} - m\mathbf{a} = 0 \qquad (12.1)$$

Isso, claro, é simplesmente uma reformulação da lei de Newton discutida na Seção 10.1.

Outro nome para balanceamento estático é **balanceamento em plano único**, o qual significa que *as massas que estão gerando as forças inerciais estão em ou muito próximas de um mesmo plano*. É essencialmente um problema bidimensional. Alguns exemplos de dispositivos comuns que atendem esses critérios e, desse modo, podem ser estaticamente balanceados com sucesso são: uma engrenagem simples ou polias em um eixo, um pneu e roda de uma bicicleta ou motocicleta, um volante fino, uma hélice de avião, uma pá de turbina individual (mas não a turbina inteira). O denominador comum desses dispositivos é que eles são todos pequenos na direção axial, em comparação com a direção radial, e, portanto, podem ser considerados existentes em um plano único. Um conjunto de pneu e roda de automóvel é apenas adaptado de forma marginal para balanceamento estático, porque é razoavelmente espesso na direção axial em comparação com seu diâmetro. Apesar desse fato, pneus automotivos são algumas vezes estaticamente balanceados. Com maior frequência, são dinamicamente balanceados e serão discutidos neste tópico.

A Figura 12-1a mostra um elo na forma de um V que é parte de um mecanismo de barras. Queremos balanceá-lo dinamicamente. Podemos modelar esse elo dinamicamente como dois pontos de massa m_1 e m_2 concentrados nos *CGs* locais de cada "perna" do elo, como mostra a Figura 12-1b. Cada um desses pontos de massa tem uma massa igual à da "perna" que eles substituem e é suportado por uma haste sem massa na posição ($\mathbf{R}_1$ ou $\mathbf{R}_2$) do *CG* dessa perna. Podemos resolver a quantidade requerida e a posição de uma terceira "massa de balanceamento" m_b a ser adicionada ao sistema em alguma posição $\mathbf{R}_b$ de modo a satisfazer a Equação 12.1.

Suponha que o sistema rotaciona e com velocidade angular constante ω. As acelerações das massas serão estritamente centrípetas (voltadas para o centro), e as forças inerciais serão centrífugas (para fora do centro), como mostrado na Figura 12-1. Uma vez que o sistema é rotativo, a figura mostra uma "imagem congelada" disso. A posição na qual "paramos a ação" para o propósito de desenhar a figura e fazer os cálculos é tanto arbitrária como irrelevante para o cálculo. Determinaremos um sistema de coordenadas com sua origem no centro da rotação e resolveremos as forças inerciais em componentes neste sistema. Escrevendo a Equação vetorial 12.1 para este sistema, teremos

$$-m_1\mathbf{R_1}\omega^2 - m_2\mathbf{R_2}\omega^2 - m_b\mathbf{R_b}\omega^2 = 0 \qquad (12.2a)$$

Note que as únicas forças agindo no sistema são as forças inerciais. Para balanceamento, não importa que forças externas possam estar agindo no sistema. Forças externas não podem ser balanceadas pela execução de qualquer mudança na geometria interna do sistema. Note que os termos ω^2 se cancelam. Para balanceamento, também não importa quão rápido o sistema está rotacionando, somente que *é* rotativo. (*O ω determinará a magnitude dessas forças, mas iremos forçar essa soma a tender a zero de qualquer forma.*)

Dividindo a Equação 12.2a por ω^2 e rearranjando, teremos

$$m_b \mathbf{R_b} = -m_1 \mathbf{R_1} - m_2 \mathbf{R_2} \qquad (12.2b)$$

Separando as componentes x e y:

$$m_b R_{b_x} = -\left(m_1 R_{1_x} + m_2 R_{2_x}\right)$$
$$m_b R_{b_y} = -\left(m_1 R_{1_y} + m_2 R_{2_y}\right) \qquad (12.2c)$$

Os termos do lado direito são conhecidos. Podemos facilmente resolver os produtos mR_x e mR_y necessários para balancear o sistema. Será conveniente converter os resultados para coordenadas polares.

$$\theta_b = \arctan \frac{m_b R_{b_y}}{m_b R_{b_x}}$$
$$= \arctan \frac{-\left(m_1 R_{1_y} + m_2 R_{2_y}\right)}{-\left(m_1 R_{1_x} + m_2 R_{2_x}\right)} \qquad (12.2d)$$

$$R_b = \sqrt{\left(R_{b_x}^2 + R_{b_y}^2\right)}$$
$$m_b R_b = m_b \sqrt{\left(R_{b_x}^2 + R_{b_y}^2\right)}$$
$$= \sqrt{m_b^2 \left(R_{b_x}^2 + R_{b_y}^2\right)} \qquad (12.2e)$$
$$= \sqrt{m_b^2 R_{b_x}^2 + m_b^2 R_{b_y}^2}$$
$$= \sqrt{\left(m_b R_{b_x}\right)^2 + \left(m_b R_{b_y}\right)^2}$$

O ângulo no qual a massa de balanceamento deve ser posicionada (em relação ao nosso sistema de coordenadas congelado arbitrariamente orientado) é θ_b, encontrado pela Equação 12.2d. Note que os sinais do numerador e denominador da Equação 12.2d podem ser individualmente mantidos e um arco tangente de dois argumentos calculado para obter θ_b no quadrante correto. A maioria das calculadoras e computadores dará um resultado para o arco tangente somente entre ±90°.

O produto $m_b R_b$ é encontrado pela Equação 12.2e. Existe agora uma infinidade de soluções disponíveis. Podemos selecionar um valor para m_b e resolver o raio R_b necessário no qual poderá ser posicionada, ou escolher um raio desejado e resolver a massa que deve ser posicionada nele. Adicionar restrições pode ditar o raio máximo possível em alguns casos. A massa de balanceamento está confinada no "plano único" de massas não balanceadas.

BALANCEAMENTO

(a) Elo desbalanceado **(b)** Modelo dinâmico **(c)** Elo balanceado estaticamente

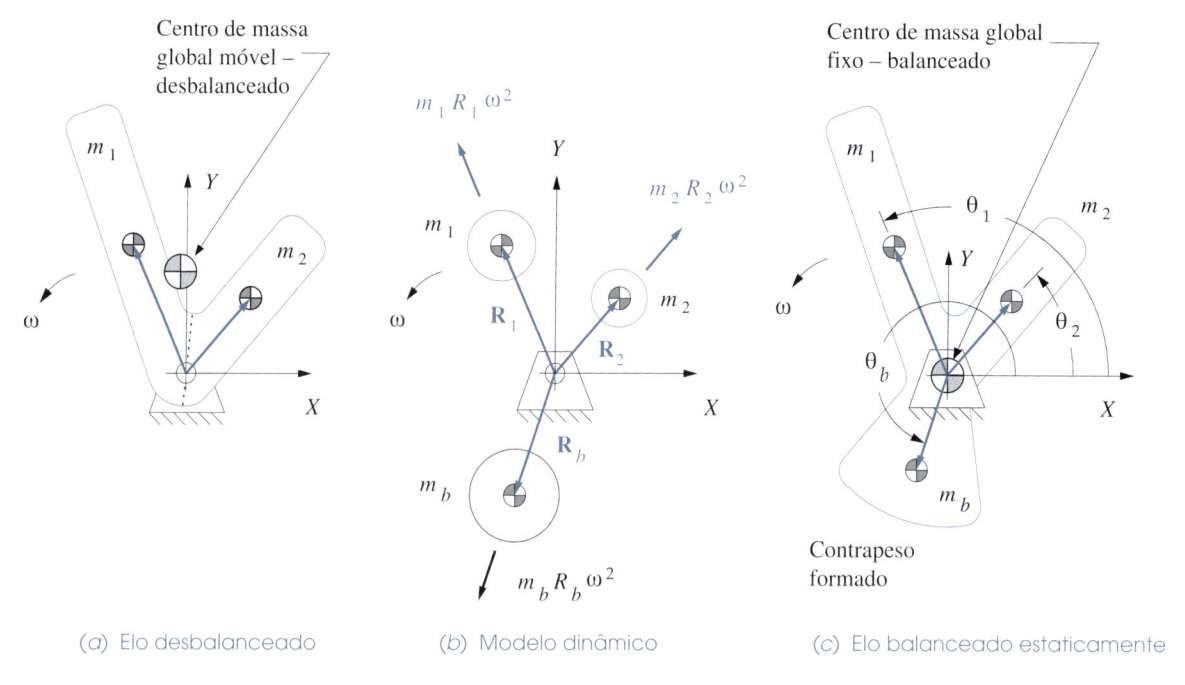

FIGURA 12-1

Balanceamento estático de um elo em rotação pura.

Uma vez que uma combinação de m_b e R_b é escolhida, resta projetar o contrapeso físico. O raio R_b escolhido é a distância do pivô ao CG, seja qual for a forma que criamos para a massa do contrapeso. Nosso modelo dinâmico simples, usado para calcular o produto mR, supõe um ponto de massa e uma haste sem massa. Esses dispositivos ideais não existem. Uma forma possível para esse contrapeso é mostrada na Figura 12-1c. Sua massa pode ser m_b, distribuída de modo a posicionar seu CG com raio R_b e ângulo θ_b.

EXEMPLO 12-1

Balanceamento estático.

Dados: O sistema mostrado na Figura 12-1 possui os seguintes dados:

$m_1 = 1,2$ kg $R_1 = 1,135$ m @ $\angle 113,4°$
$m_2 = 1,8$ kg $R_2 = 0,822$ m @ $\angle 48,8°$
$\omega = 40$ rad/s

Encontrar: O produto massa-raio e a localização angular necessária para balancear estaticamente o sistema.

Solução:

1. Descobrir vetor de posição em componentes xy no sistema de coordenadas arbitrário associado com a posição imagem congelada do mecanismo escolhido para análise.

$$R_1 = 1{,}135 \; @ \; \angle 113{,}4°; \qquad R_{1_x} = -0{,}451, \qquad R_{1_y} = 1{,}042$$
$$R_2 = 0{,}822 \; @ \; \angle 48{,}8°; \qquad R_{2_x} = +0{,}541, \qquad R_{2_y} = 0{,}618 \qquad (a)$$

2. Resolver as Equações 12.2c.

$$m_b R_{b_x} = -m_1 R_{1_x} - m_2 R_{2_x} = -(1{,}2)(-0{,}451) - (1{,}8)(0{,}541) = -0{,}433$$
$$m_b R_{b_y} = -m_1 R_{1_y} - m_2 R_{2_y} = -(1{,}2)(1{,}042) - (1{,}8)(0{,}618) = -2{,}363 \qquad (b)$$

3. Resolver as equações 12.2d e 12.2e.

$$\theta_b = \arctan \frac{-2{,}363}{-0{,}433} = 259{,}6°$$
$$m_b R_b = \sqrt{(-0{,}433)^2 + (-2{,}363)^2} = 2{,}402 \text{ kg-m} \qquad (c)$$

4. Este produto massa-raio de 2,402 kg-m pode ser obtido com uma variedade de formas anexadas à montagem. A Figura 12-1c mostra uma forma particular, onde o *CG* está a um raio de $R_b = 0{,}806$ m e no ângulo requerido de 259,6°. A massa requerida para este projeto do contrapeso é então

$$m_b = \frac{2{,}402 \text{ kg-m}}{0{,}806 \text{ m}} = 2{,}980 \text{ kg} \qquad (d)$$

no raio do *CG* escolhido de

$$R_b = 0{,}806 \text{ m} \qquad (e)$$

Muitas outras formas são possíveis. Contanto que forneçam o produto massa-raio exigido no ângulo requerido, o sistema estará estaticamente balanceado. Note que o valor de ω não foi necessário nos cálculos.

12.2 BALANCEAMENTO DINÂMICO

Balanceamento dinâmico é algumas vezes chamado de **balanceamento em dois planos**. Este requer que dois critérios sejam satisfeitos. A soma das forças deve ser zero (balanceamento estático), e a soma dos momentos* também deve ser zero.

$$\sum \mathbf{F} = 0$$
$$\sum \mathbf{M} = 0 \qquad (12.3)$$

---

* Utilizaremos o termo *momento* neste texto para fazer referência a "esforços de giro" cujos vetores são perpendiculares ao eixo de rotação ou "eixo mais longo" de uma montagem, e o termo *torque* para "esforços de giro" cujos vetores são paralelos ao eixo de rotação.

BALANCEAMENTO

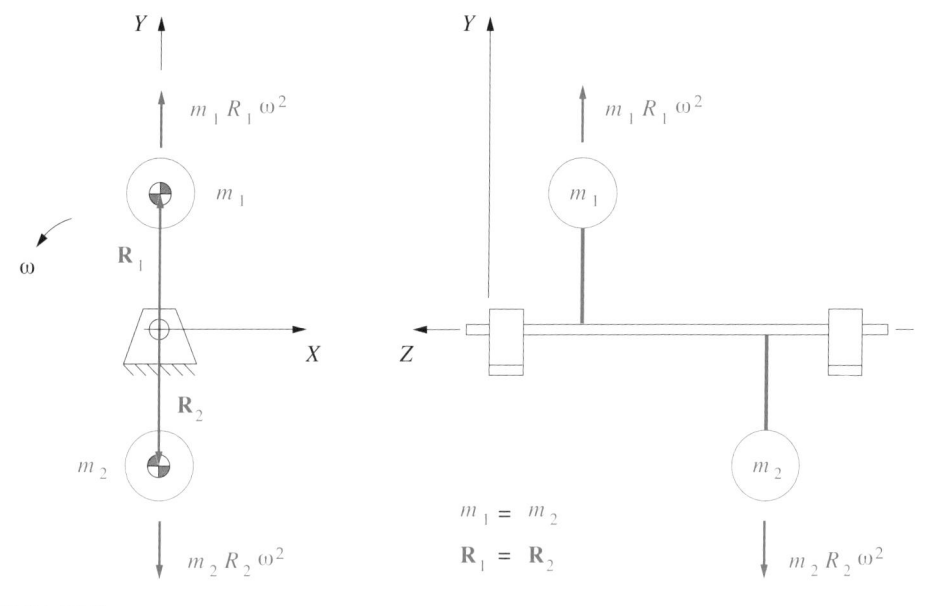

FIGURA 12-2

Forças balanceadas – momento não balanceado.

Esses momentos agem em planos que incluem os eixos de rotação da montagem, como os planos XZ e YZ na Figura 12-2. A direção do vetor-momento, ou eixo, é perpendicular ao eixo de rotação da montagem.

Qualquer objeto ou montagem rotativa que seja relativamente longo na direção axial em comparação com a direção radial requer balanceamento dinâmico para um completo balanceamento. Considere a montagem na Figura 12-2. Duas massas iguais estão com raios idênticos, rotacionados de 180°, mas distanciadas ao longo do comprimento do eixo. O somatório das forças $-m\mathbf{a}$ resultantes de sua rotação será sempre zero. Entretanto, na vista lateral, suas forças inerciais formam um conjugado que gira com as massas em relação ao eixo. Esse conjugado em balanço causa um momento no plano terra, alternadamente elevando e soltando as extremidades esquerda e direita do eixo.

Alguns exemplos de dispositivos que requerem balanceamento dinâmico são: roletes, eixo de manivelas, eixo de cames, pontos de eixo, coroas de engrenagens múltiplas, rotor do motor, turbinas, eixos de propulsão. O denominador comum desses dispositivos é que suas massas podem ser distribuídas de forma desigual tanto axialmente ao redor de seus eixos quanto longitudinalmente ao longo de seus eixos.

Para corrigir um desbalanceamento dinâmico, é necessário adicionar ou remover uma quantidade de massa na localização angular apropriada *em dois planos de correção* separados pela mesma distância ao longo do eixo. Isso criará as forças contrárias necessárias para balancear estaticamente o sistema e também fornecerá um conjugado contrário para cancelar o momento não balanceado. Quando um conjunto de pneu e roda de automóvel é balanceado dinamicamente, os dois planos de correção são as margens internas e externas do aro da roda. Os pesos de correção são adicionados nas localizações apropriadas em cada um desses planos de correção com base em uma medida das forças dinâmicas geradas pela roda desbalanceada em rotação.

É sempre uma boa prática primeiro balancear estaticamente todas as componentes individuais que estão na montagem, se possível. Isso reduzirá a quantidade de desbalanceamento dinâmico que deve ser corrigido na montagem final e também o momento flexor no eixo. Um exemplo comum dessa situação é a turbina de uma aeronave, que consiste de um número de rotores circulares arranjados ao longo do eixo. Uma vez que estes giram em alta velocidade, as forças inerciais em função de qualquer desbalanceamento podem ser muito grandes. Os rotores individuais são estaticamente balanceados antes de serem montados no eixo. A montagem final é, então, dinamicamente balanceada.

Alguns dispositivos não se adaptam a essa abordagem. Um rotor de motor elétrico é essencialmente uma bobina de fios de cobre envolta em um padrão complexo ao redor do eixo. A massa de um fio não é distribuída de forma uniforme nem axial, nem longitudinalmente, então não será balanceada. Não é possível modificar a distribuição da massa local das espiras, depois de feita, sem comprometer a integridade elétrica. Assim, o desbalanceamento de todo o rotor deve ser contraposto em dois planos de correção, depois de montado.

Considere o sistema de três massas concentradas arranjadas ao redor e ao longo do eixo na Figura 12-3. Suponha que, por alguma razão, elas não podem ser balanceadas estaticamente individualmente em seus próprios planos. Criamos, então, dois planos de correção denominados A e B. Neste exemplo de projeto, as massas não balanceadas m_1, m_2, m_3 e seus raios R_1, R_2, R_3 são conhecidos, juntamente com suas localizações angulares θ_1, θ_2 e θ_3. Queremos balancear dinamicamente o sistema. Um sistema de coordenadas tridimensional é aplicado com o eixo de rotação na direção Z. Note que o sistema foi novamente parado em uma posição de imagem congelada arbitrária. Supõe-se aceleração angular zero. O somatório de forças é

$$-m_1\mathbf{R}_1\omega^2 - m_2\mathbf{R}_2\omega^2 - m_3\mathbf{R}_3\omega^2 - m_A\mathbf{R}_A\omega^2 - m_B\mathbf{R}_B\omega^2 = 0 \quad (12.4a)$$

Dividindo a Equação 12.4a por ω^2 e rearranjando, temos

$$m_A\mathbf{R}_A + m_B\mathbf{R}_B = -m_1\mathbf{R}_1 - m_2\mathbf{R}_2 - m_3\mathbf{R}_3 \quad (12.4b)$$

Separando as componentes x e y:

$$m_A R_{A_x} + m_B R_{B_x} = -m_1 R_{1_x} - m_2 R_{2_x} - m_3 R_{3_x}$$
$$m_A R_{A_y} + m_B R_{B_y} = -m_1 R_{1_y} - m_2 R_{2_y} - m_3 R_{3_y} \quad (12.4c)$$

As Equações 12.4c possuem quatro incógnitas na forma de produtos mR no plano A e de produtos mR no plano B. Para resolvê-las, precisamos da soma das equações dos momentos que podemos obter em relação a um ponto de um dos planos de correção, como o ponto O. As distâncias z do braço do momento de cada força medida do plano A são denominadas l_1, l_2, l_3, l_B na figura; assim

$$\left(m_B\mathbf{R}_B\omega^2\right)l_B = -\left(m_1\mathbf{R}_1\omega^2\right)l_1 - \left(m_2\mathbf{R}_2\omega^2\right)l_2 - \left(m_3\mathbf{R}_3\omega^2\right)l_3 \quad (12.4d)$$

Dividindo a Equação 12.4d por ω^2, separando as componentes x e y, e rearranjando:

O momento no plano XZ (isto é, em relação ao eixo Y) é

$$m_B R_{B_x} = \frac{-\left(m_1 R_{1_x}\right)l_1 - \left(m_2 R_{2_x}\right)l_2 - \left(m_3 R_{3_x}\right)l_3}{l_B} \quad (12.4e)$$

BALANCEAMENTO

FIGURA 12-3
Balanceamento dinâmico em dois planos.

O momento no plano YZ (isto é, em relação ao eixo X) é

$$m_B R_{B_y} = \frac{-\left(m_1 R_{1_y}\right)l_1 - \left(m_2 R_{2_y}\right)l_2 - \left(m_3 R_{3_y}\right)l_3}{l_B} \tag{12.4f}$$

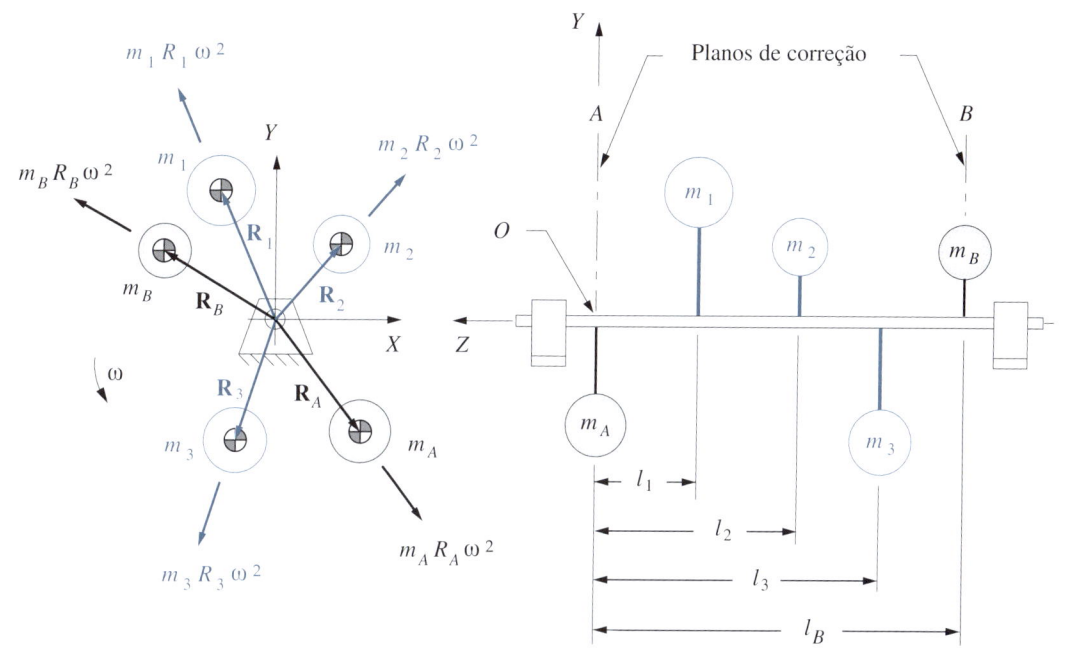

Isso pode ser resolvido para os produtos mR nas direções x e y para o plano de correção B, os quais podem, então, ser substituídos na Equação 12.4c para encontrar os valores necessários no plano A. As equações 12.2d e 12.2e podem, assim, ser aplicadas a cada plano de correção para encontrar os ângulos em que as massas de balanceamento devem ser colocadas e os produtos mR necessários em cada plano. Desse modo, o contrapeso físico pode ser projetado consistentemente com as restrições descritas na Seção 12.1, em balanceamento estático. Note que os raios R_A e R_B não precisam ter o mesmo valor.

EXEMPLO 12-2

Balanceamento dinâmico.

Dados: O sistema mostrado na Figura 12-3 possui os seguintes dados:

$m_1 = 1,2$ kg $\qquad R_1 = 1,135$ m @ $\angle 113,4°$
$m_2 = 1,8$ kg $\qquad R_2 = 0,822$ m @ $\angle 48,8°$
$m_3 = 2,4$ kg $\qquad R_3 = 1,04$ m @ $\angle 251,4°$

As distâncias z, em metros, do plano A são

$$l_1 = 0{,}854, \qquad l_2 = 1{,}701, \qquad l_3 = 2{,}396, \qquad l_B = 3{,}097$$

Encontrar: Os produtos massa-raio e suas localizações angulares necessárias para balancear dinamicamente o sistema utilizando os planos de correção A e B.

Solução:

1 Descobrir o vetor de posição em componentes xy no sistema de coordenadas arbitrário, associados com a posição da imagem congelada do mecanismo de barras escolhido para análise.

$$\begin{aligned}
R_1 &= 1{,}135 \, @ \, \angle 113{,}4°; & R_{1_x} &= -0{,}451, & R_{1_y} &= +1{,}042 \\
R_2 &= 0{,}822 \, @ \, \angle 48{,}8°; & R_{2_x} &= +0{,}541, & R_{2_y} &= +0{,}618 \\
R_3 &= 1{,}04 \, @ \, \angle 251{,}4°; & R_{3_x} &= -0{,}332, & R_{3_y} &= -0{,}986
\end{aligned} \qquad (a)$$

2 Resolver a Equação 12.4e para obter o somatório de momentos em relação ao ponto O.

$$\begin{aligned}
m_B R_{B_x} &= \frac{-(m_1 R_{1_x})l_1 - (m_2 R_{2_x})l_2 - (m_3 R_{3_x})l_3}{l_B} \\
&= \frac{-1{,}2(-0{,}451)(0{,}854) - 1{,}8(0{,}541)(1{,}701) - 2{,}4(-0{,}332)(2{,}396)}{3{,}097} = 0{,}230
\end{aligned} \qquad (b)$$

$$\begin{aligned}
m_B R_{B_y} &= \frac{-(m_1 R_{1_y})l_1 - (m_2 R_{2_y})l_2 - (m_3 R_{3_y})l_3}{l_B} \\
&= \frac{-1{,}2(1{,}042)(0{,}854) - 1{,}8(0{,}618)(1{,}701) - 2{,}4(-0{,}986)(2{,}396)}{3{,}097} = 0{,}874
\end{aligned} \qquad (c)$$

3 Resolver as equações 12.2d e 12.2e para encontrar o produto massa-raio no plano B.

$$\theta_B = \arctan \frac{0{,}874}{0{,}230} = 75{,}27°$$

$$m_B R_B = \sqrt{(0{,}230)^2 + (0{,}874)^2} = 0{,}904 \text{ kg-m} \qquad (d)$$

4 Resolver as Equações 12.4c para obter as forças nas direções x e y.

$$\begin{aligned}
m_A R_{A_x} &= -m_1 R_{1_x} - m_2 R_{2_x} - m_3 R_{3_x} - m_B R_{B_x} \\
m_A R_{A_y} &= -m_1 R_{1_y} - m_2 R_{2_y} - m_3 R_{3_y} - m_B R_{B_y} \\
m_A R_{A_x} &= -1{,}2(-0{,}451) - 1{,}8(0{,}541) - 2{,}4(-0{,}332) - 0{,}230 = 0{,}134 \\
m_A R_{A_y} &= -1{,}2(1{,}042) - 1{,}8(0{,}618) - 2{,}4(-0{,}986) - 0{,}874 = -0{,}870
\end{aligned} \qquad (e)$$

BALANCEAMENTO

5 Resolver as equações 12.2d e 12.2e para encontrar o produto massa-raio no plano A.

$$\theta_A = \arctan\frac{-0,870}{0,134} = -81,25°$$

$$m_A R_A = \sqrt{(0,134)^2 + (-0,870)^2} = 0,880 \text{ kg-m}$$

(f)

6 Esses produtos massa-raio podem ser obtidos com uma variedade de formas anexadas à montagem nos planos A e B. Muitas formas são possíveis. Contanto que forneçam os produtos massa-raio exigidos nos ângulos requeridos em cada plano de correção, o sistema estará dinamicamente balanceado.

Assim, quando o projeto estiver ainda na prancheta de desenho, essas simples técnicas de análise podem ser usadas para determinar os tamanhos e as localizações das massas de balanceamento necessários para qualquer montagem em rotação pura para a qual a distribuição de massa é definida. Esse método de balanceamento em dois planos pode ser usado para balancear dinamicamente qualquer sistema em rotação pura, e todos os sistemas semelhantes devem ser balanceados, exceto se o propósito do dispositivo for criar forças ou momentos vibratórios.

12.3 BALANCEAMENTO DE MECANISMOS

Muitos métodos têm sido desenvolvidos para balanceamento de mecanismos. Alguns atingem um balanceamento completo de um fator dinâmico, como uma força vibratória, à custa de outros fatores, como momento vibratório ou torque externo. Outros buscam um arranjo ótimo que, coletivamente, minimize (mas não zere) forças vibratórias, momentos e torques para um melhor ajuste. Lowen e Berkof,[1] e Lowen, Tepper e Berkof [2] fazem uma análise abrangente da bibliografia existente sobre esse assunto até 1983. Obras complementares sobre esse problema têm sido produzidas desde aquela época, algumas das quais são citadas nas referências no final deste capítulo. Kochev[15] apresenta uma teoria geral para balanceamento completo de momento vibratório e uma revisão crítica de métodos conhecidos.

O balanceamento completo de qualquer mecanismo pode ser obtido criando um segundo mecanismo "imagem especular" conectado a ele, de modo a cancelar todas as forças e momentos dinâmicos. Configurações exatas de motores de combustão interna multicilíndricos fazem isso. Os pistões e manivelas de alguns cilindros cancelam os efeitos inerciais dos outros. Exploraremos esses mecanismos de motores no Capítulo 14. Contudo, essa abordagem é cara e só é justificada se o mecanismo adicionado servir para algum segundo propósito, como uma elevação da potência, no caso de cilindros adicionais em um motor. Adicionar um mecanismo "redundante" cujo único propósito é cancelar efeitos dinâmicos é raramente justificável do ponto de vista econômico.

A maioria dos esquemas de balanceamento de mecanismos práticos busca minimizar ou eliminar um ou mais efeitos dinâmicos (forças, momentos, torques) redistribuindo a massa dos elos existentes. Isso tipicamente envolve adicionar contrapesos e/ou mudar as formas dos elos para realocar seus *CGs*. Esquemas mais elaborados adicionam contrapesos engrenados em alguns elos para redistribuir suas massas. Assim, como em qualquer tentativa de projeto, existem contrapartidas. Por exemplo, a eliminação de forças vibratórias geralmente aumenta o momento vibratório e o torque externo. Podemos somente apresentar algumas abordagens desse problema no espaço que temos disponível. O leitor deve recorrer à bibliografia para informações sobre outros métodos.

Balanceamento completo de forças em mecanismos

Os elos rotativos (manivelas, seguidores) de um mecanismo podem ser balanceados estaticamente de forma individual pelos métodos de balanceamento rotativo descritos na Seção 12.1. Os efeitos dos acopladores, que produzem um movimento complexo, são mais difíceis de compensar. Note que o processo de balanceamento estático de um elo rotativo, em consequência, força seu centro de massa (CG) a estar em seu pivô fixo e, assim, estacionário. Em outras palavras, a condição de **balanceamento estático** pode ser **definida como** balanceamento que *torna o centro de massa estacionário*. Um acoplador não possui um pivô fixo, e, por isso, seu centro de massa está, em geral, sempre em movimento.

Qualquer mecanismo, não importa o quão complexo, terá, para todas as posições instantâneas, um único, abrangente, *centro de massa global,* localizado em algum ponto particular. Podemos calcular sua localização conhecendo somente as massas dos elos e as localizações dos CGs de cada elo individualmente, naquele instante. O centro de massa global geralmente mudará de posição à medida que o mecanismo de barras se move. Se pudermos, de alguma forma, forçar para que esse centro de massa global seja estacionário, teremos um estado de balanceamento estático que abrange todo o mecanismo de barras.

O método Berkof-Lowen dos vetores linearmente independentes[3] fornece um meio para calcular a magnitude e o posicionamento dos contrapesos a serem colocados nos elos rotativos, tornando o centro de massa global estacionário para todas as posições do mecanismo de barras. A localização das apropriadas massas de balanceamento nos elos induzirá as forças dinâmicas nos pivôs fixos a serem sempre iguais e opostas, isto é, um conjugado, gerando assim um balanceamento estático ($\Sigma F = 0$, mas $\Sigma M \neq 0$) em um mecanismo de barras em movimento.

Esse método funciona para qualquer mecanismo de barras plano de n-elos que possua uma combinação de revolução (pino) e juntas prismáticas (deslizantes), desde que exista um caminho para o elo terra de todo elo que contém somente juntas de revolução.[4] Em outras palavras, se todos os caminhos possíveis de qualquer elo para o elo terra contiverem juntas deslizantes, então o método falhará. Qualquer mecanismo de barras de n elos que preencha o critério acima pode ser balanceado pela adição de $n/2$ pesos balanceados, cada um em um elo diferente.[4] Aplicaremos o método da referência[3] para um mecanismo de quatro barras. Infelizmente, como consequência, a massa total do mecanismo original irá aumentar de um fator de 2 a 3 para mecanismos de quatro barras e substancialmente mais para um mecanismo complexo.[15]

A Figura 12-4 mostra um mecanismo de quatro barras cujo centro de massa global está localizado pelo vetor de posição $\mathbf{R}_t$. Os CGs individuais dos elos estão localizados no *sistema global* pelos vetores de posição $\mathbf{R}_2$, $\mathbf{R}_3$ e $\mathbf{R}_4$ (magnitudes R_2, R_3, R_4), fixados na origem, o pivô da manivela O_2. Os comprimentos dos elos são definidos pelos vetores de posição denominados $\mathbf{L}_1, \mathbf{L}_2, \mathbf{L}_3, \mathbf{L}_4$ (magnitudes l_1, l_2, l_3, l_4), e os vetores de posição locais que localizam os CGs *em cada elo* são $\mathbf{B}_2, \mathbf{B}_3, \mathbf{B}_4$ (magnitudes b_2, b_3, b_4). Os ângulos dos vetores $\mathbf{B}_2, \mathbf{B}_3, \mathbf{B}_4$ são Φ_2, Φ_3, Φ_4, medidos do interior dos elos com relação às linhas de centro dos elos $\mathbf{L}_2, \mathbf{L}_3, \mathbf{L}_4$. Os ângulos instantâneos dos elos que situam $\mathbf{L}_2, \mathbf{L}_3, \mathbf{L}_4$ no sistema global são $\theta_2, \theta_3, \theta_4$. A massa total do sistema é simplesmente a soma das massas dos elos individualmente considerados.

$$m_t = m_2 + m_3 + m_4 \quad (12.5a)$$

O momento de massa total na origem deve ser igual à soma dos momentos de massas atribuíveis aos elos individuais.

$$\sum M_{O_2} = m_t \mathbf{R}_t = m_2 \mathbf{R}_2 + m_3 \mathbf{R}_3 + m_4 \mathbf{R}_4 \quad (12.5b)$$

A posição do centro de massa global é, então,

BALANCEAMENTO

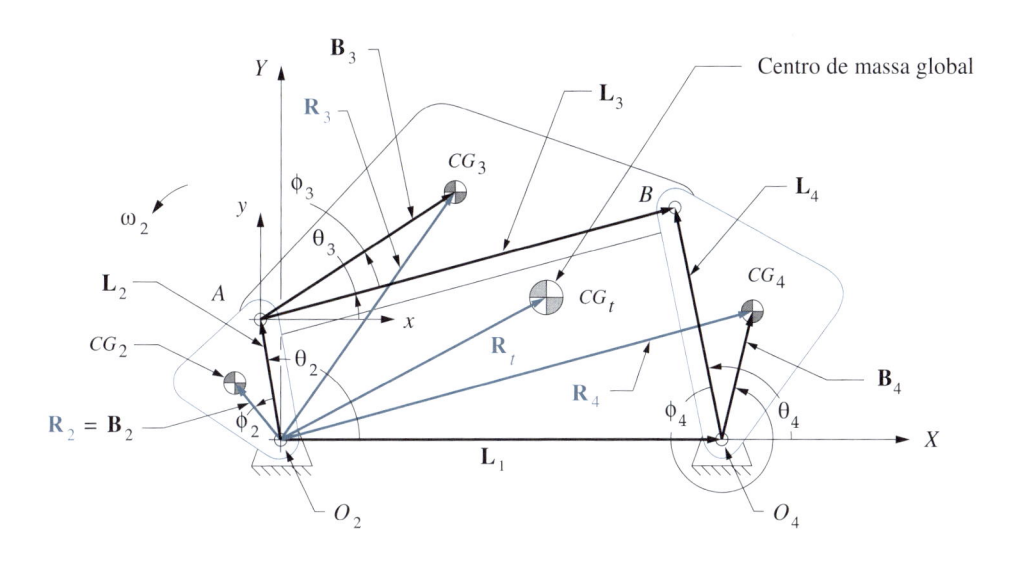

FIGURA 12-4

Balanceamento estático (de forças) de um mecanismo de quatro barras.

$$\mathbf{R}_t = \frac{m_2 \mathbf{R}_2 + m_3 \mathbf{R}_3 + m_4 \mathbf{R}_4}{m_t} \qquad (12.5c)$$

e da geometria do mecanismo de barras:

$$\begin{aligned} \mathbf{R}_2 &= b_2\, e^{j(\theta_2+\phi_2)} = b_2\, e^{j\theta_2} e^{j\phi_2} \\ \mathbf{R}_3 &= l_2\, e^{j\theta_2} + b_3\, e^{j(\theta_3+\phi_3)} = l_2\, e^{j\theta_2} + b_3\, e^{j\theta_3} e^{j\phi_3} \\ \mathbf{R}_4 &= l_1\, e^{j\theta_1} + b_4\, e^{j(\theta_4+\phi_4)} = l_1\, e^{j\theta_1} + b_4\, e^{j\theta_4} e^{j\phi_4} \end{aligned} \qquad (12.5d)$$

Podemos resolver a localização do centro de massa global para qualquer posição do elo, para o qual conhecemos os ângulos de elo θ_2, θ_3, θ_4. Queremos tornar este vetor de posição $\mathbf{R}_t$ uma constante. O primeiro passo é substituir as equações 12.5d em 12.5b,

$$m_t \mathbf{R}_t = m_2\left(b_2\, e^{j\theta_2} e^{j\phi_2}\right) + m_3\left(l_2\, e^{j\theta_2} + b_3\, e^{j\theta_3} e^{j\phi_3}\right) + m_4\left(l_1\, e^{j\theta_1} + b_4\, e^{j\theta_4} e^{j\phi_4}\right) \qquad (12.5e)$$

e rearranjar para agrupar os termos constantes como coeficientes de termos dependentes do tempo:

$$m_t \mathbf{R}_t = \left(m_4 l_1\, e^{j\theta_1}\right) + \left(m_2 b_2 e^{j\phi_2} + m_3 l_2\right) e^{j\theta_2} + \left(m_3 b_3\, e^{j\phi_3}\right) e^{j\theta_3} + \left(m_4 b_4\, e^{j\phi_4}\right) e^{j\theta_4} \qquad (12.5f)$$

Note que os termos entre parênteses são todos constantes em relação ao tempo. Os únicos termos dependentes do tempo são os termos que contém θ_2, θ_3 e θ_4.

Podemos também escrever a equação do vetor laço para o mecanismo de barras,

$$l_2\, e^{j\theta_2} + l_3\, e^{j\theta_3} - l_4\, e^{j\theta_4} - l_1\, e^{j\theta_1} = 0 \qquad (12.6a)$$

e resolvê-la para um vetor unidade que defina uma direção de um elo, elo 3.

$$e^{j\theta_3} = \frac{\left(l_1 e^{j\theta_1} - l_2 e^{j\theta_2} + l_4 e^{j\theta_4}\right)}{l_3} \tag{12.6b}$$

Substitua a equação anterior na Equação 12.5f para eliminar o termo θ_3 e rearranje.

$$m_t \mathbf{R}_t = \left(m_2 b_2 e^{j\phi_2} + m_3 l_2\right) e^{j\theta_2} + \frac{1}{l_3}\left(m_3 b_3 e^{j\phi_3}\right)\left(l_1 e^{j\theta_1} - l_2 e^{j\theta_2} + l_4 e^{j\theta_4}\right) \\ + \left(m_4 b_4 e^{j\phi_4}\right) e^{j\theta_4} + \left(m_4 l_1 e^{j\theta_1}\right) \tag{12.7a}$$

A seguir, junte os termos.

$$m_t \mathbf{R}_t = \left(m_2 b_2 e^{j\phi_2} + m_3 l_2 - m_3 b_3 \frac{l_2}{l_3} e^{j\phi_3}\right) e^{j\theta_2} + \left(m_4 b_4 e^{j\phi_4} + m_3 b_3 \frac{l_4}{l_3} e^{j\phi_3}\right) e^{j\theta_4} \\ + m_4 l_1 e^{j\theta_1} + m_3 b_3 \frac{l_1}{l_3} e^{j\phi_3} e^{j\theta_1} \tag{12.7b}$$

Esta expressão nos dá a ferramenta que força $\mathbf{R}_t$ a ser uma constante e torna o centro de massa do mecanismo de barras estacionário. Para que isso aconteça, os termos entre parênteses que multiplicam somente as duas variáveis dependentes do tempo, θ_2 e θ_4, devem ser forçados a ser zero. (O ângulo θ_1 do elo fixo é uma constante.) Assim, a condição para o balanceamento das forças do mecanismo é

$$\left(m_2 b_2 e^{j\phi_2} + m_3 l_2 - m_3 b_3 \frac{l_2}{l_3} e^{j\phi_3}\right) = 0$$

$$\left(m_4 b_4 e^{j\phi_4} + m_3 b_3 \frac{l_4}{l_3} e^{j\phi_3}\right) = 0 \tag{12.8a}$$

Rearranje para isolar um dos termos do elo (elo 3) em um lado de cada uma dessas equações:

$$m_2 b_2 e^{j\phi_2} = m_3 \left(b_3 \frac{l_2}{l_3} e^{j\phi_3} - l_2\right)$$

$$m_4 b_4 e^{j\phi_4} = -m_3 b_3 \frac{l_4}{l_3} e^{j\phi_3} \tag{12.8b}$$

Agora temos duas equações envolvendo três elos. Podemos admitir parâmetros para qualquer elo, e então os outros dois elos são resolvidos com base nele. Um mecanismo de barras é tipicamente primeiro projetado para satisfazer o movimento requerido e estabelecer as restrições antes que este procedimento de balanceamento de forças seja executado. Nesse caso, a geometria e as massas dos elos já estão definidas, pelo menos de modo preliminar. Uma estratégia útil é manter a massa do elo 3 e a localização do *CG* como projetado originalmente e calcular as massas e as localizações do *CG* necessárias dos elos 2 e 4 para satisfazer aquelas condições para forças balanceadas. Os elos 2 e 4 estão em rotação pura, então é justo adicionar contrapesos a eles para mover seus *CGs* para as localizações necessárias. Com essa aproximação, os lados direitos das Equações 12.8b são reduzíveis a números para um mecanismo de barras projetado. Queremos resolver os produtos massa-raio $m_2 b_2$ e $m_4 b_4$ e também as localizações angulares dos *CGs* nos elos. Note que os ângulos ϕ_2 e ϕ_4 nas Equações 12.8 são medidos em relação às linhas de centro de seus respectivos elos.

BALANCEAMENTO

As Equações 12.8b são equações vetoriais. Substitua a identidade de Euler (Equação 4.4a) para separar em componentes reais e imaginárias e resolver as componentes x e y dos produtos massa-raio.

$$(m_2 b_2)_x = m_3 \left(b_3 \frac{l_2}{l_3} \cos\phi_3 - l_2 \right)$$

$$(m_2 b_2)_y = m_3 \left(b_3 \frac{l_2}{l_3} \sen\phi_3 \right)$$

(12.8c)

$$(m_4 b_4)_x = -m_3 b_3 \frac{l_4}{l_3} \cos\phi_3$$

$$(m_4 b_4)_y = -m_3 b_3 \frac{l_4}{l_3} \sen\phi_3$$

(12.8d)

Essas componentes do produto mR necessárias para realizar o balanceamento de força do mecanismo de barras representam a quantia total requerida. Se os elos 2 e 4 já estão projetados com algum desbalanceamento individual (o CG não está no pivô), então o produto mR existente do elo desbalanceado deve ser subtraído daquele encontrado nas equações 12.8c e 12.8d para determinar o tamanho e localização dos contrapesos suplementares a serem adicionados àqueles elos. Assim como fizemos com o balanceamento dos elos rotativos, qualquer combinação de massa e raio que nos dê o produto desejado é aceitável. Use as equações 12.2d e 12.2e para converter os produtos mR cartesianos nas equações 12.8c e 12.8d para coordenadas polares, de modo a encontrar a magnitude e o ângulo do vetor mR do contrapeso. Note que o ângulo do vetor mR para cada elo será referente à linha de centro do elo. Projete a forma do contrapeso físico para ser colocado nos elos, como discutido na Seção 12.1.

12.4 EFEITO DO BALANCEAMENTO NAS FORÇAS VIBRATÓRIAS E NAS FORÇAS NO PINO OU NA ARTICULAÇÃO

A Figura 12-5 mostra um mecanismo de quatro barras em que massas de balanceamento foram adicionadas de acordo com as Equações 12.8. Note os contrapesos colocados nos elos 2 e 4 nas posições calculadas para um balanceamento das forças completo. A Figura 12-6a mostra um esboço polar das forças vibratórias deste mecanismo sem as massas de balanceamento. O máximo é 2055 N em 15°. A Figura 12-6b mostra as forças vibratórias após as massas de

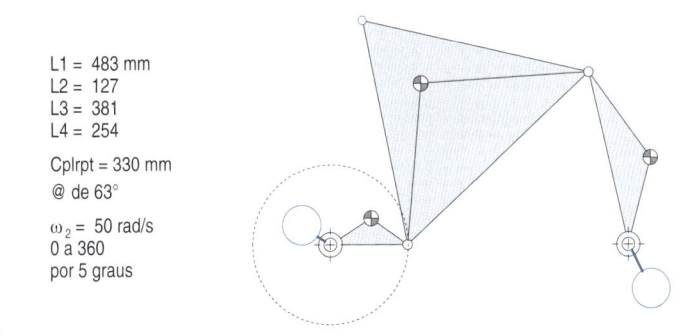

FIGURA 12-5

Um mecanismo de quatro barras balanceado mostrando massas de balanceamento aplicadas aos elos 2 e 4.

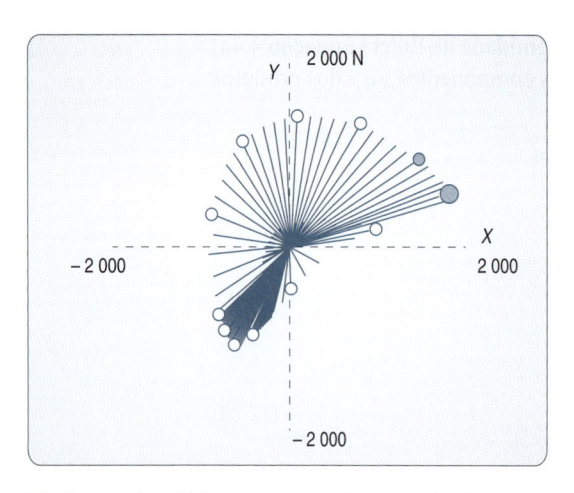

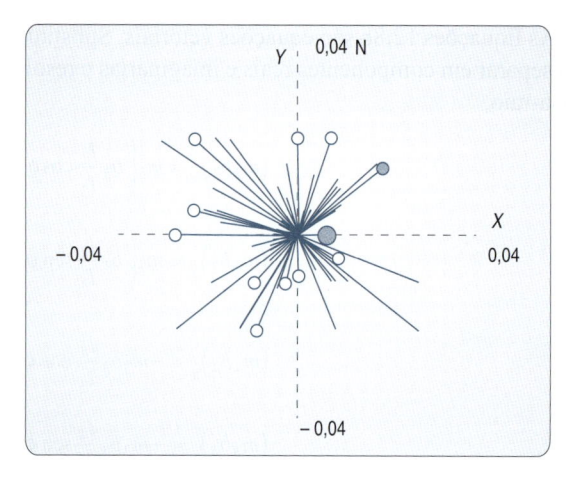

(a) Força vibratória com mecanismo desbalanceado (b) Força vibratória com mecanismo balanceado

FIGURA 12-6

Esboço polar das forças vibratórias no plano terra do mecanismo de quatro barras da Figura 12-5.

balanceamento serem adicionadas. As forças vibratórias são reduzidas a zero. As pequenas forças residuais vistas na Figura 12-6b são devidas a erros de arredondamento computacional – o método dá resultados teoricamente exatos.

Entretanto, as forças na articulação dos pivôs da manivela e do seguidor não desaparecem como um resultado da adição de massas de balanceamento. As figuras 12-7a e 12-7b, respectivamente, mostram as forças no pivô da manivela e no pivô do seguidor após o balanceamento. Essas forças agora são iguais e opostas.

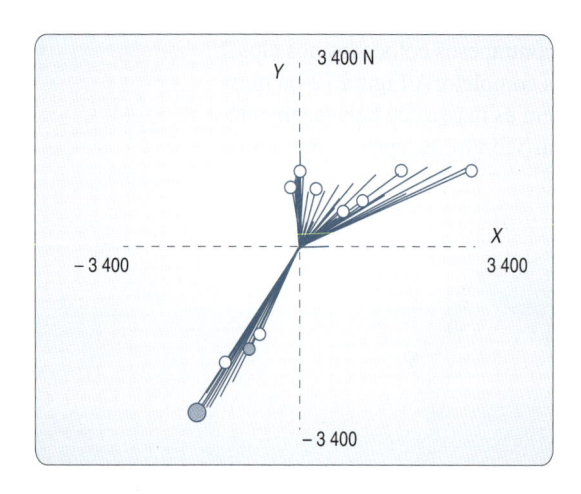

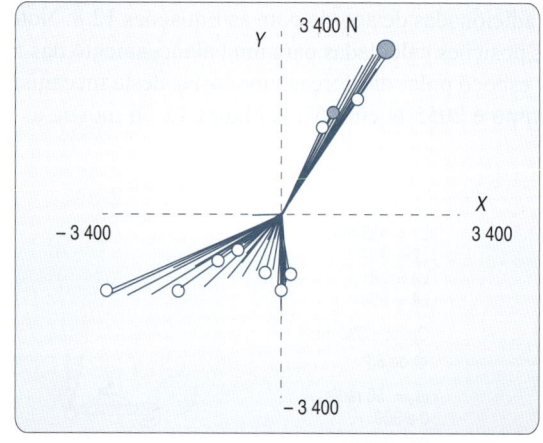

(a) Força F21 do pivô da manivela (b) Força F41 do pivô do seguidor

FIGURA 12-7

Esboço polar das forças F21 e F41 atuando no plano terra do mecanismo de quatro barras-balanceado pelas forças da Figura 12-5.

BALANCEAMENTO

Após o balanceamento, o modelo das forças no pivô O_2 é a imagem especular do modelo no pivô O_4. A **força vibratória resultante** é a soma vetorial desses dois conjuntos de forças para cada intervalo de tempo (ver Seção 11.8). Os pares de forças iguais e opostos agem no pivô terra em cada intervalo de tempo, criando um conjugado vibratório que varia no tempo e vibra no plano terra. Essas forças na articulação podem ser maiores devido aos pesos de balanceamento e, se for assim, aumentarão o conjugado vibratório em comparação ao seu valor original no mecanismo de barras desbalanceado – uma troca para reduzir as forças vibratórias a zero. As pressões nos elos e pinos podem também aumentar como um resultado do balanceamento das forças.

12.5 EFEITO DO BALANCEAMENTO NO TORQUE DE ENTRADA

O balanceamento individual de um elo que está em rotação pura pela adição de um contrapeso terá o efeito colateral do aumento do seu momento de inércia de massa. O "efeito volante" do elo é elevado por esse aumento no seu momento de inércia. Assim, o torque necessário para acelerar esse elo será maior. O torque de entrada não será afetado por nenhuma mudança no I da manivela de entrada, quando esta estiver girando com velocidade angular constante. Contudo, qualquer seguidor no mecanismo terá aceleração angular mesmo quando a manivela não tiver. Assim, o balanceamento individual dos seguidores tenderá ao aumento do torque de entrada requerido, mesmo com a velocidade da manivela de entrada constante.

Adicionar contrapesos a elos rotativos, necessariamente para realizar o balanceamento de força do mecanismo de barras inteiro, tanto aumenta o momento de inércia de massa dos elos quanto (individualmente) *desbalanceia* esses elos rotativos para ganhar um balanceamento global. Então, os *CGs* dos elos rotativos não estarão em seus pivôs fixos. Qualquer aceleração angular desses elos será adicionada ao torque aplicado no mecanismo de barras. Ao balancear um mecanismo de barras inteiro por esse método, podemos ter o efeito colateral do aumento da variação no torque de entrada requerido. Um volante de inércia maior pode ser necessário em um mecanismo de barras balanceado para alcançar o mesmo coeficiente de flutuação da versão desbalanceada do mecanismo de barras.

A Figura 12-8 mostra a curva do torque de entrada para um mecanismo de barras desbalanceado e para o mesmo mecanismo, após ter sido feito o balanceamento completo das forças. O valor de pico do torque de entrada requerido aumentou como resultado desse balanceamento.

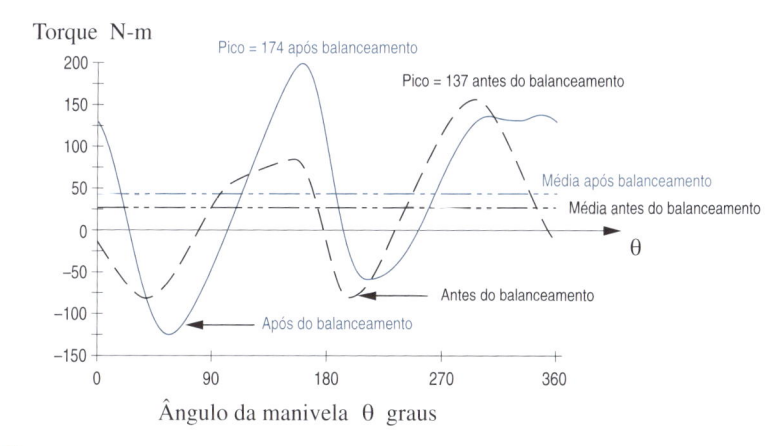

FIGURA 12-8

Curvas do torque de entrada desbalanceadas e balanceadas para o mecanismo de quatro barras da Figura 12-5.

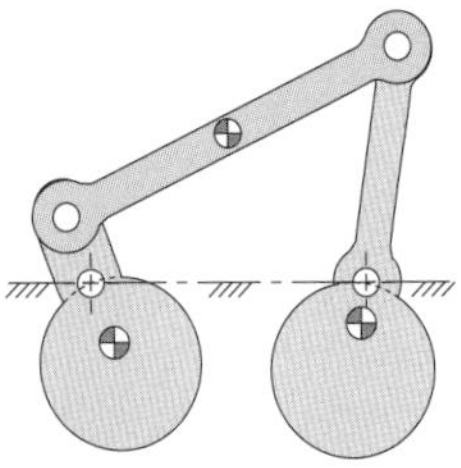

FIGURA 12-9

Um mecanismo de quatro barras alinhado[6],[7] com contrapesos circulares otimamente posicionados.[5]

Note, entretanto, que o grau de aumento no torque de entrada devido ao balanceamento de forças depende da escolha do raio em que a massa de balanceamento é colocada. O momento de inércia de massa extra que a massa de balanceamento adiciona a um elo é proporcional ao quadrado do raio do *CG* da massa de balanceamento. O algoritmo de balanceamento de forças somente calcula o produto massa-raio requerido. Colocar a massa de balanceamento em um menor raio possível minimizará o aumento no torque de entrada. Weiss e Fenton[5] demonstraram que um contrapeso circular colocado tangente ao centro do pivô do elo (Figura 12-9) é um bom ajuste entre o peso adicionado e o aumento do momento de inércia. Para reduzir o aumento de torque posterior, poderíamos também escolher fazer um balanceamento aproximado das forças e aceitar alguma força vibratória em troca.

12.6 BALANCEANDO O MOMENTO VIBRATÓRIO EM MECANISMOS

O momento vibratório M_s no pivô da manivela O_2 em um mecanismo de barras balanceados por forças é a soma do torque de reação T_{21} e do conjugado vibratório (ignorando qualquer carga aplicada externamente).[6]*

$$M_s = T_{21} + (R_1 \times F_{41}) \qquad (12.9)$$

em que T_{21} é o negativo do torque externo T_{12}, R_1 é o vetor de posição de O_2 a O_4 (isto é, elo 1), e F_{41} é a força do seguidor no plano terra. Em um mecanismo geral, a magnitude do momento vibratório pode ser reduzida, mas não pode ser eliminada por meio da redistribuição da massa em seus elos. O balanceamento completo do momento vibratório requer a adição de elos complementares e/ou contrapesos rotativos.[7]

Muitas técnicas que têm sido desenvolvidas utilizam métodos de otimização para encontrar uma configuração da massa do mecanismo de barras que irá minimizar somente o momento vibratório ou em combinação com a minimização da força vibratória e/ou do torque de entrada. Hockey[8],[9] mostra que a flutuação em energia cinética e o torque de entrada de um mecanismo podem ser reduzidos pela distribuição apropriada da massa nos elos, e que esta abordagem é muito mais eficiente do que adicionar um volante ao eixo de entrada. Berkof[10] também descreve um método para minimizar o torque de entrada pelo rearranjo interno da massa. Lee e Cheng[11] e Qi e Pennestri[12] mostram métodos para otimizar o balanceamento do conjunto força vibratória, momento vibratório e torque de entrada em mecanismos de barras de alta velocidade pela redistribuição de massas e pela adição de contrapesos. Porter e outros[13] sugerem um algoritmo genético para otimizar o mesmo conjunto de parâmetros. Bagci[14] descreve diversas aproximações para balanceamento de forças vibratórias e momentos vibratórios em um mecanismo de quatro barras biela-manivela. Kochev[15] fornece uma teoria geral para balanceamento completo de força e momento. Esat e Bahai[16] descrevem uma teoria para balanceamento completo de força e momento que requer contrapesos rotativos no acoplador. Arakelian e Smith[17] derivam um método para balanceamento completo de força e momento de mecanismos de seis barras de Watt e Stephenson. A maioria desses métodos exige recursos computacionais significativos, e o escopo deste trabalho não permite uma discussão completa de todos eles. Para mais informações, ver as referências bibliográficas.

O método de Berkof para balanceamento completo do momento do mecanismo de quatro barras[7] é simples e prático, mesmo que seja limitado a mecanismos "alinhados", isto é, aqueles cujos *CGs* dos elos estão em suas respectivas linhas de centro, como mostrado na Figura 12-9. Essa não é uma limitação excessiva, visto que muitos mecanismos de barras práticos são feitos com elos retos. Mesmo se um elo precisar ter uma forma que desvia da sua linha de centro, seu *CG* ainda pode ser colocado nesta linha adicionando massa ao elo na localização apropriada, à custa de um aumento de massa.

---

* Note que este enunciado é verdadeiro somente se o mecanismo de barras é balanceado por forças, o que torna o momento do conjugado vibratório um vetor independente. Caso contrário, ele é referenciado ao sistema de coordenadas global escolhido. Veja na referência[6] as derivações completas do momento vibratório para mecanismos balanceados por forças e desbalanceados.

BALANCEAMENTO

(a) Elo acoplador retangular   **(b)** Elo acoplador "osso de cachorro"

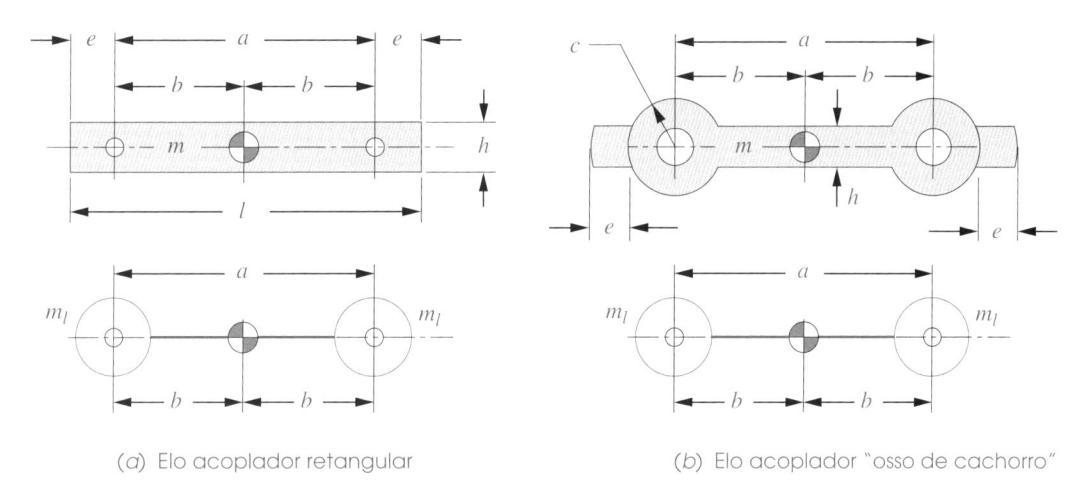

FIGURA 12-10

Fazendo do elo acoplador um pêndulo físico.

Para um balanceamento completo de momento pelo método de Berkof, além de ser um mecanismo de barras alinhado, o acoplador deve ser reconfigurado para se tornar um **pêndulo físico***, tal que seja dinamicamente equivalente a um modelo de massa concentrada, como mostrado na Figura 12-10. O acoplador é mostrado na Figura12-10a como uma barra retangular uniforme de massa m, comprimento a e altura h e na Figura 12-10b como um "osso de cachorro". Essas são apenas duas das diversas possibilidades. Queremos as massas concentradas nos pinos do pivô, conectadas por uma haste "sem massa". Então, as massas concentradas do acoplador estarão em rotação pura como parte da manivela ou como parte do seguidor. Isso pode ser realizado adicionando massa, como indicado pela dimensão e na extremidade do acoplador.**

Os três requisitos para equivalência dinâmica foram explicados na Seção 10.2 e são: massa igual, mesma localização do CG e mesmo momento de inércia de massa. O primeiro e o segundo são facilmente satisfeitos posicionando $m_l = m/2$ em cada pino. O terceiro requisito pode ser especificado em termos de raio de giração k, no lugar do momento de inércia, usando a Equação 10.11b.

$$k = \sqrt{\frac{I}{m}} \qquad (12.10)$$

Considerando cada parte separadamente, como se a haste sem massa estivesse dividida no CG em duas hastes, cada uma com comprimento b, o momento de inércia I_l de cada parte será

$$I_l = \frac{I}{2} = m_l b^2$$
$$I = 2 m_l b^2 = m b^2 \qquad (12.11a)$$

e

então,

$$k = \sqrt{\frac{mb^2}{m}} = b = \frac{a}{2} \qquad (12.11b)$$

* Esse método de balanceamento de momento é "reconhecido como uma técnica excelente e recomendada quando aplicável".[15]

** Note que esse arranjo também torna cada junta pinada o centro de percussão do outro pino como centro de rotação. Isso significa que a força aplicada em um pino terá uma força de reação zero no outro pino, separando-os dinamicamente de modo efetivo. Ver Seção 10.10 e também a Figura 13-10 para uma discussão mais aprofundada sobre esse efeito.

A configuração do elo na Figura 12-10a será satisfeita se as dimensões do elo tiverem a seguinte razão adimensional (supondo a espessura do elo constante).

$$\frac{e}{h} = \frac{1}{2}\sqrt{3\left(\frac{a}{h}\right)^2 - 1} - \frac{a}{2h} \quad (12.12)$$

em que e define o comprimento do material que deve ser adicionado a cada extremidade para satisfazer a Equação 12.11b (p. 611).

Para a configuração do elo na Figura 12-10b, o comprimento e do material adicionado de altura h necessário para torná-lo um pêndulo físico pode ser encontrado por

$$A\left(\frac{e}{h}\right)^3 + B\left(\frac{e}{h}\right)^2 + C\left(\frac{e}{h}\right) + D = 0 \quad (12.13)$$

em que:
$$A = 8$$
$$B = 12\left(\frac{a}{c}\right) + 24$$
$$C = 24\left(\frac{a}{c}\right) + 26$$
$$D = -2\left(\frac{a}{c}\right)^3 + 13\left(\frac{a}{c}\right) + 12\pi - 10$$

O segundo passo é realizar o balanceamento de força do mecanismo de barras com seu acoplador modificado usando o método da Seção 12.3 (p. 603) e definir os contrapesos requeridos nos elos 2 e 4. Com as forças vibratórias eliminadas, o momento vibratório é um vetor independente, assim como o torque de entrada.

Então, como terceiro passo, o momento vibratório pode ser neutralizado adicionando contrapesos inerciais engrenados aos elos 2 e 4, como mostrado na Figura 12-11. Estes devem girar na direção oposta aos elos, requerendo uma relação de transmissão de –1. Assim, um contrapeso inercial pode balancear qualquer momento plano que seja proporcional a uma aceleração angular e não introduz nenhum conjunto de forças inerciais que perturbe o balanceamento de força do mecanismo de barras. As contrapartidas incluem aumento do torque inicial e maiores forças na articulação resultantes do torque requerido para acelerar a inércia rotativa adicional. Podem também existir cargas elevadas nos dentes da engrenagem e impacto quando as reversões de torque corrigirem as folgas nos dentes dos pares de engrenagens, causando ruído.

O momento vibratório de um mecanismo de quatro barras alinhado é derivado na referência [6] como

$$\mathbf{M}_s = \sum_{i=2}^{4} A_i \alpha_i \quad (12.14)$$

em que:
$$A_2 = -m_2\left(k_2^2 + r_2^2 + a_2 r_2\right)$$
$$A_3 = -m_3\left(k_3^2 + r_3^2 - a_3 r_3\right)$$
$$A_4 = -m_4\left(k_4^2 + r_4^2 + a_4 r_4\right)$$

α_i é a aceleração angular no elo i. As outras variáveis são definidas na Figura 12-11.

BALANCEAMENTO

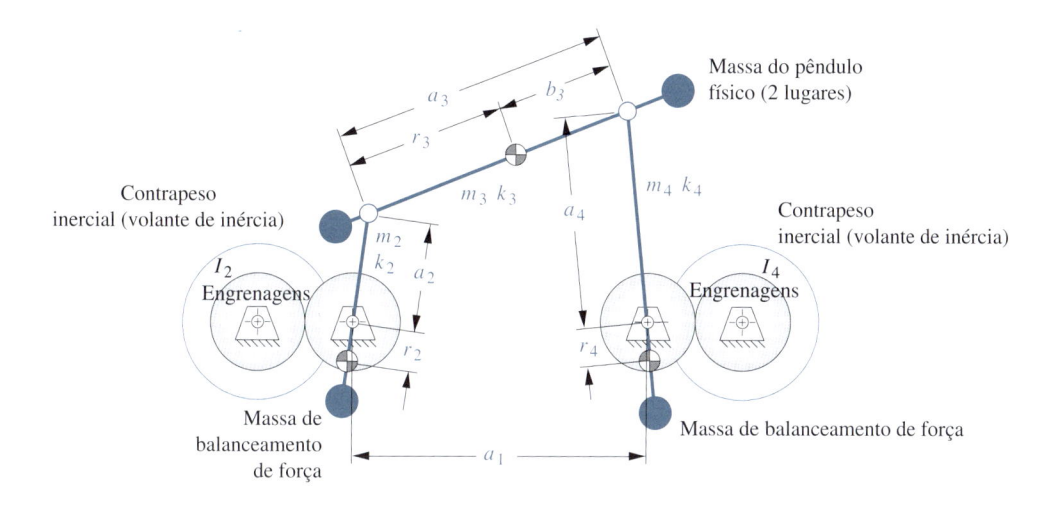

FIGURA 12-11

Mecanismo de quatro barras alinhado, balanceado completamente para força e momento, com acoplador como pêndulo físico e contrapesos inerciais em elos rotativos.

Adicionar os efeitos dos dois contrapesos inerciais nos dá

$$\mathbf{M}_s = \sum_{i=2}^{4} A_i \alpha_i + I_2 \alpha_2 + I_4 \alpha_4 \tag{12.15}$$

O momento vibratório pode ser forçado a zero se

$$I_2 = -A_2$$
$$I_4 = -A_4 \tag{12.16}$$
$$A_3 = 0 \quad \text{ou} \quad k_3^2 = r_3(a_3 - r_3)$$

Isso nos leva a um conjunto de cinco equações de projeto que devem ser satisfeitas para balanceamento completo de força e de momento em um mecanismo de quatro barras alinhado.*

$$m_2 r_2 = m_3 b_3 \left(\frac{a_2}{a_3} \right) \tag{12.17a}$$

$$m_4 r_4 = m_3 r_3 \left(\frac{a_4}{a_3} \right) \tag{12.17b}$$

$$k_3^2 = r_3 b_3 \tag{12.17c}$$

$$I_2 = m_2 \left(k_2^2 + r_2^2 + a_2 r_2 \right) \tag{12.17d}$$

$$I_4 = m_4 \left(k_4^2 + r_4^2 + a_4 r_4 \right) \tag{12.17e}$$

As equações 12.17a e 12.7b são o critério de balanceamento de força da Equação 12.8 escrita para o caso do mecanismo de barras alinhado. A Equação 12.7c define o acoplador como um pêndulo físico.

* Essas componentes do produto mR necessárias para balancear o mecanismo representam a quantidade total requerida. Se os elos 2 e 4 já estão projetados com algum desbalanceamento individual (isto é, o CG não está no pivô), então o produto existente mR do elo desbalanceado deve ser subtraído daquele encontrado nas equações 12.17a e 12.17b para determinar o tamanho e localização dos contrapesos suplementares a serem adicionados àqueles elos.

As equações 12.17b e 12.17e definem o momento de inércia de massa para os dois contrapesos inerciais. Note que, se o mecanismo de barras está girando a uma velocidade angular constante, α_2 será zero na Equação 12.14 e o contrapeso inercial no elo 2 pode ser omitido.

12.7 MEDINDO E CORRIGINDO DESBALANCEAMENTOS

Embora possamos fazer um grande esforço para assegurar o balanceamento quando projetamos uma máquina, variações e tolerâncias na manufatura impedirão até um projeto bem balanceado de estar em perfeito equilíbrio quando construído. Assim, há necessidade de um recurso para medir e corrigir o desbalanceamento em sistemas rotativos. Talvez o melhor exemplo de montagem a discutir é aquele do pneu e roda do automóvel, com o qual a maioria dos leitores deve estar familiarizada. Certamente, o projeto deste dispositivo promove balanceamento, por ser essencialmente cilíndrico e simétrico. Se é manufaturado para ser perfeitamente uniforme na geometria e homogêneo no material, deveria estar em perfeito balanço. Entretanto, tipicamente não está. É mais provável que a roda (ou aro) esteja mais próxima do balanceamento, quando manufaturada, do que o pneu. A roda é feita de metal homogêneo e tem claramente geometria e seção transversal uniformes. O pneu, no entanto, é um composto de elastômero de borracha sintética e cordonéis ou fios metálicos. O conjunto é comprimido em um molde e curado a vapor em alta temperatura. O material resultante varia em densidade e distribuição, e sua geometria é frequentemente distorcida no processo de remoção do molde e resfriamento.

BALANCEAMENTO ESTÁTICO Após o pneu ser montado à roda, o conjunto deve ser balanceado para reduzir a vibração em altas velocidades. A abordagem mais simples é balancear o conjunto estaticamente, apesar de esse não ser realmente um candidato ideal para essa abordagem medida, na medida em que é axialmente espesso em comparação com seu diâmetro. Para fazer isso, ele é tipicamente suspenso em um plano horizontal em um cone, através do furo no seu centro. Um nível de bolha é preso à roda, e pesos são colocados em posições ao redor do aro até ficar nivelado. Esses pesos são então fixados nesses pontos. Este é um balanceamento em plano único e, sendo assim, pode somente cancelar as forças desbalanceadas. Não tem efeito em nenhum momento desbalanceado, devido à distribuição irregular da massa ao longo do eixo de rotação. Também não é muito acurado.

BALANCEAMENTO DINÂMICO A melhor abordagem é balancear dinamicamente. Isso requer a utilização de uma máquina de balanceamento dinâmico. A Figura 12-12 mostra um esquema de um dispositivo usado para balancear rodas e pneus, ou qualquer outro conjunto rotativo. O conjunto a ser balanceado é elevado temporariamente em um eixo, chamado mandril, o qual é sustentado em mancais na balanceadora. Esses dois mancais estão cada um montados em uma suspensão que contém um transdutor que mede a força dinâmica. Um tipo comum de transdutor de força contém um cristal piezoelétrico que fornece uma voltagem proporcional à força aplicada. Essa voltagem é amplificada eletronicamente e levada a um circuito ou software, que pode calcular sua magnitude de pico e o ângulo de fase daquele pico em relação a algum sinal de referência de tempo. O sinal de referência é fornecido por um encoder axial no mandril, que fornece um pulso elétrico de pequena duração por revolução, exatamente na mesma localização angular. Esse pulso codificado aciona o computador para iniciar o processamento do sinal de força. O encoder pode também fornecer um grande número de pulsos adicionais igualmente espaçados ao redor da circunferência do eixo (frequentemente 1024). Estes são usados para acionar o registro de cada amostra de dado do transdutor, exatamente na mesma localização ao redor do eixo, e fornecem uma medida da velocidade do eixo por meio de um contador eletrônico.

BALANCEAMENTO

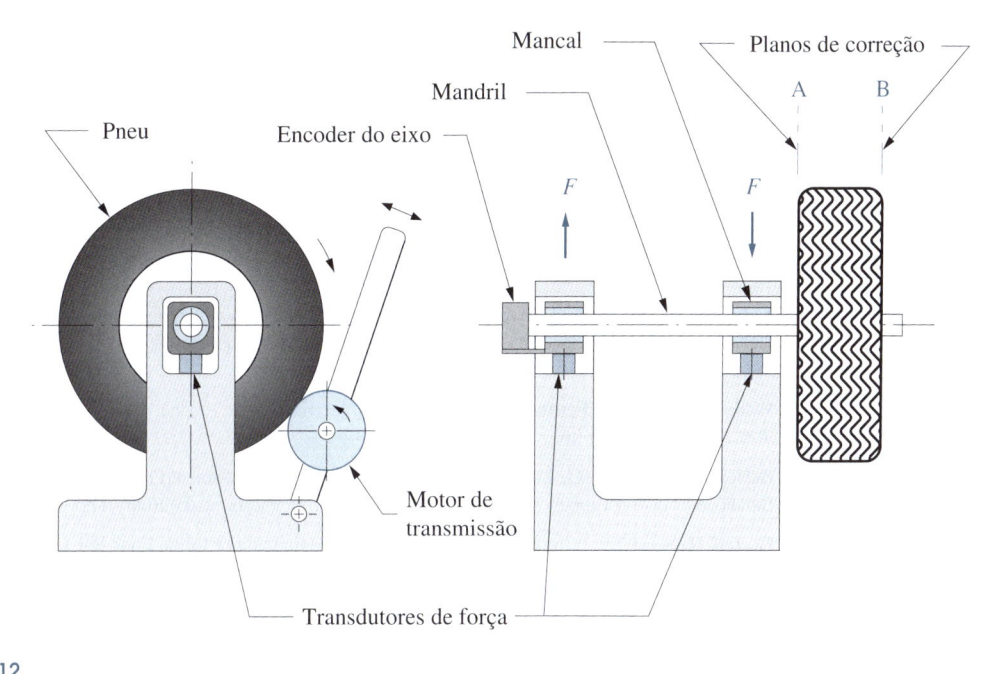

FIGURA 12-12

Uma máquina dinâmica de balanceamento de roda.

A montagem a ser balanceada é então "acelerada" a certa velocidade angular, geralmente por uma transmissão de atrito em contato com sua circunferência. O torque de transmissão é então removido, e o motor de transmissão parado, permitindo ao conjunto que "rode livre". (Isso é para evitar medir qualquer força resultante do desbalanceamento do sistema de transmissão.) A sequência de medições é iniciada, e as forças dinâmicas em cada mancal são medidas simultaneamente, e suas formas de onda armazenadas. Muitos ciclos podem ser medidos, e a média é calculada para melhorar a qualidade de medição. Porque forças estão sendo medidas em duas posições diferentes ao longo do eixo, tanto os dados da soma dos momentos quanto os da soma das forças são calculados.

Os sinais de força são enviados para um computador embutido, para processamento e cálculo das massas de balanceamento e das posições necessárias. Os dados necessários para as medições são: as magnitudes das forças de pico e as localizações angulares desses picos em relação ao ângulo de referência do encoder axial (que corresponde a um ponto conhecido na roda). A localização axial das bordas interna e externa do aro da roda (os planos de correção) em relação às localizações do transdutor da máquina de balanceamento é fornecida ao computador da máquina pelo operador de medição. Desses dados, a força desbalanceada líquida e o momento desbalanceado líquido podem ser calculados, visto que a distância entre as forças medidas nos mancais é conhecida. Os produtos massa-raio necessários nos planos de correção em cada lado da roda podem, então, ser calculados das Equações 12.3 em termos do produto mR dos pesos de balanceamento. O raio de correção é aquele do aro da roda. As massas de balanceamento e as localizações angulares são calculadas para cada plano de correção, para balancear o sistema dinamicamente. Os pesos com a massa necessária são unidos aos aros interno e externo da roda (que são os planos de correção neste caso), nas localizações angulares apropriadas. O resultado é uma roda e pneu corretamente balanceados dinamicamente.

TABELA P12-0
Matriz de tópicos/problemas

12.1 Balanceamento estático
12-1, 12-2, 12-3, 12-4, 12-37

12.2 Balanceamento dinâmico
12-5, 12-13, 12-14, 12-15, 12-16, 12-17, 12-18, 12-19, 12-38, 12-39

12.3 Balanceamento de mecanismos
12-8a, 12-12, 12-27, 12-29, 12-31, 12-33, 12-35

12.5 Efeito do balanceamento no torque de entrada
12-8b, 12-9, 12-10, 12-11

12.6 Balanceando o momento vibratório em mecanismos
12-20, 12-21, 12-22, 12-23, 12-28, 12-30, 12-32, 12-34, 12-36

12.7 Medindo e corrigindo desbalanceamentos
12-6, 12-7, 12-24, 12-25, 12-26

* Respostas no Apêndice F.

** Esses problemas podem ser solucionados utilizando programas de resolução de equações *Mathcad*, *Matlab* ou *TKSolver*.

12.8 REFERÊNCIAS

1. **Lowen, G. G., and R. S. Berkof.** (1968). "Survey of Investigations into the Balancing of Linkages." *J. Mechanisms*, **3**(4), pp. 221-231.

2. **Lowen, G. G., et al.** (1983). "Balancing of Linkages—An Update." *Journal of Mechanism and Machine Theory*, **18**(3), pp. 213-220.

3. **Berkof, R. S., and G. G. Lowen.** (1969). "A New Method for Completely Force Balancing Simple Linkages." *Trans. ASME J. of Eng. for Industry,* (February) pp. 21-26.

4. **Tepper, F. R., and G. G. Lowen.** (1972). "General Theorems Concerning Full Force Balancing of Planar Linkages by Internal Mass Redistribution." *Trans ASME J. of Eng. for Industry*, **94 series B**(3), pp. 789-796.

5. **Weiss, K., and R. G. Fenton.** (1972). "Minimum Inertia Weight." *Mech. Chem. Engng. Trans. I.E. Aust.*, **MC8**(1), pp. 93-96.

6. **Berkof, R. S., and G. G. Lowen.** (1971). "Theory of Shaking Moment Optimization of Force-Balanced Four-Bar Linkages." *Trans. ASME J. of Eng. for Industry,* (February), pp. 53-60.

7. **Berkof, R. S.** (1972). "Complete Force and Moment Balancing of Inline Four-Bar Linkages." *J. Mechanism and Machine Theory*, **8** (August), pp. 397-410.

8. **Hockey, B. A.** (1971). "An Improved Technique for Reducing the Fluctuation of Kinetic Energy in Plane Mechanisms." *J. Mechanisms*, **6**, pp. 405-418.

9. **Hockey, B. A.** (1972). "The Minimization of the Fluctuation of Input Torque in Plane Mechanisms." *Mechanism and Machine Theory*, **7**, pp. 335-346.

10. **Berkof, R. S.** (1979). "The Input Torque in Linkages." *Mechanism and Machine Theory*, **14**, pp. 61-73.

11. **Lee, T. W., and C. Cheng.** (1984). "Optimum Balancing of Combined Shaking Force, Shaking Moment, and Torque Fluctuations in High Speed Linkages." *Trans. ASME J. Mechanisms, Transmission, Automation and Design*, **106**, pp. 242-251.

12. **Qi, N. M., and E. Pennestri.** (1991). "Optimum Balancing of Fourbar Linkages." *Mechanism and Machine Theory*, **26**(3), pp. 337-348.

13. **Porter, B., et al.** (1994). "Genetic Design of Dynamically Optimal Fourbar Linkages." *Proc. of 23rd Biennial Mechanisms Conference*, Minneapolis, MN, p. 413.

14. **Bagci, C.** (1975). "Shaking Force and Shaking Moment Balancing of the Plane Slider-Crank Mechanism." *Proc. of The 4th OSU Applied Mechanism Conference*, Stillwater, OK, p. 25-1.

15. **Kochev, I. S.** (2000). "General Theory of Complete Shaking Moment Balancing of Planar Linkages: A Critical Review." *Mechanism and Machine Theory*, **35**, pp. 1501-1514.

16. **Esat, I., and H. Bahai.** (1999). "A Theory of Complete Force and Moment Balancing of Planar Linkage Mechanisms." *Mechanism and Machine Theory*, **34**, pp. 903-922.

17. **Arakelian, V. H., and M. R. Smith.** (1999). "Complete Shaking Force and Shaking Moment Balancing of Linkages." *Mechanism and Machine Theory*, **34**, pp. 1141-1153.

12.9 PROBLEMAS

*** **12-1** Um sistema de dois braços coplanares em um eixo comum, como mostrado na Figura 12-1, deve ser projetado. Para a(s) linha(s) determinada(s) na Tabela P12-1, encontre a força vibratória do mecanismo de barras quando gira desbalanceado a 10 rad/s, e projete um contrapeso para balancear estaticamente o sistema. As massas estão em kg, e os comprimentos em metros.

** **12-2** O ponteiro de minutos do Big Ben pesa 178 N e possui 3,048 m de comprimento. Seu *CG* está a 1,219 m do pivô. Calcule o produto *mR* e a localização angular necessária para balancear estaticamente esse elo, e projete um contrapeso físico, posicionado próximo ao centro.

BALANCEAMENTO

TABELA P12-1 Dados do Problema 12-1

Linha	m_1	m_2	R_1	R_2
a.	0,20	0,40	1,25 @ 30°	2,25 @ 120°
b.	2,00	4,36	3,00 @ 45°	9,00 @ 320°
c.	3,50	2,64	2,65 @ 100°	5,20 @ -60°
d.	5,20	8,60	7,25 @ 150°	6,25 @ 220°
e.	0,96	3,25	5,50 @ -30°	3,55 @ 120°

Selecione o material e projete a forma detalhada do contrapeso, que tem espessura uniforme de 50 mm na direção Z.

** 12-3 Um anúncio de propaganda "V de vitória" está sendo projetado para oscilar ao redor da ponta do V, em um outdoor, como se fosse o seguidor de um mecanismo de quatro barras. O ângulo entre as pernas do V é 20°. Cada perna tem 2,438 m de comprimento e 0,457 m de largura. O material é de alumínio, com 6,4 mm de espessura. Projete o elo V para balanceamento estático.

** 12-4 Um ventilador de teto de três pás tem pás retangulares de 457 mm por 76 mm, igualmente espaçadas, que pesam nominalmente 8,9 N cada. Tolerâncias de manufatura farão com que o peso da pá varie mais ou menos 5%. A precisão de montagem das pás irá variar a localização do CG em relação ao eixo de giro em mais ou menos 10% do diâmetro das pás. Calcule o peso do maior contrapeso de aço necessário, a um raio de 50,8 mm, para balancear estaticamente o pior caso de montagem da pá, se o raio mínimo da pá for 152,4 mm.

* ** 12-5 Um sistema de três pesos não coplanares está arranjado em um eixo, geralmente como mostrado na Figura 12-3. Para as dimensões da(s) linha(s) indicada(s) na Tabela P12-2, encontre as forças vibratórias e o momento vibratório quando gira desbalanceado a 100 rpm, e especifique o produto mR e o ângulo do contrapeso nos planos de correção A e B necessários para balancear dinamicamente o sistema. Os planos de correção estão separados 20 m. As massas estão em kg, e os comprimentos em metros.

* ** 12-6 Um conjunto de roda e pneu está rodando a 100 rpm em uma máquina de balanceamento dinâmico, como mostrado na Figura 12-12. A força medida no mancal esquerdo tem um pico de 22,24 N no ângulo de fase de 45° em relação ao ângulo de referência zero no pneu. A força medida no mancal direito tem um pico de 8,9 N no ângulo de fase de –120° em relação ao zero de referência no pneu. A distância entre centros dos dois mancais na máquina é 254 mm. A margem esquerda do aro da roda está a 101,6 mm da linha de centro do mancal mais próximo. A roda tem 177,8 mm de largura no aro. Calcule o tamanho e a

TABELA P12-2 Dados do Problema 12-5

Linha	m_1	m_2	m_3	l_1	l_2	l_3	R_1	R_2	R_3
a.	0,20	0,40	1,24	2	8	17	1,25 @ 30°	2,25 @ 120°	5,50 @ -30°
b.	2,00	4,36	3,56	5	7	16	3,00 @ 45°	9,00 @ 320°	6,25 @ 220°
c.	3,50	2,64	8,75	4	9	11	2,65 @ 100°	5,20 @ -60°	1,25 @ 30°
d.	5,20	8,60	4,77	7	12	16	7,25 @ 150°	6,25 @ 220°	9,00 @ 320°
e.	0,96	3,25	0,92	1	3	18	5,50 @ 30°	3,55 @ 120°	2,65 @ 100°

* Respostas no Apêndice F.

** Esses problemas podem ser solucionados utilizando programas de resolução de equações *Mathcad*, *Matlab* ou *TKSolver*.

ω_entrada Acoplador Pente de tear
212,7

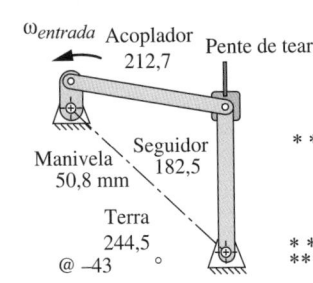

Manivela Seguidor
50,8 mm 182,5

Terra
244,5
@ –43°

FIGURA P12-1
Problema 12-9.

localização, em relação ao ângulo de referência zero do pneu, dos pesos de balanceamento necessários em cada lado do aro para balancear dinamicamente o conjunto do pneu. O diâmetro do aro da roda é 381 mm.

* ** 12-7 Repita o Problema 12-6 para forças que medem 26,69 N no ângulo de fase de –60° em relação à referência zero no pneu, medida no mancal esquerdo, e 17.79 N no ângulo de fase de 150° em relação à referência zero no pneu, medida no mancal direito. O diâmetro da roda é 381 mm.

* ** 12-8 A Tabela P11-3 mostra dados geométricos e cinemáticos de algum mecanismo de quatro
***   barras.

   a. Para a(s) linha(s) da Tabela P11-3 determinada(s) neste problema, calcule o tamanho e localização angular dos produtos massa-raio contrabalanceados, necessários nos elos 2 e 4 para balancear completamente por força o mecanismo de barras pelo método de Berkof e Lowen. Cheque seus cálculos manuais com o programa FOURBAR (ver Apêndice A).

   b. Calcule o torque de entrada para o mecanismo de barras com e sem os pesos de balanceamento adicionados e compare os resultados. Use o programa FOURBAR.

* ** 12-9 O elo 2 na Figura P12-1 gira a 500 rpm. Os elos são de aço com seção transversal de 25 x 50 mm. Metade do peso de 129 N do suporte de apoio e do pente de tear é suportada pelo mecanismo de barras no ponto B. Projete contrapesos para fazer o balanceamento de força do mecanismo de barras e determine sua alteração no torque de pico em relação à condição de desbalanceamento. Ver Problema 11-13 para mais informações sobre um mecanismo geral.

** 12-10 A Figura P12-2a mostra um mecanismo de quatro barras e suas dimensões em metros. A
***   manivela e o seguidor de aço possuem seção transversal uniforme de 50 mm de largura por 25 mm de espessura. O acoplador de alumínio tem 25 mm de espessura. A manivela O_2A gira com velocidade constante de ω = 40 rad/s. Projete contrapesos para fazer o balanceamento de força do mecanismo de barras e determine suas alterações no torque de pico em relação à condição de desbalanceamento.

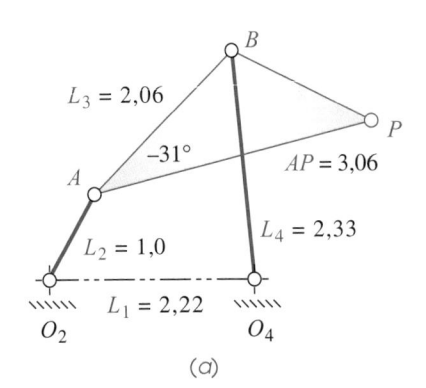

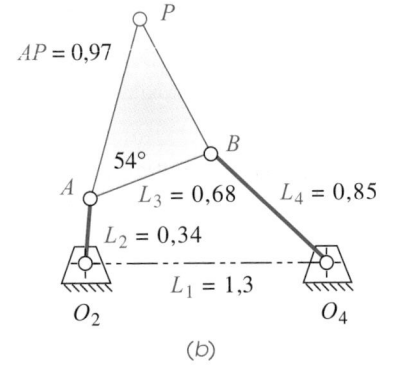

** 12-11 A Figura P12-2b mostra um mecanismo de quatro barras e suas dimensões em metros. A
***   manivela e o seguidor de aço possuem seção transversal uniforme de 50 mm de largura por 25 mm de espessura. O acoplador de alumínio tem 25 mm de espessura. A manivela O_2A gira com velocidade constante de ω = 50 rad/s. Projete contrapesos para fazer o balanceamento de força do mecanismo de barras e determine suas alterações no torque de pico em relação à condição de desbalanceamento.

* Respostas no Apêndice F.

** Esses problemas podem ser solucionados utilizando programas de resolução de equações *Mathcad*, *Matlab* ou *TKSolver*.

*** Esses problemas podem ser solucionados utilizando o programa FOURBAR (ver Apêndice A).

(a)
$L_3 = 2,06$
$-31°$
$AP = 3,06$
$L_2 = 1,0$
$L_4 = 2,33$
$L_1 = 2,22$
O_2, O_4, A, B, P

(b)
$AP = 0,97$
$54°$
$L_3 = 0,68$
$L_4 = 0,85$
$L_2 = 0,34$
$L_1 = 1,3$
O_2, O_4, A, B, P

FIGURA P12-2
Problemas 12-10 a 12-11.

BALANCEAMENTO

** 12-12 Escreva um programa de computador ou use um programa de soluções de equações como *Mathcad, Matlab* ou *TKSolver* para encontrar os produtos massa-raio que farão o balanceamento de força de qualquer mecanismo de quatro barras cuja geometria e propriedades de massa sejam conhecidas.

** 12-13 A Figura P12-3 mostra um sistema com dois pesos em um eixo rotativo. W_1 = 66,7 N @ 0° em um raio de 152,4 mm, e W_2 = 89 N @ 270° em um raio de 127 mm. Determine as magnitudes e os ângulos dos pesos de balanceamento necessários para balancear dinamicamente o sistema. O peso de balanceamento no plano 3 é colocado a um raio de 127 mm e, no plano 4, a um raio de 203,2 mm.

* ** 12-14 A Figura P12-4 mostra um sistema com dois pesos em um eixo rotativo. W_1 = 66,7 N @ 30° em um raio de 101,6 mm, e W_2 = 89 N @ 270° em um raio de 152,4 mm. Determine o raio e os ângulos dos pesos de balanceamento necessários para balancear dinamicamente o sistema. O peso de balanceamento no plano 3 pesa 66,7 N e, no plano 4, pesa 133,4 N.

** 12-15 A Figura P12-5 mostra um sistema com dois pesos em um eixo rotativo. W_1 = 44,5 N @ 90° em um raio de 76,2 mm, e W_2 = 66,7 N no @ 240° em um raio de 76,2 mm. Determine as magnitudes e os ângulos dos pesos de balanceamento necessários para balancear dinamicamente o sistema. Os pesos de balanceamento nos planos 3 e 4 estão posicionados a um raio de 76,2 mm.

* ** 12-16 A Figura P12-6 mostra um sistema com três pesos em um eixo rotativo. W_1 = 40 N @ 90° em um raio de 101,6 mm, W_2 = 40 N @ 225° em um raio de 152,4 mm, e W_3 = 26,7 N @ 315° em um raio de 254 mm. Determine as magnitudes e os ângulos dos pesos de balanceamento necessários para balancear dinamicamente o sistema. O peso de balanceamento nos planos 4 e 5 estão posicionados a um raio de 76,2 mm.

** 12-17 A Figura P12-7 mostra um sistema com três pesos em um eixo rotativo. W_2 = 44,5 N @ 90° 76,2 mm, W_3 = 44,5 N @ 180° 101,6 mm, e W_4 = 35,6 N @ 315° 101,6 mm. Determine as magnitudes e os ângulos dos pesos de balanceamento necessários para balancear dinamicamente o sistema. O peso de balanceamento no plano 1 é colocado a um raio de 101,6 mm e, no plano 5, a um raio de 76,2 mm.

* ** 12-18 O rolete de aço de 400 mm de diâmetro na Figura P12-8 foi testado em uma máquina de balanceamento dinâmico a 100 rpm e apresenta uma força desbalanceada F_1 = 0,291 N @ θ_1 = 45°, no plano *xy* da seção 1, e F_4 = 0,514 N @ θ_4 = 210°, no plano *xy* da seção 4. Determine as localizações angulares e os diâmetros requeridos para furos de 25 mm de profundidade perfurados radialmente da superfície para o interior nos planos 2 e 3, para balancear dinamicamente o sistema.

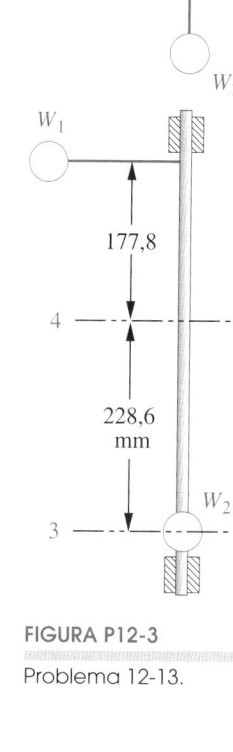

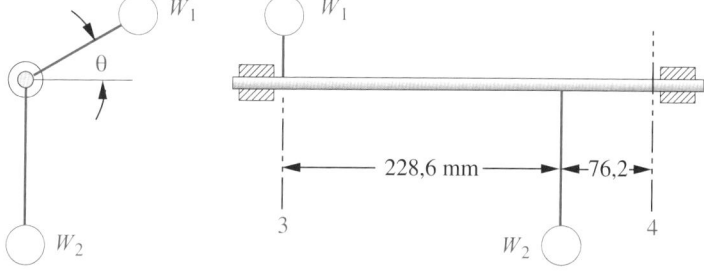

FIGURA P12-3
Problema 12-13.

FIGURA P12-4
Problema 12-14.

* Respostas no Apêndice F.

** Esses problemas podem ser solucionados utilizando programas de resolução de equações *Mathcad, Matlab* ou *TKSolver*.

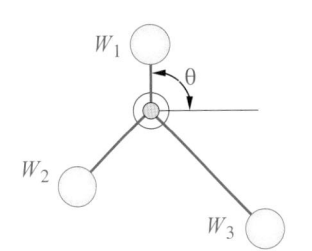

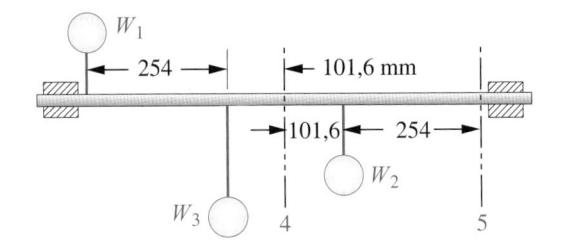

FIGURA P12-6

Problema 12-16.

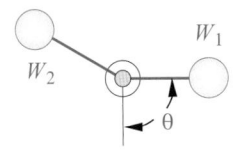

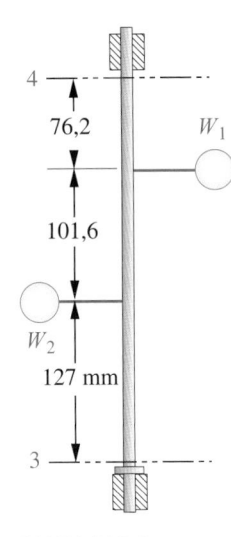

FIGURA P12-5

Problema 12-15.

** 12-19 O rolete de aço de 500 mm de diâmetro na Figura P12-8 foi testado em uma máquina de balanceamento dinâmico a 100 rpm e apresenta uma força desbalanceada $F_1 = 0{,}23$ N @ $\theta_1 = 30°$, no plano xy da seção 1, e $F_4 = 0{,}62$ N @ $\theta_4 = 135°$, no plano xy da seção 4. Determine as localizações angulares e os diâmetros requeridos para furos de 25 mm de profundidade perfurados radialmente da superfície para o interior nos planos 2 e 3, para balancear dinamicamente o sistema.

** *** 12-20 O mecanismo de barras na Figura P12-9a possui elos retangulares de aço de 20 x 10 mm de seção transversal, similar àquele mostrado na Figura 12-10a. Projete os pesos de balanceamento necessários e outras características necessárias para eliminar completamente a força vibratória e o momento vibratório. Declare todas as hipóteses.

** *** 12-21 Repita o Problema 12-20 usando elos de aço configurados como na Figura 12-10b, com a mesma seção transversal, mas com a extremidade do "osso de cachorro" de 50 mm de diâmetro.

** *** 12-22 O mecanismo de barras na Figura P12-9b possui elos retangulares de aço de 20 x 10 mm de seção transversal, similares àqueles mostrados na Figura 12-10a. Projete os pesos de balanceamento necessários e outras características necessárias para eliminar completamente a força vibratória e o momento vibratório. Declare todas as hipóteses.

** *** 12-23 Repita o Problema 12-22 usando elos de aço configurados como na Figura 12-10b, com 20 x 10 mm de seção transversal, e com a extremidade do "osso de cachorro" de 50 mm de diâmetro.

** 12-24 O dispositivo na Figura P12-10 é usado para balancear montagens de pá/eixo do ventilador rodando a 600 rpm. A distância entre centros dos dois mancais da máquina é 250 mm. A margem esquerda do eixo do ventilador (plano A) está a 100 mm da linha de centro do mancal mais próximo (em F_2). O eixo do ventilador possui 75 mm de largura ao longo do seu eixo e um diâmetro de 200 mm ao longo das superfícies onde os pesos de balanceamento estão presos. A magnitude de pico da força F_1 é 0,5 N no ângulo de fase de 30° em relação ao eixo rotativo x'. A força F_2 tem um pico de 0,2 N no ângulo de fase de 130°. Calcule as magnitudes e localizações em relação ao eixo x' dos pesos de balanceamento colocados nos planos A e B do eixo do ventilador, para balancear dinamicamente a montagem do ventilador.

** 12-25 Repita o Problema 12-24 usando os seguintes dados. O eixo do ventilador possui 55 mm de largura e 150 mm de diâmetro ao longo das superfícies onde os pesos balanceados estão presos. A força F_1 medida no mancal esquerdo tem um pico de 1,5 N no ângulo de fase de 60° em relação ao eixo rotativo x'. A força F_2 medida no mancal direito tem um pico de 2,0 N no ângulo de fase de –180° em relação ao eixo rotativo x'.

** 12-26 Repita o Problema 12-24 usando os seguintes dados. O eixo do ventilador possui 125 mm de largura e 250 mm de diâmetro ao longo das superfícies onde os pesos de balanceamento estão presos. A força F_1 medida no mancal esquerdo tem um pico de 1,1 N no ângulo de fase de 120° em relação ao eixo rotativo x'. A força F_2 medida no mancal direito tem um pico de 1,8 N no ângulo de fase de –93° em relação ao eixo rotativo x'.

** Esses problemas podem ser solucionados utilizando programas de resolução equações *Mathcad*, *Matlab* ou *TKSolver*.

*** Esses problemas podem ser solucionados utilizando o programa FOURBAR (ver Apêndice A).

BALANCEAMENTO

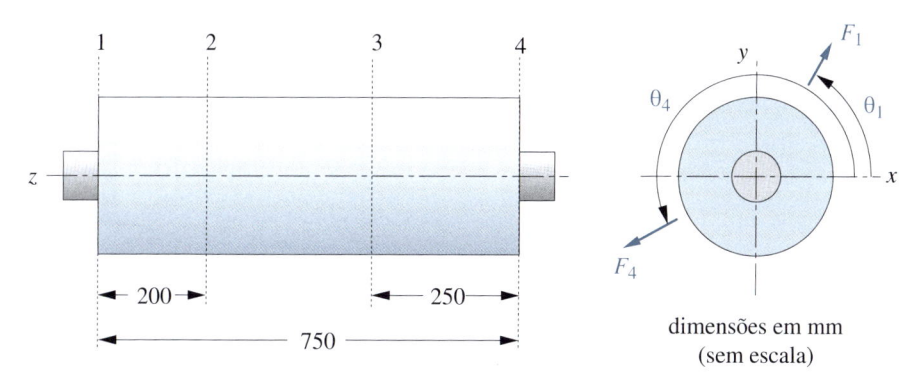

FIGURA P12-8

Problemas 12-18 e 12-19.

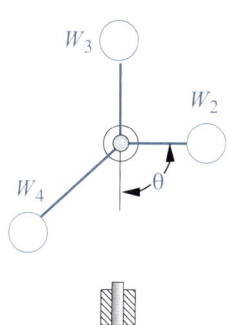

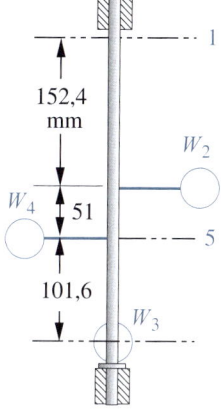

FIGURA P12-7

Problema 12-17.

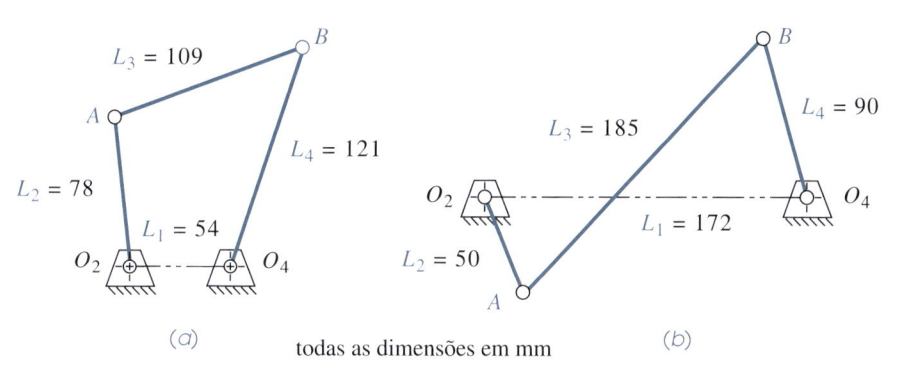

FIGURA P12-9

Problemas 12-20 a 12-23.

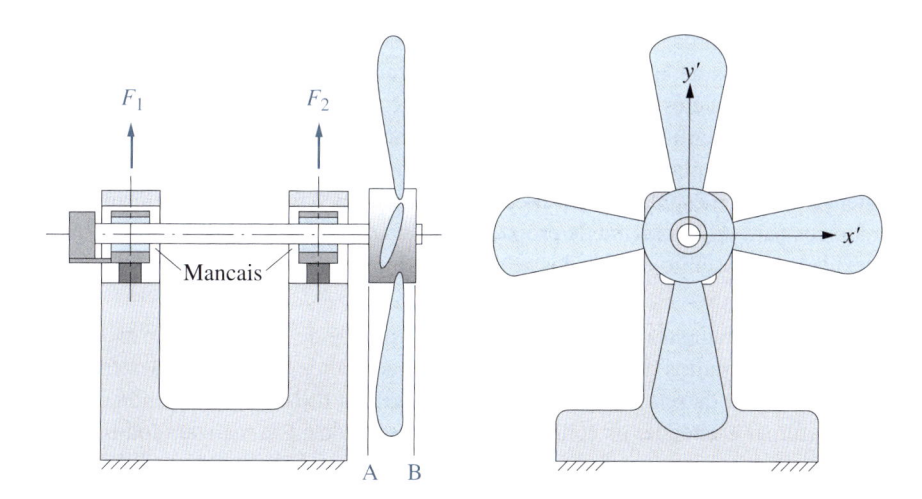

todas as dimensões em mm

FIGURA P12-10

Problemas 12-24 a 12-26.

Capítulo 13

DINÂMICA DE MOTORES

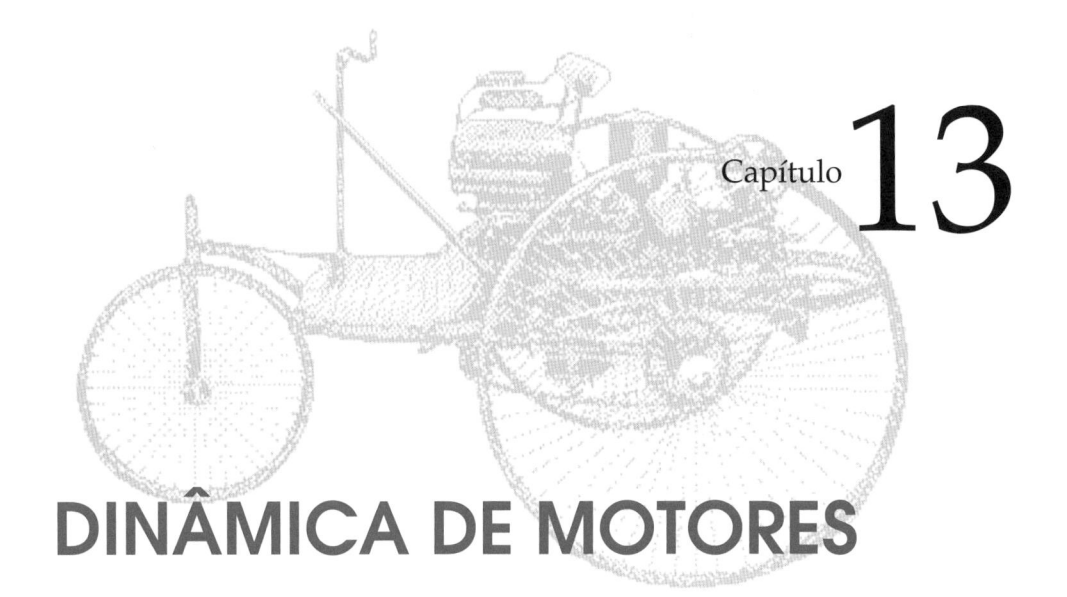

Sempre pensei que a substituição do cavalo pela máquina de combustão interna seria um marco melancólico no progresso da humanidade.
WINSTON S. CHURCHILL

13.0 INTRODUÇÃO

Os capítulos anteriores introduziram técnicas de análise para a determinação das forças dinâmicas, momentos e torques em máquinas. Forças vibratórias, momentos e seu balanceamento também foram discutidos. Vamos agora tentar integrar todas essas considerações dinâmicas na concepção de um dispositivo comum, o mecanismo biela-manivela que é usado no motor de combustão interna. Esse mecanismo, apesar de parecer simples, é bastante complexo quanto a considerações dinâmicas necessárias para o seu projeto nas operações em alta velocidade. Desse modo, ele servirá como excelente exemplo de aplicação dos conceitos dinâmicos citados. Não vamos abordar os aspectos termodinâmicos do motor de combustão interna além da definição das forças de combustão que são necessárias para acionar o dispositivo. Muitos outros textos, como aqueles listados na bibliografia no fim deste capítulo, tratam desse assunto, considerando uma termodinâmica muito complexa e os aspectos da dinâmica dos fluidos. Iremos nos concentrar apenas em sua cinemática e nos aspectos da dinâmica mecânica. Não é nossa intenção tornar o estudante "um projetista de motores", mas tão somente aplicar princípios dinâmicos para um problema de projeto realístico de interesse geral e também transmitir a complexidade e o fascínio envolvidos no projeto de um dispositivo com dinâmica aparentemente simples.

Talvez alguns estudantes já tenham tido a oportunidade de desmontar um motor de combustão interna, mas muitos ainda não. Portanto começaremos com descrições fundamentais do projeto do motor e de seu funcionamento.* O programa ENGINE (ver Apêndice A) foi projetado para reforçar e estender os conceitos aqui apresentados. Ele realizará todos os cálculos computacionais necessários para fornecer ao estudante informações dinâmicas sobre escolhas e

* Informação básica do funcionamento de motores com animações pode ser encontrada em <http://www.Howstuffworks.com/engine.htm>.

DINÂMICA DE MOTORES

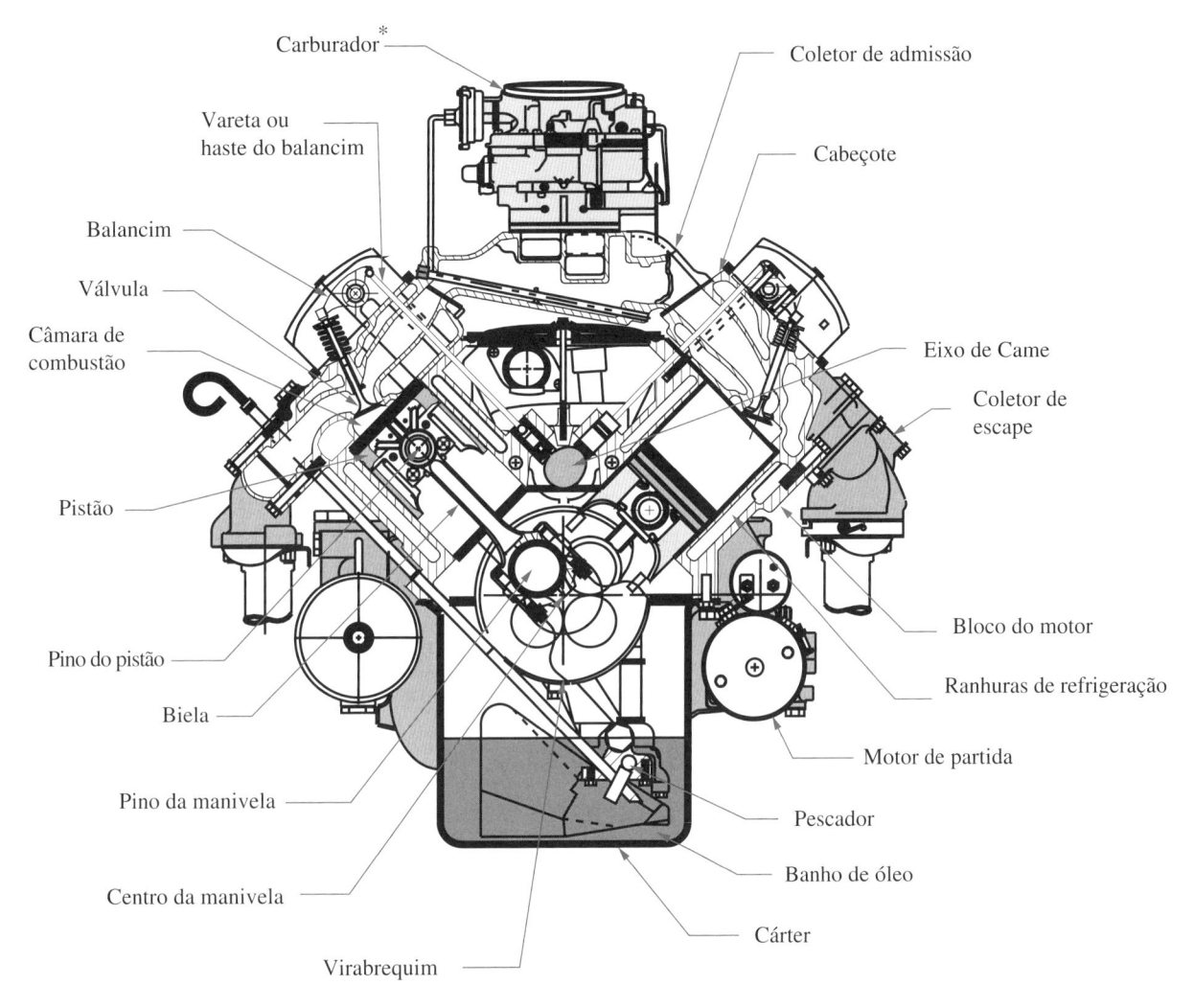

FIGURA 13-1

Secção de um motor V8.
Adaptado do desenho de Lane Thomas, Western Carolina University, Dept. of Industrial Education, com autorização.

recomendações de projeto. O estudante é incentivado a usar esse programa em paralelo à leitura deste texto. Muitos exemplos e ilustrações contidos no texto serão gerados por esse programa, como também frequentemente será feita referência a ele. Exemplos usados nos capítulos 13 e 14, nos quais tratam da dinâmica de motores, foram desenvolvidos no programa ENGINE (ver Apêndice A) para observação e treinamento do estudante.

* Carburadores foram trocados por sistemas de injeção de combustível em automóveis e outros motores, que precisam satisfazer cada vez mais rigorosas leis de emissão de poluentes nos Estados Unidos. Injeção de combustível fornece melhor controle sobre a mistura ar-combustível do que o carburador.

FIGURA 13-2

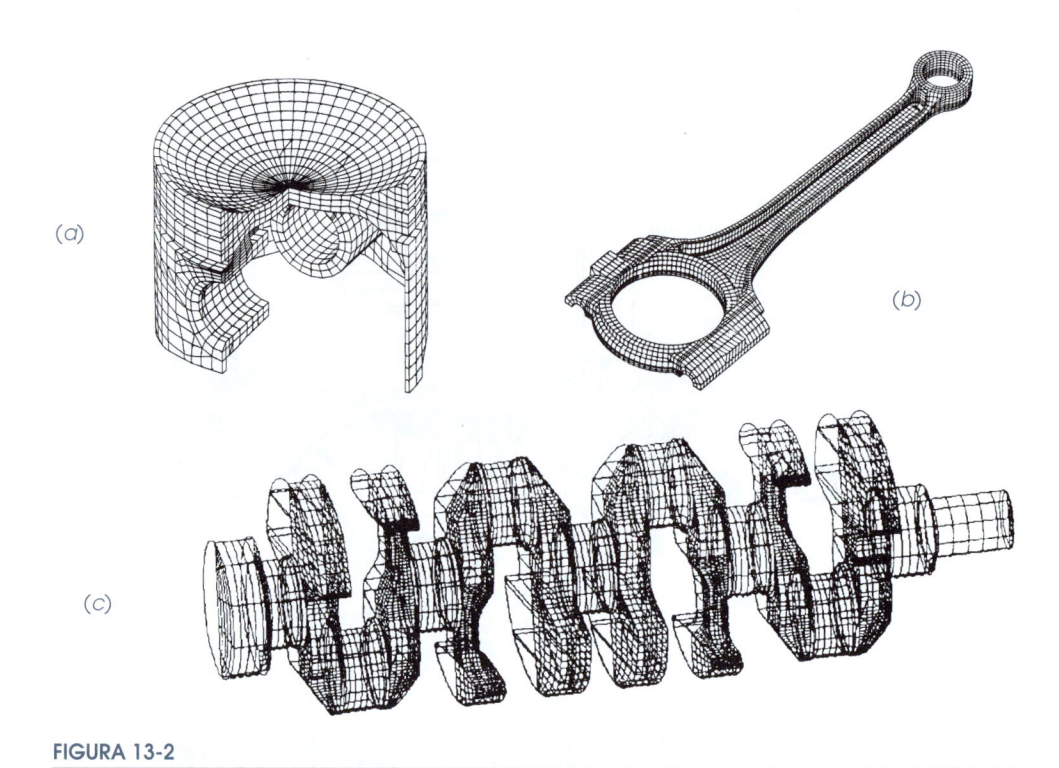

Modelos de elementos finitos do pistão do motor (a), biela (b) e virabrequim (c).
Cortesia da General Motors Co.

13.1 PROJETO DO MOTOR

A Figura 13-1 mostra uma secção detalhada de um motor de combustão interna. O mecanismo básico consiste em uma manivela, uma biela (acoplador), e um pistão (bloco deslizante). Uma vez que essa figura mostra uma configuração de um motor **multicilíndrico V8**, há quatro manivelas dispostas sobre um virabrequim, e oito conjuntos de bielas e pistões, quatro no banco esquerdo dos cilindros e quatro no banco direito. Apenas dois conjuntos de pistão-manivela aparecem nesta visualização, ambos com o mesmo eixo de manivela. Os outros estão atrás do que é mostrado. A Figura 13-2 mostra modelos de elementos finitos de um pistão, da biela, e do virabrequim de um motor de quatro cilindros dispostos no mesmo plano. A combinação mais usada é a de um **motor em linha**, com os cilindros todos no mesmo plano. Motores com três, quatro, cinco e seis cilindros em linha estão em produção em todo o mundo. **Motores em V** nas versões com quatro, seis, oito, dez e doze cilindros também são produzidos, sendo que os de seis e oito cilindros são as configurações em V mais populares. A disposição geométrica do virabrequim e dos cilindros tem um efeito significativo na condição dinâmica do motor. Iremos explorar esses efeitos da combinação multicilíndrica no próximo capítulo. Nessa etapa, queremos lidar apenas com o projeto de um motor **monocilíndrico**. Depois de aperfeiçoar a geometria e a condição dinâmica de um cilindro, estaremos preparados para combinar cilindros em configurações multicilíndricas.

Um esquema de um mecanismo **biela-manivela com um cilindro** básico, e a terminologia de suas principais partes são mostrados na Figura 13-3. Note que é "acionado inversamente" em comparação aos mecanismos que analisamos nos capítulos anteriores. Em

DINÂMICA DE MOTORES

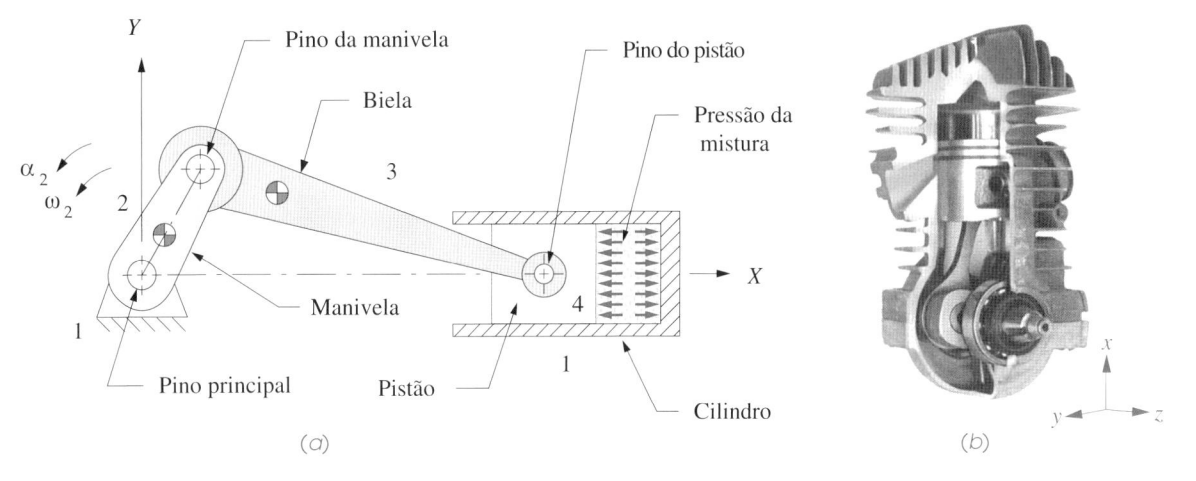

FIGURA 13-3

Mecanismo de quatro barras biela-manivela (a) para um motor monocilíndrico de combustão interna (b).
Mahle Inc., Morristown, New Jersey.

outras palavras, a explosão da mistura do combustível no cilindro empurra o pistão para a esquerda, na Figura 13-3, ou para baixo, na Figura 13-4, girando a manivela. O torque da manivela resultante é finalmente transmitido para as rodas do veículo através da transmissão (ver Seção 9.11) para a propulsão do carro, da moto ou qualquer outro dispositivo. O mesmo mecanismo biela-manivela pode também ser usado "de maneira direta", acionando com um motor a manivela e utilizando a energia de saída na extremidade do pistão. Ele é, então, chamado de **bomba de pistão** e é usado em compressores de ar, bombas de água, gasolina e outros líquidos.

No motor de combustão interna da Figura 13-3, deveria ser bastante óbvio que, no máximo, só podemos esperar energia a ser entregue para a manivela a partir da explosão de gases durante o ciclo de potência. O pistão deve retornar do ponto morto inferior (PMI) para o ponto morto superior (PMS) por meio da sua própria inércia antes que possa receber um novo golpe com a próxima explosão. Na verdade, alguma energia cinética rotacional deve ser estocada no virabrequim meramente para começar o movimento entre os pontos de PMS e PMI, pois o braço do momento da força de potência nesses pontos é zero. Eis por que a combustão interna do motor necessita de uma "mãozinha" para começar a funcionar com uma manivela manual, uma corda para puxar ou, então, um motor de partida.

Existem dois ciclos de combustão comum de uso em motores de combustão interna: o **ciclo Clerk de dois tempos** e o **ciclo Otto de quatro tempos**, batizados com os nomes de seus inventores do século 19. O ciclo de quatro tempos é o mais comum em automóveis, caminhões e motores de gasolina estacionários. O ciclo de dois tempos é usado em motocicletas, barcos, motosserras, e outras aplicações onde a melhor relação peso-potência prevalece sobre o inconveniente de níveis poluentes altos e pouca economia de combustível, em comparação com o de quatro tempos.

CICLO DE QUATRO TEMPOS O **ciclo Otto de quatro tempos** é mostrado na Figura 13-4. Nele o pistão leva quatro etapas para completar um ciclo Otto. Um curso do pistão é definido como o deslocamento do PMS para o PMI ou o inverso. Há, ainda, duas etapas para cada 360° de rotação da manivela, e isso acarreta 720° de rotação do virabrequim para completar um ciclo de quatro tempos. Esse motor necessita de pelo menos duas válvulas por cilindro, uma para a admissão e outra para o escape. Para fins de discussão, podemos começar o ciclo em qualquer ponto, já que este se repete a cada duas revoluções da manivela.

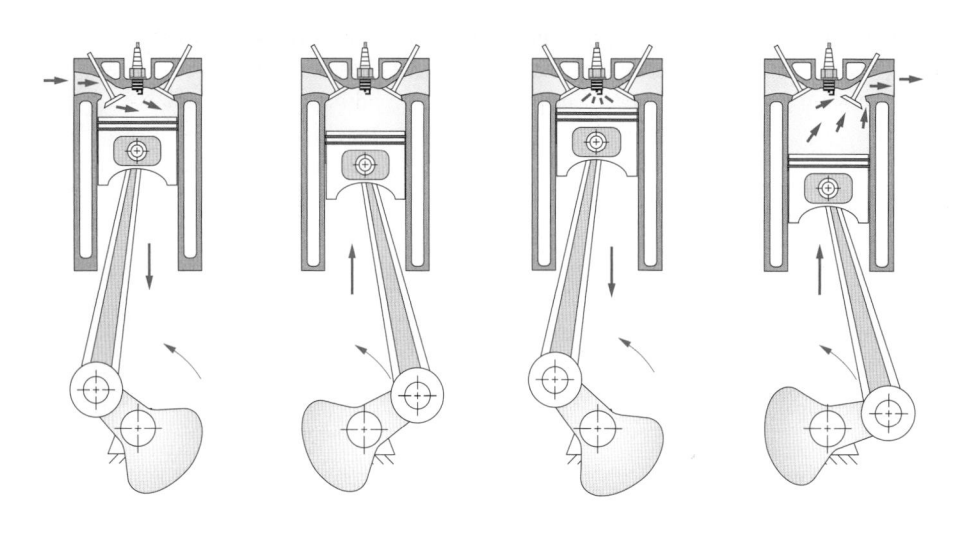

(a) Curso de admissão (b) Curso de compressão (c) Ciclo de potência (d) Curso de escape

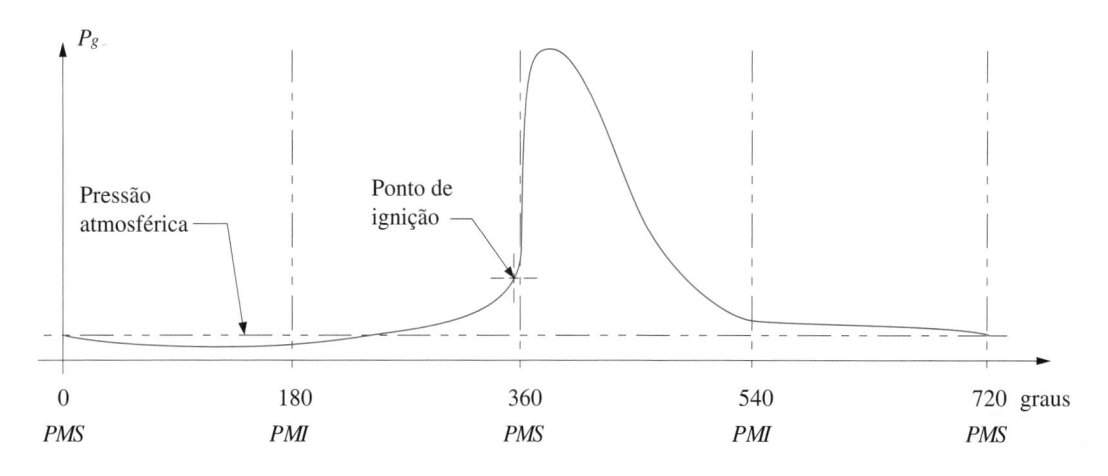

P_g

Pressão atmosférica

Ponto de ignição

| 0 | 180 | 360 | 540 | 720 graus |
| PMS | PMI | PMS | PMI | PMS |

(e) Curva de pressão do gás

FIGURA 13-4

O ciclo de combustão Otto de quatro tempos.

A Figura 13-4a mostra o **curso de admissão**, que começa com o pistão no PMS. Uma mistura de combustível e ar é jogada dentro do cilindro através do sistema de indução (os injetores de combustível ou o carburador e o coletor de admissão da Figura 13-1), enquanto o pistão desce para o PMI, aumentando o volume do cilindro e criando uma pressão ligeiramente negativa.

Durante o **curso de compressão** na Figura 13-4b, todas as válvulas são fechadas e o gás é comprimido, enquanto o pistão se desloca do PMI ao PMS. Um pouco antes do PMS, uma faísca é acesa para explodir o gás comprimido. A pressão proveniente dessa explosão aumenta muito rápido e empurra o pistão para baixo, do PMS para o PMI, durante o **ciclo de potência**, mostrada na Figura 13-4c. A válvula de escape é aberta, e o **curso de escape** do pistão do PMI ao PMS (Figura 13-4d) empurra o restante dos gases para fora do cilindro, pelo coletor de escape (ver Figura 13-1) e daí para o catalisador para limpeza antes de serem jogados fora pelo escapamento. O ciclo está então preparado para repetir outra etapa de admissão. As válvulas são abertas e fechadas nos tempos exatos do ciclo por um eixo de came, o qual se movimenta em sincronia com o virabrequim por engrenagens, correntes ou correias dentadas. (Ver Figura 9-25.) A Figura 13-4 mostra a curva de pressão do gás para um ciclo. Com um motor de ciclo Otto com um cilindro, a potência é transmitida para o virabrequim por, no máximo, 25% do tempo, visto que existe apenas um ciclo de potência para cada duas revoluções.

CICLO DE DOIS TEMPOS   O **ciclo Clerk de dois tempos** é mostrado na Figura 13-5. Esse motor não precisa de válvulas, porém, para aumentar a sua eficiência, às vezes é necessária uma válvula passiva (operando com pressão diferencial) na porta de admissão. Ela não possui eixo de came, trens de válvulas ou engrenagens para acionamento que possam aumentar o peso e o volume do motor. Como o seu nome indica, há apenas duas etapas, ou 360°, para completar esse ciclo. Há um caminho, chamado de porta de transferência, entre a câmara de combustão acima do pistão e o cárter abaixo. Há também uma porta de escape no lado do cilindro. O pistão atua sequencialmente bloqueando ou expondo essas portas, enquanto se move para cima e para baixo. O cárter é selado e montado sobre o carburador, servindo também como coletor de admissão.

Começando pelo PMS (Figura 13-5a), o ciclo de dois tempos ocorre da seguinte maneira: a vela inflama a carga de ar-combustível, comprimida na revolução anterior. A expansão dos gases queimados desloca o pistão para baixo, transmitindo torque para o virabrequim. Ao descer, o pistão libera a porta de escape, permitindo que os gases queimados (e também alguns não queimados) saiam para o sistema de escape.

Enquanto o pistão desce (Figura 13-5b), comprime a carga da mistura ar-combustível que está no cárter selado. O pistão bloqueia a porta de admissão, prevenindo a entrada de resíduos através do carburador. Enquanto o pistão limpa a porta de transferência na parede do cilindro, o seu movimento de descida empurra a nova carga de ar-combustível para cima da porta de transferência para a câmara de combustão. A energia dos gases de escape saindo da câmara do outro lado ajuda a puxar a nova carga também.

O pistão passa pelo PMI (Figura 13-5c) e dispara para cima, empurrando para fora os gases de escape remanescentes. A porta de escape é fechada pelo pistão enquanto este sobe, possibilitando a compressão da nova carga. Quando o pistão se aproxima do PMS, expõe a porta de admissão (Figura 13-5d), sugando uma nova carga de ar-combustível do carburador para o cárter expandido. Pouco antes do PMS, a vela é inflamada e o ciclo se repete quando o pistão passa pelo PMS.

Fica claro que esse ciclo Clerk não é tão eficiente quanto o Otto, no qual cada etapa é mais nitidamente separada das outras. Aqui há muita mistura de várias fases do ciclo. Hidrocarbonetos não queimados são expelidos em grande quantidade. Isso explica a pior economia de combustível e emissões mais poluentes do motor Clerk.* Contudo, é popular em aplicações em que baixo peso é primordial.

A lubrificação é também mais difícil no motor de dois tempos do que no de quatro tempos, pois o cárter não está disponível como banho de óleo. O óleo de lubrificação também tem de ser misturado com o combustível. Isso aumenta ainda mais o problema de emissões em comparação com o motor de ciclo Otto, no qual se queima gasolina pura e se bombeia o óleo de lubrificação separadamente em todo o motor.

---

* Pesquisas estão em andamento para eliminar as emissões do motor de dois tempos usando injeção de combustível e ar comprimido, limpando os cilindros. Esses esforços ainda podem levar esse motor de projeto potencialmente mais poderoso a atuar em conformidade com as especificações de qualidade do ar.

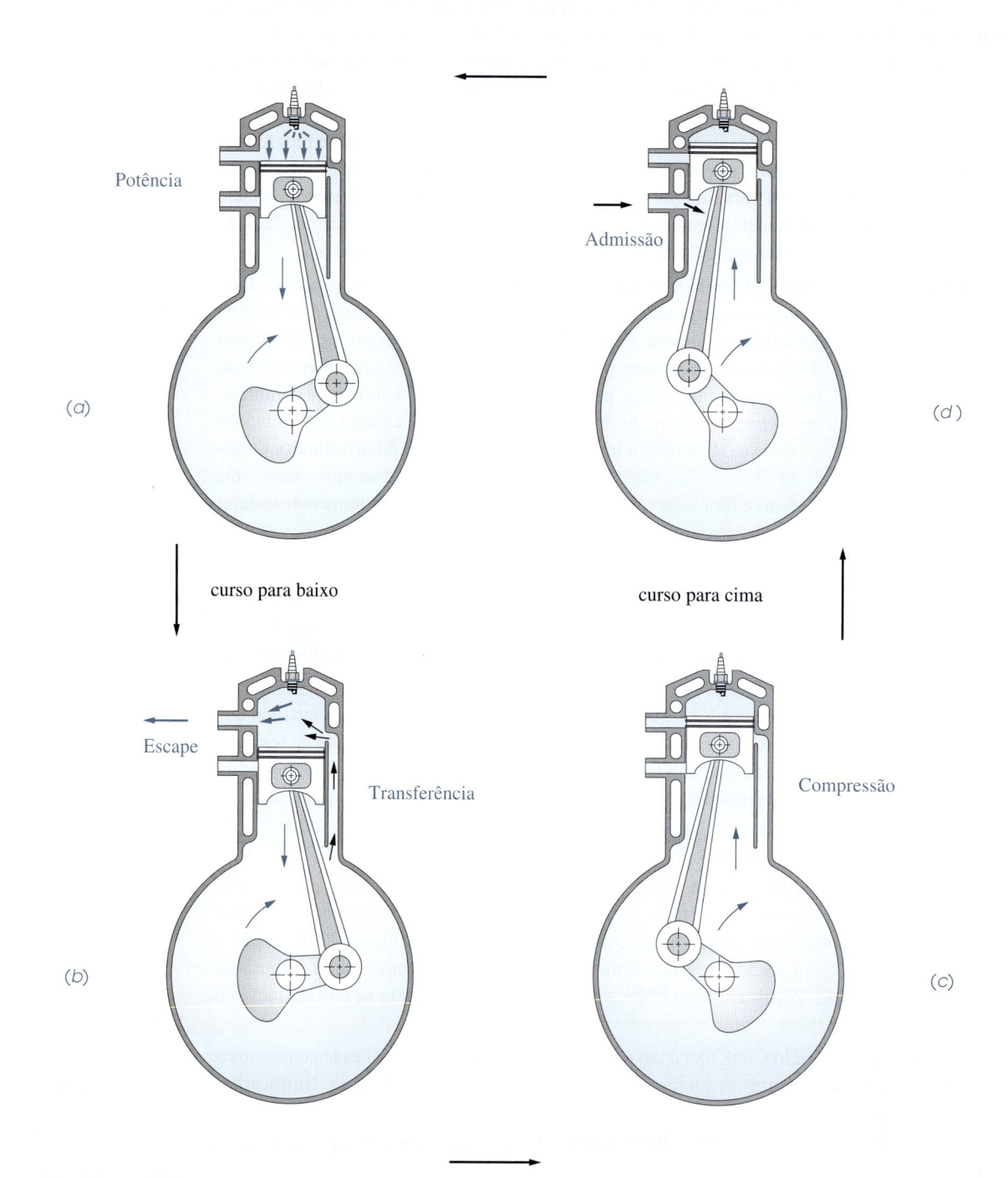

(a) Potência

(b) Escape — Transferência

curso para baixo

(d) Admissão

(c) Compressão

curso para cima

FIGURA 13-5
O ciclo Clerk de combustão de dois tempos.

DINÂMICA DE MOTORES

Ciclo diesel O **ciclo diesel** pode ser tanto de dois quanto de quatro tempos. É um ciclo de **ignição por compressão**. Não é necessário vela para inflamar a mistura de ar-combustível. O ar é comprimido no cilindro de um fator de 14 a 15 (versus 8 a 10 no motor com vela), e um combustível com baixa volatilidade é injetado dentro do cilindro logo antes do PMS. O calor da compressão causa a explosão. Motores a diesel são maiores e mais pesados do que motores com ignição a vela, para a mesma potência de saída, porque as altas pressões e forças nas quais aqueles trabalham requerem peças mais fortes e pesadas. Motores a diesel com ciclo de dois tempos são bem comuns. O combustível diesel é um lubrificante melhor que a gasolina.

Força de potência Em todos os motores discutidos aqui, o **torque de saída** usado é criado pela pressão do gás explosivo gerada dentro do cilindro uma ou duas vezes para cada duas rotações da manivela, dependendo do ciclo utilizado. A intensidade e a forma da curva da pressão de explosão vão variar com o projeto do motor, o número de etapas, o combustível usado, a velocidade de operação e outros fatores relacionados à termodinâmica do sistema. Para o nosso objetivo de analisar a dinâmica mecânica do sistema, precisamos manter a função da pressão do gás consistente enquanto variamos outros parâmetros de projeto com o intuito de comparar os resultados das mudanças no projeto mecânico. Para esse propósito, o programa Engine (ver Apêndice A) foi desenvolvido com uma **curva de pressão do gás** definida internamente cujo valor de pico é em torno de 4.1 MPa e cuja curva tem um contorno similar ao da curva de um motor real. A Figura 13-6 mostra a **curva de força de potência** que resulta da função de pressão gerada do gás no programa Engine aplicada a um pistão, com uma área particular, para motores de dois e quatro tempos. Mudanças na área do pistão vão obviamente afetar a magnitude da força de potência para essa função de pressão consistente, mas nenhuma mudança nos parâmetros de entrada do motor desse programa vai mudar a sua curva de pressão do gás. Para ver essa curva da força de potência, execute o programa Engine e selecione qualquer um dos exemplos de motores do menu. Depois calcule e plote a *Força de potência*.

13.2 CINEMÁTICA DO MECANISMO BIELA-MANIVELA

Nos capítulos 4, 6, 7 e 11 desenvolvemos equações gerais para a solução exata das posições, velocidades, acelerações e forças no mecanismo de quatro barras com juntas pinadas, bem como para as duas inversões do **mecanismo biela-manivela**, usando as equações vetoriais. Podemos aplicar novamente esse método para analisar o mecanismo biela-manivela "padrão", usado na maioria dos motores de combustão interna, como mostrado na Figura 13-7. Note que o movimento de translação é alinhado com o eixo X. Essa é uma biela-manivela "sem deslocamento", pois o eixo de translação estendido passa pelo pivô da manivela. Há também um bloco deslizante transladando em um plano terra estacionário; logo, não há nenhuma componente de aceleração de Coriolis (ver Seção 7.3).

A geometria simples dessa inversão particular do mecanismo biela-manivela permite uma abordagem direta da análise exata da posição, velocidade e aceleração de sua guia, usando apenas trigonometria plana e equações escalares. Por causa da simplicidade desse método e para apresentar uma abordagem de solução alternativa, analisaremos esse equipamento de novo.

Suponhamos que o raio da manivela seja r e o comprimento da biela seja l. O ângulo da manivela é θ e o ângulo que a biela faz com o eixo X é ϕ. Para qualquer velocidade angular constante da manivela ω, o ângulo da manivela $\theta = \omega t$. A posição instantânea do pistão é x. Dois triângulos retângulos rqs e lqu são construídos. Então, da geometria

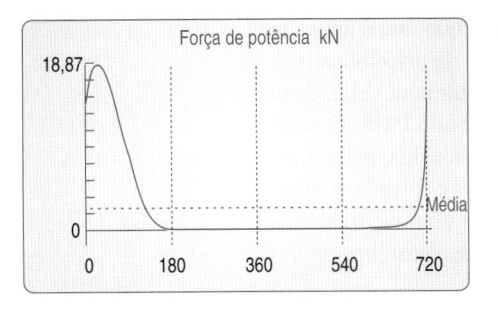

(a) Ciclo Otto de quatro tempos	(b) Ciclo Clerk de dois tempos

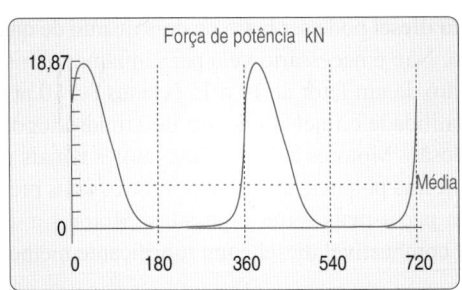

FIGURA 13-6

Funções da força de potência nos motores de dois e quatro tempos.

1 cilindro
Diâmetro do cilindro = 76,2 mm
Curso = 89,9 mm
B/S = 0,85
L/R = 3,50
RPM = 3400
$P_{máx}$ = 4,14 MPa

$$q = r\,\text{sen}\,\theta = l\,\text{sen}\,\phi$$
$$\theta = \omega t \tag{13.1a}$$
$$\text{sen}\,\phi = \frac{r}{l}\,\text{sen}\,\omega t$$

$$s = r\cos\omega t$$
$$u = l\cos\phi \tag{13.1b}$$
$$x = s + u = r\cos\omega t + l\cos\phi$$

$$\cos\phi = \sqrt{1-\text{sen}^2\phi} = \sqrt{1-\left(\frac{r}{l}\,\text{sen}\,\omega t\right)^2} \tag{13.1c}$$

$$x = r\cos\omega t + l\sqrt{1-\left(\frac{r}{l}\,\text{sen}\,\omega t\right)^2} \tag{13.1d}$$

A Equação 13.1d é uma expressão exata para a posição x do pistão em função de r, l e ωt. Ela pode ser derivada em função do tempo para obter as expressões exatas da velocidade e aceleração do pistão. Para uma análise permanente, suporemos ω como constante.

$$\dot{x} = -r\omega\left[\text{sen}\,\omega t + \frac{r}{2l}\frac{\text{sen}\,2\omega t}{\sqrt{1-\left(\frac{r}{l}\,\text{sen}\,\omega t\right)^2}}\right] \tag{13.1e}$$

$$\ddot{x} = -r\omega^2\left\{\cos\omega t - \frac{r\left[l^2\left(1-2\cos^2\omega t\right)-r^2\,\text{sen}^4\,\omega t\right]}{\left[l^2-(r\,\text{sen}\,\omega t)^2\right]^{\frac{3}{2}}}\right\} \tag{13.1f}$$

DINÂMICA DE MOTORES

Biela

Nota: O elo 3 pode ser considerado como um elemento de duas componentes de força para análise da força de potência, pois as forças de inércia estão sendo temporariamente ignoradas.
Contudo, elas vão ser superpostas depois.

(a) Geometria do mecanismo

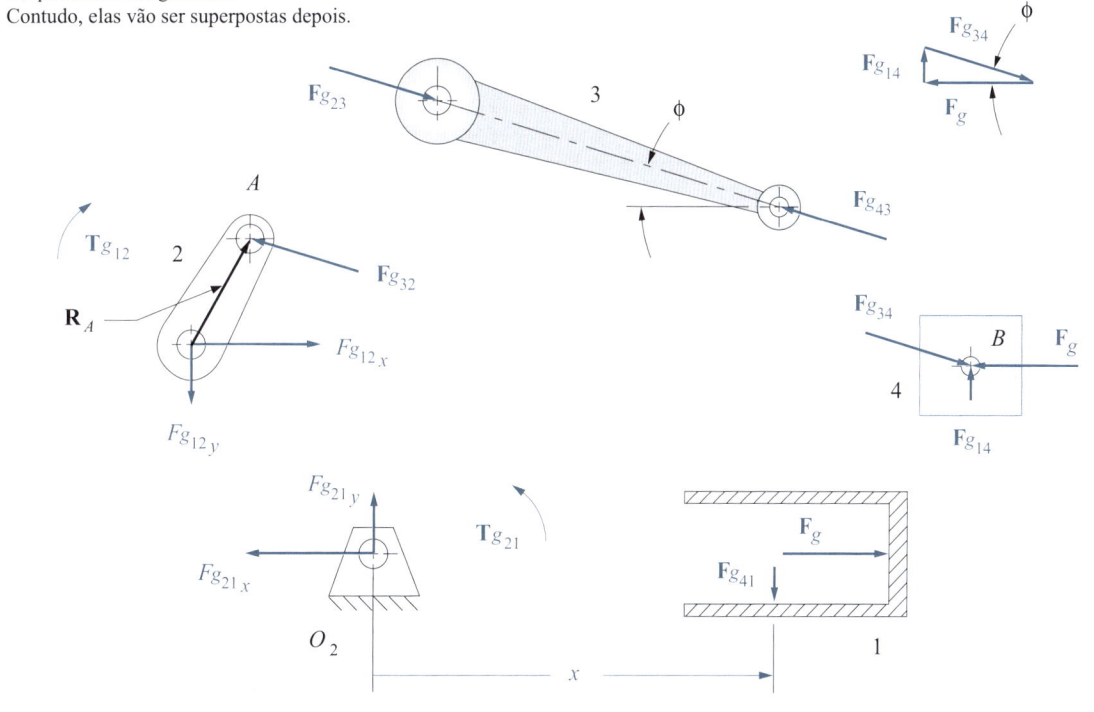

(b) Diagramas de corpo livre

FIGURA 13-7

Posição do mecanismo de quatro barras biela-manivela e análise da força de potência. (Ver Figura 13-12, para análise da força de inércia.)

As Equações 13.1 podem ser facilmente resolvidas com um computador para todos os valores de ω*t* necessários. Entretanto, é bastante complicado observar a Equação 13.1f e visualizar os efeitos das mudanças nos parâmetros geométricos *r* e *l* na aceleração. Seria útil se pudéssemos derivar uma expressão mais simples, mesmo que aproximada, que nos permitiria prever mais facilmente os resultados das decisões de projeto que envolvem essas variáveis. Para fazer isso, usaremos o teorema binomial a fim de expandir o radical, na Equação 13.1d, da posição do pistão para gerar equações de posição, velocidade e aceleração mais simples, em formas aproximadas, o que lançará luz sobre o comportamento dinâmico do mecanismo.

A forma geral do teorema binomial é

$$(a+b)^n = a^n + na^{n-1}b + \frac{n(n-1)}{2!}a^{n-2}b^2 + \frac{n(n-1)(n-2)}{3!}a^{n-3}b^3 + \cdots \tag{13.2a}$$

O radical na Equação 13.1d é

$$\sqrt{1-\left(\frac{r}{l}\operatorname{sen}\omega t\right)^2} = \left[1-\left(\frac{r}{l}\operatorname{sen}\omega t\right)^2\right]^{\frac{1}{2}} \tag{13.2b}$$

em que, para a expansão binomial:

$$a = 1 \qquad b = -\left(\frac{r}{l}\operatorname{sen}\omega t\right)^2 \qquad n = \frac{1}{2} \tag{13.2c}$$

Expande-se para:

$$1 - \frac{1}{2}\left(\frac{r}{l}\operatorname{sen}\omega t\right)^2 + \frac{1}{8}\left(\frac{r}{l}\operatorname{sen}\omega t\right)^4 - \frac{1}{16}\left(\frac{r}{l}\operatorname{sen}\omega t\right)^6 + \cdots \tag{13.2d}$$

ou:

$$1 - \left(\frac{r^2}{2l^2}\right)\operatorname{sen}^2\omega t + \left(\frac{r^4}{8l^4}\right)\operatorname{sen}^4\omega t - \left(\frac{r^6}{16l^6}\right)\operatorname{sen}^6\omega t + \cdots \tag{13.2e}$$

Cada termo não constante contém **uma relação manivela-biela** *r*/*l* para alguma potência. Aplicando um senso comum de engenharia para a representação da biela-manivela na Figura 13-7a, podemos perceber que, se *r*/*l* fosse maior que 1, a manivela poderia não completar uma revolução. Na verdade, se *r*/*l* se aproximar de 1, o pistão vai colidir com o elo fixo O_2 antes de a manivela completar a sua revolução. Se *r*/*l* for tão grande quanto 1/2, o ângulo de transmissão ($\pi/2 - \phi$) será muito pequeno (ver seções 3.3 e 4.10) e o mecanismo não vai funcionar corretamente. Um limite máximo prático para o valor de *r*/*l* está em torno de 1/3. A maior parte dos mecanismos biela-manivela tem essa **relação manivela-biela** em torno de 1/3 a 1/5 para operações suaves. Se substituirmos esse limite máximo de *r*/*l* = 1/3 na Equação 13.2e, teremos

$$1 - \left(\frac{1}{18}\right)\operatorname{sen}^2\omega t + \left(\frac{1}{648}\right)\operatorname{sen}^4\omega t - \left(\frac{1}{11\,664}\right)\operatorname{sen}^6\omega t + \cdots \tag{13.2f}$$

$$1 - 0{,}055\,56\operatorname{sen}^2\omega t + 0{,}001\,54\operatorname{sen}^4\omega t - 0{,}000\,09\operatorname{sen}^6\omega t + \cdots$$

Claramente, podemos desprezar, com um erro bem pequeno, todos os termos depois do segundo. Substituir essa expressão aproximada para o radical na Equação 13.1d fornece uma expressão aproximada para o deslocamento do pistão com apenas uma fração de um por cento de erro.

$$x \cong r\cos\omega t + l\left[1 - \left(\frac{r^2}{2l^2}\right)\text{sen}^2 \omega t\right] \quad (13.3a)$$

Substitua a identidade trigonométrica

$$\text{sen}^2 \omega t = \frac{1 - \cos 2\omega t}{2} \quad (13.3b)$$

e simplifique:

$$x \cong l - \frac{r^2}{4l} + r\left(\cos\omega t + \frac{r}{4l}\cos 2\omega t\right) \quad (13.3c)$$

Derive para a velocidade do pistão (com a constante ω).

$$\dot{x} \cong -r\omega\left(\text{sen}\,\omega t + \frac{r}{2l}\text{sen}\,2\omega t\right) \quad (13.3d)$$

Derive de novo para aceleração (com a constante ω).

$$\ddot{x} \cong -r\omega^2\left(\cos\omega t + \frac{r}{l}\cos 2\omega t\right) \quad (13.3e)$$

O processo de expansão binomial, nesse caso particular, nos leva às aproximações das séries de Fourier das expressões exatas do deslocamento, velocidade e aceleração do pistão. Fourier* mostrou que qualquer função periódica pode ser aproximada por uma série de senos e cossenos multiplicados por termos inteiros das variáveis independentes. Lembre que desprezamos o quarto, sexto e os termos subsequentes da expansão binomial, que nos teria fornecido os termos cos $4\omega t$, cos $6\omega t$ etc., nessa expressão. Essas múltiplas funções de ângulos são referidas como **harmônicos** do termo fundamental cos ωt. O termo cos ωt se repete uma vez para cada revolução da manivela e é chamado de frequência fundamental ou **componente primário**. O segundo harmônico, cos $2\omega t$, se repete duas vezes por revolução da manivela e é chamado de **componente secundário**. Os harmônicos mais altos foram desprezados quando truncamos a série. O termo constante na função de deslocamento é o **componente contínuo** ou **valor médio**. A função completa é a soma desses harmônicos. A forma das séries de Fourier das expressões de deslocamento e suas derivadas nos permite ver as contribuições relativas dos vários componentes harmônicos da função. Essa abordagem vai se mostrar bem importante quando tentarmos balancear dinamicamente o projeto de um motor.

O programa ENGINE (ver Apêndice A) calcula a posição, velocidade e aceleração do pistão, de acordo com as equações 13.3c, d, e. A Figura 13-8a, b, c mostra essas funções para o exemplo desse motor no programa plotado para uma manivela constante ω por duas revoluções. A curva de aceleração mostra os efeitos do segundo harmônico mais claramente, pois os coeficientes desse termo são maiores do que o seu correspondente nas outras duas funções. O termo fundamental ($-\cos \omega t$) nos dá uma função harmônica pura com um período de 360º. Esse termo fundamental domina a função, já que ele possui os maiores coeficientes na Equação 13.3e. O patamar superior e a ligeira queda no pico positivo da aceleração da Figura 13-8c são causados pelo cos $2\omega t$ do segundo harmônico, somando ou subtraindo do fundamental.

* O Barão Jean Baptiste Joseph Fourier (1768-
-1830) publicou a descrição das séries matemáticas que levam o seu nome em *The analytic theory of heat*, em 1822. As séries de Fourier são amplamente usadas em análises harmônicas de todos os tipos de sistemas físicos. Sua forma geral é

$$y = \frac{a_0}{2} + (a_1 \cos x + b_1 \text{sen}\,x)$$
$$+ (a_2 \cos 2x + b_2 \text{sen}\,2x)$$
$$+ \cdots + (a_n \cos nx + b_n \text{sen}\,nx).$$

FIGURA 13-8

Funções de posição, velocidade e aceleração para um motor monocilíndrico.

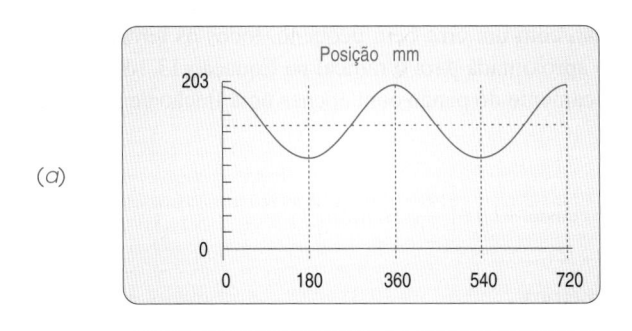

1 cilindro
Diâmetro do cilindro = 76,2 mm
Curso = 89,9 mm
B/S = 0,85
L/R = 3,50
RPM = 3 400

* Se você acha que esse número é alto, considere uma típica biela de um motor Nascar V8 que chega a 9 600 rpm, e um Fórmula 1, V12, bem como motores de corrida V8, que alcançam o limite de 19 000 rpm. Como exercício, calcule os seus picos de aceleração supondo as mesmas dimensões do nosso exemplo.

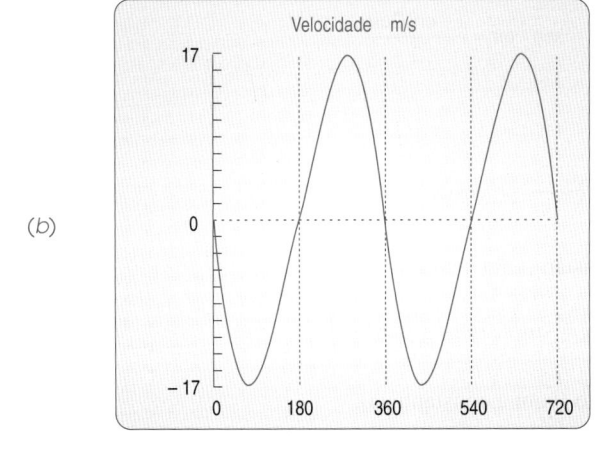

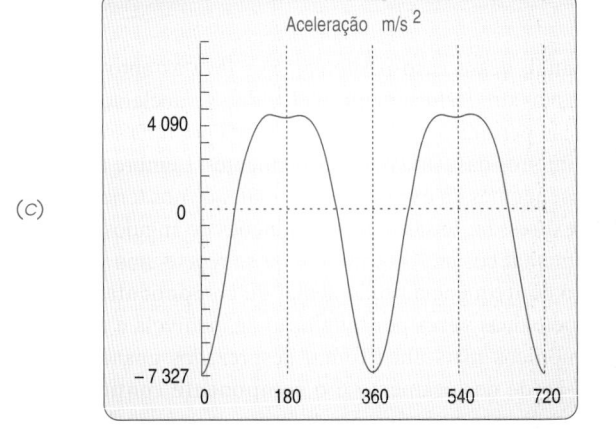

Note o alto valor do pico de aceleração negativa do pistão, mesmo em torno da velocidade média do motor de 3 400 rpm. Ele é 747 g's! A 6 000 rpm, ele aumenta para aproximadamente 1 300 g's.* Esse é um motor de tamanho moderado, com diâmetro de 76,2 mm e curso de 89,9 mm, com deslocamento de 410-cc por cilindro (um motor de 1,6 litro de quatro cilindros).

DINÂMICA DE MOTORES

Superposição Analisaremos agora o comportamento dinâmico de um motor monocilíndrico com base no modelo cinemático aproximado desenvolvido nesta seção. Já que temos diversas fontes de excitação dinâmica para examinar, usaremos o método da superposição para analisá-las separadamente e depois combinar os seus efeitos. Primeiro, iremos considerar as **forças e torques** devidos à presença das **forças de potência explosivas** no cilindro, o qual movimenta o motor. Depois, analisaremos as **forças e torques de inércia** que são resultantes do movimento em alta velocidade dos elementos. A força total e o torque estacionário do equipamento em qualquer instante vão ser a soma de seus componentes. Finalmente, observaremos as **forças e torques vibratórios** no plano de referência e as **forças na articulação** do mecanismo que resultam da combinação das forças aplicadas e dinâmicas do sistema.

13.3 FORÇA E TORQUE DE POTÊNCIA

A **força de potência** ocorre devido à pressão do gás proveniente da explosão da mistura ar-combustível localizada no topo da superfície do pistão, como mostrado na Figura 13-3. Sendo F_g = força de potência, P_g = pressão do gás, A_p = área do pistão e B = diâmetro do cilindro, o qual é igual ao diâmetro do pistão, então:

$$\mathbf{F}_g = -P_g A_p \, \hat{\mathbf{i}}; \qquad A_p = \frac{\pi}{4} B^2$$

$$\mathbf{F}_g = -\frac{\pi}{4} P_g B^2 \, \hat{\mathbf{i}} \qquad (13.4)$$

O sinal negativo é devido à escolha da orientação do motor no sistema de coordenadas da Figura 13-3. A **pressão do gás** P_g nessa expressão é uma função do ângulo de manivela ωt e é definida pela termodinâmica do motor. Uma típica **curva de pressão do gás** para um motor de quatro tempos é mostrada na Figura 13-4. O contorno da **curva da força de potência** é idêntico ao da curva de pressão do gás, já que elas diferem apenas por uma constante multiplicadora, a área do pistão A_p. A Figura 13-6 mostra a aproximação da curva da força de potência usada no programa Engine (ver Apêndice A) para motores de quatro e dois tempos.

O **torque de potência** na Figura 13-9 é devido à força de potência atuante no braço de momento em relação ao centro da manivela O_2 na Figura 13-7. Esse braço de momento varia de zero a máximo, conforme a manivela rotaciona. A força de potência distribuída sobre a superfície do pistão foi resolvida como uma força única atuando sobre o centro de massa do elo 4 no diagrama de corpo livre da Figura 13-7b. O sistema de forças no ponto B pode ser resolvido em um diagrama vetorial mostrando que

$$\mathbf{F}_{g14} = F_g \tan\phi \, \hat{\mathbf{j}} \qquad (13.5a)$$

$$\mathbf{F}_{g34} = -F_g \, \hat{\mathbf{i}} - F_g \tan\phi \, \hat{\mathbf{j}} \qquad (13.5b)$$

Do diagrama de corpo livre da Figura 13-7, podemos ver que

$$\mathbf{F}_{g41} = -\mathbf{F}_{g14}$$
$$\mathbf{F}_{g43} = -\mathbf{F}_{g34}$$
$$\mathbf{F}_{g23} = -\mathbf{F}_{g43}$$
$$\mathbf{F}_{g32} = -\mathbf{F}_{g23}$$

então: $\qquad \mathbf{F}_{g32} = -\mathbf{F}_{g34} = F_g \, \hat{\mathbf{i}} + F_g \tan\phi \, \hat{\mathbf{j}} \qquad (13.5c)$

(a) Ciclo Otto de quatro tempos

(b) Ciclo Clerk de dois tempos

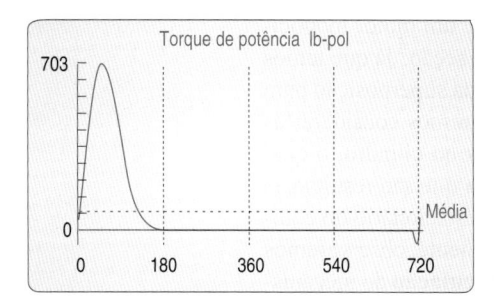

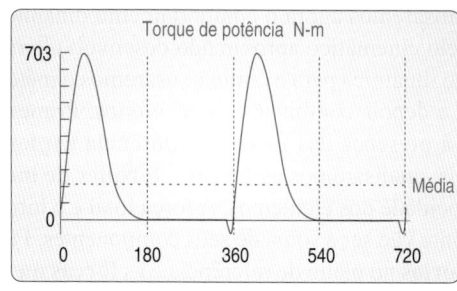

1 cilindro
Diâmetro do cilindro = 76,2 mm
Curso = 89,9 mm
B/S = 0,85
L/R = 3,50
RPM = 3 400
$P_{máx}$ = 4,14 MPa

FIGURA 13-9

Funções do torque de potência nos motores com ciclo de dois e quatro tempos.

O **torque motor** T_{g21} no elo 2, resultante da força de potência, pode ser encontrado por meio do produto vetorial do vetor de posição do ponto A pela força no ponto A.

$$T_{g21} = R_A \times F_{g32} \tag{13.6a}$$

Essa expressão pode ser expandida e irá envolver o comprimento da manivela r e os ângulos θ e ϕ, bem como a força de potência F_g. Note que, no diagrama de corpo livre para o elo 1, podemos expressar o torque em função das forças F_{g14} ou F_{g41}, que atuam sempre perpendiculares ao movimento de translação (desprezando o atrito), e da distância x, a qual é o seu braço instantâneo em relação a O_2. O torque de reação T_{g12} resultante da tentativa da força de potência de empurrar o plano terra é

$$T_{g12} = F_{g41} \cdot x \; \hat{k} \tag{13.6b}$$

Se você já tentou acelerar um motor de um automóvel em funcionamento enquanto trabalhava nele, provavelmente percebeu o movimento do motor para o lado, pois ele balança em torno dos apoios devido ao torque de reação. O torque motor T_{g21} é o torque de reação negativo.

$$T_{g21} = -T_{g12}$$
$$T_{g21} = -F_{g41} \cdot x \; \hat{k} \tag{13.6c}$$

e: $\quad F_{g14} = -F_{g41}$

então: $\quad T_{g21} = F_{g14} \cdot x \; \hat{k} \tag{13.6d}$

A Equação 13.6d nos dá uma expressão para o **torque de potência** que envolve o deslocamento do pistão x, o qual já derivamos na Equação 13.3a. Substituindo a Equação 13.3a para x e a magnitude da Equação 13.5a para F_{g14}, temos

$$T_{g21} = \left(F_g \tan\phi\right)\left[l - \frac{r^2}{4l} + r\left(\cos\omega t + \frac{r}{4l}\cos 2\omega t\right)\right] \hat{k} \tag{13.6e}$$

A Equação 13.6e contém o ângulo da biela ϕ, bem como a variável independente, o ângulo da manivela ωt. Gostaríamos de ter uma expressão que envolvesse apenas ωt. Podemos substituir uma expressão para o $\tan\phi$ gerada da geometria da Figura 13-7a.

DINÂMICA DE MOTORES

$$\tan\phi = \frac{q}{u} = \frac{r\,\text{sen}\,\omega t}{l\cos\phi} \tag{13.7a}$$

Substitua a Equação 13.1c por cos φ:

$$\tan\phi = \frac{r\,\text{sen}\,\omega t}{l\sqrt{1-\left(\frac{r}{l}\text{sen}\,\omega t\right)^2}} \tag{13.7b}$$

A raiz do denominador pode ser expandida usando o teorema binomial, como já foi feito nas Equações 13.2, e os dois primeiros termos mantidos para ter uma boa aproximação da expressão exata

$$\frac{1}{\sqrt{1-\left(\frac{r}{l}\text{sen}\,\omega t\right)^2}} \cong 1+\frac{r^2}{2l^2}\text{sen}^2\,\omega t \tag{13.7c}$$

obtendo:

$$\tan\phi \cong \frac{r}{l}\text{sen}\,\omega t\left(1+\frac{r^2}{2l^2}\text{sen}^2\omega t\right) \tag{13.7d}$$

Substitua essa equação na 13.6e para o torque de potência.

$$\mathbf{T}_{g21} \cong F_g\left[\frac{r}{l}\text{sen}\,\omega t\left(1+\frac{r^2}{2l^2}\text{sen}^2\,\omega t\right)\right]\left[l-\frac{r^2}{4l}+r\left(\cos\omega t+\frac{r}{4l}\cos 2\omega t\right)\right]\hat{\mathbf{k}} \tag{13.8a}$$

Expanda essa expressão e despreze qualquer termo contendo a relação biela-manivela r/l com potência ou expoente maior que 1, pois eles vão apresentar coeficientes muito baixos, como já foi visto na Equação 13.2. Isso resulta em uma expressão mais simples, porém ainda mais aproximada para o torque de potência.

$$\mathbf{T}_{g21} \cong F_g r\,\text{sen}\,\omega t\left(1+\frac{r}{l}\cos\omega t\right) \tag{13.8b}$$

Note que o **valor exato** do **torque de potência** pode ser sempre calculado com a combinação das equações 13.1d, 13.5a e 13.6d, ou com a expansão da Equação 13.6a, se você necessitar de uma resposta mais precisa. Para a proposta de projeto, a aproximação da Equação 13.8b vai ser geralmente adequada. O programa ENGINE (ver Apêndice A) calcula o torque de potência usando a Equação 13.8b e utiliza a curva de pressão do gás para gerar a função da força de potência. Os gráficos do torque de potência para ciclos de dois e quatro tempos são mostrados na Figura 13-9. Note a semelhança do contorno dessa curva com a da curva da força de potência na Figura 13.6. Note também que o motor de dois tempos tem, teoricamente, duas vezes mais potência disponível do que o de quatro tempos, com todos os outros fatores iguais, pois há o dobro de pulsos de torque por unidade de tempo. Entretanto, a pior eficiência do motor de dois tempos reduz significativamente essa vantagem teórica.

13.4 MASSAS EQUIVALENTES

Para fazer uma completa análise da força dinâmica de qualquer mecanismo, precisamos saber as propriedades geométricas (massa, centro de gravidade, momento de inércia de massa) dos elos, como já foi discutido nos capítulos anteriores (veja seções 10.3 a 10.10 e Capítulo 11).

Isso é fácil de fazer se o elo já estiver desenhado em detalhe e suas dimensões forem conhecidas. Ao projetar um mecanismo do princípio, nós geralmente ainda não temos esse nível de conhecimento dos detalhes da geometria dos elos. Contudo, podemos fazer uma estimativa dos seus parâmetros geométricos para começar o processo de iteração que vai, no fim, convergir, em um projeto detalhado.

No caso desse mecanismo biela-manivela, a **manivela** está em **rotação pura** e o **pistão** em **translação pura**. Supondo algumas geometrias e materiais adequados, podemos fazer aproximações dos seus parâmetros dinâmicos. Os seus movimentos cinemáticos são facilmente determinados. Temos também expressões diferenciais nas Equações 13.3 para o movimento do pistão. Mais adiante, se balancearmos a manivela em rotação, como descrito e recomendado no capítulo anterior, então o CG da manivela não terá movimento no seu centro O_2 e não vai contribuir para as forças dinâmicas. Faremos isso numa seção posterior.

A biela apresenta um movimento complexo. Para fazer uma exata análise dinâmica igual à que foi feita na Seção 11.5, precisamos determinar a aceleração linear do seu CG para todas as posições. No começo do projeto, a localização do CG da biela não é precisamente definida. Para dar um "pontapé inicial" no projeto, precisamos de um modelo simplificado dessa biela que possamos refinar melhor, posteriormente, quando mais informações dinâmicas forem geradas sobre o projeto do nosso motor. Os requisitos para um modelo dinamicamente equivalente foram apresentados na Seção 10.2 e são repetidos aqui na Tabela 13-1 para a sua comodidade.

Se pudéssemos modelar nossa biela preliminar como dois pontos de massas concentrados, um no pino da manivela (ponto A na Figura 13-7) e o outro no pino do pistão (ponto B na Figura 13-7), iríamos, pelo menos, saber quais seriam os movimentos desses dois pontos. A massa concentrada em A estaria em rotação pura como a manivela, e a massa em B estaria em translação pura como o pistão. Esses pontos de massa não apresentam dimensão e supõe-se que sejam conectados através de uma biela mágica, sem massa, porém rígida.*

Modelo Dinamicamente equivalente A Figura 13-10a mostra uma biela típica. A Figura 13-10b mostra um modelo geral de biela de duas massas. Uma massa m_t é localizada a uma distância l_t do CG original da biela, e a segunda massa m_p a uma distância l_p do CG. A massa da parte original é m_3, e o seu momento de inércia sobre o CG é I_{G3}. Expressando os três requisitos para a equivalência dinâmica da Tabela 13-1 em termos matemáticos com essas variáveis, temos

$$m_p + m_t = m_3 \tag{13.9a}$$

$$m_p l_p = m_t l_t \tag{13.9b}$$

$$m_p l_p^2 + m_t l_t^2 = I_{G3} \tag{13.9c}$$

Há quatro incógnitas nessas três equações, m_p, l_p, m_t, l_t, o que significa que temos de escolher o valor de algumas dessas variáveis para resolver o sistema. Vamos escolher a distância l_t igual à distância ao pino do pistão, l_b, como mostrado na Figura 13-10c. Isso irá pôr uma

---

* Esses modelos de massa concentrada devem ser feitos com materiais *muito* especiais. *Unobtainium 206* tem a propriedade de densidade de massa infinita, por isso não ocupa espaço e pode ser usado como "ponto de massa." *Unobtainium 208* tem uma dureza infinita e zero de massa e, assim, pode ser usado para manivelas rígidas, porém "sem massa".

TABELA 13-1 Requisitos para a equivalência dinâmica

1. A massa do modelo deve ser igual à do corpo original.
2. O centro de gravidade deve estar na mesma posição da do corpo original.
3. O momento de inércia de massa deve ser igual ao do corpo original.

DINÂMICA DE MOTORES

massa na posição desejada. Resolver as equações 13.9a e 13.9b simultaneamente com aquela substituição nos dá as expressões para as duas massas concentradas.

$$m_p = m_3 \frac{l_b}{l_p + l_b}$$

$$m_b = m_3 \frac{l_p}{l_p + l_b}$$
(13.9d)

Substituindo a Equação 13.9d na 13.9c, obtemos a relação entre l_p e l_b.

$$m_3 \frac{l_b}{l_p + l_b} l_p^2 + m_3 \frac{l_p}{l_p + l_b} l_b^2 = I_{G_3} = m_3 l_p l_b$$

$$l_p = \frac{I_{G_3}}{m_3 l_b}$$
(13.9e)

Por favor, consulte a Seção 10.10 e a Equação 10.13 que define o *centro de percussão* e a sua relação geométrica com o correspondente *centro de rotação*. A Equação 13.9e é a mesma que a Equação 11.13, exceto por um sinal que é devido a uma escolha arbitrária da orientação dos elos no sistema de coordenadas. A distância l_p é a posição do centro de percussão correspondente ao centro de rotação em l_b. Além disso, nossa segunda massa m_p deve ser colocada no **centro de percussão** P do elo (usando o ponto B como o seu centro de rotação) para obter a equivalência dinâmica exata. As massas devem ser como as definidas na Equação 13.9d.

A geometria de uma biela típica, como mostrado na Figura 13-2 e 13-10a, é larga na extremidade do pino da manivela (A) e pequena na extremidade do pino do pistão (B). Isso coloca o CG perto da "extremidade maior". O centro de percussão P estará ainda mais perto da extremidade maior do que o CG. Por essa razão, podemos colocar a segunda massa concentrada, que pertence a P, no ponto A, com um erro relativamente pequeno na precisão do nosso modelo dinâmico. Esse modelo aproximado é adequado para os cálculos iniciais do nosso projeto. Uma vez que um projeto geométrico viável é estabelecido, podemos fazer, então, uma completa e exata análise de forças com os métodos do Capítulo 11 antes de considerar o projeto pronto.

Substituindo a distância l_a por l_p e renomeando as massas concentradas naquelas distâncias m_{3a} e m_{3b}, para representar a identidade delas tanto com o elo 3 quanto com os pontos A e B, reescrevemos as Equações 13.9d.

sendo $\qquad l_p = l_a$

então: $\qquad m_{3a} = m_3 \dfrac{l_b}{l_a + l_b}$ (13.10a)

e: $\qquad m_{3b} = m_3 \dfrac{l_a}{l_a + l_b}$ (13.10b)

Isso define a quantidade total de massa da biela a ser colocada em cada extremidade, para aproximar o elo a um modelo dinâmico. A Figura 13-10d mostra esse modelo dinâmico. Na ausência de qualquer dado de contorno da biela no começo do projeto, preliminarmente a

(a) Biela original

(b) Modelo genérico de duas massas

Centro de percussão P

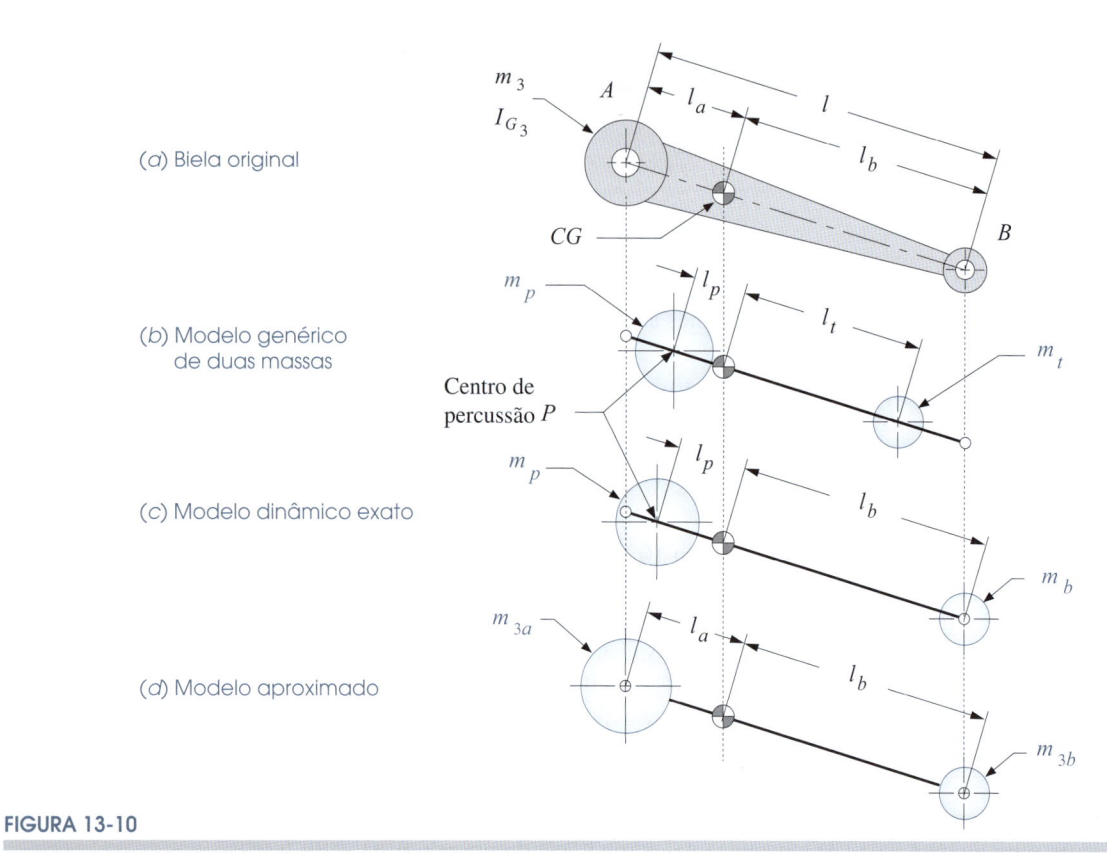

(c) Modelo dinâmico exato

(d) Modelo aproximado

FIGURA 13-10
Modelos dinâmicos de massas concentradas de uma biela.

informação da força dinâmica pode ser obtida usando a regra heurística de colocar dois terços da massa da biela no pino da manivela e um terço no pino do pistão.

MODELO ESTATICAMENTE EQUIVALENTE Podemos criar um modelo similar de massas concentradas da manivela. Embora nossa intenção seja balancear a manivela antes de terminarmos, para considerações gerais a modelaremos inicialmente *desbalanceada*, como mostrado na Figura 13-11. O seu *CG* é localizado a uma distância r_{G2} do pivô O_2 na linha do pino da manivela, A. Gostaríamos de modelá-la como uma massa concentrada em A em uma biela sem massa pivotada em O_2. Se nossa preocupação principal for uma análise permanente, então a velocidade da manivela ω será mantida constante. A ausência da aceleração angular da manivela permite o uso de um modelo estaticamente equivalente porque a equação $\mathbf{T} = I\alpha$ será zero, independentemente do valor de I. Um **modelo estaticamente equivalente** necessita apenas ter uma massa e momentos equivalentes, como mostrado na Tabela 13-2. Os momentos de inércia não precisam ser iguais. Modelaremos isso como duas massas concentradas, uma no ponto A e a outra no pivô fixo O_2. Escrevendo os dois requisitos para a equivalência estática da Tabela 13-2:

$$m_2 = m_{2a} + m_{2O_2}$$
$$m_{2a} r = m_2 r_{G_2} \qquad (13.11)$$
$$m_{2a} = m_2 \frac{r_{G_2}}{r}$$

DINÂMICA DE MOTORES

TABELA 13-2   Requisitos para a equevalência estática

1 A massa do modelo deve ser igual à do corpo original.
2 O centro de gravidade deve estar na mesma posição da do corpo original.

A massa concentrada m_{2a} pode ser colocada no ponto A para representar a manivela desbalanceada. A segunda massa concentrada, no pivô fixo O_2, não é necessária para nenhum cálculo, já que esse ponto é estacionário.

Essas simplificações levam ao modelo dinâmico de massa concentrada de um mecanismo biela-manivela, mostrado na Figura 13-12. O pino da manivela, ponto A, tem duas massas concentradas nele, a massa equivalente da manivela m_{2a} e a porção da biela m_{3a}. A soma deles é m_A. No pino do pistão, ponto B, há também duas massas concentradas, a massa do pistão m_4 e a porção restante da massa da biela m_{3b}. A soma delas é m_B. Esse modelo possui massas que estão tanto em rotação pura (m_A) quanto em translação pura (m_B); portanto, é muito fácil de analisar dinamicamente.

$$m_A = m_{2a} + m_{3a}$$
$$m_B = m_{3b} + m_4 \qquad (13.12)$$

A IMPORTÂNCIA DOS MODELOS   *A importância de construir um modelo simples de massa concentrada de um sistema complexo aumenta com a complexidade do sistema que está sendo projetado.* Não faz sentido perder tempo para fazer grandes quantidades de análises sofisticadas e detalhadas que são tão mal definidas no início, que a sua viabilidade conceitual ainda não foi comprovada. Melhor obter uma aproximação razoável e uma resposta rápida que lhe indica que o conceito precisa ser repensado, do que perder uma quantidade ainda maior de tempo para chegar a uma mesma conclusão com mais casas decimais.

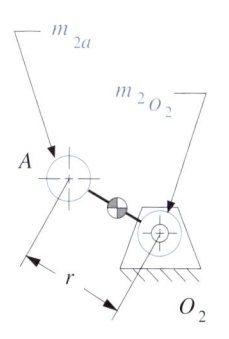

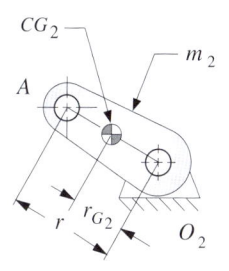

FIGURA 13-11

Modelo de massas concentradas estaticamente equivalente a uma manivela.

13.5   FORÇAS DE INÉRCIA E VIBRATÓRIAS

O modelo de massas concentradas simplificado da Figura 13-12 pode ser usado para desenvolver expressões para as forças e torques resultantes das acelerações das massas no sistema. O método de d'Alembert é importante na visualização dos efeitos dessas massas em movimento no sistema e no plano terra. Portanto, os diagramas de corpo livre da Figura 13-12b mostram as forças de inércia de d'Alembert atuando nas massas dos pontos A e B. O atrito é novamente desprezado. A aceleração no ponto B é dada na Equação 13.3e. A aceleração do ponto A em rotação pura é obtida derivando o vetor de posição $\mathbf{R}_A$ duas vezes, supondo um ω do eixo da manivela constante, o que nos dá

$$\mathbf{R}_A = r\cos\omega t\,\hat{\mathbf{i}} + r\,\text{sen}\,\omega t\,\hat{\mathbf{j}}$$
$$\mathbf{a}_A = -r\omega^2 \cos\omega t\,\hat{\mathbf{i}} - r\omega^2 \,\text{sen}\,\omega t\,\hat{\mathbf{j}} \qquad (13.13)$$

A força total de inércia $\mathbf{F}_i$ é a soma da força centrífuga no ponto A e da força de inércia no ponto B.

$$\mathbf{F}_i = -m_A \mathbf{a}_A - m_B \mathbf{a}_B \qquad (13.14a)$$

FIGURA 13-12

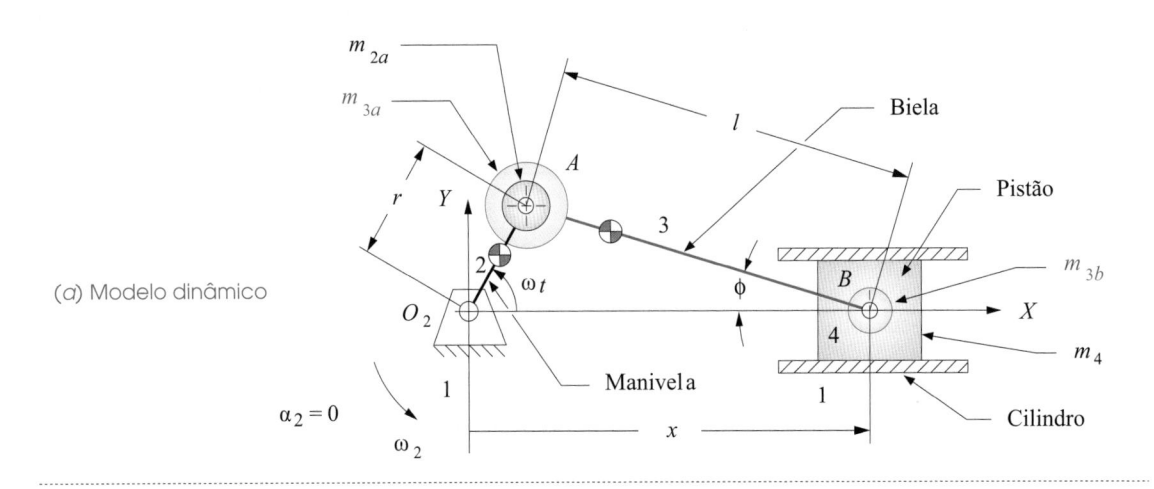

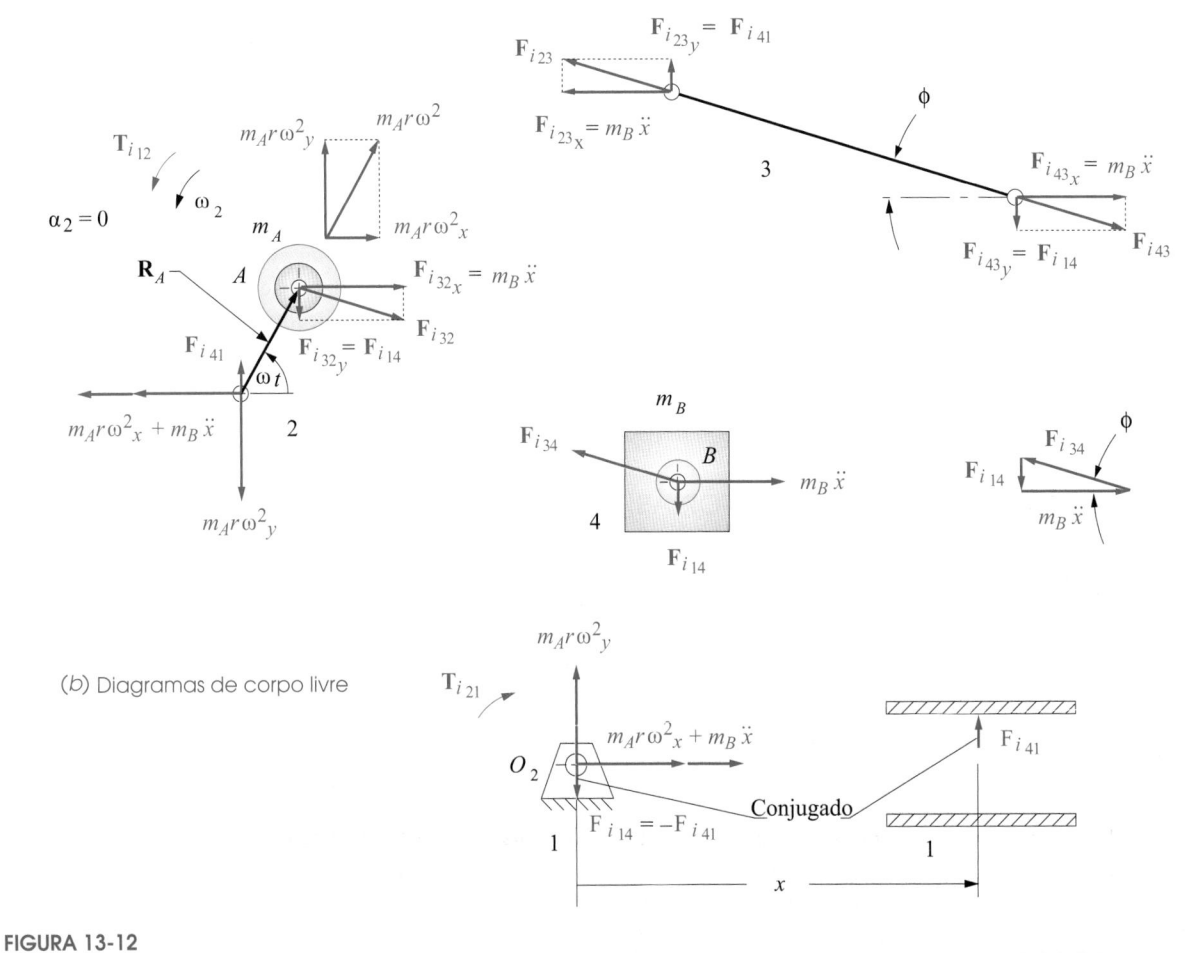

Modelo dinâmico de massas concentradas de uma biela-manivela – as setas mostram a direção e o sentido do vetor, o tamanho mostra a magnitude.

(a) Modelo dinâmico

(b) Diagramas de corpo livre

DINÂMICA DE MOTORES

Decompondo nas componentes x e y:

$$F_{i_x} = -m_A\left(-r\omega^2 \cos\omega t\right) - m_B \ddot{x} \tag{13.14b}$$

$$F_{i_y} = -m_A\left(-r\omega^2 \operatorname{sen}\omega t\right) \tag{13.14c}$$

Note que apenas a componente x é afetada pela aceleração do pistão. Substituindo a Equação 13.3e na Equação 13.14b:

$$F_{i_x} \cong -m_A\left(-r\omega^2 \cos\omega t\right) - m_B\left[-r\omega^2\left(\cos\omega t + \frac{r}{l}\cos 2\omega t\right)\right]$$

$$F_{i_y} = -m_A\left(-r\omega^2 \operatorname{sen}\omega t\right) \tag{13.14d}$$

Observe que as forças de inércia direcionadas a x possuem componentes primários com a mesma frequência da manivela e secundários (segundo harmônico) com o dobro da frequência da manivela. Há também harmônicos altos com baixa magnitude, os quais truncamos na expansão binomial da função de deslocamento do pistão. A força resultante da massa em rotação no ponto A possui apenas uma componente primária.

A **força vibratória** foi definida na Seção 11.8 como *a soma de todas as forças atuando no plano terra*. Do diagrama de corpo livre para o elo 1 na Figura 13-12:

$$\sum F_{s_x} \cong -m_A\left(r\omega^2 \cos\omega t\right) - m_B\left[r\omega^2\left(\cos\omega t + \frac{r}{l}\cos 2\omega t\right)\right]$$

$$\sum F_{s_y} = -m_A\left(r\omega^2 \operatorname{sen}\omega t\right) + F_{i_{41}} - F_{i_{41}} \tag{13.14e}$$

Note que a força lateral do pistão atuando na parede do cilindro F_{i41} é cancelada por uma força igual e oposta F_{i14} que passa pela biela e pelo eixo da manivela para o pino principal em O_2. Essas duas forças criam um conjugado que gera o torque de vibração. A força de vibração $\mathbf{F}_s$ é igual à força de inércia negativa.

$$\mathbf{F}_s = -\mathbf{F}_i \tag{13.14f}$$

Repare que a força de potência da Equação 13.4 não contribui para a força vibratória. Apenas as forças de inércia e externas compõem as forças vibratórias. A força de potência é uma força interna que é cancelada dentro do mecanismo. Ela atua em direções opostas e iguais na parte superior do pistão e na cabeça do cilindro, como mostrado na Figura 13-7.

O programa ENGINE (ver Apêndice A) calcula a força vibratória para um ω constante, para qualquer combinação de parâmetros de entrada do mecanismo. A Figura 13-13 mostra o gráfico da força vibratória para o mesmo exemplo de motor desbalanceado mostrado no gráfico da aceleração (Figura 13-8c). A orientação do mecanismo é a mesma da Figura 13-12, com o eixo x na horizontal. A componente x é maior do que a y devido à alta aceleração do pistão. As forças são bem grandes se levarmos em conta o tamanho relativamente pequeno (0,4 litro por cilindro) do motor rodando a uma velocidade moderada (3 400 rpm). Iremos, em breve, estudar as técnicas para reduzir ou eliminar essas forças vibratórias do motor. Essa é uma característica indesejável que cria ruídos e vibrações.

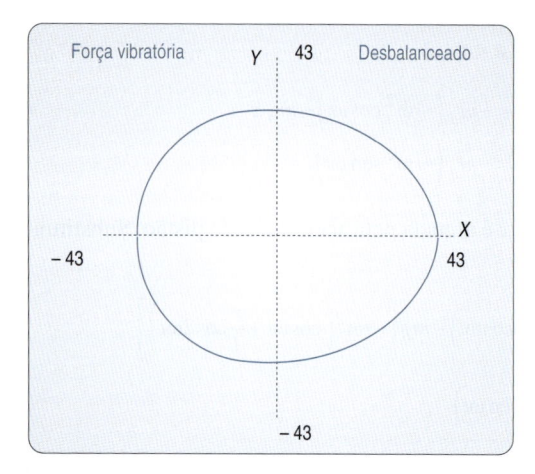

FIGURA 13-13

Força vibratória em um mecanismo biela-manivela desbalanceado.

13.6 TORQUES DE INÉRCIA E VIBRATÓRIOS

O **torque de inércia** resulta da ação das forças de inércia agindo a um braço de momento. A força de inércia no ponto A na Figura 13-12 tem duas componentes, radial e tangencial. A componente radial não tem braço de momento. As componentes tangenciais têm um braço de momento do raio r da manivela. Se a velocidade da manivela ω é constante, a massa em A não irá contribuir para o torque de inércia. A força de inércia em B tem uma componente diferente de zero perpendicular à parede do cilindro, exceto quando o pistão está em PMS ou PMI. Assim como fizemos anteriormente para o torque de potência, podemos expressar o torque de inércia de acordo com o conjugado $-\mathbf{F}_{i41}, \mathbf{F}_{i41}$, cujas forças atuam sempre perpendicularmente ao movimento do bloco deslizante (desprezando o atrito), e a distância x, que são seus braços de momento instantâneos (ver Figura 13-12). O torque de inércia é dado por

$$\mathbf{T}_{i_{21}} = \left(F_{i_{41}} \cdot x\right)\hat{\mathbf{k}} = \left(-F_{i_{14}} \cdot x\right)\hat{\mathbf{k}} \tag{13.15a}$$

Substituindo F_{i14} (ver Figura 13-12b) e x (ver a Equação 13.3a), temos

$$\mathbf{T}_{i_{21}} \cong -\left(-m_B \ddot{x} \tan\phi\right)\left[l - \frac{r^2}{4l} + r\left(\cos\omega t + \frac{r}{4l}\cos 2\omega t\right)\right]\hat{\mathbf{k}} \tag{13.15b}$$

Desenvolvemos previamente expressões para x *dois pontos* (Equação 13.3e) e $\tan\phi$ (Equação 13.7d) as quais agora podem ser substituídas.

$$\begin{aligned}\mathbf{T}_{i_{21}} \cong\; & m_B\left[-r\omega^2\left(\cos\omega t + \frac{r}{l}\cos 2\omega t\right)\right] \\ & \cdot \left[\frac{r}{l}\mathrm{sen}\,\omega t\left(1 + \frac{r^2}{2l^2}\mathrm{sen}^2\,\omega t\right)\right] \\ & \cdot \left[l - \frac{r^2}{4l} + r\left(\cos\omega t + \frac{r}{4l}\cos 2\omega t\right)\right]\hat{\mathbf{k}}\end{aligned} \tag{13.15c}$$

Expandindo e depois simplificando todos os termos com coeficientes que contém r/l para ordens maiores que um, obtemos a seguinte equação aproximada para torque de inércia com velocidade constante ω

$$\mathbf{T}_{i_{21}} \cong -m_B r^2 \omega^2 \operatorname{sen} \omega t \left(\frac{r}{2l} + \cos \omega t + \frac{3r}{2l} \cos 2\omega t \right) \hat{\mathbf{k}} \qquad (13.15d)$$

Essa equação contém produtos de seno e cosseno. Colocá-la inteiramente em termos harmônicos será instrutivo; então, substituir as identidades:

$$2 \operatorname{sen} \omega t \cos 2\omega t = \operatorname{sen} 3\omega t - \operatorname{sen} \omega t$$
$$2 \operatorname{sen} \omega t \cos \omega t = \operatorname{sen} 2\omega t$$

para obter
$$\mathbf{T}_{i_{21}} \cong \frac{1}{2} m_B r^2 \omega^2 \left(\frac{r}{2l} \operatorname{sen} \omega t - \operatorname{sen} 2\omega t - \frac{3r}{2l} \operatorname{sen} 3\omega t \right) \hat{\mathbf{k}} \qquad (13.15e)$$

Essa equação mostra que o **torque de inércia** possui um terceiro termo harmônico, além do primeiro e do segundo. O segundo harmônico é o termo dominante, já que possui o maior coeficiente porque r/l é sempre menor que 2/3.

O **torque vibratório** é igual ao torque de inércia.

$$\mathbf{T}_s = \mathbf{T}_{i_{21}} \qquad (13.15f)$$

O programa ENGINE (ver Apêndice A) calcula o torque de inércia por meio da Equação 13.15e. A Figura 13-14 mostra o gráfico do torque de inércia para este problema de motor dado. Note a dominância do segundo harmônico. A magnitude ideal para o torque de inércia é zero, já que tem comportamento parasita. Seu valor médio é sempre zero, então *não contribui em nada para o torque motor*. Simplesmente cria uma grande oscilação positiva e negativa no torque total a qual aumenta as vibrações e a imprecisão. Em breve, investigaremos modos de reduzir ou eliminar esses torques de inércia e vibratórios nos nossos projetos de motores. É possível cancelar seus efeitos com ajustes dos cilindros em um motor multicilíndrico, como será explorado no próximo capítulo.

13.7 TORQUE TOTAL DO MOTOR

O torque total do motor é a soma do torque de potência com o torque de inércia.

$$\mathbf{T}_{total} = \mathbf{T}_g + \mathbf{T}_i \qquad (13.16)$$

O torque de potência é menos sensível à velocidade do motor do que o torque de inércia, que é função de ω^2. Então, a contribuição relativa dessas duas componentes para o torque total vai variar de acordo com a velocidade do motor. A Figura 13-15a mostra o torque total para esse exemplo de motor com o gráfico traçado pelo programa ENGINE para uma velocidade constante de 800 rpm. Compare com o gráfico do torque de potência do mesmo motor na Figura 13-9a. A componente do torque de inércia é desprezível nessa velocidade baixa em comparação com a componente do torque de potência. A Figura 13-15c mostra o mesmo motor rodando a 6 000 rpm. Compare com o gráfico do torque de inércia na Figura 13-14. A componente do torque de inércia é dominante nesta velocidade alta. Em uma velocidade média de 3 400 rpm (Figura 13-15b), podemos observar um misto das duas componentes.

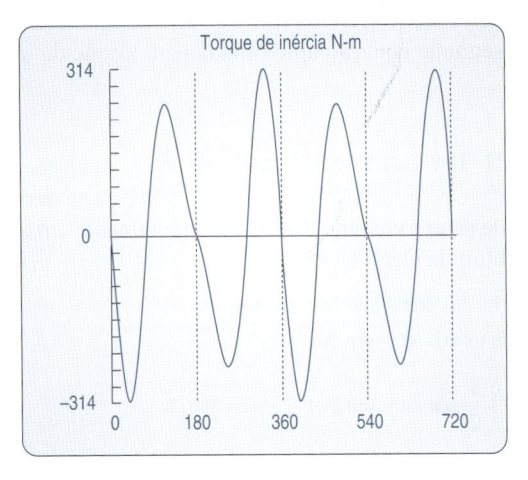

FIGURA 13-14

Torque de inércia no mecanismo biela-manivela.

13.8 VOLANTES DE INÉRCIA

Vimos na Seção 11.11 que grandes oscilações na função torque-tempo podem ser significativamente reduzidas pela adição do sistema de volantes de inércia. O motor monocilíndrico é um dos primeiros candidatos para o uso de um volante de inércia. A natureza intermitente de seu ciclo de potência faz com que, obrigatoriamente, ele absorva a energia cinética suficiente para empurrar o pistão por todos os ciclos de exaustão, admissão e compressão no ciclo Otto, durante os quais deve ser realizado trabalho no sistema. Até mesmo o motor de dois tempos precisa de um volante de inércia para movimentar o pistão para cima e para baixo no ciclo de compressão.

O procedimento para planejar um volante de inércia é idêntico ao descrito na Seção 11.11 para o mecanismo de quatro barras. A função do torque total para uma revolução da manivela é integrada, pulso a pulso, com respeito ao seu valor médio. Essas integrais representam flutuações de energia no sistema. A variação máxima de energia sob a curva de torque durante um ciclo é a quantidade necessária a ser guardada no volante de inércia. A Equação 11.20c expressa essa relação. O programa ENGINE (ver Apêndice A) faz a integral numérica da equação de torque total e apresenta uma tabela similar à mostrada na Figura 11-11. Esses dados e mais um coeficiente de flutuação k definido pelo projetista (ver Equação 11.19) são tudo o que se faz necessário para resolver as equações 11.20 e 11.21 para o momento de inércia requerido no volante de inércia.

O cálculo deve ser feito para alguns valores médios de ω da manivela. Sabendo que o motor convencional opera em uma ampla faixa de velocidades, é necessário pensar a velocidade mais apropriada para usar no cálculo do volante de inércia. A energia cinética absorvida por esse volante é proporcional a ω^2 (ver Equação 11.11). Assim, a velocidades mais altas, o volante de inércia pode ter pouco momento de inércia e ainda ser equivalente. A velocidade mais baixa de operação vai precisar do maior volante de inércia e deve ser utilizada nos cálculos para o tamanho desse volante.

O programa ENGINE traça o torque total suavizado do volante de inércia para um coeficiente de flutuação k fornecido pelo usuário. A Figura 13-16 mostra as funções de torque suavizado para $k = 0,05$ correspondendo ao não suavizado na Figura 13-15. Note que as curvas suavizadas mostradas para cada velocidade do motor são aquelas que resultariam com o tamanho de volante

DINÂMICA DE MOTORES

necessário para obter aquele coeficiente de flutuação naquela velocidade. Em outras palavras, o volante de inércia aplicado a motores com 800 rpm é muito maior que o de um motor com 6 000 rpm, nesses gráficos. Compare as linhas correspondentes (velocidades) entre as figuras 13-15 e 13-16 para ver o efeito da adição de um volante de inércia. Contudo, não compare diretamente as partes a, b e c da Figura 13-16 com a quantidade de suavização, visto que o tamanho dos volantes de inércia usados é diferente em cada velocidade de operação.

Um volante de inércia de um motor é geralmente projetado como um disco plano, parafusado a uma extremidade do virabrequim. Uma face do volante de inércia é geralmente usada para correr contra a embreagem. A embreagem é o dispositivo de atrito que permite desconexão entre o motor e o acionamento (as rodas do veículo) quando não é desejado nenhum tipo de saída. O motor pode então continuar girando ociosamente com o veículo ou dispositivo de saída parado. Quando a embreagem é engatada, todo o torque do motor é transmitido através dela, por atrito, para o eixo de saída.

13.9 FORÇAS NA ARTICULAÇÃO DE UM MOTOR MONOCILÍNDRICO

Além do cálculo dos efeitos totais, no plano terra, das forças dinâmicas presentes no motor, também precisamos saber a magnitude das forças nas juntas pinadas. Essas forças vão ditar o projeto dos pinos e dos rolamentos nas juntas. Embora sejamos capazes de concentrar a massa da biela e do pistão, ou da biela e da manivela, nos pontos A e B para uma análise total dos efeitos dos mecanismos no plano terra, não podemos fazê-lo para os cálculos das forças na articulação. Isso é devido ao fato de a articulação sentir o efeito da biela puxando para um "lado" e do pistão (ou manivela) puxando para o outro "lado" do pino, como mostrado na Figura 13-17. Assim, precisamos separar os efeitos das massas dos elos nos pinos.

Vamos calcular o efeito de cada componente resultante das diferentes massas, a força de potência e, depois, sobrepor os efeitos para obter a força na articulação de cada junta. Precisamos de um sistema de notação para manter controle sobre todas essas componentes. Já utilizamos alguns subscritos para essas forças, então vamos mantê-los e adicionar outros. A carga resultante de um rolamento tem as seguintes componentes:

1 As componentes da força de potência, com subscrito g, como em F_g.

2 A força de inércia devida à massa do pistão, com o subscrito ip, como em F_{ip}.

3 A força de inércia devida à massa da biela no pino do pistão, com o subscrito iw, como em F_{iw}.

4 A força de inércia devida à massa da biela no pino da manivela, com o subscrito ic, como em F_{ic}.

5 A força de inércia devida à massa da manivela no pino de manivela, com o subscrito ir, como em F_{ir}.

A designação do número do elo será adicionada a cada subscrito, da mesma maneira como foi feito antes, indicando o elo de onde a força está vindo como o primeiro número e o elo sendo analisado como o segundo número. (Ver Seção 11.2 para discussões mais aprofundadas desta notação.)

A Figura 13-18 mostra o diagrama de corpo livre para a força de inércia $\mathbf{F}_{ipB}$ devida somente à aceleração da massa do pistão, m_4. Essas componentes são

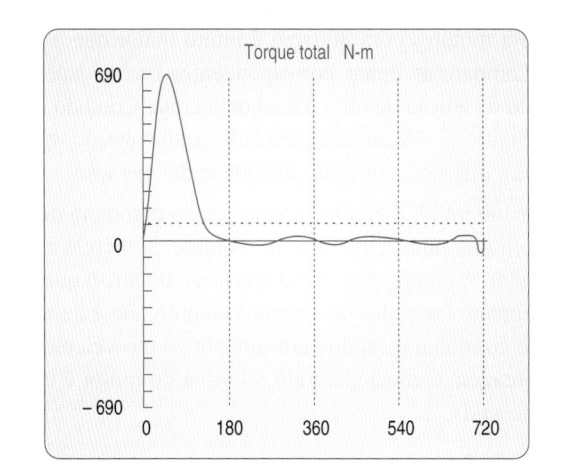

(a) 800 rpm

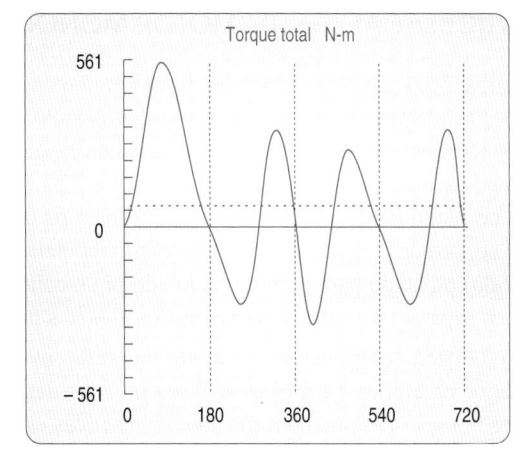

(b) 3 400 rpm

1 cilindro
Ciclo de 4 tempos
Diâmetro do cilindro = 76,2 mm
Curso   = 89,9 mm
B/S   = 0,85
L/R   = 3,50
m_A = 5,077 kg
m_B = 1,953 kg
$P_{máx}$ = 4,137 MPa

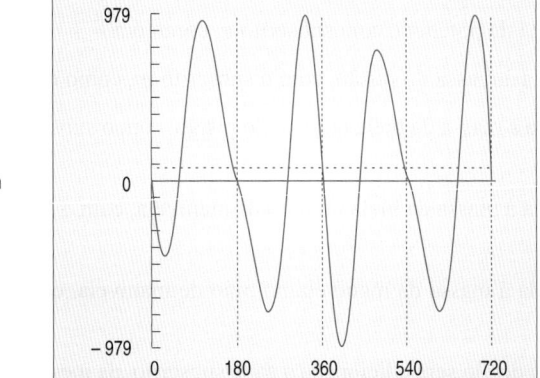

(c) 6000 rpm

FIGURA 13-15

A forma do gráfico do torque total e sua magnitude podem variar de acordo com a velocidade do virabrequim.

DINÂMICA DE MOTORES

(a) 800 rpm

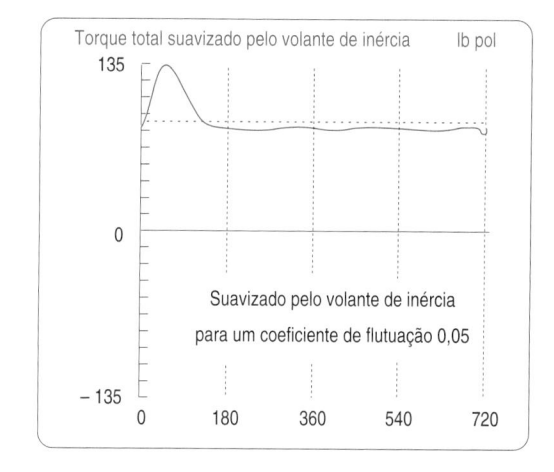

Torque total suavizado pelo volante de inércia   lb pol

Suavizado pelo volante de inércia para um coeficiente de flutuação 0,05

(b) 3 400 rpm

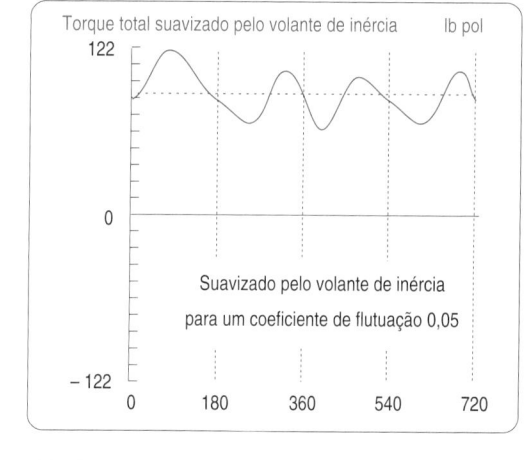

Torque total suavizado pelo volante de inércia   lb pol

Suavizado pelo volante de inércia para um coeficiente de flutuação 0,05

1 cilindro
Ciclo de 4 tempos
Diâmetro do cilindro = 76,2 mm
Curso = 89,9 mm
B/S = 0,85
L/R = 3,50
m_A = 5,077 kg
m_B = 1,953 kg
$P_{máx}$ = 4,137 MPa

(c) 6000 rpm

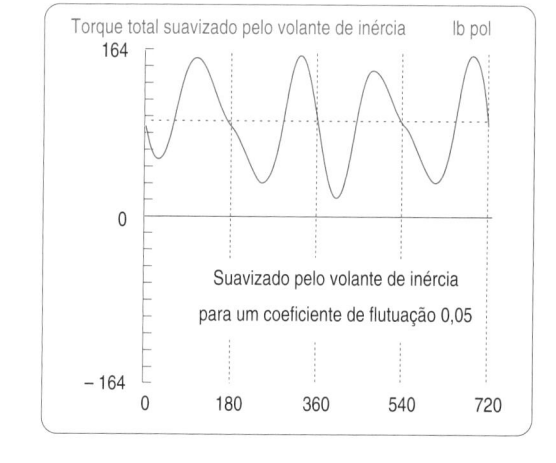

Torque total suavizado pelo volante de inércia   lb pol

Suavizado pelo volante de inércia para um coeficiente de flutuação 0,05

FIGURA 13-16

A forma do gráfico do torque total e sua magnitude podem variar de acordo com a velocidade do virabrequim.

Pino do pistão

Biela — m_{3b} — m_4 — Pistão

Pino do pistão

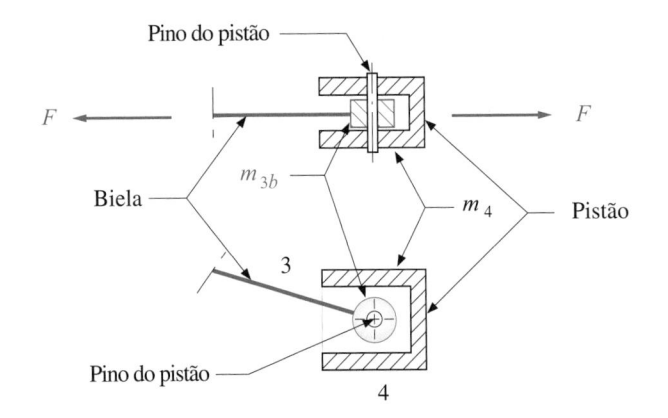

FIGURA 13-17

Forças no pino do pivô.

$$\mathbf{F}_{ip_B} = -m_4 a_B \hat{\mathbf{i}} \tag{13.17a}$$

$$\mathbf{F}_{ip14} = -F_{ip_B} \tan\phi\, \hat{\mathbf{j}} = m_4 a_B \tan\phi\, \hat{\mathbf{j}} \tag{13.17b}$$

$$\mathbf{F}_{ip34} = -\mathbf{F}_{ip_B} - \mathbf{F}_{ip14} = m_4 a_B \hat{\mathbf{i}} - m_4 a_B \tan\phi\, \hat{\mathbf{j}} \tag{13.17c}$$

$$\mathbf{F}_{ip32} = -\mathbf{F}_{ip34} = -m_4 a_B \hat{\mathbf{i}} + m_4 a_B \tan\phi\, \hat{\mathbf{j}} \tag{13.17d}$$

$$\mathbf{F}_{ip12} = -\mathbf{F}_{ip32} = \mathbf{F}_{ip34} \tag{13.17e}$$

A Figura 13-19 mostra o diagrama de corpo livre para as forças devidas somente à aceleração da massa da biela localizada no pino do pistão, m_{3b}. Essas componentes são

$$\mathbf{F}_{iw_B} = -m_{3b} a_B \hat{\mathbf{i}} \tag{13.18a}$$

$$\mathbf{F}_{iw34} = \mathbf{F}_{iw41} = F_{iw_B} \tan\phi\, \hat{\mathbf{j}} = -m_{3b} a_B \tan\phi\, \hat{\mathbf{j}} \tag{13.18b}$$

$$\mathbf{F}_{iw43} = -\mathbf{F}_{iw34} = m_{3b} a_B \tan\phi\, \hat{\mathbf{j}} \tag{13.18c}$$

$$\mathbf{F}_{iw23} = -\mathbf{F}_{iw_B} - \mathbf{F}_{iw43} = m_{3b} a_B \hat{\mathbf{i}} - m_{3b} a_B \tan\phi\, \hat{\mathbf{j}} \tag{13.18d}$$

$$\mathbf{F}_{iw12} = -\mathbf{F}_{iw32} = \mathbf{F}_{iw23} \tag{13.18e}$$

A Figura 13-20a mostra o diagrama de corpo livre para as forças devidas somente à aceleração da massa da biela localizada no pino da manivela, m_{3a}. Essa componente é

$$\mathbf{F}_{ic} = -\mathbf{F}_{ic12} = \mathbf{F}_{ic21} = -m_{3a} \mathbf{a}_A \tag{13.19a}$$

Substitua $\mathbf{a}_A$ pela Equação 13.13.

$$\mathbf{F}_{ic21} = -\mathbf{F}_{ic12} = m_{3a} r \omega^2 \left(\cos\omega t\, \hat{\mathbf{i}} + \operatorname{sen}\omega t\, \hat{\mathbf{j}}\right) \tag{13.19b}$$

A Figura 13-20b mostra o diagrama de corpo livre para as forças devidas somente à aceleração da massa concentrada da manivela localizada no pino da manivela, m_{2a}. Essas afetam somente o pino principal em O_2. Essa componente é

DINÂMICA DE MOTORES

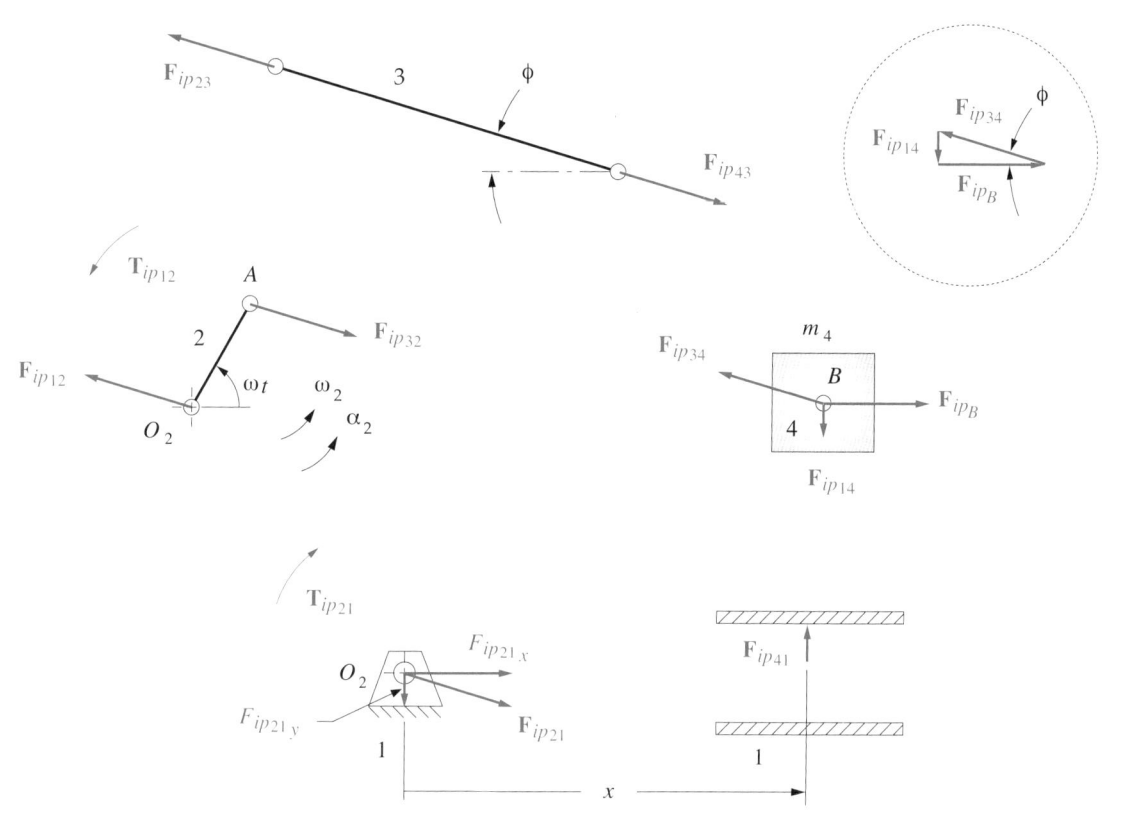

FIGURA 13-18

Diagramas de corpo livre para forças devidas à massa do pistão.

$$\mathbf{F}_{ir} = -\mathbf{F}_{ir12} = \mathbf{F}_{ir21} = -m_{2a}\mathbf{a}_A$$
$$\mathbf{F}_{ir21} = m_{2a}r\omega^2\left(\cos\omega t\,\hat{\mathbf{i}} + \operatorname{sen}\omega t\,\hat{\mathbf{j}}\right) \tag{13.19c}$$

As componentes da força de potência foram mostradas na Figura 13-7 e definidas nas Equações 13.5.

Agora podemos somar as componentes das forças em cada junta pinada. Para a força lateral $\mathbf{F}_{41}$ do pistão contra a parede do cilindro:

$$\begin{aligned}\mathbf{F}_{41} &= \mathbf{F}_{g41} + \mathbf{F}_{ip41} + \mathbf{F}_{iw41} \\ &= -F_g\tan\phi\,\hat{\mathbf{j}} - m_4 a_B\tan\phi\,\hat{\mathbf{j}} - m_{3b}a_B\tan\phi\,\hat{\mathbf{j}} \\ &= -\left[(m_4 + m_{3b})a_B + F_g\right]\tan\phi\,\hat{\mathbf{j}}\end{aligned} \tag{13.20}$$

A força total $\mathbf{F}_{34}$ no pino do pistão é

672   CINEMÁTICA E DINÂMICA DOS MECANISMOS   CAPÍTULO 13

FIGURA 13-19

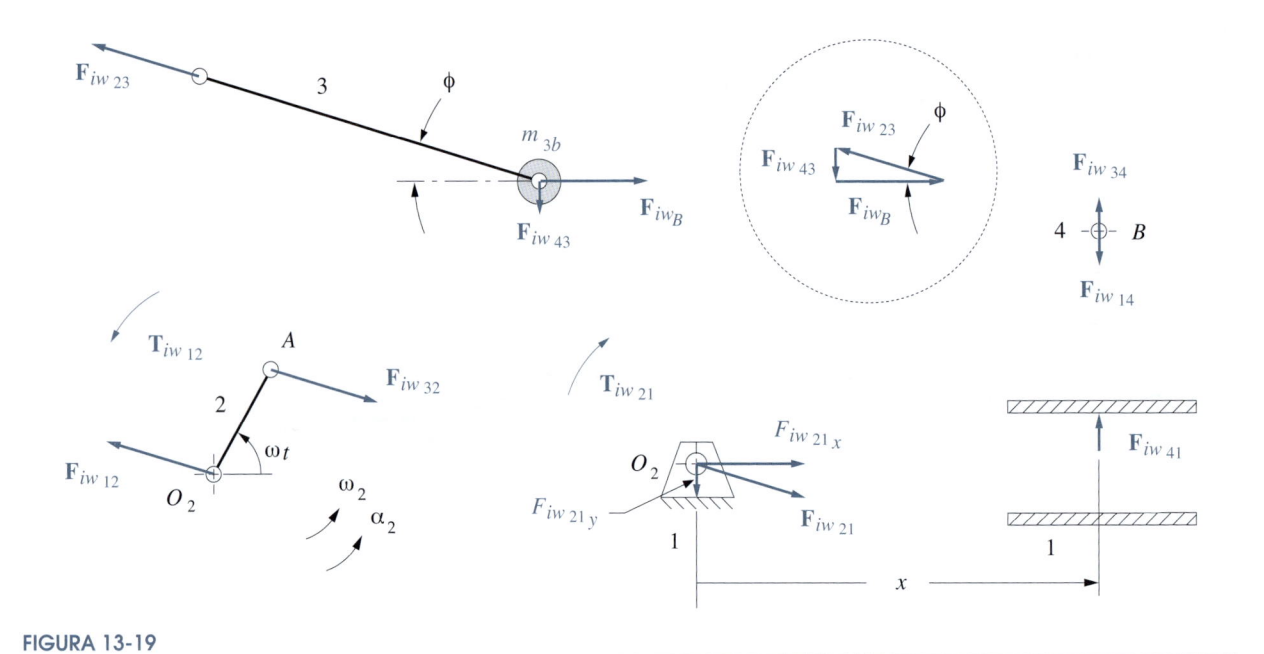

Diagramas de corpo livre para forças devidas à massa concentrada da biela no pino do pistão.

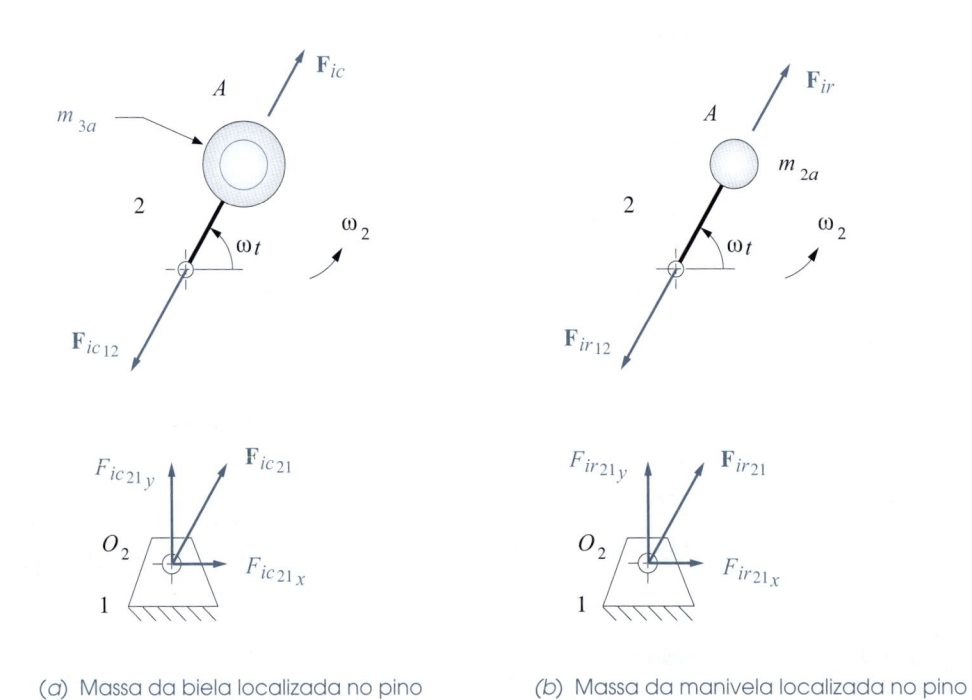

(a) Massa da biela localizada no pino da manivela

(b) Massa da manivela localizada no pino da manivela

FIGURA 13-20

Diagramas de corpo livre para forças devidas às massas no pino da manivela.

DINÂMICA DE MOTORES

$$\begin{aligned}
\mathbf{F}_{34} &= \mathbf{F}_{g34} + \mathbf{F}_{ip34} + \mathbf{F}_{iw34} \\
&= \left(-F_g\,\hat{\mathbf{i}} - F_g \tan\phi\,\hat{\mathbf{j}}\right) + \left(m_4 a_B\,\hat{\mathbf{i}} - m_4 a_B \tan\phi\,\hat{\mathbf{j}}\right) + \left(-m_{3b} a_B \tan\phi\,\hat{\mathbf{j}}\right) \\
&= \left(-F_g + m_4 a_B\right)\hat{\mathbf{i}} - \left[F_g + \left(m_4 + m_{3b}\right)a_B\right]\tan\phi\,\hat{\mathbf{j}}
\end{aligned} \quad (13.21)$$

A força total $\mathbf{F}_{32}$ no pino da manivela é

$$\begin{aligned}
\mathbf{F}_{32} &= \mathbf{F}_{g32} + \mathbf{F}_{ip32} + \mathbf{F}_{iw32} + \mathbf{F}_{ic32} \\
&= \left(F_g\,\hat{\mathbf{i}} + F_g \tan\phi\,\hat{\mathbf{j}}\right) + \left(-m_4 a_B\,\hat{\mathbf{i}} + m_4 a_B \tan\phi\,\hat{\mathbf{j}}\right) \\
&\quad + \left(-m_{3b} a_B\,\hat{\mathbf{i}} + m_{3b} a_B \tan\phi\,\hat{\mathbf{j}}\right) + \left[m_{3a} r\omega^2 \left(\cos\omega t\,\hat{\mathbf{i}} + \operatorname{sen}\omega t\,\hat{\mathbf{j}}\right)\right] \\
&= \left[m_{3a} r\omega^2 \cos\omega t - \left(m_{3b} + m_4\right) a_B + F_g\right]\hat{\mathbf{i}} \\
&\quad + \left\{m_{3a} r\omega^2 \operatorname{sen}\omega t + \left[\left(m_{3b} + m_4\right) a_B + F_g\right]\tan\phi\right\}\hat{\mathbf{j}}
\end{aligned} \quad (13.22)$$

A força total $\mathbf{F}_{21}$ no principal é

$$\mathbf{F}_{21} = \mathbf{F}_{32} + \mathbf{F}_{ir21} = \mathbf{F}_{32} + m_{2a} r\omega^2 \left(\cos\omega t\,\hat{\mathbf{i}} + \operatorname{sen}\omega t\,\hat{\mathbf{j}}\right) \quad (13.23)$$

Note que, ao contrário da força de inércia na Equação 13.14, que não foi afetada pela força de potência, essas forças nas articulações **são** função da força de potência, assim como da força de inércia. Motores com pistões de diâmetro maior vão sofrer maiores forças na articulação como resultado da pressão explosiva atuando sobre uma área maior.

O programa ENGINE (ver Apêndice A) calcula as forças nas articulações em todas as juntas utilizando as equações 13.20 a 13.23. A Figura 13-21 mostra a força do pino do pistão no mesmo exemplo de motor desbalanceado mostrado nas figuras anteriores, para as três velocidades. O laço tipo "gravata-borboleta" é a força de inércia, e o laço "lágrima" é a porção de força de potência da curva de força. Uma relação interessante ocorre entre as componentes da força de potência e as componentes da força de inércia das juntas pinadas. A uma baixa velocidade de 800 rpm (Figura 13-21a), a força de potência domina, já que as forças de inércia são desprezíveis para ω baixo. O pico de força no pino do pistão é, então, cerca de 19 kN. A uma alta velocidade (6 000 rpm), as componentes de inércia dominam, e o pico de força é por volta de 20 kN (Figura 13-21c). Contudo, a velocidade média (3 400 rpm), a força de inércia cancela uma parte da força de potência, e o pico de força é somente cerca de 15 kN (Figura 13-21b). Esses gráficos mostram que as forças na articulação podem ser grandes até mesmo em motores de tamanhos moderados (0,4 litro/cilindro). Os pinos, elos e rolamentos, todos têm de ser projetados para suportar centenas de milhões de ciclos dessas forças reversas sem quebrar.

A Figura 13-22 mostra mais evidências da interação das forças de potência e forças de inércia no pino do pistão e no pino da manivela. As figuras 13-22a e 13-22c mostram a variação na magnitude da componente da força de inércia nos pinos da manivela e do pistão, respectivamente, para uma revolução completa da manivela, com o aumento da velocidade do motor, a qual vai do repouso ao limite máximo. As figuras 13-22b e d mostram a variação na força total nos mesmos respectivos pinos, com as componentes da força de potência e de inércia. Esses dois gráficos mostram somente 90° da revolução da manivela, onde a força de potência em um motor de quatro tempos ocorre. Note que as componentes das forças de potência e de inércia se opõem, resultando em uma velocidade ociosa na qual a força total na articulação é mínima, durante o ciclo de potência. Este é o mesmo fenômeno visto na Figura 13-21.

(a) 800 rpm

(b) 3 400 rpm

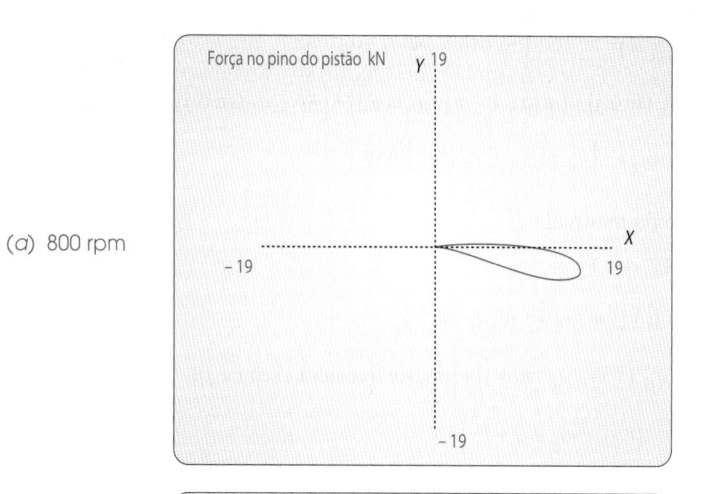

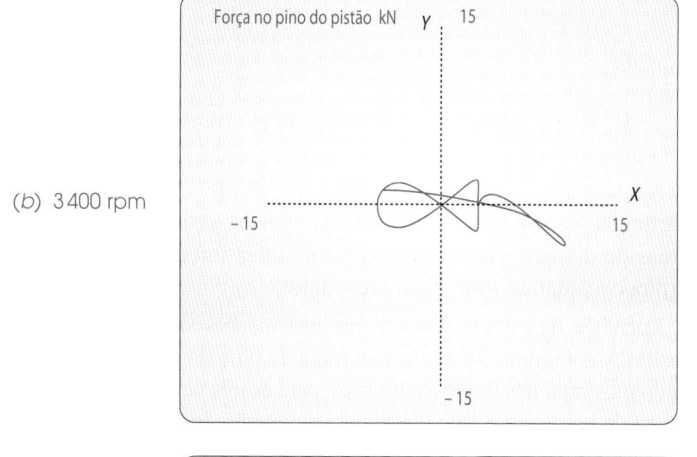

1 cilindro
Ciclo de 4 tempos
Diâmetro do cilindro = 76,2 mm
Curso = 89,9 mm
B/S = 0,85
L/R = 3,50
m_{2a} = 2,626 kg
m_{3a} = 2,451 kg
m_{3b} = 1,050 kg
m_4 = 0,875 kg
$P_{máx}$ = 4,137 MPa

(c) 6 000 rpm

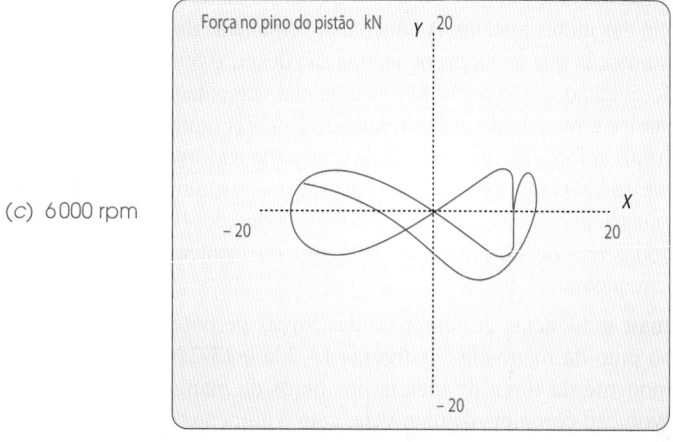

FIGURA 13-21

Forças no pino do pistão de um motor monocilíndrico em várias velocidades.

DINÂMICA DE MOTORES

A Figura 13-23 mostra as forças no pino principal e no pino da biela em três velocidades de motor para o mesmo exemplo de motor monocilíndrico **desbalanceado** das figuras anteriores. Essas forças são traçadas como gráficos de superfície em um sistema de coordenadas local rotacionável (SCLR) $x'y'$ embutido no virabrequim. A Figura 13-23a mostra que, a 800 rpm (velocidade ociosa), as forças nas articulações da manivela e principal são essencialmente iguais e opostas porque as componentes da força de inércia são muito pequenas quando comparadas com as componentes da força de potência, dominantes em baixas velocidades. Somente metade da circunferência de cada pino sofre força. A 3 400 rpm (Figura 13-23b), os efeitos da força de inércia são evidentes e as porções angulares dos pinos principal e da manivela que sofrem força agora são 39° e 72°, respectivamente. Os efeitos da força de potência criam assimetria no gráfico de força em torno do eixo x'. As diferenças entre as forças na articulação principal e no pino da manivela são devidas aos diferentes termos de massa em suas equações (por exemplo, compare as equações 13.22 e 13.23).

Na Figura 13-23c, o motor está no limite (6 000 rpm), e as componentes da força de inércia são agora dominantes, elevando o patamar do pico de forças e fazendo com que o gráfico de superfície seja quase simétrico em torno do eixo x'. As porções angulares do pino principal e da manivela que sofrem força agora foram reduzidas para 30° e 54°, respectivamente. Essa distribuição de forças causa o desgaste do pino da manivela somente em uma parte de sua circunferência. Como será mostrado na próxima seção, o efeito de balanceamento da manivela afeta a distribuição de forças nos pinos principais.

Note que os valores numéricos de força e torque nas figuras deste capítulo são exclusivos para a escolha arbitrária dos parâmetros do motor do exemplo e não podem ser extrapolados para nenhum outro projeto de motor. Também a função de força de potência usada no programa ENGINE (ver Apêndice A) para gerar as figuras é aproximada e invariante com a velocidade do motor, ao contrário do que ocorre em um motor real. Use as equações deste capítulo para calcular forças e torques usando dados de massa, geometria e força de potência apropriados para o seu projeto particular de motor.

13.10 BALANCEANDO UM MOTOR MONOCILÍNDRICO

As derivações e figuras nas seções precedentes têm mostrado que forças significativas são desenvolvidas tanto nos pinos como no plano terra devido a forças de potência, de inércia e vibratórias. O balanceamento não terá nenhum efeito nas forças de potência, que são internas, mas pode ter um efeito dramático nas forças de inércia e vibratórias. A força na articulação principal pode ser reduzida, mas as forças nos pinos do pistão e da manivela não serão afetadas por nenhum balanceamento feito no virabrequim. A Figura 13-13 mostra a força vibratória desbalanceada como sentida no plano terra do nosso motor monocilíndrico de 0,4 litro do programa ENGINE. Ela é por volta de 43 kN até mesmo na velocidade moderada de 3 400 rpm. A 6 000 rpm aumenta para mais de 133 kN. Os métodos do Capítulo 12 podem ser aplicados a esse mecanismo para balancear os membros em rotação pura e reduzir a magnitude dessas forças vibratórias.

A Figura 13-24a mostra o modelo dinâmico do nosso mecanismo biela-manivela com a massa da biela concentrada nos pinos A da manivela e B do pistão. Podemos considerar este motor monocilíndrico como um plano simples e, deste modo, adequado para balanceamento estático (ver Seção 13.1). É simples balancear estaticamente a manivela. Precisamos de uma massa de balanceamento em algum raio, a 180° da massa concentrada no ponto A cujo produto mr é igual ao produto da massa no ponto A pelo seu raio r. Aplicando a Equação 12.2 a esse problema simples temos,

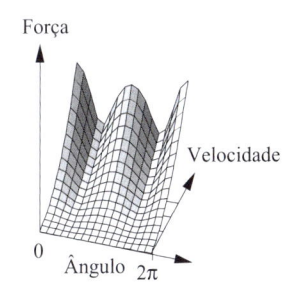

$$m_{bal}\mathbf{R}_{bal} = -m_A\mathbf{R}_A \tag{13.24}$$

(a) Força de inércia no pino da manivela

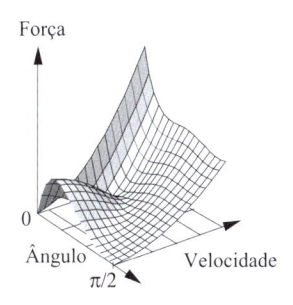

(b) Força total no pino da manivela

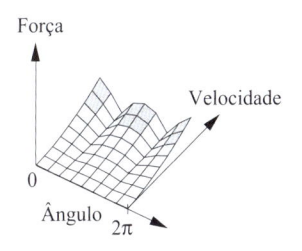

(c) Força de inércia no pino do pistão

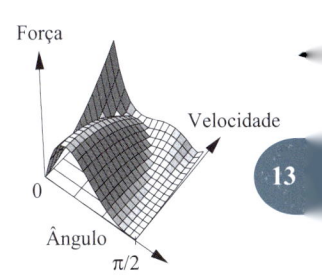

(d) Força total no pino do pistão

FIGURA 13-22

Variação da força na articulação.

(a) 800 rpm

17 kN máx — Pino principal — 180°
Pino da manivela — 180° — 18 kN máx

(b) 3 400 rpm

43 kN máx — Pino principal — 39°
Pino da manivela — 72° — 28 kN máx

1 cilindro
Ciclo de 4 tempos
Diâmetro do cilindro = 76,2 mm
Curso = 89,9 mm
B/S = 0,85
L/R = 3,50
m_{2a} = 2,626 kg
m_{3a} = 2,451 kg
m_{3b} = 1,050 kg
m_4 = 0,875 kg
$P_{máx}$ = 4,137 MPa

(c) 6 000 rpm

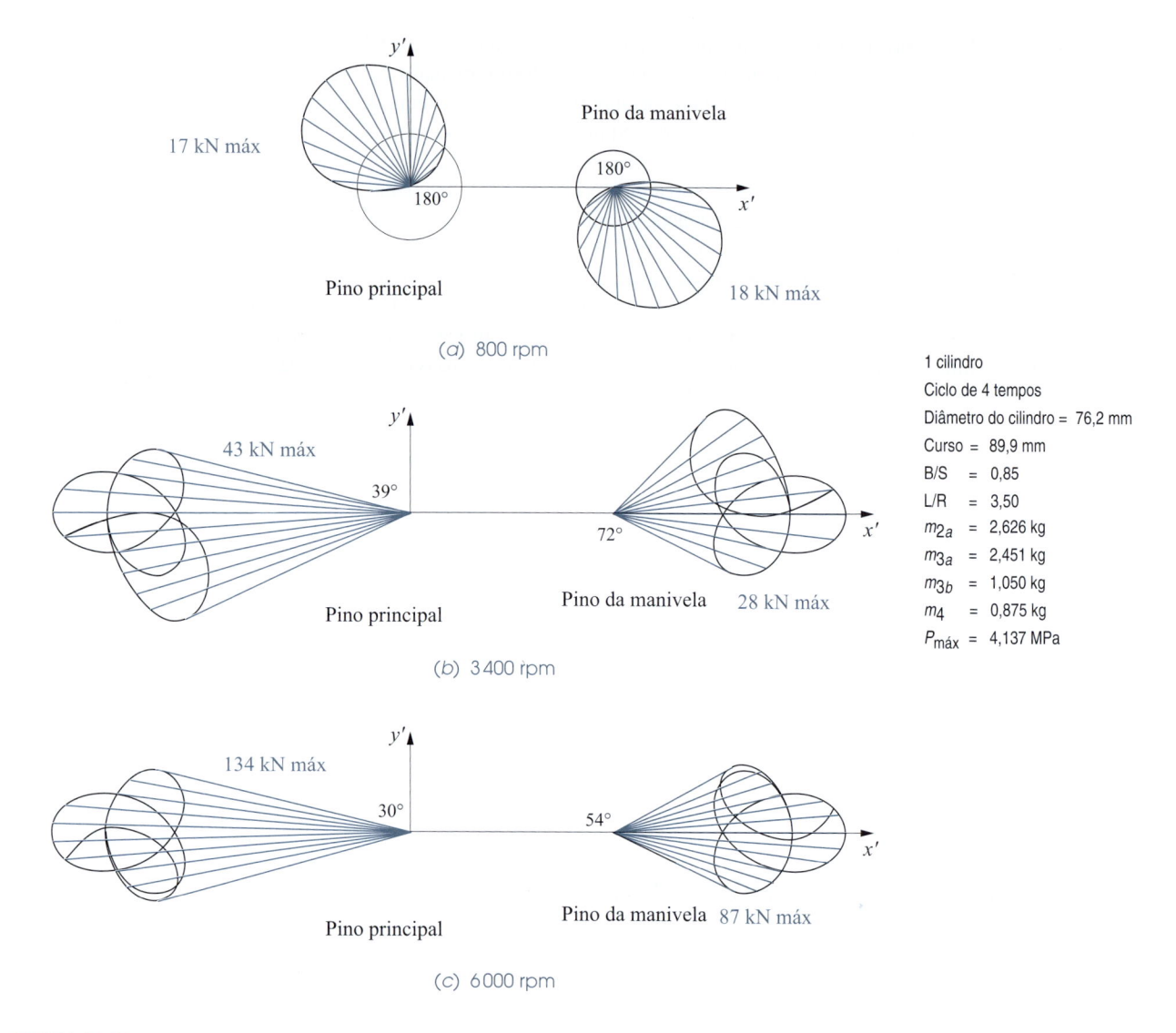

134 kN máx — Pino principal — 30°
Pino da manivela — 54° — 87 kN máx

FIGURA 13-23

Gráfico de superfície de forças dinâmicas nos pinos principal e da manivela de um motor de quatro tempos monocilíndrico desbalanceado, rodando em várias velocidades.

Qualquer combinação de massa e raio que dê esse produto, colocado a 180° do ponto A, irá balancear a manivela. Para a simplicidade do exemplo, vamos utilizar um raio de balanceamento igual a r. Depois, uma massa igual a m_A, colocada em A', vai balancear exatamente as massas em rotação. O CG da manivela estará, então, no pivô fixo O_2, como mostrado na Figura 13-24a. Em um virabrequim real, colocar o contrapeso CG em um raio grande não funcionará. A massa de balanceamento deve ser mantida perto da linha de centro para liberar o pistão em PMI. A Figura 13-2c mostra o perfil típico de um contrapeso de virabrequins.

DINÂMICA DE MOTORES

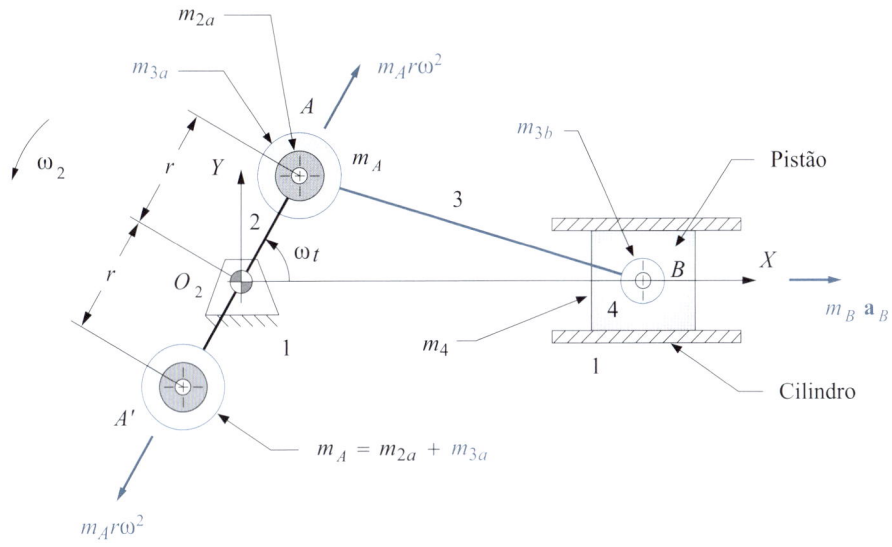

(a) Manivela exatamente balanceada

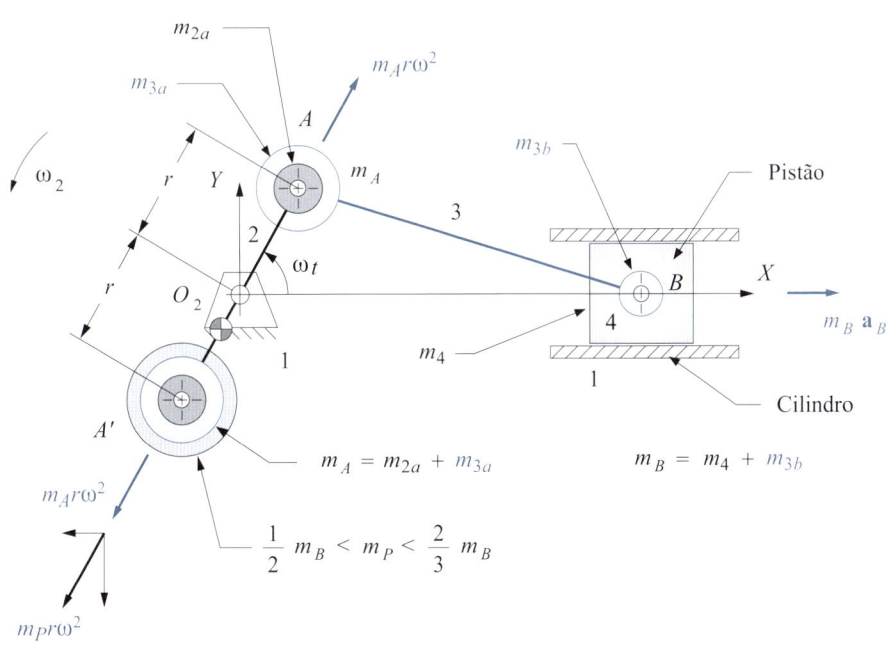

$m_A = m_{2a} + m_{3a}$

(b) Manivela sobrebalanceada

$m_A = m_{2a} + m_{3a}$ $m_B = m_4 + m_{3b}$

$\frac{1}{2} m_B < m_P < \frac{2}{3} m_B$

FIGURA 13-24

Balanceando e sobrebalanceando um motor monocilíndrico.

A Figura 13-25a mostra a força vibratória do mesmo motor da Figura 13-13 depois de a manivela ser balanceada exatamente dessa maneira. A componente Y da força vibratória foi reduzida a 0, e a componente X a 15 kN, a 3 400 rpm. Trata-se de uma redução de um fator de três sobre o motor desbalanceado. Note que a única fonte de força de inércia direta em Y é a massa em rotação no ponto A da Figura 13-24 (ver Equações 13.14). O que permanece após o balanceamento da massa em rotação é a força devida à aceleração das massas do pistão e da biela no ponto B da Figura 13-24, que estão em translação linear ao longo do eixo X, como mostrado pela força de inércia $-m_B \mathbf{a}_B$ no ponto B da figura.

Para eliminar completamente essa força vibratória desbalanceada recíproca, seria necessária a introdução de outra massa recíproca, que oscilaria 180° fora de fase com o pistão. A adição de um segundo pistão e cilindro, propriamente arranjados, pode conseguir isso. Uma das principais vantagens dos motores multicilíndricos é sua habilidade de reduzir ou eliminar as forças vibratórias. Vamos investigar este fato no próximo capítulo.

No motor monocilíndrico não há nenhum jeito de eliminar completamente o desbalanceamento recíproco com um simples contrapeso rotativo, mas podemos reduzir a força vibratória ainda mais. A Figura 13-24b mostra uma quantidade de massa adicional m_P acrescentada ao contrapeso no ponto A'. (Note que o CG da manivela agora se afastou do eixo fixo.) Essa massa extra de balanceamento cria uma força de inércia adicional $(-m_P r \omega^2)$, como mostrado, dividida em componentes X e Y, na figura. A componente Y não é oposta a nenhuma outra força de inércia presente, mas a componente X será sempre contrária à força de inércia recíproca no ponto B. Desse modo, essa massa extra, m_P, que *desequilibra a manivela*, vai reduzir a força vibratória na direção X à custa de adicionar alguma força vibratória na direção Y. Esta é uma recomendação útil já que a direção da força vibratória é de menor importância do que sua magnitude. Forças vibratórias criam vibrações na estrutura de suporte que são transmitidas e modificadas por este. Como exemplo, é improvável que você possa definir a direção das forças vibratórias

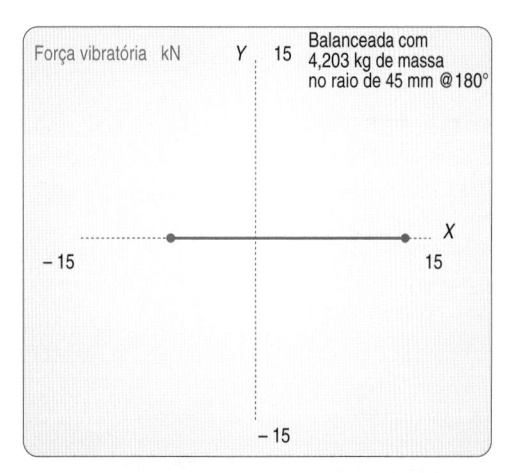

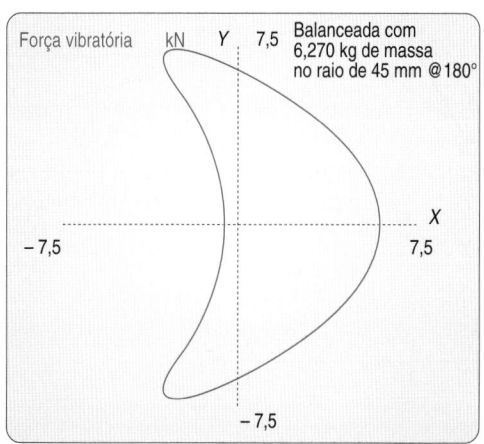

(a) Manivela exatamente balanceada

(b) Manivela sobrebalanceada

1 cilindro
Ciclo de 4 tempos
Diâmetro do cilindro = 76,2 mm
Curso = 89,9 mm
B/S = 0,85
L/R = 3,50
RPM = 3400
m_A = 5,077 kg
m_B = 1,953 kg

FIGURA 13-25

Efeitos de balanceamento e sobrebalanceamento na força vibratória no mecanismo biela-manivela.

DINÂMICA DE MOTORES

do motor de uma motocicleta sentindo suas vibrações resultantes no guidão. Entretanto, você **vai** detectar um aumento da magnitude da força vibratória pela maior amplitude da vibração que elas causam na estrutura da motocicleta.

A quantidade correta de massa de "sobrebalanceamento" necessária para minimizar o pico de força vibratória, independentemente da sua direção, irá variar de acordo com o projeto do motor. Em geral, estará entre metade e dois terços da massa recíproca no ponto B (pistão mais biela no pino do pistão), se colocada no raio r da manivela. Naturalmente, uma vez que este produto massa-raio é determinado, ele pode ser obtido com qualquer combinação de massa e raio. A Figura 13-25b mostra a força vibratória mínima alcançada para esse motor com adição de 65,5% da massa em B atuando no raio r. A força vibratória agora foi reduzida para 7,5 kN a 3 400 rpm, que é cerca de **17% do seu valor desbalanceado original** de 43 kN. Os benefícios do balanceamento e sobrebalanceamento no caso de motores monocilíndricos devem agora ser óbvios.

Efeitos do balanceamento do virabrequim nas forças na articulação

Nas forças na articulação, somente a força no eixo principal é afetada pela adição de massa de balanceamento ao virabrequim. Isso ocorre porque sua Equação (13.23) é a única das equações de força na articulação (13.20 a 13.23) que contém a massa da manivela. A Tabela 13-3 mostra a magnitude das forças vibratórias e das forças no eixo principal para o exemplo do motor monocilíndrico da Figura 13-23 em três velocidades e em três condições de balanceamento: desbalanceado, exatamente balanceado com massa de contrapeso igual à massa total m_A no pino da manivela (Figura 13-25a) e sobrebalanceado com a massa necessária para reduzir as forças vibratórias (Figura 13-25b). Note que tanto o balanceamento quanto o sobrebalanceamento reduzem a força no eixo principal, embora essa redução seja menor que a da força vibratória em alguns casos. Em rotação ociosa, a força de potência é muito superior à força de inércia e, visto que o balanceamento só pode afetar esta última, a redução da força no eixo principal é menor em velocidades ociosas do que em velocidades altas. As forças no eixo principal, no caso de sobrebalanceamento, seguem mais estreitamente a trilha das forças vibratórias na velocidade-limite em que a força de inércia domina a força de potência. Note que sobrebalancear a manivela reduz a força no eixo principal a valores inferiores aos da força no caso de balanceamento exato, em todas as velocidades.*

A Figura 13-26 mostra o efeito de balanceamento e sobrebalanceamento na magnitude da força no eixo principal e sua distribuição. Não só o pico da força desbalanceada no eixo principal (Figura 13-26a), atinge quase o triplo da magnitude do caso de balanceamento exato (Figura 13-26b) mas também as forças no caso desbalanceado são concentradas sobre uma pequena porção da circunferência do eixo. (Ver também a Figura 13-23) O virabrequim exatamente balanceado tem a força no eixo principal distribuída sobre mais da metade da sua circunferência, e o virabrequim sobrebalanceado permite uma distribuição de força completamente em volta da circunferência, como mostrado na Figura 13-26c.

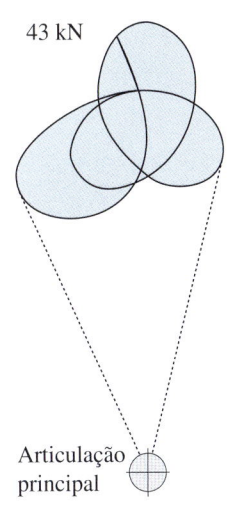

43 kN

Articulação principal

(a) Desbalanceado

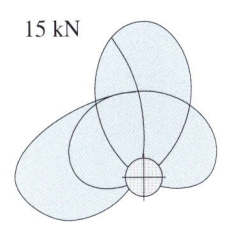

15 kN

(b) Balanceamento exato

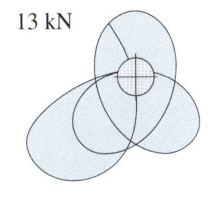

13 kN

(c) Sobrebalanceado

FIGURA 13-26

Força no pino principal a 3 400 rpm com diferentes estados de balanceamento da manivela, apresentados em mesma escala.

*Ver nota na próxima página.

TABELA 13-3 Efeito da massa de balanceamento da manivela na força vibratória e na força no eixo principal

Modo de balanceamento	Magnitude de pico da força vibratória (N)			Magnitude de pico da força no eixo principal (N)		
	Ociosa	Meio-termo	No limite	Ociosa	Meio-termo	No limite
Desbalanceamento	2 393	43 192	134 510	15 484	43 192	134 910
Balanceamento exato	823	14 870	46 315	18 215	14 870	46 315
Sobrebalanceamento	17	7 491	23 335	16 347	12 758	26 182

13.11 RECOMENDAÇÕES E RAZÕES DE PROJETO

No projeto de qualquer sistema ou dispositivo, por mais simples que seja, haverá sempre conflito de demandas, requerimentos ou vontades que devem ser endereçados para atingir o melhor ajuste de projeto. Este motor monocilíndrico não é exceção. Existem duas razões de projeto adimensionais que podem ser usadas para caracterizar, de modo geral, o comportamento dinâmico do motor. A primeira é a razão entre manivela e biela r/l, introduzida na Seção 13.2, ou o seu inverso, a **razão entre biela e manivela** l/r. A segunda é a **razão entre diâmetro do cilindro e curso** B/S.

A razão entre biela e manivela

A razão entre manivela e biela r/l aparece em todas as equações de aceleração, força e torque. Em geral, quanto menor a razão r/l, mais suave será a função de aceleração e, desse modo, todos os outros fatores que a aceleração influencia. O programa ENGINE (ver Apêndice A) usa o inverso dessa razão como parâmetro de entrada. A **razão entre biela e manivela** l/r deve ser maior que, aproximadamente, dois para obter ângulos de transmissão aceitáveis no mecanismo biela-manivela. O valor ideal para l/r, de um ponto de vista cinemático, seria infinito, pois resultaria em uma função de aceleração do pistão puramente harmônica. O segundo e todos os termos harmônicos subsequentes nas equações 13.3 seriam zero neste caso, e o valor de pico da aceleração seria mínimo. Entretanto, um motor desse tamanho não seria encapsulado tão facilmente, e sabemos que o tamanho da carcaça geralmente dita o valor máximo da razão l/r. A maioria dos motores terá uma razão l/r entre três e cinco que proporciona uma suavidade aceitável em motores razoavelmente pequenos.

A razão entre diâmetro do cilindro e curso

O diâmetro B do cilindro é essencialmente igual ao diâmetro do pistão. (Existe uma pequena folga.) O curso S é definido como a distância percorrida pelo pistão, de PMS a PMI, e é o dobro do raio da manivela, $S = 2r$. O diâmetro aparece na equação de força de potência (Equação 13.4) e, dessa forma, afeta o torque de potência. O raio da manivela aparece em toda equação. Um motor com razão B/S igual a 1 é referido como um motor "quadrado". Se B/S é maior que 1, ele é "superquadrado"; se menor, "subquadrado". A escolha dos projetistas quanto a essa razão pode ter efeitos significativos no comportamento dinâmico do motor. Supondo que o deslocamento, ou volume do cilindro V, do motor foi escolhido e deve se manter constante, esse deslocamento pode ser atingido por uma infinidade de combinações entre diâmetro do cilindro e curso, desde um pistão "panqueca" com um curso pequeno até um pistão tipo "lápis" com um curso bem longo.

$$V = \frac{\pi B^2}{4} S \qquad (13.25)$$

Aqui existe uma recomendação clássica de projeto entre B e S para um volume V constante. Um cilindro largo e um curso pequeno resultarão em grandes forças de potência que afetarão de forma adversa às forças na articulação. Um curso longo e um cilindro pequeno resultarão em grandes forças de inércia que afetarão as forças na articulação (assim como outras forças e torques) de forma adversa. Então, deve existir um valor ótimo para o valor da razão em cada caso, que minimizará esses efeitos adversos. A maioria dos motores de produção tem razão B/S entre 0,75 e 1,5.

É deixado, como exercício para o aluno, investigar os efeitos da variação das razões B/S e l/r nas forças e nos torques do sistema. O programa ENGINE irá demonstrar os efeitos das mudanças

---

* (Da página anterior) Sobrebalancear um motor de 4 cilindros em linha que utiliza oito massas de balanceamento (dois por cilindro, divididos em ambos os lados de cada curso da manivela) com 100% de $m_A R_A$ mais 50% de $m_B R_A$ por cilindro irá minimizar suas forças principais nos rolamentos. Se quatro contrapesos do virabrequim são usados (um por cilindro em um lado de cada curso da manivela em um arranjo particular), então a condição de balanceamento ótima para minimizar as forças principais nos rolamentos é 67% de $m_A R_A$ mais 33% de $m_B R_A$ por cilindro. *(Fonte: Chrysler Corp., comunicação pessoal.)*

feitas independentemente em cada uma dessas razões, enquanto todos os outros parâmetros são mantidos constantes. O aluno é encorajado a experimentar o programa para perceber o papel dessas razões em performances dinâmicas do motor.

Materiais

Haverá sempre recomendações entre resistência e peso. As forças neste dispositivo podem ser bem grandes, tanto devido à explosão quanto à inércia dos elementos em movimento. Gostaríamos de manter a massa desses elementos a menor possível, já que as acelerações geralmente são muito altas, como visto na Figura 13-8c. Mas os elementos devem ser fortes o suficiente para suportar as forças, sendo necessários materiais com boa razão resistência *versus* peso. Pistões geralmente são feitos de ligas de alumínio, tanto forjado quanto fundido. Bielas são frequentemente de ferro fundido dúctil ou aço fundido, exceto em motores muito pequenos (cortadores de grama, motosserras, motocicletas), onde geralmente são utilizadas ligas de alumínio. Alguns motores de alto desempenho (por exemplo, Acura NSX) possuem bielas de titânio. Virabrequins geralmente são feitos de aço fundido ou ferro fundido dúctil, e os pinos de pistão são feitos de tubos ou hastes de aço endurecido. Para mancais de deslizamento (bronzinas) geralmente é utilizada uma espécie de liga metálica leve e não ferrosa chamada babbitt. Esses elementos, em motores de quatro tempos, são lubrificados sob pressão com óleo bombeado através de passagens perfuradas no bloco, virabrequim e bielas. Em motores de dois tempos, o combustível carrega o lubrificante para essas partes. Blocos de motores são de ferro fundido ou liga de alumínio fundido. Os anéis de aço banhado em cromo do pistão vedam e resistem bem ao desgaste contra o ferro fundido dos cilindros. A maioria dos blocos de alumínio é fabricada com revestimento de ferro fundido em volta dos cilindros. Alguns não possuem camadas e são feitos de uma liga de alumínio de alto-silício, que é especialmente resfriado após ser fundido para precipitar o silício duro nas paredes do cilindro, aumentando a resistência ao desgaste.

13.12 BIBLIOGRAFIA

1 **Heywood, J. B.** (1988). *Internal Combustion Engine Fundamentals.* McGraw-Hill: New York.

2 **Taylor, C. F.** (1966). *The Internal Combustion Engine in Theory and Practice.* MIT Press: Cambridge, MA.

3 **Heisler, H.** (1999). *Vehicle and Engine Technology, 2ed.* SAE: Warrendale, PA.

13.13 PROBLEMAS

*** 13-1 Um mecanismo biela-manivela tem: $r = 76{,}2$ e $l = 304{,}8$ mm, $\omega = 200$ rad/s no instante $t = 0$. O ângulo inicial da manivela é zero. Calcule a aceleração do pistão para $t = 1$ s. Utilize dois métodos, a solução exata e a aproximação pelas séries de Fourier, e compare os resultados.

** 13-2 Repita o Problema 13-1 para $r = 101{,}6$, $l = 381$ mm e $t = 0{,}9$ s.

*** 13-3 Um mecanismo biela-manivela tem: $r = 76{,}2$ e $l = 304{,}8$ mm e um cilindro com $B = 50{,}8$ mm. O pico da pressão de gás no cilindro ocorre quando o ângulo da manivela é igual a 10° e vale 6,895 MPa. Calcule a força de potência e o torque de potência para essa posição.

** 13-4 Um mecanismo biela-manivela tem: $r = 101{,}6$ e $l = 381$ mm e um cilindro com $B = 76{,}2$ mm. O pico da pressão de gás no cilindro ocorre quando o ângulo da manivela é igual a 5° e vale 4,127 MPa. Calcule a força de potência e o torque de potência para essa posição.

*** 13-5 Repita o Problema 13-3 utilizando o método exato de cálculo do torque de potência e compare seu resultado com o obtido pela Equação de aproximação 13.8b. Qual é a % de erro?

TABELA P13-0
Matriz de tópicos/problemas

13.2 Cinemática do mecanismo biela-manivela
13-1, 13-2, 13-34, 13-35, 13-36, 13-37

13.3 Força e torque de potência
13-3, 13-4, 13-5, 13-6, 13-38, 13-39, 13-40, 13-41, 13-42

13.4 Massas equivalentes
13-7, 13-8, 13-9, 13-10, 13-43, 13-44, 13-45, 13-46

13.6 Torques de inércia e vibratórios
13-11, 13-12, 13-13, 13-14, 13-47, 13-48, 13-49, 13-50

13.9 Forças na articulação de um motor monocilíndrico
13-15, 13-16, 13-17, 13-18, 13-23, 13-24, 13-25, 13-26, 13-27, 13-28, 13-33, 13-51, 13-52, 13-53, 13-54

13.10 Balanceando um motor monocilíndrico
13-19, 13-20, 13-21, 13-22, 13-29, 13-30, 13-31, 13-32, 13-55, 13-56, 13-57, 13-58

* Respostas no Apêndice F.

** Esses problemas podem ser solucionados utilizando programas de resolução de equações como *Mathcad*, *Matlab* ou *TKSolver*.

13-6 Repita o Problema 13-4 utilizando o método exato de cálculo do torque de potência e compare seu resultado com o obtido pela Equação de aproximação 13.8b. Qual é a % de erro?

13-7 Uma biela de comprimento $l = 304{,}8$ mm tem uma massa $m_3 = 3{,}50$ kg. Seu momento de inércia de massa é 0,070 kg-m². Seu CG está localizado a $0{,}4\,l$ do pino da manivela, ponto A.
  a. Calcule um modelo dinâmico exato utilizando duas massas concentradas, uma no pino do pistão, ponto B, e uma em qualquer outro ponto requerido. Defina as massas concentradas e suas localizações.
  b. Calcule um modelo dinâmico aproximado utilizando duas massas concentradas, uma no pino do pistão, ponto B, e uma no pino da manivela, ponto A. Defina as massas concentradas e suas localizações.
  c. Calcule o erro do momento de inércia de massa do modelo aproximado como uma porcentagem do momento de inércia de massa original.

13-8 Repita o Problema 13-7 para esses dados: $l = 381$ mm, massa $m_3 = 4{,}738$ kg, momento de inércia de massa igual a 0,115 kg-m². Seu CG está localizado a $0{,}25\,l$ do pino da manivela, ponto A.

13-9 Uma manivela de comprimento $r = 88{,}9$ mm tem massa $m_2 = 10{,}51$ kg. Seu momento de inércia de massa sobre seu pivô é 0,0339 kg-m². Seu CG está a $0{,}30\,r$ do pino principal, ponto O_2. Calcule um modelo dinâmico, de duas massas concentradas, estaticamente equivalente com as massas localizadas no pino principal e no pino da manivela. Qual a porcentagem de erro no modelo de momento de inércia sobre o pivô da manivela?

13-10 Repita o Problema 13-9 para um comprimento de manivela $r = 101{,}6$ mm, uma massa $m_2 = 8{,}756$ kg, um momento de inércia de massa sobre seu pivô de 0,0452 kg-m². Seu CG está localizado a $0{,}40\,r$ do pino principal, ponto O_2.

13-11 Combine os dados dos problemas 13-7 e 13-9. Movimente o mecanismo a uma velocidade constante de 2 000 rpm. Calcule a força de inércia e o torque de inércia para $\omega t = 45°$. Massa do pistão = 2,1 kg.

13-12 Combine os dados dos problemas 13-7 e 13-10. Movimente o mecanismo a uma velocidade constante de 3 000 rpm. Calcule a força de inércia e o torque de inércia para $\omega t = 30°$. Massa do pistão = 3,327 kg.

13-13 Combine os dados dos problemas 13-8 e 13-9. Movimente o mecanismo a uma velocidade constante de 2 500 rpm. Calcule a força de inércia e o torque de inércia para $\omega t = 24°$. Massa do pistão = 4,028 kg.

13-14 Combine os dados dos problemas 13-8 e 13-10. Movimente o mecanismo a uma velocidade constante de 4 000 rpm. Calcule a força de inércia e o torque de inércia para $\omega t = 18°$. Massa do pistão = 2,627 kg.

13-15 Combine os dados dos problemas 13-7 e 13-9. Movimente o mecanismo a uma velocidade constante de 2 000 rpm. Calcule as forças na articulação para $\omega t = 45°$. Massa do pistão = 3,853 kg. $F_g = 1\,334$ N.

13-16 Combine os dados dos problemas 13-7 e 13-10. Movimente o mecanismo a uma velocidade constante de 3 000 rpm. Calcule as forças na articulação para $\omega t = 30°$. Massa do pistão = 3,327 kg. $F_g = 2\,669$ N.

13-17 Combine os dados dos problemas 13-8 e 13-9. Movimente o mecanismo a uma velocidade constante de 4 000 rpm. Calcule as forças na articulação para $\omega t = 24°$. Massa do pistão = 5,604 kg. $F_g = 4\,003$ N.

13-18 Combine os dados dos problemas 13-8 e 13-10. Movimente o mecanismo a uma velocidade constante de 4 000 rpm. Calcule as forças na articulação para $\omega t = 18°$. Massa do pistão = 2,452 kg. $F_g = 5\,338$ N.

13-19 Usando os dados do Problema 13-11:
  a. Faça o balanceamento exato da manivela e recalcule a força de inércia.

---

* Respostas no Apêndice F.

** Esses problemas podem ser solucionados utilizando programas de resolução de equações como *Mathcad*, *Matlab* ou *TKSolver*.

*** Esses problemas podem ser solucionados utilizando o programa ENGINE (ver Apêndice A).

DINÂMICA DE MOTORES

** *** 13-20 Repita o Problema 13-19 utilizando os dados do Problema 13-12.

** *** 13-21 Repita o Problema 13-19 utilizando os dados do Problema 13-13.

** *** 13-22 Repita o Problema 13-19 utilizando os dados do Problema 13-14.

** 13-23 Combine as equações necessárias para desenvolver expressões que mostrem como cada um desses parâmetros dinâmicos varia exclusivamente como uma função da razão entre manivela e biela:
   a. Aceleração do pistão
   b. Força de inércia
   c. Torque de inércia
   d. Forças na articulação

Trace o gráfico das funções. Verifique suas conclusões com o programa ENGINE (ver Apêndice A).

Dica: *Considere todos os outros parâmetros temporariamente como constantes. Escolha o ângulo da manivela para algum valor em que a força de potência seja diferente de zero.*

** 13-24 Combine as equações necessárias para desenvolver expressões que mostrem como cada um desses parâmetros dinâmicos varia exclusivamente como uma função da razão entre diâmetro e curso:
   a. Força de potência
   b. Torque de potência
   c. Força de inércia
   d. Torque de inércia
   e. Forças na articulação

Trace o gráfico das funções. Verifique suas conclusões com o programa ENGINE.

Dica: *Considere todos os outros parâmetros temporariamente como constantes. Escolha o ângulo da manivela para algum valor em que a força de potência seja diferente de zero.*

** 13-25 Desenvolva uma expressão para determinar a ótima razão entre diâmetro e curso para reduzir a força na articulação do pistão. Trace o gráfico da função.

** *** 13-26 Use o programa ENGINE, seu próprio programa de computador ou um solucionador de equações para calcular o valor máximo e a forma do gráfico polar da força no pino principal de um motor monocilíndrico com 16 cc e um diâmetro = 29,135 mm para as seguintes situações:
   a. Massa do pistão, da biela e da manivela = 0.
   b. Massa do pistão = 1 kg, massa da biela e da manivela = 0.
   c. Massa da biela = 1 kg, massa do pistão e da manivela = 0.
   d. Massa da manivela = 1 kg, massa do pistão e da biela = 0.

Coloque o *CG* da manivela a 0,5 *r*, e a biela a 0,33 *l*. Compare e explique as diferenças da força no eixo principal sob essas diversas condições com referência às equações governantes.

** 13-27 Repita o Problema 13-26 para o pino da manivela.

** 13-28 Repita o Problema 13-26 para o pino do pistão.

** *** 13-29 Use o programa ENGINE, seu próprio programa de computador ou um solucionador de equações para calcular o valor máximo e a forma do gráfico polar da força no pino principal de um motor monocilíndrico com 16 cc e um diâmetro = 29,135 mm para as seguintes situações:
   a. Motor desbalanceado.
   b. Manivela exatamente balanceada contra massa no pino da manivela.
   c. Manivela sobrebalanceada de forma ótima contra massas no pino da manivela e no pino do pistão.

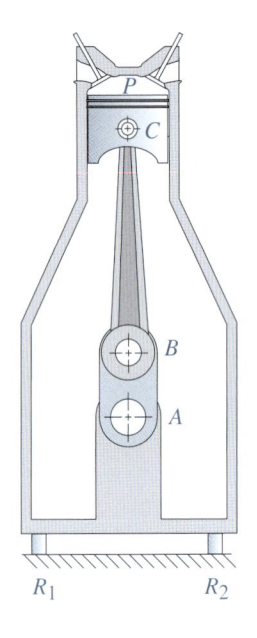

Massa do pistão, da biela e da manivela = 1. Coloque o CG da manivela a 0,5 r, e a biela a 0,33 *l*. Compare e explique as diferenças da força no eixo principal sob essas diversas condições com referência às equações governantes.

** *** 13-30 Repita o Problema 13-29 para a força na articulação da manivela.
** *** 13-31 Repita o Problema 13-29 para a força na articulação do pistão.
** *** 13-32 Repita o Problema 13-29 para a força vibratória.
** 13-33 A Figura P13-1 mostra um compressor de ar monocilíndrico parado no ponto morto superior (PMS). Há uma pressão estática $P = 0,689$ MPa presa no cilindro de 76,2 mm de diâmetro. O conjunto inteiro pesa 133 N. Desenhe os diagramas de corpo livre necessários para determinar as forças nos pontos A, B, C, e os suportes R_1 e R_2, que estão simetricamente localizados em volta da linha de centro do pistão. Suponha que o pistão permanece estacionário.
** 13-34 Calcule e trace os gráficos de posição, aceleração e velocidade de um mecanismo biela-manivela com $r = 76,2$ mm, $l = 304,8$ mm e $\omega = 200$ rad/s em um ciclo utilizando a solução exata e a solução aproximada pelas séries de Fourier. Calcule e trace o gráfico, também, da diferença percentual entre as soluções exata e aproximada para a aceleração.
** 13-35 Repita o Problema 13-34 para $r = 76,2$ mm, $l = 381$ mm e $\omega = 100$ rad/s.

FIGURA P13-1
Problema 13-33.

13.14 PROJETOS

Estes são problemas de projetos vagamente estruturados cujas soluções devem ser obtidas utilizando o programa ENGINE (ver Apêndice A). Todos envolvem o projeto de um motor monocilíndrico e diferem somente nos dados específicos para o motor. O enunciado geral dos problemas é:

Projete um motor monocilíndrico para o deslocamento e ciclo de tempo especificados. Otimize as razões biela-manivela e diâmetro – curso para diminuir as forças vibratórias, o torque vibratório e as forças na articulação, considerando também o tamanho do bloco. Projete o formato dos seus elos e calcule parâmetros dinâmicos reais (massa, localização do CG, momento de inércia) para esses elos utilizando os métodos mostrados no Capítulo 10 e Seção 11.13. Esboce dinamicamente os elos como descrito neste capítulo. Balanceie ou sobrebalanceie o mecanismo conforme for necessário para alcançar os resultados desejados. O comportamento suave do torque total é desejado. Projete e dimensione um volante de inércia de peso mínimo pelo método da Seção 11.11 para suavizar o torque total. Escreva um relatório de engenharia sobre seu projeto.

P13-1 Motor de dois tempos com cilindrada igual a 0,125 litro.
P13-2 Motor de quatro tempos com cilindrada igual a 0,125 litro.
P13-3 Motor de dois tempos com cilindrada igual a 0,25 litro.
P13-4 Motor de quatro tempos com cilindrada igual a 0,25 litro.
P13-5 Motor de dois tempos com cilindrada igual a 0,50 litro.
P13-6 Motor de quatro tempos com cilindrada igual a 0,50 litro.
P13-7 Motor de dois tempos com cilindrada igual a 0,75 litro.
P13-8 Motor de quatro tempos com cilindrada igual a 0,75 litro.

** Esses problemas podem ser solucionados utilizando programas de resolução de equações como *Mathcad*, *Matlab* ou *TKSolver*.

*** Esses problemas podem ser solucionados utilizando o programa ENGINE (ver Apêndice A).

Capítulo 14

MOTORES MULTICILÍNDRICOS

*Dê uma boa olhada no motor,
é um deleite para os olhos.*
MACKNIGHT BLACK

14.0 INTRODUÇÃO

O capítulo anterior abordou o projeto de um mecanismo biela-manivela como o utilizado em um motor monocilíndrico de combustão interna e bombas a pistão. Agora expandiremos o projeto para configurações com multicilíndricos. Alguns problemas decorrentes de forças e torques vibratórios podem ser amenizados por combinações apropriadas de múltiplos mecanismos biela-manivela em um mesmo virabrequim. O programa ENGINE (ver Apêndice A), calculará as equações originadas neste capítulo e permitirá que o aluno exercite muitas variações do projeto de motores em um curto espaço de tempo. Alguns exemplos são fornecidos como arquivos para serem executados pelo programa. Estes são citados durante o capítulo. O aluno é encorajado a estudar esses exemplos com o programa ENGINE para que possa desenvolver um entendimento das minúcias deste assunto. Consulte o Apêndice A para mais informações.

Como no caso do motor monocilíndrico, não vamos detalhar aspectos termodinâmicos do motor de combustão interna além da definição das forças de combustão necessárias para mover o dispositivo apresentado no capítulo anterior. Vamos nos concentrar em aspectos dinâmicos cinemáticos e mecânicos do motor. Não é nossa intenção tornar o aluno um "projetista de motores", mas tão somente aplicar princípios dinâmicos a um problema realista de projeto de interesse geral e transmitir o fascínio e a complexidade envolvidos no projeto de um dispositivo mais complexo em termos de dinâmica do que um motor monocilíndrico.

686 CINEMÁTICA E DINÂMICA DOS MECANISMOS CAPÍTULO 14

(a) Quatro cilindros opostos

(b) Seis cilindros em V

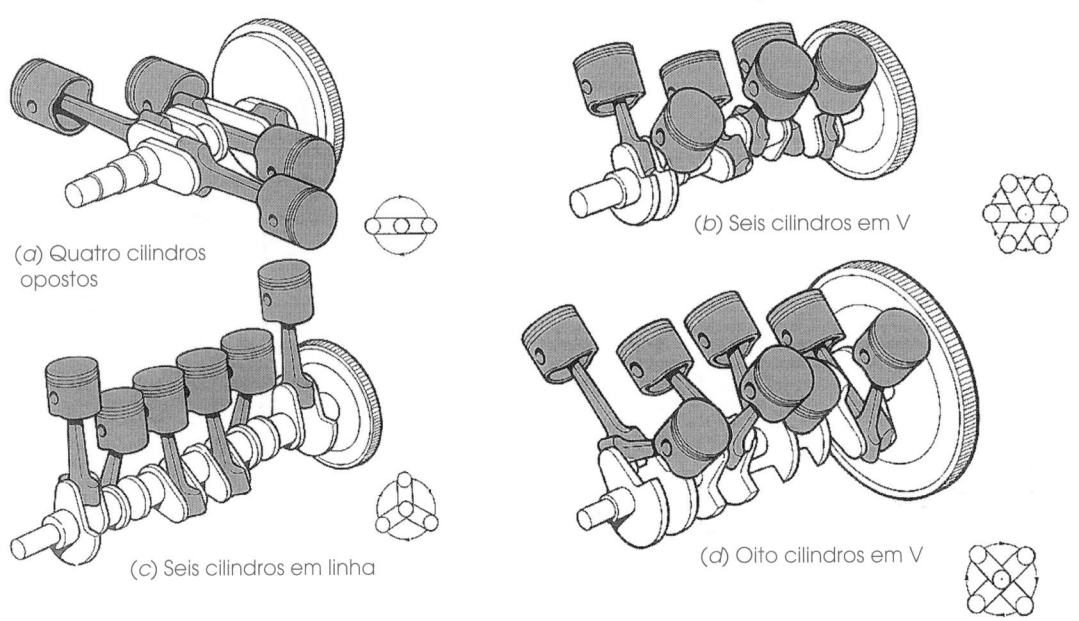

(c) Seis cilindros em linha

(d) Oito cilindros em V

FIGURA 14-1
Várias configurações de motores multicilíndricos. *Copyright Eaglemoss Publications/Car Care Magazine. Reimpressão com autorização.*

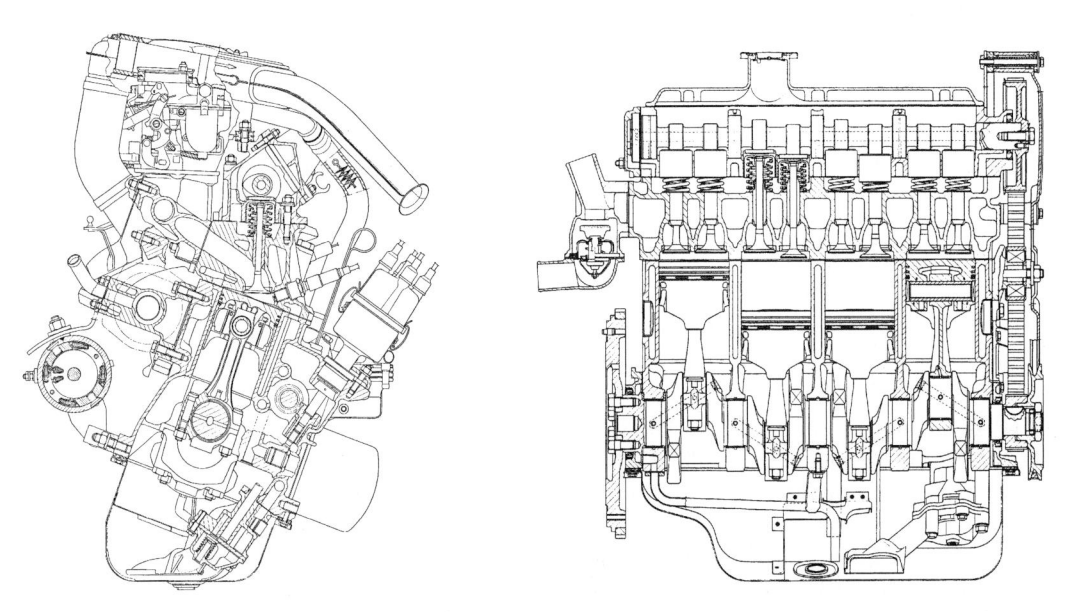

FIGURA 14-2
Vistas em corte de um motor de quatro tempos e quatro cilindros em linha. *Cortesia de FIAT Corporation, Itália.*

FIGURA 14-3

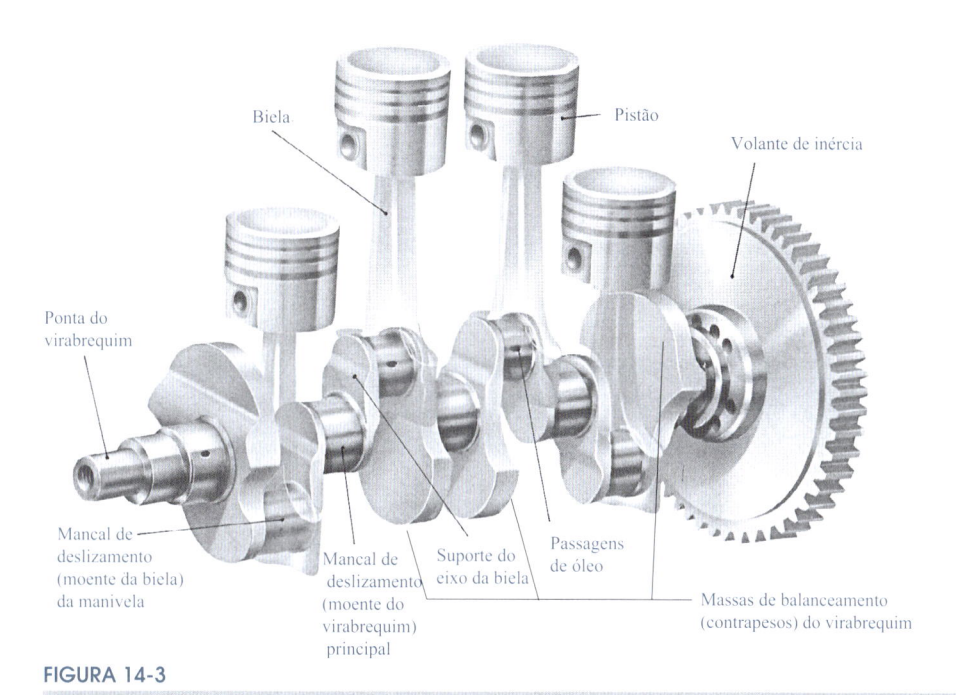

Virabrequim de um motor de quatro cilindros em linha com pistões, bielas e volante de inércia.
Copyright Eaglemoss Publications/Car Care Magazine. Reimpressão com autorização.

14.1 PROJETO DE MOTORES MULTICILÍNDRICOS

Motores multicilíndricos são projetados com uma grande variedade de configurações, desde a simples montagem em linha até a montagem em V, a montagem oposta e a radial, algumas das quais são mostradas na Figura 14-1. Essas montagens podem utilizar quaisquer ciclos de combustão discutidos no Capítulo 13, Clerk, Otto ou diesel.

MOTORES EM LINHA A montagem mais comum e mais simples é a montagem do motor em linha, com todos os cilindros em um plano comum, como mostrado na Figura 14-2. É muito comum a montagem de **motores em linha** com dois*, três*, quatro, cinco ou seis cilindros. Cada cilindro possui um mecanismo biela-manivela individual, constituído por uma manivela, uma biela e um pistão. As manivelas são todas conectadas a um **virabrequim (árvore de manivelas)**, como mostrado na Figura 14-3. Cada manivela dos cilindros no virabrequim é referenciada como um **moente da árvore de manivela**. Estes moentes da árvore de manivelas serão posicionados com uma relação de **ângulo de fase** entre eles, para que os movimentos dos pistões sejam sincronizados. Deve ser evidente, da discussão das forças vibratórias e balanceamento no capítulo anterior, que os pistões precisam possuir movimentos opostos entre eles para que as forças de inércia recíprocas geradas por esses movimentos sejam anuladas. A relação ótima do ângulo de fase entre os moentes da árvore de manivelas pode variar dependendo do número de cilindros e do ciclo de combustão do motor. Geralmente haverá uma (ou um pequeno número de) disposição viável dos moentes da árvore de manivelas para uma certa configuração do motor para que o objetivo seja atingido. O motor da Figura 14-2 é um motor de quatro tempos e quatro cilindros em linha com suas manivelas em ângulos de fase de 0, 180, 180 e 0°, que, em breve, veremos ângulos ótimos para este tipo de motor. A Figura 14-3 mostra o virabrequim, bielas e pistões do mesmo motor mostrado na Figura 14-2.

* Usado principalmente em motocicletas e barcos.

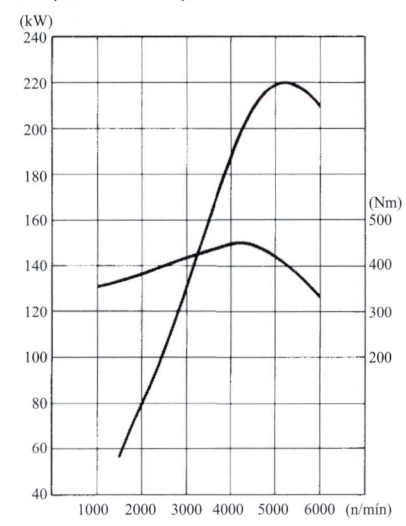

688 CINEMÁTICA E DINÂMICA DOS MECANISMOS CAPÍTULO 14

FIGURA 14-4

Vista transversal de um motor BMW de 5 litros V-12 e suas curvas de potência e torque. *Cortesia da BMW of North America Inc.*

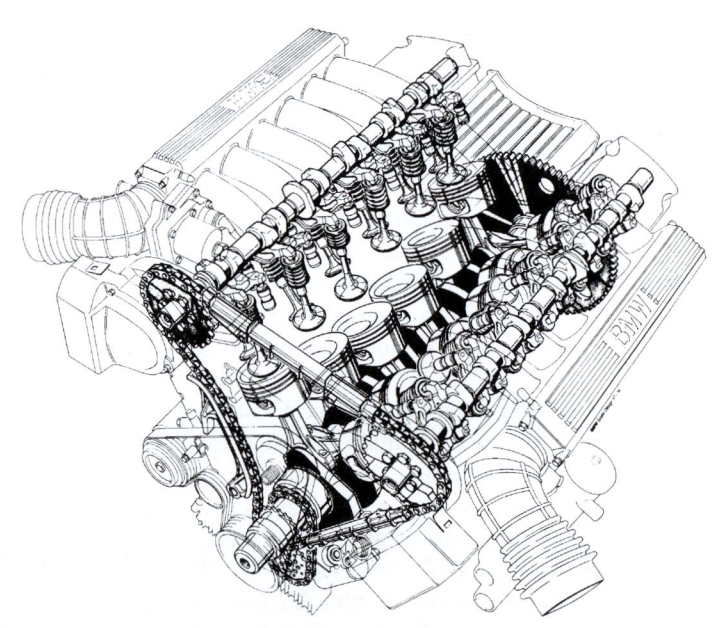

FIGURA 14-5

Vista em corte de um motor BMW de 5 litros V-12. *Cortesia da BMW of North America Inc.*

MOTORES MULTICILÍNDRICOS

Motores em V São produzidos em versões com dois*, quatro*, seis, oito, dez** e doze*** cilindros, sendo as configurações mais comuns as dos motores V-6 e V-8. A Figura 14-4 mostra uma vista transversal e a Figura 14-5 mostra uma perspectiva em corte de um motor V-12 a 60°. **Motores em V** podem ser pensados como *dois motores em linha unidos em um mesmo virabrequim*. As duas partes "em linha", ou **bancos**, são dispostas com um **ângulo V** entre elas. A Figura 14-1d mostra um motor V-8. Seus moentes estão a 0, 90, 270 e 180°, respectivamente. O ângulo V de um motor V-8 é de 90°. As disposições geométricas do virabrequim (ângulos de fase) e dos cilindros (ângulo V) possuem um efeito significativo nas condições da dinâmica do motor. Em breve exploraremos essas relações detalhadamente.

Motores com cilindros opostos São essencialmente motores em V com seu ângulo igual a 180°. Os pistões em cada banco estão em lados opostos do virabrequim, como mostrado na Figura 14-6. Essa disposição promove o cancelamento das forças inerciais e é bastante utilizada em motores de aeronaves,§ bem como em motores de automóveis.‖

Motores radiais Possuem seus cilindros posicionados radialmente ao longo do virabrequim quase em um mesmo plano. Essas configurações eram comuns em aeronaves durante a Segunda Guerra Mundial, pois possibilitavam grande deslocamento e, portanto, alta potência, em um formato compacto que se adequava ao da aeronave. Tipicamente refrigerado a ar, o posicionamento dos cilindros permitia boa exposição de todos os cilindros ao fluxo de ar. As versões maiores possuíam múltiplas fileiras de cilindros radiais, deslocados rotacionalmente de forma a permitir que o ar de arrefecimento chegasse aos cilindros das fileiras mais distantes. As turbinas a gás tornaram esse tipo de motor obsoleto.

Motores rotativos (Figura 14-7) Eram uma interessante variação do motor radial das aeronaves e foram utilizados nos aviões da Primeira Guerra Mundial.Δ Apesar de possuírem aparência e disposição dos cilindros similares às do motor radial, a diferença era que o **virabrequim** era o plano terra estacionário. O propulsor (hélice) era fixado ao cárter (bloco do motor), que rotacionava em torno do virabrequim estacionário! É uma inversão cinemática do mecanismo biela-manivela. (Ver Figura 2-15b.) Uma vantagem é que o centro de massa do pistão pode ficar em rotação pura e, portanto, não transmite nenhuma vibração ao conjunto. Todas as sete bielas e pistões estão no mesmo plano. Uma biela (a biela "mãe") está pivotada no pino da manivela e movimenta seis bielas "filhas", como no motor radial. Pelo menos, esse motor não necessitava do volante de inércia.

---

* Principalmente motocicletas e barcos.

** Honda, Chrysler, Ford, Porsche.

*** BMW, Jaguar, Mercedes.

§ Motor de aeronaves de seis cilindros da Continental.

‖ Fusca Original VW de quatro cilindros, Subaru quatro cilindros, motocicletas Honda de seis cilindros, Ferrari doze cilindros, Porsche seis cilindros, o já inexistente Corvair de seis cilindros e o efêmero Tucker (Continental) de seis cilindros que sobrevive pouco tempo, entre outros.

Δ A lubrificação nos motores rotativos era um problema. A chamada "perda de lubrificação" era utilizada, significando que o lubrificante (óleo de rícino) passava pelo motor e saía pelo exaustor. Isso limitava o tempo que o piloto podia permanecer em sua cabine aberta inalando os gases de escape. A popular echarpe de seda desses pilotos não era utilizada para aquecimento, mas posicionada sobre a boca e nariz para reduzir a inalação de óleo de rícino, que é laxativo.

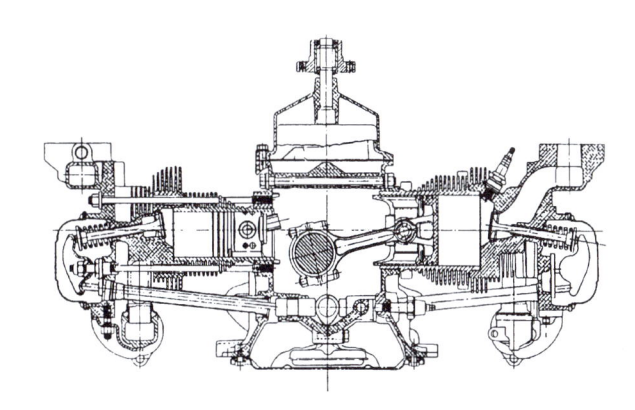

FIGURA 14-6

Motor do Chevrolet Corvair com seis cilindros horizontalmente opostos. *Cortesia de Chevrolet Division, General Motors Corp.*

FIGURA 14-7

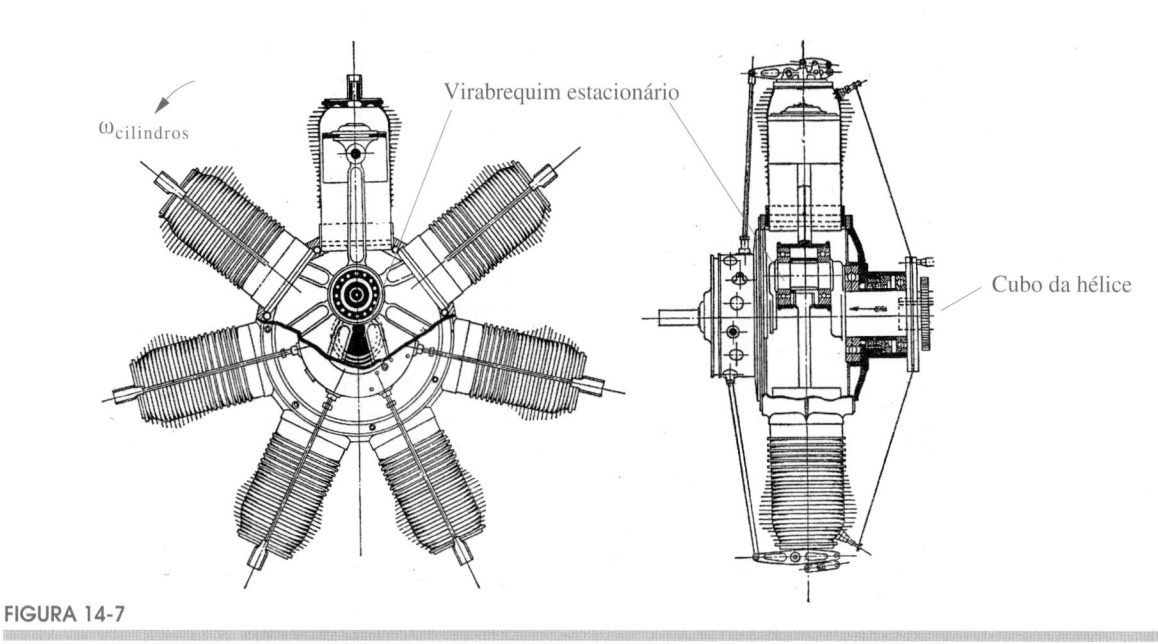

Motor rotativo tipo Gnome (por volta de 1915). Note as múltiplas bielas conectadas ao pino de manivela único estacionário.[1]

Muitas outras configurações de motores foram testadas ao longo do século para o desenvolvimento deste dispositivo tão utilizado. A bibliografia ao fim do capítulo contém algumas referências que descrevem outros modelos de motores, os usuais, não usuais e exóticos. Iniciaremos nosso estudo detalhado do projeto de motores multicilíndricos com a configuração mais simples, a do motor em linha, e então prosseguiremos para as versões em V e com cilindros opostos.

14.2 DIAGRAMA DE FASES DA MANIVELA

A disposição dos moentes das manivelas no virabrequim é fundamental para o projeto de um motor multicilíndrico (ou bomba a pistão). Vamos usar um motor de quatro cilindros em linha como exemplo. Existem várias possibilidades para ângulos de fase da manivela em um motor de quatro cilindros. Começaremos, por exemplo, com a que parece mais óbvia do ponto de vista do senso comum. Existem 360° em qualquer virabrequim. Temos quatro cilindros, então parece mais apropriado usarmos ângulos de 0°, 90°, 180° e 270°. O **ângulo de fase delta** $\Delta\phi$ entre moentes é igual a 90°. Em geral, para que haja o máximo cancelamento de forças de inércia, as quais possuem o período de uma revolução, o ângulo de fase delta ótimo será

$$\Delta\phi_{\text{inércia}} = \frac{360°}{n} \qquad (14.1)$$

em que n é o número de cilindros.

Devemos estabelecer algumas convenções para realizarmos as medidas desses ângulos de fase, as quais serão:

1 O primeiro cilindro (frontal) será o número 1, e seu ângulo de fase será sempre zero. Este é o cilindro de referência para todos os outros.

2 Os ângulos de fase de todos os outros cilindros serão medidos em relação ao moente da árvore de manivelas do cilindro 1.

3 Ângulos de fase serão medidos internamente ao virabrequim, isto é, em relação a um sistema de coordenadas rotacionável fixado no primeiro moente da árvore de manivelas.

4 Os cilindros serão numerados consecutivamente da região frontal à posterior do motor.

Os ângulos de fase são definidos em um **diagrama de fases da manivela**, como mostrado na Figura 14-8a, para um motor de quatro cilindros em linha. A Figura 14-8a mostra o virabrequim com seus moentes numerados no sentido horário em torno de seu eixo. O eixo rotaciona no sentido anti-horário. Os pistões oscilam horizontalmente neste diagrama, ao longo do eixo x. O cilindro 1 é mostrado com seu pistão no ponto morto superior (PMS). Tomando esta posição como ponto de partida para as abscissas (portanto, instante zero) na Figura 14-8b, traçamos o gráfico da velocidade de cada pistão para duas revoluções da manivela (para acomodar um ciclo completo do motor de quatro tempos). O pistão 2 chega ao PMS 90° depois que o pistão 1 o deixou. Portanto, dizemos que o cilindro 2 está defasado 90° em relação ao cilindro 1. Por convenção, um *evento defasado é definido por possuir um ângulo de fase negativo*, mostrado pela numeração no sentido horário dos moentes da árvore de manivelas. O gráfico das velocidades mostra claramente que cada cilindro chega ao PMS (velocidade igual a zero) 90° após o cilindro anterior. As velocidades negativas nos gráficos da Figura 14-8b indicam movimento do pistão para a esquerda (descida do pistão) na Figura 14-8a; velocidades positivas indicam movimento para a direita (subida do pistão).

Para a discussão deste capítulo vamos supor rotação no sentido anti-horário de todos os virabrequins, e todos os ângulos de fase serão consequentemente negativos. Entretanto, omitiremos os sinais negativos na listagem dos ângulos de fase, já que eles seguem esta convenção.

A Figura 14-8 mostra a sincronia dos eventos no ciclo e é um auxílio necessário e útil para o projeto de virabrequins. Contudo, não é necessário ter o trabalho de desenhar as formas senoidais dos gráficos das velocidades para obter as informações necessárias. Tudo que é necessário é a indicação esquemática das posições relativas dentro do ciclo, das subidas e descidas dos vários cilindros. Essa mesma informação é fornecida pelo diagrama simplificado de fase da manivela mostrado na Figura 14-9. Nessa figura, os movimentos dos pistões são representados por blocos retangulares com um bloco negativo usado arbitrariamente para representar a descida do pistão e um positivo para denotar a subida dele. Isso é estritamente esquemático. Os valores positivos e negativos dos blocos implicam nada mais do que o estabelecido. Cada diagrama de fases esquemático pode (e deve) ser desenhado para qualquer disposição proposta de ângulos de fase de virabrequins. Para desenhá-lo, simplesmente desloque cada bloco de cilindro para a direita por seu ângulo de fase em relação ao primeiro cilindro.

14.3 FORÇAS VIBRATÓRIAS EM MOTORES EM LINHA

Queremos determinar as forças vibratórias gerais que resultam da disposição dos ângulos de fase escolhida para o virabrequim. Cada cilindro vai contribuir para a força vibratória total. Podemos sobrepor seus efeitos, levando suas alterações de fase em consideração. A Equação 13.14e define a força vibratória para um cilindro com o virabrequim rotacionando com ω constante.

para $\alpha = 0$:

$$\mathbf{F_s} \cong \left[m_A r\omega^2 \cos\omega t + m_B r\omega^2 \left(\cos\omega t + \frac{r}{l}\cos 2\omega t \right) \right] \hat{\mathbf{i}} + \left[m_A r\omega^2 \operatorname{sen}\omega t \right] \hat{\mathbf{j}} \qquad (14.2a)$$

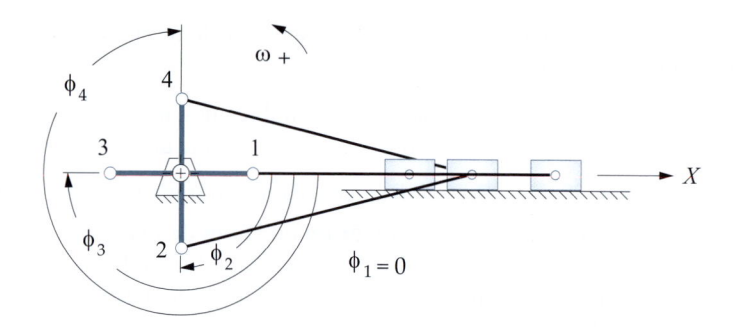

(a) Ângulos de fase de um virabrequim

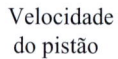

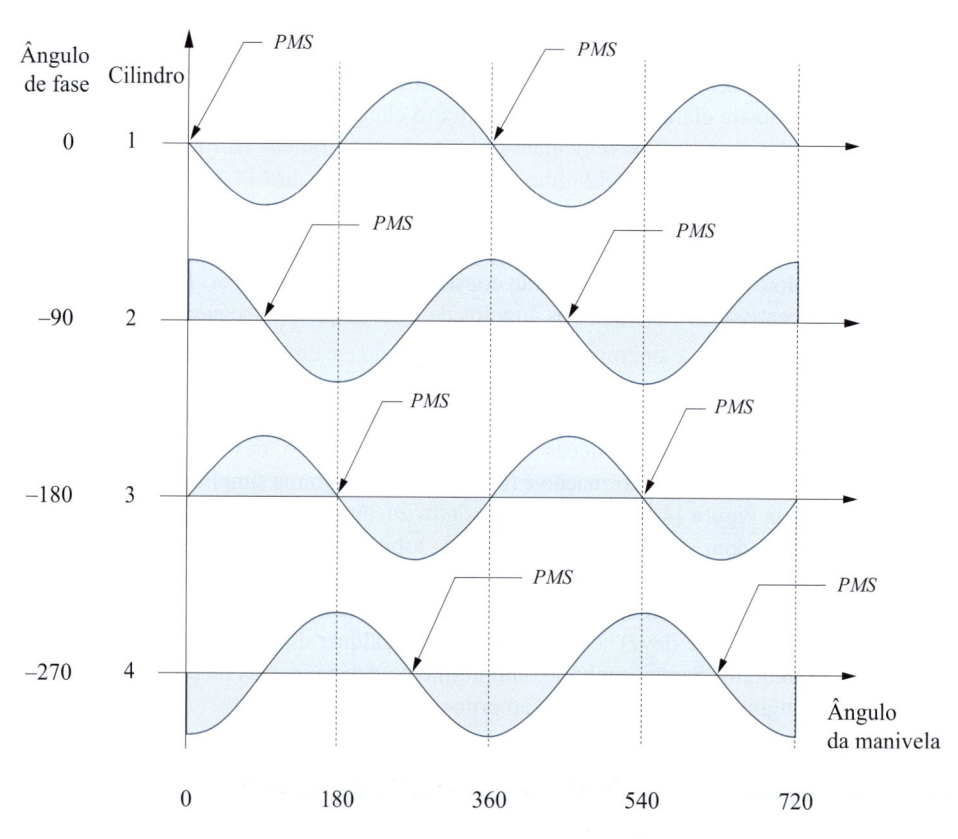

(b) Diagrama de fases da manivela

FIGURA 14-8

Ângulos de fase do virabrequim e diagrama de fases da manivela.

MOTORES MULTICILÍNDRICOS

FIGURA 14-9

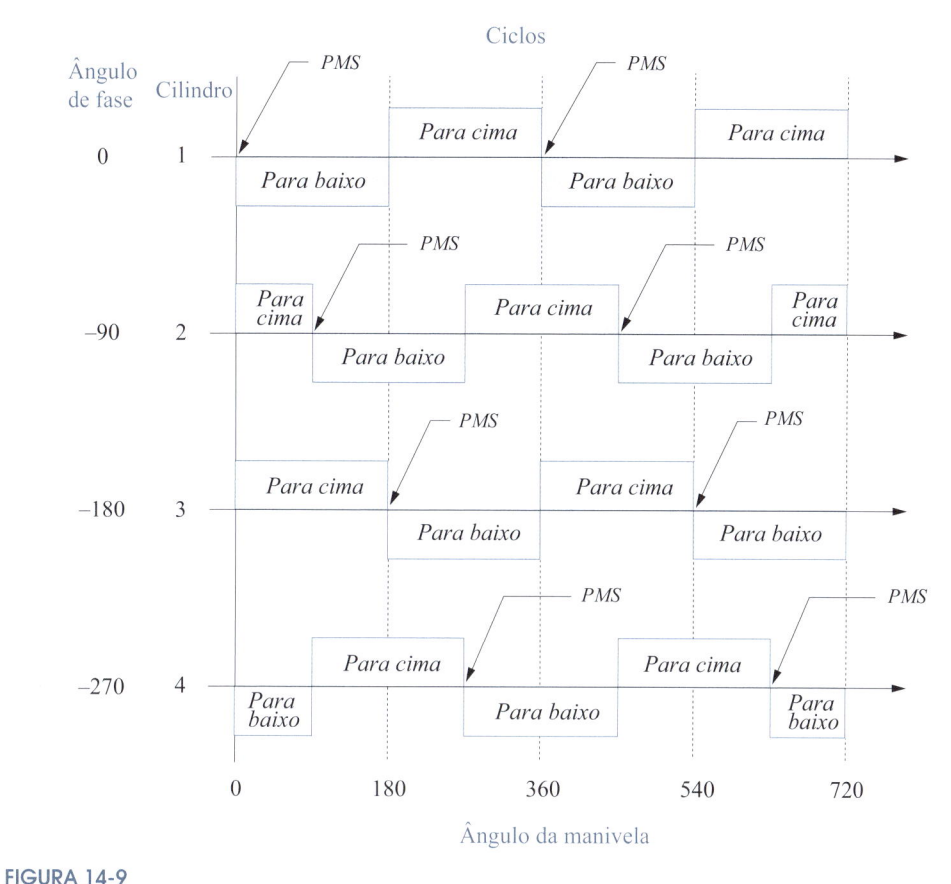

Diagrama esquemático de fases da manivela.

Esta expressão se aplica às manivelas desbalanceadas. Em motores multicilíndricos, cada moente da árvore de manivelas no virabrequim possui um contrapeso para eliminar os efeitos das forças vibratórias das massas combinadas m_A da manivela e biela, concentradas no pino da manivela. (Ver Seção 13.10 e a Equação 13.24.) A necessidade de sobrebalancear será menor se os ângulos de fase do virabrequim forem posicionados de forma a cancelar os efeitos das massas recíprocas nos pinos do pistão. Este balanceamento inerente é possível em motores de três ou mais cilindros em linha, mas não em motores de dois cilindros em linha. Algumas vezes, os moentes da árvore de manivelas em motores multicilíndricos balanceados dessa maneira são também sobrebalanceadas de modo a reduzir as forças nos mancais do pino principal, como descrito na Seção 13.10.*

Se fornecermos massas de balanceamento com um produto m_R igual a $m_A r_A$ para cada moente da árvore de manivelas, como mostrado na Figura 14-3, os termos da Equação 14.2a que incluem m_A serão eliminados, reduzindo a equação a

$$\mathbf{F_s} \cong m_B r \omega^2 \left(\cos\omega t + \frac{r}{l}\cos 2\omega t \right) \hat{\mathbf{i}} \qquad (14.2b)$$

Lembre-se de que estas são expressões aproximadas que excluem todos os termos harmônicos acima do segundo e também supõem que cada excentricidade de manivela está exatamente balanceada, não sobre nem sobrebalanceada.

* Um motor V-8 a 90° tipicamente possui uma massa de sobrebalanceamento de $m_B/2$ adicionada por moente da árvore de manivelas para reduzir as forças nos mancais do pino principal.

Vamos supor que todos os cilindros no motor estejam espaçados igualmente e que todos os pistões e bielas podem ser permutados entre si. Isso é desejável por duas razões: redução de custos e balanceamento dinâmico. Se deixarmos que o ângulo de manivela ωt represente a posição instantânea de moente da árvore de manivelas de referência para o cilindro 1, as posições correspondentes das outras manivelas podem ser definidas por seus ângulos de fase, como mostrado na Figura 14-8. Portanto, a força vibratória resultante para um motor multicilíndrico em linha é dado por*

$$\mathbf{F_s} \cong m_B r \omega^2 \sum_{i=1}^{n} \left[\cos(\omega t - \phi_i) + \frac{r}{l} \cos 2(\omega t - \phi_i) \right] \hat{\mathbf{i}} \qquad (14.2c)$$

em que n = número de cilindros e $\phi_1 = 0$. Substituindo a identidade:

$$\cos(a - b) = \cos a \cos b + \operatorname{sen} a \operatorname{sen} b$$

fatorando:

$$\mathbf{F_s} \cong m_B r \omega^2 \left[\begin{array}{c} \cos \omega t \sum_{i=1}^{n} \cos \phi_i + \operatorname{sen} \omega t \sum_{i=1}^{n} \operatorname{sen} \phi_i \\ + \frac{r}{l} \left(\cos 2\omega t \sum_{i=1}^{n} \cos 2\phi_i + \operatorname{sen} 2\omega t \sum_{i=1}^{n} \operatorname{sen} 2\phi_i \right) \end{array} \right] \hat{\mathbf{i}} \qquad (14.2d)$$

O valor ideal de forças vibratórias é zero. Esta expressão só pode resultar em zero para todos os valores de ωt se

$$\sum_{i=1}^{n} \cos \phi_i = 0 \qquad \sum_{i=1}^{n} \operatorname{sen} \phi_i = 0 \qquad (14.3a)$$

$$\sum_{i=1}^{n} \cos 2\phi_i = 0 \qquad \sum_{i=1}^{n} \operatorname{sen} 2\phi_i = 0 \qquad (14.3b)$$

Desse modo, existem algumas combinações para ângulos de fase ϕ_i que causarão o cancelamento das forças vibratórias por meio do segundo harmônico. Se desejarmos cancelar harmônicos superiores, podemos reintroduzir os termos desses harmônicos, truncados na representação da série de Fourier, e descobrir que o quarto e sexto harmônicos serão cancelados se

$$\sum_{i=1}^{n} \cos 4\phi_i = 0 \qquad \sum_{i=1}^{n} \operatorname{sen} 4\phi_i = 0 \qquad (14.3c)$$

$$\sum_{i=1}^{n} \cos 6\phi_i = 0 \qquad \sum_{i=1}^{n} \operatorname{sen} 6\phi_i = 0 \qquad (14.3d)$$

As Equações 14.3 fornecem informações importantes sobre o comportamento de forças vibratórias para o projeto de qualquer motor em linha. O programa ENGINE (ver Apêndice A) faz os cálculos das equações 14.3a e b e exibe uma tabela com seus valores. Note que **ambas as somas de seno e cosseno de qualquer múltiplo dos ângulos de fase devem ser zero para que os harmônicos das forças vibratórias sejam zero**. Os cálculos para nosso exemplo de motor de quatro cilindros em linha com ângulos de fase de $\phi_1 = 0$, $\phi_2 = 90°$, $\phi_3 = 180°$, $\phi_4 = 270°$ na Tabela 14-1 mostram que as forças vibratórias são zero para o primeiro, segundo e sexto harmônicos e diferentes de zero para o quarto. Portanto, nossa escolha do senso comum

* O efeito do sobrebalanceamento dos moentes da árvore de manivela não estão incluídos nas equações 14.2c e 14.2d como mostrado. Supõe-se que o virabrequim esteja exatamente balanceado. Ver Apêndice E para as equações completas que incluem os efeitos de sobrebalanceamento de manivelas. O programa ENGINE (ver Apêndice A) usa as equações do Apêndice E para calcular os efeitos de sobrebalanceamento em motores multicilíndricos.

MOTORES MULTICILÍNDRICOS

TABELA 14-1 Estado de balanceamento de forças de um motor de quatro cilindros em linha com virabrequim de 0°, 90°, 180°, 270°

Forças primárias:	$\sum_{i=1}^{n} \operatorname{sen} \phi_i = 0$	$\sum_{i=1}^{n} \cos \phi_i = 0$
Forças secundárias:	$\sum_{i=1}^{n} \operatorname{sen} 2\phi_i = 0$	$\sum_{i=1}^{n} \cos 2\phi_i = 0$
Forças do quarto harmônico:	$\sum_{i=1}^{n} \operatorname{sen} 4\phi_i = 0$	$\sum_{i=1}^{n} \cos 4\phi_i = 4$
Forças do sexto harmônico:	$\sum_{i=1}^{n} \operatorname{sen} 6\phi_i = 0$	$\sum_{i=1}^{n} \cos 6\phi_i = 0$

neste exemplo mostrou-se correta, em se tratando de forças vibratórias. Como mostrado na Equação 13.2f, os coeficientes dos termos do quarto e sexto harmônicos são ínfimos; portanto, suas contribuições podem ser desconsideradas, se houver alguma. A componente primária é mais importante, devido a sua potencial magnitude. O termo secundário (segundo harmônico) é menos crítico que o primeiro, já que este é multiplicado por r/l, que geralmente é menor que 1/3. Um segundo harmônico de forças vibratórias desbalanceado é indesejável, mas pode ser aceito, principalmente se o motor for de baixa cilindrada (menos de 1/2 litro por cilindro).

Para obter maiores detalhes dos resultados deste motor de quatro cilindros em linha de 0°, 90°, 180° e 270°, execute o programa ENGINE, selecione a configuração do menu cascata *Exemplo*, depois *Plot* para traçar a força vibratória. Ver o Apêndice A para saber como obter o programa ENGINE.

14.4 TORQUE DE INÉRCIA EM MOTORES EM LINHA

O torque de inércia para um motor monocilíndrico foi definido na Seção 13.6 e na Equação 13.15e. Nosso objetivo é reduzir o torque de inércia, preferencialmente a zero, pois ele combina com o torque de potência para resultar no torque total. (Ver Seção 13.7.) O torque de inércia não adiciona nada ao torque líquido de acionamento, já que a média de seu valor é sempre zero, mas ele cria grandes oscilações no torque total, o que reduz sua suavidade. As oscilações no torque de inércia podem ser contornadas com a adição de volantes de inércia ao sistema, ou ao seu exterior, o efeito líquido pode ser cancelado pela escolha correta dos ângulos de fase. Entretanto, oscilações no torque, mesmo que não possam ser percebidas pelo observador externo ou que sejam manipuladas para que sua soma seja zero, ainda estão presentes no virabrequim e podem levar à falha devido à fadiga por torção se a peça não for devidamente projetada. (Ver também a Figura 14-23.) A equação aproximada do torque de inércia do motor de um cilindro com três harmônicos é

$$\mathbf{T} \cong \frac{1}{2} m \; r^2 \omega^2 \left(\frac{r}{l} \operatorname{sen} \omega t - \operatorname{sen} 2\omega t - \frac{3r}{2l} \operatorname{sen} 3\omega t \right) \hat{\mathbf{k}} \qquad (14.4a)$$

Somando todos os cilindros e incluindo seus ângulos de fase:

$$\mathbf{T}_{i21} \cong \frac{1}{2} m_B r^2 \omega^2 \sum_{i=1}^{n} \left[\frac{r}{2l} \operatorname{sen}(\omega t - \phi_i) - \operatorname{sen} 2(\omega t - \phi_i) - \frac{3r}{2l} \operatorname{sen} 3(\omega t - \phi_i) \right] \hat{\mathbf{k}} \qquad (14.4b)$$

Substituindo a identidade:

$$\operatorname{sen}(a - b) = \operatorname{sen} a \cos b - \cos a \operatorname{sen} b$$

e fatorando para:

$$\mathbf{T}_{i21} \cong \frac{1}{2} m_B r^2 \omega^2 \left[\begin{array}{l} \dfrac{r}{2l} \left(\operatorname{sen} \omega t \displaystyle\sum_{i=1}^{n} \cos \phi_i - \cos \omega t \displaystyle\sum_{i=1}^{n} \operatorname{sen} \phi_i \right) \\ - \left(\operatorname{sen} 2\omega t \displaystyle\sum_{i=1}^{n} \cos 2\phi_i - \cos 2\omega t \displaystyle\sum_{i=1}^{n} \operatorname{sen} 2\phi_i \right) \\ - \dfrac{3r}{2l} \left(\operatorname{sen} 3\omega t \displaystyle\sum_{i=1}^{n} \cos 3\phi_i - \cos 3\omega t \displaystyle\sum_{i=1}^{n} \operatorname{sen} 3\phi_i \right) \end{array} \right] \hat{\mathbf{k}} \qquad (14.4c)$$

Esta só pode ser zero para todos os valores de ωt se

$$\sum_{i=1}^{n} \operatorname{sen} \phi_i = 0 \qquad \sum_{i=1}^{n} \cos \phi_i = 0 \qquad (14.5a)$$

$$\sum_{i=1}^{n} \operatorname{sen} 2\phi_i = 0 \qquad \sum_{i=1}^{n} \cos 2\phi_i = 0 \qquad (14.5b)$$

$$\sum_{i=1}^{n} \operatorname{sen} 3\phi_i = 0 \qquad \sum_{i=1}^{n} \cos 3\phi_i = 0 \qquad (14.5c)$$

As Equações 14.5 nos fornecem informações importantes a respeito do comportamento do torque de inércia para o projeto de qualquer motor em linha. Os cálculos para o nosso exemplo de um motor de quatro cilindros em linha com fases de $\phi_1 = 0°$, $\phi_2 = 90°$, $\phi_3 = 180°$, $\phi_4 = 270°$ mostram que as componentes dos torques de inércia são zero para o primeiro, segundo e terceiro harmônicos. Portanto, nosso exemplo também é bom em relação a torques de inércia.

14.5 MOMENTO VIBRATÓRIO EM MOTORES EM LINHA

Podemos considerar o motor monocilíndrico como um dispositivo de plano único ou bidimensional e, portanto, podemos balanceá-lo estaticamente. O motor milticilíndrico é tridimensional. Seus múltiplos cilindros estão distribuídos ao longo do eixo do virabrequim. Mesmo que possamos ter o cancelamento das forças vibratórias, ainda poderá haver momentos desbalanceados no plano do bloco do motor. Precisamos estabelecer um critério para o balanceamento dinâmico. (Ver Seção 12.2 e a Equação 12.3.) A Figura 14-10 mostra um diagrama esquemático de um motor de quatro cilindros em linha com ângulos de fase de $\phi_1 = 0°$, $\phi_2 = 90°$, $\phi_3 = 180°$, $\phi_4 = 270°$. O espaçamento entre os cilindros geralmente é uniforme. Podemos somar os momentos no plano dos cilindros em qualquer ponto conveniente, como o L na linha de centro do primeiro cilindro,

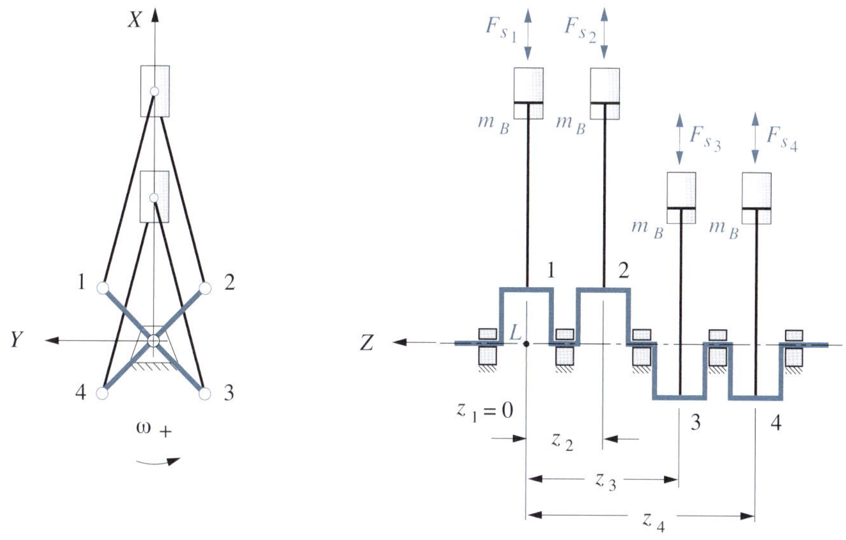

MOTORES MULTICILÍNDRICOS

FIGURA 14-10

Braços de momento dos momentos vibratórios.

$$\sum M_L = \sum_{i=1}^{n} z_i \mathbf{F}_{\mathbf{s}_i} \, \hat{\mathbf{j}} \qquad (14.6a)$$

em que $\mathbf{F}_{si}$ é a força vibratória e z_i é o braço do momento do i-ésimo cilindro.* Substituindo a Equação 14.2d por $\mathbf{F}_{si}$:

$$\sum M_L \cong m_B r \omega^2 \left[\begin{array}{c} \cos\omega t \sum_{i=1}^{n} z_i \cos\phi_i + \text{sen}\,\omega t \sum_{i=1}^{n} z_i \,\text{sen}\phi_i \\ + \dfrac{r}{l}\left(\cos 2\omega t \sum_{i=1}^{n} z_i \cos 2\phi_i + \text{sen}\,2\omega t \sum_{i=1}^{n} z_i \,\text{sen}\,2\phi_i \right) \end{array} \right] \hat{\mathbf{j}} \qquad (14.6b)$$

Esta expressão só pode ser zero para todos os valores de ωt se

$$\sum_{i=1}^{n} z_i \cos\phi_i = 0 \qquad \sum_{i=1}^{n} z_i \,\text{sen}\,\phi_i = 0 \qquad (14.7a)$$

$$\sum_{i=1}^{n} z_i \cos 2\phi_i = 0 \qquad \sum_{i=1}^{n} z_i \,\text{sen}\,2\phi_i = 0 \qquad (14.7b)$$

Esses vão garantir que não haja momentos vibratórios através do segundo harmônico. Podemos estender isso para harmônicos superiores, como fizemos com a força vibratória.

$$\sum_{i=1}^{n} z_i \cos 4\phi_i = 0 \qquad \sum_{i=1}^{n} z_i \,\text{sen}\,4\phi_i = 0 \qquad (14.7c)$$

$$\sum_{i=1}^{n} z_i \cos 6\phi_i = 0 \qquad \sum_{i=1}^{n} z_i \,\text{sen}\,6\phi_i = 0 \qquad (14.7d)$$

* O efeito do sobrebalanceamento das moentes da árvore de manivelas não está incluído na Equação 14.6b como mostrado. Supõe-se que o virabrequim esteja exatamente balanceado. Ver Apêndice E para as equações completas que incluem os efeitos de sobrebalanceamento de manivelas. O programa ENGINE (ver Apêndice A) usa as equações do Apêndice E para calcular os efeitos de sobrebalanceamento em motores multicilíndricos.

TABELA 14-2 Estado do balanceamento de momento de um motor de quatro cilindros em linha com ângulos do virabrequim de 0°, 90°, 180° e 270°, e $z_1 = 0$, $z_2 = 1$, $z_3 = 2$, $z_4 = 3$

Momentos primários:	$\sum_{i=1}^{n} z_i \operatorname{sen}\phi_i = -2$	$\sum_{i=1}^{n} z_i \cos\phi_i = -2$
Momentos secundários:	$\sum_{i=1}^{n} z_i \operatorname{sen}2\phi_i = 0$	$\sum_{i=1}^{n} z_i \cos 2\phi_i = -2$

Note que ambas as somas de seno e cosseno de qualquer múltiplo dos ângulos de fase devem ser zero para que o harmônico do momento vibratório seja zero. Os cálculos para o nosso exemplo de um motor de quatro cilindros com ângulos de fase de $\phi_1 = 0°$, $\phi_2 = 90°$, $\phi_3 = 180°$, $\phi_4 = 270°$ e um espaçamento entre cilindros suposto de uma unidade de comprimento ($z_2 = 1$, $z_3 = 2$, $z_3 = 3$) definido na Tabela 14-52, mostram que os momentos vibratórios não são iguais a zero para qualquer um dos harmônicos. Portanto, nossa escolha dos ângulos de fase, que se mostrou boa em relação a forças e torques vibratórios, falha no teste de momentos vibratórios iguais a zero. Os coeficientes dos termos do quarto e sexto harmônicos nas equações de momento são muito pequenos; assim, serão desprezados. O termo secundário (segundo harmônico) é menos crítico do que o primeiro, já que é multiplicado por r/l, que geralmente é menor que 1/3. Um harmônico secundário desbalanceado de momento vibratório é indesejável, mas pode ser tolerado, principalmente se o motor for de baixa cilindrada (menos de 1/2 litro por cilindro). A componente primária é mais preocupante, devido a sua magnitude. Se desejamos utilizar essa configuração do virabrequim, precisaremos aplicar uma técnica de balanceamento ao motor, descrita em uma seção posterior, para eliminar, pelo menos, o momento primário. Um grande momento vibratório é indesejável, já que faz com que o motor **oscile** para a frente e para trás (como um cavalo de rodeio), enquanto o momento oscila do positivo para o negativo no plano dos cilindros. *Não confunda esse momento vibratório com o torque vibratório* que age de forma a **rotacionar** o motor para a frente e para trás em relação ao eixo Z do virabrequim.

A Figura 14-11 mostra a componente primária e a secundária do momento vibratório para nosso exemplo de motor para duas revoluções da manivela. Cada uma delas é um harmônico puro de média igual a zero. O momento total é a soma dessas duas componentes. Essa configuração de motor é um dos exemplos do programa ENGINE (ver Apêndice A).

14.6 SINCRONISMO DE IGNIÇÃO

As forças de inércia, torques e momentos são apenas um dos conjuntos de critérios que necessitam ser considerados no projeto de motores multicilíndricos. As forças e os torques de potência são igualmente importantes. Em geral, é desejável a criação de um padrão de ignição entre os cilindros que seja igualmente espaçado no tempo. Se houver ignição dessincronizada dos cilindros, vibrações vão ocorrer e podem ser inaceitáveis. É desejável que os pulsos de potência sejam suaves. Os pulsos de potência dependem dos ciclos de combustão. Se o motor for de dois tempos, haverá um pulso de potência por revolução em cada um dos n cilindros. O ângulo de fase delta ótimo entre as excentricidades das manivelas dos cilindros para pulsos de potência sincronizados será, então,

$$\Delta\phi_{dois\ tempos} = \frac{360°}{n} \qquad (14.8a)$$

MOTORES MULTICILÍNDRICOS

4 cilindros em linha

Diâmetro
do cilindro = 76,2 mm
Curso de potência = 89,9 mm
B/S = 0,85
L/R = 3,50
B/S = 0,85
L/R = 3,50
m_A = 5,077 kg
m_B = 1,953 kg
$P_{máx}$ = 4,137 MPa
RPM = 3 400

Ângulos de fase:
0 90 180 270

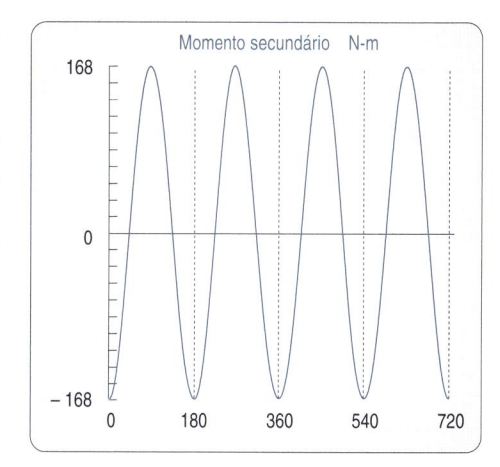

Ciclos de potência:
0 90 180 270

FIGURA 14-11

Momentos primário e secundário em um virabrequim de 0, 90, 180 e 270° de um motor de quatro cilindros.

Para um motor de quatro tempos haverá um pulso de potência por cilindro a cada duas revoluções. O ângulo de fase delta ótimo das excentricidades das manivelas para que haja pulsos de potência igualmente espaçados e sincronizados será

$$\Delta\phi_{quatro\ tempos} = \frac{720°}{n} \qquad (14.8b)$$

Compare as equações 14.8a e 14.8b com a Equação 14.1, que define o ângulo de fase delta ótimo para haver o cancelamento das forças de inércia. Um motor de dois tempos pode possuir ambos, sincronismo de ignição e balanceamento de inércia, porém um motor de quatro tempos possui um conflito entre esses dois critérios. Portanto, alguns ajustes no projeto do motor serão necessários para que seja possível a obtenção de uma melhor relação entre esses fatores no caso do motor de quatro tempos.

Motor de dois tempos

Para determinar o padrão da ignição no projeto de um motor, devemos retornar ao diagrama de fases da manivela. A Figura 14-12 reproduz a Figura 14-9 e adiciona novas informações a ela. Ela mostra os pulsos de potência para o **motor de dois tempos** e **quatro cilindros** com configuração dos ângulos de fase da manivela $\phi_i = 0°, 90°, 180°, 270°$. Note que cada bloco negativo dos cilindros na Figura 14-12 é deslocado para a direita por seu ângulo de fase em relação ao cilindro 1. Nesta representação esquemática, somente os blocos negativos do diagrama estão disponíveis para pulsos de potência, já que eles representam a descida do pistão. Por convenção, a ignição do cilindro 1 é a primeira a ocorrer; portanto, seu bloco negativo a 0° é nomeado **Potência**. Os outros cilindros podem ter suas combustões em qualquer ordem, porém seus pulsos de potência devem ser sincronizados o máximo possível ao longo do intervalo.

Os espaçamentos do pulso de potência disponíveis são definidos pelos ângulos de fases da manivela. Poderá haver mais de uma ordem de ignição que resultará no sincronismo de ignição, especialmente com grande número de cilindros. Neste exemplo a ordem de ignição 1, 2, 3, 4 vai funcionar, já que ela vai prover pulsos de potência a cada 90° ao longo do intervalo. Os **ângulos do cliclo de potência** Ψ_i são os ângulos do ciclo nos quais as combustões nos

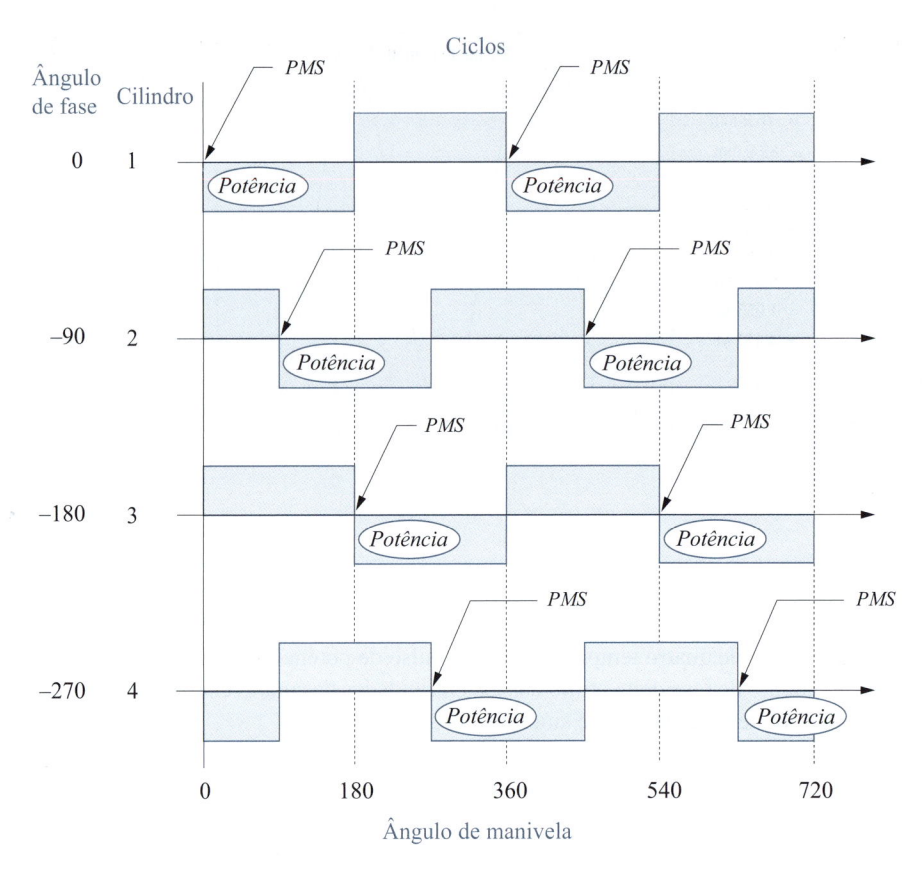

FIGURA 14-12

Diagrama de fases da manivela de um motor de dois tempos e quatro cilindros em linha com ângulo $\phi_i = 0, 90, 180, 270°$.

cilindros ocorrem. Eles são definidos pelos ângulos de fase do virabrequim e pela escolha da ordem de ignição combinados, e neste exemplo são $\Psi_i = 0, 90, 180$ e $270°$. Em geral, Ψ_i não é igual a ϕ_i. A correspondência entre eles neste exemplo resulta da escolha da ordem consecutiva de ignição: 1, 2, 3 e 4.

Para um **motor de dois tempos**, os ângulos do ciclo de potência Ψ_i devem estar no intervalo *entre* 0 *e* 360°. Devemos sempre ter esses ângulos igualmente espaçados nesse intervalo com um ângulo do ciclo de potência delta definido pela Equação 14.8c. Para nosso motor de quatro cilindros e dois tempos, os ângulos do ciclo de potência ideais são, portanto, $\Psi_i = 0, 90, 180, 270°$, que adotamos no exemplo.

Definimos **o ângulo do ciclo de potência delta** de modo diferente para cada ciclo de combustão. Para o motor de dois tempos

$$\Delta\psi_{dois\ tempos} = \frac{360°}{n} \tag{14.8c}$$

Para o motor de quatro tempos

$$\Delta\psi_{quatro\ tempos} = \frac{720°}{n} \tag{14.8d}$$

MOTORES MULTICILÍNDRICOS

O torque de potência para um motor monocilíndrico foi definido na Equação 13.8b. O torque de potência combinado para todos os cilindros deve ser a soma das contribuições dos n cilindros, cada um deles alterado de acordo com seu ângulo do ciclo de potência Ψ_i.

$$\mathbf{T}_{g21} \cong F_g \, r \sum_{i=1}^{n} \left\{ \operatorname{sen}(\omega t - \psi_i) \left[1 + \frac{r}{l} \cos(\omega t - \psi_i) \right] \right\} \hat{\mathbf{k}} \qquad (14.9)$$

A Figura 14-13 mostra o torque de potência, o torque de inércia e as forças vibratórias do motor de quatro tempos e dois cilindros traçados pelo programa ENGINE (ver Apêndice A). As componentes do momento vibratório são mostradas na Figura 14-11. Este projeto é aceitável, exceto pela existência dos momentos vibratórios desbalanceados. A força e torque de inércia são ambos zero, o que é ideal. O torque de potência consiste em pulsos de formato e espaçamento uniformes ao longo do intervalo, quatro por revolução. Note que o programa ENGINE traça o gráfico de duas revoluções completas para acomodar o caso de quatro tempos; portanto, oito pulsos de potência podem ser observados.

Motor de quatro tempos

A Figura 14-14 mostra um diagrama de fases de manivela para o *mesmo projeto de virabrequim* da Figura 14-12, exceto que ele é projetado para um *motor de quatro tempos*. Agora há apenas um ciclo de potência para cada cilindro a cada 720°. O segundo bloco negativo para cada cilindro deve ser usado para o ciclo de admissão. O cilindro 1 é novamente o que possui a primeira ignição. Um padrão igualmente espaçado de pulsos de potência entre os outros cilindros é novamente desejado, mas agora não é possível com este virabrequim. Seja a ordem de ignição 1, 3, 4, 2 ou 1, 2, 4, 3, ou 1, 4, 2, 3, ou qualquer outro escolhido, haverá tanto lacunas como sobreposições dos pulsos de potência. A primeira ordem de ignição listada, 1, 3, 4, 2, é a escolhida para este exemplo. Ela resulta no grupo de ângulos do ciclo de potência $\Psi_i = 0, 180, 270, 450°$. Esses **ângulos do ciclo de potência** definem os pontos no **ciclo de 720°** nos quais as combustões vão ocorrer para cada cilindro. Portanto, para um motor de quatro tempos, os ângulos do ciclo de potência Ψ_i devem estar entre 0° e 720°. Gostaríamos que eles fossem igualmente espaçados nesse intervalo com um ângulo delta definido pela Equação 14.8d. Para nosso motor de quatro cilindros e quatro tempos, os ângulos do ciclo de potência ideais seriam $\Psi_i = 0, 180, 360, 540°$. Claramente não os obtivemos neste exemplo. A Figura 14-15 mostra o torque de potência resultante.

Um não sincronismo de ignição é óbvio na Figura 14-5. Este torque de potência dessincronizado será notado pelo condutor de qualquer veículo que contenha este motor na forma de vibrações e funcionamento grosseiro ou irregular, principalmente com o veículo em ponto morto. Em velocidades mais altas, o volante do motor tenderá a disfarçar essa irregularidade, porém o volante é ineficaz em baixas velocidades. É este fato que faz com que a maior parte dos projetistas de motores prefira o *sincronismo de ignição à eliminação de efeitos inerciais* na sua seleção de ângulos de fase do virabrequim. A força, o torque e o momento de inércia, todos são funções do quadrado da velocidade do motor. Entretanto, assim como a velocidade do motor aumenta a magnitude desses fatores, essa velocidade também aumenta a capacidade do volante de inércia de disfarçar seus efeitos. Isso não se aplica à irregularidade do torque de potência devida ao não sincronismo de ignição. Ela é ruim em todas as velocidades, e o volante de inércia não irá escondê-la em velocidade baixa.

Portanto, devemos rejeitar este projeto de virabrequim para nosso motor de quatro cilindros e quatro tempos. A Equação 14.8b indica que é necessário um ângulo de fase delta $\Delta\phi_i = 180°$ em nosso virabrequim para que possamos obter sincronismo de ignições. São necessárias quatro excentricidades de manivela, e todos os ângulos de fase da manivela devem ser meno-

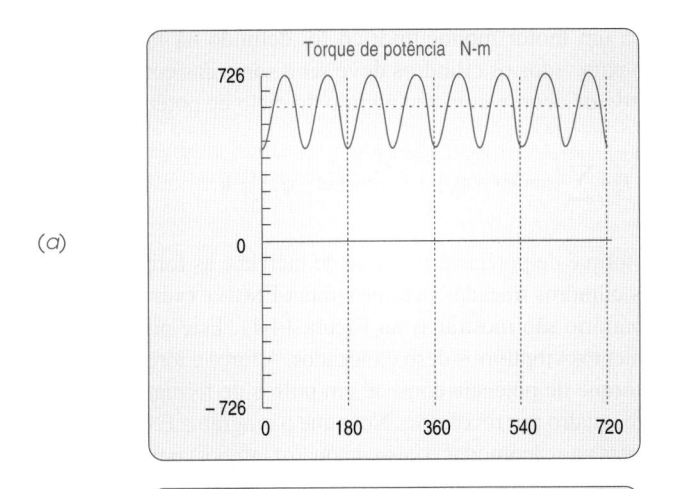

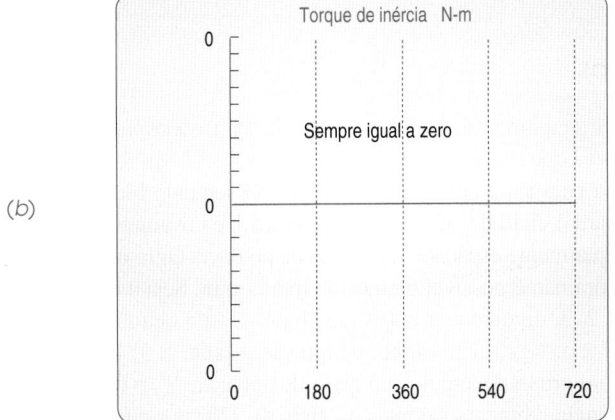

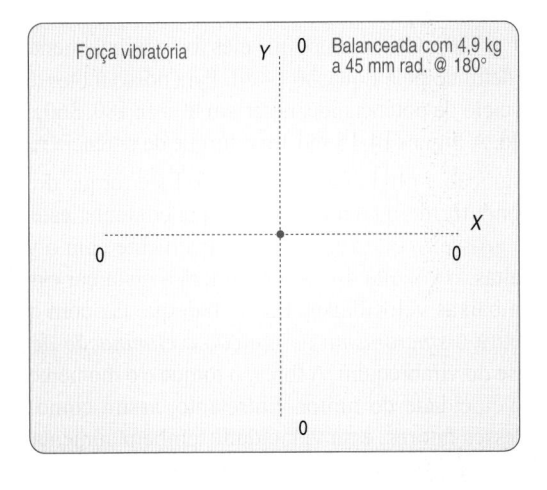

FIGURA 14-13

Torque e força vibratória em um motor de dois tempos e quatro cilindros em linha.

(a) Torque de potência N-m

(b) Torque de inércia N-m — Sempre igual a zero

(c) Força vibratória — Balanceada com 4,9 kg a 45 mm rad. @ 180°

4 cilindros em linha
Diâmetro do cilindro = 76,2 mm
Curso = 89,9 mm
B/S = 0,85
L/R = 3,50
B/S = 0,85
L/R = 3,50
m_A = 5,077 kg
m_B = 1,953 kg
$P_{máx}$ = 4,137 MPa
RPM = 3 400
Ângulos de fase:
0 90 180 270
Ciclos de potência:
0 90 180 270

MOTORES MULTICILÍNDRICOS

FIGURA 14-14

Diagrama de fase da manivela de um motor de quatro tempos e quatro cilindros em linha com $\phi_i = 0, 90, 180, 270°$.

4 cilindros em linha
Diâmetro do
cilindro = 76,2 mm
Curso = 89,9 mm
B/S = 0,85
L/R = 3,50
B/S = 0,85
L/R = 3,50
m_A = 5,077 kg
m_B = 1,953 kg
$P_{máx}$ = 4,137 MPa
RPM = 3 400
Ângulos de fase:
0 90 180 270
Ciclos de potência:
0 90 180 270

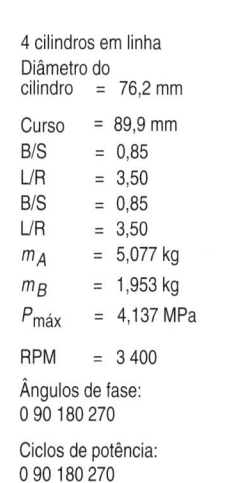

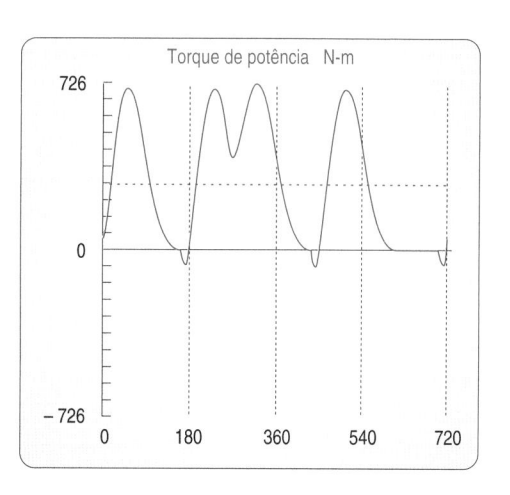

FIGURA 14-15

Não sincronismo de ignição de um motor de quatro tempos e quatro cilindros em linha com virabrequim a 0, 90, 180 e 270°.

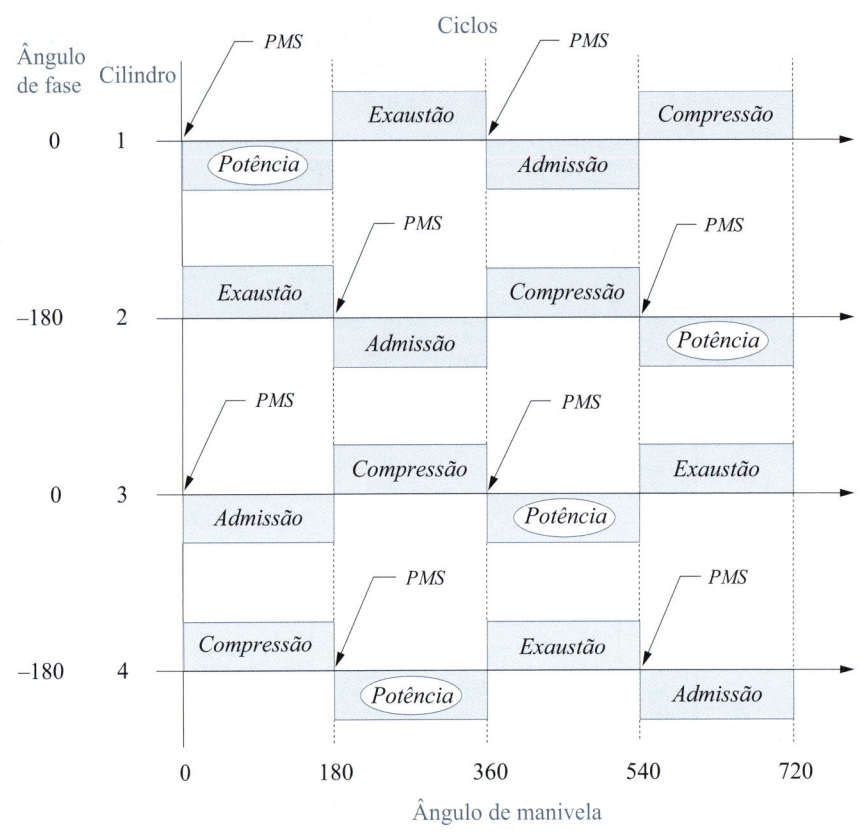

FIGURA 14-16

Diagrama de fases da manivela de um motor de quatro tempos e quatro cilindros com sincronismo de ignição e $\phi_i = 0, 180, 0, 180°$.

---

* Note que 0, 180, 360, 540°, é o mesmo que 0, 180, 0, 180°.

** Note o padrão aceitável na sequência de ignição. Representa duas revoluções de qualquer sequência de combustões aceitável, como 1, 4, 3, 2, 1, 4, 3, 2. Qualquer combinação de quatro números sucessivos nesta sequência, tanto para a frente ou para trás, é uma sequência de ignição aceitável. Se necessitamos que o primeiro cilindro seja o primeiro na ordem, então a única possibilidade que nos resta é a sequência para trás 1, 2, 3, 4.

res que 360°. Portanto, devemos repetir alguns ângulos se utilizarmos um ângulo de fase delta de 180°. Uma possibilidade é $\phi_i = 0, 180, 0, 180°$ para os quatro moentes da árvore de manivelas.* O diagrama de fases da manivela para este caso é mostrado na Figura 14-16. Os ciclos de potência agora podem ser igualmente espaçados em 720°. A sequência de ignição 1, 4, 3, 2 foi escolhida, o que nos fornece a sequência escolhida de ângulos do ciclo de potência, $\Psi_i = 0, 180, 360, 540°$. (Note que uma sequência de ignição 1, 2, 3, 4 também funcionaria para esse motor.)**

A condição de balanceamento inercial deste projeto deve agora ser revisada com as equações 14.3, 14.5 e 14.7. Elas mostram que o torque de inércia primário vale zero, porém o momento primário, força secundária, momento secundário e torque de inércia são todos diferentes de zero, como mostrado na Tabela 14-3. Portanto, esse projeto de sincronismo de ignição comprometeu o balanceamento de inércia que possuíamos no projeto anterior para que esse sincronismo fosse obtido. As variações do torque de inércia podem ser amenizadas pelo volante do motor. As forças e os momentos secundários são relativamente pequenos em um motor de pequeno porte e podem ser tolerados. O momento primário diferente de zero é um problema que precisa ser solucionado. Para visualizar os resultados dessa configuração do motor, execute o programa ENGINE (ver Apêndice A) e selecione-os no menu *Example*. Então, trace o gráfico do resultado.

Em breve, discutiremos maneiras de anular um momento desbalanceado com adição de contrapesos, porém existe uma abordagem mais direta presente neste exemplo. A Figura 14-17

MOTORES MULTICILÍNDRICOS

TABELA 14-3 Estado de balanceamento de força e momento de um motor de quatro cilindros em linha com ângulos de manivela de 0, 180, 0, 180° e $z_1 = 0$, $z_2 = 1$, $z_3 = 2$ e $z_4 = 3$

Forças primárias:	$\sum_{i=1}^{n} \operatorname{sen} \phi_i = 0$	$\sum_{i=1}^{n} \cos \phi_i = 0$
Forças secundárias:	$\sum_{i=1}^{n} \operatorname{sen} 2\phi_i = 0$	$\sum_{i=1}^{n} \cos 2\phi_i = 4$
Momentos primários:	$\sum_{i=1}^{n} z_i \operatorname{sen} \phi_i = 0$	$\sum_{i=1}^{n} z_i \cos \phi_i = -2$
Momentos secundários:	$\sum_{i=1}^{n} z_i \operatorname{sen} 2\phi_i = 0$	$\sum_{i=1}^{n} z_i \cos 2\phi_i = 6$

mostra que o momento vibratório se deve à ação das forças inerciais de cada cilindro atuando em braços de momento em relação a algum centro. Se considerarmos que esse centro seja o ponto C no meio do motor, deve ser evidente que qualquer projeto de virabrequim de forças

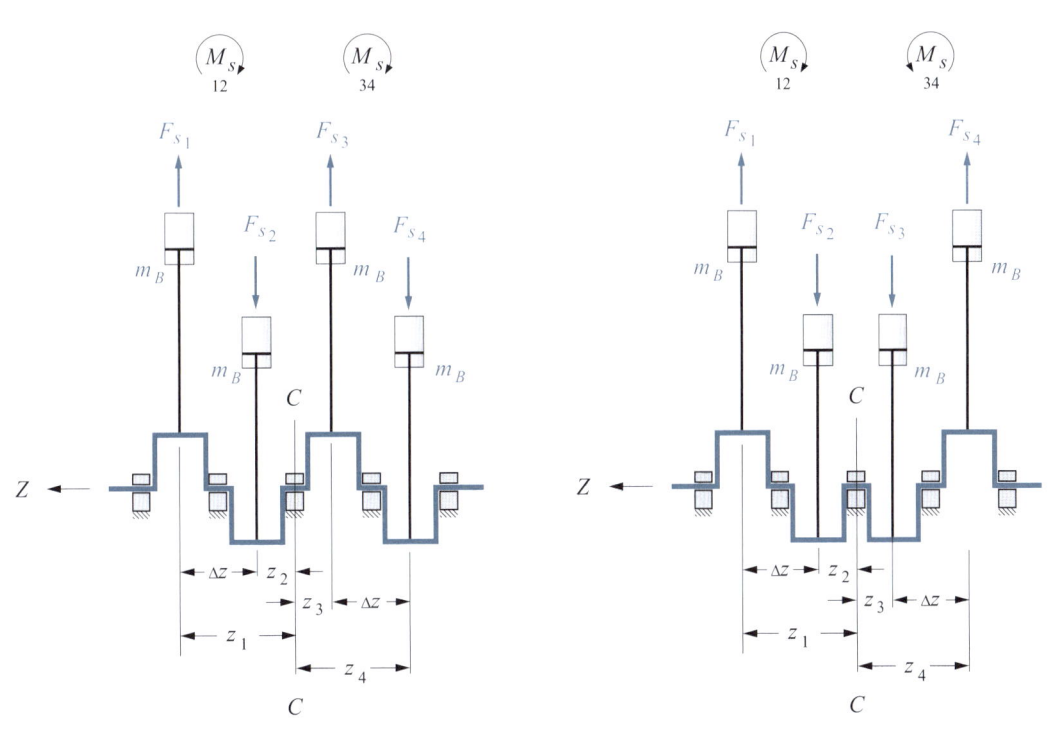

(a) Virabrequim assimétrico de 0, 180, 0, 180°   (b) Virabrequim simétrico de 0, 180, 180, 0°

FIGURA 14-17

Os virabrequins simétricos e espelhados cancelam os momentos primários.

primárias balanceadas, com simetria espelhada em relação ao plano transversal passando pelo ponto C, também possuirá momentos primários balanceados por força, contanto que todos os espaçamentos entre cilindros sejam uniformes e todas as forças inerciais sejam iguais. A Figura 14-17a mostra o virabrequim de 0, 180, 0, 180° que não possui simetria espelhada. O conjugado $\mathbf{F}_{s1} \Delta z$ devido aos pares de cilindros 1, 2 possui a mesma magnitude e sentido do conjugado $\mathbf{F}_{s3} \Delta z$ resultante dos cilindros 3 e 4; portanto, eles se somam. A Figura 14-17b mostra o virabrequim de 0, 180, 180 ,0° que possui *simetria espelhada*. O conjugado $\mathbf{F}_{s1} \Delta z$ relativo ao par de cilindros 1, 2 possui a mesma magnitude, porém sentido oposto ao conjugado $\mathbf{F}_{s3} \Delta z$ relativo ao cilindros 3 e 4; portanto, há o cancelamento dos conjugados. Podemos então obter sincronismo de ignição e balanceamento de momentos primários por meio da alteração da sequência dos ângulos de fase do moente da árvore de manivelas para $\phi_i = 0, 180, 180, 0°$, que equivale à *simetria espelhada*.

O diagrama de fases da manivela para este projeto é mostrado na Figura 14-18. Os ciclos de potência ainda podem ser igualmente espaçados em 720°. A ordem de ignição 1, 3, 4, 2 foi escolhida para que a sequência dos ângulos do ciclo de potência se mantivesse igual a $\Psi_i = 0, 180, 360, 540°$. (Note que a ordem de ignição 1, 2, 4, 3 também funcionaria neste caso.)* As equações 14.3, 14.5 e 14.7 e a Tabela 14-4 mostram que a força de inércia primária e o momento primário agora são iguais a zero, porém a força e o momento secundário, bem como o torque de inércia, são ainda diferentes de zero.

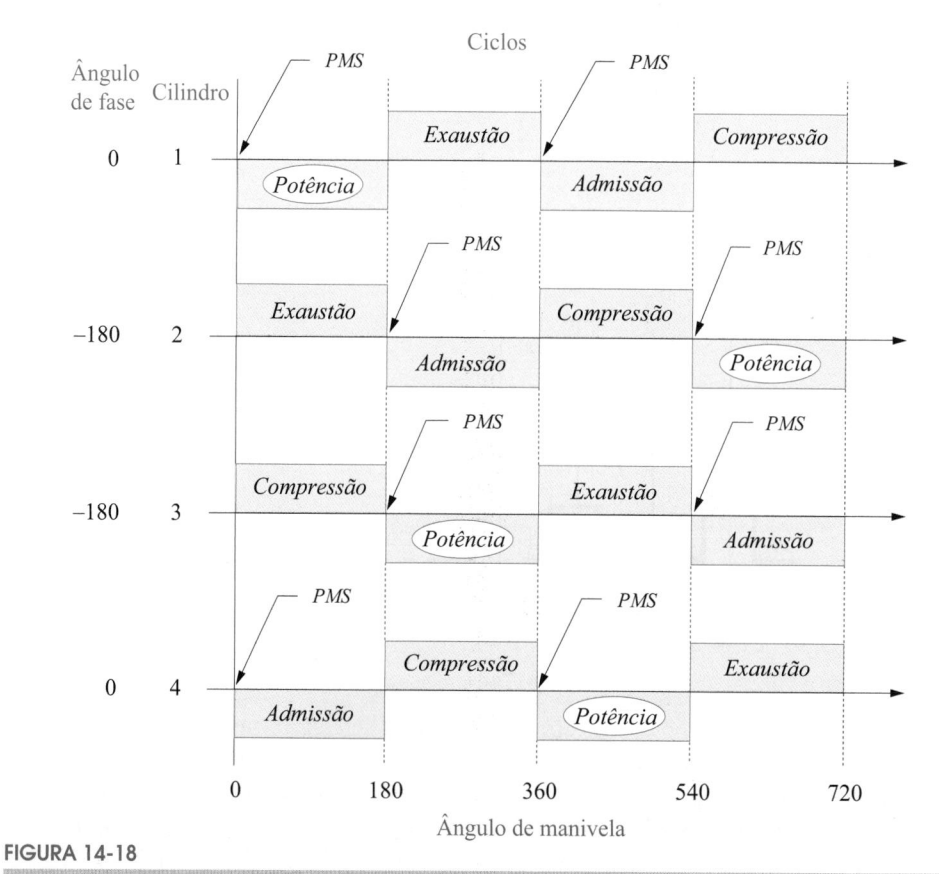

FIGURA 14-18

Diagrama de fases da manivela de um motor de quatro cilindros e quatro tempos com sincronismo de ignição e virabrequim simetricamente espelhado de 0, 180, 180, 0°.

* Em motores em linha e em qualquer banco de um motor em V, uma ordem de ignição não consecutiva (ou seja, não 1, 2, 3, 4) é geralmente preferível, de modo que cilindros adjacentes não disparem sequencialmente. Isso fornece maior tempo ao coletor de admissão para o recarregamento local entre ciclos de admissão e ao coletor de exaustão para que a limpeza seja mais eficiente.

MOTORES MULTICILÍNDRICOS

TABELA 14-4 Estado de balanceamento de força e momento de um motor de quatro cilindros em linha com ângulos de manivela de 0, 180, 180, 0° e $z_1 = 0$, $z_2 = 1$, $z_3 = 2$ e $z_4 = 3$

Forças primárias:	$\sum_{i=1}^{n} \operatorname{sen}\phi_i = 0$	$\sum_{i=1}^{n} \cos\phi_i = 0$
Forças secundárias:	$\sum_{i=1}^{n} \operatorname{sen}2\phi_i = 0$	$\sum_{i=1}^{n} \cos 2\phi_i = 4$
Momentos primários:	$\sum_{i=1}^{n} z_i \operatorname{sen}\phi_i = 0$	$\sum_{i=1}^{n} z_i \cos\phi_i = 0$
Momentos secundários:	$\sum_{i=1}^{n} z_i \operatorname{sen}2\phi_i = 0$	$\sum_{i=1}^{n} z_i \cos 2\phi_i = 6$

Este virabrequim de $\phi_i = 0, 180, 180, 0°$ é considerado a melhor escolha de projeto e é universalmente utilizado em motores de quatro cilindros e quatro tempos em linha. As figuras 14-2 e 14-3 mostram o projeto do motor de quatro cilindros. O balanceamento de inércia é sacrificado para que o sincronismo de ignição ocorra, pelos motivos citados na página 681. A Figura 14-19 mostra o torque de potência, torque de inércia e o torque total para este projeto. A Figura 14-20 mostra o momento vibratório secundário, componente da força vibratória secundária e um gráfico de coordenadas polares da força vibratória total deste projeto. Note que as figuras 14-20b e c são apenas vistas diferentes do mesmo parâmetro. O gráfico polar das forças vibratórias da Figura 14-20c é uma vista da força vibratória da parte posterior do eixo do virabrequim com a horizontal do movimento do pistão. O gráfico cartesiano na Figura 14-20b mostra a mesma força em um eixo de tempo. Como a componente primária é igual a zero, essa força total se deve somente à componente secundária. Vamos discutir em breve modos de eliminar esses momentos e forças secundárias.

Para observar os resultados desta configuração do motor, execute o programa ENGINE (ver Apêndice A) e selecione-os do menu cascata *Examples*; depois utilize a opção *Plot* ou *Print* para os resultados.

14.7 CONFIGURAÇÕES DO MOTOR EM V

Os mesmos princípios de projeto aplicados a motores em linha também podem ser aplicados a configurações de motores em V e com cilindros opostos. Sincronismo de ignição tem prioridade em relação ao balanceamento de inércia e à simetria espelhada do virabrequim resultante do balanceamento dos momentos primários. Em geral, um motor em V terá um balanceamento de inércia similar ao do motor em linha com base no qual o motor em V é construído. Um motor em V de seis cilindros é essencialmente dois motores de três cilindros em linha com um virabrequim em comum, um V-8 é dois motores de quatro cilindros em linha etc. O maior número de cilindros permite que mais pulsos de potência sejam espaçados ao longo do ciclo, de modo que o torque de potência será mais suave (e possuirá uma maior média). A existência de um **ângulo V** v entre os dois motores em linha introduz uma defasagem adicional de eventos inerciais e de potência que é análoga aos efeitos dos ângulos de fase, porém independente. Este ângulo V é escolha do projetista, porém existem boas e más escolhas. Os mesmos critérios de sincronismo de ignição e balanceamento de inércia se aplicam a esta seleção.

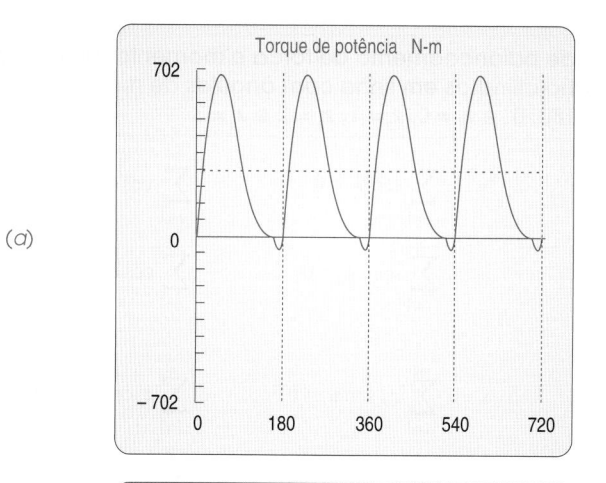

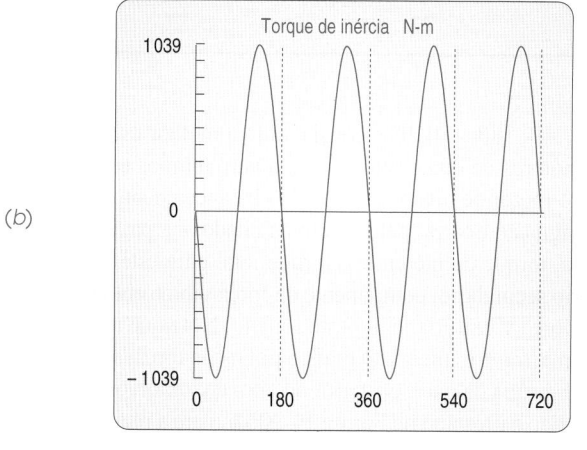

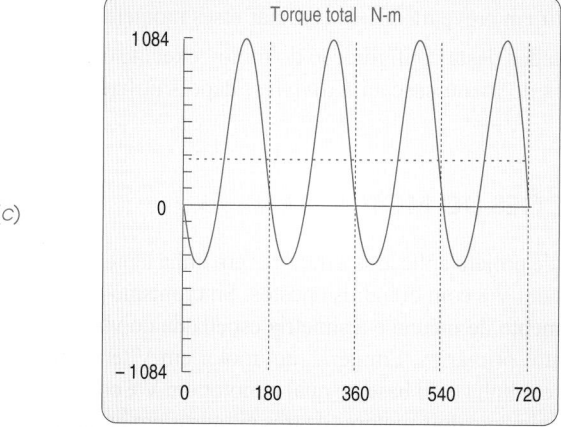

FIGURA 14-19

Torque no motor de quatro tempos e quatro cilindros em linha com virabrequim de 0°, 180, 180, 0°.

(a) Torque de potência N-m
(b) Torque de inércia N-m
(c) Torque total N-m

4 cilindros em linha
Diâmetro do
cilindro = 76,2 mm
Curso   = 89,9 mm
B/S   = 0,85
L/R   = 3,50
B/S   = 0,85
L/R   = 3,50
m_A = 5,077 kg
m_B = 1,953 kg
$P_{máx}$ = 4,137 MPa

RPM   = 3400

Ângulos de fase:
0 180 180 0

Ciclos de potência:
0 180 360 540

MOTORES MULTICILÍNDRICOS

(a) Momento secundário N-m

(b) Força secundária kN

(c) Força vibratória

4 cilindros em linha
Diâmetro do
cilindro = 76,2 mm
Curso   = 89,9 mm
B/S = 0,85
L/R = 3,50
B/S = 0,85
L/R = 3,50
m_A = 5,077 kg
m_B = 1,953 kg
$P_{máx}$ = 4,137 MPa

RPM = 3400

Ângulos de fase:
0 180 180 0

Ciclos de potência:
0 180 360 540

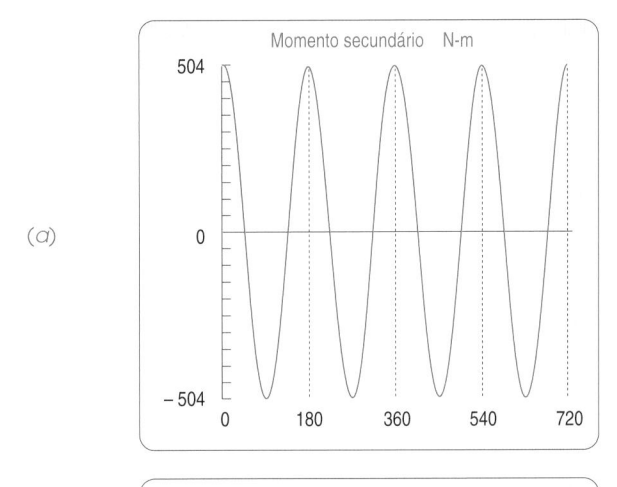

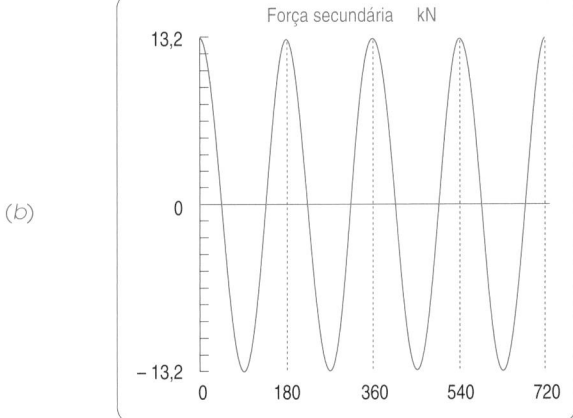

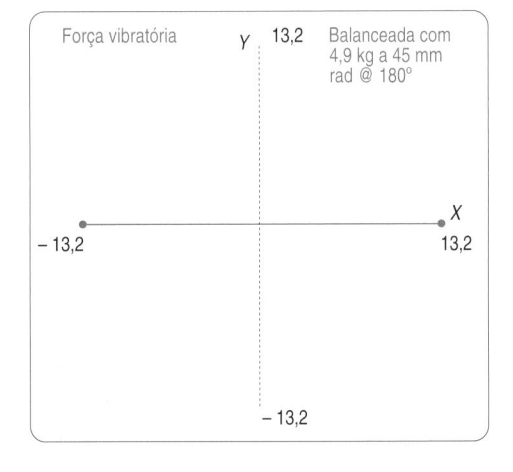

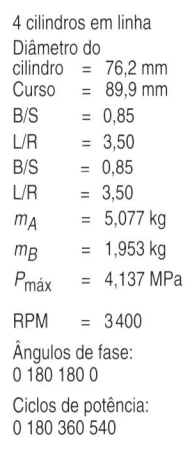

Balanceada com
4,9 kg a 45 mm
rad @ 180°

FIGURA 14-20

Forças e momentos vibratórios no motor de quatro cilindros e quatro tempos com 0, 180, 180, 0°.

O **ângulo V** $v = 2\gamma$ é definido como mostrado na Figura 14-21. Cada banco é deslocado por seu **ângulo de banco** γ referenciado ao eixo X central do motor. O ângulo da manivela ωt é medido em relação ao eixo X. O cilindro 1 no banco da direita é o cilindro de referência. Eventos em cada banco serão agora defasados por seu ângulo de banco, assim como pelos ângulos de fase do virabrequim. Estas duas mudanças de fase vão se sobrepor. Tomando como exemplo qualquer um dos cilindros de qualquer banco, seu ângulo instantâneo de manivela pode ser representado por

$$\theta = \omega t - \phi_i \qquad (14.10a)$$

Primeiro considere um motor de dois cilindros em V com um cilindro em cada banco e com ambos dividindo um moente da árvore de manivelas em comum. A força vibratória para um único cilindro na direção do movimento do pistão $\hat{u}$ (versor u) com θ medido em relação ao eixo do pistão é

$$\mathbf{F_s} \cong m_B r \omega^2 \left(\cos\theta + \frac{r}{l} \cos 2\theta \right) \hat{u} \qquad (14.10b)$$

A força vibratória total é o vetor-soma das contribuições de cada banco.

$$\mathbf{F_s} = \mathbf{F_{s_L}} + \mathbf{F_{s_R}} \qquad (14.10c)$$

FIGURA 14-21

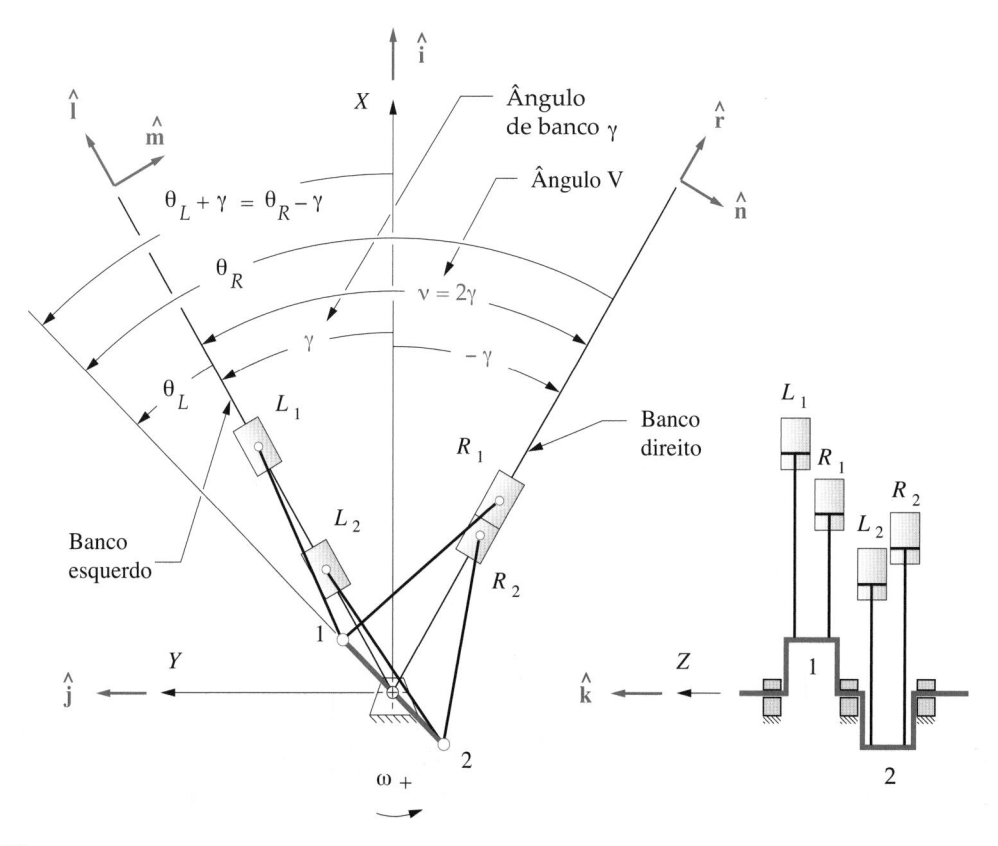

Geometria de motor em V.

MOTORES MULTICILÍNDRICOS

Agora queremos referir o ângulo da manivela em relação ao eixo X central. As forças vibratórias dos bancos da direita (R) e da esquerda (L), nos planos dos respectivos bancos de cilindros, podem então ser expressas por

$$\mathbf{F}_{s_R} \cong m_B r \omega^2 \left[\cos(\theta + \gamma) + \frac{r}{l} \cos 2(\theta + \gamma) \right] \hat{\mathbf{r}}$$

$$\mathbf{F}_{s_L} \cong m_B r \omega^2 \left[\cos(\theta - \gamma) + \frac{r}{l} \cos 2(\theta - \gamma) \right] \hat{\mathbf{l}}$$

(14.10d)

Note que o ângulo de banco γ é adicionado ou subtraído do ângulo da manivela para cada banco de cilindros para referenciá-lo em relação ao eixo X central. As forças continuam direcionadas ao longo dos planos dos bancos de cilindros. Substitua as identidades.

$$\cos(\theta + \gamma) = \cos\theta\cos\gamma - \mathrm{sen}\,\theta\,\mathrm{sen}\,\gamma$$
$$\cos(\theta - \gamma) = \cos\theta\cos\gamma + \mathrm{sen}\,\theta\,\mathrm{sen}\,\gamma$$

(14.10e)

para encontrar:

$$\mathbf{F}_{s_R} \cong m_B r \omega^2 \begin{bmatrix} \cos\theta\cos\gamma - \mathrm{sen}\,\theta\,\mathrm{sen}\,\gamma \\ + \dfrac{r}{l}(\cos 2\theta\cos 2\gamma - \mathrm{sen}\,2\theta\,\mathrm{sen}\,2\gamma) \end{bmatrix} \hat{\mathbf{r}}$$

$$\mathbf{F}_{s_L} \cong m_B r \omega^2 \begin{bmatrix} \cos\theta\cos\gamma + \mathrm{sen}\,\theta\,\mathrm{sen}\,\gamma \\ + \dfrac{r}{l}(\cos 2\theta\cos 2\gamma + \mathrm{sen}\,2\theta\,\mathrm{sen}\,2\gamma) \end{bmatrix} \hat{\mathbf{l}}$$

(14.10f)

Agora, para levar em conta a possibilidade de vários cilindros, defasados entre cada banco, substitua θ na equação 14.10a e troque as somas dos termos do ângulo pelos produtos das identidades.

$$\cos(\omega t - \phi_i) = \cos\omega t \cos\phi_i + \mathrm{sen}\,\omega t\,\mathrm{sen}\,\phi_i$$
$$\mathrm{sen}(\omega t - \phi_i) = \mathrm{sen}\,\omega t \cos\phi_i - \cos\omega t\,\mathrm{sen}\,\phi_i$$

(14.10g)

Após muita manipulação, as expressões para as contribuições do banco direito e esquerdo reduzem-se a:

para o banco direito:

$$\mathbf{F}_{s_R} \cong m_B r \omega^2 \begin{bmatrix} (\cos\omega t \cos\gamma - \mathrm{sen}\,\omega t\,\mathrm{sen}\,\gamma)\displaystyle\sum_{i=1}^{n/2}\cos\phi_i \\ + (\cos\omega t \,\mathrm{sen}\,\gamma + \mathrm{sen}\,\omega t \cos\gamma)\displaystyle\sum_{i=1}^{n/2}\mathrm{sen}\,\phi_i \\ + \dfrac{r}{l}(\cos 2\omega t \cos 2\gamma - \mathrm{sen}\,2\omega t\,\mathrm{sen}\,2\gamma)\displaystyle\sum_{i=1}^{n/2}\cos 2\phi_i \\ + \dfrac{r}{l}(\cos 2\omega t\,\mathrm{sen}\,2\gamma + \mathrm{sen}\,2\omega t \cos 2\gamma)\displaystyle\sum_{i=1}^{n/2}\mathrm{sen}\,2\phi_i \end{bmatrix} \hat{\mathbf{r}}$$

(14.10h)

e para o banco esquerdo:

$$\mathbf{F}_{s_L} \cong m_B r \omega^2 \begin{bmatrix} (\cos \omega t \cos \gamma + \sen \omega t \sen \gamma) \sum_{i=n/2+1}^{n} \cos \phi_i \\ -(\cos \omega t \sen \gamma - \sen \omega t \cos \gamma) \sum_{i=n/2+1}^{n} \sen \phi_i \\ +\frac{r}{l}(\cos 2\omega t \cos 2\gamma + \sen 2\omega t \sen 2\gamma) \sum_{i=n/2+1}^{n} \cos 2\phi_i \\ -\frac{r}{l}(\cos 2\omega t \sen 2\gamma - \sen 2\omega t \cos 2\gamma) \sum_{i=n/2+1}^{n} \sen 2\phi_i \end{bmatrix} \hat{\mathbf{l}} \quad (14.10i)$$

Os somatórios nas equações 14.10h e i fornecem um conjunto de critérios suficientes para **força vibratória zero** ao longo do segundo harmônico para cada banco, similares àqueles do motor em linha na Equação 14.3. Podemos resolver a força vibratória para cada banco em componentes ao longo e normais ao eixo X central do motor em V.*

$$\begin{aligned} F_{s_x} &= \left(F_{s_L} + F_{s_R}\right) \cos \gamma \; \hat{\mathbf{i}} \\ F_{s_y} &= \left(F_{s_L} - F_{s_R}\right) \sen \gamma \; \hat{\mathbf{j}} \\ \mathbf{F_s} &= F_{s_x} \hat{\mathbf{i}} + F_{s_y} \hat{\mathbf{j}} \end{aligned} \quad (14.10j)$$

A Equação 14.10j fornece oportunidades adicionais para cancelar as forças vibratórias além da escolha de ângulos de fase; por exemplo, mesmo com valores de F_{sL} e F_{sR} diferentes de zero, se γ é 90°, então a componente x da força vibratória será zero. Igualmente, se $F_{sL} = F_{sR}$, então a componente y da força vibratória será zero para qualquer γ. Esta situação ocorre no caso de motor horizontalmente oposto (ver Seção 14.8). Com alguns motores em V ou opostos é possível obter o cancelamento das componentes da força vibratória mesmo quando os somatórios na Equação 14.10 não são todos iguais a zero.

As equações do **momento vibratório** são facilmente formadas das equações de força vibratória multiplicando cada termo no somatório pelo braço de momento, como foi feito na Equação 14.6. Os momentos existem em cada banco e seus vetores serão ortogonais ao respectivo plano do cilindro. Para o banco direito definimos um versor $\hat{\mathbf{n}}$ perpendicular ao plano $\hat{\mathbf{r}}Z$ na Figura 14-21. Para o banco esquerdo definimos um versor $\hat{\mathbf{m}}$ perpendicular ao plano $\hat{\mathbf{l}}Z$ na Figura 14-21.

$$M_{s_R} \cong m_B r \omega^2 \begin{bmatrix} (\cos \omega t \cos \gamma - \sen \omega t \sen \gamma) \sum_{i=1}^{n/2} z_i \cos \phi_i \\ +(\cos \omega t \sen \gamma + \sen \omega t \cos \gamma) \sum_{i=1}^{n/2} z_i \sen \phi_i \\ +\frac{r}{l}(\cos 2\omega t \cos 2\gamma - \sen 2\omega t \sen 2\gamma) \sum_{i=1}^{n/2} z_i \cos 2\phi_i \\ +\frac{r}{l}(\cos 2\omega t \sen 2\gamma + \sen 2\omega t \cos 2\gamma) \sum_{i=1}^{n/2} z_i \sen 2\phi_i \end{bmatrix} \hat{\mathbf{n}} \quad (14.11a)$$

---

* O efeito do sobrebalanceamento dos moentes da árvore de manivelas não está incluído na Equação 14.10j como mostrado. Supõe-se que o virabrequim esteja exatamente balanceado. Ver Apêndice E para as equações completas que incluem os efeitos de sobrebalanceamento de manivelas. O programa ENGINE (ver Apêndice A) usa as equações do Apêndice E para calcular os efeitos de sobrebalanceamento em motores multicilíndricos.

MOTORES MULTICILÍNDRICOS

$$\mathbf{M}_{S_L} \cong m_B r \omega^2 \begin{bmatrix} (\cos \omega t \cos \gamma + \operatorname{sen} \omega t \operatorname{sen} \gamma) \sum_{i=n/2+1}^{n} z_i \cos \phi_i \\ -(\cos \omega t \operatorname{sen} \gamma - \operatorname{sen} \omega t \cos \gamma) \sum_{i=n/2+1}^{n} z_i \operatorname{sen} \phi_i \\ + \frac{r}{l} (\cos 2\omega t \cos 2\gamma + \operatorname{sen} 2\omega t \operatorname{sen} 2\gamma) \sum_{i=n/2+1}^{n} z_i \cos 2\phi_i \\ - \frac{r}{l} (\cos 2\omega t \operatorname{sen} 2\gamma - \operatorname{sen} 2\omega t \cos 2\gamma) \sum_{i=n/2+1}^{n} z_i \operatorname{sen} 2\phi_i \end{bmatrix} \hat{\mathbf{m}} \quad (14.11b)$$

Os somatórios nas equações 14.11a e b fornecem um conjunto de critérios suficientes para **momento vibratório zero** ao longo do segundo harmônico para cada banco, similares aos encontrados para o motor em linha nas equações 14.7. Resolvendo os momentos vibratórios para cada banco em componentes longitudinais e normais ao eixo X central do motor em V, obtém-se*

$$M_{S_x} = \left(M_{S_L} - M_{S_R}\right) \operatorname{sen} \gamma$$
$$M_{S_y} = \left(-M_{S_L} - M_{S_R}\right) \cos \gamma \quad (14.11c)$$
$$\mathbf{M}_S = M_{S_x} \hat{\mathbf{i}} + M_{S_y} \hat{\mathbf{j}}$$

A Equação 14.11c permite possíveis cancelamentos das componentes do momento vibratório para configurações em V ou opostas, mesmo quando os somatórios nas equações 14.11a e b não são todos zero; por exemplo, se γ é 90°, então a componente y do momento vibratório é zero.

Os **torques de inércia** dos bancos direito e esquerdo do motor em V são

$$\mathbf{T}_{i21_R} \cong \frac{1}{2} m_B r^2 \omega^2 \begin{bmatrix} \frac{r}{2l}\left(\operatorname{sen}(\omega t + \gamma) \sum_{i=1}^{n/2} \cos \phi_i - \cos(\omega t + \gamma) \sum_{i=1}^{n/2} \operatorname{sen} \phi_i\right) \\ -\left(\operatorname{sen} 2(\omega t + \gamma) \sum_{i=1}^{n/2} \cos 2\phi_i - \cos 2(\omega t + \gamma) \sum_{i=1}^{n/2} \operatorname{sen} 2\phi_i\right) \\ - \frac{3r}{2l}\left(\operatorname{sen} 3(\omega t + \gamma) \sum_{i=1}^{n/2} \cos 3\phi_i - \cos 3(\omega t + \gamma) \sum_{i=1}^{n/2} \operatorname{sen} 3\phi_i\right) \end{bmatrix} \hat{\mathbf{k}} \quad (14.12a)$$

* O efeito do sobrebalanceamento dos moentes da árvore de manivelas não está incluído na Equação 14.11c como mostrado. Supõe-se que o virabrequim esteja exatamente balanceado. Ver Apêndice E para as equações completas que incluem os efeitos de sobrebalanceamento de manivelas. O programa ENGINE (ver Apêndice A) usa as equações do Apêndice E para calcular os efeitos de sobrebalanceamento em motores multicilíndricos.

$$\mathbf{T}_{i21_L} \cong \frac{1}{2} m_B r^2 \omega^2 \begin{bmatrix} \frac{r}{2l}\left(\operatorname{sen}(\omega t - \gamma) \sum_{i=n/2+1}^{n} \cos \phi_i - \cos(\omega t - \gamma) \sum_{i=n/2+1}^{n} \operatorname{sen} \phi_i \right) \\ -\left(\operatorname{sen} 2(\omega t - \gamma) \sum_{i=n/2+1}^{n} \cos 2\phi_i - \cos 2(\omega t - \gamma) \sum_{i=n/2+1}^{n} \operatorname{sen} 2\phi_i \right) \\ -\frac{3r}{2l}\left(\operatorname{sen} 3(\omega t - \gamma) \sum_{i=n/2+1}^{n} \cos 3\phi_i - \cos 3(\omega t - \gamma) \sum_{i=n/2+1}^{n} \operatorname{sen} 3\phi_i \right) \end{bmatrix} \hat{\mathbf{k}} \quad (14.12b)$$

Adicione as contribuições de cada banco para o total. Para **torque de inércia zero** através do terceiro harmônico em um motor em V é suficiente (mas não necessário) que

$$\sum_{i=1}^{n/2} \operatorname{sen} \phi_i = 0 \quad \sum_{i=1}^{n/2} \cos \phi_i = 0 \quad \sum_{i=n/2+1}^{n} \operatorname{sen} \phi_i = 0 \quad \sum_{i=n/2+1}^{n} \cos \phi_i = 0$$

$$\sum_{i=1}^{n/2} \operatorname{sen} 2\phi_i = 0 \quad \sum_{i=1}^{n/2} \cos 2\phi_i = 0 \quad \sum_{i=n/2+1}^{n} \operatorname{sen} 2\phi_i = 0 \quad \sum_{i=n/2+1}^{n} \cos 2\phi_i = 0 \quad (14.12c)$$

$$\sum_{i=1}^{n/2} \operatorname{sen} 3\phi_i = 0 \quad \sum_{i=1}^{n/2} \cos 3\phi_i = 0 \quad \sum_{i=n/2+1}^{n} \operatorname{sen} 3\phi_i = 0 \quad \sum_{i=n/2+1}^{n} \cos 3\phi_i = 0$$

Note que, quando as equações 14.12a e b são somadas, combinações particulares de ϕ_i e γ podem cancelar o torque de inércia mesmo quando alguns termos da Equação 14.12c são diferentes de zero.

O **torque de potência** é

$$\mathbf{T}_{g21} \cong F_g r \sum_{i=1}^{n} \left(\operatorname{sen}\left[\omega t - (\psi_i + \gamma_k)\right] \left\{ 1 + \frac{r}{l}\cos\left[\omega t - (\psi_i + \gamma_k)\right] \right\} \right) \hat{\mathbf{k}} \quad (14.13)$$

em que o banco esquerdo tem um *ângulo de banco* $\gamma_k = +\gamma$ e o banco direito um *ângulo de banco* $\gamma_k = -\gamma$.

É possível projetar um motor em V que tenha o mesmo número de manivelas e cilindros, mas, por diversas razões, isso nem sempre é feito. A principal vantagem de um motor em V em relação a um em linha com o mesmo número de cilindros é seu tamanho mais compacto e maior rigidez. Ele pode ter mais ou menos metade do comprimento em comparação a um motor em linha (à custa de uma maior largura), contando que o virabrequim seja projetado para acomodar duas bielas por moente da árvore de manivelas, como mostrado na Figura 14-22. Cilindros em bancos opostos dividem, assim, um moente da árvore de manivelas. Um banco de cilindros é movimentado ao longo do eixo do virabrequim pela espessura de uma biela. O bloco de cilindros menor e mais largo e o virabrequim menor são muito mais rígidos tanto na torção como na flexão do que os para motor em linha com o mesmo número de cilindros. A Figura 14-23 mostra simulações computacionais de diversas flexões e um modo de vibração torcional para um virabrequim de quatro passos. As deflexões são exageradas. A forma necessária contorcida do virabrequim dificulta o controle dessas deflexões pelo projeto. Se excessivas na magnitude, podem levar a uma falha estrutural.

MOTORES MULTICILÍNDRICOS

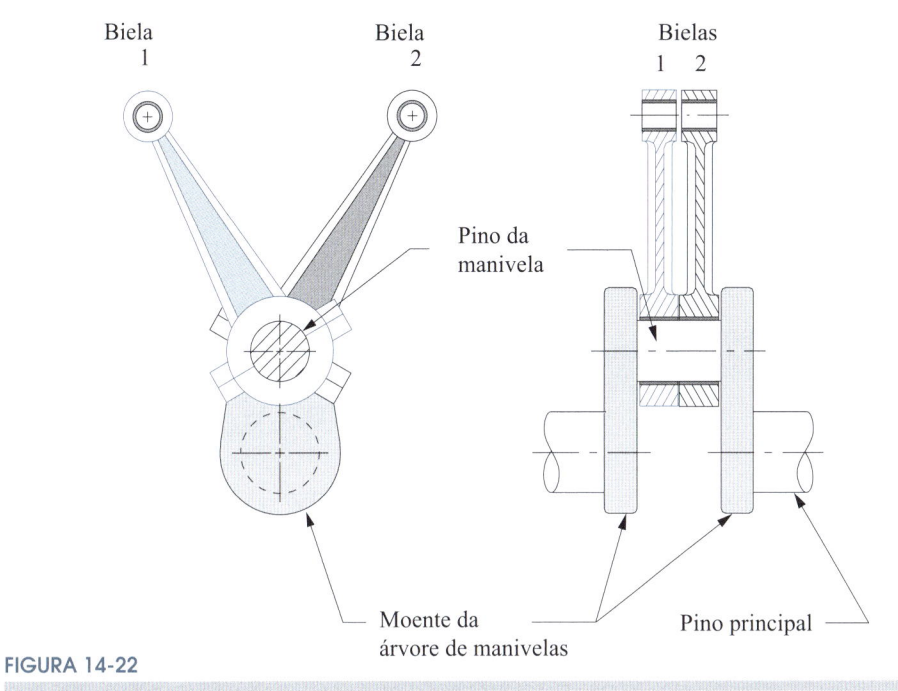

FIGURA 14-22

Duas bielas de conexão em um moente da árvore de manivelas em comum.

Como exemplo, vamos agora projetar um virabrequim para um motor V-8 de quatro tempos. Poderíamos colocar dois motores de quatro cilindros, $\phi_i = 0, 180, 180, 0°$, juntos nesse virabrequim e ter as mesmas condições de balanceamento que as do motor de quatro tempos e quatro cilindros projetado na seção anterior (balanceado nas vibrações primárias, desbalanceado nas secundárias). Entretanto, a motivação para escolher esse virabrequim para o motor de quatro cilindros foi a necessidade de espaçar igualmente os quatro pulsos de potência disponíveis durante o ciclo. A Equação 14.8b então impôs um ângulo de fase delta $\Delta\phi_i$ de 180° para aquele motor. Agora temos oito cilindros disponíveis e a Equação 14.8b define um ângulo de fase delta de 90° para o espaçamento do pulso de potência ótimo. Isso significa que poderíamos usar o virabrequim com $\phi_i = 0, 90, 180, 270°$ projetado para o motor de dois tempos e quatro cilindros mostrado na Figura 14-12 e aproveitar sua melhor condição de balanceamento de inércia, bem como adquirir o mesmo sincronismo de ignição no motor V-8 de quatro tempos.

O virabrequim de quatro cilindros com $\phi_i = 0, 90, 180, 270°$ tem todos os fatores de inércia iguais a zero, exceto para os momentos primário e secundário. Aprendemos que arranjar os moentes da árvore de manivelas com espelhamento simétrico em relação ao plano mediano balancearia o momento primário. Alguns pensamentos e/ou rascunhos vão revelar que não é possível obter essa simetria espelhada com qualquer arranjo de virabrequim com ângulo de fase delta de 90° e quatro movimentos. Entretanto, assim como rearranjar a ordem dos moentes da árvore de manivelas de $\phi_i = 0, 180, 0, 180°$ para $\phi_i = 0, 180, 180, 0°$ teve um efeito nos momentos vibratórios, rearranjar a ordem do movimento desse virabrequim terá o mesmo efeito. Um virabrequim de $\phi_i = 0, 90, 270, 180°$ tem todos os fatores de inércia iguais a zero, com exceção do momento primário. O momento secundário agora sumiu.* Essa é uma vantagem que vale a pena possuir. Vamos usar esse virabrequim para V-8 e lidar com o momento primário mais tarde.

---

* A explicação para isso é bem simples. A Equação 14.7b mostra que momentos secundários são uma função do braço do momento do cilindro e de duas vezes o ângulo de fase. Se você dobrar os valores da sequência original do ângulo de fase, 0, 90, 180, 270° e os modular com 360, vai obter 0, 180, 0, 180°, que não apresenta simetria espelhada. Dobrando a nova sequência de ângulo de fase 0, 90, 270, 180°, módulo 360, encontra-se 0, 180, 180, 0°, que corresponde à simetria espelhada. É essa simetria do ângulo de fase em dobro que causa o cancelamento do segundo harmônico do momento vibratório.

MODO 7 – 141 HZ

MODO 8 – 176 HZ

MODO 9 – 258 HZ

MODO 10 – 363 HZ

MODO 11 – 400 HZ

MODO 12 – 425 HZ

MODO 13 – 660 HZ

MODO 14 – 744 HZ

FIGURA 14-23

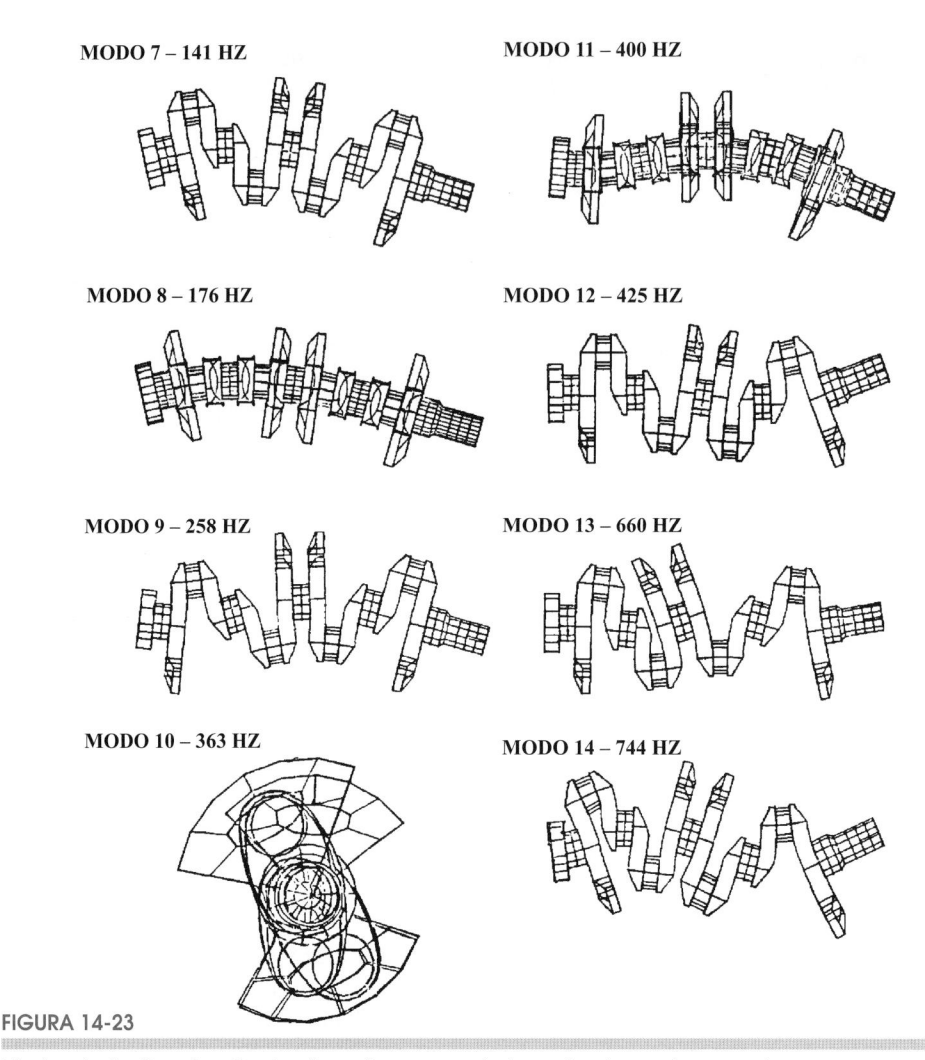

Modos de flexão e torção da vibração em um virabrequim de quatro moentes.
Cortesia da Chevrolet Division, General Motors Corp.

A Figura 14-24a mostra o diagrama de fases da manivela para o banco direito de um motor V-8 com um virabrequim com ϕ_i = 0, 90, 270, 180°. A Figura 14-24b mostra o diagrama de fases da manivela para o segundo (esquerdo) banco, que é idêntico ao do banco direito (assim deve ser, já que compartilham moente da árvore de manivelas), mas é *deslocado para a direita pelo ângulo V* 2γ. Note que, na Figura 14-21, os dois pistões são movimentados por bielas em um monte da árvore de manivelas em comum com ω positivo, e o pistão no banco direito vai alcançar o PMS antes do no banco esquerdo. Assim como mostramos, os movimentos do pistão do banco esquerdo se atrasam em relação aos do banco direito. Eventos com atraso ocorrem mais tarde, então temos de movimentar o segundo (esquerdo) banco para a direita pelo ângulo V no diagrama de fases da manivela.

Gostaríamos de deslocar o segundo banco de cilindros para que seus pulsos de potência sejam igualmente espaçadas entre os do primeiro banco. Uma breve consideração (e referência à Equação 14.8b) deveria revelar que, neste exemplo, cada banco de quatro cilindros tem potencialmente 720/4 = 180° entre pulsos de potência. Nossos moentes da árvore de manivelas

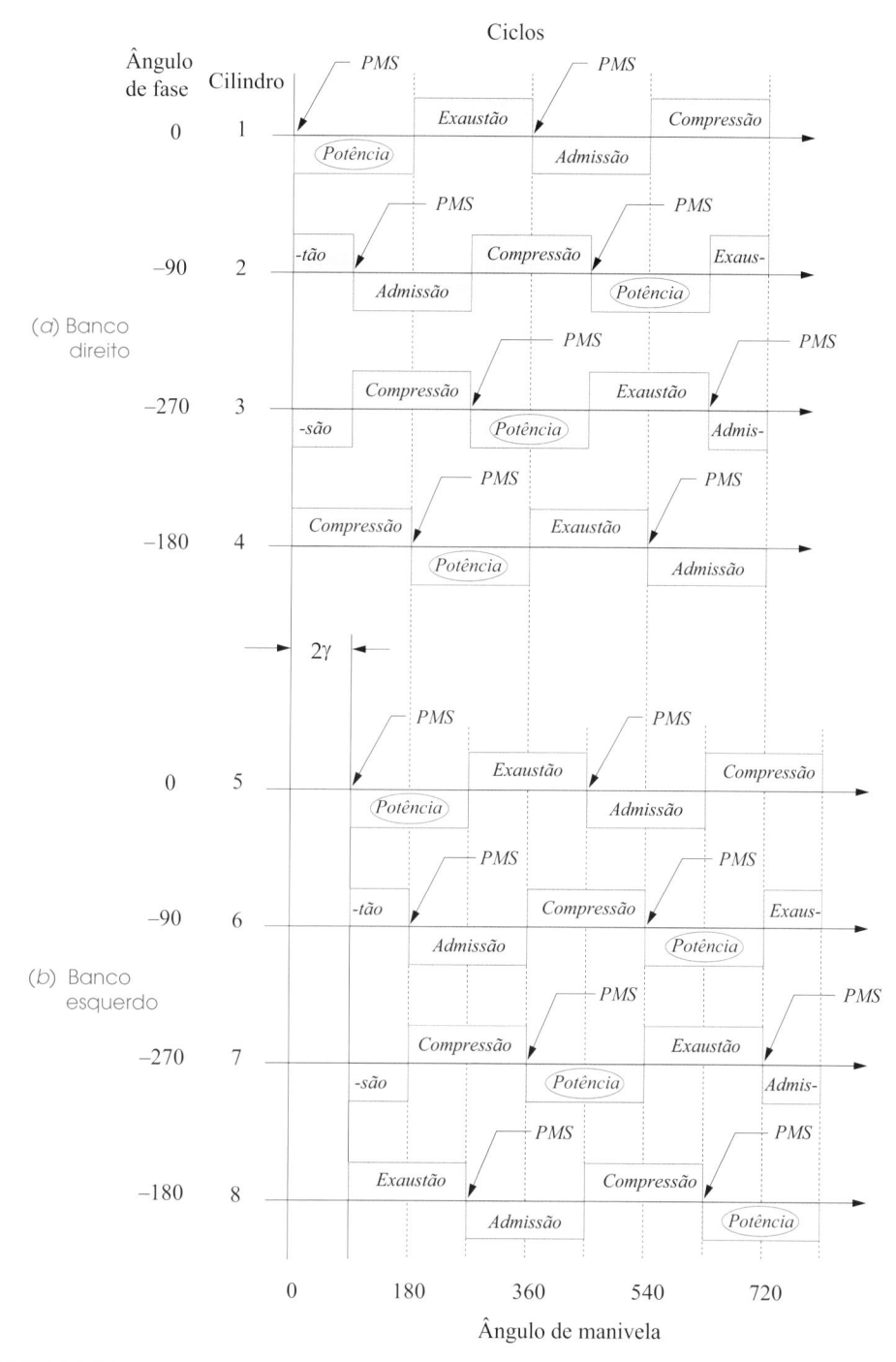

FIGURA 14-24

Diagrama de fases de manivela para V-8 de quatro tempos com ângulos de fase de virabrequim de 0, 90, 270, 180°.

escolhidos são espaçadas com incrementos de 90°. Um ângulo V de 90° (ângulo de banco γ = 45°) será ótimo neste caso, uma vez que os ângulos de fase e de banco serão adicionados para criar um espaçamento equivalente de 180°. Todo projeto de motor em V de quatro ou mais cilindros terá um ou mais ângulos V ótimos que fornecerão aproximadamente sincronismo de ignição com qualquer arranjo em particular dos ângulos de fase da manivela.

Várias sequências de ignição são possíveis com todos esses cilindros. Motores em V são frequentemente arranjados para ignição dos cilindros em bancos opostos sucessivamente para equilibrar a demanda de fluxo do fluido no coletor de admissão. Nossos cilindros são numerados da frente para trás, primeiro a parte de baixo do banco direito e então a parte de baixo do banco esquerdo. A ordem de ignição mostrada na Figura 14-24b é 1, 5, 4, 3, 7, 2, 6, 8 e resulta em ângulos do ciclo de potência ψ_i = 0, 90, 180, 270, 360, 450, 540, 630°. Isso vai claramente fornecer sincronismo de ignição com um pulso de potência a cada 90°.

A Figura 14-25 mostra o torque total para esse projeto de motor, que neste caso é igual ao torque de potência porque o torque de inércia é zero. A Tabela 14-5 e a Figura 14-26 mostram que a única componente inercial desbalanceada significativa neste motor é o momento primário, o qual é bastante grande. Os termos do quarto harmônico têm coeficientes insignificantes nas séries de Fourier, e nós os cortamos da equação. Vamos abordar o balanceamento desse momento primário em uma seção posterior deste capítulo.

Qualquer configuração de cilindros em V pode ter um ou mais ângulos V desejáveis que vão proporcionar tanto sincronismo de ignição como balanceamento de inércia aceitável. Entretanto, motores em V de menos de doze cilindros não serão completamente balanceados por meio das configurações de seu virabrequim. O ângulo V desejado vai ser tipicamente um inteiro múltiplo (incluindo um) ou submúltiplo do ângulo de fase delta ótimo definido na Equação 14.8 para este motor. Para ver os resultados desta configuração de motor V-8, execute o programa ENGINE (ver Apêndice A) e selecione o V8 em *Examples* na lista do menu.

90° V, 8 cilindros
Ciclo de 4 tempos
Diâmetro do cilindro = 63,5 mm
Curso = 64,8 mm
B/S = 0,98
L/R = 3,50
m_A = 7,32 kg
m_B = 2,03 kg
RPM = 3400

Ângulos de fase:
0 90 270 180 0 90 270 180

Ciclos de potência:
0 90 180 270 360 450 540 630

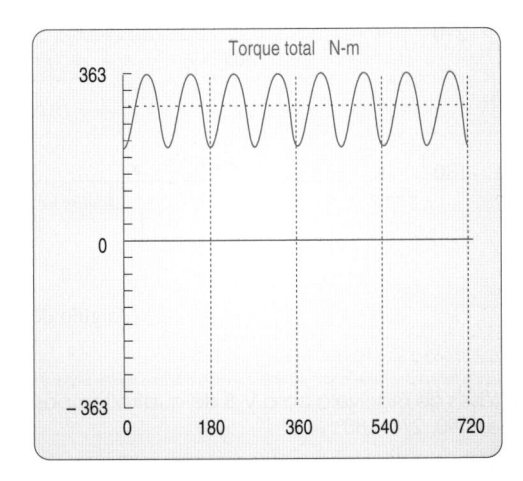

FIGURA 14-25

Torque total no motor V-8 de 90° com ângulos de fase de virabrequim de 0, 90, 270, 180°.

MOTORES MULTICILÍNDRICOS

TABELA 14-5 Estado de balanceamento de força e momento de um motor em V de oito cilindros com virabrequim de 0, 90, 270, 180° e $z_1 = 0$, $z_2 = 1$, $z_3 = 2$, $z_4 = 3$

Forças primárias em cada banco:	$\sum_{i=1}^{n} \operatorname{sen}\phi_i = 0$	$\sum_{i=1}^{n} \cos\phi_i = 0$
Forças secundárias em cada banco:	$\sum_{i=1}^{n} \operatorname{sen}2\phi_i = 0$	$\sum_{i=1}^{n} \cos 2\phi_i = 0$
Momentos primários em cada banco:	$\sum_{i=1}^{n} z_i \operatorname{sen}\phi_i = -1$	$\sum_{i=1}^{n} z_i \cos\phi_i = -3$
Momentos secundários em cada banco:	$\sum_{i=1}^{n} z_i \operatorname{sen}2\phi_i = 0$	$\sum_{i=1}^{n} z_i \cos 2\phi_i = 0$

14.8 CONFIGURAÇÕES DO MOTOR OPOSTO

Um motor oposto é essencialmente um motor em V com ângulo V de 180°. A vantagem, particularmente com um número pequeno de cilindros como dois ou quatro, é a condição de balanceamento possível relativamente boa. Um motor gêmeo* oposto de quatro tempos com manivela de 0, 180° tem sincronismo de ignição e balanceamento de força primária, embora o momento primário e todos os harmônicos superiores de força e momento sejam diferentes de zero. Um motor oposto de quatro cilindros e quatro tempos (quatro planos) com uma manivela de quatro moentes, 0, 180, 180, 0°, tem balanceamento de força primária, mas deve acionar seus cilindros aos pares, para que seu padrão de ignição seja gêmeo. Um quatro planos de quatro tempos com dois moentes da árvore de manivelas, 0, 180° terá sincronismo de ignição e a mesma condição de balanceamento do quatro em linha com uma manivela de 0, 180, 180, 0°. O programa ENGINE (ver Apêndice A) calculará os parâmetros para configurações do tipo oposto, assim como para as dos tipos V e em linha.

90° V, 8 cilindros
Ciclo de 4 tempos
Diâmetro
do cilindro = 63,5 mm
Curso   = 64,8 mm
B/S   = 0,98
L/R   = 3,50
m_A = 7,32 kg
m_B = 2,03 kg
RPM   = 3400

Ângulos de fase:
0 90 270 180 0 90 270 180

Ciclos de potência:
0 90 180 270 360 450 540 630

FIGURA 14-26

Momento primário desbalanceado no motor V-8 de 90° com virabrequim de 0, 90, 270, 180°.

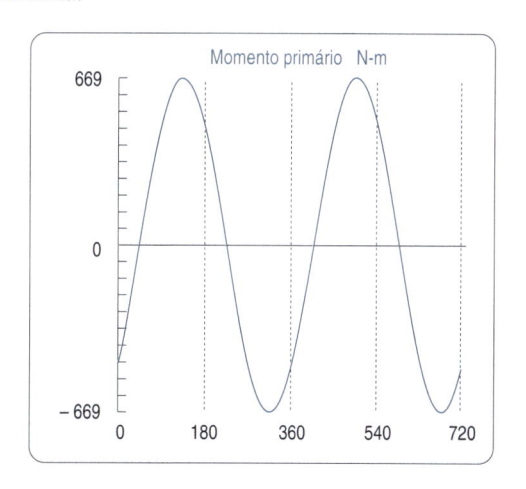

* Como nas motocicletas da BMW séries R.

14.9 BALANCEANDO MOTORES MULTICILÍNDRICOS

Com um número (m) suficiente de cilindros, propriamente arranjados em bancos de n cilindros em um motor multibanco,* um motor pode ser inerentemente balanceado. Em um motor de dois tempos, com seus moentes da árvore de manivelas arranjados para sincronismo de ignição, todos os harmônicos da força vibratória serão balanceados, exceto aqueles cujo número harmônico seja múltiplo de n. Em um motor de quatro tempos com seu moente da árvore de manivelas arranjado para sincronismo de ignição, todos os harmônicos da força vibratória serão balanceados, exceto aqueles cujo número harmônico seja um múltiplo de $n/2$. As componentes do momento vibratório primário serão balanceadas se o virabrequim for simetricamente espelhado em relação ao plano transversal central. Uma configuração de motor de quatro tempos em linha então requer ao menos seis cilindros para ser inerentemente balanceado através do segundo harmônico. Temos visto que um quatro em linha com um virabrequim de 0, 180, 180, 0° tem momentos e forças secundárias diferentes de zero assim como torque de inércia diferente de zero. O seis em linha com manivela simetricamente espelhada de ϕ_i = 0, 240, 120, 120, 240, 0° terá momentos e forças vibratórias zero através do segundo harmônico, embora o terceiro harmônico do torque de inércia continue presente. Para ver os resultados da configuração desse motor de seis cilindros em linha, execute o programa ENGINE (ver Apêndice A) e selecione o seis em linha em *Examples* no menu cascata.

UM V-12 É então o menor tipo de motor em V com um estado inerente mais próximo do perfeito balanceamento, por ter duas fileiras de seis eixos em linha em um único virabrequim. Vimos que os motores em V apresentam características de balanceamento dos bancos em linha dos quais eles são feitos. As equações 14.10 e 14.11 não introduziram novos critérios para balanceamento no motor em V em relação àqueles já definidos nas equações 14.3 e 14.5 para balanceamento da força vibratória e do momento no motor em linha. Abra o arquivo BMWV12.ENG no programa ENGINE para ver os resultados para um motor V-12. O motor V-8 comum com ângulos de fase do virabrequim de ϕ_i = 0, 90, 270, 180° tem um momento primário desbalanceado, assim como o quatro em linha do qual ele é feito. Este é um exemplo no programa ENGINE.

TORQUES DE INÉRCIA DESBALANCEADOS Podem ser suavizados com um volante de inércia, como mostrado na Seção 13.8 para um motor monocilíndrico. Note que mesmo um motor com torque inercial zero pode precisar de um volante de inércia para amenizar suas variações no torque de potência. A função do torque total deveria ser utilizada para determinar as variações de energia a serem absorvidas por um volante de inércia, pois contém torque de potência e torque de inércia (se houver). O método da Seção 11.11 também se aplica para cálculo do tamanho necessário do volante de inércia em um motor, com base em sua variação na função do torque total. O programa ENGINE vai computar as áreas sob os pulsos do torque total necessárias para o cálculo. Ver seções referidas para o melhor procedimento de projeto do volante de inércia.

FORÇAS E MOMENTOS VIBRATÓRIOS DESBALANCEADOS Podem ser cancelados com a adição de um ou mais eixos de balanceamento rotativos dentro do motor. Cancelar as componentes primárias requer dois eixos de balanceamento rotacionando com a velocidade da manivela, um deles podendo ser o próprio virabrequim. Cancelar as componentes secundárias usualmente requer ao menos dois eixos de balanceamento rotacionando com velocidade duas vezes maior que a da manivela, engrenados ou movidos por corrente pelo virabrequim. A Figura 14-27a mostra um par de eixos de contrarrotação que é equipado com moente de massa arranjado a 180° fora da fase.** Como mostrado, as forças centrífugas desbalanceadas das massas igualmente desbalanceadas serão somadas para fornecer uma componente de força vibratória na direção vertical com o dobro de força desbalanceada de cada massa, enquanto suas componentes horizontais serão exatamente canceladas. Pares de contrarrotação excêntricos podem ser arranjados para fornecer força variando harmonicamente em qualquer plano. A frequência harmônica será determinada pela velocidade rotacional dos eixos.

---

* Para um motor em linha, $m = n$.

** Este é chamado balanceador de Lanchester graças a seu inventor inglês, que o desenvolveu antes da Primeira Guerra Mundial (c. 1913). Ainda continua sendo usado em vários tipos de máquinas, como também em motores, para cancelar as forças de inércia.

Se distribuirmos dois pares excêntricos, com um par deslocado do outro a certa distância ao longo do eixo, e também rotacioná-lo de 180° em volta do eixo em relação ao primeiro, como mostrado na Figura 14-27b, teremos um conjugado de harmônicos variantes em um plano. Haverá cancelamento de forças em uma direção e somatório em uma direção ortogonal.

Assim, para cancelar o momento vibratório em qualquer plano, podemos organizar um par de eixos, cada um contendo duas massas excêntricas deslocadas ao longo dos eixos, defasados de 180°, e engrená-los juntos para rotacionar em direções opostas a qualquer múltiplo de velocidade do virabrequim. Da mesma forma, para cancelar a força vibratória, só é necessário fornecer suficiente massa desbalanceada adicional em um dos pares de massa excêntricos para gerar uma força vibratória oposta àquela do motor, acima e abaixo da necessária para gerar as forças do conjugado.

Em um motor em linha, as forças e os momentos desbalanceados são todos confinados ao plano único dos cilindros, assim como são inteiramente resultantes das massas recíprocas que supomos concentradas no pino do pistão. (Estamos supondo que todas as excentricidades da manivela estão exatamente balanceadas em rotação para cancelar os efeitos da massa no pino da manivela.) Em um motor em V, contudo, as forças e os momentos vibratórios têm componentes x e y, como mostrado nas equações 14.10 e 14.11 e na Figura 14-21. Os efeitos vibratórios de cada pistão do banco estão agindo dentro do plano dos cilindros do banco, e o ângulo de banco γ é usado para resolvê-los em componentes x e y.

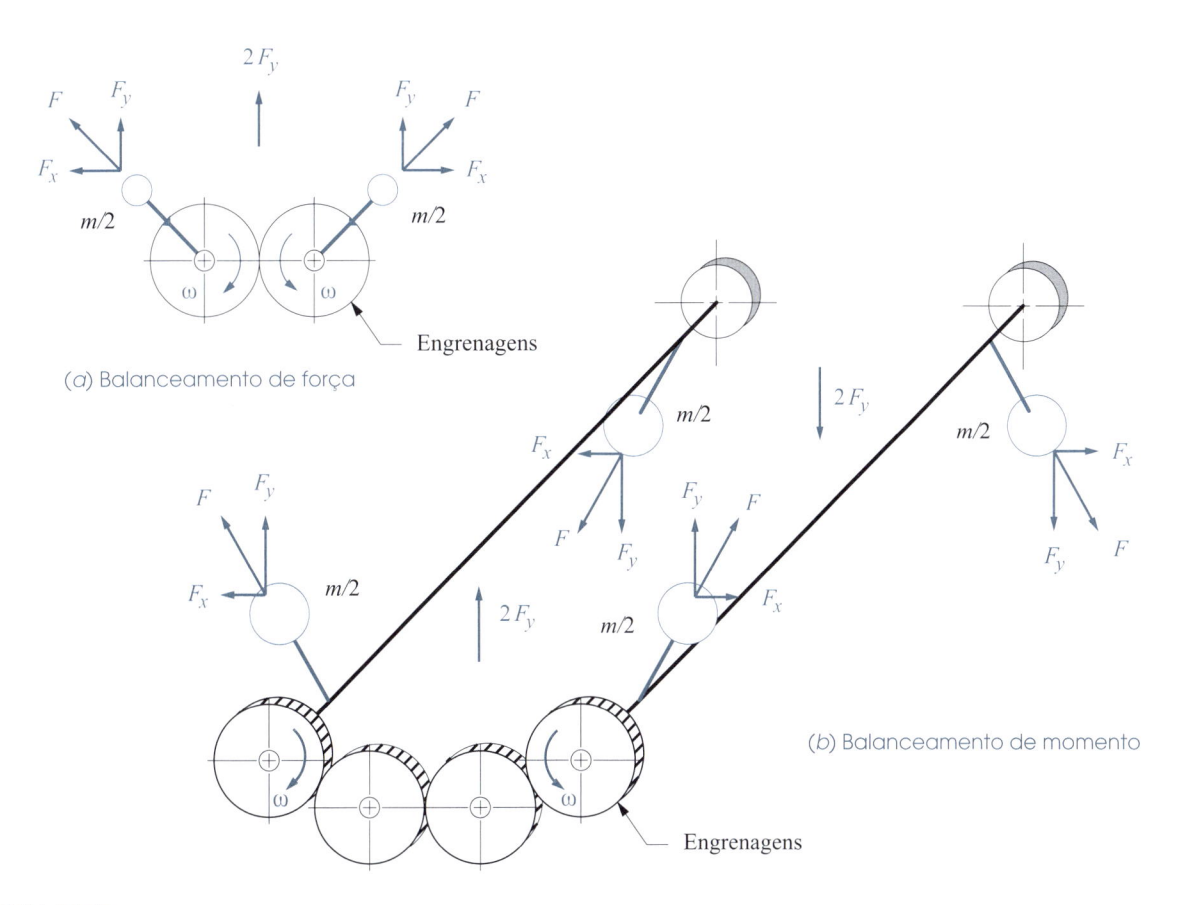

FIGURA 14-27

Massas excêntricas em contrarrotação podem balancear forças e momentos.

V-Gêmeo O balanceamento da força primária é possível em um V-gêmeo de quatro tempos de qualquer ângulo V se dois pinos de manivela forem usados. Se $\phi_1 = 0$, o ângulo de fase do segundo pino ϕ_2 deve ser[2]

$$\phi_2 = 180° - 2\nu \qquad (14.14a)$$

Para sincronismo de ignição, a relação deve ser

$$\phi_2 = 360° - \nu \qquad (14.14b)$$

em que ν é o ângulo V como definido na Figura 14-21. O único valor de ν que satisfaz ambos os critérios é 180° (cilindros opostos). Todos os outros ângulos V-gêmeos podem ter sincronismo de ignição ou balanceamento primário, mas não os dois.*

A Figura 14-28 mostra a força vibratória bidimensional presente em um motor em V 90° com dois cilindros, de pino de manivela único, que satisfaz a Equação 14.14a com $\phi_1 = \phi_2 = 0$, fundindo seus "dois pinos de manivela" em um para esse ângulo V. A força de inércia de cada pistão é confinada ao plano recíproco (banco) do pistão, mas o ângulo V entre os bancos de cilindro cria o padrão mostrado quando as componentes primárias e secundárias de cada força no pistão são adicionadas vetorialmente. A força vibratória do V-gêmeo 90° com pino de manivela único tem uma componente primária em rotação de magnitude constante que pode ser cancelada com contrapesos sobrebalanceados no virabrequim. Contudo, seu segundo harmônico é planar (no plano YZ). Para cancelá-lo, é necessário um par de eixos de balanceamento com o dobro da velocidade, como mostrado na Figura 14-27a.

V-8 O motor V-8 de 90° com um virabrequim de 0, 90, 270, 180° que tem apenas um momento primário desbalanceado apresenta um caso especial. O ângulo de 90° entre os bancos resulta em componentes horizontal e vertical iguais do momento vibratório primário, o que o reduz a um conjugado de magnitude constante rotacionando em relação ao eixo da manivela com velocidade de virabrequim na mesma direção da manivela mostrada na Figura 14-29. Com este motor V-8, o momento primário pode ser balanceado pela mera adição de dois contrapesos excêntricos de tamanho ideal e orientação oposta em relação ao virabrequim sozinho. Não inde-

---

* V-gêmeos para motocicletas têm sido fabricados em uma variedade de ângulos V: 45°, 48°, 50°, 52°, 60°, 75°, 80°, 90°, 180° e outros possíveis. Todos têm força secundária desbalanceada, e a maioria tem força primária desbalanceada. Alguns foram adequados com eixos de balanceamento para reduzir a vibração. A maioria também é de não sincronismo de ignição, o que lhes dá um som de exaustão característico. A Harley-Davidson com pino de manivela único, 45° V-gêmeo é um exemplo do som que tem sido descrito como "potato-potato".

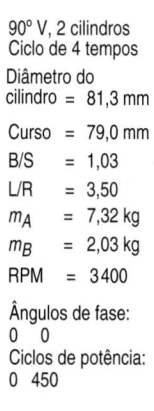

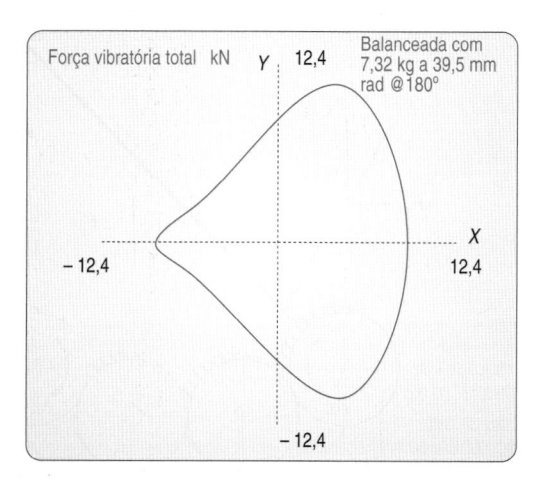

FIGURA 14-28

Força vibratória em um motor V-gêmeo 90° (olhando da extremidade para o eixo do virabrequim).

MOTORES MULTICILÍNDRICOS

pendente, o balanceamento do segundo eixo é necessário no motor V-8 de 90° com esse virabrequim. Os contrapesos defasados de 180° são tipicamente posicionados perto das extremidades do virabrequim para obter o maior braço de momento possível e, assim, reduzir o seu tamanho.

V-6 De três tempos, duas bielas por ciclo, virabrequim de 0, 240, 120° tem momentos primários e secundários desbalanceados, assim como o em linha de três cilindros do qual eles são feitos. Este V-6 precisa de um ângulo V de 120° para balanceamento inerente. Para reduzir a largura do motor, os V-6 são, na maioria das vezes, feitos com ângulo V de 60°, que lhes dá sincronismo de ignição com seis tempos de manivela 0, 240, 120, 60, 300, 180°. Esse motor tem momentos primários e secundários desbalanceados, cada um sendo um vetor rotativo de magnitude constante, como os do V-8 – mostrado na Figura 14-29. O componente primário pode ser completamente balanceado com a adição de contrapesos ao virabrequim, como feito no V-8 90°. Alguns V-6 usam ângulos V de 90° para permitir a montagem na mesma linha de produção do V-8 90°, mas V-6 90° de três tempos funcionarão grosseiramente devido ao não sincronismo de ignição, a menos que o virabrequim seja reprojetado para movimentar (ou deslocar) as duas bielas em 30° em cada pino. Isso resulta em um virabrequim com quatro mancais principais e seis cursos a 0, 240, 120, 30, 270, 150° que fornece sincronismo de ignição, mas não possui momentos vibratórios primários e secundários constantes. Alguns fabricantes[*] também adicionam um eixo de balanceamento único no vale dos V-6, movido por engrenagens com a mesma velocidade do virabrequim para cancelar a componente Y, e contrapesos na manivela para cancelar a componente X do momento vibratório primário não circular.

O cálculo de magnitude e localização das massas de balanceamento excêntricas necessárias para cancelar qualquer força ou momento vibratório é um simples exercício de **balanceamento estático** (de forças) e **balanceamento dinâmico em dois planos** (de momentos), como discutido nas seções 12.1 e 12.2. As forças e os momentos desbalanceados para configurações particulares de motor são calculadas de equações apropriadas neste capítulo. Dois planos de correção devem ser selecionados ao longo do comprimento dos eixos/virabrequim de balanceamento que estão sendo projetados. A magnitude e as localizações angulares das massas de balanceamento podem, então, ser calculadas pelos métodos descritos nas seções já descritas do Capítulo 12.

90° V, 8 cilindros
Ciclo de 4 tempos
Diâmetro
do cilindro = 63,5 mm
Curso = 64,8 mm
B/S = 0,98
L/R = 3,50
m_A = 7,32 kg
m_B = 2,03 kg
RPM = 3400

Ângulos de fase:
0 90 270 180 0 90 270 180

Ciclos de potência:
0 90 180 270 360 450 540 630

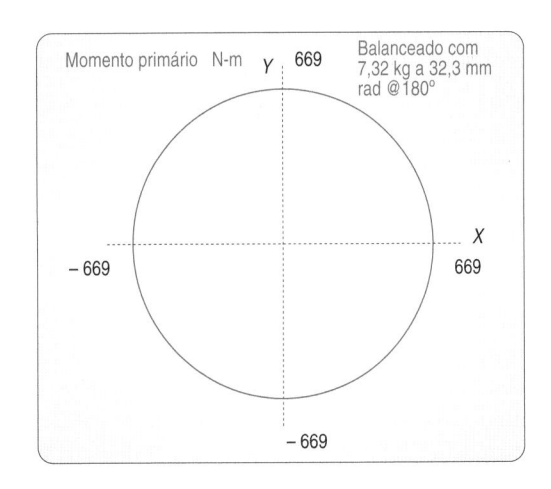

Momento primário N-m
Y 669
Balanceado com 7,32 kg a 32,3 mm rad @ 180°
−669   669 X
−669

FIGURA 14-29

Momento primário no motor V-8 de 90° (olhando da extremidade para o eixo do virabrequim).

---

[*] General Motors, no seu Buick V-6 e linhas V-6.

Balanceamento secundário em um motor de quatro cilindros em linha

O motor de quatro cilindros em linha com um virabrequim de 0, 180, 180, 0° é um dos motores mais utilizados na indústria automobilística. Como descrito em uma seção anterior, esse motor sofre de força, momento e torque secundários desbalanceados. Se o deslocamento do motor for abaixo de 2,0 litros, então as magnitudes das forças secundárias podem ser tão pequenas que podem ser ignoradas, especialmente se o motor montado oferecer bom isolamento de vibração do motor para o compartimento do passageiro. Acima desse deslocamento barulho, vibração e aspereza (BVA) podem ser ouvidos e sentidos pelo passageiro em certas velocidades do motor nas quais a frequência do segundo harmônico do motor coincida com uma das frequências naturais da estrutura do corpo. Então, é necessário que se faça um balanceamento no motor para evitar insatisfação dos clientes.

A Equação 14.2d define a força vibratória do motor em linha. Aplicando os fatores relevantes da Tabela 14-4 para esse motor ao segundo termo harmônico, obtém-se

$$\mathbf{F}_{s_2} \cong m_B r \omega^2 \frac{4r}{l} \cos 2\omega t \ \hat{\mathbf{i}} \qquad (14.15)$$

O torque vibratório para o motor em linha é dado pela Equação 14.4c combinada com a Equação 13.15f. Selecionando apenas o segundo termo harmônico e aplicando os fatores relevantes da Tabela 14-4 para esse motor, obtém-se

$$\mathbf{T}_{s_2} \cong 2 m_B r^2 \omega^2 \mathrm{sen} 2\omega t \ \hat{\mathbf{k}} \qquad (14.16)$$

O princípio do balanceador de Lanchester, mostrado na Figura 14-27a, pode ser usado para neutralizar as forças secundárias movimentando no sentido contrário seus dois eixos balanceados com o dobro da velocidade do virabrequim com correias e/ou engrenagens. A Figura 14-30 mostra como este arranjo é aplicado em um motor Mitsubishi quatro cilindros de 2,6 litros.*

H. Nakamura[3] melhorou o projeto de 1913 de Lanchester ao arranjar os eixos de balanceamento dentro do motor de modo a cancelar o segundo harmônico do torque de inércia, assim como a força de inércia secundária. Contudo, seu arranjo não altera o desbalanceamento do momento vibratório secundário. Na verdade, ele é projetado para fornecer momento líquido zero em relação ao eixo transversal com a intenção de minimizar os momentos de flexão no eixo, e então evitar carga sobre os rolamentos e perdas por atrito. Essa característica a principal reinvindicação e tema da patente de Nakamura no seu projeto.[4]

A Figura 14-31a mostra um esquema de um balanceador de Lanchester convencional organizado com dois eixos balanceados em sentido contrário com seus centros em um plano único horizontal, transversal ao plano vertical de movimento do pistão.**

A força de balanceamento dos dois eixos de balanceamento combinados é

$$\mathbf{F}_{bal} \cong -8 m_{bal} r_{bal} \omega^2 \cos 2\omega t \ \hat{\mathbf{i}} \qquad (14.17)$$

em que m_{bal} e r_{bal} são a massa e o raio, respectivamente, de um peso de balanceamento.

A Figura 14-31b mostra o arranjo de Nakamura dos eixos de balanceamento com um situado sobre o outro em planos horizontais separados. O deslocamento vertical $x_1 - x_2$ entre eixos, combinado com as componentes horizontais de igual magnitude, mas de direções opostas das forças centrífugas de contrapesos, cria algumas variações no tempo *em relação ao eixo do virabrequim* definido como

$$\mathbf{T}_{bal} \cong -4 m_{bal} r_{bal} \omega^2 (x_1 - x_2) \mathrm{sen} 2\omega t - (y_1 + y_2) \cos 2\omega t \ \hat{\mathbf{k}} \qquad (14.18)$$

---

* Também usado uma vez pela Chrysler e Porsche sob licença da Mitsubishi.

** O arranjo mostrado na Figura 14-31a é apenas um esquema do projeto original de Lanchester, no qual o virabrequim guiava os eixos de balanceamento através de engrenagens helicoidais de ângulo direito com o eixo de balanceamento de eixos paralelo ao eixo *y* da Figura 14-31, por exemplo, transversal, em vez de paralelo, o eixo do virabrequim como mostrado aqui. Ver referência [4] para os desenhos de seu projeto original.

MOTORES MULTICILÍNDRICOS

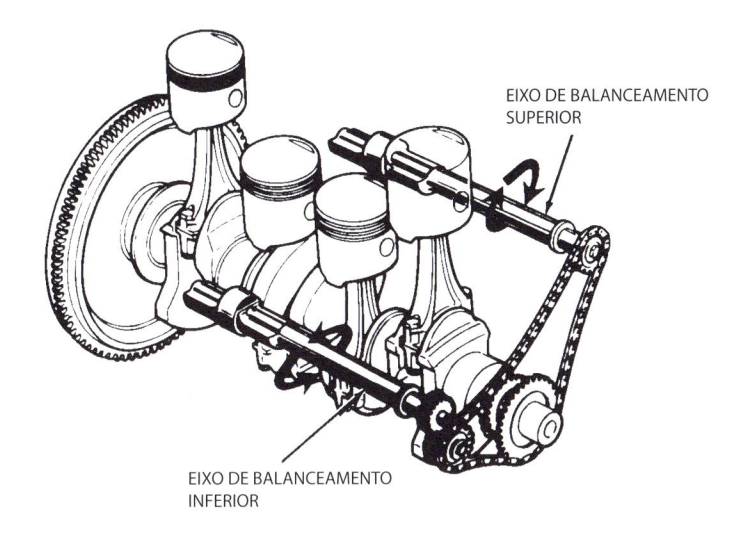

FIGURA 14-30

Eixos de balanceamento usados para eliminar o desbalanceamento secundário no motor de quatro cilindros em linha. *Cortesia da Chrysler Corporation.*

em que x e y referem-se às coordenadas dos centros do eixo referenciado ao centro do virabrequim, e os subscritos 1 e 2 referem-se, respectivamente, ao eixo de balanceamento girando na mesma direção àquelas do virabrequim.

As componentes verticais das forças centrífugas dos pesos de balanceamento continuam a se somar para fornecer balanceamento de força, assim como na Equação 14.17. O torque na Equação 14.18 vai ter sentido oposto ao torque vibratório se o eixo superior girar na mesma direção dele e o eixo inferior girar na direção contrária à do virabrequim.

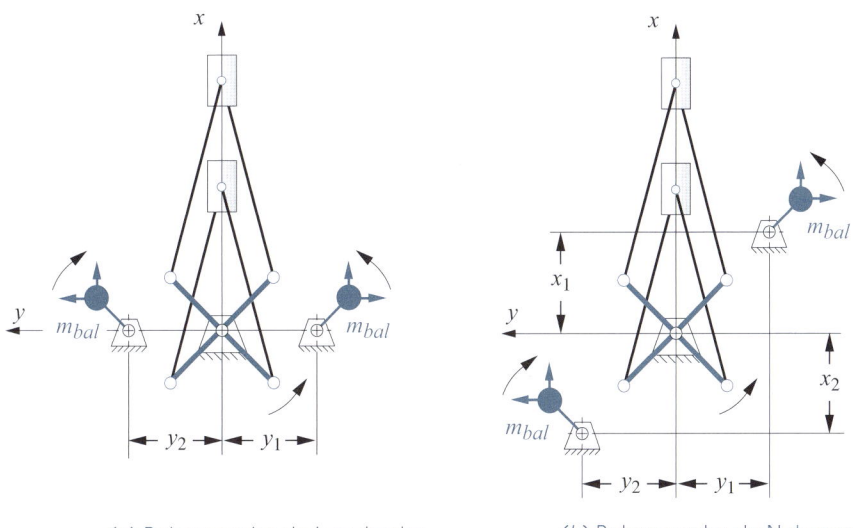

(*a*) Balanceador de Lanchester (*b*) Balanceador de Nakamura

FIGURA 14-31

Dois tipos de mecanismo balanceador secundário para motor de quatro cilindros em linha.

Para balanceamento de força, as equações 14.15 e 14.17 devem somar zero

$$m_B r \omega^2 \frac{4r}{l} \cos 2\omega t - 8 m_{bal} r_{bal} \omega^2 \cos 2\omega t = 0$$

ou
$$m_{bal} r_{bal} = \frac{r}{2l} m_B r \qquad (14.19)$$

que define o produto do raio de massa necessário para o mecanismo de balanceamento.

Para torque de balanceamento, as equações 14.16 e 14.18 devem somar zero

$$2 m_B r^2 \omega^2 \operatorname{sen} 2\omega t - 4 m_{bal} r_{bal} \omega^2 \left[(x_1 - x_2) \operatorname{sen} 2\omega t - (y_1 + y_2) \cos 2\omega t \right] = 0 \qquad (14.20a)$$

Substitua a Equação 14.19 na 14.20a.

$$2 m_B r^2 \operatorname{sen} 2\omega t - 4 \frac{r}{2l} m_B r \left[(x_1 - x_2) \operatorname{sen} 2\omega t - (y_1 + y_2) \cos 2\omega t \right] = 0 \qquad (14.20b)$$

Para que essa equação seja zero para todos os ωt,

$$\begin{aligned} y_2 &= -y_1 \\ x_1 - x_2 &= l \end{aligned} \qquad (14.20c)$$

Então, se os eixos de balanceamento forem arranjados simetricamente em relação ao plano do pistão em quaisquer localizações convenientes y_1 e $-y_1$, e a distância $x_1 - x_2$ for igual ao comprimento da biela l, o segundo harmônico do torque de inércia será completamente cancelado. Uma vez que o segundo harmônico é a única componente diferente de zero do torque de inércia nesse motor, como pode ser visto na Figura 14-20b, agora vai estar completamente balanceado para força vibratória e torque vibratório (mas não para momento vibratório).

Existe também uma oscilação significativa do torque de potência no motor de quatro cilindros, como mostrado na Figura 14-20a. O torque de potência está defasado 180° em relação ao torque de inércia, como pode ser visto na Figura 14-20b e então propicia um cancelamento natural, como mostrado na curva de torque total da Figura 14.20c. A magnitude do torque de potência varia com a carga do motor e, então, ela mesma não pode ser cancelada por qualquer geometria particular do eixo de balanceamento para todas as condições. Contudo, uma velocidade do motor e condição de carga podem ser selecionadas como representação da maioria das condições típicas de movimento, e a geometria do sistema de balanceamento alterado para fornecer uma melhor redução do torque total do motor sob tais condições. Nakamura estima que a magnitude do torque de potência é aproximadamente 30% do torque de inércia sob condições típicas de movimento e a oscilação então sugere o valor de $x_1 - x_2 = 0,7l$ para a melhor redução global do torque total nesse motor. Note que a média dos valores do torque de movimento não é afetada pelo balanceamento, pois a média do torque de qualquer sistema de balanceamento em rotação é sempre zero.

Um motor de dois cilindros perfeitamente balanceado

Frederick Lanchester, em 1897, desenvolveu um arranjo extremamente inteligente de motor horizontalmente oposto[5] da Figura 14-32 que, com apenas dois cilindros, cancelava completamente todos os harmônicos das forças e dos momentos de inércia. Ele reconheceu que o movimento lateral da biela contribuía para isso e, assim, providenciou dois virabrequins em rotação oposta movidos por um total de seis bielas, três por pino de manivela, com duas hastes superiores montadas em uma haste inferior para simetria no eixo Z. Os contrapesos da manive-

MOTORES MULTICILÍNDRICOS

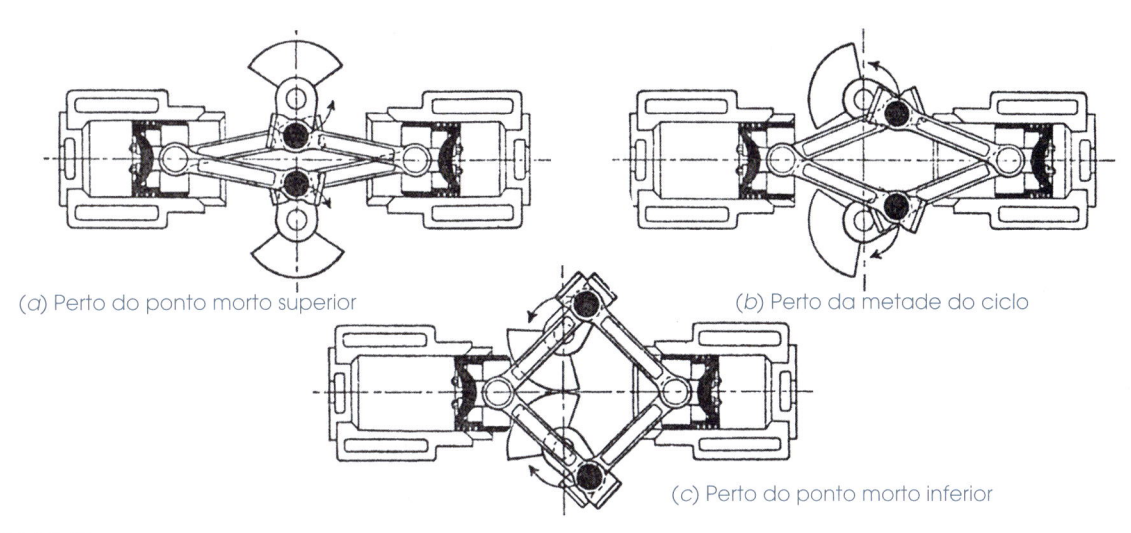

(a) Perto do ponto morto superior

(b) Perto da metade do ciclo

(c) Perto do ponto morto inferior

FIGURA 14-32

Motor horizontalmente oposto de dois cilindros de Lanchester perfeitamente balanceado (1897).

la balanceiam exatamente as manivelas. Os pistões opostos **colineares** balanceiam com exatidão acelerações lineares uns aos outros e ação de tesoura das múltiplas bielas cancelas com exatidão todos os superiores harmônicos do movimento. Claramente um trabalho de gênio. A origem de seu balanceador harmônico mais recente da Figura 14-31a também pode ser vista aqui.

14.10 REFERÊNCIAS

1 **MacKay, R. F.** (1915). *The Theory of Machines*, Edward Arnold: London, p. 103.

2 **Jantz, J., and R. Jantz.** (2001). "Why They Shake and Why They Don't," Part 7, *Roadracing World*, Feb. 2001, pp. 32-35

3 **Nakamura, H.** (1976). "A Low Vibration Engine with Unique Counter-Balance Shafts." SAE Paper: 760111.

4 **Nakamura, H., et al.** (1977). "Engine Balancer." Assignee: Mitsubishi Corp.: U.S. Patent 4,028,963.

5 **Bird, A., and F. Hutton-Stott.** (1965). *Lanchester Motor Cars*, Cassell: London, p. 137.

6 **Ibid**., p. 26.

14.11 BIBLIOGRAFIA

Crouse, W. H. (1970). *Automotive Engine Design*, McGraw-Hill Inc., New York.

Jantz, J. and Jantz, R. (1994-2002). "Why They Shake and Why They Don't," Parts 1-9, *Roadracing World*, Sept. 1994, Feb. 1995, Mar. 1996, Mar. 1997, Mar. 1999, Apr.. 1999, Feb. 2001, Mar. 2001, Mar. 2002.

Jennings, G. (1979). "A Short History of Wonder Engines," *Cycle Magazine*, May 1979, p. 68ff.

Setright, L. J. K. (1975). *Some Unusual Engines*, Mechanical Engineering Publications Ltd., The Inst. of Mech. Engr., London.

Thomson, W. (1978). *Fundamentals of Automotive Balance*, Mechanical Engineering Publications Ltd., London.

TABELA P14-0
Matriz de tópicos/problemas

14.5 Momento vibratório em motores em linha
14-8, 14-9

14.6 Sincronismo de ignição
14-1, 14-2, 14-3, 14-4, 14-5, 14-6, 14-7, 14-19, 14-20

14.7 Configurações do motor em V
14-10, 14-11, 14-12, 14-20, 14-21

14.8 Configurações do motor oposto
14-13, 14-14

14.9 Balanceando motores multicilíndricos
14-15, 14-16, 14-17, 14-18, 14-23, 14-24

** Esses problemas podem ser solucionados utilizando programas de resolução de equações como *Mathcad*, *Matlab* ou *TKSolver*.

* Mais informações podem ser obtidas no programa ENGINE (ver Apêndice A).

14.12 PROBLEMAS

14-1 Desenhe o diagrama de fases de manivela para um motor em linha de três cilindros com virabrequim de 0, 120, 240° e determine todas as possíveis sequências de ignição para:
a. Ciclo de quatro tempos   b. Ciclo de dois tempos
Selecione o melhor arranjo que forneça sincronismo de ignição para cada cilindrada.

14-2 Repita o Problema 14-1 para um motor em linha de quatro cilindros com manivela de 0, 90, 270, 180°.

14-3 Repita o Problema 14-1 para um motor em V de 45° de quatro cilindros com manivela de 0, 90, 270, 180°.

14-4 Repita o Problema 14-1 para um motor em V de 45° de dois cilindros com manivela de 0, 90°.

14-5 Repita o Problema 14-1 para um motor em V de 90° de quatro cilindros com manivela de 0, 180°.

14-6 Repita o Problema 14-1 para um motor oposto de 180° de dois cilindros com manivela de 0, 180°.

14-7 Repita o Problema 14-1 para um motor oposto de 180° de quatro cilindros com manivela de 0, 180, 180, 0°.

*** **14-8** Calcule as condições de balanceamento da força, torque e momento vibratório através do segundo harmônico para o motor projetado no Problema 14-1.

*** **14-9** Calcule as condições de balanceamento da força, torque e momento vibratório através do segundo harmônico para o motor projetado no Problema 14-2.

*** **14-10** Calcule as condições de balanceamento da força, torque e momento vibratório através do segundo harmônico para o motor projetado no Problema 14-3.

*** **14-11** Calcule as condições de balanceamento da força, torque e momento vibratório através do segundo harmônico para o motor projetado no Problema 14-4.

*** **14-12** Calcule as condições de balanceamento da força, torque e momento vibratório através do segundo harmônico para o motor projetado no Problema 14-5.

*** **14-13** Calcule as condições de balanceamento da força, torque e momento vibratório através do segundo harmônico para o motor projetado no Problema 14-6.

*** **14-14** Calcule as condições de balanceamento da força, torque e momento vibratório através do segundo harmônico para o motor projetado no Problema 14-7.

14-15 Derive as expressões, em termos gerais, para a magnitude e ângulo com respeito ao primeiro moente da árvore de manivelas do produto do raio pela massa necessário no virabrequim para balancear o momento vibratório em um motor V-8 de 90° com virabrequim de 0, 90, 270, 180°.

14-16 Repita o Problema 14-15 para V-6 de 90° com virabrequim de 0, 240, 120°.

14-17 Repita o Problema 14-15 para V-4 de 90° com virabrequim de 0, 180°.

*** **14-18** Projete um par de eixos de balanceamento de Nakamura para cancelar a força vibratória e reduzir as oscilações do torque no motor mostrado na Figura 14-19.*

14-19 Usando o programa ENGINE (ver Apêndice A), dados na Tabela P14-1 e o diagrama de fases de manivela do Problema 14-1, determine as magnitudes da força máxima no pino principal, pino da manivela, pino do pistão e no pistão para um motor de dois tempos com sincronismo de ignição. Sobrebalanceie a manivela, se necessário, para reduzir as forças vibratórias à, no mínimo, metade do valor desbalanceado.

14-20 Usando o programa ENGINE (ver Apêndice A), dados na Tabela P14-1 e o diagrama de fases de manivela do Problema 14-2, determine as magnitudes da força máxima no pino principal, pino da manivela, pino do pistão e no pistão para um motor de quatro tempos com sincronismo de ignição. Sobrebalanceie a manivela, se necessário, para reduzir as forças vibratórias à, no mínimo, metade do valor desbalanceado.

14-21 Usando o programa ENGINE (ver Apêndice A), dados na Tabela P14-1 e o diagrama de fases de manivela do Problema 14-3, determine as magnitudes da força máxima no pino principal, pino da manivela, pino do pistão e no pistão para um motor de quatro tempos com sincronismo de ignição. Sobrebalanceie a manivela, se necessário, para reduzir as forças vibratórias à, no mínimo, metade do valor de desbalanceado.

14-22 Usando o programa ENGINE, dados na Tabela P14-1 e o diagrama de fases de manivela do Problema 14-4, determine as magnitudes da força máxima no pino principal, pino da manivela, pino do pistão e no pistão para um motor de dois tempos com sincronismo de ignição. Sobrebalanceie a manivela, se necessário, para reduzir as forças vibratórias à, no mínimo, metade do valor desbalanceado.

* ** 14-23 Um motor de quatro cilindros em linha com um virabrequim de 0, 180, 180, 0° tem curso de $S = 88,9$ mm, uma biela de comprimento com razão de $L/R = 3,75$ e uma massa equivalente de pino do pistão $m_B = 3,765$ kg. Projete um par de eixos de balanceamento para cancelar a força vibratória e reduzir as oscilações do torque no motor.

** 14-24 Repita o Problema 14-23 com $S = 69,8$ mm, $L/R = 3,00$ e $m_B = 2,189$ kg.

14.13 PROJETOS

Estes são problemas de projetos vagamente estruturados cujas soluções devem ser obtidas usando o programa ENGINE. Todos envolvem o projeto de um ou mais motores multicilíndricos e diferem principalmente nos dados específicos do motor. O enunciado geral desses problemas é:

Projete um motor multicilíndrico para o deslocamento e ciclo de curso especificado. Otimize a relação biela-manivela e razão diâmetro-curso para minimizar forças vibratórias, torque vibratório e forças na articulação, considerando também seu tamanho. Projete a geometria dos elos e calcule parâmetros dinâmicos realistas (massa, localização do CG, momento de inércia) para esses elos usando os métodos dos Capítulos 10-13. Dinamicamente modele os elos como descrito nesses capítulos. Balanceie ou sobrebalanceie o mecanismo conforme for necessário para alcançar os resultados desejados. Escolha ângulos de fase de virabrequim (e ângulos V, se apropriado) para otimizar o balanceamento inercial do motor. Escolha uma sequência de ignição e determine os ângulos do ciclo de potência para otimizar o sincronismo de ignição. Rejeite o balanceamento de inércia, se necessário, para alcançar sincronismo de ignição. Uma suavidade completa do torque total é desejada. Projete e dimensione um volante de inércia de peso mínimo pelo método do Capítulo 11 para suavizar o torque total. Escreva um relatório de engenharia sobre seu projeto e análises.

P14-1 Em linha gêmeo com ciclo de dois tempos e deslocamento de 1 litro.
P14-2 Em linha gêmeo com ciclo de quatro tempos e deslocamento de 1 litro.
P14-3 Em V-gêmeo com ciclo de dois tempos e deslocamento de 1 litro.
P14-4 Em V-gêmeo com ciclo de quatro tempos e deslocamento de 1 litro.
P14-5 Oposto gêmeo com ciclo de dois tempos e deslocamento de 1 litro.
P14-6 Oposto gêmeo com ciclo de quatro tempos e deslocamento de 1 litro.
P14-7 V-4 com ciclo de dois tempos e deslocamento de 2 litros.
P14-8 V-4 com ciclo de quatro tempos e deslocamento de 2 litros.
P14-9 Oposto quatro com ciclo de dois tempos e deslocamento de 2 litros.
P14-10 Oposto quatro com ciclo de quatro tempos e deslocamento de 2 litros.

TABELA P14-1
Dados para os problemas 14-19 a 14-22

Deslocamento(cc)	164
Curso (mm)	47,5
Razão L/R	3,00
r_{G2}/r	0,40
r_{G3}/l	0,36
Diâmetro, pino principal (mm)	50
Diâmetro, pino da manivela (mm)	38
rpm de marcha lenta	600
rpm limite	4000
Massa do pistão (kg)	2,63
Massa da biela (kg)	2,10
Massa da manivela (kg)	7,88
$P_{gmáx}$ (MPa)	3,79
Coef. de atrito	0,02
Coef. do volante	0,10

* Respostas no Apêndice F.

** Esses problemas podem ser solucionados utilizando programas de resolução de equações como *Mathcad*, *Matlab* ou *TKSolver*.

P14-11 Cinco cilindros em linha com ciclo de dois tempos e deslocamento de 2,5 litros.
P14-12 Cinco cilindros em linha com ciclo de dois tempos e deslocamento de 2,5 litros.
P14-13 V-6 com ciclo de dois tempos e deslocamento de 3 litros.
P14-14 V-6 com ciclo de quatro tempos e deslocamento de 3 litros.
P14-15 Oposto seis com ciclo de dois tempos e deslocamento de 3 litros.
P14-16 Oposto seis com ciclo de quatro tempos e deslocamento de 3 litros.
P14-17 Sete cilindros em linha com ciclo de dois tempos e deslocamento de 3,5 litros.
P14-18 Sete cilindros em linha com ciclo de quatro tempos e deslocamento de 3,5 litros.
P14-19 Oito cilindros em linha com ciclo de dois tempos e deslocamento de 4 litros.
P14-20 Oito cilindros em linha com ciclo de quatro tempos e deslocamento de 4 litros.
P14-21 Dez cilindros em V com ciclo de dois tempos e deslocamento de 5 litros.
P14-22 Dez cilindros em V com ciclo de quatro tempos e deslocamento de 5 litros.
P14-23 W-6 com ciclo de quatro tempos e deslocamento de 5 litros.*
P14-24 W-9 com ciclo de quatro tempos e deslocamento de 5 litros.*
P14-25 W-12 com ciclo de quatro tempos e deslocamento de 5 litros.*
P14-26 Projete uma família de motores em V a ser construído em uma mesma linha de produção. Todos devem ter o mesmo ângulo V e usar os mesmos pistões, bielas e cursos. Seus virabrequins podem ser diferentes uns dos outros. Quatro configurações são necessárias: V-4, V-6, V-8 e V-10. Todos vão ter o mesmo deslocamento monocilíndrico de 0,5 litro. Otimize a configuração monocilíndrica do qual os motores multicilíndricos serão construídos para razão diâmetro-curso e razão biela-manivela. Então acople o projeto desses cilindros conforme as configurações acima. Encontre o melhor ajuste do ângulo V para fornecer uma boa mistura de balanceamento e sincronismo de ignição em todos os motores.
P14-27 Repita o Projeto P14-26 para uma família de motores W: W-3, W-6, W-9 e W-12. Os ângulos entre os bancos devem ser os mesmos para todos os modelos. Veja o exemplo de motor W-12 no programa ENGINE (ver Apêndice A) para mais informações desta configuração W incomum.
P14-28 Em anos recentes alguns fabricantes automotivos têm construído configurações em V não usuais como o VW-Audi VR15, o qual é V-6 de 15°. Obtenha informações detalhadas sobre o projeto desse motor e depois o analise com o programa ENGINE. Escreva um relatório que explique por que os fabricantes escolheram esse arranjo incomum e justifique suas conclusões com reais análises de engenharia.
P14-29 Projete um motor de seis cilindros em linha e um de cinco cilindros em linha com mesmo deslocamento, digamos, 2,5 litros. Analise sua dinâmica com o programa ENGINE. Escreva um relatório de engenharia para explicar por que fabricantes como Audi, Volvo e Acura têm escolhido o de cinco cilindros no lugar do de seis cilindros de comparável resultado de torque e potência.
P14-30 A Ferrari tem produzido motores V-12 com ambos os ângulos V de 60° e 65°, e com configuração horizontalmente oposta. Projete uma versão de 3 litros de cada e compare suas dinâmicas. Escreva um relatório que explique por que as fabricantes escolheram este arranjo e justifique suas conclusões com reais análises de engenharia.
P14-31 Projete e compare um motor de 3 litros V-6 de 90°, V-6 de 60°, seis em linha e seis opostos de 180°, exemplos dos quais estão em produções volumosas. Explique suas vantagens e desvantagens e justifique suas conclusões com uma análise de engenharia.

* Um motor W tem três bancos de cilindro montados em um virabrequim em comum.

Capítulo 15

DINÂMICAS DE CAME

O universo é cheio de coisas mágicas esperando pacientemente que nosso conhecimento se aprimore.

Eden Phillpots

15.0 INTRODUÇÃO

O Capítulo 8 apresentou a cinemática dos cames e seguidores, bem como métodos para seu projeto. Vamos agora estender o estudo dos sistemas came seguidor para incluir considerações das forças e torques dinâmicos desenvolvidas. Embora a discussão neste capítulo seja limitada a exemplos de cames e seguidores, os princípios e as abordagens apresentados são aplicáveis à maioria dos sistemas dinâmicos. O sistema came seguidor pode ser considerado um exemplo útil e conveniente para a apresentação de tópicos como a criação de modelos dinâmicos de massa concentrada e definição de sistemas equivalentes como descritos no Capítulo 10. Essas técnicas, assim como a discussão das frequências naturais, efeitos de amortecimento e analogias entre os sistemas físicos, serão úteis na análise de todos os sistemas dinâmicos, independentemente do tipo.

No Capítulo 10 discutimos essas duas abordagens de análises dinâmicas, comumente chamadas de problemas dinâmicos diretos e inversos. O problema direto supõe que todas as forças atuantes no sistema são conhecidas e procura resolver os deslocamentos, velocidades e acelerações resultantes. O problema inverso é, como o nome diz, o inverso do outro. Os deslocamentos, velocidades e acelerações são conhecidos, e resolvemos as forças dinâmicas resultantes. Neste capítulo exploraremos a aplicação de ambos os métodos de dinâmica de came seguidor. A Seção 15.1 explora a solução direta. A Seção 15.3 apresentará a solução inversa. Ambas são instrutivas nessa aplicação de um sistema came seguidor unido por força (carregado por mola) e serão discutidas neste capítulo.

TABELA 15-1 Notação utilizada neste capítulo

- c = coeficiente de amortecimento
- c_c = coeficiente de amortecimento crítico
- k = constante de mola
- F_c = força do came no seguidor
- F_s = força da mola no seguidor
- F_d = força do amortecedor no seguidor
- m = massa dos elementos em movimento
- t = tempo, em segundos
- T_c = torque no eixo de came
- θ = ângulo do eixo de came, graus ou rad
- ω = velocidade angular do eixo de came, rad/s
- ω_d = frequência natural circular amortecida, rad/s
- ω_f = frequência de excitação, rad/s
- ω_n = frequência natural circular não amortecida, rad/s
- x = deslocamento do seguidor, unidades de comprimento
- $\dot{x} = v$ = velocidade do seguidor, comprimento/s
- $\ddot{x} = a$ = aceleração do seguidor, comprimento/s^2
- ζ = razão de amortecimento

15.1 ANÁLISE DA FORÇA DINÂMICA DE UM CAME SEGUIDOR UNIDO POR FORÇA

A Figura 15-1a mostra um prato simples e came de disco acionando um seguidor de rolete carregado por mola. Este é um sistema unido por força que depende da força da mola para manter o came e o seguidor em contato sempre. A Figura 15-1b mostra um modelo dinâmico de massa concentrada desse sistema em que toda a **massa** que se move com o trem seguidor é concentrada como m, toda a elasticidade do sistema é concentrada pela **constante de mola** k, e todo o **amortecimento** ou resistência ao movimento é concentrada pelo amortecedor de coeficiente c. As fontes de massa que contribuem para m são claramente óbvias. As massas da haste do seguidor, o rolete, seu pino de pivô e qualquer outro componente preso ao sistema em movimento, todos juntos, se somam para criar a massa m. A Figura 15-1c mostra um diagrama de corpo livre do sistema onde agem as forças do came F_c, da mola F_s e força de amortecimento F_d. Haverá também, é claro, efeitos da massa vezes a aceleração no sistema.

Resposta não amortecida

A Figura 15-2 mostra um modelo dinâmico de massa concentrada ainda mais simples do mesmo sistema da Figura 15-1, porém omitindo totalmente o amortecimento. Isso é referido como um *modelo conservativo*, visto que conserva energia sem perdas. Esta não é uma suposição realista ou segura neste caso, porém servirá ao seu propósito no desenvolvimento de um modelo melhor que incluirá o amortecimento. O diagrama de corpo livre para esse modelo massa-mola é mostrado na Figura 15-2c. Podemos escrever a equação de Newton para esse sistema com um *GDL*:

DINÂMICAS DE CAME

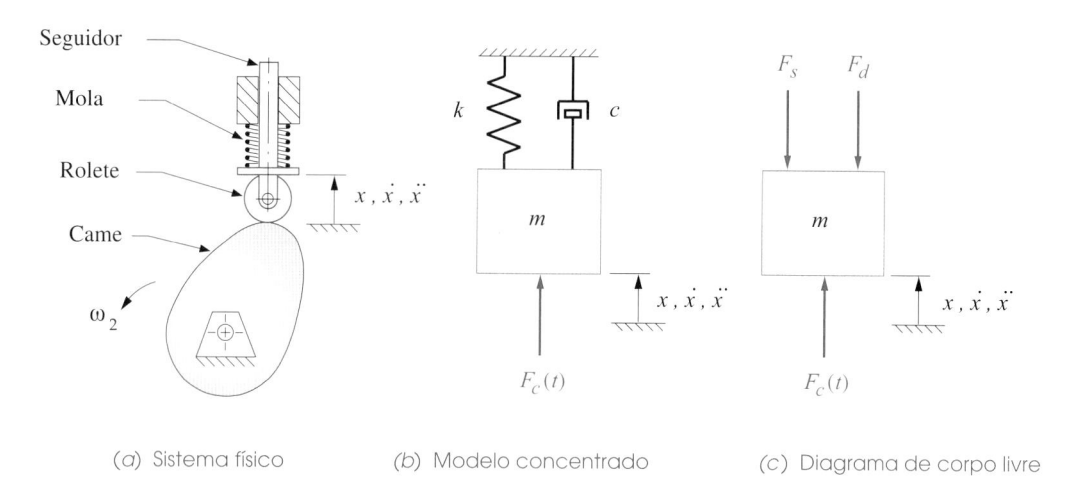

(a) Sistema físico   (b) Modelo concentrado   (c) Diagrama de corpo livre

FIGURA 15-1

Modelo dinâmico de massa concentrada com um *GDL* de um sistema came seguidor que inclui amortecimento.

$$\sum F = ma = m\ddot{x}$$

$$F_c(t) - F_s = m\ddot{x}$$

Da Equação 10.16:

$$F_s = k x$$

então:

$$m\ddot{x} + k x = F_c(t) \qquad (15.1a)$$

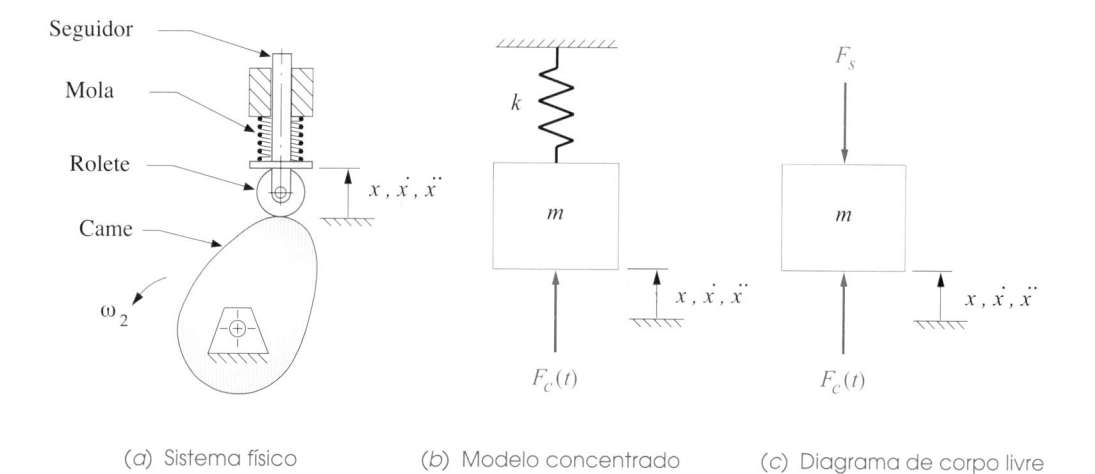

(a) Sistema físico   (b) Modelo concentrado   (c) Diagrama de corpo livre

FIGURA 15-2

Modelo dinâmico de massa concentrada com um *GDL* de um sistema came seguidor sem amortecimento.

Essa é uma equação diferencial ordinária (EDO) de segunda ordem com coeficientes constantes. A solução completa consistirá na soma de duas partes, o transiente (homogêneo) e o regime permanente (particular). A EDO homogênea é

$$m\ddot{x} + kx = 0 \tag{15.1b}$$

$$\ddot{x} = -\frac{k}{m}x$$

que possui uma solução bem conhecida.

$$x = A\cos\omega t + B\sen\omega t \tag{15.1c}$$

em que A e B são constantes de integração a serem determinadas pelas condições iniciais. Para conferir a solução, derive duas vezes, supondo ω constante, e substitua na EDO homogênea.

$$-\omega^2(A\cos\omega t + B\sen\omega t) = -\frac{k}{m}(A\cos\omega t + B\sen\omega t)$$

Essa é uma solução, contanto que

$$\omega^2 = \frac{k}{m} \qquad \omega_n = \sqrt{\frac{k}{m}} \tag{15.1d}$$

A quantidade ω_n (rad/s) é chamada de *frequência natural circular* do sistema e é a frequência em que o sistema deseja vibrar se for deixada por conta própria. Ela representa a *frequência natural não amortecida*, uma vez que ignoramos o amortecimento. A *frequência natural amortecida* será ligeiramente menor que este valor. Note que ω_n é função apenas dos parâmetros físicos do sistema m e k; portanto, é completamente determinado e imutável no tempo uma vez que o sistema é criado. Ao criar um modelo de um GDL do sistema, nós nos limitamos a uma frequência natural que é a frequência natural média geralmente próxima à frequência mínima ou fundamental.

Qualquer sistema físico real também possuirá frequências naturais mais elevadas que, em geral, não serão múltiplos inteiros da fundamental. Para encontrá-las, precisamos criar um modelo de vários graus de liberdade do sistema. O som fundamental que um sino produz quando badalado é a frequência natural definida por essa expressão. O sino também possui sons harmônicos, que são suas outras frequências naturais. A frequência fundamental tende a dominar a resposta transiente do sistema.[1]

A frequência natural circular ω_n (rad/s) pode ser convertida em ciclos por segundos (hertz) ao se perceber que há 2π radianos por revolução e uma revolução por ciclo.

$$f_n = \frac{1}{2\pi}\omega_n \quad \text{hertz} \tag{15.1e}$$

As constantes de integração, A e B na Equação 15.1c, dependem das condições iniciais. Um caso geral pode ser definido da seguinte maneira:

Quando $t = 0$, $x = x_0$ e $v = v_0$, em que x_0 e v_0 são constantes

que resulta em uma solução geral para a EDO homogênea 15.1b:

$$x = x_0 \cos\omega_n t + \frac{v_0}{\omega_n}\sen\omega_n t \tag{15.1f}$$

DINÂMICAS DE CAME

A Equação 15.1f pode ser mostrada na forma polar calculando sua magnitude e seu ângulo de fase.

então:
$$X_0 = \sqrt{x_0^2 + \left(\frac{v_0}{\omega_n}\right)^2} \qquad \phi = \arctan\left(\frac{v_0}{x_0 \omega_n}\right)$$

$$x = X_0 \cos(\omega_n t - \phi) \tag{15.1g}$$

Note que esta é uma função harmônica pura cuja amplitude X_0 e ângulo de fase ϕ são funções das condições iniciais e frequência natural do sistema. Ela oscilará para sempre em resposta a uma entrada simples, transitória, se não houver realmente um amortecimento presente.

Resposta amortecida

Se reintroduzirmos agora o amortecimento do modelo na Figura 15-1b e traçarmos o diagrama de corpo livre como mostrado na Figura 15-1c, o somatório das forças se torna:

$$F_c(t) - F_d - F_s = m\ddot{x} \tag{15.2a}$$

Substituindo as equações 10.16 e 10.17c:

$$m\ddot{x} + c\dot{x} + kx = F_c(t) \tag{15.2b}$$

SOLUÇÃO HOMOGÊNEA Novamente, separamos essa equação diferencial em suas componentes homogênea e particular. A parte homogênea é

$$\ddot{x} + \frac{c}{m}\dot{x} + \frac{k}{m}x = 0 \tag{15.2c}$$

A solução para essa EDO deve ser a forma:

$$x = Re^{st} \tag{15.2d}$$

em que R e s são constantes. Diferenciando no tempo:

$$\dot{x} = Rse^{st}$$
$$\ddot{x} = Rs^2 e^{st}$$

e substituindo na Equação 15.2c:

$$Rs^2 e^{st} + \frac{c}{m} Rse^{st} + \frac{k}{m} Re^{st} = 0$$

$$\left(s^2 + \frac{c}{m}s + \frac{k}{m}\right) Re^{st} = 0 \tag{15.2e}$$

Para essa solução ser válida, tanto R quanto a expressão entre parênteses devem ser zero, já que e^{st} nunca é zero. Se R fosse zero, então a solução adotada, na Equação 15.2d, também seria zero e, assim, não seria uma solução. Então, a equação quadrática entre parênteses deve ser zero.

$$\left(s^2 + \frac{c}{m}s + \frac{k}{m}\right) = 0 \qquad (15.2f)$$

Esta é chamada equação característica da EDO, e sua solução é:

$$s = \frac{-\frac{c}{m} \pm \sqrt{\left(\frac{c}{m}\right)^2 - 4\frac{k}{m}}}{2}$$

que tem as duas raízes:

$$s_1 = -\frac{c}{2m} + \sqrt{\left(\frac{c}{2m}\right)^2 - \frac{k}{m}}$$

$$s_2 = -\frac{c}{2m} - \sqrt{\left(\frac{c}{2m}\right)^2 - \frac{k}{m}} \qquad (15.2g)$$

Essas duas raízes da equação característica fornecem dois termos independentes da solução homogênea:

$$x = R_1 e^{s_1 t} + R_2 e^{s_2 t} \qquad \text{para } s_1 \neq s_2 \qquad (15.2h)$$

Se $s_1 = s_2$, então uma outra forma de solução é necessária. A quantidade s_1 será igual a s_2 quando

$$\sqrt{\left(\frac{c}{2m}\right)^2 - \frac{k}{m}} = 0 \quad \text{ou:} \quad \frac{c}{2m} = \sqrt{\frac{k}{m}}$$

e:

$$c = 2m\sqrt{\frac{k}{m}} = 2m\omega_n = c_c \qquad (15.2i)$$

Esse valor particular de c é chamado de **amortecimento crítico** e é nomeado como c_c. O sistema se comportará de uma maneira única quando criticamente amortecido, e a solução deve ter a forma

$$x = R_1 e^{s_1 t} + R_2 t e^{s_2 t} \qquad \text{para} \quad s_1 = s_2 = -\frac{c}{2m} \qquad (15.2j)$$

Ela será útil para definir uma razão adimensional chamada **razão de amortecimento** ζ, que é o amortecimento real dividido pelo amortecimento crítico.

$$\zeta = \frac{c}{c_c}$$

$$\zeta = \frac{c}{2m\omega_n} \qquad (15.3a)$$

e então:

$$\zeta\omega_n = \frac{c}{2m} \qquad (15.3b)$$

DINÂMICAS DE CAME

A frequência natural amortecida ω_d é ligeiramente menor que a frequência natural não amortecida ω_n e é

$$\omega_d = \sqrt{\frac{k}{m} - \left(\frac{c}{2m}\right)^2} \qquad (15.3c)$$

Podemos substituir as equações 15.1d e 15.3b nas equações 15.2g para obter uma expressão para a equação característica em termos das razões adimensionais.

$$s_{1,2} = -\omega_n \zeta \pm \sqrt{(\omega_n \zeta)^2 - \omega_n^2}$$

$$s_{1,2} = \omega_n \left(-\zeta \pm \sqrt{\zeta^2 - 1}\right) \qquad (15.4a)$$

Isso mostra que a resposta do sistema é determinada pela razão de amortecimento ζ, que dita o valor do discriminante. Há três possíveis casos:

Caso 1: $\quad\quad\quad \zeta > 1 \quad\quad\quad$ Raízes reais e distintas
Caso 2: $\quad\quad\quad \zeta = 1 \quad\quad\quad$ Raízes reais e iguais
Caso 3: $\quad\quad\quad \zeta < 1 \quad\quad\quad$ Raízes complexas conjugadas

Consideremos a resposta de cada um desses casos separadamente. $\qquad (15.4b)$

Caso 1: $\zeta > 1$ *Superamortecido*

A solução tem a forma da Equação 15.2h e é

$$x = R_1 e^{\left(-\zeta + \sqrt{\zeta^2 - 1}\right)\omega_n t} + R_2 e^{\left(-\zeta - \sqrt{\zeta^2 - 1}\right)\omega_n t} \qquad (15.5a)$$

Note que desde que $\zeta > 1$, ambos os expoentes serão negativos, fazendo com que x seja a soma de duas exponenciais decrescentes, como mostrado na Figura 15-3. Esta é a resposta transiente do sistema a um distúrbio e zera após um tempo. Não há oscilação no movimento de saída. Um exemplo de um sistema superamortecido que você provavelmente já encontrou é a haste de um toca-discos de boa qualidade. A haste do toca-discos pode ser elevada e, em seguida, solta, que vagarosamente flutuará até o disco. Isso é possível graças a um elevado amortecimento no sistema, no braço do pivô. A movimentação do braço segue uma curva decrescente exponencial como na Figura 15-3.

Caso 2: $\zeta = 1$ *Criticamente amortecido*

A solução tem a forma da Equação 15.2j e é

$$x = R_1 e^{-\omega_n t} + R_2 t e^{-\omega_n t} = (R_1 + R_2 t) e^{-\omega_n t} \qquad (15.5b)$$

Esse é o produto de uma função linear do tempo por uma função exponencial decrescente e pode ter várias formas dependendo dos valores das constantes de integração, R_1 e R_2, que, por sua vez, dependem das condições iniciais. Uma típica resposta transiente pode parecer com a da Figura 15-4. Essa é a resposta transiente do sistema a um distúrbio, cuja resposta zera após um tempo. Há resposta rápida, porém, sem oscilações no movimento de saída. Um

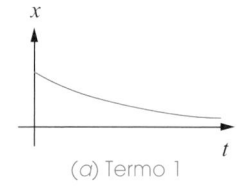

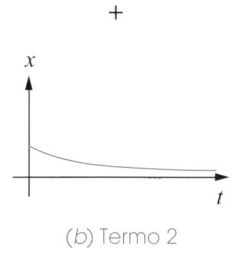

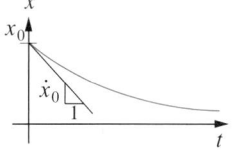

(a) Termo 1

(b) Termo 2

(c) Resposta total

FIGURA 15-3

Resposta transiente de um sistema superamortecido.

FIGURA 15-4
Resposta transiente de um sistema criticamente amortecido.

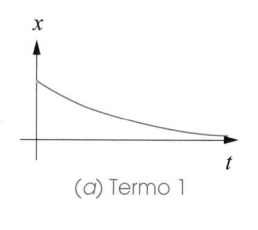

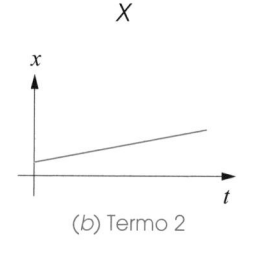

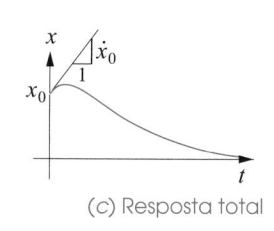

(a) Termo 1
(b) Termo 2
(c) Resposta total

exemplo de sistema criticamente amortecido é o sistema de suspensão de um carro esportivo novo, onde o amortecimento é geralmente projetado próximo ao crítico para fornecer resposta agressiva sem oscilar nem demorar para responder. Um sistema criticamente amortecido retornará, quando perturbado, a sua posição original em um ciclo. Ele pode ultrapassar o ponto de equilíbrio inicial, mas não oscilará e não ficará inerte.

Caso 3: $\zeta < 1$ *Subamortecido*

A solução tem a forma da Equação 15.2h, e s_1, s_2 são conjugados complexos. A Equação 15.4a pode ser reescrita de uma maneira mais conveniente como

$$s_{1,2} = \omega_n\left(-\zeta \pm j\sqrt{1-\zeta^2}\right); \qquad j = \sqrt{-1} \tag{15.5c}$$

Substituindo na Equação 15.2h:

$$x = R_1 e^{\left(-\zeta + j\sqrt{1-\zeta^2}\right)\omega_n t} + R_2 e^{\left(-\zeta - j\sqrt{1-\zeta^2}\right)\omega_n t}$$

e observando que

$$y^{a+b} = y^a y^b$$

$$x = R_1\left[e^{-\zeta\omega_n t} e^{\left(j\sqrt{1-\zeta^2}\right)\omega_n t}\right] + R_2\left[e^{-\zeta\omega_n t} e^{\left(-j\sqrt{1-\zeta^2}\right)\omega_n t}\right]$$

fator:

$$x = e^{-\zeta\omega_n t}\left[R_1 e^{\left(j\sqrt{1-\zeta^2}\right)\omega_n t} + R_2 e^{\left(-j\sqrt{1-\zeta^2}\right)\omega_n t}\right] \tag{15.5d}$$

Substitua a identidade de Euler na Equação 4.4a:

$$x = e^{-\zeta\omega_n t}\left\{R_1\left[\cos\left(\sqrt{1-\zeta^2}\,\omega_n t\right) + j\,\text{sen}\left(\sqrt{1-\zeta^2}\,\omega_n t\right)\right] + R_2\left[\cos\left(\sqrt{1-\zeta^2}\,\omega_n t\right) - j\,\text{sen}\left(\sqrt{1-\zeta^2}\,\omega_n t\right)\right]\right\}$$

e simplifique: $\tag{15.5e}$

$$x = e^{-\zeta\omega_n t}\left\{(R_1 + R_2)\left[\cos\left(\sqrt{1-\zeta^2}\,\omega_n t\right) + (R_1 - R_2)j\,\text{sen}\left(\sqrt{1-\zeta^2}\,\omega_n t\right)\right]\right\}$$

Note que R_1 e R_2 são apenas constantes a serem ainda determinadas pelas condições iniciais; portanto, suas somas e diferenças podem ser mostradas como outras constantes.

$$x = e^{-\zeta\omega_n t}\left\{A\left[\cos\left(\sqrt{1-\zeta^2}\,\omega_n t\right) + B\,\text{sen}\left(\sqrt{1-\zeta^2}\,\omega_n t\right)\right]\right\} \tag{15.5f}$$

Podemos mostrá-la na forma polar, definindo sua magnitude e ângulo de fase como

$$X_0 = \sqrt{A^2 + B^2} \qquad\qquad \phi = \arctan\frac{B}{A} \tag{15.5g}$$

DINÂMICAS DE CAME

então:

$$x = X_0 e^{-\zeta \omega_n t} \cos\left[\left(\sqrt{1-\zeta^2}\,\omega_n t\right) - \phi\right] \quad (15.5h)$$

Este é o produto de uma função harmônica do tempo por uma função exponencial decrescente em que X_0 e ϕ são constantes de integração determinadas pelas condições iniciais.

A Figura 15-5 mostra uma resposta transiente para este **caso subamortecido**. A resposta oscila em torno do eixo da posição final antes de finalmente atingi-la. Note que, se a razão de amortecimento ζ é zero, a Equação 15.5g é reduzida à Equação 15.1g, que é um harmônico puro.

Um exemplo de um **sistema subamortecido** é uma plataforma de mergulho que continua a oscilar mesmo depois que o mergulhador já saltou, e finalmente retorna a sua posição zero. *Muitos sistemas reais de maquinários são subamortecido, incluindo um sistema típico came seguidor*. Isso geralmente leva a **problemas de vibração**. Não é uma boa solução simplesmente adicionar amortecimento ao sistema, pois este causa aquecimento e é muito ineficiente em termos de energia. É melhor projetar o sistema para evitar problemas de vibração.

Solução particular De modo diferente da solução homogênea, que é sempre a mesma independentemente da entrada, a solução particular para a Equação 15.2b vai depender da função de excitação $F_c(t)$ que é aplicada ao came seguidor pelo came. Em geral, o deslocamento de saída x do seguidor será uma função de forma similar à da função de entrada, porém defasada por algum ângulo de fase. É razoável utilizar uma função senoidal como um exemplo visto que qualquer função periódica pode ser representada como uma série de Fourier de termos seno e cosseno de diferentes frequências (ver Equação 13.2, Equação 13.3 e nota de rodapé na p. 633).

Supondo a função de excitação como

$$F_c(t) = F_0 \,\text{sen}\, \omega_f t \quad (15.6a)$$

em que F_0 é a amplitude da força e ω_f é sua frequência circular. Note que ω_f não está relacionado a ω_n ou ω_d e pode ter quaisquer valores. A equação do sistema será

$$m\ddot{x} + c\dot{x} + kx = F_0 \,\text{sen}\, \omega_f t \quad (15.6b)$$

A solução deve possuir forma harmônica para combinar com a função de excitação, e podemos tentar a mesma forma de solução que foi utilizada para a solução homogênea.

$$x_f(t) = X_f \,\text{sen}\,(\omega_f t - \psi) \quad (15.6c)$$

em que:

X_f = amplitude

ψ = ângulo de fase entre força aplicada e deslocamento

ω_f = velocidade angular de função de excitação

Os fatores X_f e ψ não são constantes de integração aqui. Eles são constantes determinadas por características físicas do sistema, bem como pela função de frequência de excitação e

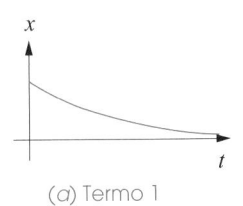

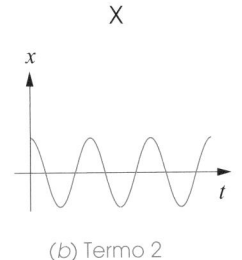

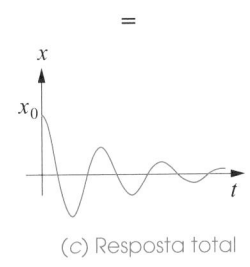

(a) Termo 1

(b) Termo 2

(c) Resposta total

FIGURA 15-5

Resposta transiente de um sistema subamortecido.

magnitude. Eles não têm relação com as condições iniciais. Para encontrar seus valores, derive a solução adotada duas vezes, substitua na EDO e obtenha

$$X_f = \frac{F_0}{\sqrt{\left(k - m\omega_f^2\right)^2 + \left(c\omega_f\right)^2}}$$

$$\psi = \arctan\left[\frac{c\omega_f}{\left(k - m\omega_f^2\right)^2}\right]$$

(15.6d)

Substitua as equações 15.1d, 15.2i e 15.3a e coloque-as na forma adimensional.

$$\frac{X_f}{\left(\frac{F_0}{k}\right)} = \frac{1}{\sqrt{\left[1 - \left(\frac{\omega_f}{\omega_n}\right)^2\right]^2 + \left(2\zeta\frac{\omega_f}{\omega_n}\right)^2}}$$

$$\psi = \arctan\left[\frac{2\zeta\frac{\omega_f}{\omega_n}}{1 - \left(\frac{\omega_f}{\omega_n}\right)^2}\right]$$

(15.6e)

A razão ω_f/ω_n é chamada de **razão de frequência**. Dividindo X_f pela deflexão estática F_0/k, obteremos a **razão de amplitude**, que define o deslocamento dinâmico relativo em relação ao estático.

RESPOSTA COMPLETA A solução completa para a equação diferencial do nosso sistema, para uma função de excitação de entrada senoidal é a soma das soluções homogênea e particular.

$$x = X_0 e^{-\zeta\omega_n t}\cos\left[\left(\sqrt{1-\zeta^2}\,\omega_n t\right) - \phi\right] + X_f \text{sen}\left(\omega_f t - \psi\right)$$

(15.7)

O termo homogêneo representa a **resposta transiente** do sistema, que cessará com o tempo, porém é reintroduzida quando o sistema sofrer qualquer novo distúrbio. O **termo particular** representa a **resposta forçada** ou **resposta em regime permanente** a uma entrada senoidal, que vai se manter enquanto a função de excitação estiver presente.

Note que a solução dessa equação, mostrada nas equações 15.5 e 15.6, depende somente de duas razões, a razão de amortecimento ζ, que relaciona o amortecimento existente com o amortecimento crítico, e a *razão de frequência* ω_f/ω_n, que relaciona a frequência de excitação com a frequência natural do sistema. Koster[1] descobriu que um valor típico da razão de amortecimento em um sistema came seguidor é $\zeta = 0,06$, de modo que ele é subamortecido e pode **entrar em ressonância** se operado a razões de frequência próximas de 1.

As condições iniciais para o problema específico são aplicadas na Equação 15.7 para determinar os valores de X_0 e ϕ. Note que essas constantes de integração pertencem à parte homogênea da solução.

15.2 RESSONÂNCIA

A frequência natural (e seus sons harmônicos) é de grande interesse para o projetista pelo fato de que ela define as frequências nas quais o sistema **entrará em ressonância**. Os modelos dinâmicos de massa concentrada de um grau de liberdade mostrados nas figuras 15-1 e 15-2 são os mais simples para a descrição de um sistema dinâmico, porém contêm todos os elementos dinâmicos básicos. Massas e molas são elementos de conservação de energia. Uma massa armazena energia cinética, e uma mola armazena energia potencial. O amortecedor é um dissipador de energia. Ele converte energia em calor. Portanto, todas as perdas no modelo da Figura 15-1 ocorrem pelo amortecedor.

Esses elementos são supostos ideais e possuem somente suas próprias características. Isso quer dizer que a mola não possui efeito de amortecimento, e o amortecedor não possui elasticidade etc. Qualquer sistema que possua mais de um dispositivo armazenador de energia, como uma massa e uma mola, terá pelo menos uma frequência natural. Se excitarmos o sistema na sua frequência natural, iremos colocar o sistema na sua condição de ressonância, na qual a energia armazenada nos elementos do sistema vai oscilar de um elemento para o outro nesta frequência. O resultado pode ser violentas oscilações nos deslocamentos dos elementos móveis do sistema, conforme a energia se transforma da forma potencial para a cinética e vice-versa.

As figuras 15-6a e b mostram a amplitude e o ângulo de fase, respectivamente, resposta em deslocamento X do sistema a uma função de excitação de entrada senoidal em várias frequências ω_f. A frequência de excitação ω_f é a velocidade angular do came. Esses gráficos normalizam essa frequência forçada como uma razão de frequência ω_f / ω_n. A amplitude X é normalizada pela divisão da deflexão dinâmica x pela deflexão estática F_0 / k que uma força de mesma amplitude criaria no sistema. Portanto, a uma frequência zero, a saída é um, igual à deflexão estática da mola na amplitude da força de entrada. Conforme a frequência de excitação aumenta em direção à frequência natural ω_n, a amplitude do movimento de saída, para um amortecimento igual a zero, aumenta com rapidez e se torna teoricamente infinita quando $\omega_f = \omega_n$. Além deste ponto, a amplitude diminui rápida e assintoticamente em direção a zero a altas razões de frequência.

Os efeitos da razão de amortecimento ζ podem ser mais bem observados na Figura 15-6c, que mostra um gráfico 3-D da amplitude da vibração forçada como uma função da razão de frequência ω_f / ω_n e da razão de amortecimento ζ. A adição de amortecimento reduz a amplitude da vibração na frequência natural, porém razões de amortecimento muito grandes são necessárias para manter a amplitude de saída menor ou igual à amplitude de entrada. Aproximadamente 50% a 60% do amortecimento crítico vai eliminar o pico da ressonância. Infelizmente, a maior parte dos sistemas came seguidor possui razões de amortecimento menores que cerca de 10% da crítica. A esses níveis de amortecimento, a resposta em ressonância é aproximadamente cinco vezes a resposta estática. Isso resultará em tensões insustentáveis na maioria dos sistemas, se for permitido.

É óbvio que devemos evitar acionar o sistema a frequência natural ou próximas a esta. Um resultado de operação de um sistema came seguidor subamortecido próximo a ω_n pode ser o **salto do seguidor**. O sistema de massa e mola do seguidor pode oscilar violentamente em sua frequência natural e perder o contato com o came. Quando ele restabelecer contato, poderá fazê-lo com grande impacto, que pode causar falhas mecânicas dos materiais.

O projetista possui um grau de controle sobre a ressonância. A escolha da massa m e rigidez k do sistema pode afastar a frequência natural do sistema para fora do intervalo de operação deste. Uma regra prática comum é projetar o sistema para que este possua uma frequência natural ω_n fundamental pelo menos dez vezes maior que a maior frequência de excitação esperada em funcionamento, de modo a manter todas as operações muito abaixo do ponto de ressonância. Isso geralmente é difícil de se alcançar em sistemas mecânicos. Mesmo assim, deve-se tentar alcançar

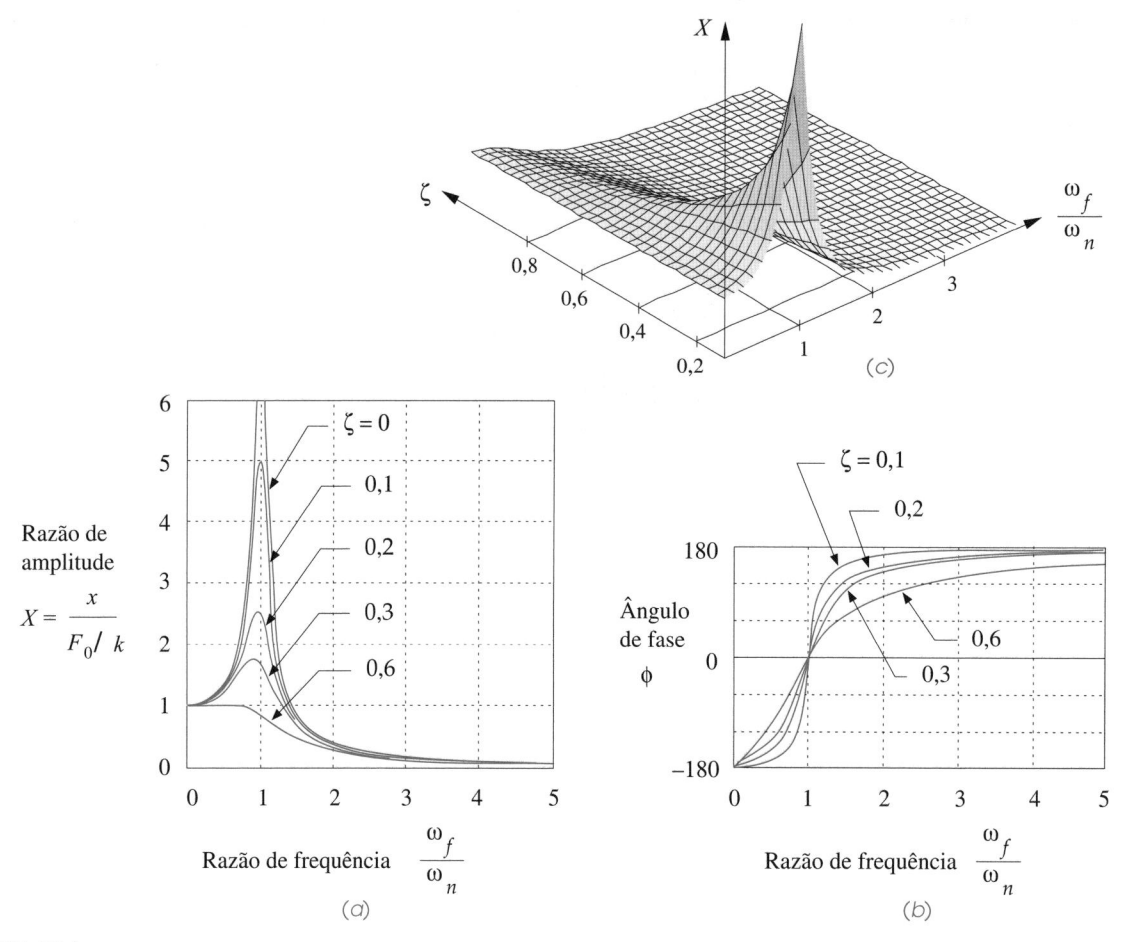

FIGURA 15-6

Razão de amplitude e ângulo de fase da resposta de um sistema.

a maior razão ω_n/ω_f possível. É importante obedecer à lei fundamental de projeto de cames e utilizar funções de cames com pulsos finitos para minimizar vibrações no sistema do seguidor.

Alguma observação e reflexão a respeito da Equação 15.1d vai mostrar que é desejável que os elementos do nosso sistema sejam tanto leves (baixo m) como rígidos (alto k) para obter altos valores de ω_n e, portanto, baixos valores de τ. Infelizmente, os materiais mais leves raramente também são os mais rígidos. O alumínio possui um terço do peso do aço, porém possui um terço de sua rigidez. O titânio possui metade do peso do aço e também metade de sua rigidez. Alguns compósitos mais exóticos, como fibra de carbono/epóxi, oferecem melhores relações, rigidez-peso, porém seu custo é alto e seu processamento é difícil. Outro trabalho para *Unobtainium 208!*

Note na Figura 15-6 que a amplitude da vibração a altas razões de frequência se aproxima de zero. Portanto, se a velocidade do sistema puder ser aumentada passando pelo ponto de ressonância sem causar danos e mantendo-se operacional a uma alta razão de frequência, a vibração será mínima. Um exemplo de sistema projetado para trabalhar nessas condições são os grandes dispositivos que devem funcionar a altas velocidades, como geradores elétricos. Sua grande massa cria uma frequência natural menor que as frequências requeridas em funcionamento. Esses equipamentos são acionados de forma mais rápida possível por toda a região de ressonância com o objetivo de evitar deterioração devidas às suas vibrações, e sua parada deve passar rapidamente pela região de ressonância pelo mesmo motivo. Esses equipamentos também possuem a vantagem de ter longos ciclos de trabalho com velocidades constantes de operação em uma região segura de frequências entre partidas e paradas de operação pouco frequentes.

15.3 ANÁLISE DA FORÇA CINETOSTÁTICA DO SISTEMA CAME SEGUIDOR UNIDO POR FORÇA

A seção anterior introduziu a **análise dinâmica direta** e a solução da equação diferencial de movimento de sistemas (Equação 15.2b). A força aplicada $F_c(t)$ é supostamente conhecida, e a equação do sistema é resolvida para o deslocamento resultante x, do qual suas derivadas também podem ser determinadas. A abordagem da **dinâmica inversa**, ou **cinetostática**, fornece um modo rápido de determinar o valor da força elástica necessária para manter o seguidor em contato com o came na velocidade escolhida. O deslocamento e suas derivadas são definidos pelo projeto cinemático do came com base em uma velocidade angular suposta constante ω do came. A Equação 15.2b pode ser solucionada algebricamente para a força $F_c(t)$ aplicada a um sistema came seguidor carregado por mola contando que os valores para a massa m, constante de mola k, pré-carga F_{pl} e fator de amortecimento c sejam conhecidos, bem como as funções de deslocamento, velocidade e aceleração.

A Figura 15-1a mostra um prato simples e um came de disco acionando um seguidor de rolete carregado por mola. Esse é um sistema unido por força que depende da força da mola para manter o contato entre came e seguidor em todos os momentos. A Figura 15-1b mostra um modelo dinâmico de massa concentrada dinâmico de massa desse sistema no qual toda a **massa** que se move com o trem seguidor é concentrado a m, todo o efeito elástico do sistema é concentrado para a **constante de mola** k, e todo o **amortecimento** ou resistência ao movimento é concentrado ao coeficiente de amortecimento c.

O projetista possui um alto nível de controle sobre a constante de mola k_{ef} do sistema, visto que ela tende a ser dominada por k_s, da mola física de retorno. A elasticidade dos elementos do seguidor também contribui para o k_{ef} do sistema total, porém, geralmente, mais rígidos estes são que a mola física. Se a rigidez do seguidor está em série com a mola de retorno, como geralmente está, as Equações 10.19 mostram que a mola mais flexível em série vai dominar a constante de mola equivalente. Portanto, a mola de retorno vai virtualmente determinar o k geral, a não ser que alguns elementos do trem seguidor possuam, similarmente, baixa rigidez.

O projetista vai escolher ou projetar a mola de retorno e, então, pode especificar o valor de k e a pré-carga de deflexão x_0 a ser introduzida ao conjunto. A pré-carga de uma mola ocorre quando ela é comprimida (ou estendida se for uma mola de tração) de seu comprimento livre para o comprimento inicial de montagem. Esta situação é necessária e desejável, pois queremos que exista uma força residual no seguidor mesmo quando o came está em sua posição mais retraída. Isso ajudará a manter um bom contato entre o came e o seguidor em todos os instantes. Essa pré-carga da mola $F_{pl} = kx_0$ adiciona um termo constante à Equação 15.2b, que fica

$$F_c(t) = m\ddot{x} + c\dot{x} + kx + F_{pl} \quad (15.8a)$$

ou

$$F_c(t) = m\ddot{x} + c\dot{x} + k(x + x_0) \quad (15.8b)$$

O valor de m é determinado pela massa equivalente do sistema como foi concentrado no modelo com um grau de liberdade (*GDL*) da Figura 15-1. O valor de c para a maioria dos sistemas came seguidor pode ser estimado, para uma primeira aproximação, entre 0,05 e 0,10 do amortecimento crítico c_c como definido na Equação 15.2i. Koster[1] descobriu que um valor típico para a razão de amortecimento em sistemas came seguidor é $\zeta = 0,06$.

Calcular o amortecimento c com base em um valor suposto de ζ requer que especifiquemos um valor para o sistema geral k e para sua massa equivalente. A escolha de k afetará tanto a frequência natural do sistema para uma certa massa quanto a força disponível para manter a junta unida por forma. Algumas iterações provavelmente serão necessárias para se encontrar uma boa relação entre esses valores. Informações sobre molas de espiras helicoidais disponíveis para venda podem ser encontradas na Internet. Note na Equação 15.8 que os termos que envolvem aceleração e velocidade podem ser positivos ou negativos. Os termos que envolvem parâmetros de elasticidade k e F_{pl} são os únicos que sempre são positivos. Portanto, para manter a função geral sempre positiva, os termos da força elástica devem ser grandes o suficiente para contrapor qualquer termo negativo nos outros termos. Tipicamente, a aceleração é maior em termos numéricos do que a velocidade, por isso a aceleração negativa geralmente é a principal causa de a força F_c ser negativa.

A principal preocupação nesta análise é manter a força do came sempre positiva com a direção definida na Figura 15-1. A força do came é mostrada como positiva nessa figura. Em um sistema unido por força o came só pode empurrar o seguidor, não pode puxá-lo. A mola do seguidor é responsável por fornecer a força necessária para manter a junta unida por forma durante os períodos de aceleração negativa do movimento do seguidor. A força de amortecimento também pode contribuir, porém a mola deve suprir a maior parte da força para manter o contato entre o came e seguidor. Se a força F_c se torna negativa a qualquer momento do ciclo, o seguidor e o came perderão o contato, condição chamada **salto do seguidor**. Quando eles se reencontrarem, este fenômeno terá a presença de forças de impacto de grande magnitude, potencialmente danificadoras. O salto do seguidor, se ocorrer, acontecerá nas proximidades do ponto de máxima aceleração negativa. Portanto, devemos selecionar a constante de mola e pré-carga de modo a garantir a força positiva em todos os pontos do ciclo. Em aplicações automotivas de cames de válvulas, o salto do seguidor também é chamado de *batimento de válvula*, porque a válvula (seguidor) "flutua" sobre o came, periodicamente impactando a superfície do came. Isso vai ocorrer se o rpm do came aumentar a ponto de a maior aceleração negativa tornar a força do seguidor negativa. A "linha vermelha" de máximo rpm do motor, geralmente indicada no conta-giros, serve para alertar a respeito de um iminente batimento de válvula acima daquela velocidade que danificará o came e o seguidor.

O programa DYNACAM (Ver Apêndice A) permite que a iteração da Equação 15.8 seja feita rapidamente para qualquer came cuja cinemática foi definida no programa. O botão *Dynamics* do programa vai solucionar a Equação 15.8 para todos os valores de ângulo do eixo de came usando as funções de deslocamento, velocidade e aceleração previamente calculadas para o projeto do came no programa. O programa necessita de valores para a massa equivalente m do sistema, constante de mola equivalente k, pré-carga F_{pl} e o valor suposto de razão de amortecimento ζ. Esses valores devem ser determinados para o modelo pelo projetista utilizando os métodos descritos nas seções 10.11 e 10.12. A força calculada na interface came seguidor pode, então, ser transformada em um gráfico ou seus valores impressos em forma de tabela. A frequência natural do sistema também é indicada quando as informações da tabela são impressas.

DINÂMICAS DE CAME

EXEMPLO 15-1

Análise da força cinetostática de um sistema came seguidor unido por força (carregado por mola).

Passo 1: Subida de 25,4 mm a 50° com aceleração senoidal modificada.
Passo 2: Espera de 40°.
Passo 3: Descida de 25,4 mm a 50° com deslocamento cicloidal.
Passo 4: Espera de 40°.
Passo 5: Subida de 25,4 mm a 50° com deslocamento polinomial 3-4-5.
Passo 6: Espera de 40°.
Passo 7: Descida de 25,4 mm com deslocamento polinomial 4-5-6-7.
Passo 8: Espera de 40°.
Velocidade angular do eixo de came: 18,85 rad/s.
Massa equivalente do seguidor: 12,919 kg.
Amortecimento de 15% do crítico ($\zeta = 0,15$).

Problema: Encontre a constante de mola e a pré-carga da mola para manter contato entre o came e o seguidor e calcule a função da força dinâmica para o came. Encontre a frequência natural do sistema para a mola escolhida. Mantenha o ângulo de pressão abaixo de 30°.

Solução:

1. Calcule os dados cinemáticos (deslocamento do seguidor, sua velocidade, aceleração e pulso) para as funções especificadas do came. A aceleração para este came é mostrada na Figura 15-7 e possui um valor máximo de 89 m/s². Ver Capítulo 8 para revisar este procedimento.

Número do passo	Função utilizada	Ângulo inicial	Ângulo final	Variação Ângulo delta
1	Subida senMod	0	50	50
2	Espera	50	90	40
3	Descida cicloidal	90	140	50
4	Espera	140	180	40
5	Subida poli 345	180	230	50
6	Espera	230	270	40
7	Descida poli 4567	270	320	50
8	Espera	320	360	40

(a) Especificações da programação do came

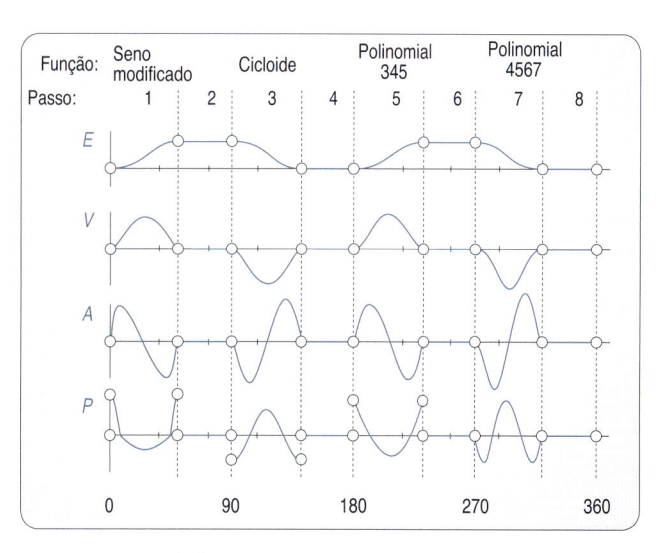

(b) Gráficos dos diagramas E V A P do sistema came seguidor

FIGURA 15-7

Diagramas E V A P para os exemplos 15-1 e 15-2.

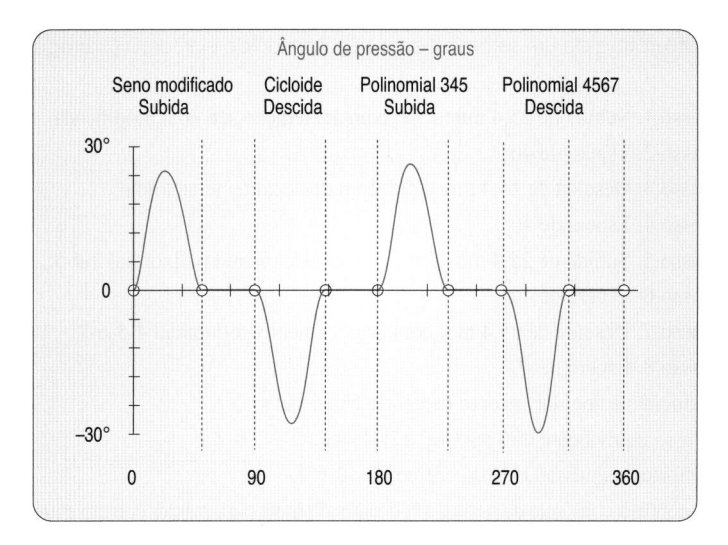

FIGURA 15-8

Gráfico do ângulo de pressão para os exemplos 15-1 e 15-2.

2 Calcule o ângulo de pressão e raio de curvatura para valores tentativos do raio de circunferência primária, e dimensione o came para controlar esses valores. A Figura 15-8 mostra a função do ângulo de pressão, e a Figura 15-9 os raios de curvatura para este came com circunferência primária de raio 101,6 mm e excentricidade igual a zero. O ângulo de pressão máximo é 29,2° e o raio mínimo de curvatura é 43,6 mm. A Figura 8-51 mostra o perfil final do came. Ver Capítulo 8 para revisar esses cálculos.

3 Após definir a cinemática do came, podemos definir a dinâmica. Para resolver a Equação 15.8 para a força do came, devemos supor valores para a constante de mola k e a pré-carga F_{pl}.

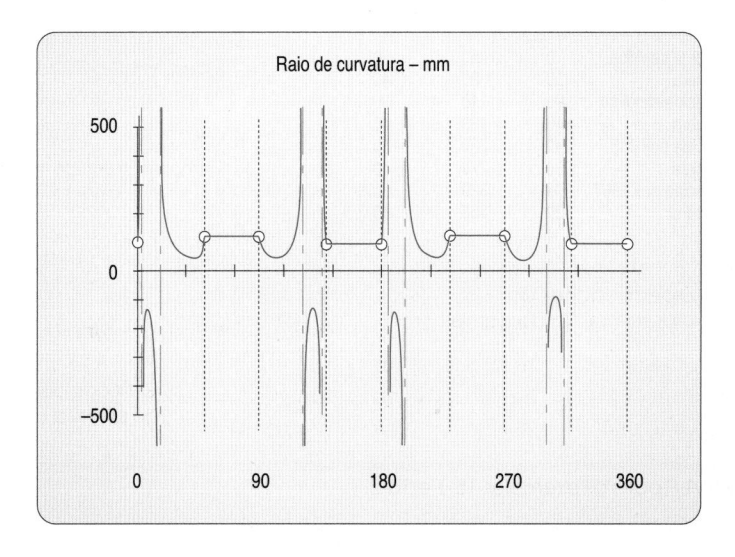

FIGURA 15-9

Raio de curvatura de um came de quatro esperas para os exemplos 15-1 e 15-2.

DINÂMICAS DE CAME

O valor de c pode ser calculado da Equação 15.3a utilizando a massa m fornecida, o fator de amortecimento ζ e o valor suposto de k. Os parâmetros cinemáticos são conhecidos.

4. O programa DYNACAM (Ver Apêndice A) realiza esses cálculos. A força dinâmica resultante de um k suposto igual a 26 N/mm e uma pré-carga de 334 N é mostrada na Figura 15-10a. O coeficiente de amortecimento c = 173,9 N-s/m. Note que a força assume valores negativos em duas regiões durante acelerações negativas. Esses são os pontos de salto do seguidor. O seguidor perde contato com o came durante a descida, pois a mola não possui força disponível suficiente para manter esse contato quando o came desce rapidamente. Abra o arquivo E15-01a-SI.cam no DYNACAM e forneça os valores de k e F_{pl} para ver este exemplo. Outra iteração é necessária para melhorar o projeto.

5. A Figura 15-10b mostra a força dinâmica para o mesmo came com constante de mola k = 35 N/mm e uma pré-carga de 667,2 N. Coeficiente de amortecimento c = 201,8 N-s/m. Essa força adicional elevou o sistema a uma região onde a função será sempre positiva. Não há salto do seguidor neste caso. A força máxima durante o ciclo é de 1 780 N. Uma margem de segurança foi fornecida por meio da manutenção da força mínima confortavelmente acima da linha zero a 165 N. Abra o arquivo E15-01b-SI.cam no DYNACAM para visualizar o exemplo.

6. As frequências naturais com e sem amortecimento podem ser calculadas para o sistema pelas equações 15.1d e 15.3c, respectivamente, e são

$$\omega_n = 52{,}1 \text{ rad/s}; \qquad \omega_d = 51{,}5 \text{ rad/s}$$

15.4 ANÁLISE DA FORÇA CINETOSTÁTICA DE UM SISTEMA CAME SEGUIDOR UNIDO POR FORMA

A Seção 8.1 descreve dois tipos de união de juntas utilizadas em sistemas came seguidor, **união por força** e **por forma**. A união por força utiliza meias juntas e requer uma mola ou outra fonte de força para manter o contato entre os elementos. A união por forma fornece uma restrição geométrica na junta, como ranhura (ou canal) no came mostrada na Figura 15-11a ou os cames conjugados da Figura 15-11b. Não há necessidade de mola para manter o seguidor em contato com esses cames. O seguidor vai se chocar contra um dos lados da ranhura ou par conjugado conforme necessário para fornecer as forças positivas e negativas. Como não há mola no sistema, sua Equação de força dinâmica 15.8 é simplificada para

$$F_c(t) = m\ddot{x} + c\dot{x} \qquad (15.9)$$

Note que agora há somente um elemento para armazenar a energia do sistema (a massa), portanto, teoricamente, não há possibilidade de ocorrer a ressonância. Não há frequência natural para que o sistema entre em ressonância. Esta é a maior vantagem do sistema unido por forma em relação ao unido por força. Não ocorrerá salto do seguidor, e consequentemente não haverá falha mecânica dos elementos do sistema, não importa o quão rápido o sistema funcione. Essa montagem é geralmente utilizada em comandos de válvulas de motores de corrida ou de alto desempenho para permitir maiores velocidades do motor sem que ocorra batimento de válvula. Em comandos de válvulas, um comando de válvulas came seguidor unido por forma é chamado de sistema *desmodrômico*.

Como em qualquer projeto, existem desvantagens. Embora um sistema unido por forma tipicamente permita maiores velocidades de operação do que um unido por força similar, ele não está livre de todos os problemas de vibração. Mesmo que não exista nenhuma mola física de retorno no sistema, o trem seguidor, o eixo de came de válvulas e todos os outros elementos

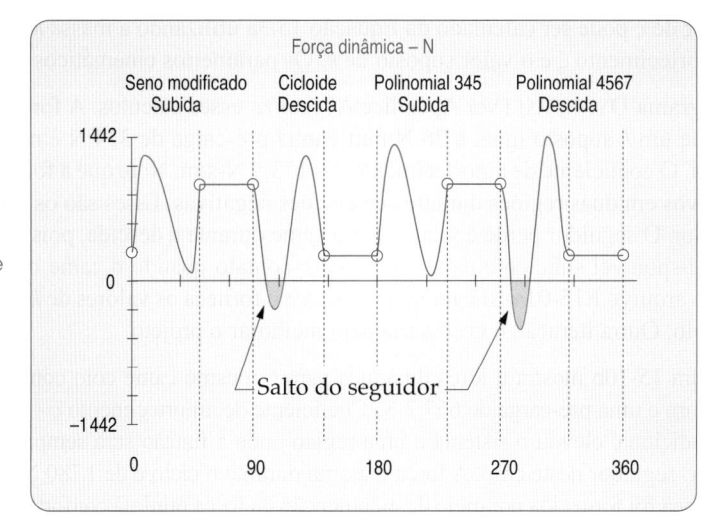

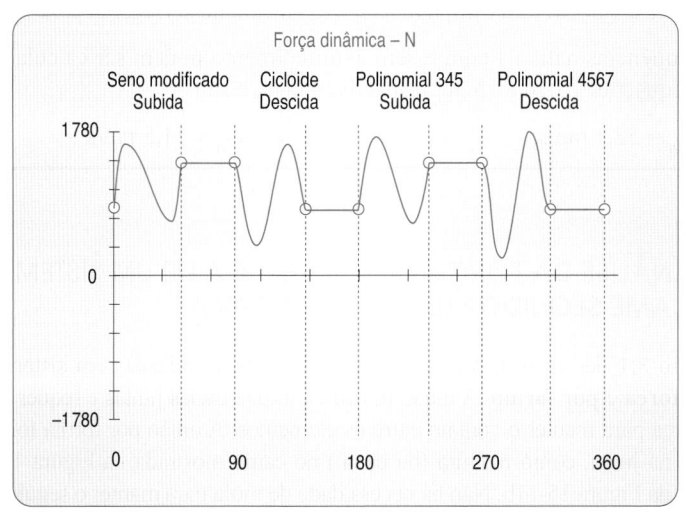

FIGURA 15-10

Forças dinâmicas em um sistema came seguidor unido por força.

ainda possuem suas próprias constantes de mola, que tem sua direção alterada abruptamente de um lado a outro das ranhuras do came. Não pode haver folga zero entre o seguidor de rolete e as ranhuras e mesmo assim ser operacional. Mesmo se a folga for muito pequena, haverá a chance de o seguidor desenvolver velocidade em seu pequeno deslocamento pela ranhura, e isso impactará o outro lado. Cames com trilhas do tipo mostrado na Figura 15-11a geralmente falham em pontos onde a aceleração muda de sinal devido a muitos ciclos de impactos cruzados. Note também que o seguidor de rolete troca de direção todas as vezes que ele muda para o outro lado da ranhura. Isso causa significativo deslizamento do seguidor e alto desgaste deste em comparação a um sistema came aberto unido por força, onde o seguidor possui menos de 1% de deslizamento.

Devido a existência de duas superfícies de came a serem usinadas e por que, ao came com trilhas ou ranhura, deve ser usinada e retificada com alta precisão para controlar as folgas, cames unidos por forma tendem a ser mais caros para serem fabricados do que cames unidos

DINÂMICAS DE CAME

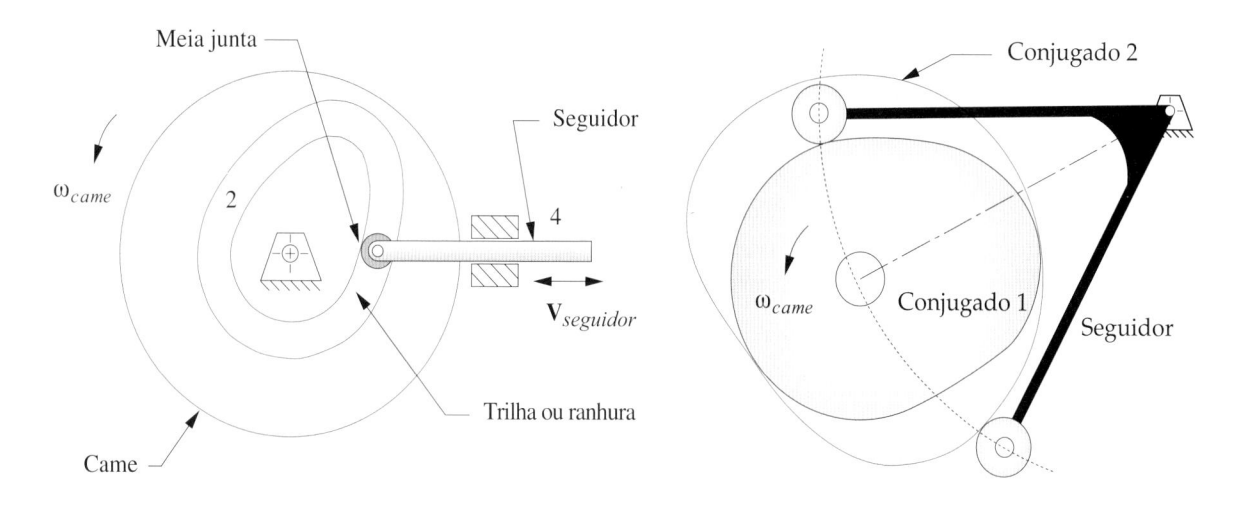

(a) Came unido por forma com seguidor translacional

(b) Cames conjugados em um mesmo eixo

FIGURA 15-11

Sistemas came seguidor unidos por forma.

por força. Cames com trilhas geralmente devem ser retificados após o tratamento térmico para corrigir distorções das ranhuras devidas às altas temperaturas do processo. A retificação aumenta os custos significativamente. Muitos cames unidos por força não passam por esse processo após o tratamento térmico e são utilizados da forma como são produzidos. Embora o uso da abordagem dos cames conjugados evite problemas de tolerância de ranhura de distorções resultantes do tratamento térmico, ainda há duas superfícies de contato para serem usinadas por came. Portanto, as vantagens dinâmicas do came desmodrômico possuem um custo significativamente elevado.

Vamos agora repetir o projeto de came do Exemplo 15-1, modificado para a operação desmodrômica. Isso é fácil de fazer com o programa DYNACAM (Ver Apêndice A) ajustando a constante de mola e a pré-carga para zero, na suposição de que o trem seguidor é um corpo rígido. Um resultado mais preciso pode ser obtido pelo cálculo e uso da constante de mola equivalente da combinação dos elementos do trem seguidor, uma vez que suas geometrias e materiais estão definidos. As forças dinâmicas serão agora tanto positivas quanto negativas, mas um came unido por forma pode empurrar e puxar.

EXEMPLO 15-2

Análise das forças dinâmicas de um sistema came seguidor unido por forma (desmodrômico).

Dados: Um seguidor de rolete translatório mostrado na Figura 15-11a é acionado por um came radial de prato unido por forma e tem a seguinte programação:

Passo 1: Subida de 25,4 mm a 50° com aceleração senoidal modificada.

Passo 2: Espera de 40°.

Passo 3: Descida de 25,4 mm a 50° com deslocamento cicloidal.

Passo 4: Espera de 40°.
Passo 5: Subida de 25,4 mm a 50° com deslocamento polinomial 3-4-5.
Passo 6: Espera de 40°.
Passo 7: Descida de 25,4 mm a 50° com deslocamento polinomial 4-5-6-7.
Passo 8: Espera de 40°.
Velocidade angular do eixo de came: 18,85 rad/s.
Massa equivalente do seguidor: 12,919 kg.
Amortecimento de 15% do crítico ($\zeta = 0,15$).

Problema: Calcular a função da força dinâmica para o came. Mantenha o ângulo de pressão < 30°.

Solução:

1 Calcule os dados cinemáticos (deslocamento do seguidor, velocidade, aceleração e pulso) para as funções específicas do came. A aceleração para esse came é mostrada na Figura 15-7 e tem um valor máximo de 89 m/s². Ver Capítulo 8 para rever este procedimento.

2 Calcule o raio de curvatura e ângulo de pressão para valores estimados do raio de circunferência primária e dimensione o came para controlar esses valores. A Figura 15-8 mostra a função do ângulo de pressão, e a Figura 15-9 mostra os raios de curvatura para este came com raio de circunferência primária de 101,6 mm e excentricidade zero. O ângulo de pressão máximo é 29,2°, e o raio de curvatura mínimo é 43,6 mm. A Figura 8-51 mostra o perfil final do came. Ver Capítulo 8 para rever esses cálculos.

3 Com a cinemática do came definida, podemos tratar da sua dinâmica. Para resolver a Equação 15.9 para a força do came, supomos valor zero para a constante de mola k e para a pré-carga F_{pl}. O valor de c é suposto como o mesmo do Exemplo 15-1, 201,8 N-s/m. Os parâmetros cinemáticos são conhecidos.

4 O programa DYNACAM (Ver Apêndice A) faz este cálculo para você. A força dinâmica resultante é mostrada na Figura 15-12. Note que a força agora é quase simétrica sobre o eixo e o valor de seu pico absoluto é 1 150 N. O impacto cruzado ocorrerá toda vez que a força no seguidor mudar de sentido. Abra o arquivo E15-02-SI.cam no DYNACAM para ver o exemplo.

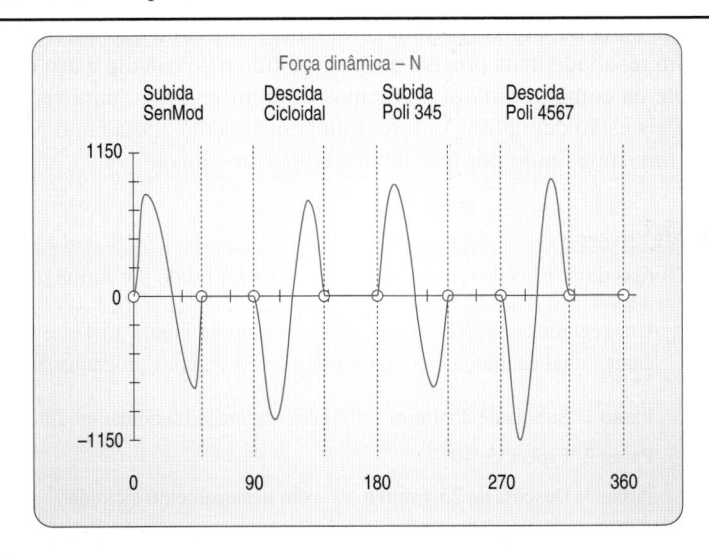

FIGURA 15-12

Força dinâmica em um sistema came seguidor unido por forma.

Compare os gráficos da força dinâmica para o sistema unido por força (Figura 15-10b) e o sistema unido por forma (Figura 15-12). A magnitude do pico absoluto da força em ambos os lados da trilha no came unido por forma é menor que aquela no do carregado por mola. Isso mostra a desvantagem que a mola impõe ao sistema para manter a junta unida por forma. Desse modo, ambos os lados da pista do came experimentarão tensões menores que os do came aberto, exceto para as áreas de impacto cruzado mencionadas na p. 728.

15.5 TORQUE CINETOSTÁTICO NO EIXO DE CAME

A análise cinetostática supõe que o eixo de came irá operar a uma velocidade constante ω. Assim como vimos no caso do mecanismo de quatro barras no Capítulo 11 e no mecanismo biela-manivela no Capítulo 13, o torque de entrada deve variar durante o ciclo se a velocidade do eixo permanece constante. O torque é calculado da relação de potência, desprezando as perdas.

$$\text{Potência de entrada} = \text{Potência de saída}$$
$$T_c \omega = F_c v \qquad (15.10)$$
$$T_c = \frac{F_c v}{\omega}$$

Uma vez que a força do came tenha sido calculada de uma das equações 15.8 ou 15.9, o torque do eixo de came T_c é facilmente encontrado, visto que a velocidade v do seguidor e a de eixo de came ω são ambas conhecidas. A Figura 15-13a mostra o torque de entrada do eixo de came necessário para movimentar o came unido por força projetado no Exemplo 15-1. A Figura 15-13b mostra o torque de entrada do eixo de came necessário para movimentar o came unido por forma projetado no Exemplo 15-2. Note que o torque requerido para movimentar o sistema unido por força (carregado por mola) é significativamente maior que o necessário para movimentar o came unido por forma (com trilhas). A força da mola também está impondo uma penalidade aqui, visto que a mola deve armazenar energia durante as porções de subida, o que tende a desacelerar o eixo de came. Essa energia armazenada então retorna para o eixo de came durante as porções de descida, causando sua aceleração. O carregamento da mola causa grandes oscilações no torque.

Um volante de inércia pode ser dimensionado e ajustado para o eixo de came a fim de suavizar essas variações no torque, assim como foi feito para o mecanismo de quatro barras na Seção 11.11. Ver essa seção para procedimento de projeto. O programa DYNACAM (Ver Apêndice A) integra a função do torque do eixo de came pulso por pulso e mostra tais áreas na tela. Esses dados de energia podem ser utilizados para calcular o tamanho necessário do volante de inércia para qualquer coeficiente de flutuação selecionado.

Uma forma útil de comparar projetos alternativos de came é observar a função do torque, assim como a força dinâmica. Uma menor variação de torque vai requerer um menor motor e/ou volante de inércia e vai funcionar mais suavemente. Três projetos diferentes para came com tempo de espera único foram explorados no Capítulo 8. (Ver exemplos 8-6, 8-7 e 8-8.) Todos tiveram a mesma elevação e duração, mas usaram diferentes funções de came. Um utilizou a harmônica dupla, outro acicloidal e o terceiro a polinomial de sexto grau. Nas bases de seus resultados cinemáticos, principalmente magnitude da aceleração, descobrimos que o projeto polinomial era superior. Vamos agora rever este came como exemplo e comparar sua força dinâmica e torque nas três funções.

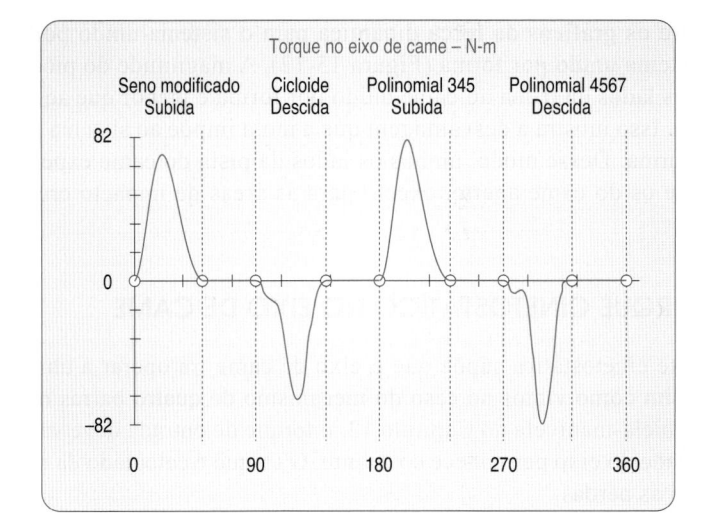

(a) Came seguidor unido por força (carregado por mola)

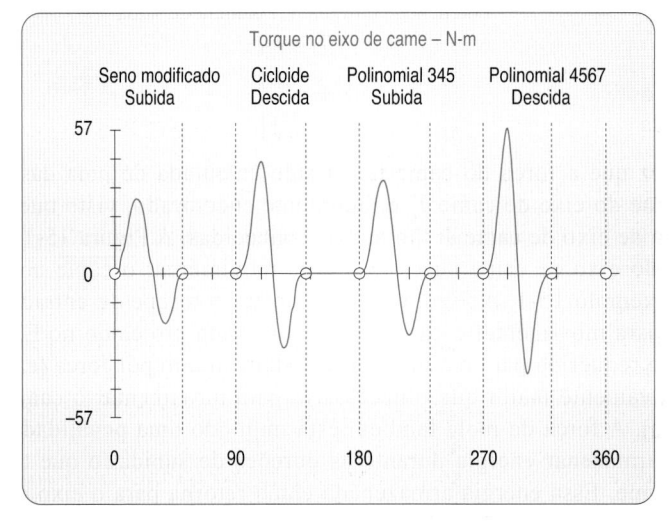

Torque no eixo de came – N-m

Seno modificado Subida | Cicloide Descida | Polinomial 345 Subida | Polinomial 4567 Descida

(b) Came seguidor unido por forma (desmodrômico)

Torque no eixo de came – N-m

Seno modificado Subida | Cicloide Descida | Polinomial 345 Subida | Polinomial 4567 Descida

FIGURA 15-13
Torque de entrada nos sistemas came seguidor unidos por força e forma.

EXEMPLO 15-3

Comparação dos torques e forças dinâmicas em três projetos alternativos do mesmo came.

Dados: Um seguidor de rolete translatório mostrado na Figura 15-1 é acionado por um came radial de prato unido por força, e tem a seguinte programação:

Projeto 1

Passo 1: Subida de 25,4 mm a 90° com deslocamento duplo harmônico.
Passo 2: Descida de 25,4 mm a 90° com deslocamento duplo harmônico.

DINÂMICAS DE CAME

Passo 3: Espera de 180°.

Projeto 2

Passo 1: Subida de 25,4 mm a 90° com deslocamento cicloidal.

Passo 2: Descida de 25,4 mm a 90° com deslocamento cicloidal.

Passo 3: Espera de 180°.

Projeto 3

Passo 1: Subida de 25,4 mm a 90° e descida de 25,4 mm a 90° com deslocamento polinomial. (Uma única polinomial pode criar tanto a subida como a descida.)

Passo 2: Espera de 180°.

Velocidade angular do eixo de came: 15 rad/s. Massa equivalente do seguidor: 12,92 kg. Amortecimento de 15% do crítico ($\zeta = 0,15$).

Encontre: As funções da força dinâmica e do torque para o came. Compare seus picos de magnitude para o mesmo raio de circunferência primária.

Solução: Note que esses são os mesmos projetos cinemáticos de came mostrados nas figuras 8-27, 8-28 e 8-30.

1. Calcule os dados cinemáticos (deslocamento do seguidor, velocidade, aceleração e pulso) para cada projeto especificado de came. Ver Capítulo 8 para rever esse procedimento.

2. Calcule o raio de curvatura e ângulo de pressão para valores estimados do raio de circunferência primária e dimensione o came para controlar esses valores. Um raio de circunferência primária de 76,2 mm fornece ângulos de pressão e raios de curvatura aceitáveis. Ver Capítulo 8 para rever esses cálculos.

3. Com a cinemática do came definida, podemos tratar da sua dinâmica. Para resolver a Equação 15.1a para a força do came, supomos um valor de 8,76 N/mm para a constante de mola k e ajustamos a pré-carga F_{pl} para cada projeto a fim de obter uma força dinâmica mínima de cerca de 44 N. Isso requer uma mola pré-carregada de 125 N para o projeto 1; 67 N para o projeto 2; e 44 N para o projeto 3.

4. O valor do amortecimento c é calculado da Equação 15.2i. Os parâmetros cinemáticos x, v e a são conhecidos pela análise feita anteriormente.

5. O programa DYNACAM (Ver Apêndice A) vai fazer os cálculos para você. As forças dinâmicas que resultam de cada projeto são mostradas na Figura 15-14, e os torques na Figura 15-15. Note que a força é maior para o projeto 1 com pico de 365 N e menor para o projeto 3 com pico de 236 N. O mesmo ranking vale para os torques que variam de 11 N-m para o projeto 1 até 6 N-m para o projeto 3. Estes representam reduções de 35% e 46% no carregamento dinâmico devido à mudança no projeto cinemático. Sem surpresas, o projeto de polinomial de sexto grau que tem a menor aceleração tem também as menores forças e torques e é claramente o ganhador. Abra os arquivos E08-06.cam, E08-07.cam e E08-08.cam no programa DYNACAM para ver os resultados.

15.6 MEDINDO FORÇAS E ACELERAÇÕES DINÂMICAS

Como descrito nas seções anteriores, sistemas came seguidor tendem a ser subamortecidos. Isso permite que ocorram oscilações e vibrações significativas no trem seguidor. Forças e acelerações dinâmicas podem ser medidas facilmente em mecanismos que estejam funcionando. Transdutores compactos de forças e acelerações piezoelétricos estão disponíveis e têm

(a) Subida duplo harmônico – descida duplo harmônico

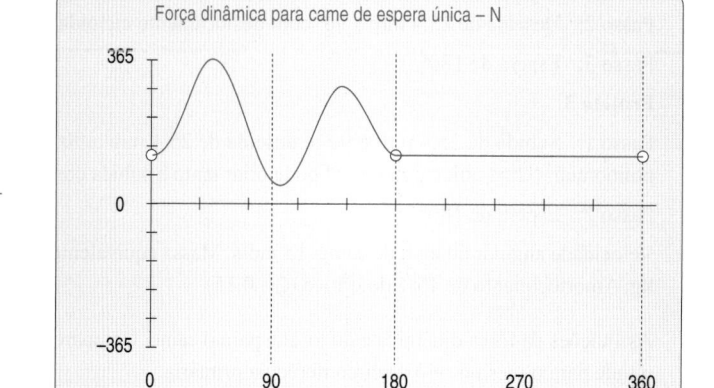

(b) Subida cicloidal – descida cicloidal

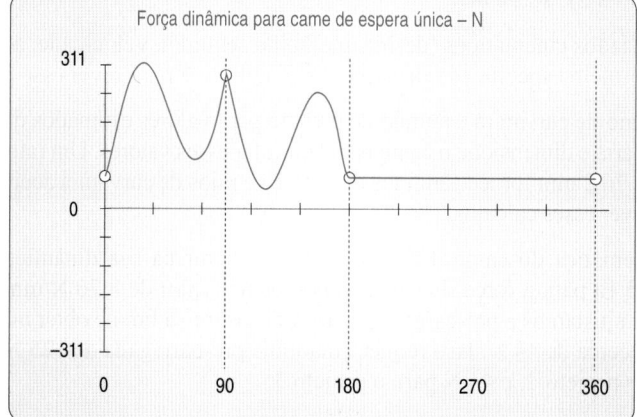

(c) Polinomial de sexto grau

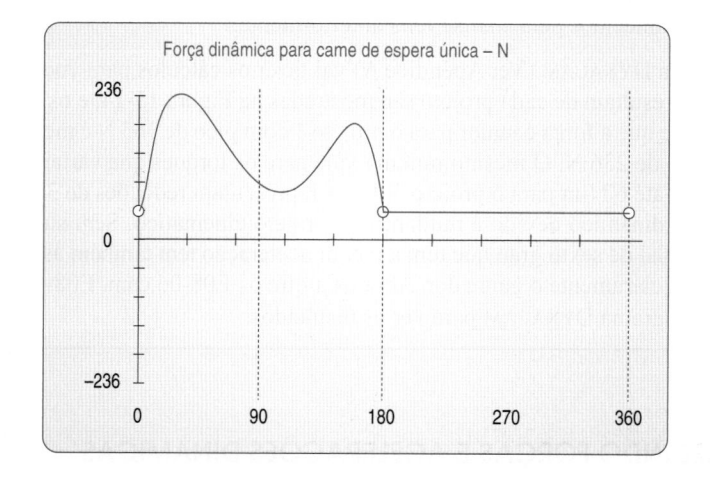

FIGURA 15-14

Forças dinâmicas em três diferentes projetos para came de espera única.

DINÂMICAS DE CAME

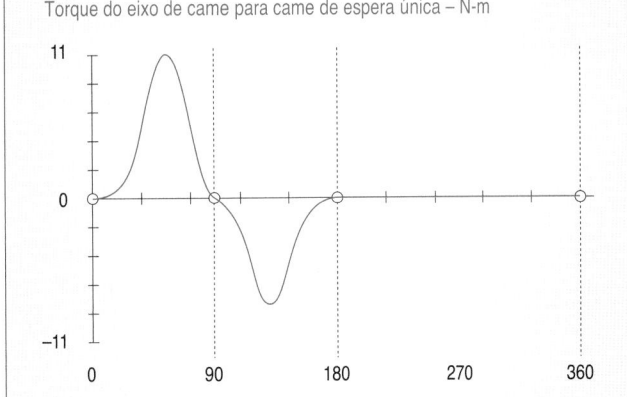

(a) Subida duplo harmônico – descida duplo harmônico

(b) Subida cicloidal – descida cicloidal

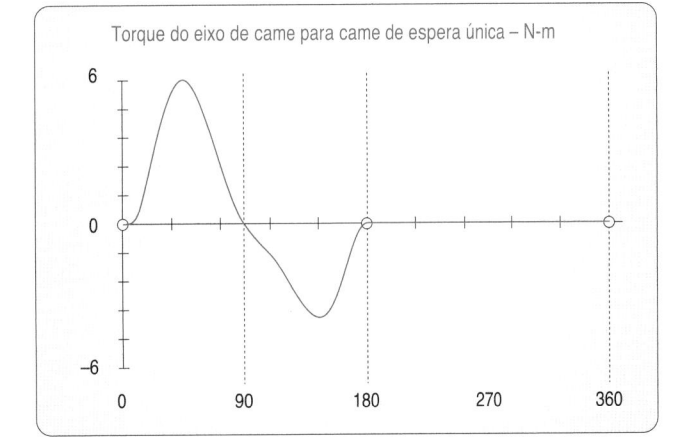

(c) Polinomial de sexto grau

FIGURA 15-15

Torque dinâmico de entrada em três diferentes projetos para came de espera única.

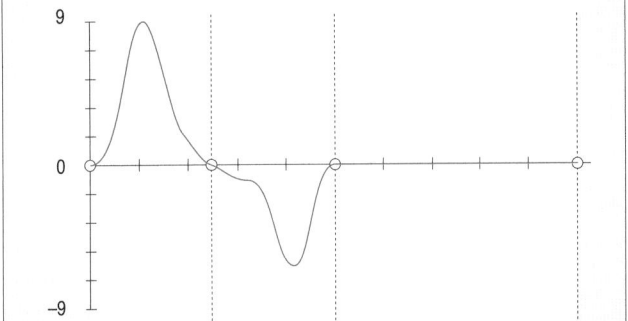

intervalos de resposta de frequência em muitos milhares de hertz. Extensômetros elétricos fornecem medidas de tensão que são proporcionais à força e têm largura de banda da ordem de quilohertz ou melhor.

A Figura 15-16 mostra curvas de aceleração e força como medidas no trem seguidor de um eixo de came sobre cabeçote em um motor em linha de 1,8 litro e quatro cilindros.[2] O motor sem explosão foi movimentado por um motor elétrico em um dinamômetro. O eixo de came gira a 500, 2 000 e 3 000 rpm (1 000, 4 000 e 6 000 rpm de virabrequim), respectivamente, nos três gráficos das figuras 15-16a, b e c. A aceleração foi calculada com um acelerômetro piezoelétrico fixado na cabeça de uma válvula de admissão, e a força foi calculada da saída do extensômetro colocado no balancim da válvula de admissão. A curva teórica da aceleração do seguidor (como projetado) é superposta à curva da aceleração medida. Todas as medidas de aceleração foram convertidas para unidades de mm/graus² (ou seja, normalizada a velocidade do eixo de came) para permitir a comparação entre uma e outra, bem como com a curva teórica da aceleração.

A 500 rpm de eixo de came, a aceleração medida se aproxima da curva teórica de aceleração com pequenas oscilações resultantes da vibração da mola. A 2 000 rpm de eixo de came, oscilações significativas na aceleração medida são vistas durante a primeira fase positiva e negativa da aceleração. Isso se deve à vibração da mola da válvula em sua frequência natural em resposta à excitação do came. Esse fenômeno é chamado de "surto da mola" e é um fator significante na falha por fadiga da mola da válvula. A 3 000 rpm de eixo de came, o surto da mola continua presente, mas com menor proeminência como um percentual da aceleração total. O conteúdo da frequência da função de excitação do came passou pela primeira frequência natural da mola da válvula a cerca de 2 000 rpm de eixo de came, causando a ressonância da mola. Os mesmos efeitos podem ser vistos na força do balancim. Tudo em um mecanismo tende a vibrar simpaticamente em sua própria frequência natural quando excitado por qualquer função de excitação de entrada. Transdutores sensíveis, como acelerômetros, vão captar essas vibrações assim que elas forem transmitidas pela estrutura.

15.7 CONSIDERAÇÕES PRÁTICAS

Koster[1] propõe algumas regras gerais para o projeto de sistema came seguidor para operações em alta velocidade com base em sua extensa experiência sobre modelamento dinâmico e experimental.

Para minimizar o erro posicional e a aceleração residual:

1 Mantenha a elevação total do seguidor ao mínimo.

2 Se possível, posicione a mola do seguidor para pré-carregar todos os pivôs em uma direção consistente de forma a controlar a folga nas juntas.

3 Mantenha a duração de subidas e descidas o mais longa possível.

4 Mantenha a massa do trem seguidor baixa e a rigidez alta para aumentar a frequência natural.

5 Quaisquer relações de alavancas presentes mudarão a rigidez equivalente do sistema pelo quadrado da razão. Tente manter a relação das alavancas próxima de 1.

6 Faça o eixo de came o mais rígido possível **tanto à torção como à flexão**. Este talvez seja o fator mais importante no controle da vibração do seguidor.

DINÂMICAS DE CAME

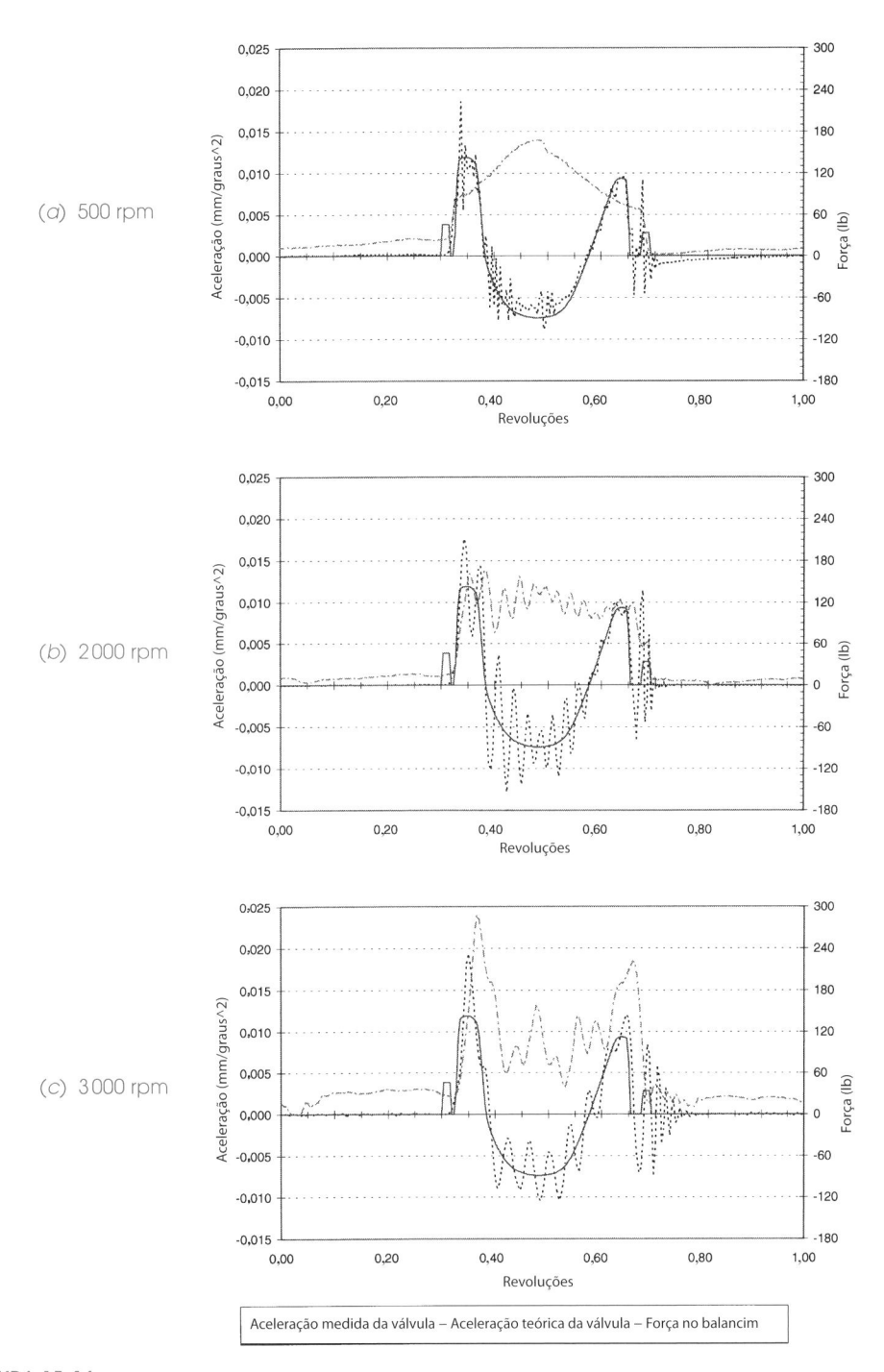

(a) 500 rpm

(b) 2000 rpm

(c) 3000 rpm

Aceleração medida da válvula — Aceleração teórica da válvula — Força no balancim

FIGURA 15-16

Aceleração da válvula e força do balancim em um eixo comando de válvula simples sobre cabeçote.

TABELA P15-0
Matriz de tópicos/problemas

15.1 Análise da força dinâmica
15-6

15.3 Análise da força cinetostática
15-7, 15-8, 15-9, 15-10, 15-11, 15-12, 15-13, 15-14

15.5 Torque cinetostático no eixo de came
15-1, 15-2, 15-3, 15-4, 15-5

---

* Respostas no Apêndice F.

** Esses problemas podem ser solucionados utilizando programas de resolução de equações como *Mathcad*, *Matlab* ou *TKSolver*.

*** Esses problemas podem ser solucionados utilizando o programa DYNACAM (ver Apêndice A).

---

7 Reduza o ângulo de pressão aumentando o diâmetro da circunferência primitiva do came.

8 Use pouca folga ou engrenagens antifolga no acionamento de eixos de came.

15.8 REFERÊNCIAS

1 **Koster, M, P.** (1974). *Vibrations of Cam Mechanisms*. Phillips Technical Library Series, Macmillan Press Ltd.: London.

2 **Norton, R. L., et al.** (1998). "Analyzing Vibrations in an IC Engine Valve Train." SAE Paper: 980570.

15.9 BIBLIOGRAFIA

Barkan, P., and R. V. McGarrity. (1965). "A Spring Actuated, Cam-Follower System: Design Theory and Experimental Results." *ASME J. Engineering for Industry*, (August), pp. 279-286.

Chen, F. Y. (1975). "A Survey of the State of the Art of Cam System Dynamics." *Mechanism and Machine Theory*, **12**, pp. 210-224.

Chen, F. Y. (1982). *Mechanics and Design of Cam Mechanisms*. Pergamon Press: New York. p. 520.

Freudenstein, F. (1959). "On the Dynamics of High-Speed Cam Profiles." *Int. J. Mech. Sci.*, **l**, pp. 342-349.

Freudenstein, F, et al, (1969). "Dynamic Response of Mechanical Systems." IBM: New York Scientific Center, Report No. 320-2967.

Hrones, J. A. (1948). "An Analysis of the Dynamic Forces in a Cam System." *Trans ASME*. **70**, pp. 473-482.

Johnson, A. R. (1965). "Motion Control for a Series System of N Degrees of Freedom Using Numerically Derived and Evaluated Equations." *ASME J. Eng. Industry*, pp. 191-204.

Knight, B. A., and H. L. Johnson. (1966). "Motion Analysis of Flexible Cam-Follower Systems." ASME Paper: 66-Mech-3.

Matthew, G. K., and D. Tesar. (1975). "Cam System Design: The Dynamic Synthesis and Analysis of the One Degree of Freedom Model." *Mechanisms and Machine Theory*, **11**, pp. 247-257.

Matthew, G. K., and D, Tesar. (1975). "The Design of Modeled Cam Systems Part I: Dynamic Synthesis and Design Chart for the Two-Degree-of-Freedom Model." *Journal of Engineering for Industry* (November), pp. 1175-1180.

Midha, A., and D. A. Turic. (1980). "On the Periodic Response of Cam Mechanisms with Flexible Follower and Camshaft." *J. Dyn. Sys. Meas. Control*, **102** (December), pp. 225-264.

Norton, R. L. (2002). *Cam Design and Manufacturing Handbook*. Industrial Press: New York.

15.10 PROBLEMAS

O programa DYNACAM (Ver Apêndice A) pode ser usado para resolver esses problemas quando aplicável. Quando unidades não são especificadas, considere o sistema de unidades do SI. Informações da mola podem ser encontradas na Internet. Alguns links são mostrados no Apêndice D.

****** 15-1 Projete um came de tempo de espera dupla para mover um seguidor de rolete com diâmetro de 50 mm e massa = 385,3 kg de 0 a 63,5 mm a 60° com curva de aceleração senoidal modificada, espera por 120°, descida de 63,5 mm a 30° com movimento cicloidal e espera para o restante. O ciclo total deve levar 4 s. Dimensione a mola de retorno e especifique sua pré-carga para manter contato entre came e seguidor. Calcule

DINÂMICAS DE CAME

e trace o gráfico da força e torque dinâmicos. Suponha amortecimento de 0,2 vezes o crítico. Repita para um came unido por forma. Compare força, dinâmica, torque e frequência natural para o projeto unido por forma e o projeto unido por força.

*** *** 15-2 Projete um came de espera dupla para mover um seguidor de rolete com diâmetro de 50 mm e massa = 245,2 kg de 0 a 38,1 mm a 45° com movimento polinomial 3-4-5, espera por 150°, descida de 38,1 mm a 90° com movimento polinomial 4-5-6-7 e espera para o restante. O ciclo total deve levar 6 s. Dimensione a mola de retorno e especifique sua pré-carga para manter contato entre came e seguidor. Calcule e trace o gráfico da força e torque dinâmico. Considere amortecimento de 0,1 vezes o crítico. Repita para um came unido por forma. Compare força e torque dinâmicos e frequência natural para o projeto unido por forma e o projeto unido por força.

*** *** 15-3 Projete um came de espera única para mover um seguidor de rolete com diâmetro de 50 mm e massa = 560,4 kg de 0 a 50,8 mm a 60°, descida de 50,8 mm a 90° e espera para o restante. O ciclo total deve levar 5 s. Use uma polinomial de sétimo grau. Dimensione a mola de retorno e especifique seu pré-carregamento para manter contato entre came e seguidor. Calcule e trace o gráfico da força e torque dinâmicos. Suponha amortecimento de 0,15 vezes o crítico. Repita para um came unido por força. Compare força, torque dinâmico e frequência natural para o projeto unido por forma e o projeto unido por força.

*** *** 15-4 Projete um came de espera tripla para mover um seguidor de rolete com diâmetro de 50 mm e massa = 70 kg de 0 a 63,5 mm a 40°, espera por 100°, descida de 38,1 mm a 90°, espera por 20°, descida de 25,4 mm a 30° e espera para o restante. O ciclo total deve levar 10 s. Escolha funções adequadas para subida e descida para minimizar forças e torques dinâmicos. Dimensione a mola de retorno e especifique seu pré-carregamento para manter contato entre came e seguidor. Calcule e trace o gráfico de força e torque dinâmicos. Suponha amortecimento de 0,12 vezes o crítico. Repita para um came unido por forma. Compare força e torque dinâmicos e frequência natural para o projeto unido por forma e o projeto unido por força.

*** *** 15-5 Projete um came de espera quádrupla para mover um seguidor de rolete com diâmetro de 50 mm e 219 kg de massa de 0 a 63,5 mm a 40°, espera por 100°, descida de 38,1 mm a 90°, espera por 20°, descida de 12,7 mm a 30°, espera por 40°, descida de 12,7 mm a 30° e espera para o restante. O ciclo total = 15 s. Escolha funções adequadas para subida e descida para minimizar forças e torques dinâmicos. Dimensione a mola de retorno e especifique seu pré-carregamento para manter contato entre came e seguidor. Calcule e trace o gráfico da força e torque dinâmico. Suponha amortecimento de 0,18 vezes o crítico. Repita para um came unido por forma. Compare força e torque dinâmicos e frequência natural para o projeto unido por forma e o projeto unido por força.

*** *** 15-6 Um sistema amortecedor de massa-mola como o mostrado na Figura 15-1b tem valores representados no sistema de unidades do SI na Tabela P15-1. Encontre a frequência natural amortecida e não amortecida bem como os valores de amortecimento crítico para o(s) sistema(s) designado(s).

** 15-7 A Figura P15-1 mostra um sistema came seguidor. As dimensões da haste de alumínio sólida, retangular, com seção transversal 50,8 × 63,5 mm são dadas. O disjuntor para o seguidor de rolete com diâmetro de 50 mm, feito de ferro com espessura de 38 mm, tem comprimento de 76 mm. Encontre a massa da haste, localização do centro de gravidade e momento de massa de inércia em relação tanto ao *CG* como ao pivô da haste. Crie um modelo de massa concentrada linear de 1 *GDL* do sistema dinâmico referenciado pelo came seguidor e calcule a força do came seguidor para uma revolução. O came é puramente excêntrico com excentricidade = 12,7 mm e gira a 500 rpm. A mola tem taxa de 21,54 N/mm e uma pré-carga de 770 N. Ignore o amortecimento.

** *** 15-8 Repita o Problema 15-7 para um came de espera dupla para mover um seguidor de rolete de 0 a 63,5 mm a 60° com aceleração senoidal modificada, espera por 120°,

TABELA P15-1
Problema 15-6

	m	k	c
a,	1,2	14	1,1
b,	2,1	46	2,4
c,	30,0	2	0,9
d,	4,5	25	3,0
e,	2,8	75	7,0
f,	12,0	50	14,0

* Respostas no Apêndice F.

** Esses problemas podem ser solucionados utilizando programas de resolução de equações como *Mathcad*, *Matlab* ou *TKSolver*.

*** Esses problemas podem ser solucionados utilizando o programa DYNACAM (Ver Apêndice A).

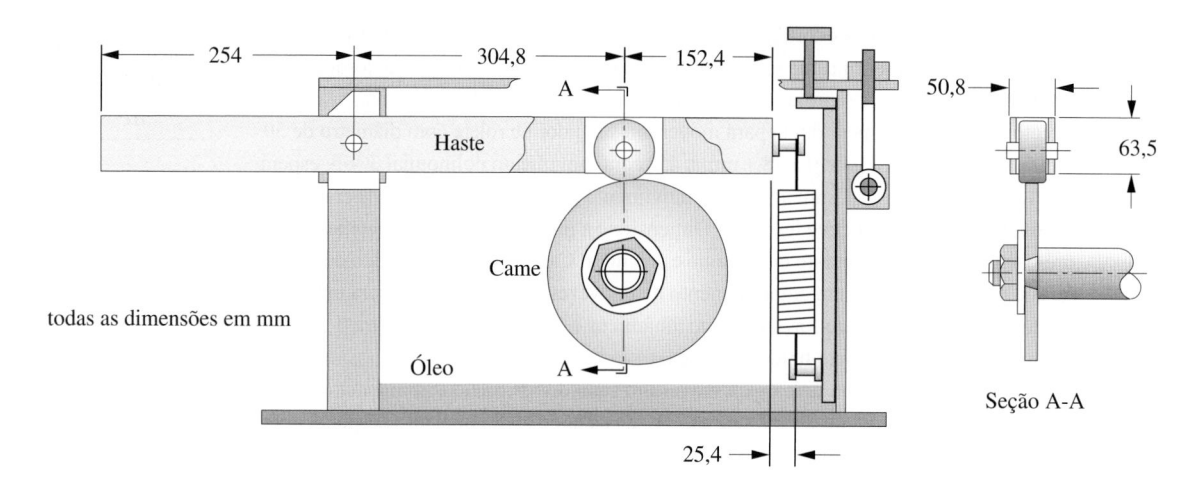

FIGURA P15-1

Problemas 15-7 a 15-11.

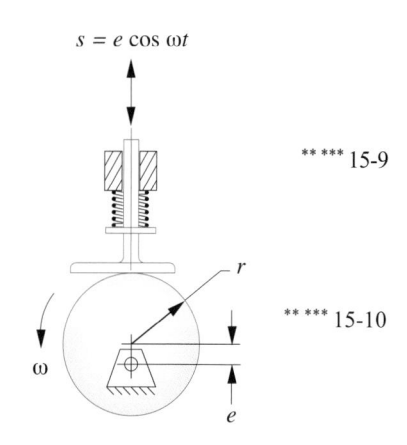

$s = e \cos \omega t$

FIGURA P15-2

Problemas 15-12 a 15-14.

** Esses problemas spodem ser solucionados utilizando programas de resolução equações como *Mathcad*, *Matlab* ou *TKSolver*.

*** Esses problemas podem ser solucionados utilizando o programa DYNACAM.

descida de 63,5 mm a 30° com movimento cicloidal e espera para o restante. A velocidade do came é 100 rpm. Escolha uma taxa adequada para a mola e pré-carga para manter o contato do seguidor. Selecione uma mola de um catálogo on-line. Suponha uma razão de amortecimento de 0,10.

** *** 15-9 Repita o Problema 15-7 para um came de espera dupla para mover um seguidor de rolete de 0 a 38,1 mm a 45° com movimento polinomial 3-4-5, espera por 150°, descida de 38,1 mm a 90° com movimento polinomial 4-5-6-7 e espera para o restante. A velocidade do came é 250 rpm. Escolha uma taxa adequada para a mola e pré-carga para manter o contato do seguidor. Selecione uma mola de um catálogo on-line. Considere uma razão de amortecimento de 0,15.

** *** 15-10 Repita o Problema 15-7 para um came de espera única para mover um seguidor de rolete de 0 a 50,8 mm a 60°, descida de 50,8 mm a 90° e espera para o restante. Use uma polinomial de sétimo grau. A velocidade do came é 250 rpm. Escolha uma taxa adequada para a mola e pré-carga para manter o contato do seguidor. Selecione uma mola de um catálogo on-line. Considere uma razão de amortecimento de 0,15.

** *** 15-11 Repita o Problema 15-7 para um came de espera dupla para mover um seguidor de rolete de 0 a 50,8 mm a 45° com movimento cicloidal, espera por 150°, descida de 50,8 mm a 90° com movimento senoidal modificado, e espera para o restante. A velocidade do came é 200 rpm. Escolha uma taxa adequada para a mola e pré-carga para manter o contato do seguidor. Selecione uma mola de um catálogo on-line. Considere uma razão de amortecimento de 0,15.

** *** 15-12 O came na Figura P15-2 é puramente excêntrico com excentricidade e = 20 mm e gira a 200 rpm. Massa do seguidor = 1 kg. A mola tem taxa de 10 N/m e pré-carga de 0,2 N. Encontre a força do seguidor por uma revolução. Considere uma razão de amortecimento de 0,10. Se houver um salto do seguidor, redefina a taxa da mola e pré-carga para eliminá-lo.

** *** 15-13 Repita o Problema 15-12 usando um came com uma simetria de 20 mm em duplo harmônico de subida e descida (180° de subida – 180° de descida). Ver Capítulo 8 para fórmulas do came.

** *** 15-14 Repita o Problema 15-12 usando um came com polinomial 3-4-5-6 de 20 mm de subida e descida (180° de subida – 180° de descida). Ver Capítulo 8 para fórmulas do came.

Apêndice **A**

PROGRAMAS DE COMPUTADOR

Eu realmente odeio essa máquina detestável.
Eu gostaria que eles vendessem isso.
Ela nunca faz exatamente o que eu quero
Mas apenas o que eu digo a ela para fazer.
DO BANCO DE DADOS DE FORTUNE, BERKELEY UNIX

A.0 INTRODUÇÃO

Existem sete programas de computador customizados, escritos pelo autor, que foram mencionados neste texto: os programas FOURBAR, FIVEBAR, SIXBAR, SLIDER, MATRIX, DYNACAM e ENGINE. Estes programas são produtos comerciais e estão disponíveis em inglês no site www.designofmachinery.com, na seção de Software. Os programas FOURBAR, FIVEBAR, SIXBAR e SLIDER são baseados nas derivações matemáticas dos capítulos 4 ao 7 e do 10 ao 11 e usam as equações apresentadas para soluções de posição, velocidade e aceleração dos diversos mecanismos descritos como o próprio nome do programa. O DYNACAM é um programa de projeto de came baseado nas derivações matemáticas dos capítulos 8 e 15. O programa ENGINE é baseado nas derivações matemáticas dos capítulos 13 e 14. O programa MATRIX é um solucionador geral de equações simultâneas lineares. Todos têm escolhas similares para mostrar os dados de saída em forma de tabelas e gráficos. Todos os programas foram desenvolvidos para ter interface amigável e ser razoavelmente à prova de falhas. O autor solicita que os usuários mandem e-mails para ele no endereço norton@wpi.edu, reportando qualquer tipo de "erro" ou problema encontrado nos programas.

Ferramentas de aprendizagem

Todos esses programas customizados disponíveis no site mencionado são projetados como ferramentas de aprendizagem para auxiliar na compreensão das matérias relevantes, *seu uso não é apropriado para fins comerciais nos projetos de equipamentos* **e não devem ser usados para isso**. É possível obter resultados impróprios (mas matematicamente corretos) para qualquer tipo de problema solucionado com esses programas, devido à entrada dos dados incorreta ou inapropriada. O usuário deve entender a teoria dinâmica e cinemática que fundamenta a estrutura dos programas, bem como também a matemática em que os algoritmos dos programas são baseados.

A informação sobre essas teorias e fundamentos matemáticos são derivadas e descritas nos capítulos citados neste texto. A maioria das equações utilizadas nos programas é derivada ou apresentada neste livro.

A.1   INFORMAÇÃO GERAL

Hardware/requisitos de sistema

Esses programas requerem Windows 2000/NT/XP/Vista. Um processador Pentium III (ou superior) equivalente é recomendável, com pelo menos 128 MB de memória RAM. Memória RAM superior é preferível.

Apêndice **B**

PROPRIEDADES DOS MATERIAIS

Para materiais de engenharia selecionados. Muitas outras ligas são disponíveis.

As tabelas a seguir contêm valores aproximados para as resistências e outras especificações de uma variedade de materiais de engenharia compiladas de várias fontes. Em alguns casos, os dados são valores minimamente recomendáveis e, em outros casos, são dados de testes únicos da amostra. Esses dados são apropriados para o uso dos exercícios de engenharia contidos neste texto, porém não devem ser considerados uma representação estatisticamente válida das especificações de qualquer liga particular ou material. O projetista deve consultar os fabricantes de materiais para obter informações mais precisas e atualizadas dos materiais utilizados nas aplicações de engenharia ou conduzir testes independentes dos materiais selecionados para determinar sua adequação final em qualquer aplicação.

TABELA N°	Descrição
B-1	Propriedades físicas de alguns materiais de engenharia
B-2	Propriedades mecânicas de algumas ligas de alumínio forjado
B-3	Propriedades mecânicas de alguns aços-carbono
B-4	Propriedades mecânicas de algumas ligas de ferro fundido
B-5	Propriedades de alguns plásticos de engenharia

Tabela B-1 Propriedades físicas de alguns materiais de engenharia

Dados de várias fontes.* Essas propriedades são essencialmente similares para todas as ligas dos materiais particulares.

Material	Módulos de elasticidade E		Módulos de rigidez G		Relação de Poisson ν	Densidade de peso γ	Densidade de massa ρ	Gravidade específica
	Mpsi	GPa	Mpsi	GPa		lb/pol^3	Mg/m^3	
Liga de alumínio	10,4	71,7	3,9	26,8	0,34	0,10	2,8	2,8
Cobre-berílio	18,5	127,6	7,2	49,4	0,29	0,30	8,3	8,3
Latão, bronze	16,0	110,3	6,0	41,5	0,33	0,31	8,6	8,6
Cobre	17,5	120,7	6,5	44,7	0,35	0,32	8,9	8,9
Ferro, fundido, cinzento	15,0	103,4	5,9	40,4	0,28	0,26	7,2	7,2
Ferro, fundido, dúctil	24,5	168,9	9,4	65,0	0,30	0,25	6,9	6,9
Ferro, fundido, maleável	25,0	172,4	9,6	66,3	0,30	0,26	7,3	7,3
Liga de magnésio	6,5	44,8	2,4	16,8	0,33	0,07	1,8	1,8
Liga de níquel	30,0	206,8	11,5	79,6	0,30	0,30	8,3	8,3
Aço, carbono	30,0	206,8	11,7	80,8	0,28	0,28	7,8	7,8
Liga de aço	30,0	206,8	11,7	80,8	0,28	0,28	7,8	7,8
Aço inoxidável	27,5	189,6	10,7	74,1	0,28	0,28	7,8	7,8
Liga de titânio	16,5	113,8	6,2	42,4	0,34	0,16	4,4	4,4
Liga de zinco	12,0	82,7	4,5	31,1	0,33	0,24	6,6	6,6

* *Propriedades de alguns metais e ligas.* Companhia Internacional do Níquel, Inc., NY; *Manual dos metais.* Sociedade Americana de Metais. Parque dos Materiais, OH.

Tabela B-2 Propriedades mecânicas de algumas ligas de alumínio forjado

Dados de várias fontes.* Valores aproximados. Consulte os fabricantes para informações mais precisas.

Liga de alumínio forjado	Condição	Resistência à tração (2% de deslocamento)		Resistência final à tração		Resistência à fadiga em 5E8 ciclos		Alongamento acima de 2 pol	Dureza Brinell
		kpsi	MPa	kpsi	MPa	kpsi	MPa	%	–HB
1 100	Chapa recozida	5	34	13	90			35	23
	Laminada a frio	22	152	24	165			5	44
2 024	Chapa recozida	11	76	26	179			20	—
	Tratada termicamente	42	290	64	441	20	138	19	—
3 003	Chapa recozida	6	41	16	110			30	28
	Laminada a frio	27	186	29	200			4	55
5 052	Chapa recozida	13	90	28	193			25	47
	Laminada a frio	37	255	42	290			7	77
6 061	Chapa recozida	8	55	18	124			25	30
	Tratada termicamente	40	276	45	310	14	97	12	95
7 075	Barra recozida	15	103	33	228			16	60
	Tratada termicamente	73	503	83	572	41	97	11	150

* *Propriedades de alguns metais e ligas.* Companhia Internacional do Níquel, Inc., NY; *Manual dos metais.* Sociedade Americana de Metais. Parque dos Materiais, OH.

Tabela B-3 Propriedades mecânicas de alguns aços-carbono

Dados de várias fontes.* Valores aproximados. Consulte os fabricantes para informações mais precisas.

Número SAE / AISI	Condição	Resistência à tração (2% de deslocamento) kpsi	MPa	Resistência final à tração kpsi	MPa	Alongamento acima de 2 pol %	Dureza Brinell –HB
1 010	Laminado a quente	26	179	47	324	28	95
	Laminado a frio	44	303	53	365	20	105
1 020	Laminado a quente	30	207	55	379	25	111
	Laminado a frio	57	393	68	469	15	131
1 030	Laminado a quente	38	259	68	469	20	137
	Normalizado a 1 650°F	50	345	75	517	32	149
	Laminado a frio	64	441	76	524	12	149
	T&R a 1 000°F	75	517	97	669	28	255
	T&R a 800°F	84	579	106	731	23	302
	T&R a 400°F	94	648	123	848	17	495
1 035	Laminado a quente	40	276	72	496	18	143
	Laminado a frio	67	462	80	552	12	163
1 040	Laminado a quente	42	290	76	524	18	149
	Normalizado a 1 650°F	54	372	86	593	28	170
	Laminado a frio	71	490	85	586	12	170
	T&R a 1 200°F	63	434	92	634	29	192
	T&R a 800°F	80	552	110	758	21	241
	T&R a 400°F	86	593	113	779	19	262
1 045	Laminado a quente	45	310	82	565	16	163
	Laminado a frio	77	531	91	627	12	179
1 050	Laminado a quente	50	345	90	621	15	179
	Normalizado a 1 650°F	62	427	108	745	20	217
	Laminado a frio	84	579	100	689	10	197
	T&R a 1 200°F	78	538	104	717	28	235
	T&R a 800°F	115	793	158	1 089	13	444
	T&R a 400°F	117	807	163	1 124	9	514
1 060	Laminado a quente	54	372	98	676	12	200
	Normalizado a 1 650°F	61	421	112	772	18	229
	T&R a 1 200°F	76	524	116	800	23	229
	T&R a 1 000°F	97	669	140	965	17	277
	T&R a 800°F	111	765	156	1 076	14	311
1 095	Laminado a quente	66	455	120	827	10	248
	Normalizado a 1 650°F	72	496	147	1 014	9	13
	T&R a 1 200°F	80	552	130	896	21	269
	T&R a 800°F	112	772	176	1 213	12	363
	T&R a 600°F	118	814	183	1 262	10	375

* *Manual SAE*, Sociedade dos Engenheiros Automotivos, Warrendale, PA; *Manual dos metais*, Sociedade Americana de Metais, Parque dos Materiais, OH.

Tabela B-4 Propriedades mecânicas de algumas ligas de ferro fundido
Dados de várias fontes.* Valores aproximados. Consulte os fabricantes para informações mais precisas

Liga de ferro fundido	Condição	Resistência à tração (2% de deslocamento)		Resistência final à tração		Resistência à compressão		Dureza Brinell
		kpsi	MPa	kpsi	MPa	kpsi	MPa	HB
Ferro fundido cinzento – Classe 20	Como fundido	–	–	22	152	83	572	156
Ferro fundido cinzento – Classe 30	Como fundido	–	–	32	221	109	752	210
Ferro fundido cinzento – Classe 40	Como fundido	–	–	42	290	140	965	235
Ferro fundido cinzento – Classe 50	Como fundido	–	–	52	359	164	1 131	262
Ferro fundido cinzento – Classe 60	Como fundido	–	–	62	427	187	1 289	302
Ferro dúctil 60-40-18	Laminado	47	324	65	448	52	359	160
Ferro dúctil 65-45-12	Laminado	48	331	67	462	53	365	174
Ferro dúctil 80-55-06	Laminado	53	365	82	565	56	386	228
Ferro dúctil 120-90-02	T & R	120	827	140	965	134	924	325

* *Propriedades de alguns metais e ligas,* Companhia. Internacional do Níquel, Inc., NY; *Manual dos metais,* Sociedade Americana de Metais, Parque dos Materiais, OH.

Tabela B-5 Propriedades de alguns plásticos de engenharia
Dados de várias fontes.* Valores aproximados. Consulte os fabricantes para informações mais precisas.

Material	Módulos de elasticidade E aproximados**		Resistência final à tração		Resistência final à compressão		Alongamento acima de 2 pol	Temp. Máx.	Gravidade específica
	Mpsi	GPa	kpsi	MPa	kpsi	MPa	%	°F	
ABS	0,3	2,1	6,0	41,4	10,0	68,9	5-25	160-200	1,05
20-40% preenchido com vidro	0,6	4,1	10,0	68,9	12,0	82,7	3	200-230	1,30
Acetal	0,5	3,4	8,8	60,7	18,0	124,1	60	220	1,41
20-30% preenchido com vidro	1,0	6,9	10,0	68,9	18,0	124,1	7	185-220	1,56
Acrílico	0,4	2,8	10,0	68,9	15,0	103,4	5	140-190	1,18
Teflon (PTFE)	0,2	1,4	5,0	34,5	6,0	41,4	100	350-330	2,10
Náilon 6/6	0,2	1,4	10,0	68,9	10,0	68,9	60	180-300	1,14
Náilon 11	0,2	1,3	8,0	55,2	8,0	55,2	300	180-300	1,04
20-30% preenchido com vidro	0,4	2,5	12,8	88,3	12,8	88,3	4	250-340	1,26
Policarbonato	0,4	2,4	9,0	62,1	12,0	82,7	100	250	1,20
10-40% preenchido com vidro	1,0	6,9	17,0	117,2	17,0	117,2	2	275	1,35
HMW polietileno	0,1	0,7	2,5	17,2	–	–	525	–	0,94
Óxido de polifenileno	0,4	2,4	9,6	66,2	16,4	113,1	20	212	1,06
20-30% preenchico com vidro	1,1	7,8	15,5	106,9	17,5	120,7	5	260	1,23
Polipropileno	0,2	1,4	5,0	34,5	7,0	48,3	500	250-320	0,90
20-30% preenchido com vidro	0,7	4,8	7,5	51,7	6,2	42,7	2	300-320	1,10
Poliestireno impacto	0,3	2,1	4,0	27,6	6,0	41,4	2-80	140-175	1,07
20-30% preenchido com vidro	0,1	0,7	12,0	82,7	16,0	110,3	1	180-200	1,25
Polissulfona	0,4	2,5	10,2	70,3	13,9	95,8	50	300-345	1,24

* *Enciclopédia de Plásticos Modernos,* McGraw-Hill, New York; *Edição Referência dos Materiais de Projeto de Máquinas,* Publicação Penton, Cleveland, OH.
** A maioria dos plásticos não obedece à Lei de Hooke. Eles apresentam o módulo de elasticidade variando com o tempo e a temperatura.

Apêndice C

PROPRIEDADES GEOMÉTRICAS

DIAGRAMAS E FÓRMULAS PARA CALCULAR OS PARÂMETROS SEGUINTES DE DIVERSOS SÓLIDOS GEOMÉTRICOS MAIS COMUNS

V = volume
m = massa
C_g = localização do centro de massa
I_x = segundo momento de massa em torno do eixo $x = \int (y^2 + z^2)\, dm$
I_y = segundo momento de massa em torno do eixo $y = \int (x^2 + z^2)\, dm$
I_z = segundo momento de massa em torno do eixo $z = \int (x^2 + y^2)\, dm$
k_x = raio de giração em torno do eixo x
k_y = raio de giração em torno do eixo y
k_z = raio de giração em torno do eixo z

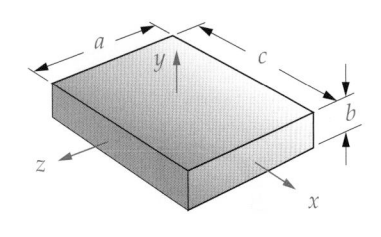

(a) Prisma retangular

$V = abc$ $\qquad$ $m = V \cdot$ densidade de massa

$x_{Cg} @ \dfrac{c}{2}$ $\qquad$ $y_{Cg} @ \dfrac{b}{2}$ $\qquad$ $z_{Cg} @ \dfrac{a}{2}$

$I_x = \dfrac{m(a^2 + b^2)}{12}$ $\qquad$ $I_y = \dfrac{m(a^2 + c^2)}{12}$ $\qquad$ $I_z = \dfrac{m(b^2 + c^2)}{12}$

$k_x = \sqrt{\dfrac{I_x}{m}}$ $\qquad$ $k_y = \sqrt{\dfrac{I_y}{m}}$ $\qquad$ $k_z = \sqrt{\dfrac{I_z}{m}}$

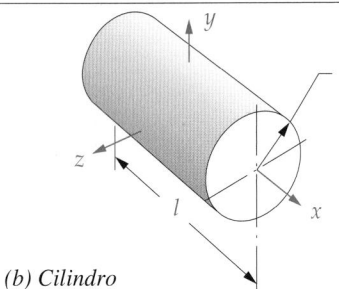

(b) Cilindro

$V = \pi r^2 l$ $\qquad$ $m = V \cdot$ densidade de massa

$x_{Cg} @ \dfrac{l}{2}$ $\qquad$ y_{Cg} no eixo $\qquad$ z_{Cg} no eixo

$I_x = \dfrac{mr^2}{2}$ $\qquad$ $I_y = I_z = \dfrac{m(3r^2 + l^2)}{12}$

$k_x = \sqrt{\dfrac{I_x}{m}}$ $\qquad$ $k_y = k_z = \sqrt{\dfrac{I_y}{m}}$

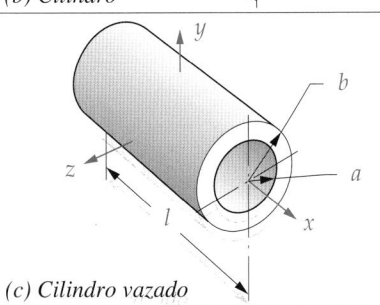

(c) Cilindro vazado

$V = \pi(b^2 - a^2)l$ $\qquad$ $m = V \cdot$ densidade de massa

$x_{Cg} @ \dfrac{l}{2}$ $\qquad$ y_{Cg} no eixo $\qquad$ z_{Cg} no eixo

$I_x = \dfrac{m(a^2 + b^2)}{2}$ $\qquad$ $I_y = I_z = \dfrac{m(3a^2 + 3b^2 + l^2)}{12}$

$k_x = \sqrt{\dfrac{I_x}{m}}$ $\qquad$ $k_y = k_z = \sqrt{\dfrac{I_y}{m}}$

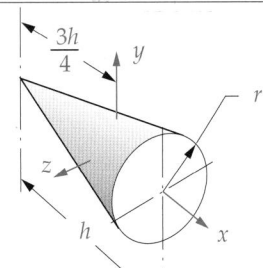

(d) Cone circular reto

$V = \pi \dfrac{r^2 h}{3}$ $\qquad$ $m = V \cdot$ densidade de massa

$x_{Cg} @ \dfrac{3h}{4}$ $\qquad$ y_{Cg} no eixo $\qquad$ z_{Cg} no eixo

$I_x = \dfrac{3}{10} mr^2$ $\qquad$ $I_y = I_z = \dfrac{m(12r^2 + 3h^2)}{80}$

$k_x = \sqrt{\dfrac{I_x}{m}}$ $\qquad$ $k_y = k_z = \sqrt{\dfrac{I_y}{m}}$

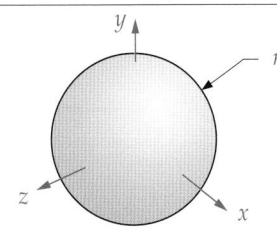

(e) Esfera

$V = \dfrac{4}{3} \pi r^3$ $\qquad$ $m = V \cdot$ densidade de massa

x_{Cg} no centro $\qquad$ y_{Cg} no centro $\qquad$ z_{Cg} no centro

$I_x = I_y = I_z = \dfrac{2}{5} mr^2$

$k_x = k_y = k_z = \sqrt{\dfrac{I_y}{m}}$

Apêndice D

DADOS DE MOLAS

Estes sites têm informações sobre molas helicoidais de compressão e tração. Outros fabricantes podem estar disponíveis na sua região. Procure na Internet por outros sites específicos.

http://www.springmanufacturer.com
http://www.hardwareproducts.com
http://www.leespring.com
http://www.cookspring.com
http://www.allrite.com
http://www.springfast.com
http://www. dominionspring.com
http://www.asbg.com
http://www.centuryspring.com
http://www.thomasnet.com/products/springs-77211605-1.html

Apêndice **E**

EQUAÇÕES PARA MOTORES MULTICILÍNDRICOS SUB OU SOBREBALANCEADOS

E.1 INTRODUÇÃO

O Capítulo 14 desenvolveu as equações para forças, momentos e torques vibratórios em motores multicilíndricos de configurações em linha ou em V. No Capítulo 14, é considerado que os moentes de manivela estão todas exatamente balanceadas, uma hipótese que simplifica bastante as equações. Entretanto, alguns motores multicilíndricos sobrebalanceiam os moentes de manivela para reduzir as forças principais dos mancais. Isso também pode ter um efeito nas forças e nos momentos vibratórios.

Este apêndice fornece equações em substituição às versões simplificadas no Capítulo 14, e essas equações não supõem moentes de manivela exatamente balanceadas.* Os números das equações utilizados aqui correspondem àqueles no Capítulo 14 e podem ser substituídos pelos simplificados se desejado. Nas equações que seguem, m_A é a massa equivalente do pino da manivela e m_B a massa equivalente do pino do pistão, como definido no Capítulo 13. Os parâmetros m_c e r_c representam, respectivamente, a massa do contrapeso de qualquer moente da árvore de manivelas e o raio do *CG* do contrapeso. Todos os outros parâmetros são os mesmos definidos nos capítulos 13 e 14.

Para um motor em linha (Seção 14.3), as forças vibratórias e os momentos vibratórios para um motor com um virabrequim sub ou sobrebalanceado são:

* Essas equações completas são utilizadas no programa ENGINE (Ver Apêndice A).

$$F_{s_x} \cong (m_A+m_B)r\omega^2\left[\cos\omega t\sum_{i=1}^{n}\cos\phi_i+\sin\omega t\sum_{i=1}^{n}\sin\phi_i\right]$$

$$+m_c r_c\omega^2\left[\cos(\omega t+\pi)\sum_{i=1}^{n}\cos\phi_i+\sin(\omega t+\pi)\sum_{i=1}^{n}\sin\phi_i\right]$$

$$\left.+\frac{m_B r^2\omega^2}{l}\left[\cos 2\omega t\sum_{i=1}^{n}\cos 2\phi_i+\sin 2\omega t\sum_{i=1}^{n}\sin 2\phi_i\right]\right\}\hat{\mathbf{i}}$$

(14.2d)

$$F_{s_y} \cong m_A r\omega^2\left[\sin\omega t\sum_{i=1}^{n}\cos\phi_i-\cos\omega t\sum_{i=1}^{n}\sin\phi_i\right]$$

$$\left.+m_c r_c\omega^2\left[\sin(\omega t+\pi)\sum_{i=1}^{n}\cos\phi_i-\cos(\omega t+\pi)\sum_{i=1}^{n}\sin\phi_i\right]\right\}\hat{\mathbf{j}}$$

$$M_{s_x} \cong (m_A+m_B)r\omega^2\left[\cos\omega t\sum_{i=1}^{n}z_i\cos\phi_i+\sin\omega t\sum_{i=1}^{n}z_i\sin\phi_i\right]$$

$$+m_c r_c\omega^2\left[\cos(\omega t+\pi)\sum_{i=1}^{n}z_i\cos\phi_i+\sin(\omega t+\pi)\sum_{i=1}^{n}z_i\sin\phi_i\right]$$

$$\left.+\frac{m_B r^2\omega^2}{l}\left[\cos 2\omega t\sum_{i=1}^{n}z_i\cos 2\phi_i+\sin 2\omega t\sum_{i=1}^{n}z_i\sin 2\phi_i\right]\right\}\hat{\mathbf{i}}$$

(14.6b)

$$M_{s_y} \cong m_A r\omega^2\left[\sin\omega t\sum_{i=1}^{n}z_i\cos\phi_i-\cos\omega t\sum_{i=1}^{n}z_i\sin\phi_i\right]$$

$$\left.+m_c r_c\omega^2\left[\sin(\omega t+\pi)\sum_{i=1}^{n}z_i\cos\phi_i-\cos(\omega t+\pi)\sum_{i=1}^{n}z_i\sin\phi_i\right]\right\}\hat{\mathbf{j}}$$

Para um motor oposto ou em V (seções 14.7 e 14.8), as forças vibratórias e os momentos vibratórios para um motor com um virabrequim sub ou sobrebalanceado são:

EQUAÇÕES PARA MOTORES MULTICILÍNDROS SUB OU SOBREBALANCEADOS

$$F_{s_x} \cong \left(F_{s_L} + F_{s_R}\right)\cos\gamma + m_A r\omega^2 \left[\cos\omega t \sum_{i=1}^{n} \cos\phi_i + \sin\omega t \sum_{i=1}^{n} \sin\phi_i\right]$$

$$+ m_c r_c \omega^2 \left[\cos(\omega t + \pi)\sum_{i=1}^{n}\cos\phi_i + \sin(\omega t + \pi)\sum_{i=1}^{n}\sin\phi_i\right]\hat{\mathbf{i}}$$

(14.10j)

$$F_{s_y} \cong \left(F_{s_L} - F_{s_R}\right)\sin\gamma + m_A r\omega^2 \left[\sin\omega t \sum_{i=1}^{n} \cos\phi_i - \cos\omega t \sum_{i=1}^{n} \sin\phi_i\right]$$

$$+ m_c r_c \omega^2 \left[\sin(\omega t + \pi)\sum_{i=1}^{n}\cos\phi_i - \cos(\omega t + \pi)\sum_{i=1}^{n}\sin\phi_i\right]\hat{\mathbf{j}}$$

$$\mathbf{F_s} = F_{s_x}\hat{\mathbf{i}} + F_{s_y}\hat{\mathbf{j}}$$

$$M_{s_x} \cong \left(M_{s_L} + M_{s_R}\right)\cos\gamma + m_A r\omega^2 \left[\cos\omega t \sum_{i=1}^{n} z_i\cos\phi_i + \sin\omega t \sum_{i=1}^{n} z_i\sin\phi_i\right]$$

$$+ m_c r_c \omega^2 \left[\cos(\omega t + \pi)\sum_{i=1}^{n} z_i\cos\phi_i + \sin(\omega t + \pi)\sum_{i=1}^{n} z_i\sin\phi_i\right]\hat{\mathbf{i}}$$

(14.11c)

$$M_{s_y} \cong \left(M_{s_L} - M_{s_R}\right)\sin\gamma + m_A r\omega^2 \left[\sin\omega t \sum_{i=1}^{n} z_i\cos\phi_i - \cos\omega t \sum_{i=1}^{n} z_i\sin\phi_i\right]$$

$$+ m_c r_c \omega^2 \left[\sin(\omega t + \pi)\sum_{i=1}^{n} z_i\cos\phi_i - \cos(\omega t + \pi)\sum_{i=1}^{n} z_i\sin\phi_i\right]\hat{\mathbf{j}}$$

$$\mathbf{M_s} = M_{s_x}\hat{\mathbf{i}} + M_{s_y}\hat{\mathbf{j}}$$

Note que o torque de inércia não é afetado pela condição de balanceamento do virabrequim, porque, à velocidade angular constante, o vetor aceleração da massa do pino da manivela é centrípeto e não tem braço de momento. O momento de inércia adicionado ao virabrequim por qualquer massa sobrebalanceada aumentará o efeito do volante de inércia do virabrequim, reduzindo, dessa forma, sua tendência para mudar a velocidade angular na aceleração angular transiente. No entanto, o tamanho do volante de inércia físico do motor pode ser reduzido para compensar o virabrequim mais pesado.

Apêndice F

RESPOSTAS A PROBLEMAS SELECIONADOS

CAPÍTULO 2 — FUNDAMENTOS DE CINEMÁTICA

2-1
    a. 1   b. 1   c. 2   d. 1   e. 7   f. 1   g. 4
    h. 4   i. 4   j. 2   k. 1   l. 1   m. 2   n. 2
    o. 4

2-3 a. 1   b. 3   c. 3   d. 3   e. 2

2-4 a. 6   b. 6   c. 5   d. 4, mas 2 são acoplados dinamicamente   e. 10   f. 3

2-5 unido por força

2-6
    a. rotação pura
    b. movimento plano complexo
    c. translação pura
    d. translação pura
    e. rotação pura
    f. movimento plano complexo
    g. translação pura
    h. translação pura
    i. movimento plano complexo

2-7 a. 0   b. 1   c. 1   d. 3

2-8 a. estrutura – GDL = 0
    b. mecanismo – GDL = 1
    c. mecanismo – GDL = 1
    d. mecanismo – GDL = 3

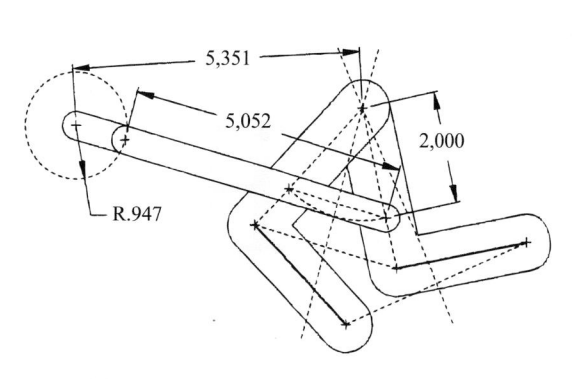

FIGURA S3-1

Soluções para os problemas 3-3 e 3-5.

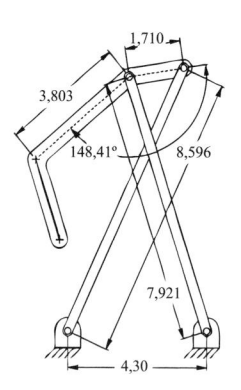

(a) Uma solução possível para o Problema 3-3
(b) Uma solução possível para o Problema 3-5 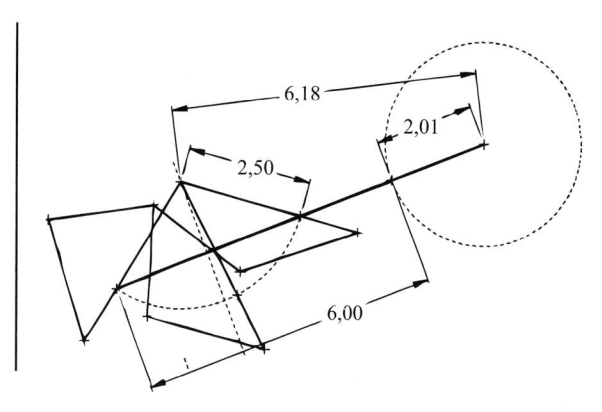

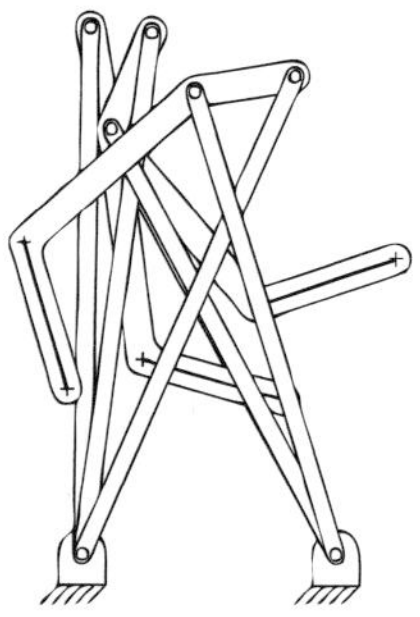

FIGURA S3-2

Única solução para o Problema 3-6.

2-15	a. Grashof	b. não Grashof	c. caso especial Grashof
2-21			
	a. $M = 1$	b. $M = 1$	c. $M = 1$
	d. $M = 1$	e. $M = -1$ (um paradoxo)	f. $M = 1$
	g. $M = 1$	h. $M = 0$ (um paradoxo)	
2-24	a. $M = 1$	b. $M = 1$	
2-26	$M = 1$		
2-27	$M = 0$		
2-35	$M = 1$, mecanismo de quatro barras biela-manivela		
2-61	a. $M = 3$	b. $M = 2$	c. $M = 1$
2-62	a. $M = 1$	b. $M = 2$	c. $M = 4$

CAPÍTULO 3 — SÍNTESE GRÁFICA DE MECANISMOS

3-1
a. Geração de trajetória
b. Geração de movimento
c. Geração de função
d. Geração de trajetória
e. Geração de trajetória

Note que os problemas de síntese possuem diversas soluções válidas. Não podemos fornecer uma "resposta certa" para todos esses problemas de projeto. Cheque sua solução com um modelo de papelão e/ou usando um dos programas citados no texto.

3-3 Ver Figura S3-1.

3-5 Ver Figura S3-1.

3-6 Ver Figura S3-2.

RESPOSTAS A PROBLEMAS SELECIONADOS

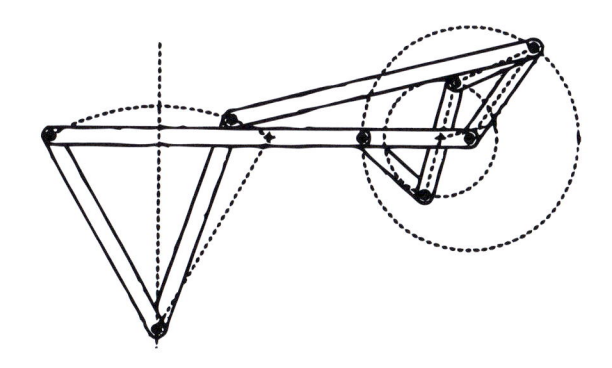

FIGURA S3-3

Uma possível solução para o Problema 3-8.

3-8 Ver Figura S3-3.

3-10 A solução utilizando a Figura 3-17 é mostrada na Figura S3-4. (Use o programa FOURBAR (Ver Apêndice A) para checar sua solução.)

3-22 O ângulo de transmissão varia de 31,5° a 89,9°.

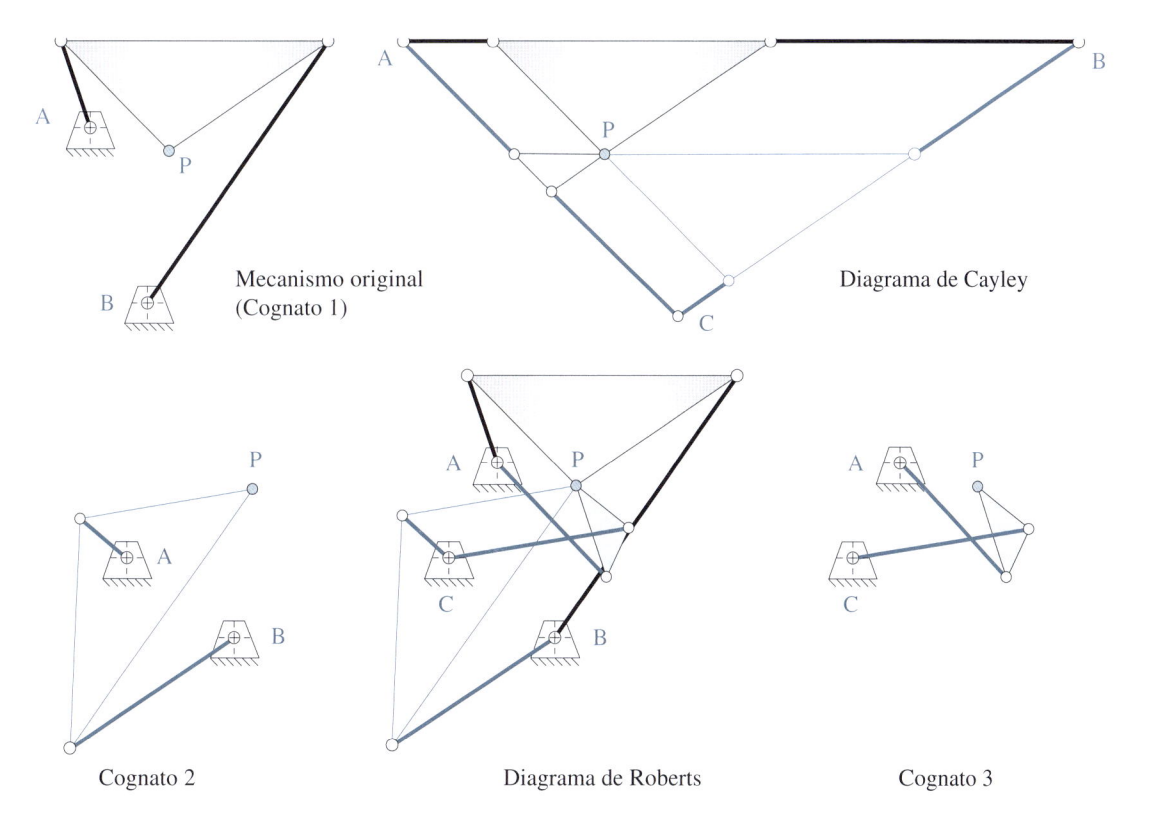

FIGURA S3-4

Solução para o Problema 3-10. Encontrando os cognatos de um mecanismo de quatro barras mostrado na Figura 3-17.

3-23 Manivela seguidor Grashof. O ângulo de transmissão varia de 58,1° a 89,8°.

3-31 $L_1 = 160,6$, $L_2 = 81,3$, $L_3 = 200,2$, $L_4 = 200,2$ mm.

3-36 Duplo seguidor Grashof. Trabalha de 56° a 158° e de 202° a 310°. O ângulo de transmissão varia de 0° a 90°.

3-39 Triplo seguidor não Grashof. Pontos mortos a ±116°. O ângulo de transmissão varia de 0° a 88°.

3-42 Triplo seguidor não Grashof. Pontos mortos a ±55,4°. O ângulo de transmissão varia de 0° a 88,8°.

3-79 Elo 2 = 1, elo 3 = elo 4 = elo 1 = 1,5. Ponto do acoplador está em 1,414 @ 135° em relação ao elo 3. Coloque esses dados no programa FOURBAR (Ver Apêndice A) para ver a curva do acoplador.

CAPÍTULO 4   ANÁLISE DE POSIÇÃO

4-6 e **4-7** Ver Tabela S4-1 e o arquivo P07-04*linha*.4br

4-9 e **4-10** Ver Tabela S4-2.

4-11 e **4-12** Ver Tabela S4-3.

4-13 Ver Tabela S4-1.

4-14 Abra o arquivo P07-04*linha*.4br** no programa FOURBAR para ver esta solução.*

4-15 Abra o arquivo P07-04*linha*.4br** no programa FOURBAR para ver esta solução.*

4-16 Ver Tabela S4-4.

4-17 Ver Tabela S4-4.

4-21 Abra o arquivo P04-21.4br no programa FOURBAR para ver esta solução.*

4-23 Abra o arquivo P04-23.4br no programa FOURBAR para ver esta solução.*

4-25 Abra o arquivo P04-25.4br no programa FOURBAR para ver esta solução.*

4-26 Abra o arquivo P04-26.4br no programa FOURBAR para ver esta solução.*

4-29 Abra o arquivo P04-29.4br no programa FOURBAR para ver esta solução.*

4-30 Abra o arquivo P04-30.4br no programa FOURBAR para ver esta solução.*

4-31 $r_1 = -6,265$, $r_2 = -0,709$.

CAPÍTULO 5   SÍNTESE ANALÍTICA DE MECANISMOS

5-8 Dados: $\alpha_2 = -62,5°$, $P_{21} = 2,47$, $\delta_2 = 120°$

Para a díade esquerda: Considere: $z = 1,075$, $\phi = 204,4°$, $\beta_2 = -27°$

Calcule: $\mathbf{W} = 3,67$ @ $-113,5°$

Para a díade direita: Considere: $s = 1,24$, $\psi = 74°$, $\gamma_2 = -40°$

Calcule: $\mathbf{U} = 5,46$ @ $-125,6°$

---

* Esses arquivos podem ser adquiridos no site www.designofmachinery.com. Ver Apêndice A.

** *Linha* no nome do arquivo representa o número da linha da tabela dos dados do problema.

RESPOSTAS A PROBLEMAS SELECIONADOS

TABELA S4-1 Soluções para os problemas 4-6, 4-7 e 4-13

Linha	θ_3 aberto	θ_4 aberto	Ângulo de transmissão	θ_3 cruzado	θ_4 cruzado	Ângulo de transmissão
a	88,8	117,3	28,4	−115,2	−143,6	28,4
c	−53,1	16,5	69,6	173,3	103,6	69,6
e	7,5	78,2	70,7	−79,0	−149,7	70,7
g	−16,3	7,2	23,5	155,7	132,2	23,5
i	−1,5	103,1	75,4	−113,5	141,8	75,4
k	−13,2	31,9	45,2	−102,1	−147,3	45,2
m	−3,5	35,9	39,4	−96,5	−135,9	39,4

TABELA S4-2 Soluções para os problemas 4-9 e 4-10

Linha	θ_3 aberto	Cursor aberto	θ_3 cruzado	Guia cruzada
a	180,1	127,0	−0,14	−76,2
c	205,9	248,9	−25,90	−116,8
e	175,0	416,6	4,20	−596,9
g	212,7	688,3	−32,70	−378,5

TABELA S4-3 Soluções para os problemas 4-11 e 4-12

Linha	θ_3 aberto	θ_4 aberto	R_B aberto	θ_3 cruzado	θ_4 cruzado	R_B cruzado
a	232,7	142,7	45,5	−259,0	−169,0	45,5
c	91,4	46,4	69,1	118,7	163,7	154,9
e	158,2	128,2	156,7	−96,2	−66,2	144,8

TABELA S4-4 Soluções para os problemas 4-16 e 4-17

Linha	θ_3 aberto	θ_4 aberto	θ_3 cruzado	θ_4 cruzado
a	173,6	−177,7	−115,2	−124,0
c	17,6	64,0	−133,7	180,0
e	−164,0	−94,4	111,2	41,6
g	44,2	124,4	−69,1	−149,3
i	37,1	120,2	−67,4	−150,5

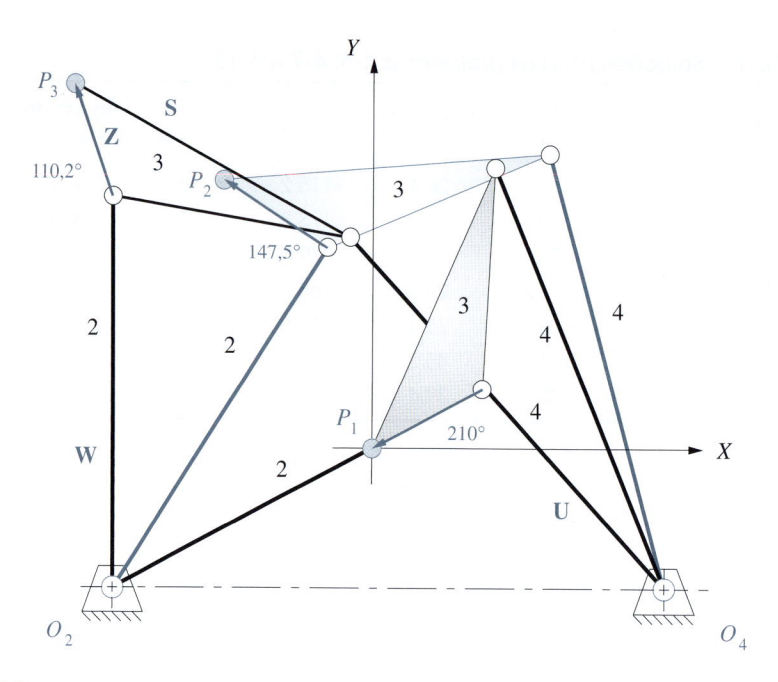

CINEMÁTICA E DINÂMICA DOS MECANISMOS   APÊNDICE F

FIGURA S5-1

Solução para o Problema 5-11. Abra o arquivo P05-11 no programa FOURBAR (ver Apêndice A) para mais informações.

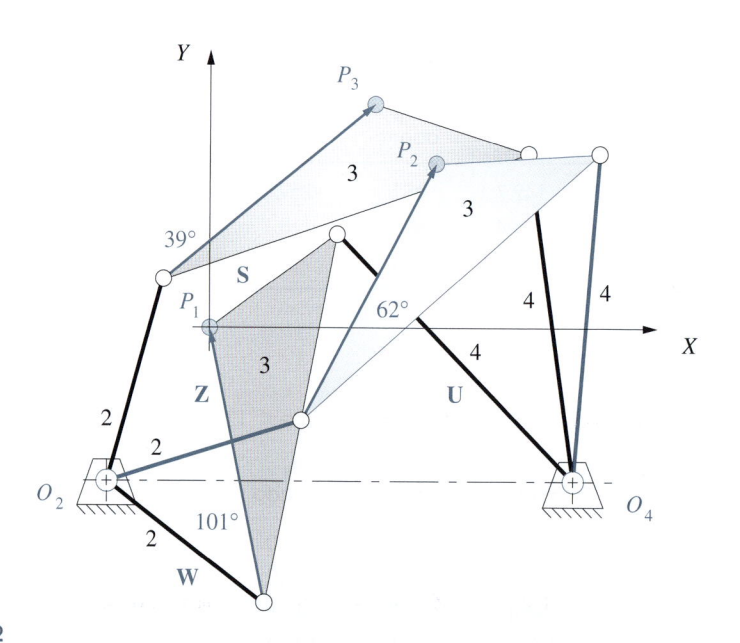

FIGURA S5-2

Solução para o Problema 5-15. Abra o arquivo P05-15 no programa FOURBAR (Ver Apêndice A) para mais informações.

RESPOSTAS A PROBLEMAS SELECIONADOS

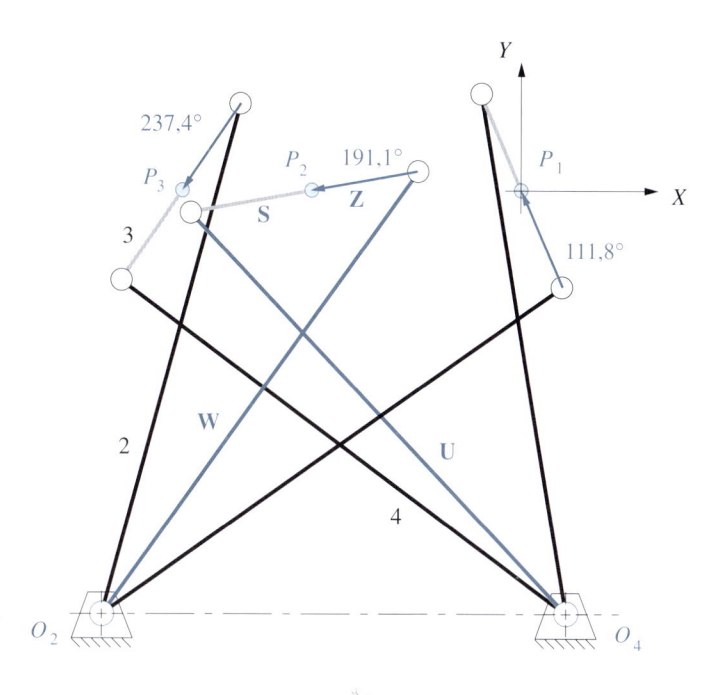

FIGURA S5-3

Solução para o Problema 5-19. Abra o arquivo P05-19 no programa FOURBAR (Ver Apêndice A) para mais informações.

5-11 Ver Figura S5-1 para solução. Os comprimentos dos elos são:

Elo 1 = 4,35, Elo 2 = 3,39, Elo 3 = 1,94, Elo 4 = 3,87

5-15 Ver Figura S5-2 para solução. Os comprimentos dos elos são:

Elo 1 = 3,95, Elo 2 = 1,68, Elo 3 = 3,05, Elo 4 = 0,89

5-19 Ver Figura S5-3 para solução. Os comprimentos dos elos são:

Elo 1 = 2, Elo 2 = 2,5, Elo 3 = 1, Elo 4 = 2,5

5-26 Dados: $\alpha_2 = -45°$, $P_{21} = 184{,}78$ mm, $\delta_2 = -5{,}28°$

$\alpha_3 = -90°$, $P_{31} = 277{,}35$ mm, $\delta_3 = -40{,}47°$

$O_{2x} = 86$ mm $O_{2y} = -132$ mm

$O_{4x} = 104$ mm $O_{4y} = -155$ mm

Para a díade esquerda: Calcular: $\beta_2 = -85{,}24°$ $\beta_3 = -164{,}47°$

Calcular: $W = 110{,}88$ mm $\theta = 124{,}24°$

Calcular: $Z = 46{,}74$ mm $\phi = 120{,}34°$

Para a díade direita: Calcular: $\gamma_2 = -75{,}25°$ $\gamma_3 = -159{,}53°$

Calcular: $U = 120{,}70$ mm $\sigma = 104{,}35°$

Calcular: $S = 83{,}29$ mm $\psi = 152{,}80°$

5-33 Dados: $\alpha_2 = -25°$, $P_{21} = 133{,}20$ mm, $\delta_2 = -12{,}58°$
$\alpha_3 = -101°$, $P_{31} = 238{,}48$ mm, $\delta_3 = -51{,}64°$
$O_{2x} = -6{,}2$ mm $\quad O_{2y} = -164{,}0$ mm
$O_{4x} = 28{,}0$ mm $\quad O_{4y} = -121{,}0$ mm

Para a díade esquerda: Calcular: $\beta_2 = -53{,}07°$ $\quad \beta_3 = -94{,}11°$
Calcular: $W = 128{,}34$ mm $\quad \theta = 118{,}85°$
Calcular: $Z = 85{,}45$ mm $\quad \phi = 37{,}14°$

Para a díade direita: Calcular: $\gamma_2 = -77{,}26°$ $\quad \gamma_3 = -145{,}66°$
Calcular: $U = 92{,}80$ mm $\quad \sigma = 119{,}98°$
Calcular: $S = 83{,}29$ mm $\quad \psi = 65{,}66°$

5-35 Dados: $\alpha_2 = -29{,}4°$, $P_{21} = 99{,}85$ mm, $\delta_2 = 7{,}48°$
$\alpha_3 = -2{,}3°$, $P_{31} = 188{,}23$ mm, $\delta_3 = -53{,}75°$
$O_{2x} = -111{,}5$ mm $\quad O_{2y} = -183{,}2$ mm
$O_{4x} = -111{,}5$ mm $\quad O_{4y} = -38{,}8$ mm

Para a díade esquerda: Calcular: $\beta_2 = 69{,}98°$ $\quad \beta_3 = 139{,}91°$
Calcular: $W = 100{,}06$ mm $\quad \theta = 150{,}03°$
Calcular: $Z = 306{,}82$ mm $\quad \phi = -49{,}64°$

Para a díade direita: Calcular: $\gamma_2 = -4{,}95°$ $\quad \gamma_3 = -48{,}81°$
Calcular: $U = 232{,}66$ mm $\quad \sigma = 62{,}27°$
Calcular: $S = 167{,}17$ mm $\quad \psi = -88{,}89°$

CAPÍTULO 6 — ANÁLISE DE VELOCIDADE

6-4 e **6-5** Ver Tabela S6-1 e arquivo P07-04*linha*.4br.

6-6 e **6-7** Ver Tabela S6-2.

6-8 e **6-9** Ver Tabela S6-3.

6-10 e **6-11** Ver Tabela S6-4.

6-16 $V_A = 0{,}305$ m/s @ $124{,}3°$, $V_B = 0{,}292$ m/s @ $180°$, $V_c = 0{,}144$ pol/s @ $153{,}3°$, $\omega_3 = 5{,}69$ rad/s.

6-47 Abrir o arquivo P06-47.4br no programa FOURBAR para ver a solução.*

6-48 Abrir o arquivo P06-48.4br no programa FOURBAR para ver a solução.*

6-49 Abrir o arquivo P06-49.4br no programa FOURBAR para ver a solução.*

6-51 Abrir o arquivo P06-51.4br no programa FOURBAR para ver a solução.*

6-62 Abrir o arquivo P06-62.4br no programa FOURBAR para ver a solução.*

6-65 $V_A = 2{,}4$ m/s, $V_B = 2{,}926$, $V_{desliz} = 4{,}135$, $V_{trans} = 1{,}674$, $\omega_3 = -70$ rad/s.

---

* Esses arquivos podem ser adquiridos no site www.designofmachinery.com. Ver Apêndice A.

RESPOSTAS A PROBLEMAS SELECIONADOS

TABELA S6-1 Soluções para os problemas 6-4 e 6-5 (m/s, rad/s, graus)

Linha	ω_3 aberto	ω_4 aberto	V_P mag	V_P ang	ω_3 cruzado	ω_4 cruzado	V_P mag	V_P ang
a	-6,0	-4,0	1,036	58,2	-0,66	-2,66	0,559	129,4
c	-12,7	-19,8	6,955	-53,3	-22,7	-15,7	3,025	199,9
e	1,85	-40,8	6,617	-12,1	-23,3	19,3	3,553	42,0
g	76,4	146,8	20,279	92,9	239,0	168,6	36,457	153,9
i	-25,3	25,6	2,619	-13,4	56,9	6,0	12,103	70,4
k	-56,2	-94,8	11,074	-77,4	-55,6	-16,9	9,213	79,3
m	18,3	83,0	17,292	149,2	7,73	-57,0	14,511	133,5

TABELA S6-2 Soluções para os problemas 6-6 e 6-7 (m/s, rad/s, graus)

Linha	V_A mag	V_A ang	ω_3 aberto	V_B mag aberto	ω_3 cruzado	V_B mag cruzado
a	0,356	135	-2,47	-0,251	2,47	-0,252
c	1,143	-120	5,42	-1,054	-5,42	-0,090
e	6,350	135	-8,86	-4,818	8,86	-4,161
g	17,780	60	-28,80	18,768	28,80	-0,988

TABELA S6-3 Soluções para os problemas 6-8 e 6-9 (m/s, rad/s, graus)

Linha	V_A mag	V_A ang	ω_3 aberto	V_{desliz} aberto	V_B mag aberto	ω_3 cruzado	V_{desliz} cruzado	V_B mag cruzado
a	0,508	120,0	-10,3	0,851	1,046	3,6	-0,851	0,371
c	6,096	135,0	23,7	1,854	3,620	6,5	6,548	0,986
e	-4,572	165,0	-2,7	-4,470	0,137	-44,5	-0,434	2,261

TABELA S6-4 Soluções para os problemas 6-10 e 6-11

Linha	ω_3 aberto	ω_4 aberto	ω_3 cruzado	ω_4 cruzado
a	32,6	16,9	-75,2	-59,6
c	10,7	-2,6	-8,2	5,1
e	-158,3	-81,3	-116,8	-193,9
g	-8,9	-40,9	-48,5	-16,5
i	-40,1	47,9	59,6	-28,4

TABELA S7-1   Soluções para os problemas 7-3 e 7-4 (m/s², rad/s², graus)

Linha	α_3 aberto	α_4 aberto	A_P mag	A_P ang	α_3 cruzado	α_4 cruzado	A_P mag	A_P ang
a	26,1	53,3	10,6	240,4	77,9	50,7	7,6	−11,3
c	−154,4	−71,6	111,8	238,9	−65,2	−148,0	90,3	100,6
e	331,9	275,6	260,6	264,8	1 287,7	1 344,1	491,2	−65,5
g	−23 510,0	−19 783,0	4 386,3	191,0	−43 709,0	−47 436,0	6 950,3	−63,0
i	−344,6	505,3	241,1	−81,1	121,9	−728,0	707,9	150,0
k	−2 693,0	−4 054,0	1 429,3	220,2	311,0	1 672,1	705,1	−39,1
m	680,8	149,2	892,8	261,5	9 266,1	10 303,0	1 621,3	103,9

TABELA S7-2   Soluções para os problemas 7-5 e 7-6 (m/s², rad/s², graus)

Linha	A_A mag	A_A ang	α_3 aberto	A_B mag aberto	A_B ang aberto	α_3 cruzado	A_B mag cruzado	A_B ang cruzado
a	3,6	−135	25	3,1	180	−25	1,9	180
c	17,2	153	−29	18,0	180	29	12,4	180
e	317,5	45	−447	169,0	0	447	281,8	0
g	1 778,0	150	−1 136	1 592,3	180	1 136	1 484,1	180

TABELA S7-3   Soluções para os problemas 7-7 e 7-8 (m/s², rad/s², graus)

Linha	α_3 aberto	α_4 aberto	A_{desliz} aberto	α_3 cruzado	α_4 cruzado	A_{desliz} cruzado
a	130,5	130,5	−3,26	−9,9	−9,9	−3,26
c	−212,9	−212,9	27,40	−217,8	−217,8	2,86
e	896,3	896,3	−46,19	595,6	595,6	7,04

TABELA S7-4   Soluções para o Problema 7-9 (rad/s²)

Linha	α_3 aberto	α_4 aberto	α_3 cruzado	α_4 cruzado
a	3 191	2 492	−6 648	−5 949
c	314	228	87	147
e	2 171	−6 524	7 781	5 414
g	−22 064	−23 717	−5 529	−29 133
i	−5 697	−3 380	−2 593	−7 184

RESPOSTAS A PROBLEMAS SELECIONADOS

CAPÍTULO 7   ANÁLISE DE ACELERAÇÕES

7-3 e **7-4**   Ver Tabela S7-1 e arquivo P07-04*linha*.4br.

7-5 e **7-6**   Ver Tabela S7-2.

7-7 e **7-8**   Ver Tabela S7-3.

7-9   Ver Tabela S7-4.

7-12 $7{,}02$ m/s^2.

7-21 $A_A = 26{,}26$ m/s^2 @ $211{,}1°$, $A_B = 8{,}328$ m/s^2 @ $-13{,}9°$.

7-24 $A_A = 16$ m/s^2 @ $237{,}6°$, $A_B = 12{,}01$ m/s^2 @ $207{,}4°$, $\alpha_4 = 92$ rad/s^2.

7-28 $A_A = 39{,}38$ m/s^2 @ $-129°$, $A_B = 39{,}7$ m/s^2 @ $-90°$.

7-39   Abrir o arquivo P07-39.4br no programa FOURBAR para ver a solução.*

7-40   Abrir o arquivo P07-40.4br no programa FOURBAR para ver a solução.*

7-41   Abrir o arquivo P07-41.4br no programa FOURBAR para ver a solução.*

7-42   Abrir o arquivo P07-42.4br no programa FOURBAR para ver a solução.*

7-44   Abrir o arquivo P07-44.4br no programa FOURBAR para ver a solução.*

7-56   Pico a 30,6 para 32,7 km/h; carga desliza a 26,1 para 31,4 km/h.

7-76 $A_D = 191{,}87$ m/s^2 @ $150{,}8°$, $\alpha_6 = 692{,}98$ rad/s^2.

7-78 $A_A = 17{,}20$ m/s^2 @ $-119{,}7°$, $A_B = 33{,}97$ m/s^2 @ $-26{,}09°$, $A_P = 18{,}55$ m/s^2 @ $-53{,}65°$, $\alpha_4 = 431{,}175$ rad/s^2.

7-87 $A_c = 0{,}953$ m/s^2 @ $90°$.

CAPÍTULO 8   PROJETO DE CAMES

A maioria dos problemas neste capítulo de came refere-se a projetos com mais de uma solução correta. Use o programa DYNACAM para conferir sua solução obtida no *Mathcad*, *Matlab*, *Excel*, ou *TKSolver* e também para explorar várias soluções e compará-las a fim de encontrar a melhor para as situações em cada problema.

8-1   Ver Figura S8-1a.

8-2   Ver Figura S8-1b.

8-4 $\phi = 4{,}9°$.

8-6 $\phi = 13{,}8°$.

CAPÍTULO 9   TRANSMISSÕES POR ENGRENAGENS

9-1   Diâmetro primitivo = 5,5, passo circular = 0,785, adendo = 0,25, dedendo = 0,313, espessura do dente = 0,393, folga = 0,063.

9-5   a. $p_d = 4$ b. $p_d = 2{,}67$

9-6   Considere o valor mínimo de dentes = 17, então: pinhão = 17 dentes e diâmetro primitivo de 2,125 pol. Engrenagem = 153 dentes e diâmetro primitivo de 19,125 pol Razão de contato = 1,7.

* Esses arquivos podem ser adquiridos no site www.designofmechinery.com. Veja Apêndice A.

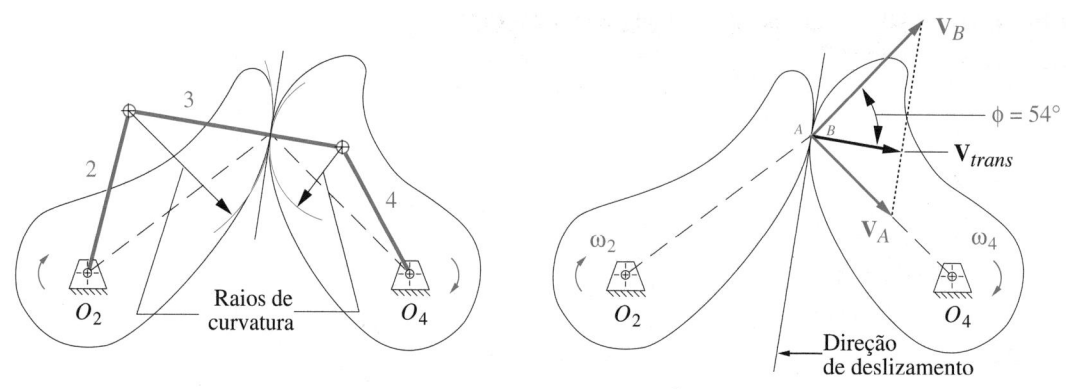

(a) Mecanismo equivalente para o Problema 8-1

(b) Ângulo de pressão ϕ para o Problema 8-2

FIGURA S8-1

Soluções para os problemas 8-1 e 8-2.

9-7 Considere o valor mínimo de dentes = 17, então: pinhão = 17 dentes e diâmetro primitivo de 2,83 pol. Engrenagem = 136 dentes e diâmetro primitivo de 22,67 pol. Uma engrenagem intermediária de qualquer diâmetro é necessária para obter uma razão positiva. Razão de contato = 1,7.

9-10 Três estágios de 4,2:1, 4:1 e 4,167:1 resultam em −70:1. Estágio 1 = 20 dentes (d = 2,0 pol) para 84 dentes (d = 8,4 pol). Estágio 2 = 20 dentes (d = 2,0 pol) para 80 dentes (d = 8,0 pol). Estágio 3 = 18 dentes (d = 1,8 pol) para 75 dentes (d = 7,5 pol).

9-12 A raiz quadrada de 150 é > 10, então serão necessários três estágios. $5 \times 5 \times 6 = 150$. Utilizar um número mínimo de dentes = 18 resulta em 18:90, 18:90 e 18:108 dentes. Os diâmetros primitivos são 3,0, 15 e 18 pol. Uma engrenagem intermediária (18 dentes) é necessária para tornar a razão total positiva.

9-14 Os fatores $5 \times 6 = 30$. As razões 14:70 e 12:72 revertem às mesmas distâncias de centro de 4,2. Os diâmetros primitivos são 1,4, 1,2, 7 e 7,2.

9-16 Os fatores $7,5 \times 10 = 75$. As razões 22:165 e 17:170 revertem às mesmas distâncias de centro de 6,234. Os diâmetros primitivos são 1,833, 1,4167, 13,75 e 14,167.

9-19 Os fatores $2 \times 1,5 = 3$. As razões 15:30 e 18:27 revertem às mesmas distâncias de centro de 3,75. Os diâmetros primitivos são 2,5, 5, 3 e 4,5. O par reverso utiliza o mesmo primeiro estágio 1:2 do par direto, então é necessário um segundo estágio de 1:2,25 que é obtido com um conjunto de engrenagens 12:27. A distância de centro do estágio reverso 12:27 é 3,25, que é menos do que o do estágio direto. Isso permite que engrenagens reversas se acoplem através da engrenagem intermediária de qualquer diâmetro satisfatório para reverter a direção da saída.

9-21 Para a velocidade baixa de 6:1, os fatores 2,333 x 2,571 = 6. As razões 15:35 e 14:36 revertem à mesma distância de centro de 3,125. Os diâmetros primitivos são 1,875, 4,375, 1,75 e 4,5. O segundo par utiliza o mesmo primeiro estágio 1:2,333 do par de baixa velocidade, necessitando de um segundo estágio de 1:1,5, obtido com um conjunto de engrenagens 20:30 que reverte à mesma distância de centro de 3,125. Os diâmetros primitivos adicionais são 2,5 e 3,75. O trem reverso também utiliza o mesmo primeiro estágio 1:2,333 de ambos os trens diretos, necessitando de um segundo estágio de 1:1,714, obtido com um conjunto de engrenagens 14:24. A distância de centro do estágio reverso 14:24 é 2,375, que é menos que os dos estágios diretos. Isso permite às engrenagens reversas se conectarem através de uma engrenagem intermediária de qualquer diâmetro aceitável para reverter o sentido da saída.

9-25 a. $\omega_2 = 790$, c. $\omega_{braço} = -4,544$, e. $\omega_6 = -61,98$

9-26 a. $\omega_2 = -59$, c. $\omega_{braço} = 61,54$, e. $\omega_6 = -63,33$

TABELA S9-1 Solução para o Problema 9–29

Relações de transmissão possíveis para transmissão composta por engrenagem de dois estágios, para uma relação total de 2,71828

Pinhão 1	Engrenagem 1	Relação 1	Pinhão 2	Engrenagem 2	Relação 2	Relação de transmissão	Erro absoluto
25	67	2,68	70	71	1,014	2,718 285 71	5,71E-06
29	57	1,966	47	65	1,383	2,718 268 53	1,15E-05
30	32	1,067	31	79	2,548	2,718 279 57	4,30E-07
30	64	2,133	62	79	1,274	2,718 279 57	4,30E-07
31	48	1,548	45	79	1,756	2,718 279 57	4,30E-07
31	64	2,065	60	79	1,317	2,718 279 57	4,30E-07
31	79	2,548	75	80	1,067	2,718 279 57	4,30E-07
35	67	1,914	50	71	1,420	2,718 285 71	5,71E-06

9-27 a. 560,2 rpm e 3,57 para 1, b. $x = 560,2 \times 2 - 800 = 320,4$ rpm

9-29 Ver Tabela S9-1 para solução. A terceira linha possui o menor erro e as menores engrenagens.

9-35 $\eta = 0,975$.

9-37 $\eta = 0,998$.

9-39 $\omega_1 = -1\,142,9$ rpm, $\omega_2 = -3\,200,0$ rpm.

9-41 $\omega_1 = 391,8$ rpm, $\omega_3 = 783,7$ rpm.

9-43 $\omega_G = -12,4$ rpm, $\omega_F = -125,1$ rpm.

9-67 $\phi = 21,51°$.

9-69 Relação de transmissão = 2,4 e razão de contato = 1,698. Passo circular = 0,785, passo de base = 0,738, diâmetros primitivos = 6,25 e 15, diâmetros externos = 6,75 e 15,5, distância entre centros = 10,625, adendo = 0,250, dedendo = 0,313, profundidade total = 0,562 5, folga = 0,063 (tudo em polegadas).

9-71 Quatro estágios com fatores 6 x 5 x 5 x 5 = 750. Estágio 1 = 14 dentes para 84 dentes. Estágios 2, 3 e 4 = 14 dentes para 70 dentes. Saída na mesma direção da entrada devido ao mesmo número de estágios.

CAPÍTULO 10   FUNDAMENTOS DE DINÂMICA

10-1 CG @ 212,3 mm da extremidade, $I_{zz} = 20$ N-mm-s^2, $k = 228,3$ mm.

10-2 CG @ 193,3 mm da extremidade, $I_{zz} = 11$ N-mm-s^2, $k = 215,4$ mm.

10-4

a. $x = 3,547$, $y = 4,8835$, $z = 1,4308$, $w = -1,3341$

b. $x = -62,029$, $y = 0,2353$, $z = 17,897$, $w = 24,397$

10-6 a. Em série: $k_{ef} = 3,09$ N/mm, domínio da mola mais macia.

b. Em paralelo: $k_{ef} = 37,4$ N/mm, domínio da mola mais dura.

10-9
    a. Em série: c_{ef} = 1,09 N/mm, domínio do amortecedor mais macio.
    b. Em paralelo: c_{ef} = 13,7 N/mm, domínio do amortecedor mais duro.

10-12 k_{ef} = 4,667 N/mm, m_{ef} = 0,278 kg

10-14 k_{ef} = 240 N/mm, m_{ef} = 72 kg

10-20   Massa equivalente na primeira engrenagem = 9,46 kg, segunda engrenagem = 16,81 kg, terceira engrenagem = 37,83 kg, quarta engrenagem = 151,13 kg.

10-21   Constante equivalente de mola no seguidor = 54 N/mm.

CAPÍTULO 11   ANÁLISE DE FORÇA DINÂMICA

11-3   Abrir o arquivo P11-03*linha*.sld no programa SLIDER para ver a solução.*

11-4   Abrir o arquivo P11-03*linha*.sld no programa SLIDER para ver a solução.*

11-5   Abrir o arquivo P11-05*linha*.4br no programa FOURBAR para ver a solução.*

11-6   Abrir o arquivo P11-05*linha*.4br no programa FOURBAR para ver a solução.*

11-7   Abrir o arquivo P11-07*linha*.4br no programa FOURBAR para ver a solução.*

11-12 F_{12x} = −1 246 N, F_{12y} = 940 N; F_{14x} = 735 N, F_{14y} = −2 219 N; F_{32x} = 306 N, F_{32y} = −183 N; F_{43x} = 45,1 N, F_{43y} = −782 N; T_{12} = 7,14 N-m

11-13   Abrir o arquivo P11-13.4br no programa FOURBAR para ver a solução.*

11-14 F_{12} = 5 685 N, F_{32} = 5 738 N, F_{43} = 5 685 N, F_{14} = 3 158 N, $F_{mão}$ = 236 N,   JFI = 0,645.

11-25 T_{12} = 31,523 N-m

11-40   Momento de inércia de massa necessário no volante de inércia = 0,1672 kg-m². Muitas geometrias de volante de inércia são possíveis. Supondo um cilindro de aço com um raio de 190,5 mm, espessura = 97 mm.

CAPÍTULO 12   BALANCEAMENTO

12-1
    a. $m_b r_b$ = 0,934, θ_b = −75,5°
    c. $m_b r_b$ = 5,932, θ_b = 152,3°
    e. $m_b r_b$ = 7,448, θ_b = −80,76°

12-5
    a. $m_a r_a$ = 0,814, θ_a = −175,2°, $m_b r_b$ = 5,50, θ_b = 152,1°
    c. $m_a r_a$ = 7,482, θ_a = −154,4°, $m_b r_b$ = 7,993, θ_b = 176,13°
    e. $m_a r_a$ = 6,254, θ_a = −84,5°, $m_b r_b$ = 3,671, θ_b = −73,9°

12-6 W_a = 1,61 kg, θ_a = 44,44°, W_b = 0,97 kg, θ_b = −129,4°

12-7 W_a = 1,905 kg, θ_a = −61,8°, W_b = 1,411 kg, θ_b = 135°

12-8   Estes são os mesmos mecanismos do Problema 11-5. Abrir o arquivo P11-05*linha*.4br no programa FOURBAR para conferir a solução.* Utilize, então, o programa para calcular os dados do volante de inércia.

---

* Esses arquivos podem ser adquiridos no site www.designofmachinery.com. Ver Apêndice A.

12-9 Abrir o arquivo P12-09.4br no programa FOURBAR para conferir a solução.*
12-14 $R_3 = 87,9$ mm, $\theta_3 = 180°$, $R_4 = 76,2$ mm, $\theta_4 = 90°$
12-16 $W_4 = 4,382$ kg, $\theta_4 = 160,19°$, $W_5 = 6,309$ kg, $\theta_5 = 56,49°$
12-18 $d_3 = 18,95$ mm, $\theta_3 = -147,46°$, $d_4 = 20,8$ mm, $\theta_4 = 28,94°$
12-38 Plano 2: $e = 2,87$ mm, $\theta = -152,15°$. Plano 3: $e = 4,67$ mm, $\theta = 19,36°$.

CAPÍTULO 13   DINÂMICA DE MOTOR

13-1 Solução exata = $-1084,0535$ m/s @ $299,156°$ e 200 rad/s.
Aproximação da série de Fourier = $-1084,6722$ m/s @ $299,156°$ e 200 rad/s.
Erro = $-0,0571\%$ ($-0,000\ 571$)

13-3 Torque de potência = 230 N-m (aprox.). Força de potência = 13,976 N.

13-5 Torque de potência = 230,436 N-m (aprox.). Torque de potência = 230,479 N-m (exato).
Erro = $0,0186\%$ ($0,000\ 186$)

13-7 a. $m_b = 1,310$ kg em $l_b = 182,9$ mm, $m_p = 2,191$ kg em $l_p = 109,5$ mm
b. $m_b = 1,401$ kg em $l_b = 182,9$ mm, $m_a = 2,102$ kg em $l_a = 121,9$ mm
c. $I_{model} = 0,0781$ kg-m^2, Erro = $11,48\%$ ($0,114\ 8$)

13-9 $m_{2a} = 3,152$ kg em $r_a = 88,9$ mm, $I_{model} = 0,0249$ kg-m^2, Erro $-26,5\%$ ($-0,265$)

13-11 Abrir o arquivo P13-11.eng no programa ENGINE para conferir a solução.*
13-14 Abrir o arquivo P13-14.eng no programa ENGINE para conferir a solução.*
13-19 Abrir o arquivo P13-19.eng no programa ENGINE para conferir a solução.*

CAPÍTULO 14   MOTORES MULTICILÍNDRICOS

Utilize o programa ENGINE para conferir as soluções.*

14-23 *Produto mr nos eixos de balanceamento* = 0,0223 kg-m ou 0,219 N-m.

CAPÍTULO 15   DINÂMICA DE CAME

15-1 a 15-5 Utilize o programa DYNACAM (Ver Apêndice A) para resolver esses problemas. Não há *apenas uma resposta certa* para esses problemas de projeto.
15-6 Ver Tabela S15-1.
15-7 a 15-19 Utilize o programa DYNACAM (Ver Apêndice A) para resolver esses problemas. Não há *apenas uma resposta certa* para esses problemas de projeto.

* Esses arquivos podem ser adquiridos no site www.designofmachinery.com. Ver Apêndice A.

TABELA S15-1 Soluções do Problema 15-6

	ω_n	ω_d	c_c
a.	3,42	3,38	8,2
b.	4,68	4,65	19,7
c.	0,26	0,26	15,5
d.	2,36	2,33	21,2
e.	5,18	5,02	29,0
f.	2,04	1,96	49,0

ÍNDICE

A

a Escola Politécnica 25
aberta
  cadeia cinemática 56
  mecanismo 203, 258
ação cordal 494
aceleração 24, 188, 350
  absoluta 352, 357
  análise
    analítica 358
    gráfica 353, 354
  angular 566, 582, 584
    como vetor livre 358
    definição 350
    biela-manivela invertida 365, 366
  came seguidor 404
    comparação de formas 423
    fator de pico 421
  centrípeta 351, 357, 558
  coriolis 363
  diferença
    solução analítica 358, 359
    definição 353, 354
    equação 352
    solução gráfica 354
    no biela-manivela 361, 362
  descontinuidades na 410
  tolerância humana à 372
  linear 566, 575
  senoidal modificada 417, 423
  trapezoidal modificada 415
  normal 357
  sobre cabeçote 756
  de qualquer ponto do mecanismo 370
  de um cinco barras engrenado 369
  do pistão 374
  de deslizamento 368
  relativa 353, 357
  senoidal 413
  tangencial 351, 357
  tolerância 373
aceleração de coriolis 363, 365
acelerômetro 372
acionamento em ângulo reto 491
acionamento inverso 490
acoplador 39, 139, 141, 212
  como um pêndulo físico 631
  pontos de conexão alternados 127
  equação da curva do 275
  curvas do 139, 140, 143, 147, 149, 166
  atlas de 141
  degeneradas 139
  grau de 139
  diagramas de projeto de 147
  formas de 140
  simétrico 143
  definição do 54
  saída do 119, 121, 125, 127
  ponto do 141, 166
  curva do acoplador
  equação do
    complexidade da 275
    síntese do 275
adegalçamento 455, 459, 484
adendo ou altura de cabeça 477, 482
  raio de 483
  coeficientes de alteração 485
alavanca 25
  relação 551, 554
algoritmos genéticos 272
alicate de pressão 309
amortecedores 554, 741
  combinando 549
  em paralelo 550
  em série 549
amortecimento 546, 547, 554, 731, 735, 744
  coeficiente 548
  crítico 736, 737, 738
  equivalente 550, 553
  interno 556
  não linear 546
  pseudoviscoso 547
  quadrático 546
  viscoso 546
Ampere, Andre Marie 25
análise 31, 32, 41, 112, 113, 565
  definição 28
  de mecanismos 23, 48

analogias 31, 731
análogo 548
ângulo de construção 134
ângulo de fase
  de manivela 687
  de cinco barras engrenado 147, 209
  ótimo 690
  convenção de sinais para 690
ângulo de hélice 489, 490
ângulo de pressão
  do came seguidor 449
    face plana 454
    análise de forças 753
    do rolete 449
  de conjuntos de engrenagens 480
ângulo de transmissão 305, 306, 309, 547, 598
  definição 117, 213
  diferenças nos cognatos dos 149
  valores extremos do 214
  aplicação limitada do 213
  mínimo 118
  otimizado 138
  pobre 244
  de mecanismo de retorno rápido 136
ângulo
  de um vetor
    definição 200
  de entrada 480
  de saída 480
  velocidade angular
    relação de velocidade angular 306, 309, 476
    definição 305
antiparalelogramo 76
  mecanismo 313
aplicações
  em máquinas de montagem 440
  em motores automotivos 400
  em suspensão de automóveis 143, 310
  em transmissão automotiva 498
  em válvula de motores 431

em mesas indexadas 424
em câmera cinematográfica 141
de motores pneumáticos 97
de cilindros movidos a fluido 98
de motores hidráulicos 97
da cinemática 26
de solenoides 98
em mecanismo de ajuste ótico 311
em locomotivas a vapor 77
de mecanismos com singularidades 117
aproximação
  do arco circular 163, 166
  do tempo de espera 168
  da linha reta 139, 156, 159, 166
arco de ação 479
  arco tangente
    código com dois argumentos para 190
Artobolevsky 26
  catálogo de mecanismos de 168
  referências de 173
aspereza 51
atlas de curvas de acoplador
  para quatro barras 140, 141
  para o cinco barras engrenado 147
atlas de Hrones e Nelson 140
atrito 87, 475, 661
  correias 475
  de Coulomb 546
  força de 572
  em mecanismos de barras 118
  não linear 546
  trabalho de atrito 315
atrito de Coulomb 546, 582
atuador 56, 561
automóvel
  marcha de 598
  suspensão de 143, 156, 310
  balancear rodas 634
auxiliado por computador
  desenho 113, 600
  engenharia 113, 114, 140

B

Babbit 681
balanceadoras
  Lanchester 724
  Nakamura 724
balanceamento 538
  dinâmico 621, 723
    da força 726
  de motores
    multicilíndricos 720
    monocilíndricos 720
  de mecanismos 624
    com efeito no torque de entrada 629, 630
    com efeito nas articulações 627
    utilizando contrapesos rotativos 630
    efeito na força vibratória 623, 624
    efeito no momento vibratório 630
    estático 617
balanceamento em dois planos 618
balanceamento
  completo 614
  dinâmico 614, 618
    pneus 634, 635
  massa 615
  eixos 720, 723
  em um único plano 615
  estático 614, 615, 723
    pneus 634
balanço
  cadeira 314
  conjugado em 619
banco
  ângulo de 710
  do motor 689
  de cilindros 644
banho de óleo 467
Barker 78
barulho, vibração e aspereza (BVA) 724
benchmarketing – referência de mercado 29
biela 649, 658, 661
  duas bielas por moente da árvores de manivelas 714
biela-manivela de três barras 569
binário 61
  conexão 51
binomial
  expansão 653
  teorema 652, 657
bissetor 164
bloco deslizante 68, 582

blocos de representação 54
bomba a pistão 73
braço (epicicloidal) 504
"brainstorming" (tempestade de ideias) 31
buchas 90
  lineares 160

C

cadeia de duas barras 119
cadeira de balanço 314
cadeira de balanço 314
came 26, 50, 114, 163, 375, 397, 731
  e seguidor 113, 163, 302
  de válvula automotivo 553
  axial 401, 465
  tambor (cilíndrico) 401, 424
  conjugados 464
  contorno do 462
  cilíndrico 424
  definição 397
  projeto
    lei fundamental do 408
  desmodrômico 749
  disco 545, 732, 743
  com dupla espera 405
  de face 401
  unido por força 748, 751
  unido por forma 749, 751
  retificado 466
  mecanismos para 548
  fresado 466
  tipo de programa de movimentação 403
  de prato 401, 752
  radial 401, 465
  com tempo de espera único 431
    com subida-descida assimétrica 437
    com subida-descida simétrica 435
  estacionário 458
  tridimensional 402
  trilha do 748
came seguidor 70, 71, 73, 91
came sube-desce 398, 403
came sube-desce-para 398, 403, 431
came sube-para-desce-para 398, 403
camoide 402
canaleta 141
capacidade de revolução 83
  definição 83
capacitor 548, 551
carburador 647
carregamento 85, 89

carregamento
  linhas de 93
  torque de 93
cartesiana
  coordenadas 198
  forma 190
catraca 26
  e lingueta 71
  roda de 71
centro de massa (CG) 624
centro de percussão 543
centro instantâneo de velocidade 297
centro
  de curvatura 460
  de gravidade 535, 536, 589, 657
    global 536
  de percussão 543, 631, 659
  de rotação 543, 544, 631, 659
  do ponto 266
    central 264
centroides 311
  fixos, móveis 313
  de engrenagens não circulares 492
centros instantâneos 297
  do came seguidor 302, 451
  do mecanismo de quatro barras 39, 298, 311
  centroides gerados a partir dos 313
  permanentes 297, 298
  do biela-manivela 300
  usados no projeto de mecanismos 309
Chasles
  referência de 223
  teorema 195, 295
Chebyschev 148, 155, 156, 266
choque 375
ciclo de quatro tempos 645, 701
ciclo Diesel 649
ciclo Otto 645
cicloidal
  curva do acoplador 315
  deslocamento 411, 413, 432
  comparação 423
  torque dinâmico no 753
  tempo de espera único no 431
cicloide
  curva 140
  dente de engrenagem 477
cilindro
  pneumático e hidráulico 97
cinco barras engrenado
  curvas do acoplador do 147

  mecanismo de 80, 209
    análise 208, 369
    cognato de quatro barras 155
    curvas do acoplador 139
    inversões do 82
cinco barras
  mecanismo de
    engrenado 80
cinemática 23, 24, 25, 533, 731, 744, 753
  definição 23
  diagramas
    desenho 54
  história da 25, 45
cinemática
  aplicações 26
  cadeia 53
    classe de 74, 81, 82
    definição 53
    inversão de 75
  par 26, 51
  estrutura 58, 60
  síntese 565
cinética 23, 25, 533
cinetostática 534, 565, 743, 751
circuito
  defeitos 217
  definição 217
circuitos elétricos 548
circuitos
  de um mecanismo 203
  distinguir 220
  número de 218
circular
  engrenagens 313
  passo 482
círculo
  arco do 159
    com centro remoto 139
  de ponto 265
    central 265
circunferência de base
  do came 449, 462
Clerk 647
  ciclo 645
  motor 647
coeficiente
  de amortecimento 548, 553
  de flutuação 597, 598
cognato 149, 153
  marca do 149
  do mecanismo de 4 barras 148
  do mecanismo de 5 barras engrenado 155
colinearidade 116, 134
combinando
  amortecedores 549
  molas 550

ÍNDICE

complexo
  movimento 49
    biela 658
    acoplador 54, 139
    definição de 50, 194
  número 198
    notação de 199, 200
  plano 199
componente secundário
  forças vibratórias 655
  momento vibratório 698
componente
  ortogonal 204
componentes primários
  de forças de vibração 655
  de momentos vibratório 698
compostos
  trem epicicloidal 508
  transmissão de engrenagens 495, 497
compressão
  ignição de 649
  curso de 649
comprimento de ação 478, 486
comum
  normal 303, 478, 479
  tangente 303, 477
comunicação 37, 44
côncavo 454, 455
concentrada (o)
  massa 620
    modelo 551, 661, 731
  paramâmetros 554
condições de contorno 397, 404, 427, 435
condições iniciais 734
conectores envolvidos 26
conexão (elo) 26, 49, 50, 65
  de saída 188
  razão de 141, 147
  contração
    completa 68, 70
    parcial 68, 70
conexão 51
conjugado
  ação 490
  cames 400, 747, 749
conjugados 400, 477
conservação de energia 560
considerações práticas 599, 756
constante 37
  aceleração 414
  de integração 734
  velocidade 440
contínuo (intermitente) 71
  movimento 440
contra
  balanço 63
  conjugado 619
  pares de contrarrotação excêntricos 720

eixo 516
  peso 617, 629, 678, 723
    no virabrequim 676
    no balanceamento completo 630
controle de tração integral 521
convexo 454
corpo livre 558, 569
  diagrama de 566, 575, 661, 670, 732, 735
corpo rígido 49, 50
  aceleração do 358
  movimento do 193
correias 26, 50, 474
  plana 493
  sincronizadora 493
  dentadas 494
  trapezoidal ou em "V" 493
  vibração em 494
correias dentadas 493
corrente 548
correntes 26
  acionamento por 477, 481, 490
    vibração em 494
  dentadas 494
cremalheira 490
  e pinhão 490
    direção 490
criatividade 27, 30, 31, 39, 45
critério de rotacionalidade 81, 82
  definição 81
  de mecanismo engrenadode cinco barras 81
  de mecanismo de N-barras 82
cruzado (a)
  engrenagens helicoidais 488
  mecanismo 203
cunha 25
curso de admissão 646
curso de escape 647
curvas de Burmester 267
cúspide
  no came 456
  na curva do acoplador 143, 147
  no centroide móvel 315
custo 114

D

D'Alembert 25, 558, 559, 561, 615, 661
  da engrenagem 481, 484, 490
  da evolvente 477
  raio do 449
dedendo ou altura de pé 482, 484
  círculo de 482

deflexão 535, 536
  sob flexão 556
  torsional 556
DeJonge 26
Delone 171
delta
  ângulo de fase 690
    ótimo 690
  ângulo do ciclo de potência 700
  triplé 64, 66, 70
deltoide 77
Denavit, J. 26, 148
densidade
  em massa 535
  em peso 535
desbalanceamento 634
descontinuidades 408
desempenho
  especificações de 30, 35, 40, 612
deslizamento 140
  componente de 317, 318, 364
  velocidade de 363
deslizamento
  de contato 26
  juntas 61
deslizamento
  esfera deslizante 91
  linear 91
deslocado 204
  na biela-manivela
    definição 204
deslocamento
  do came 404, 426
  definição de 191
  total 195
desmodrômico 400, 464, 747
determinante 260
díade 119, 239, 241, 244, 253, 266
  definição 56
  motora 123, 125, 127
    síntese analítica de 235
  saída da 136, 138, 163
diagrama de Cayley 149, 153
  divisão do 152
diagrama de tempo 405
diagramas *EVAP* 404
  polinomiais 427
diagramas
  cinemático
    desenho de 54
diferencial 504
  de automóveis 521
    central 522
    traseiro 521
  central 521
  definição 520
  com deslizamento limitado 522
  Torsen 522

dimensional
  síntese 114, 116, 118, 173
    de um mecanismo de quatro barras 118
dinâmica inversa 534, 565, 743
dinâmico (a)
  análise 44
  balanceamento
    dispositivos que requerem 619
    máquinas de 634
  equilíbrio 558
  equivalência 631
    requisitos para 658
  força 24, 188, 372, 373, 535
    análise 533, 565
    medindo 753
  atrito 546
  modelos 534
  sistema 24, 558, 566
disco voador ("frisbee") 296
discriminante 737
dispositivos eletromecânicos 115
distribuição de cargas 486
distúrbio causado por solavanco 310
Dixon, A. 35
dobradiça da capota 115
dobradiça viva 84
dois tempos
  ciclo de 645, 647, 699
  motor de 700
duplicatas de mecanismos planos 115
duplo (a)
  manivela 75
  tempo de espera 168, 405
    em cames 405
    em mecanismos 166, 404
  rosca sem fim 490
  harmônico 433, 752
  mecanismo em forma de paralelogramo 77
  seguidor 75, 117, 125, 156

E

eficiência ou rendimento 489, 560
  definição 513
  de um conjunto de engrenagens convencional 513
  transmissão epicicloidal 513
eixo imaginário 199
eixo perpendicular 49
eixo traseiro 310
eixo
  de rotação 537
  de deslizamento
    do came seguidor 303, 449

do biela-manivela 325, 364, 585
    do bloco cursor 300
  de transmissão 478
    do came seguidor 449, 450
    do dente engrenados 478
    do biela-manivela 325, 585
    do bloco cursor 300
eixo
  encoder 634
  vazado 505
eixos principais 49
elastômeros 493
elemento dissipativo 741
eliminação de Gauss-Jordan 247
elo de arrasto 136
elo flexível 40
elo quaternário 50, 61
elo terciário 50, 61, 62
embreagem (marcha)
  de automóvel 598, 667
  sincronizadora 516, 517
encontrar raízes 377
energia
  cinética 289
    em cames e seguidores 414, 424, 448
    em volantes de inércia 593, 666
    em relação de alavanca 551
    na ressonância 741
    em sistemas rotacionais 538
    no trabalho virtual 560, 561
    pico de 423
  lei de conservação da 560
  método da 559, 589
  potencial 560, 741
  elementos de armazenamento de 741
engenharia 34
  abordagem 34
  projeto de 24, 27, 112, 163
    custo do 114
    definição de 27
  ergonômica 36
  relatório de 37
engenharia civil 25
engenharia ergonômica 36, 46
Engine
  programa 642, 653, 663, 685
    cálculos de volante de inércia 666
engrenagem interna 505
engrenagem planetária 504
engrenagem solar 504
engrenagem
  não permite folga 481

passo de base 486
cônica 491, 492
  dentes restos 492
  dentes helicoidais 492
tarugo para 490
helicoidal 488
tipo "espinha de peixe" 489
hipoidal 492
ociosa 495
tipo cremalheira 490
razão (relação) de 148, 209, 551
conjunto de 155, 310, 315
ferramenta de corte 484
cilíndrica de dentes retos 488
ponto mais alto de contato de um único dente (PMACUD) 486
dentes de 474
transmissão por 474, 495
  composto 496
  algoritmo de projeto 500
  referências conhecidas mais antigas 474
  epicicloidal (planetária) 505, 506, 517
  erro na distância entre centros do 480
  razão de transmissão irracional 502
  não reversível 480, 504
  simples 495
rosca sem fim 490
coroa e sem fim 470
engrenagens 50, 476
  não circulares 313, 492
  corrigidas 485
engrenagens hipoidais 492
engrenamento
  lei fundamental do 476
    definição 478
entrar em ressonância 740
equação de forma padrão 267, 270
equilíbrio 546, 558
equivalente (a)
  amortecimento 553
  mecanismo de barras 397, 475
  elo 50, 305
  massa 551
  mola 551
equivalente
  massa 551
  mola 551
  sistema 548, 553, 731
Erdman, Arthur G. 26, 133, 234, 267
ergonomia 36

escala 34
escolhas livres 120
  para síntese de função 270
  na síntese de três posições 251, 253
  na síntese de duas posições 241, 242, 244
esfera
  e soquete 51
  junta de 51
espacial
  elo 143
  mecanismos 115
espaço bidimensional 49
especificação do ponto final 403
especificamente fixados
  pivôs 129, 131, 258
espessura do dente (engrenagens) 482
espessura do dente 480, 482
estabelecimento do objetivo 30, 612
estática (o)
  modelo equivalente 660
  atrito 546
estrutura 58, 60
  pré-carregada 60
estrutura de referência 57
estrutura pré-carregada 58, 60
estrutural
  bloco de representação 64
  subcadeia 66
Euler
  equivalentes 201
  identidade de 199
  teorema de 195
Eureka! 31, 41
Evans, Oliver 25
  Mecanismos de barras para movimentação linear 158
evolvente 477
evolvente 477, 480, 484, 490
  definição 477
  do dente 479
excentricidade
  do came seguidor
    definição 450
    efeito do ângulo de pressão 453
    de face plana 454, 463
    de rolete 450
excêntrico (a)
  manivela 90
  massas 720, 721
extensômetros elétricos 756
externo (a)
  par de engrenagem 483
  carga 575
  torque 575
extremidade maior (biela) 659

F

fator de ponderação 33
fechada
  curva 139
  cadeias cinemáticas 56
  mecanismo 56
finitos (as)
  método das diferenças 36
  método dos elementos 36
fixo
  centroide 311, 314
  pivôs 126, 129, 141, 148
    especificados 129
flexível
  definição 83
flutuação 596
folga 480, 482
folga 481
folga no dente 480, 482
  definição de 480
força centrífuga 558, 720
força de atrito estática 546
força
  análise
    dinâmica 534
    dinâmica inversa 743, 745, 747, 749
  aplicada 567, 570
  centrífuga 558, 559, 661
  unida 53
  união (junta de) 53, 400, 747
  pino da manivela 673, 675
  dinâmica 642
    came seguidor 744, 747, 750, 752, 753
    comparada a gravitacional 560
    minimizando a 414
  externa 561, 615
  externamente aplicada 567
  gravitacional 560, 566
  de impacto 744
  de inércia (inerciais) 551, 561, 601, 615, 655, 661, 673
  elo 143
  no pino principal da manivela 673, 675
    efeito do balanceamento da 679
  do pistão na parede do cilindro 671
  primária 707
  de reação 577
  secundária 707
  vibratório 588, 614, 642
    cancelando 720, 721
    no mecanismo de quatro barras 629
    em motores em linha 691, 707
    em motor de um cilindro 635, 656

em motores em V 712
 primário 704
 secundário 704
elástica 545, 732, 743
transdutor de 634, 753
transmissão de 98
pino do pistão 651, 655
fórmula 1
 limite de rotação do motor do 654
forquilha escocesa 70, 71
Fourier 25, 653
 descritores 277
 série de 653, 694
  equação da 653
freios 510, 519
frequência fundamental 653
frequência natural 724, 734, 756
 circular 734
 amortecida 734, 737
 não amortecida 734, 737
frequência
 forçada 740, 741
 fundamental 734, 741, 747
 natural 731
  e ressonância 741
  do came seguidor 744, 745, 747, 756
  circular 734, 739
  não amortecida 734, 735
 sons harmônicos 734
 razão de 740
 resposta em 756
fresa caracol ou renânia (engrenagens) 484
Freudenstein, F. 202
Freudenstein, Ferdinand 26
frustração 30, 31, 40
função "spline" 448
função discreta 410
função objetiva 272
função
 forçada 739, 756
 geração de 114, 403
  na síntese analítica 268
  definição da 115, 234
  tabela das escolhas livre da 271
  de duas posições 119
 gerador 114, 268, 397
funções combinadas
 para cames 414
funções cúbicas
 encontrando raízes de 219
funções delta de Dirac 408

G

GDL de translação 51

Genebra
 mecanismo de 71
 roda de 71
geometria descritiva 25, 42
geometria euclidiana 119
geração de ideias 31
geração de soluções
 e invenção 30, 31, 35, 40
GL. Ver grau de liberdade
gráfico (a)
 síntese dimensional 114
  comparada a analítica 244
  ferramentas necessárias para 119, 125
 análise de posição 189
gráfico computacional 133
Grashof 74, 188
 condição de 74, 78, 125
  engrenado de cinco barras 81
 manivela seguidor 156
 duplo seguidor 215
 cinco barras 156
 mecanismo de barras 92
 caso especial 76
grau 139, 147, 427
grau de liberdade 28, 33, 38
 definição de 55
 distribuição de 66
 de mecanismos espaciais 58
 visualização de 53
gravidade 373
gravitacional
 constante 37
Gruebler 56
 critério 64
 equação de 57, 60, 61

H

Hachette 25
Hain, Kurt 26
 mecanismos de 168
 referência 172
Hall, Allen S. 26, 133, 134, 155
Hammond, T. 147
harmônico 433
 número 720
harmônicos 653, 693
Hartenberg, Richard 26, 149
haste 553
hidráulico
 atuador 113
 motor 92, 97
hiperboloides 492
Hoeken
 mecanismos de 156, 160
 referência 172

homogênea
 equações diferenciais ordinárias 734
 solução 735
Hrones
 referência 172

I

identificação da necessidade 28
ignição
 padrão 698
  importância da 701
  do quatro em linha 704, 707
  do oito em V 718
  dos motores em V 718
 ordem 704, 718
 padrão de 698
 não sincronismo 701
impacto cruzado 465, 480, 751
incubação 32, 40
indexação 163
 mesa 424
indexadores 425
indicadores de desempenho 309
indutor 548, 550
inércia
 balanceamento 704
  motor em V 707, 718
 força de 558, 615, 663, 689, 698
 momento de inércia de 537
 torque de 558, 561, 664, 695
infinidade de soluções 244, 266
instabilidade 164
interferência 484
Internet 29
 palavras-chave para pesquisa 47
 páginas úteis 47
invenção 27, 30
inversão
 definição de 71
 para síntese de três posições 129, 131, 133
 para geração de soluções 31
 do biela-manivela 139
  análise de força da 584
  solução de posição da 208
inversões
 distintas 73
 do mecanismo de quatro barras 75
 do mecanismo de seis barras 73
inversor de Hart 159
isômero 65
 inválido 66

 número de isômeros válidos 66
 iteração 28, 32, 33, 114, 118, 120, 442, 535, 600

J

jacobiano 221, 222
julgamento diferido ou adiado 31
junta 36, 51
 came seguidor 89
 em balanço 89
 índice de força da 213, 598
 unida por força 53
 unida por forma 53
 múltipla 58, 61
 com um grau de liberdade 51
 ordem 51
 deslizante 51
 tipo deslizante 298
 duplo cisalhamento 89
 com dois graus de liberdade 51
junta com dois graus de liberdade 51
junta com três graus de liberdade 51
junta completa 51, 57
junta por rolamento (rotação) e junta deslizante 51, 53
junta tipo "joystick" ou esférica 51

K

Kant 25
Kaufman, R. 133, 234
Kempe 139
 referência 172
Kennedy, Alexander 26
Kinsyn 133
KISS 35
Koster 548, 744, 756
Kota, S. 145
Kutzbach 58

L

Lagrange 25
Lanchester
 motor 726
 Frederick 520, 726
 balanceador harmônico 724, 727
lei fundamental
 de projeto de cames 410, 742
 do engrenamento 476, 478, 480
  definição da 478
Levai 32
 transmissões epicicloidais básicas 505

linear
  aceleração 350, 373
  atuador 97, 98
  rolamento de esferas 88
  mecanismo de Genebra 71
  círculo de barras 297
  pulso 375
  movimento 97
  velocidade 289
lingueta
  direcionadora 71
  de travamento 71
linha reta
  mecanismo 25, 113
    Chebyschev 156
    Evans 159
    exato 159
    Hart 159
    Hoeken 156
    otimizado 159
    Peaucellier 159
    Roberts 156
    Watt 156
  mecanismos 1356
    aproximados 159
    exatos 159
linha
  contato 51
  de ação 479
  de centros 141
locomotiva 77
Loerch 234, 258
lógica nebulosa ("Fuzzy") 272, 276
Lord Kelvin
  comentário sobre o mecanismo de Peaucellier 159
lubrificação 87, 92, 467, 647
  hidrodinâmica 87
  problemas de 89
  vedações para 87
lubrificante 51

M

magnitude escalar 304
malha fechada 96
mancais
  de esferas 87
  sobre uma bucha 90
  diâmetro equivalente 90
  comprimento equivalente 90
  mancal de rolamento flangeado 88
  mancal de deslizamento 87
  rolamentos lineares 88
  caixas para rolamento 88
  razão de 90
    definição 90
    exemplo comum de 90
  de rolos 87
  elemento de rolamento 88
  bucha 87
  terminal esférico 87
mandril 634
manivela 141, 644, 658
  definição 54
  excêntrica 90
  diagrama de fase 691, 706
  pequena 90
  moente da àrvore da 687
manivela cursor deslizante
  com velocidade constante 168
manivela cursor
  retorno rápido 138
  três barras 569
manivela de arrasto 136
manivela formador 73
manivela seguidor 68, 73, 139, 588
  análise
    de aceleração 361
    de Fourier 653
    centros instantâneos 300
    solução de posição 204
    equação vetorial de malha fechada 204
  invertida 206, 366, 584
    aceleração 365
    manivela formador Withworth 73
  conexão
    modelo dinâmico 661
    em motores de combustão interna 642
    em multicilíndricos 685
    deslocada 206
    de um cilindro 644
  sem deslocamento 649
  deslocada
    definição 204
manivela seguidor 75, 140
manivela sobrebalanceada 678
máquina 24, 25, 53, 188
  definição 24, 53
  projeto 23, 25, 91, 112, 375
maquinário
  rotativo 539
massa 24, 534, 545, 657, 732, 741, 743, 744
  balanceamento de 616
  densidade de 535
  equivalente 551, 554, 657, 744, 753
  concentrada 554, 659
  momento de massa 535, 536, 624
  momento de inércia das 538, 566, 594, 629, 657
  ponto de 534, 542, 615
massa desprezível 542
massas
  combinando 551
materiais 681
Mathcad 222, 453
Matlab 453
matriz de decisão 33
matriz identidade 247
matriz
  aumentada 248, 253, 260
  coeficiente da 253
  inversa 247
  solução de 246, 557
  solucionador da 246, 557
May, Rollo 39
mecânico
  rendimento 308, 309, 477
  computador analógico 114
  circuito 548
  eficiência 308
  engenharia 25
  gerador de função 114
  sistema 548
mecanismo 114
  vantagens 91, 92
  antiparalelogramo 77
  capacidade de montagem 82
  blocos básicos de representação 50, 81
  traçado de círculo 171
  flexível 311
  biela-manivela
    saída 180 graus 169
    saída 360 graus 170
  deltoide 77
  projeto 50
  desvantagens 92
  duplo paralelogramo 77
  quatro barras
    parâmetros independentes para 272
  mecanismo de velocidade angular constante 168
  Galloway 77
  Grashof
    inversões de 76
  condição de 80
  isósceles 77
  pipa 77
  abertura de grande angular 169
  sem elos 314
  retorno não rápido 134
  paralelogramo 77
  autotravamento 117, 127
  seis barras 314
    mecanismo de Stephenson 212
    mecanismo de Watt 211
  caso especial de Grashof 76
  substituto de engrenagens 171
  síntese 114, 116, 148
  torque 118, 126
  transformação 61, 66, 397
mecanismo 24, 25, 53, 58, 188
  flexível 83, 85
    vantagens 85
    biestável 86
  manivela formador 139
  definição 24, 53
  tempo de espera duplo 166
  forças em 533
  deslocamento de grande angular 169
  sem retorno rápido 134
  ajuste ótico 311
  pegar e posicionar 169
  plano 115
  retorno rápido 133
  centro remoto 170
  máquina de lavar 169
  Whitworth 139
mecanismo da dobradiça do capô 83
mecanismo de barras 26, 50
  em cascata 168
  conectados em paralelo 81
  conectados em série 81, 168
  versus cames 91
mecanismo de Galloway 77
mecanismo de paralelogramo 76, 78
mecanismo de quatro barras 73, 149, 575, 614
  aceleração do 358
  antiparalelogramo 77
  pontos de mudança do 77
  classificação de 78
  cognatos 152
    perfil dos 149
  curvas de acoplador do 140
  biela-manivela 68, 116
  duplo seguidor 116, 117, 125
  condição de Grashof 74
  sem elos 313
  mecanismo 39
  movimento linear exato 159
  com retorno rápido 134
  subcadeia 119
  simétrico 144
  triplo seguidor 75, 117
mecanismo de quatro barras sem elos 315
mecanismo limpador de para-brisa 78
mecanismo para avanço do filme 141
mecanismo quinteto-E 64
mecanismos de relógio 24

ÍNDICE

mecanismos flexíveis 83
meia
  junta 53, 61
MEMS 85
método da tabulação 506
método de Berkof-Lowen 624
método Newton-Raphson
  comportamento caótico do 220
  para solução de equações 222
métodos de continuação 274
métodos de homotopia 274
métodos de solução 557
microchips 85
microcomputador 34, 115
microengrenagens 86
micromotor 86
  micropasso 97
  circuito (malha) aberto 97
  ímã permanente 93
  ligado em série 94
  servomotores 92
  paralelo 94
  curva característica (variação de torque) 592
  de passo 92, 97, 115
  síncronos 95
  universal 92
microssensor 86
Milton, J. 474
mobilidade 55, veja também grau de liberdade
modelagem de sólidos 600
modelagem
  de elos rotativas 542
modelo 34, 254, 536, 548
  placa de cartões 34
  dinâmico 542
  dinamicamente equivalente 658
  elementos finitos 644
  massa concentrada 661
  conservativo 732
  de elos rotativas 542
  simplificado 534
  de um *GDL* 556
  estaticamente equivalente 660
  modelo conservativo 732
modelo massa-mola 732
modificado
  senoidal 424
  trapezoidal 415, 423
módulo de Young 554
módulo
  de elasticidade 554
  de deflexão 554
mola
  compressão 554
  constante da 83, 545, 554, 732, 743, 747
    definição 545
    equivalente 550, 553, 743
  comprimento livre 743
  espiral helicoidal 744
  retorno físico 743, 747
  pré-carga 745
molas 143, 550
  elos de 83
  combinando 530
  em paralelo 550
  em série 550
momento de tombamento 454
momento linear 533
momento
  primeiro, de massa 535
  massa 536
  de inércia
    definição 537
    método experimental 539
    transferência 539
  primário 704
  segundo, de massa 537
  secundário 704, 707
  vibratório 614, 642, 721
    desbalanceamento do 720
    em motores em linha 696, 698
    em motores em V 712
Monge, Gaspard 25
motor (a) 92
  manivela 577
  estágio 125
motor 56, 92, 561
  CA 92
  circuito (malha) fechado 96
  com ligação híbrida 93, 94
  CC 92
    com ímã permanente 93
    com velocidade controlada 95
  motorredutor 96
motor de combustão interna 582, 642, 685
motor de passo veja motor: passo
motor subquadrado 680
motor superquadrado 680
motores 92, 644
  em linha 687
    com quatro cilindros 724
    com seis cilindros 720
  multicilíndricos 687
    balanceamento 720
  opostos
    com quatro cilindros 719
    gêmeos 719
  radiais 689
  rotativos 689
  em V 644, 689, 707
    oito 624, 715, 719, 730
    seis 707, 723
    doze 720
    gêmeos 722

motores elétricos 92, 592
movimento
  centroide 313, 314
  pivôs 126, 131, 164
movimento em hélice 51
movimento intermitente 71, 440
movimento paralelo 156
movimento
  complexo
    definição 194
  geração 125, 235
    analítica
    síntese 237, 238, 249
    definição 115
    três posições 125, 127
    duas posições 121
  intermitente 97
  paralelo 153
  harmônico simples 409
  em linha reta 113

N

Nakamura 724
  balanceamento 724
não Grashof 74
  triplo seguidor 215
Nascar
  motor de competição 654
Nelson, G. L. 140
Newton
  equação de 732
  leis de 372, 533, 565, 615
  método 218, 565
  segunda lei de 23
  terceira lei de 571
nó 50, 56, 65
nó de cruzamento 140, 147
número de síntese 60

O

octoide 492
operador 199
ordem
  de juntas 53
  dos elos 60
  polinomial 427
ortogonal 204
oscilação do came seguidor 741
ouvido interno 372

P

pacotes de planilha e solucionadores 557
pantográfica 171
papéis transparentes e móveis 113
par de engrenagens 476, 490
  ângulo de aproximação 479
  ângulo de afastamento 479
  arco de ação 479
  mudando a distância entre centros 479
  grau de recobrimento 486, 488
  externo 477
  ponto mais alto de contato de um único dente (PMACUD) 486
  internos 477, 483
  comprimento de ação 478, 486
  ângulo de pressão 479
par inferior 26, 51
par superior 26, 51, 53
paradas (tempo de espera) 71, 424
paradas limites 143
paradoxo de Ferguson 508, 512
paradoxos
  de Ferguson 510
  de Gruebler 64
paralelos
  teorema dos eixos 539, 600
  conexões
    amortecimento 548
    de molas 548
  mecanismos planos 115
  movimento 153
pares 51
  superiores 51
  inferiores 51
passo circular 482
patente
  da manivela 156
  na Internet 29
Peaucellier 159
pêndulo físico 631
pequisa preliminar 29, 36, 40, 612
percurso do movimento crítico (PMC) 398, 403, 440, 442, 446
perdas 560, 741
piezelétrico
  transdutor de aceleração 753
  transdutor de força 634
pinhão 476, 490
pino da manivela 659, 661
pino da manivela 661
  com deslocamento 724
pino
  em duplo cisalhamento 89
  de força (articulação) 655, 667
    da manivela 670
    principal 673
    do pistão 670

junta de 51, 87
   em cisalhamento único 89
pistão 374, 582, 644, 658, 661
   aceleração do 650, 653, 663
   motor a 73
   posição do 650
   de bomba 73, 582, 645, 685
   velocidade do 650
plano inclinado 25
planos de correção 619, 723
plataforma de balanço 314
pneumático
   atuador 56, 113
   motor 97
polar
   coordenada 198
   forma 190
   gráfico 707
polia dentada 493
polias 493
polinomial 753, 397, 428, 430, 431
   subida-descida assimétrica 437
      de três segmentos 439
   função 408, 427
      regras de projeto de 435
   regras de obtenção de raízes 218
polo de rotação 121
poloides 313
polos 297
ponto morto 116, 117, 309
   ângulo 217
   elo 217
   posição de 116, 127, 149, 237, 244
      cálculo da 216
      em um triturador de pedras 309
ponto morto inferior (PMI) 645
ponto morto superior (PMS) 645
pontos de inflexão 435, 457
pontos de mudança 76
equação característica 736
porca 51
posição 188, 190, 289
   absoluta 195
   análise de 195, 197
   diferença de 193
      equação de 192, 291
   de qualquer ponto de um mecanismo 212
   relativa 193
   vetor de 190, 198
POSIÇÃO 193
posição aparente 193
posição extrema crítica (PEC) 398, 403, 405

potência 93, 307, 548, 560, 561, 699, 751
   equação de 561
   ciclo de 647, 704, 706
      ângulo de 699, 701
   relação peso 645
potência
   força de 649, 655, 663, 673, 698
      curva da 649, 655
   pressão do 655
      curva da 647, 649, 655
   torque de 655, 657, 698
pouca solicitação 51
pré-carga
   da mola do came seguidor 743
precisão
   pontos de 237, 244
   posição de 237, 249
primária
   circunferência 449, 753
      raio da 449, 456
primitiva
   circunferência 477, 479, 489
   curva 449, 455, 458
   diâmetros 477, 480
   ponto 477, 478
princípio
   de D'Alembert 558
   de transmissibilidade 306
problema desestruturado 28
problema
   definição do 40
   não estruturado 28
problemas
   Capítulo 2 99
   Capítulo 3 173
   Capítulo 4 223
   Capítulo 6 328
   Capítulo 7 377
   Capítulo 8 468
   Capítulo 9 523
   Capítulo 10 562
   Capítulo 11 601
   Capítulo 12 636
   Capítulo 13 681
   Capítulo 14 728
   Capítulo 15 758
processo criativo 31, 39
   definição do 39
produção 34
produto escalar 560
produto massa-raio 617, 622, 635, 679
programa Dynacam
   exemplo
      de velocidade constante 444
      de força 744, 747, 749
      polinomial 430

      de raio de curvatura 457
      de tempo de espera simples 431
      de torque 751, 753
   informações gerais sobre 761
Programa Fivebar
   exemplo de
      cognato de quatro barras 156
      de curvas do acoplador 148
      linha reta exata 159
Programa Fourbar 117, 147, 565
   exemplos
      de cognatos 153
      de curvas de acoplador 141
      de um equivalente de cinco barras 156
      sem retorno rápido 124
      de mecanismos de linha reta 159
      de síntese de três posições 126, 258
      de singularidade 215
      de síntese de duas posições 246
programa Lincages 114, 267
programa Matrix
   exemplo
      análise dinâmica 573
      síntese de mecanismo 257
   análise de força 557
   método de solução 248
programa para solução de equações 222, 557, 600
programa Sixbar 761
   exemplo 81
      espera dupla 168, 404
      retorno rápido 138
      espera simples 166
      síntese de três posições 129, 258
      síntese de duas posições 125
programa Working Model 113, 117
programas
   de informações gerais 762
projeto 27, 38, 114
   axiomático 35
   por análises sucessivas 113, 114
   estudo de caso de 38
   auxiliado por computador 33
   definição 27
   detalhado 33, 35, 44
   etapas de 23, 27, 28, 34, 55, 112, 535

   qualitativo 113
   razão de 680
   simplicidade em 74
   especificações de 30
   recomendações de 114, 642, 680
projetor cinematográfico 141
projetos
   Capítulo 3 184
   Capítulo 8 471
   Capítulo 11 612
   Capítulo 13 684
   Capítulo 14 729
prototipagem 33
   e teste 33
protótipos 33, 554
publicações técnicas
   páginas na Internet 29
pulso 375, 431
   angular 375, 376
   do came 404
   diferença de 377
   em correias e correntes 494
   linear 376
puro (a)
   harmônico 597, 698, 735
   rolamento 53
      junta por 53
   rotação 50, 121, 289, 658, 661
   deslizamento 53
   translação 50, 362, 543, 658, 661

Q

quase-estática 558

R

raio
   de curvatura 449
      seguidor plano 459
      seguidor de rolete 454, 456
   de giração 541, 544
   da circunferência primária 746
ramificação
   defeitos de 217
   definição de 217
rápido
   avanço 134
   retorno 134, 138, 141
      mecanismo de 73
      de seis barras 136
razão de amplitude 740
razão de contato 486
   mínimo 485
razão entre biela e manivela 680

razão entre diâmetro do cilindro e curso 680
recomendações 114, 173, 431
rede neural 278
redutor de engrenagens 474, 497
regime permanente 734
regra de Kennedy 297, 298
relação de tempo 134, 136, 139
relação de transmissão 495
relação manivela-biela 652
relação torque-velocidade 93
relação
   de transmissão 551
   de alavanca 551
relativa
   aceleração: ver aceleração relativa
   velocidade: ver velocidade relativa
relatório técnico 37
relatórios de engenharia 46
resistência 535
resistência 545, 549
resposta transiente 738
resposta
   completa 740
   amortecida 735
   forçada 740
   em regime permanente 740
   transiente 734, 737, 740
   não amortecida 732
ressonância 741
   came seguidor
      unido por força 743
      unido por forma 747
restrições 56
retorno rápido de Whitworth 73, 139
retroescavadeira 27
Reuleaux, Franz 26, 51, 56
   classificação dos mecanismos 53
reversa
   transmissão composta 498
   projeto de transmissão por engrenagem 498
rigidez 535, 741
Roberts
   teorema de Chebyschev 148
   diagrama de 149
   mecanismo de barras para movimentação linear 156
Roberts, Richard 156
Roberts, Samuel 148, 156
robô 56, 113
roda 26
   em um eixo 25
roda dentada 494

rolante
   centro 492
   cone 491
   contato 26
   cilindro 475, 477
roldana 493
rolete 400
   corrente de 494
   seguidor de 400, 457, 465, 545, 732, 743
      cromo 466
      coroa 465
      em cames de válvulas 465
      materiais de 466
      deslizamento 465
roletes 25
rosca 26
   junta 51
segundo
   harmônico 653
   momento de inércia
      de área 554
      de massa 537
rosca sem fim 490
   ângulo de saída 522
   redutor 490
   coroa 490
rotação 49
   definição de 194
   pura 50
      balanceamento 614
rotacional (rotação)
   GDL 51
   liberdade 53
   energia cinética 645

S

saída de duas barras (díade) 136
Sanders 377
Sandor, G. N. 26, 133, 234
SCCA
   família de curvas de 419, 421
seguidor 731
   do came 115, 397
      alinhado 450
      unido por força 732, 743
      unido por forma 747
      do sistema 397, 731
      subamortecido 741
   de face plana 400, 459, 465
   flutuação 464
   unido por força ou forma? 464
   salto do 464, 741, 744, 747
   em forma de cogumelo 400
   de rolete 748
   rotativo 425
   de deslizamento 748

   de translação 399
      plana 553
      precessão 464
      de rolete 752
   de translação ou oscilação? 463
   velocidade do 751
seguidor
   balancim 553, 554
   definição de 54
   infinitamente longo 70
   saída no 119
seis barras
   mecanismo de retorno rápido 136
   mecanismo apropriado de 149
   mecanismo 163
   mecanismo de Watt 125
seleção 33
servo
   mecanismo 481
   motor 96, 115
   válvula 98
Simetria espelhada 706, 720
simples
   motor monocilíndrico 644
   espera 168, 431
      came de 431
      mecanismo de 163, 164, 404
   coroa sem fim evolvente 490
   par de engrenagens 495
sincronismo 489, 516
   de embreagem 516
   de transmissão 516
síndrome do papel em branco 28, 600
sinônimos 31
síntese 112, 113, 116, 120
   algoritmo de 114
   analítica 114, 118
      comparação com gráfico 244
      método de energia elástica 277
      equação 271
      métodos de continuação 274
      métodos de otimização 275
      otimizadas 271
      precisas 271
      método dos pontos de precisão 272
      de precisão seletiva 275
      utilizando algoritmos genéticos 277
   definição 28

   de quatro posições
      analítica 267
      gráfica 133
   gráficas
      ferramentas necessárias 119
   de mecanismos 23, 44, 48
   qualitativa 112, 113, 114, 120
   quantitativa 114, 133
   três posições
      analítica 249, 253, 254
      gráfica 125
      movimento de 249
      de pivôs fixos especificados 258, 262
   duas posições 119
      analítica 244
      gráfica 125
   por tipo 114
síntese analítica de mecanismos 114, 116, 234, 237, 246
   comparação com a gráfica 244
síntese de tipo 113, 173
sistema de coordenadas 50, 190, 566
   absoluto 37, 190
   global 190, 238, 581
   local 190
      não rotacionável 190, 566, 581
      rotacionável 190, 581
sistema de injeção 647
sistema de referência inercial 190
sistema de suspensão 310
sistema microeletromecânico 85
sistema subamortecido 738
sistemas atmosféricos 365
sistemas de unidade 37
solenoide 56, 98, 114
solução de equações simultâneas 246
   para forças dinâmicas 557, 566
solução em malha fechada
   definição 218
solução particular 734, 739
soluções múltiplas 36
Soni, A. 153
sons harmônicos 734, 741
Stephenson
   mecanismo de seis barras de 212
subamortecido 738, 739
Suh, N. P. 35
superfície de contato 51
superposição 557, 655

T

talha 26
tempo de espera 71, 92, 163, 164, 404, 466
  em cames
  duplo 405
  único 431, 432
    definição de 163
    em mecanismos de barras 163
    em mecanismos 71, 163, 168
    movimento com 139
tensões 24, 188, 373, 535
termodinâmica 642, 649
terra ou elo fixo
  definição 54
  pivôs no 131
  plano 148
teste 33, 34
Ting, T. L. 81
TKSolver 222, 377, 453, 600
tolerância
  de aceleração (humana) 373
torque 629
  aplicado 567
  no eixo de came 751
  conversor 518
    embreagem de bloqueio 518
    pás do estator 518
  motor 561
  dinâmico 752, 753
  externo 561
  do gás 656
  no volante de inércia 666
    no motor de quatro cilindros em linha 701, 707
    no motor monocilíndrico 655
    em motor em V 714
  inércia 655
    volante 666
    no motor de quatro cilindros em linha 701, 707
    em motores em linha 695
    em motor monocilíndrico 666
    em motor em V 713
    em trabalho virtual 561
  de entrada 629, 751
  oscilações no 751
  razão 308, 477
  vibratório 588, 655
    em mecanismo de quatro barras 630
    em motores multicilíndricos 698
    em motor monocilíndrico 666

fonte 567, 572, 588
total 707, 718
  do motor 665
variação 592
torque de entrada 592, 629
torque motor 582, 656
torque-tempo
  diagrama 594
  função 666
Towfigh, K. 38, 39, 311
trabalho 54, 560
trabalho virtual 561, 589
  equação do 561
trajetória 115
  geração de 115
    definição da 115
    pontos de precisão 237
    de acoplador
    curva da 139, 141, 143, 148
    com tempo prescrito (predeterminado) 115, 268
transferência
  válvula de escape 647
  teorema 539
transiente 734
translação 49, 50
  curvilíneas 153, 193
  definição 193
  retilínea 193, 400
translação curvilinear 153, 155
transladando
  seguidor 399
transmissão 477, 489, 645
  automática 510
  automotiva 516
  componente de 317, 318, 364
  combinação epicicloidal 520
  continuamente variável 520
  do Ford modelo T 519
  sincronizada 516
transmissão por engrenagens epicicloidais
  rendimento do 514
trapezoidal
  aceleração 414
  regra 596
tricircular sêxtuplo 139, 274
tripé delta 66
triplo seguidor 75, 215
tucho 555

U

união de forma 53, 400, 747
unidade derivada 37
unidades de medida 37

Unobtainium 658, 742

V

V
  ângulo 689, 707, 710, 718
    desejável 718
  correia 493
valor médio 653
válvula 553
  came da 464, 476
  flutuante 744
  mola de 553
válvulas 397
vão entre dentes 480, 482
variáveis atuantes 548
variável interna 548
veículo militar "Humvee" 522
velocidade 188, 289
  absoluta 290, 295, 296
  análise
    algébrica de 319
    cinco barras engrenado 326
    gráfica de 292, 294
    biela-manivela invertida 323
    junta deslizante 316
    usando centros instantâneos 304
  angular 289, 318, 325, 365
  came 404
  came-seguidor
    fator adimensional de pico 421
  constante 156
    em cursor 168
  definição 289
  diferença 291, 295, 296, 320, 352
    equação 291
  de um ponto no elo 327
  de deslizamento 315, 325, 365
  de transmissão 325
  relação 477, 483, 493
    de engrenagens evolventes 480
  relativa 291, 295, 315, 320, 546
velocidade zero 140
velocidades sem carga 95
versores 199
vetor livre 296, 357, 358
vetor
  ângulo de
    definição 180
  laço 239

vibração
  em cames 548, 739, 747
  em motores 698
  em mecanismos de barras 588
viga
  em balanço 554
  em duplo balanço 554
  indeterminada 60
  simplesmente apoiada 60
virabrequim 647, 687
  pesos para balanceamento do 676
  simetria espelhada do 706, 715
  diagrama de fases 691
virabrequim 756
  torque no 751
visualização 41, 42
visualização funcional 30
volante de inércia 95, 539, 589
  cálculo de
    no programa Dynacam 751
    no programa Fourbar 596
  projetando
    para um mecanismo de quatro barras 592
    para um motor de combustão interna 666, 685
  efeito do 629
  do motor 666, 667
  em motores de combustão interna 720
  materiais para 598
  momento de inércia do 666
  físico 597
  dimensionando 596
voltagem 92, 94, 634

W

Wampler, C. 208, 274
Watt
  máquina a vapor 156
  mecanismo
    guiar uma máquina a vapor 156
  mecanismo de seis barras 119, 211
  mecanismo de barras para movimento linear 156
Watt, James 25, 156
  realização de maior orgulho 156
Willis, Robert 25
Wood, George A, Jr 38

Z

Zhang, C. 147